U0266554

本丛书名由中国科学院院士母国光先生题写

光学与光子学丛书

《光学与光子学丛书》编委会

主　编　周炳琨

副主编　郭光灿　龚旗煌　朱健强

编　委　(按姓氏拼音排序)

陈家璧	高志山	贺安之	姜会林	李淳飞
廖宁放	刘　旭	刘智深	陆　卫	吕乃光
吕志伟	梅　霆	倪国强	饶瑞中	宋菲君
苏显渝	孙雨南	魏志义	相里斌	徐　雷
宣　丽	杨怀江	杨坤涛	郁道银	袁小聪
张存林	张书练	张卫平	张雨东	赵建林
赵　卫	朱晓农			

光学与光子学丛书

GaAs 基光电阴极

常本康　著

科学出版社

北京

内 容 简 介

　　本书是一部论述 GaAs 基光电阴极的专著,是作者承担国家科研项目的总结。全书共 12 章,介绍三代微光像增强器、数字微光器件与电子源、GaAs 基光电阴极的发展概况;研究 GaAs 光电阴极的光电发射与光谱响应理论、多信息量测控与评估系统、激活工艺及其优化;研究 GaAs 基光电阴极中电子与原子结构;提出变组分变掺杂 GaAs 基光电阴极物理概念,探索反射式和透射式变掺杂宽带响应 GaAs、窄带响应 GaAlAs 和近红外响应 InGaAs 光电阴极理论,在微光像增强器中进行实践,并分析 GaAs 光电阴极及像增强器的分辨力;最后针对新一代微光像增强器研究,对 GaAs 基光电阴极的相关研究进行回顾与展望。

　　本书可作为大专院校光学工程、电子科学与技术和光信息科学与技术等专业的本科生和研究生教学用书,可供从事光电阴极及电子源研究的科研人员和工程技术人员、教师阅读,也可供从事光电阴极及电子源生产以及使用光电器件或电子枪的有关人员参考。

图书在版编目(CIP)数据

GaAs 基光电阴极/常本康著. —北京:科学出版社,2017.6
(光学与光子学丛书)
ISBN 978-7-03-053099-8

I. ①G… Ⅱ. ①常… Ⅲ. ① 光电阴极 Ⅳ. ①O462.3

中国版本图书馆 CIP 数据核字(2017) 第 123296 号

责任编辑:刘凤娟 / 责任校对:张凤琴
责任印制:徐晓晨 / 封面设计:陈　敬

斜 学 出 版 社出版
北京东黄城根北街 16 号
邮政编码:100717
http://www.sciencep.com

北京东华虎彩印刷有限公司 印刷
科学出版社发行　各地新华书店经销
*
2017 年 6 月第　一　版　开本:720×1000　1/16
2018 年 1 月第二次印刷　印张:49　插页:12
字数:988 000

定价:360.00 元
(如有印装质量问题,我社负责调换)

前　言

夜视技术是利用夜间天空辐射对目标的照射，或利用地球表面景物的自身热辐射，借助科学仪器观察景物图像，其核心是传感器技术，目前夜视成像器材主要有微光像增强器、电子有源像素传感器与红外探测器三类。

微光夜视系统发展于 20 世纪 60 年代，它利用目标反射的星光、月光和大气辉光，通过微光像增强器的增强达到人眼能进行观察的目的。微光像增强器是通过光电阴极进行光电转换，NEA GaAs 光电阴极自 1965 年发明以来，就成为微光探测器件和自旋电子源的关键材料。然而，由于西方对我国的禁运，在微光像增强器中应用的 NEA GaAs 光电阴极材料的设计、制备、评价工作只能依靠我国科技工作者的自身努力。

为了适应光电发射材料的新变化，必须综合介绍 GaAs 光电阴极的基础知识和工作原理，以及重要的参考文献，2012 年，我出版了《GaAs 光电阴极》。此后四年，在探测器概念与性能方面有了重大突破，特别是电子有源像素传感器与电子源中的 GaAs 基光电阴极的应用，促使我对本书内容进行修订。由于增加了窄带响应 GaAlAs、近红外响应 $In_xGa_{1-x}As$ 光电阴极等内容，在本书再版出版时将书名修改为《GaAs 基光电阴极》。

本书是我承担国家多项 NEA GaAs 基光电阴极科研项目所开展的原创性研究工作的总结，也是融合我指导的数十篇硕士和博士学位论文编著而成。全书共 12 章，第 1 章介绍三代微光像增强器、电子有源像素传感器、自旋电子源以及 GaAs 光电阴极国内外研究现状；第 2 章介绍 GaAs 和 GaAlAs 材料的一般性质；第 3 章介绍 GaAs 光电阴极光电发射过程、电子能量分布，均匀掺杂 GaAs 光电阴极量子效率公式的推导，GaAs 光电阴极性能参量对量子效率的影响和评估；第 4 章介绍 GaAs 光电阴极多信息量测控与评估系统的设计及研制；第 5 章介绍 GaAs 光电阴极 Cs-O 激活机理，激活过程中多信息量监控，Cs、O 激活工艺及其优化，讨论 GaAs 光电阴极的稳定性；第 6 章介绍 GaAs 基光电阴极中电子与原子结构的研究方法与理论基础，$Ga_{1-x}Al_xAs$ 光电阴极结构设计，表面净化和 Cs、O 激活；第 7 章介绍窄带响应 GaAlAs 光电阴极的设计、制备与性能评估；第 8 章介绍反射式变掺杂 GaAs 光电阴极能带结构理论，量子效率理论，材料外延生长、设计、制备与评价方法，介绍宽带响应反射式变掺杂 GaAs 基光电阴极以及反射式模拟透射式变掺杂 GaAs 光电阴极设计与实验；第 9 章介绍透射式变掺杂 GaAs 光电阴极能带结构与材料设计，变掺杂 GaAlAs/GaAs 材料与组件的性能测试、光学性质与结构模拟、激活,阴极组件光学性能对微光像增强器光谱响应的影响、组件工艺对 GaAs 材料性能的影响以及微光像增强器的光谱灵敏度性能评估;第 10 章介绍 $In_xGa_{1-x}As$ 光电阴极研究现状及材料基本性质、结构分析、结构设计与制备工艺,InGaAs/InP 和 InGaAs/ GaAs 半导体材料结构设计与制备工艺及性能评估;第 11 章介绍 GaAs 光电阴极及像增强器的分辨力;第 12 章是回顾与展望,简单介绍新一代 III-V 半导体光电发射材料光电阴极的研究设想。全书的重点是变组分变掺杂 GaAs 基光电阴极理论、激活技术、多信息量测试与评估。

本书承蒙微光夜视技术重点实验室学术委员会主任苏君红院士与南京大学郑有炜院士推荐出版,在此表示忠心感谢。

在本书即将出版之际,感谢国家自然科学基金委员会对项目研究的资助,一个重大研究计划 (91433108) 和三个面上项目 (60678043,60871012 和 61171042) 奠定了本书的主要内容;感谢政府部门和有关有关研究机构对该研究领域的资助;同时要感谢微光夜视技术重点实验室在项目 (BJ2014002) 及实验方面的支持。

此外,要感谢项目组的魏殿修教授、徐登高教授、杨国伟教授、钱芸生教授、邹继军教授、刘磊教授、宗志园副研究员、高频高级工程师、富容国副教授、邱亚峰副教授和詹启海工程师;感谢宗志园博士、钱芸生博士、李蔚博士、杜晓晴博士、刘磊博士、傅文红博士、邹继军博士、杨智博士、牛军博士、陈亮博士、张益军博士、崔东旭博士、石峰博士、赵静博士、任玲博士、王晓晖博士、李飙博士、杜玉杰博士、付小倩博士、徐源博士、王洪刚博士、鱼晓华博士、陈鑫龙博士、金睦淳博士、郝广辉博士、郭婧博士、杨明珠博士、王贵圆博士、Tran Hong Cam 博士,杜玉杰硕士、李敏硕士、王惠硕士、欧玉平硕士、王旭硕士、季晖硕士、夏扬硕士、顾燕硕士、叶钧硕士、侯瑞丽硕士、王勇硕士、郭向阳硕士等,在 GaAs 基光电阴极研究已经走过的 21 年中,你们的出色工作和创新成果,使得我们如期完成了三代微光像增强器 GaAs 光电阴极的研究;完成了透射式变掺杂宽带响应 GaAs、窄带响应 GaAlAs 和近红外响应 InGaAs 光电阴极的理论和实验探索。

GaAs 基光电阴极仍然在发展之中,尚有许多科学问题没有解决,由于作者水平有限,书中难免存在不足之处,殷切希望各位专家和广大读者批评指正。

作　者

2016 年 6 月 16 日

目　录

第1章　绪论 ··· 1

　　1.1　三代微光像增强器简介 ····························· 1

　　　　1.1.1　三代微光像增强器的基本原理 ··············· 1

　　　　1.1.2　GaAlAs/GaAs 光电阴极 ························ 4

　　　　1.1.3　微通道板 ································· 5

　　　　1.1.4　积分灵敏度 ······························· 6

　　　　1.1.5　分辨力、MTF ····························· 6

　　　　1.1.6　信噪比 ····································· 7

　　　　1.1.7　三代微光像增强器的应用领域 ··············· 8

　　　　1.1.8　三代微光像增强器的国内外发展现状 ········· 11

　　1.2　数字微光器件与电子源中的 GaAs 基光电阴极 ········ 13

　　　　1.2.1　数字微光器件 ····························· 13

　　　　1.2.2　电子源 ··································· 21

　　1.3　GaAs 光电阴极的发展概况 ······················· 23

　　　　1.3.1　GaAs 光电阴极的发现及特点 ··············· 23

　　　　1.3.2　GaAs 光电阴极的制备 ····················· 24

　　1.4　GaAs 光电阴极国内外研究现状 ··················· 27

　　　　1.4.1　GaAs 光电阴极材料特性 ··················· 28

　　　　1.4.2　GaAs 光电阴极激活工艺的研究 ············· 29

　　　　1.4.3　GaAs 光电阴极的稳定性研究 ··············· 31

　　　　1.4.4　GaAs 光电阴极表面模型研究 ··············· 32

　　1.5　国内外 GaAs 光电阴极性能现状 ··················· 36

　　　　1.5.1　国外 GaAs 光电阴极技术水平现状 ··········· 36

　　　　1.5.2　国内 GaAs 光电阴极技术水平现状 ··········· 39

　　　　1.5.3　国内外 GaAs 光电阴极的光谱响应特性比较 ··· 40

　　参考文献 ··· 42

第2章　GaAs 和 GaAlAs 光电阴极材料 ··············· 51

　　2.1　GaAs 材料的性质 ······························· 51

　　　　2.1.1　GaAs 的物理和热学性质 ··················· 51

　　　　2.1.2　GaAs 的电阻率和载流子浓度 ··············· 53

2.1.3　GaAs 中载流子离化率 ···54

2.1.4　GaAs 中电子的迁移率、扩散和寿命 ·······················55

2.1.5　GaAs 中空穴的迁移率、扩散和寿命 ·······················57

2.1.6　GaAs 的能带间隙 ··60

2.1.7　GaAs 的光学函数 ··61

2.1.8　GaAs 的红外吸收 ··66

2.1.9　GaAs 的光致发光谱 ···68

2.1.10　GaAs 中缺陷和缺陷的红外映像图 ·························72

2.1.11　GaAs 的表面结构和氧化 ··76

2.1.12　GaAs 的湿法腐蚀速率 ··78

2.1.13　GaAs 的界面和接触 ···79

2.2　GaAlAs 材料的一般性能 ···81

2.2.1　GaAlAs 中的缺陷能级 ···81

2.2.2　GaAlAs 中的 DX 缺陷中心 ··85

2.2.3　GaAlAs 的光致发光谱 ···89

2.2.4　GaAlAs 的电子迁移率 ···91

2.2.5　LPE GaAlAs 中的载流子浓度 ·····································93

2.2.6　MOCVD GaAlAs 的载流子浓度 ···································94

2.2.7　MBE GaAlAs 的载流子浓度 ·······································95

2.2.8　反应离子和反应离子束对 GaAlAs 的腐蚀速度 ·········96

2.2.9　LPE GaAlAs 的光学函数 ···97

参考文献 ···110

第 3 章　GaAs 光电阴极的光电发射与光谱响应理论 ·····················111

3.1　GaAs 光电阴极光电发射过程 ··111

3.1.1　光电子激发 ···111

3.1.2　光电子往光电阴极表面的输运 ···································113

3.1.3　光电子隧穿表面势垒 ···115

3.2　GaAs 光电阴极电子能量分布 ··119

3.2.1　透射式光电阴极电子能量分布 ···································119

3.2.2　反射式光电阴极电子能量分布 ···································123

3.3　GaAs 光电阴极量子效率公式的推导 ····································128

3.3.1　反射式 GaAs 光电阴极 ··128

3.3.2　背面光照下的透射式 GaAs 光电阴极 ························129

3.3.3　正面光照下的透射式 GaAs 光电阴极 ························130

3.3.4　考虑 Γ、L 能谷及热电子发射的量子效率公式 ···········131

　　　3.3.5　考虑前表面复合速率的量子效率公式推导 ·······················135

　3.4　GaAs 光电阴极性能参量对量子效率的影响 ·······························140

　　　3.4.1　电子表面逸出几率 ···140

　　　3.4.2　电子扩散长度 ···140

　　　3.4.3　光电阴极厚度 ···140

　　　3.4.4　前表面复合速率 ···142

　　　3.4.5　后界面复合速率 ···143

　　　3.4.6　吸收系数 ···145

　3.5　GaAs 光电阴极性能参量的评估 ···146

　　　3.5.1　P、L_D、S_{fv} 和 S_v 值的确定 ·······························146

　　　3.5.2　积分灵敏度的计算 ···147

参考文献 ···148

第 4 章　GaAs 光电阴极多信息量测控与评估系统 ····················152

　4.1　GaAs 光电阴极多信息量测控与评估系统的设计 ·····················152

　　　4.1.1　Cs 源电流的原位监测和记录 ·······································152

　　　4.1.2　O 源电流的原位监测和记录 ···152

　　　4.1.3　超高真空系统真空度的原位监测和记录 ·························153

　　　4.1.4　光电阴极光电流的原位监测和记录 ·····························153

　　　4.1.5　光电阴极光谱响应的原位监测和记录 ·························154

　4.2　超高真空激活系统 ···154

　　　4.2.1　超高真空激活系统的结构和性能 ·······························155

　　　4.2.2　超高真空的获取 ···158

　　　4.2.3　超高真空系统与国外的差距 ·······································159

　4.3　多信息量在线监控系统的构建 ··159

　4.4　光谱响应测试仪 ···163

　　　4.4.1　光谱响应测试原理 ···163

　　　4.4.2　光谱响应测试仪的硬件结构 ·······································165

　　　4.4.3　光谱响应测试仪的软件编制 ·······································168

　　　4.4.4　光谱响应测试方式 ···173

　4.5　在线量子效率测试与自动激活系统 ·······································174

　　　4.5.1　系统结构 ···174

　　　4.5.2　系统硬件设计 ···176

　　　4.5.3　自动激活策略 ···180

　　　4.5.4　软件设计 ···183

　　　4.5.5　实验与结果 ···193

　　4.5.6　自动激活与人工激活对比性实验 ·················· 195
　4.6　GaAs 光电阴极表面分析系统 ····················· 197
　　4.6.1　X 射线光电子能谱仪 ···················· 197
　　4.6.2　紫外光电子能谱仪 ····················· 199
　　4.6.3　变角 XPS 表面分析技术 ·················· 200
　4.7　超高真空的残气分析系统 ······················ 202
　　4.7.1　四极质谱仪原理与结构 ··················· 202
　　4.7.2　HAL201 残余气体分析仪软件 ················ 203
　　4.7.3　超高真空的残气分析 ···················· 204
　4.8　研制的 GaAs 光电阴极多信息量测试与评估系统 ········· 210
　参考文献 ································· 212
第 5 章　反射式 GaAs 光电阴极的激活工艺及其优化研究 ········ 214
　5.1　反射式 GaAs 光电阴极激活工艺概述 ················ 214
　5.2　Cs 源、O 源的除气工艺 ······················· 215
　5.3　GaAs 表面的净化工艺研究 ····················· 216
　　5.3.1　化学清洗工艺 ······················· 217
　　5.3.2　加热净化工艺的优化设计 ·················· 218
　　5.3.3　GaAs(100) 面净化后的表面模型 ··············· 219
　　5.3.4　材料表面净化与 XPS 分析试验 ··············· 221
　5.4　GaAs 光电阴极 Cs-O 激活机理 ··················· 223
　　5.4.1　[GaAs(Zn):Cs]:O-Cs 光电发射模型 ············· 224
　　5.4.2　在 Cs-O 激活中掺 Zn 的富砷 GaAs(100)(2×4) 表面的演变 ···· 225
　　5.4.3　基于 [GaAs(Zn):Cs]:O-Cs 模型的计算 ··········· 228
　5.5　GaAs 光电阴极激活过程中多信息量监控 ·············· 240
　5.6　GaAs 光电阴极的 Cs、O 激活工艺及其优化研究 ·········· 241
　　5.6.1　首次进 Cs 量对光电阴极的影响 ··············· 241
　　5.6.2　Cs/O 流量比对光电阴极激活结果的影响 ··········· 245
　　5.6.3　不同激活方式比较 ····················· 247
　　5.6.4　高低温两步激活工艺研究 ·················· 250
　　5.6.5　高低温激活过程中光电子的逸出 ··············· 253
　　5.6.6　GaAs 光电阴极表面势垒的评估 ·············· 258
　　5.6.7　Cs、O 激活工艺的优化措施 ················ 262
　5.7　GaAs 光电阴极的稳定性研究 ···················· 263
　　5.7.1　光照强度与光电流对光电阴极稳定性的影响 ········· 263
　　5.7.2　Cs 气氛下光电阴极的稳定性 ················ 266

5.7.3 重新铯化后光电阴极的稳定性 ·················· 268

5.7.4 光电阴极光电流衰减时量子效率曲线的变化 ·········· 269

5.7.5 重新铯化后光电阴极量子效率曲线的变化 ············ 272

参考文献 ·· 274

第 6 章　GaAs 基光电阴极中电子与原子结构研究 ·········· 279

6.1 研究方法与理论基础 ··························· 279

6.1.1 单电子近似理论 ························· 279

6.1.2 密度泛函理论 ·························· 281

6.1.3 平面波赝势法 ·························· 284

6.1.4 光学性质计算公式 ······················ 285

6.1.5 第一性原理计算软件 ····················· 286

6.2 $Ga_{1-x}Al_xAs$ 光电阴极结构设计 ·················· 287

6.2.1 不同 Al 组分 $Ga_{1-x}Al_xAs$ 性质研究与 Al 组分的选取 ······· 287

6.2.2 空位缺陷 $Ga_{0.5}Al_{0.5}As$ 电子结构和光学性质研究 ········· 295

6.2.3 掺杂元素的选取与掺杂 $Ga_{0.5}Al_{0.5}As$ 性质研究 ·········· 301

6.3 $Ga_{1-x}Al_xAs$ 光电阴极表面净化 ·················· 304

6.3.1 氧化物的去除与高温清洗温度的选取 ············· 305

6.3.2 晶面选取中的电子与原子结构研究 ·············· 307

6.3.3 $Ga_{0.5}Al_{0.5}As(001)$ 表面重构相的研究 ············ 316

6.3.4 掺杂表面电子和原子结构研究 ················ 321

6.3.5 残余气体分子吸附研究 ···················· 324

6.4 $Ga_{1-x}Al_xAs$ 光电阴极 Cs、O 激活 ················ 331

6.4.1 $Ga_{0.5}Al_{0.5}As(001)β_2(2×4)$ 重构相 Cs、O 吸附研究 ······ 331

6.4.2 掺杂 $Ga_{0.5}Al_{0.5}As(001)β_2(2×4)$ 重构相 Cs、O 吸附研究 ······· 340

参考文献 ·· 345

第 7 章　窄带响应 GaAlAs 光电阴极的制备与性能 ·········· 351

7.1 NEA GaAlAs 光电阴极的光电发射理论 ·············· 351

7.1.1 GaAlAs(100) 表面 Cs、O 双偶极层模型 ··········· 352

7.1.2 GaAlAs(100) 和 GaAs(100) 表面 Cs 吸附比较研究 ······ 355

7.1.3 GaAlAs 光电阴极量子效率模型研究 ············· 357

7.2 窄带响应 GaAlAs 光电阴极的结构设计与生长 ··········· 365

7.2.1 GaAlAs 材料基本性质 ···················· 365

7.2.2 窄带响应 GaAlAs 光电阴极结构设计基础 ··········· 367

7.2.3 影响 GaAlAs 光电阴极量子效率的性能参量 ·········· 368

7.2.4 窄带响应 GaAlAs 光电阴极的结构设计 ············ 374

7.2.5　窄带响应 GaAlAs 材料生长 ·· 378

7.3　窄带响应 GaAlAs 光电阴极的制备 ·· 380

　　7.3.1　窄带响应 GaAlAs 材料的化学清洗 ································ 380

　　7.3.2　窄带响应 GaAlAs 材料的加热净化 ································ 389

　　7.3.3　窄带响应 GaAlAs 材料的 Cs、O 激活 ···························· 390

7.4　窄带响应 GaAlAs 光电阴极的性能评估 ······································ 393

　　7.4.1　制备工艺对反射式 GaAlAs 光电阴极性能的影响 ················ 394

　　7.4.2　真空系统中反射式 GaAlAs 光电阴极的稳定性 ·················· 402

　　7.4.3　窄带响应透射式 GaAlAs 光电阴极的性能评估 ·················· 409

参考文献 ·· 412

第 8 章　反射式变掺杂 GaAs 光电阴极材料与量子效率理论研究 ··········· 417

8.1　反射式变掺杂 GaAs 光电阴极能带结构理论研究 ························· 417

　　8.1.1　梯度掺杂 GaAs 材料的能带结构 ································ 417

　　8.1.2　指数掺杂 GaAs 材料的能带结构 ································ 419

　　8.1.3　指数掺杂 GaAs 光电阴极的电子扩散漂移长度 ·················· 420

8.2　反射式变掺杂 GaAs 光电阴极量子效率理论研究 ························· 422

　　8.2.1　指数掺杂光电阴极量子效率公式 ································ 422

　　8.2.2　指数掺杂光电阴极灵敏度与量子效率理论仿真 ·················· 424

　　8.2.3　梯度掺杂 GaAs 光电阴极量子效率模型研究 ···················· 426

8.3　变掺杂 GaAs 光电阴极材料外延生长 ··································· 427

　　8.3.1　GaAs 光电阴极材料生长方法 ···································· 427

　　8.3.2　变掺杂光电阴极材料 MBE 外延生长技术研究 ·················· 429

　　8.3.3　分子束外延变掺杂光电阴极材料测试评价研究 ·················· 430

8.4　反射式变掺杂 GaAs 光电阴极掺杂结构的设计与制备工艺研究 ········· 433

　　8.4.1　变掺杂 GaAs 光电阴极材料的设计和制备 ······················ 434

　　8.4.2　变掺杂 GaAs 材料的激活实验 ·································· 436

　　8.4.3　变掺杂 GaAs 材料的激活结果 ·································· 439

　　8.4.4　高性能反射式变掺杂 GaAs 光电阴极研究 ······················ 441

8.5　反射式变掺杂 GaAs 光电阴极的评价方法 ······························ 444

　　8.5.1　激活时 Cs 在 GaAs 材料表面的吸附效率评估 ·················· 444

　　8.5.2　变掺杂 GaAs 光电阴极的结构性能评估 ························ 449

　　8.5.3　不同变掺杂 GaAs 光电阴极的结构性能对比 ···················· 453

8.6　宽带响应反射式变掺杂 GaAs 基光电阴极研究 ·························· 456

　　8.6.1　宽带响应反射式变掺杂 GaAs 和 GaAlAs 光电阴极的光谱响应 ······ 456

　　8.6.2　宽带响应反射式变掺杂 GaAs 基光电阴极的对生成阈 ············ 458

8.7　反射式模拟透射式变掺杂 GaAs 光电阴极设计与实验 ·············· 460
　　8.7.1　MBE 生长的反射式模拟透射式变掺杂 GaAs 光电阴极设计与实验 ···· 461
　　8.7.2　MOCVD 生长的反射式模拟透射式变掺杂 GaAs 光电阴极设计与实验 ··· 464
参考文献 ··· 468
第 9 章　透射式变掺杂 GaAs 光电阴极理论与实践 ·························· 472
　9.1　透射式变掺杂 GaAs 光电阴极能带结构与材料设计 ·············· 472
　　9.1.1　均匀掺杂和指数掺杂 GaAs 光电阴极能带结构比较 ··········· 472
　　9.1.2　透射式变掺杂 GaAs 光电阴极结构设计与制备 ··············· 473
　9.2　透射式变掺杂 GaAlAs/GaAs 材料与组件的性能测试 ············· 475
　　9.2.1　透射式变掺杂 GaAlAs/GaAs 材料的 SEM 测试 ············· 475
　　9.2.2　透射式变掺杂 GaAlAs/GaAs 材料的 ECV 测试 ············· 476
　　9.2.3　透射式变掺杂 GaAlAs/GaAs 材料的 HRXRD 测试 ········· 478
　　9.2.4　透射式变掺杂 GaAlAs/GaAs 材料组件的 HRXRD 测试 ······ 479
　9.3　透射式 GaAs 光电阴极组件的光学性质与结构模拟 ·············· 480
　　9.3.1　透射式 GaAs 光电阴极组件光学性能测试 ·················· 480
　　9.3.2　透射式 GaAs 光电阴极组件结构模拟理论模型 ··············· 481
　　9.3.3　透射式 GaAs 光电阴极组件光学性能拟合 ·················· 484
　　9.3.4　分光光度计测试误差对光学性能的影响 ····················· 496
　9.4　透射式变掺杂 GaAs 光电阴极激活 ····························· 497
　　9.4.1　MBE 生长的透射式变掺杂 GaAs 光电阴极激活 ············· 497
　　9.4.2　MOCVD 生长的透射式变掺杂 GaAs 光电阴极激活 ·········· 499
　　9.4.3　透射式变掺杂 GaAs 光电阴极光谱响应的研究 ··············· 500
　　9.4.4　MBE 与 MOCVD 生长的透射式变掺杂 GaAs 光电阴极材料与组件的
　　　　　比较 ··· 508
　9.5　阴极组件光学性能对微光像增强器光谱响应的影响 ·············· 510
　　9.5.1　透射式 GaAs 光电阴极光谱响应曲线拟合与结构设计 ········· 510
　　9.5.2　光电阴极组件光学性能对微光像增强器光谱响应的影响 ········ 511
　　9.5.3　国内外微光像增强器 GaAs 光电阴极光谱响应特性比较 ········ 512
　9.6　光电阴极组件工艺对 GaAs 材料性能的影响 ···················· 514
　　9.6.1　反射式和透射式光电阴极的联系和区别 ····················· 514
　　9.6.2　光电阴极组件工艺对 GaAs 材料电子扩散长度的影响 ········· 517
　9.7　微光像增强器的光谱响应性能评估 ····························· 523
　　9.7.1　灵敏度和光谱响应性能监测 ································· 523
　　9.7.2　冲击试验 ·· 525
　　9.7.3　振动试验 ·· 527

9.7.4　高温试验 ·· 529

9.7.5　低温试验 ·· 530

参考文献 ··· 532

第 10 章　近红外响应 InGaAs 光电阴极制备与性能 ················· 535

10.1　In$_x$Ga$_{1-x}$As 光电阴极研究现状及材料基本性质 ············· 535

10.1.1　In$_x$Ga$_{1-x}$As 光电阴极研究现状 ··················· 535

10.1.2　In$_x$Ga$_{1-x}$As 材料基本性质 ······················ 538

10.2　In$_x$Ga$_{1-x}$As 光电阴极结构分析 ························ 546

10.2.1　GaAs 衬底特性分析 ··································· 546

10.2.2　In$_x$Ga$_{1-x}$As 光电阴极组分的选择与分析 ············· 554

10.2.3　本征 In$_{0.53}$Ga$_{0.47}$As 体材料特性分析 ············· 557

10.2.4　掺杂的形成 ··· 562

10.2.5　空位缺陷的存在对体掺杂发射层的影响 ················· 567

10.2.6　In$_{0.53}$Ga$_{0.47}$As 表面重构的探讨 ················· 573

10.2.7　表面 Zn 的掺杂位的选取 ······························ 582

10.2.8　InGaAs 表面负电子亲和势的形成 ····················· 590

10.3　InGaAs/InP 半导体材料的结构设计与制备工艺研究 ············· 601

10.3.1　InGaAs/InP 半导体材料结构设计 ····················· 601

10.3.2　InGaAs/InP 半导体材料的生长 ······················· 604

10.3.3　InGaAs/InP 半导体材料的热净化研究 ················· 606

10.4　InGaAs/GaAs 半导体材料结构设计与制备工艺研究 ············· 608

10.4.1　InGaAs/GaAs 半导体材料结构设计 ····················· 608

10.4.2　InGaAs/GaAs 发射层变组分结构设计 ··················· 609

10.4.3　InGaAs/GaAs 半导体材料生长质量评估 ················· 611

10.4.4　InGaAs/GaAs 半导体材料的化学清洗工艺 ··············· 612

10.4.5　InGaAs/GaAs 半导体材料的加热净化工艺 ··············· 616

10.5　InGaAs 光电阴极性能评估 ································· 620

10.5.1　不同制备工艺对 InGaAs 光电阴极性能的影响 ············· 621

10.5.2　不同发射层结构对 InGaAs/GaAs 光电阴极的影响 ········· 628

10.5.3　真空系统中 InGaAs/GaAs 光电阴极的稳定性 ············· 632

10.5.4　InGaAs/GaAs 光电阴极性能对比 ······················ 636

参考文献 ··· 637

第 11 章　GaAs 光电阴极及像增强器的分辨力 ··················· 646

11.1　GaAs 光电阴极微光像增强器分辨力研究现状 ················· 646

11.1.1　MTF 及分辨力概述 ···································· 646

11.1.2 透射式 GaAs 光电阴极的分辨力 ·······························648

11.1.3 三代微光像增强器各部件的分辨力 ·······················650

11.2 GaAs 基光电阴极的电子输运及分辨力 ····························652

11.2.1 指数掺杂 GaAs 光电阴极的分辨力 ·······················652

11.2.2 透射式指数掺杂 GaAlAs 光电阴极的分辨力 ··············660

11.3 透射式均匀掺杂 GaAs 光电阴极分辨力 ························665

11.3.1 均匀掺杂 GaAs 光电阴极光电子输运性能 ················665

11.3.2 透射式均匀掺杂 GaAs 光电阴极的 MTF ················675

11.4 透射式指数掺杂 GaAs 光电阴极分辨力 ·······················680

11.4.1 透射式指数掺杂 GaAs 光电阴极光电子输运模型 ··········681

11.4.2 透射式指数掺杂 GaAs 光电阴极光电发射性能理论研究 ····684

11.4.3 近贴聚焦场对透射式 GaAs 光电阴极的渗透影响 ··········688

11.5 近贴聚焦微光像增强器的分辨力 ·····························692

11.5.1 近贴聚焦系统光电子输运及分辨力理论研究 ···············692

11.5.2 微通道板对近贴聚焦微光像增强器分辨力的影响 ···········699

11.6 GaAs 光电阴极微光像增强器 halo 效应及分辨力测试 ···········707

11.6.1 halo 效应测试装置及原理 ·······························707

11.6.2 微光像增强器 halo 效应及分辨力的测试 ·················710

11.6.3 GaAs 光电阴极微光像增强器 halo 效应及分辨力研究 ·······720

参考文献 ···725

第 12 章 回顾与展望 ··728

12.1 GaAs 基光电阴极研究工作的简单回顾 ·······················728

12.1.1 GaAs 光电阴极 ··728

12.1.2 窄带响应 GaAlAs 光电阴极 ·····························740

12.1.3 近红外响应 InGaAs 光电阴极 ···························745

12.1.4 GaAs 光电阴极及其微光像增强器的分辨力 ···············748

12.2 研究工作中的纠结 ··751

12.3 新一代 GaAs 基光电阴极的研究展望 ·······················756

参考文献 ···757

彩图

第1章 绪 论

对 GaAs 光电阴极需求最大的是微光像增强器、数字微光器件及电子源。本章介绍了三代微光像增强器和数字微光器件等的基本原理、应用领域及国内外发展现状；分析了 GaAs 光电阴极的国内外研究现状。

1.1 三代微光像增强器简介

三代微光像增强器是微光探测领域的首选器件，其主要性能由积分灵敏度、分辨力和信噪比决定，这里还介绍了三代微光像增强器的应用领域及发展现状。

1.1.1 三代微光像增强器的基本原理

三代微光像增强器是直视和电视微光夜视系统的核心，它的主要作用是：增加像面照度、放大视角及保证合适的视场。为了使微弱的或不可见的反射辐射图像通过光电成像系统变成可见图像，微光像增强器本身应能起到变换光谱、增强亮度和成像的作用。通常采用如图 1.1 所示的结构来达到这些目的 [1]，图 1.2 给出了三代微光像增强器–四代微光像增强器及其结构示意图。微光像增强器是一种电真空成像器件，主要由光电阴极、微通道板 (micro-channel plate，MCP)、荧光屏和电子光学系统组成。

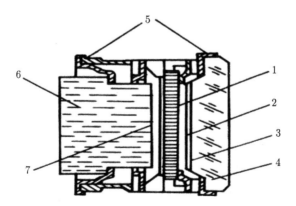

图 1.1 美国 ITT 公司的三代微光像增强器

1. MCP；2. GaAs/AlGaAs 光电阴极；3. Si_3N_4；
4. 阴极面板；5. 铟封；6. 光纤面板；7. 荧光屏

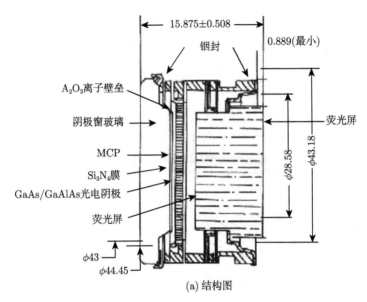

(a) 结构图

(b) 外形图

图 1.2　三代微光像增强器–四代微光像增强器及其结构示意图

在图 1.1 中，GaAs/AlGaAs 光电阴极 (2) 通过真空热粘接技术制备在阴极面板 (4) 的内侧，由 Si$_3$N$_4$(3) 与阴极面板 (4) 连接。当被一定频谱的光线照射时，它能发射出光电子，而且发射的光电子数量与入射光照强度成正比，从而将输入到它上面的低能辐射图像转变为电子图像。

电子光学系统采用双铟封 (5) 平板电容器系统。由 GaAs/AlGaAs 光电阴极 (2) 与 MCP(1) 构成第一个平板电容器，MCP(1) 与荧光屏 (7) 构成第二个平板电容器。

荧光屏制备在人眼观察的光纤面板 (6) 的内侧。

从 GaAs/AlGaAs 光电阴极 (2) 发射出的光电子经高压加速后打在 MCP(1) 上，经 MCP(1) 倍增后，MCP(1) 发射的电子打在荧光屏 (7) 上，这样就将 GaAs/AlGaAs 光电阴极 (2) 发射出的电子图像转换成人眼可以观察的光学图像。

从性能和结构上，微光像增强器已经经历了一代、二代、超二代、三代和四代等发展历程。

第一代微光像增强器的主要特点是：采用多碱阴极 Na$_2$KSb(Cs) 作为光电阴极以及光纤面板同心球电子光学透镜，该系统能将自光电阴极逸出的光电子加速并聚焦到荧光屏上，形成 40~50 倍增强的可见光输出图像。由于单级一代微光像增强器增益较低，所以通常需将三级一代微光像增强器通过光纤面板耦合起来使用。

第二代微光像增强器的主要特点是：采用多碱阴极 Na$_2$KSb(Cs)(S-20) 作为光电阴极，使用微通道板作为电子倍增器件。与第一代微光像增强器相比，增益得到很大提高，对强输入光照有一定的自动抑制作用，单级使用即可满足要求，外形尺寸也大大缩短，重量明显减轻。

超二代微光像增强器的结构和二代基本相同，通过提高光电阴极的灵敏度 (由 300~400μA/lm 提高到 600μA/lm 以上)、减小微通道板噪声因数、提高输出信噪比和改善整管的调制传递函数 (MTF)，使鉴别率和输出信噪比提高到接近标准三代微光像增强器的水平。

三代微光像增强器与其他微光像增强器的主要区别是：1965 年，Scheer 和 van Laar 发明了负电子亲和势 (NEA) 光电阴极 [2]。其灵敏度很高，大部分光谱区波段都比银–氧–铯 (S-1) 和 S-20 光电阴极高很多倍，在近红外 (NIR) 波段有很高的响应，量子效率比 S-1 光电阴极高几十倍，暗电流仅是 S-1 光电阴极的千分之一。三代微光像增强器采用光电阴极/MCP/荧光屏双近贴/双铟封结构。这类微光像增强器具有量子效率高、暗发射小、发射电子的能量分布及角分布集中、长波阈可调、长波响应扩展潜力大等优点，三代微光像增强器的灵敏度、分辨力和信噪比较二代微光像增强器有明显的提高。但为了延长器件寿命，需在 MCP 输入面蒸镀一层防止离子反馈膜，使三代微光像增强器在信噪比方面的优势有所减弱。

三代微光像增强器优缺点如下。

优点：

(1) 三代微光像增强器具有高灵敏度、高分辨率、宽光谱响应、高传递特性和长寿命等特点，且结构紧凑，能与二代微光像增强器互换；

(2) 能充分利用夜天自然光，这是由于三代 GaAs 光电阴极向近红外波长 0.9μm 延伸，在这一光谱区的光电子发射较二代多碱光电阴极增长约 4 倍；

(3) 三代夜视仪的作用距离较二代夜视仪提高了 50% 以上。

缺点:

(1) 制作三代微光像增强器涉及超高真空技术、表面物理技术、大面积高质量的单晶和复杂的外延生长技术,难度大、价格昂贵;

(2) 三代微光像增强器采用近贴聚焦,应用平面 GaAs 光电阴极,面积受到限制。

四代微光像增强器是最近几年出现的最先进的微光器件,其特点是:结构和三代基本相同,仍采用 GaAlAs/GaAs 光电阴极,但灵敏度由平均 1500μA/lm 提高到 2000μA/lm 以上;分辨力较 36lp/mm 有大幅度提高;对 MCP 及其处理技术进行了改进,通过蒸镀离子阻挡膜,或改进 MCP 材料,减少了气体吸附和离子反馈噪声;加之在电源模块中加入自动门控功能,可使器件昼夜兼容 ($10^{-4} \sim 10^4$lx);器件的工作寿命由 5000h 延长到 7500~10000h,甚至更长。

各代微光像增强器的性能如表 1.1 所示。

表 1.1　各代微光像增强器的性能比较 [3~10]

代名	积分灵敏度/(μA/lm)	分辨率/(lp/mm)	信噪比/10^{-4}lx	寿命/h
二代	240~350	32	14	2000
超二代	500~700	40~55	21	10000
高性能超二代	700~800	60~64	22	15000
三代	800~1000	40	14~21	10000
高性能三代	1300~2200	45~64	21~25	15000
四代	> 2000	60~90	30	15000

三代及四代微光像增强器的四大关重件包括:透射式 GaAlAs/GaAs 光电阴极、Al_2O_3/MCP(带离子壁垒膜的微通道板)、扭像器 (或光纤面板) 荧光屏和门控选通高压集成电源。

1.1.2　GaAlAs/GaAs 光电阴极

GaAs 光电阴极有反射式和透射式两种工作方式,在微光像增强器中普遍采用的是透射式 GaAlAs/GaAs 光电阴极,因为它符合微光成像器件的光路结构。而作为一种最为重要的光电阴极,透射式 GaAlAs/GaAs 光电阴极是在美国 Varian 公司提出 "反转结构" 之后才迅猛发展起来的。Varian 公司首先利用 "反转结构" 制备了透射式 NEA GaAlAs/GaAs 光电阴极,将其粘贴在玻璃衬底上。此后,随着金属有机化合物气相沉积 (MOVPE 或 MOCVD) 外延技术的发展,"反转结构" 又得到了进一步完善和提高。

实际的透射式 GaAlAs/GaAs 光电阴极结构比较复杂,其典型结构主要包括台面玻璃窗、SiO_2/Si_3N_4 过渡层、GaAlAs 缓冲层、GaAs 发射层、GaAlAs 阻挡层、GaAs 衬底、Ni-Cr 电极环几个层结构,其中 GaAlAs 阻挡层、GaAs 衬底会在制备过程中的"选择性腐蚀"工艺中采用不同的化学溶剂分别腐蚀掉，因此激活后的光电阴极应该由台面玻璃窗、SiO_2/Si_3N_4 过渡层、GaAlAs 缓冲层、GaAs 发射层和一层很薄的 (Cs，O) 激活层构成。可表示为玻璃/ Si_3N_4/ GaAlAs/GaAs，再在其上经过 (Cs，O) 激活就得到了透射式 GaAlAs/GaAs 光电阴极。

作为与 GaAs 晶格匹配最好的缓冲材料，$Ga_{1-x}Al_xAs$ 与 GaAs 的晶格失配最大为 0.2%，因此能有效地降低光电子在后界面的复合。而为了使阴极的短波截止朝蓝光方向延伸，可采用蓝光透射率高的 9741#玻璃取代传统的 7056#玻璃，并减小 $Ga_{1-x}Al_xAs$ 缓冲层的厚度以及提高 Al/Ga 比例来进一步提高蓝光透射率。这种蓝光延伸的透射式 GaAlAs/GaAs 光电阴极的探测波段为 250~880nm，灵敏度一般可在 2000μA/lm 以上。图 1.3 给出了 ITT 公司蓝光延伸的 GaAlAs/GaAs 光电阴极与普通三代 GaAlAs/GaAs 光电阴极量子效率曲线的比较。

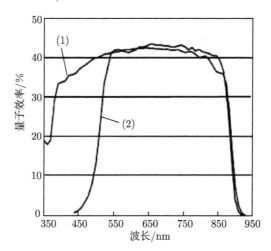

图 1.3　蓝光延伸 (1) 与普通三代 (2)GaAlAs/GaAs 光电阴极量子效率曲线比较

1.1.3　微通道板

微通道板 (MCP) 是一种具有良好的二维空间分辨能力的通道式连续打拿极电子倍增器件，由可多达数百万个规则紧密排列的细微玻璃通道组成，每个通道即构成了一个单独的连续打拿极倍增单元，如图 1.4 所示，两个端面镀有镍铬金属膜层，其外环是同样镀有镍铬金属膜层的由实体玻璃构成的实体边，平整的实体边可以提供良好的端面接触以便施加电压。MCP 必须工作于真空环境中，其工作机理是利用一定能量的电子 (光子、离子或带荷粒子) 碰撞通道内表层而产生二次电子发射的特性，二次电子在电场的作用下沿通道加速前进，经过重复多次的碰撞和电子倍增过程，最后在高电势输出端面有大量的电子输出，这个过程被形象地比喻为"电子雪崩"。

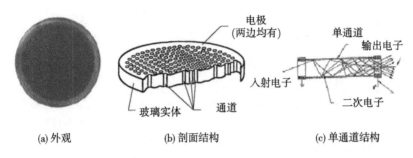

(a) 外观   (b) 剖面结构   (c) 单通道结构

图 1.4 MCP 的结构及工作原理

MCP 有两种工作模式，一种是模拟模式，工作于非饱和状态，即线性输出状态，输出信号相应于输入光电子事件的数目为二维分布，这就是 MCP 在微光像增强器中的工作模式；另一种是脉冲计数模式或称为光子计数模式，工作于增益饱和状态，即非线性输出状态，通常采用两片 MCP V 形叠加或三片微通道板 Z 形叠加的方式，以在尽量低的噪声下，获得尽可能大的增益。MCP 的脉冲计数模式通常应用于极端微弱信号的单个光子或电荷粒子的探测，如天文学探测、中微子探测或者质谱仪中的应用。

MCP 的工作特性取决于它的增益、离子反馈、噪声因子、寿命、分辨力和清晰度，几个主要特性参数在相应工作条件下相互影响并相互制约，可以在这些参数之间通过巧妙的处理和在制造过程中采用相应的针对性强化处理方案，达到所需要的低噪声和高分辨力的工作效果。

1.1.4 积分灵敏度

积分灵敏度是指微光像增强器中的光电阴极在标准光源的连续照射下，单位光通量所产生的饱和光电流，单位为 μA/lm，流明 (lm) 这个单位是基于人眼视见函数。积分灵敏度是微光像增强器的一个非常重要的指标，它简洁、直观地反映了微光像增强器中光电阴极的总的光电发射能力。

测试积分灵敏度时，常采用国际上公认的色温为 2856K 的钨丝白炽灯作为标准光源。光源衰减到规定的照度照射到一定面积的光电阴极面，用微电流放大器测出阴极的输出电流即可计算出积分灵敏度。

1.1.5 分辨力、MTF

一个光电成像器件应具备两个重要能力：一是从微弱景物的目标中探测光子的能力；二是分辨景物目标细节的能力。

对于第一个能力，接收入射光的光敏面在给定波长上的量子效率表明了从景物中探测光子的一种能力。对于第二个能力，分辨目标细节的能力 (lp/mm) 及 MTF 特性，是微光器件的重要特性参数之一，像其他成像器件一样，包含了对不同空间频率目标调制度信息的传递能力，决定着微光系统在中等以上 ($\geqslant 10^{-2}$lx) 照度时的成像清晰度，其值大小以一次方的关系影响着夜视仪的作用距离。

微光像增强器的分辨力一般是指在分辨力图案板被适当照明，且黑白条纹对比度为 1 时，人眼由仪器目方所观察到的折算至光电阴极面上的最高分辨力。微光像增强器中电子光学系统存在着各种像差，再加上荧光屏以及级间耦合元件 (光学纤维面板或夹心板) 对光的散射、串光以及其他原因，综合造成图像细节的清晰度下降。为评定微光像增强器的成像质量，最常用的方法就是测定其分辨力。

极限分辨力是表征微光像增强器的综合极限参量。当图案对比度为 c 的标准测试靶在光电阴极面形成不同照度时所测得的最高分辨力曲线，就是该对比照度条件下的极限分辨力曲线。标准测试靶通常以不同对比度的图案形成一个系列，基于此可以测试各不同对比度下的极限分辨力曲线，形成以对比度为参量的曲线簇。

用目测方法测量微光像增强器分辨力时，所用的是测量光学成像系统鉴别率时所用的鉴别率板。目测方法总是存在着主观因素，并不是完全评定微光像增强器成像质量的理想方法，从某一光照起，图像质量不再与入射光照水平有关，而是与微光像增强器的传递特性有关。景物的对比度通过微光像增强器进行传递的能力通常用 MTF 表示，MTF 表明物平面调制度为 100% 时，各个空间频率谐波经过器件后的衰减程度，故它是空间频率 (lp/mm) 的函数，其测试方法与一般光学成像系统测量传递函数的方法相同。MTF 评价法用于正常或高景物照度下使用的各类光学和电光成像系统的像质评价与总体性能分析，其理论基础是傅里叶频谱分析法。迄今为止，用 MTF 来评定成像器件的像质是最客观、最合理的方法。

由 MTF 曲线可以推导极限分辨力值。一般极限分辨力可由该曲线上调制度为 3%~5% 的点所决定，取决于测量的方法。总的来说，在低的空间频率处有好的调制度 (即对比度) 便会有清晰的像，而低的调制度则使其图像给人雾蒙蒙的感觉。

尽管近贴型微光像增强器的分辨力及 MTF 的理论比较成熟，但针对 GaAlAs/GaAs 光电阴极的三代–四代微光像增强器的特殊情况，还需要考虑该光电阴极表面输出光电子的特定能量分布、角度分布、MCP-Al_2O_3 膜的电子散射特性，因此，有必要完善 GaAlAs/GaAs 光电阴极微光器件分辨力、MTF 的理论模型，分析相关影响因素，探讨达到高分辨力、MTF 特性的技术途径、工艺原理和试验、验证、测试评价方法。

1.1.6 信噪比

微光像增强器工作在夜间微弱光条件下，输入的光信号非常微弱，这就要求微光像增强器有足够高的信噪比和亮度增益，以便把每一个探测到的光子增强到人眼可以观察到的程度。同时，微光像增强器会由于光电阴极热发射及信号感生等因素而造成附加背景噪声，这个附加噪声使荧光屏产生一个背景亮度，从而使图像的对比度恶化，严重的可使目标信号淹没于该噪声中。图像的噪声特性用信噪比来表示。信噪比被定义为微光像增强器荧光屏输出亮度的平均信号值与偏离平均值的均方根噪声值之比。

$$S/N = \frac{S - S_0}{\sqrt{N^2 - N_0^2}} \tag{1.1}$$

式中，S/N 是微光像增强器输出信噪比；S 是有光输入时像增强器荧光屏输出亮度信号直流平均值，通常采用光电倍增管和信号处理电路将其转化为电压值 (V)；S_0 是无光输入时荧光屏输出信号平均值 (V)；N 是有光输入时荧光屏输出亮度噪声值 (V)；N_0 是无光输入时荧光屏输出亮度噪声值 (V)。

我国的测试标准规定，测试三代微光像增强器的信噪比时，给像增强器加以正常工作电压，在光电阴极中心区的一个直径为 0.2mm 的圆面内，输入照度为 1.08×10^{-4}lx(对二代微光像增强器为 1.29×10^{-5}lx) 的光，光源为色温 (2856±50)K 的钨丝灯。在荧光屏上形成一个圆亮斑，该圆斑的直径为输入光斑直径与像增强器放大率的乘积。用低暗电流的光电倍增管探测该圆斑的亮度。光电倍增管的输出信号通过一个低通滤波器输入到测定交流均方根分量和直流分量的测试设备上，在同一圆斑上测定像增强器无输入辐射时的背景亮度的交流分量和直流分量，低通滤波器的频率为 10Hz。

微光像增强器的信噪比值和测试条件有关，它和测试光点的直径、照度及规定的噪声频率都有关系。不同的测试条件下，将获得不同的微光像增强器信噪比，所以在实际测试时，要统一规定标准的入射通量和带宽，若偏离规定值，应进行如下修正：

$$S/N = \frac{S - S_0}{\sqrt{N^2 - N_0^2}} \sqrt{\frac{E_0 A_0}{E_x A_x}} \left[\frac{\Delta f}{\Delta f_0}\right]^{1/2} \tag{1.2}$$

式中，E_0、A_0 分别表示标准入射照度和面积；E_x、A_x 分别表示实际入射照度和面积；Δf_0 为标准系统带宽；Δf 为实际系统带宽；其他参量同式 (1.1)。

1.1.7 三代微光像增强器的应用领域

现代武器效能的提高，从提高精确打击能力、应用预警、搜索跟踪的战场透明化，到光电防卫、光电对抗以及力量倍增的打击，每一步都伴随着微光技术的进步。

在微光技术研究领域，经过几代人的努力，从研制、引进到仿制，我国的微光技术缩小了与西方国家的差别，取得了成绩。特别是近年来，我国微光器件的研究改变了以配套技术出现在型号中的研究方式，开展了微光信息基础以及瓶颈技术研究，缩小了与西方发达国家的差距。

微光夜视系统通常由微光成像物镜、微光像增强器、目镜 (或中继透镜) 组成，如图 1.5 所示。微光夜视系统的工作以夜天光或其他微弱光照射下的目标 (景物)

作为图像信息源,通过物镜成像、光电阴极光电转换、MCP 电子倍增、荧光屏电光转换,输出为亮度得到 10^4 倍以上增强的人眼可见光图像。其工作模式一般可分为微光直视和微光电视 (像增强 ICCD) 模式。

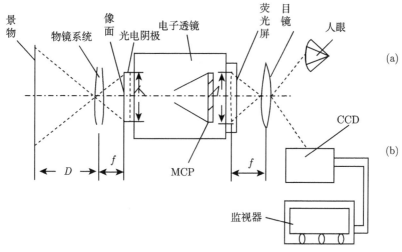

图 1.5 微光夜视系统的构成及工作原理示意图

(a) 直视成像系统;(b) 电视成像系统

微光视距或图像清晰度标志着微光夜视装备的先进性和实用价值,它通常由微光条件下目标图像的光子数/光电子数统计涨落规律所支配。系统对目标细节的分辨能力,受制于目标环境照度、目标/背景对比度、大气透明度、物镜的口径/焦距/透过率、核心器件 (含微光像增强器及 CCD) 的灵敏度 (量子效率)/MCP/信噪比等性能。理论和实践已经证明,在低照度 (10^{-4}~10^{-1}lx) 下,微光视距与微光像增强器光电阴极量子效率的平方根成正比,与器件的噪声因子成反比;在 10lx 以上正常照度下,正比于系统 (器件) 的极限分辨力 (MTF);在 10^{-1} ~10lx,由上述两种机制共同支配。

微光应用主要集中在如下领域:

陆军机动地面部队:夜间战场的观察和监视、轻武器的夜瞄镜、自行火炮和坦克火控系统中的夜间瞄准装置、车辆的夜间驾驶仪、夜间侦察、灯火管制时的文件阅读、战地修理用的袖珍式夜视仪,以及目前正在发展的陆军机动地面部队用于上述目的的微光与其他传感器的多光谱融合系统等。

海军:夜战中的观瞄设备。

空军和空降兵部队:飞行员夜视眼镜、超小型夜视枪瞄镜、应用于光电吊仓中的微光与其他传感器的多光谱融合系统等。

二炮:远距离夜间监控设备、车辆的夜间驾驶仪等。

武警、特警、防暴和边防部队：远距离夜间监控设备、枪用夜瞄镜和袖珍式夜视仪等。

其他领域：应用于不可见光谱转换中的微光观察，例如，X 射线安检、X 射线探伤等。

微光夜视技术具有光谱转换、亮度增强、高速摄影和电视成像四大特殊功能，它能够探测到人眼看不见或不易看见的 X 射线、紫外线 (UV)、极微弱星光、近红外辐射和几千亿分之一秒内瞬息万变的目标 (景物) 图像，使其变为亮度得到千/万倍增强的人眼可见的光学图像，从而能够弥补人眼在空间、时间、能量、光谱分辨能力等方面的局限性，扩展了人眼的视野和功能，加之微光夜视装备体积小、重量轻、功耗低、操作方便、装备费用较低，已经成为军用夜视观察、瞄准、测距、跟踪、制导和告警的技术手段，并在天文、地质、海洋、公安、医疗、生物等民用领域里具有重要实用价值。微光夜视技术的四大特殊功能及其意义如图 1.6 所示。

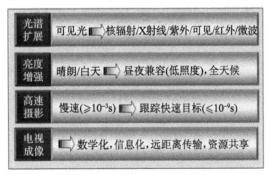

图 1.6 微光夜视技术的四大功能及其意义

微光夜视技术四大功能在军事上和科学上的意义分别表现在以下几个方面。

1. 光谱拓展功能

采用不同材料的光电阴极，可以将人眼看不见的红外线、紫外线、X 射线，甚至超短波辐射的光子转换成光电子，进而通过电子倍增和荧光显示，变换为可见光图像，从而可大大拓宽人眼的视野。例如，远距离夜间激光选通夜视成像 (观察、侦察、救援等仪器)，水下蓝绿光激光/微光选通成像 (鱼雷制导、蛙人观察)，利用紫外或 X 射线敏感的光电阴极微光像增强器可做成导弹尾焰紫外告警器，以及在科学研究和工业中普遍应用的 X 射线成像及超短波辐射成像诊断仪器等。微光的光谱转换功能最近正向近红外 (0.9~2.65μm) 波段延伸。

2. 亮度增强功能

图像亮度增强是微光夜视技术的主要特征，通过其光电阴极光电转换、MCP电子倍增和荧光屏的电光转换，可以获得的亮度增益高达 10^4(1 块 MCP)、10^6(2

块 MCP 级联) 和 10^8(3 块 MCP 级联)，利用此功能可做成低照度下有效工作的军用夜视仪、观察仪、瞄准镜、头盔夜视眼镜，或者与 CCD 或 CMOS 耦合，做成低照度微光电视摄像机等。前者是部队夜战的 "眼睛"，后者是远距离微光电视侦察、传输和现代生物医疗、生命科学研究及微弱光荧光现象 (诊断) 的主要技术手段。

3. 高速摄影功能

微光成像仪器是目前最快的高速摄影技术手段，配置特种光电阴极和偏转电子光学系统的高速摄影器件 (所谓条纹微光像增强器)，可以使高速摄影机的电子快门时间缩短到 10^{-9}s(1ns)$\sim$$10^{-12}$s(1ps)$\sim$$10^{-15}$s(1fs)，这在高能物理和生化现象研究中具有不可替代的重要作用。

4. 电视成像功能

微光像增强器、X 射线像增强器、紫外像增强器、红外像增强器等器件的末端荧光屏易与 CCD 或 CMOS 等摄像器件耦合，提供微光电视图像，从而可采用实时图像处理、彩色化、多终端显示和远距离传送等手段，满足各种兵器自动摄像、侦察、搜索、跟踪的需要。例如，洲际导弹用高灵敏度、高分辨力四代微光 ICCD 下视系统，激光导星天文自适应光学望远镜用的蓝延伸 GaAlAs/GaAs 光电阴极微光 ICCD 图像光子计数器等。

1.1.8 三代微光像增强器的国内外发展现状

1. 国际水平

美国是三代升级，采用的是三代 → 高性能三代 [7] → 超三代 [3,8] → 四代 [3]。

在国外，从 20 世纪 60 年代后半期到 80 年代中期，三代微光像增强器技术的研究热情空前高涨，主要的研究国家有美国、苏联、英国、法国、荷兰、德国等，主要的研究机构有美国的夜视实验室、RCA 公司、ITT 公司、Stanford 大学，荷兰的飞利浦公司，法国的 LEP 实验室，苏联的普通物理研究所，英国的剑桥大学等。但由于制造技术上的困难和商业上的竞争，最终美国取得了三代技术垄断权。目前，仅有美国的 ITT 公司和利顿公司生产三代微光像增强器 [9~11]，而法国 [6]、荷兰等西欧国家则转向开发超二代微光像增强器。俄罗斯 [7] 仍在研究三代微光像增强器，但研究水平低于美国。位于俄罗斯新西伯利亚的半导体物理研究所 1995 年报道，其制备的砷化镓光电阴极在 570~850nm 波段的量子效率一般为 15%，最好为 30%，而美国一般可达到 30%。

近几年，美国三家微光像增强器制造厂继续改进三代微光像增强器的性能。例如，利顿公司将阴极光谱响应的范围延伸到 1100nm，使微光夜视仪可以观察到 1.06μm 的激光；再如，考虑将 MCP 孔径减少到 4μm 的可行性等。

2. 国内水平

国内对三代微光像增强器的研究起始于 20 世纪 80 年代，主要研究机构有中国科学院电子学研究所、中国科学院西安光学精密机械研究所 (西安光机所)[12~18]、西安应用光学研究所 [19~24]、中国电子科技集团公司第五十五研究所、福州大学 [25~28] 和南京理工大学 [29~40]。目前，国内利用十分有限的条件建立起了三代微光工艺线。经过五个五年计划以及几代科技工作者的努力，特别是在国家重大基础研究项目和瓶颈技术研究项目的支撑下，依托微光夜视技术重点实验室，缩小了与国外的差距。表 1.2 给出了 2009 年美国 ITT 公司利用"顶尖"技术的 MX-10160型 ϕ18mm 三代微光像增强器性能指标，表 1.3 给出了我国实验室水平与国外微光像增强器性能参数的比较。

表 1.2　2009 年美国 ITT 公司利用"顶尖"技术的 MX-10160 型
ϕ18 mm 三代微光像增强器性能指标

性能参数		MX-10160(F9800 系列)					
		F9800K	F9800DTG2	F9800WG*	F9800TG	F9800VG	F9800YG
分辨力 (最小)/ (lp/mm)		64	64	64	64	64	64
高亮度分辨力: 20fc(最小)/(lp/mm)		12	36	36	36	45	36
光电阴极灵敏度 (最小)	2856°K/ (μA/lm)	1800	1500	1800	2000	2200	1800
	880nm/ (mA/W)	80	80	80	100	120	80
信噪比 S/N(最小)		21	21	22	26	28	25
EBI(最大)/ (10^{-11}lm/cm^2)		2.5	2.5	2.5	2.5	2.5	2.5
亮度增益: fL/fc	2×10^{-6}fc	40000 ~ 70000	40000 ~ 70000	50000 ~ 80000	50000 ~ 80000	50000 ~ 80000	50000 ~ 80000
	2×10^{-4}fc	10000 ~ 20000	10000 ~ 20000	10000 ~ 20000	12500 ~ 21000	12500 ~ 20000	12500 ~ 22500
输出亮度, fL : 1fc 和 20fc		2.0~4.0	2.0~4.0	2.0~4.0	2.5~4.2	2.5~4.2	2.5~4.2
MTF (最小)	2.5lp/mm	92%	仅此信息	仅此信息	仅此信息	仅此信息	仅此信息
	7.5lp/mm	80%	仅此信息	仅此信息	仅此信息	仅此信息	仅此信息
	15.0lp/mm	61%	61%	61%	61%	61%	61%**
	25.0lp/mm	38%	38%	38%	38%	38%	38%**

注: fL 是亮度的英制单位; fc 是照度单位烛光 (foot candle)，1fc=1.07639×10lx

* 推荐为武器应用; ** 典型的 MTF 值

表 1.3 国内外微光像增强器性能参数比较

国家	阴极灵敏度/(μA/lm)	信噪比/(10^{-4}lx)	分辨力/(lp/mm)
美国	1500~2200	21~30	~64
俄罗斯	1200~2000	15~25	~55
中国	1200~2022	~25	~50

我国是世界 MCP 的生产大国，形成了一定的生产规模，满足了国内微光像增强器研制和生产的需要，并有一定数量的出口。

在微光像增强器的研制和生产中，大量使用的是国外测试设备，涉及提升器件水平的在线测试设备国外对我国禁运。

1.2 数字微光器件与电子源中的 GaAs 基光电阴极

真空与固态器件的结合构成了数字微光器件，这里也简单介绍了电子源。

1.2.1 数字微光器件

1. 微光技术发展

夜视技术是利用夜间天空辐射对目标的照射，或利用地球表面景物的自身热辐射，借助科学仪器观察景物图像，主要分为主动式与被动式夜视技术两类。

被动式夜视技术可以分为微光探测技术和红外成像技术。红外成像技术分为制冷型和非制冷型，这里我们不展开讨论。微光探测技术分为直视型和电视型，直视型是观察者通过目镜系统直接观察微光像增强器荧光屏的图像；按照数字器件的耦合方式，电视型微光探测技术可以分为微光 CCD(电荷耦合元件，charge coupled device) 器件和微光 CMOS(互补金属氧化物半导体，complementary metal-oxide-semiconductor) 器件，是微光像增强器 +CCD 或者 CMOS 的产物，是目前大量使用的数字微光器件。

数字微光器件将微弱的二维空间光学图像转换为一维的数字视频信号，并再现为适合人眼观察的技术。该技术涉及图像的光谱转换、增强、处理、记录、储存、读出、显示等物理过程，通过数字技术的手段，改造、提高、丰富了夜视技术，使数字技术和夜视技术完美融合，是夜视技术的发展方向，在航空、航天、科学研究等领域有着越来越广泛的应用。

2. 微光 CCD 成像器件

1) ICCD 技术

ICCD 由微光像增强器、中继耦合元件和 CCD 组成，中继耦合元件分为透镜和光锥，图 1.7 给出了中继透镜和光锥耦合的 ICCD 示意图。

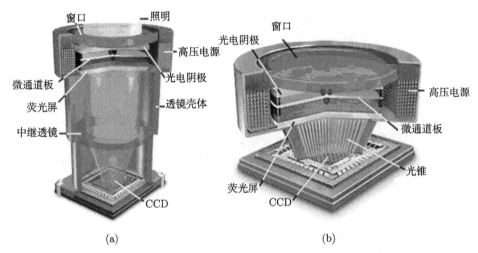

图 1.7 中继透镜 (a) 和光锥 (b) 耦合的 ICCD 示意图 (后附彩图)

透镜耦合的 ICCD 调焦容易，成像清晰，但是尺寸大、耦合效率低，并且存在杂光干扰；光锥耦合的 ICCD 体积小、荧光屏光能利用率高，但是离焦和 MTF 下降，像质差。

2) EBCCD 技术 [41~44]

ICCD 由于成像过程要经历光电转换、电光转换和光电转换过程，图像质量下降，严重影响了探测能力；中继耦合元件不仅增加了器件的几何体积和质量，而且降低了器件的性能，在中继传输过程中对比度和分辨力下降，也使图像信噪比大幅度下降；荧光屏的存在使得信号有延迟，不能满足高帧频 (100Hz) 的需求。基于此，EBCCD 技术应运而生。

EBCCD 是电子轰击型 CCD，其由光电阴极、电子光学系统和 BCCD 构成。所谓的 BCCD 是通过减薄方法去除 CCD 基片的大部分硅材料，仅保留含有电路器件结构的硅薄层，使成像光子从 CCD 背面无需通过多晶硅门电极，即可进入 CCD进行光电转换和电荷积累，大幅度提高量子效率；通常前照明 CCD 的多晶硅电极将吸收几乎所有的紫外光，带有紫外抗反射涂层的 BCCD 在 200nm 波长处具有接近 40%的量子效率。

EBCCD 用 BCCD 代替像增强器内的荧光屏，去除了微通道板、荧光屏和光锥，从而使成像链的环节减小到最低程度。当减薄到 8~12μm 的 CCD 基片被装到像管内时，其背面接收由光电阴极射出并经加速的光电子，光电子轰击 BCCD 产生电子空穴对，得到电子轰击半导体 (EBS) 增益，该过程的噪声大大低于微通道板电子增益的噪声，能提供几乎无噪声的增益。当管电压为 10 kV 时，增益可达2000，甚至高达 3000，足以克服系统的噪声源。

图 1.8 给出了 EBCCD 的结构示意图。

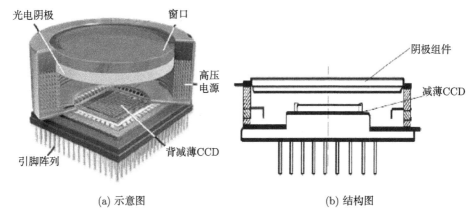

(a) 示意图　　　　　　　　　　　　　　(b) 结构图

图 1.8　EBCCD 的结构示意图 (后附彩图)

EBCCD 体积小, 质量小; 增益高, 噪声低, 分辨力高; 白天和夜间全天候工作; 具有几乎无噪声的电子轰击半导体增益; 读出噪声小; 最低工作照度可达 10^{-6}lx 以下。主要用于天文望远镜图像光子计数器; 适用于生命科学中超微弱光荧光图像分析以及需要数字图像的军用领域。其工艺难点是 BCCD 与光电阴极制备工艺兼容性问题, 包括 CCD 减薄、表面 Cs 污染、高温烘烤和管子封装等。

3. EBCMOS(EBAPS) 成像器件 [45]

1) 引言

微光摄像机具有双重用途, 即传统军用头盔夜视和商业应用 (监视, 医疗和科学应用)。目前使用的高性能微光摄像机具有两个技术途径: 第一是基于三代 (GaAs 光电阴极) 或二代微光像增强器通过光锥耦合到 CCD 或 CMOS, 形成一个图像增强 (I^2) 摄像机; 第二是使用电子倍增 CCD(EM-CCD) 作为微光传感器。上述两种摄像机在性能、尺寸、功耗和成本方面尚不能最优。

通过新的 CMOS 成像器或有源像素传感器 (APS) 替换 CCD, 充分利用半导体行业封装技术, 2005 年, Intevac 公司的 Verle W. Aebi 等发表了《EBAPS: 下一代低功耗数字夜视》, 提出了下一代微光器件的概念 (electron bombarded active pixel sensor, EBAPS, 电子有源像素传感器), 基本解决了目前微光摄像机的缺点。

2) EBAPS 传感器 [46]

Intevac 的 EBAPS 由III-V族半导体光电阴极和背面减薄 CMOS 芯片阳极组成, 采用近贴聚焦技术实现高分辨率。如图 1.9 所示, 光电阴极发射的光电子以电子轰击模式直接注入 CMOS 阳极, 电子被收集、放大并直接产生数字视频读出。EBAPS 的光谱范围为 0.4~1.7μm, 由光电阴极决定, 分辨力/帧频/低功耗由硅传感器决定。

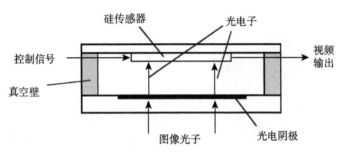

图 1.9　EBAPS 结构与工作原理

　　Intevac 给出的部分产品如图 1.10 所示，已开发两代传感器，第三代正在开发中。第一代 EBAPS，NightVista，是基于一个 1/2in(1in=2.54cm) 的图像格式，VGA(640×480 像素，12μm 像素尺寸)CMOS 成像器。NightVista CMOS 芯片集成了一个高性能的模拟信号处理器，包括一个可编程增益放大器 (PGA)，高速 10 位模/数 (A/D) 转换器和固定模式噪声消除电路。在 NightVista 基础上，第二代 ISIE6 摄像机存在三个关键的改进：光学格式已经被增加到 2/3in，焦平面是基于 SXGA(1280×1024 像素，6.7μm 像素尺寸)CMOS 成像器件，读出噪声已被大幅减少。在所有光照下，这些改进导致性能大幅度提高。相对于头盔夜视应用，ISIE10 摄像机进一步优化夜视性能，其主要通过扩大像素尺寸 (10.8μm) 和增加传感器尺寸 (1in 光学格式)，进一步减少读出噪声和增加帧速率。NightVista，ISIE6 和 ISIE10 EBAPS 主要的 CMOS 成像芯片参数列于表 1.4。EBAPS 传感器的共同特性由光电阴极确定，如表 1.5 所示。

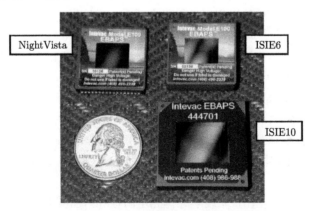

图 1.10　Intevac 给出的采用 GaAs 光电阴极的部分
产品：NightVista，ISIE6 和 ISIE10(后附彩图)

表 1.4　NightVista，ISIE6 和 ISIE10 的主要参数

参数	NightVista	ISIE6	ISIE10
规格	VGA640×480	SXGA1280×1024	SXGA1280×1024
像素尺寸	12.0μm×12.0μm	6.7μm×6.7μm	10.8μm×10.8μm
光学规格	1/2^{in}(对角线 9.8mm)	2/3^{in}(对角线 11mm)	1^{in}(对角线 17.7mm)
帧速	30 帧/s	27.5 帧/s	最多 37 帧/s
视频输出	RS-170 或者交错数字视频	10bit 数字输出,进行扫描	10bit 数字输出,进行扫描

表 1.5 EBAPS 传感器共有特性

光电阴极	GaAs(500~900nm 带宽)
高压电源	门控动态范围控制
24h 能力	白天高压断开成像

CMOS 成像器件的结构与设计决定了 EBAPS 传感器的最终性能。首先,需要 CMOS 成像面积具有 100% 的填充因子。在星光照度下微光摄像机的性能是由光子统计决定的。成像器件检测最大数量的光子以获得足够的微光分辨力和性能。其次,对图像光子集成,CMOS 图像传感器的结构必须最大限度地接近 100% 的占空比,以保证微光性能最大化。采用合理的背照式的设计基本上可以获得 100% 的填充因子。

微光摄像机另一个关键要求是高动态范围,以适应具有照明夜间场景 (10^5 或者 10^6 数量级) 的动态范围,这在城市环境中是常见的情况。低电压操作也很重要,以缓解电源要求的门控电源。门控在高光照条件下,可用于降低曝光控制的占空比。门控控制摄像机采用自动增益控制 (AGC) 算法。

EBAPS 的其他设计要求包括高性能,可靠性,最小尺寸和低成本。高性能取决于高量子效率 GaAs 光电阴极,在近红外范围 (500~900nm),GaAs 具有好的灵敏度,与可见光谱范围相比,夜间可以获得较高的光通量。可靠性取决于光电阴极的稳定性,需要超高真空环境,需要选择与超高真空兼容的材料以及合适的清洗程序和处理技术。传感器开发过程已经证明了低成本,即在整个产品开发周期考虑了制造成本。在 EBAPS 器件中,本质上包含封装的 CMOS 图像传感器和一个光电阴极组件,零件数量已经最小化。通过采用一个近贴聚焦传感器设计,使用标准的半导体封装传感器的方法,已经实现了器件研制和量产。这使得整体的封装尺寸最小化,并且可以采用自动化的制造方法。

3) EBAPS 产品特征

与目前装备的微光摄像机相比,EBAPS 摄像机提供相当小的尺寸和重量。商业 NightVista 和 ISIE6 摄像机如图 1.11 和图 1.12 所示。NightVista 摄像机的 EBAPS 传感器、电子学和高压电源的质量是 45g(不包括包装箱和其他机械安装组件)。ISIE6 和 ISIE10 摄像机质量将轻微增加,其原因是增大了传感器尺寸。

图 1.11 NightVista 摄像机 (后附彩图)   图 1.12 ISIE6 摄像机 (后附彩图)

对 RS170 视频配置，NightVista 摄像机功耗是 1.1W，ISIE6 摄像机功耗是 1.8W。基于现场可编程门阵列 (FPGA) 的 ISIE6 和 ISIE10 摄像机的设计目标是 1.2W 的功耗。使用专用集成电路 (ASIC) 的 ISIE10 摄像机功耗可能小于 1W。

所有 EBAPS 摄像机具有许多提高系统性能的共同特征，包括复杂的 AGC 算法，通过微型、门控、高压电源控制摄像机曝光。AGC 算法允许用户选择整个框架或用户曝光控制的可选择窗口，也可选择窗口中的平均亮度以及饱和像素的百分比。用一个标准两点校正算法完成非均匀性校正 (NUC)，以消除固定模式噪声。与热成像仪相比，在 EBAPS 中 NUC 所需的增益和偏移参数在整个工作时间内是稳定的，可以存放在工厂提供的摄像机中。该摄像机还使用标准方法执行盲元校正。一个重要的摄像机图像处理功能是直方图均衡化算法。

4) EBAPS 摄像机的性能

EBAPS 摄像机采用夜间高压开启，光电阴极产生的电子轰击硅传感器成像；白天高压断开，由硅传感器直接接收光子成像。相对于 GaAs，这是硅的较长的截止波长起作用。在背面减薄 CMOS 图像芯片前面，GaAs 光电阴极作为长通滤波器。GaAs 光电阴极在 750nm 时开始透过光，在波长大于 900nm 时透过率接近 100%。硅对 1100nm 波长有一定灵敏度。因此，CMOS 图像传感器在 750~1100nm 波长范围直接探测光子，不用增强模式工作。GaAs 光电阴极和高压应用 (蓝色曲线) 的增强的夜间工作模式的典型光谱响应曲线如图 1.13 所示。图中也给出了高压关闭，硅 CMOS 成像器件直接光子探测的非增强白天工作模式 (红色曲线)。这种工作模式白天具有高分辨率近红外图像，不影响传感器的工作寿命。

在白天工作模式下，不存在近贴聚焦电子光学系统导致的图像质量的退化，类似于标准的 CMOS 图像传感器，以 MTF 表示的分辨率明显改善。在白天工作的传感器，CMOS 芯片 AGC 是通过积分时间控制。

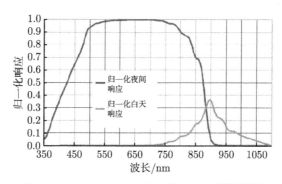

图 1.13 GaAs EBAPS 的光谱响应 (后附彩图)

图 1.14 是用 NightVista 摄像机白天获得的图像。为了便于比较, 图 1.15 给出了夜间图像。两幅图像的对比度变化是不同光谱敏感波段的结果。

图 1.14 NightVista 摄像机白天获得的图像　　图 1.15 NightVista 摄像机夜间获得的图像

在实验室中对 NightVista 和 ISIE6 摄像机已经进行了极限分辨率测量, 结果如图 1.16 所示。在所有的光照度下, ISIE6 摄像机具有更高的分辨率。这是由于 ISIE6 芯片具有较小的像素尺寸和较低的读出噪声。

用 ISIE6 摄像机拍摄了夜间以绿色草地为背景的图像, 如图 1.17 所示。与用 VGA 格式 NightVista 摄像机获得的图像相比, SXGA 格式和较低的噪声可以获得更高的分辨率和图像质量。

在 Intevac 研发过程中, 利用 EBAPS 摄像机进行了视距建模。在绿色草地或枝叶背景下, 一名身穿作战服 (BDU) 的人作为执行任务的模特, 实验结果如图 1.18 所示, 每一代摄像机的识别距离逐渐增加。从 NightVista 到 ISIE6 再到 ISIE10, 识别距离的增加是由于减少了 EBAPS 生成的读出噪声, 增加焦平面尺寸增加了光收集能力。NightVista 采用 VGA, 而 ISIE6 和 ISIE10 采用 SXGA。与标准的直视夜视镜相比, 所有三个摄像机是间接观察摄像机, 其基础优势是视距性能随照度相对缓慢下降。这是从微光传感器分离显示亮度的结果。基于摄像机使用一个微型显示器显示亮度的系统可以优化眼睛的最佳性能，随着显示亮度的降低，消除了眼睛性能的下降，不同于用直视夜视镜在星光或者更低照度下观察。

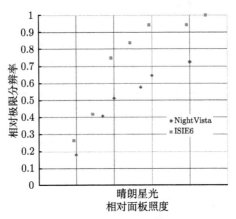

图 1.16　极限分辨率与面板照度的关系

图 1.17　ISIE6 摄像机微光成像

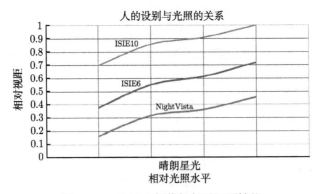

图 1.18　EBAPS 摄像机相对识别性能

1.2.2 电子源

1. 光源装置中的 GaAs:Cs 光电阴极材料

未来光源装置最关键的技术之一是光电阴极电子枪，其为光源装置提供高平均流强、小发射度和短束团的优质电子束。这就要求构成电子枪的光电阴极材料具有高量子效率，在激光驱动下产生高平均流强，并具有较长的工作寿命。

目前国际上光源装置使用的或有潜力的电子枪的技术方案有光电阴极直流高压、超导微波和常温微波电子枪三种类型，各有优势和局限性。从总体看，使用光电阴极直流高压电子枪是目前开展小发射度、高平均流强光源装置的首选方案。国际上已经实施的 JLab-ERL 装置、正在实施的美国 Cornell-ERL 和日本 KEK-ERL 装置的注入器系统，都选用光电阴极直流高压电子枪技术，采用 GaAs:Cs 光电阴极材料[47~50]，中国科学院高能物理研究所 (IHEP) 也采用了该方案[51]。

国内现有的光电阴极注入器研究，更多地以高峰值流强为目标，为高增益自由电子激光提供束流。清华大学加速器实验室研制的 S 波段微波电子枪系统，峰值流强达到几十安培，但束团重复频率低，仅十几赫兹，所以平均流强很低。北京大学采用直流加超导的注入器技术，选用 Cs_2Te 阴极，目前获得平均流强为 μA 量级的电子束流。IHEP2011 年自主立项的 "500kV 光电阴极直流高压电子枪实验平台" 也是采用 GaAs:Cs 光电阴极材料，计划平均流强 5~10mA，验收指标 5 mA[51]。上海 X 射线自由电子激光装置采用铜作为光电阴极材料，量子效率在 10^{-4} 电子/光子量级。表 1.6 给出 Cornell-ERL、JLab-ERL、KEK-ERL 和 IHEP 光电阴极性能。

表 1.6 光源装置光电阴极主要技术指标

	Cornell-ERL[47]	JLab-ERL[48]	KEK-ERL[49,50]	IHEP[51]
阴极材料	GaAs:Cs	GaAs:Cs	GaAs:Cs	GaAs:Cs
量子效率	12% ~ 15% (初始)1%	5% ~ 7% (初始)1%	5% ~ 7% (初始)1%	5% ~ 7% (初始)1%
寿命	100h	30h	20h	20h
横向归一化发射度	0.3mm·mrad	7.0mm·mrad	1.0mm · mrad 0.1mm · mrad (7.7pC)	1 ~ 2mm · mrad 0.1 ~ 0.2mm · mrad (7.7pC)
平均流强	100mA(设计)	9.1mA(达到)	10 mA(设计)	5 ~ 10mA 验收指标5mA

由表 1.6 可知，在世界范围内，目前光源装置面临的问题是光电阴极量子效率偏低，最高不超过 15%，寿命偏短，最长不超过 100h，提升光源装置光电阴极的量子效率，延长其寿命对发挥同步辐射装置的效能是应该关注的重大课题。

2. 真空电子源中的 GaAs 光电阴极

自旋电子学 (spintronics) 主要研究与电子的电荷和自旋密切相关的过程, 包括自旋源的产生、自旋注入、自旋传输、自旋检测及自旋控制, 其最终目的是实现新型的自旋电子器件。自旋电子学是当前研究的重要热点学科之一, 其研究成果将对未来科技和社会进步产生深远的影响。GaAs 光电阴极由于其发射电子自旋极化率高、能量与角度分布集中以及发射电流密度大等优点, 是一种性能优良的真空电子源, 在自旋电子学和电子束平面曝光技术等领域中具有很好的应用前景 [52~60]。

自旋电子学研究的首要问题是自旋源的产生, 而真空自旋电子源由于要求电子从材料中发射出来, 就比普通自旋源的产生更为困难。NEA GaAs 光电阴极作为性能最优良的真空电子源之一, 引起了人们广泛的关注和极大的研究兴趣。Stanford 大学在这方面开展了最为广泛的研究工作 [52~55], 获得了发射峰值光电流达 9.2A、自旋极化率超过 80% 的 GaAs 自旋极化电子源 [54,55]。清华大学开发了基于 GaAs 光电阴极的自旋极化电子碰撞谱仪, 并以极化电子作为探针, 开展了自旋相关效应的实验研究 [56~58]。

GaAs 光电阴极真空电子源另一个重要应用领域是电子束平面曝光技术 [59,60]。在过去的四十多年中, 半导体集成电路的规模一直按 "摩尔定律" 向前发展, 即半导体芯片的集成度每 18~24 个月便提高一倍。但随着集成度的日益提高, 采用传统光刻技术的集成电路制造工艺已经接近其物理极限, 并日益成为制约半导体工业进一步发展的主要瓶颈之一。寻找具有竞争力的替代技术是进一步提高集成度的迫切需求, 电子束平面曝光技术为满足这种需求提供了一种最佳选择。

电子束曝光是指将精细的图案通过电子束曝光到覆盖有抗蚀膜 (对电子敏感) 的表面上, 电子束曝光的分辨力可达 10nm 以下, 而且它是一种直接刻蚀的技术, 无须制作掩模。但单一电子束曝光面临的主要问题是生产效率很低, 解决这一问题的主要办法是采用电子束平面曝光。NEA 光电阴极具有量子效率高、发射电子能量与角度分布集中、发射电流密度大等优点, 更重要的是 NEA 光电阴极可以轻易地实现光照作用下电子束平面发射, 而且具有很高的分辨力, 因而是最适合电子束平面曝光的电子源, 热阴极和场发射阴极都不是很合适。图 1.19 是 Stanford 大学设计的基于 NEA 光电阴极的无掩模电子束平面曝光装置示意图 [59], 该装置主要由激光二极管阵列和透射式 NEA 光电阴极构成, 原理是通过调制的平面激光束产生调制的平面电子束, 经聚焦后作用到材料表面的抗蚀膜上来实现曝光。

电子源是 GaAs NEA 光电阴极最重要的应用领域之一, 近年来更是备受关注和重视, 然而, 这类电子源一般都要求在超高真空环境中工作, 所以也称为真空电子源。当前, GaAs 光电阴极作为真空电子源所面临的主要挑战是稳定性不够好, 若无法解决在真空系统中阴极的稳定性问题, 将严重制约其在这些领域中的应用。因而探索 GaAs 阴极的稳定性机理, 并尽量提高其在真空系统中的寿命是目前 GaAs 光电阴极面临的重要研究课题之一。

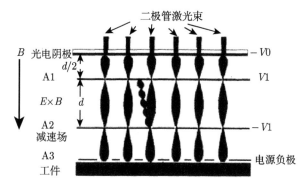

图 1.19 基于 NEA 光电阴极的无掩模电子束平面曝光装置示意图 [59]

1.3 GaAs 光电阴极的发展概况

GaAs 光电阴极的发展概况包括 GaAs 光电阴极的发现、特点及其制备。

1.3.1 GaAs 光电阴极的发现及特点

当光照射材料时, 材料内部的电子获得足够大的能量而从体内逸出, 这种现象称为外光电效应, 也叫光电发射 [41]。其中, 从材料内部发射出来的电子称为光电子, 光电子所形成的电流称为光电流, 而能够利用外光电效应发射光电子的材料称为光电阴极。

爱因斯坦认为, 材料内部的电子吸收了入射光子的能量, 从而有足够的能量克服材料表面的势垒而逸出 [61~64], 所以光电发射是光能转化为电能的一种形式, 同时它也是一种重要的电子发射形式。在许多将光信号转变为电信号的器件中都要利用光电发射。而在夜视技术中, 为了将微弱的光或不可见光变为可见光, 也要用到光电发射。因此, 光电阴极是电子束光电器件中不可缺少的组成部分, 也成了近代许多科研工作者努力研究与开发的对象。自 20 世纪 30 年代到 60 年代, 人们共发现了六种主要的光电阴极 [65], 即银-氧-铯光电阴极 (Ag-O-Cs, S-1, 1930 年), 铯-锑光电阴极 (Cs_3Sb, S-11, 1936 年), 铋-银-氧-铯光电阴极 (Bi-Ag-O-Cs, S-10, 1938 年), 钠-钾-锑光电阴极 (Na_2KSb, 1955 年), 钠-钾-锑-铯光电阴极 ($Na_2KSb[Cs]$, S-20, 1955 年) 和钾-铯-锑光电阴极 (K_2CsSb, 1963 年)。

依据 Spicer 的光电发射 "三步模型" 理论 [66,67], 如果材料的有效电子亲和势小于零, 则由光照激发产生的光电子只要能从阴极体内运行到表面, 就可以发射到真空而无需过剩的动能去克服材料表面的势垒, 这样光电子的逸出深度和概率都将大大增加，发射效率将会大幅度提高。这一推测于 1965 年被 Scheer 和 van Laar 所证实 [2]，他们首先在重掺杂 p 型 GaAs 基底上覆盖一层 Cs，得到了一种具有高量子效率的新型光电阴极，他们认为这种阴极具有零有效电子亲和势。三年后，Turnbull 和 Evans 发现用 Cs、O 交替覆盖 GaAs 表面比单用 Cs 可以获得更负的有效电子亲和势和更高的光电发射 [68]。在光电阴极的发展史上，GaAs NEA 光电阴极的出现可以说是一个重要的里程碑，因为它和以往 "靠实验和运气" 发现的光电阴极不同，它是理论指导的产物，标志着光电阴极的研究有了质的飞跃。

　　GaAs NEA 光电阴极具有量子效率高、暗发射小、发射电子的能量分布及角分布集中、长波阈可调、长波响应扩展潜力大等优点 [1]。图 1.20[1] 给出了 GaAs 光电阴极与其他阴极的量子效率曲线。由于这些优点，GaAs 光电阴极自发现以后获得了迅速发展。

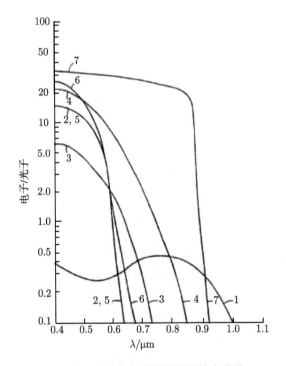

图 1.20　七种光电阴极的量子效率曲线

1. Ag-O-Cs; 2. Cs_3Sb; 3. Bi-Ag-O-Cs; 4. Na_2KSb[Cs]; 5. Na_2KSb; 6. K_2CsSb; 7. GaAs:Cs-O

1.3.2　GaAs 光电阴极的制备

　　GaAs 光电阴极的制备工艺不同于普通的光电阴极，它可以分为外延层的生长和表面激活两部分。

1. 外延层的生长

为了获得优良的 NEA 光电发射体，所用光电阴极材料自身应当是完美无缺的单晶，要求单晶的位错密度小、掺杂适度、电子扩散长度长、表面均匀。为了满足这些要求，最早是在真空系统中采用单晶解理的方法来获得光电阴极基片，后来人们发展了外延生长方法。早期生长 GaAs 光电阴极的外延层，多采用气相外延 (VPE)[69~72] 和液相外延 (LPE)[73,74]，或气相和液相的混合外延法 (hybrid)[75]，也有用分子束外延 (MBE)[76,77]。近年来，常采用金属有机化合物汽相淀积法 (MOCVD 或 MOVPE)[77,78]，因为它可以用来进行大面积、均匀、超薄、多层的半导体生长，是当前研制和生产 NEA 光电阴极最成功的外延生长方法。在 1976 年，MOCVD 法最早用于 GaAs 光电阴极外延层的生长 [79]，法国的 LEP 实验室曾用这种方法制造透射式 GaAs 光电阴极，其积分灵敏度可达 1500μA/lm[80]。美国 ITT 公司利用这种方法制造的透射式 GaAs 光电阴极，积分灵敏度在 1500~2200μA/lm[81]。目前通过优化外延工艺来增加电子扩散长度以及消除后界面的影响是外延工艺发展方向。MBE 外延方法是当前研究的热点 [8,82~84]，尽管目前 MBE 外延的 GaAs 光电阴极的制备工艺还没有完全成熟，很多表面特性与 MOCVD 外延的 GaAs 有很大差别 [84]，有待进一步研究，但是由于 MBE 能够生长原子级平滑的突变界面，材料表面非常光滑，极其具有发展潜力，因此 MBE 外延在 GaAs 光电阴极制备的应用将会逐步得到加强。表 1.7 列出了不同外延方法生长的 GaAs 光电阴极的性能比较 [8,80,83]。

表 1.7   不同外延方法生长的 GaAs 光电阴极的性能比较 [8,80,83]

阴极	外延方法	掺杂浓度/cm^{-3}	扩散长度/μm	灵敏度/(μA/lm)	年份
GaAs/GaAsP/GaP	VPE	1×10^{19}	0.8	350	1974
GaAs/GaInP/GaP	VPE	1×10^{19}	2	740	1979
反射式 GaAs	VPE	7×10^{18}	5	1800	1976
GaAs/GaAlAs/玻璃/Al_2O_3	LPE	1×10^{19}	3~5	750	1979
GaAs/GaAlAs/玻璃/Al_2O_3	LPE	1×10^{19}	3~5	900	1978
GaAs/GaAlAs/玻璃/Al_2O_3	MOCVD	1×10^{19}	5~7	1300	1981
GaAs/GaAlAs/玻璃/Al_2O_3	MOCVD	1×10^{19}	5~7	2400~3200	2000
反射式 GaAs	MBE	1×10^{19}	2~5	800~1500	1996

2. GaAs 光电阴极的结构

GaAs 光电阴极有反射式和透射式两种工作方式。反射式阴极由于制备简单，是最初实验研究的对象 [1,64]，但实际应用中以透射式 GaAs 光电阴极为主，因为它符合微光成像器件的光路结构，透射式 GaAs 光电阴极、MCP、荧光屏和高压电源构成了三代微光像增强器 [84~87]。

透射式 GaAs 光电阴极的发展经历了比较曲折的过程, 为了解决光电阴极发射层容易碎裂的问题, 人们给其加了衬底层 (蓝宝石、白宝石、尖晶石、GaP、GaAs 和玻璃等), 起支撑和加固的作用。但是, 如果让发射层和衬底层直接相连, 会由于两层之间的晶格常数不一致而出现晶格失配, 从而严重影响阴极的光电发射性能。为解决这一问题, 人们在发射层与衬底层之间加入缓冲层, 它的晶格常数和发射层相近。这样一来, 晶格失配就被移到了衬底层/缓冲层界面, 缓冲层的厚度是决定微光像增强器性能的关键指标, 一方面它使在此界面上产生的晶格失配不致传到缓冲层/发射层界面上; 另一方面它要让足够的光能透过, 增大发射层的量子效率。可用作缓冲层的材料有 GaAlAs、GaAsP、InGaP、InGaAsP、InAlAsP、GaAlSbP、InAlSbP 和 GaSbP 等 [1]。

透射式 GaAs 光电阴极真正获得迅猛发展是在 "反转结构" 提出之后。1975 年, 美国的 Varian 公司首先利用 "反转结构" 制备了透射式 NEA 光电阴极, 并将其粘贴在玻璃衬底上 [3]。此后, 随着 MOVPE(MOCVD) 外延技术的发展, "反转结构" 又得到了进一步完善和提高 [7,69,74,88], 它的实现过程如下所述:

(1) 在 GaAs 基底上外延生长 GaAlAs/GaAs/GaAlAs; 在最后外延的 GaAlAs 上采用半导体钝化工艺沉积厚度为 1000Å 的 Si_3N_4, 作为玻璃与 GaAlAs 之间的减反膜, 为了防止与玻璃粘接时破坏 Si_3N_4, 在其上再沉积一层 SiO_2, 形成 SiO_2/Si_3N_4 钝化层, 用来保护 GaAlAs 层与玻璃粘接时不产生热分解, 并阻止有害元素进入 GaAlAs/GaAs 层。

(2) 将上述结构与 7056 # 玻璃熔接。

(3) 将阴极浸入 H_2O_2:NH_4OH 溶液中, 腐蚀掉 GaAs 层。

(4) 将阴极浸入 HF 溶液中, 腐蚀掉 GaAlAs 层。

经过以上步骤制备出的阴极结构如图 1.21 所示, 为玻璃/Si_3N_4/GaAlAs/GaAs, 这种结构的优点是可以充分利用 MOVPE 法生长多层 GaAlAs/GaAs 的技术; 更利于控制阴极表面层的厚度均匀性; 整个阴极结构坚硬、不易变形。

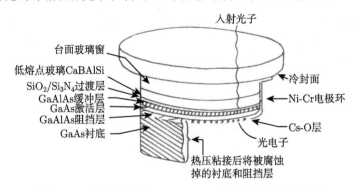

图 1.21 典型透射式 GaAs NEA 光电阴极结构示意图

(5) 由于 GaAlAs 层可以做得很薄, 阴极的短波截止限主要由玻璃衬底决定, 因此透光区宽。

Ga$_{1-x}$Al$_x$As 是常用的缓冲材料, 它和 GaAs 的晶格失配最大为 0.2%[78], 因此能有效改善透射式阴极后界面的性质, 减小光生载流子在后界面的复合。随着 x 的不同, Ga$_{1-x}$Al$_x$As 的禁带宽度也相应变化, 从而决定了阴极的短波截止限。禁带宽度 E_g 与组分 x 的经验公式 [1] 为

$$E_g = 1.424 + 1.247x \qquad (1.3)$$

组分 x 的范围一般在 0.5~0.7, 相应 Ga$_{1-x}$Al$_x$As 的禁带宽度在 2.05~2.30eV, 因此可选的短波限在 540~605nm。如果进一步增加 Al/Ga 比例, 可以将 GaAs 阴极向蓝光延伸 (< 540nm), 这对于探测、识别与确认沙漠地带或沙地景物有积极意义 [80,89,90]。

3. 激活

激活是指降低材料表面的逸出功以达到负电子亲和势状态的技术, 其总要求是获得一个原子清洁的半导体材料表面, 用低逸出功材料覆盖半导体材料表面以降低其表面逸出功, 而最常用的低逸出功材料即铯和氧。

NEA 光电阴极的激活工艺也经历了一个发展阶段。最初人们采用 Turnbull 和 Evans 在 1968 年提出的标准激活法 [68], 又称 "yo-yo" 法, 其基本工艺步骤是: 在室温下首先将要激活的表面暴露于铯蒸气, 至阴极光电流达到峰值, 然后停铯进氧, 等光电流达到新的峰值, 再停氧进铯 …… 如此反复进行, 直至光电流不再上升, 通常激活工艺以短时间地暴露于铯蒸气而告终。后来, Fisher 和 Stocker 证明 [85,86], 在标准的加热清洁、"yo-yo" 激活之后, 再来一次温度较低的加热和 "yo-yo" 激活, 可将光电阴极的光电发射率提高 30% 左右, 这种激活方法通常称为 "高–低温两步激活" 法, 现在普遍应用的就是这种激活方法。

目前, 激活工艺在基本步骤上大体相同, 但在一些细节问题上, 例如, 采用多高的温度进行高温或低温加热以及加热的时间长短, 光电流上升到什么时候开始停铯进氧或停氧进铯, 激活工艺是在进铯还是在进氧时结束, 等等, 各种激活工艺之间仍有差别。而且, 迄今为止人们对激活工艺的机理仍不清楚, 不能明确解释为什么 "高–低温两步激活" 法比单纯的 "yo-yo" 法激活效果好。

1.4 GaAs 光电阴极国内外研究现状

GaAs 光电阴极的国内外研究现状包括 GaAs 光电阴极的材料特性、激活工艺、稳定性及表面模型。

1.4.1 GaAs 光电阴极材料特性

对于 GaAs 光电阴极，阴极材料的电子扩散长度、表面形貌 (晶面、重构、表面平整度)、阴极的前表面复合速率以及透射式阴极中 GaAlAs/GaAs 之间的界面复合速率等材料特性参数对阴极的发射效率有着重要影响。

1. 电子扩散长度

电子扩散长度由 GaAs 材料的 p 型掺杂浓度和外延工艺共同决定 [91,92]。大量实验和理论研究证明，获得最高量子效率的 p 型掺杂浓度在 $8\times10^{18}\sim1\times10^{19}\mathrm{cm}^{-3}$[4,83]。目前美国 ITT 公司在 $1\times10^{19}\mathrm{cm}^{-3}$ 下制备的 GaAs 光电阴极材料电子寿命一般在 1.5~3ns[8]，电子扩散长度是 3~7μm。国内利用 MOCVD 外延制备 GaAs 阴极材料，在 $8\times10^{18}\sim1\times10^{19}\mathrm{cm}^{-3}$ 掺杂浓度下，生长出来的 GaAs 材料的电子扩散长度在 1.5~2μm[12]，因此国内材料外延制备水平与国外仍有不小差距，需要从 GaAs 材料制备技术以及阴极材料掺杂结构上去解决目前我国 GaAs 光电阴极材料性能的瓶颈问题。

2. 表面形貌

GaAs 材料的表面形貌主要包括晶面、重构以及表面平整度和均匀性。由于 (Cs，O) 制备是 Cs，O 与 GaAs 之间的表面相互作用和吸附过程 [25,93~104]，因此 GaAs 的表面形貌将对激活结束后阴极的表面电子特性和表面化学状态产生影响，从而影响到阴极的量子效率。James 等最早研究了对不同晶面的重 p 型掺杂的 GaAs 材料进行激活后的阴极光电发射性能和表面电子特性 [101]，获得的实验结果如表 1.8 所示。

表 1.8 $5\times10^{18}\mathrm{cm}^{-3}$Zn 掺杂的 GaAs(扩散长度 6μm)[101]

晶面	表面能带弯曲量/eV	表面能带弯曲区宽度/Å	表面导带降低量/eV	表面逸出几率	积分灵敏度/(μA/lm)
100	0.28	88	0.18	0.317	1225
110	0.23	80	0.13	0.307	1125
111A	0.86	155	0.76	0.212	810
111B	0.10	51	0	0.489	1837

晶面和表面重构反映了 GaAs 表面 Ga、As 原子的分布，研究表面形貌对阴极性能的影响将有助于建立优化的 GaAs 表面模型，从而为获得高性能的 GaAs 光电阴极提供一个较为逼真的微观原子堆积模型。有人从 Ga、As 与 Cs 的吸附优先权和吸附动力学上去研究不同表面形貌对 Cs、O 吸附的影响 [98,99]，也有人通过研究 Cs、O 在不同表面形貌上的吸附位置来研究这种表面效应 [104~106]。

3. GaAlAs/GaAs 之间的界面复合速率

对于透射式结构的 GaAs 光电阴极，缓冲层 GaAlAs 与发射层 GaAs 之间有异质结界面，在这个界面中，存在大量的界面态，这些界面态成为复合中心而俘获大量光电子，使得界面的电子浓度下降，导致附近的电子以一定的速率流向界面处以补充复合掉的电子，这个速率就是后界面复合速率 [107,108]。

从资料上看，国外已经解决了后界面复合速率的问题，目前可以做到忽略不计 [8,80]，但国内后界面复合速率太大还在制约着阴极性能的提高 [29]。汪贵华等 [30] 利用表面分析和电化学方法对国内外光电阴极材料 GaAlAs/GaAs 的组分进行过分析，实验表明国内阴极材料及 GaAlAs/GaAs 界面的 C、O 杂质偏高，空穴浓度分布不太合理，GaAlAs/GaAs 界面陡峭性较差，这使得阴极电子扩散长度减小，后界面复合速率增大，导致阴极灵敏度下降。因此，当前国内还需优化 GaAlAs/GaAs 阴极材料的掺杂浓度，并提高阴极材料外延工艺水平，保证 GaAlAs/GaAs 界面的陡峭性，降低杂质污染。

4. 前表面复合速率

前表面复合速率指的是 GaAs 电子发射表面的表面复合速率 [107,108]，与后界面复合速率相区别而以前表面复合速率表示。ITT 公司首次报道了前表面复合速率较大的 GaAs 光电阴极的量子效率曲线 [8]，与好的光电阴极相比，前表面复合速率大的光电阴极在 400~750nm 短波段内量子效率都有不同程度的衰减。

以往推导的 GaAs 量子效率公式都是把光电阴极表面特性用一个常数项的表面逸出几率来表征 [109~113]，目前还没有文献报道带有前表面复合速率的量子效率公式。同时在其他半导体材料，如光电池研究领域，已经发现前表面复合速率与不同表面处理工艺有着密切关系 [114,115]，因此前表面复合速率与 GaAs 光电阴极表面的处理工艺之间的影响以及内在机理还有待进一步考察。

1.4.2 GaAs 光电阴极激活工艺的研究

1. 表面净化处理

在 GaAs 光电阴极激活前首先要进行 GaAs 表面净化处理以去除表面杂质。表面净化方法有氩离子轰击法、加热法和氢原子净化技术。氩离子轰击法是早期采用的净化方法，它的缺点是会使过多的III族元素离开阴极材料表面，引起表面层的结构变化，并使表面粗糙不平。虽然有人提出轰击后再进行退火处理 [116]，但效果仍不理想。加热法是比较常用的方法，技术发展比较成熟，用它处理过的光电阴极可以得到很高的光电灵敏度，但它同样会造成表面粗糙、电子发射角增大以及自旋极化电子极化率下降，同时 600~700℃ 的高温加热会使 As 过量蒸发，致使不能形成 As 稳定表面，从而降低光电阴极的量子效率 [68]。氢原子净化技术是近年来发展起

来的一种新方法 [117~119]，是一种无需对阴极进行化学清洗的低温干清洗法，能在 400℃下完成 GaAs 表面彻底净化，可以有效去除阴极表面的 C、O 等沾污物，留下光滑平整的表面。但目前这种方法激活出的阴极灵敏度还不是很高，仍处于进一步发展完善的进程中。

除了以上直接对表面进行净化处理的方法外，Gao 等提出了一种先氧化 GaAs 表面，然后再退火的表面净化工艺 [27]，他们认为这种工艺能有效去除表面的氧化物和阻止真空系统中碳的进一步污染，从而达到提高净化效果的目的。还有一种间接净化方法是在 GaAs 外延材料制备后再钝化一层 Sb 保护层 [82,83]，以阻挡大气对 GaAs 表面的直接污染，因此净化时只需要通过较低的温度除掉表面的 Sb 层，即可获得一个原子级洁净并且光滑的表面。但这种方法依赖于外延材料生长设备，并需要对阴极材料结构进行合理设计。

2. Cs、O 激活工艺

到目前为止，提出了几种典型的 Cs、O 激活工艺 [68,85,86,98,105,120,121]：

(1) 传统 "yo-yo" 工艺 [68,85]：首次进 Cs 到光电流达到峰值后，停 Cs 进 O；等光电流达到新的峰值，再停 O 进 Cs，如此反复直到光电流不再上升。

(2) Cs 源连续，O 源断续的 Cs、O 激活工艺 [105]：Cs 源一直打开，首次进 Cs 到光电流达到峰值后开始进 O，等到光电流出现新的峰值后，停 O，如此反复直到光电流不再上升。

(3) "Nagoya 激活方式" [98]：首次进 Cs 到光电流达到峰值后并降至零，然后再进 O，等到光电流上升至新的峰值后，停 O，如此反复直到光电流不再上升。

More 等对比了这三种激活工艺下 GaAs 光电阴极的性能 [100]，结果如表 1.9 所示。可以看到，不同 Cs、O 激活工艺会导致阴极激活过程中所需 Cs 和 O 进量的比例存在差异，并使得激活结束后光电阴极表面激活层组成、能带弯曲量以及量子效率等性能也各不相同。Cs、O 激活过程中外部条件对光电阴极激活工艺和激活结果也有着重要影响。Guo[95] 研究过光照条件对激活的影响，他们通过实验指出强光照比弱光照更有利于 Cs、O 吸附，并能获得更为稳定的阴极表面。但

表 1.9 三种激活工艺下 GaAs 光电阴极的性能比较 [100]

	表面激活层组成		Cs 和 O_2 进量		能带弯曲/eV	量子效率
	Cs/ML	O/ML	Cs/L	O_2/L		
清洁表面	—	—	—	—	0.80±0.08	—
第一种激活	3.0±0.3	1.38±0.25	5.6	0.69	0.25±0.15	0.8%
第二种激活	2.9±0.3	1.16±0.25	7.2	0.58	0.75±0.20	1%~5%
第三种激活	9.0±2.0	—	9.0	~50	0.00±0.15	~0.3%

是应该注意到的是，目前国内外对首次进 Cs 量最佳值、Cs/O 比例的最佳值等阴极表面定量信息还没有形成统一定论，激活工艺研究还停留在半定量和半经验水平上。

1.4.3　GaAs 光电阴极的稳定性研究

随着 GaAs 光电阴极应用领域的不断扩展，人们对阴极的稳定性提出了越来越高的要求。例如，在平版印刷系统中，要求光电阴极能够长时间维持恒定的光电发射水平，为了使这项技术达到实用化，仪器所用光电阴极需要连续工作 1000h 而不需更换 [122]。而在国内，GaAs 光电阴极工作性能不稳定是阻碍三代微光像增强器实用化的一大因素 [20,21,28]。因此，如何提高 GaAs 光电阴极的稳定性，延长阴极寿命成为引人关注的问题。

阴极的稳定性受阴极材料、激活工艺、阴极是否处于工作状态及阴极工作环境等条件的影响 [123,124]，使得稳定性研究成了复杂和难于给出确定性结论的工作。根据目前的研究结果，GaAs 光电阴极的稳定性主要受以下因素的影响。

1. 表面 Cs 的逸出

GaAs 光电阴极表面的 Cs 很容易受外界影响而逸出。由于 Cs 的减少，阴极表面的 Cs、O 含量百分比及表面层的状态、结构都将随之改变，从而破坏了阴极表面的最佳 NEA 状态，引起光电流的衰减 [125,126]。不过这种原因引起的阴极性能的降低，可以通过 "重新铯化" 而得到修复，即在阴极工作一段时间后，向阴极表面再追加一些 Cs，这种方法不仅能使阴极的光电发射提高到原有水平，还可以反复使用 [127]。

2. 离子轰击

阴极工作时，从其表面发出的光电子会和系统中残余气体分子或器壁发生碰撞离化 [123~125]，离化产生的正离子在光电阴极偏压作用下向回运行，撞击光电阴极表面，引起表面 Cs 的迁移和更多的表面污染，导致光电阴极的量子效率急剧下降。

3. 杂质气体

Wada 等曾研究过 CO_2、CO 和 H_2O 等杂质气体对 NEA 光电阴极稳定性的影响 [127,128]，他们对光电阴极所在真空系统充入不同气压的 CO_2、CO 和 H_2O，观察光电流随时间的衰减情况，并测试了光电阴极的温控脱附谱 (TPD)，最后得到以下结论：

(1) 光电阴极暴露于 CO_2 气体中，光电流会下降，而且这种下降不能通过 "重新铯化" 得到恢复；

(2) 光电阴极暴露于水蒸气中，光电流将急剧下降，但可以通过"重新铯化"得到恢复；

(3) CO 气体在低于 100L 时，对光电阴极性能没有大的损害。

4. 激活工艺

光电阴极激活中表面覆盖 Cs 量的多少对稳定性也有很大的影响 [20,122]。Sen 等的测试显示 [122]：表面 Cs 量不足的光电阴极，其光电流随时间衰减很快；Cs 量适中的光电阴极，光电流随时间线性衰减；Cs 量过多的光电阴极，光电流在激活后一段时间内处于上升状态，随后几小时至几天内，光电流处于稳定状态，稳定期过后，光电流开始缓慢下降。

除了上述因素，GaAs 光电阴极的稳定性还随其工作时间而改变。有研究表明，阴极工作时间越长，其光电流随时间的衰减越慢 [122]。

总之，影响 GaAs 光电阴极稳定性的因素众多。考察这些影响因素并在实际使用中给予有效消除，是提高阴极稳定性和延长寿命的途径。

1.4.4 GaAs 光电阴极表面模型研究

在 p 型Ⅲ–Ⅴ族化合物半导体材料表面用低逸出功材料覆盖可获得 NEA 光电阴极，常用 Cs、O 作为低逸出功材料。目前利用 Cs、O 激活制备 NEA 光电阴极的工艺成熟，通过 "yo-yo" 流程的高低温激活法已经能制备出性能良好的 NEA 光电阴极 [69,121]。但人们对于激活工艺如何降低逸出功并形成负电子亲和势的机理并不十分清楚，迄今为止，在表面机理上并没有形成统一的理论体系。这在一定程度上限制了 NEA 光电阴极的进一步发展。

在 NEA 光电阴极发展的近六十年中，表面机理的研究一直非常活跃，人们提出了很多模型来解释界面势垒的存在及逸出功的降低，推测铯和氧在Ⅲ–Ⅴ族化合物表面上存在的化学形态。

到目前为止，解释负电子亲和势主要有异质结模型、偶极子模型、铯的弱核力场效应、表面非晶态模型及群模型。

1) 异质结模型

传统异质结模型 [120,121] 认为，在 NEA 光电阴极激活过程中，铯与氧首先组成了具有体积特性的 n 型 Cs_2O，它与 p 型 GaAs 之间构成了异质结，如图 1.22(a) 所示。由于异质结的建立，在结区建立内建电场，发生了向下的能带弯曲，平衡后的有效电子亲和势变成负值。界面势垒的形成是由于两部分能带结构不同，以及内建电场在界面的不连续所引起的能带在界面处突变。这种传统模型所预测的势垒宽度为 4eV，与实验结果的 3eV 有出入，为了解释这种差异，异质结模型从 Cs、O 交替激活的工艺出发，认为首先是铯的轻微离化，铯先与 GaAs 形成零电子亲和势, 后来由 Cs、O 交替形成的 Cs$_2$O 与具有零电子亲和势的 GaAs-Cs 之间形成了异质结[121], 如图 1.22(b) 所示。

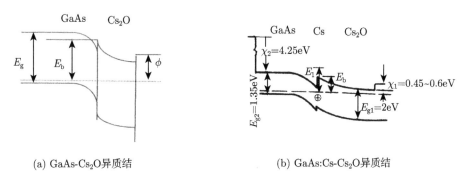

(a) GaAs-Cs$_2$O异质结   (b) GaAs:Cs-Cs$_2$O异质结

图 1.22   异质结模型能带图

异质结模型可以成功解释 p 型 GaAs 半导体材料和 (Cs, O) 激活层之间存在界面势垒, 并定性地说明由于层内是肖特基耗尽区, 逸出功随 Cs$_2$O 厚度的增加而呈抛物线下降[129,130]。但异质结模型本身与实验有若干矛盾。某些实验表明[131], Cs、O 交替激活后的 GaAs 光电阴极中所含的铯量相当于 4~5 个原子层, 这只够形成一个单原子层的 Cs 和一个 Cs$_2$O 单层。这样的薄层不具备半导体的性质, 用异质结模型无法解释。而根据异质结模型预料最佳激活需要的 Cs$_2$O 也比较厚, 它认为对于较窄的能带隙材料需要较厚的 (Cs, O) 层, 同时该模型认为激活层上的 Cs、O 含量比例为 2:1, 即组成 Cs$_2$O, 也是争论的焦点之一。

2) 偶极子模型

简单的偶极子模型是单偶极层模型。这种模型认为, 对于 p 型 GaAs 半导体材料表面, 当有表面态存在时, 表面附近的能带会向下弯曲, 当表面吸附 Cs 原子后, 吸附原子的价电子转移到较低能级的表面态, 电离了的被吸附原子同表面能级中的补偿电荷形成一个偶极子层[1]。

为了解释 GaAs 用 Cs、O 交替激活形成负电子亲和势的机理, 并进一步确定 Cs、O 的化学组成, 在单偶极层模型基础上延伸出了双偶极层模型[132]。这种模型认为: Cs$^+$ 与它的落在 GaAs 表面态上的电子形成第一层偶极层, 其厚度为 1.7Å, 它将阴极表面的真空能级降到约 1.4eV; 第二个偶极层是由 "Cs$^+$-O$^=$-Cs$^+$" 结构中靠里面的 Cs$^+$ 极化造成的, 偶极层的正端不超过 O$^=$ 层, 它将真空能级再次降到约 0.9eV。靠外边的 Cs$^+$ 处于真空边界上, 没有相邻的 Cs$^+$ 作用, 是去极化的, 它对形成稳定的结构是必需的。两个偶极层总的厚度约 8Å, 如图 1.23 所示。由于第一个偶极层的厚度很薄, 只有 2Å, 因此电子可以借助隧道效应穿越表面而逸出。

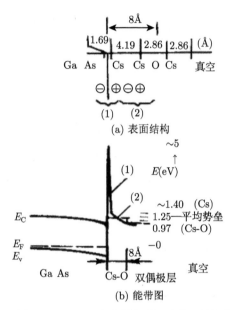

图 1.23　GaAs 光电阴极的双偶极层模型

这种双偶极层模型能较好地预测和解释 GaAs 光电阴极的最佳激活层厚度，但不能解释界面势垒问题，1983 年左右，Su 和 Spicer 等对双偶极层模型进行了改进，提出了一种新的双偶极层模型 (以下简称新模型)[133~136]。它的结构为 GaAs-O-[Cs]: [Cs$^+$]-O^{-2}-Cs$^+$，如图 1.24 所示。这种模型和 Fisher 等提出的双偶极层模型 (以下简称旧模型) 很相似，所不同的是旧模型中第一偶极层是由 GaAs 和 Cs$^+$ 构成的，它比较薄，只有 1.7Å 的厚度，而新模型中第一个偶极层是由 GaAs-O-Cs 组成的，其厚度约为 4Å。他们认为 GaAs 与 (Cs, O) 激活层之间的氧化物形成了界面势垒，阻碍了光电子逸出表面。可以看到新模型结合双偶极层模型中的偶极子离子化和异质结模型中的界面势垒两种概念。

这种模型在解释传统的 "yo-yo" 激活工艺步骤上认为，通过多次的 Cs、O 交替激活，Cs、O 和 GaAs-O 之间进行不断的重新组合，获得了一个优化的双偶极层 [135]。这种模型所计算出来的 Cs、O 层厚度与实验结果能够很好地符合。但同时注意到，对于氧在表面存在的化学形态不同的双偶极层模型还存在争论，而氧所发挥的作用也是非常复杂的。

3) 铯的弱核力场效应

福州大学的高怀蓉教授等在 1987 年提出了铯的弱核力场效应，对 Cs、O 激活的 p 型 GaAs(110) 获得负电子亲和势的作用机理提出了新的见解 [26,27,106]。其主要观点是 p-GaAs-Cs 的表面势垒是由铯表面层的弱核力场所致。氧敏化时电子亲和势的进一步降低是 Cs 层上 O^{-2} 作用的结果，如图 1.25 所示。

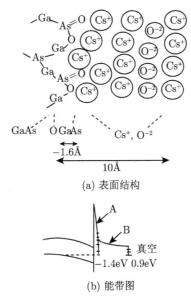

(a) 表面结构

(b) 能带图

图 1.24 界面有氧化物的 GaAs 光电阴极的双偶极层模型

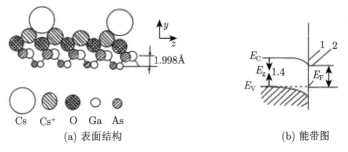

(a) 表面结构

(b) 能带图

图 1.25 铯的弱核力场效应

这种模型认为光电子在阴极表面区域受到一个弱核力场的作用。铯原子半径大，原子核对外层轨道电子的吸引力很弱，因此到达 GaAs-Cs 表面的光电子可以很容易地进入真空。他们在不同的基底材料，如钨、钼等上进行铯覆盖，用实验证明了这种铯的作用所引起的逸出功的急剧降低与其基底材料无关，逸出功下降到几乎相等的 1.4~1.5eV，与 GaAs-Cs 光电阴极的逸出功恰好相等。他们进一步提出，只有铯原子发生极化甚至电离使得体积变得很小，才有可能吸附更多的铯，而氧的吸附使铯原子更容易转变成铯离子，使铯原子体积变小，为吸附更多的铯原子留下了更大的空间。因此，通过几次的铯、氧交替处理，砷化镓光电阴极的光电发射可以得到较大程度的提高。他们同时指出，第二次和最末次 Cs、O 交替相对第一次 Cs、O 交替时光电发射增加量变小，是每次交替后可利用的位置逐渐变小的缘故，因此过多的铯覆盖会导致可利用位置变小，从而得不到好的 NEA 光电阴极。

铯的弱核力场效应也能很好地解释铯、氧交替过程中出现的逸出功降低的现象。但这个模型并没有考虑到衬底材料的 p 型掺杂特征以及逸出功降低与材料的相关性，这一点虽然有一定的实验数据支持，但还需进一步验证。

4) 表面非晶态模型和群模型

在表面机理的研究过程中，人们还提出了很多其他表面模型来解释 NEA 光电阴极的形成机理，得到重视和研究的主要是表面非晶态模型和群模型。

Clark 在 1975 年提出了 NEA 光电阴极的表面非晶态模型 [137]，试图将异质结模型和偶极层模型统一起来。Clark 认为 NEA 光电阴极的表面是一层非晶态的 $Cs_{2+x}O$ 膜，当 x 的值比较低时，$Cs_{2+x}O$ 呈非金属性，和 GaAs 形成异质结；当 x 的值比较高时，$Cs_{2+x}O$ 呈金属性，和 GaAs 形成肖特基势垒。这两种模型的转换界限为 $x \approx 0.1$ 处。Clark 还认为过去得出的 Cs、O 层结构及特性不同的原因主要是不同光电阴极表面的 $Cs_{2+x}O$ 层厚度和 Cs、O 组分比不一样。

Burt 和 Heine 通过理论计算提出了群模型 [138]，这种模型认为激活成功的 NEA 表面上的 Cs 量和 O 量之比近似为一固定的值，并且激活层的厚度在 7~10Å。这种模型的主要观点是在激活层中形成了一个特殊的群，其化学形态为 $Cs_{11}O_3$。

1.5　国内外 GaAs 光电阴极性能现状

国内外 GaAs 光电阴极的性能现状是指国内外 GaAs 光电阴极的技术水平，重点是国内外 GaAs 光电阴极的光谱响应特性比较。

1.5.1　国外 GaAs 光电阴极技术水平现状

伴随着 GaAs NEA 光电阴极的迅速发展，国外微光夜视技术的研究重点也转移到三代微光像增强器技术的研究，目前美国处于世界领先地位 [8]。国外生产的反射式 GaAs 光电阴极的灵敏度一般均在 2000μA/lm 以上 [68]，透射式 GaAs 光电阴极的灵敏度也在 1500μA/lm 以上，高的已达 2200μA/lm 以上 [8]，寿命一般超过 7500h，应用透射式 GaAs 光电阴极的三代微光像增强器在 20 世纪 80 年代达到商品化 [1]。

美国通过 "Omnibus 三代微光技术发展计划"，如表 1.10 所示，将第三代微光像增强器的性能逐渐提高，透射式阴极组件的有效面积也有 16mm、18mm 和 25mm 规格可供选择 [5,10]。

1998 年年初，美国利顿公司成功开发出采用脉冲供电、MCP 无离子阻挡膜的第四代微光像增强器 [11]，阴极灵敏度已提高到 2200μA/lm 以上，分辨力达到 64lp/mm 以上，信噪比可达到 25 以上，寿命最高可达到 15000h，显示了四代微光夜视技术巨大的发展潜力。第四代微光像增强器扩大了徒步士兵和驾驶员使用微光像增强器的范围, 不仅能在云遮星光的极暗条件下有效工作, 而且能在包括黄昏和佛晓的各种光照条件下工作, 其探测阈值可延伸到 10^{-5}lx[10]。

表 1.10　美国 "Omnibus 三代微光技术发展计划" 的目标和水平[10,73]

微光像增强器	阴极灵敏度/(μA/lm)	信噪比@10^{-4}lx	分辨率/(lp/mm)	时期或年份
Omni. Ⅰ/Ⅱ标准三代微光像增强器	≥ 800	14.5	32~36	1975~1980
Omni. Ⅲ高性能三代微光像增强器	≥ 1200	18	36~42	1980~1990
Omni. Ⅳ超三代微光像增强器	≥ 1800	≥ 21	~60	1990~1995
Omni. Ⅴ四代微光像增强器	2200	30	64	2009

20 世纪 90 年代, 为了探测、识别与确认沙漠地带或沙地景物, 美国成功研制了蓝光延伸的三代微光像增强器[8,90,91], 其光谱响应如图 1.3 所示。在这项技术中, 他们采用蓝光透射率平均高达 0.70 以上的 9741# 玻璃取代了传统的 7056# 玻璃, 并减小 $Ga_{1-x}Al_xAs$ 缓冲层的厚度以及提高 Al/Ga 比例来进一步提高蓝光透射率。这种蓝光延伸的透射式 GaAs 光电阴极的探测波段为 250~880nm, 灵敏度一般可在 2000μA/lm 以上。

为了适应半导体激光雷达与激光助视夜视系统的需求, 许多国家正在研究能响应 0.96μm、1.06μm 激光波长的近红外 (NIR) 三代微光像增强器[8,90,139~142]。一般的制备方法是用禁带宽度更小且可调的 $In_xGa_{1-x}As$ 来取代 GaAs 作发射材料[8]。目前这种阴极的积分灵敏度还有待进一步提高, 但已广泛应用在美国夜视装备中[10]。图 1.26 给出了 ITT 公司红外延伸的 GaAs 光电阴极与普通三代 GaAs 光电阴极量子效率曲线的比较[8]。

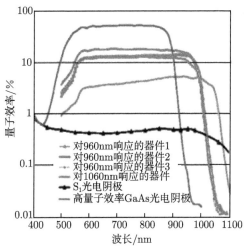

图 1.26　红外延伸与普通三代 GaAs 光电阴极量子效率曲线 (后附彩图)

最近，ITT 公司还研制出利用 "Pinnacle(顶尖)" 技术的增强三代 18mm 和新型 16mm 微光像增强器。"顶尖" 是有膜并采用自动门控电源技术的微光像增强器，由于采用有膜微通道板技术，所以称为增强三代或超三代微光像增强器。新型 16mm 微光像增强器既可制作成无膜四代微光像增强器，也可制作成 "顶尖" 增强三代微光像增强器，性能与 18mm 微光像增强器相当，但长度更短，重量更轻。图 1.27 为 2009 年美国 ITT 公司公布的标准三代光电阴极量子效率曲线图。

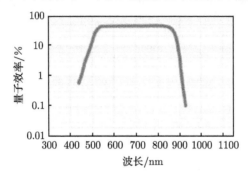

图 1.27   2009 年美国 ITT 公司公布的标准三代光电阴极的量子效率曲线图

2001 年美国 ITT 公司公布了 6 个系列微光像增强器的光电阴极灵敏度 (最小值)，此性能参数的离散分布为 800μA/lm、1000μA/lm、1200μA/lm、1350μA/lm、1500μA/lm、1550μA/lm、1800μA/lm 和 2000μA/lm，如图 1.28 所示。F9848 系列和 F9860 系列微光像增强器的光电阴极灵敏度 (最小值) 的离散分布值相同。F9815 系列微光像增强器光电阴极灵敏度 (最小值) 的离散分布最大值高于 F9810 系列。

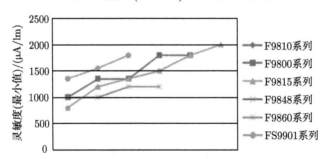

图 1.28   2001 年各系列微光像增强器光电阴极灵敏度 (最小值) 的离散分布 (后附彩图)

图 1.29 为 2009 年 ITT 公司利用 "顶尖" 技术生产的 φ18mm 三代微光像增强器光电阴极灵敏度 (最小值) 的参数值，其离散分布为 1500μA/lm、1800μA/lm、2000μA/lm 和 2200μA/lm。F9800 系列微光像增强器的光电阴极灵敏度 (最小值) 可以达到 2200μA/lm。

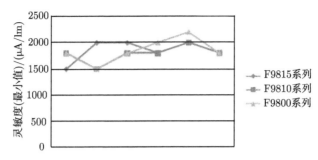

图 1.29 ITT 公司 2009 年利用 "顶尖" 技术生产的各系列
微光像增强器光电阴极灵敏度(最小值)

图 1.30 为 F9800 系列微光像增强器分别在 2001 年和 2009 年的光电阴极灵敏度的指标值。可以发现，利用 "顶尖" 技术的器件性能要明显优于普通三代微光像增强器。

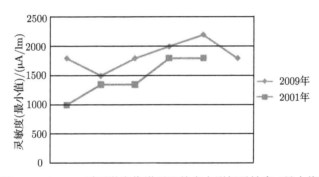

图 1.30 F9800 系列微光像增强器的光电阴极灵敏度 (最小值)

除美国外，西欧国家也积极研究三代微光像增强器[91]。法国 LEP 实验室在 20 世纪 90 年代一直处于三代微光技术的世界领先水平[6]，但最近几年由于美国三代微光像增强器发展迅速，逐渐拉大了与美国的距离。俄罗斯在最近几年异军突起，所研制的三代微光像增强器批量生产的积分灵敏度已经大于或等于 1200μA/lm，实验室的最高积分灵敏度在 1800~2000μA/lm[12]。

由于西方对我国进行严密的技术封锁，很难在公开文献中找到关于微光像增强器光电阴极灵敏度、MTF 和分辨力的理论和实用技术。

1.5.2 国内 GaAs 光电阴极技术水平现状

国内对三代微光像增强器的研究起始于 20 世纪 70 年代，主要研究机构有西安光机所[13~19]、中国科学院电子学研究所、北方夜视技术集团股份有限公司[20~25]、中国电子科技集团公司第五十五研究所、福州大学[26~28,106] 以及南京理工大学[29~41]，目前北方夜视技术集团股份有限公司为三代微光像增强器的主要研制单位之一。

国内在三代微光像增强器的研究上投入了大量人力、物力和财力，取得了较大的成绩。其中西安光机所早在 1972 年就开始了 GaAs 光电阴极的研究，1976 年研制成功反射式 GaAs 光电阴极，1985 年在国内首次研制成功灵敏度为 10μA/lm 的透射式 GaAs 光电阴极，1993 年在国内首次研制成功三代微光像增强器 MCP 离子阻挡膜，2000 年采用国外引进的低压金属有机化合物汽相淀积 (LP-MOCVD) 设备，生长透射式 GaAs 阴极组件并制备成三代微光像增强器，获得了 300μA/lm 的灵敏度。

作为我国主要微光夜视技术研究单位，北方夜视技术集团股份有限公司经过几代科研工作者的努力，建立了一条比较完整的三代微光像增强器研制线，目前三代微光像增强器实验室水平在 800~2200μA/lm，分辨率 32~50lp/mm，达到了美国标准三代微光像增强器水平，三代微光 CCD 和三代微光夜视眼镜等整机研究工作也取得了良好的进展。

南京理工大学从 1995 年开始从事 GaAs 光电阴极研究，在自行研制的 NEA 光电阴极性能评估系统上，利用国产 GaAs 基片制备出灵敏度为 1025μA/lm 的反射式 GaAs 光电阴极，并利用性能评估技术表征了阴极电子扩散长度、表面逸出几率以及阴极表面原子层结构。从 2003 年开始，与中国科学院半导体研究所合作进行 MBE 外延变掺杂 GaAs 光电阴极的研究，制备的 MBE 外延反射式 GaAs 光电阴极灵敏度达到了 2480μA/lm；利用 MOCVD 进行材料生长，采用电场减少型梯度掺杂结构，在反射式 GaAs 光电阴极中，可以获得 3991μA/lm 的积分灵敏度，在整个可见与近红外波段，量子效率达到 60%；MOCVD 外延透射式 GaAs 光电阴极灵敏度达到了 2022μA/lm，拟合的电子漂移扩散长度大于 4μm 左右。

尽管国内三代微光像增强器的研究取得了较大进展，但目前研制的三代微光像增强器还处于美国高性能三代微光像增强器水平上，实用化适应性指标，如寿命、信噪比和像增强器的工艺还需要系统研究，同时光电阴极制备工艺和性能测试手段还需补充和完善。因此，目前国内还需要大力发展三代微光技术，不断提高光电阴极性能、像增强器工艺以及性能测试技术，为我国的军事装备提供有力保障。

1.5.3 国内外 GaAs 光电阴极的光谱响应特性比较

为了揭示国内外 GaAs 光电阴极的性能差异，收集了美国 ITT 公司发表的高性能三代 [10]、超三代 [82,85] 和四代 GaAs 光电阴极的光谱响应曲线 [82]，并与国内研制的 GaAs 光电阴极光谱响应曲线进行了比较，如图 1.31 所示。这四条曲线对应的光谱响应特性参数如表 1.11 所示，采用文献 [142] 的计算方法，其性能参量计算结果如表 1.12 所示。

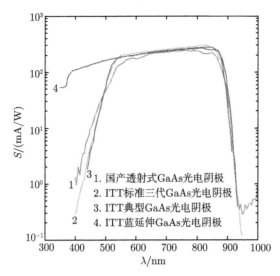

图 1.31 国内外 GaAs 光电阴极的光谱响应曲线比较

表 1.11 国内外 GaAs 光电阴极光谱响应特性参数比较

曲线	光谱响应特性				积分灵敏度/(μA/lm)
	起始波长/nm	截止波长/nm	峰值响应/(mA/W)	峰值位置/nm	
1	400	1000	243.8	760	2022
2	400	950	301.2	830	2425
3	440	915	277.7	840	2330
4	350	935	265.9	810	2392

表 1.12 国内外 GaAs 光电阴极性能参量计算结果

曲线	光电阴极性能参量		
	表面逸出几率 P	电子扩散长度 L_D/μm	后界面复合速率 S_v/(cm/s)
1	0.50	4.1	10^5
2	0.53	3	$10^0 \sim 10^4$
3	0.52	$3 \sim 4.5$	10^5
4	0.50	2.7	$10^0 \sim 10^4$

可以看到，国外制备的这三类 GaAs 光电阴极的积分灵敏度都大于国产光电阴极，都在 2300μA/lm 以上。国外光电阴极的峰值位置也较长，标准和典型光电阴极的峰值位置已延伸到 830nm 左右，峰值响应也较大，因此国外光电阴极在长波响应能力上也大大强于国内光电阴极。影响 GaAs 光电阴极量子效率的性能参量主要包括表面逸出几率 P、电子扩散长度 L_D 以及后界面复合速率 S_v。

从计算结果看到，国内外 GaAs 光电阴极的性能参量差异主要表现在以下几方面：

(1) 国外三代微光像增强器的表面逸出几率 P 都大于 0.5；国内制备的 GaAs 光电阴极的电子表面逸出几率一般在 0.4~0.5。

(2) 国外光电阴极电子扩散长度 L_D 大于 3μm，蓝延伸光电阴极由于具有更薄的 GaAlAs 缓冲层，电子扩散长度 L_D 略低于 3μm；而近年来国内采用变掺杂结构制备的三代微光像增强器的电子漂移扩散长度达到了 4μm，已与国外典型 GaAs 光电阴极的水平相当。

(3) ITT 公司的各类 GaAs 光电阴极的后界面复合速率都小于 10^5cm/s，因此后界面基本不会对阴极灵敏度产生影响；而国内 GaAs 光电阴极的后界面复合速率大于 10^5cm/s。

参 考 文 献

[1] 刘元震, 王仲春, 董亚强. 电子发射与光电阴极. 北京: 北京理工大学出版社, 1995

[2] Scheer J J, van Laar J. GaAs-Cs: a new type of photoemitter. Solid State Communications, 1965, 3: 189–193

[3] Pollehn H K. Performance and reliability of third-generation image intensifiers. Advances in Elaectronics and Electron Physics, 1986, 64A: 61–69

[4] Howorth J R, Holtom R, Hawtom A, et al. Exploring the limits of performance of third generation image intensifiers. Vacuum, 1980, 30(11/12): 551–555

[5] Hambra C, Harris J. 像增强器技术的最新发展. 云光技术, 2000, 32(1): 32–36

[6] 周立伟. 光电子成像: 走向新的世纪. 北京理工大学学报, 2002, 22(1): 1–12

[7] Richard J C, Roaux E. Low light level imaging tube with GaAs photocathode. Vacuum, 1980, 30(11/12): 549–550

[8] Smith A, Passmore K, Sillmon R, et al. Transmission mode photocathodes covering the spectral range. New Developments in Photodetection 3rd Beaune Conference, 2002

[9] http://www.itt.com.[2002-6]

[10] http://www.itt.com.[2011-6]

[11] Estrera J P, Bender E J, Giordana A, et al. Long lifetime generation IV image intensifiers with unfilmed microchannel plate. SPIE, 2000, 4128: 46–53

[12] Antonova L I, Denissov V P. High-efficiency photocathodes on the NEA-GaAs basis. Applie Surface Science, 1997, 111: 237–240

[13] 李晓峰. 第三代像增强器研究. 西安: 西安光学精密机械研究所, 2001

[14] Guo L H, Li J M, Hou X. Calculation of temporal response of field-assisted transmission-mode GaAs NEA photocathodes. Solid-State Electronics, 1990, 33(4): 435–439

[15] Wang L M, Hou X, Cheng Z. Observation of multiphoton photoemossion from a NEA GaAs photocathode. SPIE, 1990, 1358: 1156–1160

[16] 王力鸣, 张小秋, 李晋闽, 等. 超高真空条件下 NEA III–V 族半导体光电阴极的工艺与性能研究. 真空科学与技术学报, 1992, 12: 390–396

[17] Guo L H, Hou X. Analysis of photoelectron emission of transmission-mode NEA GaAs photocathodes. Journal of Physics D: Applied Physics, 1989, 22: 348–353

[18] Guo L H, Li J M, Hou X. The quantum efficiency of field-assisted transmission-mode GaAs photocathodes. Semiconductors Science and Technology, 1989, 4(6): 498, 499

[19] 李晓峰, 张景文, 高鸿楷, 等. 透射式 GaAs 光电阴极 AlGaAs/GaAs 外延层内应力的种类及其表征与测量. 光子学报, 2002, 31(1): 88–91

[20] 徐江涛. 三代微光像增强器 GaAs 负电子亲和势 (NEA) 光电阴极稳定性研究. 应用光学, 1999, 20(2): 6–9

[21] 闫金良, 朱长纯, 向世明. 透射式 GaAs(Cs,O) 光电阴极稳定性的研究. 红外与毫米波学报, 2001, 20(2): 157–160

[22] 徐江涛. 透射式 GaAs 光电阴极激活技术研究. 应用光学, 2000, 21(4): 5–7

[23] 郭晖. 积分光荧光测试在三代微光像增强器光阴极制作中的应用. 应用光学, 2000, 21(6): 10–12

[24] 徐江涛. 质谱分析与检漏技术在成像器件研究中的应用. 真空科学与技术, 2002, 22(增刊): 64–66

[25] 徐江涛. 三代微光像增强器制管工艺对阴极光电发射性能的影响. 应用光学, 2004(5): 30–32

[26] Lu Q B, Pan Y X, Gao H R. Optimum (Cs,O)/GaAs interface of negative-electron-affinity GaAs photocathodes. Journal of Applied Physics, 1990, 68(2): 634–637

[27] Gao H R, Lu Q B. Investigation of electron emission stability of negative electron affinity cathodes. Vacuum, 1990, 41(7–9): 1753–1755

[28] Guo T L, Gao H R. Photoemission stability of negative electron affinity GaAs photocathodes. SPIE, 1993, 1982: 127–137

[29] 杜晓晴, 杜玉杰, 常本康, 等. 三代微光管均匀性测试与分析. 真空科学与技术, 2003, 23(4): 248–250

[30] 汪贵华, 杨伟毅, 常本康. 光阴极材料 GaAs/AlGaAs 的组分分析. 真空科学与技术, 1999, 19(6): 456–460

[31] 常本康, 房红兵, 刘元震. 光电材料动态自动光谱测试仪的研究与应用. 真空科学与技术学报, 1996, 16(5): 364–366

[32] Chang B K, Du X Q, Liu L, et al. The automatic recording system of dynamic spectral response and its applications. SPIE, 2003, 5209: 209–218

[33] Fu R G, Chang B K, Qian Y S, et al. The evaluation system of negative electron affinity photocathode. SPIE, 2001, 4580: 614–622

[34] Li W, Chang B K. Spectral matching factors between GaAs and multialkali photocathodes and reflective radiation of objects. Optical Engineering, 2001, 40(5): 674–678

[35] 汪贵华, 杨伟毅, 常本康. GaAs(100) 热退火表面的变角 XPS 定量分析. 半导体学报, 2000, 21(7): 657–661

[36] Qian Y S, Zong Z Y, Chang B K. Measurement of spectral response of photocathodes and its application. SPIE, 2001, 4580: 486–495

[37] Zong Z Y, Chang B K. A study on the technology of on-line spectral response measurement. SPIE, 1998, 3558: 23–27

[38] 杜晓晴, 常本康, 邹继军, 等. 利用梯度掺杂获得高量子效率的 GaAs 光电阴极. 光学学报, 2005, 25(10): 1411–1414

[39] 杜玉杰, 杜晓晴, 常本康, 等. 光谱响应测试仪的研制和应用. 南京理工大学学报, 2005, 29(6): 690–692

[40] Du X Q, Chang B K. Angle-dependent XPS sdudy of the mechanisms of "high-low temperature" activation of GaAs photocathode. Applied Surface Science, 2005, 251: 267–272

[41] Robbins M S, Hadwen B J. The noise performance of electron multiplying charge-coupled devices. IEEE Trans. Electron Devices, 2003, 50: 1227–1232

[42] Hynecek J, Nishiwaki T. Excess noise and other important characteristics of low light level imaging using charge multiplying CCDs. IEEE Trans. Electron Devices, 2003, 50: 239–245

[43] Aebi V W, Costello K A, Edgecumbe J P, et al. Gallium arsenide electron bombarded CCD technology. SPIE, 1998, 3434: 37–44

[44] Suyama M, Kageyama A, Mizuno I, et al. An electron bombardment CCD tube. SPIE, 1997, 3173: 422–429

[45] Aebi V W, Costello K A, Arcuni P W, et al. EBAPS: next generation, low power, digital night vision. The OPTRO 2005 International Symposium, Paris, France, 2005

[46] http//www.intevac.com/[2012-7]

[47] Tigner M. A possible apparatus for electron-clashing experiments. Nuovo Cimento, 1965, 137: 1228–1231

[48] Neil G R, Bohn C L, Benson S V, et al. Sustained kilowatt lasing in a free-electron laser with same-cell energy recovery. PRL, 2000, 84: 662–665

[49] Sawamura M, Hajima R, Kikuzawa N, et al. Status and development for the JAERI ERL-FEL for high-power and long-pulse operation. Proc. of EPAC, 2004: 1723–1725

[50] Bolotin V P, Vinokurov N A, Kayran D A, et al. Status of the Novosibirsk terahertz FEL. Proc. of FEL, 2004: 226–228

[51] Chess Technical Memo 01-003, JLAB-ACT-01-04

[52] Baum A W, Spicer W E, Pease R F W, et al. Negative electron affinity photocathodes as high-performance electron sources——Part1: achievement of ultra-high brightness from an NEA photocathode. Proc. SPIE,1995, 2522: 208–219

[53] Baum A W, Spicer W E, Pease R F W, et al. Negative electron affinity photocathodes as high-performance electron sources——Part2: energy spectrum measurements. Proc. SPIE,1995, 2550: 189–196

[54] Alley R, Aoyagi H, Clendenin J, et al. The Stanford linear accelerator polarized electron source. Nuclear Instruments and Methods in Physics Research A, 1995, 365: 1–27

[55] Maruyama T, Brachmann A, Clendenin J E, et al. A very high charge, high polarization gradient-doped strained GaAs photocathode. Nuclear Instruments and Methods in Physics Research A, 2002, 492: 199–211

[56] Ding H B, Pang W N, Liu Y B, et al. Passive maganetic shielded spin polarized electron source with optical electron polarimeter. Chinese Physics, 2007, 16(1): 51–57

[57] Ding H B, Pang W N, Liu Y B, et al. Experimental study on helium optical electron polarimetry. Chinese Physics, 2005, 14(12): 2440–2443

[58] 丁海兵, 庞文宁, 刘义保, 等. 液晶相位可变延迟器对自旋极化电子束极化方向的调制. 物理学报, 2005, 54(9): 4097–4100

[59] Liu Z. Surface characterization of semiconductor photocathode structures. Stanford University, 2005

[60] Machuca F. A thin film P-type GaN photocathode: prospect for a high performance electron emitter. Stanford University, 2003

[61] Liu L, Chang B K, Du Y J, et al. The variation of spectral response of transmission-type GaAs photocathode in the seal process. Applied Surface Science, 2005, 251: 273–277

[62] 江剑平, 翁甲辉, 杨泮棠, 等. 阴极电子学与气体放电原理. 北京: 国防工业出版社, 1980

[63] 王君容, 薛召南, 等. 光电子器件. 北京: 国防工业出版社, 1982

[64] 刘学悫. 阴极电子学. 北京: 科学出版社, 1980

[65] 薛增泉, 吴全德. 电子发射与电子能谱. 北京: 北京大学出版社, 1993

[66] Spicer W E. Photoemissive, photoconductive, and absorption studies of alkali-antimony compounds. Physical Review, 1958, 112(1): 114–122

[67] Spicer W E, Herrera-Gómez A. Modern theory and application of photocathodes. SPIE, 1993, 2022: 18–33

[68] Turnbull A A, Evans G B. Photoemission from GaAs-Cs-O. Journal of Physics D: Applied Physics, 1968, 1: 155–160

[69] Gutierrez W A, Pommerrenig H D. High-sensitivity transmission-mode GaAs photocathode. Applied Physics Letters, 1973, 22(6): 292–293

[70] Fisher D G, Olsen G H. Properties of high sensitivity $GaP/In_xGa_{1-x}P/GaAs:(Cs-O)$ transmission photocathodes. Journal of Applied Physics, 1979, 50(4): 2930–2935

[71] Olsen G H, Szostak D J, Zamerowski T J, et al. High-performance GaAs photocathodes. Journal of Applied Physics, 1977, 48(3): 1007, 1008

[72] Ettenberg M, Olsen G H, Nuese C J. Effect of gas-phase stoichiometry on the minority-carrier diffusion length in vapor-grown GaAs. Applied Physics Letters, 1976, 29(3):

141, 142

[73] Liu Y Z, Hollish C D, Stein W W. LPE GaAs/(Ga,Al)As/GaAs transmission photo-cathodes and a simplified formula for transmission quantum yield. Journal of Applied Physics, 1973, 44(12): 5619–5621

[74] Antypas G A, Escher J S, Edgecumbe J, et al. Broadband GaAs transmission photo-cathode. Journal of Applied Physics, 1978, 49(7): 4301

[75] Gutierrez W A, Wilson H L, Yee E M. GaAs transmission photocathode grown by hybrid epitaxy. Applied Physics Letters, 1974, 25(9): 482, 483

[76] Hyder S B. Thin film GaAs photocathodes deposited on single crystal sapphire by a modified rf sputtering technique. The Journal of Vacuum Science and Technology, 1971, 8(1): 228–232

[77] Hayfuji N, Mizuguchi K, Ochi S, et al. Highly uniform growth of GaAs and GaAlAs by large-capacity MOCVD reactor. Journal of Crystal Growth, 1986, 77: 281–285

[78] Dipkus P D, Manaserit H M, Hess K L, et al. High purity GaAs prepared from trimethyl-gallium and arsine. Journal of Crystal Growth, 1981, 55: 10–23

[79] André J P, Giittard P, Hallais J, et al. GaAs photocathodes for low light level imaging. Journal of Crystal Growth, 1981, 55: 235–245

[80] Miyao M, Chinen K, Niigaki M, et al. MBE growth of transmission photocathode and 'in situ' NEA activation. 2nd International Symposium on Molecular Beam Epitaxy and Related Clean Surface Techniques, 1982

[81] Narayanan A, Fisher G, Erickson L, et al. Negative electron affinity gallium arsenide photocathode grown by molecular beam epitaxy. Journal of Applied Physics, 1984, 56(6): 1886, 1887

[82] Vergara G, Gomez L J, Capmany J, et al. Electron diffusion length and escape prob-ability measurements for p-type GaAs(100) epitaxies. Journal of Vacuum Science and Technology A, 1990, 8(5): 3676–3681

[83] Vergara G, Gomez L J, Capmany J, et al. Influence of the dopant concentration on the photoemission in NEA GaAs photocathodes. Vacuum, 1997, 48(2): 155–160

[84] Bourreea L E, Chasseb D R, Thambana P L S, et al. Comparison of the optical char-acteristics of GaAs photocathodes grown using MBE and MOCVD. SPIE, 2003, 4796: 11–22

[85] Fisher D G. The effect of Cs-O activation temperature on the surface escape probability of NEA (In,Ga)As photocathodes. IEEE Transactions on Electron Devices, 1974, ED-21: 541, 542

[86] Stocker B J. AES and LEED study of the activation of GaAs-Cs-O negative electron affinity surfaces. Surface Science, 1975, 47: 501

[87] Beauvais Y, Chautemps J, Groot P D. LLL TV imaging with GaAs photocathode/CCD detector. Advances in Electronics and Electron Physics, 1995, 64A: 267–274

[88] Antypas G A, Edgecumbe J. Glass-sealed GaAs-AlGaAs transmission photocathode. Applied Physics Letters, 1975, 26(7): 371, 372

[89] Jarry P, Guittard P, Piaget C. Improvement of the final wipe-off of GaAs/(Ga,Al)As double heterostructures. Journal of Crystal Growth, 1980, 50: 877, 878

[90] Sinor T W, Estrera J P, Philips D L, et al. Extended blue GaAs image intensifiers. SPIE, 1995, 2551: 130–134

[91] 周立伟. 夜视像增强器 (蓝光延伸与近红外延伸光阴极) 的近期发展. 光学技术, 1998, 2: 18–27

[92] 刘恩科，朱秉升. 半导体物理学. 北京：国防工业出版社，1979

[93] 亚当斯 A R. 砷化镓的性质. 北京：科学出版社，1990

[94] Burt M G, Inkson J C. Effect of GaAs electronic structure on the performance of the GaAs-(Cs,O) photoemitter. Applied Physics Letters, 1976, 28(1): 5, 6

[95] Guo T L. The adsorption of Cs and O_2 on a clean GaAs(110) surface under light illumination. Journal of Vacuum Science Technology A, 1989, 7(3): 1563–1567

[96] Vergara G, Gómez L J, Capmany J, et al. Adsorption kinetics of cesium and oxygen on GaAs(100). Surface Science, 1992, 278: 131–145

[97] Yamada K, Asanari J, Naitoh M, et al. Co-adsorption of cesium and oxygen on GaAs(001) surfaces studied by metastable de-excitation spectroscopy. Surface Science, 1998 , 402–404 (1–3): 683–686

[98] Moré S, Tanaka S, Tanaka S, et al. Coadsorption of Cs and O on GaAs: formation of negative electron affinity surfaces at different temperatures. Surface Science, 2000, 454–456 (1–3): 161–165

[99] Pastuszka S, Terekhov A S, Wolf A. 'Stable to unstable' transition in the (Cs,O) activation layer on GaAs(100) surfaces with negative electron affinity in extremly high vacuum. Applier Surface Science, 1996, 99: 361–365

[100] More S, Tanaka S, Tanaka S, et al. Interaction of Cs and O with GaAs(100) at the overlayer–substrate interface during negative electron. Surface Science, 2003, 527: 41–50

[101] James L W, Antypas G A, Edgecumbe J, et al. Dependence on crystalline face of the band bending in Cs_2O-activated GaAs. Journal of Applied Physics, 1971, 42(12): 4976–4980

[102] Tereshchenko O E, Voronin V S, Scheibler H E, et al. Structural and electronic transformations at the Cs/GaAs(100) interface. Surface Science, 2002, 507–510: 51–56

[103] Benemanskaya G V, Daineka D V, Frank-Kamenetskaya G E. Changes in electronic and adsorption properties under Cs adsorption on GaAs(100) in the transition from As-rich to Ga-rich surface. Surface Science, 2003, 523: 211–217

[104] Yamauchi T, Sonoda Y, Sakamoto K, et al. Surface SHG and photoemisson from Cs/p-GaAs and the Cs/O_2/p-GaAs coadsorbed system. Surface Science, 1996, 363:

385–390

[105] Alperovich V L, Paulish A G, Terekhov A S. Unpinned behavior of the electronic properties of a p-GaAs(Cs,O) surface at room temperature. Surface Science, 1995, 331-333: 1250–1255

[106] Gao H R. Investigation of the mechanism of the activation of GaAs negative electron affinity phototocathodes. Journal of Vacuum Science Technology A, 1987, 5(4): 1295–1298

[107] 恽正中, 王恩信, 完利祥. 表面与界面物理. 成都: 电子科技大学出版社, 1993

[108] 丘思畴. 半导体表面与界面物理. 武汉: 华中理工大学出版社, 1995

[109] Liu Y Z, Moll J L, Spicer W E. Quantum yield of GaAs semitransparent photocathodes. Applied Physics Letters, 1970, 17(2): 60–62

[110] Allen G A. The performance of negative electron affinity photocathode. Journal of Physics D:Applied Physics, 1971, 4: 308–317

[111] Antypas G A, James L W, Uebbing J J. Operation of III–V semiconductor photocathodes in the semitransparent mode. Journal of Applied Physics, 1970, 41(7): 2888–2894

[112] Yang B, Hou X, Xu Y L. Monte Calro simulation of the temporal response times of negative electron affinity GaAs transmission photocathodes. Physics Letters A, 1989, 142(2/3): 155–158

[113] 宗志园, 常本康. 用积分法推导 NEA 光电阴极的量子产额. 光学学报, 1999, 19(9): 1177–1182

[114] Milanova M, Mintairov A, Rumyantsev V, et al. Spectral characteristics of GaAs solar cells grown by LPE. Jurnal of Electronics Materials, 1999, 28(1): 35–38

[115] 颜永美. p-Si 单晶低表面复合速度的获得. 厦门大学学报 (自然科学版), 2001, 40(5): 1045–1050

[116] Bayliss C R, Kirk D L. The compositional and structural changes that accompany the thermal annealing of (100) surfaces of GaAs, InP and GaP in vacuum. Journal of Physics D: Applied Physics, 1976, 9: 233–244

[117] Elamrawi K A, Elsayed-Ali H E. Preparation and operation of hydrogen cleaned GaAs(100) negative electron affinity photocathodes. The Journal of Vacuum Science and Technology, 1999, A17(3): 823–831

[118] Elamrawi K A, Elsayed-Ali H E. GaAs photocahode cleaning by atomic hydrogen from a plasma source. Journal of Physics D: Applied Physics, 1999, 32: 251–256

[119] Elamrawi K A, Hafez M A, Elsayed-Ali H E. Atomic hydrogen cleaning of InP(100) for preparation of negative electron affinity photocathode. Journal of Applied Physics, 1998, 84(8): 4568–4572

[120] Uebbing J J, James L W. Behavior of cesium oxide as a low work-function coating. Journal of Applied Physics, 1970, 41(11): 4505–4516

[121] Milton A F, Baer A D. Interfacial barrier of heterojunction photocathodes. Journal of Applied Physics, 1971, 42(12): 5095–5101

[122] Sen P, Pickard D S, Schneider J E, et al. Lifetime and reliability results for a negative electron affinity photocathode in a demountable vacuum system. The Journal of Vacuum Science and Technology, 1998, B16(6): 3380–3384

[123] Sommer A H. Stability of photocathode. Applied Optics, 1973, 12(1): 90–92

[124] 王近贤，杨汉琼. 像增强器稳定性分析. 云光技术, 1999，31(2): 43–48

[125] Yee E M, Jackson D A. Photoyeild decay characteristics of a cesiated GaAs. Solid-State Electronics, 1972, 15: 245–247

[126] Tang F C, Lubell M S, Rubin K, et al. Operating experience with a GaAs photoemission electron source. Review of Scientific Instrument, 1986, 57(12): 3004–3011

[127] Wada T, Nitta T, Nomura T. Influence of exposure to CO, CO_2 and H_2O on the stability of GaAs photocathodes. Japanese Journal of Applied Physics, 1990, 29(10): 2087–2090

[128] Wada T, Nomura T, Miyao M, et al. A thermal desorption analysis for the adsorption of CO_2 on GaAs photocathodes. Surface Science, 1983, 285: 188–196

[129] Williams B F, Tietjien J J. Current status of negative electron affinity devices. Proceedings of the IEEE, 1971, 59(10): 1489–1497

[130] Cao R, Tang H, Pianetta P. Negative electron affinity on GaAs(110) with Cs and NF3: a surface science study. SPIE, 1995, 2550: 132–141

[131] Sommer A H. Cesium-oxygen activation of three-five compound photoemitters. Journal of Applied Physics, 1970, 41(1): 2158

[132] Fisher D G, Enstrom R E, Escher J S, et al. Photoelectron surface escape probability of (Ga, In)As: Cs-O in the 0.9 to 1.6 μm. Journal of Applied Physics, 1972, 43(9): 3815–3823

[133] Spicer W E, Lindau I, Su C Y, et al. Core-level photoemission of the Cs-O adlayer of NEA GaAs photocathodes. Applied Physics Letters, 1978, 33(11): 934–935

[134] Su C Y, Chye P W, Pianetta P, et al. Oxygen adsorption on Cs covered GaAs(110) surfaces. Surface Science, 1979, 86: 894–899

[135] Su C Y, Lindau I, Spicer W E. Photoemission studies of the oxidation of Cs identification of the multiple structures of oxygen species. Chemical Physics Letters, 1982, 87(6): 523–527

[136] Su C Y, Spicer W E, Lindau I. Photoelectron spectroscopic determination of the structure of (Cs,O) activated GaAs (110) surface. Journal of Applied Physics, 1983, 54(3): 1413–1422

[137] Clark M G. Electronic structure of the activating layer in III-V: Cs-O negative-electron-affinity photoemitters. Journal of Physics D: Applied Physics, 1975, 8: 535–542

[138] Burt M G, Heine V J. The theory of the workfunction of caesium suboxides and caesium films. Journal of Physics C: Solid State Physics, 1978, 11: 961–969

[139] Estrera J P, Lambert S, Passmore K T, et al. Development of 1 to 1.7 μm image intensifier using a generation III configuration. SPIE, 1993, 1952: 258–266

[140] Estrera J P, Sinor T W, Passmore K T, et al. Development of extended red(1.0-1.3μm) image intensifiers. SPIE, 1995, 2551: 135–144

[141] Edgecumbe J P, Aebi V W, Davis G A. A GaAsP photocathode with 40%QE at 550nm. SPIE, 1992, 1655: 204–210

[142] 宗志园，常本康. S25 系列光电阴极的光谱响应计算机拟合研究. 南京理工大学学报，1998，22(3)：228–231

第2章　GaAs 和 GaAlAs 光电阴极材料

由于 NEA GaAs 光电阴极是由 p 型 GaAs 和 GaAlAs 材料构成的，本章侧重讨论 p 型 GaAs 和 GaAlAs 光电阴极材料性质 [1]。

2.1　GaAs 材料的性质

GaAs 材料的性质是指 GaAs 的物理和热学性质，电阻率和载流子浓度，载流子离化率，电子和空穴的迁移率，扩散和寿命，能带间隙，光学函数，红外吸收，光致发光谱，缺陷和缺陷的红外映像图，表面结构和氧化，腐蚀速率，以及界面和接触等相关内容。

2.1.1　GaAs 的物理和热学性质

1. 固态 GaAs 的密度

用 X 射线测量得到的 GaAs 晶体的密度值约为 5.3163g/cm^3，与直接测量值 5.317g/cm^3 相差无几。对大多数应用，可以认为在 300K，GaAs 密度为 5.3165g/cm^3，误差是 $\pm 0.0015\text{g/cm}^3$。用热膨胀数据可从密度和温度的关系求得在不同温度 $T(\text{K})$ 时的密度值 $d(\text{g/cm}^3)$，如表 2.1 所示。视在误差 dd (g/cm^3) 如表 2.2 所示。

表 2.1　GaAs 在不同温度 T 时的密度值 d

T/K	0~100	150	200	250	300
$d/(\text{g/cm}^3)$	5.332	5.329	5.326	5.322	5.3165
$T/(\text{K})$	400	500	600	700	800
$d/(\text{g/cm}^3)$	5.307	5.298	5.289	5.279	5.269
T/K	900	1000	1100	1200	1300
$d/(\text{g/cm}^3)$	5.259	5.249	5.239	5.228	5.127
T/K	1400	1500			
$d/(\text{g/cm}^3)$	5.207	5.169			

表 2.2　GaAs 在不同温度 T 时的视在误差 dd

T/K	0	300	600	900	1200	1500
$dd/(\text{g/cm}^3)$	0.004	0.0015	0.005	0.010	0.015	0.020

2. GaAs 的晶格参量与掺杂的关系

用 CuK(α) 射线, 波长为 0.154nm, 除 (111) 面外, 在 300K 时, 化学计量比晶体的晶格参量是 5.65395($\pm 6 \times 10^{-5}$)Å, 富镓晶体的晶格参量是 5.653367($\pm 4 \times 10^{-5}$)Å, 富砷晶体的晶格参量是 5.653357($\pm 8 \times 10^{-5}$)Å。

掺杂剂对晶格参数有很大影响。

3. GaAs 的体弹性模量和刚性

在 300K 时, 重掺杂 p 型 GaAs 样品的绝热体弹性模量是 7.52×10^{10}N/m^2。刚性常数:

$$C_{11} = 11.83 \times 10^{10}\text{N/m}^2, \quad C_{12} = 5.36 \times 10^{10}\text{N/m}^2, \quad C_{44} = 5.90 \times 10^{10}\text{N/m}^2$$

4. GaAs 的屈服强度

在 300K 时, p 型 GaAs 样品的绝热弹性屈服强度以 10^{-11}m^2/N 为单位, 中间值如表 2.3 所示。

表 2.3　在 300K 时, p 型 GaAs 样品的绝热弹性屈服强度

	$S_{11}/(10^{-11}\text{m}^2/\text{N})$	$S_{12}/(10^{-11}\text{m}^2/\text{N})$	$S_{44}/(10^{-11}\text{m}^2/\text{N})$
p 型	11.80	-16.98	3.66

5. GaAs 的热膨胀系数与温度的关系

GaAs 的热膨胀系数与温度的关系如表 2.4 所示。

表 2.4　GaAs 的热膨胀系数与温度的关系

温度/K	50	100	150	200	250	273	300	350
热膨胀系数/10^{-6}K^{-1}	-0.20	2.10	3.95	4.90	5.50	5.92	6.05	6.20
温度/K	400	450	500	600	700	800	900	1000
热膨胀系数/10^{-6}K^{-1}	6.29	6.36	6.44	6.59	6.74	6.89	7.04	7.19
温度/K	1100	1200	1300	1400	1500			
热膨胀系数/10^{-6}K^{-1}	7.34	7.49	7.64	7.80	7.95			

6. GaAs 的比热、热导率和热扩散率

在 350K 以上, GaAs 的比热是

$$c = 0.307 + 7.25 \times 10^{-5}T \quad (\text{J/(g} \cdot \text{K)}) \tag{2.1}$$

如果采用热力学温度, 在 77K 以上, GaAs 的热导率 K 与温度 T 的 n 次方成反比, 设 $n = 1.20$, 热导率 K 为

$$K = \frac{A}{T^{1.2}} \quad (\text{W/(cm} \cdot \text{K)}) \tag{2.2}$$

式中, A 与掺杂量有关, 如表 2.5 所示。

表 2.5 在不同的掺杂量下的 A 值

掺杂量 (受主)/cm^{-3}	5×10^{16}	10^{17}	3×10^{17}	10^{18}	7×10^{18}
A/(W·K$^{0.2}$/cm)	544	488	404	376	357

GaAs 的热扩散率 (T_{D}) 与热导率有关。

2.1.2 GaAs 的电阻率和载流子浓度

1. GaAs 的电阻率

与生长条件有关, 半绝缘 GaAs 能显示出接近于本征完美材料的电阻率, 在 300K, 本征载流子浓度为 2.1×10^{16}cm^{-3}, 电阻率为 $3.3\times10^{8}\Omega\cdot$cm。半绝缘 GaAs 的典型室温电阻率在 $10^{7}\sim10^{9}\Omega\cdot$cm 范围。

离子注入可以改变 GaAs 的电学性质, 使导电层可形成半绝缘, 而半绝缘可以成为局部导电。电导率的变化与离子质量、原子数、剂量以及在较小程度上与离子能量和注入温度有关。电阻率的变化是由离子注入过程中的晶格失序造成的, 已经观察到锌离子是具有这种行为的离子。注入 Zn 或者 Be 可以形成薄的 p$^+$ 区, 可以形成高的电活性。当注入 Zn 的能量为 60keV、150keV 和 300keV 时, 电阻率分别为 67Ω/□, 69Ω/□ 和 76Ω/□[①]。

2. 离子注入 p 型 GaAs 的载流子浓度

一般地讲, 用离子注入技术制备 p 型 GaAs 是一种成功的方法。对于高达 1×10^{14}cm^{-2} 的剂量, 其掺杂效率几乎达 100%, 用于注入能够获得较好效果的元素是 Zn、Be 等, 退火的最佳温度是 800℃。

Zn 的注入研究表明, 当注入剂量为 $1\times10^{12}\sim1\times10^{16}$cm^{-2} 时, 注入能量在 $20\sim450$ keV 时, 激活效率在 6%～100% 的范围。当剂量低于 1×10^{14}cm^{-2}, 退火温度是 800℃时, 激活效率可达 100%。

关于 Zn 经过通常退火和快速热退火后的浓度分布问题: 对于剂量 1×10^{15}cm^{-2}, 能量 150keV 的 Zn$^+$, 用通常的加热炉在 950℃下退火 30min, 其分布范围超过了预期的 0.2μm 的值, 深达表面下 1μm; 当在不高于 750℃下退火 15min, 空穴的浓度分布没有明显的扩展; 然而在更高的温度下退火时, 则观察到空穴浓度分布明显扩展。由加热炉退火已经获得典型峰值载流子浓度 $\sim2\times10^{19}$cm^{-3}, 而快速退火的载流子浓度可高达 $\sim8\times10^{19}$cm^{-3}。

当用剂量 $1\times10^{13}\sim1\times10^{16}$cm^{-2}、能量 $40\sim400$ keV 的 Be$^+$ 注入时, 在 $500\sim900$℃ 的退火温度下, 其激活效率为 10%～100%。对于剂量 4×10^{15}cm^{-2}、能量 350keV

---

① 1Ω/□ $= 0.1076\Omega/m^2$。

的 Be$^+$，当用 SiO$_2$ 作掩模时，获得大约 2.5×10^{19}cm^{-2} 的空穴最大载流子浓度。在较高温度下退火，观察到明显的扩散行为，而利用弧光灯进行快速退火时，扩散行为则相当微弱。

对于 GaAs 阴极组件，如果热粘接与热激活的温度低于 750℃，可以不考虑载流子扩散。

3. 非掺杂和掺杂外延 GaAs 的载流子浓度

外延 GaAs 通常同时包含受主和施主两种杂质。两种杂质的浓度差将决定 GaAs 是 p 型还是 n 型。

外延 GaAs 中的施主可能包括 Sn、Ge、C、Te 和 S，它们或许是残留杂质，或许是有意掺入的掺杂剂。在非掺杂的外延 GaAs 中经常检测到的浅受主是 Ge、Cd、Si、Zn、Mg、Be 和 C，其中一些可以作为掺杂元素，这里的 II 族元素总是受主杂质。

元素 Ge、Si 和 C 被视为两性杂质，因而在外延生长期间，它或择优地替换 As，或择优地替换 Ga，其具体情况将由 V /III比值来确定。

用于 GaAs 外延生长的技术通常有 MBE、LPE、VPE 和 MOCVD。

2.1.3   GaAs 中载流子离化率

Pearsall 等在测定离化率时，考虑过离化阈值能及其在布里渊区的位置所产生的影响，发现温度与晶向影响能带结构并改变电子离化系数 $\alpha(E)$ 和空穴离化系数 $b(E)$。在 (100)、(110) 以及 (111) 晶向衬底上用 LPE 生长 p$^+$n($n = 2 \times 10^{16}$cm^{-3}) 结，在 $3 \times 10^5 \sim 5.5 \times 10^5$V/cm 电场范围内，$\alpha(E)$ 和 $b(E)$ 曲线拟合为如下表达式：

$$\alpha(E), b(E) = c \exp[-(x/E)^m] \tag{2.3}$$

拟合系数由表 2.6 给出。

表 2.6 $\alpha(E)$ 和 $b(E)$ 的拟合系数

$\alpha(E)$, $b(E)$	晶向	(100)	(110)	(111)
$\alpha(E)$	c/cm^{-1}	9.12×10^4	2.19×10^7	7.76×10^4
	x/cm^{-1}	4.77×10^4	2.95×10^6	4.45×10^5
	m	3.48	1	6.91
$b(E)$	c/cm^{-1}	3.47×10^6	3.47×10^6	6.31×10^6
	x/cm^{-1}	2.18×10^6	2.27×10^6	2.31×10^6
	m	1	1	1
电场范围/(V/cm)		$3.13 \times 10^5 \sim 4.76$	$3.13 \times 10^5 \sim 4.76$	$3.33 \times 10^5 \sim 5.56 \times 10^5$

GaAs 中载流子离化率与掺杂和电场有关。

2.1.4 GaAs 中电子的迁移率、扩散和寿命

1. GaAs 中电子的迁移率

对 MBE GaAs, 已经观察到室温时 $8100\,cm^2/(V^2{\cdot}s)$ 和 77K 时高达 126000cm²/ $(V^2{\cdot}s)$ 的电子 Hall 迁移率; 超过 $10^5cm^2/(V^2{\cdot}s)$ 的峰值迁移率已经有报道。

在 MBE GaAs 中, 一般随着掺杂浓度增加电子迁移率减少。

Lancefield 等指出, 室温时在 0~8kbar(1bar=10^5Pa) 范围内, 超纯 GaAs 的电子迁移率随压力增加以 0.73%/kbar 的速率减小, 这主要是压力增加电子的有效质量也增加的缘故。

在 GaAs 中, 电子的有效质量差不多正比于直接跃迁能隙 E_g, E_g 随压力的增加而增加, 这导致有效质量随压力有 0.75%/ kbar 的增加。

2. p 型 GaAs 的电子扩散长度和扩散系数

少数载流子扩散长度 L 是载流子复合前运动的平均距离。对非本征半导体来说, 它的最基本限定是体值, 即适用于 "无限大" 均匀晶体中均匀和低浓度的少数载流子, 这些少数载流子, 如在 Si 中所常见的那样, 是通过 "Shockly-Read" 点缺陷进行复合。根据基本扩散理论, 扩散长度只与少数载流子的寿命 ι 和扩散系数 D 有关, 其公式为

$$L = (D \cdot \iota)^{1/2} \tag{2.4}$$

D 还与少数载流子迁移率有关, 由爱因斯坦关系式给出:

$$D = \frac{\mu k T}{q} \tag{2.5}$$

在 p 型 GaAs 中, 对 L 的大量测量已经有报道, 用的典型方法是分析在 pn 结或在表面势垒接触处收集到的电流, 该电流是靠电子束和光子激发产生的。然而, 由于存在界面与表面复合, 许多结果的准确性受到影响 (似是而非), 仅有约为 3μm 或者更小一些的值被认为是有效的。

在锭材料中, L 值约为 2μm 或者更低些, 并且在低空穴浓度时受到非辐射点缺陷复合控制, 但在高纯和结晶好的外延材料中, 可以实现接近理想的情况。在理想晶体中, 当载流子浓度低于 $10^{19}cm^{-3}$ 时, 寿命受到带间辐射过程控制, 此过程是类似于 GaAs 那种直接带隙材料中的带边吸收的反过程, 这就是说, 复合过程并不意味着终止少数载流子。因为产生的光子可被再吸收从而再在晶体的不同点产生少数载流子。当然, 这种光子的再循环属于一个物理过程, 不可能被扩散力量包含, 因此, 扩散长度的基本概念就不成立。例如, 迁移距离可以受样品的光学几何形状控制, 通过消除界面/表面复合的影响和测量荧光强度分布, 这一新的过程已

经被证实，并且在 LEP 材料中，非常长的"真实"扩散长度已经被导出，这些值，以及从 MOCVD 和其他 LPE 生长的 p 型 GaAs 得到的值列入表 2.7。

表 2.7　　p 型 GaAs 在 300K 时少数载流子的扩散长度和扩散系数

p/cm^{-3}	$L/10^{-4}\mathrm{cm}$	$L'/10^{-4}\mathrm{cm}$	$D/(\mathrm{cm}^2/\mathrm{s})$	$D'/(\mathrm{cm}^2/\mathrm{s})$
1.9×10^{15}	140	300	130	180
5×10^{15}	90	170	110	170
3×10^{16}	45	70	110	135
8×10^{16}	28	40	75	115
1.6×10^{17}	15	20	45	100
9×10^{17}	8	10	48	75
2×10^{18}	10(a)(b)	7	100(a)(c)	65
2×10^{18}	7(a)	7	80(a)	65
8×10^{18}	3.5(a)(b)	4.0		40
1×10^{19}	2.5(a)	3.8		35

注: (a) 表示未考虑光子再循环；(b) 表示 MOCVD 材料；(c) 表示 MOCVD 直接测量

为了表明这些值与理想值是接近的，将用式 (2.4) 得到的 $L'(10^{-4}\mathrm{cm})$、从吸收带边数据推测得到的 ι 以及在相同载流子浓度 $D'(\mathrm{cm}^2/\mathrm{s})$ 下从多子电子迁移率得到的 $D(\mathrm{cm}^2/\mathrm{s})$ 都列入表 2.7，当把数据中的误差和 $D'(\mathrm{cm}^2/\mathrm{s})$ 的预测值考虑进去后，在 $10^{15}\sim10^{20}\mathrm{cm}^{-3}$ 整个范围内均符合得相当好。

用 Shockley-Haynes 方法很难对少数载流子扩散常数进行系统的直接测量，因为扩散长度比较短。然而，通过测量同一组样品的 L 和 ι，并用式 (2.4)，实现了系统的间接测量，这些值也列入表 2.7，当考虑数据的误差和预测的 $D'(\mathrm{cm}^2/\mathrm{s})$ 值后，又一次得到相当好的吻合结果。

量子效率的计算结果表明，p 型掺杂浓度的理论优化值在 $\sim6\times10^{18}\mathrm{cm}^{-3}$。随着阴极厚度的提高，掺杂浓度对阴极量子效率的影响更加明显 [2,3]。

3. p 型 GaAs 的电子寿命

在 p 型 GaAs 中，100K 时，电子寿命受点缺陷、表面或界面及位错复合或者本体辐射复合过程控制。当有强的表面复合存在使本体寿命的精确测量复杂化时，绝大多数直接实际测量都需要研究带间由电子或激光束激发的荧光的小信号衰减时间。少数载流子寿命最简单、最基本的定义适用于具有均匀低过剩载流子浓度的无限大的大块样品，这些载流子通过均匀密度的"Shockly-Read"缺陷或带间辐射过程复合，可以看出，瞬态值等于稳态寿命值。当有位错或表面/界面复合存在时，稳态和瞬态值可能不相等。对寿命的最基本的限制是带间复合，在空穴浓度低于 $10^{19}\mathrm{cm}^{-3}$ 时，这是一个辐射复合过程，并且当光子再循环过程不重要时，可从吸收系数数据推导出来。Nelsen 等报道了他们在接近理想材料中对少子电子寿命最完全和最系统的研究结果；Ackett 等报道了在空穴浓度下进行的一些细致的补充测量。这两项研究都是用液相外延材料进行的，其结果与对带间辐射过程推算出来的极限值一起列入表 2.8，即使非常低的掺杂，吻合也是相当令人满意。

表 2.8　p 型 GaAs 中电子寿命(300K)

p/cm^{-3}	ι/ns	预测 ι/ns
1.9×10^{15}	2000	3000
5×10^{15}	1400	1300
3×10^{16}	260	280
1.6×10^{17}	60	60
9×10^{17}	16	10
3.5×10^{18}	3	1.8
1×10^{19}	1.2	0.8

对体单晶来说，完整性通常较差，当空穴浓度在 $3\times10^{18}\text{cm}^{-3}$ 左右时，这个值只能接近理想极限，表明在低掺杂时，寿命受到杂质点缺陷处的复合控制，在这些地方辐射寿命变得更长。

2.1.5　GaAs 中空穴的迁移率、扩散和寿命

1. 非掺杂 GaAs 空穴的迁移率

GaAs 中空穴的迁移率通常用 Hall 效应方法测量，空穴浓度由 Hall 系数确定。纯 p 型 GaAs 在 300K 时主要散射机理包括声学模式 (形变势和压电) 和光学模式 (非极性形变和极性) 两种晶格过程，在 300K 时，极性光学模式散射是主要的，声学模式在 77K 时占主导地位。Wiley 指出，如在 100~400K，在晶格散射情况下，受晶格限制的空穴 Hall 迁移率 $\mu(H_{\text{p}})$ 可以表示为

$$\mu(H_{\text{p}}) = 400(300/T)^{2.3} \quad (\text{cm}^2/(\text{V}\cdot\text{s})) \tag{2.6}$$

该式可以用来估算 100~400K 整个温度范围内晶格散射所起的作用。

2. 掺杂和离子注入 GaAs 空穴的迁移率

Wiley 回顾了 1975 年以来的工作，给出了空穴迁移率与空穴浓度间的关系曲线。当然，仅当补偿度 (K) 已知时才可以建立离化杂质浓度 $N(I)$ 与空穴 (p) 之间的确切关系，而实际上在大多数情况下补偿度是不知道的。然而，当假定 p 近似于 $N(I)$，即 K 近似于零时，并应用 Matthiessen 定律，就可以得到近似准确的数据。Wiley 用 300K 数据给出的曲线可以表示为

$$\mu(H_{\text{p}}) = \frac{1}{2.5\times10^{-3} + 1.1\times10^{-21}[\ln(1+b) - b/(1+b)]p(H)} \tag{2.7}$$

式中，$b = 7.5 \times 10^{19} p(H)$，$H$ 表示没有 Hall 因子进行修正的 Hall 效应测量。当 $p(H)$ 低于 $10^{19} \mathrm{cm}^{-3}$ 时，式 (2.7) 是正确的。在 77~400K 整个温度范围，$\mu(H_\mathrm{p})$ 的温度关系为

$$\mu(H_\mathrm{p}) = \frac{1}{5 \times 10^{-9} T^{2.3} + 5.5 \times 10^{-18} [\ln(1+b) - b/(1+b)] p(H)/T^{1.5}} \tag{2.8}$$

式中，$b = 8.3 \times 10^{14} T^2 / p(H)$。

要强调指出，式 (2.8) 只能用作估计和比较。对掺 Zn 材料，在 p 约为 $1.2 \times 10^{16} \mathrm{cm}^{-3}$ 和 $T = 100\mathrm{K}$ 时，$\mu(H_\mathrm{p})$ 大约是 $1.1 \times 10^3 \mathrm{cm}^2/(\mathrm{V \cdot s})$，而上述公式计算出来的是 $1.8 \times 10^2 \mathrm{cm}^2/(\mathrm{V \cdot s})$。对于超重掺杂，$p$ 接近 $8 \times 10^{19} \mathrm{cm}^{-3}$ 的 Zn 注入材料，已经发现在 300K 时 $\mu(H_\mathrm{p})$ 约为 $45 \mathrm{cm}^2/(\mathrm{V \cdot s})$，而上述公式计算出来的是 $55 \mathrm{cm}^2/(\mathrm{V \cdot s})$。当然，在这一浓度，空穴是简并的，而且在 Brooks-Herring 公式中用的 Born 近似已不再有效。因此，对上述公式不要过分苛求。这些公式对观察到的数据的解释使我们有理由认为其在用于估计时还是有用的。

3. GaAs 中空穴的迁移率与温度的关系

由于价带复杂的性质，一个包括能带弯曲、非抛物线性及轻空穴存在的纯理论处理是相当困难的。然而，当假定非极性光学和声学形变势散射以及极性光声子散射时，可实现理论与实际结果相当好的吻合。

在附加杂质的影响下，根据 Brooks-Herring 理论给出的离化杂质散射与温度的关系，假定 Matthiessen 的定律成立，Blakemore 认为室温附近 Hall 迁移率可用下式表示：

$$\mu(H) = \frac{1}{2.5 \times 10^{-3} (T/300)^{2.3} + 4 \times 10^{-21} N_i (300/T)^{1.5}} \quad (\mathrm{cm}^2/(\mathrm{V \cdot s})) \tag{2.9}$$

在器件分析中通常需要 "漂移" 或 "电导" 迁移率 $\mu(D)$ 与 Hall 迁移率 $\mu(H)$ 之间的关系，可表示为 $\mu(D) = \mu(H)/r$。假定达到高场极限时 r 接近于 1，在低场下进行 Hall 测量时，在 300K 时 r 近似于 1.25，在 77K 时 r 近似于 1.5。因此可以得出结论，在 GaAs 中空穴漂移迁移率从 300K 时 $\mu(D) = 320 \mathrm{cm}^2/(\mathrm{V \cdot s})$ 增加到 77K 时 $\mu(D) = 6000 \mathrm{cm}^2/(\mathrm{V \cdot s})$ 左右。这比 Hall 迁移率的增加稍慢，并且可以写成 $\mu(D) = 320(300/T)^{2.2} \mathrm{cm}^2/(\mathrm{V \cdot s})$。对纯材料来说，这好像是合理的。

4. GaAs 中空穴的迁移率与压力的关系

Adams 等观察到，在半绝缘衬底上用液相外延生长的 p 型 GaAs 中空穴迁移率随压力的增加而增加，在 0~8kbar 范围内增加速率为 0.31%/kbar。这一增加正好与观察到的电子迁移率随压力增加而减少相反。

价带的复杂性使得对空穴迁移率进行分析相当困难。轻空穴的有效质量以与电子有效质量类似的方式随压力的增加而增加。然而由于其相对大的状态密度，绝大多数空穴是在重空穴带，因而在轻空穴带中的变化对空穴平均迁移率的影响很小。相对来说，重空穴的有效质量受压力的影响不大，所以主要的影响表现在以下两个方面：

(1) 极性声子能量随压力增加而增加，这减小了极性声子的密度，进而减少了散射；

(2) 由压力增加而引起 GaAs 密度增加减少了声学声子散射。

考虑这些因素并用 Matthiessen 定律，Adams 等能够得到与实验相当吻合的结果。

5. GaAs 中空穴的有效质量与压力的关系

Adams 等已经测量了有效质量与压力的关系，从其结果得到

$$\frac{\mathrm{d}[\ln m^*(h)]}{\mathrm{d}p} = -1.5 \times 10^{-4} \mathrm{kbar}^{-1} \tag{2.10}$$

显然，在少有的几个可用的数据中存在相当大的分散，然而有一点是显而易见的，即重空穴的有效质量与压力的关系明显地小于电子的有效质量与压力的关系，这一点与 $K \cdot P$ 理论预测的是一样的。基于这一理论，我们可以预期，轻空穴的有效质量可能与电子的有效质量一样，以同样的百分比随压力变化。

6. n 型 GaAs 中空穴的扩散长度和扩散系数

关于 n 型材料完整的实验资料并不多，但研究工作还是做了一些。结果如表 2.9 所示。

表 2.9　300K 时 n 型 GaAs 中空穴的扩散长度和扩散系数

n/cm^{-3}	$L/10^{-4}\mathrm{cm}$	$L'/10^{-4}\mathrm{cm}$	$D/(\mathrm{cm}^2/\mathrm{s})$	$D'/(\mathrm{cm}^2/\mathrm{s})$
2×10^{16}	1.8	17	1.6	7.5
1×10^{17}	1.8	7	1.6	6.3
1×10^{17}(LPE)	4.8	7		6.3
3×10^{17}(LPE)	3.8	5.7		5.5
5×10^{17}	1.8	5.0	1.6	5.0
2×10^{18}	1.2	3.7	1.4	3.5
2×10^{18}	1.2	3.7		3.5
6.5×10^{18}	0.3	3.3		2.5
6.5×10^{18}	0.02	3.3	0.006	2.5

7. n 型 GaAs 中空穴的寿命

在 300K，对 n 型 GaAs 中少数载流子的寿命的研究不如对 p 型 GaAs 中少数载流子的寿命的研究广泛，其理由有两个方面：

(1) 最早发现 p 型 GaAs 材料的发光效率高于 n 型,所以光发射器件促进了 p 型复合机理的研究;

(2) 一般说来,GaAs 中的电子性质会引起人们更多的关注,因为与 Si 中的电子相比,GaAs 中的电子有更优越的输运性质。

非辐射复合机理和光再循环过程使得实验与理论的比较变得复杂化,而实际上,当多数载流子浓度低于 $3 \times 10^{17} \text{cm}^{-3}$ 时,从吸收边界数据预测的辐射极限对少数电子和空穴是一样的。在较高的浓度下,对 p 型和 n 型材料以不同的方式改变吸收边界的形状,而且预期的电子寿命要大于空穴寿命。在表 2.10 中列入了这些实验和预期的寿命值,在低掺 (也有例外) 时两者的一致性还是可以的,在重掺时一致性变差,其理由可能是当施主不能再被溶解时就产生缺陷,而这些缺陷淬灭体寿命为 ι。在这样简并的材料中,理论预测的有效性可能还是个有争议的问题。

表 2.10　n 型 GaAs 中的空穴寿命

n/cm^{-3}	ι/ns	预期的 ι/ns
2×10^{16}	20	450
2.5×10^{16}(MOCVD)	260	380
3×10^{16}(MOCVD)	227	300
5×10^{16}(MOCVD)	117	180
1.4×10^{18}	15	40
3×10^{18}	7	50
7×10^{18}	0.8	80

出现在低掺杂的锭数据的例外是由于杂质或固有的缺陷的复合,其支配辐射复合过程淬灭寿命到 20ns,而与所用浓度为 $10^{16} \sim 10^{18} \text{cm}^{-3}$ 的材料的掺杂无关。

2.1.6　GaAs 的能带间隙

1. GaAs 的直接带隙与温度的关系

因为 GaAs 是直接带隙材料,这就有可能对带隙 E_0 作非常精确的光学测量。这些测量包括吸收、反射和光致发光。观察到的 E_0 与温度的变化是非线性的,并且接近 Varshni 给出的经验方程。Thumond 指出,在 0~1000K 温度范围,实验结果符合以下表达式:

$$E_0(T) = 1.519 - \frac{5.405 \times 10^{-4} T^2}{T + 204} \quad (\text{eV}) \tag{2.11}$$

在整个温度范围内,估计的标准偏差是 3meV,但 Blakemore 观察到,在室温及室温以下的吻合比这要好得多。

E_0 随温度的变化在理论上可认为与晶格膨胀以及电子声子之间的相互作用有关。前者的影响可通过 E_0 与压力的关系、体模量及晶格常数随温度的变化进行计算。在 0~300K 范围内，这一影响使 E_0 减少 27meV，其余部分显然是由电子声子之间的相互作用引起的。

2. GaAs 的直接带隙与压力的关系

GaAs 的直接带隙随施加压力的增加而增加，并且当施加压力超过 35kbar 时，GaAs 变成间接带隙材料，这是由于施加压力使 X6 导带最小值增加，相对于 L6 和 r(6) 最小值下降。

对 GaAs 施加高达 180kbar 的静水压力，得到室温下以 eV 为单位的吸收边界 E_0，表达式为

$$E_0 = 1.45 + 0.012p - 3.77 \times 10^{-5}p^2 \tag{2.12}$$

式中，p 为压力，单位是 kbar。

3. GaAs 的 r 点空穴的光学畸变势

在 r 点空穴的光学畸变势 $d(0)$ 通常是由空穴的实验数据与输送理论的拟合法来确定。Lawaetz 等得到 $d(0)=41.0$eV，Cardona 等完成了拉曼实验，并报道了 $d(0)=48.0$eV。Potz 和 Vogl 用赝势能和紧束缚计算法得到的 $d(0)$ 分别是 29.1eV 和 37.0eV。Cardona 等计算出的 $d(0)=36.4$eV。

2.1.7 GaAs 的光学函数

GaAs 的光学函数包括复折射率、介电函数和吸收系数。

1. 本征 GaAs 的光学函数: 概论

光学函数包括

复介电函数 ε: $\varepsilon = \varepsilon_1 + \mathrm{i}\varepsilon_2 = (n + \mathrm{i}k)^2$

其中，ε 表示介电常数；n 和 k 分别为通常的折射率和消光系数。

吸收系数 α: $\alpha = 4\pi k/\lambda$

其中，λ 表示光的波长。

上面表达式中的虚数部分的符号是根据物理学的习惯规定的。光学和工程学上的习惯是从其复共轭得到的。在上述表达式中，ε_2 和 k 均保持正定。

这些量常称为光学常数。但是，这些称呼常引起人们的误解，因为这些量都依赖光的波长。"常数"这一术语的使用应当限制在静介电常数，即限于频率为零时的 ε_1。红外介电常数，即具有离子晶格贡献的材料，不受零频的限制。

原则上讲，仅有一组光学函数是必须的，因为它们之间相互关联。然而不同组的光学函数对于不同目的的应用是有用的。

2. 本征 GaAs 的光学函数: 静电与红外介电常数

在 100~600K 温度范围, 同时频率从直流到 10^{11}Hz, 静电介电常数 $\varepsilon(K)$ 可以表示为

$$\varepsilon(K) = 12.40(1 + 1.2 \times 10^{-4}TK^{-1}) \tag{2.13}$$

这里, 温度的依从关系取自微波测量数据。在 $T = 300$K 时, 定义为 $\varepsilon(0) = 12.85$。

红外区的介电常数不能直接测量, 而必须借助于 Lyddane-Sachs-Teller 关系:

$$\varepsilon(0)/\varepsilon(\varepsilon_\infty) = [W(\text{LO})/W(\text{TO})]^2$$

它是从静电介电常数和声子能量推算出来的。这里的 $W(\text{LO}) = 292.1\text{cm}^{-1}$, 相当于 3.621meV, 是纵向光学声子的能量; $W(\text{TO}) = 268.7\text{cm}^{-1}$, 相当于 33.31meV, 是横向光学声子的能量。

记入 $W(\text{LO})$ 和 $W(\text{TO})$ 的温度影响, ε_∞ 可以表示为

$$\varepsilon_\infty = 10.60(1 + 9 \times 10^{-5}TK^{-1}) \tag{2.14}$$

在 $T = 300$K 时, $\varepsilon_\infty = 10.88$。

3. 本征 GaAs 的光学函数: 余辉区 (0~60meV)

红外余辉区包含 LO 和 TO 晶格振动相关联的强一阶声子结构。Palik 已经将色散关系

$$\varepsilon = (n + \mathrm{i}k)^2 = \varepsilon_\infty \left[1 + \frac{W(\text{LO})^2 - W(\text{TO})^2}{W(\text{TO})^2 - W^2 + IrW} \right] \tag{2.15}$$

拟合了完全消除表面损伤的化学抛光的样品上的反射系数。

在式 (2.15) 中, ε 是介电常数, n 是折射率, k 是消光系数。$W(\text{LO}) = 292.1\text{cm}^{-1}$ 和 $W(\text{TO}) = 268.7\text{cm}^{-1}$ 是纵向和横向光学声子的波数, $\varepsilon_\infty = 11.0, r = 2.4\text{cm}^{-1}, W$ 是能量。在频率为 0~480cm^{-1}(W 为 0 ~60meV) 的范围内, 由这个方程从 ε 计算得到的 n 的数值同从其他数据确定的数值是吻合的, 其误差不大于 0.03。方程的零频极限值仅比由 ε_∞ 计算得到的通常意义的折射率高 0.6%。鉴于这些量是采用不同方法获得的, 这样的吻合就相当好了。

4. 本征 GaAs 的光学函数: 透明区 (0.1~1.4eV)

对于不纯的材料, 除了与样品有关的深能级吸收外, 在 0~1.4eV 范围, GaAs 是透明的。利用这种透明性, Pikhtin 和 Yaskov 采用最小光束偏向角的方法, 得到了高精度的 n 值, 解析表达式为

$$n^2 = 1 + \frac{A}{\pi} \ln \frac{E(1)^2 - E^2}{E(0)^2 - E^2} + \frac{G(1)}{E(1)^2 - E^2} + \frac{G(2)}{E(2)^2 - E^2} + \frac{G(3)}{E(3)^2 - E^2} \tag{2.16}$$

式中，E 是光子能量；$E(i)$ 是具有 $E(0)=1.428\text{eV}$、$E(1)=2.0$ eV，$E(2) = 5.1\text{eV}$ 和 $E(3) = 0.0333\text{eV}$ 的特征振子的能量；A 和 $G(i)$ 是振子强度，且 $A = 0.7$，$[E(0)/\text{eV}]^{-1/2}=0.5858$，$G(1)=39.194(\text{eV})^2$，$G(2)=136.08(\text{eV})^2$，$G(3)=0.00218(\text{eV})^2$。同 $E(0),E(1),E(2)$ 和 $E(3)$ 相关的振子，大体上可以分别概括来自电子能态间能态密度的前三个直接带隙的吸收过程，以及晶格的吸收过程。

折射率与温度的关系遵从

$$n(\varpi T) = n(\varpi)(1 + 4.5 \times 10^{-5}TK^{-1}) \tag{2.17}$$

式中，ϖ 是角频率。

5. **本征 GaAs 的光学函数: 直接带隙区 (1.3~1.5eV)**

在直接带隙中 (室温下 1.424eV) 的大约 0.1eV 范围内，光学函数是由激子的作用支配的。由于 $n = 1$ 激子的吸收结构具有非常高的锐度，光学函数将受到温度和晶体质量两方面的强烈影响。在 1.3~1.5eV，温度对 n 和 α 的影响可近似于这些数据随能量的偏移，并且能量遵从式 (2.11) 的变化。

6. **本征 GaAs 的光学函数: 可见到近紫外区**

在基本吸收边界以上的光谱区，虽然不缺乏光学函数的数据，但相对误差达半个数量级或更高的状况是不足为奇的。产生这些误差的原因是在可见到近紫外光谱区的很大范围内，光的穿透深度仅为 100Å 的量级，因此在红外区已经显得重要的表面制备在这里更是至关重要。

在推导光学函数时，除了考虑来自反射光的光强度的衰减 (用反射计测量) 或偏振状态在反射时的改变 (由椭偏仪测量) 外，从未进行过直接的测量。因此，推导出来的光学函数仅对符合理想模型的样品才是精确的。所谓理想模型，即通常的两相模型，它由洁净、均匀和各向同性的衬底，以及衬底到所暴露气氛的数学上的陡突界面组成。

在可见到紫外区，温度的影响主要来自于各自临界点结构的移动和热拓宽。

7. **本征 GaAs 的光学函数: 真空紫外区 (上至 155eV)**

在 6eV 以上的光谱区，目前只有唯一一组完整的光学函数的数据，它是由 Philipp 和 Ehrenreich 对 0~25eV 的垂直入射反射率数据经过 Kramers-Kronig 分析计算得到的。在高于 25eV 的光谱区，由于 GaAs 的反射率太低，不能进行准确的测量，但是，薄膜的几何结构使透射中的吸收系数的测量得以实现。在 22~155eV 的范围内，对于沉积在碳膜上和沉积在预先涂敷在 KCl 的显微膜片上的多晶 GaAs 的吸收系数数据，Cardona 和其同事已经作了报道。

8. 本征 GaAs 的光学函数: 折射率和吸收系数随能量 (0~155eV) 的变化

对于选定的能量, 单晶 GaAs 在室温下的本征光学函数如表 2.11 所示。表中 n 是折射率, κ 是消光系数, α 是吸收系数。波长 (Å)=12395eV^{-1}。

表 2.11　GaAs 在室温下的本征光学函数

能量/eV	n	κ	$1000\alpha/\mathrm{cm}^{-1}$	能量/eV	n	κ	$1000\alpha/\mathrm{cm}^{-1}$
0.000	3.584			0.600	3.338		
0.000	3.6053	0.0000	0.000	0.700	3.354		
0.005	3.6117	0.003	0.000	0.800	3.374		
0.010	3.633	0.001	0.003	0.900	3.397		
0.015	3.675	0.002	0.003	1.000	3.423		
0.025	3.946	0.009	0.023	1.100	3.455		
0.030	4.643	0.045	0.15	1.200	3.492		
0.031	5.085	0.09	0.28	1.300	3.539		
0.032	6.050	0.23	0.76	1.300	3.535		
0.0325	7.169	0.51	1.67	1.310	3.541		
0.033	10.123	2.04	6.8	1.320	3.546		
0.03322	12.413	6.49	21.9	1.330	3.553		
0.03339	7.531	11.70	39.6	1.340	3.558		
0.0335	4.054	10.67	36.2	1.350	3.566		
0.034	0.841	5.96	20.5	1.360	3.573	0	0.01
0.035	0.032	2.86	10.1	1.370	3.581	0	0.02
0.0355	0.266	1.93	7.0	1.380	3.590	0	0.03
0.036	0.344	0.99	3.63	1.390	3.600	0	0.09
0.038	2.092	0.054	0.21	1.400	3.611	0.001	0.21
0.040	2.545	0.022	0.09	1.410	3.628	0.003	0.46
0.045	2.929	0.004	0.020	1.420	3.646	0.026	4.00
0.050	3.067	0.002	0.012	1.430	3.640	0.056	8.1
0.055	3.137	0.006	0.030	1.440	3.635	0.053	7.7
0.060	3.180	0.003	0.020	1.450	3.634	0.059	8.7
0.065	3.208	0.009	0.055	1.460	3.634	0.062	9.1
0.070	3.227	0.000	0.002	1.470	3.635	0.066	9.8
0.080	3.253	0	0	1.480	3.636	0.068	10.2
0.080	3.234	0	0	1.490	3.638	0.071	10.7
0.090	3.249			1.500	3.640	0.074	11.2
0.100	3.260			1.500	3.666	0.080	12.21
0.150	3.283			1.600	3.700	0.091	14.83
0.200	3.292			1.700	3.742	0.112	19.28
0.250	3.298			1.800	3.785	0.151	27.49
0.300	3.303			1.900	3.826	0.179	34.45
0.400	3.313			2.000	3.878	0.211	42.79
0.500	3.324			2.100	3.904	0.240	51.15

能量/eV	n	κ	$1000\alpha/\mathrm{cm}^{-1}$	能量/eV	n	κ	$1000\alpha/\mathrm{cm}^{-1}$
2.200	4.013	0.276	61.46	5.600	1.349	2.815	1597.99
2.300	4.100	0.320	74.56	5.700	1.325	2.710	1565.73
2.400	4.205	0.371	90.34	5.800	1.311	2.625	1543.07
2.500	4.333	0.441	111.74	5.900	1.288	2.557	1528.86
2.600	4.492	0.539	142.02	6.000	1.264	2.472	1503.20
2.700	4.694	0.696	190.53	6.000	1.395	2.048	1245
2.800	4.959	0.991	281.33	6.2	1.424	1.976	1241
2.900	5.052	1.721	505.75	6.6	1.247	2.047	1369
3.000	4.509	1.948	592.48	7.0	1.063	1.836	1304
3.100	4.673	2.146	674.17	8.0	0.899	1.435	1163
3.200	3.938	2.288	742.21	9.0	0.901	1.136	1036
3.300	3.709	2.162	723.09	10.0	0.915	0.974	987
3.400	3.596	2.076	715.28	12.0	0.895	0.791	962
3.500	3.531	2.013	714.20	14.0	0.840	0.602	854
3.600	3.495	1.965	717.14	16.0	0.850	0.411	666
3.700	3.485	1.931	724.14	18.0	0.936	0.324	591
3.800	3.501	1.909	735.28	20.0	1.025	0.212	430
3.900	3.538	1.904	752.62	22.0	1.043	0.240	535
4.000	3.601	1.920	778.65	22.0	—	0.148	330
4.100	3.692	1.969	818.23	26.0	—	0.0872	230
4.200	3.810	2.069	880.86	28.0	—	0.0683	194
4.300	3.939	2.260	984.86	30.0	—	0.0648	197
4.400	4.013	2.563	1143.26	40.0	—	0.0426	173
4.500	3.913	2.919	1331.28	50.0	—	0.0430	218
4.600	3.769	3.169	1477.66	60.0	—	0.0389	237
4.700	3.598	3.452	1644.29	70.0	—	0.0376	267
4.800	3.342	3.770	1834.18	80.0	—	0.0353	286
4.900	2.890	4.047	2009.92	90.0	—	0.0323	295
5.000	2.273	4.084	2069.81	100.0	—	0.0294	298
5.100	1.802	3.795	1981.86	110.0	—	0.0278	310
5.200	1.599	3.484	1836.14	120.0	—	0.0245	298
5.300	1.499	3.255	1748.74	130.0	—	0.0224	295
5.400	1.430	3.079	1685.29	140.0	—	0.0206	292
5.500	1.383	2.936	1636.68	150.0	—	0.0193	293

关于液相外延生长 GaAs 的光学性能我们在 2.2.9 节一起给出。

9. 非本征 GaAs 光学函数的影响

最重要的非本征影响,而且也是这里要讨论的唯一的一类非本征影响来源于自由载流子。自由载流子影响的主要结果是,出现等离子体结构和红外区吸收增强, 以及当自由电子浓度达 $\sim 4 \times 10^{17} \mathrm{cm}^{-3}$ 时, 导带开始简并引起的光学能隙吸收边界移动 (Burstein 位移)。如果浓度大于 $10^{19} \mathrm{cm}^{-3}$, 那么自由载流子造成的光学能隙吸收边界的位移和变宽的临界点结构将遍及整个可见光到近紫外区。

对于 p 型材料, Braunstein 和 Kana 的结果表明, 红外光谱以价带内的跃迁为主, 其阈值近于 0.35eV, 但是在较低的能量下, 相当强的吸收也被观察到了。

GaAs 光电阴极价带中的电子吸收入射光子能量, 激发到导带, 这一激发过程主要与材料的吸收系数和能带结构有关。电子对光子吸收能力的强弱一般用吸收系数 α 来描述。α 是入射光子能量的函数, 如图 2.1 所示 [4,5]。从图 2.1(a) 可以看出, 当 1.4eV< $h\nu$ < 2.5eV 时, GaAs 材料的吸收系数 $\alpha(h\nu)$ 随入射光子能量 $h\nu$ 迅速增加, 这表明在上述范围内, 入射光子能量越大, 光子在材料内的吸收长度越短。吸收系数的这种特点将对反射式和透射式阴极的光电发射特性产生非常不同的影响。图 2.1(b) 给出的是不同 p 型重掺杂 GaAs 在阈值光子能量附近的光谱吸收系数曲线, 可以看到, 随着掺杂浓度的提高, 吸收边缘向长波移动。这种吸收边随掺杂浓度变化的现象可以用 GaAs 重 p 型杂质能级与价带重叠形成带尾从而禁带变窄来解释: 随着掺杂浓度的提高, 能带带尾加长, 禁带收缩, 促使吸收边向低能长波方向移动。这种吸收带尾现象将使 GaAs 光电阴极光谱响应截止波长向长波方向移动, 使得 GaAs 光电阴极在 930nm 还有光谱响应。

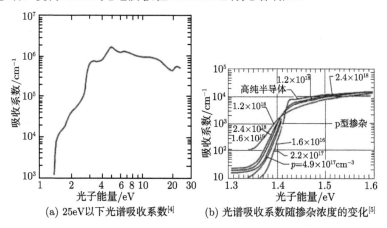

(a) 25eV 以下光谱吸收系数[4]　　　(b) 光谱吸收系数随掺杂浓度的变化[5]

图 2.1　GaAs 光谱吸收系数

2.1.8　GaAs 的红外吸收

1. 大块 GaAs 的红外吸收带

GaAs 中低于带边的红外吸收有多种类型。在非掺杂的 GaAs 中, 吸收谱由一个或两个声子 "晶格带" 组成。单声子吸收带从 $150 \mathrm{cm}^{-1}$ 扩展到 $340 \mathrm{cm}^{-1}$, 而多声子结构在大约 $550 \mathrm{cm}^{-1}$ 还能看到, 并且在 $380 \mathrm{cm}^{-1}$ 和 $520 \mathrm{cm}^{-1}$ 附近具有明显的极大值。

当引入杂质时，可以激励三个主要的吸收过程：

(1) 由导电电子或空穴的衰减振荡激发的自由载流子吸收。

(2) 由局域振动模 (LVM) 产生的吸收；与声子模不直接耦合的比较轻的杂质原子的高能振动模产生的吸收。

(3) 由离子内电子和缺陷电子与价带或导带之间的电子激发产生的吸收。

在自由载流子吸收过程中，光子把导带中的电子激发到更高能态上，从这个能态上电子以热损耗能的形式再把能量传递给晶格。电子与光学声子、声学声子以及离化杂质的相互作用，构成了吸收系数的三个组成部分。在 p 型材料中，价带内跃迁产生相似的吸收。

某些缺陷具有的振动模能量高于晶格光学声子的最大值，因此这些缺陷只能以二次作用与晶格耦合。由于这种原因，它们具有长的寿命，因而它们的振动是容易确定的。并且给出强烈的吸收峰，例如，在 GaAs 中的 Be，特定缺陷的识别为 Be9(Ga)，LVM 能量是 $482cm^{-1}$，在 GaAs 中作为浅受主存在。

电子吸收带是由缺陷中心内的电子激发，或者是由缺陷中心与导带或价带之间的跃迁产生。这些吸收带强烈地依赖温度。例如，在激子吸收中，对于 GaAs 中的 Be，在温度为 1.5K，能态是 1s 时，能量是 $E_g - 7meV$，如果能态是激子在中性受主上复合的两个空穴伴线，则能量是 $E_g - 2.2meV$(成对)。在与浅受主中心有关的中心内跃迁中，浅受主产生光电导峰，这些光电导峰与缺陷内部激发和紧接着从受激态向价带的热离化有关。例如，杂质 Zn，基态能量是 30.6meV，跃迁能量对 $1s^{3/2} - 2p^{3/2}$ 是 $156.3(cm^{-1})$；对 $1s^{3/2} - 2p^{5/2}(\Gamma_8)$ 是 $187.2(cm^{-1})$；对 $1s^{3/2} - 2p^{5/2}(\Gamma_7)$ 是 $202.0(cm^{-1})$。

2. GaAs 中的双光子红外吸收系数

已经发表了大量的关于 GaAs 吸收过程的文章，尤其是双光子吸收机理受到了重视。测量了 GaAs 在 $1.06\mu m$ 波长处双光子吸收系数大于 6000cm/GW，最小值是 22cm/GW。

现在这个吸收系数的确切值似乎相当接近这些测量的下限。实际上测量值逐年趋于 30cm/GW，这是对 GaAs 激光辐射性能认识逐步提高的结果。分析双光子吸收系数方面存在两个主要问题：

(1) 材料中自由载流子吸收的强烈影响。采用 ps 级持续时间的辐射，为进行强度相关的研究提供了十分有利的实验条件。

(2) 对光学吸收实验过程中，伴随有非线性吸收的激光束强非线性折射的认识迅速加深。这种现象可以更准确地描述为自散焦，它实际上使透过的辐射在离开样品之后发散，因而不能聚焦在接收器上。事实上已经利用这种效应制作了光子限制器件。

2.1.9　GaAs 的光致发光谱

1. MOCVD GaAs 的光致发光谱

MOCVD 的优点在于它能够制备高电子迁移率晶体管，超晶格和量子阱所需要的薄层及其突破界面的材料。低温光致发光谱 (小于 10K) 是一种检测生长层中杂质和缺陷的有效方法。

1) 激子峰 (c.1.51eV)

高纯 (即 $N_D + N_A$ 不大于 $10^{16} cm^{-3}$) 的 MOCVD 外延层，像所有的外延层一样发出一些非常精细的发射谱线，这些谱线主要是由自由激子激化声子和束缚于一个杂质晶格上的激子产生的。

Swaminathan 等在 12K 得到了 MOCVD 材料靠近带边 (1.5194eV) 的下列激子峰，如表 2.12 所示。该材料是在半绝缘衬底上用 589℃生长，800r/min，V /III比为 8，载流子浓度为 $10^{15} cm^{-3}$。

这些作者指出，表 2.12 中谱线的位置和宽度与 MBE 外延层中类似的谱线紧密相关。

表 2.12　MOCVD GaAs 的激子峰

光致发光谱线/eV	粗略识别
1.5156	自由激子 (上激化声子分支)
1.5149~1.5145	施主激子的激发态 (而且包括自由激子，下激化声子分支)
1.5142	中性施主束缚激子
1.5136	离化施主束缚激子和施主到价带的束缚激子
1.5126	中性受主束缚激子
1.5119	缺陷激子
1.5112	缺陷激子

2) 碳峰 (c.1.49eV)

碳是用 TMG(三甲基镓 $(CH_3)_3Ga$) 作为镓源的 MOCVD 生长 GaAs 的主要本底杂质，但是在 Bhat 等采用 TEG(三乙基镓 $(C_2H_5)_3Ga$) 生长的样品中没有出现碳峰。这些碳沾污可能来源于碳氢化合物原子团在 As 原子表面上的吸附，这些原子团是由所采用的有机化合物的分裂产生。碳的掺入量依赖于生长过程中的生长温度、气相化学配比、工作气压和衬底取向。

碳的掺入可以作为施主 (C(Ga))，也可以作为受主 (C(As))，并且根据光热离化实验发现 C(As) 位占优势。采用低功率密度，在 4K 下通常可以看到的跃迁如表 2.13 所示。

表 2.13 MOCVD GaAs 的碳峰

光致发光谱线/eV	粗略识别
1.4935±0.0005	导带 (自由电子) 到C(As)受主 (束缚空穴)- 自由到带间的跃迁(FB(C))
1.4895±0.001	中性施主到C(As)受主对 - 施主受主对(DAP(C))精确位置依赖于浓度和激发功率

Kuelch 等根据 77K 的光致发光谱 (PL) 得出结论: 碳沾污水平正比于 FB(C) 峰与导带到价带峰积分强度的比值, 并随生长温度降低而下降。

Takagishi 和 Mori 从光致发光谱测定发现, 当工作压力从 3×10^{-3}torr(1 torr= 1mmHg=1.33322×10^{2}Pa) 增加到 75torr 时, 碳浓度下降, 当 AsH$_3$/TMG 比值为 75 时, 在压力为 0.5torr 处出现电导类型的转变。当压力低于 0.5torr 时, C 沾污 p 型层, 而压力高于 0.5torr 时, 得到碳含量低的 n 型层。

这种 p 型到 n 型的 "交叉" 效应是 MOCVD 生长工艺的特征, 而发生两种电导类型交叉的精确的 AsH$_3$/TMG 比值, 强烈地依赖于源的纯度、生长温度和生长速率 (如果源纯度高影响就小), 还有生长过程中的压力。

3) Zn 峰

ZnAs 是制备高纯砷烷的原材料, 而且还有可能在 TMG 中存在。这就说明了为什么在 MOCVD GaAs 中主要的受主是 Zn 和 C。还有证据说明, 降低生长温度 Zn 的掺入量就增加。

与 Zn 有关的峰值位置如表 2.14 所示。

表 2.14 MOCVD GaAs 的 Zn 峰

光致发光谱线/eV	粗略识别
1.4893	FB, 与 Zn(Ga) 有关
1.4854	DAP, 与 Zn(Ga) 有关

2. MBE GaAs 的光致发光谱

低温 (4K)MBE 层的光致发光谱一般用来表征外延层的特性和质量。在高纯材料 (杂质浓度小于 10^{15}cm^{-3}) 存在一般激子峰的位置, 如表 2.15 所示。

另外, 在 1.500~1.511eV 光谱范围看到了 60 个分离的特征峰, 这些特征峰称为 KP 线。在这个谱线范围内有 16 条很锐的谱线, 所用的样品是在 530℃衬底温度下生长的。由于生长室的 CO 和衬底的沾污, 主要的受主杂质是 C(As), 因此要求在低激发条件下测量这些峰值。这些峰值位置容易发生大约 0.5meV 的起伏, 而 DAP 峰值位置强烈地依赖于激发功率密度和掺杂水平。如果掺杂水平使 FB 和 DAP 谱峰发生重叠, 而且强度近似相等, 则两峰位置发生相互靠近的移动, 也就是两峰之间能量差减小。

表 2.15　MBE GaAs 的一般激子峰

峰值/eV	类属
1.5153(F, X)	$n = 1$ 态的自由激子, 上激化声子分支
1.515(F, X)	下激化声子分支
1.515~1.5146(D(0), X)	中性施主束缚激子的激发态
1.5141(D(0), X)	中性施主束缚激子
1.5133(D(+), X)	D(0)h 离化施主束缚激子和/或中性施主到价带
1.5128, $J=1/2$	
1.5124, $J=3/2$	
1.5122, $J=5/2$	
1.4932(2K)	自由电子到受主 C(As) 上的束缚空穴-FB(C)
1.4892(2K)	施主束缚电子到受主 C(As) 上的束缚空穴-DAP(C)

3. 掺 Ⅱ 族元素 GaAs 的光致发光谱

1) 光谱特征

浅掺杂的光致发光谱通常在低温下测量 ($T < 10$K), 在这样的温度下, 粒子是热稳定的。通常研究三种主要的跃迁: 束缚激子衰变 (BE)、自由-束缚 (FB) 以及施主 - 受主对跃迁。激子在中性施主或受主上的衰变, 产生一个陡峭的谱图, 易于用来识别杂质。尤其是在低掺杂的样品中, 特别是双空穴伴线 BE 发射已经以化学的角度来识别 Ⅱ 族杂质。FB 跃迁在识别杂质方面也是十分有用的。

2) 化学识别

Ⅱ 族杂质替位于Ⅲ族亚晶格的 Ga 位置形成受主状态。用于识别杂质的主要跃迁列于表 2.16。

表 2.16　Ⅱ族杂质的光谱特性

元素	光致发光特性/eV			T/K
	FB	BE(1s)	THR(2s)	
Be	1.4923			2
	1.4915			5
		1.5124	1.4926	1.5
Mg	1.4911			5
		1.5124	1.4922	1.5
Ca	用 VPE 材料掺杂实验			
Sr	没有产生额外的光致发光谱线			
Zn	1.4888			5
		1.5122	1.4904	1.5
Cd	1.4848			5
		1.5123	1.4869	1.5

在掺 Zn 样品中 (特别是在 Zn 浓度很高时), 在 1.40eV 附近, 观察到一个相当宽的发射带。这个带的产生与最邻近的锌-砷空位, Zn(Ga)-V(As) 对有关。已经用高能电子辐照 (2.2MeV) 和退火的方法研究了这一缺陷。退火方法是为了了解与 Zn 发光带有关的缺陷反应。结果表明, V(As) 空位与替位 Zn 的成对, 使发光带的强度增加 (测量是在 77K 进行, $h\nu = 1.37$eV)。由光致发光强度监控得知, 200℃的退火温度对于缺陷的产生是最佳的选择 (时间 30min)。在比较高的温度下, 辐射产生可动缺陷的相互作用和 Zn(Ga)-V(As) 对的热分解造成荧光的猝灭。

GaAs 的能隙可以通过加静水压力变成非直接带隙。在大约 40kbar 下, $\Gamma(1) \sim \Gamma(8)$ 可以转变成 $X(1) \sim X(8)$。在此压力下, 所有与光致发光谱跃迁有关的杂质跃迁效率均下降。研究静水压力对重掺杂 GaAs(Zn) 的光致发光谱的影响表明, 它只是从直接跃迁变到了非直接跃迁。在非常重掺 Zn 的样品中 ($p = 9 \times 10^{19}$cm^{-3}), 静水压力高达 96kbar 时, 荧光仍然存在, 这是由于空穴浓度很高。在此压力下, 120K 时, 位于 2.4eV 处的发射带变尖, 间接能隙 ($X(1), \Gamma(8)$) 的压力系数为

$$x = -(1.8 \pm 0.6) \times 10^{-3}\text{eV/kbar}$$

也观察了间接带隙的光致发光。

测量重掺杂 Zn 的 GaAs 样品的单轴应力 ($p > 5 \times 10^{18}$cm^{-3}), 发现在宽的近带边发射带上出现一个短波长峰值。偏振研究表明, 这个峰值是由价带的分裂造成的。

与 Zn 有关的热发光已经被观察到, 其发射阈值为 (1.800 ± 0.3)eV, 所观察到的发射可用热空穴和热电子模型来解释。

在 MBE 生长中已经采用了 Zn 作为掺杂剂, 以 Zn$^+$ 源代替中性 Zn, 克服了黏附系数低的困难。光致发光谱表明, p 型材料的性能可与 LPE 材料媲美。

在 MBE 生长的 GaAs 中用 Be 掺杂是极普遍的, 已经观察到, 在 Be 发射带中光致发光谱强度随空穴浓度的增加呈亚线性增加。出现这种情况的原因是 Be 原子 (可能是间隙式原子) 形成了一个非辐射的分支, 导致 MBE 生长的 GaAs 材料难以获得高光电灵敏度。

在 MBE Be 掺杂的样品中已经观察到热发光。用热电子模型解释了这种光谱发射, 并且估计出导带的 L-Γ 间隔为 (320 ± 4)meV。

4. 掺Ⅳ族元素 GaAs 的光致发光谱

从原则上讲, Ⅳ族元素既可以成为施主又可成为受主, 由它们替位 Ga 和 As 亚晶格决定 (所谓两性杂质)。

在很多的生长工艺中, 碳以本底沾污的形式引入到材料中成为主要的受主, 导致了 n 型材料的补偿和迁移率的下降。

高分辨力的碳中性束缚激子 $(A(0)、X)J = 3/2$ 和 $J = 5/2$ 跃迁的数据已经有报道。施主激发态 $(n = 2)$ 和 C(Zn 和 Si) 受主复合产生的跃迁已经在通常的自由到束缚 (FB) 和施主–受主对 (DAP) 跃迁中观察到了。

2.1.10　GaAs 中缺陷和缺陷的红外映像图

1. 用近红外映像图分析非掺杂半绝缘 LEC GaAs 中的缺陷

液封直拉 (LEC) 生长 GaAs 非掺杂、半绝缘 (SI) 中的主要化学沾污是碳。碳是一种浅受主，并且因为在 LEC GaAs 中它的浓度一般超过化学施主的总浓度，因此必须存在一种自身补偿的深施主缺陷才能产生半绝缘性质，且它和杂质没有关系。不知道这是什么样的缺陷 (或哪种缺陷)，但它已经被标记为电子能级 2(EL2)。

LEC SI GaAs 中碳和 EL2 相对数量控制着 Fermi 能级的位置，从而也控制着电阻率和其他电学性质。所以，测量 GaAs 衬底中碳 (C)EL2 中心的浓度是十分重要的。

Stirlan 等通过近红外映像图与腐蚀坑图形的对比，能够找到映像图和位错的络合群之间的一一对应关系，也有人提出了不同的研究红外吸收图的途径，红外映像技术将进一步开发，既在 GaAs 的常规分析也在半绝缘衬底的研究中作为一种评价工具。

2. 半绝缘 LEC GaAs 中的缺陷密度

非掺杂 LEC GaAs 含有晶体缺陷，这一方面造成半绝缘性质，另一方面又造成不稳定性和不均匀性。LEC GaAs 晶体缺陷分为三类：线缺陷，体缺陷和点缺陷。

线缺陷：LEC GaAs 晶体中的位错形成各种界限分明的结构。这些结构是由滑移的多边化或者其他的互作用造成的，而滑移位错是正在凝固或刚刚凝固后就产生的，其结果是位错极不均匀。

体缺陷：一般来说，体缺陷是和位错一起观察到的，用 X 射线衍射对那些足够大的体缺陷进行分析，表明它们是六方砷沉淀，有人说是 GaAs 组成的微沉淀，也有人说是无定形沉淀，其沉淀机理和对材料性质的影响一直是人们关注的课题。

点缺陷：可以分成两大类，即化学杂质和原生缺陷，也有可能是这两种基本缺陷之间的络合。

3. LPE GaAs 中的缺陷能级

相对说来，与用其他方法生长的 GaAs 相比，液相外延 GaAs 是无陷阱的。事实上一些工作者在仅掺浅施主的材料中专门寻找电子陷阱而一无所获。这意味着电子陷阱浓度肯定低于 $10^{13}\mathrm{cm}^{-3}$，或许比它还低一个量级。然而，在生长出来的 p 型材料中一般都能看到两个类受主空穴陷阱。这些陷阱是由 Lang 首先观察到的，并以大致相等的浓度出现。他称它们为 A 和 B,其后对它们作了相当详细的研究。在原生长的 p 型材料中陷阱态密度在 $10^{11} \sim 10^{15} \text{cm}^{-3}$ 范围之内,但在 n 型材料中,虽然其后扩散 Zn,却没有陷阱。看来这是起因于 Zn 的某种形式的吸附作用。曾报道过在未扩散的 n 型材料中陷阱浓度为

$$[A] = [B] = 0.93 \times 10^7 \times n^{0.5} \text{cm}^{-3}$$

其中,n 是自由载流子浓度 (cm^{-3}),材料是在 $0.08\mu\text{m/min}$ 情况下生长的。于是提出了一种模型,在该模型中,A 中心是在砷位置上的一个镓原子和镓空位成对,而 B 中心是镓位置上的一个砷原子和镓空位成对。然而,Wang 等提出了一种有说服力的情况,指出 A 和 B 中心仅是同一缺陷的不同荷电态,并提出这就是占砷位的一个镓原子。陷阱中心的浓度也与生长速率以及存在等价杂质有关。Kalakhov 已经观测到 A 和 B 的浓度随加入的 In 或 Sb 而减小。而 Wang 等观察到在他们的液相外延系统中 A 和 B 的浓度低于 10^{11}cm^{-3},而 $n=2\times10^{16}\text{cm}^{-3}$。仅当快速冷却时才产生能测量到的 A 和 B 的浓度。表 2.17 已经测量了在 300K 时 A 和 B 中心的俘获截面。

表 2.17　300K 时 A 和 B 中心的俘获截面

	激活能 (空穴)/meV	电子截面/cm²	空穴截面/cm²	发射率/(300K/s)
A	400	1.4×10^{-17}	4.2×10^{-9}	1.2×10^{-6}
B	710	4.2×10^{-20}	2.1×10^{-19}	1.7

Lang 已获与此可比较的值。同时 Wang 等在更低的温度下也作了测量。

Milnes 计算过 A 中心可能控制了 n 型材料中室温下的复合,所以它在用空穴作为少数载流子的器件中有决定性的作用。关于 A 和 B 中心的光电容测量也已进行。

其他工作者在仅有浅掺杂剂或不故意掺杂的液相外延 GaAs 中观察到其他空穴陷阱。当附加的杂质加入熔体时观测到一些具有不同性质的深能级态。

4. MBE GaAs 中的缺陷能级

1) 电子陷阱

Lang 用 DLTS 研究 n 型 MBE GaAs,观察到 9 个电子陷阱 MO, M1,$\cdots$, M8。其后的工作,无论是在 500~600℃生长的 n 型还是 p 型 MBE GaAs 中,一致地观察到 M1, M2, M3, M4 能级,其能态密度在 $10^{12} \sim 10^{14}\text{cm}^{-3}$ 范围内。然而,M6, M7, M8 不重复出现,有人认为它可能是由表面效应造成的。Martin 报道过 MBE 层中的电子陷阱 (EL4, EL7 和 EL10),它们类似于 M 系列中的陷阱。尽管早就把其他工艺生长的材料深能态与缺陷或杂质联系起来,但是现在很明显,M1, M3 和 M4 是

MBE 独有的, 而且几乎可以肯定与晶格缺陷有关。相反, 在用 VPE 方法生长的 GaAs 中经常见到的一些能级在 MBE 材料中却没有检测到, 除非 GaAs 在生长后经热处理 (即 EL2)。表 2.18 给出 MBE 材料中的一系列能态。

表 2.18　　MBE 材料中的电子陷阱一系列能态

名称	能量/meV	截面/cm^2	注释
EB3LT	858		低于 490°C
EL2A	825		退火
E5A	759		退火
EL3LT	566		低于 490°C
M5	565		
EL4	510		M4?
M4(EB4)	480	大于 2×10^{-16}	
EB6LT	405		低于 300°C
EL7	301		M3?
M3(EB7)	300	1.1×10^{-16}	
M2	220	大于 4×10^{-17}	低于 600°C
M2!	230	10^{-20}	低于 600°C
M1	189	大于 2×10^{-16}	
EL10	159		M1?
E10	165		退火
M0	75		
M00	30		低浓度

一般说来, 深能态浓度随生长时衬底温度 (T_g) 的增加而减少, 但对仅在 650°C左右生长的材料中才存在的 M2 是例外。在较低的温度, 存在一个具有类似的发射, 但俘获截面明显不同的陷阱 (M2!)。然而, 在很低的生长温度 (300°C) 下, M 系列能态消失, 但没有足够的数据定量分析 300~500°C 的变化。不论用的是 As$_2$ 还是 As$_4$, 陷阱浓度也与III/V束流比有关。特别是当用 As$_2$ 时, 发现 M1、M3 和 M4 的浓度更低。生长后的热处理使某些陷阱浓度增加而其他一些陷阱浓度则降低。

2) 空穴陷阱

对空穴陷阱的研究没有像对电子陷阱研究得那么详细。然而, 似乎不像电子陷阱那样, 在 LEP 和 VPE 材料中见到的缺陷显然是一样的。

虽然没有确定 MBE 材料中的俘获截面, 但用 LPE 和/或 VPE 材料已测量了 HL3、HL8、HB4 和 HB1, 它们全部是典型的具有大的空穴俘获截面和小的电子俘获截面的受主, 如表 2.19 所示。

表 2.19 MBE 材料中的电子陷阱一系列能态

名称	能量/meV	注释
900A	900	750°C退火后
HB1	780	在 LPE 材料中与 Cr 有关
HL9	690	在 VPE 材料中
HL3	590	在扩散铁 VPE 材料中
HL8	520	和 HL3 同?
HB4	440	掺铜的 LPE 材料中
HL7	350	

用二次离子质谱法在 MBE GaAs 中已检测出铁、锰和铬，并认为它们来源于喷射源。这些杂质的浓度随衬底的温度增加而减小。Palmateer 等的二次离子质谱法测量表明衬底是锰的主要来源。

3) 复合

除了 Blood 和 Harris 认为在 p 型 MBE GaAs 中少数载流子寿命对低于 625°C生长温度受 M4 限制，高于这个温度受 M2 限制外，没有足够的测量使复合有明确的陈述。在 n 型材料中，典型光生伏特器件低注入水平的少数载流子寿命可受 HB1限制。

4) GaAs 中 Zn 的扩散

杂质扩散，主要是指 Cr、Mn、Zn、Si、Sn 和 S 在 GaAs 中的扩散。Zn 是 MOCVD 制备 p 型 GaAs 的掺杂材料，我们主要介绍 GaAs 中 Zn 的扩散。

测定扩散分布图的早期工作指出它们的结果和 Fick 定律数学解不相符。扩散速率看来与浓度有关，并且分布图经常显示出一个凹的部分。扩散前沿一定是陡峭的。Longini 提出一种替代–间隙机构能用来说明这些结果。这种模型假定 Zn 能以两种不同形式存在于 GaAs 晶格中：作为一个间隙原子，它起施主作用，$Zn(i)$；它也作为在 Ga 位的替代式受主，$Zn(Ga)$。大部分杂质是处在替代式位置，而这种 Zn 粒子具有微不足道的扩散系数。所以扩散过程是由高速迁移的间隙原子运动造成的。这个机理的分析给出了一个扩散系数–浓度的依从关系

$$D = 3KD_iC^2/C_v \qquad (2.18)$$

式中，K 是平衡常数；C 是 Zn 的浓度；D_i 是间隙原子的扩散系数；C_v 是平衡 Ga 空位浓度。因此预期扩散系数与 Zn 浓度和晶体的化学计量比有关。

上述关系已经用等浓度技术测试。用这种方法，将示踪原子 Zn 扩散到 GaAs 中，该 GaAs 事先已掺 Zn 到一个均匀的水平 $C(I)$。在这种情况下，获得了一个简单扩散分布图，对于这个分布图，可以确定一个扩散系数 D_i。系数 D_i 和浓度 $C(I)$ 相对应。对于不同 $C(I)$ 值可以重复该实验并作出 D 和 C 的关系图。对于扩散温

度为 1000℃，Kadkim 和 Tuck 得到了一组综合的结果。他们提出了在两个不同环境砷压下进行的实验结果，即在 $10^{18} \sim 10^{21} \mathrm{cm}^{-3}$ 浓度范围内的两个不同 $C(V)$ 值的结果。在每种情况下都发现了形式为

$$D = AC^n \tag{2.19}$$

的指数关系。对于 $10^{-4} \mathrm{atm}(1\mathrm{atm}=1.01325\times10^5\mathrm{Pa})$ 量级的环境砷压，A 和 n 的值分别为 1.6×10^{-52} 和 2.2（D 的单位为 cm^2/s，C 的单位为 cm^{-3}）。若砷压约为 $3\times10^{-2}\mathrm{atm}$，$A$ 和 n 的值分别为 4.6×10^{-53} 和 2.2。因此，GaAs 中 Zn 扩散系数在某一温度时可以有 5 个数量级的变化。根据这些结果，那些在某一给定温度给出的单一扩散系数值应该值得怀疑。

很遗憾，将方程 (2.19) 代入 Fick 定律并对 $C(x)$ 求解，得不出与一般化学扩散实验中测定的一致的分布。一些工作者曾认为在化学扩散中一个进一步的物理过程更重要。Zn 间隙原子通过晶格扩散十分快，但尽早要与晶格结合，这就要失去一个空位或者一个 Ga 原子被置换。无论哪种情况，Zn 原子转移到晶格受到了阻碍，扩散过程变慢。

Blum 等在 600~1000℃温度范围给出了 Zn 浓度为 $10^{19}\mathrm{cm}^{-3}$ 的 D 值，其表达式为

$$D = D_0 \exp(-E/kT) \tag{2.20}$$

其中，$E = 0.92\mathrm{eV}, D_0 = 2.7 \times 10^{-6}\mathrm{cm}^2/\mathrm{s}$。这些作者没有给出砷压值。有人给出 700℃，Zn 浓度为 $5\times10^{19}\mathrm{cm}^{-3}$，在砷的离解压下 D 值为 $4.1\times10^{-10}\mathrm{cm}^2/\mathrm{s}$。当扩散是发生在汽相时，增加环境蒸气压的效果是增加 Ga 空位浓度 C_v。正如上面提到的，这意味着 Zn 扩散系数和砷蒸气压有关。同样也和 Zn 浓度有关。如果扩散是在一个密闭的安瓿瓶中进行，就像经常所进行的情况，则有可能通过仔细称量扩散源的这两种元素来确定环境 Zn 压和 As 压。用这种方法在整个扩散过程中能达到十分满意的控制程度。因为 Ga-As-Zn 三元相图十分复杂，因此给定的两种元素量计算出 Zn 和 As 的蒸气压是不容易的。例如，假定加入到扩散瓶中的 Zn 和 As 必定都成为蒸气相，就不是十分精确的。

2.1.11　GaAs 的表面结构和氧化

1. GaAs 的表面结构

在这个领域，大部分的工作是致力于研究 (110) 和 (100) 面。(110) 面是非极性面和自然解理面，因此已经引起了基础表面科学研究者的极大兴趣。(100) 面从工艺学上讲是非常重要的，因为大部分光电器件的材料都是生长在这个面上的。最近人们对一些其他低指数面的兴趣也与日俱增，部分原因是工艺上需要寻求除 (100) 面外的其他可供选择的面。因为 NEA GaAs 光电阴极主要采用 (100) 面，这里将对 (100) 面进行讨论。

用低能电子衍射 (LEED) 对 (100) 面进行研究是困难的, 因为必须使表面持续地暴露在砷分子流中以保持表面化学计量比不变。由于这个原因, 在 MBE 设备中, 采用反射高能电子衍射所取得的观察结果才是最值得信赖的。在从富 Ga 表面变到富 As 表面时, 对于变化的次序和结构的特性没有一个清晰一致的意见, 只能概括如下: (4×2) 或 $c(8 \times 2)$; (4×6); $c(6 \times 4)$ 或 (3×1); (1×6); (2×4) 或 $c(2 \times 8)$; $c(4 \times 4)$。

正像 Neave 等所指出的, $c(2 \times 8)$ 可能是起源于 (2×4) 的二维表面层错的特殊情况。他们的模型是建立在由 Dobson 提出, 由 Larsen 等首先报道的基础上的。这个建议提出了一个以非对称倾斜二聚物表示的复式晶胞, 它类似于最初对 Si(001)(2×1) 面提出的设想。Dawerits 对这个面和其他一些面报道了一个有着本质差别的模型。这个模型是以小平面或小台阶排列的概念为基础的。这些模型在用于解释已经报道过的 As 有效区域的大范围变化方面是有价值的, 并且同由 Massies 等提出的功函数的变化相吻合。关于这些模型的任何进展大概要寄希望于反射高能电子衍射 (RHEED) 强度的精细分析。以表面成核台面的移动为基础, Larsen 等提出了这样的证据, 即 $c(4 \times 4)$ 的结构是三角系键合 As 的化学吸附相。但是 Rutherlord 背散射能谱 (RBS) 的沟道效应测量表明, 深达几个原子层的晶格畸变是存在的, 而且它应当同非对称二聚物的模型更好地吻合。

GaAs(100) 面的表面电子结构已经由 Larsen 等和 Salmon 及 Rhodin 利用角分辨光电子发射进行了研究。

2. GaAs 的氧化层结构

在近于室温的温度下, 以小于 $2\mathrm{mA/cm}^2$ 的电流密度, 由电解或气体等离子体阳极氧化, 在 GaAs 表面形成的自然氧化物薄膜通常是无定型的。当在高于 600℃ 的温度下实施退火时, 这些氧化物将部分地结晶化, 并且含有 β-Ga_2O_3。当在高于 450℃ 的温度下暴露后, 由于易挥发的 As_2O_3 的挥发, 原来的 Ga_2O_3 和 As_2O_3 按化学计量组成的混合物 (在氧化物半导体界面可能有少量 As 元素的富集) 将变成纯净的 Ga_2O_3。在理想条件下进行阳极氧化后, 氧化物半导体过渡区的宽度相当于或者小于在 Si/SiO_2 氧化体系中检测到的数值 (小于 10Å)。

热氧化, 即在低于 530℃ 的温度下生成的也主要是 Ga_2O_3。首先在 GaAs 上蒸发上不同的金属薄膜, 而后通过阳极氧化使这种薄膜结构氧化有可能生成一系列不同的氧化层。依据氧化期间材料输入的类别, 将形成一个由不同氧化物成分构成的分布结构。在室温下, 将 GaAs 面暴露在如空气、水和腐蚀溶液等不同氧化环境下所形成的薄层自然氧化物, 会呈现出化学吸附氧的成分 (称 β 型) 和主要是物理吸附氧的成分 (称 α 型), 两种成分的比例将取决于氧化环境的类别和 GaAs 的晶向。X 射线光电子能谱 (XPS) 和其他表面分析技术已经表明, 在空气中长时间 (12 个月) 的暴露后, 氧化层的组分在氧化物薄膜厚度小于 50Å 的范围内是随深度而变化的。事实上 XPS 和离子散射谱 (ISS) 均已证明,最上面的几个原子厚的氧化层是由 Ga_2O_3、As_2O_3 或其他一些富 Ga 形式的 Ga 和 As 氧化物的混合物所组成的。再往下,包含同样的 Ga 和 As 氧化物的混合物,并且能探测到过量 As 的存在。最后,在大约 25Å(这个数值受到 GaAs 暴露环境的强烈影响) 以下,出现了同半导体的交界面。这里可能发生 As 元素的积聚。

2.1.12   GaAs 的湿法腐蚀速率

湿法腐蚀工艺通常有三个方面的应用: 图样形成、抛光和缺陷或损伤的显示。这里只限于讨论适用于器件制备中图样形成的湿法腐蚀。对于适用于抛光和缺陷显示的化学–机械腐蚀工艺,这里不作讨论。"自由" 腐蚀,即非化学–机械的一些抛光腐蚀对图样形成是有效的。湿法腐蚀的一般特征如下:

(1) 对不同晶向呈现择优腐蚀,(111)Ga 面的腐蚀速率一般比 (100),(110) 或 (111)As 的低;

(2) 在 (111) 晶面上较易形成腐蚀坑;

(3) 腐蚀反应通常以 Ga 的氧化反应为基础。

湿法腐蚀有两种类型,即非电解型腐蚀 (表 2.20) 和电解型腐蚀 (表 2.21)。

表 2.20   非电解湿法腐蚀

腐蚀剂	腐蚀速率/ $(\mu m/min)$	T/K	(111)Ga/(111)As (腐蚀比)	注释
$0.3NNH_4OH0.1NH_2O_2$	0.18~0.2	300	1/6~1/4	n 型
	0.12~0.14	300	1/6~1/4	p 型
$3NNH_4OH:1NH_2O_2$	1.4	300	< 1	小掩模腐蚀
$NH_4OH:H_2O_2:H_2O$	0.5~5	293	组分可选择	非常平滑
$NaOH:H_2O_2$	0.2	303		
	1	328		
$H_2SO_4:H_2O_2:H_2O$	3.5	273	高达 1	依赖于晶向 $f(H_2SO_4:H_2O_2)$
$1 H_2SO_4:8H_2O_2:1H_2O$	14	300	1/4	
$H_3PO_4:H_2O_2:H_2O$	0.01~4	303	组分可选择	腐蚀速度 < 0.1μm/min时, 重复性好于几十Å
$H_3PO_4:H_2O_2:3CH_3OH$	2	300	1/2	非常平滑
柠檬酸:H_2O_2	0.6	297	1/2	无掩模腐蚀
$HCl:4H_2O_2:H_2O$	0.02	300	< 1	
$H_3PO_4:H_2O_2:H_2O$	0.01~4	303	组分可选择	腐蚀速度 < 0.1μm/min时, 重复性好于几十Å
$4OHCl:4H_2O_2:H_2O$	5	300	1	各向同性
$K_2Cr_2O_7:H_2SO_4:$ $HCl:CH_3COOH$	0.01~1	293		无掩模腐蚀,无腐蚀坑

续表

腐蚀剂	腐蚀速率/ (μm/min)	T/K	(111)Ga/(111)As (腐蚀比)	注释
$K_2Cr_2O_7$:H_2SO_4:HCl	2.5	298		
	20	333		无掩模腐蚀
KI:I_2	1	300	< 1	无腐蚀坑
5%Br_2-CH_3OH	5~7	300	1/5	更多地选用低组分的 Br_2

表 2.21　电解湿法腐蚀

电解溶液	腐蚀速率/ (μm/min)	电流密度/ (mA/cm^2)	T/K	注释
3M NaOH	4	100	300	p 型快于 n 型
0.5N KOH	1	20	298	p 型
1N $HClO_4$	1	20	298	p 型
1 $HClO_4$:4CH_3COOH	1	20	300	
0.1N HCl	0.2	10	300	如果电流密度高于40mA/cm^2， 则出现表面沉积物
0.1N HNO_3	0.12	10	300	如果电流密度高于40mA/cm^2， 则出现表面沉积物

　　非电解腐蚀的速率要么由扩散过程制约，要么由化学反应所控制。对于扩散控制的腐蚀，腐蚀速率由反应试剂向表面的质量输运，或是由反应生成物离开表面的质量输运所控制。这些腐蚀趋向于各向同性，并且对温度相对不灵敏，但是对起始状态的变化和腐蚀时的摇动程度是极为敏感的。扩散制约的腐蚀用于抛光晶片特别适宜。化学反应约制的腐蚀，其速率由发生在 GaAs 表面的化学反应所控制。这些腐蚀对于某些晶向趋于各向异性，对温度相当灵敏，但对腐蚀时的摇动不敏感，很适合于沿晶面几何图形的腐蚀。对于给定的腐蚀，其速率是由扩散控制还是化学反应控制，常取决于腐蚀溶液的相对比例。当溶液黏滞度提高时，扩散对腐蚀速率作用的重要性相对增强。

　　电解腐蚀能够精确控制腐蚀深度，但它要求对晶片形成欧姆接触。电解腐蚀是以 GaAs 的阳极氧化和其伴随的生成物的溶解为基础。如果不是通过光照在表面区域产生空穴，或者施加足够高的电压使表面势垒击穿，那么 n 型材料的腐蚀比 p 型材料慢得多。

　　对于电解和非电解腐蚀，通过离子轰击使表面非结晶化可以极大地提高腐蚀速率。

2.1.13　GaAs 的界面和接触

1. GaAs/介质界面的能带弯曲

主要采用金属-绝缘体-半导体 (MIS) 结构的电容-电压关系测量来确定 n 型和

p 型 GaAs 与绝缘体之间界面的电学性质。

绝缘体既可以由半导体表面的阳极氧化或等离子体阳极氧化制备，也可由相同半导体上化学气相沉积合成的绝缘层形成。

在 n 型 MIS 结构上，加的电压 $V(g) = 0$ 时，平衡 Fermi 能级 $E(F)^*$ 的位置 (由电压表示) 表示：导带最小值 (CBM) 到 $E(F)^*$ 是 0.8eV；$E(F)^*$ 到价带最大值 (VBM) 是 0.6eV。

这种情况与 Fermi 能级被密度超过 10^{13}cm^{-2}·eV^{-1} 的界面态钉扎时的情况一致。

表面势 phi(s) 的偏移被限制在主能隙下半部 0.45eV 的范围内，在此范围内的最低界面态密度约为 2×10^{12}cm^{-2}·eV^{-1}。

在这样的 GaAs/绝缘体界面上 Fermi 能级的钉扎与在超高真空下解理的 "自由的"(110)GaAs 表面上用 X 射线光电子发射谱 (XPS) 所测量的结果定性地一致。在这种表面上化学吸附了氧，它也与相应的金属/GaAs 界面的势垒高度相一致。

由化学吸附过程产生的缺陷相关的非本征表面态导致 Fermi 能级的钉扎。

2. 在 GaAs/GaAlAs 异质结界面处导带和价带的相对位置

近年来，采取了各种实验技术和分析方法来确定 GaAs/GaAlAs 异质结界面处导带 (δE_{c}) 以及价带 (δE_{v}) 能量的相对位置。导带以及价带的相对位置，有时称为导带和价带的不连续性，决定了两种材料的禁带宽度之差 (δE_{g}) 在导带和价带之间的分布方式。它们对于许多电学和光学器件是很重要的参数。很多文献引证的相对位置比 $R = \delta E_{\mathrm{c}}/\delta E_{\mathrm{v}}$ 适用于直接能隙的 GaAlAs 结构，即 Al 的摩尔数 $x \leqslant 0.4 \sim 0.5$。当 x 值较高时，X 导带的最小点跨越了 Γ 最小点。δE_{v} 的变化是 x 的连续函数。

最新的测量给出 R 的范围为 60:40～65:35，它与早期给出并被广泛引用的值 85:15 有明显的差别。早期的数据是几年前从多量子阱结构上用光吸收的方法测出来的，并为其他实验所证实。

对 nn 结 ($0.15 < x < 0.3$) 和 pp 结 ($x=0.3$) 的 C-V 分布测量表明，$\delta E_{\mathrm{c}} = 0.77x$(eV) 和 $\delta E_{\mathrm{v}} = 0.47x$(eV)。它的测量是在 nn 结 ($x=0.42$) 上进行的，结果为 $\delta E_{\mathrm{c}} = 0.83x$(eV)。内光发射实验也表明，$x \leqslant 0.4$ 时，R=60:40；在抛物形、矩形和非对称双矩形量子阱结构上用光谱测量得出的结果也如此。有些作者测量通过势垒的热电流的激活能来确定能带的相对位置，这些测量也给出 R 的值为 60:40～65:35。令人特别感兴趣的是 Batey 和 Wirght 的工作，他们测量出在整个合金成分范围内 $\delta E_{\mathrm{v}} = 0.55x$(eV)。最后这一数值比由电荷输运分析的 pp GaAs/AlAs 异质结所给出的 $\delta E_{\mathrm{v}} = (0.45 \pm 0.05)$eV($x=1$) 偏大一些。有些光学测量数据给出 R=75:25(±0.05)，同这组新的数据不符，但这一数据已被重新核准为 65:35。在多量子阱结构上新的

光电导测量给出的 R 值在 57:43~66:34 的范围。

这些新数据的众多评述清楚表明，R 值接近 60:40，而不是早期公认的 85:15。

值得指出的是，由 Walanade 等由 C-V 方法测量得到的 δE_c 与 δE_v 的和为 $\delta E_g = 1.24x(\mathrm{eV})$，这与广泛采用的 $\delta E_g = 1.25x(\mathrm{eV})(x \leqslant 0.45)$ 非常一致。然而人们所引用的较大的 δE_c 和 δE_v 值，其和 δE_g 值与文章中报道的 $\delta E_g = 1.25x(\mathrm{eV})$ 十分一致。显然，准确测定能量相对位置的问题目前尚未完全解决。对多量子阱进行光学测量得到的 δE_c 和 δE_v 的精度，可能比用 C-V 法和热电流法差。因为量子阱的能量对势阱的高度是相对不灵敏的，而且在描述束缚空穴态时还涉及价带的复杂结构。然而，上述多数数据的一致性表明

$$\delta E_v = (0.51 \pm 0.04)x \quad (\mathrm{eV}) \quad (x = 0 \sim 1)$$

$$\delta E_c = (0.80 \pm 0.03)x \quad (\mathrm{eV}) \quad (x \leqslant 0.45)$$

当 x 大于上述值时，X 最小点下降到 Γ 最小点值之下，并且 δE_c 减小，在 $x = 1$ 时，下降到 0.2eV。

2.2　GaAlAs 材料的一般性能

GaAlAs 材料的一般性能是指缺陷能级、DX 缺陷中心、光致发光谱、电子迁移率、载流子浓度、反应离子和反应离子束对 GaAlAs 的腐蚀速度、LPE GaAlAs 的光学函数等内容。

2.2.1　GaAlAs 中的缺陷能级

三元化合物中缺陷的性质，往往随合金组分变化。$Al_xGa_{1-x}As$ 的研究工作主要集中于 $x = 0.25 \sim 0.3$ 的范围；但个别情况也涉及整个组分范围内的性质。通常，深能级浓度比 GaAs 高。在 $x > 0.25$ 时，掺杂剂 S、Se、Te、Si、Ge 和 Sn 的大部分确实成为深能级，其表观激活能为 190~560meV。这些所谓 DX 中心是持久光电导效应的起因。关于 GaAlAs 中浓度较高的其他深能态，究竟是单纯由铝的活性大引起的，还是属于三元系的基本性质，目前尚不清楚。然而，毫无疑问，如果生长环境中有氧和水蒸气，GaAlAs 中的深能态浓度将显著增加。但氧和水对 GaAs 深能态的影响却是可以忽略的。GaAlAs 中有些能态可以认为是或者类似于 GaAs 中的某些能态，其中最重要的是 EL2。通常，这一能级是体 GaAs、VPE 和 MOCVD GaAs 以及 Al 含量低的 ($x < 0.2$) 高质量 MOCVD GaAlAs 中浓度最高的陷阱。

下面的能量数据除特殊申明者外，均由 Arrhenins 图的斜率进行 T^2 修正后由实验确定。把所测得的发射率指数项前面的因子除以 $v \times Nc$，得到截距断面值，其中 v 为热速度，Nc 为态密度。在 GaAlAs 中，特别是在 $x = 0.4$ 附近，这一乘积的

最适中的值仍有分歧。不幸的是，几乎没有人引证实际所用的值，因此，无法确定所报道的这一数据的分歧究竟是来自不同的实验观察，还是来自不同的数据处理办法。

1. GaAlAs 中的 EL2

通常条件下，MOCVD 生长的 GaAlAs 中的 EL2 浓度，可与 MOCVD 生长的 GaAs 中的浓度相当，典型值为 $5 \times 10^{13} \sim 5 \times 10^{15} \text{cm}^{-3}$，这个浓度基本上与 Al 的含量无关。但在 GaAs 中，却发现它随气流中 V/III 的增加而增加。在 MBE 和 LPE 原生 GaAs 中，没有发现 EL2；但在 MBE GaAlAs 中，已有 EL2。

关于 GaAlAs 中 EL2 的性质，存在着严重的矛盾。Wanger 等在高载流子浓度材料中 ($n = 10^{17} \sim 10^{18} \text{cm}^{-3}$)，观察到表观激活能为 0.84eV，与 Al 无关，而且给出其截距断面的单一值 $2.4 \times 10^{-13} \text{cm}^{-2}$。Matsumoto 等检测了低掺杂材料中的 EL2 能级，指出 EL2 浓度或激活能均不随 x 变化，但截距断面是随 x 变化的，其关系如表 2.22 所示。

表 2.22   GaAlAs 的 Al 含量、激活能和截距断面的关系

Al 含量 x	0	0.11	0.22	0.3
激活能/meV	830	830	820	820
截距断面/cm²	1.5×10^{-13}	5×10^{-15}	4.4×10^{-16}	4.4×10^{-16}

Johnson 等也检出了掺 Se MOCVD GaAlAs 中的 EL2，Al 含量的范围为 $x = 0 \sim 0.33$，生长温度为 750~825℃，与 Matsumoto 等的结果相比，他们测到了激活能的显著变化，如表 2.23 所示。

表 2.23   GaAlAs 的 Al 含量与激活能的关系

Al 含量 x	0	0.05	0.14	0.25	0.33
激活能/meV	830	850	930	950	1220

掺杂 ($n = 4 \times 10^{16} \text{cm}^{-3}$) 和陷阱浓度 ($3 \times 10^{14} \text{cm}^{-3}$) 都相当低。把这种矛盾归结于实验技术的差别是很难成立的。因此，只能认为他们研究的是不同的状态。确实有证据表明，GaAs 中的 EL2 可能有性质略有差别的多种状态。Gatos 和 Lagowshi 已经识别出了这样两种状态，他们称之为 EL2 和 EL0。尽管这两种状态的发射性质非常相似，但真正的直接测量出的 EL0 的俘获截面却是 EL2 的 4 倍。这可能是由于在 GaAlAs 中，这些状态结构上的差别导致了发射上的不同，从而造成了实验观察结果的分歧。

2. 其他电子陷阱

DX 中心在 $x < 0.2$ 的 GaAlAs 中是存在的。在 MOCVD 材料中，几乎总可以检测到 EL2，而其他电子态则极少重复出现。最常见的中心可能与生长时系统中存

在氧和水有关。Wallis 故意在低压 (300mbar)MOCVD 中引入氧, 检出三个与氧有关的陷阱, 但只研究过其中一个的全面特性, 在 $x = 0.05$ 时, 其激活能为 410meV。只要很低的氧分压 (10^{-5}mbar), 这种陷阱的浓度就可以大于 10^{15}cm^{-3}(大于 EL2), 随 x 的增加而增大。在 MBE 材料中, Casey 等已经观察到似乎是同一状态产生的类似的特性。其他几位作者也观察到 MOCVD 材料中这种陷阱的特性。

Sakamoto 观察到常压 MOCVD 材料的陷阱, 而且也认为是氧的沾污造成的。他还观测到另一个激活能为 270meV 的陷阱, 这个陷阱与 410meV 的陷阱浓度之差在两个数量级的范围内, 并且认为这两个陷阱是同一中心的两个不同荷电状态。类似的情况 Ander 也曾观察到。在 $x = 0.25 \sim 0.4$ 范围内的材料中, 与氧有关的较深能态的 DLTS 峰与 DX 中心非常接近 (通常 DX 中心的浓度很高), 因此在这个组分范围内它不容易被检测出来。Wallis 和 Sakamoto 也在被沾污的 GaAs 中寻找这一能态, 但没有找到, 这说明, 必须铝和氧都存在时才能出现这一能态, 表 2.24 给出这两个能态的观测结果。

表 2.24　GaAlAs 中 Al 组分、激活能和近似浓度的关系

组分 x	激活能/meV 和名称		近似浓度/cm^{-3}
0.05	290	410	10^{15}
0.06		410	
0.1		460	10^{16}
0.11~0.13	270(A)	410(B)	$10^{14} \sim 10^{16}$
0.15	300	500	10^{15}
0.2		550	10^{16}
0.25	240(EM1)	410(EM3)	10^{16}
0.3	250(E1)	450(E3)	10^{15}
0.5		640	

有两个原因使这些能态具有很重要的意义。首先, 它们具有很高的浓度, 而且是类受主, 能使 n 型材料变成半绝缘。其次, 它们似乎是一个非常强的非辐射复合中心。已经观测到陷阱浓度的增加引起了光致发光效率的下降。

在复合动力学中起重要作用的另一个能态的激活能约为 660meV。Tsai 认为它与发光二极管的效率有关。在 330K 下测量 $x = 0.25$ 的材料发现, 这一陷阱浓度约为 10^{15}cm^{-3}, 空穴复合截面很大 (大于 10^{-15}cm^2), 而电子复合截面相当小 (6×10^{-18}cm^2)。因此可以预计, 它是 n 型材料的重要复合中心。

在 MBE 材料中也观测到了这一能态, 它被称为 ME6(710meV, $x = 0.2$)。它的浓度与室温下的光致发光强度成反比。这个陷阱的浓度随 V/III 束流比的增加而增加, 但随衬底温度的增加而急剧减小。

这一结论与提高衬底温度可以改善 MBE GaAlAs 材料质量的观测结果是一致

的，但是与 GaAs 中的情况不一样，不管是用 As$_2$ 还是用 As$_4$ 生长的，其影响微小。Chen 等发现，在低温 (610～660℃) 下用 As$_2$ 生长 $x = 0.3$ 的 GaAlAs，其陷阱浓度只有用 As$_4$ 生长的 1/2，但如果用通常的温度 (700℃) 生长，则无差别。Mooney 等进一步的研究表明，在 $x = 0.04 \sim 0.36$ 的范围内，与衬底温度和 V/III 束流比相比较，As 的种类对陷阱的影响可以忽略。

Long 等研究了电子损伤所产生的深能级，其结果十分一致，表 2.25 仅提供综合性的结果。

表 2.25　GaAlAs 中不同 Al 组分与修正后的激活能

组分 x	修正后的激活能/meV		
	E1	E2	E3
0	40	180	330
0.14	120	200	490
0.25	170	340	680
0.47	300	430	850
引入速度/cm^{-1}	2.1	1.88	0. 73

引入速度是在 $x = 0.25$，剂量为 10^{15}e/cm^2 下测量的。本结果中令人感兴趣的是当组分变化时，E1 和 E2 的能量随能隙成正比地变化，E3 相对于价带是不变的。Lang 认为 E3 起源于镓空位。

3. 空穴陷阱

有关空穴陷阱测量的报道主要来自 MOCVD 和一些 LPE 的材料。表 2.26 中铝含量均对应于 $x = 0.25 \sim 0.3$，u 表示非故意掺杂。

表 2.26　GaAlAs 中的空穴陷阱测量

生长工艺和掺杂	表观激活能/meV	测量温度/K	测量的空穴截面/cm^{-2}	测量的电子截面/cm^{-2}
LPE(Ge)	180			
MOCVD(S 和 u)	200	150	10^{-15}	$1.2×10^{-18}$ HM
MOCVD(S 和 u)	270	160	$1.5×10^{19}$	$3×10^{-17}$ HM2
LPE(Sn)	240	145	大于 $5×10^{-15}$	$2×10^{-19}$ LY
MOCVD(S 和 u)	440	230	$3.5×10^{-9}$	10^{-15} HM3
MOCVD(u)	740			H1
MOCVD(S 和 u)	770	330	$2.5×10^{-15}$	$2×10^{-19}$ HM4
MOCVD				H2

Lang 研究了 LPE GaAlAs 中看到的四种能态，它们是 A、B 中心以及与铜和铁有关的缺陷。表 2.27 中给出了表观激活能与组分的关系。

表 2.27　GaAlAs 中表观激活能与组分的关系

铝含量 x	表观激活能			
	A(HB5)	Cu(HB5)	Fe(HB3)	B(HB2)
0	400	440	520	710
0.1	410		560	753
0.15		490	580	
0.2		520	610	
0.22	458			820
0.28				855

HB 是 Mitonneau 用以表示 GaAlAs 中能态的符号。四种能态保持它们在能隙中的相对位置不变,即在测量范围内能级随能隙成比例地变化。

在 MOCVD 材料中缺陷 HM3、HM4、H1 和 H2 的浓度在 $10^{14} \sim 10^{15} \mathrm{cm}^{-3}$ 范围内,而 HM1 和 HM2 在 $2 \times 10^{16} \mathrm{cm}^{-3}$ 范围内。在 LPE 材料中,与铜和铁有关的能级只在故意掺铜和铁的样品中才可以看到。Lang 没有给出 GaAlAs 中 A 和 B 能态的浓度,但报道的 180meV 能态的浓度为 $6 \times 10^{12} \mathrm{cm}^{-3}$,480meV 能态的浓度为 $2 \times 10^{16} \mathrm{cm}^{-3}$。

对 LPE 中的 A 中心 (HB5) 特性进行外推的结果,同 Wu 等在 MOCVD 中检测到的 HB3 的激活能和峰值位置近似一致。在 MOCVD 生长的 GaAs 中,一般能看到与铁有关的能态 HB3,但在 MOCVD 生长的 GaAlAs 中,没有看到与 LPE 生长的 GaAlAs 中铁能态具有类似特征的能态。

2.2.2　GaAlAs 中的 DX 缺陷中心

在 $Ga_{1-x}Al_xAs$ 中,当 x 大于 0.22 时,Ⅳ和Ⅵ族掺杂元素中的相当一部分将成为深施主。Springthorpe 首先发现碲掺杂的 LPE 层中的这种行为。现在证实,在 LPE、MOCVD 和 MBE 材料中掺 S、Te、Se、Si、Ge 和 Sn 均会产生这种现象。这些深施主表现出人们熟知的持久光电导现象。实际上,当这样的样品被冷却时,深施主保持它的荷电状态。并且可以预期,在大约 100K 以下时,它对电导无贡献。然而在光激发下深施主将释放出电子。电子被重新捕获的几率很小,因而电子是自由的,对光电导起作用。在 80K 以下,这种效应十分明显,光电导能维持数小时甚至数天。这显然是因为当铝的含量 x 大于 0.27 时,深施主的浓度大于浅施主,这对器件有着明显的影响。已经充分地证明,DX 中心是调制掺杂场效应晶体管 (FET) 夹断电压漂移的原因,也可能是激光器自脉动的原因。

对于 x 小于 0.20 的样品,从简单的类氢模型预测这些施主是浅施主 (约 6meV),Hall 方法测量表明,铝含量高的样品,施主的激活能变大 (50~150meV),这是以 DX 中心出现的掺杂剂比例提高的缘故。然而,用 DLTS 方法测量掺硅的 $Ga_{0.6}Al_{0.4}As$ 样品,得到了高得多的激活能 (430meV)。激活能的升高是由于 DLTS 方法测出的是表观的激活能，它包括了俘获截面的激活能。已经测出硅 DX 中心的俘获截面激活能为 330meV。两者之差相当于 Hall 能量 (或所谓的平衡能量)。在相同的材料中，释放出一个自由电子参与持久光电导所需的阈值光能量为 1eV。Long 和 Logan 把它解释为大的晶格弛豫产生的 Stokes 位移。这就是 Lang 的 DX 中心模型基础。模型假设，这种能态是由施主与 X 复合组成，其中 X 可能是砷空位。有很多的实验结果支持这个模型，但对持久光电导也有一些其他的解释。目前还没有一种模型能解释观测到的所有现象。

　　下面选列出一些测量参数，但都必须加上一些备注。对 DX 中心研究得最详细的组分范围是 $x = 0.2 \sim 0.4$。在此范围内，DX 中心的浓度从零一直变到等于或约等于施主浓度。这个组分范围也是 GaAlAs 能带结构随组分变化使 Γ、X、L 能量极小值交叉变化最剧烈的区域，且这些极小值的能量彼此十分接近，致使每个能量极小值处被大量电子所占据。在通常的 DLTS 数据分析中假设，深能态浓度比施主浓度低。如果 DX 中心采用这一假设，在浓度和截面测量中会引入较大的误差 (可能是 5 倍)。如果材料是高掺杂的，在激活能的测量中还会产生额外的误差。在 Hall 测量中采用简单分析可引起高达两倍的激活能误差和稍低的浓度误差。在 DLTS 和 Hall 测量中，可以进行较综合的处理。在已经发表的关于 DX 中心研究的文献中，几乎没有人阐明他们是采用了简单的分析，还是采用了较详细的数据处理。

　　Schubert 和 Ploog 采用综合的 Fermi-Dirac 方法，用 Hall 测量研究了 $x = 0 \sim 0.4$ 的 MBE 掺硅 GaAlAs 材料。他们把这一系统视为与 Γ 极小值相互作用的很浅的施主，以及一个与 X 极小值相关的激活能为 $140(\pm10)$meV 的深施主。激活能不依赖于铝的组分，但深中心的浓度随组分急剧变化。在他们所采用的掺杂水平下 ($> 10^{17}$cm^{-3})，当 $x < 0.2$ 时，所有的施主均为浅施主；在 $x = 0.27$ 时，浅施主和深施主浓度相等；在 $x = 0.4$ 时，所有的施主均为深施主。Tachikawa 等观察到类似的 DX 中心浓度的依从关系。Chand 等在整个组分范围内 ($x = 0 \sim 1$) 研究了 MBE 掺硅的 GaAlAs。他们再次验明浅施主与 Γ 极小值相关，而深能级却与 L 极小值相关，其能量差约为 160meV。对于中等掺杂，在 $x = 0.22 \sim 0.40$ 范围内，所测量出来的电离能可以用下式表示：

$$E_{\mathrm{d}} = 707x - 146 \quad (\mathrm{meV}) \tag{2.21}$$

　　Chand 也研究了持久光电导效应与硅原子浓度的关系。组分一定时，持久载流子浓度 (PCD) 正比于硅浓度。当 x 增加时，PCD 增加。当 $x = 0.32$ 时，PCD 开始迅速下降。当 $x > 0.43$ 时，PCD 小于硅原子浓度的 5%。

　　Lifshitz 等进行了最充分的 Hall 研究。他们检测了组分范围为 $x = 0.15 \sim 0.7$ 的掺 Sn LPE GaAlAs 材料，并且用静水压力改变 Γ、L 和 X 极小值位置。大气压下的测试结果表明, 在所研究的组分范围内, 表观电离能的变化是 6~101meV, 峰值为 130meV, 此时 x 值为 0.45。这种特性可以解释成有 6meV、150meV 和 101meV 的能级与 Γ 极小值作用。这种见解被高压测量证实。除组分的影响外, 还观察了激活能与掺杂浓度之间的关系, 在低掺杂时, 激活能增加。

DLTS 测量表明, 如表 2.28 所示, 表观激活能与掺杂的种类有明显的关系。

表 2.28 GaAlAs 中 DX 中心电子的 DLTS 激活能　　　　　　(单位: meV)

x	生长方法	S	Se	Te	Si	Ge	Sn
0.3	LPE						190 和 320
0.32	MOCVD				430	330	210
0.40	LPE		280	280	430		190
0.43	MOCVD	280	280	280			
0.50	LPE		290	320	560		360
0.70	LPE						240 和 270

注: 某一确定能级的俘获截面随温度升高而激活。在 $x = 0.4$ 时, Se、Te 的激活能为 180meV, Si 为 330meV

光电离能量也强烈地依赖于施主的种类。$x = 0.4, 50K$ 下 Te 的激活能阈值为 600meV; Sn 为 800meV; Si 为 1000meV。对于 Te 的光电离光谱已进行了详细的研究。阈值能量与温度的关系不大, 在 $x = 0.37 \sim 0.60$ 的范围内光谱无法识别, 但当 x 从 0.37 变到 0.27 时, 阈值能量明显地向低能端移动。

MBE 生长 GaAlAs 时, 掺杂几乎全部采用硅, 尽管也有少数人用 Sn 掺杂。MBE 生长的 GaAlAs(Si) 的 DX 中心的 DLTS 光谱与 LPE、MOCVD 的稍有不同, 它出现两个既有差别而又相似的峰, 这两个峰值显示出与 DX 中心相关的特性。这两个峰值的能量说法不一, 可是峰值的重叠是不可避免的, 而它又不反映任何机理的差别, 因此这很可能是峰值能量不同的原因。但是也有少数作者报道只有一个峰值 (如在 LPE 中), 双峰仅在 $x = 0.25 \sim 0.30$ 的 MBE 材料中出现, 如表 2.29 所示。

表 2.29 掺硅 MBE 材料中 DX 中心的激活能

x	低温峰/meV	高温峰/meV
0.26	420	400
0.30	400	470
0.30	440	570
0.34	440	
0.40		400

Zhan 等测量了 $x = 0.30$ 的材料中两个峰值所对应的能态电子俘获截面。他们发现这两个峰值有相同的俘获截面, 在 205K 时, 其值为 $8.3 \times 10^{-22} cm^2$, 但俘获截

面的激活能却有微小的差别。低温峰值为 330meV，而另一个峰值为 370meV。Zhan 等对于高陷阱浓度已进行了适当的修正。

DX 中心的 Logan 模型是一个简单的替位式施主与另一个缺陷复合成对。该模型与大部分观测结果一致。毫无疑问，模型中涉及了有意掺入的Ⅳ族或Ⅵ族杂质。DX 中心对杂质浓度的依从关系以及随施主种类的变化，使得这一点无可置疑。尚未确定的是与施主复合的缺陷是什么性质 (乃至是否存在)。因为这种能态以及它的浓度依赖关系在 LPE 和 MOCVD 中基本相同 (在 MBE 中也很相似)，X 是化学杂质的可能性可以排除了。Lang 等提出 X 缺陷是砷空位，这与用弹道声子研究对称性的结果是一致的。弹道声子研究发现，DX 中心浓度在攀移引入的位错网络附近降低，而在滑移引入的位错网络附近不降低。尤其重要的是，可以预计这种结构将产生一种浅束缚能态 (100meV)，但这种能态具有大的 (750meV)Frank-Condon 能量 (Stokes 位移)。Lang 等把 TEDX 中心的实验数据拟合到此模型上，发现完全一致。

然而，在 Lang 等的文章发表之后，又有了一些关于 MOCVD 和 MBE 材料的详细结果。这些结果对 X 是砷空位提出了一些疑义。其基本观点是在富砷条件下生长的材料中，砷空位应当比富镓的 LPE 材料中少得多，络合物的行为也有点奇怪。这些结果意味着，当 $x < 0.2$ 时，所有的施主都是孤立的，而 $x > 0.4$ 时，实际上所有的都是络合物。van Vechten 不再采用这种能带波动热力学，因为这种热力学不考虑 Fermi 能级的影响，但他认为这种影响可能是很重要的。

然而，Saxena 观察到了一个在目前的争论中被人们忽视了的十分重要的情况。他发现，在低温下 (< 100K)DX 中心被光激发时，Hall 迁移率增加，在 20K 时，增加到 2 倍。这与 DX 模型相抵触，因为在这样的温度下，电离杂质应是主要的散射源。甚至在晶格弛豫很大的情况下，也完全不可能出现由电离中心数量的增加导致的迁移率增加。

Lifshitz 等进行了在静压下 $Ga_{0.85}Al_{0.15}As$ 的 Hall 实验，观察到 Te 施主的电离行为与 DX 中心相似。低压时在该组分下没有检测出 DX 中心。这项工作由 Mizuta 推广到用 DLTS 进行掺 Si GaAs 和掺 Sn GaAs 的研究。在低铝含量的 GaAs 合金上加静压力实验表明，Γ、L 和 X 极小值的相对位置与高铝合金含量的 GaAlAs 很相似。这对于 GaAs 的情况是十分重要的，因为它可以在没有铝时模拟 $Ga_{0.7}Al_{0.30}As$ 的能带结构。已经观测到，在 30kbar 的条件下，GaAs 中硅施主的行为与 DX 中心的相似。如果所加的压力使 GaAlAs 与 GaAs 具有相同的能带结构，那么 GaAs 中缺陷的作用与 GaAlAs 中缺陷的作用相同这一点是相当一致的。这似乎证实了早期的认识，即 DX 中心的行为与能带结构有关，而不是缺陷本身变化。

因此，有人认为，DX 中心是一个简单的替位施主，而持久光电导是深施主与导带 X 极小值相互作用的结果。这种认识不能解释大的 Stokes 位移，因为对于简单的替位施主, 即使出现了这种不太可能发生的情况, 它也不会在III族和V族两种亚晶格上出现, 而这正是任何一种模型的先决条件。因为对IV族和VI族施主都已观察到了相似的结果。

看来对这种缺陷的物理性质的讨论有点深奥, 因为唯象结果已为大量资料所证实。然而, 当 $x > 0.25$ 时, DX 浓度如此之大, 以致能控制器件的性能。在 GaAlAs 量子阱和一些异质结器件中, DX 中心与能带结构的相互作用已成为器件物理的中心课题, 并且毫无疑问, 必须开展大量研究工作来解决这个问题。

2.2.3 GaAlAs 的光致发光谱

$Ga_{1-x}Al_xAs$ 的光致发光谱用来测量 Al 含量、载流子浓度、陷阱密度和杂质。室温下峰值光子能量与 x 的关系的定标曲线为

$$E_p = 1.42 + 1.45x - 0.25x^2 \quad (eV) \tag{2.22}$$

式 (2.22) 给出了最小二乘法拟合, 在 x 高达 0.45 的范围内统计误差为 $\pm 1.6\%$。样品是用 LPE 方法生长的, x 是用电子探针方法以 Al-Au 为标准测量的。所有样品的自由载流子浓度均在 $2 \times 10^{17} cm^{-3}$ 以下。

表 2.30 给出了 75K 下 LPE 掺 Si 样品 GaAlAs 的束缚激子光致发光峰与 x 的关系, 硅的掺杂浓度约为 3×10^{-5} 原子百分数。

表 2.30 75K 下 LPE 掺 Si 样品 GaAlAs 的束缚激子光致发光峰与 x 的关系

x	0	0.07	0.14	0.24	0.32	0.40
峰值/eV	1.513	1.585	1.683	1.779	1.910	1.999

光致发光峰的半宽 (PLHW) 给出了多层结构 (非量子阱) 中的载流子浓度的粗略表示, 因为对于 $x < 0.35$, PLHW 基本上由载流子浓度决定, 而几乎与 x 无关。一些高质量的 LPE 和 VPE 样品室温下的典型数据如表 2.31 所示。

表 2.31 GaAlAs 的载流子浓度与光致发光峰的半宽

载流子浓度/cm^{-3}	近似的 PLHW/meV
n=10^{17}	37
n=10^{18}	60
n=10^{19}	200
p=10^{17}	43
p=10^{18}	60
p=10^{19}	85

p 型样品 PLHW 值随载流子浓度以较慢的速度增加, 这是空穴的有效质量比较大的缘故。

下面研究 x 高达 0.4 的高质量 MOCVD GaAlAs 样品中的深能级陷阱。总陷阱密度 N_t 与带边发光强度 I_{PL}(任意单位) 的实验关系：

$$I_{PL} = 2.69(N_t/n)^{-0.53}$$

用光致发光和其他方法检出了 5 个主要的电子陷阱和空穴陷阱，其热电离能 (E_t) 分别为 $0.25{\sim}0.82$eV 和 $0.74{\sim}0.87$eV。陷阱中有四个似乎起源于构成部分微结构的 Al—O 键。而当晶体生长的气氛中无氧或水时，这四个陷阱则不存在。

表 2.32 给出了氧和水对 MOCVD GaAlAs 的光致发光谱的影响，样品掺 Si，掺杂浓度达 $1.5{\times}10^{18}$cm^{-3}，沉积温度为 700℃。

表 2.32　氧和水对 MOCVD GaAlAs 的光致发光谱的影响

波长/nm	近似的光致发光强度/任意单位	沾污
640	接近于零	没有 O_2 和 H_2O
693	1(峰)	
755	接近于零	
670	零	0.1ppmO_2
690	接近于零	
715	零	
650	接近于零	12ppm H_2O
720	0.6(峰)	
770	接近于零	

在掺 Zn 的 MOCVD GaAlAs($p = 10^{18}$cm^{-3}) 中，发射峰值能量 E_p 随温度单调上升，随汽相中 V/III 族比值几乎是线性地增加，如表 2.33 所示。

表 2.33　不同生长条件下的发射峰值能量 E_p

掺杂剂和生长方法	生长温度/℃	x	E_p/eV
掺 Zn, MOCVD	700	$0{\sim}0.46$	1.65
掺 Zn, LPE	$775{\sim}800$	$0{\sim}0.75$	$1.6{\sim}1.7$
掺 Zn, MOCVD	800	$0.15{\sim}0.62$	$1.5{\sim}1.7$
掺 Ge, LPE	785	0.40	1.55
掺 Ge, LPE	$790{\sim}800$	0.40	1.55
掺 Ge, LPE	855	$0{\sim}0.041$	$1.4{\sim}1.6$

研究了 MBE 掺硅 GaAlAs 中由于生长条件和组分的改变产生的 ME3 和 ME6 陷阱浓度变化对光致发光谱的影响。ME3 不影响光致发光谱的强度，但 ME6 降低了近带边的光致发光强度。在室温下，当 ME6 的密度从 10^{14}cm^{-3} 上升到 10^{16}cm^{-3} 时 (x 达到 0.38)，带边光致发光强度仅为原来的百分之一。

MOCVD GaAlAs 的光致发光谱，在给定的生长条件下 (700℃，$1.01{\times}10^4$Pa，V/III $=40$，生长速度 $=600$Å/min)，显示出同衬底的强烈依从关系。沉积在各种衬

底 (LEC 不掺杂、n$^+$ 水平, LPE 掺 Si 的 GaAs 以及 LPE 掺 Si 的 GaAlAs) 上的 Ga$_{0.57}$Al$_{0.43}$As(非掺杂、掺 Zn 和掺 Si) 数据表明, Si 在 MOCVD 外延层中再分布是起主导作用的。对于暴露在空气中的 GaAlAs 衬底, 如果在生长前进行轻微的原位气相腐蚀, 则可以生长出表面形貌质量很高的外延层。

对于 MOCVD 生长的 n 型 GaAlAs, 观察到能量低于带间跃迁峰 100meV 的低温 (77K) 光致发光峰, 但这个峰仅在生长温度低于 740℃ 时才出现。

研究了 MOCVD 太阳能电池结构。实验发现其光致发光峰在 $x = 0.28 \sim 0.35$ 的范围内很强。当 $x > 0.38$ 时, 由于深能级的密度以及直接/非直接带边交叠的影响, 光致发光的强度开始下降。

其他有意义的工作有: MBE GaAlAs 中激子线宽和带-受主复合的定量模型; e-h 等离子体荧光谱线形状的分析; 注 Mg 和注 Be 的 GaAlAs 中的光致发光谱; 以及掺 Ge 的 Ga$_{0.78}$Al$_{0.22}$As 中激光诱发的荧光谱。

2.2.4 GaAlAs 的电子迁移率

Ga$_{1-x}$Al$_x$As 中的电子迁移率 (ME) 受温度 (T)、组分 (x)、掺杂、深电子陷阱和生长参数的影响, 这些因素并不能完全由晶体生长者控制。最高的迁移率是在 $x < 0.35$ 时观测到的, 此时, 输运过程主要是在 Γ 能谷中。

在组分为 0.6, T 为 20~600K 的范围内, Bhattacharya 等对 MOCVD GaAlAs Hall 效应和高场特性进行了详细的研究, 在室温下, 当 $x < 0.30$ 时, 空间电荷散射是影响电子迁移率的主要因素, 但当 $x = 0.30 \sim 0.50$ 时, 主要是谷间散射。由于谷间散射、空间电荷散射以及杂质散射的综合结果, 在 $x = 0.45$ 时出现电子迁移率的极小值。当 $x > 0.60$ 时, 电子在 X 谷内运动。在这里电子有效质量大, 因而迁移率低。

Salmon 等测得了掺 Si MBE GaAlAs 的 Hall 电子迁移率与组分 x 的关系。衬底为 (100) 晶向, 温度 T_s 维持在 650℃, 掺杂浓度为 10^{18}cm^{-3}, 表 2.34 中的数据是在室温下获得的。

表 2.34 掺 Si MBE GaAlAs 的 Hall 电子迁移率与组分 x 的关系

x	电子迁移率近似值/(cm^2/(V·s))
0.2	950
0.3	250
0.4	220
0.6	15
0.8	15

在 50K 下研究了自由载流子浓度小于 10^{13}cm^{-3} 时迁移率随温度 T 的变化。在 4~200K, 电子迁移率随 T 呈线性增加, 表 2.35 给出了 $x = 0.33$ 时的结果。

表 2.35　掺 Si MBE GaAlAs 的 Hall 电子迁移率与温度的关系

T/K	电子迁移率近似值/$(\mathrm{cm}^2/(\mathrm{V\cdot s}))$
50	6
100	62
300	250

　　电子迁移率随 T 增加, 表明没有形成二维电子气 (2DEG), 因为 Gollins 等认为当 T 从 2K 升到 200K 时, 2DEG 的迁移率下降一个数量级。Salmon 等用厚度为 0.2μm 的非故意掺杂的 GaAlAs 层把测量层与 GaAs/GaAlAs 界面隔开, 以阻止 2DEG。

　　Kunzel 等在 (100) 衬底上用 MBE 生长的掺 Si GaAlAs 材料, 研究了深陷阱能级以及衬底温度 T_s 对电子迁移率的影响, 表 2.36 给出了研究结果。

表 2.36　掺 Si GaAlAs 深陷阱能级以及衬底温度 T_s 对电子迁移率的影响

$T_\mathrm{s}/\mathrm{°C}$	净施主浓度 (77K)/cm^{-3}	深陷阱/净施主	热激活能/eV 深陷阱	浅能级	Hall 电子迁移率/$(\mathrm{cm}^2/(\mathrm{V\cdot s}))$
675	9.0×10^{15}	42	0.410	0.018	250
640	2.3×10^{15}	80	0.400	0.047	90
620	2.5×10^{14}	580	0.372	0.075	30
600			0.342		SI

　　在 MBE 中 V/III 族束流比对获得高电子迁移率也是重要因素。Nomura 等在表 2.37 指出, 对于掺 Si GaAlAs, 当衬底晶向为 (100), $T_\mathrm{s} = 780\mathrm{°C}$ 时, V/III $=2.3$ 是最佳的束流比。

表 2.37　MBE 中 V/III 族束流比对电子迁移率的影响

x	$T_\mathrm{s}/\mathrm{°C}$	V/III	N/cm^{-3}	室温 Hall 电子迁移率/$(\mathrm{cm}^2/(\mathrm{V\cdot s}))$
0.22	750	1.1	1.4×10^{15}	3870
0.21	750	1.4	1.4×10^{15}	1820
0.19	750	1.9	高阻	
0.22	780	2.3	8.8×10^{15}	3520
0.23	780	2.8	9.4×10^{15}	3030
0.21	780	3.8	10×10^{15}	3010

　　Stringfellow 对不同的 LPE 和 VPE 技术生长的 GaAlAs 进行了实验。实验发现, 这些样品具有相似的电子迁移率与温度的关系, 即在 150~200K 或较低的温度下出现电子迁移率的极大值。例如, 对于 $x = 0.13$, 自由载流子浓度为 $3\times10^{15}\mathrm{cm}^{-3}$ 的样品, 在大约 150K 的温度下电子迁移率的极大值为 $3000\mathrm{cm}^2/(\mathrm{V\cdot s})$。电子迁移率随温度的变化是由 75K 时的 $2300\mathrm{cm}^2/(\mathrm{V\cdot s})$ 上升到极大值, 而后开始下降, 到

300K 时恢复到同 75K 时相近似的值。在 x 为 0.03~0.35 的范围内，迁移率随 x 的增加而下降。文献也清楚地表明，不管 77K 还是室温，在 $n=10^{15} \sim 10^{19} \mathrm{cm}^{-3}$ 范围内，电子迁移率随 n 的变化很小。

在一定的条件下，可以形成二维电子气，并导致电子迁移率成数量级地增加，例如，Matsumoto 在不掺杂的 MOCVD 生长的 n-Ga$_{0.6}$Al$_{0.4}$As 外延层上获得大约 3000cm^2/(V·s) 的室温电子迁移率，此外延层是生长在 Si(100) 掺 Cr 的 GaAs 衬底上，厚度为 5~10μm。当把衬底去掉时，迁移率下降到大约 230cm^2/(V·s)。反常高的迁移率的产生是由于电子从外延层向衬底转移形成了 2DEG。在对比的 LPE 样品中没有观察到这种情况，这可能是由于衬底与熔体接触时被熔化，从而引起界面更多扩散。

电子迁移率可以分解成几个不同的部分，在高补偿的 GaAlAs 中，其中一部分与 $1/T^2$ 成正比。Stringfellow 等认为在未故意掺杂的以碳作为主要浅受主的样品中，这一部分是由受主碳的散射形成的。

最后，关于电子散射对迁移率影响的理论分析和 GaAlAs 电子输运性质可以查看有关专著。

2.2.5　LPE GaAlAs 中的载流子浓度

大部分材料是在 700~850℃温度下生长的，冷却速度为 0.2~0.5℃/min，保护气体为 He、H$_2$ 和 N$_2$。为了减少沾污，镓源在生长之前先在氢气氛下进行焙烧。在 800℃温度下，暴露在氢气流中的掺 Cr 的半绝缘衬底通常会形成一个受主浓度为 $10^{17} \mathrm{cm}^{-3}$ 的 p 型薄层。在 LPE 生长之前，这一薄层必须由熔体腐蚀除掉。

对主要的本底 n 型杂质硫 (分凝系数大于 100)，如果在气体 (He) 气氛中加入 0.9ppm 的氧或 11% 的氢，可以使硫的浓度降到原来的五分之一。

对于铝的成分为 $x = 0.2 \sim 0.3$ 的材料，本底 n 型载流子浓度为 $5 \times 10^{14} \sim 5 \times 10^{15} \mathrm{cm}^{-3}$，补偿比 $(N_\mathrm{d} + N_\mathrm{a})/(N_\mathrm{d} - N_\mathrm{a})$ 低达 2 的结果已经作了研究。在使用新熔体生长的一系列实验中，由迁移率拟合得出的 N_d 随 x 的增大而提高 ($5 \times 10^{14} \sim 1.6 \times 10^{15} \mathrm{cm}^{-3}$)。当利用使用过的熔体源进行生长时，则 $N_\mathrm{d} = (4 \sim 5) \times 10^{14} \mathrm{cm}^{-3}$，且 N_d 与 x 无关。这一结果表明有某些杂质的富集。也曾研究过低至 $10^{16} \mathrm{cm}^{-3}$ 的 p 型本底浓度 ($x = 0.4$)。

但是 E_a 随 x 很快增加 (在 $x = 0.3$ 时，为 67meV；在 $x = 0.6$ 时，大于 100meV)，E_a 的增加使自由载流子浓度下降，尤其是在 x 值大的情况下。

锌和铍的 E_a 比较小 (例如，当 $x = 0.3$ 时，Zn 的 E_a 大约为 30meV)，但是这些杂质向 GaAs 衬底中扩散很快，从而形成一个能够控制材料电学性质的 p 型层。已经报道，Be 在 700℃的扩散深度为 0.7μm，900℃时为 8μm，而且扩散深度随组分 x 而增加，对 x 达 0.9 的材料，掺 Be 使空穴载流子浓度可达 $10^{18} \mathrm{cm}^{-3}$ 以上。

还报道了 Mg 在 $10^{17} \sim 10^{18} \mathrm{cm}^{-3}$ 范围内的掺杂 (x 高达 0.65)。Mg 的激活能 E_a 很小 (在 $x = 0.3$ 时约为 13meV)。虽然已经观察了一些扩散行为,特别是在高温下,但是可以用生长一个不掺杂的 GaAlAs 缓冲层来抑制扩散。在 LPE GaAlAs 中硅是两性杂质,由于生长条件是富镓的,因此当 $T < 800$°C时,获得的是 p 型材料,但是重补偿的。

已经报道过采用 Se、Te 和 Sn 的 n 型掺杂。掺 Te 载流子浓度为 $5 \times 10^{16} \sim 2 \times 10^{18} \mathrm{cm}^{-3}$。掺 Sn 的为 $5 \times 10^{16} \sim 2.5 \times 10^{17} \mathrm{cm}^{-3}$(0.7%~5% 的 Sn 摩尔数,$x = 0.4$)。$x$ 低时,自由载流子浓度与 x 无关,但当 $x = 0.2 \sim 0.4$ 时,载流子浓度锐减,且施主电离能增加到大约 150meV 的最大值。同时,在低于大约 100K 的温度下,载流子浓度持续地增加。典型值是,对于掺 Te 的 $\mathrm{Ga_{0.64}Al_{0.36}As}$,300K 时载流子浓度为 $1.5 \times 10^{17} \mathrm{cm}^{-3}$。60K 时载流子浓度为 $1.7 \times 10^{16} \mathrm{cm}^{-3}$,光照后为 $3.2 \times 10^{17} \mathrm{cm}^{-3}$,在 LPE、MOCVE 和 MBE 的材料中,对所有的施主均观察到了类似的现象,而且均是由于深能级 (DX 中心) 的作用。

对于所有 n 型和 p 型掺杂剂,所报道的自由载流子浓度均随液相掺杂剂的浓度线性增加。

2.2.6　MOCVD GaAlAs 的载流子浓度

在大多数情况下,所研究的外延生长体系均为三甲基镓 (TMG)、三甲基铝 (TMA) 和砷烷。本底载流子浓度对 V/III (反应管中的 V 族 (即 As) 和III族 (即 Ga+Al) 之比)、生长温度和反应剂的纯度是敏感的。

在低的 V/III下,生长的不掺杂材料是 p 型。空穴浓度随 V/III 的增加而降低,达到某个临界值材料变成 n 型。其后,电子浓度随 V/III 的增加而增加。在 V/III 临界值附近较大的范围内,可获得半绝缘的材料。V/III 的临界值随 Al 摩尔数 x 而增大,随生长温度的升高而减小。当 V/III 大时,电子浓度随 As 分压和组分 x 呈线性增加,当 V/III 小时,空穴浓度随组分 x 呈指数增加。

主要的浅受主杂质一般是碳,且本底浓度随铝含量而升高。在用 TMG 和 TMA 生长的 GaAlAs 中,碳受主浓度高达 $10^{18} \mathrm{cm}^{-3}$,而且随 V/III 的增加而降低。用三乙基反应剂 (TEG、TEA) 在低压下生长的材料,碳的本底浓度下降到 $10^{16} \mathrm{cm}^{-3}$,同时与 V/III无关。

MOCVD GaAlAs 对反应管或反应剂中的痕量氧和水是十分敏感的。系统的研究表明,氧使自由载流子浓度 n 和荧光效率下降,水却对 n 无直接影响,但能使铝含量降低和生长速度变慢。有人认为 TMA 与氧反应形成挥发性的二甲氧基铝,与水形成铝的氢氧化物沉积在反应器的管壁上。

为了降低残留的水和氧的作用,采用了各种方法,如将反应剂通过分子筛或液态 InGaAl 合金冒泡瓶。后者是通过反应管入口处的一个加热的石墨板或预热反应区实现的。还有提高生长温度的方法。在生长有用的外延层之前，先生长一层含铝的吸收缓冲层能降低反应管自身的水和氧。采用室温下 Ga/In/Al 冒泡瓶作为水和氧的吸收器后，GaAlAs 质量的明显改善是使自由电子浓度由 $1 \times 10^{16} \mathrm{cm}^{-3}$ 增加到了 $5 \times 10^{16} \mathrm{cm}^{-3}$(生长温度为 800℃，V/III =40)，这说明与氧有关的深受主浓度大约为 $5 \times 10^{16} \mathrm{cm}^{-3}$。

采用低的氧和水沾污的最佳生长条件，生长温度降到 650℃时，材料的电学性能也得到改善。然而，在一般情况下，最好的材料仍是在高温 (750~800℃) 和高 V/III (相对 GaAs) 下生长出来的。所报道的本底载流子浓度在一个宽的范围内变化 (典型值大约为 $10^{16} \mathrm{cm}^{-3}$)，但浓度低至 $10^{15} \mathrm{cm}^{-3}$ 的高质量的非掺杂材料也有报道。

已经生长了掺 Si(硅烷或二硅烷) 和掺 Se(H$_2$Se) 的 n 型 GaAlAs，每种掺杂剂的掺杂范围大约为 $10^{16} \mathrm{cm}^{-3}$ 至小的或中等系数的 $10^{18} \mathrm{cm}^{-3}$。据报道，硅烷的掺杂效率大约是 H$_2$Se 的 10 倍。H$_2$Se 的典型掺杂摩尔数为 $5 \times 10^{-8} \sim 5 \times 10^{-7} \mathrm{cm}^{-3}$。两种掺杂剂的掺杂效率均随温度的增加而降低。Kuech 等指出，用二硅烷掺杂时，较高的掺杂效率和掺杂浓度与生长无关。一般情况下，测出的掺杂浓度随掺杂剂的摩尔分数呈线性增加。然而，Bottka 等观察到硅烷的掺杂浓度同其摩尔分数呈平方关系，而且对 H$_2$Se 掺杂，当在低的生长温度下采用小的摩尔数时，观察到类似的偏离线性关系。

由 C-V 测量推算出来的掺 Si GaAlAs 的室温载流子浓度几乎与合金组分无关，且与二次离子质谱仪 (SIMS) 分析得到的硅浓度几乎相等。然而，由 Hall 测量提供的掺 Si 和掺 Se 材料的载流子浓度却明显地依赖于组分 x。当 Al 含量很低时，Hall 浓度与 x 无关，而且与 C-V 测量一致。但当 $x > 0.25$ 时，Hall 测量得到的载流子浓度随 x 的增加而急剧地减小到极小值，且施主电离能在 $x = 0.47$ 时增加到最大值。同时，在低温光照下观察到了载流子浓度的持续增加。在 LPE 和 MBE 材料中，对所有施主均观察到了类似的现象，而且都是起源于深能级的影响 (DX 中心)。

已经有人研究了利用二乙基锌 (DEZ) 和二乙基铍 (DEB) 的 p 型掺杂。DEZ 的摩尔数为 $10^{-6} \sim 2 \times 10^{-4} \mathrm{cm}^{-3}$ 时，掺杂浓度在 $10^{16} \sim 10^{18} \mathrm{cm}^{-3}$ 的范围。掺杂效率随 x 的增加而减小。但在 $x = 0.8$ 时，高达 $10^{18} \mathrm{cm}^{-3}$ 的空穴浓度已经有人报道了。DEB 的掺杂效率高得多。当 DEB 的摩尔数为 $3 \times 10^{-9} \sim 4 \times 10^{-9} \mathrm{cm}^{-3}$ 时，也做到了同样的掺杂浓度。一般说来，掺杂浓度近似地随 DEZ 的摩尔数呈线性增加，但 Bottka 等认为 DEB 的掺杂符合平方规律。

2.2.7　MBE GaAlAs 的载流子浓度

大部分材料是在束流比 V/III 为 2~5，衬底温度为 600~720℃下生长的。一般报道的最佳质量的材料是在 700°C下生长的, 但 Heiblum 等把生长速度从 1.4μm/h 降到 0.14μm/h, 在 600°C下生长的材料质量得到改善 (Al 含量 x 的范围为 0.30~0.43)。Kunzel 等认为只有在 630~680°C才能得到高质量的材料 ($x = 0.33$), 温度在 600°C以下得到的将是半绝缘材料。有意不掺杂的 GaAlAs 是 p 型, 本底载流子浓度为 $5\times10^{14}\mathrm{cm}^{-3}(x = 0.43)$ 和低于 $10^{15}\mathrm{cm}^{-3}$。主要的本底受主是碳。

GaAlAs 中最通用的 p 型掺杂剂是 Be。空穴浓度已达中等系数的 10^{16}~$3\times10^{19}\mathrm{cm}^{-3}$。最近报道生长的外延层一般是非补偿的。当 $p > 10^{18}\mathrm{cm}^{-3}$ 时, 载流子浓度实际上与衬底温度、V /III比、$x(< 0.33)$ 无关, 尽管在更高的掺杂浓度下 p 随 x 的增加而略有下降。Chand 等研究了当 x 从 0 增加到 0.7 时, Be 的束缚能从 15meV 增加到 41meV。同时他们还观察到, $x=0.2$~0.4, 77K 光照下, 随着迁移率的增加, 空穴浓度持续地下降, 而与 Be 的浓度无关。Ilegems 研究了退火对 pn 结的影响, 他发现在 800°C以下, Be 不产生明显的扩散。

在 GaAlAs 的生长中, Zn 的黏附系数很小 (均为 10^{-7}), 但 Takahashi 及其同事发现, 采用中能锌离子 (0.2~1.5kV) 其黏附系数可达 0.03(与 x 无关), 空穴浓度可达 10^{16} ~$10^{19}\mathrm{cm}^{-3}$。通过改变离子流控制载流子浓度。

掺 Mg 可使空穴浓度达 $10^{19}\mathrm{cm}^{-3}$。Mg 这种掺杂剂的黏附系数很小, 且随 x 的变化也很大。

2.2.8   反应离子和反应离子束对 GaAlAs 的腐蚀速度

这里讨论采用干法腐蚀技术时 GaAlAs 的腐蚀速度与 Al 含量的关系, 以及对 GaAs 腐蚀的选择性。

在 GaAs 和 GaAlAs 之间, 具有高选择性的干法腐蚀工艺对于像嵌埋在 GaAlAs 层中的 GaAs 波导一类结构的制造具有广阔的应用前景。这种腐蚀工艺的选择性将依赖于所用的腐蚀方法、化学活性离子的比例以及类别。目前只有反应离子腐蚀 (RIE) 和反应离子束腐蚀 (RIBE) 技术已经取得一些适合于 $\mathrm{Ga}_x\mathrm{Al}_{1-x}\mathrm{As}$ 腐蚀的数据。这些数据是作为 Al 的含量和对 GaAs 的选择性的函数给出的(其中不涉及掩模材料的选择性)。因为选择性在器件制备中是一个十分重要的问题, 所以目前这一问题尚未得到足够的重视是令人惊奇的。表 2.38 给出了 RIE 采用的气体混合物。

表 2.38   RIE 采用的气体混合物

气体混合物	GaAs/GaAlAs 腐蚀比	Ga 含量 x	腐蚀速率/(μm/min)	生长类型
CCl_2F_2/He	200:1	0.70	· · ·	· · ·
Cl_2/Ar	4:1	0.67	0.6	LPE
BCl_3	1:1	0.45	0.15	MOCVD
BCl_3/Cl_2	1.5:1	0.45	0.4	MOCVD
CCl_4/Cl_2	1:1	· · ·	· · ·	· · ·
CCl_2F_2/Ar	1.08:1	· · ·	0.14	MBE

根据表 2.38 中的数据还不能确定 GaAlAs 的腐蚀速度与 Al 含量之间的关系,因为它还涉及不同气体的化学性质问题。此外, 一些 GaAlAs 层是采用不同的生长方法, 如 LPE、MOCVD 以及 MBE 生长的, 这就使问题更复杂化了。但令人鼓舞的是, 在所有的情况下 RIE 均能形成具有清洁和光滑表面的垂直壁, 并且有良好的实验重复性。

尽管目前尚无数据发表, 但是已经观察到用 C1$_2$-Ar 混合气体腐蚀双异质结构时, 腐蚀速度随 Al 含量的增加而减小。

关于 GaAlAs RIRE 腐蚀方面的研究结果表明, GaAs 和 GaAlAs 的腐蚀速度比为 1:1。进一步研究表明, 当 Al 含量从 0.15 增加到 0.30 时, 依然保持相等的腐蚀速度。在 400~500V 的范围内, 等速腐蚀也与离子引出电压无关。RIRE 与 RIE 一样, 也可以获得光滑、清洁、几乎垂直的腐蚀壁。

了解磁控离子腐蚀和激光增强离子腐蚀如何影响 GaAs/GaAlAs 腐蚀的选择性将是十分有趣的。

2.2.9 LPE GaAlAs 的光学函数

1986 年, Aspnes 等利用液相外延生长了 Ga$_{1-x}$Al$_x$As 材料, 在能量 1.500~6.000 eV 的范围内测试了 Ga$_{1-x}$Al$_x$As 的赝光学函数 [6], 如表 2.39 所示, 其中 $\langle \varepsilon_1 \rangle$ 和 $\langle \varepsilon_2 \rangle$ 分别是复介电函数 ε 的实部与虚部; $\langle n \rangle$ 是折射率; $\langle k \rangle$ 是消光系数; $\langle R \rangle$ 是反射率; $\langle \alpha \rangle$ 是吸收系数。

表 2.39　Ga$_{1-x}$Al$_x$As 的赝光学函数表: (a) $x=0.00$ (GaAs)

光子能量/eV	$\langle \varepsilon_1 \rangle$	$\langle \varepsilon_2 \rangle$	$\langle n \rangle$	$\langle k \rangle$	$\langle R \rangle$	$10^{-3} \langle \alpha \rangle / \text{cm}^{-1}$
1.500	13.435	0.436	3.666	0.059	0.327	9.03
1.600	13.683	0.687	3.700	0.093	0.330	15.06
1.700	13.991	0.992	3.742	0.123	0.335	21.22
1.800	14.307	1.192	3.786	0.157	0.340	28.72
1.900	14.607	1.367	3.826	0.179	0.344	34.40
2.000	14.991	1.637	3.878	0.211	0.349	42.79
2.100	15.463	1.893	3.940	0.240	0.356	51.15
2.200	16.031	2.212	4.013	0.276	0.363	61.46
2.300	16.709	2.622	4.100	0.320	0.372	74.56
2.400	17.547	3.123	4.205	0.371	0.382	90.34
2.500	18.579	3.821	4.333	0.441	0.395	111.74
2.600	19.885	4.841	4.492	0.539	0.410	142.02
2.700	21.550	6.536	4.694	0.696	0.429	190.53
2.800	23.605	9.830	4.959	0.991	0.456	281.33
2.900	22.558	17.383	5.052	1.721	0.490	505.75
3.000	16.536	17.571	4.509	1.948	0.472	592.48

光子能量/eV	$\langle \varepsilon_1 \rangle$	$\langle \varepsilon_2 \rangle$	$\langle n \rangle$	$\langle k \rangle$	$\langle R \rangle$	$10^{-3}\langle \alpha \rangle / \mathrm{cm}^{-1}$
3.100	14.519	18.765	4.373	2.146	0.477	674.17
3.200	10.271	18.022	3.938	2.288	0.468	742.21
3.300	9.086	16.037	3.709	2.162	0.447	723.09
3.400	8.626	14.929	3.596	2.076	0.434	715.28
3.500	8.413	14.216	3.531	2.013	0.425	714.20
3.600	8.355	13.739	3.495	1.965	0.419	717.14
3.700	8.419	13.459	3.485	1.931	0.415	724.14
3.800	8.611	13.365	3.501	1.909	0.414	735.28
3.900	8.890	13.470	3.538	1.904	0.416	752.62
4.000	9.279	13.832	3.601	1.920	0.421	778.65
4.100	9.754	14.538	3.692	1.969	0.430	818.23
4.200	10.235	15.767	3.810	2.069	0.444	880.86
4.300	10.412	17.803	3.939	2.260	0.466	984.86
4.400	9.545	20.582	4.015	2.563	0.494	1143.26
4.500	6.797	22.845	3.913	2.919	0.521	1331.28
4.600	4.163	23.891	3.769	3.169	0.540	1477.66
4.700	1.030	24.835	3.598	3.452	0.565	1644.29
4.800	−3.045	25.196	3.342	3.770	0.596	1834.17
4.900	−8.022	23.394	2.890	4.047	0.633	2009.91
5.000	−11.514	18.564	2.273	4.084	0.668	2069.81
5.100	−11.156	13.677	1.802	3.795	0.676	1961.86
5.200	−9.578	11.143	1.599	3.484	0.661	1836.15
5.300	−8.350	9.758	1.499	3.255	0.644	1748.74
5.400	−7.435	8.806	1.430	3.079	0.628	1685.29
5.500	−6.705	8.123	1.383	2.936	0.613	1636.68
5.600	−6.107	7.593	1.349	2.815	0.599	1597.99
5.700	−5.589	7.182	1.325	2.710	0.584	1565.73
5.800	−5.171	6.882	1.311	2.625	0.571	1543.08
5.900	−4.876	6.587	1.288	2.557	0.562	1528.86
6.000	−4.511	6.250	1.264	2.472	0.550	1503.21

表 2.39　$\mathrm{Ga}_{1-x}\mathrm{Al}_x\mathrm{As}$ 的赝光学函数表：(b) $x=0.099$

光子能量/eV	$\langle \varepsilon_1 \rangle$	$\langle \varepsilon_2 \rangle$	$\langle n \rangle$	$\langle k \rangle$	$\langle R \rangle$	$10^{-3}\langle \alpha \rangle / \mathrm{cm}^{-1}$
1.500	12.758	0.000	3.572	0.000	0.316	0.00
1.600	13.401	0.434	3.661	0.059	0.326	9.62
1.700	13.521	0.600	3.678	0.082	0.328	14.06
1.800	13.798	0.738	3.716	0.099	0.332	18.13
1.900	14.237	0.962	3.775	0.127	0.338	24.54
2.000	14.563	1.305	3.820	0.171	0.343	34.63
2.100	14.981	1.540	3.876	0.199	0.349	42.29
2.200	15.471	1.864	3.940	0.237	0.356	52.74

光子能量/eV	$\langle\varepsilon_1\rangle$	$\langle\varepsilon_2\rangle$	$\langle n\rangle$	$\langle k\rangle$	$\langle R\rangle$	$10^{-3}\langle\alpha\rangle/\mathrm{cm}^{-1}$
2.300	16.067	2.216	4.018	0.276	0.364	64.29
2.400	16.796	2.627	4.111	0.320	0.373	77.73
2.500	17.662	3.225	4.220	0.382	0.384	96.83
2.600	18.732	4.023	4.353	0.462	0.397	121.79
2.700	20.080	5.196	4.518	0.575	0.413	157.38
2.800	21.744	7.213	4.725	0.763	0.433	216.63
2.900	23.411	11.184	4.968	1.126	0.461	330.89
3.000	20.038	17.765	4.838	1.836	0.483	558.25
3.100	16.095	17.384	4.460	1.949	0.469	612.35
3.200	13.306	18.598	4.253	2.187	0.475	709.22
3.300	10.072	17.026	3.864	2.203	0.458	737.04
3.400	9.205	15.494	3.690	2.100	0.441	723.61
3.500	8.846	14.619	3.601	2.030	0.430	720.13
3.600	8.699	14.060	3.552	1.979	0.423	722.19
3.700	8.690	13.736	3.532	1.945	0.419	729.33
3.800	8.809	13.609	3.537	1.924	0.417	740.99
3.900	9.028	13.692	3.566	1.920	0.419	758.97
4.000	9.342	14.017	3.618	1.937	0.423	785.31
4.100	9.734	14.664	3.697	1.983	0.431	824.19
4.200	10.146	15.766	3.801	2.074	0.444	882.91
4.300	10.364	17.571	3.922	2.240	0.464	976.34
4.400	9.851	20.145	4.017	2.507	0.489	1118.25
4.500	7.811	23.065	4.010	2.876	0.519	1311.72
4.600	4.236	24.731	3.829	3.229	0.546	1505.64
4.700	0.537	25.535	3.611	3.536	0.572	1684.43
4.800	-4.119	25.136	3.267	3.846	0.604	1871.41
4.900	-8.604	22.369	2.772	4.036	0.637	2004.32
5.000	-10.991	17.583	2.207	3.983	0.662	2018.51
5.100	-10.408	13.478	1.819	3.704	0.664	1914.68
5.200	-9.116	11.220	1.634	3.433	0.651	1809.48
5.300	-8.043	9.870	1.531	3.223	0.635	1731.43
5.400	-7.227	8.928	1.459	3.059	0.621	1674.24
5.500	-6.550	8.225	1.408	2.921	0.607	1628.38
5.600	-5.963	7.677	1.371	2.800	0.593	1589.56
5.700	-5.468	7.256	1.345	2.698	0.579	1558.54
5.800	-5.032	6.937	1.330	2.608	0.565	1533.15
5.900	-4.702	6.692	1.318	2.538	0.554	1517.71
6.000	-4.321	6.442	1.311	2.457	0.539	1494.49

表 2.39　$Ga_{1-x}Al_xAs$ 的赝光学函数表：(c) $x=0.198$

光子能量/eV	$\langle\varepsilon_1\rangle$	$\langle\varepsilon_2\rangle$	$\langle n\rangle$	$\langle k\rangle$	$\langle R\rangle$	$10^{-3}\langle\alpha\rangle/\text{cm}^{-1}$
1.500	11.950	0.000	3.457	0.000	0.304	0.00
1.600	12.502	0.017	3.536	0.002	0.313	0.39
1.700	13.213	0.013	3.635	0.002	0.323	0.30
1.800	13.402	0.601	3.662	0.082	0.326	14.97
1.900	13.682	0.696	3.700	0.094	0.330	18.11
2.000	14.119	0.887	3.759	0.118	0.337	23.92
2.100	14.529	1.260	3.815	0.165	0.343	35.16
2.200	14.946	1.567	3.871	0.202	0.349	45.13
2.300	15.464	1.909	3.940	0.242	0.356	56.49
2.400	16.096	2.313	4.022	0.288	0.364	69.94
2.500	16.845	2.812	4.118	0.341	0.374	86.51
2.600	17.767	3.460	4.235	0.409	0.386	107.66
2.700	18.893	4.363	4.375	0.499	0.399	136.45
2.800	20.272	5.787	4.547	0.636	0.417	180.59
2.900	21.877	8.225	4.757	0.865	0.439	254.16
3.000	22.682	13.063	4.943	1.322	0.467	401.85
3.100	17.781	17.110	4.607	1.857	0.472	583.43
3.200	15.264	17.325	4.379	1.978	0.467	641.61
3.300	11.927	17.808	4.084	2.180	0.466	729.24
3.400	9.908	16.040	3.792	2.115	0.447	728.85
3.500	9.315	14.923	3.668	2.034	0.434	721.70
3.600	9.061	14.254	3.602	1.979	0.426	721.98
3.700	8.987	13.874	3.572	1.942	0.421	728.35
3.800	9.035	13.714	3.568	1.922	0.419	740.28
3.900	9.199	13.758	3.588	1.917	0.420	757.87
4.000	9.458	14.047	3.633	1.933	0.423	783.89
4.100	9.795	14.630	3.701	1.976	0.431	821.32
4.200	10.163	15.627	3.795	2.059	0.443	876.48
4.300	10.429	17.254	3.911	2.206	0.460	961.42
4.400	10.147	19.686	4.018	2.449	0.485	1092.43
4.500	8.568	22.715	4.053	2.803	0.514	1278.33
4.600	5.008	25.295	3.924	3.223	0.547	1502.86
4.700	0.459	26.010	3.638	3.575	0.576	1702.90
4.800	−4.468	25.047	3.238	3.867	0.607	1881.50
4.900	−8.500	21.861	2.734	3.997	0.634	1985.28
5.000	−10.433	17.302	2.210	3.914	0.655	1983.56
5.100	−9.895	13.595	1.860	3.654	0.654	1889.12
5.200	−8.795	11.429	1.677	3.407	0.643	1795.77
5.300	−7.837	10.058	1.567	3.208	0.629	1723.61
5.400	−7.075	9.089	1.490	3.049	0.615	1668.90
5.500	−6.426	8.346	1.433	2.912	0.602	1623.42

光子能量/eV	$\langle\varepsilon_1\rangle$	$\langle\varepsilon_2\rangle$	$\langle n\rangle$	$\langle k\rangle$	$\langle R\rangle$	$10^{-3}\langle\alpha\rangle/cm^{-1}$
5.600	−5.865	7.785	1.393	2.794	0.588	1585.91
5.700	−5.360	7.346	1.366	2.688	0.574	1553.11
5.800	−4.943	7.013	1.349	2.600	0.561	1528.73
5.900	−4.611	6.776	1.339	2.531	0.549	1513.36
6.000	−4.261	6.551	1.333	2.457	0.536	1494.40

表 2.39　$Ga_{1-x}Al_xAs$ 的赝光学函数表：(d) $x=0.315$

光子能量/eV	$\langle\varepsilon_1\rangle$	$\langle\varepsilon_2\rangle$	$\langle n\rangle$	$\langle k\rangle$	$\langle R\rangle$	$10^{-3}\langle\alpha\rangle/cm^{-1}$
1.500	11.585	0.000	3.404	0.000	0.298	0.00
1.600	11.945	0.000	3.456	0.000	0.304	0.00
1.700	12.312	0.000	3.509	0.000	0.310	0.00
1.800	12.901	0.058	3.592	0.008	0.319	1.46
1.900	13.309	0.812	3.650	0.111	0.325	21.43
2.000	13.597	1.070	3.690	0.145	0.330	29.38
2.100	14.036	1.250	3.750	0.167	0.336	35.47
2.200	14.516	1.543	3.815	0.202	0.343	45.08
2.300	14.937	1.755	3.872	0.227	0.349	52.83
2.400	15.495	2.038	3.945	0.258	0.356	62.83
2.500	16.167	2.460	4.032	0.305	0.365	77.30
2.600	16.963	3.037	4.135	0.367	0.367	96.76
2.700	17.928	3.794	4.258	0.446	0.388	121.93
2.800	19.089	4.900	4.404	0.556	0.403	157.89
2.900	20.478	6.614	4.582	0.722	0.421	212.14
3.000	21.832	9.680	4.781	1.012	0.445	307.84
3.100	20.854	15.031	4.825	1.558	0.469	489.44
3.200	16.329	16.746	4.456	1.879	0.465	609.42
3.300	13.867	17.334	4.246	2.041	0.464	682.67
3.400	10.847	16.737	3.922	2.134	0.455	735.39
3.500	9.653	15.298	3.724	2.054	0.439	728.58
3.600	9.242	14.445	3.633	1.988	0.428	725.50
3.700	9.094	13.968	3.589	1.946	0.422	729.80
3.800	9.095	13.734	3.575	1.921	0.419	739.75
3.900	9.212	13.739	3.588	1.914	0.419	756.76
4.000	9.427	13.973	3.625	1.927	0.442	781.41
4.100	9.723	14.492	3.686	1.966	0，429	816.92
4.200	10.065	15.387	3.722	2.040	0.440	868.37
4.300	10.362	16.868	3.883	2.172	0.456	946.63
4.400	10.266	19.139	3.999	2.393	0.479	1067.23
4.500	9.029	22.204	4.062	2.733	0.509	1246.64
4.600	5.766	25.299	3.982	3.177	0.544	1481.12

续表

光子能量/eV	$\langle\varepsilon_1\rangle$	$\langle\varepsilon_2\rangle$	$\langle n\rangle$	$\langle k\rangle$	$\langle R\rangle$	$10^{-3}\langle\alpha\rangle/\mathrm{cm}^{-1}$
4.700	0.383	26.540	3.669	3.617	0.579	1722.91
4.800	−4.850	24.805	3.196	3.881	0.609	1888.25
4.900	−8.451	21.238	2.684	3.957	0.633	1965.08
5.000	−9.954	16.908	2.198	3.845	0.648	1948.84
5.100	−9.460	13.534	1.878	3.604	0.647	1862.86
5.200	−8.520	11.454	1.696	3.376	0.637	1779.44
5.300	−7.656	10.078	1.581	3.187	0.624	1712.04
5.400	−6.940	9.074	1.497	3.030	0.612	1658.54
5.500	−6.308	8.313	1.437	2.893	0.598	1613.01
5.600	−5.765	7.734	1.393	2.776	0.585	1575.68
5.700	−5.255	7.296	1.367	2.669	0.570	1541.99
5.800	−4.814	6.967	1.352	2.577	0.556	1514.99
5.900	−4.471	6.698	1.338	2.502	0.544	1496.52
6.000	−4.156	6.583	1.347	2.443	0.531	1486.00

表 2.39　$\mathrm{Ga}_{1-x}\mathrm{Al}_x\mathrm{As}$ 的赝光学函数表：(e) $x=0.419$

光子能量/eV	$\langle\varepsilon_1\rangle$	$\langle\varepsilon_2\rangle$	$\langle n\rangle$	$\langle k\rangle$	$\langle R\rangle$	$10^{-3}\langle\alpha\rangle/\mathrm{cm}^{-1}$
1.500	11.160	0.000	3.341	0.000	0.291	0.00
1.600	11.412	0.000	3.378	0.000	0.295	0.00
1.700	11.709	0.000	3.422	0.000	0.300	0.00
1.800	12.106	0.000	3.479	0.000	0.306	0.00
1.900	12.669	0.018	3.559	0.003	0.315	0.49
2.000	13.423	0.431	3.664	0.059	0.326	11.91
2.100	13.578	0.735	3.686	0.100	0.329	21.21
2.200	14.022	1.003	3.747	0.134	0.335	29.86
2.300	14.562	1.357	3.820	0.178	0.343	41.40
2.400	15.015	1.700	3.881	0.219	0.350	53.29
2.500	15.5582	2.120	3.957	0.268	0.358	67.88
2.600	16.279	2.581	4.047	0.319	0.367	84.03
2.700	17.103	3.202	4.154	0.385	0.378	105.49
2.800	18.100	4.037	4.280	0.472	0.391	133.82
2.900	19.273	5.279	4.430	0.596	0.406	175.12
3.000	20.591	7.236	4.605	0.786	0.425	238.89
3.100	21.579	10.694	4.778	1.119	0.448	351.61
3.200	19.457	15.439	4.706	1.640	0.466	532.03
3.300	15.873	16.459	4.401	1.870	0.461	625.45
3.400	13.237	17.043	4.172	2.042	0.460	703.85
3.500	10.814	16.101	3.887	2.071	0.448	734.87
3.600	9.940	14.982	3.736	2.005	0.435	731.61

光子能量/eV	$\langle \varepsilon_1 \rangle$	$\langle \varepsilon_2 \rangle$	$\langle n \rangle$	$\langle k \rangle$	$\langle R \rangle$	$10^{-3}\langle \alpha \rangle / \mathrm{cm}^{-1}$
3.700	9.622	14.365	3.668	1.958	0.427	734.32
3.800	9.516	14.059	3.640	1.931	0.424	743.92
3.900	9.549	14.005	3.640	1.924	0.423	760.47
4.000	9.696	14.201	3.667	1.936	0.425	785.08
4.100	9.942	14.663	3.719	1.971	0.431	819.31
4.200	10.229	15.482	3.794	2.040	0.441	868.66
4.300	10.519	16.846	3.897	2.161	0.456	941.92
4.400	10.530	18.973	4.014	2.363	0.477	1053.94
4.500	9.587	22.083	4.103	2.691	0.507	1227.63
4.600	6.468	25.594	4.054	3.157	0.543	1471.88
4.700	0.644	27.217	3.733	3.646	0.582	1736.73
4.800	−5.043	25.014	3.200	3.909	0.611	1901.83
4.900	−8.234	21.217	2.695	3.937	0.630	1955.15
5.000	−9.614	17.074	2.234	3.822	0.643	1936.79
5.100	−9.238	13.861	1.926	3.598	0.642	1860.13
5.200	−8.428	11.775	1.740	3.384	0.633	1783.80
5.300	−7.643	10.329	1.613	3.201	0.622	1719.58
5.400	−6.964	9.277	1.523	3.047	0.611	1667.58
5.500	−6.334	8.469	1.456	2.908	0.598	1621.01
5.600	−5.765	7.828	1.406	2.783	0.584	1579.54
5.700	−5.259	7.365	1.377	2.675	0.570	1545.40
5.800	−4.787	6.985	1.357	2.574	0.555	1513.42
5.900	−4.465	6.767	1.350	2.507	0.543	1499.39
6.000	−4.124	6.602	1.353	2.440	0.529	1483.96

表 2.39 $\mathrm{Ga}_{1-x}\mathrm{Al}_x\mathrm{As}$ 的赝光学函数表：(f) $x=0.491$

光子能量/eV	$\langle \varepsilon_1 \rangle$	$\langle \varepsilon_2 \rangle$	$\langle n \rangle$	$\langle k \rangle$	$\langle R \rangle$	$10^{-3}\langle \alpha \rangle / \mathrm{cm}^{-1}$
1.500	10.780	0.000	3.283	0.000	0.284	0.00
1.600	11.080	0.000	3.329	0.000	0.289	0.00
1.700	11.344	0.000	3.368	0.000	0.294	0.00
1.800	11.676	0.000	3.417	0.000	0.299	0.01
1.900	12.089	0.000	3.477	0.000	0.306	0.02
2.000	12.659	0.016	3.558	0.002	0.315	0.46
2.100	13.423	0.647	3.665	0.088	0.327	18.80
2.200	13.639	0.985	3.696	0.133	0.330	29.72
2.300	14.115	1.234	3.761	0.164	0.337	38.25
2.400	14.685	1.571	3.838	0.205	0.345	49.79
2.500	15.176	1.914	3.903	0.245	0.352	62.12
2.600	15.797	2.331	3.985	0.292	0.361	77.07
2.700	16.525	2.900	4.081	0.355	0.371	97.24

光子能量/eV	$\langle\varepsilon_1\rangle$	$\langle\varepsilon_2\rangle$	$\langle n\rangle$	$\langle k\rangle$	$\langle R\rangle$	$10^{-3}\langle\alpha\rangle/\mathrm{cm}^{-1}$
2.800	17.411	3.596	4.195	0.429	0.382	121.66
2.900	18.445	4.623	4.328	0.534	0.396	156.98
3.000	19.629	6.132	4.483	0.684	0.413	207.96
3.100	20.801	8.624	4.654	0.926	0.433	291.11
3.200	20.801	12.735	4.753	1.340	0.455	434.48
3.300	17.419	15.823	4.525	1.748	0.461	584.80
3.400	14.745	16.502	4.294	1.922	0.458	662.21
3.500	12.074	16.529	4.034	2.049	0.454	726.82
3.600	10.534	15.419	3.822	2.017	0.440	736.17
3.700	9.992	14.670	3.724	1.969	0.431	738.60
3.800	9.771	14.294	3.680	1.942	0.427	748.01
3.900	9.737	14.190	3.671	1.933	0.425	764.12
4.000	9.821	14.346	3.688	1.945	0.427	788.49
4.100	9.995	14.768	3.730	1.980	0.433	822.67
4.200	10.237	15.540	3.798	2.046	0.442	871.00
4.300	10.502	16.815	3.894	2.159	0.456	941.02
4.400	10.547	18.847	4.009	2.351	0.476	1048.33
4.500	9.752	21.915	4.107	2.668	0.505	1216.88
4.600	6.678	25.624	4.072	3.147	0.543	1467.13
4.700	0.646	27.202	3.731	3.645	0.582	1736.48
4.800	−5.044	24.850	3.187	3.899	0.611	1896.85
4.900	−8.034	20.971	2.686	3.904	0.627	1938.84
5.000	−9.278	17.038	2.250	3.787	0.639	1919.09
5.100	−9.003	13.967	1.951	3.579	0.637	1850.21
5.200	−8.301	11.910	1.763	3.378	0.630	1780.31
5.300	−7.573	10.444	1.632	3.199	0.620	1718.78
5.400	−6.923	9.330	1.532	3.045	0.609	1666.52
5.500	−6.293	8.487	1.462	2.903	0.596	1618.56
5.600	−5.733	7.849	1.412	2.780	0.583	1577.75
5.700	−5.205	7.351	1.379	2.666	0.568	1540.12
5.800	−4.755	7.018	1.364	2.572	0.553	1512.15
5.900	−4.344	6.790	1.353	2.490	0.537	1489.38
6.000	−3.983	6.608	1.366	2.418	0.523	1470.81

表 2.39　$\mathrm{Ga}_{1-x}\mathrm{Al}_x\mathrm{As}$ 的赝光学函数表：(g) $x=0.590$

光子能量/eV	$\langle\varepsilon_1\rangle$	$\langle\varepsilon_2\rangle$	$\langle n\rangle$	$\langle k\rangle$	$\langle R\rangle$	$10^{-3}\langle\alpha\rangle/\mathrm{cm}^{-1}$
1.500	10.480	0.000	3.237	0.000	0.279	0.00
1.600	10.721	0.000	3.274	0.000	0.283	0.00
1.700	10.973	0.000	3.313	0.000	0.288	0.00
1.800	11.247	0.000	3.354	0.000	0.292	0.00
1.900	11.591	0.000	3.405	0.000	0.298	0.00

光子能量/eV	$\langle \varepsilon_1 \rangle$	$\langle \varepsilon_2 \rangle$	$\langle n \rangle$	$\langle k \rangle$	$\langle R \rangle$	$10^{-3}\langle \alpha \rangle/\mathrm{cm}^{-1}$
2.000	12.017	0.000	3.467	0.000	0.305	0.01
2.100	12.575	0.034	3.546	0.005	0.314	1.03
2.200	13.380	0.458	3.658	0.063	0.326	13.95
2.300	13.599	0.931	3.690	0.126	0.329	29.43
2.400	14.097	1.181	3.758	0.157	0.337	38.23
2.500	14.682	1.574	3.837	0.205	0.345	51.97
2.600	15.208	2.047	3.909	0.262	0.353	69.00
2.700	15.837	2.532	3.992	0.317	0.362	86.80
2.800	16.600	3.140	4.092	0.384	0.372	108.87
2.900	17.493	3.936	4.208	0.468	0.384	137.44
3.000	18.517	5.070	4.343	0.584	0.399	177.51
3.100	19.653	6.784	4.497	0.754	0.416	237.00
3.200	20.560	9.557	4.649	1.028	0.436	333.35
3.300	19.663	13.530	4.665	1.450	0.454	485.03
3.400	16.542	15.536	4.429	1.754	0.456	604.41
3.500	14.137	16.255	4.224	1.924	0.445	682.65
3.600	11.804	15.923	3.977	2.002	0.447	730.58
3.700	10.713	15.077	3.822	1.973	0.437	739.80
3.800	10.287	14.581	3.750	1.944	0.431	748.73
3.900	10.131	14.417	3.725	1.935	0.428	765.00
4.000	10.113	14.518	3.729	1.947	0.430	789.30
4.100	10.210	14.870	3.758	1.978	0.434	822.15
4.200	10.403	15.554	3.815	2.038	0.442	867.72
4.300	10.647	16.723	3.903	2.142	0.455	933.67
4.400	10.746	18.612	4.015	2.318	0.474	1033.77
4.500	10.194	21.592	4.127	2.616	0.502	1193.05
4.600	7.325	25.601	4.120	3.107	0.541	1448.53
4.700	1.071	27.219	3.762	3.617	0.579	1723.21
4.800	−4.574	24.901	3.221	3.866	0.607	1880.90
4.900	−7.553	21.268	2.740	3.881	0.623	1927.50
5.000	−8.921	17.385	2.304	3.772	0.634	1911.84
5.100	−8.797	14.375	2.007	3.581	0.633	1851.25
5.200	−8.246	12.245	1.805	3.392	0.627	1787.75
5.300	−7.589	10.682	1.661	3.217	0.619	1727.95
5.400	−6.945	9.504	1.553	3.059	0.609	1674.41
5.500	−6.321	8.600	1.475	2.915	0.596	1625.05
5.600	−5.732	7.920	1.422	2.785	0.582	1580.61
5.700	−5.195	7.413	1.389	2.669	0.567	1542.06
5.800	−4.701	7.030	1.370	2.565	0.551	1507.87
5.900	−4.301	6.810	1.370	2.485	0.535	1486.39
6.000	−3.936	6.704	1.385	2.420	0.520	1471.56

表 2.39　Ga$_{1-x}$Al$_x$As 的赝光学函数表：(h) $x=0.700$

光子能量/eV	$\langle\varepsilon_1\rangle$	$\langle\varepsilon_2\rangle$	$\langle n\rangle$	$\langle k\rangle$	$\langle R\rangle$	$10^{-3}\langle\alpha\rangle/\mathrm{cm}^{-1}$
1.500	9.940	0.000	3.153	0.000	0.269	0.00
1.600	10.161	0.000	3.188	0.000	0.273	0.00
1.700	10.398	0.000	3.225	0.000	0.277	0.00
1.800	10.636	0.000	3.261	0.000	0.282	0.00
1.900	10.928	0.000	3.306	0.000	0.287	0.00
2.000	11.294	0.000	3.361	0.000	0.293	0.00
2.100	11.728	0.001	3.425	0.000	0.300	0.03
2.200	12.252	0.003	3.500	0.000	0.309	0.09
2.300	12.924	0.016	3.595	0.002	0.319	0.51
2.400	13.653	0.513	3.696	0.069	0.330	16.89
2.500	14.012	0.969	3.746	0.129	0.335	32.78
2.600	14.582	1.408	3.823	0.184	0.344	48.54
2.700	15.200	1.918	3.906	0.245	0.353	67.19
2.800	15.806	2.446	3.987	0.307	0.361	87.05
2.900	16.538	3.058	4.084	0.374	0.371	110.04
3.000	17.393	3.857	4.196	0.460	0.383	139.75
3.100	18.378	4.965	4.325	0.574	0.397	180.35
3.200	19.450	6.576	4.471	0.735	0.413	238.51
3.300	20.334	9.049	4.615	0.980	0.432	327.96
3.400	19.925	12.658	4.665	1.357	0.450	467.51
3.500	17.454	15.104	4.502	1.678	0.456	595.12
3.600	15.128	16.217	4.319	1.877	0.457	685.06
3.700	12.864	16.355	4.103	1.993	0.453	747.43
3.800	11.550	15.837	3.947	2.006	0.446	772.81
3.900	10.928	15.538	3.868	2.009	0.442	793.97
4.000	10.620	15.516	3.836	2.023	0.442	820.09
4.100	10.487	15.765	3.835	2.055	0.444	854.10
4.200	10.502	16.330	3.868	2.111	0.450	898.74
4.300	10.595	17.349	3.932	2.206	0.461	961.51
4.400	10.632	19.053	4.028	2.365	0.478	1054.80
4.500	10.160	21.908	4.142	2.645	0.504	1206.30
4.600	7.253	26.106	4.144	3.150	0.544	1468.60
4.700	0.897	27.338	3.758	3.637	0.581	1732.65
4.800	−4.518	24.762	3.214	3.853	0.606	1874.51
4.900	−7.292	21.512	2.777	3.873	0.620	1923.76
5.000	−8.809	17.839	2.354	3.788	0.632	1919.97
5.100	−8.906	14.834	2.049	3.620	0.634	1871.32
5.200	−8.526	12.599	1.829	3.445	0.632	1815.84
5.300	−7.924	10.863	1.662	3.269	0.626	1756.01
5.400	−7.215	9.572	1.545	3.098	0.616	1695.93
5.500	−6.541	8.613	1.462	2.946	0.603	1642.26

续表

光子能量/eV	$\langle \varepsilon_1 \rangle$	$\langle \varepsilon_2 \rangle$	$\langle n \rangle$	$\langle k \rangle$	$\langle R \rangle$	$10^{-3}\langle \alpha \rangle /\mathrm{cm}^{-1}$
5.600	-5.908	7.903	1.407	2.809	0.589	1594.16
5.700	-5.337	7.391	1.375	2.688	0.573	1553.18
5.800	-4.796	7.046	1.365	2.581	0.554	1517.15
5.900	-4.348	6.811	1.366	2.493	0.537	1490.74
6.000	-3.991	6.683	1.377	2.426	0.523	1475.64

表 2.39　$\mathrm{Ga_{1-x}Al_xAs}$ 的赝光学函数表：(i) $x=0.804$

光子能量/eV	$\langle \varepsilon_1 \rangle$	$\langle \varepsilon_2 \rangle$	$\langle n \rangle$	$\langle k \rangle$	$\langle R \rangle$	$10^{-3}\langle \alpha \rangle /\mathrm{cm}^{-1}$
1.500	9.761	0.000	3.124	0.000	0.265	0.000
1.600	9.902	0.000	3.147	0.000	0.268	0.000
1.700	10.068	0.000	3.173	0.000	0.271	0.000
1.800	10.251	0.000	3.2.02	0.000	0.275	0.000
1.900	10.472	0.000	3.236	0.000	0.279	0.000
2.000	10.739	0.000	3.277	0.000	0.283	0.000
2.100	11.038	0.000	3.322	0.000	0.289	0.000
2.200	11.038	0.000	3.322	0.000	0.295	0.000
2.300	11.834	0.019	3.440	0.003	0.302	0.64
2.400	12.382	0.025	3.519	0.004	0.311	0.87
2.500	13.217	0.095	3.635	0.013	0.323	3.30
2.600	13.964	0.778	3.738	0.104	0.334	27.42
2.700	14.315	1.217	3.787	0.161	0.340	43.96
2.800	14.948	1.586	3.872	0.205	0.349	58.12
2.900	15.613	2.190	3.961	0.276	0.358	81.26
3.000	16.281	2.859	4.050	0.353	0.368	107.31
3.100	17.072	3.632	4.155	0.437	0.379	137.32
3.200	18.001	4.625	4.277	0.541	0.392	175.38
3.300	19.007	6.042	4.413	0.685	0.407	228.97
3.400	20.017	8.123	4.562	0.890	0.425	306.82
3.500	20.339	11.193	4.667	1.199	0.444	425.45
3.600	18.845	14.405	4.613	1.561	0.456	569.68
3.700	16.603	16.240	4.462	1.820	0.462	682.44
3.800	14.152	17.181	4.267	2.013	0.463	775.50
3.900	12.255	17.059	4.078	2.092	0.459	826.82
4.000	11.207	16.793	3.962	2.119	0.456	859.20
4.100	10.643	16.737	3.904	2.144	0.455	890.89
4.200	10.392	17.002	3.893	2.183	0.458	929.51
4.300	10.334	17.723	3.928	2.256	0.465	983.42
4.400	10.323	19.127	4.004	2.389	0.479	1065.33
4.500	9.941	21.704	4.112	2.639	0.503	1203.83
4.600	7.082	25.692	4.107	3.128	0.543	1458.44
4.700	1.235	26.869	3.751	3.582	0.576	1706.48
4.800	-3.720	24.345	3.233	3.765	0.597	1831.69

续表

光子能量/eV	$\langle \varepsilon_1 \rangle$	$\langle \varepsilon_2 \rangle$	$\langle n \rangle$	$\langle k \rangle$	$\langle R \rangle$	$10^{-3}\langle \alpha \rangle/\mathrm{cm}^{-1}$
4.900	−6.524	21.615	2.833	3.815	0.612	1894.58
5.000	−8.274	18.256	2.426	3.763	0.625	1907.01
5.100	−8.758	15.338	2.110	3.635	0.631	1878.88
5.200	−8.628	12.909	1.857	3.475	0.633	1831.74
5.300	−8.089	10.939	1.661	3.293	0.629	1769.26
5.400	−7.300	9.489	1.528	3.104	0.619	1699.08
5.500	−6.517	8.495	1.447	2.935	0.604	1636.04
5.600	−5.837	7.808	1.399	2.792	0.587	1584.53
5.700	−5.237	7.307	1.370	2.667	0.570	1540.88
5.800	−4.722	6.931	1.354	2.560	0.552	1505.06
5.900	−4.267	6.729	1.360	2.473	0.534	1479.16
6.000	−3.931	6.589	1.368	2.409	0.520	1464.84

赵静等 [7] 对离散的光学常数按光子能量分段，采用 0~4 阶的多项式拟合：

$$\eta(E) = A_4 \cdot E^4 + A_3 \cdot E^3 + A_2 \cdot E^2 + A_1 \cdot E + A_0 \tag{2.23}$$

式中，$\eta(E)$ 代表折射率 $n(E)$ 或消光系数 $k(E)$；A_i 是拟合系数；下标 i 分别等于 0、1、2、3 或 4。

在 1.500~6.000 eV 的范围内，GaAs 材料的折射率按光子能量分四段拟合，消光系数分六段拟合，所得的拟合系数 A_i 如表 2.40 和表 2.41 所示，分段拟合曲线如图 2.2 所示。与实验数据对比，拟合误差在 7% 以内。光子能量为 5.10 eV 时，折射率误差最大，为 6.81%。光子能量为 1.60 eV 时，消光系数误差最大，为 6.34%。

表 2.40　GaAs 折射率的多项式拟合系数

光子能量/eV	A_4	A_3	A_2	A_1	A_0
1.50~2.90	0	0.3572	−1.6573	2.9204	1.8088
2.90~4.40	0.8623	−13.8636	84.2673	−228.7524	236.8786
4.40~5.00	0	−9.6042	130.2750	−590.1558	896.6980
5.00~6.00	0	−2.7333	46.7976	−267.0495	509.2466

表 2.41　GaAs 消光系数的多项式拟合系数

光子能/eV	A_4	A_3	A_2	A_1	A_0
1.50 ~ 2.70	0	0.5573	−3.1109	6.0232	−3.8570
2.70 ~ 2.90	0	0	21.7500	−116.6750	157.1610
2.90 ~ 3.20	0	−4.5000	39.0500	−110.6300	103.8880
3.20 ~ 4.00	0	−0.1833	2.8750	−14.0027	23.6640
4.00 ~ 5.00	−1.4393	20.6695	−103.4735	203.6813	−111.6210
5.00 ~ 6.00	0	−1.1881	21.0107	−124.6132	250.3940

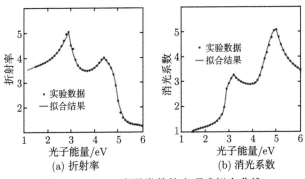

图 2.2 GaAs 光学常数的多项式拟合曲线

采用同样的方法对 $Ga_{0.5}Al_{0.5}As$ 材料的光学常数进行分段多项式拟合。根据实验数据变化趋势，折射率分为三段拟合，消光系数分为五段拟合。需要注意的是，光学常数不会为负数，在 1.50~2.00 eV 范围内，消光系数一致取为 0。光学常数拟合结果分别列入表 2.42 和表 2.43 中，拟合曲线如图 2.3 所示。

表 2.42 $Ga_{0.5}Al_{0.5}As$ 折射率的多项式拟合系数

光子能量/eV	A_4	A_3	A_2	A_1	A_0
1.50~3.10	0	0.1746	0.9079	2.1121	1.5681
3.10~4.60	−1.0591	15.7038	−84.9222	197.1104	−159.9241
4.60~6.00	0	−1.3757	24.0833	−140.6101	275.1829

表 2.43 $Ga_{0.5}Al_{0.5}As$ 消光系数的多项式拟合系数

光子能量/eV	A_4	A_3	A_2	A_1	A_0
1.50~2.00	0	0	0	0	0
2.00~3.10	0	1.3010	−9.2878	22.4202	−18.0957
3.10~3.50	0	−5.2500	47.4700	−138.7565	131.2716
3.50~4.80	−0.9479	17.1653	−113.0594	323.3346	−338.3696
4.80~6.00	0	0.3537	−5.2030	23.7400	−29.1121

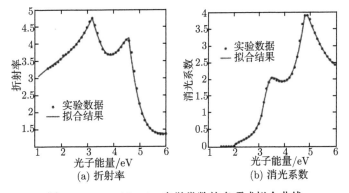

图 2.3 $Ga_{0.5}Al_{0.5}As$ 光学常数的多项式拟合曲线

参 考 文 献

[1] 亚当斯 A R. 砷化镓的性质. 北京: 科学出版社, 1990

[2] 施敏. 半导体器件. 北京: 科学出版社, 1992

[3] 杜晓晴, 常本康, 宗志园. GaAs 光电阴极 p 型掺杂浓度的理论优化. 真空科学与技术学报, 2004, 24(3): 195–198

[4] Blakemore J B. Semiconducting and other major properties of gallium arsenide. Journal of Applied Physics, 1982, 53(10): R123–R181

[5] Drouhin H J, Hermann C, Lampel G. Photoemission from activated gallium arsenide. I . Very-high-resolution energy distribution curves. Physical Review B, 1985, 31(6): 3859–3871

[6] Aspnes D E, Kelso S M, Logan R A, et al. Optical properties of $Al_xGa_{1-x}As$. J. Appl. Phys., 1986, 60(2): 754–767

[7] Zhao J, Xiong Y J, Chang B K, et al. Research on optical properties of transmission-mode GaAs photocathode module. Proc. SPIE, 2011, 8194: 81940J

第3章 GaAs 光电阴极的光电发射
与光谱响应理论

GaAs 光电阴极是第一种被发明的应用最广和最具有代表性的 NEA 阴极。GaAs 光电阴极从发明到不断发展成熟的过程,每一步都离不开光电发射理论的指导,同时 GaAs 光电阴极的发展也促进了光电发射理论的进步。本章讨论了光电发射理论,主要涉及 GaAs 光电阴极的光电发射过程、电子能量分布和光电发射的量子效率等几个方面,并对 GaAs 光电阴极性能参量的评估以及对量子效率的影响进行了简单讨论。

3.1 GaAs 光电阴极光电发射过程

GaAs 光电阴极光电发射过程是指光电子激发、光电子往光电阴极表面的输运以及光电子隧穿表面势垒的过程。

3.1.1 光电子激发

一直认为光电阴极主要利用表面进行光电发射,Spicer 看到了这一认识的不足,提出了著名的光电发射 "三步模型" 理论 [1,2],并指出当光电阴极表面电子亲和势为负时,体内的光电子会输运到光电阴极表面并能轻易地发射到真空中,这一过程主要由以下三步构成:

第一步:光电阴极价带中的电子吸收入射光子能量,激发到导带;

第二步:导带中的光电子向光电阴极表面输运,并经过各种弹性和非弹性碰撞;

第三步:到达光电阴极表面的电子隧穿表面势垒发射到真空中。

图 3.1 给出了 GaAs:Cs-O 光电阴极三步光电发射示意图 [2,3]。图中 E_c 是导带底能级,E_v 是价带顶能级,E_g 是禁带宽度,E_F 是 Fermi 能级,E_0 是真空能级,φ 是电子的逸出功函数,δ_s 是表面能带弯曲量,d 是近表面能带弯曲区的宽度。

根据双偶极层表面模型 [3~5],认为光电阴极的表面势垒是由两条斜率不同的近似直线段组成。该表面模型认为靠近光电阴极表面的第一偶极层形成的界面势垒 (简称 I 势垒) 比较高且窄,它将真空能级降到约 1.4eV;而稍微远离表面的第二偶极层形成的界面势垒 (简称 II 势垒) 比较低且宽,且将真空能级再次降到约 0.9eV,

整个势垒宽度估计在 7~10Å, 因此到达的光电子可以通过隧道效应越过表面势垒而发射到真空中。

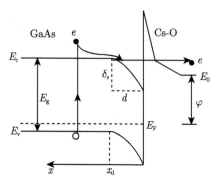

图 3.1　GaAs:Cs-O 光电阴极三步光电发射示意图

　　GaAs 光电阴极价带中的电子吸收入射光子能量激发到导带, 这一激发过程主要与光电阴极材料的吸收系数与能带结构有关。GaAs 是闪锌矿结构直接带隙半导体, 能带结构如图 3.2 所示 [6]。GaAs 导带极小值位于布里渊区中心 Γ 处, 在 [111] 和 [100] 方向布里渊区边界 L 和 X 处还各有一个极小值。室温下 Γ、L 和 X 三个极小值与价带顶的能量差分别为 1.42eV、1.71eV 和 1.90eV。GaAs 的价带具有一个重空穴带 V_1、一个轻空穴带 V_2 和由于自旋-轨道耦合分裂出来的第三个能带 V_3, 第三个能带的裂距为 0.34eV[6,7]。禁带宽度 E_g 是温度的函数, 室温时 E_g 为 1.42eV, 120K 时为 1.50eV[6,8]。

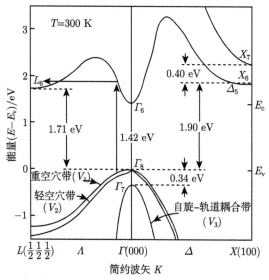

图 3.2　GaAs 能带结构 (布里渊区电子能量与简约波矢关系) 图 [6]

光电子激发的第一步是入射光子能量被电子所吸收，电子对光子吸收能力的强弱一般用吸收系数 α 来描述，α 是入射光子能量的函数。从 GaAs 在阈值光子能量附近的光谱吸收系数曲线可以看到，随着掺杂浓度的提高，吸收边缘向长波移动。这种吸收边随掺杂浓度变化的现象，可以用 GaAs 重 p 型杂质能级与价带重叠形成带尾，从而禁带变窄来解释：随着掺杂浓度的提高，能带带尾加长，禁带收缩，促使吸收边向低能长波方向移动。这种吸收带尾现象将使 GaAs 光电阴极光谱响应截止波长向长波方向移动，使得 GaAs 光电阴极在 930nm 还有光谱响应。

价带中的电子吸收光子能量后，激发进入导带，这一过程要求电子动量守恒和能量守恒[8]。在 GaAs 价带极大值 Γ_8 附近，Γ_6 是直接带隙，L_6 和 X_6 是间接带隙，即电子吸收能量大于 E_g 的光子后从价带顶 Γ_8 跃迁到 Γ_6 时，只需满足能量守恒即可，而电子吸收光子从价带顶 Γ_8 跃迁到 L_6 或 X_6 时，除需要满足能量守恒外，还需要满足动量守恒，即还需要吸收或发射声子。通过电子跃迁几率的计算发现，在 GaAs 光电阴极中，电子跃迁主要是直接跃迁，即电子先跃迁到 Γ 能谷，当能量足够高时，再由 Γ 能谷散射到 L 或 X 能谷[9~14]。事实上，从 Γ 到 L 或 X 能谷的散射速率是从 L 或 X 到 Γ 能谷散射速率的 10 倍以上[8]。当激发电子能量高于 L 能谷时，最终都会由 Γ 能谷散射到更高的能谷中，并迅速在更高的能谷中热化，这个更高的能谷主要是指 L 能谷，X 能谷的热化电子一般可忽略，这与耿氏效应是一致的[8,15]。

3.1.2 光电子往光电阴极表面的输运

吸收入射光子能量，由价带激发到导带 Γ 和 L 能谷的电子会往光电阴极表面输运，这一过程可分为两步：电子在光电阴极体内的输运和在表面能带弯曲区的输运。阴极体内的电子受浓度梯度作用往光电阴极表面扩散，在扩散的过程中受到声子散射、电离杂质散射等作用而损失能量，迅速在能谷底部热化，热化电子继续往光电阴极面扩散，扩散过程中部分电子会与空穴复合而消失，只有扩散到光电阴极表面未被复合的电子才有可能发射到真空中。L 能谷的电子一般不会与空穴直接复合，而是先散射到 Γ 能谷，然后再复合[12]。电子的扩散能力可用扩散长度来表示，Γ 能谷电子的扩散长度远大于 L 能谷，一般为几微米，L 能谷的扩散长度为几十纳米[12]。具体光电阴极的电子扩散长度与 GaAs 材料的质量有关，存在很大的差别。

在以往的研究中，我们仅考虑了在均匀掺杂材料中电子受浓度梯度作用往光电阴极表面扩散，其扩散长度有限，并未研究受激电子在内建电场作用下的定向漂移扩散运动，无疑，该项研究对提高光电阴极量子效率有重要作用。

当电子输运到表面能带弯曲区时，电子能量分布对于反射式和透射式光电阴极而言是完全不同的。反射式光电阴极由于高能电子主要在其近表面产生，经过较短的距离运动到能带弯曲区时, 还会有相当数量的 L 能谷电子或未被弛豫的热电子存在, 而透射式光电阴极的高能电子主要在后界面处产生, 经过较长的距离输运到能带弯曲区时, 绝大部分都已在导带底热化, 其平均的电子能量比反射式光电阴极要小。在 Γ 或 L 能谷热化的电子的能量分布可认为符合玻尔兹曼分布[16,17]:

$$n_{\mathrm{d}}(\Delta E) \propto \Delta E^{1/2} \cdot \exp\left(-\Delta E / kT\right) \tag{3.1}$$

式中, k 为玻尔兹曼常量; T 为热力学温度。如果设热化电子的能量为 E_{t}, 对于 Γ 能谷 $\Delta E = \Delta E_{\mathrm{t}} - E_{\mathrm{c}}$, 对于 L 能谷 $\Delta E = E_{\mathrm{t}} - E_L$。$E_{\mathrm{c}}$ 和 E_L 分别为导带底 (Γ 能谷) 和 L 能谷的能级。

由于存在强电场作用、表面势垒反射和声子散射等多种不同因素的影响, 电子在能带弯曲区的输运过程非常复杂。在这方面曾进行了大量的理论计算和测试工作[16~22], 但至今并没有完全揭示电子在能带弯曲区的输运机理, 形成一个统一的观点。下面主要以 Bartelink 等的计算为依据[20~22], 讨论 Γ 能谷电子在表面能带弯曲区的输运过程及能量分布情况。

依据式 (3.1) 可计算到达能带弯曲区时的 Γ 能谷热化电子的能量分布曲线, E_{t} 相对 GaAs 光电阴极体内的价带顶取值, 计算结果如图 3.3 中实线所示, 可以看出电子主要集中在从导带到高于导带 0.2eV 的范围以内。当上述电子进入能带弯曲区后, 按照半导体理论, 它们将在电场力的作用下向表面漂移。在此期间, 电子将遭受各种散射, 如电离杂质散射、晶格振动散射和谷间散射等。而每一次碰撞散射, 都将使电子的能量和运动方向发生改变。当电子运行到光电阴极表面时, 它们的能量分布可通过求解玻尔兹曼方程得到[18~20]。根据 Bartelink 等的计算[20~22], 若热化电子的能量 E_{t} 等于 E_{c}, 即 $\Delta E = 0$, 则电子经过能带弯曲区后的能量分布为

$$\text{当} E_{\mathrm{s}} \gg \frac{1}{2} E_{\mathrm{w}} \text{时:} \quad n_0(E_{\mathrm{p}}) \propto \left[\left(\frac{\delta_{\mathrm{s}}}{E_{\mathrm{p}}}\right)^2 - \frac{\delta_{\mathrm{s}}}{E_{\mathrm{p}}}\right] \cdot \exp\left(-\frac{\delta_{\mathrm{s}}^2}{4E_{\mathrm{w}}E_{\mathrm{p}}}\right) \tag{3.2}$$

$$\text{当} E_{\mathrm{s}} \ll E_{\mathrm{w}} \text{时:} \quad n_0(E_{\mathrm{p}}) \propto \left[\left(\frac{\delta_{\mathrm{s}}}{E_{\mathrm{p}}}\right)^2 - 1\right] \cdot \exp\left(-\frac{\delta_{\mathrm{s}}^2}{4E_{\mathrm{w}}E_{\mathrm{p}}} - \frac{\delta_{\mathrm{s}}}{2E_{\mathrm{w}}} + \frac{3E_{\mathrm{p}}}{4E_{\mathrm{w}}}\right) \tag{3.3}$$

式中, $E_{\mathrm{s}} = \delta_{\mathrm{s}} - E_{\mathrm{p}}$; E_{s} 是电子到达阴极表面时剩余的能量; E_{p} 是电子经过能带弯曲区时所损失的总能量; E_{s} 和 E_{p} 均是相对能带弯曲区的最低点而言的。$E_{\mathrm{w}} = \dfrac{(F \cdot L_{\mathrm{p}})^2}{3 \cdot \Delta E_{\mathrm{p}}}$, 其中 L_{p} 是电子散射平均自由程; ΔE_{p} 是电子在每次碰撞散射中所损失的平均能量; F 是能带弯曲区中的电场强度, 因该区域比较窄, 通常认为其中的电场为匀强电场, 即 $F = \delta_{\mathrm{s}}/d$; d 可通过下式计算得到[16]:

$$d = \left(\frac{2\delta_{\mathrm{s}}\varepsilon_0\varepsilon}{n_{\mathrm{A}}e}\right)^{1/2} \tag{3.4}$$

式中，ε_0 和 ε 分别是 GaAs 的真空介电常数和相对介电常数；n_A 是阴极的受主掺杂浓度；e 是电子的电荷量。

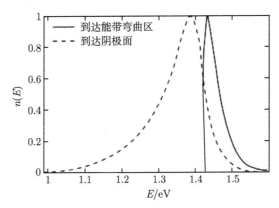

图 3.3 输运到能带弯曲区和经过能带弯曲区到达阴极面时的电子能量分布

由式 (3.2) 或式 (3.3) 可推知，若 $E_t \neq E_c$，而是满足式 (3.1) 所示的能量分布，则电子输运到阴极表面时的能量分布为

$$n(E) = \sum_i n_{\mathrm{d}}\left(\Delta E_i\right) \cdot n_0\left(\Delta E_i + E_{\mathrm{g}} - E\right) \tag{3.5}$$

式中，ΔE_i 与式 (3.1) 中 ΔE 含义相同，依据图 3.1，ΔE_i 可在 0~0.2eV 等间隔取值，如果间隔步长为 4meV，则 $\Delta E_i = (10 \times i)\mathrm{meV}$，其中 i 的变化范围为 50。$n_{\mathrm{d}}(\Delta E_i)$ 根据式 (3.1) 计算，$n_0\left(\Delta E_i + E_{\mathrm{g}} - E\right)$ 根据式 (3.2) 或式 (3.3) 计算，E 是相对 GaAs 光电阴极体内的价带顶取值。

根据式 (3.1)~式 (3.5)，可计算得到 GaAs 光电阴极中热化的 $\varGamma$ 能谷电子到达表面时的能量分布，如图 3.3 中的虚线所示。计算中各参数的取值为 [19,22] $E_{\mathrm{g}} = 1.42\mathrm{eV}$，$L_{\mathrm{p}}=40\text{Å}$，$\Delta E_{\mathrm{p}} = 35\mathrm{meV}$，$\delta_{\mathrm{s}} \approx E_{\mathrm{g}}/3$，$\varepsilon=13.2$，$n_A = 1 \times 10^{19}\mathrm{cm}^{-3}$。电子通过能带弯曲区后能量明显展宽，电子能量分布峰值往低能端偏移，低能电子数目大量增加，这些都是由电子在能带弯曲区输运时受到各种散射作用所致。

3.1.3 光电子隧穿表面势垒

当体内光电子经过能带弯曲区输运到光电阴极表面时，由于负电子亲和势的存在，电子可以一定的几率隧穿表面势垒而发射到真空中[16]。在量子力学中，这一几率就是电子隧穿表面势垒的透射系数，透射系数的大小与电子自身的能量和表面势垒形状有关。要定量地分析电子隧穿表面势垒的过程及理论计算逸出电子的能量分布，就必须知道不同能量电子隧穿一定形状表面势垒的透射系数。

GaAs 光电阴极表面势垒如图 3.4 所示，由两个近似的三角形势垒（Ⅰ 势垒和 Ⅱ 势垒）构成 [3]，图中 b、c 分别为 Ⅰ、Ⅱ 势垒的宽度，V_2、V_3 分别为 Ⅰ、Ⅱ 势垒的末端高度, 真空能级等于 V_3, $V(x)$ 为表面势能随 x 的变化, 表面势能的取值均以 GaAs 光电阴极体内的价带顶为势能零点。当已知表面势垒形状后, 原则上可以通过求解一维定态薛定谔方程得到不同能量光电子隧穿表面势垒的透射系数, 然而只有简单结构的势垒, 如方势垒等, 薛定谔方程才有精确的解析解 [23]。为了计算透射系数, 广泛采用的是近似计算的方法, 如 WKB(Wenzel, Kramers, Brillouin) 近似和包络 (线) 函数近似等, 但这类近似法得出的结果不够精确, 且有一定的适用范围 [23,24]。通过对比, 发现基于 Airy 函数的传递矩阵法普遍适用于任意分段线性的多势垒结构, 并能准确方便地给出一维定态薛定谔方程的解 [23~26]。

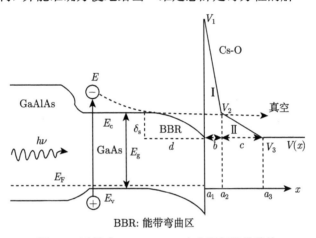

图 3.4　透射式 NEA GaAs 光电阴极能带结构

在图 3.4 中, GaAs 光电阴极的表面势垒是由两个分段线性的三角形势垒 I 和 II 构成, 在该表面势垒中, 设势能函数 $V(x)$ 为

$$V(x) = -F_i(x - b_i) \tag{3.6}$$

式中, $i = 1, 2; a_i < x < a_{i+l}$; $b_i = a_i + V_i/F_i$; $F_i = -(V_{i+1} - V_i)/(a_{i+1} - a_i)$。

则表面势垒 I 和 II 中的一维定态薛定谔方程为

$$\frac{\mathrm{d}^2\psi(x)}{\mathrm{d}^2x} - \frac{2m}{\hbar^2}[V(x) - E]\psi(x) = 0 \tag{3.7}$$

由于 $V(x)$ 是分段线性的势能函数, 在区间 (a_i, a_{i+1}) 中薛定谔方程的解 $\Psi_i(x)$ 可表示为 Airy 函数的线性组合 [23,25]:

$$\psi_i(x) = C_i^+ Ai(z_i) + C_i^- Bi(z_i) \tag{3.8}$$

式中, $z_i = r_i(x - c_i); r_i = -(2mF_i/\hbar^2)^{1/3}; c_i = a_i + (V_i - E)/F_i$; Ai 和 Bi 是 Airy 函数; C_i^+ 和 C_i^- 是待定系数; m 是电子质量; E 是入射电子能量。

在界面 $(x = a_{i+1})$ 处，电子波函数满足的连续性条件为

$$\psi_i(x)\big|_{x=a_{i+1}} = \psi_{i+1}(x)\big|_{x=a_{i+1}} \tag{3.9}$$

$$\frac{\mathrm{d}\psi_i(x)}{\mathrm{d}x}\bigg|_{x=a_{i+1}} = \frac{\mathrm{d}\psi_{i+1}(x)}{\mathrm{d}x}\bigg|_{x=a_{i+1}} \tag{3.10}$$

将式 (3.8) 代入式 (3.9) 和式 (3.10) 中，并求解得

$$\boldsymbol{M}_i(z_{i,i+1}) \begin{bmatrix} C_i^+ \\ C_i^- \end{bmatrix} = \boldsymbol{M}_{i+1}(z_{i+1,i+1}) \begin{bmatrix} C_{i+1}^+ \\ C_{i+1}^- \end{bmatrix} \tag{3.11}$$

式中，矩阵 $\boldsymbol{M}_i$ 和 $\boldsymbol{M}_{i+1}$ 为界面 $(x = a_{i+1})$ 处的传递矩阵；$\boldsymbol{M}_i(z_{i,j}) = \begin{bmatrix} Ai(z_{i,j}) & Bi(z_{i,j}) \\ r_i Ai'(z_{i,j}) & r_i Bi'(z_{i,j}) \end{bmatrix}$；$z_{i,j} = r_i(a_j - c_i)$。

考虑如图 3.4 所示的表面势垒，当 $x < a_1$ 和 $x > a_3$ 时，电子波函数可表示为

$$\psi_0(x) = C_0^+ \exp\left[\mathrm{i}k_0(x - a_1)\right] + C_0^- \exp\left[-\mathrm{i}k_0(x - a_1)\right], \quad x < a_1 \tag{3.12}$$

$$\psi_3(x) = C_3^+ \exp\left[\mathrm{i}k_3(x - a_3)\right] + C_3^- \exp\left[-\mathrm{i}k_3(x - a_3)\right], \quad x > a_3 \tag{3.13}$$

式中，$k_0 = \sqrt{2mE}/\hbar$；$k_3 = \sqrt{2m(E - V_3)}/\hbar$；$C_0^+$、$C_3^+$ 和 C_3^- 为待定系数。

系数 C_0^+、C_0^- 和 C_3^+、C_3^- 可由传递矩阵 $\boldsymbol{M}$ 相联系，依据式 (3.9)~式 (3.11) 可得

$$
\begin{aligned}
\begin{bmatrix} C_0^+ \\ C_0^- \end{bmatrix} &= \frac{1}{2} \begin{bmatrix} 1 & -\dfrac{\mathrm{i}}{k_0} \\ 1 & \dfrac{\mathrm{i}}{k_0} \end{bmatrix} \begin{bmatrix} Ai(r_1(a_1 - c_1)) & Bi(r_1(a_1 - c_1)) \\ r_1 Ai'(r_1(a_1 - c_1)) & r_1 Bi'(r_1(a_1 - c_1)) \end{bmatrix} \\
&\times \begin{bmatrix} Ai(r_1(a_2 - c_1)) & Bi(r_1(a_2 - c_1)) \\ r_1 Ai'(r_1(a_2 - c_1)) & r_1 Bi'(r_1(a_2 - c_1)) \end{bmatrix}^{-1} \\
&\times \begin{bmatrix} Ai(r_2(a_2 - c_2)) & Bi(r_2(a_2 - c_2)) \\ r_2 Ai'(r_2(a_2 - c_2)) & r_2 Bi'(r_2(a_2 - c_2)) \end{bmatrix} \\
&\times \begin{bmatrix} Ai(r_2(a_3 - c_2)) & Bi(r_2(a_3 - c_2)) \\ r_2 Ai'(r_2(a_3 - c_2)) & r_2 Bi'(r_2(a_3 - c_2)) \end{bmatrix}^{-1} \\
&\times \begin{bmatrix} 1 & 1 \\ \mathrm{i}k_3 & -\mathrm{i}k_3 \end{bmatrix} \begin{bmatrix} C_3^+ \\ C_3^- \end{bmatrix}
\end{aligned} \tag{3.14}
$$

式中

$$F_1 = -(V_2 - V_1)/b, \quad r_1 = -(2mF_1/\hbar^2)^{1/3}, \quad c_1 = a_1 + (V_1 - E)/F_1$$

$$F_2 = -(V_3 - V_2)/c, \quad r_2 = -(2mF_2/\hbar^2)^{1/3}, \quad c_2 = a_2 + (V_2 - E)/F_2$$

式 (3.14) 简写为

$$
\begin{bmatrix} C_0^+ \\ C_0^- \end{bmatrix} = \begin{bmatrix} M_{11} & M_{12} \\ M_{21} & M_{22} \end{bmatrix} \begin{bmatrix} C_3^+ \\ C_3^- \end{bmatrix}
\tag{3.15}
$$

由于真空中没有反射波, 系数 C_3^- 为 0, 则

$$
\begin{bmatrix} C_0^+ \\ C_0^- \end{bmatrix} = \begin{bmatrix} M_{11} & M_{12} \\ M_{21} & M_{22} \end{bmatrix} \begin{bmatrix} C_3^+ \\ 0 \end{bmatrix}
\tag{3.16}
$$

透射系数 T 定义为发射电流密度与入射电流密度之比

$$T = \frac{v_3}{v_0} \frac{\psi_t^* \psi_t}{\psi_i^* \psi_i} \tag{3.17}$$

ψ_t 和 ψ_i 分别为发射和入射电子波函数

$$\psi_t = C_3^+ \exp[ik_3(x - a_3)]|_{x=a_3}, \quad \psi_i = C_0^+ \exp[ik_0(x - a_0)]|_{x=a_0} \tag{3.18}$$

将 ψ_t 和 ψ_i 代入式 (3.17), 得

$$T = \frac{v_3}{v_0} \left| \frac{C_3^+}{C_0^+} \right|^2 \tag{3.19}$$

由于

$$v = \frac{\hbar k}{m}, \quad \frac{C_3^+}{C_0^+} = \frac{1}{M_{11}} \tag{3.20}$$

代入式 (3.19), 最后得透射系数 T 为

$$T = \frac{k_3}{k_0} \left| \frac{1}{M_{11}} \right|^2 \tag{3.21}$$

对于一定的表面势垒, 透射系数 T 是入射电子能量、表面势垒高度和宽度的函数。在 GaAs 光电阴极中, 透射系数实际上就是一定能量 E 的电子隧穿表面势垒的逸出几率, 一般用 $P(E)$ 表示:

$$P(E) = \frac{k_3}{k_0} \left| \frac{1}{M_{11}} \right|^2 \tag{3.22}$$

$P(E)$ 是电子能量 E 和表面势垒形状的函数, 依据式 (3.22) 可计算当改变表面势垒形状时 $P(E)$ 的变化情况, 如图 3.5 所示, 曲线 1 和曲线 2 对应的 b 分别为 0.5Å 和 2Å。计算时令 c=7 Å , V_1=4.9eV, V_2=1.42eV, V_3=0.9eV。曲线 1 和曲

线 2 分别为 I 势垒和 II 势垒宽度变化时的 $P(E)$。图 3.6 曲线 1 和曲线 2 对应的 c 分别为 6Å 和 9Å,计算时令 b=1Å,V_1=4.9eV,V_2=1.42eV,V_3=0.9eV。从图中可以看出,当 I 势垒厚度增加时,$P(E)$ 显著减小,而且低能电子减小更快;当 II 势垒厚度增加时,低能电子的 $P(E)$ 略有减小,而高能电子 $P(E)$ 还略有增加,总的来说对电子逸出的影响不是特别明显。

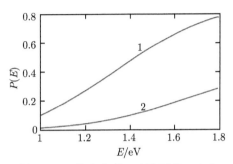

图 3.5　I 势垒宽度 b 变化时的 $P(E)$

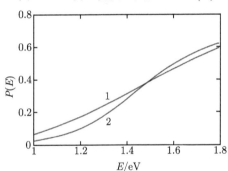

图 3.6　II 势垒宽度 c 变化时的 $P(E)$

3.2　GaAs 光电阴极电子能量分布

本节将利用前面推导的计算公式分别对透射式和反射式光电阴极的电子能量分布进行仿真研究,并与实验测试结果进行对比分析。

3.2.1　透射式光电阴极电子能量分布

GaAs 光电阴极发射电子能量分布与电子在其体内和表面能带弯曲区的输运,以及隧穿表面势垒的过程有关,受掺杂浓度、温度、表面势垒和工作方式等诸多因素的影响。反射式和透射式光电阴极就由于工作方式的差异而具有完全不同的电子能量分布。关于 GaAs 光电阴极的电子能量分布,已经进行过许多研究,并有实验测试结果 [6,7,18,27~29]。反射式光电阴极的电子能量分布会呈现出两个主峰的情况, 而且这种分布与入射光子能量有关, 这主要是 L 能谷光电发射造成的, 透射式光电阴极则只有一个主峰, 且与光子能量基本无关, 只在高能带尾稍有不同, 可见透射式光电阴极的电子能量分布更集中, 受光子能量的影响更小。

透射式光电阴极由于发射电子能量分布集中, 人们对其进行的研究很多, 但对于光电阴极表面三角形势垒如何影响这种分布, 却很少有人从理论上进行过深入的探讨, 也缺少从量子隧穿角度对实验结果的分析。不同能量的电子隧穿这个势垒的几率是不相同的, 从而会影响到发射电子的能量分布, 而且这种分布受三角形势垒形状的影响。

如果已知电子到达光电阴极表面的能量分布 $n(E)$, 又知道具有一定能量 E 的电子隧穿表面势垒的逸出几率 $P(E)$, 同时由于表面势垒很薄, 电子隧穿过程中的能量损失一般可以忽略, 则隧穿表面势垒后的电子能量分布 $n_{\mathrm{v}}(E)$ 为

$$n_{\mathrm{v}}(E) = n(E)P(E) \tag{3.23}$$

如图 3.3 所示, 电子到达光电阴极表面时的能量 E 的变化范围可定在 1～1.6eV。具体计算时可在该范围内等间隔取值, 然后将式 (3.5) 和式 (3.22) 的计算结果相乘得到发射电子能量分布 $n_{\mathrm{v}}(E)$。在 $n(E)$ 一定的情况下, $n_{\mathrm{v}}(E)$ 主要受表面势垒形状的影响, 即与 I 势垒和 II 势垒的高度和宽度有关, 依据式 (3.23), 可对这种影响进行理论研究。GaAs NEA 光电阴极的势垒总高度 V_1 一般保持不变, 在进行理论计算时设为 4.9eV[2]。同时设温度 $T=300\mathrm{K}$, 光电阴极掺杂浓度 $n_\mathrm{A}=1\times10^{19}\mathrm{cm}^{-3}$。

当 I 势垒宽度变化时, 形成的能量分布曲线如图 3.7 所示。曲线 1～4 对应的 b 分别为 0.5Å、1Å、1.5Å、2Å, 计算时令 $c=7$Å, $V_2=1.42\mathrm{eV}$, $V_3=0.9\mathrm{eV}$。从图中可以看出随着 I 势垒宽度的增加, 由于光电阴极表面电子逸出几率迅速减小, 发射电子数目显著降低, 但 I 势垒宽度的变化对发射电子能量展宽影响不大。

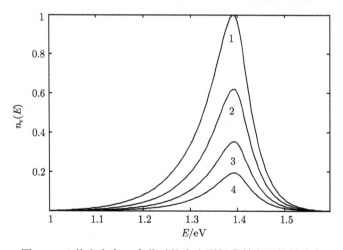

图 3.7　I 势垒宽度 b 变化时的光电阴极发射电子能量分布

图 3.8 是 I 势垒末端高度变化时的电子能量分布曲线 [30]，曲线 1~4 对应的 V_2 分别为 1.3eV、1.4eV、1.5eV、1.6eV，计算时令 $b = 1.5$Å，$c = 7$Å，$V_3 = 0.9$eV。随着 I 势垒末端高度的增加，发射电子数目显著减小，其变化与图 3.7 相似，只是宽度变化对电子的逸出影响要更显著一些。

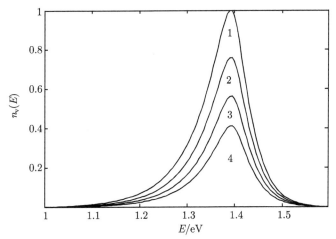

图 3.8　I 势垒末端高度 V_2 变化时的光电阴极发射电子能量分布

当 II 势垒宽度或末端高度变化时，会分别形成如图 3.9 和图 3.10 所示的能量分布曲线。在图 3.9 中，曲线 1~4 对应的 c 分别为 6Å、7Å、8Å、9Å，计算时令 $b = 1.5$Å，$V_2 = 1.42$eV，$V_3 = 0.9$eV；而图 3.10 中，曲线 1~4 对应的 V_3 分别为 0.9eV、1.15eV、1.32eV、1.39eV，计算时令 $b = 1.5$Å，$c = 7$ Å，$V_2 = 1.42$eV。在图 3.9 和图 3.10 中，随着势垒宽度或末端高度的增加，主要使低能端逸出电子的数目减少，而高能端电子的逸出几乎不受影响。但 II 势垒宽度对电子逸出的影响没有末端

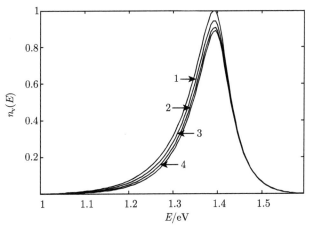

图 3.9　II 势垒宽度 c 变化时的光电阴极发射电子能量分布

高度变化的影响大，随着末端高度的增加，低能电子截止能量随真空能级而升高，从而电子能量分布越集中，但这是以牺牲量子效率为代价的。

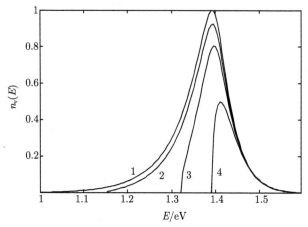

图 3.10　Ⅱ 势垒末端高度 V_3 真空能级位置变化时的光电阴极发射电子能量分布

　　上述理论计算发现，Ⅰ 势垒变化主要影响电子的逸出，即光电阴极的量子效率，而 Ⅱ 势垒则对量子效率和能量展宽都有影响，但提高量子效率和使能量集中这两者之间存在一定的矛盾，要使电子能量集中，则应适当提高真空能级，最好使之略低于导带底，同时使用近阈值的光子照射阴极，而要提高量子效率，则应尽量降低真空能级。

　　根据表面势垒参数可计算得到电子能量分布曲线，同样，若已知电子能量分布曲线也可拟合得到表面势垒参数。GaAs 光电阴极的电子能量分布已经有不少的实验测试结果，图 3.11 中实线为 Baum 等测试的透射式 GaAs 光电阴极电子能量分

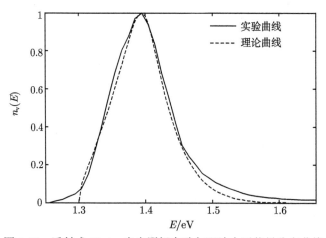

图 3.11　透射式 GaAs 光电阴极实验与理论电子能量分布曲线

布曲线[29]，采用的测试温度 $T=300$K，入射光波长 $\lambda=633$nm，阴极 GaAs 材料 p 型掺杂浓度是 $n_A=1\times10^{19}$cm^{-3}。设价带顶为势能零点，依据式 (3.23) 对该实验曲线进行拟合，得到如图 3.11 中虚线所示的理论能量分布曲线，可以看出，两者吻合得很好，高能端的偏离与实验中的入射光子能量 (1.96eV) 较高有关。拟合得到的阴极表面 I、II 势垒宽度分别为 1.14Å和 6Å，势垒末端高度分别为 1.43eV 和 1.30eV。拟合结果表明，不同的实验能量分布曲线通过拟合都可得到与之相对应的表面势垒，而该表面势垒是与具体的阴极 Cs-O 激活层有关的，这就为研究 NEA 光电阴极的光电发射特性提供了一种新的手段。

3.2.2 反射式光电阴极电子能量分布

反射式光电阴极由于存在 L 能谷光电发射和热电子发射，电子的能量分布没有透射式光电阴极集中，也更容易受到入射光子能量的影响。James 和 Eden 等在这方面曾进行过深入的研究，得到了许多重要的实验结果[10,27,28]，测试的反射式 GaAs 光电阴极电子能量分布曲线如图 3.12 所示，其中图 3.12(a) 是只用 Cs 激活后的 GaAs 光电阴极的电子能量分布曲线，图 3.12(b) 为 Cs-O 激活后的结果。

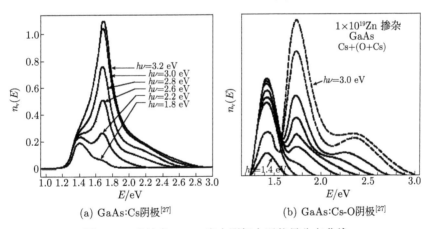

(a) GaAs:Cs阴极[27]   (b) GaAs:Cs-O阴极[27]

图 3.12　反射式 GaAs 光电阴极电子能量分布曲线

从图 3.12 中可以看出，对应 Γ 能谷和 L 能谷各有两个发射峰，两发射峰的幅度变化与入射光子能量有关。只用 Cs 激活的光电阴极，其表面只有一个由 Cs 构成的偶极层，如图 3.13 所示，其表面势垒可等效为一个三角形势垒，势垒底部 (真空能级) 与导带底 (Γ 能谷) 基本持平，达到零电子亲和势。GaAs:Cs 光电阴极的这种表面势垒对 Γ 能谷电子的发射影响很大，由于 Γ 能谷与真空能级基本持平，位于 Γ 能谷的电子经过能带弯曲区损失能量后有相当一部分将无法逸出，这是图 3.12(a) 中光电阴极发射的对应 Γ 能谷的电子数较少，且随光子能量升高变化并不大的主要原因。随着入射光子能量的升高，发射的对应 L 能谷的电子数则大幅增加，这与光子能量升高时输运到光电阴极表面的 L 能谷电子数相应增加，以及 L 能谷高于真空能级有关。GaAs: Cs-O 光电阴极的电子能量分布与 GaAs: Cs 的不同点主要表现在 Γ 能谷发射的电子。由于 GaAs: Cs-O 光电阴极是 NEA 阴极，Γ 能谷电子即使输运到光电阴极面时也大部分高于真空能级，因而有相当部分能够逸出，只是随着入射光子能量的升高，输运到光电阴极表面的 Γ 能谷电子数相对减少，造成发射电子数有所下降，但其发射峰还是非常明显的。

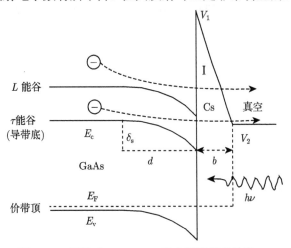

图 3.13　反射式 GaAs: Cs 光电阴极能带结构

　　通过上述实验结果及分析发现，对于反射式光电阴极，电子能量分布不仅与入射光子能量密切相关，而且受表面势垒形状的显著影响。为了更好地理解这种影响，可以采用与透射式光电阴极相同的分析方法，从电子隧穿的角度对其进行理论仿真分析。由于要同时考虑 Γ 能谷和 L 能谷的光电发射，对反射式光电阴极比对透射式的分析更为复杂。为了理论分析的方便，在电子能量分布的计算中暂不考虑热电子发射，并假设热化的 L 能谷电子在能带弯曲区的输运过程满足式 (3.2) 或式 (3.3)，则发射的 L 能谷电子能量分布也可按式 (3.23) 进行计算，Γ 能谷的计算方法与透射式光电阴极相同，最后将计算的 L 能谷和 Γ 能谷电子能量分布相加就可得到反射式光电阴极的理论电子能量分布。在计算 GaAs: Cs 光电阴极的电子隧穿时只需考虑如图 3.13 所示的一个三角形表面势垒，光电阴极表面只有一个偶极层，由 Cs 构成，三角形势垒宽度为 b，高度为 V_1，真空能级为 V_2，计算公式可在式 (3.14) 的基础上相应简化得到。

　　在进行下述反射式光电阴极电子能量分布计算时，设 V_1=4.9eV，T=300K，n_A=1×10^{19}cm^{-3}。在一定的表面势垒形状时理论计算的 GaAs: Cs 和 GaAs: Cs-O 光电阴极的电子能量分布曲线如图 3.14 所示，计算时设 GaAs: Cs 光电阴极的表面势垒参数：势垒宽度 b=2.5Å，势垒高度 V_1=4.9eV，势垒末端高度 (真空能级)V_2=1.40eV；GaAs: Cs-O 光电阴极的表面势垒参数：b=1.5Å，c=7Å，V_2=1.42eV，V_3=0.9eV；设 $n_{\mathrm{d}L}(\Delta E)/n_{\mathrm{d}\Gamma}(\Delta E)=1$，式中 $n_{\mathrm{d}L}(\Delta E)$ 和 $n_{\mathrm{d}\Gamma}(\Delta E)$ 分别为到达能带弯曲区时 L 和 Γ 能谷的电子能量分布，与式 (3.1) 中的定义相同。从图 3.14 中可以看出，GaAs: Cs-O 光电阴极由于负电子亲和势的存在，发射电子的峰值分布都远高于 GaAs: Cs 光电阴极，GaAs: Cs 光电阴极对应的 Γ 能谷发射峰很小，这些与图 3.12 中的实验测试结果是相符的，反映了上述理论计算方法的合理性。

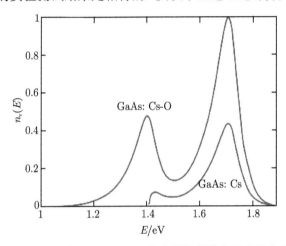

图 3.14　GaAs: Cs 和 GaAs: Cs-O 光电阴极理论电子能量分布曲线比较

前面已经分析过，在图 3.12 中，发射的对应 L 能谷的电子数之所以随着入射光子能量的升高而大幅增加，与光子能量升高时输运到光电阴极表面的 L 能谷电子相对于 Γ 能谷电子数增加有关，亦即 $n_{\mathrm{d}L}(\Delta E)/n_{\mathrm{d}\Gamma}(\Delta E)$ 增大了。这种增大有两个方面的原因：一是光子能量越高，则越在阴极近表面处吸收；二是光子能量升高时，散射到 L 能谷的电子也增多。理论计算的 NEA 阴极发射电子能量随 $n_{\mathrm{d}L}(\Delta E)/n_{\mathrm{d}\Gamma}(\Delta E)$ 变化而变化的分布曲线如图 3.15 所示，图中曲线 1~3 对应的 $n_{\mathrm{d}L}(\Delta E)/n_{\mathrm{d}\Gamma}(\Delta E)$ 分别等于 1/3、2/3、1；计算时阴极的表面势垒参数为 b=1.5Å，c=7 Å，V_2=1.42eV，V_3=0.9eV。图 3.15 很好地反映了随着 $n_{\mathrm{d}L}(\Delta E)/n_{\mathrm{d}\Gamma}(\Delta E)$ 的增大，L 能谷发射电子数显著增加的情况。

除了入射光子能量以外，影响反射式光电阴极电子能量分布的另一个重要因素是表面势垒形状，下面对 GaAs: Cs-O 反射式光电阴极电子能量分布受表面势垒形状的影响进行具体的仿真分析。当 I 势垒宽度变化时，会形成如图 3.16 所示的能量分布曲线，图中曲线 1~4 对应的 b 分别为 0.5Å、1Å、1.5Å、2Å；计算时令 c=7 Å，V_2=1.42eV，V_3=0.9eV，$n_{\mathrm{d}L}(\Delta E)/n_{\mathrm{d}\Gamma}(\Delta E)$=2/3。从图中可以看出随着 I 势垒宽度的增加，两能谷发射电子数都显著下降，但对应 Γ 能谷的电子数下降得更快。

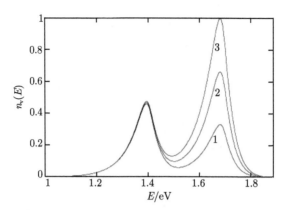

图 3.15   GaAs: Cs-O 阴极发射电子能量分布曲线随 $n_{dL}\left(\Delta E\right)/n_{d\Gamma}\left(\Delta E\right)$ 的变化

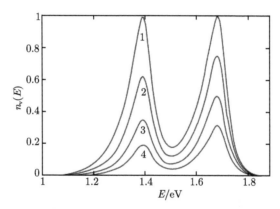

图 3.16   I 势垒宽度 b 变化时的 GaAs: Cs-O 光电阴极发射电子能量分布

图 3.17 是 I 势垒末端高度变化时的电子能量分布曲线, 图中曲线 1~4 对应的 V_2 分别为 1.3eV、1.4eV、1.5eV、1.6eV; 计算时令 $b=1.5$Å, $c=7$Å, $V_3=0.9$eV, $n_{dL}\left(\Delta E\right)/n_{d\Gamma}\left(\Delta E\right) = 2/3$。随着 I 势垒末端高度的增加, 发射电子数目都显著减小, 其变化与图 3.16 相似, 只是势垒末端高度的变化对 Γ 能谷电子的发射影响要更大一些。

当 II 势垒宽度 c 变化时, GaAs: Cs-O 光电阴极发射电子能量分布曲线如图 3.18 所示, 图中曲线 1~4 对应的 c 分别为 6Å, 7Å, 8Å, 9Å。计算时令 $b=1.5$Å, $V_2=1.42$eV, $V_3=0.9$eV, $n_{dL}\left(\Delta E\right)/n_{d\Gamma}\left(\Delta E\right) = 2/3$。

当 II 势垒末端高度 (V_3 真空能级位置) 变化时, GaAs: Cs-O 光电阴极发射电子能量分布曲线如图 3.19 所示, 图中曲线 1~4 对应的 V_3 分别为 0.9eV、1.15eV、1.32eV、1.39eV。计算时令 $b=1.5$Å, $c=7$ Å, $V_2=1.42$eV, $n_{dL}\left(\Delta E\right)/n_{d\Gamma}\left(\Delta E\right) =2/3$。

图 3.18 与图 3.19 非常显著的共同点是, 随着 II 势垒宽度或末端高度的增加, Γ 能谷对应的电子数都在下降, 而 L 能谷的电子数却略有上升, 这种趋势将加速发

射电子往高能端偏移。出现这种现象的可能原因还有待于进一步的研究。势垒宽度或末端高度变化对 Γ 能谷发射电子造成的影响与透射式光电阴极的相同, 在此不再叙述。

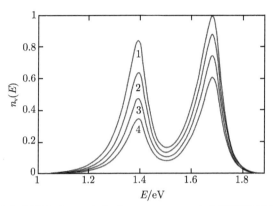

图 3.17   I 势垒末端高度 V_2 变化时 GaAs: Cs-O 光电阴极发射电子能量分布

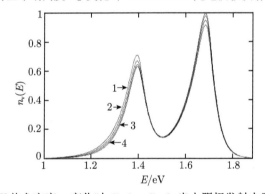

图 3.18   II 势垒宽度 c 变化时 GaAs: Cs-O 光电阴极发射电子能量分布

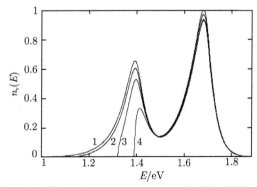

图 3.19   II 势垒末端高度变化时 GaAs: Cs-O 光电阴极发射电子能量分布

3.3　GaAs 光电阴极量子效率公式的推导

量子效率是指材料吸收一个光子产生的光电子，其经过体内和能带弯曲区输运并最终隧穿表面势垒而逸出的几率，是定量反映 GaAs 光电阴极光电发射特性的一个物理量。这里推导了反射式，背面和正面光照下的透射式，考虑 Γ、L 能谷及热电子发射，以及前表面复合速率的光电阴极的量子效率公式的推导。

3.3.1　反射式 GaAs 光电阴极

对 GaAs 光电阴极量子效率公式的理论推导，传统方法是求解扩散方程 [1,31] 来实现。GaAs NEA 光电阴极光电发射的主要来源是热化电子的逸出，而这些热化电子是以扩散形式迁移到阴极表面的，因此可通过求解载流子扩散方程得出 GaAs 光电阴极的量子效率表达式。扩散方程的形式为 [32~34]

$$\frac{\mathrm{d}^2 n}{\mathrm{d}x^2} - \frac{n}{L_{\mathrm{D}}^2} = -\frac{g(x)}{D_n} \tag{3.24}$$

式中，n 是半导体中扩散电子的浓度；L_{D} 是电子的扩散长度；D_n 是电子的扩散系数；$g(x)$ 是光电子产生函数，它的表达式为

$$g(x) = (1 - R) \cdot I_0 \cdot \alpha \cdot \exp(-\alpha x) \tag{3.25}$$

其中，I_0 是入射光的光强；α 是光电阴极对入射光的光吸收系数；R 是光电阴极材料对入射光的反射率。对反射式光电阴极，x 是光电阴极内部某点到其表面的距离；对透射式光电阴极，x 是光电阴极发射层中的某点与后界面的距离。

通过求解方程 (3.24) 可获得扩散电子的浓度，如果用 P 表示电子穿越能带弯曲区并越过表面势垒的几率，则由 $J = P \cdot D_n \dfrac{\mathrm{d}n}{\mathrm{d}x}\Big|_{x=0}$ 可求出发射到真空中的电子流密度，最后可由 $Y = J/I_0$ 求出阴极的量子效率。

如图 3.20 所示，对于反射式 GaAs 光电阴极，如果阴极足够厚，远大于吸收长度，且运动到表面的光生载流子或者被收集，或者在表面被复合消失，则得到边界条件：

$$n|_{x=0} = 0, \quad n|_{x=\infty} = 0$$

代入式 (3.24) 求解，最后获得阴极的量子效率为 [35]

$$Y_{\mathrm{r}} = \frac{P \cdot (1 - R)}{1 + 1/(\alpha L_{\mathrm{D}})} \tag{3.26}$$

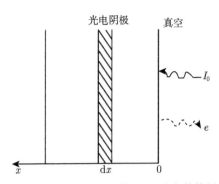

图 3.20 反射式 GaAs 光电阴极量子效率的推导示意图

3.3.2 背面光照下的透射式 GaAs 光电阴极

如图 3.21 所示，对背面光照下的透射式 GaAs 光电阴极，考虑到后界面复合速率，边界条件取 $D_n \dfrac{\mathrm{d}n}{\mathrm{d}x}\Big|_{x=0} = S_v \cdot n|_{x=0}$，$n|_{x=T_e} = 0$，其中 S_v 是后界面复合速率，它指的是光电阴极缓冲层与发射层交界面处的光电子复合速度，T_e 是发射层的厚度。将以上边界条件代入方程 (3.24) 求解，可得量子效率为 [32]

$$Y_t = \frac{P \cdot (1-R) \cdot \alpha L_D}{\alpha^2 L_D^2 - 1} \times \left\{ \frac{\alpha D_n + S_v}{(D_n/L_D) \cdot \cosh(T_e/L_D) + S_v \cdot \sinh(T_e/L_D)} \right.$$
$$- \frac{\exp(-\alpha T_e) \cdot [S_v \cdot \cosh(T_e/L_D) + (D_n/L_D) \cdot \sinh(T_e/L_D)]}{(D_n/L_D) \cdot \cosh(T_e/L_D) + S_v \cdot \sinh(T_e/L_D)}$$
$$\left. - \alpha L_D \cdot \exp(-\alpha T_e) \right\} \tag{3.27}$$

衬 缓 发射层

底 冲

I_0 e

层 层

0 T_e x

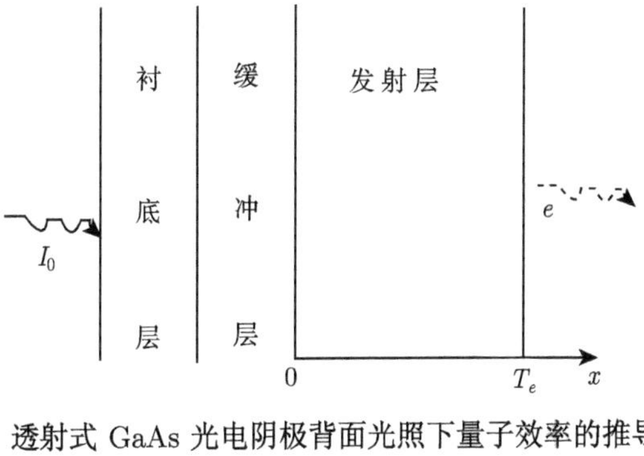

图 3.21 透射式 GaAs 光电阴极背面光照下量子效率的推导示意图

通过直接代入或稍作变换，可以得到 $S_v=0$ 和 $S_v=\infty$ 两种极限情况下的量子效率，它们分别为 [31]

当 $S_v=0$ 时，有

$$Y_t = \frac{P \cdot (1-R) \cdot \alpha L_D}{\alpha^2 L_D^2 - 1} \times \left[\frac{\alpha L_D - \exp(-\alpha T_e) \cdot \sinh(T_e/L_D)}{\cosh(T_e/L_D)} - \alpha L_D \cdot \exp(-\alpha T_e) \right]$$
$$\tag{3.28}$$

当 $S_v=\infty$ 时, 有

$$Y_t = \frac{P \cdot (1-R) \cdot \alpha L_D}{\alpha^2 L_D^2 - 1} \times \left[\frac{1 - \exp(-\alpha T_e) \cdot \cosh(T_e/L_D)}{\sinh(T_e/L_D)} - \alpha L_D \cdot \exp(-\alpha T_e) \right] \quad (3.29)$$

3.3.3　正面光照下的透射式 GaAs 光电阴极

在实际制备工艺中, 透射式 GaAs 光电阴极常在反射式模式下工作, 即入射光与收集电子均在前表面方向, 为正面光照工作方式, 工作示意图如图 3.22 所示。正面光照下, 光电阴极的量子效率仍可通过求解载流子扩散方程得到, 边界条件取

$$D_n \frac{dn}{dx}\bigg|_{x=T_e} = S_v \cdot n|_{x=T_e}, \quad n|_{x=0} = 0$$

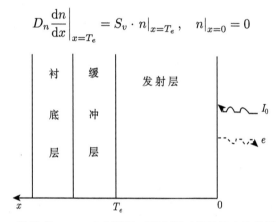

图 3.22　透射式 GaAs 光电阴极正面光照下量子效率的推导示意图

将以上边界条件代入方程 (3.24) 求解, 可得正面光照下透射式 GaAs 光电阴极的量子效率为

$$Y_{tf}(\lambda) = \frac{P \cdot (1-R) \cdot \alpha L_D}{1 - \alpha^2 L_D^2}$$
$$\times \left[\frac{(\alpha D_n + S_v) \exp(-\alpha T_e) + (D_n/L_D) \sinh(T_e/L_D) - S_v \cosh(T_e/L_D)}{(D_n/L_D) \cosh(T_e/L_D) - S_v \sinh(T_e/L_D)} \right.$$
$$\left. - \alpha L_D \right] \quad (3.30)$$

同样可求得 $S_v=0$ 和 $S_v=\infty$ 两种极限情况下的量子效率, 分别为

$$Y_{tf}(\lambda) = \frac{P \cdot (1-R) \cdot \alpha L_D}{1 - \alpha^2 L_D^2} \times \left[\frac{\alpha L_D \exp(-\alpha T_e) + \sinh(T_e/L_D)}{\cosh(T_e/L_D)} - \alpha L_D \right] \quad (3.31)$$

$$Y_{tf}(\lambda) = \frac{P \cdot (1-R) \cdot \alpha L_D}{1 - \alpha^2 L_D^2} \times \left[\frac{\cosh(T_e/L_D) - \exp(-\alpha T_e)}{\sinh(T_e/L_D)} - \alpha L_D \right] \quad (3.32)$$

图 3.23 比较了透射式 GaAs 光阴极正面和背面光照工作方式下理论量子效率曲线。

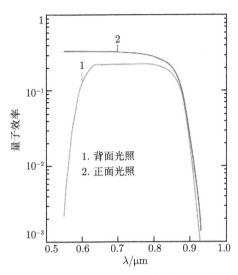

图 3.23 透射式 GaAs 光电阴极正面光照和背面光照下理论量子效率的比较

可以看到, 在背面光照方式中, 大约 550nm 以下的短波光都被缓冲层吸收, 使得阴极光电发射基本在 550nm 以后才有较高的响应, 整个量子效率曲线形成一个"门"形。而正面光照时不存在这种限制, 因为光从发射层的前表面入射, 无需穿过缓冲层, 因此短波光不会损失, 此时阴极的光电发射谱范围顺利地延伸到短波区, 和反射式阴极发射特性相似。

但正面光照下透射式 GaAs 光电阴极仍受到后界面复合速率的影响, 影响程度较弱, 小于背面光照的光电阴极所受到后界面复合速率的影响。

3.3.4 考虑 $\varGamma$、L 能谷及热电子发射的量子效率公式

应用理论量子效率公式 (3.26) 和 (3.27) 可对实验测试的量子效率曲线进行拟合分析。如图 3.24 中的实线所示, 分别为实验测试的某反射式和透射式光电阴极量子效率曲线。反射式光电阴极在进行曲线拟合前先确定其电子扩散长度 L_D, L_D 以曲线在 1.42~1.55eV 的拟合值为准。反射式阴极拟合的 L_D 为 2μm, 在保持 L_D 不变的情况下, 应用式 (3.26) 对整条曲线进行拟合, 拟合的电子逸出几率 $P=0.43$, 拟合曲线如图 3.24(a) 中的虚线所示, 可以看出, 拟合量子效率曲线与原曲线相差很大。采用相同拟合方法, 应用式 (3.27) 对透射式光电阴极进行拟合, 拟合得到的阴极性能参数 $L_D=1.2$μm, $S_v=10^5$cm/s, $P=0.69$, 拟合曲线如图 3.24(b) 中的虚线所示, 与实验曲线吻合得很好。

同样采用量子效率公式进行拟合, 为何对于反射式光电阴极理论曲线与实验曲线不一致, 而对于透射式光电阴极却吻合得很好, 这与两种光电阴极不同的光照方式有关。反射式的光子是从光电阴极面 (发射表面) 入射的, 而透射式是从

GaAlAs/GaAs 界面入射的。对于反射式光电阴极，高能电子主要在发射的近表面产生，发射的距离短，所以由 L 能谷电子发射和热电子发射造成的量子效率的偏移要明显得多，而透射式光电阴极高能电子主要在界面附近产生，发射的距离长，且高能谷电子和热电子的寿命相对较短，它们运动到发射表面时绝大部分都已经在导带底热化。因而对于具有一定发射层厚度 (1μm 或以上) 的透射式光电阴极而言，除 Γ 能谷外，其他形式的光电发射可忽略，从而利用量子效率公式分析的理论结果与实验结果具有很好的一致性。然而，对于反射式光电阴极而言，式 (3.26) 实际上只适用于光子能量在阈值附近 (1.42~1.55eV) 的量子效率拟合，在这个能量范围内的光电子输运到光电阴极表面时基本上可认为都在导带底热化了，因而就可以不考虑其他发射。但若想在 1.42~2.5eV 的整个能量范围内对反射式阴极曲线进行拟合，就必须对除 Γ 能谷以外的 L 能谷电子和热电子发射进行考虑，否则就会出现上述拟合不一致的结果。

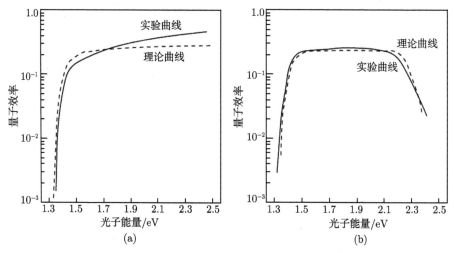

图 3.24　GaAs 光电阴极量子效率实验曲线 (实线) 与理论曲线 (虚线)

反射式 GaAs 光电阴极量子效率除了要考虑 Γ 能谷光电发射外，还应考虑电子转移后 L 能谷光电发射和热电子发射。在这方面，James 等曾进行过深入的研究，根据测试的反射式光电阴极电子能量分布曲线，提出了 "两能谷扩散" 模型，即在光电发射中同时考虑 Γ 能谷和 L 能谷光电发射[10]。当光子能量低于 L 能谷 (1.71eV) 时，激发的光电子将在 Γ 能谷热化，而当光子能量高于 L 能谷时，将有一部分散射到 L 能谷，光子能量越大，散射到 L 能谷的电子数也就越多。定义 F_L 和 F_Γ 分别为激发到高于或低于 L 能谷的光电子数占全部激发电子数的比例，该比例可由 GaAs 的能带结构等理论计算得到，计算结果如图 3.25 所示[10]。

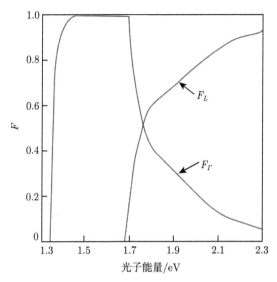

图 3.25 激发到高于或低于 L 能谷的光电子数占全部激发电子数的比例 [10]

求解式 (3.24) 和式 (3.25)，可得 L 和 Γ 能谷光电子量子效率公式分别为

$$Y_L(h\nu) = \frac{P_L F_L (1 - R)}{1 + 1/(\alpha_{h\nu} L_L)} \tag{3.33}$$

$$Y_\Gamma(h\nu) = \frac{P_\Gamma}{1 + 1/(\alpha_{h\nu} L_\Gamma)} \cdot \left[F_\Gamma + \frac{F_L L_\Gamma}{\alpha_{h\nu} L_L (L_\Gamma + L_L)(1 + 1/(\alpha_{h\nu} L_L))} \right] \tag{3.34}$$

式中，P_L 和 P_Γ 为 L 能谷或 Γ 能谷电子表面逸出几率；L_L 和 L_Γ 为 L 能谷或 Γ 能谷光电子的扩散长度，$L_L = \sqrt{D_L \tau_{L\Gamma}}$；$L_\Gamma = \sqrt{D_\Gamma \tau_{\Gamma V}}$。

James 等在利用上述公式分别对 Γ 能谷和 L 能谷量子效率进行拟合分析后，发现 Γ 能谷电子的理论量子效率低于实验测试的量子效率，这主要归因于未考虑 Γ 能谷中的热电子发射。由于热电子能量高于 Γ 能谷，它们将具有更高的逸出几率，据此他们对式 (3.34) 进行了修正，修正后的量子效率为

$$Y_\Gamma'(h\nu) = \frac{1}{1 + 1/(\alpha_{h\nu} L_\Gamma)} \cdot \left[P_\Gamma F_\Gamma + \frac{P_\Gamma' F_L L_\Gamma}{\alpha_{h\nu} L_L (L_\Gamma + L_L)(1 + 1/(\alpha_{h\nu} L_L))} \right] \tag{3.35}$$

式中，P_Γ' 为受热电子影响修正后的逸出几率，且 $P_\Gamma' > P_\Gamma$。

我们将式 (3.33) 和式 (3.35) 相加，作为阴极总的量子效率，对图 3.24(a) 中的反射式阴极量子效率曲线进行了拟合，拟合结果如图 3.26(a) 中的虚线所示，发现在 1.71eV 附近理论曲线有一个明显的台阶，与实验曲线不一致。为何该现象未被 James 等发现呢？原因是他们未对阴极的总量子效率进行仿真，而只是分别对 Γ 能谷和 L 能谷进行了拟合分析。上述现象说明，简单地用 P_Γ' 代替 P_Γ 的修正方法并

不能很好地反映热电子发射的影响。通过对 P_Γ 在不同波长处的拟合计算，我们发现 P_Γ 与光子波长 λ 近似满足指数关系，从而可设 $P_\Gamma(h\nu)$ 为 [36]

$$P_\Gamma(h\nu) = P_\Gamma \cdot \exp\left[k(1/1.42 - 1/E_{h\nu})\right] \tag{3.36}$$

式中，$E_{h\nu}$ 为入射光子能量 $(E_{h\nu} > 1.42\text{eV})$；$k$ 为一系数 $(k \geqslant 0)$，因其与表面势垒有关，定义为表面势垒因子。

将反射式光电阴极量子效率公式中的 P_Γ 和 P'_Γ 以 $P_\Gamma(h\nu)$ 形式代入，可得到修正后的 Γ 能谷量子效率为

$$Y''_\Gamma(h\nu) = \frac{P_\Gamma \cdot \exp\left[k(1/1.42 - 1/E_{h\nu})\right]}{1 + 1/(\alpha_{h\nu} L_\Gamma)}$$
$$\cdot \left[F_\Gamma + \frac{F_L L_\Gamma}{\alpha_{h\nu} L_L (L_\Gamma + L_L)(1 + 1/(\alpha_{h\nu} L_L))}\right] \tag{3.37}$$

则反射式光电阴极总的量子效率为

$$Y(h\nu) = Y_L(h\nu) + Y''_\Gamma(h\nu) \tag{3.38}$$

利用式 (3.38) 再对实验曲线进行拟合，理论曲线如图 3.26(b) 中的虚线所示，拟合光电阴极性能参数列于表 3.1 中。从图 3.26(b) 可以看出，理论结果与实验结果吻合得很好，说明新的量子效率公式能更好地反映反射式光电阴极在全波段上的量子效率变化。更重要的是，通过拟合得到了光电阴极的许多性能参数，如电子扩散长度、电子逸出几率等，如果将 P_L、P_Γ 以式 (3.22) 的计算结果代入，则还可得到如表 3.2 所示的与光电阴极表面势垒形状有关的参数。这些参数对光电阴极材料的设计和表面 NEA 特性的研究都具有重要意义，在光电阴极稳定性研究中还会多次用到。

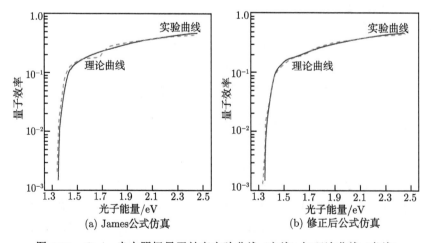

图 3.26　GaAs 光电阴极量子效率实验曲线 (实线) 与理论曲线 (虚线)

表 3.1 反射式光电阴极拟合性能参数

参数名称	$L_\Gamma/\mu m$	$L_L/\mu m$	P_Γ	P_L	k
拟合结果	2.0	0.04	0.28	0.55	3.1

表 3.2 反射式光电阴极拟合表面势垒参数

参数名称	$b/Å$	$c/Å$	V_2/eV	V_3/eV
拟合结果	1.45	6.04	1.40	0.95

3.3.5 考虑前表面复合速率的量子效率公式推导

美国 ITT 公司最近的实验结果显示，GaAs 光电阴极的前表面复合速率会对阴极的量子效率造成重要影响，如图 3.27 所示 [37]。对于上述实验现象，目前所存在的 GaAs 光电阴极的量子效率公式还无法进行合理解释，因为这些公式并没有包含前表面复合速率这一阴极参量 [38~40]。针对上述问题，这里利用 GaAs 光电阴极量子效率的积分推导法 [40] 首次推导了带有前表面复合速率的 GaAs 光电阴极量子效率公式。积分法推导是利用 Spicer 的光电发射 "三步模型"，写出对应 GaAs 光电阴极光电发射过程中每一步的微分表达式，再积分得出最后的量子效率。

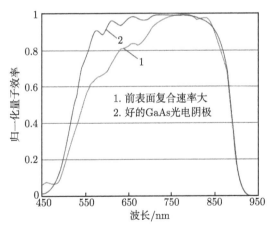

图 3.27 前表面复合速率对透射式 GaAs 光电阴极量子效率的影响 [37]

1. 反射式 GaAs 光电阴极

如图 3.28 所示，设反射式 GaAs 光电阴极的前表面复合速率为 S_{fv}，按照半导体理论，S_{fv} 表示的是近表面处的光电子以多大的速度流到表面以补充复合掉的电子 [41,42]。所以可以设想，到达光电阴极近表面的光电子，由于受到前表面复合的影响，在向表面扩散的同时，还以 S_{fv} 的速度流向近表面补充复合的电子，因此光电子在这一范围内的衰减速度增加，相应的衰减长度减小。如果设这一范围的长度为 d，光电子在其中的衰减长度为 L_d，d 可取表面能带弯曲区宽度，大小通常在 5~10nm[43]，一般可取为 7nm。L_d 是 S_{fv} 的函数，它们之间的关系满足 [44]

$$L_d = \left[\left(\frac{S_{fv}}{D_n} + \frac{qE}{2kT} \right)^2 - \left(\frac{qE}{2kT} \right)^2 \right]^{-\frac{1}{2}} \tag{3.39}$$

式中，D_n 为电子扩散系数；q 为电子电量；k 为玻尔兹曼常量；T 为热力学温度；E 为光电阴极近表面区域的导带能量梯度，对于掺杂浓度为 $1\times10^{19}\mathrm{cm}^{-3}$ 的 GaAs 光电阴极，E 取表面能带弯曲区域对应的表面电场，为约几十 V/μm 数量级 [17]。

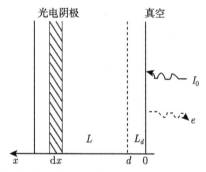

图 3.28　考虑前表面复合速率反射式 GaAs 光电阴极量子效率推导示意图

在大于 d 范围内，设衰减长度为 L，可称其为光电子的衰减长度，并设它和光电子的扩散长度满足以下关系式 [40]：

$$L = \beta \cdot L_d \tag{3.40}$$

式中，β 是个无量纲的系数，对于反射式可令 $\beta=1$。很显然 $L_d \ll L$。

如图 3.28 所示，由于光电子在发射层中不同深度处的衰减长度不同，故而反射式光电阴极的积分应分为 $0 \sim d$ 和 $d \sim \infty$ 两部分。设入射光的光强为 I_0，光电阴极表面对入射光的反射率为 R，光吸收系数为 α，在入射光的激发下，在 $d \sim \infty$ 范围内距光电阴极表面 x 处的厚度为 $\mathrm{d}x$ 的薄层内将产生 $I_0 \cdot (1-R) \cdot \alpha \cdot \exp(-\alpha x) \cdot \mathrm{d}x$ 个光电子。这些光电子在向阴极表面移动的过程中，由于各种原因而产生数量上的衰减，假设其按 $\exp(-x/L)$ 的指数规律衰减 [2]，开始是以 L 的衰减长度向表面迁移，在 $x = d$ 时，这些光电子中还剩下

$$n_d = \int_d^\infty I_0 \cdot (1-R) \cdot \alpha \cdot \exp(-\alpha x) \cdot \exp(-x/L)\mathrm{d}x$$
$$= \frac{I_0 \cdot (1-R)}{1 + 1/\alpha L} \cdot \exp[-(\alpha + 1/L)d] \tag{3.41}$$

　　上述剩下的光电子进入 $0 \sim d$ 区域后，衰减长度将变为 L_d，它们中能够到达阴极表面的光电子数目为

$$n_1 = \exp\left[-d/L_d\right] \cdot n_d \tag{3.42}$$

　　在 $0 \sim d$ 范围内产生的光电子，一直是以 L_d 的衰减长度向阴极表面移动，到达表面的光电子数目为

$$\begin{aligned}
n_2 &= \int_0^d I_0 \cdot (1-R) \cdot \alpha \cdot \exp(-\alpha x) \cdot \exp\left[-x/L_d\right] \mathrm{d}x \\
&= \frac{I_0 \cdot (1-R)}{1+\alpha L_d} \cdot \left\{1 - \left[\exp -(\alpha + 1/L_d) \cdot d\right]\right\}
\end{aligned} \tag{3.43}$$

　　设 P 为电子表面逸出几率，则从光电阴极发射到真空中的光电子的总的数目为

$$n = P \cdot (n_1 + n_2) \tag{3.44}$$

所以反射式 GaAs 光电阴极的量子效率为

$$Y_{\mathrm{r}} = \frac{n}{I_0} = P \cdot (1-R) \cdot \left\{\frac{\exp[-(\alpha+1/L)d]}{1+1/(\alpha L)} + \frac{1 - \exp\left[-(\alpha+1/L_d) \cdot d\right]}{1+\alpha L_d}\right\} \tag{3.45}$$

　　如果前表面复合速率为 $S_{fv}=0$，则光电子在整个发射层中的衰减长度都为 L，所以在式 (3.45) 中令 $d=0$ 便得到 $S_{fv}=0$ 时反射式 GaAs 光电阴极的量子效率，与不考虑前表面复合速率推导的反射式量子效率公式一样。

　　如果 $S_{fv}=\infty$，表明前表面复合速率极大，它将导致 $0 \sim d$ 范围内的光电子不断流向表面处复合，从而不能逸出。在积分式中的反应就相当于 $L_d=0$，所以此时光电阴极的量子效率为

$$Y_{\mathrm{r}} = 0 \tag{3.46}$$

2. 透射式 GaAs 光电阴极 [45]

　　如图 3.29 所示，对于透射式 GaAs 光电阴极，还要考虑后界面复合速率 S_v 的影响。与前表面复合速率一样，在阴极发射层中靠近缓冲层交界面处产生的光电子，由于受到界面复合的影响，在向表面扩散的同时，还以 S_v 的速度流向交界面补充复合的电子 [41,42]，因此在后界面还存在一个长度为 t 的衰减范围，光电子在其中的衰减长度为 L_t，$L_t \ll L$ · L_t 是 S_v 的函数，它们之间的关系满足 [44]

$$L_t = \left[\left(\frac{S_v}{D_n} + \frac{qE}{2kT}\right)^2 - \left(\frac{qE}{2kT}\right)^2\right]^{-\frac{1}{2}} \tag{3.47}$$

式中，D_n、q、k、T 含义同前；E 是缓冲层和发射层形成的异质结中的导带能量梯度，对于 GaAs 光电阴极，E 为几 V/μm 数量级 [44]；t 的值通常在 $\dfrac{T_e}{20} \sim \dfrac{T_e}{10}$，一般

可取为 $\dfrac{T_e}{15}$；L 的值仍根据式 (3.40) 来定，但是式中的 β 不取定值，它受 S_v、T_e 和 L_D 的影响，需要根据具体光电阴极而定。实际上，β 的大小反映了 S_v、T_e、L_D 对衰减长度 L 的影响，它的值一般在 0.5~2.5 变化 [40]。

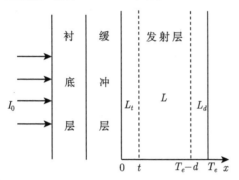

图 3.29　考虑界面复合速率透射式 GaAs 光电阴极量子效率推导示意图

由于光电子在发射层中不同深度处的衰减长度不同，故而透射式光电阴极的积分应分为 $0\sim t$、$t\sim (T_e-d)$ 和 $(T_e-d)\sim T_e$ 三部分。在 $0\sim t$ 范围内产生的光电子，开始是以 L_t 的衰减长度向表面迁移，在 $x=t$ 时，这些光电子中还剩下

$$
\begin{aligned}
n_t &= \int_0^t I_0 \cdot (1-R) \cdot \alpha \cdot \exp(-\alpha x) \cdot \exp\left[-(t-x)/L_t\right] \mathrm{d}x \\
&= I_0 \cdot (1-R) \cdot \exp(-t/L_t) \cdot \frac{\exp\left[(1/L_t-\alpha)t\right]-1}{1/(\alpha L_t)-1}
\end{aligned}
\tag{3.48}
$$

式中的参数 I_0、R、α 的含义同反射式光电阴极。上述剩下的光电子进入 $t\sim (T_e-d)$ 区域后，衰减长度将变为 L，然后进入 $(T_e-d)\sim T_e$ 区域后，衰减长度将变为 L_d。它们中能够到达光电阴极表面的光电子数目为

$$
n_1 = \exp\left[-(T_e-t-d)/L\right] \cdot \exp(-d/L_d)n_t
\tag{3.49}
$$

在 $t\sim (T_e-d)$ 范围内产生的光电子，先以 L 的衰减长度向光电阴极表面移动，到达 $x=T_e-d$ 后这些光电子还剩下

$$
\begin{aligned}
n_T &= \int_t^{T_e-d} I_0 \cdot (1-R) \cdot \alpha \cdot \exp(-\alpha x) \cdot \exp\left[-(T_e-d-x)/L\right] \mathrm{d}x \\
&= I_0 \cdot (1-R) \cdot \exp(-T_e/L+d/L) \\
&\quad \cdot \frac{\exp[(1/L-\alpha) \cdot (T_e-d)]-\exp[(1/L-\alpha)t]}{1/(\alpha L)-1}
\end{aligned}
\tag{3.50}
$$

上述剩下的光电子进入 $(T_e-d)\sim T_e$ 区域后，衰减长度将变为 L_d。它们中能够到达阴极表面的光电子数目为

$$
n_2 = \exp(-d/L_d)n_T
\tag{3.51}
$$

在 $(T_e - d) \sim T_e$ 范围内产生的光电子, 一直以 L_d 的衰减长度向光电阴极表面移动, 它们中能够到达阴极表面的光电子数目为

$$
\begin{aligned}
n_3 &= \int_{T_e-d}^{T_e} I_0 \cdot (1-R) \cdot \alpha \cdot \exp(-\alpha x) \cdot \exp\left[-(T_e - x)/L_d\right] \mathrm{d}x \\
&= I_0 \cdot (1-R) \cdot \exp(-T_e/L_d) \\
&\quad \cdot \frac{\exp\left[(1/L_d - \alpha)T_e\right] - \exp\left[(1/L_d - \alpha) \cdot (T_e - d)\right]}{1/(\alpha L_d) - 1}
\end{aligned} \tag{3.52}
$$

设 P 为电子表面逸出几率, 则从光电阴极发射到真空中的光电子的总的数目为

$$
n = P \cdot (n_1 + n_2 + n_3) \tag{3.53}
$$

所以透射式 GaAs 光电阴极的量子效率为

$$
\begin{aligned}
Y_t =& \frac{n}{I_0} = P \cdot (1-R) \\
&\times \left\{
\begin{array}{l}
\exp\left[-t/L_t - (T_e - t - d)/L - d/L_d\right] \times \dfrac{\exp\left[(1/L_t - \alpha)t\right] - 1}{1/(\alpha L_t) - 1} \\
+ \exp(-T_e/L + d/L - d/L_d)\dfrac{\exp\left[(1/L - \alpha) \cdot (T_e - d)\right] - \exp\left[(1/L - \alpha)t\right]}{1/(\alpha L) - 1} \\
+ \exp(-T_e/L_d) \cdot \dfrac{\exp\left[(1/L_d - \alpha)T_e\right] - \exp\left[(1/L_d - \alpha) \cdot (T_e - d)\right]}{1/(\alpha L_d) - 1}
\end{array}
\right\}
\end{aligned} \tag{3.54}
$$

在以上推导中, 如果 $S_v = 0$, 表明光电阴极在发射层/缓冲层的交界面处没有界面复合, 则光电子在 $0 \sim (T_e - d)$ 范围内的衰减长度都为 L, 所以在式 (3.54) 中令 $t = 0$ 便得到 $S_v = 0$ 时的光电阴极的量子效率:

$$
\begin{aligned}
Y_t =& \frac{n}{I_0} = P \cdot (1-R) \\
&\times \left\{
\begin{array}{l}
\exp(-T_e/L + d/L - d/L_d)\dfrac{\exp\left[(1/L - \alpha) \cdot (T_e - d)\right] - 1}{1/(\alpha L) - 1} \\
+ \exp(-T_e/L_d) \cdot \dfrac{\exp\left[(1/L_d - \alpha)T_e\right] - \exp\left[(1/L_d - \alpha) \cdot (T_e - d)\right]}{1/(\alpha L_d) - 1}
\end{array}
\right\}
\end{aligned} \tag{3.55}
$$

如果 $S_v = 0$, $S_{fv} = 0$, 表明光电阴极在发射层/缓冲层的交界面处没有界面复合, 在前表面也没有电子复合, 则光电子在整个发射层中的衰减长度都为 L, 所以在式 (3.54) 中令 $t = 0$, $d = 0$ 便得到 $S_v = 0$, $S_{fv} = 0$ 时的阴极的量子效率:

$$
Y_t = P \cdot (1-R) \cdot \exp(-T_e/L) \cdot \frac{\exp\left[(1/L - \alpha)T_e\right] - 1}{1/(\alpha L) - 1} \tag{3.56}
$$

如果 $S_v = 0$, $S_{fv} = \infty$, 表明前表面复合速率极大, 它将导致 $(T_e - d) \sim T_e$ 范围内的光电子不断流向表面处复合, 从而不能逸出。在积分式中的反应就相当于 $t = 0$, $L_d = 0$, 所以此时光电阴极的量子效率为

$$Y_t = 0 \tag{3.57}$$

另外需要指出的是, 如果积分中出现 $\alpha L_t - 1 = 0$ 或 $\alpha L_d - 1 = 0$ 或 $\alpha L - 1 = 0$ 的情况, 则式 (3.46) 或式 (3.54) 中含有 x 的 e 指数项经过合并后将转化为常数 1, 仍然可以积分, 所以不会出现无解的情况。但需要注意的是, 这种积分推导法会多引进一个待定系数 β, 且 β 和 S_v、T_e 和 L_D 之间没有精确的理论表达式, 它们之间的关系还有待进一步研究。

3.4 GaAs 光电阴极性能参量对量子效率的影响

根据 GaAs 光电阴极的理论量子效率公式, 反射式光电阴极的性能参数主要包括电子表面逸出几率 P、电子扩散长度 L_D、前表面复合速率 S_{fv} 和吸收系数 α, 对于透射式光电阴极, 还包括后界面复合速率 S_v 以及阴极厚度 T_e。下面将对这些性能参量对量子效率的影响进行分析。

3.4.1 电子表面逸出几率

对于反射式和透射式光电阴极, 量子效率的大小正比于电子表面逸出几率 P。根据上面电子表面逸出几率 P 的计算过程, P 的大小由到达光电阴极表面的电子能量分布和电子越过表面势垒的透射率共同决定。到达光电阴极表面的电子能量分布主要取决于表面能带弯曲区的特性, 表面势垒形状由 Cs-O 激活层决定, 因此表面逸出几率依赖于阴极材料的表面特性和激活工艺。降低表面功函数、提高表面掺杂浓度、减小表面能带弯曲量以及外加电场的帮助都有利于提高表面逸出几率 [46,47]。

3.4.2 电子扩散长度

如图 3.30(a) 所示, 电子扩散长度 L_D 越大, 量子效率越高。同时对于反射式阴极, L_D 越大, 体内的光电子越容易到达表面, 阴极的长波响应也随之提高。如图 3.30(b) 所示, 对于透射式, L_D 越大, 后界面的光电子越容易到达表面, 阴极的短波响应随之提高。

3.4.3 光电阴极厚度

图 3.31 给出了不同厚度 T_e 下透射式 GaAs 光电阴极理论量子效率曲线。正如电子扩散长度的影响一样, 在一定电子扩散长度下光电阴极厚度也存在一个最

佳值 T_{em}，即光电阴极应当厚得足以吸收大部分的入射光，又薄得足以使受光激发产生的光电子能够到达发射表面。

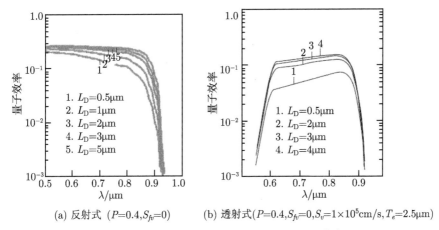

(a) 反射式 $(P=0.4, S_{fv}=0)$　　　　(b) 透射式 $(P=0.4, S_{fv}=0, S_v=1\times10^5\text{cm/s}, T_e=2.5\mu\text{m})$

图 3.30　电子扩散长度对量子效率的影响 [47]

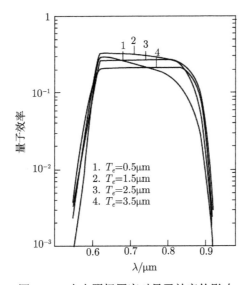

图 3.31　光电阴极厚度对量子效率的影响

$(P=0.4,\ L_D=3.0\mu\text{m},\ S_v=1.0\times10^3\text{cm/s})$

图 3.32 给出了不同电子扩散长度下，透射式 GaAs 光电阴极积分灵敏度随阴极厚度变化的理论曲线，根据该理论曲线可以建立在不同电子扩散长度下阴极所需的最佳厚度，如表 3.3 所示。可以看到厚度的优化值随着扩散长度的增大而增大，但在大的扩散长度下厚度对积分灵敏度的影响也在减弱。目前扩散长度一般可

做到 $3 \sim 5\mu m$[37]，相应的阴极优化厚度为 $2\sim3\mu m$，这足以吸收波长为 1000nm 的入射光，因此可获得更高的积分灵敏度和更好的长波响应特性。

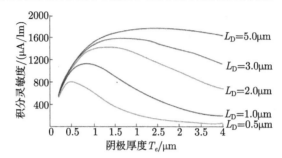

图 3.32　透射式 GaAs 光电阴极积分灵敏度随光电阴极厚度变化的理论曲线

(P=0.6，S_{fv}=0，S_v=0)

表 3.3　不同电子扩散长度下所需的最佳光电阴极厚度 ($S_v = 0$)

电子扩散长度/μm	0.5	1.0	2.0	3.0	5.0
最佳阴极厚度/μm	0.6	0.8	1.4	1.6	2.4

3.4.4　前表面复合速率

图 3.33 给出了不同前表面复合速率 S_{fv} 下 GaAs 光电阴极理论量子效率曲线，其中 (a) 为反射式，(b) 为透射式，曲线 1~7 分别对应前表面复合速率大小为 0、10^3cm/s、10^4cm/s、10^5cm/s、10^6cm/s、10^7cm/s 以及 10^8cm/s。

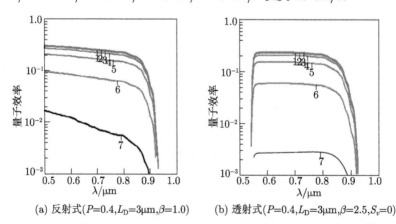

(a) 反射式(P=0.4，L_D=3μm，β=1.0)　　(b) 透射式(P=0.4，L_D=3μm，β=2.5，S_v=0)

图 3.33　不同前表面复合速率 S_{fv} 下 GaAs 光电阴极理论量子效率曲线

可以看到两种模式下，在光电阴极前表面复合速率小于 10^4cm/s 时量子效率曲线都没有明显变化，随着前表面复合速率增大，量子效率的衰减幅度也随之增大。当前表面复合速率为 $10^8 \mathrm{cm/s}$ 时 (对应曲线 7), 量子效率曲线的形状开始出现明显变化, 其中对于反射式光电阴极, 长波响应比短波响应衰减速度快, 致使曲线形状向短波方向向上倾斜, 光电阴极截止波长向短波移动。对于透射式光电阴极, 与反射式光电阴极表现不同的是, 在 $10^8 \mathrm{cm/s}$ 的前表面复合速率下短波响应比长波响应衰减速度快, 致使曲线形状向长波方向向上倾斜, 但光电阴极截止波长同样向短波移动。

图 3.34 比较了图 3.33(b) 中曲线 1 和曲线 7 相对量子效率曲线。与 $S_{fv}{=}0$, 即不考虑前表面复合速率的光电阴极相比, 在 $S_{fv}{=}10^8 \mathrm{cm/s}$ 下光电阴极短波响应衰减幅度较大, 这和文献报道的实验结果一致 [37]。这说明我们推导的公式能够比较准确地理论预测前表面复合速率对阴极量子效率的影响, 这也从一个侧面证明我们所推导的带有前表面复合速率的 GaAs 光电阴极理论量子效率公式是可行的。表面复合速率直接描述了非平衡载流子经由表面电子态的复合速率, 因此大的前表面复合速率会导致 GaAs 光电阴极表面光生载流子的高的表面损失, 从而降低光电发射效率, 我们的理论计算结果也验证了这一表面物理理论 [41,42]。

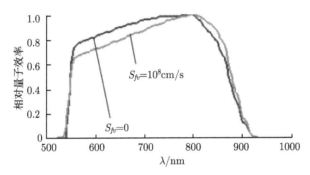

图 3.34 $S_{fv}{=}0$ 和 $S_{fv}{=}10^8 \mathrm{cm/s}$ 的透射式 GaAs 光电阴极理论量子效率相对值曲线

对于 GaAs 光电阴极的前表面复合受到什么因素影响, 目前还没有一个系统的实验数据给予说明, 但根据表面物理相关知识以及文献 [41,42,48,49], 前表面复合速率应该是外延生长后材料表面特性、光电阴极激活前的表面处理工艺以及激活工艺的综合结果。由于光电阴极激活过程中表面很多参量都在变化, 如表面层厚度、表面逸出功等, 这些都将导致光电阴极量子效率曲线形状的改变, 因此评价激活工艺对表面复合的影响是比较复杂和困难的。但是研究表面复合速率与材料生长工艺以及激活前的表面处理工艺之间的关系是具有现实操作性以及指导意义的, 可以进行进一步研究。

3.4.5 后界面复合速率

图 3.35 给出了不同后界面复合速率 S_v 下透射式 GaAs 光电阴极理论量子效

率曲线。可以看到，后界面复合速率越小，越利于光电发射。在 GaAs/AlGaAs 异质结界面，从 GaAs 价带跃迁到导带的光生电子一方面向 GaAs 表面扩散而参与光电发射，另一方面由于异质结界面复合中心的存在，以一定的速率流向界面以补充复合掉的电子。因此，后界面复合速率表征了 GaAs/AlGaAs 异质结界面的界面特性，后界面复合速率越大，GaAs/AlGaAs 异质结界面处被复合掉的光电子越多，从而导致量子效率的降低。

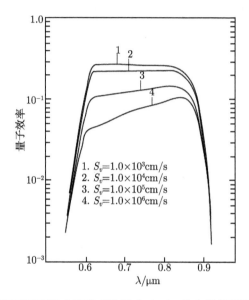

图 3.35　不同后界面复合速率对透射式 GaAs 光电阴极量子效率的影响

($P=0.4$，$T_e=2.5\mu m$，$S_{fv}=0$，$L_D=3.0\mu m$)

　　图 3.36 给出了在不同扩散长度下后界面复合速率与积分灵敏度的关系曲线。可以看到，在不同的扩散长度下，后界面复合速率在小于 $10^3 cm/s$ 时积分灵敏度为恒定值，且最大，在 $10^4 \sim 10^6 cm/s$ 呈线性衰减，之后又趋于一个最小的恒定值。因此，在实际的后界面特性评估中，当后界面复合速率小于 $10^3 cm/s$ 时就可以认为材料具备了足够好的后界面特性，对量子效率的影响可以忽略不计。

　　GaAs/GaAlAs 界面特性受到界面成分分布以及杂质浓度的影响，界面空穴浓度较低和较高均会使后界面复合速率增大，导致灵敏度的下降[50]。同时 GaAs/GaAlAs 界面 C 浓度的增大会引起电子扩散长度减小，并在 GaAs/GaAlAs 异质结生长时增加非辐射电子陷阱，使得后界面复合速率增加[51]。一般来说，要获得高量子效率的透射式 GaAs 光电阴极，要求 C 污染的水平[9] 低于 1.0×10^{16} atom/cm^3。

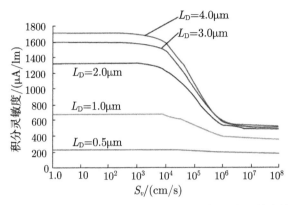

图 3.36　在不同扩散长度下后界面复合速率与阴极积分灵敏度的关系曲线

$(P=0.6,\ S_{fv}=0,\ T_e=2\mu m)$

3.4.6　吸收系数

对于反射式光电阴极，吸收系数 α 与电子扩散长度 L_D 一样，与量子效率成正比，因此 α 越大，量子效率越高。对于透射式，吸收系数 α 对量子效率的影响随着光电阴极厚度不同而不同。设光电阴极最佳厚度为 T_{em}，若 $T_e < T_{em}$，量子效率随 α 的增大而增大，原因是受光子激发产生的光电子数目增加了，而这些光电子中的大多数是可以逸出的。若 $T_e > T_{em}$，量子效率随 α 的增大而减小，原因有两个：一是 α 的增大导致距光电阴极发射表面扩散长度范围内产生的光电子数下降；二是 α 增大，光的内反射次数减少，因内反射在发射表面附近产生的光电子数目随之下降。

图 3.37 给出了不同 p 型重掺杂下 GaAs 光谱吸收系数曲线 [11]，可以看到，随

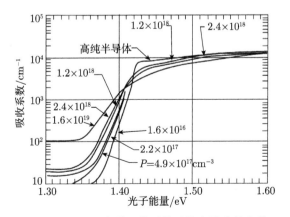

图 3.37　GaAs 光谱吸收系数随掺杂浓度的变化

着掺杂浓度的提高，吸收边缘向长波移动。这种吸收边随掺杂浓度变化的现象原来用 GaAs 重 p 型杂质能级与价带重叠形成带尾，禁带变窄来解释 [52]：随着掺杂浓度的提高，能带带尾加长，禁带收缩，促使吸收边向低能长波方向移动。通过第一性原理计算，这种吸收带尾主要是材料表面晶格膨胀导致表面禁带变窄引起 [53,54]，将直接影响到阴极光谱响应的截止波长，使得 GaAs 光电阴极在 930nm 还有光谱响应。

3.5　GaAs 光电阴极性能参量的评估

根据 GaAs 光电阴极的理论量子效率公式和实验中测试的光谱响应曲线，可以对 GaAs 光电阴极的性能进行评估。

3.5.1　P、L_D、S_{fv} 和 S_v 值的确定

如果已知 GaAs 光电阴极在实验中获得的量子效率或光谱响应曲线，可以采用曲线拟合法来确定 P、L_D、S_{fv} 和 S_v [55,56]。在曲线拟合时，应该先设置好待定参数的变化范围和变化步长，然后根据 GaAs 光电阴极的量子效率表达式绘出对应每一组参数的理论曲线，并将其与实测曲线相比较，从中找出和实测曲线最接近的一条最佳曲线，该最佳曲线对应的 P、L_D、S_{fv} 和 S_v 值即是所要求的光电阴极参数值。

在算法上，曲线拟合程序按最小二乘法规则来选定最佳曲线，即计算理论曲线和实测曲线在各个测试点上差值的平方和，将平方和最小的曲线定为最佳曲线。当最佳曲线确定后，程序会将其和实测曲线一并显示在光谱响应坐标图中，并显示最佳曲线所对应的参数值。实际证明，曲线拟合法简便、快速，而且在参数的变化范围设置得足够大、变化步长设置得足够小的情况下，拟合的精度会很高。类似的方法曾用于多碱光电阴极的计算，获得了令人比较满意的结果 [55～57]。

图 3.38 给出了 GaAs 光电阴极量子效率曲线拟合结果，图中标有 "1" 的曲线是实测曲线，另一条则是最佳拟合曲线。图 3.38(a) 中反射式光电阴极的 P、L_D 值分别为 0.55 和 5μm，这和文献 [58] 提供的参数完全吻合。图 3.38(b) 中透射式光电阴极的 P、L_D 和 S_v 值分别为 0.45、6μm 和 1×10^2cm/s，而由文献 [59] 可知，该阴极的 P 值约为 0.4，L_D 的范围为 4～7μm，S_v 小于 1×10^3cm/s。因此这种计算机拟合方法能够达到较高的精度。

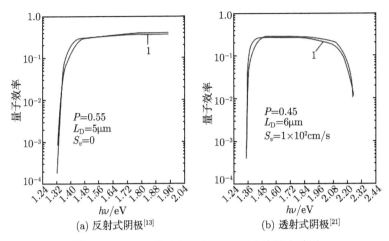

(a) 反射式阴极[13]　　　　(b) 透射式阴极[21]

图 3.38　GaAs 光电阴极量子效率曲线拟合结果

3.5.2 积分灵敏度的计算

积分灵敏度是评价光电阴极性能优劣最重要的指标,利用实验获得的光谱响应曲线可以计算所对应的积分灵敏度 S_i[60]:

$$S_i = \frac{I}{\varPhi_v} = \frac{\int_0^\infty S(\lambda)W(\lambda)\mathrm{d}\lambda}{683\int_{380}^{780} V(\lambda)W(\lambda)\mathrm{d}\lambda} \tag{3.58}$$

式中,I 为阴极所发出的光电流;$\varPhi_v$ 为标准光源的光通量;$V(\lambda)$ 表示人眼的光谱光视效率 (或称视见函数);$W(\lambda)$ 表示标准入射光源的辐射光谱分布;$S(\lambda)$ 是光电阴极的光谱响应。

在计算机程序中,以求和的方法代替积分,即

$$S_i = \frac{\sum_0^\infty S(\lambda)W(\lambda)\Delta\lambda}{683\sum_{380}^{780} V(\lambda)W(\lambda)\Delta\lambda} \tag{3.59}$$

计算中,波长间隔 $\Delta\lambda$ 的值取为 5nm,$W(\lambda)$ 和 $V(\lambda)$ 的值取自文献 [61],其中 $W(\lambda)$ 取的是色温为 2856K 的标准光源的辐射功率值。

通过光谱响应曲线计算积分灵敏度的方法准确性较高,采用该方法计算了透射式 GaAs 光电阴极的积分灵敏度,结果是 1400μA/lm,而该阴极的实际积分灵敏度为 1340μA/lm[61],计算值和实际测量值之间的偏差保持在 ±5% 以内。

参 考 文 献

[1] Spicer W E. Photoemissive, photoconductive, and absorption studies of alkali-antimony compounds. Physical Review, 1958, 112(1): 114–122

[2] Spicer W E, Herrera-Gómez A. Modern theory and application of photocathodes. SPIE, 1993, 2022: 18–33

[3] Su C Y, Spicer W E, Lindau I. Photoelectron spectroscopic determination of the structure of (Cs,O) activated GaAs (110) surface. Journal of Applied Physics, 1983, 54(3): 1413–1422

[4] Su C Y, Chye P W, Pianetta P, et al. Oxygen adsorption on Cs covered GaAs(110) surfaces. Surface Science, 1979, 86: 894–899

[5] Su C Y, Lindau I, Spicer W E. Photoemission studies of the oxidation of Cs identification of the multiple structures of oxygen species. Chemical Physics Letters, 1982, 87(6): 523–527

[6] Blakemore J S. Semiconducting and other major properties of gallium arsenide. Journal of Applied Physics, 1982, 53(10): R123–R181

[7] 刘恩科, 朱秉升, 罗晋生, 等. 半导体物理学. 6 版. 北京: 电子工业出版社, 2003

[8] Drouhin H J, Hermann C, Lampel G. Photoemission from activated gallium arsenide. I. Very-high-resolution energy distribution curves. Physical Review B, 1985, 31(6): 3859–3871

[9] 李晓峰. 第三代像增强器研究. 西安: 中国科学院西安光学精密机械研究所, 2001

[10] James L W, Moll J L. Transport properties of GaAs obtained from photoemission measurements. Physical Review, 1969, 183(3): 740–753

[11] Casey H C, Sell D D, Wecht K W. Concentration dependence of the adsorption coefficient for n- and p-type GaAs between 1.3 and 1.6eV. Journal of Applied Physics, 1975, 46(1): 250–257

[12] Zou J J, Chang B K, Chen H L, et al. Variation of quantum yield curves of GaAs photocathodes under illumination. Journal of Applied Physics, 2007, 101: 033126-6

[13] Aspnes D E, Olson C G, Lynch D W. Ordering and absolute energies of the L_6^c and X_6^c conduction band minima in GaAs. Physical Review Letters, 1976, 37(12): 766–768

[14] Aspnes D E. GaAs lower conduction-band minima: ordering and properties. Physical Review B, 1976, 14(12): 5331–5343

[15] Ruch J G, Kino G S. Measurement of the velocity-field characteristics of gallium arsenide. Appllied Physics Letters, 1967, 10: 40–42

[16] Fisher D G, Enstrom R E, Escher J S, et al. Photoelectron surface escape probability of (Ga, In)As: Cs-O in the 0.9 to 1.6 μm. Journal of Applied Physics, 1972, 43(9): 3815–3823

[17] Vergara G, Herrera-Gómez A, Spicer W E. Calculated electron energy distribution of negative electron affinity cathodes. Surface Sciences, 1999, 436: 83–90

[18] Liu Z, Machuca F, Pianetta P, et al. Electron scattering study within the depletion region of the GaN(0001) and the GaAs(100) surface. Applied Physics Letters, 2004, 85(9): 1541–1543

[19] Escher J S, Schade H. Calculated energy distributions of electrons emitted from negative electron affinity GaAs: Cs-O surfaces. Journal of Applied Physics, 1973, 44(12): 5309–5313

[20] Bartelink D J, Moll J L, Meyer N L. Hot-electron emission from shallow p-n junctions in silicon. Physical Review, 1963, 130(3): 972–985

[21] Williams B F, Simon R E. Direct measurement of hot electron-photon interactions in GaP. Physical Review Letters, 1967, 18(13): 485–487

[22] Herrera-Gómez A, Spicer W E. Physics of high intensity nanosecond electron source. Proc. SPIE, 1993, 2022: 51–63

[23] 王洪梅, 张亚非. Airy 传递矩阵法与偏压下多势垒结构的准束缚能级. 物理学报,2005, 54(5): 2226–2232

[24] Lui W W, Fukuma M. Exact solution of the Schrodinger equation across an arbitray one-dimension piecewise-linear potential barrier. Journal of Applied Physics, 1986, 60(5): 1555–1559

[25] Hsu D S, Hsu M Z, Tan C H, et al. Calculation of resonant tunneling levels across arbitrary potential barriers. Journal of Applied Physics, 1992, 72(10): 4972–4974

[26] Allen S S, Richardson S L. Improved Airy function formalism for resonant tunneling in multibarrier semiconductor heterostructures. Journal of Applied Physics, 1996, 79(2): 886–894

[27] Eden R C, Moll J L, Spicer W E. Experimental evidence for optical population of the X minima in GaAs. Physical Review Letters, 1967, 18(15): 597–599

[28] James L W, Eden R C, Moll J L, et al. Location of the L1 and X3 minima as determined by photoemission studies. Physical Review, 1968, 174(3): 909, 910

[29] Baum A W, Spicer W E, Pease R F W, et al. Negative electron affinity photocathodes as high-performance electron sources—Part2: energy spectrum measurements. Proc. SPIE, 1995, 2550: 189–196

[30] Zou J J, Yang Z, Qiao J L, et al. Effect of surface potential barrier on the electron energy distribution of NEA photocathodes. 半导体学报, 2008, 29(8):1479–1483

[31] Liu Y Z, Moll J L, Spicer W E. Quantum yield of GaAs semitransparent photocathodes. Applied Physics Letters, 1970, 17(2): 60–62

[32] 刘元震, 王仲春, 董亚强. 电子发射与光电阴极. 北京: 北京理工大学出版社, 1995

[33] 王君容, 薛召南, 等. 光电子器件. 北京: 国防工业出版社, 1982

[34] 常本康. GaAs 光电阴极. 北京: 科学出版社, 2012

[35] Scheer J J, Vanlaar J. GaAs-Cs: a new type of photoemitter. Solid State Communications, 1965, 3: 189–193

[36] 邹继军, 陈怀林, 常本康, 等. GaAs 光电阴极表面电子逸出概率与波长关系的研究. 光学学报, 2006, 26(9): 1400–1403

[37] Smith A, Passmore K, Sillmon R, et al. Transmission mode photocathodes covering the spectral range. New Developments in Photodetection 3rd Beaune Conference, 2002

[38] Antypas G A, James L W, Uebbing J J. Operation of III-V semiconductor photocathodes in the semitransparent mode. Journal of Applied Physics, 1970, 41(7): 2888–2894

[39] Yang B, Hou X, Xu Y L. Monte Carlo simulation of the temporal response times of negative electron affinity GaAs transmission photocathodes. Physics Letters A, 1989, 142(2/3): 155–158

[40] 宗志园, 常本康. 用积分法推导 NEA 光电阴极的量子产额. 光学学报, 1999, 19(9): 1177–1182

[41] 恽正中, 王恩信, 完利祥. 表面与界面物理. 成都: 电子科技大学出版社, 1993

[42] 丘思畴. 半导体表面与界面物理. 武汉: 华中理工大学出版社, 1995

[43] Guo L H, Hou X. Analysis of photoelectron emission of transmission-mode NEA GaAs photocathodes. Journal of Physics D: Applied Physics, 1989, 22: 348–353

[44] James L W. Calculation of the minority-carrier confinement properties of III-V semiconductor heterojunctions (applied to transmission-mode photocathodes). Journal of Applied Physics, 1974, 45(3): 1326–1335

[45] 杜晓晴, 常本康. 负电子亲和势光电阴极量子效率公式的修正. 物理学报, 2009, 58(12): 8643–8650

[46] Howorth J R, Holtom R, Hawtom A, et al. Exploring the limits of performance of third generation image intensifiers. Vacuum, 1980, 30(11/12): 551–555

[47] 宗志园, 钱芸生, 富容国, 等. NEA 光电阴极电子表面逸出几率的计算和应用. 南京理工大学学报, 2002, 26(6): 641–644

[48] Milanova M, Mintairov A, Rumyantsev V, et al. Spectral characteristics of GaAs solar cells grown by LPE. Jurnal of Electronics Materials, 1999, 28(1): 35–38

[49] 颜永美. p-Si 单晶低表面复合速度的获得. 厦门大学学报 (自然科学版), 2001, 40(5): 1045–1050

[50] 汪贵华, 杨伟毅, 常本康. 光阴极材料 GaAs/AlGaAs 的组分分析. 真空科学与技术, 1999, 19(6): 456–460

[51] Fisher D G, Olsen G H. Properties of high sensitivity GaP/In$_x$Ga$_{1-x}$P/GaAs: (Cs-O) transmission photocathodes. Journal of Applied Physics, 1979, 50(4): 2930–2935

[52] 沈学础. 半导体光谱和光学性质. 北京: 科学出版社, 1992

[53] 杜玉杰. GaN 光电阴极材料特性与激活机理研究. 南京: 南京理工大学, 2012

[54] 鱼晓华. NEA Ga$_{1-x}$Al$_x$As 光电阴极中电子与原子结构研究. 南京: 南京理工大学, 2015

[55] 常本康. 多碱光电阴极机理、特性与应用. 北京: 机械工业出版社, 1995

[56] 常本康. 多碱光电阴极. 北京: 兵器工业出版社, 2011

[57] 宗志园, 常本康. S$_{25}$ 系列光电阴极的光谱响应计算机拟合研究. 南京理工大学学报, 1998, 22(3): 228–231

[58] Olsen G H, Szostak D J, Zamerowski T J, et al. High-performance GaAs photocathodes. Journal of Applied Physics, 1977, 48(3): 1007, 1008

[59] André J P, Giittard P, Hallais J, et al. GaAs photocathodes for low light level imaging. Journal of Crystal Growth, 1981, 55: 235–245

[60] Miyao M, Chinen K, Niigaki M, et al. MBE growth of transmission photocathode and 'in situ' NEA activation. 2nd International Symposium on Molecular Beam Epitaxy and Related Clean Surface Techniques, 1982

[61] Du X Q, Chang B K. Angle-dependent XPS study of the mechanisms of "high–low temperature" activation of GaAs photocathode. Applied Surface Science, 2005, 251: 267–272

第4章　GaAs 光电阴极多信息量测控与评估系统

为了将 GaAs 光电阴极在研制过程中的各种表面性能和状态作为科学问题来研究，及时地获取制备过程中如第 3 章所涉及的各种信息，需要建立一套功能较强、测试信息量丰富的 GaAs 光电阴极性能测控与评估系统。它是进行 GaAs 光电阴极综合研究的必备基础条件和取得成功的关键。本章重点介绍 GaAs 光电阴极多信息量测控与评估系统。

4.1　GaAs 光电阴极多信息量测控与评估系统的设计

在 GaAs 光电阴极研制过程中，需要原位监测和记录铯 (Cs) 源电流、氧 (O) 源电流、超高真空系统真空度、光电阴极光电流和光谱响应，为科学研究 GaAs 光电阴极积累第一手资料，寻找最终获得高灵敏度和宽光谱响应的科学方法。

4.1.1　Cs 源电流的原位监测和记录

Cs 源电流是指光电阴极激活的全过程中，Cs 源瞬态蒸发或连续蒸发的电流值，是工艺研究的重要参量。实时原位监测和记录 Cs 源电流，在工艺研究中可以达到如下目的：

(1) 判断 Cs 蒸发源的性能，特别是工艺稳定性；

(2) 判断 Cs 蒸发量的大小，结合光电流和真空度变化曲线可以确保工艺正常进行；

(3) 在 Cs 源瞬态蒸发过程中，可以根据前次记录的 Cs 电流合理调节 Cs 源瞬态蒸发电流的大小；

(4) 记录的 Cs 电流曲线可以作为下一次光电阴极制备时设置 Cs 源电流的参考；

(5) 可以作为全面分析工艺成败的依据之一。

4.1.2　O 源电流的原位监测和记录

O 源电流是指光电阴极激活的全过程中，O 瞬态蒸发或连续蒸发的电流值，同样是工艺研究的重要参量。实时原位监测和记录 O 源电流，在工艺研究中同样可以达到如下目的：

(1) 判断 O 蒸发源的性能，特别是工艺稳定性；

(2) 判断 O 蒸发量的大小，结合光电流、Cs 电流和真空度变化曲线可以确保工艺正常进行；

(3) 在 O 源瞬态蒸发过程中，可以根据前次记录的 O 源电流、Cs 源电流和真空度曲线合理调节 O 源瞬态蒸发电流的大小；

(4) 记录的 O 源电流曲线可以作为下一次光电阴极制备时设置 O 源电流的参考；

(5) 可以作为全面分析工艺成败的依据之一。

4.1.3　超高真空系统真空度的原位监测和记录

真空度是光电阴极表面净化和激活过程中，随着 GaAs 表面水蒸气、氧化层等的蒸发，以及原子清洁表面获得的全过程中超高真空系统真空度的变化；同样包括光电阴极 Cs 激活和 Cs、O 交替过程中超高真空系统真空度的变化。超高真空系统真空度是工艺研究的重要参量。实时原位监测和记录超高真空系统真空度，在工艺研究中可以达到如下目的：

(1) 借助超高真空系统真空度的原位监测和记录可以评价 GaAs 表面的净化情况；

(2) 用超高真空系统真空度曲线的微分曲线可以确定 GaAs 表面水蒸气、氧化砷和氧化镓的蒸发温度；

(3) 超高真空系统真空度的原位监测和记录可以评价 Cs 源和 O 源蒸发电流的大小；

(4) 记录的超高真空系统真空度曲线可以作为下一次光电阴极制备时设置 Cs 源和 O 源电流的参考；

(5) 可以作为全面分析工艺成败的依据之一。

4.1.4　光电阴极光电流的原位监测和记录

光电阴极光电流是指光电阴极激活的全过程中，随着 Cs 源蒸发和 Cs、O 源交替蒸发光电流的变化曲线，它全面反映了光电阴极激活全过程的性能变化，也客观反映了光电阴极制备的工艺水平。实时原位监测和记录光电阴极光电流，在工艺研究中可以达到如下目的：

(1) 借助光电阴极光电流曲线，可以判断工艺的成败；

(2) 利用光电阴极光电流曲线的斜率变化，可以调整 Cs 源和 O 源蒸发电流的大小；

(3) 利用光电阴极光电流曲线的最大值和最小值可以确定 Cs 源和 O 源蒸发电流的比值；

(4) 利用同种材料的光电阴极光电流曲线, 可以对同种材料的光电阴极激活提供重要的参考。

4.1.5　光电阴极光谱响应的原位监测和记录

光电阴极的光谱响应, 有时称光谱特性, 是阴极的光谱灵敏度随入射光谱的分布。具体来说, 若照射到光电阴极面上的单色入射光的辐射功率为 $W(\lambda)$, 产生的光电流为 $I(\lambda)$, 则光电阴极的光谱灵敏度为

$$S(\lambda) = \frac{I(\lambda)}{W(\lambda)} \tag{4.1}$$

将光电阴极对应入射光谱中每一单色光的光谱灵敏度连成一条曲线, 便得到了光谱响应曲线。光谱响应是光电阴极最重要的特性之一, 在微光夜视领域, 它是决定光谱匹配系数的主要因素, 也是选择光电阴极的重要依据。而且光谱响应曲线仅由光电阴极本身的特性决定, 与入射光源无关。

在实际应用中, 有时也用量子产额 $Y(\lambda)$ 来表征阴极的光谱响应特性, 它是指入射到光电阴极面上的光子数 N_p 与发射的光电子数 N_e 的关系:

$$Y(\lambda) = \frac{N_e}{N_p} \tag{4.2}$$

量子产额和光谱响应是反映光电阴极同一特性的两种表现形式, 在实际测量中往往获得的是光电阴极的光谱响应, 而在某些理论研究中又常采用量子产额的形式, 它们之间可通过下式相互转换:

$$Y(\lambda) = \frac{hc}{e\lambda} S(\lambda) \approx 1.24 \frac{S(\lambda)}{\lambda} \tag{4.3}$$

式中, h 是普朗克常量; c 是光速; e 是电子电荷量; $S(\lambda)$ 是光谱灵敏度, 单位取 mA/W; λ 是入射光子的波长, 单位取 nm。

量子产额和光谱响应曲线可以通过理论与实验方法获得, 并且通过理论与实验拟合才能最终获得光电阴极的起始波长 (nm)、截止波长 (nm)、峰值响应 (mA/W)、积分灵敏度 (μA/lm); 从而获得光电阴极的结构参量, 例如, 电子扩散长度、寿命、光电子逸出几率、后界面复合速率、前界面复合速率和光电发射层厚度等信息。

4.2　超高真空激活系统

超高真空激活系统包括结构和性能、超高真空的获取, 同时介绍了目前研制和使用的超高真空系统与国外的差距。

4.2.1 超高真空激活系统的结构和性能

GaAs 光电阴极的激活要求在超高真空系统下完成, 系统的真空度对 GaAs 光电阴极的激活结果有很大影响, 主要体现在以下几个方面:

(1) 对 GaAs 材料表面净化结果的影响。在进行铯、氧激活之前, 材料需要在超高真空系统中进行加热净化来去除表面的污染物。在加热净化后, 需要等材料温度冷却至常温才可以进行铯、氧激活, 在此过程中, 尽管阴极温度较高, 但仍会受到系统残气的污染 [1], 因此真空度越高, 系统残余气体分子数越少, 越容易保持加热净化后的原子级清洁表面。

(2) 激活过程中残余气体或杂质吸附在材料表面, 阻止 Cs、O 与表面的连接 [1], 不利于形成有效的 Cs、O 激活层。

(3) 激活成功后, 置于系统中的光电阴极会受到残气污染, 真空度越差, 灵敏度下降越快, 稳定性越差 [2~7]。

Durek 等 [8] 通过实验研究了光电阴极寿命与真空度的关系, 他们发现寿命与真空度近似呈指数关系, 可以表示成

$$\tau = \tau_0 \left(\frac{p}{p_0} \right)^{-n} \tag{4.4}$$

式中, $n = 1.01$。如果在 $p_0 = 1.0 \times 10^{-8} \text{Pa}$ 下阴极寿命为 7800s, 利用式 (4.4) 可估算在 $p_0 = 1.0 \times 10^{-10} \text{Pa}$ 下阴极寿命将达到 227h, 因此光电阴极寿命对真空度是相当敏感的。有实验结果表明, 在优于 $3 \times 10^{-8} \text{Pa}$ 的系统真空度制备的透射式 GaAs 光电阴极, 具有较长的寿命 [9]。因此良好的系统超高真空度是提高激活台内光电阴极稳定性的有力保障。

综上所述, 真空度越高, 越有利于获得高灵敏度和稳定性良好的 GaAs 光电阴极。根据气体分子运动论得知 [10], 在 10^{-4}Pa 气压下, 晶体表面形成单原子层吸附所需时间约为 1s, 在 10^{-5}Pa 下约需 10s, 依此类推, 在 10^{-8}Pa 下就会延长到几小时以上。因此根据 GaAs 光电阴极加热后的冷却时间以及激活时间, GaAs 光电阴极的加热净化前和激活前所需的超高真空度应优于 10^{-8}Pa, 而且为防止在 GaAs 表面形成极为有害而又难以清除的碳污染, 必须采用无油超高真空系统。

为了获取激活所用的超高真空度, 我们自行设计并由中国科学院沈阳科学仪器股份有限公司制造了一套超高真空激活系统, 其结构示意图如图 4.1 所示。

整套系统由真空抽气系统、激活室、进样装置、样品传递机构、样品加热装置以及样品激活装置组成, 系统各部分简介如下所述。

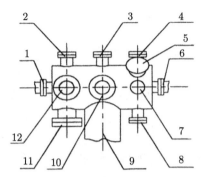

图 4.1　超高真空激活系统的结构示意图 [11]

1. 接磁力传输杆；2. 预留接口；3. 接 B-A 规；4. 入射光引入口 (反射式)；5. 观察窗；
6. 连接 XPS；7. 拨叉引出口；8. 入射光引入口 (透射式)；9. 接真空抽气系统；10. 观察窗；
11. 样品加热装置；12. 观察窗

1. 真空抽气系统

　　GaAs 光电阴极激活与 XPS 的抽气系统如图 4.2 所示，其由机械泵、涡轮分子泵、溅射离子泵和钛升华泵组成，其中主泵是溅射离子泵和钛升华泵，预抽泵是机械泵和涡轮分子泵。预抽泵的作用是将被抽容器的真空度从大气压降到主泵工作所需的启动压强，当主泵开始工作时，预抽泵可以关闭。根据抽气系统的结构和抽气速率，采用了激活室和 XPS 主真空室共用前级泵的方案。在分子泵的抽气管道上设置三通阀，一边连接表面分析室，另一边连接激活系统。这样就减少了预抽所

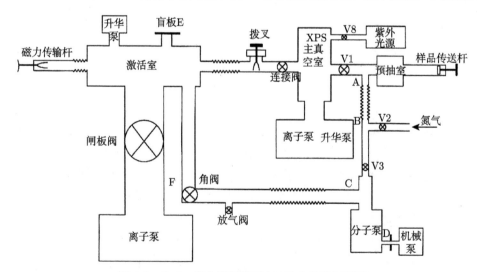

图 4.2　GaAs 光电阴极激活与 XPS 的抽气系统

用的机械泵和涡轮分子泵。这种连接方式使用方便、效率高、结构紧凑、费用少，是一种经济合理的方案。

2. 激活室

激活室为一水平方向的圆柱腔体，直径为 200mm，用不锈钢材料制成，内外经过抛光处理。真空室的左半部分用于样品的加热处理，右半部分用于样品的激活和光谱响应测试。常温下，不锈钢的放气速率为 $10^{-7} \sim 10^{-8} \mathrm{Pa/(s \cdot cm^2)}$；经 250℃高温烘烤后，它的放气速率下降为 $10^{-10} \sim 10^{-11} \mathrm{Pa/(s \cdot cm^2)}$。所以当真空系统较长时间暴露于大气后，对真空室需定时烘烤以使真空度恢复到原来的超高真空水平。

3. 进样装置

进样装置是通过 XPS 表面分析室进行。该进样装置与表面分析室之间有一隔离阀，进样前先由前级泵抽真空，当真空度达到 $10^{-4} \mathrm{Pa}$ 时，打开隔离阀，样品由进样杆送至表面分析室，再由样品传递结构送至激活系统。采用这种方案，可以避免每次进样时激活系统暴露于大气，节约了抽真空的时间。

4. 样品传递机构

样品传递机构采用磁力传输杆，其位于真空室的轴线上，样品放置在传输杆前端夹持的样品托上。磁力传输杆可以平稳、灵活地将样品送至加热位置或激活位置，也能实现样品在激活系统和表面特性分析系统之间的来回传递。为防止系统漏气并保证传递的准确性，传输杆与真空室的连接部分采用波纹管，并通过法兰固定。传输杆的末端设计了微调机构，可以使传输杆上下左右微动，从而确保了样品传递的准确性和灵活性。

5. 样品加热装置

样品加热装置主要由加热台、卤钨灯和热电偶组成，其结构示意如图 4.3 所示。加热台可以上、下移动，当需要给样品加热时加热台上移，否则下降，以防阻碍磁力传输杆的通过。加热台上方的凹槽是为卡入样品托而设计。加热通过卤钨灯进行，即给卤钨灯通电流，利用灯丝的热辐射给样品加热。热电偶的作用是测温。

6. 样品激活装置

样品激活装置主要包括铯源、氧源、入射光引入口和光电流测试装置。激活用的铯蒸气是通过固态铯源通电加热得到，铯源为锆铝合金粉还原铬酸铯的分子源。激活所用氧也通过对固态氧源通电加热得到。

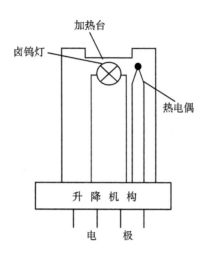

图 4.3　样品加热装置的结构示意图

激活时，样品由磁力传输杆送至激活位置。因为激活过程中无需加热，所以样品将停留在传输杆前端的样品托上，直至激活结束。为便于测试光电流，设计了带有两芯引线的机械手，其中一根引线与样品周边良好接触，另一根引线加 0~400V 可调电压。两引线与真空系统外部的测试设备相连，以实现对电流的显示和记录。无需测光电流时，机械手可带动两引线离开样品表面。为方便入射光的引入，在样品激活位置的正上方和正下方对称设置了嵌入式光窗，嵌入式的设计是为了尽量缩短入射光与样品表面的距离，以增大入射光照度。

除了上述装置，激活系统选用 B-A 规作为超高真空计，并通过一法兰将其安装在真空室的中部上方 (参见图 4.1)，B-A 规的电源线和信号线从法兰盘用陶瓷接线柱引出。此外，为便于观察真空室内部的情况，在真空室一侧设计了三个观察窗 (图 4.1 中的 5、10、12)，分别用于对样品加热、样品传递和样品激活的观察。窗口材料选用高强度石英玻璃，以承受一定的气压并便于烘烤。并在预留接口 2 处增加了残余气体分析系统。

4.2.2　超高真空的获取

在 XPS 仪的主真空室上配有一个 ϕ38mm 的法兰盲口，利用此盲口与激活系统在超高真空进行连接，在激活系统的真空室与 XPS 的真空室之间用带波纹管的管道连接，中间设计了一个闸板阀，连接激活和 XPS 的真空室，以防加热和激活时影响和污染 XPS 室的真空环境。在进行样品加热和激活实验时，该阀门关闭，只有在样品传送时才开启，这样保证了两个超高真空系统不互相影响，既能独立工作，又能原位分析光电阴极的样品。

样品先进入 XPS 的预抽室, 当预抽室的真空度达到 $10^{-3} \sim 10^{-4}$Pa 后, 将样品送入 XPS 的样品分析室, 等样品分析室的真空度到 10^{-7}Pa 后, 再打开金属闸板阀, 用磁力传输杆将样品送入激活系统的真空室, 这样避免了每次进样时超高真空系统都暴露于大气, 提高了工作效率。

通过对超高真空激活系统中磁力传输杆、样品加热装置、XPS 的真空抽气系统、X 射线源和自动阀控制电路的进一步整修, 超高真空系统的性能得到了提高, 主要性能指标如下:

(1) 极限真空度 $\leqslant 2 \times 10^{-8}$Pa;

(2) 停止抽气 12h 后, 系统真空度可保持在 10^{-3} Pa;

(3) 样品加热净化前的本底真空度在 $\leqslant 9 \times 10^{-8}$Pa;

(4) 样品激活前的本底真空度 $\leqslant 1 \times 10^{-7}$Pa;

(5) 系统能耐 300℃高温和长时间 (48h) 的除气烘烤;

(6) 石英玻璃窗耐 400~500℃的烘烤;

(7) 与表面特性分析系统之间的闸板阀可耐 200℃以下的长时间 (24h) 烘烤;

(8) 对样品加热的温度可在室温 ~850℃范围内设定调整。

4.2.3 超高真空系统与国外的差距

该超高真空系统 1996 年设计, 1998 年调试并投入使用, 是国产超高真空系统与国外进口的 XPS 系统联调成功的典范。在 1996 年, 国产的超高真空系统的极限真空度 $\leqslant 2 \times 10^{-8}$Pa 是难能可贵的。时隔 20 年, 用于 GaAs 光电阴极激活的超高真空系统的极限真空度没有打破这一极限, 致使利用国产的真空泵研制的激活系统, 其真空度低于欧美的相同系统约一个数量级之多, 这对进行高水平的 GaAs 光电阴极的研究无疑是一个瓶颈。

4.3 多信息量在线监控系统的构建

自行研制的多信息量在线监控系统是以光谱响应测试仪为核心, 它的研制成功为 GaAs 光电阴极制备过程中多信息量的在线监控提供了技术支持, 为 GaAs 光电阴极激活工艺研究提供了有力手段 [11~19]。系统结构示意图如图 4.4 所示。

该系统可以采集的信息量包括: 阴极在线光谱响应曲线、在线光电流、Cs 源电流和 O 源电流的原位测试与监控以及真空度的变化, 按照阴极的激活工艺, 实现了自动化激活。构建的功能主要体现在以下几方面。

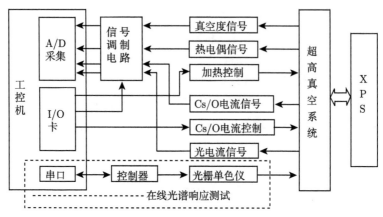

图 4.4　多信息量在线监控系统结构示意图

1. 光谱响应特性的原位测试

光谱响应特性可以一目了然地反映光电阴极的发射本领,在实际应用中,它还决定着像增强器所传输图像的亮度和对比度。在光谱响应曲线中,人们比较关心的量有以下几个。

1) 曲线的起始波长和截止波长

曲线的起始波长和截止波长决定着光电阴极的光谱应用范围,而且在人们致力于扩展光电阴极的红阈,以提高光电探测系统的作用距离时,曲线的长波截止限更是一个引人关注的量。

2) 曲线的峰值及相应位置

曲线的峰值是光电阴极的最大光谱灵敏度,其值越大越好,而且人们一般希望其对应的波长位置能够红移,这对提高光电阴极对夜天光的长波响应有益。

2. 积分灵敏度的原位测试

在不需要光谱响应曲线提供的有关阴极的详细信息时,积分灵敏度是评价光电阴极性能的一个简单而实用的参量。它以数字的形式反映了光电阴极的发射本领,特别适用于比较光谱响应类似的光电阴极。

3. 电子表面逸出几率的原位估算

对于 NEA 光电阴极,电子表面逸出几率不仅直接影响其量子产额的高低,还和众多因素相关,如表面势垒。由于表面势垒的形成以及高低都和激活工艺有关,所以表面逸出几率也间接反映了光电阴极的激活水平。

4. 电子扩散长度的原位估算

在 NEA 光电阴极中,光电子在向表面扩散的过程中会不断复合,它们在寿命期内的平均扩散距离，即称为扩散长度。根据基本扩散理论，扩散长度 L_D 只和两个参数有关，即光电子的扩散系数 D 和光电子的寿命 τ，其关系式为

$$L_D = \sqrt{D\tau} \tag{4.5}$$

电子扩散长度主要反映材料的结晶质量，一般由基片生长时所采用的外延方法来决定。表 4.1 列出了用不同外延方法生长的透射式 NEA 光电阴极的电子扩散长度。一般来说，用 LPE 和 MOVPE 法生长的材料的扩散长度较长，基本都在 2μm 以上，尤以 MOVPE 法最佳，其扩散长度可达 5~7μm。ITT 用于透射式 GaAs 光电阴极材料的电子扩散长度在 3~7μm。

表 4.1 不同外延方法生长的透射式 NEA 光电阴极的性能

阴极	外延方法	后界面复合速率/(cm/s)	扩散长度/μm	灵敏度/(μA/lm)	年代
GaAs/GaAsP/GaP	VPE		0.8	350	1974
GaAs/GaAlAs/glass	LPE	5×10^3	3	390*	1975
GaAs/GaAlAs/GaP	LPE		2	800	1978
GaAs/GaAlAs/glass	LPE		3	900*	1978
GaAs/GaInP/GaP	VPE		2	740	1979
GaAs/GaAlAs/glass/Al$_2$O$_3$	LPE	10^3	3.5~5.5	750	1979
GaAs/GaAlAs/glass/Al$_2$O$_3$	MOVPE	10^3	5~7	1300	1981

注：* 在封离器件中的灵敏度

5. 后界面复合速率的原位估算

后界面复合速率是在透射式 NEA 光电阴极中出现的一个参量。由于透射式光电阴极的缓冲层和发射层由不同材料构成，在两种材料的交接处存在大量的界面态。这些界面态成为复合中心而俘获大量光生电子，使得界面处的电子浓度下降，导致附近的电子以一定的速度流向界面处以补充复合掉的电子，这一速度即是后界面复合速率。后界面复合速率也是光电阴极本身的固有特性之一，它主要和光电阴极缓冲层、发射层的材料选取以及基片的外延生长方法有关 (参见表 4.1)。

6. 表面特性参量的原位分析

NEA 光电阴极的表面特性参量反映表面激活层的性质，一般需要了解的有以下几个量。

1) 激活层的厚度

尽管人们早从理论上估算过表面激活层的厚度，但一直没有得到过比较准确的测量结果，其主要原因是激活层的厚度太薄，大约只有 10Å。目前人们不仅希望了解激活层的厚度，还想知道其最佳厚度是多少，即表面激活层达到多厚时，光电阴极的量子产额最高，发射性能最好。

2) 激活层的组分

表面激活层的组分指的是激活层中含有哪些化学元素，各元素的含量以及它们的排列结构。这些内容将为表面化学元素吸附的物理与化学性质提供实验和理论的表征。

3) 激活层和光电阴极表面的化学连接

对于 NEA 光电阴极，关于其表面激活层和光电阴极的化学连接一直有不同的观点。以 GaAs: Cs-O 光电阴极为例，有人认为在 GaAs 和 Cs，O 交替层之间形成了 GaAs-Cs 的化学连接，也有人认为它们之间形成了 GaAs-O 的化学连接，并且 GaAs-O 层的厚度与表面势垒的高度有密切关系。所以弄清激活层和光电阴极表面之间的化学连接以及它们和表面势垒之间的关系是研究激活层的性质的重要组成部分。

7. 样品净化与激活过程的在线监控

样品净化与激活过程的在线监控主要体现在如下几个方面：

(1) 采用自动温度控制仪对样品进行加热净化，保证了加热温度的准确性以及净化工艺的重复性，提高了加热净化过程的自动化程度。

(2) 激活所用的 Cs 源、O 源为电流源直接控制，进 Cs 和进 O 量可以精确控制。

(3) 开发了光电流自动采集、记录和控制软件，如图 4.5 所示。该软件能实时采集、显示并存储光电阴极激活过程中光电流随激活时间的变化曲线，这为光电阴极制备提供了实时反馈，有利于激活工艺的开展和研究。

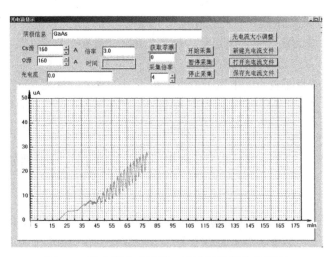

图 4.5　光电流自动采集、记录和控制软件界面

4.4 光谱响应测试仪

光谱响应测试仪的内容涵盖测试原理、硬件结构、软件编制和测试方式。

4.4.1 光谱响应测试原理

光谱响应测试仪的作用主要体现在以下几个方面:

(1) 获得光电阴极的光电发射特性,包括光谱响应的起始波长、截止波长、峰值响应、峰值波长以及积分灵敏度,从总体上判断光电阴极性能优劣。

(2) 获得光电阴极性能参量。光电阴极光谱响应曲线形状携带大量信息,对于透射式 GaAs 光电阴极,曲线的起始波长对应缓冲层的带隙,其陡峭程度反映了后界面复合速率的大小及特性;曲线的截止波长对应发射层的禁带宽度,其陡峭程度反映了光电阴极激活水平和表面程度;而中间响应波段的平坦是判断光电子扩散长度优劣的一个根据,同时也是判断光电阴极组件光学性质的重要手段。如果已知光谱响应测试曲线,通过曲线拟合可以计算光电阴极多个性能参量,如表面逸出几率、电子扩散长度以及后界面复合速率等,这为光电阴极材料性能评估提供了重要参考。

(3) 激活工艺和表面激活机理研究。通过对激活过程中的光电阴极进行在线光谱响应测试,可以获得光电阴极光电发射性能以及表面逸出几率随激活进程的变化情况,为激活工艺研究提供多信息量参考。如果进一步建立表面逸出几率与表面激活层结构之间的关系,就可以有助于光电阴极表面机理的研究。

(4) 光谱响应曲线测试也是考察光电阴极稳定性、均匀性等性能的最佳工具。

国外光谱响应测试仪的出现较早。1960 年,美国新泽西州的 Du Mont 实验室研制了一套自动光谱响应测试系统 [20];1966 年,美国密歇根州的 Bendix 公司研制了一套自动光谱测试系统 [21],用于多碱阴极的生产与研究;1976 年,瑞士 Für Festkörperphysik 实验室研制了一台量子产额自动记录仪 [22]。国外早在 20 世纪 70 年代初就开始利用光谱响应测试仪研究 GaAs 光电阴极的发射性能 [23]。

国内对光电阴极的信息监控技术研究起始于 20 世纪 80 年代,我国许多学者在这方面做了大量卓有成效的工作,但是大部分对光电阴极的信息监控是从监控阴极的光电流入手。我们在 "八五" 期间构建了国内光谱响应测试仪的最早雏形 [24],用于研究超二代光电阴极;"九五" 期间将光谱响应测试仪成功应用到 GaAs 光电阴极的研究中。

用于III-V族 NEA 光电阴极研究与制备的光谱响应测试仪是集光、机、电于一体的高精度测试系统,测试速度快,准确性高,可以实现对光谱响应的在线和非在线两种方式测试,并已获国家发明专利一项 [25]。与国外光谱响应测试仪以及国内以前研制的光谱响应测试仪相比, 测试的自动化程度、精确度以及可操作性都得到了大大提高。光谱响应测试仪为我国研究 GaAs 光电阴极的性能及制备技术提供了先进的测试手段, 获得了一系列有价值的研究成果[26]。

　　光谱响应测试仪由光源、调制器、光栅单色仪及扫描控制器、光纤、微弱信号处理模块、A/D 采集卡和 I/O 卡, 以及工控计算机组成, 测试原理方框图如图 4.6 所示。早期研制成功的光谱响应测试仪如图 4.7 所示。

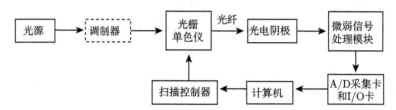

图 4.6　光谱响应测试仪的测试原理方框图

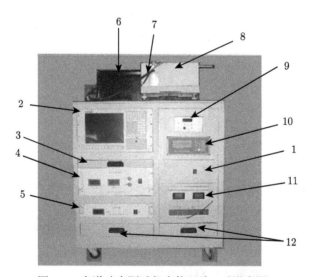

图 4.7　光谱响应测试仪实物照片 (后附彩图)

1. 总电源; 2. 计算机; 3. 键盘; 4. 信号处理模块; 5. 光源电源; 6. 光源; 7. 光纤; 8. 光栅单色仪; 9. 斩光器; 10. 单色仪控制器; 11. 高压电源; 12. 工具箱

　　光谱响应测试的使用条件分为两种: 一种情况是杂散光和其他外界干扰很小时无需对光源进行调制, 可以直接采用直流电路进行放大, 因此图 4.6 中的调制器用虚线标出; 但如果杂散光和外界干扰比较大, 需要采用交流信号电路进行放大, 这时需要利用调制器对光源进行调制。测试时, 光源发出的光经光栅单色仪分成单色光, 通过光纤把单色光引向待测的光电阴极, 光电阴极接收光照产生微弱的光电流, 光电流经检测电路检测、放大后, 由 A/D 采集卡实现模/数转换, 最后输入计算机,计算机将输入的信号进行软件处理,转换成相应的光电流,与对应的单色光辐射功率相比,即可获得阴极在该单色光照下的光谱响应值。当扫描仪完成整个测试波段的扫描后,就获得一组光谱响应,通过软件的绘图功能即可得到光电阴极的光谱响应曲线。当需要在光电阴极制备过程中进行在线测试时,通过光纤将单色光引到测试现场。

4.4.2 光谱响应测试仪的硬件结构

1. 光源

光谱响应测试仪要求能在 400~1000nm 波长范围测试阴极的光谱响应,所以要求光源在此波长范围内都具有一定的发光强度并具有良好的稳定性。我们采用开关电源供电的 12V/100W 的卤钨灯作为光源。光源的光谱分布和稳定性均满足要求。

光谱响应测试要求获得入射光源的辐射功率的光谱分布,为此采用了 Rm-3700型硅光功率计进行该测试仪的光源标定。该功率计具有测量精度高、测量误差小、抗电源干扰性好等特点,并具有自动和手动的校准功能,经过美国国家标准和技术部的验收。该功率计可广泛适用于各种辐射功率的测量,包括激光脉冲的辐射功率测量,并具有串口输入端,可实现计算机的控制和数据读取。主要技术指标如下:

(1) 光谱范围:0.2~1.1μm;

(2) 测量精度:10^{-9}W;

(3) 测量误差:1%。

为保证标定结果的准确可靠,整个标定过程是在模拟实际测试的条件下进行的,即所用器件之间的相对位置及使用环境和实际测试时完全一样。标定从 400nm开始,到 1000nm 结束,每隔 5nm 标定一个点。标定结果如图 4.8 所示[27]。

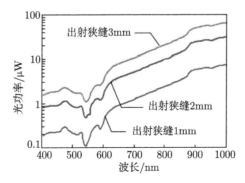

图 4.8　12V/100W 卤钨灯光源标定结果

2. 调制器

由于光栅单色仪输出的光很弱，如果存在较大的杂散光或其他的干扰，则由光照产生的光电流信号将被湮没在噪声中，因此需要对光源发出的光进行调制。调制的目的是对所需处理的信号或被传输的信息作某种形式的变换，使之便于处理、传输和检测。在光谱响应测试仪中我们采用光源外调制方式，即如图 4.6 所示，在光源外的光路上放置调制器，当光通过调制器时，透过光的频率将发生变化，从而实现了光信号的调制。这时的光电流已变为调制信号，然后在交流信号处理电路中利用隔直、滤波、检波等方法滤去其他干扰，检出光电流信号。

光谱响应测试仪采用 ND-4 型双频斩光器作为调制器。斩光器通过直流马达带动斩光盘实现对光束的调制。ND-4 型斩光器采用自动稳速电路，保证斩光频率自动稳频。它有内孔和外孔两种调制选择，这里采用外孔调制，频率为 645Hz。

3. 光栅单色仪及扫描控制器

光栅单色仪的主要作用是利用光栅作为分光元件，将入射的复色光分解为分布于全波段的可提供任意选择的光谱宽度很窄的单色光。其突出的优点是波段范围宽广，在全波段色散均匀，单色光的波长可以达到非常精确的程度。测试仪使用的光栅单色仪由北京光学仪器厂生产，型号为 WDG30-2。其主要性能指标如下：

(1) 波长范围：400~1500nm(600 线/mm 光栅)；

(2) 光栅：平面光栅 600 线/mm，刻划面积 50nm×50nm，闪耀波长 $\lambda_b=750$nm；

(3) 波长准确度：±0.4nm(600 线/mm 光栅)；

(4) 波长重复性：0.2nm(600 线/mm 光栅)；

(5) 焦距：300mm；

(6) 相对孔径：$D/f=1/6$；

(7) 分辨率：≤0.1nm；

(8) 狭缝：宽度 0.01~3mm 连续可调，高度分 2mm、4mm、6mm、8mm、10mm 共五挡。

扫描控制器主要用来控制单色仪的步进电机，产生单色光，扫描控制器可对光栅单色仪进行单独控制，同时其自身带 R-232 串口，可实现与计算机之间的通信，接受计算机程序控制。

光栅单色仪及扫描控制器在实现对入射白光光源进行分光的过程中，必须满足入射光源的会聚性和光栅单色仪的测试条件。一方面光源发出的光经透镜会聚后的焦点应落在入射窄缝处，即此时如果把入缝宽度调为零，灯丝正好应在其上面呈现一最小的倒立的实像。另一方面要求光栅单色仪的入缝和出缝宽度保持一致。图 4.9 给出了光源通过光栅单色仪传递到阴极面上的光路示意图。

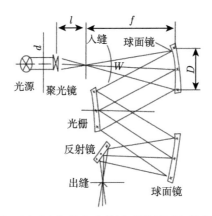

图 4.9 光源通过光栅单色仪传递到阴极面上的光路示意图

4. 微弱信号处理模块

微弱信号处理模块的作用是将光电流信号放大。由于该测试仪具有直流和交流两种测试方式，因此微弱信号处理模块分为直流信号放大电路和交流信号放大电路两部分。

直流信号放大电路采用 I/V 变换电路和低通滤波器实现，电路原理方框图如图 4.10 所示。对电路影响最大的干扰为 50Hz 工频干扰，可以通过软件程序的抽样平均将其滤除，该电路可测量的最小电流为 10^{-9}A。

图 4.10 直流信号放大电路原理方框图

交流信号放大电路由高通滤波、前置放大器、带通滤波器、平均值检波器、直流放大器等组成，原理方框图如图 4.11 所示。调制信号经高通滤波电路将干扰中的直流部分去除，再由前置放大电路放大，经带通滤波器滤除噪声，送入检波器检波，从检波器输出的直流信号经直流放大器的进一步放大，最后送入计算机中的 A/D 采集卡。

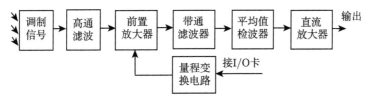

图 4.11 交流信号放大电路原理方框图

5. A/D 采集卡

A/D 采集卡的作用是将从信号处理模块输出的模拟信号转换为数字信号后，输入计算机。本测试仪采用的是研华公司 32 路通道输入的 PCL-813 A/D 采集卡。该卡采用光耦隔离电路，因此具有很好的绝缘性和稳定性，噪声小、抗干扰能力强。该卡模拟信号输入范围可以选择，数据传输模式设为查询方式，并且支持软件触发，适用各种计算机语言，如 BASIC、PASCAL、C 和 C++ 等。系统选用 CH0 通道、CH7 通道分别作为直流测试和交流测试输入通道，板卡基地址为 0x380H。

6. I/O 卡

I/O 卡主要用来控制电路中信号放大倍数的量程转换，采用汇博公司的 PRO-16I160 I/O 卡。板卡的基地址为 340H。PRO-16I160 I/O 卡是 16 路光电隔离开关量输入 16 路光电隔离集电极开路输出卡，每路输出驱动电流达 200mA，可直接驱动继电器。适用各种计算机语言，如 BASIC、C 和 C++ 等。

7. 计算机

计算机是光谱响应测试仪的核心，数据的实时处理、图形显示、计算以及通过扫描器控制光栅单色仪的运行都通过计算机进行。样机采用汇博 212T 型工控机，该机带有液晶显示屏，附有薄膜键盘，操作方便，性能稳定，抗干扰能力强。

4.4.3　光谱响应测试仪的软件编制

根据光谱响应测试的实际要求，利用 Microsoft 公司发布的 Visual C++ 6.0[28,29] 开发了一套光谱响应测试软件。该软件功能强大，操作简捷，具有良好的人机对话界面，程序实时响应速度快，运行稳定。软件界面如图 4.12 所示。

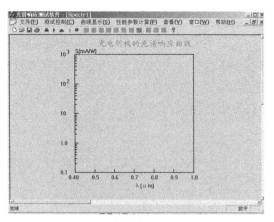

图 4.12　光谱响应测试软件界面

整个软件可分为光谱响应测试控制、曲线显示、性能参数计算三大功能模块。它们的功能简介如下所述。

1. 光谱响应测试控制模块

该模块主要负责光谱响应测试前的测试参数设置以及对测试过程的控制。

测试参数设置的对话框如图 4.13 所示。测试前，用户可以根据测试对象选择需要测试的起始波长、终止波长、放大倍率以及测试条件。放大倍率调整通过计算机与 I/O 卡之间的通信实现。八个放大倍率对应 I/O 卡上八个通道，因此就对应八个输出地址。计算机按照预先选择的放大倍率打开对应通道的地址，即可实现倍率的控制。

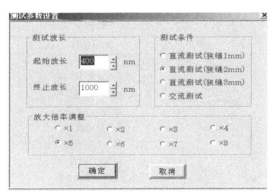

图 4.13 "测试参数设置" 对话框

测试过程的控制包括测试的开始、暂停、继续以及结束四项功能，这些功能的实现主要基于计算机与光栅单色仪扫描控制器之间的串口通信[29]，即计算机通过串口向扫描控制器发送操作指令，实现对扫描仪的控制。使用的串口为 RS-232 接口。这些操作指令由扫描控制器的厂家提供，其通信软件协议如下：

(1) 数据传输率：9600 波特 (Bd)；

(2) 数据传输格式：一帧数据为 10 位，其中 1 位起始位，8 位数据，1 位停止位；

(3) 上电或按 "清除" 键后，控制器自动向计算机发送 123F 字符的 ASCII 代码，自动进入 "设定" 状态，其中，"F" 表示向计算机回送 "设定" 命令的握手信号；

(4) 计算机发送定值数据时数据格式规定高四位为零，低四位为 BCD 码。

在这个通信过程中，需要实现以下通信功能：

(1) 串口初始化和配置。

软件中首先创建 Visual C++6.0 集成开发环境下的 MSComm 控件，然后通过设置该控件属性实现串口的初始化和配置。

(2) 数据的发送和接收，即串口的读写。

串口的读写是编制串口通信的关键技术，软件中使用两个读写函数 GetInput() 及 Setoutput(const VARIANT & newValue) 来实现。通过串口的读写功能，计算机就完成了对扫描控制器的控制，进而实现对光栅单色仪的控制。这些控制主要包括：控制单色仪到指定的波长、控制单色仪的扫描步进波长、利用控制器的回送信号、对关键操作过程作出提示、防止误操作。

(3) 串口的关闭：完成测试，利用 MSComm 控件关闭串口。

通信协议中的命令代码表如表 4.2 所示。

表 4.2 串口通信协议中的命令代码

十六进制码	功能注释
41H	"连续" 运行状态下的停止命令
42H	正单步
43H	"自动" 方式运行
44H	"连续" 正扫运行
45H	反单步
46H	"自动" 方式下的参数设置命令
47H	"连续" 反扫运行
48H	"定值" 输入命令
49H	上电初始化
4AH	当前波长值传给计算机 (电机在静止状态下)
4BH	迅速结束，恢复面板上的键盘功能
4CH	"定值" 参数输入后，开始运行
EEH	计算机发送除上述命令以外的其他代码时，控制器视为错误及回送的代码

2. 曲线显示模块

1) 动态显示

实际测试时，每当光栅转到所要测试的波长处，程序将计算该点的光谱响应值，并将结果显示在光谱响应坐标图中。这样在计算机屏幕上就能看到光谱响应曲线随着测试的进行不断由短波向长波延伸，直到测试结束。测试中各点的光谱响应由下式计算：

$$S(\lambda) = \frac{\overline{V}(\lambda)}{R \cdot A \cdot W(\lambda)} \tag{4.6}$$

式中，$\overline{V}(\lambda)$ 是计算机从指定接口读取的数据的平均值；R 是测试电路中采样电阻的阻值；A 是电路的放大倍数；$W(\lambda)$ 是单色光所对应的辐射功率。

2) 静态显示

主要实现对一个测试文件中的多条测试曲线进行不同形式的显示、曲线添加和删除以及曲线信息的注解。对测试曲线进行不同形式的显示包括：选择所需浏览的一条或多条曲线，将光谱响应曲线转换成量子产额曲线进行显示，将光谱响应纵坐标的对数形式转换成绝对值形式，对显示曲线进行平滑处理，调整曲线显示的起始波长和截止波长，以及添加网格线等。示意如图 4.14~图 4.18 所示。

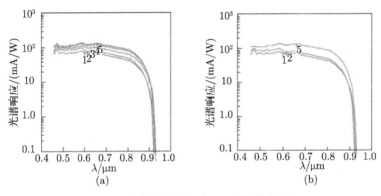

图 4.14 曲线的全部显示 (a) 及部分显示 (b)

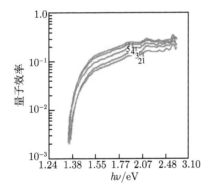

图 4.15 量子效率转换结果

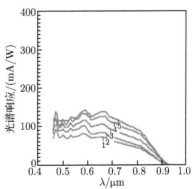

图 4.16 光谱响应值的绝对坐标显示

在测试过程中，由于受杂散光等其他因素干扰的影响，可能引起光谱响应曲线的上下波动。为了去除干扰信号的影响，使毛刺比较多的曲线变得平滑，程序采用了滤波的方法对曲线进行了处理，所用的滤波方法是五点二次中心滑动平均法[11]，它是一种将加权平均和最小二乘法相结合的滤波方法，可以有效抑制随机扰动信号，如图 4.19 所示。

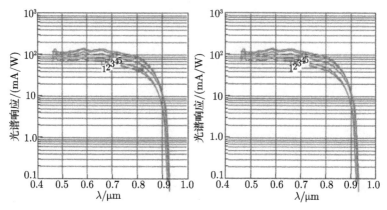

图 4.17　调整曲线显示的起始波长和截止波长　　图 4.18　添加网格线

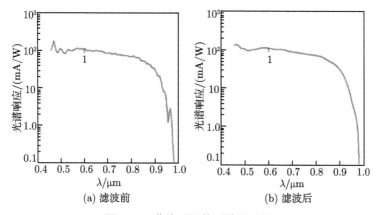

(a) 滤波前　　　　　　　　　　　　　　　(b) 滤波后

图 4.19　曲线平滑前后效果对比

3. 性能参数计算模块

该模块的主要任务是通过实测的光谱响应曲线确定 GaAs 光电阴极的有关特性参数。这些性能参数包括下几方面。

1) 光谱响应特性参数计算

计算光谱响应曲线的光谱特性，包括曲线的起始波长及截止波长，峰值响应，峰值波长和积分灵敏度。

2) 性能参数拟合

通过对反射式和透射式的 GaAs 光电阴极进行量子产额的拟合，获得性能参量。对于反射式光电阴极，可获得表面逸出几率和扩散长度参量；对于透射式光电阴极，可获得表面逸出几率、扩散长度以及后界面复合速率参量，如图 4.20 和图 4.21 所示。

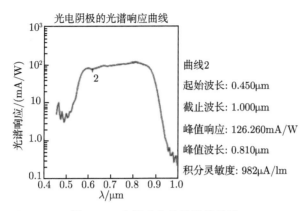

图 4.20 光谱响应特性计算结果

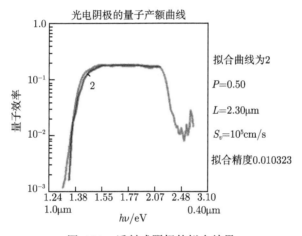

图 4.21 透射式阴极的拟合结果

4.4.4 光谱响应测试方式

光谱响应测试有非在线和在线测试两种方式。三代微光像增强器的光谱响应测试采用非在线测试,测试时将光纤输出端和像增强器同置于暗箱,通过光纤将单色光引到像增强器的入射窗即可进行光谱响应测试。对于超高真空激活台内 GaAs 光电阴极的光谱响应测试,需要采用在线测试手段。在线光谱响应测试的原理方框图如图 4.22 所示。在线测试时,光谱响应测试仪的光栅单色仪与光纤相接,通过该光纤再与激活室的白光传光光路对接。阴极在光照下产生光电信号,通过机械手引出线引出激活室外,并与光谱响应测试仪的信号处理模块相连,从而实现光电信号的采集、处理和显示。

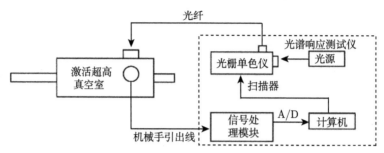

图 4.22　在线光谱响应测试原理示意图

4.5　在线量子效率测试与自动激活系统

在线量子效率测试与自动激活系统包括系统结构、系统硬件设计、自动激活策略、软件设计、实验与结果，最后给出了自动激活与人工激活对比性实验 [30,31]。

4.5.1　系统结构

GaAs 光电阴极的制备过程极为复杂，对制备工艺和条件要求很高，因此对制备过程中的信息检测和控制十分重要。"十五" 期间，研制了 GaAs 光电阴极多信息量测试系统，可在线测试真空度、光电流、光谱响应曲线、Cs 源和 O 源电流等多种信息量，这些信息较全面地反映了光电阴极制备过程中各种物理量的变化规律。"十一五" 期间，在原有多信息量测试系统基础上，重新设计了微弱信号检测模块，Cs 源和 O 源电流采用了程控技术，提出了自动激活 (也称智能激活) 理念，设计与编写了测试软件，成功研制了光电阴极在线量子效率测试仪与自动激活子系统。新系统可靠性更高，测试方法更加完善，可测试参数更多，测试精度更高，分析与表征更加全面。特别是实现了 GaAs 光电阴极的自动制备，使得光电阴极的研究效率大为提高，工艺重复性有了质的飞跃。

光电阴极在线量子效率测试与自动激活系统结构框架如图 4.23 所示。系统由计算机、I/O 卡、A/D 及 D/A 卡、微弱光电流采集模块、高压阳极、卤钨灯、单色仪、光纤和两台分别与超高真空系统中 Cs 源和 O 源相连的数字程控恒流源组成。计算机通过 D/A 转换卡输出模拟信号控制卤钨灯的发光功率，卤钨灯发出的白光照射在光电阴极上产生光电流，光电流由高压阳极收集后经由微弱光电流采集系统放大，最后由计算机通过 A/D 转换卡进行采集，微弱光电流采集系统的放大挡位信号由计算机通过 I/O 卡采集。计算机通过 RS232 接口控制单色仪产生光谱响应测试所需的单色光，单色光由光纤引入超高真空激活室照射在光电阴极上。两个程控数字恒流源分别与 Cs、O 源相连，计算机通过 RS232 接口控制恒流源电流的通断和输出大小。

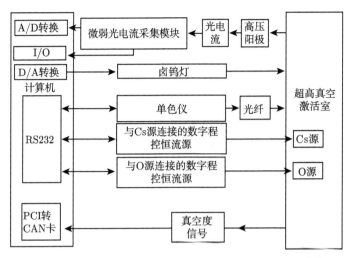

图 4.23　光电阴极在线量子效率测试与自动激活系统结构

由于原有系统中是利用 USB-CAN 总线转换器进行通信，该通信方式最大的问题是 USB 总路线的抗干扰能力不强，因而在结构框图中采用 PCI 总线 CAN 通信卡。为了实现计算机自动控制，定制了可由计算机控制的数字程控电源和数字程控可编程控制器。数字程控电源和数字程控可编程控制器都使用 RS-232 接口进行通信，设备的 232 信号经过 CAN-232 转换器转换为 CAN 总线信号后通过 PCI 总线 CAN 通信卡输入计算机中，实现计算机和各测控设备的双向通信。

系统主要技术指标如下：

(1) 可以检测光电流、Cs 源电流、O 源电流、真空度、温度、光电流以及光谱响应等参数；

(2) 真空度检测范围：$10^{-8}\sim10^{-2}\mathrm{Pa}$；

(3) 光谱测试范围：$400\sim1000\mathrm{nm}$；

(4) 光电流检测精度：$5\times10^{-8}\mathrm{A}$；

(5) 测量挡位可手动换挡或自动换挡，挡位信息可由计算机采集；

(6) 精密稳定高压：$0\sim400\mathrm{V}$ 连续可调，精度 $1\mathrm{V}$，短路自动保护；

(7) 工作电源：AC $220\mathrm{V}\pm10\%$，$50\mathrm{Hz}$；

(8) 工作时间：可连续工作；

(9) 恒流源输出可由控制面板上的精密电位器调控或计算机调控；

(10) 程控恒流源输出范围：在蒸发源负载下，$0\sim5\mathrm{A}$ 连续可调；

(11) 输出电流最小调控当量：$1\mathrm{mA}$；

(12) 光源电源输出范围：在工艺光源负载下，$0\sim3\mathrm{A}$ 连续可调；

(13) 数据通信方式：CAN 总线；

(14) 光电阴极激活控制：自动控制加手动干预。

4.5.2　系统硬件设计

光电阴极在线量子效率测试与自动激活子系统主要完成真空度、光电流和光谱响应曲线的测试和自动激活控制，其硬件主要由两部分构成：微弱信号检测与采集单元、系统控制与反馈单元。微弱信号检测与采集单元包括微弱信号搜集模块 (高压阳极)、微弱信号采集仪、微弱信号检测模块等。系统控制与反馈单元包括数字程控恒流源、单色仪、I/O 卡、RS-232 接口等。前者基于微弱信号放大电路，实现光电流和光谱响应曲线的测试，后者构成一个基于现场总线的分布式测控网络，实现单色光和真空度的获取，Cs 源和 O 源电流的控制，并与微弱信号检测和采集单元配合实现自动激活。

1. 微弱光电流采集仪

微弱光电流采集仪对光源照射在光电阴极上产生的光电流进行处理和放大，可测量范围为 10nA~20μA。为了保证智能激活过程顺利进行，计算机从微弱光电流采集模块得到的光电流必须准确真实。为了避免外界干扰信号对智能激活过程产生影响，采用了 AD210 隔离器，使仪器在传输光电流的同时有效地抑制了各种噪声干扰，如图 4.24 所示。

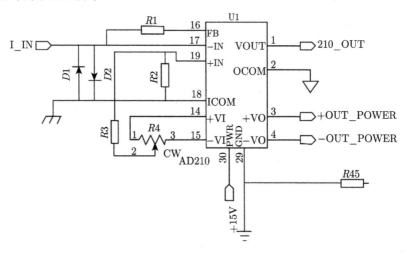

图 4.24　微弱光电流采集仪光电隔离原理图

由于光电耦合的作用，AD210 输入端和输出端之间还可以承受 2500V 以上的脉冲高压，可以有效地防止输入信号短路损坏仪器的芯片。光电流经 AD210 输出后再由 OPA124 低噪声精密放大器进行放大并转换为电压信号，图 4.25 为放大转换电路原理图，放大挡位电阻通过 4067B 十六选一芯片进行选择，如图 4.26 和

图 4.27 所示。

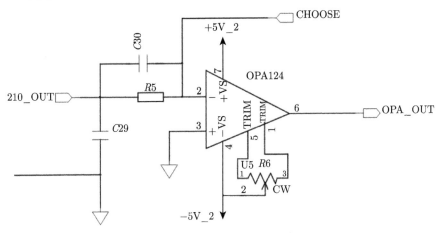

图 4.25　微弱光电流采集仪光电流放大转换电路原理图

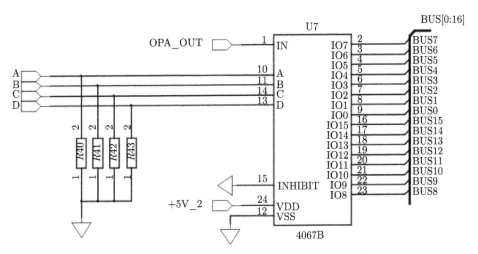

图 4.26　微弱光电流采集仪放大挡位电阻选择原理图

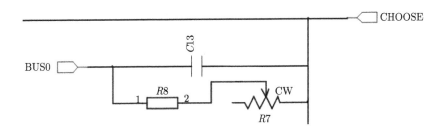

图 4.27　微弱光电流采集仪放大挡位可选电阻

　　如果把放大器转换的电压信号直接输出，信号会衰减，所以电压信号最后由跟随器输出，跟随器能够把电压信号无衰减地传输给计算机进行采集和处理，跟随器原理图如图 4.28 所示。微弱光电流精密测量仪用于精密检测激活过程中的阴极光电流 (1nA～20μA)，自动采录，换挡可手动或自动；经放大处理后的光电流信号送计算机采样，并可同时输至其他记录仪作曲线记录，每挡输出信号为 0～+5.000V。

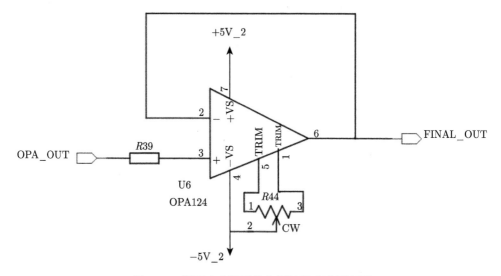

图 4.28　微弱光电流采集仪跟随器电路原理图

2. 微弱信号检测模块

　　微弱信号检测模块的作用是将光谱响应和量子效率测试过程中的微弱光电流信号放大，主要由高压源、放大电路、电源、高压显示、电流显示五部分组成。检测模块的内部结构简图如图 4.29 所示。

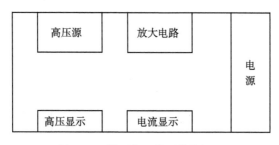

图 4.29　微弱信号检测模块框图

微弱信号检测模块在对直流信号进行放大时, 放大电路由低通滤波器和 I/V 变换电路组成, 电路原理图如图 4.30 所示。直流放大电路主要组成部分为德州仪器的 OPA124 运算放大器及 CD4067B 十六选一模拟开关。测试中将光电阴极采集到的微弱电流经运算放大器放大再传入计算机, 放大倍数由十六通道多路选择器进行选择, 选择器受计算机中的 I/O 卡控制, 在测试过程中可以根据采集的信号的大小, 方便地通过软件调整电路的放大倍数。

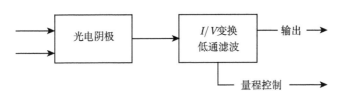

图 4.30 放大电路原理图

3. 数据采集模块

光电阴极量子效率光谱仪采用的是研华科技 16 位高分辨率、16 路模拟量输入 PCI-1716 多功能数据采集卡。板卡的基地址为 0xD400。该卡主要用于激活过程、测试过程中采集电压, 激活过程采集挡位及控制激活光源 Lamp1 的电流大小。激活时用该 A/D 卡采集电压信号 (使用 AI 部分的 6、8 通道), 将信号处理模块出来的模拟信号转换为数字信号输入计算机; 测试光谱响应时采集电压信号 (使用 AI 部分的 3、4 通道), 选取光谱响应测试过程的挡位 (使用 DO 部分的 47、13、46、12 四个通道发送采集挡位信息的 8421 码), 控制激活过程用灯 Lamp1 的电流值 (使用 AO 部分的 58 通道)。

1) 模拟信号输入连接

PCI-1716 有 16 个模拟输入通道, 可以设置 8 对差分式输入通道。差分输入需要两根线分别接到两个输入通道上, 测量的是两个输入端的电压差。将光电阴极的正负极与端子板的相应通道相连, 即可测出光电压的大小。

2) 模拟信号输出连接

PCI-1716 有两个 D/A 转换通道, 即 AO0-OUT、AO1-OUT, 可以使用内部提供的 $-5V/-10V$ 的基准电压产生 $0\sim+5/+10$ 的模拟量输出, 也可以使用外部基准电压 AO0-REF、AO1-REF, 外部基准电压范围是 $-10\sim+10V$, 如外部参考电压是 $-7V$, 则输出 $0\sim+7V$ 的电压。

3) 数字信号输出连接

PCI-1716 具有 16 路数字量输出功能, 使用时先配置数字量输出通道等信息, 使用数字量输出函数按位输出或者按字节输出。在使用过程中, 可以通过函数读出通道、当前数字量输出状态等信息。

4. 程控恒流源和高压电源

系统中数字程控恒流源与 Cs、O 源相连接，恒流源输出电流的大小和通断直接决定了激活过程中超高真空系统中 Cs、O 气体量的大小，是整个系统的关键组成部分。为了保证制备高性能 GaAs 光电阴极，恒流源需要具有输出电流稳定、操作方便、可调节精度高、反应速度快等特点。选用的恒流源为 Agilent 公司型号 e3633a 的单路输出双量程数字程控高精度直流恒流源。

面板操作：输出电压和电流可同时在前面板安装的显示器进行监视。可使用一个旋钮按所需要的分辨率设置输出，以进行精确、快速和方便的调整。保存和调用键能保存和调用 3 种经常使用的状态。输出通/断旋钮能启用和禁用输出。

远地检测：具有过电流自动保护 (OCP) 功能，可以设置输出电流的上限，当瞬态输出电流超过设定上限时，自动停止电流的输出，可以有效地防止激活过程出现的大电流对 Cs、O 源造成伤害。

隔离：所有输出接口均与机箱地和远地接口隔离，减小外界干扰。

高精度：具有 16bit 的可编程分辨率，控制精度高。

主要技术指标如下所述。

直流输出：模式 1，0~8V，20A；模式 2，0~20V，10A。

负载调整率：电压 <0.01%+2mV；电流 <0.01%+25μA。

电源调整率：电压 <0.01%+2mV；电流 <0.01%+25μA。

纹波和噪声：常模电压 < 350μV rms/3mVpp；常模电流 <2 mA rms；共模电流 <1.5μA rms。

编程准确度 ((25±5)℃)：电压 <0.05%+10mV；电流 <0.2%+10mA。

读回准确度 ((25±5)℃)：电压 <0.05%+10mV；电流 <0.15%+10mA。

高压电源主要用于激活及测试过程中给光电阴极提供偏置电压，本高压电源输出电压范围为 0~300V 精确连续可调，精度 1V。

4.5.3　自动激活策略

光电阴极自动激活的核心是计算机通过对实时光电流大小和变化情况，控制 Cs、O 源电流的大小、开启和关闭。为了便于计算机的控制，智能激活过程采用的是 Cs 源持续开启，O 源根据光电流变化进行通断的激活工艺。NEA GaAs 光电阴极智能激活工艺流程如图 4.31 所示。

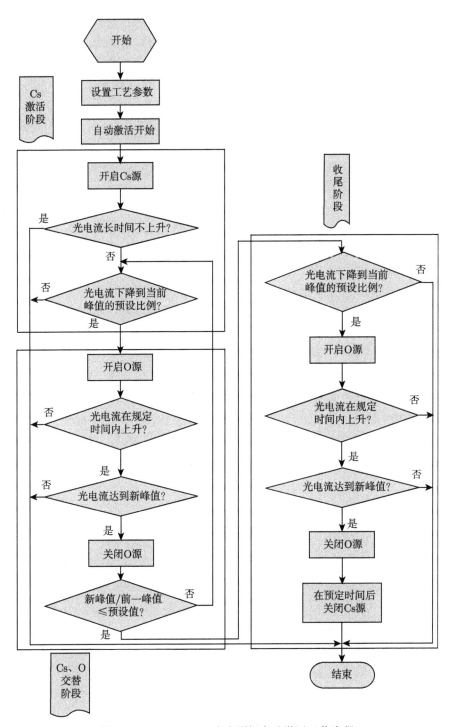

图 4.31 NEA GaAs 光电阴极自动激活工艺流程

　　智能激活过程主要分为 Cs 激活阶段、(Cs、O) 交替激活阶段和收尾阶段三个部分。首先预设激活过程中的 Cs 源电流、O 源电流、卤钨灯电流、Cs 激活阶段光电流峰值下降比例、(Cs、O) 交替激活阶段光电流峰值下降比例以及收尾阶段关闭 O 源电流后 Cs 源电流的持续时间等工艺参数，然后开始智能激活。

　　首先开启 Cs 源进入 Cs 激活阶段。计算机实时采集光电流并进行比较判断，如果光电流长时间不上升，那么出现异常，立即关闭 Cs 源电流，结束激活过程；否则如果光电流上升并出现峰值说明激活正常，继续激活过程。如果光电流长时间无法下降到当前峰值的预设比例，那么出现异常，立即关闭 Cs 源电流结束激活；否则如果光电流下降到当前峰值的预设比例，说明激活正常，进入 (Cs、O) 交替激活过程。

　　开启 O 源电流，进入 (Cs、O) 交替激活。如果 O 源开启后光电流在规定的时间内无法上升，那么出现异常，立即关闭 Cs、O 源电流，结束激活过程；否则如果光电流在开启 O 源后上升并达到新的峰值，说明激活正常，关闭 O 源并对当前光电流峰值和前一光电流峰值进行比较，如果两者的比值大于预设值，那么继续 (Cs、O) 交替激活；否则如果两者的比值小于或者等于预设值，那么进入收尾阶段。

　　在收尾阶段，首先判断光电流是否能够在规定时间下降到当前峰值的预设比例，如果不能，那么出现异常，立即关闭 Cs、O 源电流，结束激活过程；否则如果光电流下降到当前峰值的预设比例，说明激活正常，开启 O 源，如果 O 源开启后光电流在规定的时间内无法上升，那么出现异常，立即关闭 Cs、O 源电流，结束激活过程；否则如果光电流在开启 O 源后上升并达到新的峰值，说明激活正常，关闭 O 源，O 源关闭后 Cs 源将持续一段时间，在到达预定时间后关闭 Cs 源，激活结束。

　　微弱信号处理模块通过施加 200V 的电压来收集光电阴极的光电流，该处理模块具有光电隔离功能，可以有效地滤除干扰信号，精密检测 1nA~200μA 的光电流。光电流经微弱信号处理模块放大处理后转换为 0~5V 的电压信号输入计算机。计算机通过 16 位 A/D 卡对输入的电压信号进行采集，然后把读入的电压信号转换为相应的光电流，以完成对光电流的采集。在采集光电流的过程中，计算机通过 I/O 卡选择不同的放大电阻，控制微弱信号处理模块对光电流的放大倍率。

　　光栅单色仪使用 12V/100W 的卤钨灯作为白光光源。在程控状态下，单色仪中的中央处理器接收计算机发出的控制信号，并产生步进电机驱动单元所需的时序。步进电机根据中央处理器输出的信号，带动光栅台转动，实现波长的扫描，提供光谱响应测试所需的 400~1000nm 的单色光。单色光采用光纤传输，这种方式可以提高传光效率，而且在激活系统中使用更加灵活方便。计算机可通过软件实现 Cs、O 程控电流源输出电流值 0~10A 的精确连续调节，用于控制 Cs、O 源的大小。

4.5.4 软件设计

光电阴极的在线量子效率测试与自动激活过程完全由软件实现，计算机通过软件对光电流信号进行采集和处理分析，并根据分析处理结果实时地控制系统硬件，完成 GaAs 光电阴极的测试与自动激活，所以软件是整个系统的核心。本系统的软件以 VisualC++ 6.0 为开发平台进行编制，除智能激活光电阴极的功能外，也支持操作人员通过操作界面与硬件进行通信来人工激活阴极，并具有异常处理等功能，操作简单方便，具有很好的人机交互性。系统的软件主要分为激活处理和测试分析两个模块，具体功能和操作如下所述。

1. 激活控制

软件激活处理模块主要具有智能激活和人工激活制备 GaAs 光电阴极等功能，操作界面如图 4.32 所示。在 GaAs 光电阴极的激活过程中，激活的工时、实时光电流大小、整体光电流变化情况和光电流当前挡位均会在界面进行显示。操作人员可以手动输入光电阴极编号用于激活过程的保存，还可以通过激活界面与 Cs、O 源的恒流源进行通信，控制 Cs、O 源的恒流源的开关和输出电流的大小，以此完成对 GaAs 光电阴极的人工激活。最重要的是，操作人员可以通过界面设定激活工艺，计算机会严格按照设定的工艺对 GaAs 光电阴极进行智能激活。智能激活所处的状态也会在界面进行显示，便于操作人员把握智能激活的进程。如果智能激活过

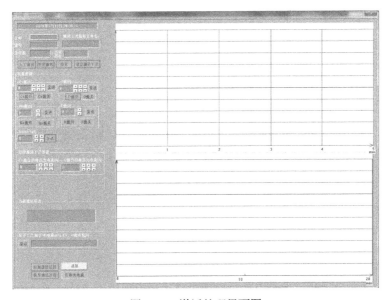

图 4.32 激活处理界面图

程出现偏差，软件具有异常处理功能，操作人员也可以通过软件把激活过程由智能激活模式转变为人工激活模式。此外，操作人员还可以通过界面对以往的激活过程进行查询。

1) 人工激活功能

在通过软件人工激活制备光电阴极时，首先通过键盘在光电阴极编号编辑框内输入光电阴极编号，以便进行对激活过程进行保存和查询，如图 4.33 所示。

图 4.33　光电阴极编号编辑框

输入光电阴极编号后在"激活光源"模块控制激活用卤钨灯通电，使卤钨灯在激活过程中发出白光，照射在光电阴极上产生光电流，如图 4.34 所示。流过卤钨灯的电流大小通过控件进行调节，调节范围为 0~10A，调节精度为 0.01A，调节好电流数值后点击"发送"即可使卤钨灯流过相应的电流并发光。

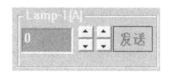

图 4.34　激活光源控制模块

点击"人工激活"键，开始进入人工激活过程，如图 4.35 所示。

图 4.35　人工激活选择键

激活开始后，计算机每秒都对激活工时进行统计，即时采集光电流数值和挡位，并在界面进行显示，如图 4.36 和图 4.37 所示。

图 4.36　激活工时显示

图 4.37　即时光电流数值和挡位信息显示

激活过程中把采集到的光电流连续显示在光电流整体绘图区，光电流在整体绘图区每屏显示时间为 20min，当光电流显示达到满屏后再增加 20min 的显示区域，使操作人员能够了解光电流的整体走势，如图 4.38 和图 4.39 所示。

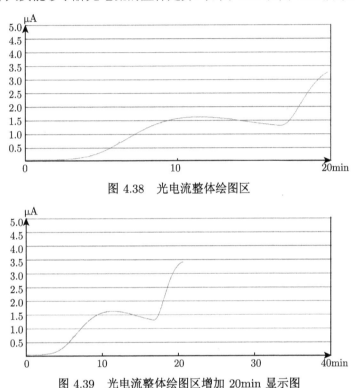

图 4.38 光电流整体绘图区

图 4.39 光电流整体绘图区增加 20min 显示图

此外，还在 5min 光电流绘图区显示了激活过程最近 5min 的连续变化情况，有利于操作人员正确操作激活过程，如图 4.40 所示。

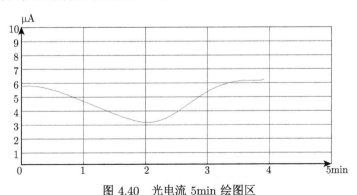

图 4.40 光电流 5min 绘图区

　　操作人员通过观察光电流整体绘图区、光电流 5min 绘图区和光电流即时显示编辑框显示的光电流数值和走势来判断激活过程的进程，由判断结果控制 Cs、O 源电流的大小和通断，完成激活过程。Cs、O 源电流控制模块如图 4.41 所示，Cs、O 源电流大小通过控件进行调节，调节精度 0.001A，调节好电流数值后点击"发送"即可使恒流源输出相应的电流流过 Cs、O 源，操作人员通过"Cs 源开""Cs 源关""O 源开""O 源关"四个按键控制 Cs、O 源电流的通断，操作人员也可以通过快捷键 F5、F7、F9 和 F11 更为简便快捷地控制 Cs、O 源电流的通断。

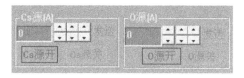

图 4.41　Cs、O 源电流控制模块

　　激活过程结束时，操作人员点击"结束"键关闭 Cs 源电流、O 源电流、激活光源电流，并且停止计算机对光电流采集、存储和绘图。

　　2) 自动激活功能

　　由软件控制智能激活时同样需要输入光电阴极号，作为激活过程的保存文件名。输入光电阴极号后点击"设定激活工艺"键，弹出工艺设定对话框进行智能激活工艺参数的设定，需要设定的工艺参数包括 Cs 源电流、O 源电流、激活光源电流、Cs 光电流峰下降比例、O 光电流峰下降比例以及结束时 Cs 源电流的持续时间，如图 4.42 和图 4.43 所示。

图 4.42　设定激活工艺键

图 4.43　智能激活工艺参数设定对话框

工艺参数设定后点击"智能激活"键，弹出对话框提醒操作人员核对设定的工艺参数，如图 4.44 所示。如果工艺参数需要修改，点击"否"重新进行设定，如果确定工艺参数设定正确，点击"是"开始智能激活。

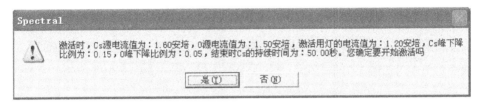

图 4.44　智能激活工艺参数提醒对话框

智能激活开始后，整个激活过程完全由计算机通过软件自主进行操作。智能激活过程分为 Cs 激活、(Cs、O) 交替和收尾三个阶段，为了便于计算机软件的自主控制，再把三个阶段细分为六个部分。Cs 激活阶段相对简单，称为 T1，为起始进 Cs 阶段。Cs、O 交替阶段分为三个部分：第一部分 T2，为初次进 O 阶段；第二部分 T3，为 Cs 交替阶段；第三部分 T4，为 O 交替阶段。收尾阶段分为两个部分：第一部分 T5，Cs 收尾阶段；第二部分 T6，为 O 收尾阶段。从 T1 到 T6 共六个阶段，每个阶段的具体介绍如下所述。

T1 阶段：开始时，软件首先读取预设的 Cs 源和激活光源电流值，然后通过通信接口开启 Cs 源恒流源，使之输出相应大小的电流，并使激活光源发出白光，照射在光电阴极上产生光电流，软件每秒对光电流采集一次。通常 T1 阶段前 360s 时 GaAs 表面吸附 Cs 量较小，真空能级下降有限，采集到的光电流实际是系统的本底电流，并且可能会有一些无规律的变化对软件的判断产生影响，所以在激活起始的 6min，软件对光电流只是单纯地进行采集。T1 阶段开始 360s 后，随着 GaAs 表面吸附 Cs 量增多，真空能级下降到一定程度，可能会有光电流出现，软件每秒都对最近 30s 的光电流值进行比较判断，如果某一时刻光电流连续上升了 30s，那么说明光电流进入了上升通道，软件把此刻采集到的光电流值存储为当前光电流峰值，此后软件每秒都把最新采集到的光电流值与当前光电流峰值进行比较，如果光电流值大于当前光电流峰值，那么软件对光电流峰值进行更新。在 T1 阶段，光电流会在上升到一个峰值后开始下降，在光电流进入下降通道后，软件每秒都对当前光电流相对于当前光电流峰值的下降比例进行计算和判断，如果下降比例达到预设的 Cs 光电流峰下降比例，则 T1 阶段结束，智能激活进入 T2 阶段。

T2 阶段：是激活过程中的初次进 O 阶段。开始时软件首先读取预设的 O 源电流值，然后通过通信接口开启 O 源恒流源，使之输出相应大小的电流。通常在进 O 后光电流会继续下降一段时间后再上升，所以在 T2 阶段的前 10s 软件只对光电流单纯进行采集，而不进行判断处理。T2 阶段开始 10s 后，软件每秒对最近

10s 的光电流值进行比较判断，如果某一时刻光电流连续上升了 10s，那么说明光电流进入了上升通道，软件把此刻采集到的光电流存储为当前光电流峰值，此后软件每秒都把最新采集到的光电流与当前光电流峰值进行比较，如果光电流大于当前光电流峰值，那么软件对光电流峰值进行更新。在 T2 阶段，光电流会在上升到一个峰值后开始下降，在光电流进入下降通道后，软件同样每秒都对当前光电流相对于当前光电流峰值的下降比例进行计算和判断，如果下降比例达到预设的 O 光电流峰下降比例，则 T2 阶段结束，软件把当前光电流峰值存储位为前一光电流峰值，智能激活进入 T3 阶段。

T3 阶段：是激活过程中的 Cs 交替阶段。开始时软件首先通过通信接口关闭 O 源恒流源的电流输出。O 源电流停止后光电流可能立即由下降转为上升，出现一个 Cs 光电流峰，软件每秒都把最新采集到的光电流与当前光电流峰值进行比较，如果光电流大于当前光电流峰值，那么软件对光电流峰值进行更新，在 Cs 光电流峰出现后光电流进入下降通道，软件也每秒都对当前光电流相对于当前光电流峰值的下降比例进行计算和判断，如果下降比例达到预设的 Cs 光电流峰下降比例，则 T3 阶段结束，智能激活进入 T4 阶段。如果 T3 阶段无 Cs 光电流峰出现，控制程序则把当前 O 光电流峰默认为 Cs 光电流峰。

T4 阶段：是激活过程中的 O 交替阶段。开始时软件首先读取预设的 O 源电流值，然后通过通信接口开启 O 源恒流源，使之输出相应大小的电流。进 O 后光电流仍然有一个下降的过程，在 T4 阶段开始 10s 后，软件每秒对最近 10s 的光电流值进行比较判断，如果某一时刻光电流连续上升了 10s，那么说明光电流进入了上升通道，软件把此刻采集到的光电流值存储为当前光电流峰值，此后软件每秒对当前光电流峰值进行比较更新。光电流在出现峰值后进入下降通道，软件每秒都对当前光电流相对于当前光电流峰值的下降比例进行计算和判断，如果下降比例达到预设的 O 光电流峰下降比例，则 T4 阶段结束。在 T4 阶段结束的时刻，软件对当前光电流峰值和存储的前一光电流峰值进行比较，如果两者的比值大于 1.02，那么进入 T3 阶段继续交替，如果两者的比值小于或等于 1.02，那么进入 T5 阶段，即收尾阶段。

T5 阶段：是激活过程中的 Cs 收尾阶段。T3 阶段开始时，软件首先通过通信接口关闭 O 源恒流源的电流输出。和 T3 阶段相同，T5 阶段 O 源电流停止可能会出现一个 Cs 光电流峰，软件每秒对光电流峰值进行更新，在 Cs 光电流峰出现后光电流进入下降通道，软件仍然每秒都对当前光电流相对于当前光电流峰值的下降比例进行计算和判断，如果下降比例达到预设的 Cs 光电流峰下降比例，则 T5 阶段结束，T6 阶段开始。如果 T5 阶段无 Cs 光电流峰出现，控制程序则把当前 O 光电流峰默认为 Cs 光电流峰处理。

T6 阶段：是激活过程中的 O 收尾阶段。T6 阶段开始时，软件首先读取预设的

O 源电流值，然后通过通信接口开启 O 源恒流源，使之输出相应大小的电流。进 O 后光电流仍然有一个下降的过程，在 T6 阶段开始 10s 后，软件每秒对最近 10s 的光电流值进行比较判断，如果某一时刻光电流连续上升了 10s，那么说明光电流进入了上升通道，软件把此刻采集到的光电流值存储为当前光电流峰值，此后软件每秒对当前光电流峰值进行比较更新。光电流在出现峰值后进入下降通道，软件还是每秒都对当前光电流相对于光电流峰值的下降比例进行计算和判断，如果下降比例达到预设的 O 光电流峰下降比例，则软件通过通信接口停止 O 源恒流源电流的输出，T6 阶段结束。T6 阶段结束后，Cs 源电流还将持续预设的时间，最后软件通过通信接口停止 Cs 源恒流源电流的输出，并且停止计算机对光电流的采集、存储和绘图，智能激活过程结束。

智能激活过程中，软件会把激活阶段实时地显示在"当前激活状态"栏中，如图 4.45 所示。操作人员由此能够时刻掌握智能激活过程的进度。

图 4.45 当前激活状态显示

3) 异常处理功能

软件的异常处理主要包括 Cs、O 源恒流源输出电流异常处理和智能激活过程中光电流异常处理两个部分，具体功能如下所述。

A. Cs、O 源恒流源输出电流异常处理

Cs、O 源恒流源输出电流异常处理功能，主要是为了预防由于硬件故障或软件操作失误等原因导致恒流源输出超出安全范围的过大电流，会使超高真空室中的 Cs、O 源被烧毁。Cs、O 源在被烧毁时会大量放气，对超高真空室造成污染，对真空度产生比较大的影响，并且更换新的 Cs、O 源也需要较长的时间，会拖延实验和科研进度。因此，为了防止 Cs、O 源流过过大电流，激活过程中软件每秒都通过通信接口读取 Cs、O 源恒流源的输出电流值，如果输出的电流值超出安全范围，软件立即停止 Cs、O 源恒流源的电流输出，并且结束激活过程。

B. 智能激活过程中光电流异常处理

智能激活过程中，光电流可能会出现一些异常的变化，偏离正常的激活工艺，如 T1 阶段不出现光电流；T2 阶段光电流无法出现 O 光电流峰，或出现峰值后光电流长时间无法下降到预设的 O 光电流峰下降比例；T3 阶段光电流无法下降到预设的 Cs 光电流峰下降比例；T4 阶段光电流无法出现 O 光电流峰，或出现峰值

后光电流长时间无法下降到预设的 O 光电流峰下降比例；T5 阶段光电流无法下降到预设的 Cs 光电流峰下降比例；T6 光电流无法出现 O 光电流峰，或出现峰值后光电流长时间无法下降到预设的 O 光电流峰下降比例。如果在智能激活时出现以上异常情况，为了保护激活系统，软件会立即停止 Cs、O 源恒流源的电流输出，并且结束激活过程。

　　激活过程中软件对激活过程进行了详细记录，在排除故障确定系统正常后，操作人员可以点击"恢复激活过程"键，选择相应的光电阴极号后恢复系统状态，继续进行激活，如图 4.46 所示。

图 4.46　"恢复激活过程"键

4) 数据查询功能

　　激活结束后，操作人员可以点击"查询激活过程"键，选择光电阴极号后，该光电阴极激活过程中光电流的变化曲线就会显示在激活界面的光电流整体绘图区，最多可以同时显示三个不同激活过程的光电流变化曲线。曲线各个时刻对应的 Cs、O 源电流和光电流数值都可以通过先点击"查询激活过程"后选择需要的曲线，然后拖动竖直的黑线进行查询，被查询激活时刻对应的 Cs、O 源电流和光电流数值会在编辑框中进行显示。连接上打印机后，还可以点击"打印光电流"，选择需要的光电阴极号对该阴极激活过程中的光电流曲线进行打印，如图 4.47~图 4.51 所示。

图 4.47　"查询激活过程"键

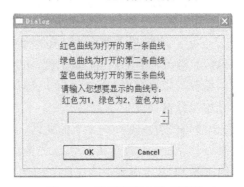

图 4.48　选择查询曲线对话框

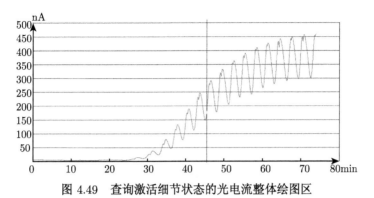

图 4.49 查询激活细节状态的光电流整体绘图区

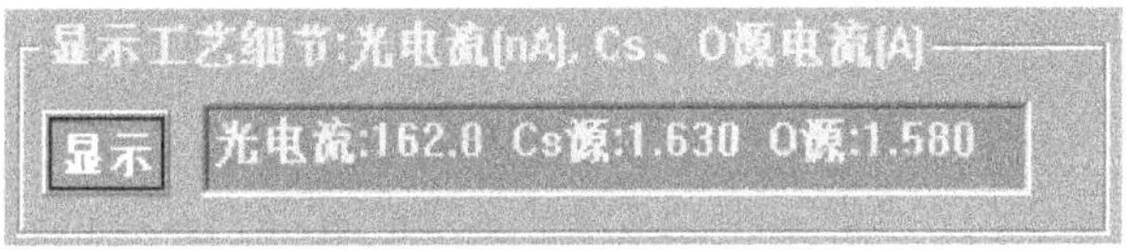

图 4.50 激活细节显示

打印光电流

图 4.51 "打印光电流"键

2. 测试分析

软件测试分析模块主要负责光电阴极光谱响应曲线和量子效率曲线的测试和分析,操作界面如图 4.52 所示。操作人员可以通过操作界面对光谱响应曲线和量子效率曲线进行测试,以此来评估光电阴极的性能。

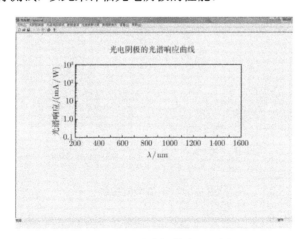

图 4.52 测试分析模块界面图

　　测试光谱响应曲线前，操作人员需要在光谱响应参数设置对话框中设置开始波长和结束波长，并且对测试方式和单色光从单色仪出射时的狭缝宽度等方面进行选择，如图 4.53 所示。

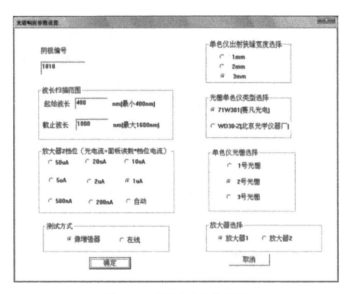

图 4.53　光谱响应参数设置

　　参数设置完成后点击"开始测试"菜单项，软件即对阴极的光谱灵敏度进行测试，并把测试到的光谱灵敏度连接为光谱响应曲线显示在界面上，如图 4.54 所示。

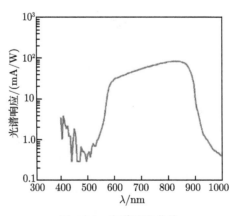

图 4.54　光谱响应曲线

　　软件可根据量子效率计算公式求得阴极的各个波长单色光的量子效率，并连接为量子效率曲线显示在界面上，如图 4.55 所示。

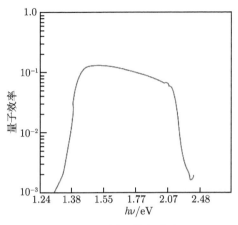

图 4.55 量子效率曲线

软件能够以前后三点平均的方式对测试曲线进行平滑,还可以通过数值计算方法从测试曲线拟合激活后光电阴极的特性参数,便于操作人员更好地对激活后的光电阴极性能进行分析。

4.5.5 实验与结果

利用智能激活制备系统进行了反射式光电阴极智能激活和人工激活实验,实验材料为直拉单晶法生长的 p 型重掺杂 GaAs,掺杂原子是 Zn。智能激活过程的光电流曲线如图 4.56 所示。从图 4.56 可以看出,峰值 1 是 Cs 激活阶段的光电流峰值。峰值 1 出现后光电流开始下降,计算机实时检测当前测试光电流值相比于峰值 1 的下降比例,当实时光电流的下降比例达到预设的比例时,计算机开启与 O 源相连的恒流源,开始 Cs、O 交替激活阶段。在交替阶段,当光电流达到新峰值

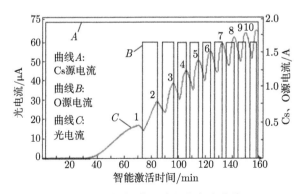

图 4.56 智能激活过程光电流曲线

时计算机关闭与 O 源相连的恒流源,当实时光电流的下降达到预设的比例时,计算机再开启与 O 源相连的恒流源。峰值 2 至峰值 9 为交替阶段的峰值,随着交替的进行,光电流峰值逐渐增大,相邻峰值间的差值逐渐减小。当到达峰值 9 时,由于两个相邻峰值比例小于预设值,智能激活过程进入收尾阶段。当收尾阶段中的光电流峰值 10 出现时关闭与 O 源相连的电流源,O 源关闭后 Cs 源还将持续一段时间,当到达预设的持续时间后计算机关闭与 Cs 源相连的恒流源,智能激活过程结束。智能激活过程中光电流最大值为 65μA。

人工激活过程的流程与智能激活类似,并且采用了相同的材料和实验环境,区别在于激活过程由人工控制。图 4.57 即为人工激活过程的光电流曲线。由图 4.57 可以发现在峰值 11 和峰值 12 之间的激活过程中出现了一次明显的误操作,在光电流未达到峰值时就关闭了 O 源。在误操作出现后,Cs、O 交替过程中相邻两个光电流峰值之间的差值下降很快:峰值 13 与峰值 12 之间的差值为 9μA;峰值 14 与峰值 13 之间的差值为 6μA;峰值 15 与峰值 14 之间的差值为 3μA;峰值 16 与峰值 15 之间的光电流差值为 1μA;峰值 17 与峰值 16 几乎相同。整个激活过程只有 6 次 Cs、O 交替,而智能激活过程共有 9 次 Cs、O 交替,两种激活方式相比,人工激活过程中的 Cs、O 交替偏少,并且只有峰值 12、13、14 的 Cs、O 交替是有效的。人工激活过程中光电流最大值为 43μA,而智能激活过程光电流最大值为 65μA。前者的结果明显低于后者,这是因为不当的误操作使得 Cs、O 在 GaAs 表面的排列出现混乱,导致后续交替过程中 Cs、O 没有被 GaAs 光电阴极表面有效地吸附,表面势垒不能随着 Cs、O 交替的进行而逐步降低。

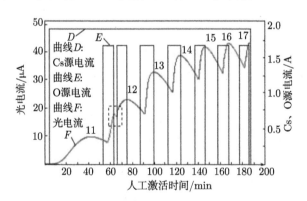

图 4.57　人工激活过程光电流曲线

激活后进行了光谱响应曲线测试,测试结果如图 4.58所示,曲线 1 为智能激活光谱响应曲线,曲线 2 为人工激活光谱响应曲线。由图 4.58中可知,智能激活 GaAs 光电阴极的光谱响应特性明显好于激活过程出现误操作的人工激活 GaAs 光电阴极。通过对光谱响应曲线计算,严格执行标准工艺的智能激活过程制备的GaAs 阴

极的积分灵敏度为 $1100\mu A/lm$，通常正常人工激活的直拉单晶材料 GaAs 阴极的积分灵敏度也在 $1100\mu A/lm$ 左右，说明智能激活阴极的性能不亚于正常人工激活阴极的性能。

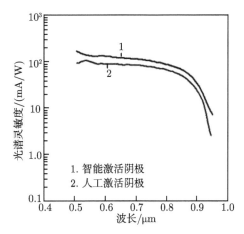

图 4.58　智能激活阴极和人工激活阴极的光谱响应曲线

出现误操作的人工激活过程制备的 GaAs 光电阴极的积分灵敏度为 $796\mu A/lm$，这反映出在发生误操作的人工激活过程中，在 GaAs 光电阴极表面 Cs、O 排列的有序性差于智能激活过程，说明误操作会严重影响 GaAs 光电阴极的性能。实验结果显示了避免误操作的必要性和智能激活制备 GaAs 光电阴极的合理性。除了能够有效避免误操作外，计算机自主控制的激活过程还具有很好的重复性，因此该系统的研制使得批量制备高性能 GaAs 光电阴极成为可能。

4.5.6　自动激活与人工激活对比性实验 [32]

为了比较光电阴极自动激活和人工激活过程的差异，在北方夜视科技集团有限公司微光夜视技术国防科技重点实验室进行了自动激活和人工激活的对比实验。自动激活过程分为三个阶段：第一阶段为起始阶段；第二阶段为 Cs、O 交替阶段；第三阶段为结束阶段。起始阶段中 Cs 源持续、O 源关闭，首次给 Cs 后，GaAs 光电阴极的表面真空能级降到约 1.4eV，几乎与体内导带底能级相同，GaAs 光电阴极基本达到了零电子亲和势状态，光电流不再上升，在图 4.59 中出现第 1 个峰值。Cs 继续被 GaAs 阴极表面吸附，由于没有电子交换，表面势垒高度不再下降，但势垒厚度持续增加，导致电子的逸出几率降低，光电流也随着逸出几率的降低而逐渐下降，当光电流下降到第 1 个峰值的一定比例后时，自动激活控制程序判断起始阶段结束，交替阶段开始。

交替阶段中 Cs 源持续，O 源断续。交替阶段开始时打开 O 源，光电流随即上升，当光电流达到一个新的峰值时关闭 O 源，光电流随即下降，当光电流下降到当前峰值的一定比例后，再次打开 O 源，如此循环交替，图 4.59 中第 2 ~13 个峰值反映了这个阶段。如果当前光电流峰值和前一个峰值相比上涨幅度不大，Cs、O 交替过程进入尾声，所以自动激活程序在对光电流峰值 13 和峰值 12 进行比较后判定交替阶段结束，结束阶段开始。结束阶段的主要目的是在激活过程结束时使 GaAs 阴极基本达到表面势垒最低的状态，也就是光电流峰值最大的状态，所以当光电流峰值 14 出现时，自动激活程序判断整个激活过程结束。

　　因为实验中所用光源的光强较弱，所以激活过程中的光电流由微安量级变为纳安量级。激活过程中光电流的变化情况如图 4.59 所示。从图 4.59 可以看出，自动激活过程中的光电流高于人工激活过程中的光电流，自动激活过程中光电流的峰值高达 760nA，人工激活过程中光电流峰值为 680nA。

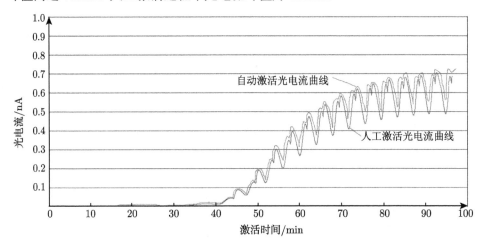

图 4.59　自动激活过程和人工激活过程中光电流变化对比曲线

　　激活结束后测试了光电阴极的光谱响应曲线，测试结果如图 4.60 所示。由图 4.60 可知，自动激活光电阴极的光谱响应特性要明显好于人工激活。这是由于自动激活过程中，计算机可以严格按照设定的标准工艺来控制 Cs、O 电流源的通断，使 Cs、O 能够规律地覆盖在光电阴极的表面，有效地降低表面能级，达到制备高性能 GaAs 光电阴极的目的，而人工激活过程中操作人员存在反应时间上的偏差，虽然偏差可能只有几秒钟，但是从实验结果来看，这种偏差对 Cs、O 在光电阴极表面排列的规律性有较大的影响，进而影响了激活后光电阴极的性能。

　　图 4.60 表明，自动激活后的 N059# 透射式变掺杂 GaAs 光阴极积分灵敏度达 2022μA/lm，而人工激活的 N058# 透射式变掺杂 GaAs 阴极材料的积分灵敏度为 1838μA/lm，这显示 GaAs 光电阴极量子效率测试与自动激活系统通过计算机控制自动制备的 GaAs 光电阴极性能已达到了较高的水平。由于 GaAs 光电阴极自动

激活测试系统中严格的计算机自动激活控制程序能够有效避免操作人员反应时间差的影响，使 GaAs 光电阴极的制备过程具有很好的重复性，大大提高 GaAs 光电阴极的成品率，为高性能 GaAs 光电阴极的量产打下坚实的基础。

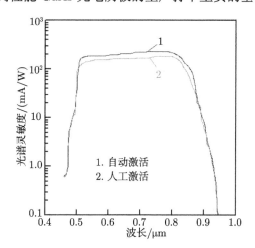

图 4.60　自动激活与人工激活光电阴极光谱响应对比曲线

4.6　GaAs 光电阴极表面分析系统

GaAs 光电阴极多信息量测试与评估系统的表面分析系统包括 X 射线光电子能谱 (XPS) 仪、紫外光电子能谱 (UPS) 仪和变角 XPS 表面分析技术，下面给以简单介绍。

4.6.1　X 射线光电子能谱仪

表面分析系统中采用的 XPS 仪为美国 Perkin Elmer 公司的 PHI5300 ESCA 系统，其外形结构如图 4.61 所示。系统采用的泵由旋片机械泵、涡轮分子泵、溅射离子泵和钛升华泵组成，是半无油超高真空系统，组合性能可靠，由于采用离子泵和升华泵配合，可使系统较快达到超高真空，而它们对惰性气体抽气能力的不足，可由涡轮分子泵进行弥补。激活系统与 XPS 仪相连接的真空抽气系统如图 4.2 所示。由于在 XPS 仪的主真空室上有两个盲口，一处用于接入紫外光源，完成 UPS 仪的扩展，另一处的盲口直径为 38mm，它与样品座、送样杆在同一平面上，就此连接超高真空激活系统。

XPS 仪采用双阳极 X 射线源，主要由灯丝、阳极靶和滤窗组成，其结构如图 4.62 所示。阳极靶采用不同材料制成，一为 Mg 靶，一为 Al 靶。它的优点是：具有两种激发源，特别利于鉴别 XPS 谱图中的俄歇峰。滤窗由铝箔制成，它的作用如下：

(1) 防止阴极灯丝发出的电子直接混入能量分析器中，使谱线本底增高；

(2) 防止 X 射线源发出的辐射使样品温度上升；

(3) 防止阳极产生的韧致辐射使信本比变差；

(4) 防止对样品溅射时污染阳极表面。

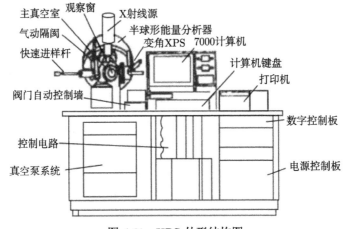

图 4.61　XPS 外形结构图

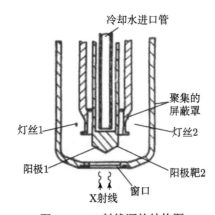

图 4.62　X 射线源的结构图

系统选用静电偏转式半球形能量分析器，用以精确测定电子的能量分布。分析器在两个同心球面上加控制电压以产生电场，当被测电子以能量 E 进入分析器的入口后，在电场的作用下偏转，并在出口处聚集，最后被检测器收集和放大。分析器外部用专门的合金材料屏蔽，以避免被分析的低能电子受杂散磁场的干扰而偏离原来的轨道。

XPS 仪的性能指标如下：

(1) 半高宽为 0.8eV 时, 峰值灵敏度为 10^5 相对强度 (CPS);

(2) 半高宽为 1.0eV 时, 峰值灵敏度 $> 10^6$ 相对强度 (CPS);

(3) 分析室极限真空度 $< 1.5 \times 10^{-8}$Pa;

(4) 变角 XPS 的掠射角可从 5° 到 90° 变化;

(5) X 射线源功率可调, 最大可达 400W。

4.6.2　紫外光电子能谱仪

为了对 GaAs 光电阴极的能带结构、空态密度和表面态进行研究, GaAs 光电阴极多信息量测试与评估系统中引入了 UPS 仪, 它是使用紫外能量范围的光子激发样品价壳层的电子, 分析样品外壳层轨道结构、能带结构、空态分布和表面态情况的光电子能谱[33]。和 X 射线源相比, 紫外光源能量较低, 它只能使原子外层电子即价电子、价带电子电离, 所以 UPS 仪主要用于研究价电子和能带结构。而这些特征受表面态的影响较大, 因此 UPS 仪也是分析样品表面态的重要工具。

评估系统中使用的是从美国 PHI 公司引进的 PHI06-180 型 UPS 仪, 其结构示意如图 4.63 所示。

图 4.63　UPS 仪结构示意图

UPS 仪和 XPS 仪共用表面分析室和能量分析器, 系统使用 He 气体在放电中产生的共振线, He Ⅰ (21.22eV) 和 He Ⅱ (40.81eV) 作为紫外光源。由于这种光子能量能使一切固体物质中的价带电子激发, 因而没有可透过的窗口材料, 在大气中又易被吸收, 只能在真空中传播。而且在光电子谱仪设备中, 为了维持放电室的较高压强和分析室的极低压强, 必须使用毛细管通道和差分排气系统。

图 4.64 是产生真空紫外共振线的气体放电灯。He 由放电光源入口匀速送入, 压强约为 100Pa。石英毛细管两端的电极间发生放电, 差分抽气可避免过多的 He 进入分析室。通常管的出口端接地, 入口端为正或负的高压。如采用负高压, 则 He 压强应足够高, 以避免从管内跑出过多的电子。必须对阴极进行冷却, 有可能也冷却毛细管。一般启动电压要比工作电压高 50%, 其典型值为: 启动电压 3kV, 工作电压 1.5~2kV, 电流约 100mA。

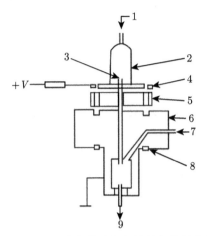

图 4.64　产生真空紫外共振线的气体放电灯

1. He 入口；2. 玻璃-金属封接；3. 毛细石英管；4. 铜环；5. 绝缘体；6. 铝块；7. He 抽气出口；

8. O 型密封圈；9. 至靶室

4.6.3　变角 XPS 表面分析技术

为了弄清 GaAs 光电阴极表面激活层的成分、结构等问题，需要对其进行深度剖析，这是表面分析技术中的重要研究课题之一。低能离子溅射法是迄今广泛使用的深度剖析方法，作为一种非破坏性的分析手段，在 GaAs 光电阴极的表面研究中得到了广泛的应用 [33~36]。

1. XPS 的测试原理及优点概述

XPS 是一种广泛应用的常规表面分析手段，它利用 X 射线作激发光源，使被分析的材料表面产生光电子。光电子进入能量分析器，利用分析器的色散作用，可测出这些光电子按能量高低的数量分布，并以适当的方式显示、记录，得到通常所说的 XPS 谱图。将谱图和周期表中各元素的轨道电子结合能相对照，便能分析出材料表面所含的化学成分及含量。XPS 的一大优点是它的非破坏性，因为软 X 射线对大多数材料都是无害的，样品能经受 X 射线照射的时间要比进行 XPS 分析的时间长得多，所以大多数样品在经过 XPS 分析后还可进一步作其他的分析或实验。此外，XPS 是一种灵敏的表面分析手段，它还有明确的化学位移效应，可用来研究元素的化学环境。鉴于这些优点，可采用变角 XPS 分析技术来研究 NEA 光电阴极的表面。

2. 变角 XPS

变角 XPS 分析是通过改变被测电子掠射角 (或称起飞角) 来进行深度剖析的一种方法，适用于小于 100Å 范围厚度的表面层测量。图 4.65 是变角 XPS 分析的示意图。掠射角的定义为进入分析器方向的电子与样品表面间的夹角。显而易见，改变 α 角，被检测的样品表面取样深度 d 亦随之而变，它们之间有以下关系:

$$d = 3\lambda \cdot \sin\alpha \tag{4.7}$$

式中，3λ 是 $\alpha = 90°$ 时的取样深度，减小 α，则可获得更多的表面层信息。Fraser 等曾指出，采用较小的 α 值，可使表面灵敏度 (表面信号与体相信号之比) 提高 10 倍。

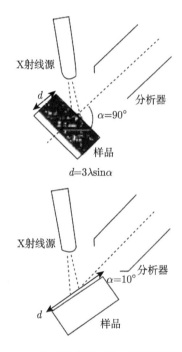

图 4.65　变角 XPS 分析示意图 (图中的阴影部分表示取样深度)

变角 XPS 的测量结果是表面层信号的积分值，即对应于某一掠射角取样深度时表面层整体深度的组成信息。对于 NEA 光电阴极这样的非均相样品表面 (表面组成随深度而改变)，可借用 Hazell 等在 1986 年提出的一种表面层状结构的数学模型和计算方法 [33]，如图 4.66 所示。为了得到表面层组成与深度的变化关系，需要先建立表面层次结构的数学模型，再与变角 XPS 实验结果相比较，最终建立起被测样品的定量层状结构，每一层次有其固定的组成和厚度。这种模型将不均匀样品表面看成由多个层次组成，每层具有一定的厚度。设每一层的组成是均匀的，但各层的组成可各不相同。以变角 XPS 数据为基础，用迭代法求解一组联立方程，即通过改变可调参数，达到和实验值的最佳拟合，最后获得每层的原子浓度和厚度。利用变角 XPS 技术分析 NEA 光电阴极的表面，按照上述方法计算，可得到 GaAs

表面化学清洗、热净化和激活层的厚度，Cs、O 原子的百分含量以及它们与阴极表面的化学连接状态。

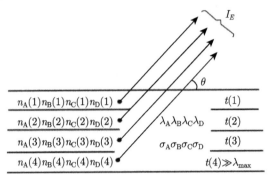

$$n_A(1)n_B(1)n_C(1)n_D(1)\quad\quad t(1)$$
$$n_A(2)n_B(2)n_C(2)n_D(2)\quad \lambda_A\lambda_B\lambda_C\lambda_D\quad t(2)$$
$$n_A(3)n_B(3)n_C(3)n_D(3)\quad \sigma_A\sigma_B\sigma_C\sigma_D\quad t(3)$$
$$n_A(4)n_B(4)n_C(4)n_D(4)\quad\quad t(4)\gg\lambda_{max}$$

图 4.66　表面层结构模型

4.7　超高真空的残气分析系统

前期研究已经表明，真空度对 GaAs 光电阴极稳定性，特别是寿命具有重要影响，真空度越高寿命越长。这与斯坦福大学的研究结果是一致的。然而真空系统中是什么成分导致 GaAs 光电阴极寿命降低，其作用机制是什么，这些问题仍然没有明确答案，为此我们在超高真空系统上安装了残气分析系统，残气分析仪器为英国海德 (Hiden) 公司的 HAL201 型四极质谱仪。

4.7.1　四极质谱仪原理与结构

四极质谱仪利用带电粒子在电磁场中的偏转原理，按照质量差异将物质原子、分子或分子碎片进行分离，并检测其物质组成。四极质谱仪以离子源、质量分析器和离子检测器为核心。离子源使试样分子在高真空条件下离子化。电离后的分子因接收了过多的能量会进一步碎裂成较小质量的多种碎片离子和中性粒子。它们在加速电场作用下获取具有相同能量的平均动能而进入质量分析器。质量分析器将同时进入其中的不同质量的离子，按质荷比 m/z 大小分离。分离后的离子依次进入离子检测器，采集放大离子信号，经计算机处理，绘制成质谱图。

HAL201 型四极质谱仪的标准系统的结构如图 4.67 所示，包括一个 RC 接口器，一个射频 (RF) 头，一个残余气体分析探针 (安装在真空系统中)，以及所有的互连电缆。残余气体分析探针被设计在真空系统中，每个探针由一个装配有能使中性粒子转化为离子的电子撞击源的四极杆质量分析器和一个用于测量离子电流的探测器组成。为获得最佳性能，射频头被安装并且通过一个 12 路引线连接到探针上。在标准系统中，射频头包含了信号调整电子、射频电源和布线，使得生成的

RC 接口信号电压和探针相连通。在系统中，RC 接口器可以被安装在距离其他单元数米远的地方。

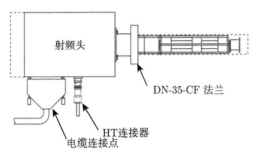

图 4.67　HAL201 型四极质谱仪结构

　　RC 接口器作为这个体系的标准，它包含控制计算机、通信接口、电源供电等方面。RS232 串口、USB 或以局域网 (LAN) 可以与个人计算机相连接。安装在微电路板上的 32 位微机，控制每一个 RC 接口单位，它负责执行由计算机发出的命令和把数据回传给计算机。微机包括一个微处理器、内存和安装在各类单电路板上的接口电路。该微电路板还包含四个通信接口。

　　该残余气体分析仪探头包含离子源、四级质谱仪和由 Conflat 式法兰固定的检测器，如图 4.68 所示，使其可以在一个真空系统安装。法兰之间用垫片连接，然后固定，可以起到更好的密封效果。探测器包括法拉第 (Faraday) 探测器和二级电子倍增探测器。HALO201 型残余气体分析仪有 200 原子量的最大量程。探头使用一个 DN-35-CF 的 Conflat 式法兰安装。

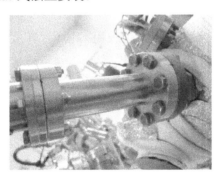

图 4.68　安装在真空系统中的探针

4.7.2　HAL201 残余气体分析仪软件

　　HAL201 残余气体分析仪采用 MASsoft 软件进行控制，其界面如图 4.69 所示。软件库提供了一个快速简便设置扫描的方法。要创建一个特定的扫描类型，点击图标，需要建立相应的扫描对话框，MASsoft 将在扫描窗口或者任何额外的视图窗口中创建一个新的合适的扫描窗口。该库可以用来扫描设置多种类型，方便了使用。MASsoft 软件工具栏如图 4.70 所示。

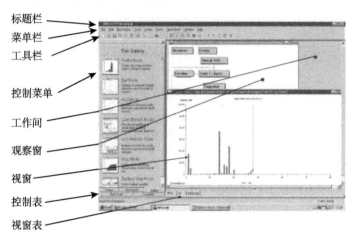

图 4.69　MASsoft 软件界面

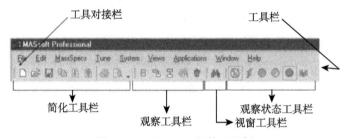

图 4.70　MASsoft 软件工具栏

在真空条件下，由过程工具使用残余气体分析器，获得残余气体的痕迹。这将揭示诸如氢气、水和氮气的成分。这些初步的测量将说明是否有问题需要解决，例如，定位一个空气泄漏源或者腔内是否需要一个烘烤周期。剩余的气体组成可以对等离子的组成产生重大影响，因此，应该更准确地鉴定气体组成。

4.7.3　超高真空的残气分析

利用四极质谱仪对超高真空系统中 p 型掺杂 GaAs(100) 面净化过程的残气成分进行了分析，检测了 5h 内真空系统的残气成分变化，其结果如图 4.71～图 4.86 所示，质量数在 1～160 均存在，H^+、H_2、O^-、H_2O、OH^-、CO、CO_2、N_2、As 等为主要成分。As 的存在，似乎表明在高温净化过程中，GaAs(100) 面最终可能是富 Ga 的表面。我们认为，根据偶极子模型，富 Ga 的表面是不可能获得高灵敏度的 NEA 光电阴极。在低温净化过程中，由于 As 的扩散在 GaAs(100) 面形成富 As 的表面，低温激活的灵敏度与高温相比一般可以提高 30％左右。

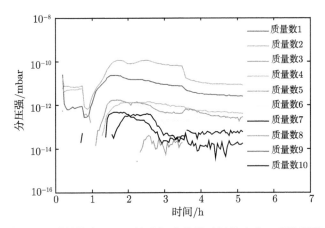

图 4.71　质量数为 1~10 的残气成分随时间的变化 (后附彩图)

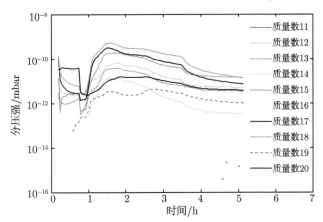

图 4.72　质量数为 11~20 的残气成分随时间变化 (后附彩图)

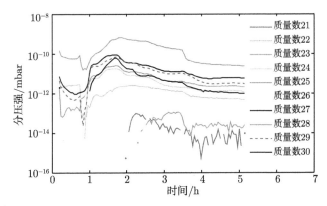

图 4.73　质量数为 21~30 的残气成分随时间的变化 (后附彩图)

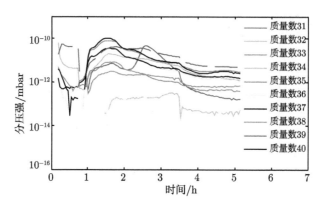

图 4.74　质量数为 31~40 的残气成分随时间的变化 (后附彩图)

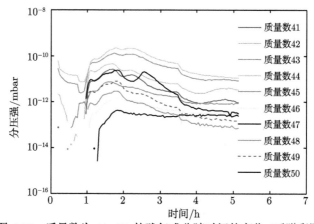

图 4.75　质量数为 41~50 的残气成分随时间的变化 (后附彩图)

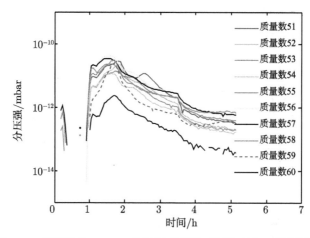

图 4.76　质量数为 51~60 的残气成分随时间的变化 (后附彩图)

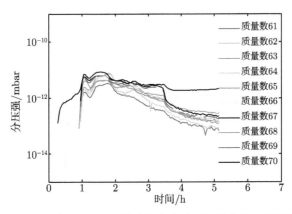

图 4.77 质量数为 61~70 的残气成分随时间的变化 (后附彩图)

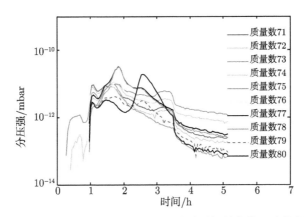

图 4.78 质量数为 71~80 的残气成分随时间的变化 (后附彩图)

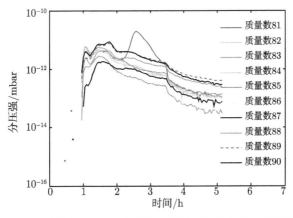

图 4.79 质量数为 81~90 的残气成分随时间的变化 (后附彩图)

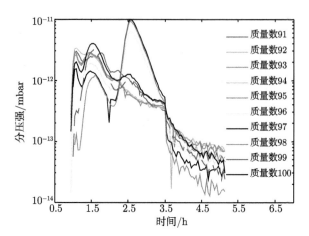

图 4.80　质量数为 91~100 的残气成分随时间的变化 (后附彩图)

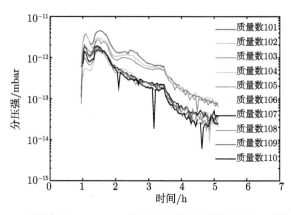

图 4.81　质量数为 101~110 的残气成分随时间的变化 (后附彩图)

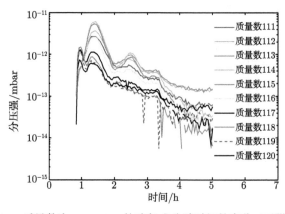

图 4.82　质量数为 111~120 的残气成分随时间的变化 (后附彩图)

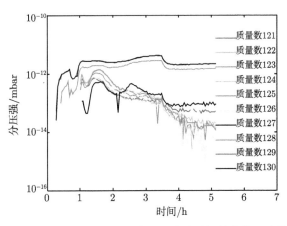

图 4.83　质量数为 121~130 的残气成分随时间的变化 (后附彩图)

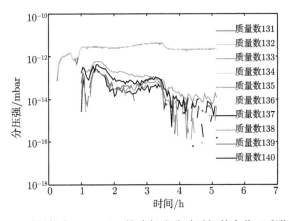

图 4.84　质量数为 131~140 的残气成分随时间的变化 (后附彩图)

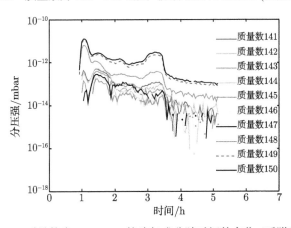

图 4.85　质量数为 141~150 的残气成分随时间的变化 (后附彩图)

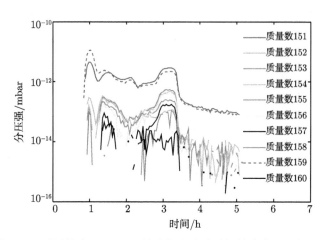

图 4.86　质量数为 151~160 的残气成分随时间的变化 (后附彩图)

我们还监测了 Cs 源和 O 源除气过程中，气体成分的变化。分析表明，杂质气体较多时，Cs 源和 O 源的纯度较低，而杂质气体较少时，纯度较高。同时表明，如果经过多次排气，Cs 源和 O 源的纯度可以得到一定程度的提高。

4.8　研制的 GaAs 光电阴极多信息量测试与评估系统

GaAs 光电阴极的多信息量测试与评估系统将超高真空系统激活、激活过程中多信息量在线监控、光电阴极性能评估以及表面分析有机结合在一起，能进行 GaAs 光电阴极的超高真空激活制备、光电阴极激活过程中的多信息量在线测试、性能评估以及表面研究，是一台功能强大、测试信息量丰富、智能化、自动化程度高的大型精密的 GaAs 光电阴极综合评估系统。

该系统的总体结构方框图如图 4.87 所示。整个系统由四个子系统组成：

(1) 超高真空激活系统；

(2) 多信息量在线监控系统；

(3) 表面分析系统：XPS 仪和 UPS 仪；

(4) 残余气体分析系统。

GaAs 光电阴极的制备在超高真空激活系统中完成，在线监控系统是制备控制和测试的平台，表面分析系统完成阴极表面的分析工作。四个子系统既相互独立，又通过一定方式彼此相连。其中超高真空激活系统和表面分析系统通过一闸板阀连接，样品可由磁力传输杆在两个系统之间进行传递。同时激活系统预留了入射窗，设计了带有两芯引线的机械手，为在线光电流测试以及在线光谱响应测试提供了接口。实物图片如图 4.88 所示。

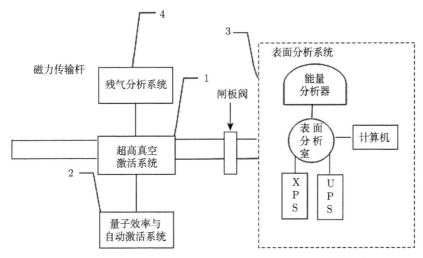

图 4.87 GaAs 光电阴极多信息量测试与评估系统总体结构方框图

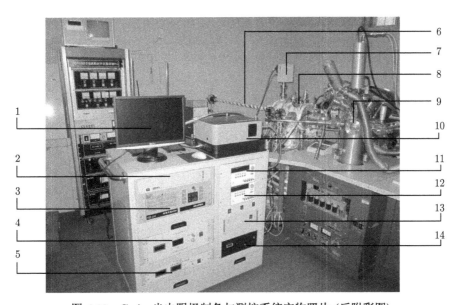

图 4.88 GaAs 光电阴极制备与测控系统实物照片 (后附彩图)

1. 显示器; 2. 四极质谱仪控制箱; 3. 主机; 4. 微弱信号处理模块; 5. 光谱响应电源; 6. 磁力传输杆;
7. 四极质谱仪; 8. 超高真空激活腔室; 9. 表面分析系统; 10. 光栅单色仪; 11.Cs 源程控电流源; 12.O 源
程控电流源; 13. 氙灯电源; 14. 氘灯电流源

与国外同行相比, 该系统的性能价格比较高, 具有中国特色。如果该系统进一步配置能够识别表面原子形貌与结构的分析仪器, 如原子力显微镜、高能电子衍射、低能电子衍射等分析仪器, 将会使我国光电发射材料的研究如虎添翼。

利用该系统，我们圆满完成了四个五年计划的预研课题。

参 考 文 献

[1] 萨默 A H. 光电发射材料制备、特性与应用. 北京: 科学出版社, 1979

[2] Sommer A H. Stability of photocathode. Applied Optics, 1973, 12(1): 90–92

[3] 王近贤, 杨汉琼. 像增强器稳定性分析. 云光技术, 1999, 31(2): 43–48

[4] Yee E M, Jackson D A. Photoyeild decay characteristics of a cesiated GaAs. Solid-State Electronics, 1972, 15: 245–247

[5] Tang F C, Lubell M S, Rubin K, et al. Operating experience with a GaAs photoemission electron source. Review of Scientific Instrument, 1986. 57(12): 3004–3011

[6] Wada T, Nitta T, Nomura T. Influence of exposure to CO, CO_2 and H_2O on the stability of GaAs photocathodes. Japanese Journal of Applied Physics, 1990, 29(10): 2087–2090

[7] Wada T, Nomura T, Miyao M, et al. A thermal desorption analysis for the adsorption of CO_2 on GaAs photocathodes. Surface Science, 1983, 285: 188–196

[8] Durek D, Frommberger F, Reichelt T, et al. Degradation of a gallium-arsenide photoemitting NEA surface by water vapour. Appllied Surface Science, 1999, 143: 319–322

[9] 徐江涛. 透射式 GaAs 光电阴极激活技术研究. 应用光学, 2000, 21(4): 5–7

[10] 杨邦朝, 王文生. 薄膜物理与技术. 成都: 电子科技大学出版社, 1994

[11] 宗志园. NEA 光电阴极的性能评估和激活工艺研究. 南京: 南京理工大学, 2000

[12] Du X Q, Chang B K. Angle-dependent XPS study of the mechanisms of "high–low temperature" activation of GaAs photocathode. Applied Surface Science, 2005, 251: 267–272

[13] Du X Q, Chang B K. Influence of material performance parameters of GaAs/AlGaAs photoemission. Proc. SPIE, 2004, 5280: 695–702

[14] Zong Z Y, Qian Y S, Chang B K. A study on the activation technique of GaAs: Cs-O NEA photocathodes. Proc. SPIE, 2003, 4796: 41–48

[15] 常本康, 钱芸生, 宗志园, 等. 光电阴极多信息量测试系统: 中国, 01113605.7. 2001

[16] 富容国, 常本康, 钱芸生, 等. 宽光谱像增强器光谱响应测试装置: 中国, ZL 200920036178.6

[17] 常本康, 汪贵华, 富容国, 等. 负电子光电阴极原位评估装置: 中国, 01237450.2001

[18] 杜玉杰, 杜晓晴, 常本康, 等. 光谱响应测试仪的研制及应用. 南京理工大学学报, 2005, 29(6): 690–692

[19] 钱芸生, 宗志圆, 常本康. GaAs 光电阴极原位光谱响应测试技术研究. 真空科学与技术, 2000, 20(5): 305–307

[20] Sydney J R, Allen B. Finding spectral response of electro-optical materials. Electronics, 1960, 33(14): 66, 67

[21] Ioannou J T, Theodorou D G. Spectral response system for processing photocathode. The Review of Scientific Instruments, 1966, 37(12): 1677–1681

[22] Schmidt-Ott A, Meier F. Automatic recording of quantum yields in phtoemission. The Review of Scientific Instruments, 1977, 48(5): 524–527

[23] Richard J C, Roaux E. Low light level imaging tube with GaAs photocathode. Vacuum, 1980, 30(11/12): 549–550

[24] 常本康. 多碱光电阴极机理、特性与应用. 北京: 机械工业出版社,1995

[25] 常本康, 房红兵, 刘元震. 光电材料动态自动光谱测试仪: 中国, 94112317.0

[26] 邹继军, 钱芸生, 常本康, 等. GaAs 光电阴极制备过程中多信息量测试技术研究. 真空科学与技术学报, 2006, 26(3):172–175

[27] 杜玉杰, 杜晓晴, 常本康, 等. 激活台内透射式 GaAs 光电阴极的光谱响应特性研究. 光子学报, 2005, 34(12): 1792–1794

[28] 林洪桦. 动态测试数据处理. 北京: 北京理工大学出版社, 1995

[29] 钱芸生. 光电阴极多信息量测试技术及其应用研究. 南京: 南京理工大学, 2000

[30] 常本康, 邹继军, 钱芸生, 等. GaAs 光电阴极制备过程的测控系统与测控方法: 中国, 200510117945.2

[31] 杨智. GaAs 光电阴极智能激活与结构设计研究. 南京: 南京理工大学, 2010

[32] 石峰. 透射式变掺杂 GaAs 光电阴极及其在微光像增强器中应用研究. 南京: 南京理工大学, 2013

[33] 王建祺, 吴文辉, 冯大明. 电子能谱学 (XPS/XAES/UPS) 引论. 北京: 国防工业出版社, 1992

第 5 章 反射式 GaAs 光电阴极的激活工艺及其优化研究

本章利用 GaAs 光电阴极多信息量测试与评估系统,对反射式 GaAs 基片和 MBE 外延片进行了激活工艺及其优化研究,提出了 GaAs 光电阴极的表面模型;比较和分析了不同激活工艺对阴极光谱响应特性及稳定性的影响,确定了激活工艺的优化条件。利用变角 XPS 表面分析技术,对首次进 Cs 和高低温激活机理进行了研究,理论计算了表面层结构参量对光电阴极电子表面逸出几率的影响。

5.1 反射式 GaAs 光电阴极激活工艺概述

在获得 GaAs 基片和 MBE 外延片后,反射式 GaAs 光电阴极的制备,也称为 GaAs 光电阴极的激活,是指在原子级洁净的 p 型重掺杂 GaAs 表面上,交替覆盖 Cs 和 O 来获得负电子亲和势状态。目前 (Cs,O) 激活所采用的主要方法是 Stocker 在 1975 年提出的 "高低温两步激活" 法 [1]。这种方法在标准的加热净化、"yo-yo" 激活之后,再来一次温度较低的加热和 "yo-yo" 激活,第二步低温激活后的阴极灵敏度一般比第一步高温激活提高 30%~50%。

在 GaAs 光电阴极制备工艺中,表面的原子级洁净程度和 (Cs,O) 激活层结构是影响激活结束后 GaAs 光电阴极灵敏度和稳定性的主要因素。GaAs 表面的原子级洁净程度依赖于超高真空度和 GaAs 表面的净化工艺,而 (Cs,O) 层结构通过不同的 (Cs,O) 激活方式来实现。在 GaAs 表面净化工艺研究中,如何获得一个洁净程度高且 Ga、As 含量稳定的 GaAs 表面一直是主要的研究课题 [2~5]。人们提出了很多净化工艺和方法,但至今这些技术仍处于优化之中。对于 GaAs 光电阴极的 "高低温两步激活" 工艺,还不能清楚解释和验证为什么第二步低温净化和激活后阴极能获得更高的灵敏度。在 (Cs,O) 激活工艺研究上,通过几种典型的激活工艺已经能够获得灵敏度较高和稳定性较好的 GaAs 光电阴极 [6~9],但这些工艺都处于半经验半定量水平。人们利用多种表面分析手段研究 GaAs 光电阴极表面 [10~20],以期给出成功激活后的 GaAs(Cs,O) 表面层结构的定量描述,揭示 (Cs,O) 层结构与阴极表面电子特性的依赖关系。也提出了很多表面模型来解释激活过程中负电子亲和势的形成机理,但目前还没有形成统一的观点 [1,19,21~37]。

5.2 Cs 源、O 源的除气工艺

在 GaAs 光电阴极激活的准备阶段, Cs 源、O 源的除气是决定激活工艺成败的关键技术之一, 对于从国外进口的 Cs 源、O 源尚无现成的工艺可供参考, 而我们的实验也表明, 采用通常的除气方法效果较差。为解决此问题, 通过理论分析与反复试验, 掌握了 Cs 源、O 源的放气规律, 并摸索和总结出较为实用的除气工艺。对 Cs 源、O 源除气工艺的研究, 解决了光电阴极激活过程中由于 Cs 源、O 源通电放气加速, 从而引起材料表面受到沾污而影响光电阴极性能的问题, 使得 Cs 源、O 源在制备中真正实用化。它们的应用将使光电阴极激活中 Cs、O 量的可控性得到加强, 有利于获取理想激活的光电阴极, 这对 GaAs 光电阴极的表面机理研究也具有重要意义。

Cs 源、O 源的结构相似, 我们以 Cs 源为例对除气工艺进行介绍。图 5.1 为激活使用的铯源结构示意图。

图 5.1 铯源结构示意图

Cs 源是锆铝合金粉还原铬酸铯的分子源。铬酸铯、金属铝、金属钨的粉末封装于金属镍管内, 其中铝和钨作为吸收剂与还原剂。在外加适当大小的电流时, 这些工作物质会发生还原反应放出气体与 Cs 蒸气, 气体可以被吸收剂吸收或者被真空系统抽走, Cs 蒸气通过镍管上的小孔向外排放。由于 Cs 源的构成主要为金属, 我们除气工艺的基本出发点也是考虑金属的放气特性。

金属材料在熔炼与加工过程中会溶解和吸收一定量的气体, 金属体内溶解的气体通常是 H_2、N_2、O_2、CO 和 CO_2。当金属处于真空中时, 这些气体就会不断放出, 其速率取决于金属含气量、气体与金属结合能和加热温度。放气过程分为两个阶段: 初始放出的大部分气体来自表层, 持久的放气则来自体内扩散。

经过反复试验, 我们总结出一套效果较为理想的除气工艺, 既能保证除气中的系统真空度, 又能在较短的时间内将 Cs 源、O 源进行较为彻底的除气。除气电流采用逐步上升的方法, 根据系统真空度的变化来决定每一步的时间长短, 图 5.2 为 Cs 源的除气工艺曲线, 图 5.3 为 O 源的除气工艺曲线。

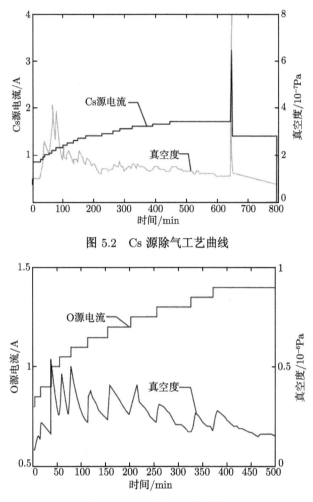

图 5.2 Cs 源除气工艺曲线

图 5.3 O 源除气工艺曲线

5.3 GaAs 表面的净化工艺研究

对于暴露在大气中的 GaAs 基片或者 MBE 外延片, 将不可避免地受到不同程度的碳沾污, 因此表面存在碳化物和自然氧化物, 将会严重影响阴极的激活。阴极表面的沾污物对阴极性能存在以下三方面的有害影响[38]:

(1) 沾污物占据了光电阴极表面 Cs、O 所处的位置, 阻止 Cs、O 和表面的连接, 不利于形成有效的 Cs、O 激活层;

(2) 沾污物可能与光电阴极表面产生化学连接, 形成很高的表面势垒, 阻碍光电子逸出;

(3) 光电子在逸入真空时，可能与表面沾污物碰撞而损失能量，从而降低逸出几率。

因此，为了避免沾污物对材料的影响，在激活前应首先进行表面净化处理，以获得原子级洁净的表面。加热法是比较常用的方法，技术发展比较成熟，用它处理过的材料可以得到很高的光电灵敏度，但需要准确控制好加热净化温度和时间，避免富 Ga 表面而降低光电阴极灵敏度。

实验中，采用加热法净化材料表面，所用样品是北京有色金属研究总院提供的 p 型 GaAs(100) 单晶基片，Zn 掺杂，掺杂浓度 $\sim 1 \times 10^{19} \mathrm{cm}^{-3}$，基片厚度 $\sim 280 \mu \mathrm{m}$。样品面积均为 11mm×11mm。表面净化分两步进行：首先是化学清洗，然后是加热净化。

5.3.1 化学清洗工艺

化学清洗的目的是脱脂，去除表面氧化物，消除机械抛光给样品表面造成的缺陷，以及去除样品表面的 O、S、Cl 等沾污物 [38]，具体清洁步骤如下：

(1) 用清水、去离子水清洗容器、夹具等；

(2) 用乙醇擦洗与样品直接接触的样品台、镊子等实验工具，再将其浸入丙酮，用超声波清洗 5min，取出烘干；

(3) 将 GaAs 样品先后浸入四氯化碳、丙酮、乙醇和去离子水中，用超声波清洗，清洗时间分别为 5min；

(4) 将样品浸入硫酸:双氧水:去离子水的混合溶液 (溶液配比为 3:1:1) 中刻蚀，15s 后取出，用去离子水冲洗；

(5) 将样品送入 XPS 预抽室。

经过上述化学清洗过程之后，通过 XPS 表面分析，样品表面的污染物除微量的 C、O 仍然存在外，再无其他污染物存在，化学清洗后 GaAs 表面的 XPS 全谱如图 5.4 所示。

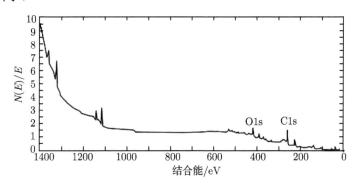

图 5.4 化学清洗后 GaAs 表面的 XPS 全谱

5.3.2　加热净化工艺的优化设计

经过严格的化学清洗后，GaAs 表面吸附的主要是 C、O 杂质，其中部分 O 杂质是以 Ga 和 As 氧化物的形式存在。GaAs 光电阴极的加热净化工艺就是通过一定温度和一定时间下的加热，使得 GaAs 表面的碳化物、氧化物进行热分解，C、O 杂质元素以气体形式挥发，然后被真空泵抽走，从而达到去除的目的。

优化的加热净化工艺不仅要获得原子级洁净表面，还要保证 GaAs 表面的 Ga、As 含量稳定以及加热过程中系统超高真空度的维持，其优化选取的参数以及原则如下：

(1) 温度 T：在 T 下 Ga 氧化物、As 氧化物以及碳化物从表面脱附，且该温度应该低于 GaAs 的共蒸发温度，以保证获得一个 Ga、As 含量稳定的 GaAs 表面；

(2) 在温度 T 需要停留的时间 D：在时间 D 内 GaAs 表面的氧化物完全去除，C 含量小于 1% 或一个原子单层；

(3) 加热开始时从室温 R_T 到温度 T 的上升速度 v_1，以及加热净化结束后从温度 T 冷却至室温 R_T 的下降速度 v_2：控制 v_1 和 v_2，以保证在加热过程中，系统真空度不能低于一个下限值，避免 GaAs 表面在较差的真空度环境下受到残余气体的再次污染。

研究表明 [39]，对一个 p 型 GaAs(100) 基片或者 p 型 GaAs(100) 外延片，在温度大于 520℃时，GaAs 表面的 As 氧化物先开始分解，在大于 600℃时 Ga 的氧化物也开始分解。GaAs 的共蒸发温度一般在 620~660℃[38]，因此 600℃的高温加热净化保证了 GaAs 表面的 Ga、As 含量稳定。

我们在 580~620℃以 5℃为间隔，分别对 GaAs 基片进行了 1h 的加热净化实验，并对加热后的 GaAs 表面进行了 XPS 表面分析。分析显示，该温度范围内 Ga、As 比例在 54.17:44.46~14.84:13.63，600℃下加热净化后，Ga、As 比例最接近 1:1，并且可以有效去除阴极表面的氧化物以及 C 杂质。

一般通过第二步的低温加热净化和激活，能再次提高 GaAs 光电阴极的灵敏度 [1]。实验中选取低温净化的温度为 580℃，实验结果表明 580℃的低温加热净化能获得高的灵敏度。通过大量加热净化工艺实验，设计了如图 5.5 所示的加热进程，其中 (a) 为高温净化曲线，(b) 为低温净化曲线。

GaAs 光电阴极材料在净化前系统真空度为 8×10^{-8}Pa，采用该净化工艺，在整个净化过程中真空度小于 10^{-6}Pa，保证了加热净化的有效性。激活室真空度随高温净化进程和低温净化进程的变化曲线分别如图 5.6(a) 和 (b) 所示 [40]。

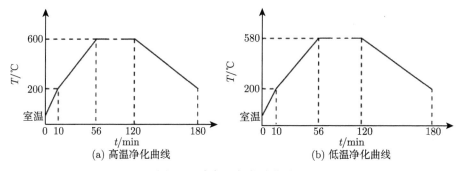

图 5.5 高低温加热净化进程

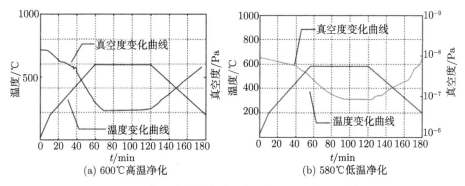

图 5.6 激活室真空度随加热净化进程的变化曲线

5.3.3 GaAs(100) 面净化后的表面模型

为了更好地对 GaAs NEA 激活过程的表面机理给予合理的解释，我们研究掺 Zn(或者 Be) 的富砷 GaAs(100)(2×4) 结构，并给出 GaAs(100) 面净化后的表面模型。

掺杂 Zn(或者 Be) 的 GaAs，Zn(或者 Be) 将取代 Ga 的位置成为代位式杂质，并会从附近获得一个电子，然后与 As 组成共价键，保持原有的四面体结构，而在 Zn 的附近留下一个空穴，可以把以 Zn 为中心的附近影响区域设想为一个簇团结构，需要电子来填充它的空穴位置。掺 Zn(或者 Be) 的 GaAs 结构示意图如图 5.7 所示。

在不同的加热温度下，GaAs 表面会发生重构相变[20]。一般认为，在高温净化阶段，为了去除表面的氧化镓和氧化砷，温度较高，GaAs 表面的 Ga 原子浓度百分比大于 As 原子；在低温阶段，主要是在去除表面 Cs 和 O 的过程中对表面进一步优化。当加热温度升高时，GaAs 表面富砷的 (2×4) 会转变成表面富镓的 (4×2) 重构。实验发现 MBE 生长的 GaAs，在富砷的 (2×4) 重构表面上能获得较高的灵敏度。富砷 GaAs(100)(2×4) 表面如图 5.8 所示。

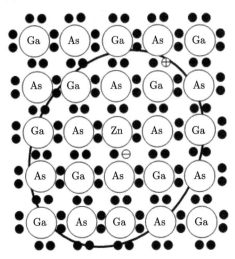

图 5.7　掺入 Zn 杂质的 GaAs 结构示意图

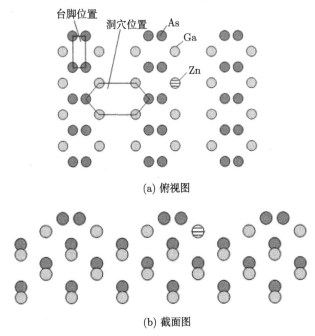

(a) 俯视图

(b) 截面图

图 5.8　掺 Zn 的富砷 GaAs(100) (2×4) 表面 (后附彩图)

目前没有严格地确立杂质在 GaAs 中扩散的基本机构,对 GaAs 中 Ga 和 As 的扩散进行放射示踪分析得到各自的扩散系数值:

$$\begin{cases} D_{\text{Ga}} = 0.1e^{-\frac{3.2}{k_{\text{B}}T}} \\ D_{\text{As}} = 0.7e^{-\frac{5.6}{k_{\text{B}}T}} \end{cases} \tag{5.1}$$

由式 (5.1) 可知，在感兴趣的温度范围，$D_{\text{Ga}}/D_{\text{As}}$ 在 $10^{17} \sim 10^{12}$ 变化，对通常方法生长的 GaAs 材料，在高低温净化过程中，GaAs(100) 只会获得富镓的 (4×2) 重构表面，如果要获得富砷 GaAs(100)(2×4) 表面，需要在材料设计、生长与表面净化方面综合考虑。

5.3.4 材料表面净化与 XPS 分析试验

采用 XPS 尽管可以非常准确地评估材料表面的净化效果，但这毕竟是一种复杂而昂贵的评估手段，而且对于加热处理而言，XPS 也无法做到实时评估，因而如何准确而简便地评估加热的效果，从而优化加热工艺，始终是面临的一个挑战。通过对材料加热过程中真空度变化与 Ga、As 氧化物在不同温度下脱附的对应关系的研究，我们发现基于真空度变化来评估材料加热处理效果是一种简单而有效的评估方法。

样品一采用 600℃加热，样品二采用 640℃加热，加热处理时间均为 20min，具体的加热工艺和测试的加热过程中的真空度变化如图 5.9 所示。

从图 5.9 中可以看出，两者的真空度变化有相同也有不同的地方。在材料刚开始加热的几分钟内，两者真空度都有一个显著下降的过程，如区间 A 所示，这是吸附在材料表面的水分蒸发的结果。随后，真空度进一步下降，并分别在 320℃和 330℃达到第一个最低点，这主要是由 AsO 脱附造成的 [41]。几分钟后，真空度再次下降，并分别在 450℃和 460℃达到第二个最低点。当 GaAs 材料温度达到 400℃左右时，会发生如下反应 [39,41,42]：

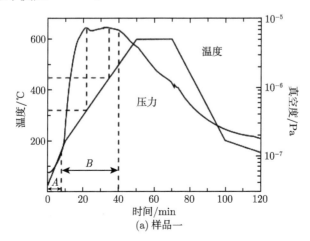

(a) 样品一

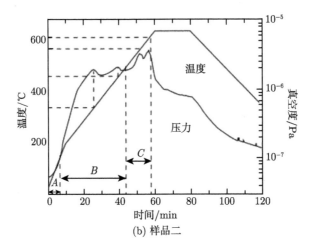

(b) 样品二

图 5.9　材料加热处理过程中真空度变化曲线

$$As_2O_3+2GaAs \longrightarrow Ga_2O_3+ 2As_2(or\ As_4) \uparrow \tag{5.2}$$

从该反应式我们看到，As_2O_3 和 GaAs 材料反应生成了稳定的 Ga_2O_3 和不稳定的 As_2 (或 As_4)，后者从阴极材料表面蒸发脱附，从而造成了图 5.9 中真空度曲线的第二个最低点。对于两个样品而言，从室温到 500℃ (区间 A 和区间 B) 的真空度变化基本相同，只是样品一的最低真空度要更低一些，这可能与化学清洗后的样品一不如样品二干净有关。

当材料温度进一步升高时，两个样品则呈现出完全不同的真空度变化。样品二的真空度进一步下降，如图 5.9(b) 中区间 C 所示，并分别在 570℃ 和 610℃ 达到第三和第四个最低点。当 GaAs 材料温度达到 580℃左右时，GaAs 分解 [20,41]：

$$4GaAs \longrightarrow 4Ga+ 2As_2\ (or\ As_4) \uparrow \tag{5.3}$$

生成的 As_2(或 As_4) 从材料表面蒸发，而剩余的 Ga 原子则和 Ga_2O_3 反应形成易于脱附的 Ga_2O[20,41]：

$$Ga_2O_3+4Ga \longrightarrow 3Ga_2O \uparrow \tag{5.4}$$

GaAs 和 Ga_2O_3 分解而形成的 As_2 和 Ga_2O 的脱附是造成 570℃ 和 610℃ 时真空度最低点出现的原因。随后，真空度迅速上升，这是由于样品二表面的氧化物已经大部分清除干净。在加热处理的过程中，位于氧化物之上或其内部的 C 则和氧化物一同脱附，在较高的温度下也有可能和 O 反应，从而得以清除 [43]。

然而，对于样品一而言，温度高于 500℃后，真空度持续上升，并未出现如样品二中所观察到的 Ga 氧化物脱附的现象。依据这种情况，我们认为样品一表面仍有一定的氧化镓，因此样品一的加热处理是不太成功的，这与样品一的加热温度有些偏低和化学清洗不是很好有关。两个样品加热后进行了 XPS 测试，结果如图 5.10 所示。从图中可以看出，在高结合能端样品一的 Ga $2p_{3/2}$ 谱明显比样品二偏高，这是 Ga 氧化物作用的结果，而样品二的 Ga $2p_{3/2}$ 谱则有较好的对称性，这说明样品一表面仍有一定的 Ga 氧化物，而样品二表面氧化物已经很少。这个结论与根据样品加热过程中真空度变化曲线得出的结论是基本一致的，然而这种依据真空度进行加热处理效果评估的方法是一种在线测试与评估技术，与 XPS 分析相比，它具有简单、方便和非破坏性的特点。

两个样品在高温加热处理后进行了激活实验，激活后测试的光谱响应曲线如图 5.11 所示。依据测试的光谱响应曲线可以计算得到两者的积分灵敏度分别为 516μA/lm 和 1718μA/lm，样品一的灵敏度远小于样品二。两条光谱响应曲线的形状也不相同，样品二的长波光谱响应要远高于样品一。上述实验结果表明加热处理对光电阴极激活的重要影响，同时也证实了样品二的加热处理确实是成功的。

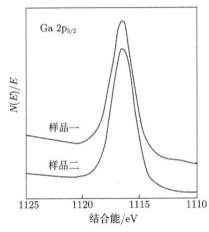 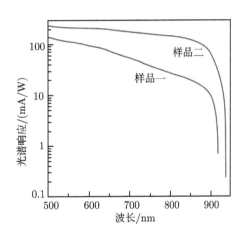

图 5.10　两个样品加热处理后的 Ga $2p_{3/2}$ 谱　　图 5.11　两个样品激活后的光谱响应曲线

GaAs 光电阴极在经过第一次的加热处理和激活以后，一般再进行一次温度较低的加热处理和激活。

5.4　GaAs 光电阴极 Cs-O 激活机理

GaAs 光电阴极 Cs-O 激活机理主要介绍 [GaAs(Zn):Cs]:O-Cs 光电发射模型、在 Cs-O 激活中掺 Zn 的富砷 GaAs(100) (2×4) 表面的演变以及基于 [GaAs(Zn):Cs]:O-Cs 模型的计算。

5.4.1 [GaAs(Zn):Cs]:O-Cs 光电发射模型

我们提出了新的 GaAs NEA 阴极光电发射模型 [44,45]：[GaAs(Zn):Cs]:O-Cs，如图 5.12 所示。

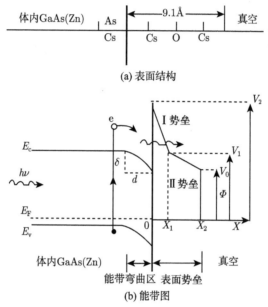

图 5.12　[GaAs(Zn):Cs]:O-Cs 光电发射模型

在首次进 Cs 过程中，Cs 优先吸附在 GaAs(Zn)(100) 表面的台脚位置，与杂质原子 Zn 构成第一个偶极层：GaAs(Zn):Cs。随着 Cs 量的进一步增加，Cs 然后吸附在 GaAs(100) 表面的洞穴位置，即 Ga 原子和 As 原子上，当 Cs 的覆盖度在 0.7ML ($1ML=4\times10^{14}$ 原子/cm^2) 左右时获得最低的逸出功。图 5.12(a) 中界面左边的 Cs 是处在由四个砷离子构成的台脚位置，因为铯离子半径 (1.67Å) 大于砷离子半径 (1.26Å)，可以认为铯离子是处在砷离子构成的台脚上。当吸附在界面的 Cs 饱和时，开始沉积 O_2，O_2 在与 Cs 反应时形成氧原子，进一步离化与 Cs 构成第二个偶极层：O-Cs。氧原子半径由 0.66Å 增加到 1.21Å，此时为负二价氧离子的半径。随着 Cs 和 O 量的交替沉积，光电流增加，当 O-Cs 偶极子在光电阴极表面达到最佳排列时，积分灵敏度达最大值。

图 5.12(b) 中光电阴极的表面势垒是根据双偶极层表面模型提出的，是由两条斜率不同的近似直线来代替表面势垒曲线。该表面模型认为靠近光电阴极表面的第一偶极层形成的界面势垒 (简称 I 势垒) 比较高且窄，由 GaAs(Zn)-Cs 层组成，因为 I 势垒较薄，电子可以通过隧道效应穿过，它具有一个远高于 GaAs 体内导带

底的起始高度 V_2, 以及与体内导带底持平的结束高度 V_1, 它将真空能级降到 1.4eV 左右; 而稍微远离表面的第二偶极层形成的界面势垒 (简称 II 势垒) 比较低且宽, 由 Cs-O 偶极层形成, 它使得表面的真空能级进一步降低, 达到负电子亲和势状态, 因此 II 势垒结束高度 V_0 对应光电阴极的表面逸出功 Φ 约 0.9eV。II 势垒较厚, 电子在逸出时将受到部分 Cs-O 层的散射。整个势垒宽度估计在 $7 \sim 10\text{Å}$, 因此到达的光电子可以通过隧道效应穿过表面势垒而逸出进入真空。

5.4.2 在 Cs-O 激活中掺 Zn 的富砷 GaAs(100) (2×4) 表面的演变 [46]

1. 首次进 Cs

当首次进 Cs 后, Cs 优先吸附在 GaAs(Zn)(100) 表面由四个 As 原子形成的台脚位置, 由于以 Zn 为中心的团簇结构有较大电负性, 因此 Cs 电离失去一个价电子给团簇结构, 这样 Cs 与杂质原子 Zn 构成第一个偶极层: GaAs(Zn)-Cs, 如图 5.13 所示, 这个偶极层使得表面能带弯曲, 使真空能级降到 1.42eV, 从而得到零电子亲和势, 形成图 5.12(b) 中的 I 势垒。设表面 As 原子中心为界面, 令 $d = 0$, GaAs 内部 $d < 0$, 势垒及真空中 $d > 0$, 计算得出台脚位置铯离子中心 $d = 0.74\text{Å}$。

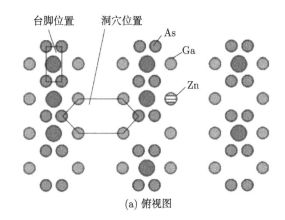

(a) 俯视图

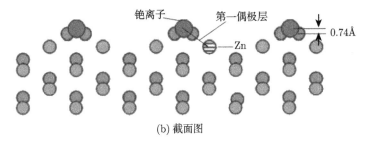

(b) 截面图

图 5.13 Cs 与杂质原子 Zn 构成第一个偶极层: GaAs(Zn)-Cs (后附彩图)

当进一步进 Cs 时，Cs 将排满所有的由四个 As 原子形成的台脚位置，还有的 Cs 将吸附在洞穴位置，如图 5.14 所示。当 Cs 覆盖到 0.7ML 时，得到最小的逸出功，出现光电发射的第一个最大值。随着 Cs 进一步增加，阴极表面的逸出功接近于 Cs 金属的逸出功，获得光电发射的第一个最小值。

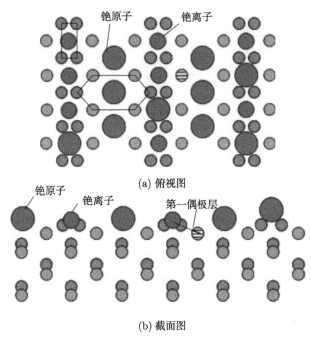

(a) 俯视图

(b) 截面图

图 5.14　进一步吸附 Cs 后的 GaAs(100) 表面 (后附彩图)

进一步进 Cs 时，GaAs(Zn)-Cs 偶极子增加使得能带弯曲增加，当能带弯曲达到一定程度时，Cs 电离的价电子不能穿过能带弯曲区的团簇结构，所以不能再形成 GaAs(Zn)-Cs 偶极子。此时 Cs 与表面 As 原子的另一个悬挂键结合，其大小为原子半径 2.71Å。

2. 铯氧交替

当 Cs 饱和时 (光电发射曲线第一个最小值处)，开始沉积 O_2，氧的负电性比较强，使得与 As 结合的 Cs 原子离化，同时氧分子在与 Cs 反应时形成氧原子，进一步离化与 Cs 构成第二个偶极层：O-Cs。O 最终沉积在洞穴位置，洞穴位置氧离子中心 $d = -1.49$Å，洞穴位置铯离子中心 $d = 1.39$Å，如图 5.15 所示。O-Cs 偶极层进一步降低阴极表面逸出功 $\varPhi$ 到 0.9eV 左右，从而得到负电子亲和势，并形成图 5.12(b) 中的 II 势垒。进 O 后形成 Cs-O 偶极层的 GaAs(100) 表面，如图 5.15 所示。

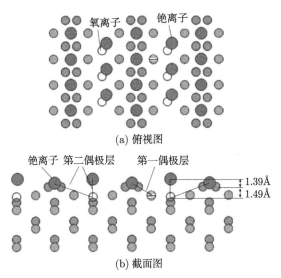

(a) 俯视图

(b) 截面图

图 5.15 进 O 后形成 Cs-O 偶极层的 GaAs(100) 表面 (后附彩图)

经过几次 Cs、O 循环后光电阴极获得最大的光电流峰值, 当 O-Cs 偶极子在光电阴极表面达到如图 5.16 所示的最佳排列时, 积分灵敏度达到最大值, 激活工艺最后要有微过量 Cs 覆在表面, 从而保护光电阴极, 提高其稳定性。

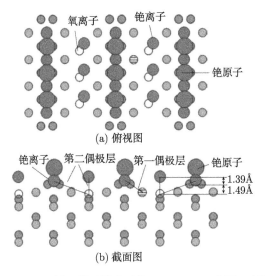

(a) 俯视图

(b) 截面图

图 5.16 Cs、O 循环激活结束后的 GaAs(100) 表面 (后附彩图)

每次循环中要严格控制 Cs/O 比例, 如果 Cs/O 比例偏小, 会容易导致 O 过量。如果 Cs/O 比例偏大, 会导致每次 Cs、O 循环中 Cs 都处于过量状态, O 无法与之充分结合, 因此表面逸出功的降低量较小, 阴极灵敏度不高, 同时如果 Cs、O

循环中 Cs 电流太大, 还容易引起 (Cs, O) 层厚度过厚, 增加电子在逸出过程中的散射, 降低电子逸出几率。只有 Cs/O 比例适中, 才能在阴极表面形成最佳 O-Cs 偶极子排列结构以及 (Cs, O) 层厚度, 并减小 O 与衬底的反应, 使得光电阴极表面电子逸出几率提高, 灵敏度增大。

在控制 Cs/O 比例的过程中, 一方面要注意进 O 量充分, 保证与 Cs 充分结合, 在光电阴极表面形成一个排列均匀且结构紧凑的 O-Cs 偶极层, 另一方面要避免过量的 O 与 GaAs 表面反应, 形成 Ga 与 As 的氧化物, 提高表面势垒, 对阴极造成损害。

5.4.3　基于 [GaAs(Zn):Cs]:O-Cs 模型的计算

1. $[Ga_{N-1}As_N(Zn)]$-Cs 偶极层

1) 构建模型

由图 5.8 可知, GaAs 是富 As 的表面, 并且 Zn 取代了 Ga, 作为浅受主杂质原子。取一个简单模型, 设 N =(GaAs 原子密度/杂质原子密度), Zn 在 $Ga_{N-1}As_N(Zn)$ 立方体的中心, 令 $Ga_{N-1}As_N$ (Zn) 作为 NEA GaAs 光电阴极的最小立方体积元, 则由此小体积元拓扑构成 GaAs 光电阴极的本体结构, 如图 5.17 所示。整个发射层可以看成该立方体积元阵列, 将其纵向 (向光电阴极内部) 拓展到整个发射层厚度, 横向拓展到整个光电阴极面。形成偶极子的 Zn 与其对应的 Cs^+ 之间的距离是这个 Zn 所处的小立方体的中心至 Cs^+ 中心的距离。

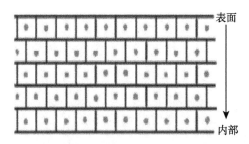

图 5.17　整个阴极发射层可以看成立方体积元阵列

已知 GaAs 原子密度为 $10^{22}cm^{-3}$, 杂质原子浓度为 $10^{19}cm^{-3}$, 可算出 $N = 10^3$, 即每一个立方体积元中有 1000 个原子, 为 $10 \times 10 \times 10$ 的结构。立方体积元表面有 $10 \times 10 = 100$ 个 As 原子, 10 个 As 原子间距之和为 $10 \times 4 = 40Å$, 厚度为 5 层 As 原子与 5 层 Ga 原子间距之和: $10 \times 1.4 = 14Å$。即立方体积元表面是宽度为 40Å 的正方形, 厚度为 14Å。立方体积元的表面有 100 个 As 原子, 由重构后的富 As 表面结构知, 100 个 As 原子构成的表面有 50 个台脚位置和 50 个洞穴位置。当 Cs 覆盖度在 0.7ML 时, 总共需 (50+50)×0.7=70 个空位容纳 Cs, 即 50 个台脚位置和 20 个洞穴位置吸附有 Cs(Cs 优先吸附在台脚位置)。也就是说该模型的纵向立方体阵列中最多可有 70 层 Ga$_{N-1}$As$_N$(Zn) 与表面 Cs$^+$ 形成偶极子, 这 70 个小立方体中心的 Zn 与表面的 70 个 Cs$^+$ 形成了 70 个偶极子, 其原因是一个 Ga$_{N-1}$As$_N$(Zn) 只能与一个 Cs$^+$ 构成偶极子。实验证明当 Cs 覆盖度为 0.7ML 时, 达到最小逸出功, 即此时阴极表面为零电子亲和势, 输出电流第一次达到最大值。

2) 模拟计算

如图 5.18 所示, 第 k 层 (k 取奇数, $k = 1, 3, 5, \cdots$) 中任一偶极子在任意点 P 的电势为 $\varphi_p(i, j, k, d)$, 如图 5.18(b) 所示, $P0$ 为 P 点在表面 ($d = 0$ 处) 的投影, $b = 40$Å为基本体积元宽度, r 为第 k 层中任一偶极子在表面的投影到 $P0$ 点的距离:

$$r_i = i \times b, \quad r_j = j \times b \quad (i = 0, 1, 2, \cdots; j - 0, 1, 2, \cdots); \quad r = \sqrt{r_i^2 + r_j^2} \tag{5.5}$$

将第 k 层偶极子中 Cs$^+$ 中心近似看成带正电的点电荷, 其在 P 点电势为

$$\varphi_{p+}(i, j, d) = \frac{e}{4\pi\varepsilon r_+} \tag{5.6}$$

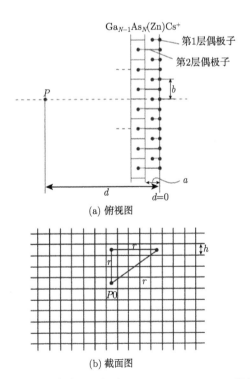

(a) 俯视图

(b) 截面图

图 5.18　阴极表面及内部任意 P 点受 [Ga$_{N-1}$As$_N$(Zn)]-Cs 偶极层电势的影响

式中，$r_+ = [(d+d_{Cs})^2 + r^2]^{1/2}$；$d$ 为 P 点到表面的距离；r_+ 为 Cs^+ 中心到 P 点的距离；d_{Cs} 为 Cs^+ 中心到阴极表面 $d=0$ 处的距离，Cs 优先吸附在台脚位置，所以 Cs^+ 处在台脚位置，$d_{Cs}=0.74\text{Å}$。

$[Ga_{N-1}As_N(Zn)]^-$ 中心近似看成带负电的点电荷，其在 P 点电势为

$$\varphi_{p-}(i,j,k,d) = -\frac{e}{4\pi\varepsilon r_-} \tag{5.7}$$

式中，$r_- = \left[\left(d - \frac{2k-1}{2}a\right)^2 + r^2\right]^{1/2}$，$r_-$ 是 $[Ga_{N-1}As_N(Zn)]^-$ 中心到 P 点距离；a 是基本体积元厚度 (14Å)。

$$\varphi_p(i,j,k,d) = \varphi_{p+}(i,j,d) + \varphi_{p-}(i,j,k,d) = \frac{e(r_+ - r_-)}{4\pi\varepsilon r_+ r_-} \tag{5.8}$$

对 k 层内所有偶极子在 P 点产生电势叠加，得到第 k 层偶极子在 P 点的电势：

$$\varphi_p(k,d) = \sum_{i,j} \varphi_p(i,j,k,d) \tag{5.9}$$

对于偶数层，即 $k = 2, 4, 6, \cdots$，原理同上，但是稍有改变：

$$r_i = \frac{2i-1}{2} \times b, \quad r_j = j \times b \quad (i = 1, 2, \cdots; j = 0, 1, 2, \cdots); \quad r = \sqrt{r_i^2 + r_j^2} \tag{5.10}$$

其余同上。

模型中采取了几点近似：

(1) 场点到正负点电荷中心的距离远大于两点电荷间距时，正负电荷对该场点的电势作用可视为偶极子作用；

(2) 选取 P 点时，使其在表面的投影 $P0$ 处在任意网格 (体积元表面) 中心，如图 5.9(b) 所示；

(3) 对 i, j 求和时，若 $\varphi_p(i\max, j\max, k, d) \ll P$ 点初值，则 $i \geqslant i\max, j \geqslant j\max$ 网格内的偶极子均可忽略不计；

(4) 计算时 P 点选在光电阴极工作区内，忽略边界条件。

3) 计算结果

按照上述公式及算法，用 VC++ 软件编程计算，得出 $k = 8$ 时真空能级降到了 1.42eV，即 8 层 $[Ga_{N-1}As_N(Zn)]$-Cs 偶极子即可达到零电子亲和势。此时表面有 8 个离化的 Cs 原子，与 $[Ga_{N-1}As_N(Zn)]$ 形成偶极子，即 $[Ga_{N-1}As_N(Zn)]$-Cs 偶极层。该偶极层形成了能带弯曲，降低真空能级到 1.42eV，形成 I 势垒。Cs 优先吸附在台脚位置，所以这 8 个 Cs^+ 处在台脚位置。之所以只能有 8 个 Cs 形成

$[Ga_{N-1}As_N(Zn)]$-Cs 偶极子, 是因为随着 $[Ga_{N-1}As_N(Zn)]$-Cs 偶极子增多, 能带弯曲区的电势差增加, 电场值增加, 当电场值增加到一定值, Cs 的价电子无法穿过这样的强电场与 $[Ga_{N-1}As_N(Zn)]$ 中的空穴复合, 所以每个体积元表面只有 8 个 Cs 形成了偶极子。

此外, 还有一部分 Cs 原子与表面 As 原子多余的一个悬挂键形成共价结合, 这部分 Cs 保持原子半径 2.71Å。体积元表面有 100 个 As 原子, 每个 As 原子均有一个悬挂键, 最多可吸附 100 个 Cs 原子, 但是体积元表面积为 40Å×40Å, 所以实际上表面最多还可吸附 Cs 原子的个数为

$$(40Å×40Å−1.67Å×1.67Å×3.14×8)/(2.71Å×2.71Å×3.14)≈66$$

因此, 表面还有 66 个 Cs 与 As 形成共价结合。表面覆盖满时共有 66+8=74 个 Cs, 此时覆盖度 $\theta ≈ 0.74$ML, 这与实验结果 0.71ML 近似; 此时由于偶极子数目最多, 逸出功最低, 灵敏度最高。当覆盖度再次增加时, 表面可供 Cs 占据的位置饱和, 灵敏度不再上升, 随着进 Cs 量增加, GaAs 表面的 Cs 吸附原子将浓缩成为紧密排列的二维岛, 从吸附原子分散气体相变到密集二维金属岛[14], 阻碍电子逸出, 灵敏度降低, 而且导致后续进 O 无法吸附。

图 5.19 (a) 为计算出的 $[Ga_{N-1}As_N(Zn)]$-Cs 偶极层作用时的势能变化, $[Ga_{N-1}As_N(Zn)]$-Cs 偶极层的作用使得表面能带发生弯曲, 弯曲宽度为 110Å, 主要作用在阴极内部; 图 5.19 (b) 中表示的是阴极表面的势能变化, $d = 2.4$Å 是 I 势垒宽度, 真空能级降到 1.42eV, 而如图 5.12 形成 $[Ga_{N-1}As_N(Zn)]$-Cs 偶极层的 Cs$^+$ 厚度为 0.74Å+1.67Å=2.41Å≈2.4Å, 所以计算值与模型的结论一致。

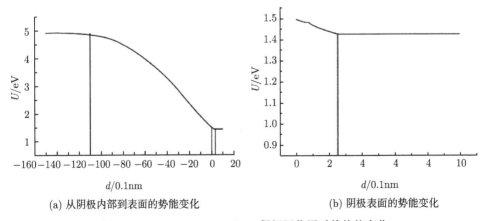

(a) 从阴极内部到表面的势能变化　　　　(b) 阴极表面的势能变化

图 5.19 $[Ga_{N-1}As_N(Zn)]$-Cs 偶极层作用时的势能变化

2. O-Cs 偶极层

1) 构建模型

首次进 O 以后，O 的负电性比较强，使得 As—Cs 键断裂，并从相邻的两个 Cs 原子中得到两个电子，如图 5.15 和图 5.16 所示，O 吸附在洞穴位置，并且使表面 Cs 原子离化，形成 O^{2-}-$2Cs^+$ 偶极子。

Cs、O 循环激活结束后，O 吸附在洞穴位置，因为体积元表面有 50 个洞穴位置，所以 Cs、O 循环激活使表面吸附 50 个 O，这 50 个 O 使 100 个 Cs 原子离化 (包括原来与 As 原子结合的 Cs 原子以及后来吸附的 Cs 原子)，形成 O-Cs 偶极层。对 I 势垒进行了修正，形成 II 势垒，进一步将真空能级降低到约 0.9eV。最后要有微过量 Cs 覆在表面，保护光电阴极，提高其稳定性。

2) 模拟计算

每个体积元表面 50 个 O^{2-} 在洞穴位置，如图 5.16 所示，O^{2-} 中心到阴极表面 $d = 0$ 处的距离 $d_0 = 1.49$Å；100 个 Cs^+ 中部分占据台脚位置，部分占据洞穴位置，如图 5.14 和图 5.16 所示，台脚位置的 Cs^+ 中心到阴极表面 $d = 0$ 处的距离 $d_{2Cs} = 0.74$Å，洞穴位置的 Cs^+ 中心到阴极表面 $d = 0$ 处的距离 $d_{1Cs} = 1.39$Å。如图 5.20(a) 所示。

图 5.20 (b) 中以洞穴位置中心作为网点，则 $a = 8$Å，$b = 4$Å。根据假设 2，P0 在体积元表面中心，则在图 5.20(b) 中 P0 近似处在洞穴位置。

如图 5.20 所示，O-Cs 偶极子中 O^{2-} 在任意点 P 的电势为 $\varphi_{pO}(i, j, d)$，如图 5.20 (b) 所示，r_1 为任意 O^{2-} 在表面的投影到 P0 点的距离：

$$r_i = i \times b, r_j = j \times a \quad (i = 0, 1, 2, \cdots; j = 0, 1, 2, \cdots); \quad r_1 = \sqrt{r_i^2 + r_j^2} \quad (5.11)$$

将洞穴位置 O^{2-} 中心近似看成带两个单位负电荷的点电荷，其在 P 点电势为

$$\varphi_{pO}(i, j, d) = -\frac{2e}{4\pi\varepsilon r_-} \quad (5.12)$$

式中，$r_- = \left[(d - d_O)^2 + r_1^2\right]^{1/2}$，$d$ 是 P 点到表面的距离，r_- 为 O^{2-} 中心到 P 点距离。

将洞穴位置 Cs^+ 中心近似看成带正电的点电荷，其在 P 点电势为

$$\varphi_{p1+}(i, j, d) = \frac{e}{4\pi\varepsilon r_{1+}} \quad (5.13)$$

式中，$r_{1+} = \left[(d + d_{1Cs})^2 + r_1^2\right]^{1/2}$ 是洞穴位置的 Cs^+ 中心到 P 点距离。

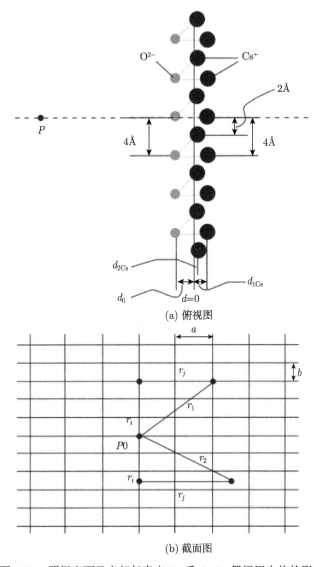

(a) 俯视图

(b) 截面图

图 5.20 阴极表面及内部任意点 P 受 O-Cs 偶极层电势的影响

将台脚位置 Cs^+ 中心近似看成带正电的点电荷，其在 P 点电势为

$$r_i = \frac{2i+1}{2} \times b, \quad r_j = \frac{2j+1}{2} \times a \quad (i=0,1,2,\cdots; j=0,1,2,\cdots); \quad r_2 = \sqrt{r_i^2 + r_j^2} \tag{5.14}$$

$$\varphi_{p2+}(i,j,d) = \frac{e}{4\pi\varepsilon r_{2+}} \tag{5.15}$$

式中，$r_{2+} = \left[(d+d_{2Cs})^2 + r_2^2\right]^{1/2}$ 是台脚位置的 Cs^+ 中心到 P 点距离，则该偶极

子在 P 点的电势为

$$\varphi_p(i,j,d) = \varphi_{pO}(i,j,d) + \varphi_{p1+}(i,j,d) + \varphi_{p2+}(i,j,d) \tag{5.16}$$

对该层内所有偶极子在 P 点产生的电势叠加，得到该层在 P 点的总电势：

$$\varphi_p(d) = \sum_{i,j} \varphi_p(i,j,d) \tag{5.17}$$

模型中采取了以下几点近似：

(1) 场点到正负点电荷中心的距离远大于两点电荷间距时，正负电荷对该场点的电势作用可视为偶极子作用；

(2) 根据假设 2，$P0$ 在体积元表面中心，则在图 5.14(b) 中 $P0$ 近似处在洞穴位置；

(3) 对 i, j 求和时，若 $\varphi_p(i\max, j\max, k, d) \ll P$ 点初值，则 $i \geqslant i\max, j \geqslant j\max$ 的偶极子均可忽略不计；

(4) 计算时 P 点选在光电阴极工作区内，忽略边界条件。

3) 结果与讨论

按照上述公式及算法编程计算，O-Cs 偶极层使真空能级进一步降到了 0.9eV，即达到了负电子亲和势，与实验结论一致 [47,48]。

图 5.21 是计算的 O-Cs 偶极层作用时的势能变化，可以看出 O-Cs 偶极层的作用使得势能降低了 0.4eV，如图 5.21(a) 所示，部分势能差发生在能带弯曲区和 I 势垒区，部分势能差发生在 II 势垒区；如图 5.21(b) 所示，$d = 8$Å，即 II 势垒宽度为 5.6Å(8Å−2.4Å=5.6Å)，真空能级降到 0.9eV，而如图 5.16 所示表面吸附层总厚度为 0.74Å+1.67Å+2.71Å×2=7.83Å≈8Å，所以计算值与模型的结论一致。

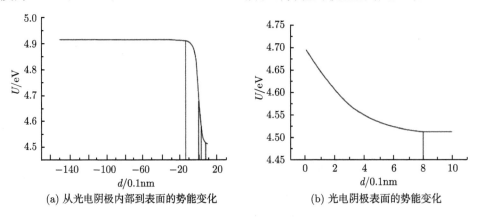

(a) 从光电阴极内部到表面的势能变化　　　　(b) 光电阴极表面的势能变化

图 5.21　O-Cs 偶极层作用时的势能变化

图 5.22 是 $[Ga_{N-1}As_N(Zn)]$-Cs 偶极层与 O-Cs 偶极层同时作用时的势能变化。图 5.23 是单偶极层 (即只有 $[Ga_{N-1}As_N(Zn)]$-Cs 偶极层) 与双偶极层 ($[Ga_{N-1}As_N(Zn)]$-Cs 偶极层与 O-Cs 偶极层同时作用) 引起的势能变化比较。从图 5.23(b) 可以看出,相比于单偶极层,双偶极层的作用不仅使得真空能级从 1.42eV 降到了 0.9eV,而且使得 I 势垒整体降低,这就解释了为什么进 O-Cs 交替后的光电流比首次进 Cs 的光电流大很多。双偶极层的作用使得势垒的起始高度约 1.3eV,即到达阴极表面的电子,其能量大于 1.3eV 的能够以很大的概率从表面逸出。

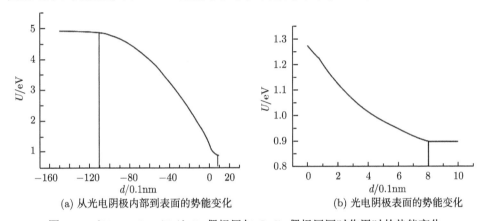

(a) 从光电阴极内部到表面的势能变化   (b) 光电阴极表面的势能变化

图 5.22 $[Ga_{N-1}As_N(Zn)]$-Cs 偶极层与 O-Cs 偶极层同时作用时的势能变化

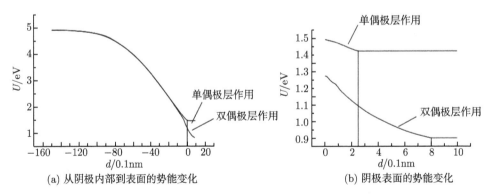

(a) 从阴极内部到表面的势能变化   (b) 阴极表面的势能变化

图 5.23   单偶极层与双偶极层作用的势能变化比较

3. 逸出几率 P 的计算

无论是反射式还是透射式光电阴极 [6],发射到真空中的电子流密度

$$J = P \cdot D_n \left.\frac{dn}{dx}\right|_{x=0}$$

所以光电流值正比于逸出几率 P。对于图 5.23 (b) 所示的两个不同形状势垒,可以

通过势垒贯穿的方法分别计算它们的逸出几率，从而得到光电流之比。

对于 [GaAs(Zn):Cs]:O-Cs 光电阴极，由于其表面存在着表面势垒，所以当电子运行到光电阴极表面时并不能百分之百地逸入真空，只能以一定的透过率透过表面势垒，在量子力学中，这一透过率就是电子波函数透过表面势垒的透射系数 [49]。如果已知电子到达阴极表面的能量分布，又知道具有一定能量 E 的电子越过界面势垒的透过率，则可以计算表面逸出几率。只要算出对应每种能量的电子越过界面势垒的几率，再相加求平均即可。

为简单起见，以下仅考虑一维情况。设界面势垒的总宽度为 a，采用将整个势垒划分成小段的算法，则其势能函数可写为

$$V(x) = \begin{cases} 0, & x < 0 \\ V_1, & 0 \leqslant x < a_1 \\ V_2, & a_1 \leqslant x < a_2 \\ \quad \cdots\cdots \\ V_u, & a_{u-1} \leqslant x < a_u \\ \quad \cdots\cdots \\ V_n, & a_{n-1} \leqslant x < a \\ 0, & x \geqslant a \end{cases} \tag{5.18}$$

薛定谔方程为

$$\begin{cases} \varphi_0'' + \dfrac{2\mu E}{\hbar^2} \varphi_0 = 0, & x < 0 \\[2mm] \varphi_1'' + \dfrac{2\mu}{\hbar^2}(E - V_1)\varphi_1 = 0, & 0 \leqslant x < a_1 \\[2mm] \varphi_2'' + \dfrac{2\mu}{\hbar^2}(E - V_2)\varphi_2 = 0, & a_1 \leqslant x < a_2 \\[2mm] \quad \cdots\cdots \\[1mm] \varphi_u'' + \dfrac{2\mu}{\hbar^2}(E - V_u)\varphi_u = 0, & a_{u-1} \leqslant x < a_u \\[2mm] \quad \cdots\cdots \\[1mm] \varphi_n'' + \dfrac{2\mu}{\hbar^2}(E - V_n)\varphi_n = 0, & a_{n-1} \leqslant x < a \\[2mm] \varphi_\infty'' + \dfrac{2\mu E}{\hbar^2} \varphi_\infty = 0, & x \geqslant a \end{cases} \tag{5.19}$$

其中，μ 为电子质量，E 为电子能量。取

$$k_0^2 = \frac{2\mu E}{\hbar^2}, k_1^2 = \frac{2\mu(E - V_1)}{\hbar^2}, k_2^2 = \frac{2\mu(E - V_2)}{\hbar^2}, \cdots, k_n^2 = \frac{2\mu(E - V_n)}{\hbar^2} \tag{5.20}$$

解方程得

$$\begin{cases} \varphi_0 = Ae^{ik_0x} + A'e^{-ik_0x} \\ \varphi_1 = B_1e^{ik_1x} + B_1'e^{-ik_1x} \\ \varphi_2 = B_2e^{ik_2x} + B_2'e^{-ik_2x} \\ \quad\cdots\cdots \\ \varphi_n = B_ne^{ik_nx} + B_n'e^{-ik_nx} \\ \varphi_\infty = Ce^{ik_0x} + C'e^{-ik_0x} \end{cases} \tag{5.21}$$

其中，等式右边第一项为入射波，第二项为反射波，因此可以得出整个势垒的透射系数为 $\dfrac{|C|^2}{|A|^2}$。根据量子力学知识，波函数具有单值、有限、连续的性质，因此有

$$\begin{cases} A + A' = B_1 + B_1' \\ A - A' = \dfrac{k_1}{k_0}B_1 - \dfrac{k_1}{k_0}B_1' \\ B_1e^{ik_1a_1} + B_1'e^{-ik_1a_1} = B_2e^{ik_2a_1} + B_2'e^{-ik_2a_1} \\ B_1e^{ik_1a_1} - B_1'e^{-ik_1a_1} = \dfrac{k_2}{k_1}B_2e^{ik_2a_1} - \dfrac{k_2}{k_1}B_2'e^{-ik_2a_1} \\ \quad\cdots\cdots \\ B_{n-1}e^{ik_{n-1}a_{n-1}} + B_{n-1}'e^{-ik_{n-1}a_{n-1}} = B_ne^{ik_na_{n-1}} + B_n'e^{-ik_na_{n-1}} \\ B_{n-1}e^{ik_{n-1}a_{n-1}} - B_{n-1}'e^{-ik_{n-1}a_{n-1}} = \dfrac{k_n}{k_{n-1}}B_ne^{ik_na_{n-1}} - \dfrac{k_n}{k_{n-1}}B_n'e^{-ik_na_{n-1}} \\ B_ne^{ik_na} + B_n'e^{-ik_na} = Ce^{ik_0a} \\ B_ne^{ik_na} - B_n'e^{-ik_na} = \dfrac{k_0}{k_n}Ce^{ik_0a} \end{cases} \tag{5.22}$$

　　按照上述公式及算法编程，计算时势垒分布分别采用图 5.23(b) 所示的两个势垒，可以得出这两个势垒对应的逸出几率随电子到达阴极表面的能量分布 $P(E)$，如图 5.24 所示。在图 5.24 中，(a) 是光电子贯穿单偶极层作用的势垒时逸出几率随能量分布，能量低于禁带宽度的光电子不能逸出，其对应于零电子亲和势；(b) 是光电子贯穿双偶极层作用的势垒时逸出几率随能量分布，可以看到，在导带以下的电子具有一定的逸出几率，对应于负电子亲和势。

　　到达阴极表面时的电子能量分布 [14] 如图 5.25 所示，逸出几率 $P = \sum\limits_i n(E_i)$ $p(E_i)$，所以由图 5.24 可以计算出：单偶极层作用的逸出几率为 0.01，双偶极层作用的逸出几率为 0.52，后者是前者的 52 倍。图 5.26 是均匀掺杂 GaAs 光电阴极激活光电流变化曲线，在我们的实验条件下，一般高温激活 O-Cs 交替最大光电流与 Cs 激活最大光电流之比在 6 左右，低温激活在 10 左右，在工艺研究中仍然有很大的发展空间。

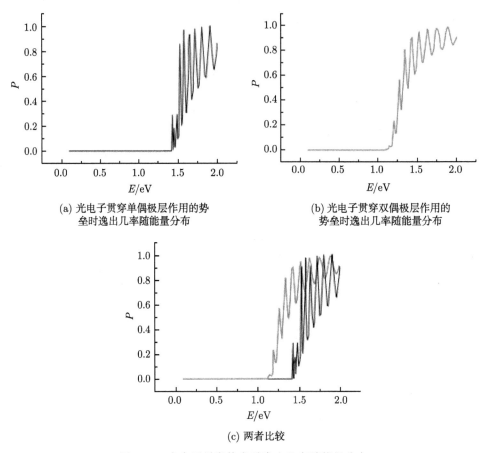

(a) 光电子贯穿单偶极层作用的势
垒时逸出几率随能量分布

(b) 光电子贯穿双偶极层作用的
势垒时逸出几率随能量分布

(c) 两者比较

图 5.24　光电子贯穿势垒时逸出几率随能量分布

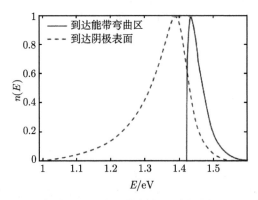

图 5.25　输运到能带弯曲区和经过能带弯曲区到达阴极面时的电子能量分布

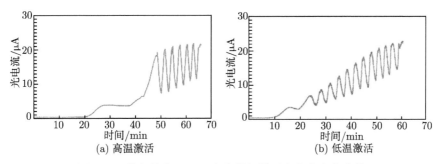

图 5.26 均匀掺杂 GaAs 光电阴极激活光电流变化曲线

对于变掺杂反射式和透射式光电阴极, 高温与低温激活 O-Cs 交替最大光电流与 Cs 激活最大光电流之比应该大于 52, 其原因如下:

(1) 透射式均匀掺杂光电阴极高温激活, 表面是富 Ga 表面, 替代 Ga 的掺杂元素 Zn/Be 在第一层与 Cs 不形成偶极层, 真正的偶极子在三、五、七等奇数层产生, 其综合偶极势产生的能带弯曲较小, 真空能级可能大于禁带宽度, 其综合效果导致首次进 Cs 光电流偏低, 造成 O-Cs 交替最大光电流与 Cs 激活最大光电流之比大于 52;

(2) 透射式变掺杂光电阴极高温激活, 表面是富 Ga 表面, 造成 O-Cs 交替最大光电流与 Cs 激活最大光电流之比大于 52 的原因除与均匀掺杂光电阴极相同外, 另一个重要原因是表面杂质元素偏低, 其产生的 GaAs(Zn/Be)-Cs 偶极子数量小于均匀掺杂光电阴极, 其综合效果导致首次进 Cs 光电流偏低;

(3) 透射式均匀掺杂和变掺杂光电阴极的低温激活, 其光电流普遍高于高温激活, 重要原因是在低温净化过程中, GaAlAs/GaAs 表面由富 Ga 转化为富 As 结构, 表面的 Ga/As 比决定了低温激活与高温激活光电流的比值, 一般在比值最小时获得最大低温激活与高温激活光电流的比值, 也最终决定 O-Cs 交替最大光电流与 Cs 激活最大光电流之比。

对我们提出的新模型存在两点修正:

(1) 在光电阴极表面只存在一条势能曲线, 所谓的 I 势垒和 II 势垒是势能曲线的简化;

(2) 首次给 Cs 与 O-Cs 交替, 其表面模型产生的变化使表面势垒宽度由 2.4Å 增加到 8Å, GaAs(Zn/Be)-Cs 偶极层使能带产生弯曲, 使真空能级降到 1.42eV, O-Cs 交替后形成的 O-Cs 偶极层使能带产生进一步弯曲, 使得真空能级从 1.42eV 降到了 0.9eV, 而且使得势垒整体降低, 这就解释了为什么 O-Cs 交替后的光电流比首次进 Cs 的光电流大很多。

另外, 在图 5.24 中电子贯穿势垒时逸出几率随能量分布曲线的振荡目前仍然是一个令人困惑的问题。

5.5　GaAs 光电阴极激活过程中多信息量监控

光电阴极激活过程中的信息量主要有 Cs 源电流、O 源电流、光电流和真空度，利用多信息量测试系统可完成这四种信息的实时同步采集和显示，图 5.27 是光电阴极低温激活过程中的多信息量测试结果。从图中可以看出，开始激活时，真空度约为 $1.1×10^{-7}$Pa，此时进 Cs，光电流为零，后逐步增大 Cs 源电流至 1.66A，在 Cs 源电流调整过程中真空度稍有下降。到 6min 时，光电流开始上升，至 12min 给 Cs 获得的光电流达到最大值，到 24min 后转入 Cs、O 交替时，给 Cs 获得的最大光电流基本保持不变。以后保持 Cs 源不变，接通 O 源，逐步调大 O 源电流，当调至 1.50A 时，光电流上升速度最快。阴极共进行了 8 次交替过程，光电流也由 23μA 上升到 49μA。交替时真空度在 $(1.7 \sim 2.3) × 10^{-7}$Pa 波动，停 O 后真空度迅速上升，开 O 后真空度保持一段时间然后逐步下降。Cs、O 交替后是结束工艺，最终光电流为 48μA[50,51]。

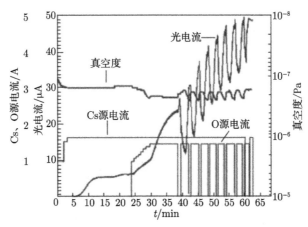

图 5.27　光电阴极激活过程中的多信息量测试结果

不同的铯氧激活工艺会导致完全不同的激活结果。对于不同的材料，采用何种激活工艺才能获得最佳激活效果，始终是激活工艺研究的目标。由于在线测试的信息量多，整个激活工艺过程的细节全部在图上得到体现，从而便于对激活工艺进行深入细致的对比研究，也便于激活工艺的标准化和铯氧激活过程的计算机自动控制。

光电阴极高温和低温激活结束后，用在线光谱响应测试仪测试了其光谱响应曲线，测试结果如图 5.28(a) 所示，经转换后可得如图 5.28 (b) 所示的量子效率曲线。高温和低温激活后光电阴极积分灵敏度分别为 1282μA/lm 和 1615μA/lm，低温灵敏度比高温提高了 26%，这与 GaAs 光电阴极高、低温两步激活的结果是一致的。从图中可以看出，低温激活后灵敏度的提高主要是光电阴极的长波响应得到了较大的改善，这与低温激活后表面激活层得到进一步优化有关。光谱响应曲线包含丰富的阴极信息，可依据理论量子效率公式对其进行拟合分析，得到许多有关光电阴极性能的参数，这是一种对材料性能和激活结果进行表征的重要方法。

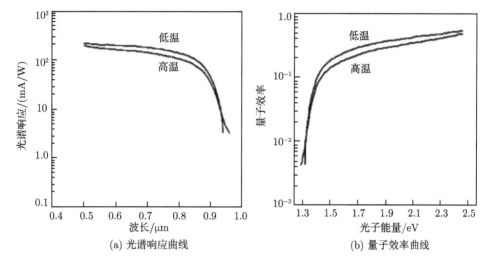

(a) 光谱响应曲线   (b) 量子效率曲线

图 5.28   高、低温激活后阴极光谱响应曲线与量子效率曲线

5.6 GaAs 光电阴极的 Cs、O 激活工艺及其优化研究

实验中，我们利用 Cs 源连续、O 源断续 (简称第二种激活方式) 进行了大量的 Cs、O 激活实验，通过改变激活参数，全面比较了不同激活过程和不同激活方式下光电阴极的光谱响应、积分灵敏度以及稳定性，最后根据这些实验结果和分析，得出了激活工艺的优化方案。

5.6.1 首次进 Cs 量对光电阴极的影响 [51]

激活过程中用 12V/50W 的卤钨灯照射光电阴极面，通过观察光电流来决定 Cs、O 操作。利用光电流自动记录软件监测光电流随激活时间的变化，光电流的收集偏置电压为 200V，在线光谱响应测试的收集电压为 300V。

1. 实验

通过调节 Cs 源电流大小来控制首次进 Cs 量的大小，控制电流越大，进 Cs 量越大，同时在后续的 Cs、O 交替中保持 Cs 电流不变，O 电流为 1.5A。图 5.29 给出了首次进 Cs 电流不同对应的激活过程。可以看到, 首次进 Cs 量越大, 后续 Cs、O 循环所需的次数越少。首次进 Cs 电流适中的 $I_{Cs} = 1.64A$ 激活工艺获得了最大的光电流, 而在 $I_{Cs} = 1.92A$ 的激活工艺中, 首次进 Cs 时间很长, Cs 迟迟不能过量, 且首次进 Cs 后光电阴极的光电流较大, 在第一个 Cs、O 循环后光电流就开始下降, Cs、O 循环激活失败。

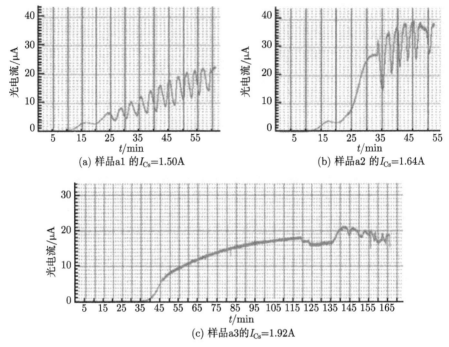

(a) 样品a1 的 I_{Cs}=1.50A

(b) 样品a2 的 I_{Cs}=1.64A

(c) 样品a3的 I_{Cs}=1.92A

图 5.29　首次进 Cs 电流不同对应的激活过程

2. 在线光谱响应曲线测试结果

利用在线光谱响应测试技术, 分别对激活结束后的样品 a1、a2、a3 进行了光谱响应测试, 结果如图 5.30 和图 5.31 所示, 三条光谱响应曲线对应的特性参数如表 5.1 所示。

从图 5.30 可以看到, 在 $I_{Cs} = 1.64A$ 下阴极获得了最大灵敏度, 且光谱响应曲线较平坦, 在 $I_{Cs} = 1.50A$ 下阴极的长波响应明显低于短波响应, 在 $I_{Cs} = 1.92A$ 下尽管阴极有一定灵敏度, 但 900nm 后的长波响应小于 1mA/W, 曲线形状与图 5.31 样品 a2 的首次进 Cs 后曲线相似, 这说明在 $I_{Cs} = 1.92A$ 激活工艺下, 阴极表面只达到了首次覆盖 Cs 后的零电子亲和势状态, 并没有形成一个有效的负电子亲和势状态。

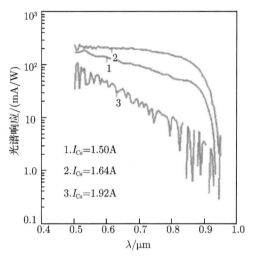

图 5.30 激活结束后样品的光谱响应曲线

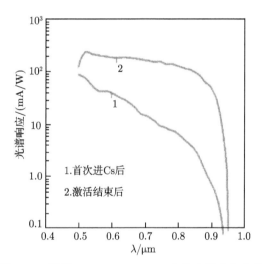

图 5.31 样品 a2 ($I_{Cs} = 1.64$A) 在线光谱响应曲线

表 5.1 三个样品的光谱响应特性参数比较

曲线	光谱响应				积分灵敏度 /(μA/lm)
	起始波长 /nm	截止波长 /nm	峰值响应 /(mA/W)	峰值位置 /nm	
1	500	950	172.0	530	804
2	500	950	224.7	515	1397
5	500	930	114.7	510	207

3. 首次进 Cs 的激活机理

Cs、O 激活以首次进 Cs 开始。首次进 Cs 的目的是获得零电子亲和势的 GaAs 光电阴极表面。按照我们提出的新的双偶极层模型，当 Cs 吸附于 GaAs 表面时，Cs 原子的价电子转移到 GaAs(Zn/Be)，电离了的 Cs 原子同 GaAs(Zn/Be) 形成一个偶极子层 GaAs(Zn/Be)-Cs，它引起电位跳跃，使 GaAs 的能级相对于表面升高，逸出功函数相应减小。当 Cs 吸附在 GaAs 表面被偶极化后，Cs 的原子半径就大大减小，原子半径从 5.48Å 降至 1.67Å，与 Ga($r = 1.26$Å)、As($r = 1.18$Å) 原子半径相当，因此 Cs 在 GaAs 表面的吸附分布紧密，结合牢固。

随着 Cs 的吸附，阴极表面的 GaAs(Zn/Be)-Cs 偶极子增多，表面逸出功逐渐减小，但随着 Cs 进一步吸附，Cs 表面覆盖率增加，偶极子的相互静电去极化会使 Cs 吸附趋于饱和。当 Cs 吸附量为某个值时，偶极子的极化和去极化作用平衡，表面可供 Cs 占据的位置饱和，灵敏度不再上升。随着进 Cs 量进一步增加，GaAs 表面的 Cs 吸附原子将浓缩成为紧密排列的二维岛，从吸附原子分散气体相变到密集二维金属岛 [14,15]，导致后续进 O 无法吸附。

因此首次进 Cs 量存在一个最佳值。为了定量给出这个最佳值，我们对首次进 Cs 比较成功的光电阴极进行了表面变角 XPS 定量分析，阴极表面 Ga $2p_{3/2}$、As $2p_{3/2}$ 以及 Cs $3d_{3/2}$ 在 8 个不同起飞角下的 XPS 谱图如图 5.32 所示。

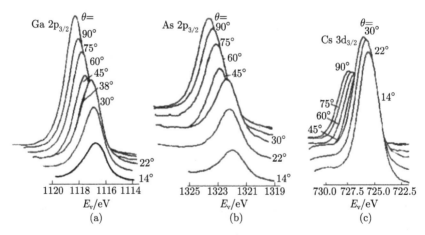

图 5.32　Cs/GaAs 阴极表面的变角 XPS 谱图

将变角 XPS 实验结果代入变角 XPS 定量分析程序中进行定量计算。计算中阴极表面层结构从表面到体内依次是 Cs 覆盖层、GaAs 弛豫层以及 GaAs 基底 [14,52,53]。计算获得首次进 Cs 所需的最佳 Cs 覆盖层厚度为 0.71 个原子单层 (1 个 Cs 单层 = 4×10^{14} 原子/cm²)，如表 5.2 所示。

表 5.2 Cs 吸附的 GaAs 表面变角 XPS 分析结果

层次	层厚度	原子百分含量/%		
		Cs	Ga	As
Cs 覆盖层	0.7 个单层	100	0	0
GaAs 弛豫层	2.3 个单层	0	51.6	48.4

Goldstein 通过低能电子衍射和俄歇电子能谱测试认为，在达到峰值光电流时，GaAs(100) 面上的 Cs 量为 0.5 个单层 [54]；Rodway 也曾用俄歇电子能谱分析过这一问题，他得出的结论为 0.67 个单层 [55]。Rodway 等利用在线功函数测量技术，观察到首次进 Cs 量为 1 个单原子层时，阴极获得最高光电流 [55,56]。而我们的变角 XPS 测试结果显示，当首次进 Cs 比较成功时，Cs 层覆盖率为 0.71 个单层。这说明对于不同激活系统得到的首次进 Cs 量也不同，应根据具体激活系统而定，但大致范围在 0.5 ~ 1.0 个原子单层 [57]。

由于首次进 Cs 存在一个最佳值，因此在激活工艺上就需要控制好首次进 Cs 的电流。如果首次进 Cs 电流太大，Cs 在 GaAs 表面的吸附会很快趋于饱和，如果再进 Cs，就容易引起 Cs 吸附层相变为二维金属岛，导致 Cs、O 激活失败。如果首次进 Cs 电流太小，容易引起首次进 Cs 量不充分，且在后续 Cs、O 激活过程中容易引起 Cs/O 比例失调，所以实验中要经过较多的 Cs、O 循环才能达到最高灵敏度，并且由于此时激活条件下 Cs/O 比例不是最佳，因此也不能获得高灵敏度。只有首次进 Cs 电流适中，即首次进 Cs 量充分且轻微过量，才能使得 GaAs 表面 Cs 占据的位置饱和，保证后续的进 O 充分，并维持一个最佳的 Cs/O 比例，最终获得高灵敏度的阴极。

5.6.2 Cs/O 流量比对光电阴极激活结果的影响 [58]

1. 实验

保持 O 源电流不变，通过改变 Cs 源电流的大小来改变进 Cs 量，从而来改变 Cs/O 比例。图 5.33 给出了三个样品在不同 Cs/O 电流比例下的激活过程。可以看到，随着 Cs/O 比例的增大，Cs、O 循环所需的总次数随之减少，且每个 Cs、O 循环的时间也缩短，总的 Cs、O 循环所需的时间变短，第一次 Cs、O 交替后将会获得一个较高的光电流。

2. 在线光谱响应测试结果

对激活结束后的样品 b1、b2 和 b3 进行了光谱响应测试，结果如图 5.34 所示。三条光谱响应曲线对应的特性参数如表 5.3 所示。可以看到，$I_{Cs}/I_O = 1.62/1.52$，Cs/O 比例适中的样品 b2 获得的灵敏度最高，接近 1400μA/lm；其次是 $I_{Cs}/I_O = 1.58/1.52$，Cs/O 比例较小的样品 b1；而灵敏度最低的是 $I_{Cs}/I_O = 1.69/1.52$，Cs/O

比例较大的样品 b3。

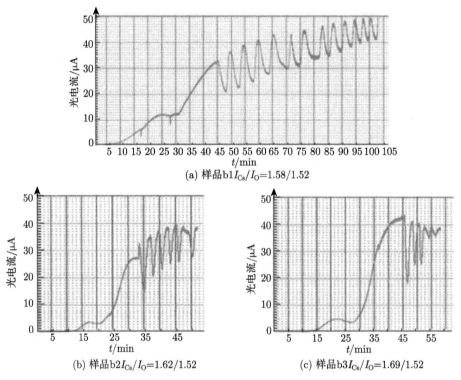

(a) 样品b1I_{Cs}/I_O=1.58/1.52

(b) 样品b2I_{Cs}/I_O=1.62/1.52　　　　　(c) 样品b3I_{Cs}/I_O=1.69/1.52

图 5.33　三个样品在不同 Cs/O 电流比例下的激活过程

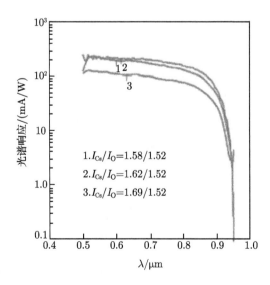

1.I_{Cs}/I_O=1.58/1.52

2.I_{Cs}/I_O=1.62/1.52

3.I_{Cs}/I_O=1.69/1.52

图 5.34　对不同 Cs/O 电流比例激活的样品测试的光谱响应曲线

利用曲线拟合方法计算了这三个光电阴极对应的参量, 如表 5.3 所示。从拟合的光电阴极参量看, 激活结束后的样品 b2 表面逸出几率与 b1 相同, 均大于样品 b3, 且灵敏度最高的样品 b2 前表面复合速率最小, 这说明 Cs/O 比例适中的工艺有助于获得一个较高的表面逸出几率和较小的前表面复合速率。

表 5.3　三个样品的光谱响应特性参数比较

| | 光谱响应特性 | | | | | 阴极性能参量 | | |
曲线	起始波长 /nm	截止波长 /nm	峰值响应 /(mA/W)	峰值位置 /nm	积分灵敏度 /(μA/lm)	表面逸出几率	电子扩散长度/μm	前表面复合速率 /(cm/s)
1	500	945	219.5	530	1255	0.5	1.1	10^2
2	500	950	224.7	515	1397	0.5	1.0	10^5
3	500	950	100.1	520	736	0.3	1.0	10^5

5.6.3　不同激活方式比较 [40]

1. 实验

在激活过程中, 我们对样品 c1 和样品 c2 采用了不同的激活方式, 其中样品 c1 采用 Cs、O 源交替断续, 简称第一种激活方式, 样品 c2 采用 Cs 源持续、O 源断续的方式, 即前面实验中所采用的第二种激活方式。图 5.35 给出了这两个样品的激活过程。可以看到, 与第一种激活方式相比, 第二种激活方式需要的 Cs、O 循环次数较少, 但最终获得的光电流较大。

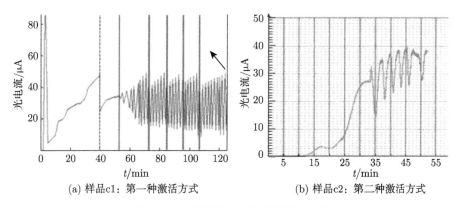

(a) 样品c1: 第一种激活方式　　　　　(b) 样品c2: 第二种激活方式

图 5.35　不同激活方式下的激活过程

2. 在线光谱响应测试结果

利用在线光谱响应测试技术, 对激活结束后的样品 c1、c2 进行了光谱响应测试, 结果如图 5.36 所示。两条光谱响应曲线对应的特性参数如表 5.4 所示, 可以看到, 第二种激活方式激活出来的光电阴极灵敏度更高, 长波响应也好于第一种激活方式。通过第二种激活方式激活的光电阴极表面计算的逸出几率要高于第一种激活方式, 同时前表面复合速率较小, 这说明第二种方式更能获得一个优化的光电阴极激活表面, 使得光电发射效率提高。

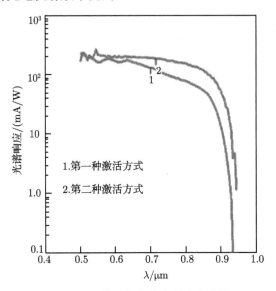

图 5.36　激活结束的光谱响应曲线

表 5.4　样品的光谱响应特性参数比较

	光谱响应特性					阴极性能参量		
曲线	起始波长 /nm	截止波长 /nm	峰值响应 /(mA/W)	峰值位置 /nm	积分灵敏度 /(μA/lm)	表面逸出几率	电子扩散长度/μm	前表面复合速率 /(cm/s)
1	500	930	208.2	500	921	0.4	1.0	10^6
2	500	945	224.4	545	1396	0.5	1.1	10^2

3. 稳定性测试结果

图 5.37 给出了两个样品激活结束后在强光照下的稳定性测试曲线。可以看到, Cs 源持续、O 源断续的第二种激活方式能获得更好的稳定性。

4. 讨论

上面的激活实验显示, Cs、O 激活过程主要受到首次进 Cs 量、Cs 的过量程度以及 Cs/O 比例的影响。第二种激活方式与第一种方式相比, 其优点在于 Cs 源一直处于开启状态, 保证了 Cs 在 Cs、O 循环中能一直处于过量状态, 这种 Cs 过量状态对光电阴极的激活有积极作用, 主要表现在以下几个方面:

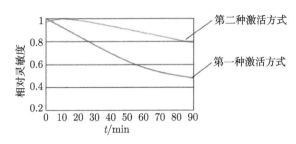

图 5.37　不同激活方式激活后阴极的稳定性比较

(1) 防止了 Cs、O 循环中 O 过量对光电阴极造成的损害。我们的实验结果显示，第二种激活方式能获得一个较小的表面复合速率，这个表面复合速率有可能反映了 GaAs-O-Cs 的表面特性，第二种激活方式由于 O 的衬底反应小，因此能获得一个较小的表面复合速率。

(2) 在第二种激活方式中，只需调节 O 源电流大小来调节最佳 Cs/O 比例，更能保证恰当的 Cs/O 比例，获得良好的激活层结构，因此激活结束后的光电阴极表面逸出几率较大，灵敏度更高。

我们的研究结果与 More 等的研究结果一致 [12]，他们给出第二种激活方式的 Cs/O 比较大，量子效率也较高，他们同时计算得到第一种方式激活后阴极的表面能带弯曲量为 (0.25 ± 0.15)eV，第二种方式激活后阴极的表面能带弯曲量较大，为 (0.75 ± 0.20)eV，这反映出不同激活方式还将获得不同的 GaAs 表面能带弯曲量。

(3) 在第二种激活方式中，Cs 始终处于充足且过量的状态，保证了激活结束后阴极最表面 Cs 量的充足和过量，根据 Sen 等的研究结果 [23]：阴极最表面 Cs 的这种过量状态有利于提高阴极的稳定性。

激活工艺最后一步必须要以短暂暴露在 Cs 蒸气后结束，这步激活工艺的主要目的是形成最表面的 Cs 层，这层 Cs 与处于它下面的 Cs^+ 极化后，形成 Cs^+-Cs 偶极层，它吸引内部电子向外运动，因此有利于电子的逸出。如果激活结束前最表面 Cs 量不足，最表面的 Cs^+-Cs 偶极子数目随之减小，对电子的吸引作用也降低，因此电子逸出几率小，光电阴极灵敏度较低。激活结束后，最表面 Cs 还会发生脱附，导致表面 Cs 量更加不足，此时由于光电阴极缺乏最表面的 Cs 的保护，会很容易受到真空室残余气体的影响，导致光电阴极稳定性变差。反之，如果激活结束前最表面 Cs 过量，最表面的 Cs^+-Cs 偶极子数目达到饱和，同时表面可能还有过量中性状态的 Cs 原子存在，这些 Cs 原子影响了光电阴极的最佳 Cs/O 比，因此激活结束后光电阴极的灵敏度并不高。但是随着最表面 Cs 的脱附，光电阴极逐渐达到最佳 Cs/O 比，将会获得一个最大的光电流，因此最表面 Cs 量充分且轻微过量将有利于获得一个高灵敏度以及稳定性良好的光电阴极。

可以预测, 在透射式光电阴极的研究与制备中, 由于需要将光电阴极组件转移至压封室与像增强器后组件铟封, 在转移与压封过程中可能会产生最表面 Cs 的脱附, 致使透射式光电阴极的灵敏度下降。为了解决这一问题, 激活工艺最后一步, 即透射式光电阴极暴露在 Cs 蒸气中的时间是值得研究的课题。

5.6.4　高低温两步激活工艺研究

1. 实验

对样品 d 采用高低温两步激活方式, 分别获得了样品 d 在第一步高温激活以及第二步低温激活过程中的光电流变化, 如图 5.38 所示。可以看到, 高温激活过程与低温激活过程主要在首次进 Cs 过程存在区别, 低温激活需要的首次进 Cs 时间较短, 且更加容易达到 Cs 过量状态。

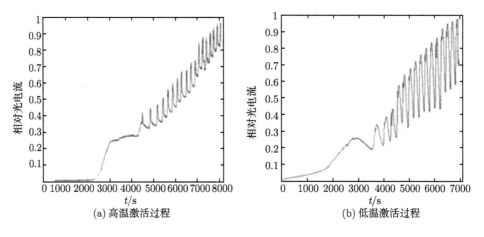

图 5.38　高低温两步激活过程

2. 实验结果

高温激活和低温激活结束后光电阴极光谱响应特性曲线如图 5.39 所示, 对应的光谱响应特性参数如表 5.5 所示。可以看到, 低温激活后阴极灵敏度比高温激活提高了 29%, 截止波长向长波有很小的移动。计算的光电阴极参量反映低温激活结束后的表面逸出几率提高了 25%, 前表面复合速率减小, 这两个参量的优化是导致低温激活结束后光电阴极灵敏度提高的原因。

3. 高低温激活结束后阴极表面的变角 XPS 定量分析

为了进一步考察高低温激活机理, 利用 X 射线能谱仪对 GaAs 光电阴极在高温单步激活和高低温两步激活后的阴极表面进行了分析, 分别获得 8 个不同起飞角下的 Ga $2p_{3/2}$、As $2p_{3/2}$ 谱峰, 结果如图 5.40 和图 5.41 所示 [59]。

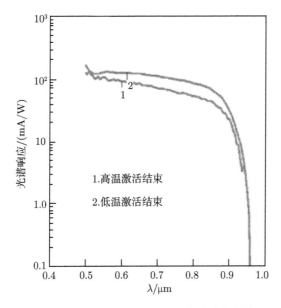

图 5.39 高、低温激活后阴极光谱响应曲线

表 5.5 样品的光谱响应特性参数比较

| | 光谱响应特性 | | | | | 阴极性能参量 | | |
曲线	起始波长 /nm	截止波长 /nm	峰值响应 /(mA/W)	峰值位置 /nm	积分灵敏度 /(μA/lm)	表面逸出几率	电子扩散长度/μm	前表面复合速率 /(cm/s)
1	500	945	144.7	510	803	0.4	1.1	10^6
2	500	955	177.1	500	1040	0.5	1.1	10^2

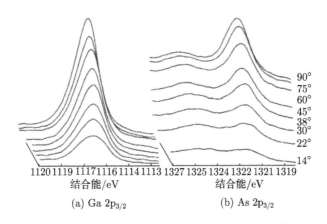

(a) Ga $2p_{3/2}$ (b) As $2p_{3/2}$

图 5.40 高温激活结束后阴极表面的变角 XPS 谱图

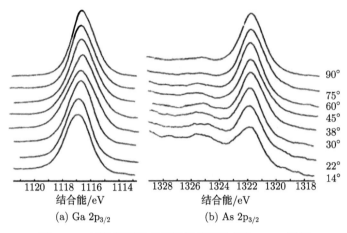

(a) Ga 2p$_{3/2}$　　　　　　(b) As 2p$_{3/2}$

图 5.41　低温激活结束后阴极表面的变角 XPS 谱图

可以看到，高温单步激活和高低温两步激活后的光电阴极表面都有 Ga 和 As 的氧化物的存在。与单步激活后相比，高低温两步激活后的光电阴极表面的 Ga 氧化物有轻微的减少，而 As 2p$_{3/2}$ 谱峰的半高宽 (FWHM) 明显减小。

将实验结果代入变角 XPS 定量分析程序，光电阴极表面层结构即可计算获得，如表 5.6 所示。在定量计算中，光电阴极表面层结构从表面到体内依次是 (Cs,O) 激活层、GaAs-O 层以及 GaAs 弛豫层。结果显示，与单步激活相比，两步激活后的光电阴极表面 As-O 连接大大降低，以 Ga-O 连接为主。GaAs-O 层以及 (Cs,O) 层的厚度变薄，分别为 2Å 和 7Å。Cs/O 比例变化不大，接近 1.78。

表 5.6　GaAs 光电阴极的表面层结构计算结果

激活过程	层	层厚度/Å	原子百分含量/%			
			O	Cs	O-Ga	O-As
高温激活	(Cs,O)	8.0	34.3	64.7	—	—
	GaAs-O	3.5	60.0	—	17.1	22.9
低温激活	(Cs,O)	7.0	36.1	63.9	—	—
	GaAs-O	2.0	41.2	—	40.6	18.2

4. 高低温激活机理

如前所述，计算的阴极参量反映低温激活结束后的阴极表面逸出几率提高了 25%，前表面复合速率减小，这两个参量的优化是导致低温激活结束后光电阴极灵敏度提高的原因。高低温激活结束后表面的变角 XPS 定量分析表明，高温激活过程 (Cs,O) 层中 O 的原子百分含量由 34.3% 上升到 36.1%，Cs 的原子百分含量由 64.7% 下降到 63.9%；GaAs-O 层中 O 的原子百分含量由 60.0% 下降到 41.2%。O-Ga

与 O-As 由 17.1% 与 22.9% 变化为 40.6% 与 18.2%。

高温与低温激活相比，GaAs-O 层中 O 的原子百分含量下降，O-Ga 原子百分含量上升，O-As 原子百分含量下降，表明 GaAs(100) 面经低温净化后，排列更加有序，使更多的 O 处于洞穴位置，有利于 O-Cs 层的形成。(Cs,O) 层中 O 的原子百分含量上升，Cs 的原子百分含量下降，表明 O-Cs 偶极子数更加优化，导致功函数下降，光电流增加。

无论高温还是低温激活，Cs/O 比例变化不大，接近 1.78。这主要归于样品传输过程中以及在无 Cs 气氛的 XPS 分析室中样品表面失 Cs。

因此，可以推断 GaAs(100) 表面高低温激活机理如下：

(1) 高温净化后，GaAs 表面的 Ga 原子浓度百分比大于 As 原子；在低温净化阶段，主要是在去除表面 Cs-O、O-Ga 和 O-As 过程中对表面进一步优化，有利于形成富砷的 GaAs(100)(2×4) 表面。

(2) 在富砷的 GaAs(100)(2×4) 表面，有利于形成 GaAs(Zn)-Cs 偶极层，在其偶极层形成后，Cs 较容易过量，在光电流曲线中表现出第一峰值容易下降 (在高温阶段，22min 左右第一峰值光电流不下降；在低温阶段，1min 后第一峰值光电流下降)；O-Cs 偶极层容易形成，在光电流曲线中表现出 O、Cs 交替激活变化更加流畅。

5.6.5　高低温激活过程中光电子的逸出 [60]

高温 Cs 激活过程中，越来越多的 Cs 原子吸附在 GaAs 材料的表面。当 GaAs 材料的逸出功大于 Cs 原子的电离能时，GaAs 材料将捕获 Cs 原子中最外层的价电子。电离后的正电性 Cs^+ 与 GaAs 材料的负电性 p 型掺杂杂质形成偶极子层，它使 GaAs 材料的表面真空能级降低，引起表面势垒的变化，GaAs 材料的逸出功也随着表面真空能级的减小而减小。当 GaAs 材料的逸出功与 Cs 原子的电离能相同时，将不再捕获 Cs 原子最外层的价电子，逸出功取高温 Cs 激活过程中的最小值。Cs 原子的电离能与 GaAs 的禁带宽度 E_g 相同，都为 1.4eV，因此，高温 Cs 激活后 GaAs 材料的表面真空能级几乎与体内导带能级相同，基本达到了零电子亲和势状态。

高温 Cs 激活后 GaAs 光电阴极简化势垒如图 5.42 所示 [61]，将其划分为三个区间：$x < 0$ 对应的区域，称为区间 I；$0 < x < a$ 对应的区域，称为区间 II；$x > a$ 对应的区域，称为区间 III。具有能量 $E(E < U_0)$ 的光激发电子由 GaAs 材料体内 $(x < 0)$ 向表面势垒 $(0 < x < a)$ 运动，到达 GaAs 材料表面的光电子试图穿越表面势垒逸出到真空。通过求解各区间的薛定谔方程可以得到光电子隧穿表面势垒逸出到真空的几率，电子逸出几率 P 的表达式为

$$P = P_0 e^{-\frac{\varepsilon_0}{\varepsilon}} \tag{5.23}$$

式中

$$\varepsilon_0 = -\frac{4}{3}\frac{\sqrt{2m_0}(U_0 - E)^{3/2}}{e_0\hbar}$$

$$P_0 = \frac{16k_1^2 k_2^2}{(k_1^2 + k_2^2)^2}$$

$$k_1^2 = 2m_0 E/\hbar^2$$

$$k_2^2 = 2m_0(U_0 - E)/\hbar^2$$

其中，$\hbar = h/(2\pi)$；m_0 为电子的质量；ε 为负电性 p 型掺杂杂质 Be$^-$ 与正电性 Cs$^+$ 所构成偶极子层的电场强度；P_0 与 ε_0 均为恒量，则由式 (5.23) 可得电子逸出几率 P 与 GaAs 材料表面偶极子电场的电场强度 ε 成正比。高温 Cs 激活过程中，随着吸附在 GaAs 材料表面的 Cs 原子逐渐增多，GaAs 材料表面偶极子电场的电场强度逐渐增加。

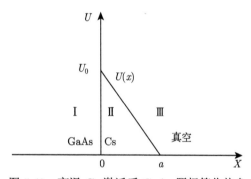

图 5.42　高温 Cs 激活后 GaAs 阴极简化势垒

由式 (5.23) 可得，到达 GaAs 材料表面光激发电子的逸出几率也逐渐增大，逸出到真空的光电子数目增多，激活过程中收集到的光电流也逐渐增大，当逸出功和表面真空能级减小到最小时光电流达到最大值，如图 5.43 所示。

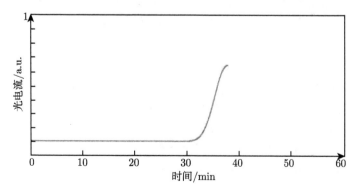

图 5.43　高温 Cs 激活过程光电流变化曲线

高温激活过程中光电流总体曲线如图 5.44 所示,当光电流峰值出现后开始逐渐下降,当下降到一定比例时开始高温 Cs、O 激活过程。Cs 和 O 交替吸附在 GaAs 材料的表面形成 Cs⁻-O⁼-Cs⁻ 结构的偶极子层,这一偶极子层使 GaAs 材料表面的真空能级在高温 Cs 激活过程降低的基础上进一步降低。每交替一次,Cs⁻-O⁼-Cs⁻ 偶极子层的结构就改进一次,GaAs 材料表面真空能级也随着 Cs⁻-O⁼-Cs⁻ 偶极子层结构的改进而降低,因此到达 GaAs 材料表面光激发电子隧穿势垒逸出到真空的几率随着交替的进行而提高。高温 Cs、O 激活过程中光电流峰值逐渐提高是 GaAs 材料表面真空能级随 Cs⁻-O⁼-Cs⁻ 偶极子结构改进而降低的直接体现,也是到达 GaAs 材料表面光激发电子隧穿势垒逸出到真空几率提高的直接体现。随着 Cs⁻-O⁼-Cs⁻ 偶极层的结构逐渐改善,每次交替过程使 GaAs 表面真空能级下降的幅度和使到达 GaAs 材料表面光激发电子逸出几率增加的幅度越来越小,因而图 5.44 中高温 Cs、O 激活过程中前后两次光电流峰值间的差值逐渐减小。

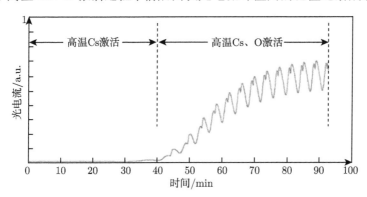

图 5.44 高温激活过程中光电流总体曲线

当出现前后两个光电流峰值基本持平的情况时,Cs⁻-O⁼-Cs⁻ 偶极子层的结构基本完善,真空能级降到最低,如果继续进行 Cs、O 激活只会增加表面势垒的厚度,而不能降低真空能级。到达 GaAs 材料表面光激发电子,其隧穿表面逸出到真空的几率和光电流峰值会随着 Cs、O 激活过程的继续进行而降低,因此在前后峰值基本持平后,当下一个光电流峰值出现时,激活过程结束。

第二次低温激活后阴极积分灵敏度可以比第一次高温加热后的阴极高 20% 以上。低温 Cs、(Cs,O) 激活过程中与高温 Cs、(Cs,O) 激活过程中光电流的变化情况有所不同。高、低温 Cs 激活过程光电流变化情况对比如图 5.45 所示,低温 Cs 激活过程中光电流开始出现上升变化所用的时间较短,光电流的最大值比高温 Cs 激活过程低。

低温退火没有达到 GaAs 的分解温度,退火过程中 As 不会如同高温退火过程那样从 GaAs 材料表面脱附。Proix 等 [39] 研究发现低温激活过程有调整 GaAs 材料表面结构的作用, 和高温退火后的 GaAs 材料表面相比, 低温退火后 GaAs 材料表面 As 的含量有较大幅度的提高, 一部分体内的 As 移动到了表面。GaAs 材料表面 As 的含量增加, 有利于 Cs 激活过程中 Cs 在 GaAs 材料表面的吸附, 使 Cs 在 GaAs 材料表面形成更好的第一偶极层, 为低温 Cs、O 激活过程奠定良好基础。

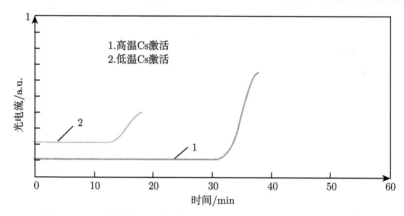

图 5.45   反射式光电阴极高、低温 Cs 激活过程中光电流变化

高温激活后留在 GaAs 材料表面的 Cs 并不稳定, 常温下就比较容易脱附, Rodway 等研究发现低温退火后 GaAs 材料表面的 Cs 基本脱附 [55,56]。可以设想第二偶极层 Cs^--$O^=$-Cs^- 在近 600℃ 的高温下是整体脱附, 随后第一偶极层的 Cs 开始蒸发, 与此同时, 体内向表面扩散的 As 在表面聚集, 形成富 As 表面。

O 的化学性质比较稳定, 如果在高温激活过程中表面 O 过量, 再加上高、低温退火过程 GaAs 材料表面的初始状态不同, 退火工艺也有所区别, 所以低温退火过程不一定能够完全清除激活过程中吸附在 GaAs 材料表面的 O。通过 XPS 仪分析高、低温退火后 GaAs 材料表面化学成分发现: 和高温退火后相比, 低温退火后 GaAs 材料表面 As 的 3d 峰附近多出了一个 O 峰, 如图 5.46 所示。由此可知低温退火后 GaAs 材料表面还有一定量的 O。Stocker 等 [1] 发现低温退火后留在 GaAs 材料表面的 O 对于低温激活过程中 Cs 和 O 在 GaAs 材料表面的吸附有辅助作用, 可以加快 Cs 和 O 在 GaAs 材料表面的吸附速度。

和高温激活过程类似, 低温 Cs 激活后也将进行低温 Cs、O 激活。在低温 Cs 激活过程的光电流峰值出现后, 光电流随着 Cs 激活过程的继续进行而下降, 当实时光电流下降到峰值的一定比例时, 开始低温 Cs、O 激活过程。低温和高温激活过程光电流对比如图 5.47 所示。

从图 5.47 可以看出, 虽然在交替的开始阶段低温 Cs、O 激活过程的光电流峰值低于高温 Cs、O 激活过程的光电流峰值, 但和高温 Cs、O 激活过程相比, 低温

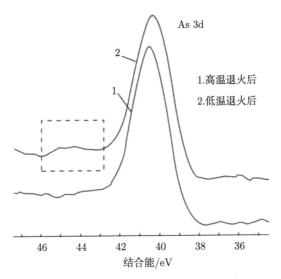

图 5.46　高、低温退火后 GaAs 表面 As 3d 峰

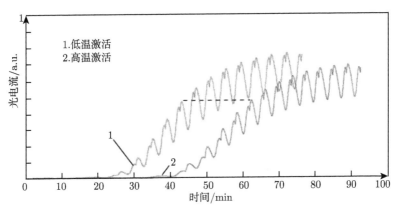

图 5.47　低温激活与高温激活过程光电流总体变化

Cs、O 激活过程中相邻光电流峰值间的差值更大，光电流峰值上升的幅度也更大，因此低温 Cs、O 激活过程的光电流峰值与高温 Cs、O 激活过程的光电流峰值逐渐接近，当来到交替过程的第 5 个峰值时，低温 Cs、O 激活过程的光电流峰值与高温 Cs、O 激活过程的基本持平，并在接下来的交替过程中超越了高温 Cs、O 激活过程的光电流峰值，激活结束时低温 Cs、O 激活过程的光电流最大值要明显高于高温 Cs、O 激活过程。在低温 Cs、O 激活过程中，Cs 和 O 同样在 GaAs 材料表面形成 $Cs^--O^=-Cs^-$ 结构的偶极子层，使表面真空能级降低。如果低温退火后有 O 留在了 GaAs 材料的表面，低温 Cs、O 激活阶段的表面势垒厚于高温 Cs、O 激活阶段，使得在交替的开始阶段，低温 Cs、O 激活过程到达材料表面光电子隧穿势

垒逸出到真空的几率小于高温 Cs、O 激活过程，低温 Cs、O 激活的光电流峰值相
应也小于高温 Cs、O 激活过程的峰值。但是低温退火过程中 GaAs 材料的表面结
构得到了优化，表面 As 所占的比例提高使得低温 Cs 激活过程中 Cs 在 GaAs 材
料表面的吸附更加容易，同时也改善了 Cs 在 GaAs 材料表面排列的有序性，有利
于低温 Cs、O 激活过程中 Cs、O 在 GaAs 表面更好地吸附，再加上低温退火后留
在 GaAs 材料表面的 O 对 Cs、O 在表面吸附的辅助作用，因此和高温 Cs、O 激活
过程相比，低温 Cs、O 激活过程中 Cs、O 在 GaAs 表面排列的有序性更好，每次
交替过程使 GaAs 材料的表面真空能级下降更多、更快，到达表面光电子隧穿势垒
逸出到真空的几率和光电流相应也上升更多、更快，所以虽然在交替的初期，低温
Cs、O 激活的光电流小于高温，但随着交替的持续进行，低温 Cs、O 激活过程的光
电流逐渐赶超了高温 Cs、O 激活过程。低温激活过程的光电流最大值大于高温激
活过程，说明低温激活后 GaAs 光电阴极的表面真空能级低于高温激活后 GaAs 光
电阴极。通常认为，高温激活后 GaAs 光电阴极的真空能级处于导带底以下 0.4eV，
而低温激活后 GaAs 光电阴极的积分灵敏度比高温激活后高 20% 以上，那么低温
激活后 GaAs 光电阴极的真空能级应处于导带底以下 $0.5 \sim 0.6$eV。

　　在低温处理后，GaAs 表面一般没有多余 O 存在，低温激活过程中一般将会出
现 Cs 与 Cs、O 激活的光电流的第一峰值超过高温激活的情况，最终获得的积分
灵敏度可能会更高。

5.6.6　GaAs 光电阴极表面势垒的评估 [64~68]

　　根据双偶极层模型，NEA 阴极的表面势垒是由两条斜率不同的近似直线段组
成，如图 5.48 所示。我们分别称其为 I 势垒和 II 势垒，I 势垒比较高且窄，II 势垒

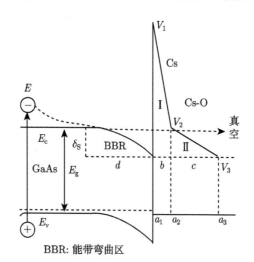

图 5.48　双偶极子表面模型示意图

则比较低且宽。表面 I、II 势垒的结构参数，直接影响着光电子逸出表面的几率、电子的能量分布以及阴极的量子产额。表面势垒的结构主要决定于 NEA 光电阴极制备效果的好坏，因此，对表面势垒参数的评估也是评价 NEA 光电阴极制备工艺水平的一项重要依据。通过测量逸出表面电子的能量分布曲线并进行拟合，可以得到表面势垒参数，在激活过程中，光电流的变化也充分反映了表面势垒结构的变化特征，通过研究光电流曲线，同样能够实现对表面势垒参数的评估。

样品采用透射式变掺杂结构，表面层掺杂浓度为 $1 \times 10^{18} \mathrm{cm}^{-3}$，厚度为 2μm。先按照常规工艺对外延片进行表面清洗，接着进行光电阴极组件的制作，完成后送入真空室按照 "高–低温两步激活" 法进行激活实验。激活过程采用 Cs 源连续、O 源断续的控制方法，以反射式激活方式进行。激活时的系统真空度为 $1 \times 10^{-8} \mathrm{Pa}$。实验过程中对光电阴极激活光电流曲线进行了记录，图 5.49 和图 5.50 分别给出了样品在高、低温激活时的局部光电流曲线，其中 (a) 为首次 Cs 激活阶段的光电流曲线，(b) 为 Cs、O 交替激活结束时的光电流曲线。观察图 5.49 和图 5.50 中曲线可发现，在首次 Cs 激活阶段和 Cs、O 交替激活结束时，光电流都分别达到了一个最大值，具体值如表 5.7 所示。

在首次 Cs 激活阶段，随着光电流从无到有不断上升，第一个偶极层正逐渐形成，当光电流达到峰值时，表面 I 势垒结构达到最佳；同样，在 Cs、O 交替激活阶段，第二个偶极层也慢慢形成，表面势垒形状不断变化，当激活结束光电流达到最大时，表面的 I + II 势垒结构也达到了最佳状态。从表 5.7 数据可以看出，在高温激活中，Cs、O 交替激活结束时的光电流最大值 $I_{\mathrm{Cs-O}}$ 是首次 Cs 激活阶段光电流

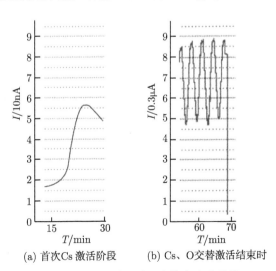

(a) 首次 Cs 激活阶段　　　(b) Cs、O 交替激活结束时

图 5.49　高温激活过程中的光电流曲线

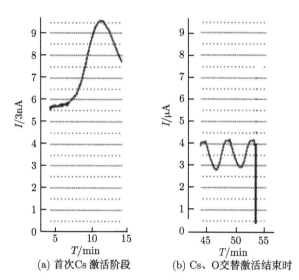

(a) 首次 Cs 激活阶段　　　　　　(b) Cs、O 交替激活结束时

图 5.50　低温激活过程中的光电流曲线

表 5.7　阴极激活各阶段的光电流峰值　　　　　　　　　（单位：nA）

	首次 Cs 激活阶段 I_{Cs}	Cs-O 交替激活结束时 $I_{Cs\text{-}O}$	$I_{Cs\text{-}O}/I_{Cs}$
高温	55	2400	44
低温	28.4	3860	136

最大值 I_{Cs} 的 44 倍，而在低温激活中则达到了 136 倍。这些数据表明：

(1) 表面 Ⅰ、Ⅱ 势垒的结构参数间符合一定的关系；

(2) 低温激活后的表面势垒参数同高温激活后有很大差别。

电子越过表面能带弯曲区后的能量分布为

$$n(E) = \sum_i n_d\left(\Delta E_i\right) \cdot n_0\left(\Delta E_i + E_g - E\right)$$

式中，ΔE_i 为热化电子的能量相对于导带底的值；$n_d\left(\Delta E_i\right)$ 为热化电子到达表面能带弯曲区时的能量分布。

根据电子越过表面能带弯曲区后的能量分布，可计算得到 NEA GaAs 光电阴极中热化的 Γ 能谷的电子到达光电阴极表面时的能量分布，结果如图 5.51 中的曲线 2 所示。曲线 1 为电子到达能带弯曲区时的能量分布，曲线 1 和 2 都作了归一化处理。计算中各参数的取值为 $E_g = 1.42\text{eV}$，$L_p = 40\text{Å}$，$\Delta E_p = 35\text{meV}$，$\delta_s \approx E_g/3$，$\varepsilon = 13.2$，$n_A = 1 \times 10^{18}\text{cm}^{-3}$。

从图 5.51 可以看出，由于在能带弯曲区输运时受到各种散射作用，电子在通过能带弯曲区后能量明显展宽，电子能量分布峰值往低能端偏移，低能电子数目大量增加。

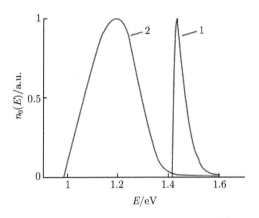

图 5.51   光电阴极体内电子能量分布曲线

GaAs 光电阴极表面势垒由两个近似的三角形势垒 (Ⅰ 势垒和 Ⅱ 势垒) 构成。利用基于 Airy 函数的传递矩阵法，能够求解任意分段线性的多势垒结构，准确方便地给出一维定态薛定谔方程的解。在 Ⅰ 势垒和 Ⅰ + Ⅱ 势垒情况下，利用该方法求解 GaAs 光电阴极表面的透射系数分别如式 (5.24) 和式 (5.25) 所示。

$$T_1 = \frac{k_2}{k_0} \left| \frac{1}{M_{11}} \right|^2 \tag{5.24}$$

$$T_2 = \frac{k_3}{k_0} \left| \frac{1}{M'_{11}} \right|^2 \tag{5.25}$$

式中，$k_0 = \sqrt{2mE}/\hbar$；$k_2 = \sqrt{2m(E - V_2)}/\hbar$；$k_3 = \sqrt{2m(E - V_3)}/\hbar$；$m$ 是电子质量；E 是入射电子能量；M_{11} 和 M'_{11} 分别是两种情况下传递矩阵 $\boldsymbol{M}$ 的第 1 行第 1 列的值。由上式可知，光电阴极表面的透射系数 T 是入射电子能量、势垒高度和宽度的函数。

已知到达阴极表面电子的能量分布 $n_0(E)$，再乘以表面势垒透射系数 T，便可以求出逸出表面电子的能量分布 $n_V(E)$，即

$$n_V(E) = n_0(E) \cdot T \tag{5.26}$$

利用式 (5.26) 可得到不同势垒参数下，电子穿过表面 Ⅰ 势垒和 Ⅱ 势垒后的能量分布。我们针对图 5.51 中曲线 2 所示的电子能量分布，按设定的势垒参数进行了求解，结果如图 5.52 所示。曲线 1 为单独穿过 Ⅰ 势垒后电子的能量分布，曲线 2 为穿过两个势垒后电子的能量分布。

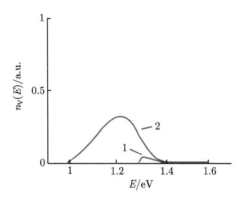

图 5.52　电子穿过表面 I、II 势垒后的能量分布

已知电子能量分布函数 $n_0(E)$ 和 $n_V(E)$，对它们求积分，便可以分别得到逸出表面势垒前、后电子的总数量。逸出表面电子数量的多少决定着光电流的大小。因此，利用这个方法，在设定好势垒参数后，分别求出单独穿过表面 I 势垒和穿过 I ＋ II 势垒后的电子数量，相除就可得到该表面势垒下两个光电流的比值。反之，已经知道了光电流的比值，也可以通过拟合的方法计算出表面势垒的参数。

利用上述方法，我们对表 5.7 中的实验数据进行了拟合计算，设定 I 势垒高度 $V_1 = 4.9\text{eV}$，得到的表面势垒参数如表 5.8 所示。

表 5.8　表面势垒参数拟合计算结果

$I_{Cs\text{-}O}/\,I_{Cs}$	单势垒结构		双势垒结构			
	$b/\text{Å}$	V_2/eV	$b/\text{Å}$	$c/\text{Å}$	V_2/eV	V_3/eV
44(高温)	1.4	1.36	1.2	8.0	1.42	1.0
136(低温)	1.34	1.38	1.0	7.0	1.42	0.9

根据双偶极层模型理论，阴极在首次 Cs 激活后形成的 I 势垒，能够将真空能级从 4.9eV 降到 1.4eV 左右，而后续 Cs、O 交替激活形成的 II 势垒，能够将真空能级再次降到 0.9eV 左右。整个 I ＋ II 势垒的宽度在 7 ~ 10Å。表 5.8 中的计算数据同理论模型完全一致。

在此次分析中，采用的激活数据仍然是低温激活的 Cs 的光电流峰值小于高温激活的，在高性能光电阴极的激活中，如果低温激活的 Cs 的光电流峰值大于高温激活，则在上述分析中双势垒结构应该有所变化。

5.6.7　Cs、O 激活工艺的优化措施

根据反射式 GaAs 光电阴极 Cs、O 激活工艺的研究结果，优化 Cs、O 激活工艺可以采取以下几点措施：

(1) 提高超高真空系统的真空度，以避免光电阴极激活过程中残余气体或杂质

对表面的沾污,一个高灵敏度光电阴极的获得,激活过程中本底真空度应不低于 10^{-8}Pa;而目前我国使用的超高真空系统,难以在此项技术上有所突破。

(2) 采用合理的表面净化工艺,一方面彻底去除沾污在表面的杂质,获得原子级洁净的表面;另一方面,获得有序和平整的 GaAs 表面,为后续获得稳定的 Cs/O 激活层提供基础。采用加热净化方法,通过优化加热净化温度以及净化进程,光电阴极激活结束后的灵敏度得到了提高。

(3) 首次进 Cs 量应该充分且过量,这个过量具有一个最佳值,变角 XPS 定量计算表明,首次进 Cs 所需的最佳 Cs 覆盖层厚度为 0.71 个原子单层。在激活工艺上,就要保证首次进 Cs 电流适中,既不能太大,也不能太小。

(4) Cs/O 比例存在一个最佳值,偏离这个最佳 Cs/O 比例,过大或过小,都不会得到高灵敏度且稳定性良好的光电阴极。在我们的激活系统中,变角 XPS 定量计算表明,高低温激活结束后阴极的 Cs/O 比例变化不大,接近 1.78。在激活工艺上,Cs/O 比例应该严格控制,根据激活系统,找出一个最佳的 Cs/O 比例。

(5) 与传统的 Cs 源、O 源交替断续激活工艺相比,Cs 源持续、O 源断续的激活方式能获得更高的灵敏度和更好的稳定性。其优点在于 Cs 源一直处于开启状态,保证了 Cs 在 Cs, O 循环中一直处于过量,防止了 O 过量对光电阴极造成的损害,并保证了激活结束后光电阴极表面 Cs 处于过量状态。

(6) 高温激活后,再通过一次低温净化和低温激活,可以将光电阴极灵敏度提高 20%~30%,这种增长机理主要依赖于 GaAs 表面原子洁净程度的提高以及富 Ga 向富 As 表面的转换。因此,在材料设计中,应该确保阴极在低温净化中能够获得富 As 表面,在激活工艺上,还需要控制进 O 量,避免 O 与衬底的反应,减小 GaAs-O 界面势垒厚度。

5.7 GaAs 光电阴极的稳定性研究

采用以上激活方法,对真空系统中的光照强度与光电流及 Cs 气氛下光电阴极的稳定性进行了研究,讨论了真空系统中量子效率曲线的变化。

5.7.1 光照强度与光电流对光电阴极稳定性的影响

处于激活系统中的 GaAs 光电阴极,其稳定性 (寿命) 主要与系统真空度、真空残气、光照或光电流等因素有关。在进行的多次光电阴极稳定性测试实验中,激活系统真空度始终保持在 5×10^{-8}Pa 左右,同时由于同一个激活系统的真空残气也相对稳定,因而在分析光电阴极寿命时可以排除真空度和真空残气的影响,而只考虑光照强度和光电流的作用。

光电阴极激活后在原位用白光照射,其光电流随时间的衰减变化曲线如图 5.53

所示 [52,53]，从图中可以看出，光电流的变化先有一个短暂上升的阶段，这与刚激活后的表面 Cs 稍微过量有关，光电流上升到峰值后近似按指数规律衰减，当光电流采用对数坐标时则近似成一条直线，其变化规律可用式 (5.27) 来描述。

$$I(t) = I_0 \exp\left(-\frac{t}{\tau}\right) \tag{5.27}$$

式中，$I(t)$ 为随时间变化的光电流；I_0 为阴极峰值光电流；τ 为光电流衰减时间常量。由于阴极光电流是在白光照射情况下采集的，白光光电流可以反映阴极积分灵敏度的变化，因而 τ 实际上是阴极的寿命，即阴极灵敏度衰减到其峰值的 $1/e$ 时所需要的时间。

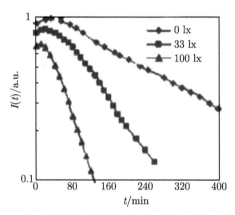

图 5.53　光电阴极在不同强度光照时的光电流变化曲线

按上述定义，从图 5.53 中可计算得到光电阴极激活后在无光照、33lx 和 100lx 白光照射情况下寿命分别为 320min、160min 和 75min。在无光照情况下，因为衰减时没有光电流流过光电阴极，只在测试时才短暂打开光源采集光电流，其他两种情况下光电阴极都始终有光电流流过。在无光照时，寿命最长，随着光照强度的增加，寿命则随之下降。然而在光电流衰减过程中，光照还是光电流起了主导作用可以结合图 5.54 来分析。图 5.54 为 100lx 光照下阴极在有光电流或无光电流流过时的衰减变化情况，在光电阴极只有光照而无光电流 (关闭收集阴极电子的高压) 时，寿命为 100min，相当于无光照时寿命的 31%，而有光照又有光电流时寿命相当于无光照时的 23%，两者相差并不是很大，因而光照与光电流两者相比，造成阴极衰减的主要因素是光照的作用。

光电阴极光电流随时间的衰减，主要与表面吸附真空系统中残余的 CO_2、H_2O 和 O_2 等杂质气体有密切关系 [68~72]，这些吸附会使光电阴极激活层偏离最佳 Cs/O 比，从而造成灵敏度的迅速下降。光电阴极在既有光照又有光电流流过时，其寿命会比只有光照时更低一些，这与光电流作用下 (尤其是大的光电流) 光电阴极表面激活层更容易脱附有关。这一点可从真空度的变化反映出来，当只有光照时，系统真空度与无光照时没有明显的变化，而当有光电流时，真空度则会适当下降，说明有电流时光电阴极表面激活层更容易脱附，从而加剧 Cs/O 比的变化。从图 5.53 可知，当 GaAs 光电阴极工作时，光照强度越大，阴极寿命越低。

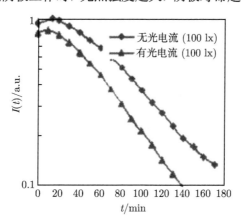

图 5.54 阴极在有无光电流流过时的衰减变化曲线

光电阴极寿命会受到光照强度或有无光电流作用的影响，但其光电流变化曲线却都有一个共同点，按指数规律衰减。下面研究衰减规律，理论模型基于以下假设：

(1) 有害杂质气体在表面的吸附造成了光电阴极光电流的衰减。

(2) 激活层由许多活性区域构成，活性区域的面积远大于单个 Cs-O 偶极子的面积，一旦某个活性区域吸附一个有害杂质气体分子，该区域就将丧失电子发射能力。活性区域的假设基于 Calabres 等的研究结果 [73,74]。

(3) 激活层单位面积上共有 n 个活性区域，真空度为 p 时的单位面积、单位时间杂质气体分子碰撞光电阴极表面的次数为 kp，k 设为碰撞系数，杂质气体与光电阴极碰撞后的黏附几率 (系数) 为 A。

(4) t 时刻单位面积剩余活性区域数占总活性区域数之比为 $\theta(t)$，设刚激活后光电阴极光电流最大时为光电流测试的起始时间，此时 $\theta(0) = 1$，光电流为 I_0。

依据上述假设，可得 t 时刻的阴极光电流为

$$I(t) = I_0\theta(t) \tag{5.28}$$

$\theta(t)$ 可递推得到：

$$\theta(1) = 1 - \frac{Akp\theta(0)}{n} = 1 - \frac{Akp}{n} \tag{5.29}$$

$$\theta(2) = \theta(1) - \frac{Akp\theta(1)}{n} = \theta(1)\left(1 - \frac{Akp}{n}\right) = [\theta(1)]^2 \tag{5.30}$$

依此类推, 有

$$\theta(t) = [\theta(1)]^t = \left(1 - \frac{Akp}{n}\right)^t \tag{5.31}$$

将 $\theta(t)$ 代入式 (5.28) 得

$$I(t) = I_0\theta(t) = I_0\left(1 - \frac{Akp}{n}\right)^t \tag{5.32}$$

　　式 (5.32) 表明, 在系统真空度 p 一定的情况下, 阴极光电流随时间按指数规律衰减, 这与式 (5.27) 所拟合的实验结果是一致的。按照阴极寿命的定义, 若令

$$I(t) = I_0\left(1 - \frac{Akp}{n}\right)^t = I_0\exp\left(-\frac{t}{\tau}\right)$$

则可计算得到阴极的寿命:

$$\tau = -\frac{1}{\ln\left(1 - \dfrac{Akp}{n}\right)} \tag{5.33}$$

由于 τ 以秒为单位时是一个很大的数, 即 $\dfrac{Akp}{n} \ll 1$, 因而有

$$\ln\left(1 - \frac{Akp}{n}\right) \approx -\frac{Akp}{n} \tag{5.34}$$

代入式 (5.33), 得

$$\tau \approx \frac{n}{Akp} \tag{5.35}$$

　　式 (5.35) 表示阴极寿命近似与真空度 p 成反比, 这与 Durek 等 [74] 以水蒸气为杂质气体时得出的结论是一致的。但由于式 (5.35) 并不是在某一具体的杂质气体时得出的, 因而阴极寿命与真空度的反比关系也适用于除水蒸气外的其他有害气体, 只是不同有害气体的黏附几率 (系数)A 不同, A 越大, 对阴极寿命的影响也就越大。前面的实验结果显示, A 还与光照强度有关。光强越大, A 越大, 因而阴极寿命也就越短。

5.7.2　Cs 气氛下光电阴极的稳定性

　　根据实验结果, 当系统真空度在 5×10^{-8}Pa 附近时, 测试的光电阴极寿命都只有几小时, 即使在 Grames 等的系统中, 真空度达到极高的 10^{-10}Pa, 寿命最长也不过数百小时 [75], 而在 ITT 公司生产的三代或四代微光像增强器中, GaAs 光

电阴极寿命一般都在 10000h 以上。微光像增强器的真空度是不可能达到 10^{-10}Pa 的,可是其寿命为何却远大于超高真空系统中的光电阴极,一个重要的原因就在于微光像增强器是一个完全封闭的系统,在此系统中存在 Cs 气氛,对保持光电阴极的稳定具有至关重要的作用。

为了模拟微光像增强器中的 Cs 气氛环境,在光电阴极激活后我们将 Cs 源一直打开,测试并分析了真空系统中光电阴极在不同 Cs 源电流大小时的稳定性。如图 5.55 所示[51,52],此时通过 Cs 源的电流为 1.6A,小于激活时用的 1.7A,光电阴极被强光 (100lx) 照射。从图中可以看出,光电流刚开始下降较快,但过了 100min 后,下降就很慢了,过了 4h 后基本上就保持稳定,在强光照射近 6h 时,光电流最终稳定在峰值光电流的 63% 左右。由于担心 Cs 源消耗过多,后面的测试没有继续进行下去,但根据光电流的变化趋势,光电阴极应该还会稳定相当长的一段时间,即使就测试的 6h 而言,也已经远高于无 Cs 气氛时强光照下阴极 75min 的寿命,因而一定的 Cs 气氛对保持光电阴极的稳定性有非常重要的作用。

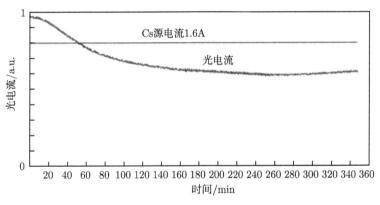

图 5.55　光电阴极激活后一定 Cs 源电流下强光照光电流衰减变化曲线

系统中的 Cs 气氛对光电阴极稳定性具有重要影响,而 Cs 的分压 (Cs 源电流) 不同时这种影响是否会不同,通过改变 Cs 源电流研究了这种影响。上面测试过的光电阴极在系统中放置了两天,灵敏度已经下降到 0,通过重新铯化后光电流恢复到刚激活后约 90% 的水平,然后调节 Cs 源电流,用强光照射光电阴极并测试光电流、真空度等随时间的变化曲线,结果如图 5.56 所示。

图 5.56 中光电流有一个非常明显的变化特点,光电流大小随 Cs 源电流的减小而迅速下降并很快趋于稳定,这说明光电阴极的最终稳定光电流与 Cs 分压强大小有关,Cs 源电流越大,最终稳定的光电流也越大[75]。然而,这种现象单纯从有害杂质吸附的角度却无法很好地解释,尤其是光电流为何会随 Cs 源电流的变小而迅速降低呢? 显然,要合理解释该现象,必须与环境中的 Cs 气氛联系起来。由于

系统中 Cs 气氛的存在，阴极表面会吸附过量的 Cs，这些过量的 Cs 就相当于一个保护层，阻挡了杂质气体分子对光电阴极激活层内部的毒害作用，这是光电阴极寿命能大大延长的主要原因。同时，该保护层也不是静止不变的，由于过量的 Cs 与光电阴极的结合并不是很牢固，因而会处于一个不断有 Cs 原子脱附和吸附的动态平衡过程之中。当 Cs 分压强突然减小时，Cs 原子碰撞吸附到光电阴极表面的数目迅速减少，脱附则相对增多，从而造成光电流的迅速下降和最终稳定光电流的降低。图 5.56 中 Cs 源电流为 1.7A 时的光电流下降速度要快于图 5.55 中 1.6A 时的情况，这与重新铯化的阴极稳定性下降有关。

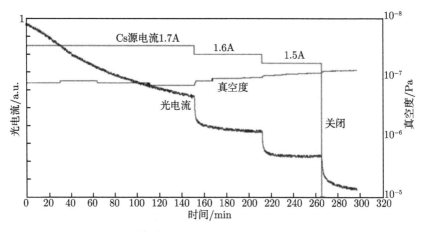

图 5.56　光电阴极激活后强光照情况下光电流衰减变化曲线

5.7.3　重新铯化后光电阴极的稳定性

真空系统中阴极光电流衰减后，通过再次进 Cs，可以大部分恢复，这种现象得到了很多人的验证，但对于光电阴极重新铯化后的稳定性却很少有人进行过具体的分析。图 5.57 为测试的光电阴极激活后和重新铯化后光电流的衰减变化曲线，测试时光电阴极用强光 (100lx) 照射。从图中可以看出，重新铯化后的寿命大大缩短，刚激活后寿命为 75min，而经过 1 次铯化后则只有 25min，降到了原先的 1/3，随着铯化次数的增加，光电阴极寿命还有进一步下降的趋势，第 2 次和第 3 次铯化后分别为 20 min 和 15min。

图 5.57 中的现象说明，虽然衰减后的光电阴极通过补充 Cs 光电流可以大部分恢复，但重新铯化后的光电阴极稳定性却大大下降。光电流能得以恢复但不能全部恢复的原因与光电阴极吸附的杂质气体种类有关，正如 Durek 等所揭示的 [74]，有些气体，如 O 的作用，通过再次进 Cs 可使这部分杂质与 Cs 形成有利于光电发射的结合，从而灵敏度可恢复，而有些气体，如 CO 等，则无法形成这种结合，因

而这部分灵敏度就不能恢复。可是，尽管部分杂质可以与 Cs 结合恢复光电流，但这种结合毕竟不如与 O 的结合那么好，同时衰减后的光电阴极激活层结构也可能发生了一定的变化，这些都会造成重新铯化后光电阴极的稳定性远不如刚激活后的光电阴极。当然，要从表面原子模型的角度真正揭示这种稳定性的差别，还有待进一步深入的理论与实验研究。

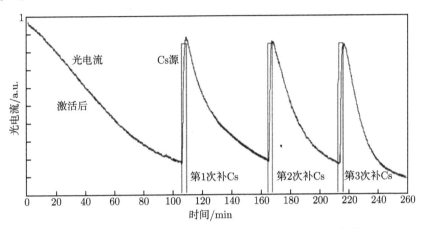

图 5.57　光电阴极激活后和重新铯化后光电流的衰减变化曲线

5.7.4　光电阴极光电流衰减时量子效率曲线的变化

利用多信息量测试系统，在 GaAs 光电阴极激活结束后，在无光照情况下测试了量子效率曲线随时间的衰减变化，结果如图 5.58 所示[76]。曲线 1 为阴极激活后灵敏度最大时的量子效率曲线，曲线 2、3、4 分别为测完曲线 1 再经过 5h、9h、12h 后测试的量子效率曲线。从图中可以非常明显地看出，在阴极量子效率下降过程中，不同能量光子对应的量子效率下降的速度不同，低能端下降速度更快，从而造成量子效率曲线形状随阴极的衰减而发生变化。

如图 5.58 所示，对于反射式光电阴极，光子是从其发射表面入射，高能电子主要在发射的近表面产生，发射要经过的距离短，因而除 Γ 能谷外，L 能谷电子发射和热电子发射也是光电发射的重要组成部分，而且光子能量越高，这种发射就越明显。由于高能光子激发的电子运动到光电阴极表面时平均具有更高的能量，它们通过隧道效应隧穿势垒的宽度窄，因而逸出几率高，低能光子激发的电子情况则相反。而在阴极的衰减过程中，主要由于杂质气体的吸附，表面势垒形状会发生如图 5.59 中虚线所示的变化，这种变化对低能电子的逸出更不利，因为需要隧穿的势垒厚度比高能电子增加得更多，这是光电流衰减过程中，低能光子对应的量子效率下降更快的原因。

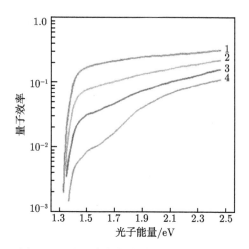

图 5.58　量子效率曲线随时间的衰减变化

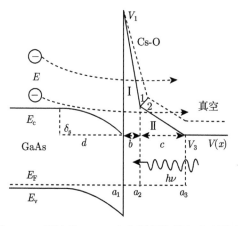

图 5.59　反射式 GaAs 光电阴极能带与表面势垒

　　反射式光电阴极量子效率曲线中包含丰富的有关材料和表面特性的信息, 这些信息可通过量子效率曲线的拟合得到, 从而可为了解光电流衰减过程中表面激活层的演变情况, 以及揭示光电阴极的稳定性机理提供一种新的表征与研究手段。由于考虑到 L 能谷电子发射和热电子发射对量子效率的贡献, 反射式光电阴极的量子效率公式已经修正为式 (3.38), 应用该式来拟合图 5.58 中的量子效率曲线, 曲线拟合时 L_L 取 $0.04\mu m$[77], 拟合得到的光电阴极性能参数见表 5.9。从表 5.9 中可以看出, 随着灵敏度的下降, Γ 能谷电子逸出几率 P_Γ 比 L 能谷电子逸出几率 P_L 下降更快, 这与 L 能谷电子能量高, 受表面势垒变化的影响比 Γ 能谷电子要小有关。表面势垒因子 k 反映的是表面势垒形状对热电子逸出的影响, 表 5.9 中 k 随着灵敏度的下降不断增大，表示表面势垒形状在不断发生变化，k 越大对低能热电子的影响也就越大。上述因素是造成反射式光电阴极低能端量子效率下降快，而高能端下降慢，量子效率曲线越来越倾斜的主要原因。

表 5.9　拟合光电阴极性能参数

曲线	$L_\Gamma/\mu m$	P_Γ	P_L	k
1	2.6	0.25	0.47	0.92
2	2.6	0.11	0.29	3.11
3	2.6	0.04	0.14	6.14
4	2.6	0.01	0.08	9.57

由于 NEA 阴极特殊的双三角形势垒结构，不同能量电子隧穿表面势垒的几率是不相同的，而这种不同中恰好隐含了表面势垒形状的信息，如果将 P_L、P_Γ 以式 (3.22) 的计算结果代入式 (3.38) 中进行量子效率曲线的拟合 (拟合时取光电阴极表面势垒高度 V_1 为 4.9eV)，则可进一步得到如表 5.10 所示的表征阴极表面势垒形状的参数，这些参数反映了光电流衰减过程中表面势垒的具体演变情况。从表 5.10 中可以看出，随着阴极的衰减，I、II 势垒宽度 b 和 c 不断增加，I 势垒变化更为明显，同时 I、II 势垒末端高度 V_2 和 V_3 也在不断提高。这些变化都对 Γ 能谷电子逸出影响更大，其中尤以 I 势垒 (b 和 V_2) 的变化影响更大。势垒的这种变化正好验证了前面对于阴极表面势垒变化趋势的判断，是 P_Γ 下降速度快于 P_L 并且量子效率曲线形状发生变化的真正原因。

表 5.10　拟合阴极表面势垒参数

曲线	$b/\text{Å}$	$c/\text{Å}$	V_2/eV	V_3/eV
1	1.15	6.6	1.36	0.95
2	1.61	6.8	1.43	1.05
3	2.03	6.9	1.56	1.15
4	2.12	7.5	1.62	1.35

在光电阴极衰减过程中，量子效率曲线形状发生变化的情况在透射式光电阴极中一般不会出现[78]，如图 5.60 所示为透射式 GaAs 光电阴极量子效率随时间的衰减变化曲线，曲线 1、2、3 分别为光电阴极被 100lx 强光照射 0h、1h、2h 后测试的量子效率曲线。这种与反射式光电阴极截然不同的现象与两种光电阴极工作方式的不同有关。对于透射式光电阴极，光子从 GaAlAs/GaAs 界面 (后界面) 处入射，因而高能光电子主要在后界面处产生，当它们经过较长的距离输运到光电阴极面时绝大部分已经在导带底热化，即基本上只有 Γ 能谷电子，这一点与入射光子能量基本无关。当阴极衰减表面势垒发生如图 5.60 所示的变化时，只会降低 Γ 能谷电子的逸出几率，造成量子效率曲线平行的下降，而其形状则会保持不变。

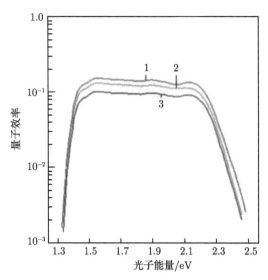

图 5.60　透射式 GaAs 光电阴极量子效率随时间的衰减变化曲线

5.7.5　重新铯化后光电阴极量子效率曲线的变化

位于真空系统中的 GaAs 光电阴极衰减后通过重新铯化光电流可以大部分恢复，但并不能全部恢复，这与光电阴极表面吸附的杂质气体种类有关。为了验证重新铯化光电流得以部分恢复的光电阴极的量子效率特性的变化，进行了相关的测试实验。实验的材料采用 GaAs(100)MBE 外延片，外延层厚度为 2.6μm，掺杂浓度为 $1 \times 10^{19} \mathrm{cm}^{-3}$，阴极激活后先测试其量子效率曲线，然后在真空系统中放置一段时间，通过重新铯化恢复光电流后再测试其量子效率曲线。如图 5.61 所示为测试的重新铯化后反射式光电阴极量子效率曲线，曲线 1 为光电阴极激活后的原始曲线，曲线 2、3、4 分别为经过 4 天、9 天、11 天再通过重新铯化，灵敏度得以部分恢复后的量子效率曲线。

从图中可以看出，随着铯化次数的增加，能恢复的光电阴极灵敏度在逐渐减小，但这些量子效率曲线几乎是平行地下降，即不同能量光子的量子效率下降速度基本相同，这种现象与图 5.58 中曲线的变化规律是完全不同的。通过量子效率曲线的拟合，我们可以对这种现象作出一些解释。理论拟合的光电阴极性能参数和表面势垒参数分别见表 5.11 和表 5.12。从表 5.11 中可以看出，P_Γ 比 P_L 的下降速度稍快，这说明表面势垒的变化对 Γ 和 L 两个能谷电子的逸出影响是相当的，从表 5.12 中则发现这种表面势垒的变化主要表现在 I 势垒宽度 b 的增加上，V_2 和 V_3 只是略有增长。光电阴极的表面势垒发生上述变化与其吸附的杂质气体有关。杂质气体分子刚开始是吸附在光电阴极激活层的表面，但经过一段时间后也可能渗透到激活层内部, 对 I 势垒产生影响, 而吸附在表面的杂质则会使真空能级升高, 因而在光电阴极衰减后未补充 Cs 时表面势垒会发生如表 5.10 中的变化, 但若再次进 Cs, 表面吸附的杂质与 Cs 结合, 真空能级又能恢复到与以前大致相同的水平, 但这种恢复对已经渗透到激活层内部的杂质是无能为力的, 这也正是表 5.12 中所反映出来的势垒变化情况。当然, 光电阴极表面的实际变化情况是否如此, 还有赖于表面成分分析。

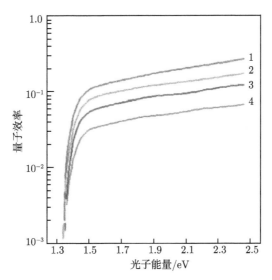

图 5.61　重新铯化后反射式阴极量子效率曲线

表 5.11　拟合光电阴极性能参数

曲线	$L_\Gamma/\mu m$	P_Γ	P_L	k
1	2.2	0.17	0.40	2.19
2	2.2	0.14	0.36	0.91
3	2.2	0.10	0.29	0.71
4	2.2	0.06	0.20	0.07

表 5.12　拟合光电阴极表面势垒参数

曲线	$b/\text{Å}$	$c/\text{Å}$	V_2/eV	V_3/eV
1	1.30	7.0	1.42	0.95
2	1.45	7.1	1.43	0.95
3	1.69	7.1	1.44	0.95
4	2.03	7.2	1.46	0.96

参 考 文 献

[1] Stocker B J. AES and LEED study of the activation of GaAs-Cs-O negative electron affinity surfaces. Surface Science, 1975, 47: 501

[2] 汪贵华, 杨伟毅, 常本康. GaAs(100) 热退火表面的变角 XPS 定量分析. 半导体学报, 2000, 21(7): 657–661

[3] Elamrawi K A, Elsayed-Ali H E. Preparation and operation of hydrogen cleaned GaAs (100) negative electron affinity photocathodes. The Journal of Vacuum Science and Technology, 1999, A17(3): 823–831

[4] Elamrawi K A, Elsayed-Ali H E. GaAs photocahode cleaning by atomic hydrogen from a plasma source. Journal of Physics D: Applied Physics, 1999, 32: 251–256

[5] Elamrawi K A, Hafez M A, Elsayed-Ali H E. Atomic hydrogen cleaning of InP(100) for preparation of negative electron affinity photocathode. Journal of Applied Physics, 1998, 84(8): 4568–4572

[6] Turnbull A A, Evans G B. Photoemission from GaAs-Cs-O. Journal of Physics D: Applied Physics, 1968, 1: 155–160

[7] Fisher D G. The effect of Cs-O activation temperature on the surface escape probability of NEA (In,Ga)As photocathodes. IEEE Transactions on Electron Devices, 1974, ED-21: 541, 542

[8] More S, Tanaka S, Tanaka S, et al. Coadsorption of Cs and O on GaAs: formation of negative electron affinity surfaces at different temperatures. Surface Science, 2000, 454–456 (1–3): 161–165

[9] Alperovich V L, Paulish A G, Terekhov A S. Unpinned behavior of the electronic properties of a p-GaAs(Cs,O) surface at room temperature. Surface Science, 1995, 331–333: 1250–1255

[10] Lu Q B, Pan Y X, Gao H R. Optimum (Cs,O)/GaAs interface of negative-electron-affinity GaAs photocathodes. Journal of Applied Physics, 1990, 68(2): 634–637

[11] Pastuszka S, Terekhov A S, Wolf A. 'Stable to unstable' transition in the (Cs,O) activation layer on GaAs(100) surfaces with negative electron affinity in extremly high vacuum. Applier Surface Science, 1996, 99: 361–365

[12] More S, Tanaka S, Tanaka S, et al. Interaction of Cs and O with GaAs(100) at the overlayer–substrate interface during negative electron. Surface Science, 2003, 527: 41–50

[13] James L W, Antypas G A, Edgecumbe J, et al. Dependence on crystalline face of the band bending in Cs_2O-activated GaAs. Journal of Applied Physics, 1971, 42(12): 4976–4980

[14] Tereshchenko O E, Voronin V S, Scheibler H E, et al. Structural and electronic transformations at the Cs/GaAs(100) interface. Surface Science, 2002, 507–510: 51–56

[15] Benemanskaya G V, Daineka D V, Frank-Kamenetskaya G E. Changes in electronic and adsorption properties under Cs adsorption on GaAs(100) in the transition from As-rich to Ga-rich surface. Surface Science, 2003, 523: 211–217

[16] Yamauchi T, Sonoda Y, Sakamoto K, et al. Surface SHG and photoemissison from Cs/p-GaAs and the Cs/O_2/p-GaAs coadsorbed system. Surface Science, 1996, 363: 385–390

[17] Alperovich V L, Paulish A G, Terekhov A S. Unpinned behavior of the electronic properties of a p-GaAs(Cs,O) surface at room temperature. Surface Science, 1995, 331–333: 1250–1255

[18] Gao H R. Investigation of the mechanism of the activation of GaAs negative electron affinity phototocathodes. Journal of Vacuum Science Technology A, 1987, 5(4): 1295–1298

[19] Su C Y, Spicer W E, Lindau I. Photoelectron spectroscopic determination of the structure of (Cs,O) activated GaAs (110) surface. Journal of Applied Physics, 1983, 54(3): 1413–1422

[20] Rodway D C, Bradley D J. Mean transverse emission energy and surface topography on GaAs (Cs,O) photocathodes. Journal of Physics D: Applied Physics, 1984, 17: L137–L141

[21] Uebbing J J, James L W. Behavior of cesium oxide as a low work-function coating. Journal of Applied Physics, 1970, 41(11): 4505–4516

[22] Milton A F, Baer A D. Interfacial barrier of heterojunction photocathodes. Journal of Applied Physics, 1971, 42(12):5095–5101

[23] Sen P, Pickard D S, Schneider J E, et al. Lifetime and reliability results for a negative electron affinity photocathode in a demountable vacuum system. The Journal of Vacuum Science and Technology, 1998, B16(6): 3380–3384

[24] Sommer A H. Stability of photocathode. Applied Optics, 1973, 12(1): 90–92

[25] 王近贤, 杨汉琼. 像增强器稳定性分析. 云光技术, 1999, 31 (2): 43–48

[26] Yee E M, Jackson D A. Photoyeild decay characteristics of a cesiated GaAs. Solid-State Electronics, 1972, 15: 245–247

[27] Tang F C, Lubell M S, Rubin K, et al. Operating experience with a GaAs photoemission electron source. Review of Scientific Instrument, 1986, 57(12): 3004–3011

[28] Wada T, Nitta T, Nomura T. Influence of exposure to CO, CO_2 and H_2O on the stability of GaAs photocathodes. Japanese Journal of Applied Physics, 1990, 29(10): 2087–2090

[29] Wada T, Nomura T, Miyao M, et al. A thermal desorption analysis for the adsorption of CO_2 on GaAs photocathodes. Surface Science, 1983, 285: 188–196

[30] Williams B F, Tietjien J J. Current status of negative electron affinity devices. Proceedings of the IEEE, 1971, 59(10): 1489–1497

[31] Cao R, Tang H, Pianetta P. Negative electron affinity on GaAs(110) with Cs and NF$_3$: a surface science study. SPIE, 1995, 2550: 132–141

[32] Sommer A H. Cesium-oxygen activation of three-five compound photoemitters. Journal of Applied Physics, 1970, 41(1): 2158

[33] Fisher D G, Enstrom R E, Escher J S, et al. Photoelectron surface escape probability of (Ga,In)As: Cs-O in the 0.9 to 1.6 μm. Journal of Applied Physics, 1972, 43(9): 3815–3823

[34] Spicer W E, Lindau I, Su C Y, et al. Core-level photoemission of the Cs-O adlayer of NEA GaAs photocathodes. Applied Physics Letters, 1978, 33(11): 934, 935

[35] Su C Y, Chye P W, Pianetta P, et al Oxygen adsorption on Cs covered GaAs(110) surfaces. Surface Science, 1979, 86: 894–899

[36] Su C Y, Lindau I, Spicer W E. Photoemission studies of the oxidation of Cs identification of the multiple structures of oxygen species. Chemical Physics Letters, 1982, 87(6): 523–527

[37] Clark M G. Electronic structure of the activating layer in III–V: Cs-O negative-electron-affinity photoemitters. Journal of Physics D: Applied Physics, 1975, 8: 535–542

[38] 萨默 A H. 光电发射材料制备、特性与应用. 北京: 科学出版社, 1979

[39] Proix F, Akremi A, Zhong Z T. Effects of vacuum annealing on the electronic properties of cleaved GaAs. Journal of Physics C: Solid State Physics, 1983, 16: 5449–5463

[40] 杜晓晴. 高性能 GaAs 光电阴极研究. 南京: 南京理工大学, 2005

[41] Yamada M, Ide Y. Anomalous behaviors observed in the isothermal desorption of GaAs surface oxides. Surface Science, 1995, 339: L914–L918

[42] Allwood D A, Mason N J, Walker P J. In situ characterization of III-V substrate oxide desorption by surface photoabsorption in MOVPE. Materials Science and Engineering B, 1999, 66: 83–87

[43] Pierce D T, Celotta R J, Wang G C, et al. The GaAs spin polarized electron source. Review of Scientific Instruments, 1980, 51(4): 478–499

[44] Chang B K, Liu W L, Fu R G, et al. Spectral Response and Surface Layer Thickness of GaAs: Cs-O Negative Electron Affinity Photocathode. Proc. SPIE, 2001, 4580: 632–641

[45] Liu W L, Wang H, Chang B K, et al. A study of the NEA photocathode activation technique on [GaAs(Zn):Cs]:O-Cs model. SPIE, 2006, 6352(3A): 1–7

[46] 韩静. GaAs(Cs,O) 表面原子结构与电子结构研究. 南京: 南京理工大学, 2009

[47] 薛增泉, 吴全德. 电子发射与电子能谱. 北京: 北京大学出版社, 1993

[48] Niu J, Zhang Y J, Chang B K, et al. Contrast study on GaAs photocathode activation techniques. Proc. SPIE, 2010, 7658: 765840

[49] 曾谨言. 量子力学导论. 北京: 北京大学出版社, 1992

[50] 邹继军，钱芸生，常本康，等. GaAs 光电阴极制备过程中多信息量测试技术研究. 真空科学与技术学报学报, 2006, 26(3): 172–175

[51] Zou J J, Chang B K, Yang Z, et al. Variation of spectral response curves of GaAs photocathodes in activation chamber. Proc. SPIE, 2006, 6352: 63523H

[52] 邹继军. GaAs 光电阴极理论及其表征技术研究. 南京: 南京理工大学, 2007

[53] 杜晓晴, 常本康, 汪贵华, 等. NEA 光电阴极的 (Cs, O) 激活工艺研究. 光子学报, 2003, 32(7): 826–829

[54] Goldstein B. LEED-Auger characterization of GaAs during activation to negative electron affinity by the adsorption of Cs and O. Surface Science, 1975, 47: 143–161

[55] Rodway D. AES photoemission and work function study of the deposition of Cs on (100) and (111)B GaAs epitaxial layers. Surface Science, 1984, 147: 103–114

[56] Rodway D, Allenson M B. In situ surface study of the activating layer on GaAs(Cs,O) photocathodes. Journal of Physics D: Applied Physics, 1986, 19: 1353–1371

[57] 汪贵华, 杨伟毅, 常本康. Cs/p-GaAs(100) 表面的变角 XPS 研究. 真空科学与技术学报学报, 2000, 20(3): 176–178

[58] 邹继军, 常本康, 杜晓晴, 等. 铯氧比对砷化镓光电阴极激活结果的影响. 光子学报, 2006, 35(10): 1493–1496

[59] Du X Q, Chang B K, Wang G H. Experiment and analysis of (Cs, O) activation for NEA photocathode preparation. Proc. SPIE, 2002, 4919: 83–90

[60] 杨智. GaAs 光电阴极智能激活与结构设计研究. 南京: 南京理工大学, 2010

[61] Miyao M, Chinen K, Niigaki M, et al. MBE growth of transmission photocathode and 'in situ' NEA activation. 2nd International Symposium on Molecular Beam Epitaxy and Related Clean Surface Techniques, 1982

[62] Gutierrez W A, Wilson H L, Yee E M. GaAs transmission photocathode grown by hybrid epitaxy. Applied Physics Letters, 1974, 25(9): 482, 483

[63] Hyder S B. Thin film GaAs photocathodes deposited on single crystal sapphire by a modified rf sputtering technique. The Journal of Vacuum Science and Technology, 1971, 8(1): 228–232

[64] 牛军. 变掺杂 GaAs 光电阴极理论及评估研究. 南京: 南京理工大学, 2011

[65] Niu J, Zhang Y J, Chang B K, et al. Influence of varied doping structure on photoemissive property of photocathode. Chinese Physics B, 2011 20(4): 044209

[66] 陈怀林, 牛军, 常本康. 真空度对 MBE GaAs 光阴极激活结果的影响. 功能材料, 2009, 40(12): 1951–1954

[67] 牛军, 张益军, 常本康, 等. GaAs 光电阴极激活时 Cs 的吸附效率研究. 物理学报, 2011, 60(4): 044209

[68] 牛军, 张益军, 常本康, 等. GaAs 光电阴极激活后的表面势垒评估研究. 物理学报, 2011, 60(4): 044210

[69] Machuca F, Liu Z, Sun Y, et al. Role of oxygen in semiconductor negative electron affinity photocathodes. Journal of Vacuum Science and technology B, 2002, 20(6): 2721–2725

[70] Machuca F, Liu Z, Sun Y, et al. Oxygen species in Cs/O activated gallium nitride (GaN) negative electron affinity photocathodes. Journal of Vacuum Science and technology B, 2003, 21(4): 1863–1869

[71] Calabres R, Guidi V, Lenisa P, et al. Surface analysis of a GaAs electron source using Rutherford backscattering spectroscopy. Appllied Physics Letters, 1994, 65(3): 301, 302

[72] Whitman L J, Stroscio J A, Dragose R A, et al. Geometric and electronic properties of Cs structures on III- V (110) surfaces: from 1D and 2D insulators to 3D metals. Physical Review Letters, 1991, 66(10): 1338–1341

[73] Calabres R, Ciullo G, Guidi V, et al. Long-lifetime high-intensity GaAss photosource. Review of Scientific Instruments, 1994, 65(2): 343–348

[74] Durek D, Frommberger F, Reichelt T, et al. Degradation of a gallium-arsenide photoemitting NEA surface by water vapour. Appllied Surface Science, 1999, 143: 319–322

[75] Grames J, Adderley P, Baylac M, et al. Status of the Jefferson lab polarized beam physics program and preparations for upcoming parity experiments. Spin 2002: 15th Int'l. Spin Physics Symposium and Workshop on Polarized Electron Sources and Polarimenters, 2002, CP675: 1047–1052

[76] Zou J J, Chang B K, Yang Z, et al. Stability and photoemission characteristics for GaAs photocathodes in a demountable vacuum system. Applied Physics Letters, 2008, 92: 172102

[77] James L W, Moll J L. Transport properties of GaAs obtained from photoemission measurements Physical Review, 1969, 183(3): 740–753

[78] Zou J J, Chang B K, Chen H L, et al. Variation of quantum yield curves of GaAs photocathodes under illumination. Journal of Applied Physics, 2007, 101: 033126-6

第 6 章　GaAs 基光电阴极中电子与原子结构研究

以前的 GaAs 基光电阴极，主要采用宏观研究方法，对阴极中电子与原子之间的结构了解甚少。本章立足于 GaAs 基光电阴极的微观结构，首先介绍了基于密度泛函理论的第一性原理计算方法，然后以 $Ga_{1-x}Al_xAs$ 光电阴极为代表，对其结构设计，表面净化和 Cs、O 激活进行了电子与原子结构研究[1]。

6.1　研究方法与理论基础

根据原子核和电子间的相互作用原理及其基本运动规律，运用量子力学原理，从具体要求出发，经过一些近似处理后直接求解薛定谔方程的算法，称为第一性原理计算方法。广义的第一性原理包括以 Hartree-Fork 自洽场计算为基础的 ab initio 从头算以及 Hohenberg、Kohn 和 Sham 提出的密度泛函理论 (DFT) 计算。狭义的 ab initio 专指从头算，而第一性原理和所谓量子化学计算特指密度泛函理论计算。通过第一性原理计算可以求得系统的总能量、几何结构以及力学、光学等性质。已广泛应用于固体、表面、纳米材料、生物大分子等诸多领域的研究中。特别是在物理机理分析方面具有突出的优势。第一性原理计算不仅可以从微观角度解释实验结果[2~4]，还可以预测材料的性质[5~9]，从而为光电阴极的制备提供理论支撑和指导。

6.1.1　单电子近似理论

1. 绝热近似

一个多电子体系的哈密顿量可以表示为

$$
\begin{aligned}
H = &- \sum_i \frac{\hbar}{2m} \nabla_{r_i}^2 - \sum_j \frac{\hbar^2}{2M_j} \nabla_{R_j}^2 + \frac{1}{2} \sum_{i \neq j} \frac{e^2}{4\pi\varepsilon_0 |r_i - r_j|} \\
&+ \frac{1}{2} \sum_{i \neq j} \frac{Z_i Z_j e^2}{4\pi\varepsilon_0 |R_i - R_j|} - \sum_{i,j} \frac{Z_j e^2}{4\pi\varepsilon_0 |r_i - R_j|}
\end{aligned} \tag{6.1}
$$

式中，r_i 表示第 i 个电子的坐标；R_j、Z_j 和 M_j 分别表示第 j 个原子的核坐标、核电荷数和质量；m 和 e 分别表示电子的质量和电量；ε_0 是真空介电常数，采用国际制单位。式 (6.1) 中第一项表示电子的动能；第二项表示原子核的动能；第三项表示电子与电子间的库仑相互作用；第四项表示原子核之间的库仑相互作用；第五项表示电子与原子核之间的相互作用。每立方米的材料中电子数目在 10^{29} 数量级，这个方程必须进行合理的简化和近似才适宜求解。

一般原子核的质量大约是电子的 1000 倍，电子处于绕核的高速运动中，原子核只能在平衡位置附近振动。电子可以即时地响应原子核的运动，在研究电子运动时，可认为原子核瞬时静止，即电子的运动 “绝热” 于原子核的运动，同样研究原子核运动时，可不考虑电子的空间具体分布，可以把核的运动和电子的运动分开来看，这就是 Born-Oppenheimer 绝热近似 [10~12]，根据这一近似假设原子核保持静止，电子运动的哈密顿量就可以分离出来。哈密顿方程可以写成

$$H_0 = -\sum_i \frac{\hbar}{2m} \nabla^2_{r_i} + \frac{1}{2} \sum_{i \neq j} \frac{e^2}{4\pi\varepsilon_0 |r_i - r_j|} - \sum_{i,j} \frac{Z_j e^2}{4\pi\varepsilon_0 |r_i - R_j|} \tag{6.2}$$

绝热近似将多体问题转化为多电子问题，简化了哈密顿量，但是简化后的哈密顿量依然很复杂，需要进一步近似。

2. Hartree-Fork 近似

在式 (6.1) 第三项中 R_i 只是一个参数，晶体中所有原子核对第 i 个电子的作用势可以表示为

$$V(r_i) = -\sum_j \frac{Z_j e^2}{4\pi\varepsilon_0 |r_i - R_j|} \tag{6.3}$$

这时，哈密顿量就可以表示为

$$H_0 = \sum_i \left(-\frac{\hbar}{2m} \nabla^2_{r_i} + V(r_i) \right) + \frac{1}{2} \sum_{i \neq j} \frac{e^2}{4\pi\varepsilon_0 |r_i - r_j|} = \sum_i H_i + \sum_{i \neq j} H_{ij} \tag{6.4}$$

如果哈密顿量中不包含 H_{ij}，那么就可以用互不相关的单个电子在给定的势场中的运动来描述体系的薛定谔方程，多电子问题就可以简化为单电子问题，这就是 Hartree-Fork 近似 [13]。这样多电子薛定谔方程可以简化为

$$\sum_i H_i \Psi = E \Psi = \sum_i E_i \Psi \tag{6.5}$$

这个方程的解可以表示为 N 个单电子波函数 $\varphi_i(r_i)$ 的连乘：

$$\psi(r_1, r_2, \cdots, r_N) = \prod_{i=1}^{N} \varphi_i(r_i) \tag{6.6}$$

这样的波函数没有任何依据就忽略了电子间相互作用项 H_{ij}，是不合理的. 尽管如此，式 (6.6) 依然是多电子薛定谔方程的近似解。这种近似称为 Hartree 近似，式 (6.6) 称为 Hartree 波函数。

$$E = \langle \psi | H_0 | \psi \rangle \tag{6.7}$$

把式 (6.6) 给出的波函数代入式 (6.7) 中求能量的期待值 (假定 φ_i 正交归一化), 根据变分原理, 把 E 对 φ_i 作变分并整理后可得

$$\left[-\frac{\hbar^2}{2m}\nabla^2 + V(r) + \frac{e^2}{4\pi\varepsilon_0}\sum_{j(\neq i)}\int\frac{|\varphi_j(r')|^2}{|r-r'|}\mathrm{d}r'\right]\varphi_i(r) = E_i\varphi_i(r) \qquad (6.8)$$

式中, E_i 是拉格朗日乘子, 具有单电子能量的意义。这个方程组描述了第 i 个电子在晶格势和其他所有电子的平均势中的运动, 称为 Hartree 方程。

Hartree 波函数存在一个明显的缺陷, 即没有考虑全同离子的交换对称性。电子是费米子, 考虑到多电子体系的波函数应该满足交换反对称性, Fock 把多电子体系波函数用 Slater 行列式展开为

$$\psi(x_1, x_2, \cdots, x_N) = \frac{1}{\sqrt{N!}}\begin{vmatrix} \varphi_1(x_1) & \varphi_2(x_1) & \cdots & \varphi_N(x_1) \\ \varphi_1(x_2) & \varphi_2(x_2) & \cdots & \varphi_N(x_2) \\ \vdots & \vdots & & \vdots \\ \varphi_1(x_N) & \varphi_N(x_N) & \cdots & \varphi_N(x_N) \end{vmatrix} \qquad (6.9)$$

式中, 坐标 x_i 包含位置 r_i 和自旋; N 为系统的总电子数。式 (6.9) 被称为 Hartree-Fock 近似, 在此近似下通过变分可得到任意精确的能级和波函数, 其最大的优点就是把多电子的薛定谔方程简化为单电子有效势方程, 大大提高了计算结果的精确性。然而计算量却随着电子数的增多而呈指数增加, 只能运用于轻元素的运算, 不适合较多电子数体系的计算。再经过平均场近似可以把 Hartree-Fock 方程简化为

$$\left[-\frac{\hbar^2}{2m}\nabla^2 + V_{\mathrm{eff}}(r)\right]\varphi_i(r) = E_i\varphi_i(r) \qquad (6.10)$$

$$V_{\mathrm{eff}}(r) = V(r) + \frac{e^2}{4\pi\varepsilon_0}\int\frac{\rho(r')}{|r'-r|}\mathrm{d}r' - \frac{e^2}{4\pi\varepsilon_0}\int\frac{\rho_{\mathrm{av}}^{\mathrm{HF}}(r,r')}{|r'-r|}\mathrm{d}r' \qquad (6.11)$$

式中, $\rho_{\mathrm{av}}^{\mathrm{HF}}$ 为平均交换电子分布。与 Hartree-Fork 方程比较, 最大的特点是把 N 个式子联立的方程变成了一个可以独立求解的方程, 为自洽计算带来了方便。$V_{\mathrm{eff}}(r)$ 可以用经验势来代替, 这样就可以计算出电子的能带结构, 这就是传统的经验势方法。Hartree-Fork 方程并没有考虑自旋平行电子间的关联相互作用。

6.1.2 密度泛函理论

密度泛函理论的基本思想是用电子密度代替波函数作为研究的基本量, 用电子密度的泛函来解释原子核与电子、电子与电子间的相互作用以及物质的原子、分子和物质的基态物理性质, 电子密度仅是空间三个变量的函数, 降低了计算量, 所以确定系统基态的一种有效方法就是将电子能量泛函表示成电子密度的泛函。

1. Hohenberg-Kohn 定理

1964 年, Hohenberg 和 Kohn 在 Thomas-Fermi 模型 [14] 的基础上证明了仅用基态电荷密度就可完全决定非简并体系的基态性质, 即 Hohenberg-Kohn 定理, 该定理被视为电子密度泛函理论的基础, 其主要内容包括 [15]:

定理 1: 对于在一个共同的外部势中, 相互作用着的多粒子体系的基态性质由基态的电子密度唯一地决定, 即体系的基态能量仅是电子密度的泛函。

定理 2: 当粒子数不变时, $\rho(r)$ 为体系正确的粒子数密度分布, 那么能量泛函 $E(\rho)$ 对 $\rho(r)$ 取极小值可得到系统的基态能量。

由 Hohenberg-Kohn 定理可得, 电子密度由波函数所决定, 波函数和势场相互决定, 基态能量可通过对波函数变分取极小值而得, 所以系统的基态能量就表示为电子密度的泛函, 即基态能量和波函数通过求电子密度的变分就能得到

$$
\begin{aligned}
E\left[\rho\left(r\right)\right] =& T\left[\rho\left(r\right)\right] + U\left[\rho\left(r\right)\right] + \int \mathrm{d}r v\left(r\right)\rho\left(r\right) \\
=& T\left[\rho\left(r\right)\right] + \frac{1}{2} \iint \mathrm{d}r\mathrm{d}r' \frac{\rho\left(r\right)\rho\left(r'\right)}{|r - r'|} + E_{xc}\left[\rho\left(r\right)\right] + \int \mathrm{d}r v\left(r\right)\rho\left(r\right) \quad (6.12)
\end{aligned}
$$

式中, 第一项为无相互作用粒子模型的动能项; 第二项表示电子间的库仑作用; 第三项为交换关联能, 体现了体系电子间的多体相互作用, 包括未知的多体作用; 第四项为外场的贡献, 是电子在外势场中的势能。Hohenberg-Kohn 定理确定了基态电子密度分布函数与系统总能的一一对应关系, 从理论上证实了基态性质可通过以电子密度为基本变量来计算的可行性, 但没有提供任何精确的两者间对应关系, 对于如何确定电子密度函数 $\rho(r)$、动能泛函 $T[\rho(r)]$ 和交换关联能泛函 $E_{xc}[\rho(r)]$, 没有提出具体的解决方法和途径。

2. Kohn-Sham 定理

Hohenberg-Kohn 定理证明通过求解基态电子密度分布函数可得到系统的总能, 但对上述三个函数却没有给出具体的形式, 因此有关体系性质的任何信息都无法直接从基态粒子密度得到。1965 年, Kohn 和 Sham 提出 Kohn-Sham 方案 [16], 把多体问题简化成了一个没相互作用的电子在有效势场中运动的问题, 解决了前两个问题, 其思想是把真实体系用一个假想的无相互作用多粒子体系来代替, 两者有完全相同的粒子密度, 实际的动能泛函就可用无相互作用的多粒子体系的动能泛函来替代, 忽略了电子之间的排斥作用, 这个有效势场包含了外部势场和电子间的库仑作用的影响, 也包含所有有关交换相关相互作用。从而把多体问题转化为单电子问题, 这样粒子态密度和能量等信息便可通过求解这一假想体系得到, 但交换相

关项的近似程度决定了计算的精确度, 即

$$\rho\left(r\right) = \sum_{i=1}^{N} \left|\varphi_i\left(r\right)\right|^2 \tag{6.13}$$

$$T_0\left[\rho\left(r\right)\right] = \sum_{i=1}^{N} \int \mathrm{d}r \varphi_i^*\left(r\right) \left(-\nabla^2\right) \varphi_i\left(r\right) \tag{6.14}$$

对 $\rho(r)$ 的变分可以转化为对电子波函数 $\varphi_i(r)$ 的变分:

$$\left\{-\frac{1}{2}\nabla^2 + v(r) + \int \mathrm{d}r \frac{\rho(r)}{|r-r'|} + \frac{\delta E_{xc}[\rho]}{\delta\rho}\right\} \varphi_i(r) = E_i\varphi_i(r) \tag{6.15}$$

这就是单电子的 Kohn-Sham(KS) 方程, 把多体问题简化为无相互作用的电子在有效势场中的运动问题, 通过求解无相互作用的独立粒子的基态便求得了多体系中相互作用的多电子的基态, 建立了密度泛函理论的框架, 为单电子近似提供了严格的依据。这个有效势场含有外部势场和电子间库仑作用的影响, 比如, 多粒子体系相互作用的复杂性就包含在交换和相关作用中, 所以处理交换关联作用成为其难点, 还需要引入相应的近似。泛函 $E_{xc}[\rho(r)]$ 最简单的近似求解法有局域密度近似 (local density approximation, LDA) 或广义梯度近似 (generalized gradient approximation, GGA) 的方法。

3. 局域密度近似和广义梯度近似

可以看出, 密度泛函理论整个框架中只剩下一个未知部分, 即交换关联势 $E_{xc}[\rho(r)]$ 的形式未知。在实际应用中, 我们通过拟合已经被精确求解系统的结果, 用参数化的形式来表示交换关联势。显然密度泛函计算结果的精确度, 取决于其交换关联势质量的好坏。在 1951 年由 Slater 提出的局域密度近似 (LDA) 是实际应用中最简单有效的近似[17,18], 其中心思想是假定空间中某一点的交换关联能, 只与该点的电荷密度有关, 且与同密度的均匀电子气的交换关联能相等, 表达式如下:

$$E_{xc}^{\mathrm{LDA}}\left[\rho\right] = \int \mathrm{d}r \rho\left(r\right) \varepsilon_{xc}^{\mathrm{unif}}\left(\rho\left(r\right)\right) \tag{6.16}$$

LDA 在大多数的材料计算中取得了巨大的成功。经验显示, LDA 计算分子键长、晶体结构的误差在 1%左右, 对分子解理能、原子游离能的计算误差在 10%~20%。但是 LDA 不适用于非均匀或者空间变化太快的电子气系统。

对于非均匀或者空间变化太快的电子气系统, 要想提高精确度, 需把某点附近的电荷密度对交换关联能的影响考虑在内, 如计入电荷密度的一级梯度对交换关联能的贡献, 这种近似方法称为广义梯度近似 (GGA)[19,20]。GGA 是半局域化, 一般情况下，它适用于开放的系统，比 LDA 给出的能量和结构更为精确。交换能可以取修正的 Becke 泛函形式，表达式如下：

$$E_x^{\text{GGA}} = E_x^{\text{LDA}} - \beta \int \mathrm{d}r \rho^{4/3} \frac{(1 - 0.55 \exp[1.65x^2])x^2 - 2.40 \times 10^{-4} x^4}{1 + 6\beta x \mathrm{arsinh} x + 1.08 \times 10^{-6} x^4} \tag{6.17}$$

式中，β 为常数。

6.1.3　平面波赝势法

因为原子的内层电子基本不与相邻原子发生作用，仅其价电子具有化学活性，参与电荷转移与成键，决定材料的性质，所以把内层电子与原子核的效应合在一起考虑，内层电子 (芯电子) 与原子核的组合称为 "离子实"。在解波函数时，将固体看作价电子和离子实的集合体，离子实的内部势能用假想的势能取代真实的势能，即赝势，由赝势求出的被紧紧束缚在原子核周围的芯电子的波函数叫赝波函数。

赝波函数间的相互作用较弱，价电子波函数间相互作用强，价电子波函数与周围原子的相关作用也较强，所以价电子波函数仍然保留为真实波函数的形状，而经过赝势处理之后内层电子波函数即赝波函数不再需要满足很多苛刻的条件从而变得平缓起来。将波函数用倒格矢傅里叶展开，对于简单的波函数用少量的基矢就可以表示，而复杂的波函数相反需要较高的截断能量，采用赝势可减少平面波展开所需的平面波函数数目 [21~24]，大大降低计算量，减少了计算时间。平面波赝势中采用的赝势及赝势波函数如图 6.1 所示。

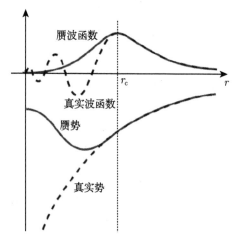

图 6.1　平面波赝势中采用的赝势及赝势波函数

赝波函数满足布洛赫定理，根据晶体空间平移对称性，能带电子的波函数可以写成下式：

$$\psi_k^n(r) = \sum_K C_K^{n,k} \mathrm{e}^{\mathrm{i}(k+K)\cdot r} \tag{6.18}$$

式中，n 为能带指标；k 为晶体里倒易空间的第一布里渊区的波矢，而基矢集就是平面波 $\varphi_K^k(r) = \mathrm{e}^{\mathrm{i}(k+K)\cdot r}$；$K$ 为晶格倒格矢的整数倍。实际计算过程中要使基矢集尽量地完备必须设定一个足够大的 $K_{\max}$，这便给了自由电子一个最大的动能，这个能量被称为平面波数目的截断能量 (cut-off energy)[25]

$$E_{\mathrm{cut}} = \frac{\hbar^2 K_{\max}^2}{2m} = \frac{1}{2} G_{\max}^2 \tag{6.19}$$

在计算过程中，选取截断能量的原则就是要保证在设置的精度范围内计算能够收敛。若截断能量选得太小，则可能会导致总能的计算偏离真实值或者出现错误；若增加截断能量，虽提高了计算精度，但计算量也随之增加。

目前，第一性原理计算应用最为广泛的赝势有三种：模守恒赝势 (norm-conserving pseudopotential, NCPP)[26]、超软赝势 (ultrasoft pseudopotential, UPP)[27] 和 PAW (projector augmented wave)[28,29] 赝势。

6.1.4 光学性质计算公式

在光与物质作用的线性响应范围内，固体宏观光学响应函数可由光的复介电函数

$$\varepsilon(\omega) = \varepsilon_1(\omega) + \mathrm{i}\varepsilon_2(\omega)$$

或复折射率

$$N(\omega) = n(\omega) + \mathrm{i}k(\omega)$$

来描述，式中

$$\varepsilon_1 = n^2 - k^2 \tag{6.20}$$

$$\varepsilon_2 = 2nk \tag{6.21}$$

第一性原理计算过程采用了绝热近似和单电子近似，电子结构计算过程中声子频率远小于跃迁频率，因此在讨论光子与固体的作用时，可以忽略声子的作用，只考虑电子激发。可根据直接跃迁几率的定义和克拉默斯–克勒尼希色散关系推出描述材料光学性质的参量，如介电函数、反射率、吸收系数和复光电导率等 [30~32]，计算公式如下：

$$\varepsilon_2(\omega) = \frac{\pi}{\varepsilon_0} \left(\frac{e}{m\omega} \right)^2 \cdot \sum_{\mathrm{v,c}} \left\{ \int_{\mathrm{BZ}} \frac{2\mathrm{d}K}{(2\pi)^2} |\boldsymbol{a} \cdot \boldsymbol{M}_{\mathrm{v,c}}|^2 \delta[E_{\mathrm{c}}(K) - E_{\mathrm{v}}(K) - \hbar\omega] \right\} \tag{6.22}$$

$$\varepsilon_1(\omega) = 1 + \frac{2e}{\varepsilon_0 m^2} \cdot \sum_{\mathrm{v,c}} \int_{\mathrm{BZ}} \frac{2\mathrm{d}K}{(2\pi)^2} \frac{|\boldsymbol{a} \cdot \boldsymbol{M}_{\mathrm{v,c}}(K)|^2}{[E_{\mathrm{c}}(K) - E_{\mathrm{v}}(K)]/\hbar} \cdot \frac{1}{[E_{\mathrm{c}}(K) - E_{\mathrm{v}}(K)]^2/\hbar^2 - \omega^2} \tag{6.23}$$

$$\alpha \equiv \frac{2\omega k}{c} = \frac{4\pi k}{\lambda_0} \tag{6.24}$$

$$R(\omega) = \frac{(n-1)^2 + k^2}{(n+1)^2 + k^2} \tag{6.25}$$

$$\sigma(\omega) = \sigma_1(\omega) + \mathrm{i}\sigma_2(\omega) = -\mathrm{i}\frac{\omega}{4\pi}[\varepsilon(\omega) - 1] \tag{6.26}$$

式中, ε_0 为真空中的介电常数; λ_0 为真空中光的波长; ω 为角频率; n 为折射率; k 为消光系数; 公式中下标 c 表示导带, v 表示价带; $E_{\mathrm{c}}(K)$ 和 $E_{\mathrm{v}}(K)$ 分别为导带和价带上的本征能级; $\boldsymbol{M}_{\mathrm{v,c}}$ 为跃迁矩阵元; BZ 为第一布里渊区; $\boldsymbol{K}$ 为电子波矢; $\boldsymbol{a}$ 为矢量势 $\boldsymbol{A}$ 的单位方向矢量。以上关系式反映了物质光谱是由能级间电子跃迁所产生, 把物质光学特性与物质的微观电子结构联系起来, 是分析晶体能带结构和光学性质的理论依据。

6.1.5 第一性原理计算软件

平面波赝势法是第一性原理计算发展最成熟、使用最广泛的方法, VASP、CASTEP、ABINIT、PWSCF 等主流的第一性计算软件都使用这种算法, 其最大优点是需要人为控制的参数少。我们将采用基于平面波赝势法的 CASTEP 软件完成 GaAs 基光电阴极中电子与原子结构研究。

CASTEP 是美国 Accelrys 公司 Materials Studio 材料设计软件的一个计算程序包, 是由剑桥大学卡文迪许实验室的凝体理论组所发展出来解量子力学问题的程序, 是基于密度泛函平面波赝势方法, 特别针对固体材料学而设计的第一性原理量子力学基本程序, 也是当前最高水平的量子力学软件包之一。该计算程序包主要适合周期性结构的计算, 如金属、半导体、陶瓷、矿物等材料。

CASTEP 可以用来研究周期性系统的体材料性质、表面性质、表面重构的性质、点缺陷 (如空位、间隙或取代掺杂) 和扩展缺陷 (晶粒间界、位错) 的性质、电子结构 (能带及态密度)、光学性质、电荷密度的空间分布及其波函数、布局数分析、弹性常数及相关力学特性和固体的振动特性等。CASTEP 计算中采用的交换相关泛函有 LDA、GGA 和非定域交换相关泛函, 对于 LDA 或 GGA 计算能带带隙低估的问题, 可以通过 "剪刀" 进行修正。

利用 CASTEP 分析 $\mathrm{Ga}_{1-x}\mathrm{Al}_x\mathrm{As}$ 体材料和表面性质的步骤为: 根据文献资料和计算要求搭建初步的模型; 利用 Geometry Optimization 任务选项优化结构, 得到满足计算精度的合理模型; 利用 Energy 任务选项计算所要分析的性质; 导出 Energy 任务选项计算得到的数据, 根据计算结果分析材料性质。

6.2 Ga$_{1-x}$Al$_x$As 光电阴极结构设计

Al 组分和掺杂元素是 NEA Ga$_{1-x}$Al$_x$As 光电阴极结构设计中的重要部分，Ga$_{1-x}$Al$_x$As 材料为混晶，Al 组分对光电阴极的响应波段、积分灵敏度、电子扩散长度、后界面复合速率等性能参数都有重要的影响。目前，尽管对于 Ga$_{1-x}$Al$_x$As 材料已经有了实验和理论方面的研究[33,34]，但是关于 Al 组分对 Ga$_{1-x}$Al$_x$As 光电发射性质影响的研究还很缺乏。NEA 光电阴极是在 p 型掺杂的 III-V 族半导体基片上制备而成[35~54]，p 型 Ga$_{1-x}$Al$_x$As 材料可采用 Be、Zn 作为掺杂元素，一般认为 Be 原子半径小，容易形成间隙掺杂，对 p 型性质贡献较小，然而理论上对于掺杂元素的选取、掺杂元素对 Ga$_{1-x}$Al$_x$As 材料性质影响的研究还很少。实际制备的基片总是不可避免地会出现各种形式的缺陷，空位缺陷是最容易出现的缺陷，空位缺陷会与载流子相互作用，表现施主或受主特性，影响材料的光电发射性质，关于 Ga$_{1-x}$Al$_x$As 材料空位特性的研究还未见报道。

第一性原理计算方法可以较好地验证并预测掺杂和空位缺陷的性质[55~60]。利用 CASTEP 软件包构造不同 Al 组分 Ga$_{1-x}$Al$_x$As 的模型，通过计算分析 Al 组分对材料光电发射性质的影响；构造 Be、Zn 原子间隙掺杂、替位掺杂 Ga$_{0.5}$Al$_{0.5}$As 模型，通过计算为掺杂元素的选取提供理论指导。通过计算结合能、能带结构、态密度、电荷集居分布、载流子浓度研究掺杂对 Ga$_{0.5}$Al$_{0.5}$As 光电发射性质的影响。分别构造 Ga、Al 和 As 空位缺陷 Ga$_{0.5}$Al$_{0.5}$As 模型，通过计算比较不同原子空位缺陷表现的性质。

6.2.1 不同 Al 组分 Ga$_{1-x}$Al$_x$As 性质研究与 Al 组分的选取

1. 理论模型和计算方法

Ga$_{1-x}$Al$_x$As 模型为立方闪锌矿结构，属于 $F43mc$ 空间群。GaAs 材料计算时选用 $2 \times 2 \times 1$ 的闪锌矿 GaAs 超晶胞，共包含 16 个 Ga 原子和 16 个 As 原子，Al 组分为 $x = 0.25$、$x = 0.5$、$x = 0.75$、$x = 1$ 的 Ga$_{1-x}$Al$_x$As 分别是由相应数目的 Al 原子替代 Ga 原子，并调整晶格常数得到。GaAs 和 AlAs 的晶格常数采用实验值，其他组分的 Ga$_{1-x}$Al$_x$As 的晶格常数根据 Vegard 定律由 GaAs 和 GaAlAs 的晶格常数线性组合得到。GaAs、Ga$_{0.75}$Al$_{0.25}$As、Ga$_{0.5}$Al$_{0.5}$As、Ga$_{0.25}$Al$_{0.75}$As 和 AlAs 的计算模型如图 6.2 所示。

采用 GGA 下的平面波赝势方法进行计算，利用 PBE(Perdew-Burke-Emzerhof) 方法处理交换关联作用[59~62]。采用由 Ga:3d^{10}4s^{2}4p^1、Al:3s^{2}3p^1、As:4s^{2}4p^3 生成的超软赝势描述内核和价电子间相互作用。布里渊区积分[63]采用 Monkhors-Pack 形式的高对称特殊 k 点方法，k 网格点设置为 $4 \times 4 \times 8$，能量计算都在倒易空间中进行。采用 BFGS 算法[①] 对晶体模型进行结构优化, 将原胞中的价电子波函数用平面波基矢进行展开, 设置平面波截断能量 $E_{cut} = 400eV$, 迭代过程中的收敛精度为 $2 \times 10^{-6}eV/$原子, 原子间相互作用力收敛标准为 $0.005eV/nm$, 晶体内应力收敛标准为 $0.05GPa$, 原子最大位移收敛标准设为 $0.0002nm$。在光学性质的计算中, 采用了剪刀算符提高光学性质的计算精度[64]。

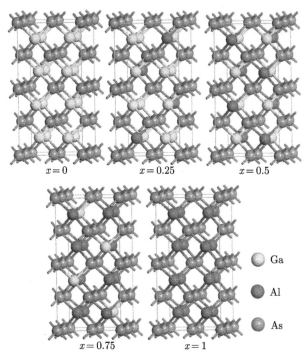

图 6.2　GaAs、$Ga_{0.75}Al_{0.25}As$、$Ga_{0.5}Al_{0.5}As$、$Ga_{0.25}Al_{0.75}As$ 和 AlAs 计算模型 (后附彩图)

2. 形成能和稳定性

利用 BFGS 方法进行优化后, 得到 GaAs、$Ga_{0.75}Al_{0.25}As$、$Ga_{0.5}Al_{0.5}As$、$Ga_{0.25}Al_{0.75}As$ 和 AlAs 的合理模型。不同 Al 组分 $Ga_{1-x}Al_xAs$ 原胞的形成能可以表示为[65]

$$E_{form} = (E_{tot} - nE_{As} - mE_{Ga} - lE_{Al})/n \tag{6.27}$$

式中, E_{tot} 为优化后模型总能量; n、m 和 l 分别为 As、Ga 和 Al 的原子数量。计算得到不同 Al 组分 $Ga_{1-x}Al_xAs$ 原胞的形成能如表 6.1 所示。

---

① BFGS 算法是以其发明者 Broyden, Fletcher, Goldfarb 和 Shanno 四个人的名字的首字母命名。

表 6.1 不同 Al 组分 $Ga_{1-x}Al_xAs$ 原胞形成能

Al 组分	0	0.25	0.5	0.75	1
形成能/eV	−8.92	−9.04	−9.19	−9.29	−9.42

形成能可以反映计算模型的稳定性, 计算得到不同 Al 组分 $Ga_{1-x}Al_xAs$ 模型的形成能均为负值, 表明 GaAs、$Ga_{0.75}Al_{0.25}As$、$Ga_{0.5}Al_{0.5}As$、$Ga_{0.25}Al_{0.75}As$ 和 AlAs 均为稳定结构。随着 Al 组分的增加, 形成能不断降低, 材料的稳定性增强。这是由于 Al 原子的极性强于 Ga 原子, Al 和 As 原子之间的结合更为稳定, 因此材料的稳定性随 Al 组分的增加而增强。

3. 能带结构

GaAs、$Ga_{0.75}Al_{0.25}As$、$Ga_{0.5}Al_{0.5}As$、$Ga_{0.25}Al_{0.75}As$ 和 AlAs 的禁带宽度计算值和理论值如表 6.2 所示, 计算值较文献值 (1.998eV)[66] 偏低, 这是由于带隙是激发态, 而 DFT 计算过程为基态, 因此计算结果偏小, 采用 DFT 计算半导体和绝缘体带隙时, 结果通常会偏低 30%～50% 甚至更多, 但这并不影响对电子结构的分析 [67]。

表 6.2 不同 Al 组分 $Ga_{1-x}Al_xAs$ 禁带宽度

Al 组分	0	0.25	0.5	0.75	1
计算值/eV	0.521	0.857	1.060	1.113	1.374
理论值/eV	1.424	1.736	1.998	2.074	2.168

图 6.3 为计算得到的 GaAs、$Ga_{0.75}Al_{0.25}As$、$Ga_{0.5}Al_{0.5}As$、$Ga_{0.25}Al_{0.75}As$ 和 AlAs 能带结构图, 水平虚线表示 Fermi 能级。$x > 0.25$ 时, 价带顶和导带底均在 G 点, 为直接带隙材料; $x < 0.5$ 时, 价带顶位于 G 点, 导带底位于 Q 点, 为间接带隙材料, 计算结果与文献结果相吻合 [66]。不同组分时对应的能带结构相似, 价带顶有三个能级经过, 分别为重空穴带、轻空穴带和自旋轨道耦合造成的劈裂带。

4. 态密度

图 6.4 为计算得到的不同 Al 组分 $Ga_{1-x}Al_xAs$ 的态密度曲线, 由图 6.4(a) 可知, $Ga_{1-x}Al_xAs$ 体材料的价带由下价带和上价带组成。下价带位于 $-15.2 \sim -9.5eV$ 能量范围内, 在 $-14.5eV$ 处有一个较强的态密度峰, 该态密度峰峰值随着 Al 组分的增加而减小, 在 $x = 1$ 时完全消失, 在 $-12.5 \sim -13.6eV$ 处有一个分隔区, 分隔区随着 Al 组分的增加而增大。上价带位于 $-6.4 \sim 0eV$ 能量范围内, 并在 $-3.7eV$ 处有一个微小的分隔区, 分隔区随着 Al 组分的增大而减小, 最后消失, 上价带的能量分布范围随着 Al 组分的增加而变窄, 说明价带顶处有效电子质量随着 Al 组分的增加而增加。

　　图 6.4(b)~(d) 分别为 As 原子、Ga 原子和 Al 原子的分波态密度图，由图可知下价带主要是由 Ga 3d 态和 As 4s 态组成，-14.5eV 处的态密度峰主要由 Ga 3d 态形成，$-12.5 \sim -9.5\text{eV}$ 处的下价带主要由 As 4s 态形成。$-6.4 \sim -3.7\text{eV}$ 处的上价带主要包含 As 4p、Al 3s 和 Ga 4s 态，$-0.37 \sim 0\text{eV}$ 处的上价带主要包含 As 4p、Al 3p 和 Ga 4p 态。价带顶由 As 4p 态决定。导带由 As 4p、As 4s、Al 3p、Al 3s、Ga 4p 和 Ga 4s 态组成，导带底由 Al 3p 和 Ga 4p 态决定。随着 Al 组分的增加，上价带和下价带的能量范围变窄，这是由于 Ga 原子有 4 个电子层，Al 原子只有 3 个电子层，Al 原子外层电子受到原子核的束缚作用更明显，因此随着 Al 组分的增加，上价带和下价带的能量范围会变窄。

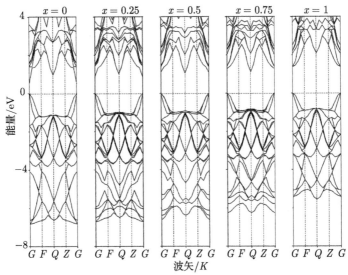

图 6.3　GaAs、$\text{Ga}_{0.75}\text{Al}_{0.25}\text{As}$、$\text{Ga}_{0.5}\text{Al}_{0.5}\text{As}$、$\text{Ga}_{0.25}\text{Al}_{0.75}\text{As}$ 和 AlAs 能带结构图

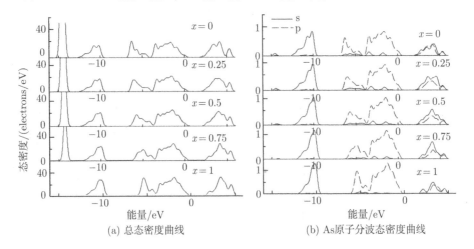

(a) 总态密度曲线　　　　　　　　　　　　(b) As原子分波态密度曲线

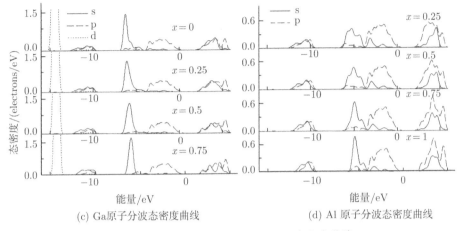

(c) Ga原子分波态密度曲线 (d) Al原子分波态密度曲线

图 6.4 不同 Al 组分 $Ga_{1-x}Al_xAs$ 态密度曲线

5. 光学性质

计算得到不同 Al 组分 $Ga_{1-x}Al_xAs$ 材料的吸收系数曲线, 如图 6.5 所示, 随着 Al 组分的增加, 吸收带边向高能端移动, 与带隙变宽的现象吻合。$Ga_{1-x}Al_xAs$ 材料共有 6 个吸收峰: P_1 (对应于 As 4p 态跃迁)、P_2 (对应于 Ga 4p 态和 Al 3p 态跃迁)、P_3 (对应于 As 4p 态跃迁)、P_4 (对应于 Ga 4s 态和 Al 3s 态跃迁)、P_5 (对应于 As 4s 态的跃迁) 和 P_6 (对应于 Ga 3d 态的跃迁)。$x = 0$ 时材料为 GaAs, 吸收峰分别位于 3.23eV、5.08eV、6.91eV、10.12eV、14.40eV 和 18.71eV。

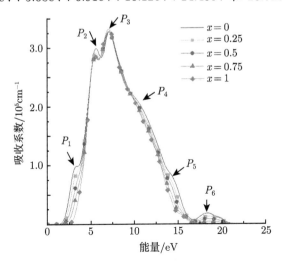

图 6.5 不同 Al 组分 $Ga_{1-x}Al_xAs$ 材料吸收系数曲线

随着 Al 组分的增加，P_3 向低能端移动、峰值增大，P_2、P_4 向低能端移动、峰值减小，P_1、P_5 和 P_6 向高能端移动、峰值减小，$x = 1$ 时，P_6 消失。P_6 对应于 Ga 3d 态的跃迁，因此随着 Al 组分的增加峰值不断减小，直至消失。P_1 对应于价带顶的跃迁，P_5 对应于下价带上半部分的跃迁，由于随着 Al 组分的增加，带隙变宽，跃迁变得困难，因此吸收峰向高能端移动，峰值减小。由图 6.4 可知，随着 Al 组分的增加，上价带包含的 As 4p、Al 3s 和 Ga 4s 态向高能端移动，当态密度向高能端移动量大于带隙增加量时，跃迁所需能量变小，因而 P_2、P_3、P_4 向低能端移动，P_3 峰值增大说明随着 Al 组分的增加 As 4p 态电子越来越活跃，P_2、P_4 峰值减小是由于 Ga 4s、Ga 4p 态电子分别比 Al 3s、Al 3p 态电子活跃。

计算得到的不同 Al 组分 $\mathrm{Ga_{1-x}Al_xAs}$ 材料的反射率曲线如图 6.6 所示，$\mathrm{Ga_{1-x}Al_xAs}$ 反射率曲线有 6 个峰值，峰值位置与吸收峰位置基本一致。随着 Al 组分的增加，9.8～13.7eV 能量范围内的反射率增加，其他能量范围内反射率降低。在 4.5～12.4eV 能量范围内，出现了强烈的带间跃迁，材料的平均反射率达到了 80% 以上，材料表现出金属反射特性区域，随着 Al 组分的增加，金属反射特性区域向高能端移动，能量范围变窄。

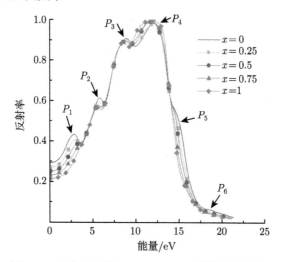

图 6.6　不同 Al 组分 $\mathrm{Ga_{1-x}Al_xAs}$ 材料反射率曲线

半导体材料的光谱是由能级间电子跃迁所产生，因此半导体的介电函数能够反映其能带结构及光谱信息，是沟通固体电子结构与带间跃迁微观物理过程的桥梁，图 6.7 为计算得到的不同 Al 组分 $\mathrm{Ga_{1-x}Al_xAs}$ 材料的介电函数实部曲线，由图可知，随着 Al 组分的增加，材料的静态介电函数变小。由图 6.7 可知在光子能量处于 5.2～7.6eV 的能量区域内 $\varepsilon_1(\omega) < 0$，据微分克拉默斯–克勒尼希关系，$\varepsilon_1(\omega)$ 可以通过先对 $\varepsilon_2(\omega)$ 微分然后再在一个相当宽的频率区间内积分得到。因此，在 $\varepsilon_2(\omega)$

上升的斜率最大处 $\varepsilon_1(\omega)$ 取得极大值，$\varepsilon_2(\omega)$ 下降的斜率最大处 $\varepsilon_1(\omega)$ 取得极小值，对应的频率分别为 5.2eV 和 7.6eV，其中 5.2eV 接近于共振效应频率 (ω_0)，7.6eV 接近于等离子体频率 (ω_p)。

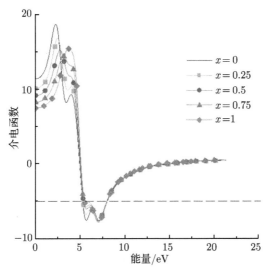

图 6.7　不同 Al 组分 $Ga_{1-x}Al_xAs$ 材料介电函数实部曲线

图 6.8 为计算得到的不同 Al 组分 $Ga_{1-x}Al_xAs$ 材料能量损失谱，能量损失谱的峰值对应于材料体相等离子体的边缘能量。由图可知，随着 Al 组分的增加，能量损失谱向低能端移动，峰值增加。

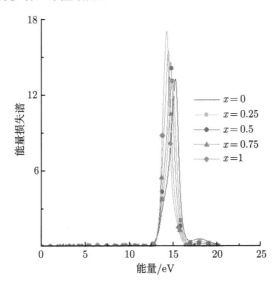

图 6.8　不同 Al 组分 $Ga_{1-x}Al_xAs$ 材料能量损失谱

6. Al 组分的选取

对 532nm 敏感的光电阴极结构如图 6.9 所示，发射层 Al 组分为 0.63。构造 $Ga_{0.63}Al_{0.37}As$ 模型时，Ga、Al 无法均匀地分布在模型中，因此无论构造什么样的模型，都不能很好地代表 $Ga_{0.63}Al_{0.37}As$ 材料，为此我们选取 Al 组分为 0.5 的材料进行计算，由于 Ga、Al 含量相等，可以选取均匀的 $Ga_{0.5}Al_{0.5}As$ 模型进行研究。另外，$Ga_{0.5}Al_{0.5}As$ 模型在 $Ga_{1-x}Al_xAs$ 材料的研究中也更具代表性。

图 6.9　对 532nm 敏感的光电阴极结构

$Ga_{0.5}Al_{0.5}As$ 禁带宽度为 1.988eV，$Ga_{0.37}Al_{0.63}As$ 禁带宽度为 2.036eV，$Ga_{0.5}Al_{0.5}As$ 与 $Ga_{0.37}Al_{0.63}As$ 禁带宽度相近，同为间接带隙材料，能带结构相似，因而材料体内光子吸收、光电激发过程相近。$Ga_{0.5}Al_{0.5}As$、$Ga_{0.37}Al_{0.63}As$ 体材料模型和态密度曲线如图 6.10 所示，NEA GaAs 光电阴极常用的激活表面是 (001) 表面，$\beta_2(2 \times 4)$ 是 GaAs(001) 表面最易出现的重构相，因此我们构造了 $Ga_{0.37}Al_{0.63}As(001)\beta_2(2 \times 4)$、$Ga_{0.5}Al_{0.5}As(001)\beta_2(2 \times 4)$ 表面模型，表面模型和态密度曲线如图 6.11 和图 6.12 所示。态密度可以反映材料电子分布情况，与材料

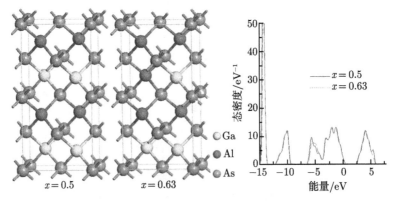

图 6.10　$Ga_{0.5}Al_{0.5}As$、$Ga_{0.37}Al_{0.63}As$ 体材料模型和态密度 (后附彩图)

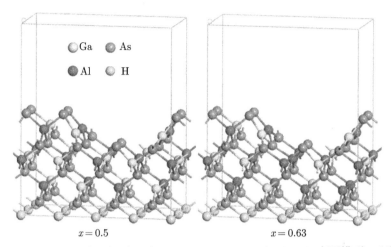

$x = 0.5$　　　　　　　　　　$x = 0.63$

图 6.11　$Ga_{0.5}Al_{0.5}As(001)\beta_2(2\times4)$、$Ga_{0.37}Al_{0.63}As(001)\beta_2(2\times4)$ 表面模型 (后附彩图)

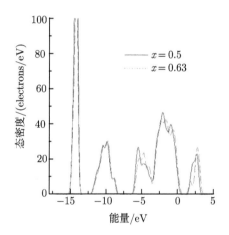

图 6.12　$Ga_{0.5}Al_{0.5}As(001)\beta_2(2\times4)$、$Ga_{0.37}Al_{0.63}As(001)\beta_2(2\times4)$ 态密度曲线

的禁带结构和光学性质都密切相关, 计算得到的 $Ga_{0.37}Al_{0.63}As$、$Ga_{0.5}Al_{0.5}As$ 体材料以及表面模型的态密度曲线极为相近, 因此可以采用均匀性较好、更具代表性的 $Ga_{0.5}Al_{0.5}As$ 来进行 $Ga_{0.37}Al_{0.63}As$ 的模拟研究。

6.2.2　空位缺陷 $Ga_{0.5}Al_{0.5}As$ 电子结构和光学性质研究

优化后的空位缺陷模型如图 6.13 所示。空位模型的计算选用 $2\times2\times2$ 的 $Ga_{0.5}Al_{0.5}As$ 超晶胞, $Ga_{0.5}Al_{0.5}As$ 模型包含 16 个 Ga 原子、16 个 Al 原子和 32 个 As 原子。在 $Ga_{0.5}Al_{0.5}As$ 模型的基础上, 去掉一个 Ga 原子, 形成 $Ga_{0.46875}Al_{0.5}As$ 模型; 去掉一个 Al 原子, 形成 $Ga_{0.5}Al_{0.46875}As$ 模型; 去掉一个 As 原子, 形成 $Ga_{0.5}Al_{0.5}As_{0.96875}$ 模型。k 网格点设置为 $7\times7\times7$, 采用由 Ga:$3d^{10}4s^24p^1$、Al:$3s^23p^1$

和 As:$4s^2 4p^3$ 生成的超软赝势描述内核和价电子间相互作用。其余计算参数与 6.2.1 节中对不同 Al 组分 $Ga_{1-x}Al_xAs$ 的计算参数相同。

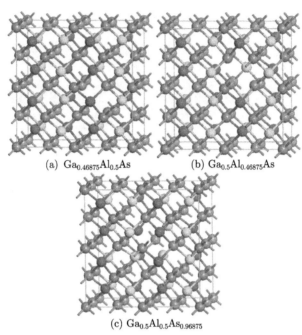

(a) $Ga_{0.46875}Al_{0.5}As$　　　　　(b) $Ga_{0.5}Al_{0.46875}As$

(c) $Ga_{0.5}Al_{0.5}As_{0.96875}$

图 6.13　$Ga_{0.46875}Al_{0.5}As$、$Ga_{0.5}Al_{0.46875}As$ 和 $Ga_{0.5}Al_{0.5}As_{0.96875}$ 计算模型 (后附彩图)

1. 稳定性和成键结构

计算得到 $Ga_{0.5}Al_{0.5}As$、$Ga_{0.46875}Al_{0.5}As$、$Ga_{0.5}Al_{0.46875}As$ 和 $Ga_{0.5}Al_{0.5}As_{0.96875}$ 的形成能分别为 -4.6219eV/原子、-4.5830eV/原子、-4.5816eV/原子和 -4.5672eV/原子，空位缺陷模型的形成能变大，预示存在空位缺陷的 GaAlAs 材料稳定性变差。$Ga_{0.46875}Al_{0.5}As$ 和 $Ga_{0.5}Al_{0.46875}As$ 稳定性接近，这是由于 Ga 和 Al 原子最外层都为 3 个电子，成键情况相似。$Ga_{0.5}Al_{0.5}As_{0.96875}$ 稳定性最差，表明 As 空位缺陷最不易出现。键长和键角反映了材料的成键结构，E-Mulliken 集居数分布可以反映材料的电荷分布、电荷转移和化学性质。Ga—As 和 Al—As 键属于极性共价键，形成空位缺陷后，原子周期性遭到破坏，晶格结构、sp^3 杂化轨道上的电子分布、键长、键角以及集居数分布都发生了变化。$Ga_{0.5}Al_{0.5}As$ 中 Ga—As 键、Al—As 键的键长、键角和集居数分布如表 6.3 所示，最邻近空位和次邻近空位处的键长增加、键角变小，在远离空位处键长和键角几乎没有变化，空位缺陷只影响空位附近的成键结构。次邻近空位处的键长变化最为明显，这是由于空位不能成键，空位处的局域态只能用次邻近空位处的原子中和造成的，As 原子最外层有 5 个电子，多于 Ga、Al 原子,因此 As 原子空位造成的结构变化更为明显。Ga 空位附近的成键结构变化比 Al 空位更为明显。

表 6.3 空位缺陷 Ga$_{0.5}$Al$_{0.5}$As 模型键长、键角、集居数分布和电荷量

		Ga—As 键			Al—As 键			电荷量/|e|		
		键长	键角	集居数	键长	键角	集居数	Ga	Al	As
	Ga$_{0.5}$Al$_{0.5}$As	2.450	109°480′	0.42	2.449	109°462′	0.71	0.39	0.31	−0.35
最邻	Ga-Vac	2.459	104°840′	0.27	2.457	103°931′	0.66	0.37	0.28	−0.32
近空	Al-Vac	2.463	104°784′	0.23	2.462	103°080′	0.67	0.36	0.27	−0.27
位处	As-Vac	2.512	100°006′	0.17	2.491	102°784′	0.61	0.31	0.17	−0.20
次邻	Ga-Vac	2.468	108°658′	0.54	2.465	108°201′	0.84	0.42	0.30	−0.32
近空	Al-Vac	2.467	107°859′	0.51	2.464	107°336′	0.82	0.41	0.29	−0.31
位处	As-Vac	2.493	109°309′	0.49	2.488	109°004′	0.79	0.41	0.30	−0.34
远离	Ga-Vac	2.450	109°358′	0.42	2.451	109°437′	0.73	0.39	0.31	−0.35
空位	Al-Vac	2.450	109°456′	0.41	2.452	109°451′	0.72	0.38	0.31	−0.35
处	As-Vac	2.448	109°579′	0.41	2.446	109°579′	0.72	0.36	0.31	−0.36

最邻近空位处,Ga—As 键和 Al—As 键的 E-Mulliken 集居数减小,共价性降低,次邻近空位处,Ga—As 键和 Al—As 键的 E-Mulliken 集居数增加,共价性增强,远离空位处,Ga—As 键和 Al—As 键的 E-Mulliken 集居数几乎不变,空位缺陷只影响空位附近 Ga—As 键和 Al—As 键的共价性。Ga—As 键共价性的变化比 Al—As 键明显,这是由于 Al 的电负性强于 Ga 的电负性,Ga—As 键更为活跃。As 空位对材料集居数的影响最明显。

对于 Ga$_{0.5}$Al$_{0.5}$As 中极性共价键,As 倾向于得电子,带负电,而 Ga 和 Al 倾向于失电子,带正电。在最邻近空位处,每个原子的带电量减少,As 原子带电量减少最为明显,在次邻近空位处 Ga、Al 原子带电量略微增加,而 As 原子带电量略微减少,在远离空位处,带电量几乎不变。

2. 能带结构

计算得到 Ga$_{0.5}$Al$_{0.5}$As、Ga$_{0.46875}$Al$_{0.5}$As、Ga$_{0.5}$Al$_{0.46875}$As 和 Ga$_{0.5}$Al$_{0.5}$As$_{0.96875}$ 的能带结构如图 6.14 所示,Ga$_{0.46875}$Al$_{0.5}$As 和 Ga$_{0.5}$Al$_{0.46875}$As 中空位缺陷属于受主缺陷,在价带顶引入了空穴载流子,造成了 Fermi 能级进入价带的现象,材料导电类型变为 p 型,Ga$_{0.46875}$Al$_{0.5}$As 和 Ga$_{0.5}$Al$_{0.46875}$As 价带顶分别向上移动了 0.188eV 和 0.198eV,带隙变窄,引入的受主能级使得价带顶的跃迁更为容易。Ga$_{0.5}$Al$_{0.5}$As$_{0.96875}$ 中的空位缺陷属于施主缺陷,在导带底附近贡献了电子,Fermi 能级进入导带,材料的导电类型变为 n 型,引入的施主能级上的电子可向导带跃迁。Ga$_{0.46875}$Al$_{0.5}$As 和 Ga$_{0.5}$Al$_{0.46875}$As 导电类型为 p 型,Ga$_{0.5}$Al$_{0.5}$As$_{0.96875}$

的导电类型为 n 型, 热平衡状态下, 会有一定浓度的载流子, 载流子浓度计算公式如下:

$$n_0 = \frac{1}{V} \int_{E_c}^{\infty} f(E) g_c(E) \mathrm{d}E \tag{6.28}$$

式中, $g_c(E)$ 为导带底附近的态密度; V 为超晶格的体积。空位浓度为 3.125%, 属于高浓度, 材料为简并半导体, 电子服从 Fermi-Dirac 分布:

$$f(E) = \frac{1}{1 + \exp\left(\dfrac{E_i - E_F}{k_B T}\right)} \tag{6.29}$$

式中, k_B 为玻尔兹曼常量。计算得到 $Ga_{0.46875}Al_{0.5}As$、$Ga_{0.5}Al_{0.46875}As$ 和 $Ga_{0.5}Al_{0.5}As_{0.96875}$ 的载流子浓度分别为 $1.31\times10^{21}cm^{-3}$、$1.27\times10^{21}cm^{-3}$ 和 $0.82\times10^{21}cm^{-3}$, 表明 $Ga_{0.46875}Al_{0.5}As$ 的导电性最好, $Ga_{0.5}Al_{0.5}As_{0.96875}$ 的导电性最差。$Ga_{0.5}Al_{0.46875}As$ 的 p 型导电性比 $Ga_{0.46875}Al_{0.5}As$ 更强。

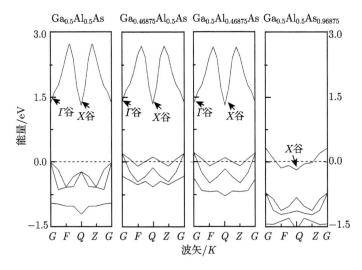

图 6.14　$Ga_{0.5}Al_{0.5}As$、$Ga_{0.46875}Al_{0.5}As$、$Ga_{0.5}Al_{0.46875}As$ 和 $Ga_{0.5}Al_{0.5}As_{0.96875}$ 能带结构

虚线代表 Fermi 能级

3. 态密度

计算得到 $Ga_{0.5}Al_{0.5}As$、$Ga_{0.46875}Al_{0.5}As$、$Ga_{0.5}Al_{0.46875}As$ 和 $Ga_{0.5}Al_{0.5}As_{0.96875}$ 的态密度曲线如图 6.15 所示。As 空位对 Ga 4s、Ga 4p、Al 3s 和 Al 3p 态的影响较为明显, Ga、Al 空位对 As 4s、4p 态的影响也较为明显, 空位缺陷会造成原子成键结构的明显变化, 从而导致 sp³ 杂化轨道的变化。As 原子对 Ga 原子电子态

的影响比对 Al 原子电子态的影响更明显。As 空位使得态密度向低能端移动，造成 Fermi 能级进入导带的现象，因此材料表现出 n 型特性。Ga、Al 空位使得态密度曲线向高能端移动，Fermi 能级进入价带，材料表现出 p 型特性。As 空位缺陷对态密度的影响最为强烈。

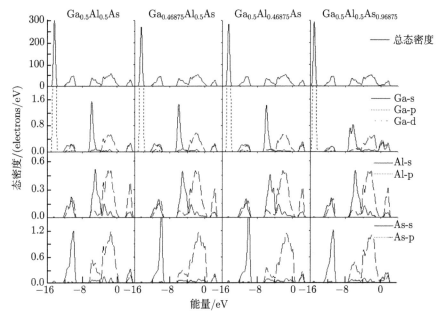

图 6.15　$Ga_{0.5}Al_{0.5}As$、$Ga_{0.46875}Al_{0.5}As$、$Ga_{0.5}Al_{0.46875}As$
和 $Ga_{0.5}Al_{0.5}As_{0.96875}$ 的态密度曲线

形成空位后 $Ga_{0.46875}Al_{0.5}As$、$Ga_{0.5}Al_{0.46875}As$ 和 $Ga_{0.5}Al_{0.5}As_{0.96875}$ 模型各态电子变化百分比如表 6.4 所示。形成空位缺陷的过程中，Ga 3d 态电子几乎没有变化，As 空位对 Ga 原子电子态的影响比 Al 原子明显。Ga 空位对 As 原子电子态的影响比 Al 空位明显。Ga—As 键的 sp^3 杂化轨道变化比 Al—As 键明显。

表 6.4　$Ga_{0.46875}Al_{0.5}As$、$Ga_{0.5}Al_{0.46875}As$ 和 $Ga_{0.5}Al_{0.5}As_{0.96875}$ 模型各态电子变化百分比

	Ga			Al		As	
	s	p	d	s	p	s	p
$Ga_{0.46875}Al_{0.5}As$	−0.63%	−1.32%	−0.01%	+1.73%	−1.67%	−2.45%	+2.09%
$Ga_{0.5}Al_{0.46875}As$	+1.56%	−1.09%	−0.01%	+2.11%	−1.59%	−1.01%	+1.21%
$Ga_{0.5}Al_{0.5}As_{0.96875}$	+5.06%	+10.83%	−0.02%	−1.19%	−2.56%	+1.40%	+0.44%

注："+" 表示增加的百分比，"−" 表示减少的百分比

4. 光学性质

计算得到 $Ga_{0.5}Al_{0.5}As$、$Ga_{0.46875}Al_{0.5}As$、$Ga_{0.5}Al_{0.46875}As$ 和 $Ga_{0.5}Al_{0.5}As_{0.96875}$ 的复折射率曲线如图 6.16 所示，n 表示的是折射率，k 表示消光系数。空位缺陷对 $0\sim12.5eV$ 能量范围内的复折射率曲线影响较大，对大于 $12.5eV$ 能量范围内的复折射率曲线影响微小。在 $0\sim0.25eV$ 范围内，$Ga_{0.5}Al_{0.5}As$ 的折射率 n 随着入射光子能量的增加而增加，表现为正常色散，Ga、Al 空位改变了 $0\sim0.25eV$ 能量范围内的色散特性，As 空位造成 $0\sim0.25eV$ 能量范围内的反射率上升，并未改变色散特性。

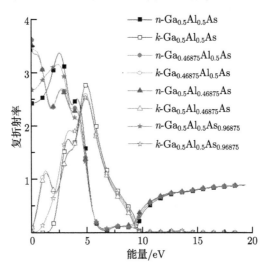

图 6.16　$Ga_{0.5}Al_{0.5}As$、$Ga_{0.46875}Al_{0.5}As$、$Ga_{0.5}Al_{0.46875}As$
和 $Ga_{0.5}Al_{0.5}As_{0.96875}$ 的复折射率曲线

Ga、Al 空位在 $1.3eV$ 附近引入了一个消光系数峰，并使得 $3.3eV$ 处的消光系数峰值降低；As 空位没有引入消光系数峰，并使得 $3.3eV$ 附近的消光系数峰值上升。在 $4.4\sim9.5eV$ 能量范围内，对于 $Ga_{0.5}Al_{0.5}As$ 有 $k>n$，$\varepsilon_1<0$，该能量范围内的入射光子不能在材料中传播，材料表现了金属反射特性。空位缺陷使得材料的金属反射特性区域向低能端移动，该区域的宽度也有所变化，As 空位对金属反射特性区域的影响更为明显。

计算得到 $Ga_{0.5}Al_{0.5}As$、$Ga_{0.46875}Al_{0.5}As$、$Ga_{0.5}Al_{0.46875}As$ 和 $Ga_{0.5}Al_{0.5}As_{0.96875}$ 的吸收系数曲线如图 6.17 所示，Ga、Al 空位在 $1.5eV$ 引入了一个新的吸收峰，这个吸收峰是由空位缺陷引入的受主能级造成的，空位缺陷造成了 $3.2eV$ 处的吸收峰的上升，$5.0eV$，$6.9eV$ 和 $13.4eV$ 处吸收峰的下降。As 原子空位对材料吸收谱的影响最明显。空位缺陷明显影响着 $0\sim12.5eV$ 能量范围内的吸收系数，而对大于 $12.5eV$ 的能量范围内的吸收系数影响较小。

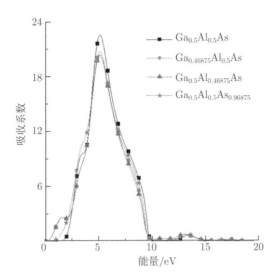

图 6.17 Ga$_{0.5}$Al$_{0.5}$As、Ga$_{0.46875}$Al$_{0.5}$As、Ga$_{0.5}$Al$_{0.46875}$As 和Ga$_{0.5}$Al$_{0.5}$As$_{0.96875}$ 吸收系数曲线

6.2.3 掺杂元素的选取与掺杂 Ga$_{0.5}$Al$_{0.5}$As 性质研究

1. 掺杂元素的选取

计算选用 $2 \times 2 \times 2$ 的 Ga$_{0.5}$Al$_{0.5}$As 超晶胞，未掺杂的模型包含 16 个 Ga 原子、16 个 Al 原子和 32 个 As 原子。在理想模型的原子间隙之间加入一个 Be 原子，构成间隙 Be 掺杂 Ga$_{0.5}$Al$_{0.5}$As 模型 (称为 Be$_j$ 模型)，用同样的方法得到 Zn 间隙掺杂 Ga$_{0.5}$Al$_{0.5}$As 模型 (称为 Zn$_j$ 模型)。用一个 Be 原子取代理想模型中的 Ga 原子得到掺杂 Ga$_{0.5}$Al$_{0.5}$As 模型 (称为 Be(Ga) 模型)，用同样的方法得到 Be(Al) 模型、Zn(Ga) 模型和 Zn(Al) 模型。采用由 Ga:3d^{10}4s^{2}4p^1、Al:3s^{2}3p^1、As:4s^{2}4p^3 和 Zn:3d^{10}4s^2 生成的超软赝势描述内核和价电子间相互作用。计算精度与 6.2.2 节中空位缺陷计算一致。

计算得到各掺杂模型的形成能如表 6.5 所示，由表可得各掺杂模型的形成能均为负值，掺杂模型均为稳定模型，Be 原子间隙掺杂模型和替位掺杂模型形成能接近，表明生长过程中 Be 原子可能形成间隙掺杂也可能形成替位掺杂，Zn 原子替位掺杂模型的形成能低于间隙掺杂模型，表明生长过程中 Zn 原子更容易造成替位掺杂。

表 6.5　Ga$_{0.5}$Al$_{0.5}$As 掺杂模型形成能

	Be$_j$	Be(Ga)	Be(Al)	Zn$_j$	Zn(Ga)	Zn(Al)
E_{coh}/(eV/原子)	-4.5577	-5.4328	-5.0303	-1.5118	-4.5788	-4.5744

图 6.18 所示为 Be$_j$ 和 Zn$_j$ 模型的能带结构图，Fermi 能级进入导带，材料表现出 n 型性质。NEA 光电阴极需要在 p 型掺杂Ⅲ-Ⅴ族材料上进行制备，因此间隙掺杂不利于光电阴极的制备。Be 原子形成间隙掺杂和替位掺杂的概率接近，因此在 MBE 中用 Be 原子作为掺杂原子，得到的 GaAs 样品有可能存在三种可能：① Be 原子以间隙掺杂存在，材料表现出 n 型性质，无法作为光电阴极材料；② Be 原子以间隙和替位掺杂共存，且形成能差别较小，掺杂原子的补偿导致材料表现出弱 p 型性质，可以作为光电阴极材料，但光电发射性能较差；③ Be 原子以替位掺杂存在，材料表现出 p 型性质，可以作为光电阴极材料。而 Zn 原子更容易形成替位掺杂，因此采用 Zn 原子掺杂更有利于光电阴极的制备。

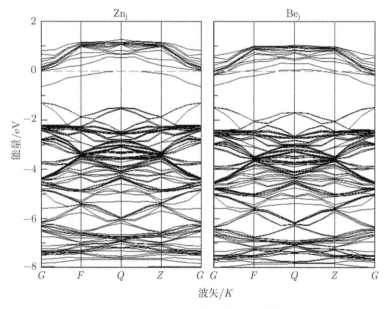

图 6.18   Be$_j$ 和 Zn$_j$ 模型的能带结构图

张益军分别采用 MBE 和 MOCVD 生长的 GaAs 样品进行了激活实验[68]，MBE 生长的 GaAs 样品采用的掺杂元素为 Be，MOCVD 生长的 GaAs 样品采用的掺杂元素为 Zn，铯氧激活后进行了光电流测试，结果表明 MOCVD 制备的 GaAs 光电阴极具有更高的灵敏度，与计算结果吻合。

2. Zn 掺杂 Ga$_{0.5}$Al$_{0.5}$As 成键结构的变化

引入的替位 Zn 原子，会在掺杂原子附近造成局部晶格畸变，引起成键结构的变化，Zn 原子附近的极性共价键键长、键角如表 6.6 所示。掺杂原子附近 Ga—As 和 Al—As 键长变短、键角增大，这是由于 Zn—As 键极性强于 Ga—As、Al—As 键，掺杂后原子间结合更为紧密。Zn(Ga) 和 Zn(Al) 模型中，Zn—As 键长于 Ga—

As、Al—As 键，这是由于 Zn 原子半径大于 Ga、Al 原子。Zn(Al) 模型键长、键角变化比 Zn(Ga) 模型更为明显，Zn 和 Ga 原子半径和电负性更为接近，Zn 和 Al 原子半径和电负性差别较大，因此 Zn(Al) 模型结构变化更为明显。

表 6.6　Zn 掺杂 $Ga_{0.5}Al_{0.5}As$ 模型键长、键角变化

	Zn—As 键		Ga—As 键		Al—As 键	
	键长/Å	键角	键长/Å	键角	键长/Å	键角
$Ga_{0.5}Al_{0.5}As$			2.450	109°434′	2.449	109°453′
Zn(Ga)	2.446	109°461′	2.433	109°728′	2.434	109°761′
Al(Ga)	2.445	109°457′	2.431	109°732′	2.433	109°727′

3. 能带结构和载流子浓度

Zn(Ga) 和 Zn(Al) 模型的能带结构如图 6.19 所示。Zn 原子最外层有两个电子，Ga、Al 原子最外层有三个电子，当 Zn 取代 Ga、Al 原子形成替位掺杂后引入了空穴载流子，表现出受主特性。计算模型的掺杂浓度达到了 3.125%，属于高掺杂，价带顶向高能端移动，Fermi 能级进入价带，材料导电类型变为 p 型。Zn(Ga)、Zn(Al) 模型的价带顶移动量分别为 0.1340eV 和 0.1342eV，导带底移动量分别为 1.408eV、1.383eV，Zn(Al) 模型价带顶移动更为明显，掺杂后带隙变宽。$Ga_{0.5}Al_{0.5}As$ 价带顶处的自旋轨道耦合劈裂带距价带顶的距离称为劈裂值，理

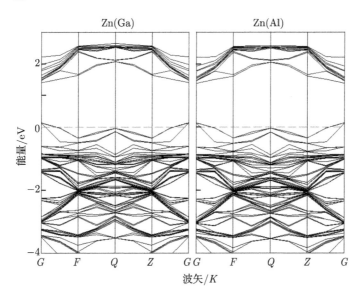

图 6.19　Zn(Ga) 和 Zn(Al) 模型的能带结构

论上 $Ga_{0.5}Al_{0.5}As$ 的劈裂值为 0.34eV，计算得到 $Ga_{0.5}Al_{0.5}As$、$Zn(Ga)$ 和 $Zn(Al)$ 模型的劈裂值分别为 0.22eV、0.15eV 和 0.17eV，劈裂带计算值偏小，掺杂后劈裂带向高能端移动，劈裂值变小，$Zn(Ga)$ 材料劈裂值变化更为明显。根据式 (6.28) 求得 $Zn(Ga)$ 和 $Zn(Al)$ 的载流子浓度分别为 $7.87 \times 10^{20} cm^{-3}$ 和 $9.48 \times 10^{20} cm^{-3}$，计算结果表明 Zn 是较好的 p 型掺杂元素，Zn 取代 Al 原子后的载流子浓度高于 Zn 取代 Ga 原子。

4. 电荷量变化

掺杂原子附近原子的集居数分布如表 6.7 所示，As 原子最外层有 5 个电子，Ga、Al 原子最外层有 3 个电子，$Ga_{0.5}Al_{0.5}As$ 中的化学键为极性共价键，电子云向 As 原子靠近，Ga 原子相当于失去电子，计算得到每个 Ga 原子的失电子数为 $0.39|e|$，Al 原子的失电子数为 $0.31|e|$，每个 As 原子相当于得到 $0.35|e|$ 电子，Zn 原子掺杂后，Ga、Al 原子失去更多的电子，共价键极性增强，Zn 原子也相当于失电子，失电子数多于 Ga、Al 原子，材料离子性增强。$Zn(Al)$ 模型的电荷变化更为明显。

表 6.7 $Ga_{0.5}Al_{0.5}As$、$Zn(Ga)$ 和 $Zn(Al)$ 模型原子 E-Mulliken 分布

	Ga	Al	As	Zn
$Ga_{0.5}Al_{0.5}As$	0.39	0.31	-0.35	—
$Zn(Ga)$	0.40	0.32	-0.45	0.41
$Zn(Al)$	0.41	0.32	-0.47	0.42

6.3 $Ga_{1-x}Al_xAs$ 光电阴极表面净化

GaAlAs 表面净化包括化学清洗和超高真空系统中的热清洗。化学清洗的目的是去除表面的油脂、氧化物和消除机械抛光给样品表面造成的缺陷。热清洗主要是去除表面碳化物和氧化物，方法主要有氩离子轰击法、加热法和氢原子净化技术 [69~76]。加热法处理过的光电阴极可以获得很高的灵敏度。在我们的实验系统中，GaAs 材料高温清洗时选取的温度为 650℃。而 $Ga_{0.37}Al_{0.63}As$ 材料的高温清洗温度为 700℃。通常认为氧化铝更难去除，因此 GaAlAs 的高温清洗需要更高的温度，然而这方面的理论研究还很少。

高温净化是在 $3.3 \times 10^{-8}Pa$ 的超高真空系统中进行的，即使是这样的超高真空系统也不可避免地存在着一些杂质气体分子。Durec 等研究了水蒸气对 GaAs 光电阴极稳定性的影响，得出了其寿命近似与水蒸气分压强成反比的结论 [77]。Calabres 等认为，导致 GaAs 灵敏度下降的主要原因是真空系统中的有害残余气体与表面激活层作用 [78]。Wada 等曾通过对光电阴极所在真空系统充入不同气压的 CO_2、CO

和 H$_2$O，观察阴极的光电流随时间的衰减情况，他们发现阴极暴露于 CO$_2$、H$_2$O 气体中，光电流会下降[79]。关于杂质气体分子对 GaAlAs 表面性质影响的理论研究还很少，这里主要研究光电阴极净化过程中的电子与原子结构。

6.3.1 氧化物的去除与高温清洗温度的选取

将化学清洗后的基片通过磁力传输杆放入超高真空系统的预抽室，待真空度达到要求时再将基片转到激活室的加热台。此时激活室的真空度会有所下降，待真空度恢复到 10^{-8}Pa 量级，打开四极质谱仪，待系统真空度稳定，就可以进行高温清洗操作。GaAs 高温清洗过程如图 6.20 所示，0$\sim$5min 将温度从室温加热到 100℃，5$\sim$220min 继续加热到 650℃，220$\sim$250min 保持温度为 650℃，250$\sim$300min 将温度从 650℃冷却到 200℃，最后自然冷却到室温。

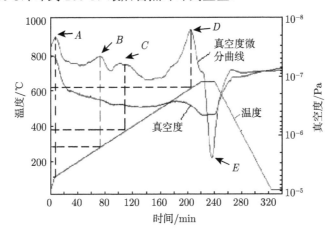

图 6.20 GaAs 高温清洗过程中温度及真空度变化曲线

加热过程中真空度的变化是由基片上杂质的脱附引起的，为了分析这些杂质的脱附温度，将真空度曲线峰值标注为 A、B、C、D、E。A 峰出现在 100℃，对应于基片表面残留水分子的脱附，B 峰出现在 290℃，对应于 AsO 的脱附，C 峰出现在 380℃，此时样品表面上 As$_2$O$_3$ 和 GaAs 反应生成 Ga$_2$O$_3$ 和 As$_2$，As$_2$ 以气体形式脱附，造成了 C 峰，610℃时 GaAs 发生分解反应生成 Ga 单质和 As$_2$，此时的 As$_2$ 造成了 D 峰，650℃时 Ga$_2$O$_3$ 和 Ga 反应生成 Ga$_2$O，Ga$_2$O 的脱附造成了 E 峰，此时表面氧化物脱附完成，形成了原子级清洁表面。根据 GaAs 加热净化过程可以推断得出 Ga$_{0.5}$Al$_{0.5}$As 加热净化过程的化学反应如下[80]：

$$2As_2O_3 + 4Ga_{0.5}Al_{0.5}As \longrightarrow Ga_2O_3 + Al_2O_3 + 4As_2 \uparrow$$

$$2Ga_{0.5}Al_{0.5}As \longrightarrow Al + Ga + As_2 \uparrow$$

$$Ga_2O_3 + 4Ga \longrightarrow 3Ga_2O \uparrow$$

$$Al_2O_3 + 4Al \longrightarrow 3Al_2O \uparrow$$

在 $Ga_{0.5}Al_{0.5}As$ 基片加热净化过程中，A 峰与 B 峰出现的温度应与 GaAs 加热净化过程中相同。$Ga_{0.5}Al_{0.5}As$ 的形成能略低于 GaAs，因此 C 峰出现的温度应该略高于 $380℃$，D 峰出现的温度应该略高于 $610℃$。$Ga_{0.5}Al_{0.5}As$ 基片加热净化过程比 GaAs 基片多了 Al_2O_3 的分解反应，因此多一个脱附峰，Al_2O_3 脱附峰对应的温度取决于 Al_2O_3 的形成能以及在 $Ga_{0.5}Al_{0.5}As$ 表面的吸附能. 吸附能计算公式如下 [81~83]:

$$\Delta H = \frac{1}{N_{ad}}(E_{total} - E_{slab} - N_{ad}E_{ad}) \tag{6.30}$$

式中，E_{total}、E_{slab} 和 E_{ad} 分别表示吸附模型、纯净表面、吸附单元的能量；N_{ad} 表示吸附单元的数量，由于只有一个分子吸附，N_{ad} 取值为 1。图 6.21 所示为 O 吸附在 $Ga_{0.5}Al_{0.5}As(001)\beta_2(2\times4)$ 表面形成 Ga 和 Al 氧化物的模型，计算得到 Ga_2O_3 和 Al_2O_3 分子的形成能以及在 $Ga_{0.5}Al_{0.5}As(001)\beta_2(2\times4)$ 表面的吸附能如表 6.8 所示。由于 Al_2O_3 的形成能和吸附能高于 Ga_2O_3，因此 $Ga_{0.5}Al_{0.5}As$ 基片加热净化需要更高的温度。

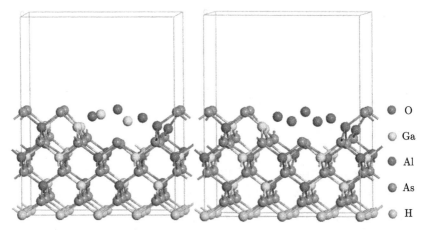

	O
	Ga
	Al
	As
	H

图 6.21　O 吸附在 $Ga_{0.5}Al_{0.5}As(001)\beta_2(2\times4)$ 表面形成 Ga 和 Al 氧化物的模型 (后附彩图)

表 6.8　$Ga_{0.5}Al_{0.5}As(001)\beta_2(2\times4)$ 表面氧化物吸附能

	形成能	吸附能
Ga_2O_3	−30.773	−1.870
Al_2O_3	−36.838	−3.774

6.3.2　晶面选取中的电子与原子结构研究

$Ga_{0.5}Al_{0.5}As$ 不同晶向表面的计算采用平板 (Slab) 模型, 采用由 $Ga:3d^{10}4s^24p^1$、$Al:3s^23p^1$、$As:4s^24p^3$ 和 $H:s^1$ 生成的超软赝势描述内核和价电子间相互作用。在 $Ga_{0.5}Al_{0.5}As$ 超晶胞的基础上通过切面获得 (001)、(011) 和 (111) 表面, Wang 等研究了不同 GaAs(001) 重构相的性质, 结果表明富 As 表面更为稳定 [84], 由于 $Ga_{0.5}Al_{0.5}As$ 与 GaAs 具有相同的晶格结构, 因此计算中 (001)、(111) 表面采用富 As 表面。

表面模型均包含 7 个双分子层, 允许上面 4 个双分子层自由弛豫, 对下面 3 个双分子层进行了固定来模拟大块固体环境, 为了避免平板间发生镜像相互作用, 沿 z 轴方向采用了厚度为 1.3nm 的真空层, 为了防止表面电荷发生转移, 并消除人为的表面量子态, 底部用带分数电荷的 H 原子进行钝化处理 (与 Ga、Al 原子结合的 H 电荷量为 1.25, 与 As 原子结合的 H 电荷量为 0.75), Slab 模型会引入偶极矩, 采用自洽偶极矩修正法进行补偿 [86]。计算模型如图 6.22 所示。

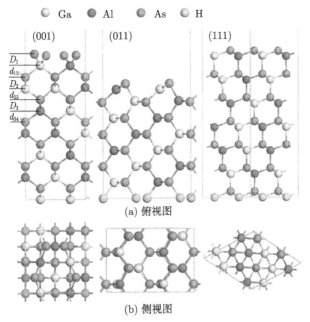

(a) 俯视图

(b) 侧视图

图 6.22　$Ga_{0.5}Al_{0.5}As$(001)、(011) 和 (111) 表面模型 (后附彩图)

D_i 表示第 i 个双层的厚度, d_{ij} 表示第 i 和第 j 个双层之间的层间距

采用与 6.2.1 节中不同 Al 组分 $Ga_{1-x}Al_xAs$ 体材料计算相同的计算方法, 迭代过程中的收敛精度为 2×10^{-6}eV/原子, 原子间相互作用力收敛标准为 0.003eV/nm, 晶体内应力收敛标准为 0.02GPa, 单原子能量的收敛标准为 1.0×10^{-5}eV/原子, 原

子最大位移收敛标准设为 0.0001nm, k 网格点设置为 $4 \times 6 \times 1$, 平面波截断能量 $E_{\text{cut}} = 400$eV, 能量计算都在倒易空间中进行, 对光学性质的计算采用了剪刀算符修正.

1. 表面结构变化

优化后 (001) 表面出现重构, 形成了 As 原子二聚体; (011) 表面没有出现重构, 只出现了褶皱; (111) 表面没有出现重构和褶皱, 只出现了弛豫 [86]. $\mathrm{Ga}_{0.5}\mathrm{Al}_{0.5}\mathrm{As}$ 体材料中每个 As 原子周围有四个化学键与 Ga、Al 结合, 形成表面后, (001) 表面处 As 原子只有两个化学键, 多余的电子成键, 造成 As 原子相互靠近, 形成 As 二聚体. 优化后表面处双原子层厚度和层间距发生了变化, 变化量如表 6.9 所示, 对 (011) 和 (111) 表面, 从体内到表面的层厚度和层间距的变化越来越小, (001) 表面没有出现层厚度和层间距逐渐变小的现象, 表明重构对材料结构的影响比褶皱和弛豫更深入、更明显.

表 6.9　优化后表面双原子层和层间距变化量

	(001)		(011)		(111)	
	优化前	优化后	优化前	优化后	优化前	优化后
$D_1/\text{Å}$	1.4142	+0.0338	0	+0.7249	0.8165	−0.0925
$d_{12}/\text{Å}$	1.4142	+0.0477	2.0000	−0.5353	2.4495	+0.0414
$D_2/\text{Å}$	1.4142	−0.0754	0	+0.1330	0.8165	+0.0230
$d_{23}/\text{Å}$	1.4142	+0.1183	2.0000	−0.0290	2.4495	+0.0189
$D_3/\text{Å}$	1.4142	+0.0404	0	+0.0257	0.8165	−0.0001
$d_{34}/\text{Å}$	1.4142	+0.0460	2.0000	+0.0052	2.4495	+0.0184

注: 优化前厚度、层间距与体材料相同, 表中给出了优化后层厚度和层间距的变化量, "+" 表示增加量, "–" 表示减少量

2. 表面能和功函数

表面能 σ 可以用来表示表面的稳定性, 表示为 [88]

$$\sigma = (E_{\text{slab}}^{\text{tot}} - nE_{\text{bulk}} - N_{\text{H}}\mu_{\text{H}})/A \tag{6.31}$$

式中, $E_{\text{slab}}^{\text{tot}}$ 表示表面模型的总能; A 表示表面模型的表面积; n 表示表面模型中包含的 $\mathrm{Ga}_{0.5}\mathrm{Al}_{0.5}\mathrm{As}$ 原胞数; E_{bulk} 表示 $\mathrm{Ga}_{0.5}\mathrm{Al}_{0.5}\mathrm{As}$ 体材料中 $\mathrm{Ga}_{0.5}\mathrm{Al}_{0.5}\mathrm{As}$ 原胞的平均能量; N_{H}、μ_{H} 分别表示 H 原子的数目和能量. (011) 表面包含 28 个 $\mathrm{Ga}_{0.5}\mathrm{Al}_{0.5}\mathrm{As}$ 单元, 可采用式 (6.31) 进行表面能的计算, 然而 (001) 和 (111) 表面各包含 24 个 $\mathrm{Ga}_{0.5}\mathrm{Al}_{0.5}\mathrm{As}$ 单元和 4 个多余的 As 原子, 表面能计算公式如下:

$$\sigma A = E_{\text{slab}}^{\text{tot}} - N_{\text{Ga}}\mu_{\text{Ga}} - N_{\text{Al}}\mu_{\text{Al}} - N_{\text{As}}\mu_{\text{As}} - N_{\text{H}}\mu_{\text{H}} \tag{6.32}$$

式中，N_i 为 i 原子的数目，对于 N_{Ga}、N_{Al} 和 N_{As}，有 $N_{As} > N_{Ga} + N_{Al}$ 和 $N_{Ga} = N_{Al}$；μ_i 为 i 原子在 $Ga_{0.5}Al_{0.5}As$ 体材料中的能量，μ_{Ga}、μ_{Al} 和 μ_{As} 相互独立并满足

$$0.5\mu_{Ga} + 0.5\mu_{Al} + \mu_{As} = E_{bulk}$$

据此 σA 可以写为只与 μ_{As} 有关的公式，如下：

$$\begin{aligned}\sigma A =& E_{slab}^{tot} - N_{Ga}\mu_{Ga} - N_{Al}\mu_{Al} - N_{As}\mu_{As} - N_H\mu_H \\ =& E_{slab}^{tot} - N_{Ga}E_{bulk} - (N_{As} - 2N_{Ga})\mu_{As} - N_H\mu_H\end{aligned} \tag{6.33}$$

式中，E_i 为 i 单质中 i 原子的平均能量。对于 μ_{As}，有

$$E_{As} < \mu_{As} < E_{As} - \mu_{GaAlAs}$$

$$\mu_{GaAlAs} = E_{bulk} - E_{As} - 0.5E_{Ga} - 0.5E_{Al}$$

计算得到 $Ga_{0.5}Al_{0.5}As(001)$、(011) 和 (111) 表面能如图 6.23 所示，图中可得 (011) 表面能为正值，表明 (011) 表面不稳定，(001) 和 (111) 表面能为负值，为稳定表面，(111) 最为稳定。

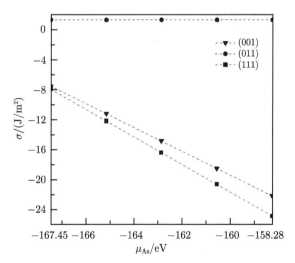

图 6.23 $Ga_{0.5}Al_{0.5}As(001)$、(011) 和 (111) 表面能

对半导体而言，功函数是半导体内部的电子逸出体外所需要的最小能量，其表达式为 [89]

$$\varPhi = E_{vac} - E_F \tag{6.34}$$

式中, E_{vac} 表示真空能级; E_f 为体系的 Fermi 能级。计算得到 Ga$_{0.5}$Al$_{0.5}$As(001)、(011) 和 (111) 表面的功函数分别为 4.85eV、4.948eV 和 5.053eV。(001) 表面功函数最低, 光电子从 (001) 表面逸出最容易。

3. 能带结构和态密度

计算得到的 Ga$_{0.5}$Al$_{0.5}$As 体材料、(001)、(011) 和 (111) 表面能带结构如图 6.24 所示, 虚线所示为 Fermi 能级。Ga$_{0.5}$Al$_{0.5}$As 体材料禁带宽度为 1.313eV, 远小于文献值 (1.998eV)[66], 表面处导带底向下移动, (001) 和 (111) 表面能带向上移动, (001)、(011) 和 (111) 表面的禁带宽度分别为 0.717eV、1.559eV 和 0.816eV。表面处电子轨道发生变化, 在价带顶和导带底附近引入了附加能级, 造成了禁带宽度变窄。表面处导带能量范围变窄, 导带顶电子有效质量小于体内, 电子局域性弱化, 相比于体内电子更易迁移, 表面处导电率增加, (001) 表面导电率最强。

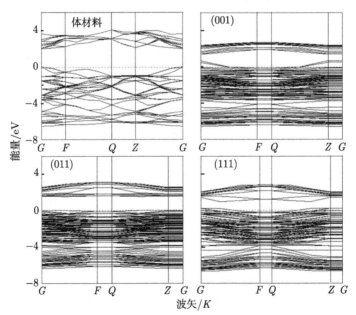

图 6.24　Ga$_{0.5}$Al$_{0.5}$As 体材料、(001)、(011) 和 (111) 表面能带结构

表面处能带结构的变化主要是由各态电子变化造成的, 图 6.25 为 Ga$_{0.5}$Al$_{0.5}$As (001)、(011) 和 (111) 表面总态密度曲线。(001) 表面出现了一个带中态, 该带中态主要是由 As 4p 态电子造成的, 该带中态造成了禁带变窄, (011) 和 (111) 表面禁带宽度变窄主要是由于导带向低能端移动, (011) 表面禁带变窄主要是由 Ga 4p 态和 Al 3p 态电子引起的, (111) 表面禁带变窄主要是由 Ga 4p 态、Al 3p 态和 As 4p 态电子引起的, (111) 表面的导带移动更为明显。表面态密度的变化是由 Ga、Al 和

As 原子配位数的变化引起的, (001) 表面处原子配位数由 4 变为 2, As 4p 态电子稳定性降低, 向高能级移动, 造成了带间态。(011) 和 (111) 表面原子配位数由 4 变为 3, 加剧了 Ga、Al 和 As 原子间的电子交换, 导带向低能端移动。

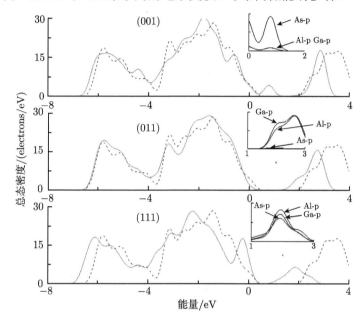

图 6.25 Ga$_{0.5}$Al$_{0.5}$As(001)、(011) 和 (111) 表面总态密度曲线

实线为表面态密度曲线, 虚线为体材料态密度曲线

将态密度曲线积分得到总电子数, 与体材料相比较得到 (001)、(011) 和 (111) 表面电子分别减少 1.44%、1.63% 和 3.68%, 在形成表面的过程中, 电子移动到真空中, 形成 "电子气", 电子气会阻碍光电子的逸出, 对功函数有一定的贡献。(001) 表面电子气最弱, (111) 表面电子气最强, 与功函数计算结果相吻合。

4. E-Mulliken 集居数分布

计算得到 Ga$_{0.5}$Al$_{0.5}$As 体材料、(001)、(011) 和 (111) 表面的键集居数和原子集居数如表 6.10 所示, Ga、Al 和 As 原子的电负性分别为 1.61、1.81 和 2.18, Ga—As 键和 Al—As 键为极性共价键。形成表面过程中, Ga—As 键和 Al—As 键集居数减小, 离子性增强。Ga—As 键离子性变化强于 Al—As 键, (001) 表面化学键离子性变化最明显。

形成表面过程中, Ga 3d 态原子集居数没有发生变化, Ga 4s 态、Al 3s 态和 As 4s 态电子增加, Ga 4p、Al 3p 和 As 4p 态电子减少, 立方 sp^3 杂化轨道向平面 sp^2 轨道过渡。Ga 原子 s、p 态电子变化比 Al 原子更为明显, Ga—As 杂化键的变化比 Al—As 键更为明显，与键集居数分析相吻合。

表 6.10　$Ga_{0.5}Al_{0.5}As$ 体材料、(001)、(011) 和 (111) 表面 E-Mulliken 集居数分布

		体材料	(001)	(011)	(111)
键集居数	Al—As	0.79	0.64	0.69	0.72
	Ga—As	0.42	−0.12	0.02	0.03
Ga 原子集居数	4s	0.90	+0.100	+0.202	+0.109
	4p	1.72	−0.038	−0.090	−0.011
	3d	10.0	+0	+0	+0
Al 原子集居数	3s	1.10	+0.009	+0.017	+0.002
	3p	1.59	−0.037	−0.036	−0.023
As 原子集居数	4s	1.58	+0.044	+0.008	+0.014
	4p	3.77	−0.133	−0.068	−0.131

注：“+” 表示与体材料相比增加量，“−” 表示与体材料相比减少量

Mori-Sánchez 等提出的电荷转移系数可以用来描述材料偏离理想离子性模型的程度 [89]，表达式为

$$c = \frac{1}{N} \sum_{\Omega=1}^{N} \frac{\ell(\Omega)}{OS(\Omega)} = \left\langle \frac{\ell(\Omega)}{OS(\Omega)} \right\rangle \tag{6.35}$$

式中，N 为整个体系的原子数；$\ell(\Omega)$ 表示拓扑电荷变化量；$OS(\Omega)$ 为标准氧化态。计算得到 $Ga_{0.5}Al_{0.5}As$ 体材料、(001)、(011) 和 (111) 表面电荷转移系数分别为 0.653、0.632、0.636 和 0.633。GaAs 和 AlAs 的电荷转移系数分别为 0.3455 和 0.8714[90]，计算所得的 $Ga_{0.5}Al_{0.5}As$ 电荷转移系数在 GaAs 和 AlAs 之间，证明计算结果是可靠的。表面处离子性略微增强，(001)、(011) 和 (111) 表面离子性接近，(001) 表面离子性最强，(011) 表面离子性最弱。

5. 光学性质

$Ga_{0.5}Al_{0.5}As(001)$、(011) 和 (111) 的表面复介电函数曲线如图 6.26 所示，计算得到 (001) 和 (011) 表面的静态介电函数低于体材料，而 (111) 表面的静态介电函数高于体材料。体材料首个虚部峰值位于 3.09eV 处，这个峰值对应于价带顶首个态密度峰值到导带底首个态密度峰值，(001)、(011) 和 (111) 表面首个介电函数虚部峰值分别位于 1.05eV、2.16eV 和 1.17eV。介电函数虚部峰值向低能端移动，(011) 表面峰值移动最少，(001) 表面峰值移动最多，与能带变化情况相吻合。

图 6.27 所示为计算得到的 $Ga_{0.5}Al_{0.5}As(001)$、(011) 和 (111) 表面复折射率曲线，静态折射率 $n(0) = 2.78$ 与文献值相吻合 [90]，当 $\varepsilon_1 < 0(n < k)$ 时，出现强烈的带间跃迁，这个能量区域内的光子不能在材料内传播，材料表现出金属反射特性，体材料、(001)、(011) 和 (111) 表面的金属反射特性区域分别为

4.39~11.47eV、4.64~6.68eV、4.00~6.98eV 和 4.10~7.01eV，表面处金属反射特性区域向低能端移动，区间范围变小。(001) 表面金属反射特性区域变化最明显，(111) 表面金属反射特性区域变化最小。

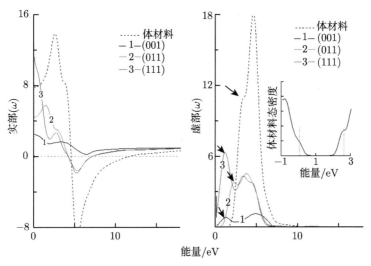

图 6.26　$Ga_{0.5}Al_{0.5}As$(001)、(011) 和 (111) 表面复介电函数曲线

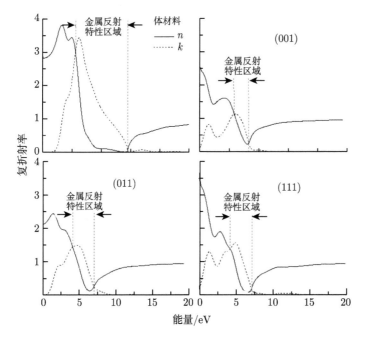

图 6.27　$Ga_{0.5}Al_{0.5}As$(001)、(011) 和 (111) 表面复折射率曲线

图 6.28 为计算得到的 $Ga_{0.5}Al_{0.5}As(001)$、(011) 和 (111) 表面吸收系数和反射率曲线，体材料吸收峰位于 3.09eV、4.90eV、6.61eV、10.01eV、13.63eV 和 17.38eV，表面吸收峰向低能端移动，峰值变小，吸收带边向低能端移动，平均吸收系数减小。相比于体材料，反射率曲线下降沿向低能端移动，平均反射率降低。(001) 表面的吸收系数和反射率变化最为明显。表面吸收系数和反射率小于体内，因而透过率大于体内，有利于光子透过表面在体内激发光电子，(001) 表面平均吸收系数和平均反射率最小，最有利于光子透过。

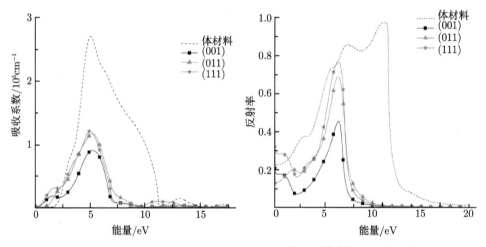

图 6.28　$Ga_{0.5}Al_{0.5}As(001)$、(011) 和 (111) 表面吸收系数和反射率曲线

6. 禁带宽度变窄和光谱响应曲线红移

计算得到 $Ga_{0.5}Al_{0.5}As(001)$ 表面和体材料的禁带宽度分别为 0.717eV 和 1.313eV，GaAs(001) 表面和体材料的禁带宽度分别为 0.271eV 和 0.516eV，表面处禁带变窄。杜玉杰等关于 GaN(0001) 表面的计算，也得出了表面处禁带宽度变窄的结果 [91]。根据文献 [92] 将 $E_c(k)$ 在 $k = 0$ 附近按照泰勒级数展开，取至 k^2 项，得到

$$E_c(k) = E_c(0) + \left(\frac{\mathrm{d}E_c}{\mathrm{d}k}\right)_{k=0} k + \frac{1}{2}\left(\frac{\mathrm{d}^2 E_c}{\mathrm{d}k^2}\right)_{k=0} k^2 \tag{6.36}$$

因为 $k = 0$ 时能量极小，所以 $(\mathrm{d}E/\mathrm{d}k)_{k=0} = 0$，因而

$$E_c(k) - E_c(0) = \frac{1}{2}\left(\frac{\mathrm{d}^2 E_c}{\mathrm{d}k^2}\right)_{k=0} k^2 \tag{6.37}$$

$E_c(0)$ 为导带底能量，对给定的半导体，$\left(\dfrac{\mathrm{d}^2 E_c}{\mathrm{d}k^2}\right)_{k=0}$ 应该是个定值，令

$$\frac{1}{\hbar^2}\left(\frac{\mathrm{d}^2 E_c}{\mathrm{d}k^2}\right)_{k=0} = \frac{1}{m_n^*} \tag{6.38}$$

将式 (6.38) 代入式 (6.37) 得

$$E_c(k) - E_c(0) = \frac{\hbar^2 k^2}{2m_n^*} \tag{6.39}$$

m_n^* 为导带底电子的有效质量。因为 $E_c(k) > E_c(0)$，所以 m_n^* 为正值。对直接带隙半导体，能带顶也位于 $k = 0$，也可以得到

$$E_v(k) - E_v(0) = \frac{1}{2} \left(\frac{\mathrm{d}^2 E_v}{\mathrm{d}k^2} \right)_{k=0} k^2 \tag{6.40}$$

因为在能带顶附近 $E_v(k) > E_v(0)$，所以 $\left(\dfrac{\mathrm{d}^2 E_c}{\mathrm{d}k^2} \right)_{k=0} < 0$，如果令

$$\frac{1}{\hbar^2} \left(\frac{\mathrm{d}^2 E_v}{\mathrm{d}k^2} \right)_{k=0} = \frac{1}{m_p^*} \tag{6.41}$$

则能带顶部附近 $E_v(k)$ 为

$$E_v(k) - E_v(0) = \frac{\hbar^2 k^2}{2m_p^*} \tag{6.42}$$

m_p^* 为价带顶空穴有效质量，为负值，由于

$$k = \frac{n\pi}{a}, \quad n = 0, \pm 1, \pm 2, \cdots \tag{6.43}$$

式中，a 是晶格常数，在导带底附近：

$$E_c \left(\frac{n\pi}{a} \right) - E_c(0) = \frac{\hbar^2 n^2 \pi^2}{2a^2 m_n^*} \tag{6.44}$$

价带顶附近：

$$E_v \left(\frac{n\pi}{a} \right) - E_v(0) = \frac{\hbar^2 n^2 \pi^2}{2a^2 m_p^*} \tag{6.45}$$

式 (6.44) 减式 (6.45)，得到

$$E_c \left(\frac{n\pi}{a} \right) - E_v \left(\frac{n\pi}{a} \right) = E_c(0) - E_v(0) + \frac{\hbar^2 n^2 \pi^2}{2a^2} \left(\frac{1}{m_n^*} - \frac{1}{m_p^*} \right) \tag{6.46}$$

记

$$E_c \left(\frac{n\pi}{a} \right) - E_v \left(\frac{n\pi}{a} \right) = E_g \left(\frac{n\pi}{a} \right) \tag{6.47}$$

$$E_c(0) - E_v(0) = E_g(0) \tag{6.48}$$

则有

$$E_g \left(\frac{n\pi}{a} \right) = E_g(0) + \frac{\hbar^2 n^2 \pi^2}{2a^2} \left(\frac{1}{m_n^*} - \frac{1}{m_p^*} \right) \tag{6.49}$$

由于 $\hbar = \dfrac{h}{2\pi}$，所以

$$E_{\mathrm{g}}\left(\frac{n\pi}{a}\right) = E_{\mathrm{g}}(0) + \frac{h^2 n^2 \pi^2}{2^3 a^2}\left(\frac{1}{m_{\mathrm{n}}^*} - \frac{1}{m_{\mathrm{p}}^*}\right) \tag{6.50}$$

对于给定的半导体，只要晶格常数 a、电子有效质量和空穴有效质量发生变化，其禁带宽度将发生变化。表面处一侧原子消失，一方面造成了晶格常数变大，另一方面表面处导带和价带分布能量范围变小，电子有效质量增大，这些都是造成表面禁带宽度变窄的原因。

图 6.29 所示为美国 ITT 和我国制备的 GaAs 光电阴极光谱响应曲线，理论上 GaAs 光电阴极的光谱响应应该截止于 870nm 左右，然而实际制备的 NEA GaAs 光电阴极在 870nm 后仍有响应，光谱响应出现了红移，NEA GaN 和 NEA GaAlAs 光电阴极的光谱响应曲线也有红移现象 [93,94]。这种红移的产生主要与表面禁带变窄有关。

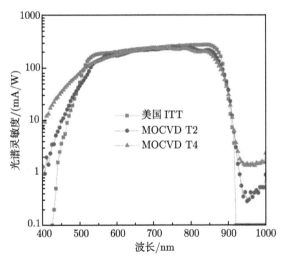

图 6.29　GaAs 光电阴极光谱响应曲线 [57] (后附彩图)

6.3.3　Ga$_{0.5}$Al$_{0.5}$As(001) 表面重构相的研究

1. 形成能和功函数

在富砷 GaAs(001) 重构相中，(2×4) 重构存在于较大的 As 表面覆盖范围，因而成为最为普遍的重构结构。富砷 GaAs(001) (2×4) 重构相主要有 $\alpha(2\times4)$、$\beta_1(2\times4)$、$\beta_2(2\times4)$、$\gamma(2\times4)$ 等。由于 Ga$_{0.5}$Al$_{0.5}$As 材料与 GaAs 材料具有相同的晶格结构，因此我们选取 Ga$_{0.5}$Al$_{0.5}$As(001) $\alpha(2\times4)$、$\beta_1(2\times4)$、$\beta_2(2\times4)$ 和 $\gamma(2\times4)$ 四个重构相进行研究。图 6.30 为 Ga$_{0.5}$Al$_{0.5}$As(001) $\alpha(2\times4)$、$\beta_1(2\times4)$、$\beta_2(2\times4)$

和 $\gamma(2\times4)$ 重构表面模型。计算采用平板 (Slab) 模型,每个重构相模型包含 7 层原子 (4 层 As 原子和 3 层 Ga、Al 原子),$\alpha(2\times4)$ 包含 28 个 As 原子、12 个 Ga 原子和 12 个 Al 原子,$\beta_1(2\times4)$ 包含 30 个 As 原子、12 个 Ga 原子和 12 个 Al 原子,$\beta_2(2\times4)$ 包含 28 个 As 原子、11 个 Ga 原子和 11 个 Al 原子,$\gamma(2\times4)$ 包含 32 个 As 原子、12 个 Ga 原子和 12 个 Al 原子。

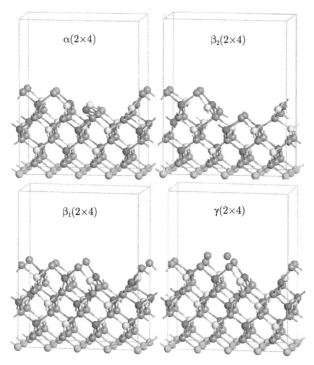

图 6.30 $Ga_{0.5}Al_{0.5}As(001)\alpha(2\times4)$、$\beta_1(2\times4)$、$\beta_2(2\times4)$ 和 $\gamma(2\times4)$ 重构表面模型 (后附彩图)

计算中允许上面四层原子自由弛豫,对下面三层原子进行了固定,用来模拟固体环境,为了避免平板间发生镜像相互作用,沿 z 轴方向采用了厚度为 1.0nm 的真空层,为了防止表面电荷发生转移,并消除人为的表面量子态,底部用带分数电荷的 H 原子进行钝化处理 (H 电荷量为 0.75)。Slab 模型会引入偶极矩,采用自洽偶极矩修正法进行补偿[85]。采用由 Ga:$3d^{10}4s^24p^1$、Al:$3s^23p^1$、As:$4s^24p^3$ 和 H: $1s^1$ 生成的超软赝势描述内核和价电子间相互作用。计算方法、计算精度与 6.3.2 节中不同晶向表面模型的计算相同。计算得到不同重构相的形成能和功函数如表 6.11 所示。计算得到的形成能均为负值,表明四个重构相皆为稳定结构,其中 $\beta_2(2\times4)$ 重构相最为稳定,为最容易形成的重构相。不同 $Ga_{0.5}Al_{0.5}As(001)$ (2×4) 重构表面功函数差别不大。其中 $\gamma(2\times4)$ 重构相具有最小的功函数,表明该重构相最有利于光电子的逸出。

表 6.11　　$Ga_{0.5}Al_{0.5}As(001)$ 表面不同重构相形成能与功函数

重构相	$\alpha(2 \times 4)$	$\beta_1(2 \times 4)$	$\beta_2(2 \times 4)$	$\gamma(2 \times 4)$
形成能/eV	−4.605	−4.651	−4.673	−4.657
功函数/eV	4.896	4.961	4.797	4.708

2. 态密度

图 6.31 给出了四种 $Ga_{0.5}Al_{0.5}As(001)$ (2×4) 重构相的态密度曲线, 由图可知不同重构表面的价带都是由 $-15.8 \sim -8.8eV$ 附近的下价带和 $-6.9 \sim 0eV$ 附近的上价带组成, 在 $-14.5eV$ 左右都存在一个尖锐的态密度峰, 峰值位置和峰值大小有所不同。在 Fermi 能级附近各重构相的积分态密度都大于体材料的积分态密度, 与体材料相比重构表面的导带向 Fermi 能级移动。

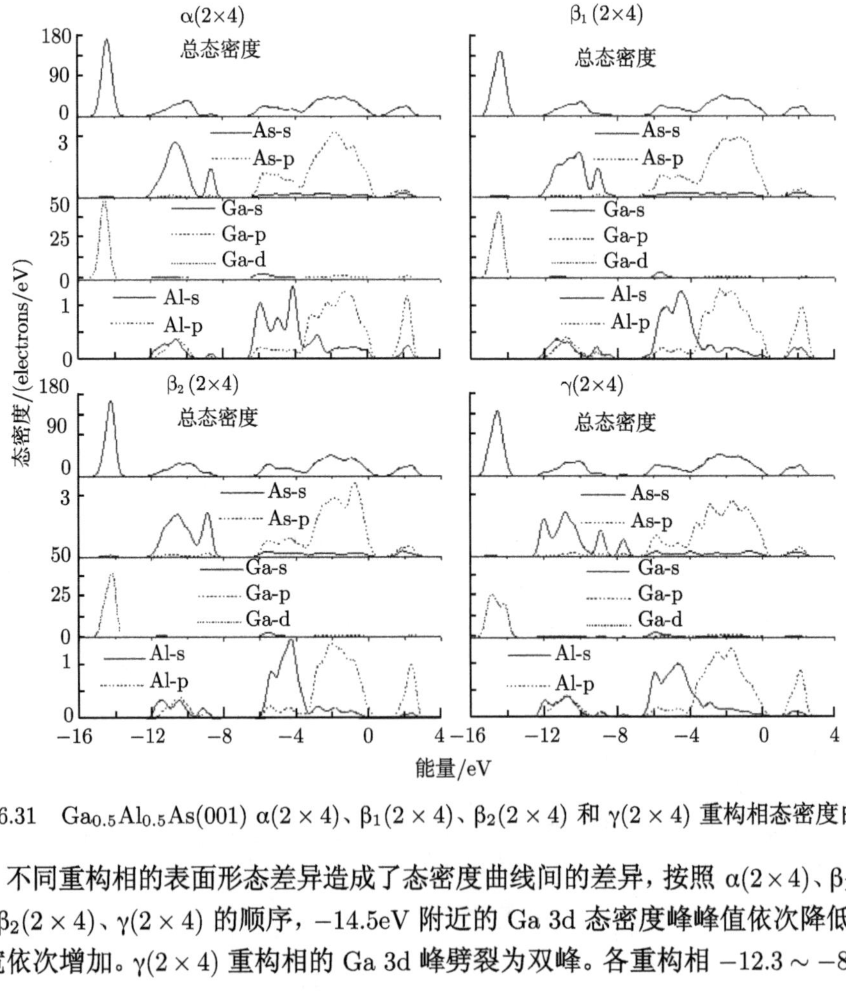

图 6.31　　$Ga_{0.5}Al_{0.5}As(001)$ $\alpha(2 \times 4)$、$\beta_1(2 \times 4)$、$\beta_2(2 \times 4)$ 和 $\gamma(2 \times 4)$ 重构相态密度曲线

不同重构相的表面形态差异造成了态密度曲线间的差异, 按照 $\alpha(2 \times 4)$、$\beta_1(2 \times 4)$、$\beta_2(2 \times 4)$、$\gamma(2 \times 4)$ 的顺序, $-14.5eV$ 附近的 Ga 3d 态密度峰峰值依次降低, 半峰宽依次增加。$\gamma(2 \times 4)$ 重构相的 Ga 3d 峰劈裂为双峰。各重构相 $-12.3 \sim -8.5eV$

能量范围内的 As 4s 态密度差异明显, $\alpha(2 \times 4)$ 重构相的双峰最为平缓, $\gamma(2 \times 4)$ 重构相出现了多余的峰值。$\gamma(2 \times 4)$ 重构相 $-3.8 \sim 0\text{eV}$ 能量范围内的 As 4p 峰分裂为很多小峰。$\beta_2(2 \times 4)$ 重构相在 $-6.6 \sim -3.7\text{eV}$ 能量范围内的 As 3s 峰明显高于其他重构相, $\alpha(2 \times 4)$ 在 $-6.6 \sim -3.7\text{eV}$ 能量范围内比其余重构相多一个态密度峰。$\alpha(2 \times 4)$ 重构相的 As 原子分波态密度最接近体材料, $\gamma(2 \times 4)$ 重构相的 As 分波态密度与体材料差别最大, $\alpha(2 \times 4)$ 重构相的 Ga、Al 原子分波态密度与体材料差别最大, 而 $\gamma(2 \times 4)$ 重构相的 Ga、Al 分波态密度最接近体材料。

对态密度曲线积分并与体材料比较求得各态电子变化的百分比, 如表 6.12 所示。由表可得不同重构结构 Ga 原子的 s 态、p 态电子均少于体材料, d 态电子较体材料几乎没有变化, As 原子 s 态、p 态电子均多于体材料。计算结果表明, 形成重构表面时, 材料的 sp^3 杂化轨道发生改变, Ga 原子电子减少, As 原子电子增加。这主要是由于表面通过电子转移消除偶极矩, 从而维持表面稳定。

表 6.12 形成重构相过程中各电子态的电子变化情况

重构相		$\alpha(2 \times 4)$	$\beta_1(2 \times 4)$	$\beta_2(2 \times 4)$	$\gamma(2 \times 4)$
总态密度		−11.71%	−9.05%	−13.26%	−18.02%
As	s	−7.11%	−6.30%	−2.98%	−1.25%
	p	−4.38%	−4.99%	−6.49%	−9.15%
Ga	s	−8.60%	−8.85%	−8.93%	−11.28%
	p	−5.20%	−4.48%	−4.34%	−7.06%
	d	+0.17%	+0.16%	+0.23%	−0.05%
Al	s	−5.72%	−5.88%	−7.19%	−10.34%
	p	−10.13%	−10.11%	−9.48%	−11.28%

注: "+" 表示增加量, "−" 表示减少量

3. 光学性质

计算得到不同重构表面的介电函数如图 6.32 所示, 与体材料相比, 表面介电函数曲线向低能端移动, 当介电函数小于零时, 材料表现出金属反射特性, 所有重构表面的金属反射特性区间几乎相同。体材料的金属反射特性区域为 $4.1 \sim 9.6\text{eV}$, 重构表面的金属反射特性区域为 $2.8 \sim 6.1\text{eV}$, 相比于体材料表面处的金属反射特性区域向低能端移动, 且金属反射特性区间能量范围变小。重构方式对材料介电函数的影响主要集中在低能端。

计算得到不同重构相的吸收系数和反射率曲线如图 6.33 所示。重构表面的吸收峰向低能端移动, 重构方式对吸收峰的位置几乎没有影响; 反射率下降沿向低能方向移动; 平均吸收系数和平均反射率相比于体材料的变化百分比如表 6.13 所示。表面处的吸收系数和反射率比体内小, 有利于光子透过表面激发光电子。其中

$\beta_2(2 \times 4)$ 重构相最有利于光子的透过。

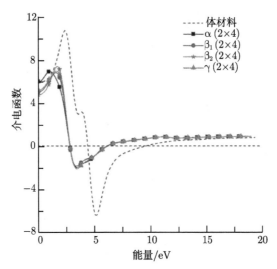

图 6.32　不同重构表面的介电函数曲线

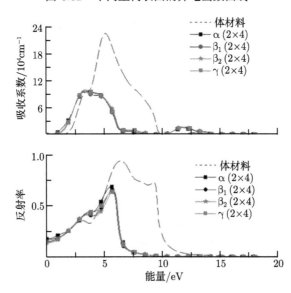

图 6.33　不同重构相吸收系数和反射率曲线 (后附彩图)

表 6.13　不同重构相平均吸收系数和平均反射率相对于体材料的变化百分比

重构相	$\alpha(2 \times 4)$	$\beta_1(2 \times 4)$	$\beta_2(2 \times 4)$	$\gamma(2 \times 4)$
ΔA	-55.8%	-56.5%	-57.3%	-55.6%
ΔR	-51.8%	-55.5%	-55.0%	-53.7%

6.3.4　掺杂表面电子和原子结构研究

1. 掺杂表面几何结构和稳定性

由重构相的对比分析可知，$\beta_2(2\times 4)$ 为最稳定的 $Ga_{0.5}Al_{0.5}As(001)$ 重构相，因此掺杂表面的研究选取了 $Ga_{0.5}Al_{0.5}As(001)\beta_2(2\times 4)$ 重构相。由一个 Zn 原子取代一个 Ga 或一个 Al 原子构造掺杂表面模型，在 6.3.3 节中 $\beta_2(2\times 4)$ 重构相的基础上选取了 12 个掺杂位置，如图 6.34 所示[95]。12 个掺杂位置中 Ga 位和 Al 位成对选取，每层选两对掺杂位。采用由 $Ga:3d^{10}4s^24p^1$、$Al:3s^23p^1$、$As:4s^24p^3$ 和 $Zn:3d^{10}4s^2$ 生成的超软赝势描述内核和价电子间相互作用。计算方法和计算精度与 6.3.3 节相同。

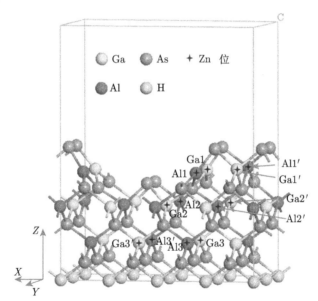

图 6.34　$Ga_{0.5}Al_{0.5}As(001)\beta_2(2\times 4)$ 重构表面掺杂位置 (后附彩图)

掺杂后 Zn 原子的位置相对于被取代的 Ga、Al 原子发生了变化，位置变化量可以表示为

$$\Delta l = \sqrt{[(\Delta x)^2 + (\Delta y)^2 + (\Delta z)^2]/3} \tag{6.51}$$

Zn 在不同的掺杂位置会有不同的结合，结合能可以用来表示掺杂模型是否稳定，计算公式为

$$E_b = E_{slab}^{dop} - (E_{slab}^{undop} - E_{sub} + E_{Zn}) \tag{6.52}$$

式中，E_{slab}^{dop}、E_{slab}^{undop}、E_{sub} 和 E_{Zn} 分别表示掺杂后表面、未掺杂表面、被取代原子和 Zn 原子的能量。

　　掺杂原子位置变化和掺杂模型的形成能如表 6.14 所示。Zn 取代 Al 原子比取代对应位置的 Ga 原子造成的结构改变更为明显，在 1、1′ 和 2 位置，Zn 的掺杂造成的结构改变比 2′ 位置更为明显，这是由于这三个位置都是最外层的位置，原子成键数为 3，而 2′ 为次外层的位置，原子成键数为 4。无论取代 Ga 位还是 Al 位结合能都为正值，表明 Zn 掺杂模型为稳定结构，Zn 取代 Al 原子的模型比取代 Ga 原子的模型更为稳定。

表 6.14　掺杂表面的几何结构变化、E-Mulliken 集居数分布、禁带宽度和功函数

位置	Δl/Å	E_b/eV	电荷量		键集居数		c	禁带宽度/eV	功函数/eV
			纯	掺杂	纯	掺杂			
Ga1	0.0226	2.4246	0.11	0.05	−0.08	0.04	0.6236	0.691	4.908
Al1	0.0537	2.5387	0.42	0.03	0.69	−0.01	0.6231	0.710	4.880
Ga1′	0.0308	2.7319	0.01	−0.14	0.02	0.09	0.6245	0.659	4.904
Al1′	0.0514	3.0618	0.32	−0.12	0.61	0.16	0.6236	0.655	4.893
Ga2	0.0298	2.6176	0.14	−0.06	0.31	−0.21	0.6242	0.611	4.821
Al2	0.0393	2.8991	0.39	−0.03	0.68	−0.06	0.6236	0.620	4.820
Ga2′	0.0075	2.5152	0.35	0.12	−0.35	−0.01	0.6243	0.704	4.861
Al2′	0.0092	2.9281	0.41	−0.01	0.74	−0.15	0.6240	0.613	4.839
Ga3	0.0000	2.6825	0.16	0.03	−0.09	−0.03	0.6239	0.690	4.793
Al3	0.0000	2.9038	0.36	0.03	0.67	0.12	0.6237	0.675	4.790
Ga3′	0.0000	2.6792	0.14	0.00	−0.07	−0.03	0.6242	0.712	4.779
Al3′	0.0000	2.9704	0.37	−0.07	0.49	0.12	0.6239	0.692	4.771

2. 掺杂表面集居数分布

　　计算得到掺杂前后 E-Mulliken 电荷和化学键集居数分布如表 6.14 所示，掺杂后 Zn 原子失电子数变少，这是由于 Zn 原子最外层只有两个电子，少于 Ga、Al 原子，Zn 取代 Ga 原子后化学键布居数分布增加，而取代 Al 原子后化学键布居数减小。Zn、Ga、Al 和 As 原子的电负性分别为 1.65、1.61、1.81 和 2.18，因而掺杂后 Ga 取代位附近的化学键离子性增加而 Al 位附近的离子性减弱。化学键集居数分布只能反映局部化学键离子性的强弱，电荷转移系数 c 可以用来分析整个表面模型的离子性，计算得到 Zn 取代各掺杂位置后，掺杂表面模型的电荷转移系数如表 6.14 所示，纯净 $Ga_{0.5}Al_{0.5}As(001)\beta_2(2 \times 4)$ 表面的电荷转移系数为 0.6301，掺杂后表面的离子性增加。Zn 取代 Al 原子后材料的离子性增加更为明显，取代外层电子造成的离子性变化较取代内部电子更为明显。

3. 掺杂表面能带结构

　　计算得到的 $Ga_{0.5}Al_{0.5}As$ 体材料和 $Ga_{0.5}Al_{0.5}As(001)\beta_2(2 \times 4)$ 表面的禁带宽度分别为 1.313eV 和 0.854eV，表面处禁带宽度低于体内。电荷的转移在导带顶或

价带底引入了新的能级，从而造成禁带变窄。Zn 取代各位置的掺杂表面禁带宽度如表 6.14 所示，Zn 取代 Ga2 位时，禁带宽度最窄，Zn 取代 Al2′ 时，在所有的 Al 代位结构中禁带宽度最窄，为了便于分析，我们只将这两种结构的能带结构与纯净表面的能带结构进行了比较，如图 6.35 所示。图中可以发现导带底能级明显下移，形状改变不大。价带顶能级形状发生较大改变，但是几乎没有移动。

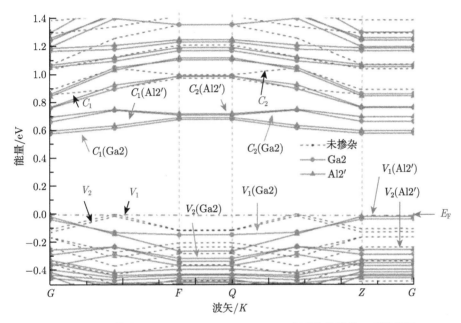

图 6.35 Zn 掺杂 $Ga_{0.5}Al_{0.5}As(001)\beta_2(2 \times 4)$ 表面能带结构 (后附彩图)

4. 掺杂表面态密度

计算得到 Zn 取代 Ga2 和 Al2′ 位置的掺杂表面态密度曲线如图 6.36 所示，结果表明 Zn 掺杂原子对态密度的影响很明显。掺杂后 Ga、Al 和 As 原子态发生了明显改变，导带处态密度的移动强于价带，这与能带变化相吻合。C_1 和 C_2 能级变化主要是由 As 4p 态引起的，V_1 和 V_2 能级变化主要是由 Ga 3p 和 Al 3p 态引起的。两个掺杂结构的 Zn 3d 态几乎相同。Zn 4s 态电子对 Al2′ 掺杂结构的导带底有贡献，Ga2 掺杂结构的 Zn 4s 态对价带顶有贡献。在 $-12.44 \sim -8.20$eV 能量范围内，两个掺杂结构的 Zn 4s 态明显不同。

计算得到各掺杂表面模型的功函数如表 6.14 所示，Al 位的掺杂可以获得比 Ga 位掺杂更低的功函数。第一层和第二层的掺杂会造成功函数的上升，然而在第三层的掺杂可以造成功函数的降低。Al 位掺杂更有利于光电发射，内部掺杂比表面处掺杂更有利于光电发射。

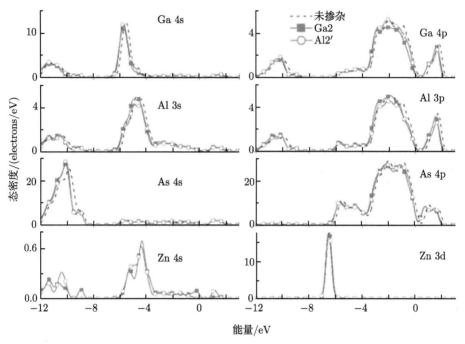

图 6.36　Zn 掺杂 $Ga_{0.5}Al_{0.5}As(001)\beta_2(2 \times 4)$ 表面态密度曲线

6.3.5　残余气体分子吸附研究

1. 残气成分检测和计算模型

采用四极质谱仪对超高真空系统中的残气成分进行了检测, 检测结果如图 6.37 所示, 由图可得超高真空系统中包含着相对分子质量为 $2(H_2: 5.0 \times 10^{-10} torr)$、$16(CH_4: 3.0 \times 10^{-11} torr)$、$18(H_2O: 6.4 \times 10^{-11} torr)$、$28(CO: 3.0 \times 10^{-11} torr)$ 和 $44(CO_2: 6.7 \times 10^{-12} torr)$ 的气体, 根据克拉珀龙方程

$$PV = nRT \tag{6.53}$$

式中, P 为分压; V 为气体体积; T 为热力学温度; n 为气体分子物质的量 (单位为 mol); R 为 $8.314 Pa \cdot m^3/(mol \cdot K)$。由式 (6.53) 可知, 在一个确定的系统中, 气体分子的摩尔量与分压成正比, 因此, 超高真空系统残气含量由多到少依次为 H_2、H_2O、CO、CH_4 和 CO_2。其中 H_2 分子的摩尔量约为 H_2O 分子的 10 倍、CO_2 分子的 100 倍。

为了研究残气分子对光电阴极的损害, 分别构造了 Cs 原子和五种残气分子在 $Ga_{0.5}Al_{0.5}As(001)\beta_2(2 \times 4)$ 重构相上的吸附模型, 其中 Cs 原子吸附模型如图 6.38 所示, 为了便于比较, 残气分子吸附位置与 Cs 原子相同。采用由 $Ga:3d^{10}4s^24p^1$、

Al:$3s^23p^1$、As:$4s^24p^3$、$Cs5s^25p^66s^1$、H:$1s^1$、O:$2s^22p^4$ 和 C: $2s^22p^2$ 生成的超软赝势描述内核和价电子间相互作用。计算方法和精度与 6.3.3 节中 $Ga_{0.5}Al_{0.5}As(001)$ 表面重构相的计算相同。

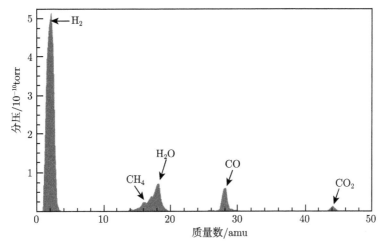

图 6.37 超高真空系统四极质谱仪检测图

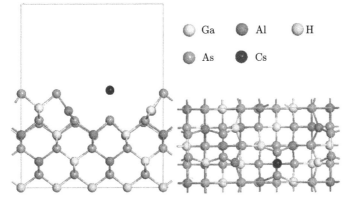

图 6.38 Cs 在 $Ga_{0.5}Al_{0.5}As(001)\beta_2(2 \times 4)$ 重构表面吸附模型 (后附彩图)

2. 吸附能、功函数和偶极矩

计算得到各吸附模型吸附能和功函数如表 6.15 所示 [96]。吸附能为负说明吸附为放热过程，吸附模型为稳定模型。CH_4、H_2 和 CO_2 的吸附能低于 Cs 原子，说明 CH_4、H_2 和 CO_2 分子比 Cs 原子更容易吸附于 $Ga_{0.5}Al_{0.5}As(001)\beta_2(2 \times 4)$ 表面，这对阴极来说是很危险的。纯净 $Ga_{0.5}Al_{0.5}As(001)\beta_2(2 \times 4)$ 表面的功函数为 4.797eV，Cs 原子的吸附使得功函数降低了 1.414eV，而杂质气体的吸附使表面功函数略微升高。

表 6.15　Cs 和残气分子在 $Ga_{0.5}Al_{0.5}As(001)\beta_2(2 \times 4)$ 表面模型的吸附能和功函数

吸附物	Cs	H_2	CH_4	H_2O	CO	CO_2
吸附能/(eV/吸附物)	−4.38	−6.04	−6.13	−2.20	−2.75	−5.96
功函数/eV	3.383	4.913	4.825	5.036	4.898	4.814

通过分析电荷数发现，吸附后 Cs 原子失去了 0.82 个电子，带电量由 0 变为 +0.82|e|，表面处 As、Ga 和 Al 原子分别得到 0.44、0.2 和 0.18 个电子，Cs 6s 态电子向表面偏移，形成由体内指向表面的偶极矩，偶极矩可以通过 Helmholtz 公式计算 [97]，公式如下：

$$\mu = \frac{A\Delta\Phi}{12\pi\Theta} \tag{6.54}$$

式中，A 为表面处 (1×1) 单元的面积，单位为 Å²；$\Delta\Phi$ 为功函数变化量，单位为 eV；Θ 为吸附物的覆盖度，单位为 ML。计算得到 Cs 吸附模型的偶极矩为 −4.8，单位为 deb (1deb=3.33564×10⁻³⁰C·m)，负值说明偶极矩的方向为体内指向表面，这样的偶极矩有利于光电子的逸出，降低了功函数。

吸附后 H_2、CH_4、H_2O、CO 和 CO_2 分子的带电量分别由 0 变为 −0.14|e|、−0.08|e|、−0.25|e|、−0.1|e| 和 −0.03|e|，电子由表面向杂质气体偏移，形成由表面指向体内的偶极子，偶极矩大小分别为 0.39deb、0.09deb、0.81deb、0.34deb 和 0.06deb，这些偶极矩会阻碍电子的逸出，对光电阴极造成伤害，其中 H_2O 的破坏作用最严重，CO_2 造成的影响最小。

3. 态密度

各吸附体系总态密度如图 6.39 所示，图中虚线表示清洁 $Ga_{0.5}Al_{0.5}As(001)$ $\beta_2(2×4)$ 表面的态密度曲线。Cs 原子的吸附造成了态密度曲线的明显变化，导带底和价带顶向低能端移动，带隙变窄。残气分子吸附后，态密度曲线并没有发生移动，只是价带顶处电子态密度有所减小，这部分电子向吸附物偏移，造成了吸附物带负电。其中 CO_2 和 CH_4 吸附模型价带顶变化并不明显，H_2O 吸附模型价带顶变化最明显，与功函数分析结果相吻合。

吸附物与表面处于热平衡状态，Fermi 能级统一。在 Cs 原子吸附过程中，电子从 Cs 原子转移到表面，表面表现出 n 型性质，出现向下的表面能带弯曲区。残余气体分子吸附模型中，电荷转移量很少，并没有出现明显的 p 型表面性质。电荷转移会改变表面处的电场，Kempisty 等的研究表明，导带的移动是由电势和表面态共同造成的，价带的移动只取决于电势，而与表面态没有关系 [98]。Cs 吸附模型中，电荷转移引起的电场改变了表面处的电势，从而造成了态密度曲线向低能端的移动。另外 Cs 原子的引入改变了表面态，造成了导带底进一步向低能端移动，从而引起了禁带变窄。残余气体分子吸附模型中，电荷转移量很微小，因此并没有出现导带底和价带顶的移动，只是残余气体分子的吸附改变了表面态，造成了导带顶附近态密度的变化。

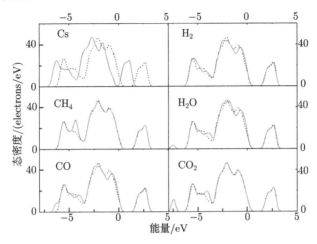

图 6.39 残气吸附模型总态密度曲线

为了进一步分析造成态密度变化的电子态，计算了 Cs 原子和残余气体分子吸附模型的分波态密度，H$_2$、H$_2$O 和 CO 分子吸附模型具有相似的总态密度曲线，CH$_4$ 和 CO$_2$ 气体吸附模型具有相似的总态密度曲线。为了便于分析，只选取了 Cs、H$_2$O 和 CO$_2$ 吸附模型的分波态密度曲线进行比较，如图 6.40 所示。虚线表示清洁 Ga$_{0.5}$Al$_{0.5}$As(001)β$_2$(2 × 4) 表面的分波态密度曲线。Cs 吸附模型中，Cs 原子的 6s、6p 态电子明显减少，As、Ga、Al 原子的 s 和 p 态电子向低能端移动。导带中各态电子增加，Ga 4p 态电子增加最为明显，下价带中 Ga 4s 态电子增加，H$_2$O 和 CO$_2$ 吸附后，吸附物的 s 和 p 态电子向低能端移动，As、Al 和 Ga 原子的 s 和 p 态电子没有出现移动。导带和上价带中 Ga 4p 态和 Al 3p 态电子减少。H$_2$O 分子的吸附造成了价带顶处 As 4p 态电子的减少，CO$_2$ 没有影响价带顶处 As 4p 态电子。

为了定量分析各态电子变化情况，对 Cs、H$_2$O 和 CO$_2$ 吸附模型分波态密度曲线进行了积分，并与纯净表面态密度进行对比得出各态电子变化百分比，如表 6.16 所示。Cs 吸附模型中，Cs 原子的 6s、6p 态电子明显减少，6p 态电子减少更明显，Cs 原子的大部分电子转移到了 As、Ga 和 Al 原子的 p 态，只有少部分原子转移到了 s 态。Ga 4p 态电子增加最为明显，As 4s 态电子增加最少。H$_2$O 和 CO$_2$ 分子吸附模型中，Ga、Al 原子的 s 态、p 态电子减少，p 态电子的减少更为明显，Ga 原子电子减少比 Al 原子更为明显。As 4s、4p 态电子略微增加，4s 态电子的增加比 4p 态更为明显。吸附物 s 和 p 态电子增加，H$_2$O 分子电子态增加比

CO₂ 分子更明显。

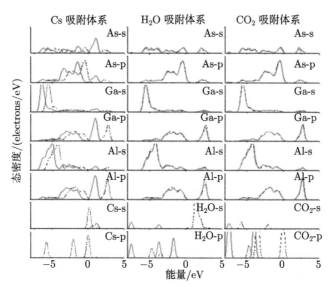

图 6.40　残余气体分子吸附模型态密度曲线

虚线表示清洁 $Ga_{0.5}Al_{0.5}As(001)\beta_2(2\times4)$ 表面的分波态密度曲线

表 6.16　残气吸附模型各态电子变化百分比

		Cs 吸附模型	H₂O 吸附模型	CO₂ 吸附模型
As	s	+6.69%	+1.08%	+0.30%
	p	+10.2%	+0.17%	+0.09%
Ga	s	+2.47%	−2.03%	−0.58%
	p	+15.4%	−3.10%	−2.21%
Al	s	+0.29%	−0.84%	−0.26%
	p	+14.2%	−2.59%	−1.72%
吸附物	s	−40.7%	+5.14%	+3.07%
	p	−67.2%	+2.43%	+2.87%

注:"+"表示与体材料相比增加百分比,"–"表示与体材料相比减少百分比

4. 吸收系数

Cs 原子和各残余气体分子吸附模型的吸收系数曲线如图 6.41 所示,虚线表示吸附前吸收系数曲线,实线表示吸附后吸收系数曲线。如图所示的波长范围内,纯净的 $GaAlAs(001)\beta_2(2\times4)$ 表面共有 4 个吸收峰,分别位于 102nm、160nm、248nm 和 338nm。Cs 吸附后,102nm 处的吸收峰没有发生变化,其余的吸收峰峰值增加,136 ~ 417nm 范围内的吸收系数增加,截止特性变好。CH₄、CO₂ 分子吸附后,102nm、160nm 和 248nm 处的吸收峰保持不变,338nm 处的吸收峰峰值有所降

低，H_2、H_2O 和 CO 分子吸附后，102nm 处的吸收峰保持不变，160nm 和 248nm 处的吸收峰降低，338nm 处的吸收峰有所增加。$136 \sim 417nm$ 范围内的吸收系数减少，截止特性变差。

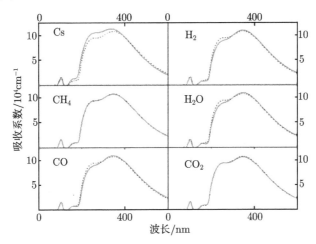

图 6.41 Cs 原子和各残余气体分子吸附模型吸收系数曲线

5. 掺杂对杂质气体分子吸附的影响

选取了 Cs、H_2O 和 CO_2 吸附模型进行了掺杂 $Ga_{0.5}Al_{0.5}As(001)\beta_2(2\times4)$ 重构相残余气体分子吸附研究，Zn 掺杂原子位于 Ga3 位。采用由 $Ga:3d^{10}4s^24p^1$、$Al:3s^23p^1$、$As:4s^24p^3$、$Cs5s^25p^66s^1$、$H:1s^1$、$O:2s^22p^4$ 和 $C:2s^22p^2$ 生成的超软赝势描述内核和价电子间相互作用。计算方法和计算精度与 6.3.3 节中 $Ga_{0.5}Al_{0.5}As(001)$ 表面重构相的计算相同。

计算得到的 Cs 原子和残气分子在掺杂 $Ga_{0.5}Al_{0.5}As(001)\beta_2(2\times4)$ 表面模型的吸附能、吸附单元带电量、功函数和偶极矩如表 6.17 所示，掺杂 Zn 原子造成吸附能的升高，稳定性变差，H_2O 和 CO_2 分子吸附模型的稳定性变化比 Cs 原子吸附模型更为明显。掺杂后，Cs 原子和 H_2O、CO_2 分子的带电量明显减少，造成偶极矩显著减小，功函数变化量也显著减小。

表 6.17 Cs、H_2O 和 CO_2 吸附的掺杂 $Ga_{0.5}Al_{0.5}As(001)\beta_2(2\times4)$ 模型吸附能、吸附单元带电量、功函数和偶极矩

吸附物	Cs	H_2O	CO_2
吸附能/(eV/吸附物)	−4.31	−2.02	−5.59
吸附单元带电量/|e|	0.49	−0.09	−0.05
功函数/eV	4.144	4.809	4.801
偶极矩/deb	−2.203	+0.054	+0.027

　　计算得到掺杂 $Ga_{0.5}Al_{0.5}As(001)\beta_2(2 \times 4)$ 表面模型 Cs、H_2O 和 CO_2 吸附时的表面态密度曲线如图 6.42 所示，Zn 掺杂后，Cs 吸附模型态密度曲线向高能端移动，H_2O、CO_2 吸附模型态密度曲线向低能端移动。掺杂后，Cs 吸附模型导带底和价带顶向高能端移动，H_2O、CO_2 吸附模型导带底和价带顶向低能端移动，Zn 原子在价带顶引入了带中态。

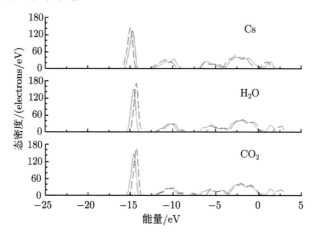

图 6.42　Cs、H_2O 和 CO_2 吸附的 Zn 掺杂 $Ga_{0.5}Al_{0.5}As(001)\beta_2(2 \times 4)$ 表面态密度曲线
实线和虚线分别表示掺杂表面和未掺杂表面吸附模型的表面态密度曲线

　　计算得到掺杂 $Ga_{0.5}Al_{0.5}As(001)\beta_2(2 \times 4)$ 表面模型 Cs、H_2O 和 CO_2 吸附时的吸收系数曲线如图 6.43 所示。Zn 原子掺杂造成 100nm 附近吸收峰分布范围增大。Zn 掺杂后，$135 \sim 460$nm 的短波范围内吸收系数降低，大于 460nm 的长波范围吸收系数升高，Zn 原子的掺杂有利于 532nm 左右的蓝绿光的吸收。

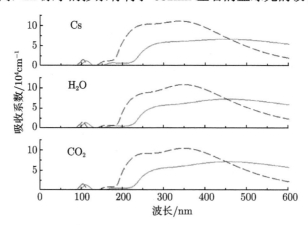

图 6.43　Cs、H_2O 和 CO_2 吸附的 Zn 掺杂 $Ga_{0.5}Al_{0.5}As(001)\beta_2(2 \times 4)$ 表面吸收系数曲线
实线和虚线分别表示掺杂表面和未掺杂表面吸附模型的吸收系数曲线

6.4　Ga$_{1-x}$Al$_x$As 光电阴极 Cs、O 激活

β$_2$(2 × 4) 为 Ga$_{0.5}$Al$_{0.5}$As(001) 表面存在的重构相, 这个重构相上有多个高对称位, Cs 原子吸附于表面不同位置对材料造成什么影响? 随着 Cs 量的增加, 为什么当覆盖度为 0.5 ∼ 0.7ML 时, 光电流出现峰值, Cs 原子进一步覆盖会造成光电流降低, 这种 "Cs 中毒"[99,100] 现象该如何解释? 阴极表面各处的光电发射并不是均匀的, 光电流大小在表面呈现鱼鳞状分布, 这种碎鳞场效应现象又是什么原因造成的[101]? 为了弄清激活机理就需要对 Cs、O 原子在 Ga$_{0.5}$Al$_{0.5}$As(001)β$_2$(2 × 4) 表面的吸附进行电子与原子结构的研究。

6.4.1　Ga$_{0.5}$Al$_{0.5}$As(001)β$_2$(2 × 4) 重构相 Cs、O 吸附研究

1. 不同吸附位 Cs 吸附研究

首先研究的是一个 Cs 原子在 Ga$_{0.5}$Al$_{0.5}$As(001)β$_2$(2 × 4) 重构表面不同位置的吸附性质, 此时 Cs 原子覆盖度为 0.125ML, 重构表面具有多个高对称位, 根据 Hogan 等关于 GaAs β$_2$(001)(2 × 4) 重构相 Cs 吸附研究, 选取了如图 6.44(a) 所示的 8 个高对称吸附位[102], 以空心圆表示, 第 n 层的顶位表示为 T_n、T'_n, 桥位表示为 D、D'; 图 6.44(b) 中 D_i 表示第 i 层的厚度, d_{ij} 表示第 i 层和第 j 层的

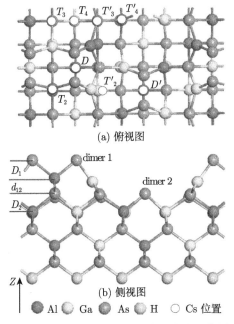

(a) 俯视图

(b) 侧视图

● Al　○ Ga　● As　● H　○ Cs 位置

图 6.44　Ga$_{0.5}$Al$_{0.5}$Asβ$_2$(2 × 4) 重构相高对称位示意图 (后附彩图)

间距，dimer1 和 dimer2 所示为两个 As 二聚体，箭头所示为 z 轴方向。此时 Cs 原子覆盖度为 0.125ML。采用由 Ga:$3d^{10}4s^24p^1$、Al:$3s^23p^1$、As:$4s^24p^3$、Cs5s^{2}5p^{6}6s^1 和 H:$1s^1$ 生成的超软赝势描述内核和价电子间的相互作用。计算方法和计算精度与 6.3.3 节中 Ga$_{0.5}$Al$_{0.5}$As(001) 表面重构相的计算相同。

1) 吸附能和几何结构

计算得到 Cs 在不同吸附位的吸附能如表 6.18 所示。吸附能均为负值，表明 8 个位置均为稳定吸附位，T_3 位置吸附能最低，T_2' 位置吸附能最高，T_4、T_3'、T_4'、D 和 D' 吸附位的吸附能很接近。T_3 位置最易吸附，T_2' 位置最难吸附，其余位置吸附难易程度接近，为此选取 T_3、T_2' 和 D 三个吸附位进行进一步研究。为了便于描述，将吸附模型分别表述为 T_3、T_2' 和 D。根据计算结果分析发现，Cs 吸附后表面重构结构变化很小，没有发生化学键的生成和破坏。T_2' 模型表面结构变化最为明显。T_3 模型的二聚体变化比 D 模型明显，D 模型的层间距和层厚度变化比 T_3 模型明显。dimer1 的变化比 dimer2 更为明显。

表 6.18　Cs 原子在不同吸附位的吸附能

Cs 吸附位	T_3	T_4	T_3'	T_4'	T_2	T_2'	D	D'
ΔH_{Cs}/(eV/吸附物)	−2.324	−2.050	−2.049	−2.071	−2.157	−1.833	−2.070	−2.054

2) 离子性、功函数和偶极子

计算得到纯净表面模型、T_3 模型、T_2' 模型和 D 模型的电荷转移系数分别为 0.630、0.619、0.616 和 0.618。Cs 原子吸附后，离子性增强，T_2' 模型离子性最强。纯净表面的功函数为 4.797eV，T_3 模型、T_2' 模型和 D 模型的功函数如表 6.19 所示，由表可知，Cs 吸附后功函数显著降低，吸附于 D 位时功函数最低。吸附后 Cs 原子的电子向表面转移，转移电子数记为 Δe_{Cs}。Cs 原子和表面原子之间的电子转移在表面引入了偶极子，Hogan 等通过考虑 Cs 吸附后电子的重新分布提出了 Cs 诱导偶极矩的计算方法 [61]，$\Delta\rho(\boldsymbol{r})$ 表示表面模型中坐标为 $\boldsymbol{r}$ 的点的电荷密度变化量，计算方法如下：

$$\Delta\rho(\boldsymbol{r}) = \rho_{Cs}(\boldsymbol{r}) + \rho_{GaAlAs}(\boldsymbol{r}) - \rho_{Cs/GaAlAs}(\boldsymbol{r}) \tag{6.55}$$

式中，$\rho_{Cs/GaAlAs}$ 是吸附模型中 $\boldsymbol{r}$ 处的电荷密度 (即 $\rho > 0$)；ρ_{GaAlAs} 是纯净表面模型中 $\boldsymbol{r}$ 处的电荷密度；ρ_{Cs} 是只有 Cs 原子作用时 $\boldsymbol{r}$ 处的电荷密度。将 Cs 吸附后的体系看作一个偶极子，类比于质量重心的概念，该偶极子的有效正负电荷量、偶极子长度分别定义为

$$Q^+ = \sum_i \Delta\rho(\boldsymbol{r}_i), \quad \Delta\rho(\boldsymbol{r}_i) > 0$$

$$Q^- = \sum_i \Delta\rho(\boldsymbol{r}_i), \quad \Delta\rho(\boldsymbol{r}_i) < 0 \tag{6.56}$$

$$d_z = \left.\frac{\sum_i \Delta\rho(\boldsymbol{r}_i)z}{Q^+}\right|_{\Delta\rho(\boldsymbol{r}_i)>0} - \left.\frac{\sum_i \Delta\rho(\boldsymbol{r}_i)z}{Q^-}\right|_{\Delta\rho(\boldsymbol{r}_i)<0} \tag{6.57}$$

式中，z 是 $\boldsymbol{r}_i$ 点 z 坐标值 (坐标轴方向如图 6.44 所示，将纯净表面模型最外层和最底层原子的中点处定义为 z 轴的原点)；$Q^\pm$ 和 d_z 分别表示偶极子的平均电荷量和平均长度。求得 $Q^\pm$ 和 d_z 后，偶极矩可以表示为

$$p_z = \left|Q^\pm\right| \times d_z \tag{6.58}$$

表 6.19 T_3、T_2' 和 D 吸附模型功函数、电荷变化量和偶极矩

Cs 吸附位	T_3	T_2'	D
功函数/eV	3.406	3.437	3.298
$\Delta e_{\mathrm{Cs}}/|e|$	0.81	0.84	0.83
μ/deb	−4.72	−4.61	−5.08
$|Q^\pm|/|e|$	2.17	2.33	2.34
$d_z/\text{Å}$	2.60	2.24	2.98
$p_z = |Q^\pm| \times d_z$	5.64	5.21	6.97

通过分析电子数发现吸附后 Cs 原子上的电子向表面移动。偶极矩与电荷量的变化没有直接的关系，这是由吸附位置不同造成的。负的偶极矩表明偶极子是由体内指向表面的，有利于电子的光电发射。Cs 原子吸附于 D 位置时，偶极矩绝对值最大，最有利于光电发射。通过式 (6.58) 对偶极矩进行计算，结果如表 6.19 所示。p_z、μ 与功函数的变化相吻合。T_3 模型的 Δe_{Cs} 小于 T_2' 模型，而 $|Q^\pm|$ 大于模型，表明电荷的重新分布不仅与电荷转移量有关，还与 Cs 原子的吸附位置有关。T_2' 和 D 的 $|Q^\pm|$ 很接近，而 T_2' 的偶极子长度更长，因此 T_2' 的偶极矩更大。

3) 能带结构和态密度

计算得到的纯净 Ga$_{0.5}$Al$_{0.5}$As(001)β$_2$(2 × 4) 表面、T_3、T_2' 和 D 模型的能带结构如图 6.45 所示，带隙分别为 0.854eV、0.779eV、0.759eV 和 0.762eV，其中 T_2' 模型带隙最小。Cs 原子的吸附造成了导带底和价带顶向低能端移动。

计算得到纯净 Ga$_{0.5}$Al$_{0.5}$As(001)β$_2$(2 × 4) 表面、T_3、T_2' 和 D 模型的总态密度曲线如图 6.46 所示。吸附后态密度曲线向低能端移动，不同吸附模型的态密度曲线在大部分能量范围内基本相同，只在 $R1(-24.72 \sim -23.02\text{eV})$ 和 $R2(-11.54 \sim -9.88\text{eV})$ 范围内有所差别。$R1$ 范围内的态密度主要是由 Cs 原子的电子贡献的，$R2$ 范围内的电子主要是由 As 原子的电子贡献的，电子密度如图 6.47 所示。T_3 位置

的吸附造成了箭头所示 As 原子上电子分布不对称，导致了态密度中的劈裂峰；T_2' 位置的吸附造成了箭头所示 As 原子二聚体上电子分布不对称，导致了态密度中的劈裂峰；D 位置的吸附基本没有破坏 As 原子上电子分布的对称性，没有出现劈裂峰。

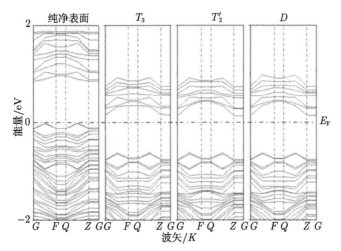

图 6.45　纯净表面、T_3、T_2' 和 D 吸附模型的能带结构

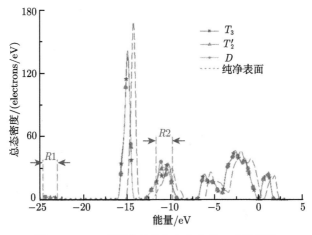

图 6.46　Cs 吸附模型总态密度曲线 (后附彩图)

计算了各态电子的变化百分比，如表 6.20 所示。吸附后 Cs 原子的 s 态、p 态电子大幅减少，p 态电子减少更为明显，T_3 模型 Cs 电子转移最明显。表面处 Ga、Al 和 As 原子的电子态向低能端移动。T_3、T_2' 和 D 模型中 Cs p 态电子减少量接近，T_2' 结构 Cs s 态电子减少比 T_3 和 D 结构更为明显。Ga、Al 和 As 原子 s

态电子减少, p 态电子增加 (T_3 模型 As p 态除外)。形成表面的过程中立方 sp³ 杂化轨道向平面 sp² 杂化轨道过渡, Cs 原子吸附后, sp³ 杂化轨道进一步向平面 sp² 杂化轨道过渡。As s 态电子的增加量大于 As p 态电子的减少量, Ga s 态电子的增加量和 Ga p 态电子的减少量相当, Al s 态电子的增加量小于 Al p 态电子的减少量。表明吸附过程中 As、Al 原子间的相互相用比 As、Ga 原子间更为明显。Ga 原子 s 态电子增加量大于 p 态电子, Ga p 态电子减少比 Al p 态电子明显。T_3 模型 s 态 (Ga、Al 和 As 原子) 的增加比 T_2' 和 D 模型更为明显, D 模型 Al p 态电子的减少量比 T_2' 模型更为明显。

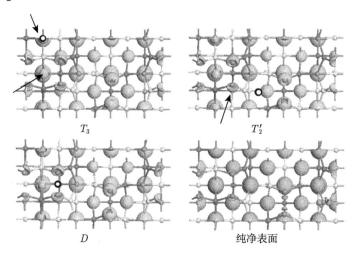

T_3　　　　　　　　　　　T_2'

D　　　　　　　　　　　纯净表面

图 6.47　R2 范围内电子密度图 (后附彩图)

不同颜色对应的是不同浓度

表 6.20　T_3、T_2' 和 D 模型各态电子变化百分比

		T_3	T_2'	D
As	s	+1.482%	+1.362%	+0.931%
	p	+0.137%	−0.611%	−0.189%
Ga	s	+1.480%	+1.579%	+1.389%
	p	−1.323%	−1.006%	−2.089%
Al	s	+0.381%	+0.022%	+0.143%
	p	−2.452%	−2.601%	−2.670%
Cs	s	−43.70%	−28.87%	−45.35%
	p	−51.21%	−51.67%	−51.81%

2. 不同覆盖度 Cs 吸附研究

分别构造 Cs 原子数目为 2、4、6 和 8 的吸附模型, 覆盖度分别为 0.25ML、

0.5ML、0.75ML 和 1ML[102]，分析计算结果可得，随着覆盖度的增加，表面结构变化越来越明显，但是并没有出现化学键的生成和破坏。计算得到不同覆盖度 Cs 吸附模型的能带结构如图 6.48 所示。随着 Cs 覆盖度的增加，价带顶逐渐上移，在 0.75ML 处达到最大，随后向下移动；导带底逐渐下移，在 0.75ML 达到最小，随后没有明显变化；带隙逐渐变小，在 0.75ML 处达到最小，随后逐渐增大。随着覆盖度的变化，导带底能级形状发生明显变化，而价带顶能级形状几乎保持不变。

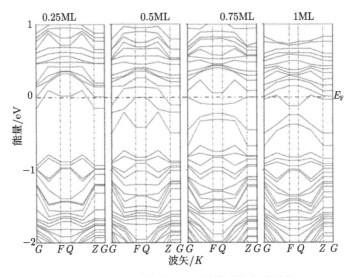

图 6.48　不同覆盖度 Cs 吸附模型的能带结构

计算得到不同覆盖度 Cs 吸附模型的总态密度曲线如图 6.49 所示。吸附后态密度曲线向低能端移动，0.25ML 时，态密度曲线移动最为明显，与价带顶变化规律相吻合。随着覆盖度的增加，−24eV 附近的 Cs 峰逐渐增大，并在 1ML 处劈裂为双峰；−15eV 附近的 Ga 3d 峰峰值逐渐升高，半峰宽逐渐变小。−9.8 ∼ −11.9eV 区域内主要包含 As 的 s 态电子，随着覆盖度的增加，该区域内电子密度增加。导带底主要包含 Al 的 s 态和 p 态、Ga 的 s 态和 p 态，随着覆盖度的增加，导带底向低能端移动，导带底附近态密度增加。Cs 原子上的电子会向 As 的 s 态、Al 的 s 态和 p 态、Ga 的 s 态和 p 态转移，转移到 As 的 s 态上的电子包含于下价带，对表面的电子发射特性影响并不明显，而转移到 Al 的 s 态和 p 态、Ga 的 s 态和 p 态上的电子包含于导带底，对材料的光电发射性质影响较明显。

不同覆盖度 Cs 吸附模型的吸附能、电荷转移系数、功函数、电荷变化量和偶极矩如表 6.21 所示。随着覆盖度的增加，Cs 原子的吸附能上升，系统稳定性降低，吸附能均为负值，吸附系统均为稳定结构；吸附结构的离子性均强于纯净表面，离子性增强，在 0.75ML 时离子性最强，再增加到 1ML 时离子性减弱；Cs 原子的电荷变化量减少，偶极矩等效长度逐渐变短，偶极矩等效电荷量逐渐增加并在 0.75ML 时最大，随后出现回落；偶极矩逐渐增大并在 0.75ML 时达到最大，随后出现回落，功函数逐渐降低，并在 0.75ML 时达到最低，随后开始上升。

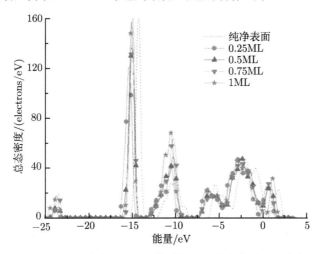

图 6.49　不同覆盖度 Cs 吸附模型的总态密度曲线 (后附彩图)

表 6.21　不同覆盖度 Cs 吸附模型的吸附能、电荷转移系数、功函数、电荷变化量和偶极矩

θ_{Cs}/ML	0.25	0.5	0.75	1
ΔH_{Cs}/(eV/吸附能)	−1.502	−1.173	−1.227	−1.044
c	0.618	0.613	0.611	0.615
功函数/eV	3.024	2.426	2.198	2.554
Δe_{Cs}/(|e|/Cs)	0.80	0.61	0.58	0.44
μ/deb	−3.007	−2.011	−1.469	−0.948
$\|Q^{\pm}\|$/|e|	4.52	6.41	8.51	8.44
d_z/Å	2.34	1.97	1.59	1.43
$p_z = \|Q^{\pm}\| \times d_z$	10.58	12.63	13.53	12.07

单独进 Cs 过程中，一开始 Cs 原子优先吸附于 T_3 位置，随着覆盖度的增加，吸附能逐渐上升，Cs 会较为均匀地分布在表面上，表面处功函数降低，光电流上升。随着时间的推移，Cs 原子的覆盖度逐渐增加，功函数降低，光电流持续上升，直到 Cs 原子的覆盖度达到一定值 θ_{max} 时，功函数开始下降，光电流随之下降。文献中 θ_{max} 在 0.7ML 左右 [105]，与计算结果相吻合。

3. 铯氧吸附研究

首先构造了一个 O 原子和一个 Cs 原子在 $Ga_{0.5}Al_{0.5}As(001)\beta_2(2 \times 4)$ 重构相的吸附模型，构造了 Cs-O 原子连线与表面夹角为 0°、Cs 原子在 O 原子上方两种吸附模型, 优化后夹角发生了变化, 如图 6.50(a) 所示, 构造了 O 原子在 Cs 原子上方的吸附模型, 优化后模型如图 6.50(b) 所示, Cs、O 吸附后吸附能可以表示为

$$\Delta H_{\mathrm{CsO}} = E_{\mathrm{total}} - E_{\mathrm{slab}} - N_{\mathrm{Cs}} E_{\mathrm{Cs}} - N_{\mathrm{O}} E_{\mathrm{Cs}} \tag{6.59}$$

计算得到图 6.50(a)、(b) 模型的吸附能分别为 $-8.597\mathrm{eV}$、$0.1649\mathrm{eV}$。图 6.50(a) 模型为稳定结构, 图 6.50(b) 模型不稳定。表明 Cs、O 交替过程中 Cs、O 原子会优先形成 O 在下 Cs 在上的吸附单元。构造了图 6.50(c) 所示的两个 Cs 原子、一个 O 原子的吸附模型, 吸附能为 $-10.686\mathrm{eV}$, 为稳定吸附模型。采用由 Ga:$3\mathrm{d}^{10}4\mathrm{s}^2 4\mathrm{p}^1$、Al:$3\mathrm{s}^2 3\mathrm{p}^1$、As:$4\mathrm{s}^2 4\mathrm{p}^3$、Cs$5\mathrm{s}^2 5\mathrm{p}^6 6\mathrm{s}^1$、Zn:$3\mathrm{d}^{10} 4\mathrm{s}^2$ 和 H:$1\mathrm{s}^1$ 生成的超软赝势描述内核和价电子间的相互作用。计算方法和计算精度与 6.3.3 节中 Ga$_{0.5}$Al$_{0.5}$As(001) 表面重构相的计算相同。

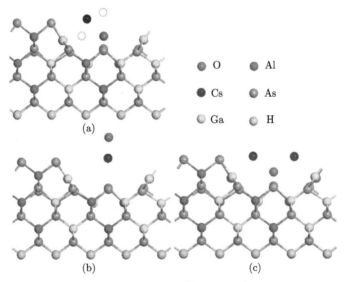

图 6.50　Cs-O 吸附模型 (后附彩图)

(a)Cs 原子在下、O 原子在上吸附模型, 空心圆表示的是优化前 Cs 原子的位置; (b)O 原子在下、Cs 原子在上吸附模型; (c) 两个 Cs 原子、一个 O 原子吸附模型

计算得到图 6.50(a) 模型和 (c) 模型的能带结构如图 6.51 所示, (a) 模型表示 Cs-O 模型, (c) 模型表示 Cs-O-Cs 模型。单独吸附 0.125ML 的 Cs 原子时, 价带顶和导带底向下移动, Cs-O 模型中价带顶有所回升, Cs-O-Cs 模型中价带顶和导带底再次降低。

计算得到 Cs-O 模型和 Cs-O-Cs 模型的总态密度曲线如图 6.52 所示, 虚线所示为单独吸附 0.125ML Cs 原子时的总态密度曲线, 随着 O 原子的加入, 态密度曲线整体向低能端移动, $-15\mathrm{eV}$ 附近的 Ga 3d 峰峰值降低, 半峰宽增加, 局域

性降低，−8.34 ∼ −13.24eV 能量范围内的两个态密度峰峰值升高，导带态密度增加，相比于 Cs-O 模型，Cs-O-Cs 模型在 −15eV 附近的 Ga 3d 峰局域性进一步降低，−10.37eV 处的态密度峰大幅升高，导带底向低能端移动。

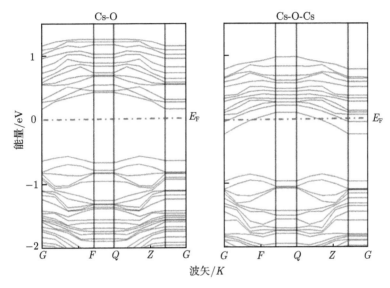

图 6.51 Cs-O 模型和 Cs-O-Cs 模型能带结构图

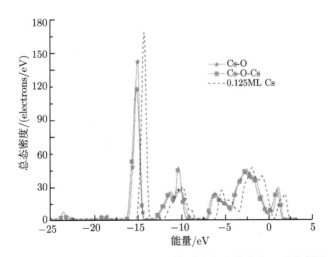

图 6.52 Cs-O 模型和 Cs-O-Cs 模型总态密度曲线 (后附彩图)

Cs 原子、Cs-O-Cs 单元吸附于本征表面后，Fermi 能级上移，吸附单元相当于引入了 n 型掺杂元素，功函数的下降主要是 Fermi 能级上移造成的，本征材料不适于光电阴极的制备。

6.4.2　掺杂 $Ga_{0.5}Al_{0.5}As(001)\beta_2(2 \times 4)$ 重构相 Cs、O 吸附研究

1. Cs 吸附研究

在 6.4.1 节的基础上构造了掺杂 $Ga_{0.5}Al_{0.5}As(001)\beta_2(2 \times 4)$ 重构相的 Cs 吸附模型，选取的掺杂位置为 Ga3 位，Cs 覆盖度为 $0.125ML(T_3$ 位)、0.25ML、0.5ML 和 0.75ML。采用由 $Ga:3d^{10}4s^24p^1$、$Al:3s^23p^1$、$As:4s^24p^3$、$Cs5s^25p^66s^1$、$Zn:3d^{10}4s^2$ 和 $H:1s^1$ 生成的超软赝势描述内核和价电子间的相互作用。计算方法和计算精度与 6.3.3 节中 $Ga_{0.5}Al_{0.5}As(001)$ 表面重构相的计算相同。计算得到掺杂 $Ga_{0.5}Al_{0.5}As(001)\beta_2(2 \times 4)$ 重构相的 Cs 吸附模型能带结构如图 6.53 所示。掺杂造成价带顶和导带底向上移动，随着覆盖度的增加，掺杂引起的价带顶和导带顶移动量逐渐减小。掺杂后价带顶能级形状变化明显，导带底能级形状变化较小。

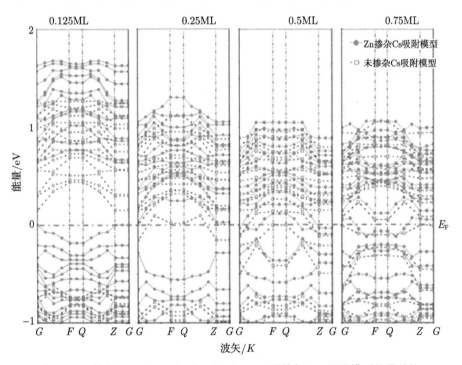

图 6.53　掺杂 $Ga_{0.5}Al_{0.5}As (001)\beta_2(2 \times 4)$ 重构相 Cs 吸附模型能带结构

计算得到 Zn 掺杂 $Ga_{0.5}Al_{0.5}As(001)\beta_2(2 \times 4)$ 重构相 Cs 吸附模型的态密度曲线如图 6.54 所示。掺杂后 $-24eV$ 附近的 Cs 电子态几乎保持不变，$-15eV$ 附近的 Ga 3d 态密度峰局域性降低。掺杂后 0.125ML 的 Cs 吸附模型在 $-8.34 \sim -13.24eV$ 能量范围内的态密度峰值略微增大，0.25ML 的 Cs 吸附模型在 $-8.34 \sim -13.24eV$ 能量范围内的态密度峰值略微减小，0.5ML 和 0.75ML 的 Cs 吸附模型在 $-8.34 \sim$

$-13.24eV$ 能量范围内的态密度峰值保持不变。掺杂后上价带下部态密度增大，导带和价带相互作用变强。

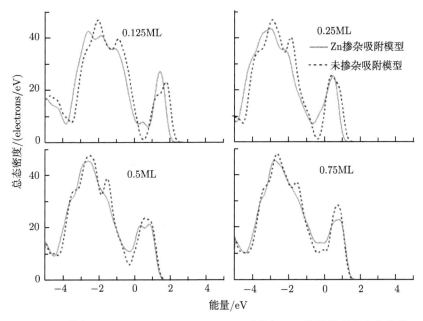

图 6.54 掺杂 $Ga_{0.5}Al_{0.5}As$ (001)$\beta_2(2 \times 4)$ 重构相 Cs 吸附模型态密度曲线

计算得到 Zn 掺杂 $Ga_{0.5}Al_{0.5}As(001)$ $\beta_2(2 \times 4)$ 重构相 Cs 吸附模型的吸附能、电荷转移系数、功函数、电荷变化量和偶极矩如表 6.22 所示，Zn 掺杂造成吸附模型吸附能升高、稳定性变差，并造成 Cs 吸附模型离子性增强。覆盖度为 0.125ML、0.25ML 时，Zn 掺杂造成功函数升高，而当覆盖度为 0.5ML 和 0.75ML 时，Zn 掺杂造成功函数的下降。覆盖度为 0.125ML 时，Δe_{Cs} 减小，覆盖度为 0.5ML、0.75ML 和 1ML 时，Δe_{Cs} 增大。功函数的变化主要是由表面偶极矩变化引起的，掺杂原子的引入造成 d_z 的增大，表明 Zn 掺杂引起了电子云分布的变化，正负电子云中心距离增大。Cs 覆盖度为 0.125ML、0.25ML 和 0.5ML 时，$|Q^{\pm}|$ 减小，Cs 覆盖度为 0.75ML 时，$|Q^{\pm}|$ 增大。0.125ML 和 0.25ML 时，掺杂引起 p_z 和 μ 减小，造成了功函数升高。0.5ML 和 0.75ML 时，掺杂引起 p_z 和 μ 增大，造成功函数降低。

Zn 掺杂造成 Cs 吸附模型的 Fermi 能级向下移动，随着覆盖度的增加，价带顶和导带底向低能端移动，形成表面能带弯曲区。0.125ML 和 0.25ML 时，Fermi 能级下移造成了功函数的升高，0.5ML 和 0.75ML 时，表面能带弯曲区造成功函数的下降。$Ga_{0.5}Al_{0.5}As$ 禁带宽度为 1.998eV，p 型掺杂材料的 Fermi 能级靠近价带，Cs 覆盖度为 0.75ML 时功函数为 1.835eV，此时材料是负电子亲和势状态。

表 6.22　**不同覆盖度 Cs 吸附 Zn 掺杂 Ga$_{0.5}$Al$_{0.5}$As (001)β$_2$ (2×4) 重构相的吸附能、电荷转移系数、功函数、电荷变化量和偶极矩**

θ_{Cs}/ML	0.125	0.25	0.5	0.75
ΔH_{Cs}/(eV/吸附铯)	−2.281	−1.497	−1.069	−1.073
c	0.627	0.614	0.608	0.604
功函数/eV	3.876	3.137	2.052	1.835
Δe_{Cs}/(|e|/Cs)	0.81	0.81	0.63	0.61
μ/deb	−3.115	−2.809	−2.307	−1.671
$\|Q^{\pm}\|$/|e|	1.70	3.58	6.38	8.61
d_z/Å	2.76	2.51	2.13	1.72
$p_z = \|Q^{\pm}\| \times d_z$	4.69	8.99	13.59	14.81

2. Cs、O 吸附和碎鳞场效应

在 Zn 掺杂 Ga$_{0.5}$Al$_{0.5}$As(001)β$_2$(2×4) 重构相 Cs 吸附模型的研究基础上构造了 Cs、O 吸附模型，选取的 Cs 覆盖度分别为 0.25ML 和 0.75ML，吸附一个 O 原子。计算模型如图 6.53 所示 (图中上面是 Cs 覆盖度为 0.25ML，下面是 0.75ML)。采用由 Ga:3d^{10}4s^{2}4p^1、Al:3s^{2}3p^1、As:4s^{2}4p^3、Cs:5s^{2}5p^{6}6s^1、Zn:3d^{10}4s^2 和 H:1s^1 生成的超软赝势描述内核和价电子间的相互作用。计算方法和计算精度与 6.3.3 节中 Ga$_{0.5}$Al$_{0.5}$As(001) 表面重构相的计算相同。优化后 O 原子会向下移动，形成 Cs 在上、O 在下的吸附模型。0.25ML 和 0.75ML 的掺杂表面 Cs、O 吸附模型的吸附能分别为 −9.423eV 和 −6.817eV，O 原子吸附后模型稳定性大幅增强。

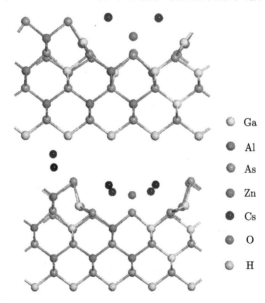

图例：
○ Ga
● Al
○ As
● Zn
● Cs
● O
○ H

图 6.55　Zn 掺杂 Ga$_{0.5}$Al$_{0.5}$As(001)β$_2$(2×4) 重构相 Cs、O 吸附模型 (后附彩图)

　　计算得到 Zn 掺杂 Ga$_{0.5}$Al$_{0.5}$As(001)β$_2$(2 × 4) 重构相 Cs、O 吸附模型的能带结构如图 6.56 所示。O 原子的吸附造成了导带底和价带顶向下移动，带隙变窄。0.25ML 模型的导带底和价带顶移动更为明显，0.75ML 模型的导带底和价带顶移动量较小。O 的吸附对导带底和价带顶的形状影响较小。

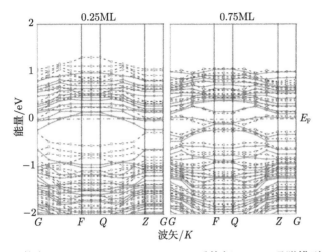

图 6.56　Zn 掺杂 Ga$_{0.5}$Al$_{0.5}$As(001)β$_2$(2 × 4) 重构相 Cs、O 吸附模型能带结构

虚线为 Cs 吸附模型能带结构，实线为 Cs、O 吸附能带结构

　　计算得到 Zn 掺杂 Ga$_{0.5}$Al$_{0.5}$As(001)β$_2$(2 × 4) 重构相 Cs、O 吸附模型的态密度曲线如图 6.57 所示。O 原子的吸附后，-24eV 附近的 Cs 电子态密度峰几乎没有变化，-15eV 附近的 Ga 3d 态密度峰局域性增强，0.25ML 模型在 $-8.34 \sim -13.24$eV 能量范围内的态密度峰值增加，0.75ML 模型在 $-8.34 \sim -13.24$eV 能量范围内的态密度峰有所降低。0.25ML 模型导带和上价带下移，0.75ML 模型的导带和上价带位置几乎没有发生变化，只是在下价带底部态密度曲线向低能端延伸。

　　掺杂前后，0.25ML 的 Cs、O 吸附模型功函数分别 2.877eV 和 2.841eV，0.75ML 的 Cs、O 吸附模型功函数分别 2.356eV 和 1.706eV。Zn 掺杂表面 Cs、O 吸附模型达到了负电子亲和势状态。Cs、O 激活后 Zn 掺杂原子处功函数低于周围，光电子更容易从掺杂原子附近逸出。

　　Ga$_{1-x}$Al$_x$As 中原子密度为 $(4.42 - 0.17x) \times 10^{22}$cm^{-3}，p 型原子掺杂量通常在 $10^{18} \sim 10^{19}$cm^{-3} 数量级，可将掺杂浓度粗略地看作 0.1%，将 Ga$_{1-x}$Al$_x$As 材料分割为 1000 个原子组成的立方体单元，立方体单元的长宽高均为 14.1443nm，每个立方体包含一个 Zn 掺杂原子，图 6.58 为材料表面掺杂原子分布俯视图。Cs、O 激活后掺杂原子附近功函数低于周围，光电子更容易从掺杂原子附近逸出，因此表面处光电流并不是均匀的，而是会在掺杂原子附近形成一个峰值，光电发射表现出如

图 6.59 所示的碎鳞场效应。

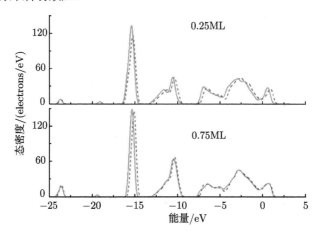

图 6.57 Zn 掺杂 Ga$_{0.5}$Al$_{0.5}$As(001)β$_2$(2 × 4) 重构相 Cs、O 吸附模型态密度曲线

虚线为 Cs 吸附模型态密度曲线，实线为 Cs、O 吸附模型态密度曲线

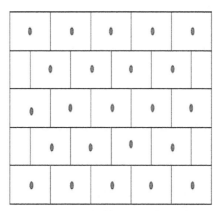

图 6.58 掺杂原子近似分布俯视图

小圆点表示掺杂 Zn 原子

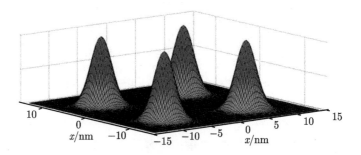

图 6.59 碎鳞场效应示意图 (后附彩图)

参 考 文 献

[1] 鱼晓华. NEA $Ga_{1-x}Al_xAs$ 光电阴极中电子与原子结构研究. 南京: 南京理工大学, 2015

[2] 杜玉杰. GaN 光电阴极材料特性与激活机理研究. 南京: 南京理工大学, 2012

[3] Liu W, Zheng W T, Jiang Q. First-principles study of the surface energy and work function of III-V semiconductor compounds. Physical Review B, 2007, 75(23): 235322

[4] Zhou W, Liu L J, Wu P. First-principles study of structural, hermodynamic, elastic, and magnetic properties of Cr_2GeC under pressure and temperature. Journal of Applied Physics, 2009, 106(3): 033501

[5] 李拥华, 徐彭寿, 潘海滨, 等. GaN(1010) 表面结构的第一性原理计算. 物理学报, 2005, 54(01): 0317–0323

[6] 沈耀文, 康俊勇. GaN 中与 C 和 O 有关的杂质能级第一性原理计算. 物理学报, 2002, 51(03): 0645–0648

[7] 陈文斌, 陶向明, 赵新新, 等. 氢原子在 Ti(0001) 表面吸附的密度泛函理论研究. 物理化学学报, 2006, 22(4): 445–450

[8] Northrup J E. Hydrogen and magnesium incorporation on c-plane and m-plane GaN surfaces. Physical Review B, 2008, 77(4): 045313

[9] Malkova N, Ning C Z. Band structure and optical properties of wurtzite semiconductor nanotubes. Physical Review B, 2007, 75(15): 155407

[10] 李正中. 固体理论. 北京: 高等教育出版社, 2002

[11] Born M, Oppenheimer R. Zur quantentheorie der molekeln. Annals Physics, 1927, 84(4): 457–484

[12] Born M, Huang K. Dynamical Theory of Crystal Lattices. Oxford: Oxford University Press, 1954

[13] Hartree D R. The wave mechanics of an atom with a non-Coulomb central field. Mathematical Proceedings of the Cambridge Philosophical Society, 1928, 24: 89–110

[14] Thomas H. The calculation of atomic fields. Mathematical Proceedings of the Cambridge Philosophical Society, 1927, 23(5): 542–548

[15] Hohenberg P, Kohn W. Inhomogeneous electron gas. Physical Review, 1964, 136(3): B864–B871

[16] Kohn W, Sham L J. Self-consistent equation including exchange and correlation effects. Physical Review, 1965, 140(4): 33–38

[17] Slater J C. A simplification of the Hartree-Fock. Method. Physical Review, 1951, 81(3): 385–390

[18] Slater J C. The Self-consistent Field for Molecules and Solids. New York: Mcgraw-Hill, 1974

[19] Ceperley D M, Alder B J. Ground state of the electron gas by a stochastic method. Physical Review Letters, 1980, 45(7): 566–569

[20] Perdew J P, Zunger A. Self-interaction correction to density-functional approximations for many-electron systems. Physical Review B, 1981, 23(10): 5048–5079

[21] Ihm J, Zunger A, Cohen M L. Momelltum-space formalism for the total energy of solids. Journal of Physics C, 1979, (12): 4409–4422

[22] Yin M T, Cohen M L.Theory of ab initio pseudopotential calculations. Physical Review B, 1982, (25): 7403–7412

[23] Payne M C, Teter M P, Ahan D C, et al. Iterative minimization techniques for ab inito total-energy calculation: molecular dynamics and conjugate gradients. Reviews of Modern Physics, 1992, 64(4): 1045–1097

[24] Laasonen K, Pasquarello A, Car R, et al. Car-Parrinello molecular dynamics with Vanderbilt ultrasoft pseudopotentials. Physical Review B, 1993，47(16): 10142–10153

[25] Hamann D R, Schluter M, Chiang C. Norm-conserving pseudopotentials. Physical Review Letters, 1979, 43: 1494–1497

[26] Bloehl P E. Projector augmented-wave method. Physics Review B, 1994, 50: 17953–17979

[27] Vanderbilt D. Soft self-consistent pseudopotentials in a generalized eigenvalue formalism. Physical Review B. 1990, 41(11): 7892–7895

[28] 李旭珍, 谢泉, 陈茜, 等. OsSi$_2$ 电子结构和光学性质的研究. 物理学报, 2010, 59(3): 2016–2021

[29] Kresse G, Joubert D. From ultrasoft pseudopotentials to the projector augmented-wave method. Physical Review B, 1999, 59(3): 1758

[30] 方容川. 固体光谱学. 合肥: 中国科学技术大学出版社, 2001

[31] 沈学础. 半导体光谱和光学性质. 北京: 科学出版社, 2002

[32] 陈茜, 谢泉, 闫万珺, 等. Mg$_2$Si 电子结构及光学性质的第一性原理计算. 中国科学 G 辑, 2008, 38(7): 825–833

[33] Nishitani T, Tabuchi M, Takeda Y, et al. High-brightness spin-polarized electron source using semiconductor photocathodes. Japanese Journal of Applied Physics, 2009, 48: 06FF02

[34] Martinelli R U, Ettenberg M. Electron transport and emission characteristics of negative electron affinity $Al_xGa_{l-x}As$ alloys $(0 \sim x \sim 0.3)$. Journal of Applied Physics, 1974, 45: 3896–3898

[35] Zhao J, Zhang Y, Chang B, et al. Comparison of structure and performance between extended blue and standard transmission-mode GaAs photocathode modules. Applied Optics, 2011, 50(32): 6140–6145

[36] Liu Y Z, Moll J L, Spicer W E. Quantum yield of GaAs semitransparent photocathodes. Applied Physics Letters, 1970, 17(2): 60–62

[37] James L W, Moll J L. Transport properties of GaAs obtained from photoemission measurements. Physical Review, 1969, 183(3): 740–753

[38] Costello K A, Aebi V W, MacMillan H F. Imaging GaAs vacuum photodiode with 40%quantum efficiency at 530 nm. Proc. SPIE, 1990, 1243: 99–106

[39] Fisher D G, Olsen G H. Properties of high sensitivity $GaP/In_xGa_{1-x}P/GaAs:(Cs-O)$ transmission photocathodes. Journal of Applied Physics, 1979, 50(4): 2930–2935

[40] Antypas G A, James L W, Uebbing J J. Operation of III-V semiconductor photocathodes in the semitransparent mode. Journal of Applied Physics, 1970, 41(7): 2888–2894

[41] Antypas G A, Edgecumbe J. Glass-sealed GaAs-AlGaAs transmission photocathode. Applied Physics Letters, 1975, 26(7): 371, 372

[42] Antypas G A, Escher J S, Edgecumbe J, et al. Broadband GaAs transmission photocathode. Journal of Applied Physics, 1978, 49(7): 4301

[43] Csorba I P. Recent advancements in the field of image intensification the generation 3 wafer tube. Applied Optics, 1979, 18(14): 2440–2444

[44] Liu Y Z, Hollish C D, Stein W W. LPE GaAs/(Ga, Al)As/GaAs transmission photocathodes and a simplified formula for transmission quantum yield. Journal of Applied Physics, 1973, 44(12): 5619–5621

[45] Antonova L I, Denissov V P. High-efficiency photocathodes on the NEA-GaAs basis. Applie Surface Science, 1997, 111: 237–240

[46] Uchiyama S, Takagi Y, Niigaki M, et al. GaN-based photocathodes with extremely high quantum efficiency. Applied Physics Letters, 2005, 86: 103511

[47] Morrissey P, Kaye S, Martin C, et al. A novel low-voltage electron-bombarded CCD readout. Proceedings of SPIE, 2006, 6266: 626610

[48] Siegmund O H W. High-performance microchannel plate detectors for UV/visible astronomy. Nuclear Instruments and Methods in Physics Research A, 2004, 525: 12–16

[49] 乔建良, 田思, 常本康, 等. 负电子亲和势 GaN 光电阴极激活机理研究. 物理学报, 2009, 58(8): 5847–5851

[50] 杜晓晴, 常本康, 钱芸生, 等. GaN 紫外光阴极材料的高低温两步制备实验研究. 光学学报, 2010, 30(6): 1734–1738

[51] 李飙, 徐源, 常本康, 等. 梯度掺杂结构 GaN 光电阴极的激活工艺研究. 光电子·激光, 2011, 22(9): 1317–1321

[52] 乔建良, 常本康, 钱芸生, 等. 反射式 NEA GaN 光电阴极量子效率恢复研究. 物理学报, 2011, 60(1): 017903

[53] 曾正清, 李朝木, 王宝林, 等. GaN 负电子亲和势光电阴极的激活改进研究. 真空与低温, 2010, 16(2): 108–112

[54] 杜晓晴. 利用反射与透射光谱测量 GaN 外延层的光学参数. 光学与光电技术, 2010, 8(1): 76–79

[55] Du Y J, Chang B K, Zhang J J, et al. Influence of Mg doping on the electronic structure and optical properties of GaN. Optoelectronics and Advanced Materials-Rapid Communications, 2011, 5(10): 1050–1055

[56] Du Y J, Chang B K, Wang H G, et al. First principle study of the influence of vacancy defects on optical properties of GaN. Chinese Optics Letters, 2012, 10(5): 051601

[57] 介伟伟, 杨春. 六方 GaN 空位缺陷的电子结构. 四川师范大学学报 (自然科学版), 2010, 33(6): 803–807

[58] 李建华, 曾祥华, 季正华, 等. ZnS 掺 Ag 与 Zn 空位缺陷的电子结构和光学性质. 物理学报, 2011, 60(5): 057101

[59] 陈文斌, 陶向明, 赵新新, 等. 氢原子在 Ti(0001) 表面吸附的密度泛函理论研究. 物理化学学报, 2006, 22(4): 445–450

[60] 沈耀文, 康俊勇. GaN 中与 C 和 O 有关的杂质能级第一性原理计算. 物理学报, 2002, 51(03): 0645–0648

[61] Hogan C, Paget D, Garreau Y, et al. Early stages of cesium adsorption on the As-rich(2×8) reconstruction of GaAs(001): adsorption sites and Cs-induced chemical bonds. Physics Review B, 2003, 68: 205313

[62] González-Hernández R, Martínez G, López-Perez W, et al. Structural stability of scandium on nonpolar GaN (1120) and (1010) surfaces: a first-principles study. Applied Surface Science, 2014, 288(1): 478–481

[63] Perdew J P, Burke K, Emzerho M. Generalized gradient approximation made simple. Physical Review Letters, 1996, 77 (18): 3865–3868

[64] Srivastava G P, AlZahrani A Z, Usanmaz D. Theoretical analysis of semiconductor surface passivation by adsorption of alkaline-earth metals and chalcogens. Applied Surface Science, 2012, 258(21): 8377–8386

[65] Yu X H, Du Y J, Chang B K, et al. Study on the electronic structure and optical properties of different Al constituent $Ga_{1-x}Al_xAs$. OPTIK, 2013, 124: 4402–4405

[66] Saxena A K. The conduction band structure and deep levels in $Ga_{1-x}Al_xAs$ alloys from a high-pressure. Journal of Physics C: Solid State Physics, 1980, 13: 4323–4334

[67] Pickett W E.Pseudopotential methods in condensed matter applications. Computer Physics Reports, 1989, 9(3): 115–197

[68] 张益军. 变掺杂 GaAs 光电阴极研制及其特性评估. 南京: 南京理工大学, 2012

[69] Garbe S, Frank G. Efficient photoemission from GaAs epitaxial layers. Solid State Communications, 1969, 7(8): 615–617

[70] Proix F, Akremi A, Zhong Z T. Effects of vacuum annealing on the electronic properties of cleaved GaAs. Journal of Physics C: Solid State Physics, 1983, 16: 5449–5463

[71] Liu Z, Sun Y, Machuca F, et al. Preparation of clean GaAs(001) studied by synchrotron radiation photoemission. Journal of Vacuum Science and Technology A, 2003, 21(1): 212–218

[72] Tereshchenko O E, Chikichev S I, Terekhov A S. Atomic structure and electronic properties of HCl-isopropanol treated and vacuum annealed GaAs(001) surface. Applied Surface Science, 1999, 142: 75–80

[73] Alperovich V L, Tereshchenko O E, Rudaya N S, et al. Surface passivation and morphology of GaAs(001) treated in HCl-isopropanol solution. Applied Surface Science, 2004, 235: 249–259

[74] Tomkiewicz P, Winkler A, Krzywiecki M, et al. Analysis of mechanism of carbon removal from GaAs(001) surface by atomic hydrogen. Applied Surface Science, 2008, 254: 8035–8040

[75] Tomkiewicz P, Winkler A, Szuber J. Comparative study of the GaAs(001) surface cleaned by atomic hydrogen. Applied Surface Science, 2006, 252: 7647–7658

[76] Maruyama T, Luh D A, Brachmann A, et al. Atomic hydrogen cleaning of polarized GaAs photocathodes. Applied Physics Letters, 2003, 82(23): 4184–4186

[77] Durec D, Frommberger F, Reichelt T, et al. Degradation of a gallium-arsenide photoemitting NEA surface by water vapour. Applied Surface Science, 1999, 143: 319–322

[78] Calabres R, Guidi V, Lenisa P, et al. Surface analysis of a GaAs electron source using Rutherford backscattering spectroscopy. Appllied Physics Letters, 1994, 65(3): 301, 302

[79] Wada T, Nitta T, Nomura T. Influence of exposure to CO, CO_2 and H_2O on the stability of GaAs photocathodes. Japanese Journal of Applied Physics, 1990, 29(10): 2087–2090

[80] 邹继军. GaAs 光电阴极理论及其表征技术研究. 南京: 南京理工大学, 2007

[81] Bi K, Liu J, Dai Q. First-principles study of boron, carbon and nitrogen adsorption on WC(100) surface. Applied Surface Science, 2012, 258: 4581–4587

[82] Kitchin J R. Correlations in coverage-dependent atomic adsorption energies on Pd(111). Physics Review B, 2009, 79: 205412

[83] Schimka L, Harl L, Stroppa A, et al. Accurate surface and adsorption energies from many-body perturbation theory. Nature Material, 2010, 9: 741–744

[84] Wang W, Lee G, Huang M, et al. First-principles study of GaAs (001) $\beta_2(2 \times 4)$ surface oxidation and passivation with H, Cl, S, F, and GaO. Journal of Applied Physics, 2010, 107: 103720

[85] Krukowski S, Kempisty P, Strak P. Electrostatic condition for the termination of the opposite face of the slab in density functional theory simulations of semiconductor surfaces. Journal of Applied Physics, 2009, 105: 113701

[86] Yu X H, Ge Z H, Chang B K, et al. First principles calculations of the electronic structure and optical properties of (001), (011) and (111) $Ga_{0.5}Al_{0.5}As$ surfaces. Materials Science in Semiconductor Processing, 2013, 16: 1813–1820

[87] 许桂贵, 吴青云, 张健敏, 等. 第一性原理研究氧在 Ni(111) 表面上的吸附能及功函数. 物理学报, 2009, 58: 1924–1930

[88] Kampen T U, Eyckeler M, Mönch W. Electronic properties of cesium-covered GaN(0001) surfaces. Applied Surface Science, 1998, 28: 123, 124

[89] Mori-Sánchez P, Pendás A M, Luaña V. A classification of covalent, ionic, and metallic solids based on the electron density. Journal of the American Chemical Society, 2002,

124(49): 14721–14723

[90] Bouarissa N. Energy gaps and refractive indices of $Al_xGa_{1-x}As$. Materials Chemistry and Physics, 2001, 72: 387–394

[91] 杜玉杰, 常本康, 张俊举, 等. GaN(0001) 表面电子结构和光学性质的第一性原理研究. 物理学报, 2012, 61(6): 067101

[92] 刘恩科, 朱秉升, 罗晋生, 半导体物理学. 7 版. 北京: 电子工业出版社, 2008

[93] 乔建良. 反射式 NEA GaN 光电阴极激活与评估研究. 南京: 南京理工大学, 2011

[94] Chen X L, Zhao J, Chang B K, et al. Photoemission characteristics of (Cs, O) activation exponential-doping $Ga_{0.37}Al_{0.63}As$ photocathodes. Journal of Applied Physics, 2013, 113: 213105

[95] Yu X H, Chang B K, Wang H G, et al. First principles research on electronic structure of Zn-doped $Ga_{0.5}Al_{0.5}As(001)\beta_2(2 \times 4)$ surface. Solid State Communications, 2014, 187: 13–17

[96] Yu X H, Du Y J, Chang B K, et al. The adsorption of Cs and residual gases on $Ga_{0.5}Al_{0.5}As$ (001) β_2 (2×4) surface: a first-principles research. Applied Surface Science, 2014, 290: 142–147

[97] Srivastava G P, AlZahrani A Z, Usanmaz D. Theoretical analysis of semiconductor surface passivation by adsorption of alkaline-earth metals and chalcogens. Applied Surface Science, 2012, 258(21): 8377–8386

[98] Kempisty P, Krukowski S. On the nature of Surface States Stark Effect at clean GaN (0001) surface. Journal of Applied Physics, 2012, 112: 113704

[99] Machuca F. A thin film p-type GaN photocathode: prospect for a high performance electron emitter. UAS: Stanford University, 2003

[100] Machuca F, Sun Y, Liu Z, et al. Prospect for high brightness III -nitride electron emitter. Journal of Vacuum Science and Technology B, 2000, 18: 3042–3046

[101] 薛增泉. 能制备出负电子亲和势的多晶光电发射薄膜. 光电子学技术, 1987, 1: 23–28

[102] Yu X H, Chang B K, Chen X L, et al. Cs adsorption on $Ga_{0.5}Al_{0.5}As(001)\beta_2(2 \times 4)$ surface: a first-principles research. Computational Materials Science, 2014, 84: 226–231

第7章 窄带响应 GaAlAs 光电阴极的制备与性能

窄带响应光电阴极针对激光探潜应用而提出，目的是要研制出与激光光谱完全匹配且噪声极低的探测器件。本章以 532nm 敏感的 GaAlAs 光电阴极为例，主要介绍了窄带响应光电阴极的光电发射理论、结构设计、材料生长、阴极制备和性能评估[1]。

7.1 NEA GaAlAs 光电阴极的光电发射理论

GaAlAs 材料与 GaAs 相似，具有闪锌矿结构，但是其能带结构却与 GaAs 有一定的区别。当 Al 组分低于 0.45 时，GaAlAs 的能带结构为直接带隙，能带结构如图 7.1(a) 所示；当 Al 组分高于 0.45 时，为间接带隙，如图 7.1(b) 所示。直接带隙 GaAlAs 的导带极小值位于布里渊区中心 Γ 处，在 [111] 和 [100] 方向布里渊区边界 L 和 X 处还各有一个极小值。Γ，L 和 X 三个极小值与价带顶的能量差由 Al 组分决定。GaAlAs 的价带具有一个重空穴带、一个轻空穴带和由于自旋轨道耦合分裂出来的第三个能带。而间接带隙 GaAlAs 的导带极小值位于 [100] 方向布里渊区边界 X 处，在 [111] 方向布里渊区边界 L 和布里渊区 Γ 处还各有一个极小值。

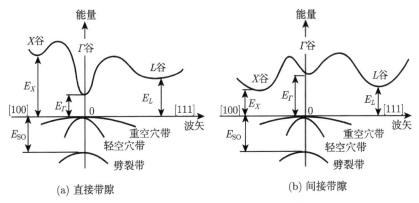

(a) 直接带隙　　　　　　　　　　　(b) 间接带隙

图 7.1 GaAlAs 能带结构示意图[2]

对于直接带隙 GaAlAs 光电阴极，由于入射光子的作用，价带中的电子被激发到导带的 Γ 能谷，产生的光电子在 Γ 能谷迅速热化并向光电阴极表面输运。GaAs 光电阴极的相关研究表明，当入射光子能量足够高时，电子在声子的参与下会被激

发到 L 或 X 能谷，当然这种电子跃迁几率相对 Γ 能谷而言较小，一般情况下甚至可以忽略 X 能谷的热化电子 [3]。不难推断这种情况同样符合直接带隙的 GaAlAs 光电阴极。

而对于间接带隙 GaAlAs 光电阴极，价带中的电子在入射光子的作用下首先会被激发到导带的 Γ 能谷，但是处于 Γ 能谷的电子不能稳定地存在，会向更低能级的 X 能谷跃迁 [4]。此过程除了需要满足能量守恒外，还必须满足动量守恒，即此过程还需要声子来参与。当 Γ 能谷的电子成功跃迁到 X 能谷后会迅速在该能谷热化，随后以一定的输运规律向光电阴极表面运动。

GaAlAs 的光电发射与 GaAs 类似，第 3 章介绍的 GaAs 光电阴极光电发射过程此处照样适用，本节介绍 GaAlAs(100) 的双偶极子模型，重点介绍窄带响应光电阴极量子产额公式。

7.1.1　GaAlAs(100) 表面 Cs、O 双偶极层模型

形成 NEA 光电阴极的前提是选用 p 型半导体材料作为光电发射体，通过必要的化学清洗和加热净化后采用 Cs、O 激活使半导体表面形成负电子亲和势。GaAlAs 材料的 p 型掺杂一般选用 Be 或 Zn，由于 Be 原子半径较小，其进入 GaAlAs 材料后一部分处于本体原子的间隙中，为间隙式杂质；而另一部分会替代本体原子，为代位式杂质。而 Zn 原子半径较大，在进入 GaAlAs 材料后以代位式杂质存在。图 7.2 给出了掺入 Zn 的 GaAlAs 结构示意图，Zn 作为掺杂原子在 GaAlAs 体内一般取代 Ga 或者 Al 原子的位置。由于 Zn 是 +2 价的，Ga 和 Al 是 +3 价的，当 Zn 取代 Ga 或 Al 位置时，会从附近获得一个电子从而与 As 组成共价键，保持原

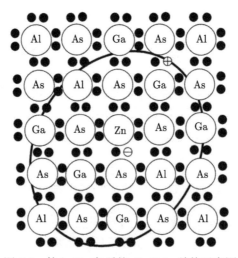

图 7.2　掺入 Zn 杂质的 GaAlAs 结构示意图

来的四面体结构, 但是会在附近留下一个空穴。可以将以 Zn 为中心的附近影响区域假想为一个团簇结构, 需要此团簇结构外部的电子来填充 Zn 掺杂时多出的空穴位置。

对于 GaAs(100) 表面的重构模型有很多的报道, 其中 GaAs(100) $\beta_2(2 \times 4)$ 重构表面是最稳定的, 有关该表面的 Cs 吸附的研究也比较广泛 [5~8]。Yu 等基于密度泛函理论对 GaAlAs(100) $\beta_2(2 \times 4)$ 表面模型及其 Cs 吸附位置开展了第一性原理计算工作 [9~11]。图 7.3 给出了四层结构的 GaAlAs(100) $\beta_2(2 \times 4)$ 重构表面示意图, 表面重构只改变表面原子的对称性, 对表面以下的体原子结构没有影响。

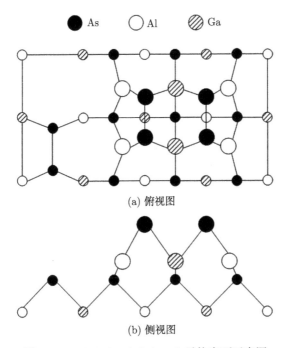

(a) 俯视图

(b) 侧视图

图 7.3　GaAlAs(100) $\beta_2(2 \times 4)$ 重构表面示意图

图中, 大原子代表第一层和第二层的原子, 小原子代表第三层和第四层的原子

目前 NEA 光电阴极的制备过程中一般采用首次 Cs 激活, 随后 Cs、O 交替激活的制备方法。GaAlAs(100) 表面为极性面, 其表面原子带有悬挂键, 这些悬挂键可以与吸附的 Cs 原子形成共价结合。金属 Cs 是目前 NEA 光电阴极制备中用来降低表面电子亲和势的最有效的化学吸附材料。在 GaAlAs(100)$\beta_2(2 \times 4)$ 重构表面存在比较多的 Cs 吸附位置, Cs 会在这些位置吸附并与表面原子形成第一偶极层, 首次进 Cs 的 GaAlAs(100) 表面如图 7.4 所示, 图中假设掺杂原子 Zn 替代了原子 Ga 的位置。

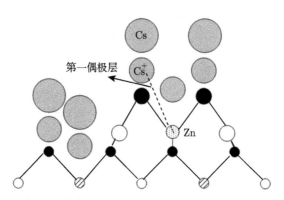

图 7.4　首次进 Cs 的 GaAlAs(100) 表面示意图

在首次进 Cs 过程中，吸附在 GaAlAs 表面的 Cs 原子易于失去外层 6s 价电子，电离了的 Cs 原子与 GaAlAs 极性表面的悬挂键结合。在 p 型 GaAlAs 表面，以 Zn 为中心的团簇结构具有较大的电负性，Cs 会与该团簇结构形成第一偶极层：GaAlAs(Zn)-Cs，它引起电位变化，使表面的能级相对体内降低，即表面电子亲和势降低，有利于体内光电子的逸出。当 GaAlAs 表面的 Cs 吸附到一定程度时，偶极子的极化和去极化程度会达到一个平衡，即表面电子亲和势不再降低，此时 GaAlAs 光电阴极获得单 Cs 激活阶段的最佳光电发射性能。此后，随着 Cs 在表面的进一步覆盖，Cs-Cs 之间的作用会使原有的偶极子去极化，并且过量的 Cs 原子相变成二维金属岛，会阻挡阴极体内的光电子向真空逸出，宏观表现为光电流随着 Cs 的覆盖下降，物理表象为阴极表面的电子亲和势不降反升。

当覆盖 Cs 的 GaAlAs 表面引入 O 时，O_2 分子首先发生分解成为 O 原子，由于 O 原子的体积较小，能够通过缝隙扩散进入 Cs 层之下并电离，与 Cs^+ 形成第二偶极层 Cs^+-O^{2-}-Cs^+，该偶极层会使 GaAlAs 表面电子亲和势进一步降低。进 O 后 GaAlAs(100) 表面的结构如图 7.5 所示。在 Cs、O 交替激活过程中，不会出现首次进 Cs 过量时发生的 Cs-Cs 相互作用而去极化的现象。O 的引入使 Cs 原子更容易电离，而 Cs^+ 的半径小于 Cs 原子的，不难理解此时的表面腾出了更多的空间来接纳更多的 Cs 原子。此外，随着 Cs、O 交替的循环，表面形成的 Cs^+-O^{2-}-Cs^+ 偶极子数目越来越多，表面电子亲和势也逐渐降低。虽然 O 的引入能大幅提升 NEA 光电阴极的光电发射性能，但是 O 过量同样会对阴极的激活层造成破坏，所以在激活过程中还需要严格控制 Cs/O 比例，这样才能使 GaAlAs 光电阴极获得最佳的光电发射性能。

在激活完美的 GaAlAs(100) 表面形成的双偶极子可以表示为 [GaAlAs(Zn)：Cs]：O-Cs，这仅仅是一种假设，利用该假设，可以从微观层面研究光电阴极的形成及光电发射的消失。

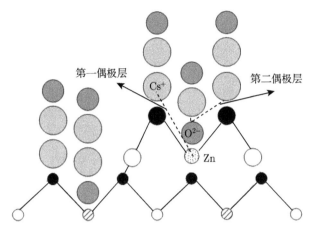

图 7.5 进 O 后的 GaAlAs(100) 表面示意图

7.1.2 GaAlAs(100) 和 GaAs(100) 表面 Cs 吸附比较研究

对于 NEA 光电阴极，由原子吸附引起的表面偶极子会改变半导体表面的电离能。相对 Ga、Al、As 和 Zn 原子，Cs 具有最小的电负性，但是 Cs 具有很大的极化率。Cs 的吸附会在半导体中感应出表面态，从而影响肖特基势垒的形成和 Fermi 能级的钉扎 [12]。在超高真空系统中，吸附在 GaAlAs(100) 表面的 Cs 会与基底原子作用而形成偶极子，从而降低表面势垒，使电子逸出到真空。随着吸附原子的增加而引起的半导体表面电子亲和势的降低遵循 Topping 模型 [13,14]

$$\Delta\chi = -\frac{e\rho n_{\mathrm{dip}}}{\varepsilon_0}\left(1+\frac{9\beta n_{\mathrm{dip}}^{3/2}}{4\pi\varepsilon_0}\right)^{-1} \tag{7.1}$$

式中，ρ 是吸附原子形成的偶极矩；e 是电子电荷；n_{dip} 是 1 ML 吸附质的原子面密度 θ 与表面覆盖度 Θ 的乘积；ε_0 是真空介电常数；β 是吸附原子的极化率。

表面形成偶极子的偶极矩可表示为

$$\rho = \Delta q(r_{\mathrm{Cs}} + r_{\mathrm{sub}}) \tag{7.2}$$

式中，r_{Cs} 和 r_{sub} 分别代表 Cs 原子和基底原子的共价半径；Δq 代表 Cs 原子转移至基底原子的电荷，其可以通过 Pauling 原理得到 [15]，这里给出了 Pauling 方法的修正公式 [14]

$$\Delta q = 0.16e\,|X_{\mathrm{sub}} - X_{\mathrm{Cs}}| + 0.035e\,(X_{\mathrm{sub}} - X_{\mathrm{Cs}})^2 \tag{7.3}$$

式中，X_{sub} 和 X_{Cs} 分别代表基底原子和 Cs 原子的电负性。由于掺杂原子 Zn 所占表面原子的比例小，采用 Topping 模型方法进行计算时可忽略 Zn 原子的贡献。

在本节计算中涉及的 Ga、Al、As 和 Cs 原子的电负性分别为 1.6、1.5、2.0 和 0.7[16]。Ga、Al、As 和 Cs 的原子共价半径分别为 1.24 Å、1.26 Å、1.21 Å和 2.32 Å。

通常情况下, 为了表示光电阴极表面真空能级的降低, 会引入功函数和电子亲和势来进行说明。功函数是指使一个处于 Fermi 能级的电子逸出到真空中所需要的能量, 电子亲和势表示使半导体导带底的电子逸出到真空所需的最小能量。对半导体而言, 功函数和电子亲和势的差是指导带底部与 Fermi 能级的能量差。

GaAlAs 的电子亲和势 $\chi_{\mathrm{Ga}_{1-x}\mathrm{Al}_x\mathrm{As}}$ 与 Al 组分之间的关系如下 [4]:

$$\begin{cases} \chi_{\mathrm{Ga}_{1-x}\mathrm{Al}_x\mathrm{As}} = 4.07 - 1.1x, & 0 \leqslant x \leqslant 0.45 \\ \chi_{\mathrm{Ga}_{1-x}\mathrm{Al}_x\mathrm{As}} = 3.64 - 0.14x, & 0.45 < x \leqslant 1.0 \end{cases} \tag{7.4}$$

表面电子亲和势的降低实际上是由两个因素共同作用的结果: 一个是表面偶极子的贡献, 另一个是由表面 Fermi 能级钉扎引起的表面能带弯曲的贡献。对于 NEA 半导体而言, 表面能带的弯曲量大致是禁带宽度的 1/3[6]。

根据 Topping 模型公式可计算 Cs 吸附引起的光电阴极表面电子亲和势的变化情况, 计算时 Cs 的极化率 $\beta = 1.81 \times 10^{-39}$ C·m^2/V, Cs 吸附在 GaAlAs 表面的原子面密度 $\theta = 7.3 \times 10^{14}$ cm^{-2}[14]。图 7.6 给出了 GaAs(100) 表面电子亲和势随 Cs 覆盖度变化的实验结果及 Topping 模型计算结果, 可以看出两者具有较好的吻合度, 尤其是在低覆盖度的情况下, 而两者的最低值有一定的偏差。随着 Cs 吸附的增加, GaAs 表面的电子亲和势会逐渐降低而达到一个最低值。当表面 Cs 吸附进一步增加时, 由于 Cs 原子不再离化从而阻挡光电子逸出, 体现为电子亲和势不降反升。

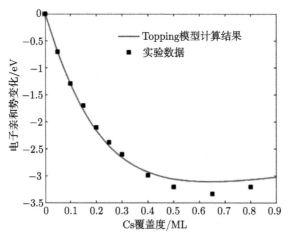

图 7.6　GaAs(100) 表面电子亲和势随 Cs 覆盖度的变化曲线 [14]

我们基于密度泛函理论 (DFT) 研究了不同 Cs 覆盖度下的 Ga$_{0.5}$Al$_{0.5}$As(100)

表面功函数 [11]。与 GaAs 光电阴极的 Cs 吸附情况相似，Cs 覆盖度在一定范围内，表面功函数会随着 Cs 覆盖度的增加而降低，但是当 Cs 覆盖度达到一定程度后，表面功函数会增加。为了方便与图 7.6 比较，我们将 GaAlAs 表面功函数的变化转换成表面电子亲和势的变化，如图 7.7 所示。图 7.7 中还给出了基于 Topping 模型的计算结果，可以看出两种计算方法给出的理论曲线具有较高的吻合度。此外，可以看到 Cs 吸附可使 GaAlAs 表面电子亲和势降低到接近导带底，这与 GaAs 表面给出的 Cs 吸附结果相近。由此可以推断对于 GaAlAs 光电阴极，首次 Cs 激活可使表面电子亲和势接近甚至到达导带底。

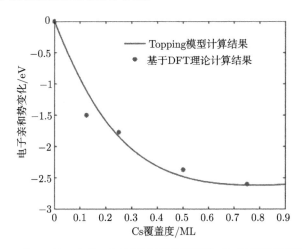

图 7.7　$Ga_{0.5}Al_{0.5}As(100)$ 表面电子亲和势随 Cs 覆盖度的变化曲线

7.1.3　GaAlAs 光电阴极量子效率模型研究

量子效率是评价光电阴极光电发射性能的一个重要指标，表示一个光子在光电阴极体内吸收并产生光电子，到该光电子经过体内和表面能带弯曲区的输运后隧穿表面势垒而逸出到真空的几率。可以看出量子效率与光电发射过程的每一步都紧密相扣，所以说量子效率是最能反映光电阴极光电发射特性的一个物理量。此外，量子效率曲线包含了有关光电阴极性能参量的信息，这些性能参量可以通过量子效率公式拟合得到，所以获得 GaAlAs 光电阴极的量子效率公式对研究光电阴极的光电发射性能显得尤为重要。

1. 反射式 GaAlAs 光电阴极量子效率模型

反射式光电阴极的工作模式为入射光照射在发射层表面，产生的光电子也从光的入射面逸出。由于反射式光电阴极的结构简单且容易制备，故成为实验研究的主要对象。早期的外延生长工艺比较落后，生长的反射式光电阴极材料的厚度都比较厚，很多实验都直接选用衬底材料，光的吸收长度和电子扩散长度都远小于阴极厚度。在推导传统反射式光电阴极量子效率公式过程中，由于发射层较厚，一般只考虑入射光在光电阴极发射层内完全吸收，而无需考虑缓冲层和发射层界面复合速率对量子效率的影响，这样通过求解一维少子连续性方程得到的传统反射式光电阴极量子效率公式为 [17]

$$Y_{\mathrm{R}} = \frac{P \cdot (1 - R_0)}{1 + 1/(\alpha L_{\mathrm{D}})} \tag{7.5}$$

式中，P 为表面电子逸出几率；R_0 为光电阴极材料表面对入射光的反射率；α 为光电阴极材料对入射光的吸收系数；L_{D} 为发射层的电子扩散长度。

式 (7.5) 在很长一段时间内都适用于反射式光电阴极的研究。然而随着半导体加工技术的发展，采用外延技术生长的反射式光电阴极的发射层厚度薄了许多，并引入了缓冲层实现与发射层的晶格匹配。传统的反射式量子效率公式不再适用于具有缓冲层的光电阴极。此后，变掺杂光电阴极的出现又带来了量子效率公式的修正，邹继军等推导了指数掺杂反射式 GaAs 光电阴极量子效率公式 [18]。指数掺杂反射式 GaAlAs 光电阴极的能带结构如图 7.8 所示，可以看出其主要包括 GaAlAs(2) 缓冲层和 GaAlAs(1) 发射层，光电子在 GaAlAs(1) 发射层内产生，在后界面处存在电子复合。由于指数掺杂结构中浓度梯度的存在，GaAlAs(1) 发射层内会形成一个由表面指向体内的内建电场，该内建电场有助于电子由体内向表面输运。

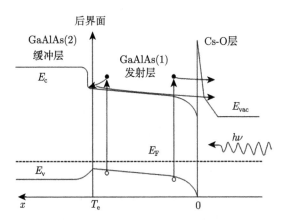

图 7.8　指数掺杂反射式 GaAlAs 光电阴极能带结构示意图

指数掺杂 GaAlAs 光电阴极发射层体内激发产生的电子在导带底热化后，在内建电场 E_{B} 的作用下会以扩散加定向漂移的方式向表面输运，因而发射层内光激发产生的电子向阴极表面输运所遵循的一维少子连续性方程为 [18]

$$D_{\mathrm{n}} \frac{\mathrm{d}^2 n_0(x)}{\mathrm{d}x^2} + \mu |E_{\mathrm{B}}| \frac{\mathrm{d}n_0(x)}{\mathrm{d}x} - \frac{n_0(x)}{\tau} + g_0(x) = 0 \tag{7.6}$$

式中，x 是指 GaAlAs(1) 发射层内某点离发射层表面的距离，如图 7.8 所示；$n_0(x)$ 为发射层中少子 (电子) 浓度；τ 为发射层中的电子寿命；μ 为电子迁移率；D_n 为发射层中的电子扩散系数；$g_0(x)$ 为发射层中的光电子产生函数，其表达式为 [19]

$$g_0(x) = (1 - R_0)I_0\alpha_e \exp(-\alpha_e x), \quad x \in [0, T_e] \tag{7.7}$$

其中，I_0 为入射光强度；T_e 为发射层厚度；R_0 的含义同式 (7.5)；α_e 为入射光在 GaAlAs 发射层中的吸收系数。

式 (7.6) 满足的边界条件为

$$n_0(x)|_{x=0} = 0, \quad \left[D_n \frac{dn_0(x)}{dx} + \mu\,|E_B|\,n_0(x)\right]\Bigg|_{x=T_e} = -S_v n_0(x)|_{x=T_e} \tag{7.8}$$

式中，S_v 为缓冲层与发射层界面处的电子复合速率，记为后界面复合速率。将式 (7.7) 和式 (7.8) 代入式 (7.6) 中，可以得到 GaAlAs (1) 发射层中的光电子浓度分布 $n_0(x)$，最后通过 $Y_{RE} = PD_n \dfrac{dn_0(x)}{dx}\Big|_{x=0}\Big/I_0$ 可获得指数掺杂反射式 GaAlAs 光电阴极量子效率公式为

$$Y_{RE} = \frac{P(1 - R_0)\alpha_e L_D}{\alpha_e^2 L_D^2 - \alpha_e L_E - 1}$$
$$\times \left\{ \frac{N(S - \alpha_e D_n)\exp\left[(L_E/2L_D^2 - \alpha_e)T_e\right]}{M} - \frac{Q}{M} + \alpha_e L_D \right\} \tag{7.9}$$

式中，P 和 L_D 的含义同式 (7.5)；L_E 为光电子在内建电场 E_B 作用下的牵引长度，$L_E = \mu|E_B|\tau = \dfrac{q\,|E_B|}{k_0 T}L_D^2$；$M = (ND_n/L_D)\cosh(NT_e/2L_D^2) + (2SL_D - D_n L_E/L_D)$ $\cdot \sinh(NT_e/2L_D^2)$；$Q = SN\cosh(NT_e/2L_D^2) + (SL_E + 2D_n)\sinh(NT_e/2L_D^2)$；$N = \sqrt{L_E^2 + 4L_D^2}$；$S = S_v + \mu|E_B|$。若上式中的内建电场 E_B 为 0，则均匀掺杂反射式 GaAlAs 光电阴极量子效率公式为

$$Y_{RC} = \frac{P(1 - R_0)\alpha_e L_D}{\alpha_e^2 L_D^2 - 1} \times \left[\frac{(S_v - \alpha_e D_n)\exp(-\alpha_e T_e)}{(D_n/L_D)\cosh(T_e/L_D) + S_v \sinh(T_e/L_D)} \right.$$
$$\left. - \frac{S_v \cosh(T_e/L_D) + (D_n/L_D)\sinh(T_e/L_D)}{(D_n/L_D)\cosh(T_e/L_D) + S_v \sinh(T_e/L_D)} + \alpha_e L_D \right] \tag{7.10}$$

2. 透射式 GaAlAs 光电阴极量子效率模型

与反射式光电阴极的工作方式不同，透射式光电阴极的入射光照在光电子发射面的背面。透射式 GaAlAs 光电阴极结构主要包括玻璃、增透层、高 Al 组分的 GaAlAs 窗口层和低 Al 组分的 GaAlAs 发射层。增透膜一般采用 SiO_2 或者 Si_3N_4，

能够有效地减小玻璃与 GaAlAs 窗口层之间的反射光损失。尽管透射式光电阴极包含多层结构，但最终决定其量子效率范围和大小的主要还是发射层和窗口层。早期透射式光电阴极量子效率公式没有考虑 GaAlAs 窗口层的光吸收作用，所以仿真得到的透射式光电阴极与反射式光电阴极的量子效率曲线差别不大。张益军考虑到光子会在 GaAlAs 窗口层吸收，在量子效率公式中的分子部分加入了短波约束因子，得到的透射式光电阴极量子效率理论曲线与实验曲线能够较好地吻合[20]。此外，由于以前的透射式光电阴极的窗口层比较厚，而且后界面复合速率也较大，所以 GaAlAs 窗口层产生的光电子由于复合机制的存在不能进入发射层。实际上 GaAlAs 材料也是一种良好的光电发射材料，因此当 GaAlAs 窗口层较薄时，需要在量子效率模型中考虑 GaAlAs 窗口层产生的光电子参与最终的光电发射[20]。

　　指数掺杂透射式 GaAlAs 光电阴极的能带结构如图 7.9 所示。可以看出入射光子从阴极发射面的背面入射，由于 GaAlAs(1) 窗口层的禁带宽度高于发射层，短波光子首先会在窗口层吸收并产生光电子，而长波光子会进入发射层。窗口层中的部分光电子会向增透层/窗口层界面 I 处扩散并在此处复合掉；另一部分光电子会向窗口层/发射层的界面 II 处输运，并隧穿界面势垒进入 GaAlAs(2) 发射层，与发射层产生的光电子一起向光电阴极表面输运，最终以一定的几率隧穿表面势垒而逸出到真空。

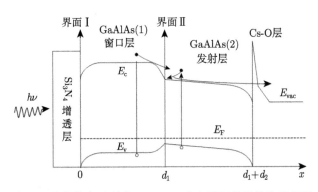

图 7.9　指数掺杂透射式 GaAlAs 光电阴极能带结构示意图

　　由于窗口层为均匀掺杂，其体内产生的光电子的输运遵从不含内建电场的一维少子连续性方程

$$D_{\mathrm{w}} \frac{\mathrm{d}^2 n_1(x)}{\mathrm{d}x^2} - \frac{n_1(x)}{\tau_1} + g_1(x) = 0 \tag{7.11}$$

式中，$n_1(x)$ 是 GaAlAs(1) 窗口层中的电子浓度；τ_1 是窗口层中的电子寿命；D_{w} 是窗口层中的电子扩散系数；$g_1(x)$ 是窗口层中的光电子产生函数。

　　从图 7.9 可知，入射光首先经过 GaAlAs(1) 窗口层，该层主要吸收较高能量的

光子并产生电子, 其中 GaAlAs(1) 窗口层中的光电子产生函数为

$$g_1(x) = (1-R)I_0\alpha_{\mathrm{w}}\exp(-\alpha_{\mathrm{w}}x), \quad x \in [0, d_1] \tag{7.12}$$

式中, I_0 的含义同式 (7.7); α_{w} 是 GaAlAs(1) 窗口层对入射光的光吸收系数; R 是透射式 GaAlAs 光电阴极组件对入射光的反射率。

为了求解式 (7.11), 设定边界条件为

$$n_1(x)|_{x=0} = 0 \tag{7.13}$$

$$D_{\mathrm{w}}\left.\frac{\mathrm{d}n_1(x)}{\mathrm{d}x}\right|_{x=d_1^-} = -S_{\mathrm{v}}\,n_1(x)|_{x=d_1^-} \tag{7.14}$$

式 (7.13) 为图 7.9 中界面 I 处的边界条件, 而式 (7.14) 表示 GaAlAs(1) 窗口层向界面 II 发射的电子流。

根据式 (7.11)、式 (7.13) 和式 (7.14) 计算得到窗口层和发射层界面处的电子数为

$$n_1(d_1^-) = \frac{\alpha_{\mathrm{w}}I_0(1-R)L_{\mathrm{W}}^2/D_{\mathrm{w}}}{1-\alpha_{\mathrm{w}}^2 L_{\mathrm{W}}^2}$$

$$\times \left\{ \frac{(\alpha_{\mathrm{w}}D_{\mathrm{w}} - S_{\mathrm{v}})\exp(-\alpha_{\mathrm{w}}d_1)\sinh(d_1/L_{\mathrm{W}}) - D_{\mathrm{w}}/L_{\mathrm{W}}}{S_{\mathrm{v}}\sinh(d_1/L_{\mathrm{W}}) + D_{\mathrm{w}}/L_{\mathrm{W}}\cosh(d_1/L_{\mathrm{W}})} + \exp(-\alpha_{\mathrm{w}}d_1) \right\} \tag{7.15}$$

式中, S_{v} 是界面 II 处的电子复合速率, 记为后界面复合速率; L_{W} 为 GaAlAs 窗口层中的电子扩散长度。

低能光子不在 GaAlAs(1) 窗口层中吸收, 会穿透窗口层而被 GaAlAs(2) 发射层吸收。由于 GaAlAs 发射层为指数掺杂结构, 与均匀掺杂结构不同, 指数掺杂发射层内的电子所遵循的一维少子连续性方程为

$$D_{\mathrm{n}}\frac{\mathrm{d}^2 n_2(x)}{\mathrm{d}x^2} - \mu\,|E_{\mathrm{B}}|\frac{\mathrm{d}n_2(x)}{\mathrm{d}x} - \frac{n_2(x)}{\tau} + g_2(x) = 0 \tag{7.16}$$

式中, GaAlAs(2) 发射层中的光电子产生函数为

$$g_2(x) = (1-R)I_0\alpha_{\mathrm{e}}\exp[-\alpha_{\mathrm{e}}(x-d_1)]\exp(-\alpha_{\mathrm{w}}d_1), \quad x \in [d_1, d_1+d_2] \tag{7.17}$$

为了求解式 (7.16), 设定边界条件为

$$\left[D_{\mathrm{n}}\frac{\mathrm{d}n_2(x)}{\mathrm{d}x} - \mu\,|E_{\mathrm{B}}|\,n_2(x)\right]\Bigg|_{x=d_1^+} = S_{\mathrm{v}}\left[n_2(x) - n_1(d_1^-)\right]\big|_{x=d_1^+} \tag{7.18}$$

$$n_2(x)|_{x=d_1+d_2} = 0 \tag{7.19}$$

式 (7.18) 表示 GaAlAs(1) 窗口层向界面 II 处的扩散电子流、GaAlAs(2) 发射层向界面 II 处的扩散电子流及漂移电子流与后界面复合速率之间的关系。式 (7.19) 为 GaAlAs(2) 发射层表面处的边界条件。

根据式 (7.16)、式 (7.18) 和式 (7.19)，再通过 $Y_{TE} = -D_n \dfrac{\mathrm{d}n_2(x)}{\mathrm{d}x} \cdot P/I_0$ 可得到最终的指数掺杂透射式 GaAlAs 光电阴极量子效率公式为

$$Y_{TE} = \frac{P/I_0 \cdot ND_n/L_D \cdot S_v n_1(d_1{}^-)\exp(L_E d_2/2L_D{}^2)}{M} + \frac{P(1-R)\alpha_e L_D \exp(-\alpha_w d_1)}{\alpha_e{}^2 L_D{}^2 + \alpha_e L_E - 1}$$

$$\times \left[\frac{N(S+\alpha_e D_n)\exp(L_E d_2/2L_D{}^2)}{M} - \frac{Q\exp(-\alpha_e d_2)}{M} - \alpha_e L_D \exp(-\alpha_e d_2) \right] \tag{7.20}$$

式中，L_E、α_e、N、S、M 及 Q 的含义同式 (7.9)。

若不考虑 GaAlAs(2) 发射层中内建电场的作用，即可得到均匀掺杂透射式 GaAlAs 光电阴极量子效率公式为

$$Y_{TU} = \frac{P/I_0 \cdot D_n/L_D \cdot S_v n_1(d_1^-)}{[(D_n/L_D)\cosh(d_2/L_D) + S_v \sinh(d_2/L_D)]}$$

$$+ \frac{P(1-R)\alpha_e L_D \exp(-\alpha_w d_1)}{\alpha_e^2 L_D^2 - 1} \times \left\{ \frac{\alpha_e D_n + S_v}{(D_n/L_D)\cosh(d_2/L_D) + S_v \sinh(d_2/L_D)} \right.$$

$$\left. - \frac{\exp(-\alpha_e d_2)[S_v \cosh(d_2/L_D) + (D_n/L_D)\sinh(d_2/L_D)]}{(D_n/L_D)\cosh(d_2/L_D) + S_v \sinh(d_2/L_D)} - \alpha_e L_D \exp(-\alpha_e d_2) \right\} \tag{7.21}$$

3. 具有超薄发射层的反射式 GaAlAs 光电阴极量子效率模型

众所周知，在像增强器中使用的透射式光电阴极的发射层必须满足一定的厚度，一般对厚度的选择是光子吸收深度和电子扩散长度的折中，即在保证长波光子在光电阴极体内能得到充分吸收的同时，又要让后界面附近处产生的光电子有机会输运到表面并逸出到真空，这样才能使光电阴极获得一个比较理想的灵敏度。当光电阴极作为电子源时，时间响应特性又成为衡量其性能好坏的一个重要因素，一般通过减薄发射层厚度来获得超快响应的光电阴极。最近 Dowdy 等提出了发展新型超薄 GaAs 光电阴极的概念，主要用于短波可见光的光电发射 [21]。目前关于超薄光电阴极的研究相对较少，而适用于超薄反射式光电阴极的量子效率模型还没有研究。因此，建立一个具有超薄发射层的反射式 GaAlAs 光电阴极量子效率模型是极有必要的，有助于从理论上指导超薄反射式光电阴极的研制。

具有超薄发射层的反射式 GaAlAs 光电阴极的能带结构如图 7.10 所示，主要包括 GaAlAs(1) 发射层、GaAlAs(2) 缓冲层和 GaAs 衬底层，其中缓冲层的 Al 组分是高于发射层的。

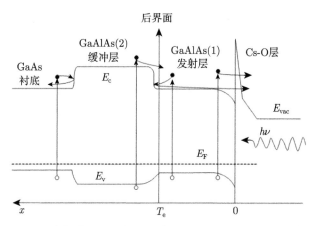

图 7.10 具有超薄发射层的反射式 GaAlAs 光电阴极能带结构图

从图 7.10 可知，对于具有超薄发射层的反射式光电阴极，光照在 GaAlAs(1) 发射层表面，光子首先在发射层内吸收，在近表面产生的光电子会隧穿表面势垒逸出到真空中去。GaAlAs(1) 发射层在界面处产生的光电子由于界面势垒的阻挡不能进入 GaAlAs(2) 缓冲层中，一部分会在界面处复合掉。由于 GaAlAs(1) 发射层很薄，高能光子不能被发射层充分吸收，部分光子进入到 GaAlAs(2) 缓冲层中。此时，GaAlAs(2) 缓冲层中产生的光电子会隧穿界面势垒进入 GaAlAs(1) 发射层，并与发射层内产生的电子以相同的运动方式向阴极表面扩散，最终逸出到真空中去 [22]。尽管低能光子能够被 GaAs 衬底吸收，但是由于 GaAlAs(2) 缓冲层和 GaAs 衬底的界面势垒存在，衬底中产生的光电子不会进入 GaAlAs(2) 缓冲层。此外，由于发射层很薄，一般会采用均匀掺杂结构。

具有超薄发射层的反射式 GaAlAs 光电阴极的发射层中的电子输运遵从一维少子连续性方程

$$D_n \frac{d^2 n_3(x)}{dx^2} - \frac{n_3(x)}{\tau} + g_3(x) = 0 \tag{7.22}$$

式中，$n_3(x)$ 是 GaAlAs(1) 发射层中的电子浓度；τ 和 D_n 的含义同式 (7.6)；$g_3(x)$ 是 GaAlAs(1) 发射层中的光电子产生函数。

入射光首先经过 GaAlAs(1) 发射层，该层主要吸收短波光子产生光电子，其中 GaAlAs(1) 发射层中光电子产生函数为

$$g_3(x) = (1 - R_0)I_0 \alpha_e \exp(-\alpha_e x), \quad x \in [0, T_e] \tag{7.23}$$

式中，I_0、α_e、R_0 及 T_e 的含义同式 (7.7)。

为了求解式 (7.22)，边界条件设定为

$$n_3(x)|_{x=0} = 0 \tag{7.24}$$

$$-D_\mathrm{n}\frac{\mathrm{d}n_3(x)}{\mathrm{d}x}\bigg|_{x=T_\mathrm{e}^-} = S_\mathrm{v}[n_3(x) - n_4(T_\mathrm{e}^+)]\big|_{x=T_\mathrm{e}^-} \tag{7.25}$$

式 (7.24) 为 GaAlAs(1) 发射层表面的边界条件, 而式 (7.25) 表示 GaAlAs(2) 缓冲层向后界面处的扩散电子流、GaAlAs(1) 发射层向后界面处的扩散电子流与后界面复合速率之间的关系。

为了得到最终的量子效率公式, 需要求解 GaAlAs(2) 缓冲层中输运到后界面处的光电子数, 即 $n_4(T_\mathrm{e}^+)$。GaAlAs(2) 缓冲层产生的光电子也遵从式 (7.22) 的输运规律, 部分没有被 GaAlAs(1) 发射层吸收的高能光子会在 GaAlAs(2) 缓冲层中被吸收, 光电子产生函数为

$$g_4(x) = (1 - R_0)I_0\alpha_\mathrm{b}\exp[-\alpha_\mathrm{b}(x - T_\mathrm{e})]\exp(-\alpha_\mathrm{e}T_\mathrm{e}), \quad x \in [T_\mathrm{e}, T_\mathrm{e} + T_\mathrm{b}] \tag{7.26}$$

式中, α_b 是 GaAlAs(2) 缓冲层对入射光的吸收系数; T_e 和 T_b 分别为 GaAlAs(1) 发射层和 GaAlAs(2) 缓冲层的厚度。

当 GaAlAs(2) 缓冲层足够厚时, 求解一维少子连续性方程的边界条件为

$$D_\mathrm{b}\frac{\mathrm{d}n_4(x)}{\mathrm{d}x}\bigg|_{x=T_\mathrm{e}^+} = S_\mathrm{v}n_4(x)\big|_{x=T_\mathrm{e}^+} \tag{7.27}$$

$$n_4(x)|_{x=\infty} = 0 \tag{7.28}$$

式 (7.27) 中的 D_b 为 GaAlAs(2) 缓冲层的电子扩散系数; S_v 为后界面复合速率。计算得到后界面处 GaAlAs(2) 缓冲层中的光电子数为

$$n_4(T_\mathrm{e}^+) = \frac{(L_\mathrm{B}^2/D_\mathrm{b})I_0(1 - R_0)\alpha_\mathrm{b}\exp(-\alpha_\mathrm{e}T_\mathrm{e})}{(1 + \alpha_\mathrm{b}L_\mathrm{B})(1 + S_\mathrm{v}L_\mathrm{B}/D_\mathrm{b})} \tag{7.29}$$

求解式 (7.22)、式 (7.24) 和式 (7.25), 然后通过 $Y_\mathrm{RT} = D_\mathrm{n}\dfrac{\mathrm{d}n_3(x)}{\mathrm{d}x}\cdot P/I_0$ 可得到具有超薄发射层的反射式 GaAlAs 光电阴极量子效率公式为

$$\begin{aligned}
Y_\mathrm{RT} = {}& \frac{P(1 - R_0)\alpha_\mathrm{e}L_\mathrm{D}}{\alpha_\mathrm{e}^2L_\mathrm{D}^2 - 1} \times \left[\frac{(S_\mathrm{v} - \alpha_\mathrm{e}D_\mathrm{n})\exp(-\alpha_\mathrm{e}T_\mathrm{e})}{(D_\mathrm{n}/L_\mathrm{D})\cosh(T_\mathrm{e}/L_\mathrm{D}) + S_\mathrm{v}\sinh(T_\mathrm{e}/L_\mathrm{D})} \right. \\
& \left. - \frac{S_\mathrm{v}\cosh(T_\mathrm{e}/L_\mathrm{D}) + (D_\mathrm{n}/L_\mathrm{D})\sinh(T_\mathrm{e}/L_\mathrm{D})}{(D_\mathrm{n}/L_\mathrm{D})\cosh(T_\mathrm{e}/L_\mathrm{D}) + S_\mathrm{v}\sinh(T_\mathrm{e}/L_\mathrm{D})} + \alpha_\mathrm{e}L_\mathrm{D}\right] \\
& + \frac{P(1 - R_0)S_\mathrm{v}\cdot D_\mathrm{n}/D_\mathrm{b}\cdot L_\mathrm{B}^2/L_\mathrm{D}\cdot\alpha_\mathrm{b}\exp(-\alpha_\mathrm{e}T_\mathrm{e})}{(D_\mathrm{n}/L_\mathrm{D})\cosh(T_\mathrm{e}/L_\mathrm{D}) + S_\mathrm{v}\sinh(T_\mathrm{e}/L_\mathrm{D})}\cdot\frac{1}{(1 + \alpha_\mathrm{b}L_\mathrm{B})(1 + S_\mathrm{v}L_\mathrm{B}/D_\mathrm{b})}
\end{aligned} \tag{7.30}$$

式中, L_D 的含义同式 (7.5); L_B 为缓冲层的电子扩散长度。

7.2 窄带响应 GaAlAs 光电阴极的结构设计与生长

结构设计决定 GaAlAs 光电阴极能否在 532nm 处获得峰值量子效率，是影响阴极光电发射性能的主要因素之一。合理的结构设计是 GaAlAs 光电阴极获得良好光电发射性能的必要条件。影响透射式 GaAlAs 光电阴极量子效率的因素主要有窗口层和发射层的 Al 组分、厚度、掺杂浓度、掺杂方式和后界面复合速率等；而对于反射式 GaAlAs 光电阴极，影响其量子效率的主要因素为发射层的 Al 组分、厚度和掺杂方式等。

基于光学性能计算公式和量子效率公式仿真分析了相关性能参量对量子效率的影响；得到了峰值响应在 532nm 处的透射式 GaAlAs 光电阴极的量子效率曲线，并给出了对应的光学性能曲线；设计了对 532nm 敏感的透射式 GaAlAs 和模拟透射式的反射式光电阴极结构，并采用 MOCVD 外延生长方法进行了材料生长。

7.2.1 GaAlAs 材料基本性质

三元合金半导体 GaAlAs 相当于 GaAs 和 AlAs 两个二元半导体的固溶体，其为闪锌矿结构，以正四面体结构为基础构成。由于 GaAs 和 AlAs 材料两者之间的晶格常数差距小，所以它们的三元合金 GaAlAs 是 III–V 族半导体合金中最理想的，也是最容易通过外延生长制备的 [23]。$Ga_{1-x}Al_xAs$ 的晶格常数与 GaAs 和 AlAs 的晶格常数有关，并遵循 Vegard 定律，$Ga_{1-x}Al_xAs$ 的晶格常数可表示为

$$a_{Ga_{1-x}Al_xAs} = a_{GaAs}(1-x) + a_{AlAs}x \tag{7.31}$$

式中，a_{GaAs} 和 a_{AlAs} 分别为 GaAs 和 AlAs 的晶格常数；x 为 $Ga_{1-x}Al_xAs$ 中 Al 的组分。室温下，$a_{GaAs}=0.56533nm$，$a_{AlAs}=0.56611nm$，两者之差很小，相对值约 1.38%。根据 Vegard 定律得到的 $Ga_{1-x}Al_xAs$ 晶格常数的理论曲线如图 7.11 中的直线所示，图中的点为不同 Al 组分 GaAlAs 的晶格常数的实验结果。上述结果表明对于一般的 GaAlAs/GaAs 异质结，尽管两者的晶格不能完全匹配，但是已经非常接近理想匹配。可以推断，对于两个不同 Al 组分的 GaAlAs 外延层，两者的 Al 组分越接近，则晶格匹配越好。

对于 GaAlAs 光电阴极，光谱响应的长波阈值主要由发射层的禁带宽度决定。Al 组分低于 0.45 的 GaAlAs 为直接带隙半导体，高于 0.45 的为间接带隙半导体，导带底与价带顶的带隙 E_g^Γ、E_g^X 和 E_g^L 随 Al 组分的变化关系式为 [23,24]

$$E_g^\Gamma(x) = 1.424 + 1.594x + x(1-x)(0.127 - 1.310x) \tag{7.32}$$

$$E_g^X(x) = 1.900 + 0.125x + 0.143x^2 \tag{7.33}$$

$$E_g^L(x) = 1.708 + 0.642x \tag{7.34}$$

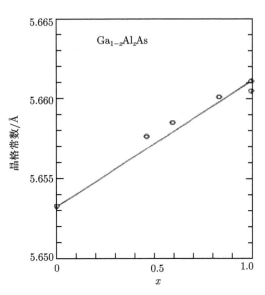

图 7.11　$Ga_{1-x}Al_xAs$ 的晶格常数随 Al 组分的变化关系 [23]

　　无论 GaAlAs 材料为直接带隙还是间接带隙, 在光子激发后只有高于 Γ 能谷的光电子才能跃迁到导带并在光电阴极体内向表面输运, 最终逸出到真空。因此, 光电阴极的长波响应截止波长主要由 GaAlAs 材料的 Γ 能谷到价带顶的带隙决定。

　　GaAlAs 材料的本征吸收的长波限与禁带宽度的关系如式 (7.35) 所示 [25], 此处的禁带宽度 E_g 指的是 Γ 能谷到价带顶的带隙。

$$\lambda \approx 1.24/E_g \tag{7.35}$$

　　根据式 (7.32) 和式 (7.34) 计算得到的 Al 组分对应的禁带宽度及截止波长如表 7.1 所示。从表中可知, 当 Al 组分为 0 时, 即对应的是 GaAs 材料, 其长波截止在 870nm 左右。可以看出, 对于宽光谱响应的 GaAs 光电阴极, 其发射层是无需进行 Al 组分设计的, 直接为 GaAs 材料。随着 Al 组分的增加, GaAlAs 的禁带宽度变大, 对应的截止波长变短。因此, 对于窄带响应的 GaAlAs 光电阴极, 通过对外延层 Al 组分的设计, 可以有效地控制光电阴极的光谱响应范围。

　　禁带宽度决定着 GaAlAs 光电阴极的光谱响应截止波长, 而 GaAlAs 材料的折射率和消光系数则与光电阴极的吸收系数、反射率等性能参量有着密切的联系。当然, GaAlAs 材料的折射率和消光系数是与 Al 组分相关的, GaAlAs 材料的折射率和消光系数随入射光波长的变化情况如图 7.12 所示 [22]。

表 7.1   Ga$_{1-x}$Al$_x$As 材料 Al 组分与禁带宽度和截止波长的关系表

Al 组分	禁带宽度/eV	截止波长/nm
0	1.424	870.786
0.1	1.583	783.323
0.2	1.721	720.511
0.3	1.830	677.596
0.4	1.966	630.722
0.5	2.089	593.585
0.6	2.222	558.056
0.7	2.374	522.325
0.8	2.552	485.893
0.9	2.764	448.625
1.0	3.018	410.868

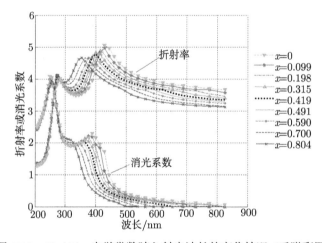

图 7.12   GaAlAs 光学常数随入射光波长的变化情况 (后附彩图)

从图 7.12 中可以看出，随着 Al 组分的提高，GaAlAs 材料的消光系数在可见光波段逐渐减小，影响 GaAlAs 光电阴极量子效率的一个主要因素是光子在材料体内的吸收系数，而吸收系数与消光系数之间的关系可表示为 [26]

$$\alpha = 4\pi k / \lambda \tag{7.36}$$

式中，α 为吸收系数；k 为消光系数；λ 为入射光波长。

7.2.2   窄带响应 GaAlAs 光电阴极结构设计基础

NEA GaAlAs 光电阴极有反射式和透射式两种工作模式，对应的有反射式和透射两种光学结构，如图 7.13 所示。其中，反射式 GaAlAs 光电阴极由 GaAlAs(1) 发射层、GaAlAs(2) 缓冲层和 GaAs 衬底组成，入射光子和出射电子同在发射层表面；透射式 GaAlAs 光电阴极由玻璃、Si$_3$N$_4$ 增透层、GaAlAs(1) 窗口层和 GaAlAs(2) 发射层组成，入射光子从玻璃进入，而产生的电子从发射层表面出射。

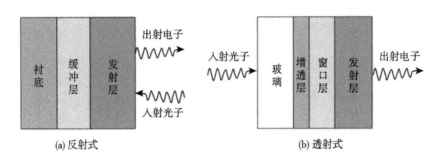

图 7.13　GaAlAs 光电阴极的两种工作模式 (后附彩图)

　　在反射式光电阴极的发展过程中，先后出现了多种反射式结构，如单晶衬底、衬底/发射层和衬底/缓冲层/发射层等结构 [3,27]。从现有的报道来看，光电阴极中的缓冲层既可以实现与发射层间的晶格匹配，又可以阻挡发射层产生的光电子进入缓冲层，实现降低后界面复合速率的作用 [27]。反射式光电阴极的结构和制作工艺相对比较简单，多用于基础实验的研究。此外，国内外对反射式 GaAlAs 光电阴极的结构研究较少，主要是在 GaAs 衬底上直接外延生长 GaAlAs 层 [28]。

　　相比反射式光电阴极，透射式光电阴极的结构更为复杂，其基本结构一直沿用 Antypas 等提出的 "反转结构"[29]。透射式光电阴极与光电成像器件的光路一致，因此在微光像增强器、变像管等光电器件中得到广泛的应用。外延生长得到的样品不是仅有窗口层和发射层，还包括衬底和阻挡层等。在透射式 GaAlAs 光电阴极组件制作时，首先在对应的 GaAlAs(1) 窗口层表面蒸涂约 100nm 厚的 Si$_3$N$_4$ 增透层，用于降低入射光在表面的反射而带来的损失；随后将作为通光窗口的玻璃与 Si$_3$N$_4$ 增透层进行键合，有时会在键合前的 Si$_3$N$_4$ 表面涂覆一层 SiO$_2$ 保护膜；最后采用选择性化学腐蚀方法将多余的阻挡层和衬底去掉，得到如图 7.13(b) 所示的四层透射式 GaAlAs 光电阴极组件。

7.2.3　影响 GaAlAs 光电阴极量子效率的性能参量

　　影响透射式光电阴极量子效率的主要性能参量包括窗口层和发射层的吸收系数、厚度、电子扩散长度，后界面复合速率和表面电子逸出几率；而影响反射式光电阴极的因素不包括缓冲层的相关性能参量，缓冲层主要起晶格匹配的作用，仅与后界面复合速率有关。利用指数掺杂透射式量子效率公式 (7.20) 研究上述参量对透射式 GaAlAs 光电阴极的影响，并利用指数掺杂反射式量子效率公式 (7.9) 研究上述参量对反射式 GaAlAs 光电阴极的影响。

1. 外延层 Al 组分

从图 7.12 可知，GaAlAs 材料的 Al 组分不同，其对应的吸收系数有着较大的差距。Al 组分对透射式 GaAlAs 光电阴极量子效率的影响如图 7.14 所示，仿真时不同 Al 组分的吸收系数根据图 7.12 中的数据进行插值计算得到，D_w 和 D_n 近似取 $10\mathrm{cm^2/s}$[4]，$L_W=0.8\mu\mathrm{m}$，$L_D=1\mu\mathrm{m}$，$S_v=10^5\mathrm{cm/s}$，$P=0.5$，$d_1=0.5\mu\mathrm{m}$，$d_2=1.4\mu\mathrm{m}$。

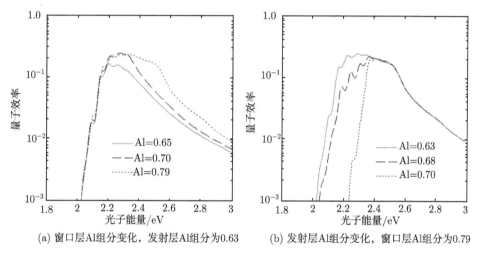

(a) 窗口层Al组分变化，发射层Al组分为0.63　　(b) 发射层Al组分变化，窗口层Al组分为0.79

图 7.14　外延层 Al 组分对透射式 GaAlAs 光电阴极量子效率的影响

从图 7.14 中可知，当窗口层的 Al 组分降低时，光电阴极的量子效率大小整体有所降低，峰值位置向低能端偏移，但低能阈值没有变化。当发射层的 Al 组分改变时，量子效率曲线在高能区域没有变化，主要变化体现在低能阈值随着 Al 组分的提高向高能端偏移。此外，随 Al 组分的提高，量子效率曲线的峰值大小逐渐降低，且峰值位置向高能端偏移。总的来说，窗口层和发射层的 Al 组分共同影响着透射式 GaAlAs 光电阴极的光谱响应范围、量子效率大小及峰值位置。

在反射式 GaAlAs 光电阴极中，缓冲层主要起到与发射层晶格相匹配的作用，且对发射层界面附近产生的光电子起电子反射镜的作用。发射层的 Al 组分对反射式 GaAlAs 光电阴极量子效率的影响如图 7.15 所示，仿真时，$D_n=10\mathrm{cm^2/s}$，$L_D=1\mu\mathrm{m}$，$T_e=1.4\mu\mathrm{m}$，$S_v=10^5\mathrm{cm/s}$，$P=0.5$，$R_0=0.3$。从图中可以看出，Al 组分的提高对反射式阴极高能区域的量子效率没有影响，但是会使量子效率曲线的低能阈值向高能端偏移。

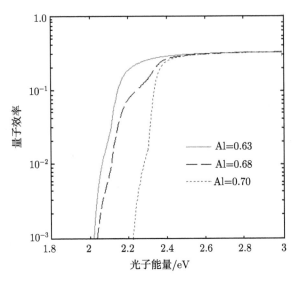

图 7.15　发射层 Al 组分对反射式 GaAlAs 光电阴极量子效率的影响

2. 外延层厚度

在光电阴极的发展历程中，外延层的最佳厚度一直是研究的重点 [30,31]。透射式 GaAlAs 光电阴极量子效率曲线随外延层厚度的变化情况如图 7.16 所示，仿真时，L_W=0.8μm，L_D=1μm，S_v=10^5cm/s，P=0.5，窗口层 Al 组分为 0.79，发射层 Al 组分为 0.63。窗口层厚度 d_1 的变化主要影响高能区域的量子效率。当 d_1 减小时，窗口层对光的吸收作用降低，更多的高能光子在发射层中吸收。虽然窗口层中产生的光电子也有一部分能进入发射层并参与光电发射，但是发射层中产生的光电子显然对光电发射影响更大。因此，随着 d_1 减小，高能区域的量子效率提升比较明显。当然，如果窗口层很薄，透射式光电阴极在高能端也会有较高的响应，不能很好地满足窄带响应的要求，所以在对 d_1 设计时要综合考虑光电阴极的整体响应效果。当发射层厚度 d_2 变化时，透射式光电阴极的量子效率曲线在整个响应范围内均有明显的变化，峰值位置同样有所改变。随着 d_2 的减小，低能入射光子在发射层内吸收不充分，故低能端的量子效率会降低。高能入射光子主要在近后界面处吸收，当发射层厚度减薄时，指数掺杂结构提供的内建电场也有所增加，由高能光子产生的电子会更多地输运到表面并逸出真空，故高能端的量子效率会提高，峰值位置向高能端偏移。所以为了使透射式阴极量子效率峰值出现在 532nm 附近，发射层的厚度首先要保证使 532nm 光子能充分吸收，其次综合考虑其他因素的影响，通过调整厚度使 532nm 附近出现峰值响应。

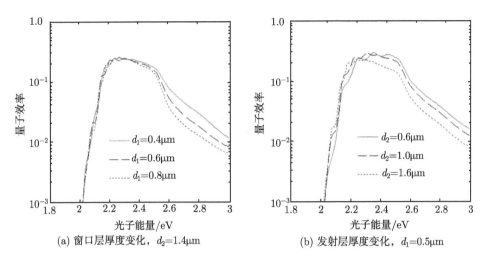

(a) 窗口层厚度变化，$d_2 = 1.4\mu m$ (b) 发射层厚度变化，$d_1 = 0.5\mu m$

图 7.16 外延层厚度对透射式 GaAlAs 光电阴极量子效率的影响

与透射式 GaAlAs 光电阴极相比，反射式光电阴极量子效率曲线随发射层厚度 T_e 的变化情况相对简单，如图 7.17 所示，仿真时，$L_D = 1\mu m$，$S_v = 10^5 \text{cm/s}$，$P = 0.5$，$R_0 = 0.3$，发射层 Al 组分为 0.63。当 T_e 变化时，高能端的量子效率基本没有变化，主要变化在低能端。随着 T_e 的增加，入射光子在发射层内吸收更加充分，低能端的量子效率会提高，而随着 T_e 的进一步增加，量子效率的提高不再明显。

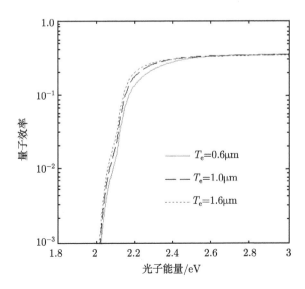

图 7.17 发射层厚度对反射式 GaAlAs 光电阴极量子效率的影响

3. 电子扩散长度

电子扩散长度一直是衡量光电阴极材料生长质量的重要指标，也是影响光电阴极量子效率的一个重要性能参量。外延层的电子扩散长度对透射式 GaAlAs 光电阴极量子效率的影响如图 7.18 所示，仿真时，$d_1=0.5\mu m$，$d_2=1.4\mu m$，$S_v=10^5 cm/s$，$P=0.5$，窗口层 Al 组分为 0.79，发射层 Al 组分为 0.63。从图中可以看出随着窗口层电子扩散长度 L_W 增大，低能区域的量子效率没有变化，而高能端的量子效率逐渐提高。由于窗口层的厚度比较薄，所以当 L_W 增大到一定程度后，继续增大 L_W，量子效率变化不很明显。当发射层电子扩散长度 L_D 增大时，发射层内的光电子输运到表面的机会得到了增加，所以整个阴极响应范围内的量子效率都随之提高。

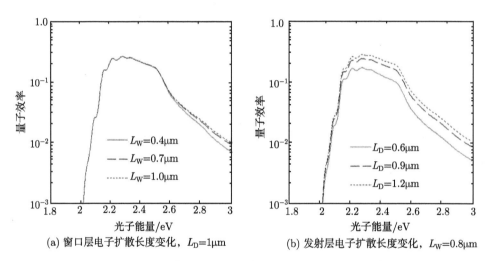

图 7.18　外延层电子扩散长度对透射式 GaAlAs 光电阴极量子效率的影响

(a) 窗口层电子扩散长度变化，$L_D=1\mu m$　　　(b) 发射层电子扩散长度变化，$L_W=0.8\mu m$

发射层电子扩散长度 L_D 对反射式 GaAlAs 光电阴极量子效率的影响如图 7.19 所示，仿真时，$T_e=1.4\mu m$，$S_v=10^5 cm/s$，$P=0.5$，$R_0=0.3$。从图 7.19 中可知，对于反射式 GaAlAs 光电阴极，高能光子主要在发射层的近表面产生并逸出真空，而后界面处由低能光子产生的电子数较多，这部分电子需要在发射层体内输运一段较长的距离后才最终发射到真空中去。所以当 L_D 增大时，高能端的量子效率变化不明显，而低能端的量子效率会随之提高。

4. 后界面复合速率

通常将透射式光电阴极的窗口层/发射层以及反射式光电阴极的缓冲层/发射层的界面称为后界面。后界面复合速率 S_v 对 GaAlAs 光电阴极量子效率的影响如图 7.20 所示，对图 7.20(a) 仿真时，$d_1=0.5\mu m$，$d_2=1.4\mu m$，$L_W=0.8\mu m$，$L_D=1\mu m$，

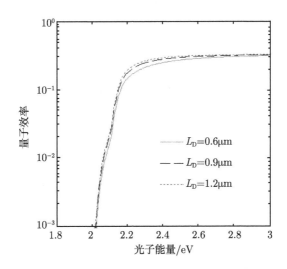

图 7.19　发射层电子扩散长度对反射式 GaAlAs 光电阴极量子效率的影响

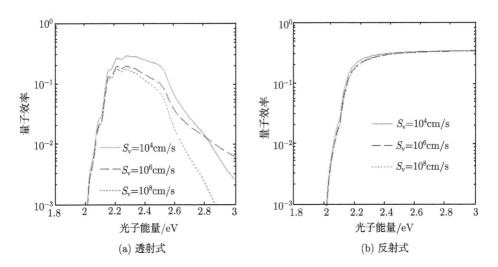

(a) 透射式　　　　　　　　　　　　　(b) 反射式

图 7.20　后界面复合速率对 GaAlAs 光电阴极量子效率的影响

$S_v=10^5$cm/s，窗口层 Al 组分为 0.79，发射层 Al 组分为 0.63；对图 7.20(b) 仿真时，T_e=1.4 μm，L_D=1μm，$S_v=10^5$cm/s，R_0=0.3，发射层 Al 组分为 0.63。从图中可知，当 S_v 减小时，透射式和反射式光电阴极在低能端的量子效率都会随之提高，两者的主要差别是高能端的量子效率变化。对于反射式光电阴极，高能光子主要在近表面吸收，后界面对这部分电子不会有影响，故高能端的量子效率基本没有变化。对于透射式光电阴极，当 S_v 很大时，后界面处产生的光电子大多数被复合，故高能端的量子效率下降非常明显；当 S_v 适当降低后，后界面的电子复合数目减小，量子效率整体得到提高；当 S_v 进一步降低后，此时后界面复合速率很小，窗口层中产生的光电子大多在增透层和窗口层的界面处被复合掉，进入发射层的电子数目很少，所以高能端的量子效率会出现一定程度的降低。不管怎样，后界面复合速率主要取决于材料的生长质量，良好的晶格匹配程度有助于提升光电阴极的光电发射性能。

5. 表面电子逸出几率

表面电子逸出几率指的是光电子隧穿表面势垒逸出到真空的几率，影响表面电子逸出几率的主要因素有发射层的掺杂浓度、温度、晶体的弹性应力、激活前的表面清洁程度及表面激活效果等 [32]。表面电子逸出几率 P 对 GaAlAs 光电阴极量子效率的影响如图 7.21 所示，仿真时，图 7.21(a) 中的 $d_1=0.5\mu m$，$d_2=1.4\mu m$，$L_W=0.8\mu m$，$L_D=1\mu m$，$P=0.5$，窗口层 Al 组分为 0.79，发射层 Al 组分为 0.63；图 7.21(b) 中 $T_e=1.4\mu m$，$L_D=1\mu m$，$P=0.5$，$R_0=0.3$，发射层 Al 组分为 0.63。从图中可以直观地看出反射式和透射式光电阴极的量子效率均是随 P 呈线性变化的，P 越高越利于光电发射。总之，好的材料生长质量是获得高的表面电子逸出几率的前提条件。

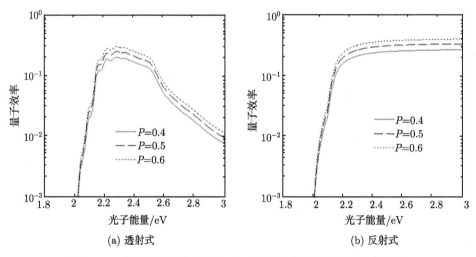

图 7.21　表面电子逸出几率对 GaAlAs 光电阴极量子效率的影响

7.2.4　窄带响应 GaAlAs 光电阴极的结构设计

1. 透射式光电阴极结构设计

对 532nm 敏感的透射式 GaAlAs 光电阴极的结构设计内容主要包括窗口层和发射层的厚度、Al 组分和掺杂浓度。性能参量仿真分析的相关结论可作为透射式 GaAlAs 光电阴极结构设计的参考依据。综合考虑各性能参量的影响，结合指数掺杂透射式 GaAlAs 光电阴极量子效率公式和光学性能计算公式，对峰值响应在 532nm 的量子效率曲线进行仿真研究，仿真结果可作为对 532nm 敏感的透射式 GaAlAs 光电阴极结构设计的主要依据。

对于指数掺杂 GaAlAs 光电阴极而言，发射层后界面处与表面的掺杂浓度分别为 $10^{19}\mathrm{cm}^{-3}$ 和 $10^{18}\mathrm{cm}^{-3}$。为了获得高性能的对 532nm 敏感的透射式 GaAlAs 光电阴极，在保证良好量子效率的前提下需要使光电阴极的光谱响应范围尽可能窄，这样可以有效地避免其他波段光带来的影响，使在 532nm 获得最佳的响应，最理想的情况就是光电阴极的量子效率曲线的峰值正好出现在 532nm 处。在对 532nm 敏感的窄带响应 GaAlAs 光电阴极结构设计的过程中，窗口层和发射层 Al 组分的设计尤为重要，由于高 Al 组分的 GaAlAs 窗口层比较容易氧化，会给像增强器的制备工艺带来困难，一般窗口层 Al 组分的选择不超过 0.8[27]。发射层 Al 组分的选择可根据表 7.1 进行一个初步的判断，可以看到 Al 组分为 0.6 时对应的截止波长为 558nm，0.7 时为 522nm。由于设计的透射式 GaAlAs 光电阴极需要对 532nm 具有良好的光谱响应，发射层的 Al 组分初步判断需要控制在 0.6~0.7。对透射式 GaAlAs 光电阴极量子效率进行仿真，其中在进行光学性能计算时，玻璃的折射率取 1.487，Si_3N_4 层的折射率为定值取 2.06，消光系数为 0，厚度为 0.1μm。仿真得到两种对 532nm 敏感的透射式 GaAlAs 光电阴极的量子效率曲线如图 7.22 所示，计算得到的光学性能理论曲线如图 7.23 所示。

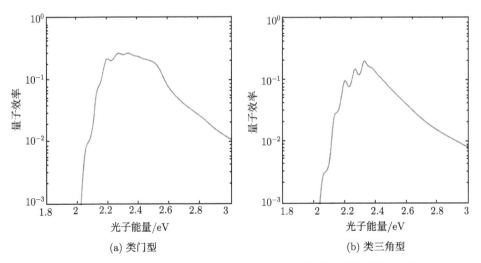

图 7.22 对 532nm 敏感的透射式 GaAlAs 光电阴极量子效率理论曲线

可以看出图 7.22(a) 给出的是一条类门型的量子效率曲线，而图 7.22(b) 给出了一条类三角型的量子效率曲线。类门型曲线在峰值响应附近相对比较平缓，而类三角型曲线在峰值响应附近则比较陡峭且整体响应更窄。此外，两条量子效率曲线的峰值均出现在 2.33eV，对应的波长为 532nm，其中类门型曲线的峰值量子效率为 27.1%，而类三角型曲线的峰值量子效率为 19.6%。图 7.23 中具有类门型量子效率曲线的光电阴极的吸收率曲线的幅值更高、截止波长更长，表明具有类门型响应的 GaAlAs 光电阴极对光的吸收更加充分，这是类门型透射式 GaAlAs 光电阴极具有更高量子效率的主要原因。对量子效率曲线仿真时，窗口层和发射层的电子扩散系数 D_w 和 D_n 均取 $10\text{cm}^2/\text{s}$，其他设定的具体参数如表 7.2 所示。

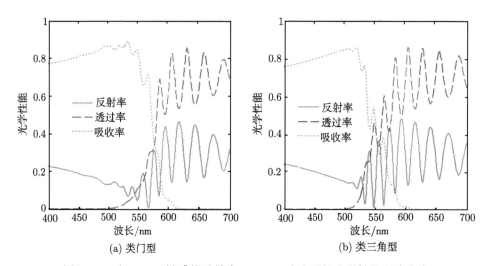

(a) 类门型　　　　　　　　　　　　(b) 类三角型

图 7.23　对 532nm 敏感的透射式 GaAlAs 光电阴极光学性能理论曲线

表 7.2　类门型和类三角型量子效率曲线仿真参数

	类门型	类三角型
窗口层 Al 组分	0.79	0.7
窗口层厚度 $d_1/\mu\text{m}$	0.5	0.5
发射层 Al 组分	0.63	0.68
发射层厚度 $d_2/\mu\text{m}$	1.192	1.190
后界面复合速率 $S_v/(\text{cm/s})$	10^5	10^5
窗口层电子扩散长度 $L_W/\mu\text{m}$	0.8	0.8
发射层电子扩散长度 $L_D/\mu\text{m}$	1.0	1.0
表面电子逸出几率 P	0.5	0.5

从表 7.2 可知，两种 GaAlAs 光电阴极的窗口层和发射层的厚度都差不多，而且仿真时设定的后界面复合速率、电子扩散长度、表面电子逸出几率的值都是一样的，主要差别在于 Al 组分。此外，具有类门型量子效率曲线的光电阴极的窗口层和发射层的 Al 组分差别较大，而对于具有类三角型量子效率曲线的光电阴极的两外

延层的 Al 组分非常接近。虽然类三角型量子效率曲线更窄，但是两条量子效率曲线的响应范围没有明显的差距。尽管类三角型曲线的峰值位置相比类门型更加明显，但是类门型曲线的量子效率明显更高。所以，在峰值响应均出现在 532nm 的前提下，优先选择量子效率更高的类门型方案对透射式 GaAlAs 光电阴极进行结构设计，确定窗口层和发射层的 Al 组分分别为 0.79 和 0.63。结合理论仿真结果，基于"反转结构"设计的对 532nm 敏感的透射式 GaAlAs 光电阴极样品结构如图 7.24 所示。

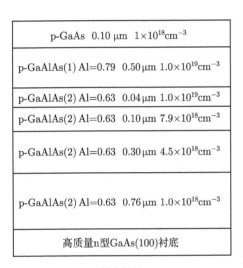

(a) 透射式样品T1

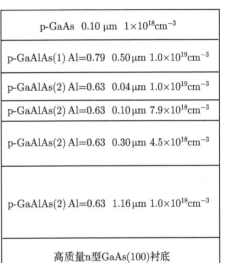

(b) 透射式样品T2

图 7.24 对 532nm 敏感的透射式 GaAlAs 光电阴极材料结构图

图 7.24(a) 中透射式样品 T1 为四层结构，包括高质量的 n 型 GaAs(100) 衬底、p 型 GaAlAs(2) 发射层、p 型 GaAlAs(1) 窗口层和 p 型 GaAs 保护层。其中窗口层和发射层的 Al 组分分别为 0.79 和 0.63，窗口层掺杂浓度为 $10^{19}cm^{-3}$，厚度为 0.5μm。GaAlAs(2) 发射层为四层变掺杂结构，总厚度为 1.2μm，各层的掺杂浓度和厚度均以近指数的形式进行设计，后界面处的掺杂浓度为 $10^{19}cm^{-3}$，表面的掺杂浓度为 $10^{18}cm^{-3}$。为了分析发射层厚度对透射式 GaAlAs 光电阴极量子效率的影响，对透射式样品 T1 的发射层厚度作了改变，透射式样品 T2 的结构如图 7.24(b) 所示，GaAlAs(2) 发射层近表面的掺杂层厚度增加了 0.4 μm，总的发射层厚度为 1.6μm。样品 T2 除了发射层厚度有所变化，其他各层的结构参数与 T1 相同。样品 T1 和 T2 在像增强器中应用时仅保留 GaAlAs(1) 窗口层和 GaAlAs(2) 发射层，而 GaAs 衬底和 GaAs 保护层均通过化学腐蚀方法去除。

2. 反射式光电阴极结构设计

透射式光电阴极作为像增强器的核心器件,在微光成像领域得到广泛的应用。但是透射式 GaAlAs 光电阴极的制备工艺复杂、成本较高,因此在对 GaAlAs 光电阴极的制备方法和相关性能研究时,可选用反射式 GaAlAs 光电阴极开展相关实验研究。影响反射式 GaAlAs 光电阴极光电发射性能的结构参数主要集中于发射层。这里根据透射式 GaAlAs 光电阴极的结构,设计出模拟透射式的反射式 GaAlAs 材料结构,如图 7.25 所示。

p-GaAs 0.10μm 1×10^{18}cm^{-3}
p-GaAlAs(1) Al=0.63 0.76μm 1.0×10^{18}cm^{-3}
p-GaAlAs(1) Al=0.63 0.30μm 4.5×10^{18}cm^{-3}
p-GaAlAs(1) Al=0.63 0.10μm 7.9×10^{18}cm^{-3}
p-GaAlAs(1) Al=0.63 0.04μm 1.0×10^{19}cm^{-3}
p-GaAlAs(2) Al=0.79 0.50μm 1.0×10^{19}cm^{-3}
高质量n型GaAs(100)衬底

(a) 反射式样品R1

p-GaAlAs(1) Al=0.63 1.16μm 1.0×10^{18}cm^{-3}
p-GaAlAs(1) Al=0.63 0.30μm 4.5×10^{18}cm^{-3}
p-GaAlAs(1) Al=0.63 0.10μm 7.9×10^{18}cm^{-3}
p-GaAlAs(1) Al=0.63 0.04μm 1.0×10^{19}cm^{-3}
p-GaAlAs(2) Al=0.79 0.50μm 1.0×10^{19}cm^{-3}
高质量n型GaAs(100)衬底

(b) 反射式样品R2

图 7.25 对 532nm 敏感的反射式 GaAlAs 材料结构图

从图 7.25 可知,样品 R1 自下而上由 GaAs 衬底、GaAlAs(2) 缓冲层、GaAlAs(1) 发射层和 GaAs 保护层组成,其中发射层的 Al 组分、厚度及掺杂方式与图 7.24 中的样品 T1 的发射层相同,而缓冲层的 Al 组分及掺杂结构与 T1 的窗口层一样。在样品 R1 的设计过程中,考虑到 GaAlAs 在空气中易被氧化,因此在 GaAlAs(1) 发射层表面设计了一个 0.1μm 厚的 GaAs 保护层。样品 R2 的结构为模拟图 7.24 中的样品 T2 所得,结构参数相近。与 R1 不同,R2 发射层的厚度增加至 1.6μm 且表面没有 GaAs 保护层。

7.2.5 窄带响应 GaAlAs 材料生长

早期的半导体材料采用原始的拉制生长,利用这种半导体材料制作成的光电阴极的效果并不好。随着半导体工业的发展,多种外延生长技术被用来进行各种组分和掺杂半导体薄层的生长。在 NEA 光电阴极的发展历程中,应用到半导体外延生长的技术主要有 LPE、VPE、MBE 和 MOCVD 技术。

LPE 生长的外延层具有较高的电子迁移率、易获得高的量子效率，但表面质量不够完整。VPE 生长的外延层可用于制作高传递函数的器件，但该方法不能生长多层的结构。MBE 生长的外延层均匀、质量好、组分可控，但生长速度慢、价格昂贵。MOCVD 技术被用于三代光电阴极材料商品化生产，其兼顾了 LPE、VPE 和 MBE 技术的某些特点，主要表现为：晶体生长以热分解方式进行，属于单温区生长；外延生长可在常压下进行，也可在低压或超低压下进行；全气体源，单温生长，精确的组分和尺寸控制，可批量生产。这里介绍的对 532nm 敏感的 GaAlAs 样品均采用 MOCVD 技术生长，MOCVD 生长装置示意图如图 7.26 所示[12]。

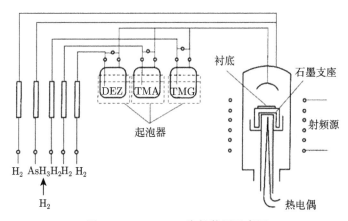

图 7.26 MOCVD 生长装置示意图

GaAlAs 光电阴极样品的外延层主要包括 GaAs 和 GaAlAs 层，生长过程中所用的 Ga 源、Al 源、As 源和 Zn 源分别为三甲基镓 (TMG)、三甲基铝 (TMA)、砷烷 (AsH$_3$) 和二乙基锌 (DEZ)。上述的金属有机化合物 TMG、TMA 和 DEZ 在常温下是挥发性很高的液体，可以通过对不同化合物的蒸气压方程的计算而得到特定温度下的蒸气压值，实现对气源的定量控制。外延生长时，MOCVD 系统以 H$_2$ 作为载气，不同路的 H$_2$ 分别通过装有金属有机化合物液体的起泡器，AsH$_3$ 同样以 H$_2$ 为载气。各路气体由流量计监控，经由管路进入反应室，在这里反应气体混合并发生热分解。外延层材料在 600~800℃ 下生长，接收器温度用热电偶测量，V/III 流量比控制在 10~15，生长速率大约为 2.5μm/h，生长室的压力在 50~1000mbar 可控。

外延生长 GaAs 层时，进入反应室的混合气体流经加热的衬底表面时，发生生成 GaAs 薄膜的热分解反应为

$$Ga(CH_3)_3 + AsH_3 \longrightarrow GaAs + 3CH_4 \tag{7.37}$$

外延生长 GaAlAs 层时，进入反应室的混合气体流经加热的衬底表面时，发生生成 GaAlAs 薄膜的热分解反应为

$$(1-x)\mathrm{Ga(CH_3)_3} + x\mathrm{Al(CH_3)_3} + \mathrm{AsH_3} \longrightarrow \mathrm{Ga_{1-x}Al_xAs} + 3\mathrm{CH_4} \qquad (7.38)$$

反应产生的 Ga、Al、As 和 Zn 等同时沉积到加热的衬底上，形成所需组分和掺杂浓度的 GaAs 和 GaAlAs 外延层。利用 MOCVD 技术外延生长 GaAlAs 材料的原理如图 7.27 所示，从图中可以看出反应产物 GaAlAs 沉积在表面，生成的副产物 $\mathrm{CH_4}$ 随着气流从反应室输出。

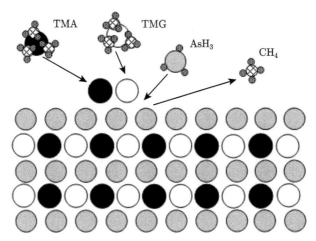

图 7.27　MOCVD 技术外延生长 GaAlAs 材料的原理示意图

7.3　窄带响应 GaAlAs 光电阴极的制备

除了合理的结构设计和高质量的材料生长，要获得高性能的对 532nm 敏感的 GaAlAs 光电阴极，需要研究制备技术，其中包括 GaAlAs 材料的化学清洗，在 GaAs 光电阴极制备与测控系统中的热清洗和 Cs、O 激活。

7.3.1　窄带响应 GaAlAs 材料的化学清洗

1. 化学清洗方法

化学清洗作为 NEA 光电阴极制备过程的第一步，主要对生长后的光电阴极材料作一个初步的处理，以去除表面的氧化物、油脂和机械抛光带来的缺陷等 [33,34]。而具体的化学清洗方法则根据不同的光电阴极材料而定。对于 GaAs 光电阴极材料，常用的化学清洗方法有浓硫酸 ($\mathrm{H_2SO_4}$)、双氧水 ($\mathrm{H_2O_2}$)、去离子水 ($\mathrm{H_2O}$) 的混合溶液以及氢氟酸 (HF) 溶液 [3]。其中，HF 溶液不与 GaAs 材料反应，而对

GaAlAs 材料具有很强的腐蚀性,80℃ 条件下 HF 溶液对 GaAlAs 的腐蚀速率如图 7.28 所示 [35]。从图中可以看出,HF 溶液对 GaAlAs 的腐蚀速率随着 Al 组分的提高而增大,并且腐蚀速率在 Al 组分高于 0.4 时更加明显。关于 HF 溶液和 GaAlAs 的具体反应机理迄今还没有定论,最近的研究表明,H_2 不是主要的生成产物,其他生成的气体如 AsH_3 和低溶解度的 AlF_3 可能是主要产物。

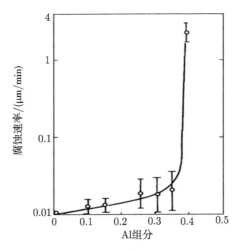

图 7.28　GaAlAs 在 80℃ 的 HF 溶液中的腐蚀速率随 Al 组分的变化关系

实际上,H_2SO_4、H_2O_2 和 H_2O 的混合溶液对 GaAs 材料具有一定的腐蚀性。半导体材料的化学腐蚀方法一般认为以氧化–络合理论为基础,腐蚀液通常包括氧化、络合溶解和稀释三种成分 [36]。在材料的腐蚀过程中,表面层首先被氧化剂氧化,生成的氧化物会被络合溶解。在 $H_2SO_4/H_2O_2/H_2O$ 腐蚀液系统中,H_2SO_4 为络合剂,H_2O_2 为氧化剂,H_2O 为稀释剂。对于不同配比、不同温度的 $H_2SO_4/H_2O_2/H_2O$ 混合溶液,其腐蚀速率有着较大的差异,如 $H_2SO_4{:}H_2O_2{:}H_2O = 3{:}1{:}1$ 的混合溶液在 0℃ 条件下对 GaAs 的腐蚀速率为 $0.2\mu m/min$[36]。具体的化学反应可表示为

$$3GaAs+12H_2O_2+3H^+ \Longrightarrow Ga_2(HAsO_4)_3\downarrow+12H_2O+Ga^{3+} \tag{7.39}$$

$$Ga_2(HAsO_4)_3+6H^+ \Longrightarrow 2Ga^{3+}+3H_3AsO_4 \tag{7.40}$$

$$H_3AsO_4+GaAs+5H^+ \Longrightarrow Ga^{3+}+2As\downarrow+4H_2O \tag{7.41}$$

$$As_2O_3+2GaAs \Longrightarrow Ga_2O_3+4As\downarrow \tag{7.42}$$

以反射式 GaAlAs 样品 R1 为例,在送入超高真空激活系统进行制备前,需去除表面的 GaAs 保护层,因此需要特定的腐蚀液选择性腐蚀掉 GaAlAs 表面的 GaAs 层。在透射式 GaAs 光电阴极的制备过程中,一般也需要选择性地腐蚀掉

GaAs 衬底和 GaAlAs 阻挡层 [37]。通常采用 $H_2SO_4/H_2O_2/H_2O$ 混合溶液去除很厚的 GaAs 衬底,该腐蚀液对 GaAlAs 的影响很小;而对于 GaAlAs 阻挡层,可选用浓 HF 溶液或浓盐酸 (HCl) 溶液进行刻蚀,其中不同浓度的 HCl 溶液对 GaAlAs 的腐蚀情况如图 7.29 所示 [38]。从图中可以看出浓 HCl 溶液对 GaAlAs 具有很强的腐蚀性,而对 GaAs 没有影响。但是随着 HCl 溶液浓度的降低,其对 GaAlAs 的腐蚀速率明显减小。

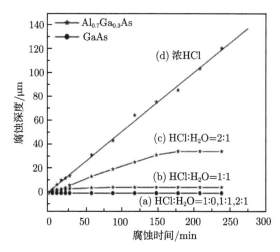

图 7.29　不同浓度的 HCl 溶液对 GaAlAs 材料的腐蚀深度随时间的变化情况

在对 GaAlAs/GaAs 体系进行选择性腐蚀时,H_2O_2 和 NH_4OH 的混合溶液也常用于选择性刻蚀掉 GaAs 层,但是该腐蚀液氧化性较强,很容易氧化 GaAlAs 层,破坏表面质量 [39]。我们在实验中利用该腐蚀液对反射式 GaAlAs 光电阴极样品 R1 进行了腐蚀,发现腐蚀后的 GaAlAs 表面呈彩色,在随后的激活过程中没有光电流产生,表明该方法不适用于 GaAlAs 光电阴极的制备。

考虑到样品 R1 的 GaAs 保护层只有 $0.1\mu m$ 厚,如果氧化剂的含量比较高,则 GaAs 层被去掉后,GaAlAs 层表面也可能会遭到氧化,而氧化的表面是不利于 NEA 光电阴极制备的。因此,选择了 $H_2SO_4:H_2O_2:H_2O = 4:1:100$ 的混合溶液用于 GaAlAs 光电阴极样品的清洗,同样可以去除 GaAs 保护层,并且腐蚀过程比较平缓,不会对 GaAlAs 层造成较大的破坏。

对于反射式 GaAlAs 样品 R2,其不存在 GaAs 保护层,对 R2 进行化学清洗也可采用 $H_2SO_4/H_2O_2/H_2O$ 的腐蚀液。在对 GaAlAs 光电阴极样品进行化学清洗时,也可以考虑稀释的 HCl 溶液。从图 7.29 中可知,尽管浓 HCl 溶液对 GaAlAs 具有较强的腐蚀能力,但是随着 HCl 浓度的减小,对 GaAlAs 的腐蚀速率有着明显的降低。Jaouad 等证明利用 $HCl:H_2O = 1:3$ 的混合溶液可有效地去除 GaAlAs

表面的氧化物 [40]。通过配制不同比例的 HCl 和 H_2O 的溶液对 GaAlAs 进行清洗实验,可以发现浓 HCl 溶液会与 GaAlAs 剧烈反应,伴随大量的气泡产生,反应后的 GaAlAs 表面破坏很严重;而利用 1:3 的 HCl:H_2O 混合溶液对 GaAlAs 清洗时,实验过程中 GaAlAs 表面没有气泡产生,清洗结束后表面未出现明显的变化。与 GaAs 相比,GaAlAs 在暴露于空气后更容易氧化,形成的氧化物主要包括 As_2O_3、Ga_2O_3 和 Al_2O_3,此外还存在生成单质 As 的反应 [40]

$$As_2O_3 + 2Ga_{1-x}Al_xAs = xAl_2O_3 + (1-x)Ga_2O_3 + 4As \tag{7.43}$$

由于 HCl 溶液不具有氧化性,所以利用稀释的 HCl 溶液可以有效地去除 GaAlAs 表面的氧化物,而不会破坏 GaAlAs 材料表面。

2. XPS 测试与分析

我们选取了两个相同的反射式样品 R2,首先将未清洗的样品送入 XPS 分析仪中进行了测试,结果如图 7.30(a)、图 7.31(a) 和图 7.32(a) 所示;然后将两个样品取出依次放在四氯化碳、丙酮、无水乙醇溶液中经过超声波清洗机分别清洗 5min 后,在去离子水中利用超声波清洗机清洗 5min;随后将样品 1 在 H_2SO_4(98%):H_2O_2(30%):H_2O = 4:1:100 溶液中清洗 2min,经过去离子冲洗并吹干后送入 XPS 分析仪中进行测试,结果如图 7.30(b)、图 7.31(b) 和图 7.32(b) 所示;接着将样品 1 取出继续在 HCl(37%):H_2O = 1:3 溶液中清洗 2min,通过大量的去离子水清洗并吹干后送入 XPS 分析仪进行测试,结果如图 7.30(c)、图 7.31(c) 和图 7.32(c) 所示;最后将样品 1 采用氩离子溅射刻蚀 4min,测得的结果如图 7.30(d)、图 7.31(d) 和图 7.32(d) 所示。

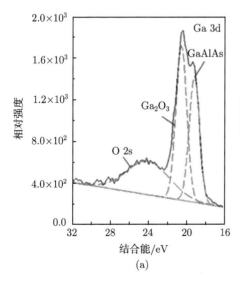

(a)

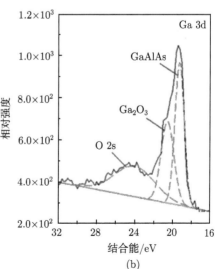

(b)

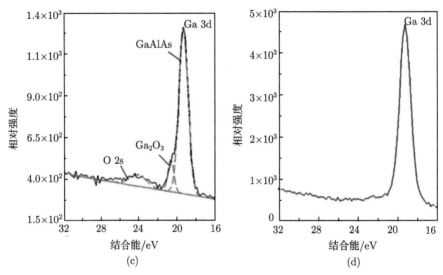

图 7.30　GaAlAs 表面 Ga 3d X 射线光电子能谱曲线

实线为实验曲线，虚线为高斯拟合曲线。(a) 未清洗样品；(b) H_2SO_4:H_2O_2:H_2O = 4:1:100 溶液中清洗 2 min；(c) H_2SO_4:H_2O_2:H_2O = 4:1:100 溶液中清洗 2min 后 HCl:H_2O = 1:3 溶液中继续清洗 2min；(d) 氩离子溅射 4min

　　从图 7.30(a) 中可以看出，未清洗的 GaAlAs 表面的 Ga 3d 谱图主要包括三个峰，峰值位置为 19.2eV、20.6eV、24.0eV，分别对应着体内 GaAlAs、表面 Ga_2O_3 和 O 2s。Shin 等认为 O 2s 峰并非来源于 Ga 3d 芯能级的影响，而是由 Ga 的氧化物引起的[30]。从图 7.30 中的能谱曲线的包络面积不难看出，未清洗的 GaAlAs 表面的

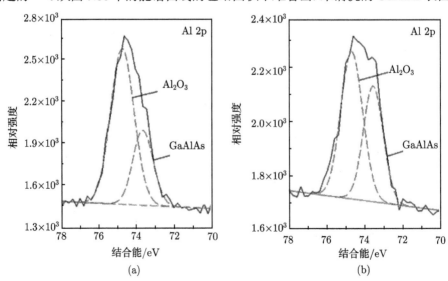

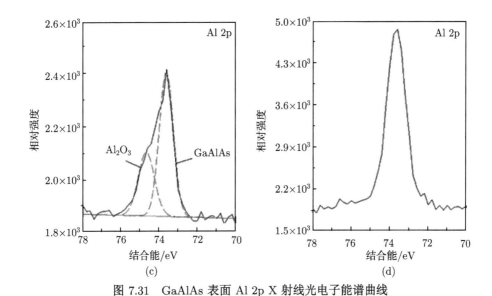

图 7.31　GaAlAs 表面 Al 2p X 射线光电子能谱曲线

实线为实验曲线，虚线为高斯拟合曲线。(a) 未清洗样品；(b) H_2SO_4:H_2O_2:H_2O = 4:1:100 溶液中清洗

2min；(c) H_2SO_4:H_2O_2:H_2O = 4:1:100 溶液中清洗 2 min 后 HCl:H_2O = 1:3 溶液中继续清洗

2min；(d) 氩离子溅射 4min

Ga 成分主要以 Ga_2O_3 的形式存在；经过第一步化学清洗后表面的 Ga_2O_3 峰的包络面积明显地减小，表明此步化学清洗能够有效地去除表面的 Ga_2O_3，但是此时的 O 2s 峰相对于 GaAlAs 峰没有出现显著的降低，这可能是因为 H_2SO_4/H_2O_2/H_2O 的腐蚀溶液具有一定的氧化性；经过第二步化学清洗后，表面的 Ga_2O_3 和 O 2s 含量有了明显的降低。在 XPS 分析仪中对 GaAlAs 采用氩离子溅射后得到的 Ga 3d 的能谱则完全由 GaAlAs 贡献，图 7.30(d) 中曲线对应的峰值位置与图 7.30(a)~(c) 中拟合得到的 GaAlAs 峰值位置是一致的。

从图 7.31(a) 中可以看出，未清洗的 GaAlAs 表面 Al 2p 谱图主要包括两个峰，峰值位置分别为 73.6eV 和 74.6eV，各自对应着体内 GaAlAs 和表面 Al_2O_3。与图 7.30 中的光电子能谱曲线变化情况一致，在第一步化学清洗后表面 Al_2O_3 含量有了明显的降低，但是由于腐蚀液具有一定的氧化性，故表面的 Al_2O_3 仍占 Al 2p 能谱的主体。经过第二步化学清洗后，可以发现表面的 Al_2O_3 含量有了进一步的降低。由于 Al 极易被氧化，将清洗后的样品送入 XPS 分析仪的过程中，会受到一定的影响。尽管如此，从图 7.31 中可以看到经过两步化学清洗后，表面 Al_2O_3 的含量是明显减少的。氩离子溅射后测得的 Al 2p 能谱曲线与拟合得到的由 GaAlAs 贡献的 Al 2p 能谱曲线的峰值位置是相同的。

图 7.32(a) 表明，未清洗的 GaAlAs 表面 As 3d 谱图主要包括四个峰，峰值

位置分别为 41.0eV、41.6eV、44.2eV 和 45.0eV，各自对应着体内 GaAlAs、单质
As、As$_2$O$_3$ 和 As$_2$O$_5$。此外，从图中还可以看到样品表面 As 含量主要来自于单质
As。在第一步化学清洗后，As 的氧化物含量有了明显的减少，经过第二步化学清
洗后，表面 As 的氧化物只剩下含量很低的 As$_2$O$_3$。氩离子溅射后的能谱曲线峰值
位置由 GaAlAs 体材料决定，为 41.0eV。

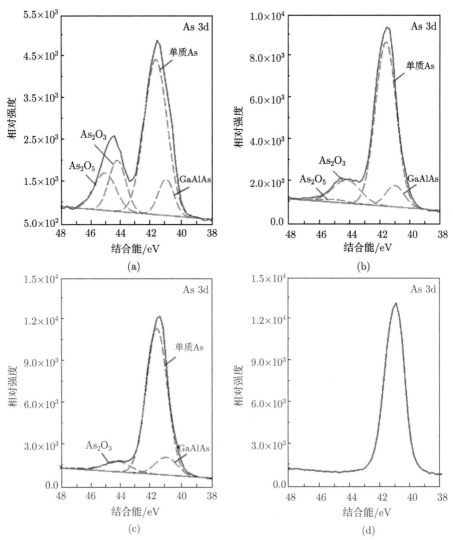

图 7.32　GaAlAs 表面 As 3d X 射线光电子能谱曲线

实线为实验曲线，虚线为高斯拟合曲线。(a) 未清洗样品；(b) H$_2$SO$_4$:H$_2$O$_2$:H$_2$O = 4:1:100 溶液中清洗

2min；(c) H$_2$SO$_4$:H$_2$O$_2$:H$_2$O = 4:1:100 溶液中清洗 2min 后 HCl:H$_2$O = 1:3 溶液中继续清洗

2min；(d) 氩离子溅射 4min

前面已经提及在 XPS 测试与分析实验中选用了两个相同的 GaAlAs 样品, 其中样品 1 采用了两步化学清洗方法, 而样品 2 在经过四氯化碳、丙酮、无水乙醇、去离子水清洗后, 仅在 HCl:H$_2$O = 1:3 溶液中清洗了 2min, 随后经过大量的去离子水冲洗并吹干后送入 XPS 分析仪中进行了测试, 测得 Ga 3d、Al 2p 和 As 3d 的光电子能谱曲线如图 7.33 中虚线所示, 图 7.33 中实线为样品 1 经过两步化学清洗后测得的结果。

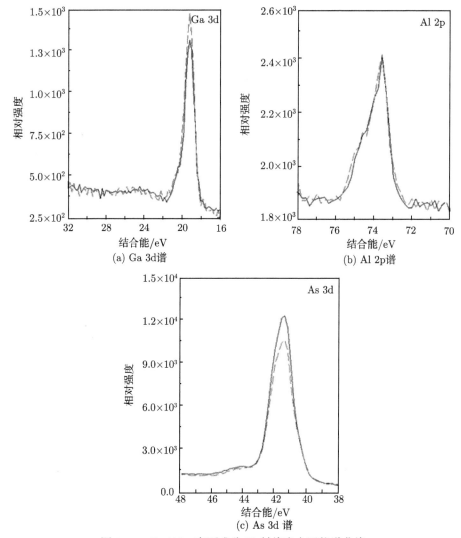

(a) Ga 3d谱

(b) Al 2p谱

(c) As 3d 谱

图 7.33 GaAlAs 表面成分 X 射线光电子能谱曲线

实线为样品 1 经过 H$_2$SO$_4$:H$_2$O$_2$:H$_2$O = 4:1:100 溶液和 HCl:H$_2$O = 1:3 溶液的两步化学清洗, 虚线为样品 2 在 HCl:H$_2$O = 1:3 溶液中清洗

　　从图 7.33 中可以看出，两种不同化学清洗方法对 GaAlAs 表面的 Al 含量基本没有影响，主要差别在于 Ga 和 As 含量的变化。采用两步化学清洗后的 GaAlAs 表面的 As 含量更高，而只采用 HCl/H$_2$O 溶液清洗的表面的 Ga 含量更高，可以推测由于 H$_2$SO$_4$/H$_2$O$_2$/H$_2$O 的腐蚀液同时具有氧化性和酸性，与样品表面的 GaAlAs 发生了化学反应而生成了单质 As。而 GaAs 光电阴极相关研究结果表明富 As 的表面更利于加热净化过程中有害杂质的脱附[23]，我们推断该结论同样适用于 GaAlAs 光电阴极。

　　图 7.34 中给出了两个样品通过不同化学清洗方法处理后测得的 C 1s 和 O 1s 的光电子能谱曲线。从图中可以看出仅用 HCl:H$_2$O = 1:3 溶液清洗后的样品与清洗前相比，GaAlAs 表面的 C 1s 峰没有明显的变化，而 O 1s 峰出现明显的降低，这是由于 HCl 溶液虽然能有效地去除表面的氧化物，但是对杂质 C 的去除不起作用。C 1s 谱图中的曲线 3 相比曲线 1 有了明显的降低，表明 H$_2$SO$_4$:H$_2$O$_2$:H$_2$O = 4:1:100 溶液能够去除一定的杂质 C。同时可以看到，虽然 O 1s 谱图中的曲线 3 相比曲线 1 有了明显的降低，但是仍然比曲线 2 高，这是因为 H$_2$SO$_4$/H$_2$O$_2$/H$_2$O 溶液不仅具有酸性而且具有氧化性，这也是该溶液能够去除表面杂质 C 的主要原因。C 1s 谱图中的曲线 4 相比曲线 3 没有明显的变化，表明第二步化学清洗对表面的 C 含量基本没有影响。而 O 1s 谱图中的曲线 4 相比曲线 3 却有明显的降低，表明第二步化学清洗能进一步地去除表面的氧化物。

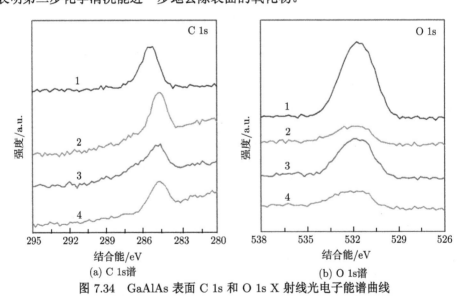

图 7.34　GaAlAs 表面 C 1s 和 O 1s X 射线光电子能谱曲线

曲线 1 对应未清洗样品，曲线 2 对应在 HCl:H$_2$O = 1:3 溶液中清洗 2min，曲线 3 对应在

H$_2$SO$_4$:H$_2$O$_2$:H$_2$O = 4:1:100 溶液中清洗 2min，曲线 4 对应依次在 H$_2$SO$_4$:H$_2$O$_2$:H$_2$O = 4:1:100 溶

液和 HCl:H$_2$O = 1:3 溶液中各清洗 2min

从上述对化学清洗后的 GaAlAs 表面的 XPS 分析结果可以看出，只选用 $H_2SO_4/H_2O_2/H_2O$ 溶液难以有效地去除表面的氧化物，而只用 HCl/H_2O 溶液又不能去除 GaAlAs 表面的杂质 C。采用先 $H_2SO_4/H_2O_2/H_2O$ 溶液后 HCl/H_2O 溶液的两步化学清洗方法既能够去除表面氧化物，又能降低表面杂质 C 的含量。

7.3.2 窄带响应 GaAlAs 材料的加热净化

大量的研究表明，要制备高性能的 NEA 光电阴极，仅通过化学清洗是达不到材料表面清洁要求的。从化学清洗后的 GaAlAs 表面的 XPS 分析结果也可以发现，尽管化学清洗能去掉大部分的氧化物以及部分杂质 C，但是表面仍残存不少的 C、O 有害杂质，这些杂质会占据表面的位置并阻止 Cs 与 GaAlAs 结合，此外，光电阴极体内产生的光电子在向真空逸出的过程中，会与表面的残余杂质形成电子–电子相互作用以及电子–声子的散射而损失能量。所以，在化学清洗的基础上，需要在超高真空系统中对材料进一步处理，使其获得原子级清洁表面。

在 NEA 光电阴极的研究进程中，在真空系统中采用的表面清洁方法包括氩离子轰击、高温加热、低温等离子清洗和原子 H 清洗等，而在实际的生产和实验中最常用的清洗方法为高温加热净化法 [41~43]。我们采用功率为 150 W 的卤钨灯对样品进行加热，并利用热电偶进行样品温度的实时监测。加热温度是材料加热净化过程的一个研究重点，较低的加热温度不能有效去除表面的氧化物和杂质 C，过高的加热温度会导致 V 族原子脱离阴极材料表面，不利于激活过程中表面偶极子的形成，从而使激活后光电阴极的光电发射性能降低 [44,45]。文献 [45] 报道了常见的 III–V 族半导体材料的共蒸发温度，结果表明 GaAlAs 的共蒸发温度随着 Al 组分的增加而提高，Al 组分为 0.63 的 GaAlAs 的共蒸发温度在 720℃ 附近。

考虑到 GaAlAs 材料在较高温度下存在 As 原子的蒸发现象，加热净化过程中的温度选择应该低于它的共蒸发温度。与此同时，为了保证 GaAlAs 表面的残余杂质能够充分脱附，加热温度不能太低。对采用相同化学清洗方法处理后的 GaAlAs 样品进行了不同加热温度下的加热净化实验，以探索适合 GaAlAs 光电阴极制备的加热温度。GaAlAs 样品在最高温度分别为 650℃ 和 700℃ 的加热净化过程的真空度变化曲线如图 7.35 所示。在加热过程中，升温速率较慢，以保证表面的杂质分子充分脱附；而降温速率较快，是为了让温度尽快地降到 200℃，以防止脱附的杂质分子重新吸附到表面，最后让 GaAlAs 样品自然冷却到室温。从图 7.35 中可以看出，在开始加热后，真空度曲线均出现明显的下降，在 9min 附近降到最低，对应的温度差不多为 110℃，此过程为 GaAlAs 样品表面残留的 H_2O 脱附。在随后的加热过程中，真空度逐渐变好，表明 H_2O 逐渐从真空系统中被抽出。随着温度进一步增加，真空度开始变差，当温度上升到 350℃ 左右时，真空度曲线再一次降到最低。在此阶段，GaAlAs 表面 As 的氧化物发生了脱附。随着温度进一步升高，直至加热到设定的最高温度的过程中，真空度曲线的变化非常明显，此过程伴随着 Ga 的氧化物和 Al 的氧化物等杂质的脱附。此外，还可以看出图 7.35(b) 的真空度在最高温度持续的时间内明显差于该时间段内图 7.35(a) 中的真空度，表明在一定的温度范围内，加热温度越高，GaAlAs 表面的杂质分子脱附越剧烈。在加热净化过程中，吸附在 GaAlAs 表面的杂质 C 则和氧化物一起脱附。加热结束后，GaAlAs 样品获得原子级清洁表面，可进行下一步的 Cs、O 激活。

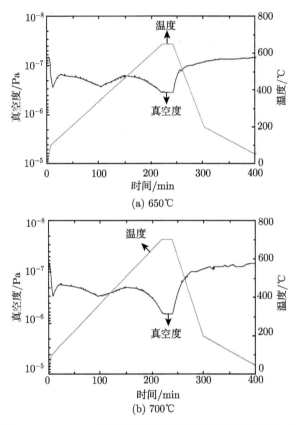

图 7.35　GaAlAs 材料加热净化过程中真空度的变化曲线

7.3.3　窄带响应 GaAlAs 材料的 Cs、O 激活

　　GaAlAs 材料在超高真空激活系统中经过加热净化并冷却到室温后，可通过磁力传输杆送到激活位置进行 Cs、O 激活。激活所用的 Cs、O 源均为镍管封装的固体分子源，其中 Cs 源的主要成分为固态的铬酸铯和锆铝合金，O 源的主要成分为固态的过氧化钡。封装 Cs、O 源的镍管中间分布着小孔，当电流流过镍管，受热的镍管会通过小孔释放出 Cs、O 蒸气，进入超高真空激活系统中的 Cs、O 原子就

会吸附在清洁的光电阴极材料表面上。由于两种蒸发源的镍管上均接有恒流电源，所以 Cs、O 源的流量可通过调节电流的大小来进行控制。

众所周知，Cs、O 激活是光电阴极制备过程中最重要的一步，因此 Cs、O 源质量的好坏直接影响到 NEA 光电阴极的性能。由于新的 Cs、O 源在安装的过程中会受到一定的污染，所以在使用前需要在超高真空激活系统中对它们进行除气。除气时，通过逐渐提高加在 Cs、O 源上的电流，使附着在 Cs、O 源中的杂质逐渐地排出，但不会让 Cs、O 原子大量地释放出来。在除气过程中，结合真空度的变化和四极质谱仪监测到的气体含量的变化来控制加热电流的大小。除气结束后，可获得纯度很高的 Cs、O 蒸发源。

在 GaAlAs 光电阴极激活时，采用 Cs 源连续、O 源周期性断续的激活工艺 [46,47]。激活过程中，采用卤钨灯照射光电阴极样品表面，并利用多信息量测控系统对激活过程中产生的光电流进行实时监控，以便能够准确地控制 Cs、O 源的开关。不同 Cs/O 电流比例激活的 GaAlAs 光电阴极的光电流曲线如图 7.36 所示 [48]，图中样品 1、2 和 3 所对应的 Cs/O 电流比例分别为 1.65/1.67、1.70/1.67 和 1.75/1.67。实验所选用的三个样品均为反射式 GaAlAs 样品 R1，均在 $H_2SO_4/H_2O_2/H_2O$ 的混合溶液中清洗了 2min，加热净化过程中最高加热温度均为 650℃，激活时的光照强度相同。GaAlAs 光电阴极的激活主要包括首次进 Cs 激活和 Cs、O 交替激活这两个过程。从图 7.36 中可以看出，三条光电流曲线在首次进 Cs 激活期间的 "起飞" 时间是不同的，这是因为三者对应的 Cs 的加热电流是不一样的，而 Cs 的蒸发量与加热电流是成正比的。样品 3 的光电流 "起飞" 时间最短，并且达到 Cs 峰的时间最短，这是因为它在激活时所处的 Cs 氛围最大。尽管三条光电流曲线的 "起飞" 时间不一样，但是首次 Cs 激活后的光电流的峰值差别不大，表明激活时 Cs 流量大小与 GaAlAs 表面的 Cs 覆盖度无关。光电流在到达首个峰值后，继续进 Cs 会使 GaAlAs 表面的 Cs 覆盖过量，从而阻止光电子的逸出，此时光电流随着 Cs 覆盖的增加而降低。当光电流下降到首个峰值的 85% 时开始进 O，此后进入 Cs、O 交替激活阶段。首次进 O 后，由于表面的 Cs 量充足，光电流上升很快。当光电流不再上涨后关闭 O 源，Cs 的作用会使光电流继续上涨一点从而达到第二个峰值，后面的 Cs、O 交替过程重复此前的操作。

从图 7.36 中还可以看出，样品 2 激活后可获得最大的光电流，而样品 3 的光电流最小，这是因为相比样品 1 和样品 3，样品 2 激活时的 Cs/O 电流比例更加利于 GaAlAs 表面双偶极层的形成。此外，从首次进 O 后光电流的涨幅大小也可以判断激活效果的优劣，结果表明合适的 Cs/O 流量比是 GaAlAs 光电阴极获得高的激活电流的重要因素。

为了比较 GaAlAs 和 GaAs 光电阴极的光电发射性能，选择了一个反射式 GaAs 样品进行了制备实验，样品也采用 MOCVD 技术进行生长，发射层为指数掺杂结构。GaAs 样品在 HF 溶液清洗 10min，随后在超高真空激活系统中的最高加热温度同样为 650℃，等到样品冷却到室温后对其进行激活，激活方法同图 7.36 所示的 GaAlAs 光电阴极样品 3，GaAlAs 和 GaAs 光电阴极的激活光电流曲线如图 7.37 所示。

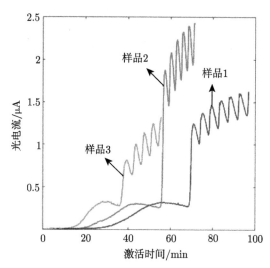

图 7.36　不同 Cs/O 电流比例激活的 GaAlAs 光电阴极光电流曲线

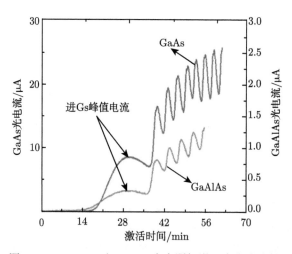

图 7.37　GaAlAs 和 GaAs 光电阴极激活光电流比较

从图 7.37 中可以看出两种光电阴极的光电流在首次进 Cs 过程中的"起飞"时间是差不多的，并且峰值出现的时间也非常接近，由于激活时的 Cs 源电流是一样的，可以推断 GaAlAs 与 GaAs 表面 Cs 的覆盖度是相似的。在此后的 Cs、O

交替激活阶段，GaAs 光电阴极激活的 Cs、O 交替数明显多于 GaAlAs 光电阴极，由于光电阴极的表面势垒高度会随着 Cs、O 交替数的增加而降低，所以根据交替的数目可判断 GaAlAs 表面电子亲和势在 Cs、O 交替阶段的降低程度是逊于 GaAs 的。

　　光谱响应是评价光电阴极光电发射特性的一个重要指标，光谱响应曲线含有光电阴极的响应范围、响应大小等重要参量的信息。利用光谱响应测试仪对激活后的反射式 GaAs 和 GaAlAs 光电阴极进行光谱响应测试，结果如图 7.38 所示。从图 7.38 中可以看出反射式 GaAs 光电阴极的光谱响应曲线在 900nm 附近截止，而反射式 GaAlAs 光电阴极的截止波长在 560nm 左右，这是由阴极发射层的禁带宽度决定的。与 GaAs 光电阴极相比，GaAlAs 光电阴极的光谱响应明显更低，一个很重要的因素就是两者的吸收系数有着较大的差距，材料的吸收系数决定着产生的光电子的数目。从图 7.12 中已知，随着 Al 组分的提高，GaAlAs 材料在可见光范围内的消光系数逐渐降低，而吸收系数与消光系数成正比。尽管如此，反射式 GaAlAs 光电阴极的光谱响应范围可以很好地控制在蓝绿光波段内，在 532nm 处可获得较好的响应，对长波段的可见光不再有响应。

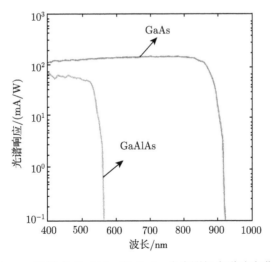

图 7.38　反射式 GaAlAs 和 GaAs 光电阴极光谱响应曲线

7.4　窄带响应 GaAlAs 光电阴极的性能评估

　　对 532nm 敏感的 GaAlAs 光电阴极性能的影响因素包括光电阴极结构、材料生长质量、制备工艺和工作条件等。这里研究了不同的化学清洗方法、加热净化温度和 Cs/O 激活比例对反射式 GaAlAs 光电阴极性能的影响；在超高真空激活系统中，进行了不同光照强度、多次加热和补 Cs 激活后反射式 GaAlAs 光电阴极的稳定性研究，并着重分析了 Cs 吸附对 GaAlAs 光电阴极性能的影响；结合光谱响应曲线对透射式 GaAlAs 光电阴极进行了评估，并根据量子效率公式拟合得到相关的性能参数。

7.4.1 制备工艺对反射式 GaAlAs 光电阴极性能的影响

1. 不同化学清洗处理后 GaAlAs 光电阴极的性能

实验过程中，选用了四个相同的如图 7.25 所示的反射式 GaAlAs 样品 R1，记为样品 1~4。四个样品首先均在四氯化碳、丙酮和乙醇溶液中分别清洗了 5min，随后将样品 1 在 HF(40%) 溶液中清洗 10min，样品 2~4 分别在 $H_2SO_4(98\%){:}H_2O_2(30\%){:}H_2O = 4{:}1{:}100$ 的混合溶液中清洗了 60s、90s、120s。经过化学清洗后，将样品送入超高真空激活系统中分别进行加热净化处理，加热温度均为 650 ℃。待样品温度降到室温后，采用了相同的 Cs、O 激活工艺对 GaAlAs 样品进行了激活实验，测得的光谱响应曲线如图 7.39 所示[48,49]，图中的曲线 1~4 分别对应样品 1~4 的光谱响应曲线。从图中可以看出，样品 1~3 的光谱响应曲线的截止波长均在 900nm 附近，表明这三个样品的 GaAs 保护层还存在。同时可以看出，尽管 GaAs 保护层很薄，但其在中长波段仍具有较高的响应，随着入射光波长的提高，其光谱响应越来越低。这是因为长波光子的吸收深度长，不能被 GaAs 保护层充分吸收；而短波光子的吸收深度短，能被 GaAs 保护层充分吸收。此外，从曲线的变化情况也可以推断 HF 溶液对 GaAs 材料是没有腐蚀作用的，而 $H_2SO_4/H_2O_2/H_2O$ 溶液是能够腐蚀 GaAs 材料的。对于样品 1~3，随着在 $H_2SO_4/H_2O_2/H_2O$ 溶液中清洗时间的增加，对应的光电阴极在长波段的光谱响应逐渐降低，而短波段的光谱响应基本没有变化。从图 7.39 中可以看出，当样品 4 在 $H_2SO_4/H_2O_2/H_2O$ 溶液中清洗 120s 后，其光谱响应曲线在 560nm 附近截止，表明样品表面的 GaAs 保护层已经完全被腐蚀掉。而样品 1~3 的光谱响应曲线在 560nm 附近存在一个明显的转折，正好对应着 GaAlAs 材料的截止波长，可以推断 GaAlAs 发射层中产生的光电子对图 7.39 中曲线 1~3 的短波响应也有贡献。此外，从图 7.39 中还可以看出样品 4 的光谱响应低于另外三个样品在同波段的光谱响应，主要原因可能是 GaAlAs 表面的激活效果不如 GaAs 表面，导致样品 4 相比其他样品具有较低的表面电子逸出几率。

为了进一步对光电阴极的相关性能进行评估，一般采用光电阴极的量子效率公式对量子效率实验曲线进行拟合，可获得阴极的相关性能参数[26,27,37]。通常，对激活后的光电阴极利用光谱响应测试仪进行测试，可得到光谱响应曲线。光谱响应指光电阴极在单位辐射通量的单色光照射下所产生的光电流，可表示为[50]

$$S(\lambda) = \frac{I(\lambda)}{P(\lambda)} \tag{7.44}$$

式中，$P(\lambda)$ 为单色入射光的辐射功率；$I(\lambda)$ 为单色光照射下光电阴极产生的光电流。

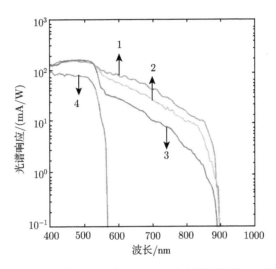

图 7.39 不同化学清洗方法下反射式 GaAlAs 光电阴极样品 R1 的光谱响应曲线

量子效率是指单位入射光子所产生的光电子数目，是衡量光电阴极光电转换能力的重要指标，常用于评价光电阴极的光电发射性能。量子效率 $Y(\lambda)$ 与光谱响应 $S(\lambda)$ 之间存在的转换关系为 [17]

$$Y(\lambda) = \frac{hc}{e\lambda} \cdot S(\lambda) \approx 1.24 \frac{S(\lambda)}{\lambda} \tag{7.45}$$

式中，h 为普朗克常量；c 为光速；e 为电子电荷量；λ 为入射光子的波长。其中，$S(\lambda)$ 的单位为 mA/W，λ 的单位为 nm。

图 7.39 中的光谱响应曲线可由式 (7.45) 转换成对应的量子效率曲线，如图 7.40 中的实线所示，从图中可以看出光电阴极量子效率曲线与光谱响应曲线的变化情况是一致的。虽然曲线 1~3 的光谱响应范围体现的是 GaAs 光电阴极的光谱响应特性，但是 GaAlAs 发射层中产生的光电子同样参与了光电发射，所以利用具有超薄发射层的反射式光电阴极量子效率公式 (7.30) 对图 7.40 中的实验曲线 1~3 进行拟合。而曲线 4 体现的是指数掺杂 GaAlAs 光电阴极的光电发射特性，故利用指数掺杂反射式光电阴极量子效率公式 (7.9) 对实验曲线 4 进行拟合。对量子效率实验曲线进行拟合得到的理论曲线如图 7.40 中的虚线所示，拟合得到光电阴极的相关性能参数如表 7.3 所示。

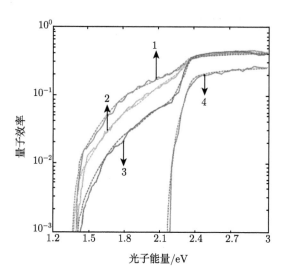

图 7.40   不同化学清洗方法下反射式 GaAlAs 光电阴极样品 R1 的实验 (实线) 和理论 (虚线) 量子效率曲线

表 7.3   不同化学清洗方法下反射式 GaAlAs 光电阴极样品 R1 的相关性能参数

样品	$S_v/(\mathrm{cm/s})$	P	$T_e\ /\mu\mathrm{m}$	$L_D/\mu\mathrm{m}$	$L_{DE}/\mu\mathrm{m}$
1	1×10^6	0.60	0.1	2.0	—
2	1×10^6	0.60	0.054	2.0	—
3	1×10^6	0.60	0.025	2.0	—
4	1×10^6	0.40	1.2	0.5	0.8

从表 7.3 中可以看出, 由于四个样品取自同一片生长后的 GaAlAs 光电阴极样品, 故它们的后界面复合速率 S_v 是相同的, 主要由材料的生长质量决定。而激活后样品 1~3 的表面电子逸出几率 P 是一样的, 说明 HF 溶液和 $H_2SO_4/H_2O_2/H_2O$ 溶液清洗后的差异对最终制备的 GaAs 表面没有显著的影响。但是, 采用 $H_2SO_4/H_2O_2/H_2O$ 溶液清洗后制备的 GaAlAs 光电阴极的 P 明显低于 GaAs 光电阴极, 这是因为 GaAlAs 表面在具有一定氧化性的 $H_2SO_4/H_2O_2/H_2O$ 溶液中清洗后残留了一些难以去除的氧化物, 并且这部分氧化物在高温下不能被完全除去, 最终难以获得较好的激活效果。表 7.3 中还给出了由式 (7.30) 拟合得到的不同腐蚀时间下的 GaAs 保护层的厚度, 可以看出 $H_2SO_4/H_2O_2/H_2O$ 溶液对 GaAs 层是均匀腐蚀的, 室温下的腐蚀速率约为 $0.05\mu\mathrm{m/min}$。此外, 拟合得到的 GaAs 保护层和 GaAlAs 发射层的电子扩散长度 L_D 分别为 $2.0\mu\mathrm{m}$ 和 $0.5\mu\mathrm{m}$, 可以看出电子在 GaAlAs 发射层内的扩散能力弱于在 GaAs 保护层内。随着 Al 组分的提高, GaAlAs 材料的电子扩散系数逐渐降低, 即电子寿命一定时, 电子扩散长度逐渐减小 [31]。此外, 由于

GaAlAs 发射层为指数掺杂结构, 体内形成的内建电场给扩散运动的电子增加了一个漂移距离, 即电子牵引长度 L_E。与均匀掺杂 GaAs 发射层的电子扩散长度不同, 指数掺杂 GaAlAs 光电阴极中电子的运动距离是由扩散运动和漂移运动共同决定的, 记为电子漂移扩散长度 L_{DE}, L_{DE} 与 L_D、L_E 的关系如下 [51]:

$$L_{DE} = \frac{1}{2}\left(\sqrt{L_E^2 + 4L_D^2} + L_E\right) \tag{7.46}$$

所以, 电子在指数掺杂 GaAlAs 发射层内实际的运动距离, 即电子漂移扩散长度 L_{DE} 为 0.8μm, 是由材料的生长质量和内建电场共同决定的。

与反射式 GaAlAs 样品 R1 不同, 图 7.25 所示的样品 R2 没有 GaAs 保护层。三个相同的 GaAlAs 样品 R2 被用于制备实验, 化学清洗过程分别为样品 1 在 $H_2SO_4(98\%):H_2O_2(30\%):H_2O = 4:1:100$ 溶液中清洗 2min 后在 $HCl(37\%):H_2O = 1:3$ 溶液中再清洗 2min; 样品 2 在 $H_2SO_4(98\%):H_2O_2(30\%):H_2O = 4:1:100$ 溶液中清洗 2min; 样品 3 在 $HCl(37\%):H_2O = 1:3$ 溶液中清洗 2min。化学清洗后的三个样品在超高真空激活系统中的加热温度均为 650℃, 并采用相同的激活工艺对其进行 Cs、O 激活。对激活后的三个 GaAlAs 光电阴极进行光谱响应测试, 得到的光谱响应曲线如图 7.41 所示, 可以看出采用两步化学清洗后的样品 1 对应的光电阴极可获得最高的光谱响应。XPS 分析结果表明 GaAlAs 材料在 $H_2SO_4/H_2O_2/H_2O$ 溶液和 HCl/H_2O 溶液依次进行两步化学清洗后, 其表面的杂质 C 及氧化物的含量都有了明显的降低。从 XPS 分析结果中还可以看出, 通过两步化学清洗后的 GaAlAs 表面的 As 含量较高, 在高温加热净化过程中, GaAlAs 材料表面的 As 原子是很容易

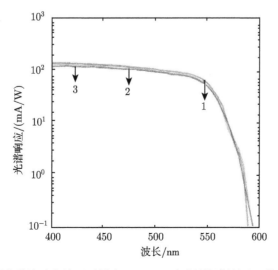

图 7.41　不同化学清洗方法下反射式 GaAlAs 光电阴极样品 R2 的光谱响应曲线

脱附的, 而 As 在脱附时会带走一部分吸附在它上面的杂质分子, 有助于 GaAlAs 样品获得原子级清洁表面, 所以样品 1 具有最高的光谱响应。此外, XPS 分析结果还表明仅用 HCl/H_2O 溶液进行清洗的 GaAlAs 材料表面的 Ga 含量较多, 这可能是样品 3 比样品 1 和样品 2 具有更低光谱响应的主要原因。

　　图 7.41 中的光谱响应曲线经过式 (7.45) 转换得到的量子效率曲线如图 7.42 中的实线所示, 虚线为利用式 (7.9) 拟合得到的指数掺杂反射式 GaAlAs 光电阴极的量子效率理论曲线。拟合得到的反射式 GaAlAs 光电阴极样品 R2 的相关性能参数如表 7.4 所示。

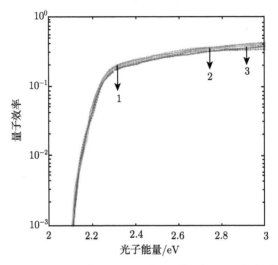

图 7.42　不同化学清洗方法下反射式 GaAlAs 光电阴极样品 R2 的实验 (实线) 和理论 (虚线) 量子效率曲线

表 7.4　不同化学清洗方法下反射式 GaAlAs 光电阴极 R2 的相关性能参数

样品	$S_v/(cm/s)$	P	$L_D/\mu m$	$L_{DE}/\mu m$	量子效率 @532nm
1	1×10^6	0.60	0.55	0.81	21%
2	1×10^6	0.56	0.55	0.81	19%
3	1×10^6	0.53	0.55	0.81	18%

　　从上述的量子效率曲线的拟合结果可知, 不同化学清洗下的反射式 GaAlAs 光电阴极样品 R2 的主要性能差别是表面电子逸出几率 P。与图 7.42 所示的量子效率曲线的变化一致, 样品 1 的表面电子逸出几率最大, 而样品 3 最小。样品 1、2 和 3 在 532nm 处获得的量子效率分别为 21%、19% 和 18%。由于选用的是相同的样品, 拟合得到的后界面复合速率 S_v 和电子漂移扩散长度 L_{DE} 是相同的。从表 7.3 和表 7.4 中的结果可以看出, 反射式 GaAlAs 光电阴极样品 R1 和 R2 的 S_v

大小是一样的，而样品 R2 的电子扩散长度 L_D 是略高于 R1 的，这两个性能参量主要取决于阴极材料的生长质量。与表 7.3 中给出的样品 R1 的 P 值相比，表 7.4 中给出的样品 R2 的 P 值更高，说明尽管没有保护层的 GaAlAs 表面在空气中极易氧化，但是经过合适的化学清洗后，GaAlAs 表面大部分的氧化物能够被除去，最终激活后的表面具有较高的表面电子逸出几率。

2. 加热净化温度对 GaAlAs 光电阴极性能的影响

选用了三个相同的反射式 GaAlAs 样品 R2 进行加热净化实验的研究。首先对三个样品进行 $H_2SO_4/H_2O_2/H_2O$ 溶液和 HCl/H_2O 溶液的两步清洗，然后将样品送入超高真空激活系统中进行加热净化处理。由于加热温度过高时，GaAlAs 表面会出现 As 原子的蒸发现象，三个样品的最高加热净化温度依次设为 700℃、650℃ 和 600℃，并均在最高温度保持 20min。待样品 R2 冷却到室温后，采用相同的激活方法进行 Cs、O 激活，激活后测得的光谱响应曲线如图 7.43 所示，主要的光电发射性能参数如表 7.5 所示。

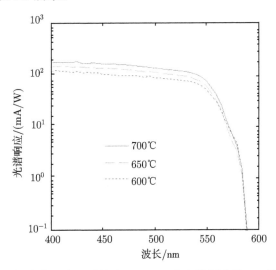

图 7.43　不同加热净化温度下反射式 GaAlAs 光电阴极样品 R2 的光谱响应曲线

表 7.5　不同加热净化温度下反射式 GaAlAs 光电阴极样品 R2 的光电发射性能参数

加热净化温度/℃	光谱响应 @532nm/(mA/W)	量子效率 @532nm
700	110	26%
650	89	21%
600	74	17%

从上述结果可以看出，当加热净化温度较低时，GaAlAs 表面的氧化物难以除尽，获得的光谱响应效果不佳；而当加热净化温度较高时，光电阴极可获得较好的

光谱响应特性。GaAlAs 样品 R2 在经过 700℃ 的加热净化处理后可获得最佳的光电发射性能，在 532nm 处的量子效率可达到 26%。

3. Cs、O 激活对 GaAlAs 光电阴极性能的影响

1) 单 Cs 激活对 GaAlAs 光电阴极性能的影响

从图 7.36 可以看出，不管 Cs 源流量的大小，Cs、O 激活过程中首次 Cs 激活后的 GaAlAs 光电阴极的光电流峰值大小基本相同，可推断经过相同化学清洗和加热净化工艺处理后的 GaAlAs 样品的表面形貌相同，并且表面 Cs 的覆盖度一样。实验中选用了一个反射式 GaAlAs 样品 R1，化学清洗和加热净化方法同图 7.39 所示的样品 4。加热净化处理结束后对 GaAlAs 样品进行单 Cs 激活，待激活光电流达到峰值后进行光谱响应测试，光谱响应曲线如图 7.44 所示。

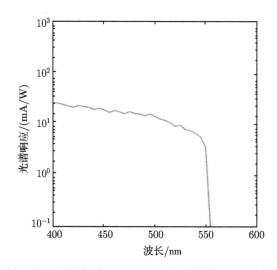

图 7.44　单 Cs 激活的反射式 GaAlAs 光电阴极样品 R1 的光谱响应曲线

对于反射式 GaAlAs 光电阴极，短波光子主要在近表面吸收，产生的高能电子会直接隧穿表面势垒逸出到真空；而长波光子大部分在光电阴极体内吸收，激发的光电子会迅速在导带底热化并向表面输运，最终隧穿表面势垒逸出到真空。当表面势垒明显高于导带底时，低能光电子是很难隧穿表面势垒的。从图 7.44 中可以看出，GaAlAs 表面在单 Cs 激活后的光谱响应曲线的截止波长与图 7.39 所示的 Cs、O 激活后的光谱响应曲线的截止波长是差不多的，表明单 Cs 激活后的 GaAlAs 表面势垒能够降到导带底以下或接近导带底，此时由长波光子产生的低能光电子仍有较大的几率逸出到真空。目前，GaAlAs 表面在覆 Cs 后的电子亲和势变化还没有具体的实验结果，而相关研究成果表明 GaAs 光电阴极在首次进 Cs 后可获得零电子亲和势[52,53]。杜晓晴对 GaAs 光电阴极的单 Cs 激活开展过研究，发现单 Cs 激活后的光谱响应曲线的截止波长稍短于 Cs、O 激活后的光谱响应曲线的截止波长, 这与 GaAlAs 光电阴极的实验结果类似[54]。由此可以推断单 Cs 激活后的 GaAlAs 表面也可接近零电子亲和势。此外, 图 7.37 表明当 GaAlAs 和 GaAs 表面在首次进 Cs 直到电子亲和势降到最低时, 两者表面的 Cs 覆盖度是差不多的。

2) 不同 Cs/O 比例激活对 GaAlAs 光电阴极性能的影响

在 Cs、O 激活过程中, Cs/O 比例关系着光电阴极激活效果的优劣。GaAs 光电阴极的研究结果表明 Cs/O 比例存在一个最佳值, 使光电阴极获得高的灵敏度[55]。图 7.36 给出了不同 Cs/O 电流比例激活的 GaAlAs 光电阴极的光电流曲线, 激活后测得的光谱响应曲线如图 7.45 所示。从图中可以看到, 当 Cs/O 电流比例为 1.70/1.67 时, GaAlAs 光电阴极可获得最佳的光谱响应。因为实验中所用的为同种样品, 从量子效率理论模型的角度讲, 造成图 7.45 中光谱响应曲线差异的主要因素是表面电子逸出几率, 而表面电子逸出几率大小取决于 Cs、O 激活层的质量。

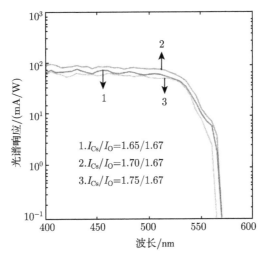

图 7.45　不同 Cs/O 电流比例激活的反射式 GaAlAs 光电阴极样品 R1 的光谱响应曲线

在 GaAlAs 表面首次覆 Cs 时, Cs 与基底掺杂原子形成偶极子, 使表面逸出功减小。在 Cs、O 交替激活时, 引入的 O 会与 Cs 形成 Cs、O 偶极子, 从而进一步降低阴极表面逸出功。此过程中, 合适的进 O 量可以保证 Cs、O 充分结合, 使表面形成的 Cs、O 偶极子排列均匀, 而过量的 O 会破坏已经形成的 Cs、O 偶极子。因此, 在 Cs、O 交替激活阶段, 需要严格地控制 Cs/O 比例, 使 GaAlAs 表面获得最佳的激活效果, 达到提高表面电子逸出几率的目的。

7.4.2　真空系统中反射式 GaAlAs 光电阴极的稳定性

1. 光照强度对 GaAlAs 光电阴极稳定性的影响

稳定性是 NEA 光电阴极应用的一个技术难题。NEA 光电阴极需要在超高真空环境下制备得到, 影响处于真空系统中的光电阴极稳定性的因素很多, 主要包括系统的真空度、残余气体分子和光照强度等 [56~60]。为了研究超高真空环境下光照强度对激活后的 GaAlAs 光电阴极稳定性的影响, 选用了四个如图 7.25 所示的反射式样品 R2 进行实验。实验中采用相同的化学清洗、加热净化和 Cs、O 激活工艺对四个反射式 GaAlAs 光电阴极样品进行制备, 并对制备后的光电阴极 1、2、3、4 分别在 100lx、50lx、25lx 和无光照情况下进行衰减测试 [61]。图 7.46 给出了样品 1、2、3 在不同强度光照下的光电流衰减曲线, 图 7.47 给出了样品 4 在无光照情况下的光谱响应衰减曲线。

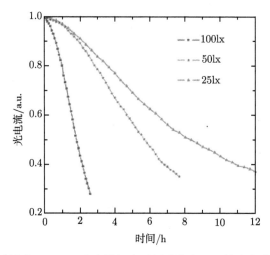

图 7.46　反射式 GaAlAs 光电阴极在不同强度光照下的光电流衰减曲线

实验中, 四个 GaAlAs 光电阴极样品激活结束时测得的光谱响应曲线基本一样, 如图 7.47 中激活后的光谱响应曲线所示。从图 7.46 中可以看出, 光电流曲线在光照下以近指数的形式衰减, 并且光照强度越高, 光电流衰减越快, 衰减过程中真空系统的真空度稳定在 5×10^{-8}Pa 附近。通常将光电流曲线衰减到其峰值的 $1/e$ 处所需的时间作为衡量 NEA 光电阴极寿命的标准 [62]。样品 1、2、3 的光电流衰减到峰值的 $1/e$ 时测得的光谱响应曲线同图 7.47 中 13 h 后的光谱响应曲线。真空系统中反射式 GaAlAs 光电阴极在不同强度光照下的寿命如表 7.6 所示, 可以发现在无光照下的样品 4 拥有最长的寿命, 光照强度最强的样品 1 的寿命最短。结果表明处于真空系统中的反射式 GaAlAs 光电阴极的寿命随着入射光强度的增加而降低。

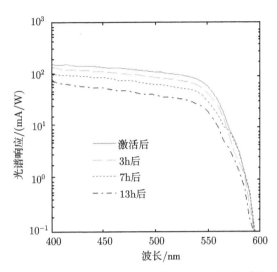

图 7.47　反射式 GaAlAs 光电阴极在无光照情况下的光谱响应衰减曲线

表 7.6　不同强度光照下的反射式 GaAlAs 光电阴极寿命

光照强度/lx	100	50	25	0
寿命/h	2.3	7.3	12.0	13.0

图 7.47 体现了反射式 GaAlAs 光电阴极在无光照条件下的衰减特性, 此时光电阴极的寿命称为暗寿命, 真空系统中的 GaAlAs 光电阴极的暗寿命为 13h。无光照时 GaAlAs 光电阴极的衰减主要是由 Cs、O 层的物理脱附和真空系统中的残气吸附引起的, 其中 H_2、CO_2、H_2O 和 CO 等杂质气体分子的吸附会破坏表面的 Cs、O 激活层, 从而造成光电阴极性能的降低。光电阴极在光照情况下的寿命一般被称为工作寿命, 从表 7.6 中可以看出, GaAlAs 光电阴极的工作寿命明显低于暗寿命。除了影响光电阴极暗寿命的因素, 限制 GaAlAs 光电阴极工作寿命的因素还包括电子轰击、高压操作、热负载和漏电流等[60]。在强光照射下, 激活层的 Cs 原子在吸收光子能量后会更加活跃, 真空系统中的残余气体分子会更容易在激活层表面吸附, 从而加速了 Cs、O 激活层的退化, 使 GaAlAs 光电阴极的寿命降低。

2. 多次加热净化处理对 GaAlAs 光电阴极稳定性的影响

目前, GaAlAs 光电阴极的制备采用单步高温加热激活法, GaAs 光电阴极制备时使用的高低温激活法并不能提高低温处理后的 GaAlAs 光电阴极的光电发射性能。为了研究多次加热净化处理对 GaAlAs 光电阴极稳定性的影响, 实验时选用了一个如图 7.25 所示的反射式 GaAlAs 样品 R2。经过 5 次 650℃ 的加热净化处理后激活得到的反射式 GaAlAs 光电阴极的光谱响应曲线如图 7.48 所示 [61]。从图中可以看出, 尽管 2 次加热后的光电阴极可获得良好的光谱响应, 但仍低于 1 次加热后的光谱响应曲线, 表明采用高–高温的激活法同样不能提高 GaAlAs 光电阴极的光电发射性能。此外, 从图中还可以看出, GaAlAs 光电阴极的光谱响应随着加热净化处理次数的增加而降低。高温加热净化过程不仅会使 GaAlAs 表面的氧化物和 Cs、O 激活层脱附, 同样会使基底原子从表面蒸发。而高温加热次数越多, GaAlAs 表面受到的破坏越严重, 这是导致 GaAlAs 光电阴极的光谱响应逐渐降低的主要因素之一。

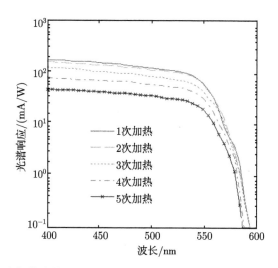

图 7.48　5 次加热净化处理后的反射式 GaAlAs 光电阴极的光谱响应曲线

对加热净化并激活后的 GaAlAs 光电阴极进行了 100lx 光照下的光电流衰减测试, 得到的光电流衰减曲线如图 7.49 所示。图中的曲线 1~5 分别对应着 5 次加热净化处理后的 GaAlAs 光电阴极的光电流衰减曲线, 其中曲线 1 进行了归一化处理, 曲线 2~4 相对曲线 1 的初始值同样进行了归一化处理。

图 7.49 中出现了一个有趣的现象, 即 2 次加热处理后的光电阴极光电流衰减曲线具有最低的衰减速率, 而 1 次加热处理后的光电阴极光电流衰减曲线却有着最高的衰减速率。5 次加热净化处理后的 GaAlAs 光电阴极在 100lx 光照下的峰值电流 (归一化处理后) 和寿命如表 7.7 所示。从表中可以看出, 从 2 次加热净化处理开始, GaAlAs 光电阴极的寿命随着加热次数的增加而减小。

结合以上的实验分析, 可以看出尽管 GaAlAs 光电阴极在首次激活后具有最高的光谱响应, 但是其稳定性却不如经过多次加热净化并激活的 GaAlAs 光电阴极。众所周知, As、Ga 和 Cs 的氧化物可以在高温净化下较容易地去掉, 而 Al 的

氧化物如 Al_2O_3 在高温下很难去除。GaAlAs 表面难以去除的氧化物充当着表面势垒的作用，会阻止光电子逸出表面到真空中去，所以随着激活次数的增加，光电阴极的光谱响应逐渐降低。在 2 次加热净化处理并激活后，Cs、O 激活层与 GaAlAs 基底之间的作用以相对稳定的形式存在，因而可获得长的光电阴极寿命。然而，多次的加热净化处理会破坏 GaAlAs 光电阴极的表面，使形成的 Cs、O 激活层不如 2 次加热激活后的稳定，因此光电阴极的寿命随着加热激活次数的进一步增加而降低。

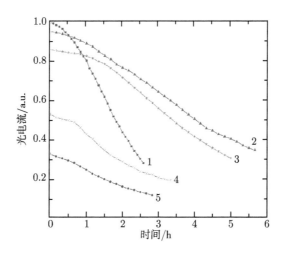

图 7.49　5 次加热净化处理后的反射式 GaAlAs 光电阴极的光电流衰减曲线

表 7.7　5 次加热净化处理后的反射式 GaAlAs 光电阴极在 100lx 光照下的峰值电流和寿命

激活次数	1	2	3	4	5
峰值电流/a.u	1	0.95	0.86	0.53	0.33
寿命/h	2.3	5.5	4.9	3.3	2.7

3. 补 Cs 激活后 GaAlAs 光电阴极的稳定性

处于真空系统中的 NEA 光电阴极的光电流在衰减后，可通过重新进 Cs 使灵敏度大部分恢复[63]。选用了一个如图 7.25 所示的反射式样品 R2 用于 GaAlAs 光电阴极的补 Cs 激活实验研究。首先对经过化学清洗和加热处理后的 GaAlAs 样品在超高真空激活系统中进行 Cs、O 激活，将激活后的 GaAlAs 光电阴极置于 100lx 的光照条件下进行衰减测试，待光电阴极衰减后对其重新补 Cs 激活；待补 Cs 激活后的光电阴极再次衰减后，再次进行补 Cs 激活。反射式 GaAlAs 光电阴极经 3

次补 Cs 激活的光电流曲线如图 7.50 所示 [64],图中的曲线均相对 Cs、O 激活后的峰值电流作了归一化处理,即 Cs、O 激活后的光电阴极的峰值电流为 1。

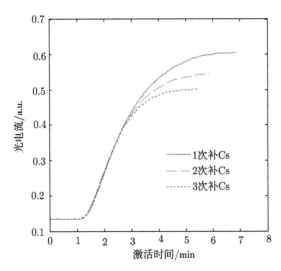

图 7.50　补 Cs 激活时反射式 GaAlAs 光电阴极的光电流曲线

　　从图 7.50 中可知,在补 Cs 激活的初始阶段,光电流的增长速度比较明显,而随着时间的推进,光电流的增长趋于平缓并达到峰值。此外,从图中还可以看出随着补 Cs 次数的增加,光电流的峰值逐渐减小。

　　Cs、O 激活及补 Cs 激活后的反射式 GaAlAs 光电阴极的光谱响应曲线如图 7.51 所示。从图中可以看出,补 Cs 后的 GaAlAs 光电阴极的灵敏度是不能恢复到 Cs、O 激活后的程度的,并且随着补 Cs 次数的增加,光电阴极的灵敏度逐渐降低。实验结果表明,GaAlAs 光电阴极表面的激活层一旦遭到破坏,通过补 Cs 处理不能使 GaAlAs 光电阴极的灵敏度恢复到初始水平,只能让光电阴极的灵敏度得到部分恢复。GaAlAs 光电阴极的灵敏度的恢复程度与表面吸附的杂质气体分子有关,某些气体分子如 H_2O 等会充当 O 的角色 [65],在补 Cs 激活时,Cs 会与这部分气体杂质和表面其他的氧化物作用形成有利于光电发射的 Cs、O 偶极子,所以在补 Cs 开始时光电流上涨很快。但是 O 原子之外的杂质会附着在原有的偶极子上,使偶极子丧失作用,并且隔绝偶极子与 Cs 原子的接触,所以补 Cs 激活后的阴极灵敏度是不能全部恢复的。

　　影响图 7.51 中光谱响应曲线变化的主要因素是 GaAlAs 光电阴极的表面势垒,表面势垒的形状决定着光电阴极的表面电子逸出几率。Cs、O 激活,补 Cs 激活和衰减后的 GaAlAs 光电阴极表面势垒结构如图 7.52 所示。Cs、O 激活后的 GaAlAs 光电阴极表面势垒近似由 Cs 激活和 Cs、O 交替激活形成的双势垒组成,其真空能级降到导带底以下，表面获得负的电子亲和势。在真空系统中衰减后的 GaAlAs 光电阴极的激活层遭到破坏，其表面势垒的末端高度回到导带底之上，此时光电阴极体内产生的光电子没有足够的能量隧穿表面势垒逸出到真空。补 Cs 激活后的表面真空能级重新降到导带底以下，但是不能降至 Cs、O 激活后的势垒末端高度，此时光电阴极体内的光电子隧穿表面势垒逸出到真空的概率低于 Cs、O 激活后的光电阴极。

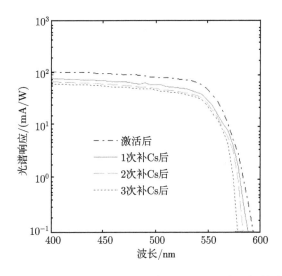

图 7.51 Cs、O 激活及补 Cs 激活后反射式 GaAlAs 光电阴极的光谱响应曲线

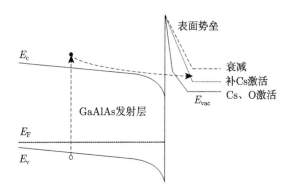

图 7.52 Cs、O 激活，补 Cs 激活和衰减后的 GaAlAs 光电阴极表面势垒结构示意图

Cs、O 激活和补 Cs 激活后的 GaAlAs 光电阴极在光照下的光电流衰减曲线如图 7.53 所示。图中的实验结果表明虽然衰减后的 GaAlAs 光电阴极经过补 Cs 激活后能恢复一定的灵敏度，但是随着补 Cs 次数的增加，光电阴极的稳定性却逐渐

下降。Cs 会与衰减后的表面的氧化物发生作用而形成偶极子，这部分偶极子有助于表面光电子的逸出，但是氧化物与 Cs 结合的稳定性不如 Cs 与纯 O 结合的稳定性高。此外，GaAlAs 光电阴极表面吸附的其他杂质原子会破坏形成的偶极子，使表面的稳定性进一步降低。

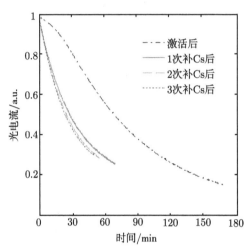

图 7.53 Cs、O 激活和补 Cs 激活后的反射式 GaAlAs 光电阴极光电流衰减曲线

总之，真空系统中光电阴极的衰减与系统中残余气体 H_2、CO_2、H_2O 和 CO 等有着密切的关系，杂质吸附会破坏阴极表面的 Cs、O 激活层，造成光电发射性能的迅速下降[66]。当 GaAlAs 光电阴极处于真空系统中时，系统中的杂质气体分子对光电阴极表面激活层都有着很大的影响。而当 GaAlAs 光电阴极工作时，离子轰击、高压、光照等因素会加速表面激活层的退化，使光电阴极的稳定性更差。有关 NEA 光电阴极表面激活层的退化一直是研究的重点，Whitman 等提出了活性区域模型，可用来解释阴极表面退化的内在机理[67,68]。该模型假设光电阴极 NEA 表面存在众多活性区域，而表面形成的单个偶极子的面积是远小于单个活性区域面积的。当有害杂质分子吸附到某个活性区域时，该活性区域就丧失发射电子的能力。假设 GaAlAs 光电阴极激活表面单位面积上有 n 个活性区域，单位光强、单位面积、单位时间下光电阴极表面被杂质气体分子碰撞的次数为 R_cLp，R_c 为碰撞系数，L 为光照强度，p 为真空度。邹继军等提出了一个公式用于解释 NEA 光电阴极表面首次进 Cs 时的光电流变化[69]：

$$\frac{I_a(t)}{I_t} = 1 - \varphi(t) = 1 - \left(1 - \frac{N_a}{N_t}\right)^t \tag{7.47}$$

式中，$I_a(t)$ 为 t 时刻的光电流；I_t 是进 Cs 后总的光电流；N_a 是偶极子形成速率，即单位面积单位时间内光电阴极表面形成的偶极子数目；N_t 是单位面积上形成的总的偶极子数；$\varphi(t)$ 是 t 时刻光电阴极表面 Cs 的覆盖度，即一个单层的 Cs 原子数的百分比。

与 Cs 在原子级清洁表面的吸附不同，Cs 会额外与光电阴极退化表面的一些氧化物作用形成偶极子，但是补 Cs 激活的光电流曲线同样满足式 (7.47) 的变化规律。在图 7.50 中可以发现，在开始的几十秒内，补 Cs 激活的光电流曲线基本没有变化，这是因为 Cs 源需要预热一段时间后才能释放 Cs。此外，从图 7.50 还可知三条光电流曲线的初始值是差不多的，即说明这三次退化的 GaAlAs 光电阴极表面剩余的偶极子数是接近的。为了更好地分析光电流的变化规律，去掉了图 7.50 中光电流的预热阶段并减去了初始光电流，此外三条光电流曲线均相对第 1 次补 Cs 激活的峰值电流作了归一化处理，结果如图 7.54 中的实线所示。利用式 (7.47) 对光电流曲线进行了拟合，拟合结果如图 7.54 中的虚线所示。设 $Y = N_a/N_t$，拟合三条光电流曲线得到的 Y 分别为 1/70、1/62 和 1/55。在所有的补 Cs 激活过程中，Cs 的蒸发速率是不变的，所以对于补 Cs 激活的 GaAlAs 光电阴极而言，表面偶极子形成速率 N_a 在理论上是相同的。因此，三次补 Cs 激活的光电阴极的单位面积上形成的总的偶极子数 N_t 的比值为 70:62:55。结果进一步表明光电阴极表面活性区域形成的偶极子数目随着补 Cs 次数的增加而减少，并且 GaAlAs 光电阴极的寿命随表面偶极子数的减少而降低。

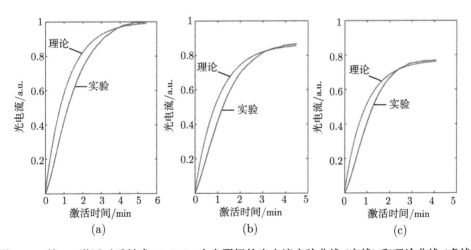

图 7.54　补 Cs 激活时反射式 GaAlAs 光电阴极的光电流实验曲线 (实线) 和理论曲线 (虚线)

7.4.3　窄带响应透射式 GaAlAs 光电阴极的性能评估

如图 7.24 所示，曾经设计并生长了两个透射式 GaAlAs 光电阴极样品 T1 和 T2，利用化学腐蚀方法选择性去掉 GaAs 保护层，并将 GaAlAs 窗口层依次与 Si_3N_4 层和玻璃粘贴，同时去掉 GaAs 衬底，最终得到的透射式 GaAlAs 光电阴极组件为玻璃、Si$_3$N$_4$ 增透层、GaAlAs(1) 窗口层和 GaAlAs(2) 发射层，如图 7.55 所示。

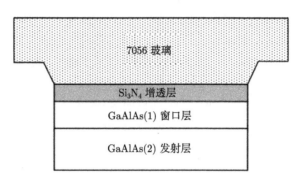

图 7.55　透射式 GaAlAs 光电阴极组件结构

　　借助微光夜视技术重点实验室的三代微光像增强器研制线制备了透射式 GaAlAs 光电阴极，并进行了真空光电二极管的封装，得到对 532nm 敏感的真空光电二极管，如图 7.56 所示。该真空光电二极管主要包括透射式 GaAlAs 光电阴极组件、陶瓷管壁和合金阳极，不包括像增强器拥有的微通道板及荧光屏等部件，对应的透射式 GaAlAs 光电阴极 T1 和 T2 的光谱响应曲线如图 7.57 所示。

图 7.56　对 532nm 敏感的真空光电二极管实物图

　　从图 7.57 中可以看出，两条光谱响应曲线的截止波长和峰值位置有明显的差距，这与实际生长的外延层 Al 组分有着密切的关系。尽管设计的两个透射式 GaAlAs 光电阴极的 Al 组分是一致的，但是由于外延生长过程中 Al 组分的控制不够精确，生长的 GaAlAs 外延层的 Al 组分出现差异。图 7.57 中光电阴极 T2 的长波截止波长比 T1 的长，这是因为光电阴极 T2 的发射层 Al 组分是低于 T1 的；同样地，光电阴极 T2 的短波截止波长比 T1 的长，造成该现象的主要原因一方面是光电阴极 T2 相比 T1 具有更厚的发射层，另一方面是光电阴极 T2 的窗口层 Al

组分比 T1 的更低。

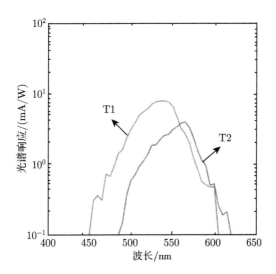

图 7.57 透射式 GaAlAs 光电阴极 T1 和 T2 的光谱响应曲线

通过光谱响应曲线转换得到的透射式 GaAlAs 光电阴极的量子效率曲线如图 7.58 中的实线所示，利用式 (7.20) 对量子效率曲线进行拟合得到的理论曲线如图 7.58 中的虚线所示。拟合时所用的反射率由日本岛津公司生产的 UV-3600 型分光光度计测得，拟合得到的透射式 GaAlAs 光电阴极 T1 和 T2 的相关性能参数如表 7.8 所示。

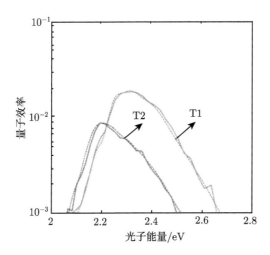

图 7.58 透射式 GaAlAs 光电阴极量子效率实验曲线 (实线) 和理论曲线 (虚线)

表 7.8　透射式 GaAlAs 光电阴极 T1 和 T2 的相关性能参数

光电阴极	S_v/(cm/s)	P	L_{DE}/μm	量子效率峰值波长/nm
T1	$5.0×10^6$	0.10	0.62	535
T2	$3.5×10^6$	0.06	0.60	565

从图 7.58 可知，透射式 GaAlAs 光电阴极 T1 和 T2 的峰值量子效率分别为 1.9% 和 0.9%，所处的能量分别为 2.318eV 和 2.195eV，对应的波长分别为 535nm 和 565nm。其中，透射式 GaAlAs 光电阴极 T1 的峰值波长与 532nm 非常接近，并且在 532nm 处的大小也接近峰值，达到对 532nm 敏感的透射式 GaAlAs 光电阴极的设计要求。从表 7.8 中可以看出，透射式光电阴极 T1 和 T2 的后界面复合速率 S_v 与电子漂移扩散长度 L_{DE} 的差距不大，这主要是由材料的生长质量决定的，对光电阴极的量子效率大小具有一定的影响。而影响量子效率大小的主要因素是表面电子逸出几率 P，从表 7.8 中可以看出两者的 P 值都比较小，说明对 532nm 敏感的 GaAlAs 透射式光电阴极的制备工艺尚需要研究。

上述结果表明要研制高性能的对 532nm 敏感的透射式 GaAlAs 光电阴极，首先要保证 GaAlAs 光电阴极材料的生长质量，尤其是窗口层和发射层的 Al 组分的精度要严格控制，微小的偏差都会造成透射式光电阴极量子效率曲线峰值位置的偏移；其次，需要选用适合 GaAlAs 光电阴极的表面处理工艺，$H_2SO_4/H_2O_2/H_2O$ 溶液和 HCl/H_2O 溶液的两步化学清洗方法与 700℃ 的加热净化处理方法适用于 GaAlAs 光电阴极的制备；最后，激活时选择合适的 Cs/O 电流比例有助于 GaAlAs 光电阴极获得较好的光电发射性能。

此外，对放置两年的基于窄带响应透射式 GaAlAs 光电阴极的真空光电二极管进行了光谱响应测试，发现光谱响应曲线相比初始曲线基本没有变化，稳定性远高于处于真空系统中的反射式 GaAlAs 光电阴极。真空光电二极管相当于一个密封的真空系统，与动态的真空系统不同，其内部的真空环境比较稳定且 GaAlAs 光电阴极处于一定的 Cs 氛围内，因此处于其中的光电阴极的稳定性更高。

参 考 文 献

[1] 陈鑫龙. 对 532nm 敏感的 GaAlAs 光电阴极的制备与性能研究. 南京: 南京理工大学, 2015

[2] http://www.ioffe.rssi.ru/SVA/NSM/Semicond/AlGaAs/index.html[2014].

[3] 邹继军. GaAs 光电阴极理论及其表征技术研究. 南京: 南京理工大学, 2007

[4] Pavesi L, Guzzi M. Photoluminescence of $Al_xGa_{1-x}As$ alloys. Journal of Applied Physics, 1994, 75: 4779–4842

[5] Kulikova S E, Subashiev. Adsorption of Cs on GaAs-based(001) surface: electronic structure of activation layer. Proc. SPIE, 2005, 5831: 30–32

[6] Schmidt W G, Bechstedt F. Comparison of As-rich and Sb-terminated GaAs(100)(2×4) reconstructions. Surface Science, 1997, 377–379: 11–14

[7] Tereshchenko O E, Alperovich V L, Zhuravlev A G, et al. Cesium-induced surface conversion: from As-rich to Ga-rich GaAs(001) at reduced temperatures. Physical Review B, 2005, 71: 155315

[8] Hogan C, Paget D, Garreau Y, et al. Early stages of cesium adsorption on the As-rich c (2×8) reconstruction of GaAs(001): adsorption sites and Cs-induced chemical bonds. Physical Review B, 2003, 68: 205313

[9] Yu X H, Du Y J, Chang B K, et al. Study on the electron structure and optical properties of $Ga_{0.5}Al_{0.5}As(001)$ $\beta_2(2\times4)$ reconstruction surface. Applied Surface Science, 2013, 266: 380–385

[10] Yu X H, Du Y J, Chang B K, et al. The adsorption of Cs and residual gases on $Ga_{0.5}Al_{0.5}As(001)$ $\beta_2(2\times4)$ surface: a first principles research. Applied Surface Science, 2014, 290: 142–147

[11] Yu X H, Chang B K, Chen X L, et al. Cs adsorption on $Ga_{0.5}Al_{0.5}As(001)$ $\beta_2(2\times4)$ surface: a first-principles research. Computational Materials Science, 2014, 84: 226–231

[12] 贾欣志. 负电子亲和势光电阴极及应用. 北京: 国防工业出版社, 2013

[13] Topping J. On the mutual potential energy of a plane network of doublets. Proceedings of the Royal Society A: Mathematical, Physical and Engineering Sciences, 1927, 114(766): 67–72

[14] Liu Z. Surface characterization of semiconductor photocathode structures. Palo Alto: Stanford University, 2005

[15] Pauling L. The Nature of the Chemical Bond. New York: Cornell University Press, 1960

[16] Pyykkö P, Michiko A. Molecular single-bond covalent radii for element. Chemistry, 2009, 15(1): 186–197

[17] 刘元震, 王仲春, 董亚强. 电子发射与光电阴极. 北京: 北京理工大学出版社, 1995

[18] 邹继军, 常本康, 杨智. 指数掺杂 GaAs 光电阴极量子效率的理论计算. 物理学报, 2007, 56(5): 2992–2997

[19] Yang Z, Chang B K, Zou J J, et al. Comparison between gradient-doping GaAs photocathode and uniform-doping GaAs photocathode. Applied Optics, 2007, 46(28): 7035–7039

[20] Chen X L, Zhang Y J, Chang B K, et al. Research on quantum efficiency formula for extended blue transmission-mode GaAlAs/GaAs photocathodes. Optoelectronics and Advanced Materials—Rapid Communication, 2012, 6(1/2): 307–312

[21] Dowdy R, Attenkofer K, Frisch H, et al. Development of Ultra-Thin GaAs Photocathodes. Physics Procedia, 2012, 37: 976–984

[22] Chen X L, Zhang Y J, Chang B K, et al. Research on quantum efficiency of reflection-mode GaAs photocathode with thin emission layer. Optics Communications, 2013, 287: 35–39

[23] Adachi S. GaAs, AlAs, and Al_xGa_{1-x}As@B: material parameters for use in research and device applications. Journal of Applied Physics, 1985, 58(3): R1–R29

[24] Aspnes D E, Kelso S M, Logan R A, et al. Optical properties of Al_xGa_{1-x}As. Journal of Applied Physics, 1986, 60(2): 754–767

[25] Zou J J, Chang B K. Gradient doping negative electron affinity GaAs photocathodes. Optical Engineering, 2006, 5(5): 054001

[26] 赵静. 透射式 GaAs 光电阴极的光学与光电发射性能研究. 南京: 南京理工大学, 2013

[27] 张益军. 变掺杂 GaAs 光电阴极研制及其特性评估. 南京: 南京理工大学, 2012

[28] Martinelli R U, Ettenberg M. Electron transport and emission characteristics of negative electron affinity Al_xGa_{1-x} As alloys $(0\sim x\sim 0.3)$. Journal of Applied Physics, 1974, 45: 3896–3898

[29] Antypas G A , Edgecumbe J. Glass-sealed GaAs-AlGaAs transmission photocathode. Applied Physics Letters, 1975, 26(7): 371, 372

[30] 杨智, 邹继军, 常本康. 透射式指数掺杂 GaAs 光电阴极最佳厚度研究. 物理学报, 2010, 59(6): 4290–4295

[31] 邹继军, 高频, 杨智, 等. 发射层厚度对反射式 GaAs 光电阴极性能的影响. 光子学报, 2008, 37(6): 1112–1115

[32] 萨默 A H. 光电发射材料制备、特性与应用. 侯洵译. 北京: 科学出版社, 1979

[33] Liu Z, Sun Y, Machuca F, et al. Optimization and characterization of III - V surface cleaning. Journal of Vacuum Science and Technology B, 2003, 21(4): 1953–1958

[34] Liu Z, Sun Y, Machuca F, et al. Preparation of clean GaAs(100) studied by synchrotron radiation photoemission. Journal of Vacuum Science and Technology A, 2003, 21(1): 212–218

[35] Wu X S, Coldren L A, Merz J L. Selective etching characteristics of HF for Al_xGa_{1-x}As/ GaAs. Electronics Letters, 1985, 21(13): 558, 559

[36] 许兆鹏. GaAs、GaP、InP、InGaAsP、AlGaAs、InAlGaAs 的化学腐蚀研究. 固体电子学研究与进展, 1996, 16(1): 56–63

[37] 石峰. 透射式变掺杂 GaAs 光电阴极及其在微光像增强器中应用研究. 南京: 南京理工大学, 2013

[38] Sun X J, Hu L Z H, Song H, et al. Selective wet etching of $Al_{0.7}Ga_{0.3}$As layer in concentrated HCl solution for peeling off GaAs microtips. Solid-State Electronics, 2009, 53: 1032–1035

[39] 公延宁, 汪乐, 莫金玑, 等. GaAs 太阳电池帽层腐蚀研究——GaAs/AlGaAs 薄膜体系的选择性腐蚀. 太阳能学报, 1999, 20(2): 109–115

[40] Jaouad A, Aimez V. Passivation of air-exposed AlGaAs using low frequency plasma-enhanced chemical vapor deposition of silicon nitride. Applied Physics Letters, 2006, 89: 092125

[41] Shin J, Geib K M, Wilmsen C W. The thermal oxidation of AIGaAs. Journal of Vacuum Science and Technology A, 1991, 9(3): 1029–1034

[42] Elamrawi K A, Elsayed-Ali H E. Preparation and operation of hydrogen cleaned GaAs (100) negative electron affinity photocathodes. Journal of Vacuum Science and Technology A, 1999, 17(3): 823–831

[43] Stanley D H, Peckman R, Peregoy J W K. Low temperature process and apparatus for cleaning photo-cathode: USA, 27102894A. 1994

[44] Alexeev A N, Karpov A Y, Maiorov M A, et al. Thermal etching of binary and ternary III - V compounds under vacuum conditions. Journal of Crystal Growth, 1996, 166: 167–171

[45] Cheng K Y. Molecular Beam Epitaxy Technology of III - V Compound Semiconductors for Optoelectronic Applications. Proc. IEEE, 1997, 85(11): 1694–1714

[46] Sun Y, Liu Z, Pianetta P, et al. Formation of cesium peroxide and cesium superoxide on InP photocathode activated by cesium and oxygen. Journal of Applied Physics, 2007, 102: 074908

[47] Moré S, Tanaka S, Fujii Y, et al. Interaction of Cs and O with GaAs(100) at the overlayer-substrate interface during negative electron affinity type activations. Surface Science, 2003, 527: 41–50

[48] Chen X L, Zhao J, Chang B K, et al. Photoemission characteristics of (Cs, O) activation exponential-doping $Ga_{0.37}Al_{0.63}As$ photocathodes. Journal of Applied Physics, 2013, 113: 213105

[49] Chen X L, Chang B K, Zhao J, et al. Evaluation of chemical cleaning for $Ga_{1-x}Al_xAs$ photocathodeby spectral response. Optics Communications, 2013, 309: 323–327

[50] 方如章, 刘玉凤. 光电器件. 北京: 国防工业出版社, 1988

[51] Niu J, Zhang Y J, Chang B K, et al. Influence of exponential doping structure on the performance of GaAs photocathodes. Applied Optics, 2009, 48(29): 5445–5450

[52] Fisher D G, Enstrom R E, Escher J S, et al. Photoelectron surface escape probability of (Ga,In)As: Cs-O in the 0.9 to 1.6μm. Journal of Applied Physics, 1972, 43(9): 3815–3823

[53] Su C Y, Spicer W E , Lindau I. Photoelectron spectroscopic determination of the structure of (Cs,O) activated GaAs (110) surface. Journal of Applied Physics, 1983, 54(3): 1413–1422

[54] 杜晓晴. 高性能 GaAs 光电阴极. 南京: 南京理工大学, 2005

[55] Rodway D C , Allenson M B. In situ surface study of the activating layer on GaAs(Cs,O) photocathodes. Journal of Physics D: Applied Physics, 1986, 19: 1353–1371

[56] Alley R, Aoyagi H, Clendenin J, et al. The Stanford linear accelerator polarized electron source. Nuclear Instruments and Methods in Physics Research A, 1995, 365: 1–27

[57] Machuca F, Liu Z, Sun Y, et al. Oxygen species in Cs/O activated gallium nitride (GaN) negative electron affinity photocathodes. Journal of Vacuum Science and technology B, 2003, 21(4): 1863–1869

[58] Calabres R, Guidi V, Lenisa P, et al. Surface analysis of a GaAs electron source using Rutherford backscattering spectroscopy. Appllied Physics Letters, 1994, 65(3): 301,302

[59] Zou J J, Chang B K, Yang Z, et al. Stability and photoemission characteristics for GaAs photocathodes in a demountable vacuum system. Applied Physics Letters, 2008, 92: 172102

[60] Chanlek N. Quantum efficiency lifetime studies using the photocathode preparation experimental facility developed for the Alice Accelerator. Manchester University, 2011

[61] Chen X L, Hao G H, Chang B K, et al. Stability of negative electron affinity $Ga_{0.37}Al_{0.63}As$ photocathodes in an ultrahigh vacuum system. Applied Optics, 2013, 52(25): 6272–6277

[62] 王近贤，杨汉琼. 象增强器稳定性分析. 云光技术, 1999, 31(2): 43–48

[63] Wada T, Nitta T, Nomura T. Influence of exposure to CO, CO_2 and H_2O on the stability of GaAs photocathodes. Japanese Journal of Applied Physics, 1990, 29(10): 2087–2091

[64] Chen X L, Jin M C, Zeng Y G, et al. Effect of Cs adsorption on the photoemission performance of GaAlAs photocathode. Applied Optics, 2014, 53(32):7709–7715

[65] Durek D, Frommberger F, Reichelt T, et al. Degradation of a gallium-arsenide photoemitting NEA surface by water vapour. Applied Surface Science, 1999, 143: 319–322

[66] Chen X L, Zhao J, Chang B K, et al. Roles of cesium and oxides in the processing of gallium aluminum arsenide photocathodes. Materials Science in Semiconductor Processing, 2014, 18: 122–127

[67] Whitman L J, Stroscio J A, Dragose R A, et al. Geometric and electronic properties of Cs structures on III - V (110) surfaces: from 1D and 2D insulators to 3D metals. Physical Review letters, 1991, 66(10): 1338–1341

[68] 米侃. 透射式 NEA GaAs 光电阴极和第三代像增强器研究. 西安: 中国科学院西安光学精密机械研究所, 1998

[69] Zou J J, Chang B K, Yang Z, et al. Evolution of photocurrent during coadsorption of Cs and O on GaAs(100). Chinese Physics Letters, 2007, 24: 1731–1734

第 8 章　反射式变掺杂 GaAs 光电阴极材料与量子效率理论研究

NEA GaAs 光电阴极主要应用于第三代和新一代微光像增强器中，在高性能微光夜视技术领域得到了最为广泛的应用；同时又是一种性能优良的电子源，在自旋电子学和电子束平面曝光技术等领域具有很好的应用前景。为了提高 GaAs 光电阴极的性能，国外在光电阴极外延生长工艺、Cs-O 激活工艺、表面模型、电子输运特性和光电发射理论等方面进行了大量的研究。我们经过四个 "五年计划" 的努力，首先使反射式变掺杂 GaAs 光电阴极取得了长足的进步。本章主要介绍反射式变掺杂 GaAs 光电阴极材料与量子效率理论研究和评价结果 [1~5]。

8.1　反射式变掺杂 GaAs 光电阴极能带结构理论研究

由于实际的变掺杂光电阴极材料外延生长时，其掺杂浓度很难做到连续变化，而只能以梯度方式进行掺杂，所以这里讨论的变掺杂指的是梯度掺杂 (指数掺杂是一种特殊的梯度掺杂)。

8.1.1　梯度掺杂 GaAs 材料的能带结构

根据半导体载流子扩散理论，在两个不同掺杂浓度区域交界面处，掺杂浓度高的一方的多数载流子会向掺杂浓度低的一方扩散，最终在两者之间形成一个如图 8.1(a) 所示的空间电荷区。众所周知，处于平衡状态的半导体材料内部具有统一的 Fermi 能级，从而在空间电荷区中由于 Fermi 能级拉平效应形成一个如图 8.1(b) 所示的能带弯曲，能带弯曲区对应有一个内建电场，该内建电场有利于高浓度区间激发的光电子往低浓度区间漂移。

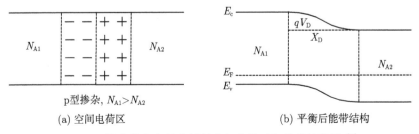

(a) 空间电荷区　　　　　　　　　　　　(b) 平衡后能带结构

图 8.1　梯度掺杂半导体材料空间电荷区与能带结构图 [1]

变掺杂 GaAs 光电阴极正是利用了上述效应,外延生长 p 型掺杂浓度由体内往光电阴极表面由高到低分布的发射层,这种掺杂方式的材料体内会形成一个由高掺到低掺、由体内到表面的向下能带弯曲,这些向下的能带弯曲对应的内建电场有利于体内电子向表面的输运。

图 8.2 给出了具有 4 个不同掺杂浓度区间的梯度掺杂材料能带结构,图 8.3 是与之对比的均匀掺杂材料能带结构。均匀掺杂材料由于没有掺杂浓度的变化,因而体内无能带弯曲和内建电场,而图 8.2 中 4 个掺杂浓度区间在交界面处则对应形成 3 个能带弯曲区,每一个能带弯曲区都有相应的内建电场。这样,在梯度掺杂材料体内,由于吸收入射光子产生的光电子,就会以扩散和漂移两种运动方式向光电阴极表面输运,扩散运动是由于体内电子浓度差别而产生的,而漂移运动则是内建电场作用的结果,在这种扩散和定向漂移的共同作用下,到达光电阴极表面的电子数目将大于只有扩散运动的均匀掺杂材料,从而提高了光电阴极的量子效率。

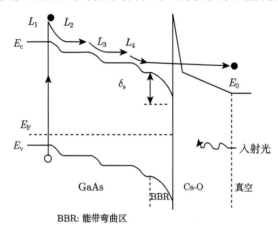

图 8.2　梯度掺杂 GaAs 光电阴极材料能带结构图

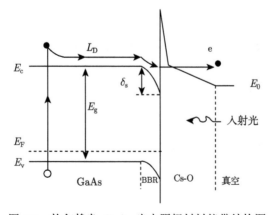

图 8.3　均匀掺杂 GaAs 光电阴极材料能带结构图

8.1.2　指数掺杂 GaAs 材料的能带结构

从图 8.2 中可以看出，梯度掺杂材料的能带呈梯度下降，内建电场只在空间电荷区才存在，因而是非恒定的。为了构建一个体内恒定的内建电场，光电阴极发射层 p 型掺杂浓度应按式 (8.1) 所计算的浓度进行指数掺杂。

$$N(x) = N_0 \exp(-Ax) \tag{8.1}$$

式中，x 是指光电阴极发射层内某点离后界面的距离；A 是指数掺杂系数；N_0 是初始掺杂浓度，即后界面处的掺杂浓度；$N(x)$ 是 x 处的掺杂浓度。对于透射式光电阴极后界面是 GaAlAs/GaAs 界面，对于反射式阴极则是衬底/GaAs 界面。

若取 GaAlAs 缓冲层电势为 0，光电阴极发射层厚度为 T_e，则通过推导可得 GaAs 发射层中一点 x 的电势 $V(x)$ 为

$$V(x) = \frac{k_0 T A x}{q} \tag{8.2}$$

式中，k_0 为玻尔兹曼常量；T 为热力学温度；q 为电子电量。

电势 $V(x)$ 与 x 成线性关系，内建电场 $E(x)$ 则可由 $V(x)$ 得到

$$E(x) = -\frac{\mathrm{d}V(x)}{\mathrm{d}x} = -\frac{k_0 T A}{q} \tag{8.3}$$

由式 (8.3) 可知，内建电场 $E(x)$ 与 x 无关，在整个发射层内都是定值。$V(x)$、$E(x)$ 与 x 的关系如图 8.4 所示。同时电势能与 $V(x)$ 成正比，因而指数掺杂光电阴极的能带会形成如图 8.5 所示的从体内到表面不断向下线性倾斜的结构。靠近后界面处的能带变化是由于 GaAlAs 禁带宽度大于 GaAs 而形成阻挡势垒，近表面处能带弯曲和表面势垒是 p 型 GaAs 材料激活的结果。

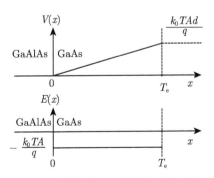

图 8.4　指数掺杂光电阴极电势及电场

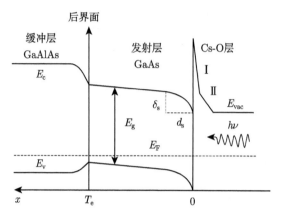

图 8.5　反射式指数掺杂光电阴极能带结构

8.1.3　指数掺杂 GaAs 光电阴极的电子扩散漂移长度

指数掺杂阴极由于内部有恒定内建电场的作用，光电子以扩散加漂移的方式向表面输运，因此在同样的寿命 τ 内，和只有扩散运动的情况相比，光电子向表面的输运距离必将增大，这个距离我们定义为电子扩散漂移长度[6]。

根据一维稳定扩散情况下非平衡少数载流子所遵守的扩散方程：

$$D_{\mathrm{n}}\frac{\mathrm{d}^2\Delta n(x)}{\mathrm{d}x^2}=\frac{\Delta n(x)}{\tau} \tag{8.4}$$

已经得到了均匀掺杂光电阴极的少子扩散长度 $L_{\mathrm{D}}=\sqrt{D_{\mathrm{n}}\tau}$。

在指数掺杂光电阴极中，由于恒定内建电场 E 的存在，非平衡载流子同时存在着漂移和扩散运动，此时电子运动所遵循的一维连续性方程为

$$\frac{\partial n}{\partial t}=D_{\mathrm{n}}\frac{\partial^2 n}{\partial x^2}-\mu_{\mathrm{n}}|E|\frac{\partial n}{\partial x}-\mu_{\mathrm{n}}n\frac{\partial|E|}{\partial x}-\frac{\Delta n}{\tau}+g_{\mathrm{n}} \tag{8.5}$$

式中，D_{n} 为扩散系数；μ_{n} 为电子迁移率；τ 为电子寿命；g_{n} 表示由其他外界因素引起的单位时间单位体积中电子的变化。

在上述情况下，若表面光照恒定，且 $g_{\mathrm{n}}=0$，则 n 不随时间变化，即 $\dfrac{\partial n}{\partial t}=0$。这时的连续性方程称为稳态连续性方程。为了简化讨论，假定材料在热平衡时内部的载流子浓度已达到了均匀分布，即 n 同 x 无关；电场是均匀的，因而 $\dfrac{\partial|E|}{\partial x}=0$。则式 (8.5) 变为

$$D_{\mathrm{n}}\frac{\mathrm{d}^2\Delta n}{\mathrm{d}x^2}-\mu_{\mathrm{n}}|E|\frac{\mathrm{d}\Delta n}{\mathrm{d}x}-\frac{\Delta n}{\tau}=0 \tag{8.6}$$

令 $L_E = |E|\,\mu_n\tau$，称为电子的牵引长度，它表示电子在电场作用下，在寿命 τ 时间内所漂移的距离。求解方程 (8.6) 可最终得到

$$\Delta n = (\Delta n)_0 \exp(-x/L_{DE}) \tag{8.7}$$

其中

$$L_{DE} = \frac{1}{2}\left(\sqrt{L_E^2 + 4L_D^2} + L_E\right) \tag{8.8}$$

L_{DE} 表示光电子在扩散漂移和复合的过程中，减少至原值的 $1/e$ 时所深入样品的平均距离，因此定义其为电子扩散漂移长度。

将爱因斯坦公式 $\dfrac{D_n}{\mu_n} = \dfrac{k_0 T}{q}$，$L_E = |E|\,\mu_n\tau$，$L_D = \sqrt{D_n\tau}$，以及式 (8.3) 代入式 (8.8) 中最终可得

$$L_{DE} = \frac{1}{2}\left(\sqrt{A^2 L_D^4 + 4L_D^2} + A L_D^2\right) \tag{8.9}$$

从式 (8.9) 可以明显看出，$L_{DE} > L_D$，因此采用指数掺杂结构的 GaAs 光电阴极材料，由于有了内建电场的作用，光电阴极的电子扩散漂移长度要比均匀掺杂的电子扩散长度大。

式 (8.9) 确定了 L_{DE} 同指数掺杂系数 A 和均匀材料的电子扩散长度 L_D 之间的关系，在 L_D 已定的情况下，指数掺杂结构对光电阴极电子扩散长度的增加主要取决于指数掺杂系数 A。当 $A = 0$ 时，有 $L_{DE} = L_D$，则就是均匀掺杂光电阴极的电子扩散长度。图 8.6 给出了 L_D 为不同值时 L_{DE} 随 A 变化的理论曲线。

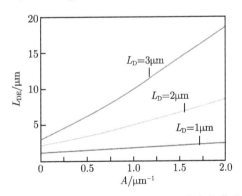

图 8.6 L_D 为不同值时 L_{DE} 随 A 的变化曲线

如果按照式 (8.1) 进行指数掺杂，取样品的厚度为 $1.6\mu m$，$N_0 = 1\times10^{19}cm^{-3}$，$N(1.6) = 1\times10^{18}cm^{-3}$，则 $A \approx 1.44\mu m^{-1}$。利用式 (8.9) 可求出此结构下不同 L_D 所对应的 L_{DE} 的值，如表 8.1 所示。由表 8.1 中数据可知，当均匀掺杂光电阴极的电

子扩散长度 $L_D=2\mu m$ 时，采取指数掺杂得到的 $L_{DE} \approx 6.38\mu m$，电子扩散漂移长度是电子扩散长度的 3 倍多。

表 8.1　$A = 1.44\mu m^{-1}$ 时不同 L_D 所对应的 L_{DE} 的值

$L_D/\mu m$	$L_{DE}/\mu m$	L_{DE}/L_D
1	1.95	1.95
2	6.38	3.19
3	13.6	4.53

以上表明，光电阴极采用指数掺杂结构，相当于增加了均匀掺杂样品的等效电子扩散长度，从而可以有效弥补国内因材料外延生长水平低造成的均匀掺杂光电阴极材料电子扩散长度小的缺陷，因此光电阴极的光电子发射效率得到了明显的提高。

8.2　反射式变掺杂 GaAs 光电阴极量子效率理论研究

变掺杂 GaAs 光电阴极量子效率理论研究，主要包括指数掺杂光电阴极量子效率公式、指数掺杂光电阴极灵敏度与量子效率理论仿真以及梯度掺杂 GaAs 光电阴极量子效率模型研究。

8.2.1　指数掺杂光电阴极量子效率公式

在已知内建电场强度 E 的大小后，指数掺杂阴极的量子效率公式可通过在一定边界条件下求解连续性方程得到。为了问题的简化，假设 L_D 和 D_n 为指数掺杂 GaAs 材料等效电子扩散长度和扩散系数。如图 8.5 所示，在恒定内建电场 E 的作用下，反射式和透射式指数掺杂光电阴极中少数载流子 (电子) 所遵循的一维连续性方程分别为式 (8.10) 和式 (8.11)，两者的主要差别是光子的入射方向不同。

$$D_n\frac{\mathrm{d}^2n(x)}{\mathrm{d}x^2}-\mu\left|E\right|\frac{\mathrm{d}n(x)}{\mathrm{d}x}-\frac{n(x)}{\tau}+\alpha I_0(1-R)\exp\left[-\alpha(T_e-x)\right]=0,\quad x\in[0,T_e]\quad(8.10)$$

$$D_n\frac{\mathrm{d}^2n(x)}{\mathrm{d}x^2}-\mu\left|E\right|\frac{\mathrm{d}n(x)}{\mathrm{d}x}-\frac{n(x)}{\tau}+\alpha I_0(1-R)\exp(-\alpha x)=0,\quad x\in[0,T_e]\quad(8.11)$$

上述方程满足的边界条件为

$$\left[D_n\frac{\mathrm{d}n(x)}{\mathrm{d}x}-\mu\left|E\right|n(x)\right]\bigg|_{x=0}=S_vn(x)|_{x=0},\quad n(T_e)=0$$

式 (8.10) 和式 (8.11) 中，$n(x)$ 为光电子浓度；I_0 为入射光强度；R 为光电阴极表面对入射光的反射率；α 为光电阴极对入射光的吸收系数；μ 为电子迁移率；τ 为少数载流子 (电子) 寿命；S_v 为后界面复合速率。

求解式 (8.10)、式 (8.11) 可得 $n(x)$，由 $n(x)$ 可得反射式和透射式指数掺杂 GaAs 光电阴极的量子效率公式分别为式 (8.12) 和式 (8.13)[7,8]。

$$Y_{\mathrm{RE}}(h\nu) = \frac{P(1-R)\alpha_{h\nu}L_{\mathrm{D}}}{\alpha_{h\nu}^2 L_{\mathrm{D}}^2 - \alpha_{h\nu}L_{\mathrm{E}} - 1}$$

$$\times \left\{ \frac{N(S - \alpha_{h\nu}D_{\mathrm{n}})\exp\left[(L_{\mathrm{E}}/(2L_{\mathrm{D}}^2) - \alpha_{h\nu})T_{\mathrm{e}}\right]}{M} - \frac{Q}{M} + \alpha_{h\nu}L_{\mathrm{D}} \right\} \tag{8.12}$$

$$Y_{\mathrm{TE}}(h\nu) = \frac{P(1-R)\alpha_{h\nu}L_{\mathrm{D}}}{\alpha_{h\nu}^2 L_{\mathrm{D}}^2 + \alpha_{h\nu}L_{\mathrm{E}} - 1}$$

$$\times \left[\frac{N(S + \alpha_{h\nu}D_{\mathrm{n}})\exp(L_{\mathrm{E}}T_{\mathrm{e}}/(2L_{\mathrm{D}}^2))}{M} - \frac{Q\exp(-\alpha_{h\nu}T_{\mathrm{e}})}{M} \right.$$

$$\left. - \alpha_{h\nu}L_{\mathrm{D}}\exp(-\alpha_{h\nu}T_{\mathrm{e}}) \right] \tag{8.13}$$

式 (8.12) 和式 (8.13) 中

$$L_{\mathrm{E}} = \mu|E|\tau = \frac{q|E|}{k_0 T}L_{\mathrm{D}}^2, \quad N = \sqrt{L_{\mathrm{E}}^2 + 4L_{\mathrm{D}}^2}, \quad S = S_{\mathrm{v}} + \mu|E|$$

$$M = (ND_{\mathrm{n}}/L_{\mathrm{D}})\cosh(NT_{\mathrm{e}}/(2L_{\mathrm{D}}^2)) + (2SL_{\mathrm{D}} - D_{\mathrm{n}}L_{\mathrm{E}}/L_{\mathrm{D}})\sinh(NT_{\mathrm{e}}/(2L_{\mathrm{D}}^2))$$

$$Q = SN\cosh(NT_{\mathrm{e}}/(2L_{\mathrm{D}}^2)) + (SL_{\mathrm{E}} + 2D_{\mathrm{n}})\sinh(NT_{\mathrm{e}}/(2L_{\mathrm{D}}^2))$$

上述表达式中，P 为表面电子逸出几率；$\alpha_{h\nu}$ 为光电阴极对入射能量为 $h\nu$ 的光子的吸收系数；L_{E} 为电子在电场 E 作用下的牵引长度。

指数掺杂光电阴极量子效率公式中若电场 E 为 0，则式 (8.12) 和式 (8.13) 可简化为式 (8.14) 和式 (8.15)，分别为反射式和透射式均匀掺杂阴极的量子效率公式。

$$Y_{\mathrm{RC}}(h\nu) = \frac{P(1-R)\alpha_{h\nu}L_{\mathrm{D}}}{\alpha_{h\nu}^2 L_{\mathrm{D}}^2 - 1} \left[\frac{(S_{\mathrm{v}} - \alpha_{h\nu}D_{\mathrm{n}})\exp(-\alpha_{h\nu}T_{\mathrm{e}})}{(D_{\mathrm{n}}/L_{\mathrm{D}})\cosh(T_{\mathrm{e}}/L_{\mathrm{D}}) + S_{\mathrm{v}}\sinh(T_{\mathrm{e}}/L_{\mathrm{D}})} \right.$$

$$\left. - \frac{S_{\mathrm{v}}\cosh(T_{\mathrm{e}}/L_{\mathrm{D}}) + (D_{\mathrm{n}}/L_{\mathrm{D}})\sinh(T_{\mathrm{e}}/L_{\mathrm{D}})}{(D_{\mathrm{n}}/L_{\mathrm{D}})\cosh(T_{\mathrm{e}}/L_{\mathrm{D}}) + S_{\mathrm{v}}\sinh(T_{\mathrm{e}}/L_{\mathrm{D}})} + \alpha_{h\nu}L_{\mathrm{D}} \right] \tag{8.14}$$

$$Y_{\mathrm{TC}}(h\nu) = \frac{P(1-R)\alpha_{h\nu}L_{\mathrm{D}}}{\alpha_{h\nu}^2 L_{\mathrm{D}}^2 - 1} \left\{ \frac{\alpha_{h\nu}D_{\mathrm{n}} + S_{\mathrm{v}}}{(D_{\mathrm{n}}/L_{\mathrm{D}})\cosh(T_{\mathrm{e}}/L_{\mathrm{D}}) + S_{\mathrm{v}}\sinh(T_{\mathrm{e}}/L_{\mathrm{D}})} \right.$$

$$\left. - \frac{\exp(-\alpha_{h\nu}T_{\mathrm{e}})[S_{\mathrm{v}}\cosh(T_{\mathrm{e}}/L_{\mathrm{D}}) + (D_{\mathrm{n}}/L_{\mathrm{D}})\sinh(T_{\mathrm{e}}/L_{\mathrm{D}})]}{(D_{\mathrm{n}}/L_{\mathrm{D}})\cosh(T_{\mathrm{e}}/L_{\mathrm{D}}) + S_{\mathrm{v}}\sinh(T_{\mathrm{e}}/L_{\mathrm{D}})} \right.$$

$$\left. - \alpha_{h\nu}L_{\mathrm{D}}\exp(-\alpha_{h\nu}T_{\mathrm{e}}) \right\} \tag{8.15}$$

8.2.2 指数掺杂光电阴极灵敏度与量子效率理论仿真

基于指数掺杂和均匀掺杂光电阴极的量子效率公式，可对两种光电阴极的理论灵敏度和量子效率进行对比分析，从而优化和指导变掺杂材料的设计。理论计算时设定温度为室温，$P=0.6$，$D_n = 120 \text{cm}^2/\text{s}$，$L_D=3\mu\text{m}$，$R=0.3$，发射层掺杂浓度在一个数量级范围内按指数规律变化。计算时单独改变 S_v 或 T_e，研究其对光电阴极积分灵敏度或量子效率的作用[9]。

1. 光电阴极积分灵敏度仿真分析

光电阴极积分灵敏度仿真时，先将设定的光电阴极参数代入量子效率公式得到理论量子效率曲线，然后由理论量子效率曲线计算得到光电阴极积分灵敏度，最后将不同类型光电阴极的灵敏度归一化后对比分析。

在 S_v 一定时，归一化的反射式光电阴极灵敏度随发射层厚度的变化如图 8.7(a) 所示，反射式指数掺杂相对于均匀掺杂光电阴极灵敏度的增长如图 8.7(b) 所示。从图 8.7(a) 中可以看出，当 $S_v=100\text{cm/s}$ 时，指数与均匀掺杂光电阴极获得最高灵敏度的发射层厚度分别为 $4\mu\text{m}$ 和 $3\mu\text{m}$。当 $S_v=10^6\text{cm/s}$ 时，均匀掺杂光电阴极灵敏度则是随厚度而增加直至稳定，此时指数掺杂光电阴极的最佳厚度为 $5\mu\text{m}$。图 8.7(b) 中在 S_v 相同时，指数掺杂光电阴极灵敏度都比均匀掺杂要高，但两者随发射层厚度的增加都最终趋于稳定，而不再受 S_v 的影响。

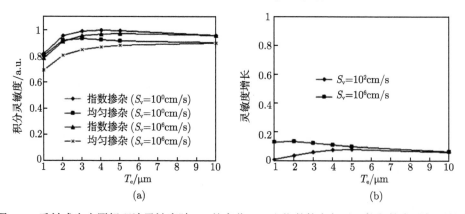

图 8.7   反射式光电阴极理论灵敏度随 T_e 的变化 (a) 和指数掺杂相对于均匀掺杂阴极灵敏度的增长倍数 (b)

图 8.8 为 S_v 一定时透射式光电阴极灵敏度随发射层厚度的变化及增长情况。从图 8.8(a) 中可以看出，当 $S_v=10^2\text{cm/s}$ 时，指数与均匀掺杂光电阴极获得最高灵敏度的发射层厚度分别为 $2\mu\text{m}$ 和 $1.5\mu\text{m}$，而当 $S_v=10^6\text{cm/s}$ 时，两者的最佳厚度分别为 $1.5\mu\text{m}$ 和 $1\mu\text{m}$，两种情况下指数掺杂都比均匀掺杂光电阴极最佳厚度增加了

0.5μm。内建电场的作用在图 8.8(b) 中体现得更加明显, 透射式指数掺杂相对于均匀掺杂光电阴极灵敏度的增长量几乎与发射层厚度成线性关系。

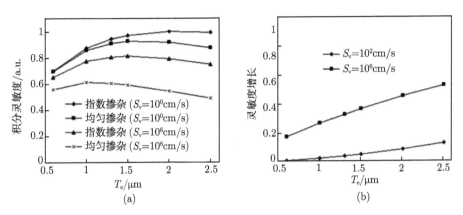

图 8.8 透射式阴极理论灵敏度随 T_e 的变化 (a) 及透射式指数掺杂相对于均匀掺杂阴极灵敏度的增长倍数 (b)

当改变 S_v 而保持光电阴极发射层厚度不变时, 可得到如图 8.9 所示的计算结果。从图 8.9(a) 中可以看出, 在 $S_v \leqslant 10^4$ cm/s 时, S_v 的变化对光电阴极灵敏度几乎没有影响, 而当 $S_v \geqslant 10^5$ cm/s 后, 则会对光电阴极灵敏度产生显著影响, 而对于均匀掺杂光电阴极或透射式光电阴极这种影响则更大, 从图 8.9(b) 中可以更明显地看到这一点。S_v 对透射式光电阴极的影响更大, 但同样是透射式光电阴极, 采用指数掺杂则可以大大减小这种影响, 这是在 S_v 较大时, 光电阴极灵敏度能大幅提高的主要原因。

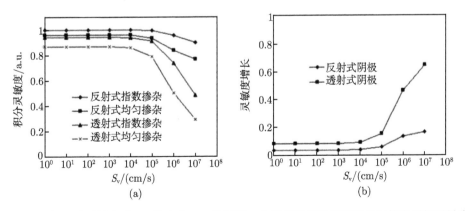

图 8.9 阴极理论灵敏度随 S_v 的变化 (a) 及厚度一定时指数掺杂相对于均匀掺杂阴极灵敏度的增长倍数 (b)

2. 光电阴极量子效率曲线仿真分析

光电阴极积分灵敏度仿真反映的是其整体光电发射能力随不同参数改变时的变化情况, 但要更直观地反映光电阴极在不同能量光子照射时的具体量子效率变化情况, 则需进行量子效率曲线的仿真分析。量子效率曲线仿真时仍设 $P=0.6$, $D_n=120 \text{cm}^2/\text{s}$, $L_D=3\mu\text{m}$, $R=0.3$。

图 8.10 给出了在 $S_v=10^6\text{cm/s}$ 和 $T_e=2\mu\text{m}$ 时指数掺杂和均匀掺杂阴极的量子效率曲线仿真结果。对于反射式光电阴极, 指数掺杂能提高光电阴极的长波量子效率, 这是由于长波光子主要在体内吸收, 其产生的光电子在内建电场的作用下逸出效率得以提高, 反射式指数掺杂光电阴极积分灵敏度比均匀掺杂提高了约 20%。对于透射式光电阴极, 在整个响应波段上量子效率都有显著的增长, 积分灵敏度则大幅提高, 达 30% 以上。可见采用指数掺杂能显著地提高光电阴极的量子效率, 对透射式光电阴极的性能改善尤为明显。

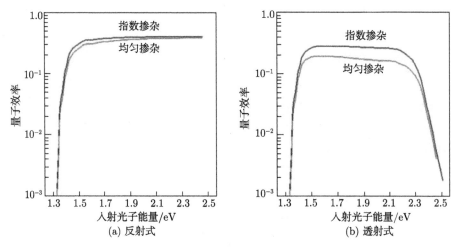

图 8.10　指数掺杂与均匀掺杂光电阴极理论量子效率曲线比较

设 $S_v=10^6\text{cm/s}$, $T_e=2\mu\text{m}$

8.2.3　梯度掺杂 GaAs 光电阴极量子效率模型研究

实际应用中生长的 GaAs 光电阴极材料, 其掺杂结构不可能实现严格意义上的指数掺杂, 而只能是符合指数规律的梯度掺杂。因此, 其量子效率既不同于均匀掺杂情况, 也不完全符合指数掺杂情况, 而是介于两者之间。

如果用变掺杂系数 $K(0 \leqslant K \leqslant 1)$ 来表示其量子效率中指数掺杂成分所占的权重, 用 $1-K$ 表示均匀掺杂成分所占的权重, 就得到了采用加权平均法表示的梯度掺杂光电阴极的量子效率理论模型。

设反射式变掺杂光电阴极的量子效率为 Y_{RG}，反射式指数掺杂光电阴极的量子效率为 Y_{RE}，反射式均匀掺杂光电阴极的量子效率为 Y_{RU}，则按照上述思想有 [8,10]

$$Y_{\mathrm{RG}} = KY_{\mathrm{RE}} + (1-K)Y_{\mathrm{RU}} \tag{8.16}$$

式中，Y_{RU} 和 Y_{RE} 分别为

$$Y_{\mathrm{RU}}(h\nu) = \frac{P_0 \exp\left[-k\left(\dfrac{1}{h\nu} - \dfrac{1}{h\nu_0}\right)\right](1-R)}{1 + 1/(\alpha_{h\nu}L_{\mathrm{D}})} \tag{8.17}$$

$$Y_{\mathrm{RE}}(h\nu) = \frac{P_0 \exp\left[-k\left(\dfrac{1}{h\nu} - \dfrac{1}{h\nu_0}\right)\right](1-R)\alpha_{h\nu}L_{\mathrm{D}}}{\alpha_{h\nu}^2 L_{\mathrm{D}}^2 - \alpha_{h\nu}L_{\mathrm{E}} - 1}$$
$$\times \left\{ \frac{N(S - \alpha_{h\nu}D_{\mathrm{n}})\exp\left[(L_{\mathrm{E}}/2L_{\mathrm{D}}^2 - \alpha_{h\nu})T_{\mathrm{e}}\right]}{M} - \frac{Q}{M} + \alpha_{h\nu}L_{\mathrm{D}} \right\} \tag{8.18}$$

K 的大小，可以通过曲线拟合的方法求出，它的实际物理意义是表征材料变掺杂结构对阴极量子产额的贡献程度。K 越大，其贡献越大。掺杂方式不同，K 的大小也不同。

8.3 变掺杂 GaAs 光电阴极材料外延生长

NEA GaAs 光电阴极作为一种利用体内效应进行光电发射的阴极，其电子在光电阴极体内的输运受发射层材料质量的影响较大。材料的晶格完整性和缺陷的数量决定了导带中电子的寿命和复合前运动长度，要想获得尽可能高的光电阴极量子效率，发射层单晶材料应当尽可能完美无缺，达到晶体位错密度小、电子扩散长度大、表面平滑而均匀等要求。

8.3.1 GaAs 光电阴极材料生长方法

GaAs 材料的生长方法主要有直拉单晶法和外延生长法两种。制备高性能 GaAs 光电阴极所用的材料，主要采用外延生长法获得，能够使生长的晶格完整性更好，缺陷数量更少。GaAs 的外延生长方法有多种，其中 MOCVD 是当前研制和生产 NEA GaAs 光电阴极最成功的外延生长方法，可以用来进行大面积、均匀、超薄、多层的半导体材料生长。

用 MOCVD 外延法生长 GaAs 材料，是使 Ga 的金属有机化合物 $Ga(CH_3)$ 和 As 的氢化物 AsH_3 反应，并使生成的 GaAs 沉积在衬底。以 H_2 或者惰性气体作为运输媒介使 $Ga(CH_3)$ 和 AsH_3 在反应室内混合，当混合气体经过衬底时，$Ga(CH_3)$

和 AsH$_3$ 发生热分解反应, 反应生成的 GaAs 便沉积在衬底表面, 从而完成外延生长 [11]。MOCVD 生长速度较快, 适合材料的批量生长。

近年来, MBE 生长技术逐渐成为当前研究的一个热点 [12~16]。MBE 生长的 GaAs 材料具有所需温度低和外延速率慢等特点, 可以在生长过程中降低扩散对材料结构的影响, 并且可以精确地控制 GaAs 材料的外延层厚度和掺杂浓度。MBE 设备结构示意图如图 8.11 所示。

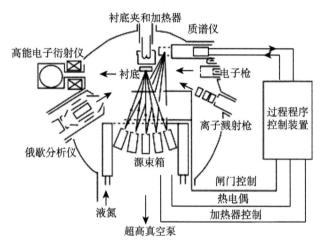

图 8.11　MBE 设备结构示意图

设备的真空度由超高真空泵和液氮维持, 通常为 10^{-9}Pa 数量级。外延生长所用衬底放置在衬底夹具上, 由加热器对衬底进行退火清洁。离子溅射枪产生氩离子并轰击衬底, 以去除退火清洁后残留在衬底表面的部分碳杂质。外延生长 GaAs 材料时, 在源束箱中产生 Ga 束和 As 束, Ga 束和 As 束在衬底表面先后经过物理和化学吸附生成外延所需的 GaAs 化合物。外延过程中通过高能电子衍射仪 (RHEED) 实时监控外延层表面的平整度和重构情况, 并可利用俄歇电子能谱仪 (AES) 分析外延层的化学成分。

MBE 生长的材料表面平整度和光滑性均好于 MOCVD[17], 经过表面退火处理后 MBE 生长的材料表面复合小于 MOCVD 材料 [18], 但 MBE 生长也有一个突出的缺点, 那就是不能选择蒸气压较高的掺杂元素, 否则无法在热衬底上反应。因为 p 型重掺杂 GaAs 中常用的掺杂元素 Zn 的蒸气压较高, 很难通过 MBE 掺杂, 所以在 MBE 外延生长中受主元素一般选 Be, 最高掺杂浓度可达 3×10^{19}cm^{-3}。

20 世纪 70 年代, Vergara 等利用 Varian 360 MBE 生长系统, 在半绝缘 GaAs (100) 外延层衬底上制备了掺杂浓度为 1×10^{18} ~ 3×10^{19}cm^{-3} 的 Be 掺杂反射式 GaAs 光电阴极材料, 并对电子扩散长度进行了测试 [19,20], 结果如表 8.2 所示。

表 8.2 不同 Be 掺杂浓度下 MBE GaAs 材料的电子扩散长度

掺杂浓度/cm^{-3}	MBE 电子扩散长度/μm	MOCVD 电子扩散长度/μm
1×10^{18}	5.3	7~10
3×10^{18}	3.1	4.7
6×10^{18}	2.6	4
1×10^{19}	2.0	2.5
3×10^{19}	0.8	0.9

从表 8.2 可以看出，MBE GaAs 材料的电子扩散长度要普遍小于 MOCVD GaAs 材料，这对于 MBE 变掺杂 GaAs 光电阴极的性能来说是不利因素。但在 $1\times10^{19}\mathrm{cm}^{-3}$ 掺杂浓度下，MBE 材料的电子扩散长度能够达到 2μm，似乎可以获得较高灵敏度的 GaAs 光电阴极。

8.3.2 变掺杂光电阴极材料 MBE 外延生长技术研究

MBE 外延生长 GaAs 光电阴极材料的质量与如下因素有关。

1. V/Ⅲ束流比对材料空位及反位缺陷的影响

MBE 生长过程中的 V/Ⅲ比的计算，根据公式：

$$J_{\mathrm{V}}/J_{\mathrm{Ⅲ}} = (P_{\mathrm{V}}I_{\mathrm{Ⅲ}}/P_{\mathrm{Ⅲ}}I_{\mathrm{V}})\sqrt{(T_{\mathrm{V}}M_{\mathrm{Ⅲ}}/T_{\mathrm{Ⅲ}}M_{\mathrm{V}})}$$

其中，P_{V} 和 $P_{\mathrm{Ⅲ}}$ 是电压力计读数；I_{V} 和 $I_{\mathrm{Ⅲ}}$ 是各族元素的电离截面；M_{V} 和 $M_{\mathrm{Ⅲ}}$ 是元素的分子量；T_{V} 和 $T_{\mathrm{Ⅲ}}$ 是元素的束流温度，以各元素源的温度为参考。

在外延生长过程中采用不同的 V/Ⅲ比来进一步优化所生长材料的性能，一般 GaAs 体系外延时的 V/Ⅲ比的变化范围是 10~60。不同 V/Ⅲ比，材料的性能状态有所差异，包括宏观电学性能 (如背景浓度、载流子迁移率)、光学性能 (如光致发光 (PL) 强度)。微观缺陷也不同，主要影响空位和反位缺陷。

2. 生长温度对材料性能的影响

生长温度对材料性能的影响很大，除对材料的光学、电学、缺陷性能有直接影响外，还会影响掺杂、组分以及异质结界面的控制。因此，需要根据光电阴极材料的结构和各层材料关注性能，采用不同的生长温度或变温生长技术，达到整体结构材料性能的要求。由于 GaAlAs 的最佳生长温度与 Al 组分含量有关，而且 GaAlAs 的生长温度比 GaAs 的生长温度要高，所以以优化衬底温度从而获得原子级平整的 GaAlAs/GaAs 界面是材料生长的关键工艺之一。

3. 掺杂工艺控制

MBE 掺杂控制包括掺杂浓度精确控制和杂质扩散抑制技术，掺杂浓度精确控制又分为均匀掺杂控制、平面掺杂控制、变掺杂控制。由于掺杂浓度和杂质扩散不仅和掺杂源的束流相关, 还受到生长温度、V /III 比的影响, 因此需要注意各种工艺参数对掺杂水平的影响, 同时须兼顾材料的其他性能。

4. 各类缺陷的能级状态及对载流子扩散的影响

材料中载流子的寿命除和材料本身性能相关外, 主要和材料中的缺陷相关。不同缺陷具有不同的缺陷能级, 对载流子的复合影响不同。光电阴极结构材料中的活性层 GaAs 的主要缺陷为位错和点缺陷。点缺陷有空位、反位和间隙位。通过热激电流谱研究缺陷能级的位置和相对浓度, 从而判断缺陷类型, 结合 MBE 生长工艺控制, 减小缺陷浓度或改变缺陷类型。结合时间分辨 PL 测试技术或电子束感应技术, 通过测试载流子寿命或电子扩散长度, 研究了不同缺陷对载流子扩散长度的影响。

5. 材料结构性能的分析

光电阴极材料包括多层结构, 生长过程中应注意各层之间的界面控制和异质结的晶格匹配问题。采用 X 射线双晶衍射技术, 研究了 AlGaAs 层的合金组分以及界面的质量, 采用电化学电容-电压 (ECV) 和二次离子质谱 (SIMS), 分析了掺杂控制和界面的组分互扩散, 还采用扫描电镜 (SEM) 研究了材料的界面和表面结构性能。

8.3.3 分子束外延变掺杂光电阴极材料测试评价研究

采用 MBE 技术生长了梯度掺杂 GaAs NEA 光电阴极材料, 由于 Be 元素具有接近统一的吸附系数、低的蒸气压和在 GaAs 中高的溶解性等优点, 因此被认为是最合适用来高掺杂和阶梯杂质分布的受主杂质。考虑到加热过程中变掺杂外延薄层中杂质分布可能会发生变化, 为此利用电化学电容-电压 (ECV) 仪测试了 60℃加热前后梯度掺杂 GaAs 光电阴极中的载流子浓度变化情况, 并分析讨论了其对阴极性能的影响 [18~23]。

在高质量 p 型 GaAs(100) 面衬底上, 利用 Applied EPI GEN-II MBE 系统外延生长梯度掺杂 GaAs 阴极材料, 外延层采用 Be 杂质掺杂生长。在外延生长阴极材料的过程中, 采用传统的 "反转结构" 模式, 生长顺序依次为 GaAlAs 阻挡层、GaAs 发射层、GaAlAs 窗口层以及 GaAs 保护层, 具体的掺杂结构如图 8.12 所示。该样品结构中 GaAs 发射层为由四等分层构成的梯度掺杂结构, Be 掺杂浓度从 $1 \times 10^{19} cm^{-3}$ 变化到 $1 \times 10^{18} cm^{-3}$, 而 GaAlAs 窗口层的 Be 掺杂浓度设计为 $1 \times 10^{19} cm^{-3}$, Al 组分为 0.5, 整个外延生长过程中晶体质量由反射高能电子衍射监测。由于梯度掺杂 GaAs 光电阴极的多层结构, 使用 Bio-Rad PN4300 ECV 测试仪分别测试了 MBE 生长后和经过 600℃加热后的该样品中 GaAlAs 窗口层和 GaAs 发射层中的载流子浓度分布情况。

保护层	0.5μm GaAs(不掺杂)
窗口层	1μm GaAlAs $1.0\times10^{19}\mathrm{cm}^{-3}$
发射层	0.4μm GaAs $1.0\times10^{19}\mathrm{cm}^{-3}$
	0.4μm GaAs $5.0\times10^{18}\mathrm{cm}^{-3}$
	0.4μm GaAs $2.5\times10^{18}\mathrm{cm}^{-3}$
	0.4μm GaAs $1.0\times10^{18}\mathrm{cm}^{-3}$
阻挡层	1μm GaAlAs(不掺杂)
高质量p型 GaAs(100)衬底	

图 8.12 MBE 梯度掺杂 GaAs 光电阴极掺杂结构图

通过 ECV 方法测试得到了 p 型 Be 掺杂 GaAs/GaAlAs 外延层加热前后的纵向载流子浓度剖面分布，如图 8.13 所示，加热前后材料内部载流子均呈明显的梯度分布，MBE 生长的阴极材料的实际载流子浓度比掺杂浓度低，其原因是 ECV 仪测试得到的载流子浓度代表的是取代了 Ga 原子的激活的杂质浓度，另外一部分未激活的中性杂质原子对载流子浓度没有贡献，加热能够提高材料中激活杂质的比例，从而提高外延层中的载流子浓度，但是某个加热温度下激活杂质的比例是固定不变的。实验表明加热使得外延层中的载流子浓度增加了，而且 GaAlAs 和 GaAs 之间的浓度差梯度也增大了。另外，由于加热过程中杂质 Be 的扩散，实验测得加热后载流子的纵向深度分布也变大了。

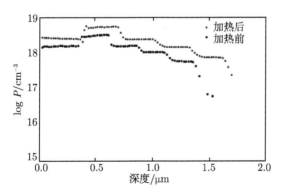

图 8.13 MBE 生长 GaAlAs/GaAs 外延层中载流子浓度加热前后纵向分布图

Fermi 能级拉平效应使得每个不同掺杂浓度界面处都有一个能带弯曲区域。假设两个相邻区域的实际载流子浓度分别为 N_{A1} 和 N_{A2}，且 $N_{A1} > N_{A2}$，则由载流

子浓度差异造成的能带弯曲量 qV_D 表达式为

$$qV_D = E_{F2} - E_{F1} = \left(E_v + k_0 T \ln \frac{N_v}{N_{A2}}\right) - \left(E_v + k_0 T \ln \frac{N_v}{N_{A1}}\right) = k_0 T \ln \frac{N_{A1}}{N_{A2}} \quad (8.19)$$

式中，E_{F1} 和 E_{F2} 分别表示区域 1 和区域 2 的 Fermi 能级；k_0 是玻尔兹曼常量；T 是热力学温度；E_v 表示价带顶；N_v 表示 GaAs 的价带态密度。

通过式 (8.19) 和 ECV 测试得到的载流子浓度，可以计算出梯度掺杂 GaAs 发射层中四等分层之间加热前后的能带弯曲量，结果如表 8.3 所示，在该梯度掺杂的 GaAs 发射层中，从区域 1 到区域 4 掺杂浓度由高到低分布。

表 8.3　MBE 梯度掺杂 GaAs 发射层中 600°C 加热前后的能带弯曲量

	各个界面的能带弯曲量/meV			总的能带弯曲量/meV
	区域 1∼ 区域 2	区域 2∼ 区域 3	区域 3∼ 区域 4	
加热前	13.2	15.2	13.2	41.6
加热后	22.7	11.5	17.9	52.1

从表 8.3 可以看出，加热后梯度 GaAs 发射层中总的能带弯曲量增加了 25.24%，这就意味着受激发光电子可以在更大的内建电场作用下以扩散和定向漂移的方式由体内输运到表面，但是过高的加热温度会破坏表面层结构，使得光电阴极表面势垒增大，减小电子表面逸出几率，因此必须选择合适的加热温度，这样引起的载流子浓度的增加有利于发射层的光电发射。

尽管因梯度分布增大的载流子浓度对电子输运到表面有促进作用，但是 GaAlAs 窗口层和 GaAs 发射层间增大的载流子浓度差异，对受激发电子是不利的。当两种不同功函数的材料形成异质结时，GaAlAs 和 GaAs 的导带和价带在异质结界面处由于能带的不连续，分别出现能带偏移 ΔE_c 和 ΔE_v，导带偏移 ΔE_c 是一个电子势垒，提高该势垒高度有利于更多的高能电子能够被反射回发射层，室温下 ΔE_c 和 ΔE_v(单位为 eV) 的表达式分别如下：

$$\Delta E_c = \begin{cases} 1.247x - \dfrac{300 k_0 \ln\{(P_2/P_1)[1 + (0.31x/0.48)^{3/2}]\}}{1.6 \times 10^{-19}}, & 0 \leqslant x \leqslant 0.45 \\[4mm] 1.247x + 1.147(x - 0.45)^2 - \dfrac{300 k_0 \ln\{(P_2/P_1)[1 + (0.31x/0.48)^{3/2}]\}}{1.6 \times 10^{-19}}, \\ \hfill 0.45 < x \leqslant 1.0 \end{cases}$$
$$(8.20)$$

式中，P_1 和 P_2 分别代表 GaAlAs 窗口层和邻近的 GaAs 发射层的载流子浓度。由式 (8.20) 可知，室温下后界面电子势垒 ΔE_c 的值，与 Al 组分 x 和 GaAs/GaAlAs 异质结载流子浓度比 P_2/P_1 有关。当 Al 组分 x 为 0.5 时，ΔE_c 与载流子浓度比 P_2/P_1 的关系如图 8.14 所示，P_1 和 P_2 分别为 GaAlAs 和邻近 GaAs 中的载流子浓度。明显看到 ΔE_c 的值随 P_2/P_1 增大而减小。由于加热后 GaAlAs 与 GaAs 之间的载流子浓度差异增大了，后界面电子势垒 ΔE_c 降低，将使得后界面附近产生的高能电子不能够被壁垒反射，而是在后界面处被复合掉。因此，加热引起的后界面 GaAs/GaAlAs 异质结载流子浓度差异的增大对高能光电子的输运是不利的。

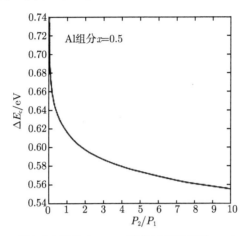

图 8.14　后界面电子势垒 ΔE_c 随载流子浓度比 P_2/P_1 的变化

在 MBE 梯度掺杂 GaAs 光电阴极加热前后，使用 ECV 测试仪，对其内部载流子的浓度分布情况研究发现，采用 MBE 生长可以得到比较理想的梯度掺杂结构。而且实验发现，加热并不会破坏阴极内部的梯度掺杂结构。通过理论分析表明，一方面加热使得光电阴极外延层中载流子浓度得到了增加，对于薄发射层中受激发电子输运到表面将有很好的促进作用，这也是区别于均匀掺杂光电阴极的一个重要特性；另一方面加热也导致后界面电子势垒高度降低，使得部分高能光生电子不能被该壁垒反射向表面运动。因此，加热对于梯度掺杂 GaAs 光电阴极性能的影响是双重的，有必要选择合适的加热温度，既有利于发射层内受激发电子的输运，又能减小其对后界面电子势垒高度的影响。

8.4　反射式变掺杂 GaAs 光电阴极掺杂结构的设计与制备工艺研究

通过变掺杂光电阴极光电发射理论的探讨，我们了解到内建电场对提高光电阴极量子效率的重要作用，但变掺杂光电阴极有多种可能的掺杂方式，掺杂方式的变化会造成内建电场的不同，从而对光电阴极量子效率也有不同影响。为了验证新型变掺杂 GaAs 光电阴极结构的可行性，利用 MBE 生长技术，与中国科学院半导体研究所共同制备了反射式变掺杂 GaAs 光电阴极材料。利用优化激活工艺，对变掺杂 GaAs 光电阴极材料与均匀掺杂 GaAs 光电阴极材料进行了对比激活实验, 对激活结束后的 GaAs 光电阴极进行了光谱响应测试和稳定性比较。

8.4.1　变掺杂 GaAs 光电阴极材料的设计和制备

杜晓晴博士在实验中设计了三种变掺杂结构 [24], 每种变掺杂结构的基本特点是: 从 GaAs 发射材料体内到表面掺杂浓度由高到低分布, 它们的主要差异在于最表面的低掺杂浓度有所不同。三种掺杂结构如图 8.15 所示, 其中图 8.15(a) 对应变掺杂结构 D244, 图 8.15(b) 对应 E199, 图 8.15(c) 对应 E359。

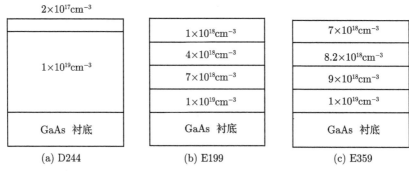

图 8.15　GaAs 发射层的梯度掺杂结构

每个变掺杂结构的 GaAs 发射层总厚度为 $1\mu m$, 体内最高掺杂浓度 $1\times10^{19}cm^{-3}$。其中 D244 表面低掺杂为 $2\times10^{17}cm^{-3}$, 掺杂厚度 30nm, 则体内 $1\times10^{19}cm^{-3}$ 高掺杂厚度为 970nm。E199 和 E359 样品中每一个掺杂浓度所占材料的厚度相同, 均为 250nm, E199 表面低掺杂为 $1\times10^{18}cm^{-3}$, E359 表面低掺杂为 $7\times10^{18}cm^{-3}$。

为了实现变掺杂结构材料的制备, 我们与中国科学院半导体研究所进行了合作, 利用该研究所 MBE 设备进行了这三种变掺杂结构的制备。MBE 能够生长原子级平滑的突变界面, 生长的表面平整度和光滑性均好于 MOCVD[25], 经过表面退火处理后, MBE 生长材料的表面复合小于 MOCVD 材料 [22]。但 MBE 生长也有一个突出的缺点, 那就是 MBE 不能选择蒸气压较高的掺杂元素, 否则无法在热衬底上反应, 因此 p 型重掺杂的 GaAs 中常用的掺杂元素 Zn, 由于蒸气压高, 很难通过 MBE 掺杂, MBE 中受主元素一般选 Be, 最高掺杂浓度可达 $3\times10^{19}cm^{-3}$。

实验制备的变掺杂 GaAs 材料均为反射式结构, 在半绝缘 GaAs 衬底上生长, 生长晶面 (100), 掺杂元素为 Be。为了进行对比, 实验还生长了 (100) 晶面, 厚度 $1\mu m$, Be 掺杂, 掺杂浓度为 $1\times10^{19}cm^{-3}$ 的均匀掺杂 GaAs 光电阴极材料, 简称 C1 样品。

Wang 等 [21,26] 采用 PL 和 Raman 对比了 E199 和 C1 样品, 如图 8.16 和图 8.17 所示, 样品 A 代表 C1, 样品 B 代表 E199。在图 8.16 中, 点线表示实验数据,

实线表示与实验数据符合的单一指数衰减。对于衰减时间常数，A 样品是 113ps，B 样品是 147ps。对 B 样品，较长的 PL 寿命表示了较长的扩散长度。

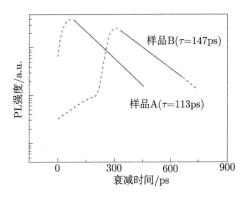

图 8.16　在 10K 样品 A 和 B 的 PL 谱发射峰衰减曲线

点线表示实验数据，实线表示指数适配结果

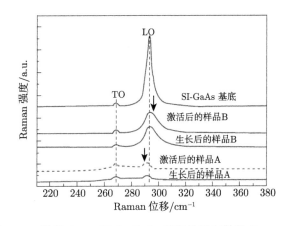

图 8.17　样品 A、B 和 SI-GaAs 基底的后向散射 Raman 谱

图 8.17 分别给出了样品 A、B 和 SI-GaAs 基底的后向散射 Raman 谱。对于 SI-GaAs 基底，LO 光子线的中心频率处于 293.0 cm^{-1}，具有 5.11 cm^{-1} 宽线的半高全宽 (FWHM)。LO 线几乎对称的形状说明处理过的 SI-GaAs 基底没有过多的 As 的沉淀，可以作为 GaAs 生长的基底。268.4 cm^{-1} 的峰值符合 GaAs TO 光子。对 GaAs 面的 (001) 晶向，作为后向散射结构，只有 LO 光子是允许的，TO 光子是禁止的。违背选择定律的可能性是由于样品结构的无序状态[16] 以及表面的碳污染。

对样品 A，存在一弱的 LO 峰伴随一较强的 TO 峰，而对样品 B 存在一非常明显的 LO 峰。对样品 A、B 和 SI-GaAs 基底，LO 和 TO 光子的强度比 (I_{LO}/I_{TO})

分别是 10、1 和 30。这表明样品 B 的晶格完整性得到较大改善，我们同时注意到，与 SI-GaAs 基底相比，由于 Be 原子的直径小于 Ga 原子，样品 A、B 的晶格完整性仍然较差。这可能是 MBE 材料在成像器件中难以获得应用的原因所在。

8.4.2　变掺杂 GaAs 材料的激活实验 [27]

对变掺杂和均匀掺杂的 GaAs 光电阴极均采用相同的制备方法。首先用氢氟酸对材料表面进行化学清洗，以去除沾污在表面上的少量油脂。然后用去离子水冲洗，吹干后送入超高真空系统中进行加热净化，以去除外延片表面上的各种氧化物，获得原子级清洁表面。高低温净化以及激活采用第 4 章的方法进行。加热净化前超高真空系统的本底真空度为 $1 \times 10^{-7} Pa$，净化过程中真空度不低于 $1 \times 10^{-6} Pa$。

图 8.18~ 图 8.21 分别给出了样品 D244、E359、E199 以及 C1 的高低温激活过程。可以看到，这四个样品的低温激活最大光电流都不能高于高温激活过程中获得的最大光电流，也就是说第二步的低温激活对这些样品的作用不但无效，并且还会降低阴极灵敏度，这个现象多次出现在 MBE GaAs 材料激活的实验中 [28,29]，即 MBE GaAs 的低温激活结果低于高温激活。有人认为这是由 MBE GaAs 材料中的掺杂元素 Be 引起的 [28]。但目前还无法合理解释这个现象，这也在一定程度上限制了 MBE GaAs 光电阴极的应用。

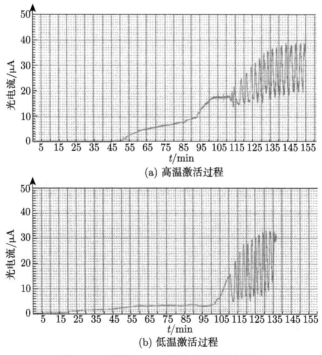

(a) 高温激活过程

(b) 低温激活过程

图 8.18　样品 D244 的高低温激活过程

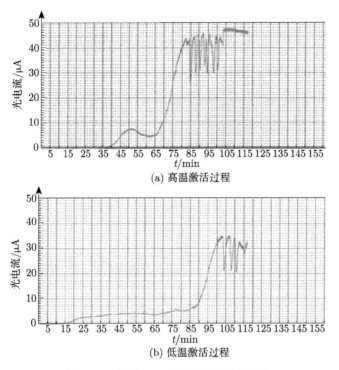

(a) 高温激活过程

(b) 低温激活过程

图 8.19　样品 E359 的高低温激活过程

为了给出四个样品激活过程更直观的比较，对激活过程的特征参量进行了列表比较，如表 8.4 和表 8.5 所示。

从表 8.4 和表 8.5 可以看到变掺杂样品与均匀掺杂样品的激活过程存在差异，不同变掺杂结构样品的激活也有不同之处，主要表现为以下几点：

(1) 从激活所用时间看，变掺杂样品的首次进 Cs 时间以及激活所用总时间均大于均匀掺杂样品，表面掺杂浓度越低，首次进 Cs 所需的时间和总激活时间越长。

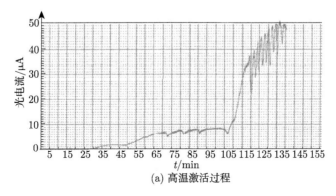

(a) 高温激活过程

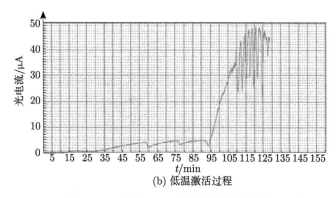

(b) 低温激活过程

图 8.20　样品 E199 的高低温激活过程

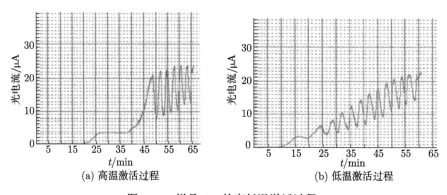

(a) 高温激活过程　　　　　　　　　　(b) 低温激活过程

图 8.21　样品 C1 的高低温激活过程

表 8.4　四个样品高温激活过程比较

激活过程	D244	E359	E199	C1
总共时间/min	155	105	140	68
首次进 Cs 时段/min	105	65	108	40
首次进 Cs 后光电流/μA	18	8	9	4
首次 Cs 过量	无明显过量	明显过量	明显过量	明显过量
第一次 Cs、O 循环后的光电流/μA	19	44	37	21
最后的光电流/μA	39	47	53	24

表 8.5　四个样品低温激活过程比较

激活过程	D244	E359	E199	C1
总共时间/min	135	110	130	60
首次进 Cs 时段/min	100	90	93	20
首次进 Cs 后光电流/μA	4	5	5	3.2
首次 Cs 过量	明显过量	无明显过量	明显过量	明显过量
第一次 Cs、O 循环后的光电流/μA	15	35	41	7
最后的光电流/μA	33	34	49	22.5

(2) 从激活后的光电流看，变掺杂样品的激活结果均要好于均匀掺杂样品，其中表面掺杂浓度适中的 E199 高温激活和低温激活后的光电流均是最大的，表面掺杂浓度偏高的 E359 次之，表面掺杂浓度最低的 D244 光电流最小。

8.4.3 变掺杂 GaAs 材料的激活结果

1. 光谱响应测试曲线

利用光谱响应测试仪，对以上四个样品在激活结束后进行了测试。图 8.22 和图 8.23 分别给出了高温和低温激活结束后四个样品的光谱响应测试曲线，每条光谱响应曲线对应的光谱响应特性参数如表 8.6 和表 8.7 所示。

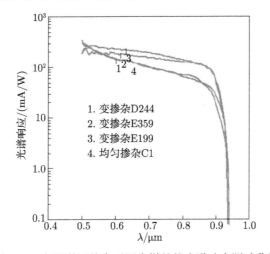

图 8.22 高温激活结束后四个样品的光谱响应测试曲线

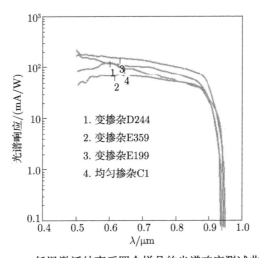

图 8.23 低温激活结束后四个样品的光谱响应测试曲线

表 8.6　高温激活结束后四个样品的光谱响应特性参数比较

曲线	起始波长/nm	截止波长/nm	峰值响应/(mA/W)	峰值位置/nm	积分灵敏度/(μA/lm)
1	500	935	308.1	500	1018
2	500	930	246.8	510	1534
3	500	935	351.2	500	1798
4	500	935	213.8	520	1012

表 8.7　低温激活结束后四个样品的光谱响应特性参数比较

曲线	起始波长/nm	截止波长/nm	峰值响应/(mA/W)	峰值位置/nm	积分灵敏度/(μA/lm)
1	500	940	129.0	595	912
2	500	930	75.5	630	606
3	500	945	229.9	500	1289
4	500	935	185.5	505	805

可以看到，积分灵敏度的高低分布与上面激活过程中光电流的大小分布是一致的，其中 E199 在高温激活结束后获得了 1798μA/lm 的最高灵敏度，E359 的积分灵敏度也达到了 1534μA/lm，这两个阴极的积分灵敏度高于均匀掺杂样品 C1。

2. 稳定性测试

对变掺杂样品 E199 和均匀掺杂样品 C1 进行了强光照稳定性测试，测试结果如图 8.24 所示。可以看到变掺杂 E199 GaAs 光电阴极不仅能获得很高的灵敏度，而且在强光照下的稳定性也大大好于均匀掺杂 GaAs 光电阴极。

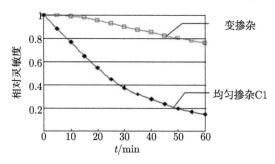

图 8.24　变掺杂和均匀掺杂 GaAs 光电阴极的强光照稳定性比较

上面阴极的光谱响应测试和稳定性测试结果已经有力说明，我们所设计的这种体内到表面掺杂浓度由高到低的变掺杂 GaAs 光电阴极结构是切实可行的，且具有很大的发展潜力，它能获得比传统均匀掺杂的 GaAs 光电阴极高得多的积分灵敏度和更好的稳定性。

实验的初步成功，预示着变掺杂 GaAs 光电阴极将会给外光电效应研究带来质的飞跃。以后的 GaAs 光电阴极研究将围绕变掺杂变结构全面展开。

8.4.4 高性能反射式变掺杂 GaAs 光电阴极研究

在变掺杂 GaAs 光电阴极取得初步成效的基础上，接下来的工作是验证并提高变掺杂结构的性能。邹继军教授在原有变掺杂结构的基础上，按照指数掺杂规律，设计了高性能反射式梯度掺杂结构，并讨论了光电阴极在 Cs 和 O 激活时光电流、光谱响应、量子产额与表面势垒的变化及评价，并且利用光谱响应讨论了阴极在真空系统以及强光照下的稳定性 [26,27,30~39]。杨智博士设计了反射式梯度掺杂和均匀掺杂结构 GaAs 阴极样品，并对两种不同结构的样品的激活工艺进行了全面的比较，具体结构如图 8.25 所示 [40~42]。

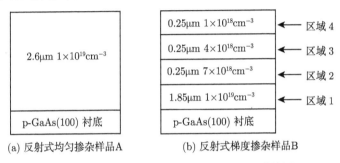

(a) 反射式均匀掺杂样品A   (b) 反射式梯度掺杂样品B

图 8.25 反射式均匀掺杂和梯度掺杂样品结构图

由图 8.25 可得，样品 A 和 B 的衬底相同，均为 GaAs(100) 衬底，GaAs 外延发射层的厚度同为 $2.6\mu m$，两种样品均采用 MBE 作为外延方式，掺杂原子也同为 Be。两个样品的不同点在于掺杂方式和掺杂浓度，样品 A 为均匀掺杂结构，整个 GaAs 发射层的掺杂浓度保持一致，均为 $1\times10^{19}cm^{-3}$。样品 B 为梯度掺杂结构，GaAs 发射层被分为了 4 个掺杂区域，掺杂浓度分别为 $1\times10^{19}cm^{-3}$、$7\times10^{18}cm^{-3}$、$4\times10^{18}cm^{-3}$、$1\times10^{18}cm^{-3}$，掺杂浓度从体内到表面依次减小。

利用样品 A 和 B 进行了 NEA 光电阴极的制备实验。首先使用四氯化碳、丙酮、乙醇和氢氟酸四种清洗液清洁样品，然后在超声池中对样品超声 15min。化学清洗能够去除样品表面的油脂和部分氧化物。

化学清洗后在超高真空室内对两种样品进行了高温退火清洁，以去除化学清洗后残留在样品表面的氧化物，两种样品的退火工艺相同，最高退火温度均为 650℃，样品退火过程中超高真空室真空度变化情况如图 8.26 所示。

退火清洁过程去除了样品表面的 H_2O、AsO 和 Ga_2O_3 等氧化物，使样品表面达到制备高性能 GaAs 光电阴极所需的原子级清洁程度。退火清洁结束后对样品进行了 Cs、O 激活，通过在样品表面吸附 Cs、O 把两个样品的真空能级降低到导带底以下，使到达样品表面的光激发电子能够穿过表面势垒逸出到真空，对入射光形成有效的响应。两种样品的激活工艺相同，整个激活过程中 Cs 持续在样品表面吸附，O 则根据光电流的变化情况进行调整。激活结束后测试了样品的光谱响应曲线和量子效率曲线，如图 8.27 所示，梯度掺杂结构样品 B 对入射光的光谱响应能力和量子效率均明显好于均匀掺杂结构样品 A。

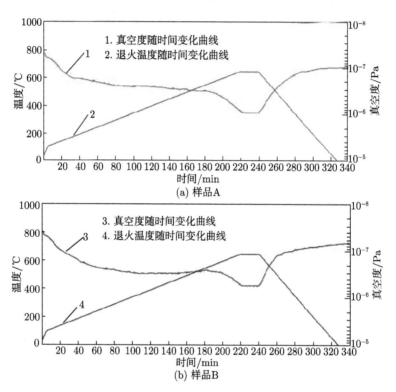

图 8.26   两种样品退火清洁过程中超高真空室真空度变化情况

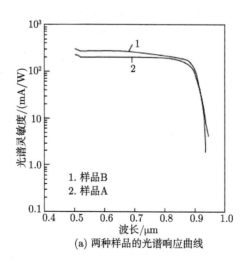

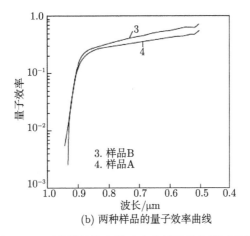

(b) 两种样品的量子效率曲线

图 8.27　两种样品的光谱响应和量子效率测试曲线

图 8.27 中两种样品光谱响应曲线对应特征参数如表 8.8 所示，由表 8.8 所得，样品 B 的积分灵敏度达到 2421μA/lm，高于样品 A 对应的 1966μA/lm。两种样品的外延条件、厚度、清洗工艺、退火工艺和激活工艺等均相同，唯一的不同之处是掺杂结构，而样品 B 对入射光的光谱响应能力好于样品 A，说明梯度掺杂结构有助于提高阴极的光谱响应能力。

表 8.8　曲线光谱响应特性参数及积分灵敏度

曲线	起始波长/nm	截止波长/nm	峰值响应/(mA/W)	峰值位置/nm	积分灵敏度/(μA/lm)
1	500	935	316	500	2421
2	500	945	231	500	1966

梯度掺杂样品 B 分为四个掺杂浓度区域，样品 B 化学势达到平衡后，在两个不同掺杂浓度区域的交界处会出现由表面指向体内的内建电场，光激发电子在经过内建电场时能够获得额外能量，内建电场提供的能量能够增大光激发电子到达表面的几率，使更多的光激发电子到达光电阴极表面，样品 B 中内建电场为光激发电子提供的能量 E 可通过下式求得：

$$E = \left(E_\mathrm{v} + k_0 T \ln \frac{N_\mathrm{v}}{N_\mathrm{Ab}}\right) - \left(E_\mathrm{v} + k_0 T \ln \frac{N_\mathrm{v}}{N_\mathrm{As}}\right) = k_0 T \ln \frac{N_\mathrm{Ab}}{N_\mathrm{As}} \tag{8.21}$$

其中，N_v 为价带态密度；N_As 为样品表面处的受主浓度，可以等同于样品表面处的 Be 掺杂浓度；N_Ab 为样品最体内处的受主浓度，可以等同于样品最体内处的 Be 掺杂浓度。

可知，样品 B 表面处和最体内处掺杂浓度分别为 $1\times10^{18}\mathrm{cm}^{-3}$ 和 $1\times10^{19}\mathrm{cm}^{-3}$，由式 (8.21) 可得，样品 B 中的光电子可在内建电场中获得 0.06eV 的能量，这使得

光电子能够多经受几次与晶格的碰撞和能量交换, 使样品 B 中的光电子具有比样品 A 更长的寿命。样品 B 中到达表面的光电子也会比样品 A 中到达表面的光电子具有更高的能量, 从而具有更高的逸出几率。

光电子的扩散系数 D 可由下式表示:

$$D = (k_0 T / q) \mu \tag{8.22}$$

光电子的迁移率 μ 的表达式为

$$\mu \propto T^{3/2} / N_A \tag{8.23}$$

式中, N_A 为样品的受主浓度, 可以等同于样品的 Be 掺杂浓度。样品 B 中的平均掺杂浓度低于样品 A 中的平均掺杂浓度, 玻尔兹曼常量和电子的电量均为定值, 在温度相同的情况下, 由式 (8.22) 和式 (8.23) 可得, 样品 B 中光电子的扩散系数大于样品 A。

光电子复合前的运动路程 $L_d = (D\tau)^{\frac{1}{2}}$, 样品 B 中光电子扩散系数和复合前寿命均大于样品 A, 易知, 样品 B 中光电子复合前的运动路程大于样品 A, 因此和样品 A 相比, 样品 B 中就有更多的光电子能够到达样品的表面。

由以上分析可知, 由于内建电场的作用, 和样品 A 相比, 样品 B 中到达表面的光电子数更多; 同时, 到达样品表面的光电子逸出到真空的几率也更高, 因此, 梯度掺杂结构样品 B 比均匀掺杂结构样品 A 对入射光有更好的光电转换能力。

文献 [40] 发表后仅一年时间, 美国加州大学 Berkeley 分校的空间科学实验室采用了我们提出的变掺杂物理思想, 结合表面净化和激活技术, 在 GaN 基紫外光电阴极研究中获得非常好的光电发射性能, 导致高的重复性和再现性 [43]。正如文献 [9] 预测的, 反射式指数掺杂阴极积分灵敏度比均匀掺杂阴极提高了约 20%, 杨智等的结果说明, 无论是紫外波段采用的 GaN 基紫外光电阴极, 还是可见与近红外波段采用的 GaAs 基光电阴极, 如果采用变掺杂结构, 其量子效率均可以提高 20% 以上。

8.5　反射式变掺杂 GaAs 光电阴极的评价方法

对不同真空度条件和不同 GaAs 阴极材料, 研究了激活时 Cs 原子表面吸附效率的评估方法, 利用变掺杂 GaAs 光电阴极的量子效率理论模型, 建立了变掺杂 GaAs 光电阴极的结构性能评估手段 [6,44~46]。

8.5.1　激活时 Cs 在 GaAs 材料表面的吸附效率评估

在变掺杂 GaAs 光电阴极的实验研究中, 发现激活阶段 Cs 原子的吸附不仅和材料表面的掺杂浓度有关, 同时受系统真空度的影响。目前, 在变掺杂光电阴极制备工艺的研究中，关于 Cs 在光电阴极表面吸附效率的研究还未涉及。在变掺杂光电阴极激活实验的基础上，深入开展激活工艺研究，通过实验分析、理论建模和数字仿真，研究材料的表面掺杂浓度、系统真空度等因素对激活过程中 Cs 在光电阴极表面的吸附规律，探索更加适合变掺杂 GaAs 光电阴极制备要求的工艺技术，对提高变掺杂 GaAs 光电阴极的制备水平有着非常重要的意义。

1. 实验现象

为了研究材料的表面掺杂浓度以及系统真空度对激活效果的影响，分别对两种不同结构的 GaAs 材料样品，在三种不同的系统真空度条件下进行了激活实验。

样品 1 是表面掺杂浓度为 1×10^{18} cm^{-3} 的变掺杂材料，样品 2 是掺杂浓度为 1×10^{19} cm^{-3} 的均匀掺杂材料。激活过程中，系统真空度分别保持在 5×10^{-7}Pa、1×10^{-7}Pa 和 1×10^{-8}Pa。每次实验都对光电阴极的激活光电流曲线进行了记录，图 8.28～图 8.30 是在这三种真空度条件下，GaAs 材料 Cs 激活阶段光电流从无到有的变化曲线。在图 8.28～图 8.30 中，(a)、(b) 分别为样品 1 在高温和低温下的实验曲线，(c)、(d) 分别为样品 2 在高温和低温下的实验曲线。

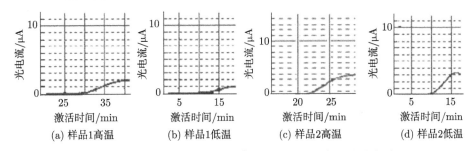

图 8.28　系统真空度为 5×10^{-7}Pa 时的光电阴极光电流曲线

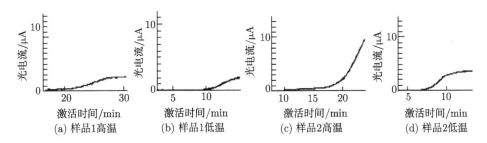

图 8.29　系统真空度为 1×10^{-7}Pa 时的光电阴极光电流曲线

2. 理论分析与建模

对比图 8.28～图 8.30 中的曲线可以看出，在这三种真空度条件下对光电阴极进行 Cs 激活时，样品 1 的激活光电流产生时间总是比样品 2 要长。同时，随着系统真空度的不断提高, 这种时间上的差距也在逐渐变得不甚明显。光电流的产生是由于真空室中 Cs 原子吸附到材料表面后, 和表面层的掺杂原子 Be 形成了 GaAs(Be)-Cs 偶极子, 降低了材料表面的功函数, 从而使光电阴极体内的部分光电子能够穿过表面势垒而逸出到真空中。Cs 在光电阴极表面吸附得越快, 产生光电流的时间也就越短。上述实验现象表明, Cs 原子在光电阴极表面的吸附效率同阴极表面掺杂浓度有关, 同时受系统真空度条件的影响也很大。

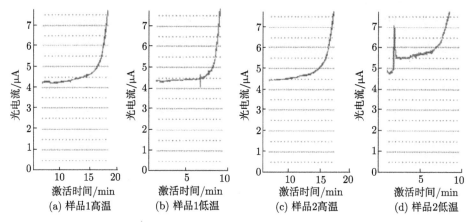

图 8.30　系统真空度为 1×10^{-8}Pa 时的光电阴极光电流曲线

在实验中, 我们分别记录下了样品的光电流产生时间, 如表 8.9 所示, 时间单位为 min。

表 8.9　不同真空度条件下样品的光电流产生时间　　　　　　　（单位: min）

系统真空度/Pa	样品 $1(1\times10^{18}\text{cm}^{-3})$		样品 $2(1\times10^{19}\text{cm}^{-3})$	
	高温	低温	高温	低温
5×10^{-7}	31	14	21	10
1×10^{-7}	22	10	18	8
1×10^{-8}	17	8	16	7

如果用 F 表示 Cs 原子在阴极表面的吸附效率, 观察表 8.9 中的数据可以发现, F 同表面掺杂浓度和系统真空度之间具有如下特点:

(1) 随系统真空度的提高, F 提高很快;

(2) 相同真空度条件下, 表面掺杂浓度较高的阴极材料, 其 F 值也较大;

(3) 真空度越高, F 随表面掺杂浓度增大而增大的程度则越小。

为了进一步明确 Cs 原子在材料表面的吸附效率 F 同表面掺杂浓度和系统真空度的关系, 我们根据实验结果建立了 Cs 原子在阴极表面吸附效率的数学模型, 如式 (8.24) 所示。

$$F \propto (K1 \cdot N_{\mathrm{V}})^{(V_{\mathrm{C}}/K2)} \tag{8.24}$$

式中，$K1$、$K2$ 是常数，分别称为掺杂浓度因子和系统真空度因子；N_{V} 取阴极表面层每立方厘米中所掺的杂质离子个数；V_{C} 为激活系统的真空度与压强单位 Pa 的比值。F 数值越大，代表 Cs 的吸附效率越高。

通过拟合计算，我们确定了 $K1$、$K2$ 的值，当 $K1 = 4.5 \times 10^{-20}$，$K2 = 2.5 \times 10^{-6}$ 时，利用式 (8.24) 评估得到的 Cs 的相对吸附效率 F 的值，能够同实验现象吻合得比较好。具体评估结果如表 8.10 所示。

表 8.10　Cs 的相对吸附效率评估结果

V_{C}	$N_{\mathrm{V}}=1 \times 10^{18}$	$N_{\mathrm{V}}=1 \times 10^{19}$
5×10^{-7}	0.5378	0.8524
1×10^{-7}	0.8833	0.9686
1×10^{-8}	0.9877	0.9968

从表 8.10 中的数据可以看出：

(1) 在系统真空度为 5×10^{-7} Pa 时，F 受 N_{V} 的影响比较大，比值达到了 1:1.6。

(2) 当系统真空度提高到 1×10^{-7} Pa 时，F 受 N_{V} 的影响明显减小，比值仅为 1:1.1。同时，在 $V_{\mathrm{C}}=1 \times 10^{-7}$，$N_{\mathrm{V}}=1 \times 10^{18}$ 时计算得到的 F 值，同 $V_{\mathrm{C}}=5 \times 10^{-7}$，$N_{\mathrm{V}}=1 \times 10^{19}$ 时得到的 F 值比较接近。

(3) 当系统真空度提高到 1×10^{-8} Pa 时，F 受 N_{V} 的影响已不再明显。而且在 $V_{\mathrm{C}}=1 \times 10^{-7}$，$N_{\mathrm{V}}=1 \times 10^{19}$ 时计算得到的 F 值，同 $V_{\mathrm{C}}=1 \times 10^{-8}$ 时两种情况下得到的 F 值都比较接近。

对比表 8.9 和表 8.10 中的数据可知，表 8.10 中的评估结果同表 8.9 中的实验现象非常吻合。为了进一步检验该模型的准确性，我们又利用他人的实验结果进行了验证。国外学者在这方面的研究很少，文献 [47] 对不同变掺杂光电阴极的首次 Cs 激活现象进行了实验研究，并记录了高温激活中不同样品在表面达到明显 Cs 过量状态时所需的时间，如表 8.11 所示。我们利用式 (8.25) 计算了这些样品的 Cs 相对吸附效率，评估结果如表 8.12 所示。

表 8.11　文献 [47] 中不同样品在表面达到明显 Cs 过量状态时所需时间　（单位：min）

系统真空度/Pa	样品 $1(1 \times 10^{18} \mathrm{cm}^{-3})$	样品 $2(7 \times 10^{18} \mathrm{cm}^{-3})$	样品 $3(1 \times 10^{19} \mathrm{cm}^{-3})$
1×10^{-6}	140	65	40

表 8.12　对文献 [47] 中不同样品的 Cs 相对吸附效率 F 评估结果

样品	样品 1	样品 2	样品 3
F	0.2893	0.6300	0.7266

比较表 8.11 和表 8.12 中的数据可知：样品 1 和 2 的 Cs 相对吸附效率，其评估结果比值为 1:2.18，实验记录的时间比值为 1:2.15，二者非常相符；样品 3 同样品 1、2 相比，其评估结果和实验数据存在一定的偏差，这主要是因为表 8.11 中记录的是表面达到 Cs 过量状态时所需的时间，而模型是基于光电流的产生时间建立的，因此计算时会有一定的误差。但是可以发现，该模型评估结果所反映的 Cs 吸附效率的变化规律同实验现象完全一致。

上述分析表明，在取 $K1 = 4.5 \times 10^{-20}$、$K2 = 2.5 \times 10^{-6}$ 时，利用式 (8.24) 对 Cs 原子在 GaAs 光电阴极表面的吸附效率进行评估，得到的结果是符合实验规律的。

3. 讨论

超高真空室中的 Cs 原子到达材料表面后，和表面层附近的杂质铍离子作用，形成了 GaAs(Be)-Cs 偶极子，这种作用能够使 Cs 原子有效吸附到阴极表面上。由于表面层杂质掺杂浓度的不同，掺杂浓度高的材料在单位体积内含有的杂质离子数量多，在相同的 Cs 蒸气暴露量下，单位时间内能够有效吸附到材料表面的 Cs 原子就多，因而光电流产生得就快。同时，系统中的残气成分对 Cs 原子的有效吸附也有很大的影响。当系统真空度较低时，残气中的 H 等其他原子将与 Cs 原子竞争并率先占据表面的有利位置，这将阻碍 Cs 原子在表面的吸附，致使 Cs 原子的吸附效率不高。

为了进一步明确表面掺杂浓度和系统真空度对 Cs 的吸附效率的影响程度，我们依据式 (8.25) 所建立的数学模型对 Cs 的吸附效率进行了仿真，结果如图 8.31 和图 8.32 所示，分别为 Cs 的吸附效率同系统真空度和光电阴极表面层掺杂浓度间的关系 [48]。从图 8.31 和图 8.32 可以看出，当系统真空度达到 1×10^{-8}Pa 以上时，Cs 在光电阴极表面的吸附效率已接近一个恒定的值，不再随着真空度的提高以及表

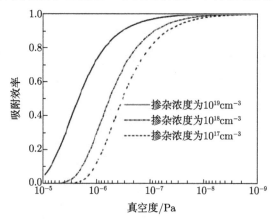

图 8.31　Cs 在光电阴极表面的吸附效率同系统真空度间的关系

面掺杂浓度的提高而有明显的改变；对于表面掺杂浓度低于 $1\times10^{18}\mathrm{cm}^{-3}$ 的光电阴极，当系统真空度低于 $1\times10^{-7}\mathrm{Pa}$ 时，Cs 的吸附效率随真空度的降低下降很快。而对表面掺杂浓度为 $1\times10^{19}\mathrm{cm}^{-3}$ 的光电阴极，当系统真空度低于 $3\times10^{-7}\mathrm{Pa}$ 时才开始有明显的下降。

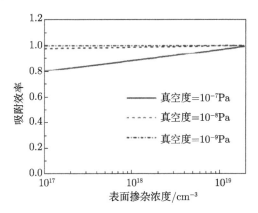

图 8.32 Cs 的吸附效率同光电阴极表面层掺杂浓度的关系

仿真结果表明，对于表面掺杂浓度低于 $1\times10^{18}\mathrm{cm}^{-3}$ 的阴极，当系统真空度低于 $1\times10^{-7}\,\mathrm{Pa}$ 时，Cs 的吸附效率随真空度的降低下降得很快。因此，要提高光电阴极的制备效果，首先要提高激活系统的真空度。

从图 8.28~ 图 8.30 的实验曲线可以看出，在样品低温激活阶段，Cs 原子在光电阴极表面的吸附效率要比高温阶段快很多，而且这种差别不受真空度条件的影响，三种情况下的吸附效率都大约提高了 1 倍。效率提高的原因主要是经过高温热处理后的阴极表面是一个富 Ga 的表面，而杂质离子在材料内是代替了 Ga 的位置，Cs 原子沉积到富 Ga 表面后会同第一层的杂质铍离子紧密接触，因此不能形成有效的 GaAs(Be)-Cs 偶极子，GaAs(Be)-Cs 偶极子的形成只能从第二层的铍离子开始；而阴极再经过一次低温热处理后，由于 As 原子的扩散能力较强，材料内部的 As 原子将向表面扩散，最终在表面形成富 As 状态，同时表面结构更加有序，更有利于 Cs 的吸附和 GaAs(Be)-Cs 偶极子的形成，所以 Cs 的吸附效率会有所提高。

8.5.2 变掺杂 GaAs 光电阴极的结构性能评估

在 8.2.3 节中我们给出了变掺杂反射式阴极的量子效率公式，这里用该公式对光电阴极的结构性能进行评估。

1. 加权法表示的变掺杂光电阴极量子效率模型

在变掺杂 GaAs 光电阴极的量子效率中，既包含均匀掺杂的信息，同时也包含指数掺杂的信息。因此，如果用变掺杂系数 $K(0\leqslant K \leqslant1)$ 和 $1-K$ 分别表示量子效率中指数掺杂和均匀掺杂成分所占的权重, 就可以得到以加权平均法表示的变掺杂 GaAs 光电阴极量子效率理论模型。

　　为了验证上述理论模型对指数掺杂 GaAs 光电阴极量子效率曲线的拟合效果, 我们对反射式指数掺杂 GaAs 光电阴极样品进行了激活和测试。图 8.33 为测试得到的量子效率曲线[49]。

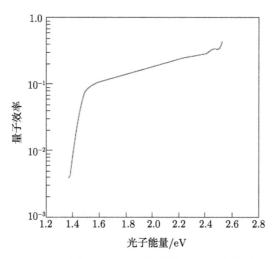

图 8.33　变掺杂 GaAs 阴极样品量子效率曲线

　　利用式 (8.16)∼ 式 (8.19), 我们分别用三种方法对实验获得的量子效率曲线进行了拟合分析。根据以往的研究结果和经验, 拟合时设定材料的电子扩散长度 $L=2.8\mu m$。拟合过程中发现, 对于不同波段的入射光, 阴极变掺杂结构的作用效果差别很大, 变掺杂系数 K 在整个入射光响应波段内不是一个固定的值。因此, 我们采用了分段拟合的方法, 选取的波段范围为 600∼920nm, 每 40nm 为一波段区间单独进行拟合。实际效果表明, 这样既能够保证拟合精度, 又能够反映出阴极材料的结构特性。针对图 8.33 中的曲线, 这三种方法的拟合精度如表 8.13 所示。

表 8.13　三种方法拟合时的拟合精度

λ/nm	变掺杂模型	均匀掺杂公式	指数掺杂公式
600∼640	0.000392	0.000411	0.000527
640∼680	0.000394	0.000396	0.000552
680∼720	0.000444	0.000470	0.000538
720∼760	0.000176	0.000194	0.000211
760∼800	0.000092	0.000124	0.000092
800∼840	0.000012	0.000040	0.000018
840∼880	0.000044	0.000044	0.000118
880∼920	0.000241	0.000928	0.000241

表 8.13 中的数据表明，在三种拟合方法中，采用变掺杂模型进行拟合的精度在各个波段内都是最高的。因此，利用所建立的量子效率理论模型进行变掺杂 GaAs 光电阴极的量子效率理论研究，能够得到更加准确的结果。

2. 变掺杂 GaAs 光电阴极结构性能的评估方法

利用式 (8.16) 对变掺杂 GaAs 光电阴极的量子效率曲线进行拟合时，我们还可以得到变掺杂系数 K 的值，结果如表 8.14 所示。因为 K 值的物理意义是反映了变掺杂光电阴极的量子效率中指数掺杂成分所占的权重，所以在不同拟合波段内，K 值的大小就反映了指数掺杂结构对光电阴极量子效率贡献的大小。因此，利用拟合得到的 K 值，我们就可以对变掺杂阴极的结构性能进行相应的分析和评估。

表 8.14 变掺杂系数 K 的拟合结果

λ/nm	K
600~640	0.1
640~680	0.03
680~720	0.11
720~760	0.86
760~800	0.9999
800~840	0.88
840~880	0.11
880~920	0.9999

为了对变掺杂光电阴极的结构性能进行分析和评估，如图 8.34 所示，设计了两个光电阴极样品，均采用 MBE 技术生长得到。样品在外延生长前，先把 GaAs 基底材料放入 MBE 真空室中加热到 620℃ 以进行热清洗，去除材料表面的氧化物。这一过程可以利用 AES 进行监控。在富砷环境中进行阴极的外延生长，此时基底温度保持在 580℃ 左右，生长速率大约为 1.0μm/h。外延过程中可利用 RHEED 实时监控外延层表面的平整度和重构情况 [50]。

依据表 8.14 所示的各个波段内拟合的 K 值，我们针对图 8.34(b) 所示阴极变掺杂结构的作用效果进行了分析和讨论。

对比表 8.14 中的 K 值可以发现以下几点 [10]：

(1) 当波长在 720nm 以下时，用变掺杂模型和用均匀掺杂公式拟合的精度相近，变掺杂系数 K 的值很小，表明在 $\lambda < 720$nm 时，阴极的内建电场作用效果不大，变掺杂结构特性得不到体现。

(2) 当波长在 720~920nm 范围内时，阴极变掺杂结构的贡献较大，同时在不同的波段区间，其大小又有差异。

(3) K 值具有如下特点：

$$K(880\sim920) > K(720\sim840) > K(840\sim880) > K(600\sim720)$$

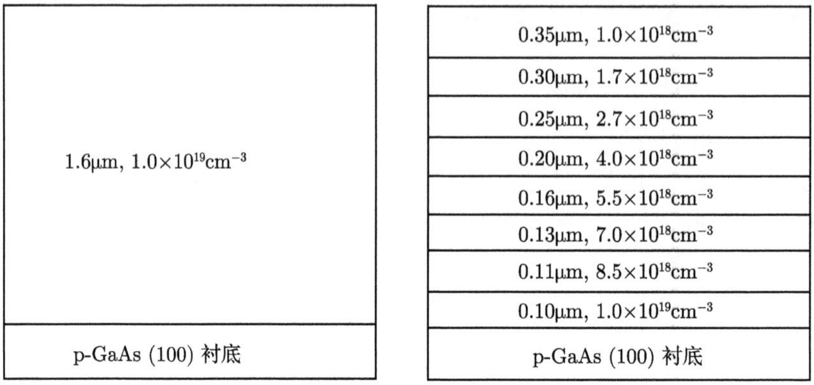
1.6μm, 1.0×10¹⁹cm⁻³
p-GaAs (100) 衬底
0.35μm, 1.0×10¹⁸cm⁻³
0.30μm, 1.7×10¹⁸cm⁻³
0.25μm, 2.7×10¹⁸cm⁻³
0.20μm, 4.0×10¹⁸cm⁻³
0.16μm, 5.5×10¹⁸cm⁻³
0.13μm, 7.0×10¹⁸cm⁻³
0.11μm, 8.5×10¹⁸cm⁻³
0.10μm, 1.0×10¹⁹cm⁻³
p-GaAs (100) 衬底

(a) 均匀掺杂　　(b) 指数掺杂

图 8.34　GaAs 光电阴极样品掺杂结构图

针对上述现象，我们可得如下结论 [10]：

(1) 当入射光波长 $\lambda < 720\text{nm}$ 时，对应产生的光电子能量高，分布集中，又都靠近阴极表面，其自身逸出几率较大；同时，材料对光的吸收深度最大只到 0.5μm 处，从样品的掺杂结构图可以看出，该区域的内建电场强度非常微弱，对光电子的作用效果很小，因此在该入射光波段内的光电阴极量子效率和均匀掺杂情况下几乎没有差别。

(2) 当入射光波长 $\lambda > 720\text{nm}$ 时，阴极内建电场对光电子的作用逐渐明显起来，原因在于：① 随着波长的增加，光生电子的能量越来越低，光电子逸出表面势垒的几率减小；② 光的吸收深度越来越大，激发的光电子位置距离表面越来越远；③ 内建电场强度越来越大，对光电子能量有明显提高。因此，光电子在内建电场作用下，以扩散加漂移的方式输运到表面，其扩散漂移长度较无电场作用的扩散长度有所增加，同时能量也有所提高，逸出几率明显增加。阴极量子效率的变掺杂特性在 720~840nm 波段内非常显著，因此拟合出的变掺杂系数 K 的值也较大。

(3) 当 $\lambda > 840\text{nm}$ 时，光生电子的能量进一步降低，而入射光的吸收深度也进一步增大，大量的低能光电子在后界面附近产生，受到后界面复合速率的影响较大，此时内建电场的作用已不能弥补以上因素所导致的量子产额的降低，变掺杂结构的作用效果得不到体现，因此在 840~880nm 波长范围内，K 值接近于零。

(4) 当 λ 在 880~920nm 范围时，从 K 值可以看出，内建电场的作用效果突然增大，变掺杂结构对光电阴极量子效率的贡献非常显著。分析其原因可能是：在该波长范围内入射光的吸收深度 (1.887~11.36μm) 已经大大超出了光电阴极材料的厚度 (1.6μm)，部分入射光在到达 GaAs 衬底材料界面后又反射回前表面方向，在近前表面的位置产生了部分光电子，这些光电子虽然能量较低，但内建电场的作用仍能使其逸出表面的几率得到提高，从而提高了该波段内的量子效率。

通过以上分析，可以得出如下结论：在变掺杂 GaAs 光电阴极量子效率理论模型中，变掺杂系数 K 的拟合结果，能够客观地反映出不同入射光波段内，变掺杂结构对光电子发射性能的作用效果，借助 K 值对变掺杂阴极的结构性能进行量化分析和评价是一条方便、有效的途径。

8.5.3　不同变掺杂 GaAs 光电阴极的结构性能对比

有了评估变掺杂 GaAs 光电阴极结构性能的手段，就可以对不同的变掺杂结构进行评价和对比，以利于发现光电阴极变掺杂结构设计上的合理之处及存在的缺陷，取长补短，从而有针对性地优化变掺杂结构设计。

1. 不同样品的结构性能评估

图 8.35 所示为两种不同掺杂结构的反射式 GaAs 光电阴极样品，二者都是按照指数分布规律计算设计的，但是梯度区间的个数和掺杂浓度不同。两个样品激活后的量子效率曲线如图 8.36 所示，曲线 1 和 2 分别对应样品 1 和样品 2。

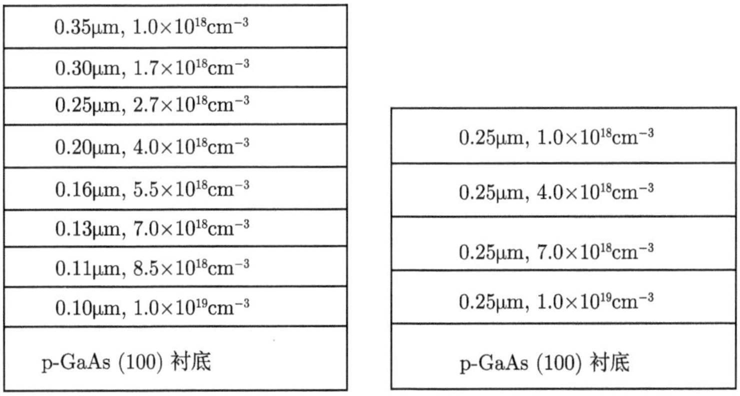

| 0.35μm, $1.0 \times 10^{18} cm^{-3}$ |
| 0.30μm, $1.7 \times 10^{18} cm^{-3}$ |
| 0.25μm, $2.7 \times 10^{18} cm^{-3}$ |
| 0.20μm, $4.0 \times 10^{18} cm^{-3}$ |
| 0.16μm, $5.5 \times 10^{18} cm^{-3}$ |
| 0.13μm, $7.0 \times 10^{18} cm^{-3}$ |
| 0.11μm, $8.5 \times 10^{18} cm^{-3}$ |
| 0.10μm, $1.0 \times 10^{19} cm^{-3}$ |
| p-GaAs (100) 衬底 |

(a) 样品1

| 0.25μm, $1.0 \times 10^{18} cm^{-3}$ |
| 0.25μm, $4.0 \times 10^{18} cm^{-3}$ |
| 0.25μm, $7.0 \times 10^{18} cm^{-3}$ |
| 0.25μm, $1.0 \times 10^{19} cm^{-3}$ |
| p-GaAs (100) 衬底 |

(b) 样品2

图 8.35　变掺杂阴极样品掺杂结构示意图

利用式 (8.16) 对图 8.36 中的两条曲线分别进行了拟合计算[51]，拟合时设定电子扩散长度 L_D=3μm，入射光波长范围为 560~920nm，每 40nm 为一波段区间单独进行拟合仿真。拟合得到的 K 值见表 8.15。

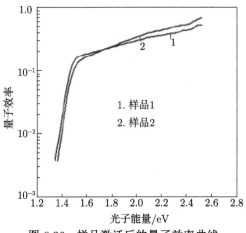

图 8.36   样品激活后的量子效率曲线

表 8.15   两个阴极样品的 K 值拟合结果

λ/nm	样品 1	样品 2
560~600	0.01	0.01
600~640	0.06	0.92
640~680	0.0	0.9999
680~720	0.05	0.9999
720~760	0.92	0.9999
760~800	0.95	0.95
800~840	0.87	0.9999
840~880	0.03	0.68
880~920	0.9999	0.9999

分析表 8.15 中的数据可以发现以下几点:

(1) 样品 1 在入射光波长 $\lambda < 720$nm 时, 阴极的内建电场作用效果很小, 变掺杂结构特性得不到体现, 当波长在 720~840nm 和 880~920nm 范围内时, 变掺杂结构特性很明显, 对阴极量子效率的贡献也非常大; 样品 2 则在入射光波长为 600~920nm 范围内时, 其内建电场的作用效果均非常显著。

(2) 对总掺杂浓度差一样的变掺杂结构, 其对光电阴极光电发射性能的作用效果是不相同的。对比两个样品的 K 值可知, 样品 2 的掺杂结构对光电阴极量子效率的贡献明显大于样品 1。

2. 讨论

这两种掺杂结构的性能差别较大, 根本原因是它们在材料内部形成的空间电荷区的位置和电势大小不相同, 对应的能带弯曲的位置和程度也不一样 (分别如图

8.37 和图 8.38 所示)，因而对于相同波段的入射光子，变掺杂结构所表现出的作用效果也不一样。

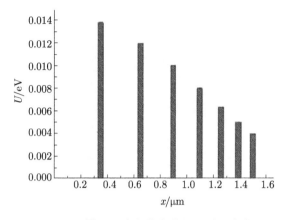

图 8.37　样品 1 中能带弯曲的位置和大小

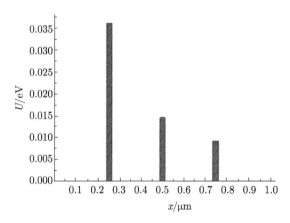

图 8.38　样品 2 中能带弯曲的位置和大小

在实验中，样品 1 采用的结构与图 8.34(b) 完全一样，因为分析的光电阴极量子效率曲线不一样，以及拟合中存在一定的误差，所以表 8.15 中拟合得到的 K 值和表 8.14 中的结果不完全一样。但是，经过对比我们发现，表 8.15 和表 8.14 中所列不同波段内 K 的数值具有完全相同的分布特征，利用两组 K 值对样品 1 的结构进行分析，能够得到非常一致的结论。这表明，利用所建立的量子效率理论模型对同一变掺杂光电阴极的结构性能进行评估时，具有非常好的重复性和一致性。因此，对于样品 1 的结构性能分析可以参考 8.5.2 节。

对样品 2 而言，由于其掺杂结构的第一层厚度只有 0.25μm，且第二层和第一层之间的浓度差比较大，所产生的内建电场比较强，当入射光波长 $\lambda > 600$nm 时，内建电场对光电子的作用效果已非常明显,所以对光电阴极量子效率的贡献非常显著。

从图 8.36 的样品量子效率曲线可以看出,当 $\lambda < 840\text{nm}$ 时,样品 2 的量子效率明显高于样品 1,这与上面对样品 2 的分析完全一致。但当 $\lambda > 840\text{nm}$ 时,样品 2 的长波响应明显不如样品 1,这是因为样品 2 的厚度只有 $1\mu\text{m}$,此时入射光的吸收深度已超出了阴极的厚度,从而导致光电阴极对该波段内的光谱响应有很大程度的缺失。因此,对于样品 2 的结构设计,我们可以采取增加阴极发射层厚度的办法来进行优化。

8.6　宽带响应反射式变掺杂 GaAs 基光电阴极研究

研究制备的宽带响应反射式 GaAs 和 GaAlAs 光电阴极的光谱响应,发现了负电子亲和势 GaAs 光电阴极的对生成阈值远大于正电子亲和势光电阴极,激活欠佳的 GaAlAs 光电阴极的对生成阈值符合正电子亲和势光电阴极的规律。

8.6.1　宽带响应反射式变掺杂 GaAs 和 GaAlAs 光电阴极的光谱响应

1. 氘灯和卤钨灯测试的 GaAs 光电阴极的光谱响应

在光电阴极电学性能测试中,紫外光电阴极的光谱响应一般用氘灯作为光源,而可见光和近红外响应的光电阴极则采用卤钨灯。对反射式 GaAs 光电阴极,项目组尚没有开展用氘灯和卤钨灯测试 GaAs 光电阴极的光谱响应,为此安排了专门实验。

利用 GaAs 光电阴极多信息量测控与评估系统,按照常规工艺,制备了 GaAs 光电阴极,以氘灯作为光源,测试了 GaAs 光电阴极 $200\sim400\text{nm}$ 紫外响应;以卤钨灯作为光源,测试了 $400\sim1000\text{nm}$ 的可见和近红外响应,测试结果如图 8.39 所示。

由图 8.39 可知,卤钨灯测试的 GaAs 光电阴极的可见光与近红外响应人们较为熟悉,但其紫外响应则很少研究,特别是在紫外范围有如此高的响应。将图 8.39 中的光谱响应转换为量子效率曲线,如图 8.40 所示,在紫外波段峰值量子效率高达 20%。

2. 氘灯测试的反射式 GaAs 和 GaAlAs 光电阴极的光谱响应

通过标定氘灯的辐射谱,测试了反射式 GaAs 和 GaAlAs 光电阴极的光谱响应。图 8.41 给出的是 GaAs 的光谱响应。当波长小于 400nm 时,GaAs 的紫外响应可以和目前已知的高量子效率紫外光电阴极媲美。

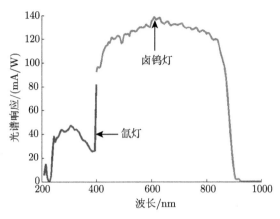

图 8.39 GaAs 光电阴极的宽带响应

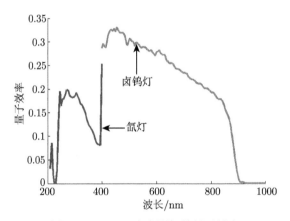

图 8.40 GaAs 光电阴极的量子效率

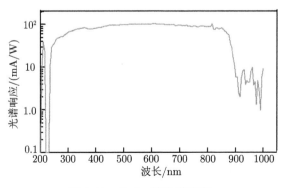

图 8.41 GaAs 的光谱响应

图 8.42 给出了 GaAlAs 光电阴极的光谱响应, 在紫外部分也有不错的响应。为了便于比较, 在图 8.43 中给出了 GaAs 和 GaAlAs 光电阴极的量子效率曲线, 可知此次实验 GaAs 光电阴极的峰值量子效率为 30%, 位于 3.5eV; GaAlAs 为 9%, 位于 4.0eV。

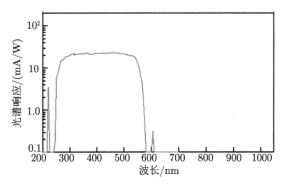

图 8.42　GaAlAs 光电阴极的光谱响应

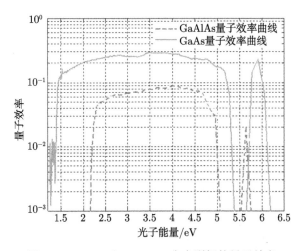

图 8.43　GaAs 和 GaAlAs 光电阴极的量子效率

8.6.2　宽带响应反射式变掺杂 GaAs 基光电阴极的对生成阈

1. GaAs 基光电阴极的归一化量子效率

图 8.44 是图 8.43 归一化后得到的量子效率曲线。GaAs 禁带宽度是 1.42eV, 对应的波长是 873nm。如果仍然按照一般光电发射体的情况, 对于负电子亲和势光电阴极, 对生成阈值 E_{th} 是禁带宽度 E_g 的 2~3 倍, 则 E_{th}=2.84~4.26eV, 对应的波长为 437~291nm。对照图 8.44 可以发现, 当光子能量小于 1.42eV 时, 其归

一化的量子效率大于 10%，这部分的光电发射来源于超高真空环境下 GaAs 表面禁带变窄；当光子能量大于 1.42eV 时，归一化的量子效率曲线上升变缓，到光子能量等于 3.5eV 时达到峰值；随后随着光子能量增加，归一化的量子效率下降，在 5.4~5.6eV 范围，归一化的量子效率为零；当光子能量大于 5.6eV 时，归一化的量子效率又上升，峰值可以达到 0.8，之后下降，与氙灯的标定和石英玻璃的透过率有关。

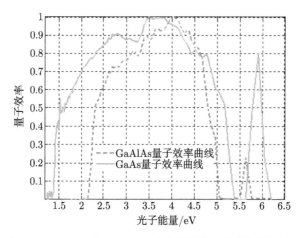

图 8.44 GaAs 和 GaAlAs 光电阴极归一化的量子效率

当 GaAlAs 的铝含量为 0.63 时，其禁带宽度为 2.26eV，对应的波长为 548nm，对生成阈值为 4.52~6.78eV，对应的波长为 274~182nm。从图 8.44 同样可以发现，当光子能量小于 2.26eV 时，已经有明显的光电发射，其同样来源于 GaAlAs 表面禁带变窄；归一化量子效率的峰值出现在 4.0eV，光子能量在 5.0~5.5eV 时，归一化的量子效率为零，随后量子效率上升，但远低于 GaAs 的情况。

2. GaAs 基光电阴极对生成阈初探

1) GaAs 光电阴极的对生成阈

对于 GaAs 光电阴极，按照通常的对生成阈的定义，从图 8.44 可以发现，光子能量在 2.84~4.26eV 范围，并未产生对生成碰撞，在 4.0eV 光子能量时，光电发射达到峰值 (量子效率为 30%)。图中真正出现对生成碰撞的区间在 5.4~5.6eV 范围，归一化的量子效率为零。因此对于激活良好的 GaAs 光电阴极，对生成阈应该暂定为禁带宽度的 4 倍左右，即在 5.68eV 左右将出现对生成碰撞。在此范围之外，均会出现光电发射。

2) GaAlAs 光电阴极的对生成阈

GaAlAs 与 GaAs 同属Ⅲ~Ⅴ族半导体，但从图 8.44 可以发现，光子能量在

4.52~6.78eV 范围, 产生了对生成碰撞, 即光子能量在 5.0~5.5eV 时, 归一化的量子效率为零。

对于 GaAlAs 光电阴极, 为什么没有出现 GaAs 光电阴极的情况, 其主要原因是 GaAlAs 材料表面的氧化铝含量。在第 7 章我们讨论了 GaAlAs 材料的热清洗, 已经将温度提高到 700℃, 与 650℃ 的热清洗温度相比, 光电发射有所提高, 但没有达到预期效果。同样对于 GaAlN 材料, 将热清洗温度提高到 850℃, 光电发射也有所提高, 但也没有达到预期效果。因此, 对于采用单一表面热净化方法的 GaAs 光电阴极制备系统, 用于制备Ⅲ~Ⅴ族中的其他光电发射材料, 如果仅靠改变热清洗温度, 将不可能获得负电子亲和势表面。

数十年的经验告诉我们, 对 GaAs 光电发射材料, 采用高低温两步热清洗方法, 在表面形成了富 As 的 $\beta_2(2\times4)$ 重构相, 有利于 Cs、O 激活中双重偶极子的形成, 最终获得负电子亲和势表面。对于其他 GaAs 基光电发射材料, 过高的热清洗温度, 在材料表面不能形成富 As 的 $\beta_2(2\times4)$ 重构相; 过低的热清洗温度, 材料表面的氧化物不能去掉, 导致后面的 Cs、O 激活不能达到预期效果。基于此, 采用离子溅射和热清洗混合方法处理类似于 GaAlAs 等材料, 可能会得到意想不到的效果。

3) GaAs 基光电阴极对生成阈

激活良好的负电子亲和势 GaAs 光电阴极, 对生成阈应该暂定为禁带宽度的 4 倍左右, 即在 5.68eV 左右将出现对生成碰撞。在此范围之外, 均会出现光电发射。激活欠佳的 GaAlAs 光电阴极, 光子能量在 4.52~6.78eV 范围, 产生了对生成碰撞, 即光子能量在 5.0~5.5eV 时, 归一化的量子效率为零。因此, 负电子亲和势光电阴极有更高的对生成阈, 激活欠佳的Ⅲ~Ⅴ族中的其他光电发射材料, 对生成阈类同于正电子亲和势材料。可见新的光电发射材料的出现, 均需要深入细致的研究。

从图 8.44 我们纠正了一个误区, 在氘灯标注的光谱范围内, 见到了对生成区域, 未见到量子效率大于 1 的情况, 在实验中并未获得一个光子可以使一个多电子发射出来。对负电子亲和势 GaAs 光电阴极光电发射的主干区域, 光子能量总是低于阈值能量 (5.0~5.5eV), 不会出现对生成碰撞, 但光子能量大于阈值能量时, 又出现的光电发射仍然是一个令人困惑的问题。

8.7　反射式模拟透射式变掺杂 GaAs 光电阴极设计与实验

研究反射式变掺杂光电阴极的目的是获得电子扩散长度、表面逸出几率等性能参数,最终研制透射式光电阴极,在三代微光像增强器中获得应用。本节设计了反射式模拟透射式 GaAs 光电阴极,并采用 MBE 和 MOCVD 进行了材料生长,经过表面净化与激活,给出了实验结果。

8.7.1　MBE 生长的反射式模拟透射式变掺杂 GaAs 光电阴极设计与实验 [52,53]

1. MBE 生长的反射式模拟透射式变掺杂 GaAs 光电阴极设计

为了深入研究透射式光电阴极性能,设计了反射式模拟透射式结构样品 C,如图 8.45 所示。样品 C 采用 MBE 作为外延方式,掺杂为梯度掺杂结构,掺杂原子为 Be,掺杂浓度分布梯度与图 8.25 中样品 B 相同,分别为 $1\times10^{19}\mathrm{cm^{-3}}$、$7\times10^{18}\mathrm{cm^{-3}}$、$4\times10^{18}\mathrm{cm^{-3}}$、$1\times10^{18}\mathrm{cm^{-3}}$,从体内到表面依次减小。GaAs 层的厚度为透射式,通常所用的厚度是 $1.6\mu\mathrm{m}$。样品 C 与反射式光电阴极不同,在 GaAs 层与衬底层之间还有一个模拟透射式结构的 $\mathrm{Ga_{1-x}Al_xAs}$ 缓冲层。$\mathrm{Ga_{1-x}Al_xAs}$ 缓冲层厚度为 $1\mu\mathrm{m}$,同样采用 Be 掺杂原子进行 p 型掺杂。

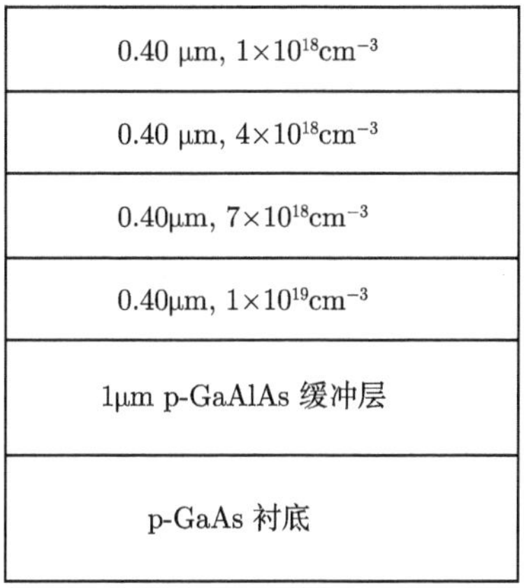

$0.40\ \mu\mathrm{m},\ 1\times10^{18}\mathrm{cm^{-3}}$
$0.40\ \mu\mathrm{m},\ 4\times10^{18}\mathrm{cm^{-3}}$
$0.40\mu\mathrm{m},\ 7\times10^{18}\mathrm{cm^{-3}}$
$0.40\mu\mathrm{m},\ 1\times10^{19}\mathrm{cm^{-3}}$
$1\mu\mathrm{m}$ p-GaAlAs 缓冲层
p-GaAs 衬底

图 8.45　反射式模拟透射式光电阴极结构

2. MBE 生长的反射式模拟透射式变掺杂 GaAs 光电阴极激活

在通过化学清洗和退火后对样品 C 进行了 Cs、O 激活,激活后测试了样品的光谱响应曲线和量子效率曲线,并和样品 A 的相关曲线进行了比较,如图 8.46 所示。

从图 8.46 可知,和反射式样品相比,反射式模拟透射式结构样品对长波段入射光的响应能力有一定提高,从样品结构分析判定,这种变化的主要原因在于 $\mathrm{Ga_{1-x}Al_xAs}$ 缓冲层。$\mathrm{Ga_{1-x}Al_xAs}$ 和 GaAs 都是闪锌矿结构晶体,不同之处在于 $\mathrm{Ga_{1-x}Al_xAs}$ 中一部分 Ga 的位置被 Al 所取代。$\mathrm{Ga_{1-x}Al_xAs}$ 和 GaAs 的晶格常数较为接近,GaAs 的晶格常数为 5.6533Å,$\mathrm{Ga_{1-x}Al_xAs}$ 的晶格常数可由下式求

得 [54]:

$$a_{\mathrm{Ga_{1-x}Al_xAs}} = 5.6533 + 0.078x \tag{8.25}$$

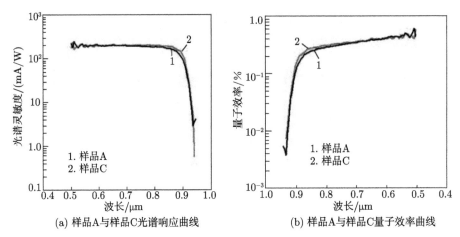

(a) 样品A与样品C光谱响应曲线　　　　　(b) 样品A与样品C量子效率曲线

图 8.46　样品 A 与样品 C 的光谱响应和量子效率测试曲线

由式 (8.25) 可得，当 $x = 0.63$ 时，$\mathrm{Ga_{1-x}Al_xAs}$ 的晶格常数为 5.7024Å，与 GaAs 的晶格较为匹配。

$\mathrm{Ga_{1-x}Al_xAs}$ 禁带宽度的表达式为 [55]

$$E_{\mathrm{g(Ga_{1-x}Al_xAs)}} = 1.247x + 1.424 + 1.147(x - 0.45)^2 \tag{8.26}$$

由式 (8.26) 可得，当 $x = 0.63$ 时，$\mathrm{Ga_{1-x}Al_xAs}$ 的禁带宽度为 2.246eV，而 GaAs 的禁带宽度为 1.424eV。因此在样品 C 中，$\mathrm{Ga_{1-x}Al_xAs}$ 和 GaAs 之间会形成一个较大的势垒，样品 C 能带结构如图 8.5 所示。

从图 8.5 可以看出，样品 C 中一部分光电子由于内建电场和浓度差的作用向表面运动，一部分光电子则向 GaAs 和 $\mathrm{Ga_{1-x}Al_xAs}$ 交界的后界面处运动。由于 $\mathrm{Ga_{1-x}Al_xAs}$ 和 GaAs 在后界面处存在一个较大的势垒，运动到后界面处的光电子有一定几率被该势垒反弹，被反弹后的光电子运动方向发生改变，转而向样品表面运动，所以和反射式样品相比，反射式模拟透射式样品中到达样品表面的光电子的数量更多。和短波段的入射光相比，因为吸收系数相对较小，长波段入射光被吸收的位置更靠近后界面，所以长波段入射光激发的电子也更靠近后界面。光电子距离后界面越近，到达后界面的数量越多，被势垒反弹的光电子也就越多，所以 $\mathrm{Ga_{1-x}Al_xAs}$ 和 GaAs 之间的势垒对增加长波段入射光所激发电子到达样品表面数量的作用更为显著，因此图 8.46 中的测试曲线显示，反射式模拟透射式结构样品对长波段入射光的响应好于反射式结构样品。

3. MBE 生长的反射式模拟透射式变掺杂 GaAs 光电阴极光谱响应的转化

对式 (8.12) 进行表面电子逸出几率、光学性能和短波截止修正，获得指数掺杂反射式阴极量子效率公式：

$$Y_{\text{RE}}(h\nu) = \frac{P_0 \exp[-k(1/1.42 - 1/h\nu)](1 - R_{\text{RE}}(h\nu))\alpha_{h\nu}L_{\text{D}}}{\alpha_{h\nu}^2 L_{\text{D}}^2 - \alpha_{h\nu}L_{\text{E}} - 1}$$

$$\times \left\{ \frac{N(S - \alpha_{h\nu}D_{\text{n}}) \exp\left[(L_{\text{E}}/2L_{\text{D}}^2 - \alpha_{h\nu})T_{\text{e}}\right]}{M} - \frac{Q}{M} + \alpha_{h\nu}L_{\text{D}} \right\} \quad (8.27)$$

式中

$$L_{\text{E}} = \mu |E| \tau = \frac{q|E|}{k_0 T} L_{\text{D}}^2, \quad N = \sqrt{L_{\text{E}}^2 + 4L_{\text{D}}^2}, \quad S = S_{\text{v}} + \mu |E|$$

$$M = (ND_{\text{n}}/L_{\text{D}})\cosh(NT_{\text{e}}/2L_{\text{D}}^2) + (2SL_{\text{D}} - D_{\text{n}}L_{\text{E}}/L_{\text{D}})\sinh(NT_{\text{e}}/2L_{\text{D}}^2)$$

$$Q = SN\cosh(NT_{\text{e}}/2L_{\text{D}}^2) + (SL_{\text{E}} + 2D_{\text{n}})\sinh(NT_{\text{e}}/2L_{\text{D}}^2)$$

对式 (8.13) 进行光学性能和短波截止修正，得到指数掺杂透射式 GaAs 光电阴极的量子效率公式：

$$Y_{\text{TE}}(h\nu) = \frac{P_0(1 - R_{\text{TE}}(h\nu)) \exp(-\beta_{h\nu}T_{\text{w}})\alpha_{h\nu}L_{\text{D}}}{\alpha_{h\nu}^2 L_{\text{D}}^2 + \alpha_{h\nu}L_{\text{E}} - 1}$$

$$\times \left[\frac{N(S + \alpha_{h\nu}D_{\text{n}}) \exp(L_{\text{E}}T_{\text{e}}/2L_{\text{D}}^2)}{M} - \frac{Q \exp(-\alpha_{h\nu}T_{\text{e}})}{M} \right.$$

$$\left. - \alpha_{h\nu}L_{\text{D}} \exp(-\alpha_{h\nu}T_{\text{e}}) \right] \quad (8.28)$$

由式 (8.27) 拟合得到反射式 GaAs 光电阴极样品的表面电子逸出几率、电子漂移扩散长度、后界面复合速率的值，将其代入式 (8.28)，得到与反射式样品具有同样窗口层和发射层结构的透射式阴极样品的光谱响应曲线，从而评估透射式样品性能。

对图 8.45 中的 MBE 生长的样品结构，GaAs 发射层是 1.6μm 的梯度掺杂分布，1μm 厚的 GaAlAs 窗口层，Al 组分为 0.63，模拟获得透射式光电阴极的量子效率曲线如图 8.47 所示。拟合得到 $P_0 = 0.41$，$k = 0.35$，$L_{\text{D}} = 3.5\mu\text{m}$，$L_{\text{DE}} = 18.35\mu\text{m}$，$S_{\text{v}} = 10^5\text{cm/s}$，$D_{\text{n}} = 120\text{cm}^2/\text{s}$，另外实验积分灵敏度为 $S_{\text{expi}} = 2081.2\mu\text{A/lm}$，拟合反射式的积分灵敏度为 $S_{\text{ri}} = 2122.0\mu\text{A/lm}$，透射式阴极的积分灵敏度为 $S_{\text{ti}} = 1980.8\mu\text{A/lm}$。同时计算了透射式 GaAs 光电阴极的光学性能曲线，如图 8.48 所示。

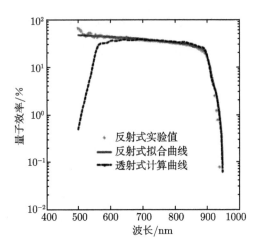

图 8.47　MBE 样品反射式模拟透射式结果

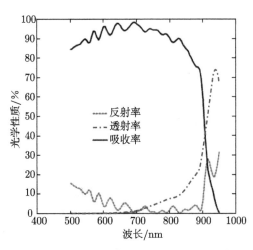

图 8.48　MBE 透射式组件光学性能计算

8.7.2　MOCVD 生长的反射式模拟透射式变掺杂 GaAs 光电阴极设计与实验

1. MOCVD 生长的反射式模拟透射式变掺杂 GaAs 光电阴极设计

在 8.4.1 节中，对于 MBE 生长的 GaAs 材料，我们曾经提到，由于 p 型掺杂在 II 族元素中只能采用直径小于 Ga 原子的 Be 原子，p 型掺杂的材料与 GaAs 基底相比，样品的晶格完整性较差，导致在光电阴极激活过程中重复性较差，灵敏度波动大，低温激活大多数情况下低于高温激活，从而制约了 MBE 材料在成像器件中的应用。因此，在反射式模拟透射式变掺杂 GaAs 光电阴极设计中，我们研究了MOCVD 生长的材料。

设计了反射式模拟透射式光电阴极结构样品,采用 MOCVD 外延方式,掺杂结构为电场减少型的梯度掺杂,掺杂原子为 Zn,掺杂浓度分布梯度如图 8.49 所示,$Ga_{1-x}Al_xAs$ 与 GaAs 界面处的掺杂浓度为 $1\times10^{19}cm^{-3}$,按指数衰减,在表面为 $1\times10^{18}cm^{-3}$,GaAs 层的厚度为 2μm。同样有 $Ga_{1-x}Al_xAs$ 缓冲层,厚度为 1μm,采用 Zn 掺杂原子进行 p 型掺杂。

p-GaAs 0.60μm $1.0\times10^{18}cm^{-3}$
p-GaAs 0.30μm $1.6\times10^{18}cm^{-3}$
p-GaAs 0.30μm $2.3\times10^{18}cm^{-3}$
p-GaAs 0.30μm $3.6\times10^{18}cm^{-3}$
p-GaAs 0.15μm $4.8\times10^{18}cm^{-3}$
p-GaAs 0.15μm $6.5\times10^{18}cm^{-3}$
p-GaAs 0.10μm $8.0\times10^{18}cm^{-3}$
p-GaAs 0.10μm $1.0\times10^{19}cm^{-3}$
1μm p-GaAlAs $1\times10^{19}cm^{-3}$
高质量n型 GaAs(100) 衬底

图 8.49 反射式模拟透射式阴极结构

2. MOCVD 生长的反射式模拟透射式变掺杂 GaAs 光电阴极激活

在样品通过化学清洗,高温净化 Cs、O 激活和低温净化 Cs、O 激活后,测试了样品的光谱响应曲线和量子效率曲线,如图 8.50 所示。由图 8.50 可知,采用电场减少型梯度掺杂结构,在反射式 GaAs 光电阴极中,可以获得近 4000μA/lm 的积分灵敏度,在整个可见与近红外波段,量子效率达到 60%。

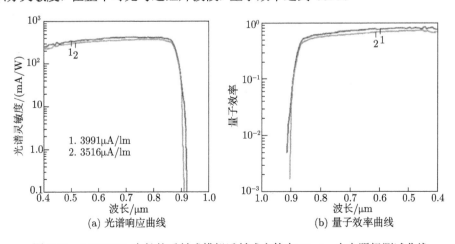

图 8.50 MOCVD 生长的反射式模拟透射式变掺杂 GaAs 光电阴极测试曲线

3. MOCVD 生长的反射式模拟透射式变掺杂 GaAs 光电阴极光谱响应的转化

对于如图 8.49 所示的 MOCVD 生长的样品结构, GaAs 发射层是 2μm 的指数掺杂分布, 但根据材料清洗工艺, 样品成型时发射层要被腐蚀掉 0.2μm, 故拟合时发射层实际厚度按 1.8μm 计算。GaAlAs 窗口层厚度为 0.5μm, Al 组分为 0.7。对实验积分灵敏度为 3516μA/lm 的反射式模拟透射式样品, 模拟获得透射式光电阴极的量子效率曲线如图 8.51 所示。拟合得到 $P_0=0.7$, $k=0.33$, $L_D=5\mu m$, $L_{DE}=32.84\mu m$, $S_v=10^4 cm/s$, $D_n=120cm^2/s$, 拟合反射式的积分灵敏度为 $S_{ri}=3526\mu A/lm$, 透射式阴极的积分灵敏度为 $S_{ti}=3391\mu A/lm$。同时计算了透射式 GaAs 光电阴极的光学性能曲线, 如图 8.52 所示。

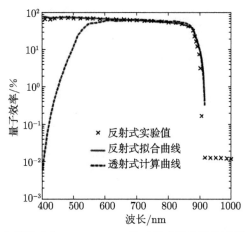

图 8.51　实验积分灵敏度为 3516μA/lm 的反射式样品模拟透射式光电阴极结果

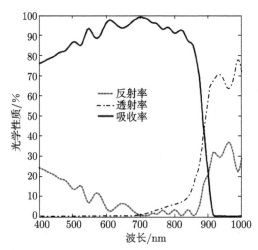

图 8.52　对应图 8.51 透射式光电阴极光学性能计算

对实验积分灵敏度为 3991μA/lm 的反射式模拟透射式样品，模拟获得透射式光电阴极的量子效率曲线如图 8.53 所示。拟合得到 $P_0 = 0.8$，$k = 0.33$，$L_D = 5\mu m$，$L_{DE} = 32.84\mu m$，$S_v = 10^4 cm/s$，$D_n = 120 cm^2/s$，拟合反射式的积分灵敏度为 $S_{ri} = 4029\mu A/lm$，透射式阴极的积分灵敏度为 $S_{ti} = 3696\mu A/lm$。同时计算了透射式 GaAs 光电阴极的光学性能曲线，如图 8.54 所示。

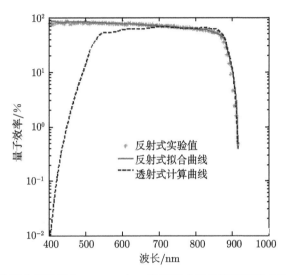

图 8.53　实验积分灵敏度为 3991μA/lm 的反射式样品模拟透射式光电阴极结果

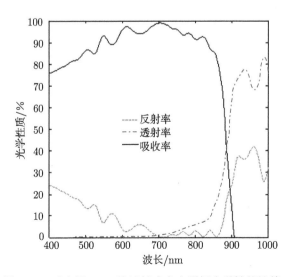

图 8.54　对应图 8.53 的透射式光电阴极光学性能计算

参 考 文 献

[1] 杜晓晴，常本康，宗志园. GaAs 光电阴极 p 型掺杂浓度的理论优化. 真空科学与技术，2004, 24(3): 195–198

[2] Zou J J, Chang B K. Gradient doping negative electron affinity GaAs photocathodes. Optical Engineering, 2006, 45(5): 054001

[3] 杜晓晴，常本康，邹继军，等. 利用梯度掺杂获得高量子效率的 GaAs 光电阴极. 光学学报，2005, 25(10): 1411

[4] 邹继军，常本康，杨智. 指数掺杂 GaAs 光电阴极量子效率的理论计算. 物理学报，2007, 56(5): 2992–2997

[5] Yang Z, Chang B K, Zou J J, et al. Comparison between gradient-doping GaAs photocathode and uniform-doping photocathode. Applied Optics, 2007, 46(28): 7035–7039

[6] 牛军. 变掺杂 GaAs 光电阴极理论及评估研究. 南京：南京理工大学, 2011

[7] 邹继军. GaAs 光电阴极理论及其表征技术研究. 南京：南京理工大学, 2007

[8] Niu J, Zhang Y J, Chang B K, et al. Influence of exponential doping structure on the performance of GaAs photocathodes. Applied Optics, 2009, 48(29): 5445–5450

[9] 邹继军，常本康，杨智. 指数掺杂 GaAs 光电阴极量子效率的理论计算. 物理学报，2007, 56(5)：2992–2997

[10] 牛军，杨智，常本康，等. 反射式变掺杂 GaAs 光电阴极量子效率模型研究. 物理学报，2009, 58(7): 5002–5006

[11] Calabres R, Ciullo G, Guidi V, et al. Long-lifetime high-intensity GaAs photosource. Review of Scientific Instruments, 1994, 65(2): 343–348

[12] Freeland J W, Coulthard I, Antel W J. Interface bonding for Fe thin films on GaAs surfaces of differing morphology. Physical Review B, 2001, 63: 193301

[13] Kim H, Chelikowsky J. Electronic and structural properties of the As vacancy on the (110) surface of GaAs. Surface Science, 1998, 409: 435–444

[14] Hecht M H. Role of photocurrent in low-temperature photoemission studies of Schottky-barrier formation. Physcal Review B, 1990, 41: 7918–7920

[15] Fisher D F, Enstrom R E, Escher J, et al. Photoelectron surface escape probability of (Ga, In) As:Cs-O in the 0.9-1.6 μA range. Journal of Applied Physics, 1972, 43: 3816–3818

[16] Su C Y, Lidau I, Spicer W E. Photoelectron spectroscopic determination of the structure of (Cs,O) activated GaAs (110) surfaces. Journal of Applied Physics, 1983, 54: 1413–1422

[17] Kamaratos M. Adsorption kinetics of the Cs-O activation layer on GaAs (100). Applied Surface Science, 2001, 185: 66–71

[18] Abrahams M S, Buiocchi C J, Willliams B F. Microstructural effects on the minority carrier diffusion length in epitaxial GaAs. Applied Physics Letters, 1971, 18: 220–223

[19] Vergara G, Gomez L J, Capmany J, et al. Electron diffusion length and escape probability measurements for p-type GaAs(100) epitaxies. Journal of Vacuum Science and Technology A, 1990, 8(5): 3676–3681

[20] Vergara G, Gomez L J, Capmany J, et al. Influence of the dopant concentration on the photoemission in NEA GaAs photocathodes. Vacuum, 1997, 48(2): 155–160

[21] Wang X F, Zeng Y P, Wang B Q, et al. The effect of Be-doping structure in negative electron affinity GaAs photocathodes on integrated photosensitivity. Applied Surface Science, 2006, 252: 4104–4109

[22] Zhang Y J, Niu J, Zou J J, et al. Variation of spectral response for exponential-doped transmission-mode GaAs photocathodes in the preparation process. Applied Optics, 2010, 49(20): 3935–3940

[23] 杨树人，丁墨元. 外延生长技术. 北京：国防工业出版社，1992

[24] 杜晓晴. 高性能 GaAs 光电阴极研究. 南京: 南京理工大学, 2005

[25] Bourreea L E, Chasseb D R, Thambana P L S, et al. Comparison of the optical characteristics of GaAs photocathodes grown using MBE and MOCVD. SPIE, 2003, 4796: 11–22

[26] 王晓峰，曾一平，王保强，等. High integrated photosensitivity negative electron affinity GaAs photocathodes with multilayer Be-doping structures. 半导体学报, 2005, 26(9): 1692–1698

[27] 邹继军，常本康，杜晓晴. MBE 梯度掺杂 GaAs 光电阴极激活实验研究. 真空科学与技术学报, 2005, 25(6): 401–404

[28] 徐江涛. 三代微光像增强器制管工艺对阴极光电发射性能的影响. 应用光学, 2004, (5): 30–32

[29] Miyao M, Chinen K, Niigaki M, et al. MBE growth of transmission photocathode and 'in situ' NEA activation. 2nd International Symposium on Molecular Beam Epitaxy and Related Clean Surface Techniques, 1982

[30] 邹继军，常本康，杨智，等. GaAs 光电阴极在不同强度光照下的稳定性. 物理学报，2007，56(10): 6109–6113

[31] Zou J J, Chang B K. Gradient-doping negative electron affinity GaAs photocathodes. Optical Engineering, 2006, 45(5): 625–631

[32] Zou J J, Chang B K, Zhang Y J, et al. Variation of spectral response from cesium-covered GaAs and band features contained within the spectral response. Applied Optics, 2010, 49 (14): 2561–2565

[33] Zou J J, Chang B K, Chen H L, et al. Variation of quantum-yield curves for GaAs photocathodes under illumination. Journal of Applied Physics, 2007, 101: 033126–033126-6

[34] Zou J J, Chang B K, Yang Z, et al. Evolution of surface potential barrier for negative-electron-affinity GaAs photocathodes. Journal of Applied Physics, 2009, 105: 013714–

013714-6

[35] Zou J J, Chang B K, Yang Z, et al. Evolution of photocurrent during coadsorption of Cs and O on GaAs (100). Chinese Physics Letters, 2007, 24(6): 1731–1734

[36] 邹继军，常本康，杜晓晴，等. GaAs 光电阴极光谱响应曲线形状的变化. 光谱学与光谱分析，2007，27(8): 1465–1468

[37] 邹继军，常本康，杜晓晴. MBE 梯度掺杂 GaAs 光电阴极激活实验研究. 真空科学与技术学报，2005，25(6): 401–404

[38] 邹继军，高频，杨智，等. 低温处理温度对 GaAs 光电阴极激活结果的影响. 真空科学与技术学报，2007，27(3): 222–225

[39] Zou J J, Chang B K, Yang Z, et al. Evolution of photocurrent during cordsorption of Cs and O on GaAs (100). Chinese Physics Letters, 2007, 24(6): 1731–1734

[40] Yang Z, Chang B K, Zou J J, et al. Comparison between gradient-doping GaAs photocathode and uniform-doping GaAs photocathode. Applied Optics, 2007, 46(28): 7035–7039

[41] 杨智，牛军，钱芸生，等. GaAs 光电阴极智能激活研究. 真空科学与技术学报，2009，29(6): 669–672

[42] 杨智，邹继军，牛军，等. 高温 Cs 激活 GaAs 光电阴极表面机理研究. 光谱学与光谱分析，2010，30(8): 2038–2042

[43] Siegmund O H W, Tremsin A S, Vallerga J V, et al. Gallium nitride photocathode development for imaging detectors//Dorn D A, Holland A D. High Energy, Optical, and Infrared Detectors for Astronomy III Proc. of SPIE, 2008, 7021: 70211B–7021B-9

[44] 杨智. GaAs 光电阴极智能激活与结构设计研究. 南京：南京理工大学，2010

[45] Niu J, Yang Z, Chang B K. Equivalent method of solving quantum efficiency of reflection-mode exponential doping GaAs photocathode. Chinese Physics Letters, 2009, 26(10): 104202

[46] 牛军，乔建良，常本康，等. 不同变掺杂结构 GaAs 光电阴极的光谱特性分析. 光谱学与光谱分析，2009，29(11): 3007–3010

[47] Niu J, Zhang Y J, Chang B K, et al. Contrast study on GaAs photocathode activation techniques. Proc. SPIE, 2010, 7658(1): 79–92

[48] 牛军，张益军，常本康，等. GaAs 光电阴极激活时 Cs 的吸附效率研究. 物理学报，2011，60(4): 254–258

[49] 陈怀林，牛军，常本康. 真空度对 MBE GaAs 光阴极激活结果的影响. 功能材料，2009，40(12): 1951–1954

[50] 常本康，杜晓晴，邹继军，等. 梯度掺杂砷化镓光电阴极材料及其制备方法：中国，200510000887.5.1

[51] 牛军，乔建良，常本康，等. 不同变掺杂结构 GaAs 光电阴极的光谱特性分析. 光谱学与光谱分析，2009，29(11): 3007–3010

[52] Zhang Y J, Zou J J, Niu J, et al. Photoemission characteristics of different-structure reflection-mode GaAs photocathodes. Journal of Applied Physics, 2011, 110: 063113

[53] Shi F, Zhang Y J, Cheng H C, et al. Theoretical revision and experimental comparison of quantum yield for transmission-mode GaAlAs GaAs photocathodes. Chinese Physics Letters, 2011, 28(4): 0444204

[54] Bartos I, Strasset T, Schattke W. Surface and interfaces in short-period GaAs/GaAlAs superlattices. Progress in Surface Science, 2003, 74: 293–303

[55] 刘学悫. 阴极电子学. 北京: 科学出版社, 1980

第9章　透射式变掺杂 GaAs 光电阴极理论与实践

透射式变掺杂 GaAs 光电阴极主要应用于第三代、新一代微光像增强器以及 EBAPS 等数字微光器件，在高性能微光夜视技术领域得到了应用。本章主要介绍透射式变掺杂 GaAs 光电阴极能带结构、材料设计、材料与组件的性能测试、光学性质与结构模拟，透射式变掺杂 GaAs 光电阴极激活，光电阴极组件光学性能对光谱响应的影响，组件工艺对 GaAs 光电阴极材料性能的影响等。

9.1　透射式变掺杂 GaAs 光电阴极能带结构与材料设计

透射式变掺杂 GaAs 光电阴极的光电发射性能，主要取决于能带结构以及对应于能带结构的材料结构设计。这里主要介绍均匀掺杂和指数掺杂 GaAs 光电阴极能带结构比较，透射式变掺杂 GaAs 光电阴极结构设计与制备。关于均匀掺杂透射式光电阴极见参考文献 [1]~[3]。

9.1.1　均匀掺杂和指数掺杂 GaAs 光电阴极能带结构比较

均匀掺杂与指数掺杂结构透射式光电阴极的能带示意图如图 9.1 所示[4]。

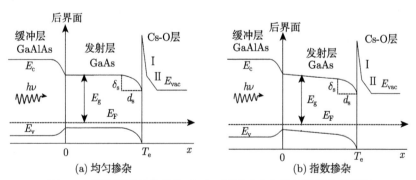

图 9.1　两种不同掺杂结构 GaAs 透射式光电阴极的能带示意图

照射在光电阴极上的入射光的能量分为反射、透射和吸收三个部分。前两部分能量无法形成光电发射，只有被吸收的光才对光电发射有贡献。GaAs 光电阴极的光学吸收主要是本征吸收，在不影响光电子发射的前提下，吸收的光越多，阴极的光电发射特性越好。由于掺杂结构特殊，指数掺杂 GaAs 光电阴极体内可以形成有利于光电子向表面运动的内建电场，使光电子以扩散加漂移的形式向表面运动，因此指数掺杂 GaAs 光电阴极中光电子的扩散漂移长度大于均匀掺杂光电子的扩散长度，这一特性允许指数掺杂 GaAs 光电阴极的厚度大于均匀掺杂，使指数掺杂 GaAs 光电阴极能够更加充分地吸收可见光，有效地提升阴极的光电发射能力。

9.1.2　透射式变掺杂 GaAs 光电阴极结构设计与制备

目前采用 "反转结构" 模式，利用 MBE 或者 MOCVD 外延技术生长透射式 GaAs 光电阴极材料，阴极的材料结构主要包括 GaAs 衬底、GaAlAs 阻挡层、GaAs 发射层、GaAlAs 窗口层和 GaAs 保护层。

为了从实验上验证变掺杂在透射式阴极应用上的效果和确定其具体掺杂方式，设计了 4 种结构的透射式 GaAs 光电阴极样品，使用 MBE 生长，其中指数掺杂有两种，其余为梯度掺杂，具体结构如图 9.2 所示。4 个样品中，样品 1 和样品 2 是指数掺杂，发射层分为 8 个区，样品 3 和 4 是梯度掺杂，发射层分为 4 个区。样品 1 发射层厚度为 1.6μm，样品 2~4 发射层厚度均为 2μm。样品采用 p 型 GaAs 衬底，发射层的掺杂浓度均从后界面处的 10^{19}cm^{-3} 变化到发射层表面的 10^{18}cm^{-3}，窗口层的掺杂浓度均为 10^{19}cm^{-3}，Al 组分为 0.63，厚度为 1μm。

0.5μm GaAs （不掺杂）
1μm $Ga_{1-x}Al_xAs$ (2) $x=0.5$ $1\times10^{19}\text{cm}^{-3}$
0.10μm GaAs $1.0\times10^{19}\text{cm}^{-3}$
0.11μm GaAs $8.5\times10^{18}\text{cm}^{-3}$
0.13μm GaAs $7.0\times10^{18}\text{cm}^{-3}$
0.16μm GaAs $5.5\times10^{18}\text{cm}^{-3}$
0.20μm GaAs $4.0\times10^{18}\text{cm}^{-3}$
0.25μm GaAs $2.7\times10^{18}\text{cm}^{-3}$
0.30μm GaAs $1.7\times10^{18}\text{cm}^{-3}$
0.35μm GaAs $1.0\times10^{18}\text{cm}^{-3}$
1μm $Ga_{1-x}Al_xAs$ (1) $x=0.5$ （不掺杂）
高质量衬底GaAs

(a) 样品1

0.1μm GaAs $1\times10^{18}\text{cm}^{-3}$
1μm $Ga_{1-x}Al_xAs$ (2) $x=0.63$ $1\times10^{19}\text{cm}^{-3}$
0.20μm GaAs $1.0\times10^{19}\text{cm}^{-3}$
0.13μm GaAs $8.5\times10^{18}\text{cm}^{-3}$
0.15μm GaAs $7.0\times10^{18}\text{cm}^{-3}$
0.19μm GaAs $5.5\times10^{18}\text{cm}^{-3}$
0.25μm GaAs $4.0\times10^{18}\text{cm}^{-3}$
0.31μm GaAs $2.7\times10^{18}\text{cm}^{-3}$
0.36μm GaAs $1.7\times10^{18}\text{cm}^{-3}$
0.41μm GaAs $1.0\times10^{18}\text{cm}^{-3}$
1μm $Ga_{1-x}Al_xAs$ (1) $x=0.5$ （不掺杂）
高质量衬底GaAs

(b) 样品2

0.1μm GaAs $1\times10^{18}\text{cm}^{-3}$
1μm $Ga_{1-x}Al_xAs$ (2) $x=0.63$ $1\times10^{19}\text{cm}^{-3}$
0.5μm GaAs $1.0\times10^{19}\text{cm}^{-3}$
0.5μm GaAs $5.0\times10^{18}\text{cm}^{-3}$
0.5μm GaAs $2.5\times10^{18}\text{cm}^{-3}$
0.5μm GaAs $1.0\times10^{18}\text{cm}^{-3}$
1μm $Ga_{1-x}Al_xAs$ (1) $x=0.5$ （不掺杂）
高质量衬底GaAs

(c) 样品3

0.1μm GaAs $1\times10^{18}\text{cm}^{-3}$
1μm $Ga_{1-x}Al_xAs$ (2) $x=0.63$ $2\times10^{19}\text{cm}^{-3}$
0.2μm GaAs $2.0\times10^{19}\text{cm}^{-3}$
0.4μm GaAs $5.0\times10^{18}\text{cm}^{-3}$
0.6μm GaAs $2.5\times10^{18}\text{cm}^{-3}$
0.8μm GaAs $1.0\times10^{18}\text{cm}^{-3}$
1μm $Ga_{1-x}Al_xAs$ (1) $x=0.5$ （不掺杂）
高质量衬底GaAs

(d) 样品4

图 9.2　MBE 外延透射式 GaAs 光电阴极材料掺杂结构图

　　鉴于变掺杂结构在反射式光电阴极实验中已经取得的成果，另外利用 MBE 生长技术，生长的透射式变掺杂 GaAs 光电阴极也获得了较高的积分灵敏度和好的光电发射能力，我们还尝试利用 MOCVD 技术外延生长了多种结构的透射式变掺杂 GaAs 光电阴极。

　　基于 "反转结构" 模式，利用 MOCVD 外延技术在高质量低位错的 n 型 GaAs (100) 衬底上依次生长 GaAlAs 阻挡层、GaAs 发射层、GaAlAs 窗口层和 GaAs 保护层。为了从实验上比较不同变掺杂结构在透射式光电阴极应用上的效果和确定其具体掺杂方式，我们共设计了 4 种结构的透射式 GaAs 光电阴极样品，具体掺杂结构如图 9.3 所示，其中样品 1~3 为指数掺杂结构，发射层为 8 个分层，样品 4 为梯

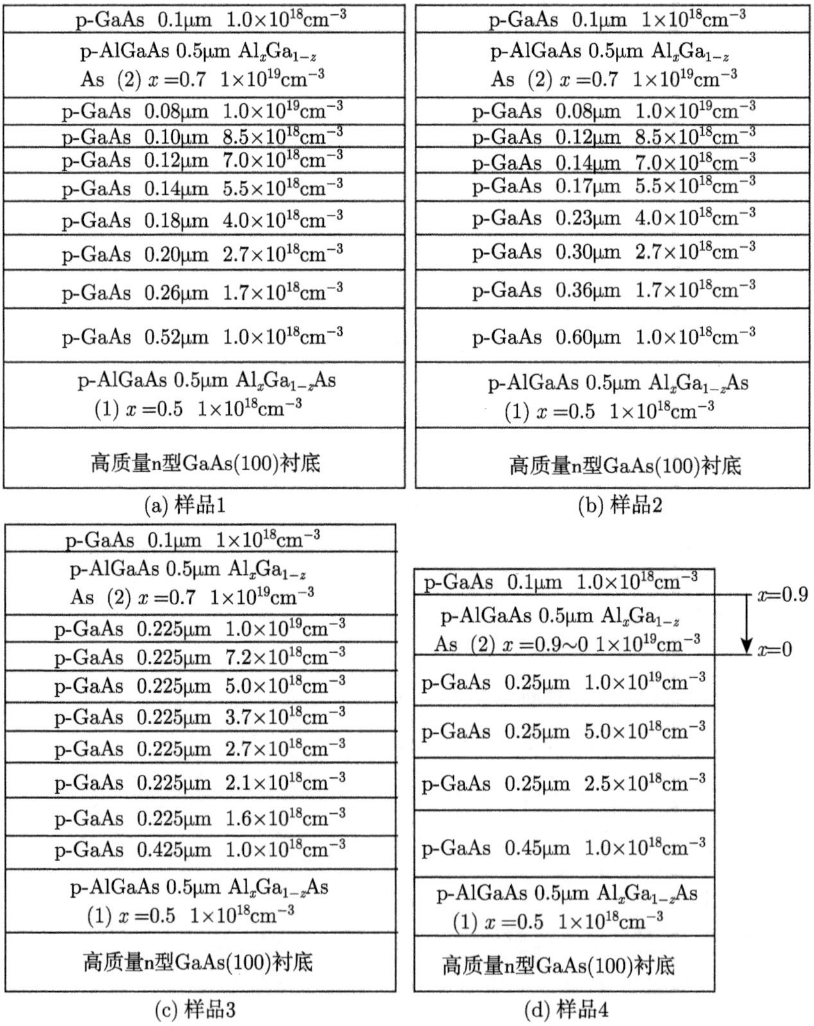

样品1
p-GaAs 0.1μm 1.0×10^18cm^-3
p-AlGaAs 0.5μm Al_xGa_{1-z} As (2) x=0.7 1×10^19cm^-3
p-GaAs 0.08μm 1.0×10^19cm^-3
p-GaAs 0.10μm 8.5×10^18cm^-3
p-GaAs 0.12μm 7.0×10^18cm^-3
p-GaAs 0.14μm 5.5×10^18cm^-3
p-GaAs 0.18μm 4.0×10^18cm^-3
p-GaAs 0.20μm 2.7×10^18cm^-3
p-GaAs 0.26μm 1.7×10^18cm^-3
p-GaAs 0.52μm 1.0×10^18cm^-3
p-AlGaAs 0.5μm Al_xGa_{1-z}As (1) x=0.5 1×10^18cm^-3
高质量n型GaAs(100)衬底

(a) 样品1

样品2
p-GaAs 0.1μm 1×10^18cm^-3
p-AlGaAs 0.5μm Al_xGa_{1-z} As (2) x=0.7 1×10^19cm^-3
p-GaAs 0.08μm 1.0×10^19cm^-3
p-GaAs 0.12μm 8.5×10^18cm^-3
p-GaAs 0.14μm 7.0×10^18cm^-3
p-GaAs 0.17μm 5.5×10^18cm^-3
p-GaAs 0.23μm 4.0×10^18cm^-3
p-GaAs 0.30μm 2.7×10^18cm^-3
p-GaAs 0.36μm 1.7×10^18cm^-3
p-GaAs 0.60μm 1.0×10^18cm^-3
p-AlGaAs 0.5μm Al_xGa_{1-z}As (1) x=0.5 1×10^18cm^-3
高质量n型GaAs(100)衬底

(b) 样品2

样品3
p-GaAs 0.1μm 1×10^18cm^-3
p-AlGaAs 0.5μm Al_xGa_{1-z} As (2) x=0.7 1×10^19cm^-3
p-GaAs 0.225μm 1.0×10^19cm^-3
p-GaAs 0.225μm 7.2×10^18cm^-3
p-GaAs 0.225μm 5.0×10^18cm^-3
p-GaAs 0.225μm 3.7×10^18cm^-3
p-GaAs 0.225μm 2.7×10^18cm^-3
p-GaAs 0.225μm 2.1×10^18cm^-3
p-GaAs 0.225μm 1.6×10^18cm^-3
p-GaAs 0.425μm 1.0×10^18cm^-3
p-AlGaAs 0.5μm Al_xGa_{1-z}As (1) x=0.5 1×10^18cm^-3
高质量n型GaAs(100)衬底

(c) 样品3

样品4	
p-GaAs 0.1μm 1.0×10^18cm^-3	
p-AlGaAs 0.5μm Al_xGa_{1-z} As (2) x=0.9~0 1×10^19cm^-3	x=0.9 ↓ x=0
p-GaAs 0.25μm 1.0×10^19cm^-3	
p-GaAs 0.25μm 5.0×10^18cm^-3	
p-GaAs 0.25μm 2.5×10^18cm^-3	
p-GaAs 0.45μm 1.0×10^18cm^-3	
p-AlGaAs 0.5μm Al_xGa_{1-z}As (1) x=0.5 1×10^18cm^-3	
高质量n型GaAs(100)衬底	

(d) 样品4

图 9.3　MOCVD 外延透射式变掺杂 GaAs 光电阴极结构图

度掺杂, 发射层为 4 个分层。样品 1 发射层厚度为 1.6μm, 样品 2 和样品 3 发射层厚度为 2μm, 样品 2 采用不等分层结构, 样品 3 采用等分层结构, 样品 1~3 的 GaAlAs 窗口层的 Al 组分为 0.7。样品 4 的发射层厚度为 1.2μm, 与其他 3 种结构不同的是 GaAlAs 窗口层采用变 Al 组分结构, 从 0.9 变化到 0, 这 4 种样品发射层的掺杂浓度均从后界面处的 10^{19}cm^{-3} 变化到发射层表面的 10^{18}cm^{-3}, 窗口层的掺杂浓度均为 10^{19}cm^{-3}, 厚度为 0.5μm。

9.2 透射式变掺杂 GaAlAs/GaAs 材料与组件的性能测试

针对透射式变掺杂 GaAs 光电阴极能带结构与材料结构设计, 分别利用 MBE 和 MOCVD 进行了材料生长, 并对材料进行了 SEM、ECV 和 XRD 测试。在完成光电阴极组件工艺后, 又对组件进行了 XRD 测试。这里主要介绍透射式变掺杂 GaAs 光电阴极材料与组件的测试结果。

9.2.1 透射式变掺杂 GaAlAs/GaAs 材料的 SEM 测试 [5]

对 MOCVD 外延材料结构进行了 SEM 测试, 测试结果如图 9.4 所示。在图 9.4(a) 和 (b) 中, 从左至右的材料依次是高质量低位错的 n 型 GaAs(100) 衬底、GaAlAs 阻挡层、GaAs 发射层、GaAlAs 窗口层和 GaAs 保护层。两图的差别是 GaAlAs 窗口层 Al 组分的含量, 在图 9.4(a) 中, GaAlAs 窗口层 Al 组分固定, 致使样品中各层次的界线分明; 在图 9.4(b) 中, 由于 GaAlAs 窗口层 Al 组分从 0.9~0 变化, 与 GaAs 发射层平稳过渡, 从而消除了 GaAlAs 窗口层与 GaAs 发射层之间的界面。

 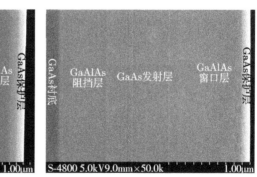

(a) 窗口层Al组分固定   (b) 窗口层Al组分变化

图 9.4   GaAlAs/GaAs 材料 SEM 测试图 (后附彩图)

在透射式 GaAs 光电阴极光谱响应公式中, 后界面复合速率 S_v 是影响光电阴极量子效率的主要因素。在我们过去研制的光电阴极中, S_v 一般在 10^5 量级以上, 影响量子效率的提高, 造成 S_v 偏大的原因是 GaAlAs 窗口层与 GaAs 发射层之间存在明显的界面。按照图 9.4(b) 的测试结果，已经在 SEM 测试图中消除了界面，预计在后面的光谱响应拟合中，可以使 S_v 降低到期望的程度。

9.2.2　透射式变掺杂 GaAlAs/GaAs 材料的 ECV 测试

1. MBE 生长的透射式变掺杂 GaAs 光电阴极材料的 ECV 测试[6,7]

对 MBE 生长的四种结构的透射式 GaAs 光电阴极样品，分别切割成直径 18mm 的圆片，以达到透射式阴极组件的标准尺寸，同时对切割多余的残片进行 ECV 测试，测得的四种结构材料的载流子浓度纵向分布如图 9.5 所示。

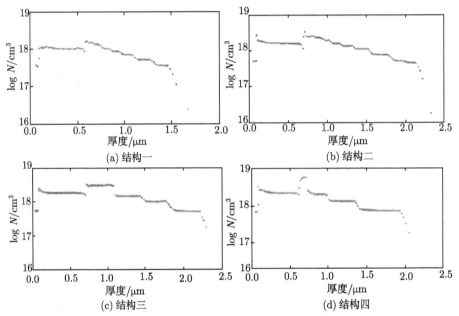

图 9.5　MBE 生长的四种结构 GaAlAs/GaAs 样品的 ECV 测试图

在图 9.5 中，(a) 和 (b) 分别对应于图 9.2 中的样品 1 和样品 2，两者都是指数掺杂，在材料生长中采用近似指数的梯度掺杂方式，发射层分为 8 个区，杂质离化率与厚度的关系呈现 8 个台阶，其变化范围在一个数量级，与掺杂浓度的变化一致。(c) 和 (d) 对应于图 9.2 中的样品 3 和样品 4，两者都是梯度掺杂，发射层分为 4 个区，杂质离化率与厚度的关系呈现 4 个台阶，其变化范围也在一个数量级左右，与掺杂浓度的变化一致。样品 1 的 GaAs 发射层厚度为 1.6μm，ECV 测试结果为 1μm 左右，明显偏薄；样品 2~4 发射层厚度均为 2μm，ECV 测试结果离散较大。样品 1~4 采用 p 型 GaAs 衬底，发射层的掺杂浓度均从后界面处的 10^{19}cm^{-3} 变化到发射层表面的 10^{18}cm^{-3}，窗口层的掺杂浓度均为 10^{19}cm^{-3}，Al 组分为 0.63，厚度为 1μm[6]。

2. MOCVD 生长的透射式变掺杂 GaAs 光电阴极材料的 ECV 测试

对 MOCVD 生长的四种结构的透射式 GaAs 光电阴极样品，与上述一样，采用相同的制备工艺，先按照透射式光电阴极组件的尺寸要求切割成直径 18mm 的圆片，对切割多余的残片进行 ECV 测试，测得的四种结构材料的载流子浓度纵向分布如图 9.6 所示。

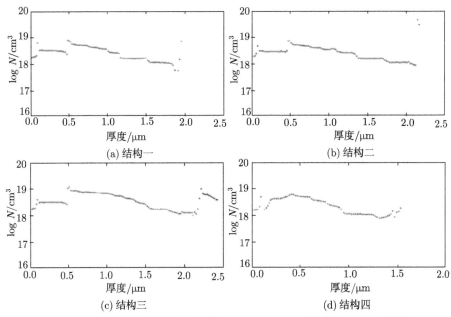

图 9.6　MOCVD 生长的四种结构 GaAlAs/GaAs 样品的 ECV 测试图

在图 9.6 中，(a)、(b) 和 (c) 对应于图 9.3 的样品 1、样品 2 和样品 3，是指数掺杂，发射层分为 8 个区。从图 9.6(a)~(c) 可以看到，杂质离化率与设计时掺杂浓度的变化一致，ECV 测试的厚度与设计时的厚度基本一致，从图中很难分清发射层设计时分成的 8 个区域。图 9.6(d) 对应于图 9.3 中的样品 4，是梯度掺杂，发射层分为 4 个区，从图 9.6(d) 中我们可以同样看到，除杂质离化率与设计时的掺杂浓度变化一致，ECV 测试的厚度与设计的厚度基本一致外，其 4 台阶结构也不明显。样品 1 发射层厚度为 1.6μm，样品 2 和样品 3 发射层厚度为 2μm，样品 4 的发射层厚度为 1.2μm，ECV 的测试结果与材料设计值相符。四种不同结构的变掺杂光电阴极内部的载流子分布基本符合设计的变化趋势，但是与 MBE 变掺杂结构样品相比，载流子的台阶分布没有那么明显，特别是靠后界面处高掺杂的区域。

对比图 9.5 和图 9.6 可知，无论采用 MBE 和 MOCVD，都能获得变掺杂结构，但 MBE 生长的 GaAlAs/GaAs 样品 ECV 值与 MOCVD 相比，一般要低 0.5~1 个数量级。

9.2.3　透射式变掺杂 GaAlAs/GaAs 材料的 HRXRD 测试

高分辨 X 射线衍射 (high resolution X-ray diffraction, HRXRD) 以半导体单晶材料和各种低维半导体异质结构为测试的主要对象, 是半导体单晶结构分析的第一测试手段。

考虑 a_1, a_2, a_3 三个方向, 记 q_1, q_2, q_3 是轴 a_1, a_2, a_3 上的分量, 薄晶体的衍射强度公式是

$$I = F_{hkl}^2 \frac{\sin^2(\pi n_1 q_1)}{\sin^2(\pi q_1)} \cdot \frac{\sin^2(\pi n_2 q_2)}{\sin^2(\pi q_2)} \cdot \frac{\sin^2(\pi n_3 q_3)}{\sin^2(\pi q_3)}$$

式中, F_{hkl} 是晶面 (hkl) 衍射的结构因子。根据公式, 可以给出薄晶体的散射特性:

(1) 只有满足精确的 Bragg 条件时, 才有强衍射。少数原子面的散射强度很弱, 随着原子面数量的增加, 散射强度会不断加强。

(2) 衍射峰的宽度是衍射原子层厚度的函数, 它随原子层数目的减少而加宽。

(3) 衍射峰的强度正比于 F_{hkl}^2。

(4) 对于一维方向为小尺寸的异质外延膜, 衍射峰的强度正比于膜厚度。

(5) 当一维方向为小尺寸的异质外延膜的厚度大于 $1\mu m$, 衍射峰非常窄, $n \to \infty$ 时, 利用动力学理论或者 Dawin 理论分析, 峰宽 FWHM 具有本征宽度。

实际晶体中存在着点缺陷、位错、沉淀颗粒、层错以及表面研磨或者切割产生的机械损伤, 这些都会使衍射峰加宽。当外延膜处于部分弛豫状态时, 由于存在失配位错, Bragg 峰加宽, 并且干涉条纹变弱, 甚至消失。即使外延膜与衬底为共格生长, 但膜厚不均匀, 也会使干涉条纹变弱或消失。干涉条纹出现的必要条件如下:

(1) 外延膜的结晶完整性好;

(2) 外延膜的厚度要均匀。

对 MOCVD 生长的四种结构的 8 个样品进行了 HRXRD 测试, 如图 9.7 所示, 展现了材料具有好的外延膜的结晶完整性和厚度均匀性。

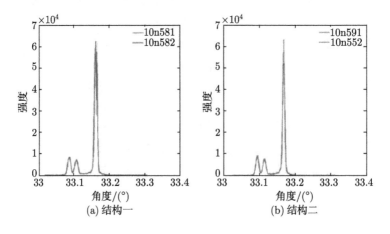

(a) 结构一　　　　　　　　　　(b) 结构二

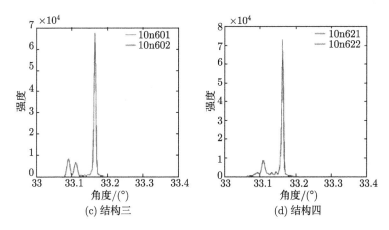

图 9.7 透射式变掺杂 GaAs 光电阴极材料的 HRXRD 测试

9.2.4 透射式变掺杂 GaAlAs/GaAs 材料组件的 HRXRD 测试

按照光电阴极组件制备工艺,完成了四种结构材料的组件制备,并对其进行了 HRXRD 测试,结果如图 9.8 所示,同样展现了组件具有好的外延膜的结晶完整性和厚度均匀性。与图 9.7 不同之处在于对每一阴极组件采取了九点测试法,并将九点测试结果同时显示在一幅图中,可以看到对每一测试点而言,由于 GaAs 光电阴极组件粘接工艺,衍射峰的强度和半峰宽均存在差别。

对比图 9.7 和图 9.8 可知,组件的 HRXRD 测试结果一般比材料低 0.5 个数量级,这预示组件工艺对提升光电阴极性能仍然有很大的空间。

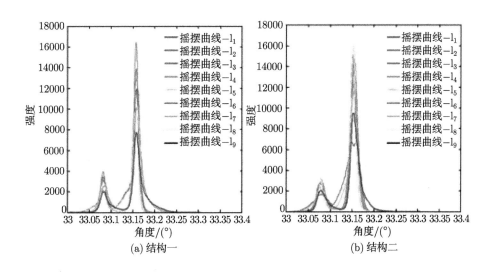

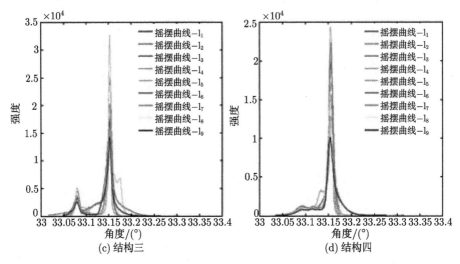

图 9.8　透射式变掺杂 GaAs 光电阴极组件的 HRXRD 测试 (后附彩图)

9.3　透射式 GaAs 光电阴极组件的光学性质与结构模拟

在对透射式 GaAs 光电阴极组件材料特性测试的基础上，本节进行了光学性能测试，并对测试结果完成了光学性能拟合，讨论了分光光度计测试误差对光电阴极光学性能的影响 [8]。

9.3.1　透射式 GaAs 光电阴极组件光学性能测试

采用分光光度计可以测量透射式 GaAs 光电阴极组件的反射率和透射率，根据能量守恒定律，可以计算出吸收率。图 9.9 是采用 UV-3600 分光光度计，测试得到的透射式 GaAs 光电阴极组件的反射率和透射率曲线。测量时采用双光路测

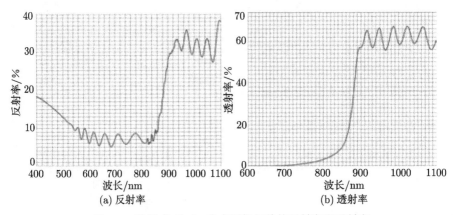

图 9.9　透射式 GaAs 光电阴极组件的反射率和透射率

量法,即一束光从组件样品的玻璃层近似正入射,依次经过后面的增透层、窗口层和发射层,另一束光路中放置与组件中同样的玻璃层,光束正入射到玻璃上再直接出射,然后对比分析两束光的不同,从而得到样品的反射率,这样得到的反射率实际是组件中除玻璃外的三个薄膜层的整体反射率。透射率的测量是从组件的发射层正入射,从玻璃层出射,但对于透射率而言,光束传播方向不影响测量结果[9]。

由图 9.9 可知,反射率光谱测量范围是 400~1100nm,透射率测量范围是 600~1100nm,因为透射率在 400~600nm 内为零,此范围内反射率较大,平均达到了10% 以上。

600~800nm 的波段上,反射率和透射率都最小,透射率几乎为 0,反射率出现了第一次峰谷变化的区间。这个波段上的反射率和透射率光谱与 $Ga_{1-x}Al_xAs$ 窗口层有关,因为 $Ga_{1-x}Al_xAs$ 材料进入无吸收区,而对于 GaAs 材料仍然是吸收区。$Ga_{1-x}Al_xAs$ 层的掺杂浓度决定了材料的光学常数,而光学常数和膜层厚度又决定了反射率与透射率值,这里仅考虑厚度变化对光学性能的影响,每个波长点上的光学常数看作定值。

800~900 nm 的波段上,反射率曲线明显出现了测试误差,这是由于分光光度计在此范围内测量时转换了探测器,从测量可见光的光电倍增管转换为测量近红外光的 InGaAs 或 PbS 检测器。在进行曲线拟合时,为了避免测试误差对拟合结果的影响,可以去除这个波段的实验数据,不影响结果。

900~1100nm 的波段上,反射率和透射率都达到了全谱的最大值,同时曲线上再次出现了波峰波谷交替现象,而且反射率和透射率曲线上极值点是一一对应的,反射极大值和透射极小值在同一波长点出现,反之亦然。这是由于组件中的各种材料 (Si_3N_4、$Ga_{1-x}Al_xAs$ 和 GaAs) 都进入了无吸收区,光学性能表现为组件中三层薄膜的多光束干涉效应,理论上吸收率为 0,反射率和透射率互补,总和为 1。该波段的曲线形状与三层薄膜的光学常数、膜层厚度紧密相关。拟合过程中,当这一波段峰谷形状拟合较好时,所得的拟合厚度结果最为可靠。

9.3.2 透射式 GaAs 光电阴极组件结构模拟理论模型 [8]

由玻璃/Si_3N_4/$Ga_{1-x}Al_xAs$/GaAs 四层结构组成的透射式光电阴极组件,如图 9.10 所示,除玻璃外的其他三层膜厚度都比较小,是微米量级,可以当作薄膜处理,而玻璃层是毫米量级的较厚膜,另作考虑。由透射式光电阴极的工作模式,入射光从玻璃一侧进入阴极,从发射层出射,可以将玻璃看作入射介质,光子依次经过三个微米级厚度薄膜层后进入空气,这样空气是出射介质,当作膜系的基底。根据薄膜光学多层膜的矩阵理论,可以得到透射式 GaAs 光电阴极组件的光学性能,其反射率 $R_t(\lambda)$、透射率 $T_t(\lambda)$ 与吸收率 $A_t(\lambda)$ 可分别表示成

$$R_t(\lambda) = \left(\frac{\eta_g \boldsymbol{B} - \boldsymbol{C}}{\eta_g \boldsymbol{B} + \boldsymbol{C}}\right) \cdot \left(\frac{\eta_g \boldsymbol{B} - \boldsymbol{C}}{\eta_g \boldsymbol{B} + \boldsymbol{C}}\right)^* \tag{9.1}$$

$$T_t(\lambda) = \frac{4\eta_g \eta_0}{(\eta_g \boldsymbol{B} + \boldsymbol{C}) \cdot (\eta_g \boldsymbol{B} + \boldsymbol{C})^*} \tag{9.2}$$

$$A_t(\lambda) = 1 - R_t(\lambda) - T_t(\lambda) \tag{9.3}$$

式中，η_0 是基底空气的折射率；η_g 是入射介质玻璃的折射率；$\boldsymbol{B}$、$\boldsymbol{C}$ 由下面的矩阵计算得到：

$$\begin{bmatrix} \boldsymbol{B} \\ \boldsymbol{C} \end{bmatrix} = \left(\prod_{j=1}^{3} \begin{bmatrix} \cos\delta_j & \mathrm{i} \cdot \sin\delta_j/\eta_j \\ \mathrm{i} \cdot \eta_j \sin\delta_j & \cos\delta_j \end{bmatrix}\right) \cdot \begin{bmatrix} 1 \\ \eta_0 \end{bmatrix} \tag{9.4}$$

其中，每个 2×2 的矩阵代表一个薄膜层，特征矩阵中的各参数包含了对应层的光学信息，最后一项 2×1 的矩阵代表基底空气介质。特征矩阵中 $\delta_j = 2\pi\eta_j d_j \cos\theta_j/\lambda$ 表示相邻膜层间的光程差。$\eta_j = n_j - \mathrm{i}k_j$ 表示膜层光学常数，其中 n_j、k_j 分别是第 j 层膜的折射率和消光系数，都为波长的函数；d_j 是对应膜层的几何厚度；θ_j 是对应的折射角，由折射定律 $\eta_j \sin\theta_j = \eta_{j+1} \sin\theta_{j+1}$ 得到，当 $j=0$ 时表示光子进入膜系的入射角 [10~12]。

图 9.10　透射式 GaAs 光电阴极组件结构

可见透射式 GaAs 光电阴极组件的反射率、透射率与各层薄膜的光学常数 n、k，厚度 d，波长 λ，入射角 θ 均有关系。对反射率函数 $R(n, k, d, \lambda, \theta)$、透射率函数 $T(n, k, d, \lambda, \theta)$ 进行初值设定：7056# 玻璃折射率 $n_g = 1.487$，$\mathrm{Si_3N_4}$ 层 $n_1 = 2.06$，$k_1 = 0$，$d_1 = 0.1\mu\mathrm{m}$；$\mathrm{Ga_{1-x}Al_xAs}$ 层和 GaAs 层的 n、k 值由线性插值方式得到，这两层的厚度根据样品结构不同而不同；λ 的范围对反射率拟合是 400~1100nm，对透射率拟合是 600~1100nm，步长取 0.5nm 或 1nm，根据实验测试数据选定；在进行透射率测量时，入射角 $\theta_0 = 0°$；反射率测量时，$\theta_0 = 5°$。这样就可以分别计算光电阴极组件的反射率和透射率。

将反射率和透射率的理论计算值与实验值进行比较, 计算其联合误差, 再通过控制误差来确定 GaAs 光电阴极组件的厚度结构值。这里误差公式为

$$s(\text{或sa}) = \sqrt{\left(\left|\frac{R_{\mathrm{t}} - R_{\mathrm{exp}}}{R_{\mathrm{t}}}\right|\right)^2 + \left(\left|\frac{T_{\mathrm{t}} - T_{\mathrm{exp}}}{T_{\mathrm{t}}}\right|\right)^2} \times 100\% \tag{9.5}$$

式中, R_{exp}、T_{exp} 为反射率和透射率的实验值, s 表示 400~800nm 以及 900~1100nm 分波段的拟合误差, sa 表示 400~1100nm 全波段的拟合误差。

由于实验光谱受材料表面性能影响较大, 暴露于空气中的表面会发生氧化, 产生新的物质, 使得组件表面与内部的光学常数值不一致; 另外, 由于组件多层结构的内部界面效应影响, 理论值普遍大于实验值。因此, 需要在理论计算公式中乘以一个系数 A_{R} 和 A_{T} 来调整式 (9.1) 和式 (9.2), 这两个系数是与实验样品有关的常数, 在 (0,1] 内取值[8]。

用积分值反映全波段上光电阴极组件反射率、透射率和吸收率的整体效应, 记为积分反射率 R_{f}、积分透射率 T_{f} 和积分吸收率 A_{f}, 则

$$R_{\mathrm{f}} = \frac{1}{\lambda_2 - \lambda_1} \int_{\lambda_1}^{\lambda_2} R(\lambda)\mathrm{d}\lambda \tag{9.6}$$

$$T_{\mathrm{f}} = \frac{1}{\lambda_2 - \lambda_1} \int_{\lambda_1}^{\lambda_2} T(\lambda)\,\mathrm{d}\lambda \tag{9.7}$$

$$A_{\mathrm{f}} = \frac{1}{\lambda_2 - \lambda_1} \int_{\lambda_1}^{\lambda_2} A(\lambda)\,\mathrm{d}\lambda \tag{9.8}$$

式中, λ_1、λ_2 为研究波段的起止波长。根据能量守恒, 全光谱上三个积分值之和为 1。

通过 MATLAB 编写程序进行实验光谱的拟合, 软件操作界面如图 9.11 所示[13,14]。

在光学性能拟合时, 先进行初值设置: 选择样品型号、实验数据测试步长、三层薄膜设计厚度、$Ga_{1-x}Al_xAs$ 的 Al 组分比 x、误差控制值以及系数调整值。程序内部给每层薄膜的厚度值设定了一个合理的变化范围, 以一定的变化步长循环改变除玻璃外的三个薄膜层厚度。考虑到界面效应, 程序中增加了 $Ga_{1-x}Al_xAs$ 层和 GaAs 层间可能的修正层厚度及数目的设置, 设置这两项为 0 时表示没有修正层。对样品实验曲线进行了仿真拟合, 可以给出各层拟合厚度及误差值。

设置完成后, 由程序自动搜索计算, 给出使拟合曲线的相对误差控制在一定范围内的结果, 并在结果输出框显示对应的厚度值及其误差, 同时绘制反射率、透射率的理论曲线和实验曲线。

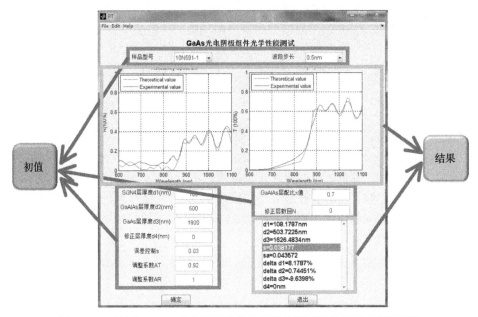

图 9.11　透射式 GaAs 光电阴极组件光学性能测试软件界面 (后附彩图)

9.3.3　透射式 GaAs 光电阴极组件光学性能拟合

　　分别制备了几种不同掺杂方式的透射式 GaAs 光电阴极材料，结构如图 9.12 所示，其中 (a) 和 (b) 是梯度掺杂样品，(c) 是指数掺杂样品，(d) 是均匀掺杂样品。采用分光光度计测量了它们的反射率与透射率实验曲线。对实验曲线进行拟合，得出每个 GaAs 光电阴极组件样品中三个薄层厚度值及误差结果。通过各种合理方法降低误差，达到误差 ≤5% 的性能指标。

0.5μm GaAs （不掺杂）
1μm $Ga_{1-x}Al_xAs$　(2) x =0.5 $2\times10^{19}cm^{-3}$
0.1μm GaAs　$2.0\times10^{19}cm^{-3}$
0.3μm GaAs　$5.0\times10^{18}cm^{-3}$
0.5μm GaAs　$2.5\times10^{18}cm^{-3}$
0.7μm GaAs　$1.0\times10^{18}cm^{-3}$
1μm $Ga_{1-x}Al_xAs$　(1) x =0.5 (不掺杂)
高质量衬底GaAs

(a) I067-1

0.1μm GaAs　$1\times10^{18}cm^{-3}$
1μm $Ga_{1-x}Al_xAs$　(2) x =0.63 $1\times10^{19}cm^{-3}$
0.5μm GaAs　$1.0\times10^{19}cm^{-3}$
0.5μm GaAs　$5.0\times10^{18}cm^{-3}$
0.5μm GaAs　$2.5\times10^{18}cm^{-3}$
0.5μm GaAs　$1.0\times10^{18}cm^{-3}$
1μm $Ga_{1-x}Al_xAs$　(1) x =0.5 (不掺杂)
高质量衬底GaAs

(b) I070-1

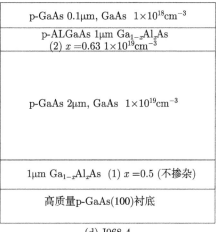

0.1μm GaAs $1\times10^{18}\mathrm{cm}^{-3}$
1μm Ga$_{1-x}$Al$_x$As (2) x=0.63 $1\times10^{19}\mathrm{cm}^{-3}$
0.20μm GaAs $1.0\times10^{19}\mathrm{cm}^{-3}$
0.13μm GaAs $8.5\times10^{18}\mathrm{cm}^{-3}$
0.15μm GaAs $7.0\times10^{18}\mathrm{cm}^{-3}$
0.19μm GaAs $5.5\times10^{18}\mathrm{cm}^{-3}$
0.25μm GaAs $4.0\times10^{18}\mathrm{cm}^{-3}$
0.31μm GaAs $2.7\times10^{18}\mathrm{cm}^{-3}$
0.36μm GaAs $1.7\times10^{18}\mathrm{cm}^{-3}$
0.41μm GaAs $1.0\times10^{18}\mathrm{cm}^{-3}$
1μm Ga$_{1-x}$Al$_x$As (1) x=0.5 (不掺杂)
高质量衬底GaAs

(c) I069-2

p-GaAs 0.1μm, GaAs $1\times10^{18}\mathrm{cm}^{-3}$
p-ALGaAs 1μm Ga$_{1-x}$Al$_x$As (2) x=0.63 $1\times10^{19}\mathrm{cm}^{-3}$
p-GaAs 2μm, GaAs $1\times10^{19}\mathrm{cm}^{-3}$
1μm Ga$_{1-x}$Al$_x$As (1) x=0.5 (不掺杂)
高质量p-GaAs(100)衬底

(d) J068-4

图 9.12 透射式 GaAs 光电阴极组件掺杂结构

1. 反射率曲线拟合

对图 9.12 中的透射式 GaAs 光电阴极组件测试的反射率曲线进行拟合，选取波长范围是 400~1100nm。表 9.1 给出的是由透射式 GaAs 光电阴极组件反射率曲线拟合获得的性能参数，图 9.13 是透射式 GaAs 光电阴极组件反射率曲线拟合结果。

表 9.1 由透射式 GaAs 光电阴极组件反射率曲线拟合获得的性能参数

组件	掺杂方式	Al 组分 x 值	设计厚度/μm			拟合厚度/μm			误差/%
			Si$_3$N$_4$	Ga$_{1-x}$Al$_x$As	GaAs	Si$_3$N$_4$	Ga$_{1-x}$Al$_x$As	GaAs	
I067-1	梯度	0.5	0.1	1	1.6	0.109	1.010	1.497	18.12
I070-1	梯度	0.63	0.1	1	2	0.102	1.029	1.964	13.58
I069-2	指数	0.63	0.1	1	2	0.110	1.054	1.842	15.26
J068-4	均匀	0.63	0.105	0.86	1.77	0.116	0.895	1.600	14.69

在四个光电阴极组件中，反射率拟合误差最大达到 18.12%，特别是 400~800nm 的短波部分误差很大，而 800~900nm 波段的误差部分是因为分光光度计测试时换光源引入误差。

2. 透射率曲线拟合

对图 9.12 中的透射式 GaAs 光电阴极组件测试的透射率曲线进行了拟合，选取波长范围是 600~1100nm。表 9.2 给出的是由透射式 GaAs 光电阴极组件透射率曲线拟合获得的性能参数，图 9.14 是透射式 GaAs 光电阴极组件透射率曲线拟合结果。

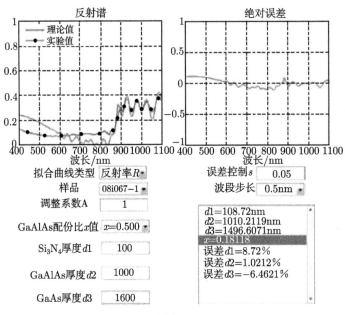

(a) I067-1

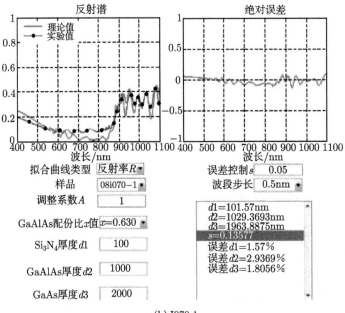

(b) I070-1

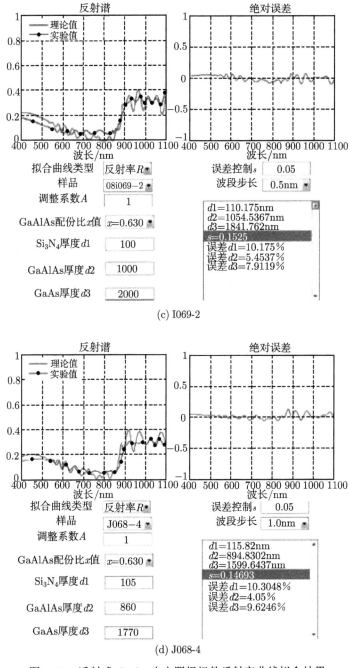

(c) I069-2

(d) J068-4

图 9.13 透射式 GaAs 光电阴极组件反射率曲线拟合结果

表 9.2　由透射式 GaAs 光电阴极组件透射率曲线拟合获得的性能参数

组件	掺杂方式	Al 组分 x 值	设计厚度/μm			拟合系数 A	拟合厚度/μm			误差/%
			Si$_3$N$_4$	Ga$_{1-x}$Al$_x$As	GaAs		Si$_3$N$_4$	Ga$_{1-x}$Al$_x$As	GaAs	
I067-1	梯度	0.5	0.1	1	1.6	0.885	0.079	1.001	1.497	4.23
I070-1	梯度	0.63	0.1	1	2	0.87	0.095	0.994	1.997	7.92
I069-2	指数	0.63	0.1	1	2	0.915	0.106	1.014	2.000	6.87
J068-4	均匀	0.63	0.105	0.86	1.77	0.92	0.118	0.878	1.770	7.14

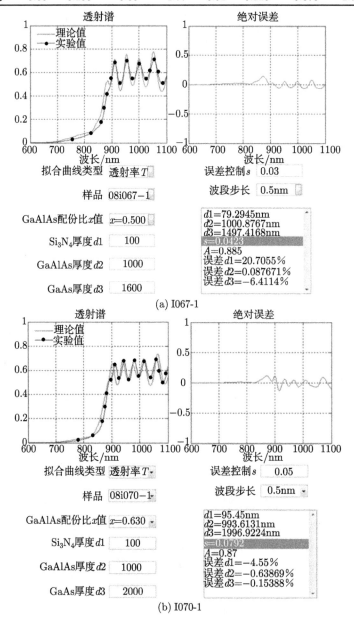

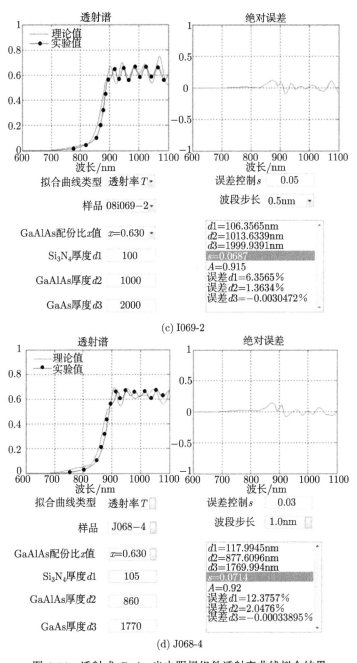

(c) I069-2

(d) J068-4

图 9.14 透射式 GaAs 光电阴极组件透射率曲线拟合结果

在四个阴极组件中, 透射率拟合误差最大达到 7.92%, 同样 800~900nm 波段的误差部分是因为分光光度计测试时转换光源引入误差。

3. 综合考虑反射率和透射率曲线的拟合

对图 9.12 中的透射式 GaAs 光电阴极组件测试的反射率和透射率曲线同时进行了拟合，综合考虑两类曲线时，选取的波长范围是 600~1100nm。为了避免分光光度计测试时转换光源引入的误差，计算时去掉了 800~900nm 波段的实验数据。误差评判标准用反射率和透射率曲线的联合误差公式计算。表 9.3 给出的是由透射式 GaAs 光电阴极组件反射率与透射率曲线同时拟合获得的性能参数，图 9.15 是透射式 GaAs 光电阴极组件反射率与透射率曲线拟合结果。

表 9.3　由透射式 GaAs 光电阴极组件反射率与透射率曲线同时拟合获得的性能参数

组件	掺杂方式	Al 组分 x 值	设计厚度/μm			拟合系数 A	拟合厚度/μm			误差/%
			Si_3N_4	$Ga_{1-x}Al_xAs$	GaAs		Si_3N_4	$Ga_{1-x}Al_xAs$	GaAs	
I067-1	梯度	0.5	0.1	1	1.6	0.885	0.110	1.010	1.500	4.16
I070-1	梯度	0.63	0.1	1	2	0.87	0.109	1.021	1.976	6.65
I069-2	指数	0.63	0.1	1	2	0.915	0.112	1.025	1.861	7.56
J068-4	均匀	0.63	0.105	0.86	1.77	0.94	0.116	0.889	1.768	7.12

在四个光电阴极组件中，综合考虑反射率与透射率，拟合误差最大达到 7.56%。

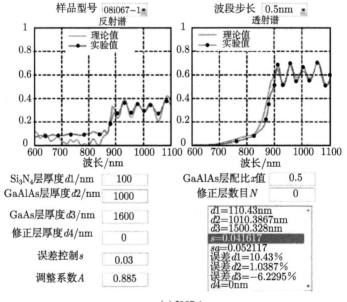

(a) I067-1

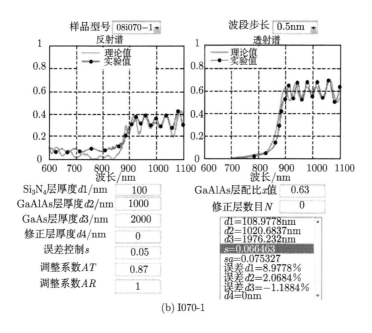

(b) I070-1

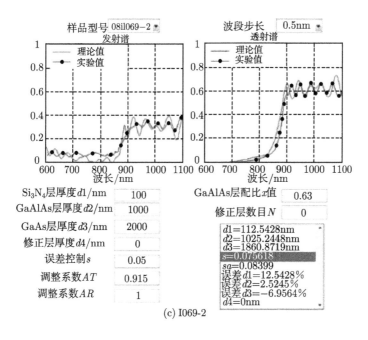

(c) I069-2

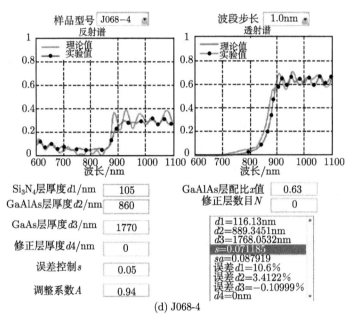

(d) J068-4

图 9.15　综合考虑反射率与透射率曲线拟合结果

4. 综合考虑反射率和透射率曲线加入修正层的拟合

在理论拟合实验曲线的过程中，我们看到，在全波段范围单独采用反射率曲线拟合，四个组件最大误差达到 18.12%，其原因可以简单归结为短波部分反射率测试误差与分光光度计在 800~900nm 测试时换光源引入的误差。在采用透射率曲线拟合时，根据反射率曲线拟合时发现的问题，选择了 600~1100nm 波长范围，拟合误差最大达到 7.92%，比反射率的拟合误差有大幅度降低，同时发现，在 800~900nm 波段，拟合误差确实是分光光度计测试时转换光源引入的误差。

另外，从表 9.1 和表 9.2 可以看到，单独采用反射率或者透射率进行拟合，光电阴极组件的两组拟合厚度存在较大差别，因此采用综合考虑反射率与透射率曲线拟合方法，选择了 600~1100nm 波长范围，去掉了 800~900nm 波段的实验数据，结果从图 9.15 和表 9.3 可以看到，拟合误差最大为 7.56%，与单独的透射率曲线拟合，并没有明显改善。说明采用光学方法模拟透射式阴极组件，我们设计的模型理论与实践之间尚存在一定差距。

半导体材料生长过程中，在界面存在的情况下，存在界面成分元素的互扩散。选择拟合的光电阴极组件 $Ga_{1-x}Al_xAs$ 层中 Al 组分 x 值为 0.50 和 0.63，目前的生长工艺有可能不能进行准确控制，即在 $Ga_{1-x}Al_xAs$ 层生长结束后进行 GaAs 层生长时，在 GaAs 与 $Ga_{1-x}Al_xAs$ 层之间可能存在 $Ga_{1-x'}Al_{x'}As$ 层，其 x' 值位于相邻两层的 x 值之间，厚度比相邻两层小得多，是纳米量级。为了验证这种可能性，在综合考虑反射率与透射率曲线拟合方法的基础上，理论模型中在 GaAs 与 $Ga_{1-x}Al_xAs$ 层之间插入新的 $Ga_{1-x'}Al_{x'}As$ 层，以 $d4$ 表示其厚度，并在拟合开始时设置厚度初值，x' 值取 GaAs 与 $Ga_{1-x}Al_xAs$ 层 Al 组分的平均值，并在拟合时对部分光电阴极组件作了微调，对图 9.12 中的透射式 GaAs 光电阴极组件测试的反射率和透射率曲线重新进行了拟合。结果如图 9.16 和表 9.4 所示[15,16]。

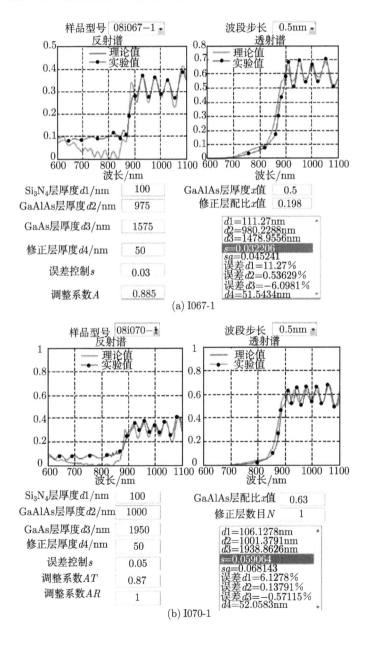

(a) I067-1

(b) I070-1

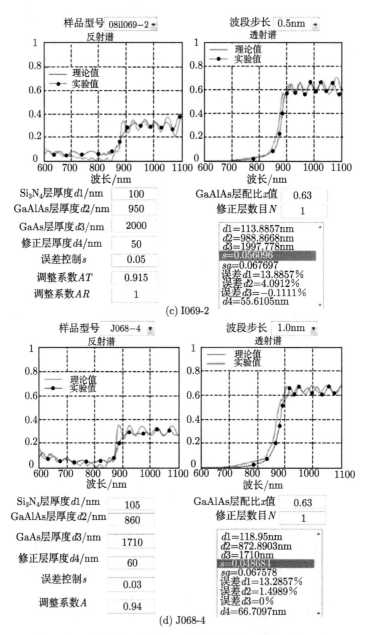

图 9.16　综合考虑反射率和透射率曲线加入修正层的拟合

　　另外，在拟合过程中需要说明的是，插入一层修正层时拟合误差小于不加插入层的结果，但插入层多于一层时，误差又会变大。

　　在四个光电阴极组件中，综合考虑反射率和透射率曲线加入修正层的拟合，拟合误差最大达到 5.91%。从而说明在 GaAs 与 $Ga_{1-x}Al_xAs$ 层之间插入修正层，可以使实验反射率和透射率与理论计算的结果很好吻合，这为进一步研究光电阴极组件对量子效率的影响打下了坚实的基础。

表 9.4 由透射式 GaAs 光电阴极组件反射率与透射率曲线加入修正层拟合获得的
性能参数

| 组件 | 设计厚度/μm | | | 拟合系数 A | 拟合厚度/μm | | | | 修正层Al 组分 | 误差/% |
	Si_3N_4	$Ga_{1-x}Al_xAs$	GaAs		Si_3N_4	$Ga_{1-x}Al_xAs$	修正层	GaAs		
I067-1	0.1	1	1.6	0.885	0.111	0.98	0.0515	1.479	0.198	3.22
I070-1	0.1	1	2	0.87	0.106	1.001	0.0521	1.939	0.315	5.91
I069-2	0.1	1	2	0.915	0.114	0.989	0.0556	1.998	0.315	5.61
J068-4	0.105	0.86	1.77	0.94	0.119	0.873	0.0667	1.710	0.315	4.87

由表 9.4 可知，在目前的四个光电阴极组件中，GaAs 与 $Ga_{1-x}Al_xAs$ 层之间插入修正层的厚度在 0.0515~0.0667μm，修正层 Al 组分值基本上在 0.198~0.315，而 $Ga_{1-x}Al_xAs$ 层的 Al 组分值是 0.5 和 0.63，其一半值为 0.25 和 0.315。此修正层的插入提高了拟合精度，降低了拟合误差，说明在目前的 MBE 半导体材料生长过程中，在层与层之间存在着成分元素的互扩散，形成一定厚度的扩散层。该层的存在，影响了材料的光学特性，从而进一步影响到材料的电子输运特性，在透射式组件中，它有可能是产生高的后界面复合速率的物理因素。

5. 不同拟合方法下光电阴极组件光学性能的拟合结果

表 9.5 给出了不同拟合方法下光电阴极组件拟合获得的性能参数，表中 R 表示反射率曲线拟合，T 表示透射率曲线拟合，R-T 表示综合考虑反射率和透射率曲线的拟合，R-T-修正层表示综合考虑反射率和透射率曲线加入修正层的拟合。不同的拟合标准及方法得到的拟合厚度结果不一样，在表 9.5 中纵向对比了对应同一样品采用不同方法得到的拟合误差。可见无论何种掺杂材料，采用 R 拟合误差都很大，而采用 T、R-T 以及 R-T-修正层的拟合误差逐步减小。以 I069-2 组件为例，其设计的 Si_3N_4、$Ga_{1-x}Al_xAs$ 和 GaAs 层厚度值分别是 0.1μm、1μm 和 2μm，总厚度为 3.1μm；拟合厚度是 0.114μm、0.989μm 和 1.998μm，并在 $Ga_{1-x}Al_xAs$ 和 GaAs 之间加入了一层低 Al 组分的 GaAlAs 修正层，厚度为 55.610nm，总厚度为 3.157μm。对比设计与拟合厚度，总厚度没有明显变化，证明了目前工艺的严密性与可控性。拟合中插入了低 Al 组分的 GaAlAs 修正层，其结果对阴极组件光学与电学性能造成的影响，特别是对后界面复合速率的影响应该是进一步研究的重点课题。

表 9.5　不同拟合方法下光电阴极组件拟合获得的性能参数

| 组件 | 拟合方法 | 系数 A | 拟合厚度 | | | | 误差/% |
			$Si_3N_4/\mu m$	$Ga_{1-x}Al_xAs/\mu m$	$GaAs/\mu m$	修正层/nm	
I067-1	R	1	0.109	1.010	1.497	0	18.12
	T	0.885	0.079	1.001	1.497	0	4.23
	R-T	0.885	0.110	1.010	1.500	0	4.16
	R-T- 修正层	0.885	0.111	0.980	1.479	51.543	3.22
I070-1	R	1	0.102	1.029	1.964	0	13.58
	T	0.87	0.095	0.994	1.997	0	7.92
	R-T	0.87	0.109	1.021	1.976	0	6.65
	R-T- 修正层	0.87	0.106	1.001	1.939	52.058	5.91
I069-2	R	1	0.110	1.054	1.842	0	15.26
	T	0.915	0.106	1.014	2.000	0	6.87
	R-T	0.915	0.112	1.025	1.861	0	7.56
	R-T- 修正层	0.915	0.114	0.989	1.998	55.610	5.61
J068-4	R	1	0.116	0.895	1.600	0	14.69
	T	0.92	0.118	0.878	1.770	0	7.14
	R-T	0.94	0.116	0.889	1.768	0	7.12
	R-T- 修正层	0.94	0.119	0.873	1.710	66.710	4.87

　　从表 9.5 还可以看到, 在 GaAs、$Ga_{1-x}Al_xAs$ 之间加一个修正层是合理的, 但修正层只能加一层, 更多的修正层反而使误差更大, 这是由于更多的修正层使光电阴极组件模型中存在更多的界面, 导致更多的反射和透射, 增大了误差。

9.3.4　分光光度计测试误差对光学性能的影响

　　在透射式 GaAs 光电阴极组件的光学性能与结构模拟研究中, 根据薄膜光学多层膜的矩阵理论, 可以得到透射式 GaAs 光电阴极组件的光学性能理论值, 即反射率 $R_t(\lambda)$、透射率 $T_t(\lambda)$ 与吸收率 $A_t(\lambda)$；采用 UV-3600 分光光度计, 测量透射式 GaAs 光电阴极组件的反射率和透射率, 根据能量守恒定律, 可以计算出吸收率, 从而获得实验结果。在理论与实验过程中, 采用薄膜光学多层膜的矩阵理论进行计算机拟合, 原则上只要计算时间足够长, 可以达到很高的精度。但在实际结果中, 短波部分拟合的反射率一般低于实验的反射率, 其原因是否可以归结为在制备过程中光电阴极组件 GaAs 表面与大气接触会产生氧化, 致使表面的折射率与消光系数发生变化, 增大表面的反射系数。在 GaAs 与 GaAlAs 之间加入修正层, 使误差进一步减小, 说明低 Al 组分的修正层可能存在, 其增大了阴极组件的反射率。上述提到的问题需要进一步深入研究才能获得可信的答案。

　　这里我们简单提及一下分光光度计测试误差对光学性能的影响, 主要可以归结为如下两点：

　　(1) 800~900nm 波段由于分光光度计测试时换光源引入的误差, 在用光吸收 A

代入光谱响应公式拟合测试的光谱响应时, 在长波段不能很好地吻合, 而用 $(1-R)$ 代替 A, 却得到较好的吻合, 说明 800~900nm 波段测试的透过率引入的误差, 影响了拟合的正确性。

(2) 在制备的光电阴极组件中, 有一些组件拟合时误差超标或者无法拟合, 其原因目前尚不清楚。

9.4 透射式变掺杂 GaAs 光电阴极激活

由 MBE 与 MOCVD 生长的材料完成 GaAs 光电阴极组件制备及光学性能测试后, 就可以进行激活。这里介绍透射式变掺杂 GaAs 光电阴极激活 [17,18]。

9.4.1 MBE 生长的透射式变掺杂 GaAs 光电阴极激活

对 MBE 生长的四种结构的透射式 GaAs 光电阴极材料, 其 ECV 测试的载流子浓度纵向分布如图 9.5 所示, 四种不同结构的变掺杂光电阴极内部的载流子呈明显的台阶分布, 达到了设计的要求。

光电阴极组件被放入激活室前, 先将样品的 GaAs 保护层腐蚀掉, 在 GaAlAs 窗口层上镀层 Si_3N_4 抗反射膜, 然后在 Si_3N_4 膜上热粘接玻璃, 最后通过选择性腐蚀方法依次腐蚀掉 GaAs 衬底和 GaAlAs 阻挡层, 制备成具有玻璃/Si_3N_4/窗口层/发射层的四层结构透射式光电阴极组件。在完成对光电阴极组件的化学清洗和热净化后, 将光电阴极组件放入超高真空激活室激活 (本底真空度不低于 10^{-9}Pa 量级), 阴极激活采用 "高低温两步激活" 法, 并都采用 Cs 源连续、O 源断续的优化激活工艺。激活结束, 光电阴极组件经铟封成管后, 利用在线光谱响应测试仪测试的光谱响应曲线如图 9.17(a) 所示, 图 9.17(b) 为转换后的量子效率曲线, 计算的阴极光谱响应特性参数列于表 9.6 中 [15,16,19~21]。

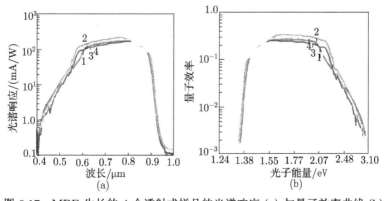

图 9.17 MBE 生长的 4 个透射式样品的光谱响应 (a) 与量子效率曲线 (b)

表 9.6　　曲线的光谱响应特性参数比较

曲线	起始波长/nm	截止波长/nm	峰值响应/(mA/W)	峰值位置/nm	积分灵敏度/(μA/lm)
1	400	960	139.7	810	1228
2	400	995	172	780	1573
3	400	965	135.9	800	1420
4	400	995	152.7	790	1439

由图 9.17 和表 9.6 可以得出,指数掺杂结构透射式 GaAs 阴极的积分灵敏度达到了 1573μA/lm。在指数掺杂结构的阴极中,发射层厚度 2.0μm 样品的光谱响应特性要明显好于发射层厚度 1.6μm 的样品。研究发现,获得最高量子效率的掺杂浓度范围在 $10^{18} \sim 10^{19} \mathrm{cm}^{-3}$,指数掺杂 GaAs 光电阴极中的光电子可以从内建电场中获得 0.06eV 的能量。可见光激发的光电子在向表面运动的过程中,只受到电子–声子散射,光电子在一次电子–声子散射中损失的能量为 0.01eV,在相邻两次电子–声子散射的间隙,光电子的平均自由程为 0.1μm,因此,指数掺杂 GaAs 光电阴极中光电子的扩散漂移长度比均匀掺杂 GaAs 光电阴极中光电子的扩散长度长 0.6μm。由此可得,指数掺杂 GaAs 光电阴极的最佳厚度应比均匀掺杂 GaAs 光电阴极的最佳厚度大 0.1~0.6μm。根据量子效率公式对透射式指数掺杂 GaAs 光电阴极的积分灵敏度进行理论仿真研究,以确定阴极的最佳厚度。设定温度为室温,D_{n}=120cm²/s,R=0.3,S_{v}=100cm/s,L_{D}=3μm。仿真时单独改变 T_{e},变化范围为 1.6~2.2μm,变化步长为 0.1μm。仿真结果如图 9.18 所示[22]。

由图 9.18 可知,随着厚度 T_{e} 的增加,阴极的积分灵敏度逐渐提高,当厚度为 2.0μm 时,阴极的积分灵敏度达到最大值,而后当厚度增加到 2.1μm 和 2.2μm 时,阴极的积分灵敏度不是继续提升,而是略有下降,且 1.6μm 厚度阴极的积分灵敏度仅为 2.0μm 的 80%左右。研究发现,透射式均匀掺杂 GaAs 光电阴极的厚度为 1.6μm 左右,那么透射式指数掺杂 GaAs 光电阴极的厚度在 1.6~2.4μm[22]。

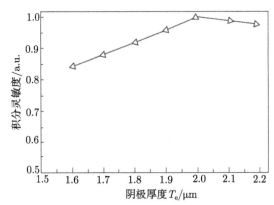

图 9.18　T_{e} 改变时透射式指数掺杂 GaAs 光电阴极积分灵敏度变化过程仿真

同时实验结果表明梯度掺杂结构中，结构 4 的样品积分灵敏度要大于结构 3 的样品，结构 4 中不等分层的结构更加有利于后界面处短波光吸收产生的光电子的逸出，发射层的掺杂浓度从里向外依次降低，使材料中产生了一个有利于光生电子从材料内部向表面漂移的内建电场，而且体内和表面的浓度差是变掺杂结构 3 的两倍，有效地提高了内建电场的强度，更有利于光生电子向表面的漂移，并且使到达材料表面的电子具有更高的能量，有效地提高电子的逸出几率。

样品 4 发射层中第一个浓度梯度为 $(2\times10^{19})/(5\times10^{18})=4$，是三个浓度梯度中最大的，产生的内建电场也是最强的，再加上第一掺杂浓度区域最小，只有 $0.2\mu m$，所以高能光子产生的光电子能够在第一个浓度梯度产生内建电场的作用下向表面漂移，从而有效地减少光电子在后界面的复合，降低透射式 GaAs 光电阴极的后界面复合速率，增加由体内到达表面的电子的数量，因此如图 9.17 所示，结构 4 的样品在短波区域的响应要大于结构 3 的样品。

9.4.2 MOCVD 生长的透射式变掺杂 GaAs 光电阴极激活

对 MOCVD 生长的 4 种结构的透射式 GaAs 光电阴极材料采用上述相同的制备工艺，ECV 测试的 4 种结构材料的载流子浓度纵向分布如图 9.6 所示，变掺杂阴极内部的载流子分布基本符合设计的变化趋势，但是与 MBE 外延变掺杂结构材料相比，载流子的台阶分布没有那么明显，特别是靠后界面处高掺杂的区域。另外，对 MOCVD 外延材料结构进行了 SEM 测试，测试结果如图 9.4 所示，Al 组分固定的样品的各个层次界线分明，而 Al 组分从 0.9~0 变化的样品的窗口层与发射层的界线模糊，可以认为后界面不存在了。

通过选择性腐蚀掉 GaAlAs 阻挡层、GaAs 衬底和保护层，制备成直径为 18mm 的具有玻璃/Si_3N_4/GaAlAs 窗口层/GaAs 发射层结构的透射式光电阴极组件，并对其进行了综合测试，结果如表 9.7 所示。然后在本底真空度不低于 10^{-9}Pa 量级的超高真空系统中对其进行表面净化和高低温两步激活，激活依然采用 Cs 源持续、O 源断续的工艺，最后将激活后的组件同 MCP 和荧光屏铟封成三代微光像增强器，利用在线光谱响应测试仪测得光谱响应曲线，如图 9.19(a) 所示，转换后的量子效率曲线如图 9.19(b) 所示，曲线的光谱特性参数和积分灵敏度数值如表 9.8 所示。

表 9.7 透射式光电阴极组件测试数据

组件号码	反射面积	400~880nm 反射率/%	透射面积	600~880nm 透射率/%	吸收率/%	880nm 吸收率/%	光荧光	平均半高宽
10N581-1	5338.381	11.12	3176.581	11.34	77.54	27.53	0.46	55
10N591-1	4982.030	10.38	2427.623	8.67	80.95	30.53	0.68	60
10N601-2	4008.777	8.35	2290.093	8.18	83.47	35.63	0.88	38
10N621-2	5360.371	11.17	3036.124	10.84	77.99	28.54	0.49	48

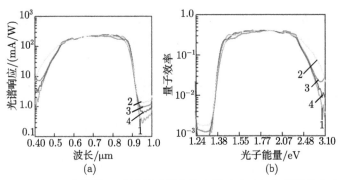

图 9.19　MOCVD 生长的 4 个透射式样品的光谱响应 (a) 与量子效率曲线 (b)

表 9.8　曲线光谱响应特性参数及积分灵敏度

曲线	起始波长/nm	截止波长/nm	峰值响应/(mA/W)	峰值位置/nm	积分灵敏度/(μA/lm)
1	400	1000	222.9	690	1838
2	400	1000	243.8	760	2022
3	400	1000	245.2	775	2012
4	400	1000	242.0	735	1980

　　由表 9.8 可知, 指数掺杂样品的积分灵敏度达到了 2022μA/lm, 同时对曲线的拟合结果表明, MOCVD 外延生长的变掺杂样品的电子扩散漂移长度也大于 4μm。

　　从图 9.19 和表 9.8 还可以看出, 4 种 MOCVD 生长的透射式变掺杂 GaAs 光电阴极组件中, 与上述 MBE 生长的变掺杂阴极实验结果相同。发射层厚度为 2.0μm 的指数掺杂组件 2 和 3 相比 1.6μm 厚的组件 1 而言, 可以获得更高的峰值响应和积分灵敏度; 而发射层厚度最薄的组件 4 相比发射层较厚的组件 1 能够获得更高的积分灵敏度, 主要原因在于窗口层采用了变 Al 组分结构, 一方面, 渐变的窗口层能带结构使得短波区域相比其他样品有更高的响应, 起到了蓝延伸的效果; 另一方面, 由于越靠近 GaAs 发射层 Al 组分越小, GaAlAs/GaAs 之间的界面不明显, 可能存在较低的后界面复合速率, GaAlAs 窗口层也可以参与光电发射效应, 激发产生出更多的光电子, 从而也能获得较好的光谱响应。

　　10N621-2 组件采用了一种变组分变掺杂材料设计技术, 它将成为新一代 GaAs 基光电阴极的研究方向。

9.4.3　透射式变掺杂 GaAs 光电阴极光谱响应的研究

　　在透射式变掺杂 GaAs 光电阴极光谱响应的研究中, 主要解决三个问题, 即比较了 MBE 生长的透射式均匀掺杂与变掺杂 GaAs 光电阴极, 同期制备的变掺杂组件的光学性能和光电发射应该优于均匀掺杂; 研究了 MBE 和 MOCVD 生长的光电阴极组件的光谱响应。

1. MBE 生长的透射式均匀掺杂与变掺杂 GaAs 光电阴极光谱响应的研究[23,24]

1) 材料结构

利用 MBE 生长了指数掺杂与均匀掺杂的 GaAs 阴极材料, 如图 9.20 所示。在图 9.20 中, 两个材料的最大差别是在 2μm 厚的激活层分别采用了指数掺杂与均匀掺杂方式。

图 9.20 由 MBE 生长的 GaAs 光电阴极材料

2)ECV 测量结果

对图 9.20 的材料进行了 ECV 测量, 结果如图 9.21 所示。指数掺杂的材料的离化率与厚度呈现了指数变化, 而均匀掺杂材料的离化率在 2μm 厚的激活层基本没有变化。

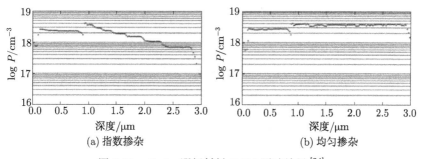

图 9.21 GaAs 阴极材料 ECV 测试结果 [24]

3) 光电阴极激活

对图 9.20 的两种材料进行了光电阴极激活, 给 Cs 时的光电流变化曲线如图 9.22 所示。从图中可以看到, 对均匀掺杂组件, 光电流峰值达 3.5nA, 而指数掺杂组件只有 2.5nA，其原因是前者表面掺杂浓度高 ($1\times10^{19}\text{cm}^{-3}$)，表面形成的 GaAs(Be)-Cs 偶极子数目多，表面势垒下降较大，致使对应的光电流大；对指数掺杂组件，由于表面掺杂浓度低 ($1\times10^{18}\text{cm}^{-3}$)，表面形成的 GaAs(Be)-Cs 偶极子数目少，表面势垒下降较小，其光电流小在情理之中。

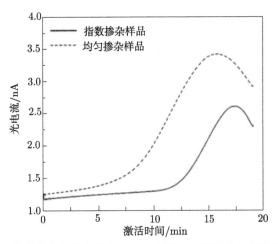

图 9.22　指数掺杂与均匀掺杂 GaAs 材料 Cs 激活时光电流变化曲线

图 9.23 给出了 Cs 和 Cs、O 交替激活期间的光电流曲线。对 Cs 激活期间的光电流在图 9.22 中已经介绍，这里感兴趣的是 Cs、O 交替激活期间的光电流变化[24]。

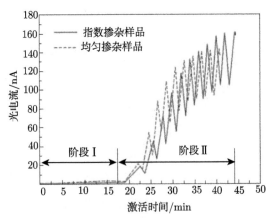

图 9.23　指数掺杂与均匀掺杂 GaAs 材料 Cs 和 Cs、O 交替激活期间的光电流曲线

从图 9.23 中可以看到，在 Cs、O 交替激活期间，前几次均匀掺杂组件的光电流大于指数掺杂，在第八次 Cs、O 交替激活时两者持平，在持平后，均匀掺杂组

件经过两次交替达到最大值,而指数掺杂组件却一路飙升,经过四次激活达到最大值,可以明显地看到,指数掺杂组件的最终光电流大于均匀掺杂组件。

对指数掺杂与均匀掺杂 GaAs 材料,在 Cs 和 Cs、O 交替激活期间的光电流曲线揭示了两者之间的差别,揭示了不同的光电发射机理。

对均匀掺杂材料,Cs 激活时由于表面掺杂浓度高,表面形成的 GaAs(Be)-Cs 偶极子数目多,表面势垒下降较大,致使对应的光电流大;在 Cs、O 交替激活初期光电流上升速度快也与掺杂浓度有关,即强 p 型掺杂有利于阴极表面 Cs-O 偶极子的吸附,可以认为,GaAs(Be)-Cs 和 Cs-O 偶极子的总数与表面结构有关,基本上是一定值。达到该定值后光电流基本达到最大值。

对指数掺杂材料,其平均掺杂浓度大约在 $3\times10^{18}\mathrm{cm}^{-3}$,仅是均匀掺杂的 30%,由表 2.7 可知,掺杂浓度为 $1\times10^{19}\mathrm{cm}^{-3}$ 时对应的电子扩散长度是 2.5μm,掺杂浓度 $2\times10^{18}\mathrm{cm}^{-3}$ 时对应 7μm。因此平均掺杂浓度为 $3\times10^{18}\mathrm{cm}^{-3}$ 的材料,其电子扩散长度应该在 5μm 以上。由于指数掺杂材料内部电场的存在,其电子漂移扩散长度应该更大一点。对照图 9.23,当表面势垒降低到某一值时,在指数掺杂材料内部电场的作用下,电子漂移扩散长度的优势突显出来,致使光电流进一步飙升,经过四次交替后达到最大值。

4) 光电阴极激活后的光谱响应

光电阴极激活后,将光电阴极组件与 MCP 和荧光屏组成的后组件进行了铟封,测试了微光像增强器的光谱响应,如图 9.24 所示。在整个光谱范围内,指数掺杂光电阴极组件的像增强器的光谱响应与均匀掺杂的器件相比,起始波长与截止波长相同,光谱响应最大值的位置也基本相同,在全谱范围内,其最大特征是指数掺杂阴极组件的像增强器的光谱响应高于均匀掺杂,两者基本是一对平行线。

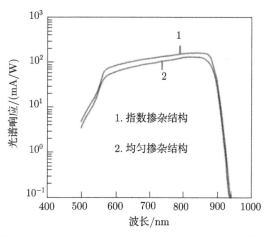

图 9.24　指数掺杂与均匀掺杂 GaAs 材料制备的微光像增强器的光谱响应

造成一对平行线的本质原因应该是变掺杂材料存在的恒定的内建电场、较大的电子漂移扩散长度起到了至关重要的作用。

5) 微光像增强器光谱响应的理论研究 [24]

利用均匀掺杂与变掺杂透射式 GaAs 光电阴极光谱响应理论公式, 对图 9.24 实验获得的光谱响应进行了仿真, 结果如图 9.25 所示。由图可知, 均匀掺杂的光电阴极组件, 电子扩散长度在 3μm 左右, 逸出几率为 0.33, 后界面复合速率在 10^6cm/s; 指数掺杂的阴极组件则分别为 3.4μm, 0.36 和 10^6cm/s。

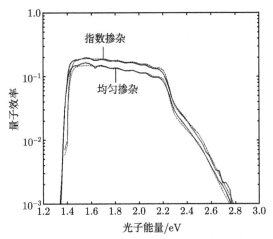

图 9.25　均匀掺杂与变掺杂透射式 GaAs 光电阴极光谱响应理论拟合

2. MBE 生长的透射式变掺杂 GaAs 光电阴极光谱响应的研究

将图 9.17 中的光谱响应曲线转换为量子效率曲线, 利用透射式变掺杂 GaAs 光电阴极的量子效率公式进行曲线拟合, 可得到电子表面逸出几率 P、电子扩散长度 L_D 和后界面复合速率 S_v, 拟合结果见表 9.9。

表 9.9　光谱响应曲线性能参数拟合结果

阴极组件	P	$L_D/\mu m$	$S_v/(cm/s)$	积分灵敏度/(μA/lm)
2	0.5	3.2	10^5	1573
4	0.5	3.0	10^5	1439

在表 9.9 中, 样品 2 和样品 4 的积分灵敏度达到了较高水平, 分别为 1573μA/lm 和 1439μA/lm。这表明, 在透射式变掺杂光电阴极中, 由于内建电场的存在, 光电阴极光电发射效率得到了提高。

后界面复合速率 S_v 是表述 GaAs 发射层与缓冲层 GaAlAs 之间的界面参量。GaAs 和 GaAlAs 两种材料在接触时产生界面态, 它成为电子陷阱并俘获光生电子, 阻止其向表面逸出。因此, 后界面复合速率 S_v 越小越好。国内均匀掺杂

GaAs 光电阴极的后界面复合速率一般为 $10^6 \mathrm{cm/s}$。在变掺杂光电阴极中，由于在后界面附近存在内建电场，它能够从一定程度上阻碍光电子向后界面方向的扩散，从而会减小电子在后界面的复合速率，这一点从表 9.9 中 S_v 的值可以得到验证。

后界面复合速率 S_v 较高，证实了表 9.5 中在 GaAlAs 与 GaAs 之间低 Al 组分修正层的存在。如果采用 MBE 作为 GaAs 光电阴极材料的主要制作方法，则如何消去 GaAlAs 与 GaAs 之间低 Al 组分修正层是一个重要研究课题。

3. MOCVD 生长的变掺杂 GaAs 光电阴极光谱响应的研究 [25,26]

对图 9.3 的结构，我们取样品 2 和样品 4，用 MOCVD 分别进行了生长，样品 2 记为透射式蓝延伸 GaAs 光电阴极组件 (简称蓝延伸组件)，样品 4 记为标准 GaAs 光电阴极组件 (简称标准组件)，其组件结构如图 9.26 所示。前者具有变组分的 GaAlAs 窗口层和 $1\mu\mathrm{m}$ 厚的指数掺杂 GaAs 发射层，而后者的指数掺杂发射层是 $1.8\mu\mathrm{m}$ 厚。变组分变掺杂 GaAs 光电阴极具有与变掺杂 GaAs 光电阴极不同的能带结构图，如图 9.27 所示，阴极体内具有两个由内到外逐渐减小的内建电场，一个是 GaAlAs 层的变组分导致材料禁带宽度逐渐减小，形成由 GaAlAs 层指向 GaAs 层的第一级内建电场；另一个是 GaAs 层的变掺杂导致发射层体内形成由内而外逐渐降低的第二级内建电场。

在图 9.27 中，与指数掺杂能带结构明显不同的是，GaAlAs 层在变组分变掺杂 GaAs 光电阴极中扮演了两个重要角色，一个是窗口层作用，与指数掺杂阴极相同，另一个是光电发射层作用，高能光子在此层激发的光电子可以在第一级电场的作用下输运到光电阴极表面，参与光电发射；并在变禁带的作用下，高能光子与宽禁带半导体作用，可以产生光电子，避免了光电激发过程中二次电子空穴对的产生，有助于在宽光谱范围内获得较高的量子效率。

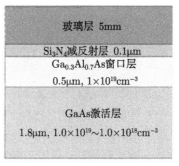

<table>
<tr><td>玻璃层 5mm</td></tr>
<tr><td>Si₃N₄减反射层 0.1μm</td></tr>
<tr><td>Ga₁₋ₓAlₓAs(x =0.9～0)窗口层 0.5μm, 1×10¹⁹cm⁻³</td></tr>
<tr><td>GaAs激活层 1.0μm, 1.0×10¹⁹～1.0×10¹⁸cm⁻³</td></tr>
</table>

(a) 蓝延伸组件

玻璃层 5mm
Si₃N₄减反射层 0.1μm
Ga₀.₃Al₀.₇As窗口层 0.5μm, 1×10¹⁹cm⁻³
GaAs激活层 1.8μm, 1.0×10¹⁹～1.0×10¹⁸cm⁻³

(b) 标准组件

图 9.26 MOCVD 生长透射式 GaAs 光电阴极组件结构

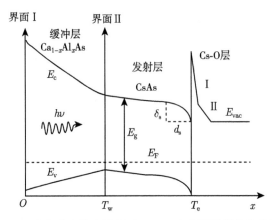

图 9.27　变组分变掺杂透射式 GaAs 光电阴极组件能带结构

采用分光光度计分别测试两类组件的反射率和透射率曲线, 如图 9.28(a) 所示, 并可根据能量守恒计算得到吸收率曲线; 采用光谱测试仪测试了两类光电阴极的光谱响应曲线, 如图 9.28(b) 所示。

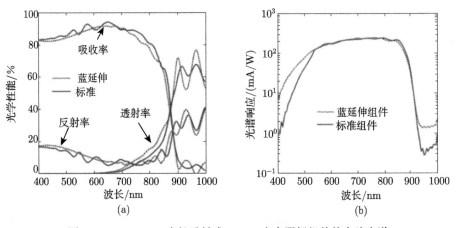

图 9.28　MOCVD 生长透射式 GaAs 光电阴极组件的实验光谱

从光学性能曲线可以看出, 蓝延伸组件的反射率和吸收率曲线在短波段更平滑, 这是由于采用了变组分的 GaAlAs 层设计, 在 GaAlAs 与 GaAs 之间不存在界面, 消除了两层之间的光学作用。从光谱响应曲线可以明显看出, 蓝延伸光电阴极在全谱范围内曲线比较平滑, 短波的响应比标准光电阴极高得多, 两条曲线具体的光谱响应参数对比如表 9.10 所示, 蓝延伸曲线的响应峰值波长相比标准曲线向短波方向偏移了, 并具有更高的峰值量子效率, 但由于发射层较薄, 其积分灵敏度相比标准阴极要低一些。

表 9.10　MOCVD 生长透射式 GaAs 光电阴极组件光谱响应曲线拟合结果

组件	P	$L_D/\mu m$	$S_v/(cm/s)$
蓝延伸	0.56	4.92	1×10^4
标准	0.52	5.21	1×10^5

采用修正的透射式 GaAs 光电阴极量子效率公式对图 9.28(b) 中的两条实验光谱响应曲线进行拟合，如图 9.29 所示，拟合结果参数列入了表 9.11 中。可以看出，蓝延伸组件的表面电子逸出几率和后界面复合速率相比，标准组件更好，由于发射层较薄，蓝延伸组件的电子漂移扩散长度偏小。这里特别指出的是后界面复合速率的对比，蓝延伸组件由于窗口层采用了变组分设计，靠近 GaAs 层处的 GaAlAs 材料的 Al 组分为零，晶格正好匹配，使 GaAlAs 层与 GaAs 层间的界面效应减弱甚至消除了，这一点从两种光电阴极的 SEM 测试图可以明显看出，如图 9.4 所示。

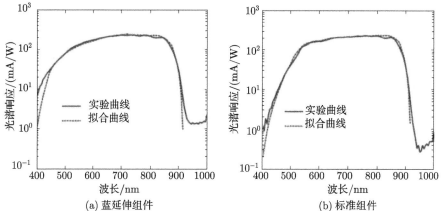

图 9.29　MOCVD 生长透射式 GaAs 光电阴极组件的光谱响应曲线拟合

表 9.11　MOCVD 生长透射式 GaAs 光电阴极组件光学结构拟合结果

组件	GaAs/μm	$Ga_{1-x}Al_xAs/\mu m$		Al 组分	
		总厚度	分层厚度	平均值	分层值
蓝延伸	1.00	0.40	0.20	0.69	0.900
			0.10		0.675
			0.05		0.450
			0.03		0.225
			0.02		0
标准	1.63	0.35		0.70	

对光学性能曲线的拟合得到光电阴极组件各层的总厚度值，对量子效率的拟合得到变组分 GaAlAs 窗口层中各层的厚度及 Al 组分信息，并可根据厚度分布计

算出平均 Al 组分，以便与标准组件对比，具体拟合组件光学结构的结果如表 9.11 所示。

从表 9.11 可以看到，对 MOCVD 生长的样品，在 GaAlAs 与 GaAs 之间不存在低 Al 组分修正层。因此，MOCVD 生长的样品与 MBE 相比，具有较高的电子扩散长度。

对光学性能进行积分运算可以得到光学性能积分值，如表 9.12 所示，由此可以对比全谱范围内两种光电阴极组件的光学性能，可以得到积分吸收率与组件厚度成正比关系。

表 9.12　MOCVD 生长透射式 GaAs 光电阴极组件光学性能积分值 (400~1000nm)

组件	积分反射率/%	积分透射率/%	积分吸收率/%
蓝延伸	15.3	17.5	67.2
标准	14.7	16.3	69.0

9.4.4　MBE 与 MOCVD 生长的透射式变掺杂 GaAs 光电阴极材料与组件的比较

经过多年 MBE 与 MOCVD 生长的 GaAs 光电阴极材料与组件的研究，结合反射式与透射式光电阴极的激活情况，可以对 MBE 与 MOCVD 生长的透射式变掺杂 GaAs 光电阴极材料与组件进行简单的比较。

1. 掺杂元素的差别

MBE 与 MOCVD 生长的透射式变掺杂 GaAs 光电阴极材料，两者最大的差别是掺杂原子半径的大小不同。MBE 生长的变掺杂 GaAs 光电阴极材料，采用的掺杂元素是 Be，而 MOCVD 采用的是 Zn，Zn 原子半径与 Ga、As 较为匹配，一般认为 Zn 原子是代位式杂质，其取代 Ga 原子构成稳定的立方结构。而 Be 原子的原子半径与 Ga、As 相比小了许多，其除作为代位式杂质外，另一可能是作为填隙式杂质，最终影响光电子在材料内部的输运。

我们利用光谱响应测试仪测试了 MBE 与 MOCVD 生长的 GaAs 光电阴极的光谱响应，结果表明，一般 MBE 生长的材料，其电子扩散长度偏小。

2. 材料生长的差别

当使用 MBE 与 MOCVD 生长的透射式变掺杂 GaAs 光电阴极材料时，对同样厚度的材料，从生长效率角度考虑，MOCVD 的效率明显高于 MBE。

关于掺杂与层厚度的精确控制问题，MOCVD 控制精度明显低于 MBE。从图 9.5 与图 9.6 可以看出，MBE 生长的材料 ECV 测试结果能够较为精确地呈现设计结构，材料离化率和厚度的关系与材料设计能够一一对应；MOCVD 生长的材料 ECV 测试结果只能呈现设计结构的大致趋势，分层结构比较模糊。因此，从精确控制掺杂成分和膜层厚度方面看，应该倾向于 MBE，但从材料的电子扩散长度考虑，MOCVD 有明显优势。

3. 光学性能与层结构的差别

对相同层结构 GaAs 光电阴极组件的光学性能，目前尚没有进行反射率、透过率与吸收率的比较研究，由于同样结构的材料在光电发射性能上存在差异，或许在材料的吸收率上存在差距，不然无法解释光电发射性能的差别。

对 MBE 与 MOCVD 生长的透射式变掺杂 GaAs 光电阴极材料，目前最值得怀疑的是在 MBE 生长的材料中，在 GaAlAs 与 GaAs 之间存在低 Al 组分 GaAlAs 层，如在 9.3 节中透射式 GaAs 光电阴极组件的光学性质与结构模拟中介绍的，对 MBE 生长的材料，引入低 Al 组分 GaAlAs，可以使实验获得的 GaAs 光电阴极组件的光学性能更加逼近理论曲线，而在 MOCVD 生长的材料中，不存在这一问题，不加修正层其拟合精度也高于 MBE 的拟合结果。

4. 高低温激活工艺存在的差别

在反射式模拟透射式光电阴极研究中，对 MBE 生长的材料，一般高温净化用 Cs 和 Cs、O 交替激活后获得的积分灵敏度较高，而低温激活后积分灵敏度能与高温激活持平的不多，大多数低于高温激活的结果。目前世界各国采用 MBE 材料研究外光电效应的团队基本上都存在这样的问题。在透射式阴极组件的研究中，尽管高低温激活的变化趋势与MOCVD生长的材料相同，但积分灵敏度偏低，即在变掺杂光电阴极组件研究中，最终 MBE 的组件的积分灵敏度要低于MOCVD的组件。

对此差别存在的可能解释如前所说，其关键是掺杂元素的差别，假设在 Be 掺杂的组件中存在 Be 的间隙式杂质，其浓度越高，积分灵敏度越低；如果不存在 Be 的间隙式杂质，则可以获得与 MOCVD 基本相同的结果。

5. 结论

从掺杂的精细控制考虑，MBE 生长的材料是最佳选择，如同在各种固态器件中，大量使用了 MBE 生长的材料。对于外光电效应使用的材料，最重要的因素是电子扩散长度，由于 MBE 生长的材料的电子扩散长度小于 MOCVD 的材料，因此，包括美国 ITT公司在内的微光像增强器生产厂家均采用MOCVD生长的材料。

鉴于 MBE 材料存在的部分优势，在材料生长过程中，应该研究如何减少或者消除间隙式杂质。

9.5　阴极组件光学性能对微光像增强器光谱响应的影响

针对 ITT 公司 2002 年公布的高性能标准三代、典型三代与蓝延伸三代中的 GaAs 光电阴极光谱响应曲线，这里对其进行了透射式 GaAs 光电阴极光谱响应曲线拟合与结构设计，并简单讨论了光电阴极组件光学性能对微光像增强器光谱响应的影响。

9.5.1　透射式 GaAs 光电阴极光谱响应曲线拟合与结构设计 [26,27]

如图 9.30~图 9.32 所示，参考 ITT 公司 2002 年公布的高性能标准三代、典型三代与蓝延伸 GaAs 光电阴极光谱响应曲线，在 350~950nm 测试范围内，对其分别进行了拟合。假定这是均匀掺杂的透射式 GaAs 光电阴极的实验曲线，通过修正的光谱响应公式来拟合得到光电阴极各层的结构参数。控制曲线拟合的相对误差 ≤8%，所得拟合结果分别如表 9.13~表 9.15 所示。同样，在图 9.30~图 9.32 中同时给出了与实验相符的理论拟合的光谱响应曲线。

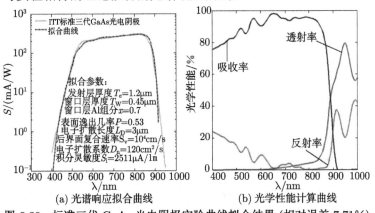

图 9.30　标准三代 GaAs 光电阴极实验曲线拟合结果 (相对误差 7.71%)

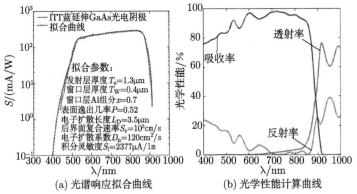

图 9.31　典型 GaAs 光电阴极实验曲线拟合结果 (相对误差 4.49%)

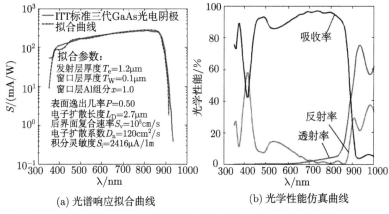

(a) 光谱响应拟合曲线　　　　(b) 光学性能仿真曲线

图 9.32　蓝延伸 GaAs 光电阴极实验曲线拟合结果 (相对误差 6.26%)

表 9.13　ITT 公司标准三代 GaAs 光电阴极光谱响应曲线拟合及计算结果

拟合结果	发射层厚度/μm	窗口层厚度/μm	窗口层 Al 组分	表面逸出几率	电子扩散长度/μm	后界面复合速率/(cm/s)
	0.8~1.2	0.35~0.45	0.7	0.53	3	$10^0 \sim 10^4$
计算结果	起始波长/nm	截止波长/nm	峰值响应/(mA/W)	峰值位置/nm	量子效率峰值/%	积分灵敏度/(μA/lm)
	400	950	301.2	830	45	2425

表 9.14　典型三代 GaAs 光电阴极光谱响应曲线拟合及计算结果

拟合结果	发射层厚度/μm	窗口层厚度/μm	窗口层 Al 组分	表面逸出几率	电子扩散长度/μm	后界面复合速率/(cm/s)
	1.1~1.4	0.3~0.5	0.7	0.52	3~4.5	10^5
计算结果	起始波长/nm	截止波长/nm	峰值响应/(mA/W)	峰值位置/nm	量子效率峰值/%	积分灵敏度/(μA/lm)
	440	915	277.7	840	43.1	2330

表 9.15　蓝延伸 GaAs 光电阴极光谱响应曲线拟合及计算结果

拟合结果	发射层厚度/μm	窗口层厚度/μm	窗口层 Al 组分	表面逸出几率	电子扩散长度/μm	后界面复合速率/(cm/s)
	1.0~1.5	0.1	1.0	0.50	2.7	$10^0 \sim 10^4$
计算结果	起始波长/nm	截止波长/nm	峰值响应/(mA/W)	峰值位置/nm	量子效率峰值/%	积分灵敏度/(μA/lm)
	350	925	265.9	810	42.2	2392

9.5.2　光电阴极组件光学性能对微光像增强器光谱响应的影响

　　将表 9.13~表 9.15 重新组合成表 9.16 和表 9.17, 表 9.16 给出了 ITT 公司三种光电阴极结构拟合参数, 表 9.17 则给出了对应的光谱响应参数, 下面我们结合两表,针对光电阴极结构对微光像增强器光谱响应的影响作简单分析。

表 9.16　ITT 公司阴极结构拟合参数

阴极 类型	发射层 厚度/μm	窗口层 厚度/μm	窗口层 Al 组分	表面逸 出几率	电子扩散 长度/μm	后界面复 合速率/(cm/s)
标准三代	0.8~1.2	0.35~0.45	0.7	0.53	3	$10^0 \sim 10^4$
典型三代	1.1~1.4	0.3~0.5	0.7	0.52	3~4.5	10^5
蓝延伸	1.0~1.5	0.1	1.0	0.50	2.7	$10^0 \sim 10^4$

表 9.17　ITT 公司阴极的光谱响应参数

阴极 类型	起始 波长/nm	截止波 长/nm	峰值响 应/(mA/W)	峰值 位置/nm	量子效率 峰值/%	积分灵敏 度/(μA/lm)
标准三代	400	950	301.2	830	45	2425
典型三代	440	915	277.7	840	43.1	2330
蓝延伸	350	925	265.9	810	42.2	2392

1. GaAlAs 窗口层厚度与 Al 含量对光谱响应的影响

从表 9.16 可以看到,蓝延伸、典型三代与标准三代微光像增强器光谱响应的起始波长分别为 350nm、400nm 和 440nm,较薄的 GaAlAs 窗口层与较大的 Al 含量可以提高 GaAs 光电阴极的蓝光响应。

2. GaAs 发射层厚度对光谱响应的影响

从表 9.16 还可以看到,蓝延伸、标准三代与典型三代微光像增强器光谱响应的峰值位置分别为 810nm、830nm 和 840nm,峰值位置为 810nm 的蓝延伸光电阴极,其 GaAs 发射层最厚;峰值位置为 840nm 的典型三代阴极,GaAs 发射层厚度次之。

GaAlAs 窗口层与 GaAs 发射层厚度之和决定光电阴极的峰值位置,对蓝延伸光电阴极,为了在短波处获得较高的量子效率,必须减少 GaAlAs 窗口层与 GaAs 发射层厚度;为了追求红外波段的量子效率,应该增加 GaAlAs 窗口层与 GaAs 发射层厚度。

无疑,利用薄膜光学理论,根据微光像增强器的不同使用要求,可以精确设计光电阴极的起止波长和峰值波长。

9.5.3　国内外微光像增强器 GaAs 光电阴极光谱响应特性比较

为了揭示国内外 GaAs 光电阴极的性能差异,将美国 ITT 公司标准三代[28]、典型三代[29,30] 和蓝延伸 GaAs 光电阴极的光谱响应曲线[29] 与国内当前研制的

GaAs 光电阴极进行了比较，如图 9.33 所示。这四条曲线对应的光谱响应特性参数如表 9.18 所示，其性能参量计算结果如表 9.19 所示。

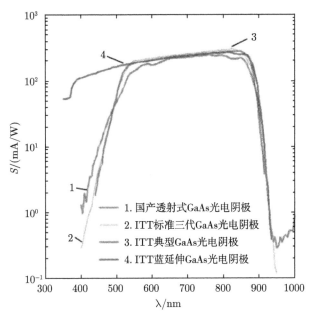

图 9.33 国内外 GaAs 光电阴极的光谱响应曲线比较

表 9.18 国内外 GaAs 光电阴极光谱响应特性参数比较

曲线	光谱响应特性				积分灵敏度/(μA/lm)
	起始波长/nm	截止波长/nm	峰值响应/(mA/W)	峰值位置/nm	
1	400	1000	243.8	760	2022
2	400	950	301.2	830	2425
3	440	915	277.7	840	2330
4	350	935	265.9	810	2392

表 9.19 国内外 GaAs 光电阴极性能参量计算结果

曲线	表面逸出几率 P	电子扩散长度 L_D/μm	后界面复合速率 $S_v/$(cm/s)
1	0.50	4.1	10^5
2	0.53	3	$10^0 \sim 10^4$
3	0.52	$3 \sim 4.5$	10^5
4	0.50	2.7	$10^0 \sim 10^4$

可以看到，国外制备的这三类 GaAs 光电阴极的积分灵敏度都大于国产光电阴极，都在 2300μA/lm 以上。国外光电阴极的峰值位置也较长，标准和典型光电

阴极的峰值位置已延伸到 830nm 左右, 峰值响应也较大, 因此国外光电阴极的长波响应能力也好于国内。影响 GaAs 光电阴极量子效率的光电阴极性能参量主要包括表面逸出几率 P、电子扩散长度 L_D 以及后界面复合速率 S_v。

从计算结果看到, 国内外 GaAs 光电阴极的性能参量差异主要表现在以下几方面:

(1) 国外三代微光像增强器光电阴极的表面逸出几率 P 都大于 0.5, 国内一般在 0.5 左右。

(2) 国外光电阴极电子扩散长度 L_D 大于 3μm, 蓝延伸光电阴极由于具有更薄的 GaAlAs 缓冲层, 电子扩散长度 L_D 略低于 3μm; 而近年来国内采用变掺杂结构制备的光电阴极的电子漂移扩散长度达到了 4.1μm, 已与国外典型 GaAs 光电阴极的水平相当。

(3)ITT 公司的各类 GaAs 光电阴极的后界面复合速率都小于 10^5cm/s, 不会对光电阴极灵敏度产生影响; 而国内的后界面复合速率大于 10^5cm/s, 仍然成为制约国产光电阴极灵敏度的重要因素。

电子扩散长度和后界面复合速率都取决于材料自身性能, 而表面逸出几率反映了光电阴极制备工艺水平。上面的结果指出, 采用变掺杂结构设计, 国内 GaAs 光电阴极在材料以及制备工艺上已经接近甚至超过国外光电阴极, 但后界面复合速率一直比国外光电阴极大, 导致国产光电阴极在长波响应、峰值响应以及积分灵敏度等最终性能上尚不及国外。由此可见, 国内要获得高性能的 GaAs 光电阴极, 首先要获得高性能的 GaAs 光电阴极材料, 在此基础上提高制备工艺水平。

9.6　光电阴极组件工艺对 GaAs 材料性能的影响

GaAs 光电阴极分为反射式和透射式, 可以通过研究反射式和透射式光电阴极的联系来预测透射式光电阴极的最大发射能力, 并可以研究光电阴极组件工艺对 GaAs 材料性能的影响 [27]。

9.6.1　反射式和透射式光电阴极的联系和区别

1. 结构上的联系与区别

为了研究反射式和透射式光电阴极的联系和区别, 我们从众多样品中选择了两组, 一组是均匀掺杂样品, 另一组是指数掺杂样品, 其结构如图 9.34 和图 9.35 所示。其中, I130 和 J068 为一组, 用来研究均匀掺杂的反射式和透射式光电阴极的联系和区别; 而 I132 和 J067 为一组, 用来研究指数掺杂反射式和透射式光电阴极的联系和区别。

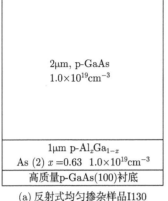

(a) 反射式均匀掺杂样品I130

2μm, p-GaAs
$1.0\times10^{19}\mathrm{cm}^{-3}$

1μm p-Al$_x$Ga$_{1-x}$
As (2) $x=0.63$ $1.0\times10^{19}\mathrm{cm}^{-3}$
高质量p-GaAs(100)衬底

(b) 透射式均匀掺杂样品J068

p-GaAs 0.1μm $1.0\times10^{18}\mathrm{cm}^{-3}$
1μm p-Al$_x$Ga$_{1-x}$
As (2) $x=0.63$ $2\times10^{19}\mathrm{cm}^{-3}$

p-GaAs 2.2μm $1\times10^{19}\mathrm{cm}^{-3}$

1μm Al$_x$Ga$_{1-x}$
As (1) $x=0.5$ (不掺杂)
高质量p-GaAs(100)衬底

图 9.34 均匀掺杂的反射式和透射式样品

(a) 反射式指数掺杂样品I132

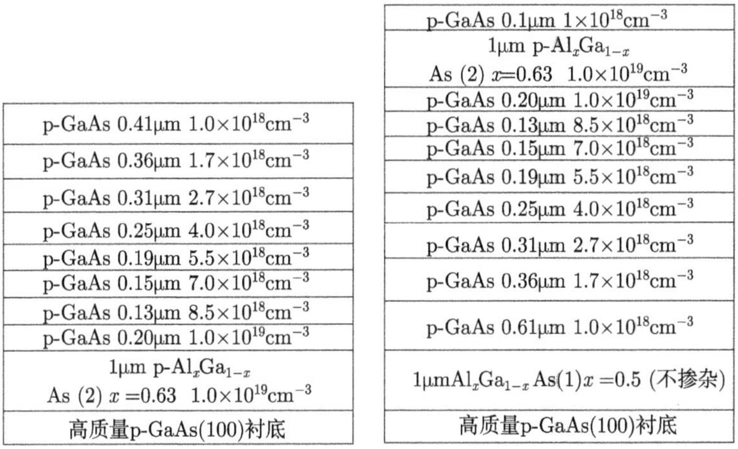

p-GaAs 0.41μm $1.0\times10^{18}\mathrm{cm}^{-3}$

p-GaAs 0.36μm $1.7\times10^{18}\mathrm{cm}^{-3}$

p-GaAs 0.31μm $2.7\times10^{18}\mathrm{cm}^{-3}$

p-GaAs 0.25μm $4.0\times10^{18}\mathrm{cm}^{-3}$

p-GaAs 0.19μm $5.5\times10^{18}\mathrm{cm}^{-3}$
p-GaAs 0.15μm $7.0\times10^{18}\mathrm{cm}^{-3}$
p-GaAs 0.13μm $8.5\times10^{18}\mathrm{cm}^{-3}$
p-GaAs 0.20μm $1.0\times10^{19}\mathrm{cm}^{-3}$
1μm p-Al$_x$Ga$_{1-x}$
As (2) $x=0.63$ $1.0\times10^{19}\mathrm{cm}^{-3}$
高质量p-GaAs(100)衬底

(b) 透射式指数掺杂样品J067

p-GaAs 0.1μm $1\times10^{18}\mathrm{cm}^{-3}$
1μm p-Al$_x$Ga$_{1-x}$
As (2) $x=0.63$ $1.0\times10^{19}\mathrm{cm}^{-3}$
p-GaAs 0.20μm $1.0\times10^{19}\mathrm{cm}^{-3}$
p-GaAs 0.13μm $8.5\times10^{18}\mathrm{cm}^{-3}$
p-GaAs 0.15μm $7.0\times10^{18}\mathrm{cm}^{-3}$
p-GaAs 0.19μm $5.5\times10^{18}\mathrm{cm}^{-3}$
p-GaAs 0.25μm $4.0\times10^{18}\mathrm{cm}^{-3}$

p-GaAs 0.31μm $2.7\times10^{18}\mathrm{cm}^{-3}$

p-GaAs 0.36μm $1.7\times10^{18}\mathrm{cm}^{-3}$

p-GaAs 0.61μm $1.0\times10^{18}\mathrm{cm}^{-3}$

1μmAl$_x$Ga$_{1-x}$As(1)$x=0.5$ (不掺杂)
高质量p-GaAs(100)衬底

图 9.35 指数掺杂的反射式和透射式样品

在结构方面, 每组中样品的 GaAs 发射层的厚度和掺杂方式完全相同, 包括掺杂浓度的阶梯分布状况。区别在于反射式光电阴极仅有 GaAs 衬底和 GaAlAs 缓冲层, 而透射式光电阴极除了 GaAs 发射层外还拥有玻璃衬底、Si$_3$N$_4$ 过渡层和 GaAlAs 缓冲层。并且, 这两种光电阴极的入射方向和出射方向也不一样。反射式光电阴极是从发射层入射, 发射层出射; 而透射式光电阴极则从玻璃衬底一侧入射, 发射层一侧出射。

2. 量子效率公式中的联系和区别

反射式均匀掺杂光电阴极的量子效率计算公式如下:

$$Y_{\mathrm{RU}} = \frac{P(1-R)}{1+1/(\alpha L_{\mathrm{D}})} \tag{9.9}$$

式中, Y_{RU} 为反射式均匀掺杂样品的量子效率值; P 为表面逸出几率, 值在 $0\sim1$; α 为光电阴极对入射能量为 $h\nu$ 的光子的吸收系数; L_D 为光电阴极的电子扩散长度。

透射式均匀掺杂光电阴极的量子效率计算公式如下:

$$Y_{TU}(h\nu) = \frac{P(1-R)\alpha_{h\nu}L_D \exp(-\beta_{h\nu}T_w)}{\alpha_{h\nu}^2 L_D^2 - 1}$$
$$\times \left\{ \frac{\alpha_{h\nu}D_n + S_v}{(D_n/L_D)\cosh(T_e/L_D) + S_v \sinh(T_e/L_D)} \right.$$
$$- \frac{\exp(-\alpha_{h\nu}T_e)[S_v \cosh(T_e/L_D) + (D_n/L_D)\sinh(T_e/L_D)]}{(D_n/L_D)\cosh(T_e/L_D) + S_v \sinh(T_e/L_D)}$$
$$\left. -\alpha_{h\nu}L_D \exp(-\alpha_{h\nu}T_e) \right\} \tag{9.10}$$

式中, Y_{TU} 为透射式均匀掺杂样品的量子效率值; P 为表面电子逸出几率; R 为阴极表面对入射光的反射率; $\alpha_{h\nu}$ 为阴极对入射能量为 $h\nu$ 的光子的吸收系数; L_D 为阴极材料等效电子扩散长度; D_n 为电子扩散系数; S_v 为后界面复合速率; T_e 为阴极发射层的厚度; $\beta_{h\nu}$ 为 GaAlAs 窗层的吸收系数; T_w 为该窗层的厚度。

反射式指数掺杂光电阴极的量子效率计算公式如下:

$$Y_{RE}(h\nu) = \frac{P(1-R)\alpha_{h\nu}L_D}{\alpha_{h\nu}^2 L_D^2 - \alpha_{h\nu}L_E - 1}$$
$$\times \left\{ \frac{N(S - \alpha_{h\nu})D_n \exp[(L_E/2L_D^2 - \alpha_{h\nu})T_e]}{M} - \frac{Q}{M} + \alpha_{h\nu}L_D \right\} \tag{9.11}$$

式中

$$L_E = \mu|E|\tau = \frac{q|E|}{k_0 T}L_D^2, \quad N = \sqrt{L_E^2 + 4L_D^2}, \quad S = S_v + \mu|E|$$
$$M = (ND_n/L_D)\cosh(NT_e/2L_D^2) + (2SL_D - D_n L_E/L_D)\sinh(NT_e/2L_D^2)$$
$$Q = SN\cosh(NT_e/2L_D^2) + (SL_E + 2D_n)\sinh(NT_e/2L_D^2)$$

透射式指数掺杂光电阴极的量子效率计算公式如下:

$$Y_{TE} = \frac{P(1-R)\alpha_{h\nu}L_D \exp(-\beta_{h\nu}T_w)}{\alpha_{h\nu}^2 L_D^2 + \alpha_{h\nu}L_E - 1} \times \left[\frac{N(S + \alpha_{h\nu}D_n)\exp(L_E T_e/2L_D^2)}{M} \right.$$
$$\left. - \frac{Q\exp(-\alpha_{h\nu}T_e)}{M} - \alpha_{h\nu}L_D \exp(-\alpha_{h\nu}T_e) \right] \tag{9.12}$$

式中参数同前。

在研究均匀掺杂反射式和透射式光电阴极样品时, 可以使用式 (9.9) 和式(9.10)。两者的量子效率公式的相同点在于, 均与吸收系数 α、反射系数 R、电子逸出几率 P 和电子扩散长度 L_D 有关; 不同点在于透射式光电阴极的量子效率公式还与电子扩散系数 D_n、后界面复合速率 S_v、阴极发射层的厚度 T_e、GaAlAs 窗层的吸收系数 β 以及 GaAlAs 窗层的厚度 T_w 有关。

在研究指数掺杂反射式和透射式光电阴极样品时，可以使用式 (9.11) 和式 (9.12)。两者的量子效率公式的相同点和不同点基本与均匀掺杂的相同。除此之外，两者都是指数掺杂，就会引入内建电场的影响，此时光电子在阴极体内将以扩散加定向漂移的方式向表面运动，因此指数掺杂阴极体内的光电子平均输运距离被定义为电子扩散漂移长度 L_{DE}，它与电子扩散长度 L_D 和电子牵引长度 L_E 的关系式为 [31]

$$L_{DE} = \frac{1}{2}(\sqrt{L_E^2 + 4L_D^2} + L_E) \qquad (9.13)$$

但是，指数掺杂样品都面临内建电场的影响，因此在计算时也并不会出现特别复杂的情况。

9.6.2　光电阴极组件工艺对 GaAs 材料电子扩散长度的影响 [27]

1. 理论准备

反射式和透射式光电阴极之间的发射层结构完全一致，可以看成是解决问题的一个突破点，由此关于发射层的吸收率和反射率的数据，两者就可通用。但是，我们不得不看到，两者存在着诸多的不同点，最大的不同就在于两者的光入射方向不同，更准确地说，光入射方向的相位相差了 180°。

赵静在其论文中提到使用薄膜光学多层膜系的矩阵理论 [32] 来计算透射式 $Ga_{1-x}Al_xAs/GaAs$ 光电阴极的光学性能参数 [33]。既然可以用薄膜光学多层膜系的矩阵理论来计算透射式光电阴极的量子效率，那一定可以来计算反射式光电阴极的量子效率。

在计算透射式光电阴极量子效率时，发现透射式的结构为 7056 玻璃衬底、Si_3N_4 增透层、$Ga_{1-x}Al_xAs$ 窗口层、GaAs 发射层，由于玻璃厚度太大，不能作为薄膜来处理，所以将玻璃看作入射介质，光子经过 Si_3N_4 增透层、$Ga_{1-x}Al_xAs$ 窗口层、GaAs 发射层三个膜层后进入空气，空气是出射介质，当作膜系的基底。

想要获得 GaAs 光电阴极光学性能的反射率、透射率与吸收率可按式 (9.1)～式 (9.4) 计算得到。

在计算透射式光电阴极的吸收率和反射率时，以 $M0$ 代表式 (9.4) 中的最后一项 $2×1$ 的矩阵，携带的是空气基底的信息；$M2$ 代表连乘的三个 $2×2$ 矩阵中的第一项，携带的是 Si_3N_4 缓冲层的信息；$M3$ 代表连乘的三个矩阵中的第二项，携带的是 GaAlAs 缓冲层的信息；$M4$ 代表连乘矩阵的第三项，携带的是 GaAs 发射层的信息。而且，空气的折射率 n_0 为 1，玻璃的折射率 n_1 为 1.487，Si_3N_4 的折射率为 2.06，消光系数为 0；Si_3N_4 的厚度为 0.1μm，GaAlAs 窗层的厚度为 1μm，GaAs 发射层的厚度为 2μm。GaAs 发射层以及 GaAlAs 窗层的折射率和消光系数均随着波长 λ 而变化，目前还未找到折射率和消光系数关于波长的变化公式，仅得到离散的实验结果[34]。文献 [34] 中列出了 $Ga_xAl_{1-x}As$ 中 x=0.590 以及 x=0.700 时的折射率和消光系数值，我们使用插值的方法得到 x=0.63 时的对应值。而 GaAs 的折射率和消光系数值则采用 x=0 时的对应值。

得到这些数据后，就可计算出矩阵：

$$\begin{bmatrix} B \\ C \end{bmatrix} = \boldsymbol{M}2 \times \boldsymbol{M}3 \times \boldsymbol{M}4 \times \boldsymbol{M}0 \tag{9.14}$$

B 和 C 的值得到后，由于玻璃衬底作为入射介质，则可代入式 (9.9)~式 (9.11) 得到 GaAs 发射层和 GaAlAs 窗层的吸收率 α 和反射率 R。

计算透射式光电阴极吸收率和反射率的方法也可以引入反射式光电阴极，只是要作相应的改变。在计算反射式光电阴极时，入射介质以及膜系的基底都是选用空气。更重要的是，由于入射方向不同，计算时若以 $\boldsymbol{N}4$ 代表 GaAs 发射层的 2×2 矩阵，$\boldsymbol{N}3$ 代表 GaAlAs 窗层的 2×2 矩阵，$\boldsymbol{N}0$ 代表空气的 2×1 矩阵，则

$$\begin{bmatrix} B \\ C \end{bmatrix} = \boldsymbol{N}4 \times \boldsymbol{N}3 \times \boldsymbol{N}0 \tag{9.15}$$

这样得到的 B 和 C 就会与透射式的不相同，由此得到的吸收率 α 和反射率 R 也与透射式光电阴极存在区别。

至此，从理论上解决了反射式光电阴极的光谱响应向透射式阴极转换问题，即通过相同发射层光电阴极的反射式实验，获得光谱响应曲线，通过理论仿真求出反射式光电阴极的电子扩散长度 L_D 和逸出几率 P，将其代入透射式光电阴极的量子效率公式，就可以求出透射式光电阴极的最大发射能力。然后通过实验获得相同结构的透射式光电阴极的光谱响应，并对其进行仿真，假设与工艺相关的电子逸出几率 P 相同，则可以求出透射式阴极的电子扩散长度 L_D，其与反射式阴极电子扩散长度的差别则表示阴极组件工艺对 GaAs 光电阴极材料性能的影响。

2. 均匀掺杂的反射式光电阴极光谱响应与透射式光电阴极的比较

对于均匀掺杂的光电阴极，要使反射式光电阴极的量子效率向透射式光电阴极转换，可以先将实验测得的光谱响应值转换成量子效率值，然后使用 MATLAB 中的非线性回归函数 nlinfit 拟合出反射式光电阴极的表面电子逸出几率 P 和电子扩散长度 L_D。对于我们选择的均匀掺杂反射式光电阴极样品 I130，计算结果 P=0.5，L_D=2.0433μm。为了检验拟合的效果，我们对拟合曲线和实验曲线作了比较，如图 9.36 所示。

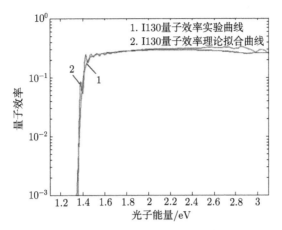

图 9.36　I130 拟合与实验量子效率曲线对比

均匀掺杂透射式光电阴极样品 J068，掺杂浓度为 $1 \times 10^{19} \mathrm{cm}^{-3}$。经过实验，压封后的二极管测得的实际积分灵敏度为 827.4μA/lm, 量子效率曲线如图 9.37 所示。

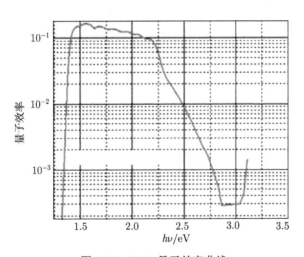

图 9.37　J068 量子效率曲线

使用图 9.36 中对反射式均匀掺杂光电阴极样品 I130 的拟合结果 $P=0.5$，L_{D} =2.0433μm，将它放入透射式均匀掺杂光电阴极样品 J068 的计算公式中，并结合使用薄膜光学多层膜系的矩阵理论，可以得到一条拟合的量子效率理论曲线，将它与实验得到的量子效率曲线进行对比，如图9.38所示。理论拟合的量子效率值要比实验值稍高，原因在于GaAs光电阴极材料经过组件工艺后对材料结构产生了影响。普遍来说，相同的结构，反射式光电阴极的量子效率要比透射式光电阴极的高。

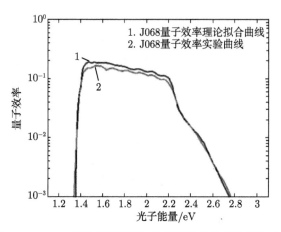

图 9.38　J068 反射式结果代入的理论拟合和实验曲线对比

　　为了量化反射式光电阴极向透射式光电阴极转换时，理想值和实际值的差距，我们将反射式光电阴极的表面电子逸出几率 P 值直接代入透射式光电阴极，然后利用透射式光电阴极的实验值来拟合出样品的电子扩散长度 L_D。最后把反射式和透射式分别拟合出来的 L_D 值进行比较，得出两者 L_D 的差值。经过计算，得到 J068 的 L_D 值为 $1.8139\mu m$，也就是比反射式光电阴极的 L_D 小了 11.22%。J068 的拟合曲线和实验曲线的对比如图 9.39 所示。

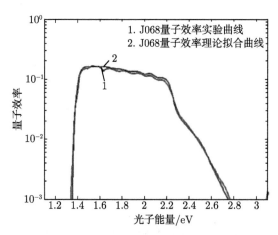

图 9.39　J068 在 P 值不变情况下的理论拟合和实验曲线对比

　　如前所述，反射式和透射式样品的发射层厚度、发射层掺杂结构、GaAlAs 缓冲层厚度以及 Al 组分值都相同，唯一不同的在于 J068 作为透射式样品必须经过组件工艺。J068 L_D 值变小的原因在于组件工艺。为了使反射式和透射式的 L_D 值更接近，即使透射式阴极的量子效率接近相同结构的反射式阴极，其提升空间应该是组件工艺的进一步完善。

3. 指数掺杂的反射式光电阴极光谱响应与透射式光电阴极的比较

对指数掺杂的反射式光电阴极样品 I132 的处理同 I130，计算结果是：$P=0.51$，$L_D=2.3903\mu m$。拟合和实验量子效率曲线对比如图 9.40 所示。

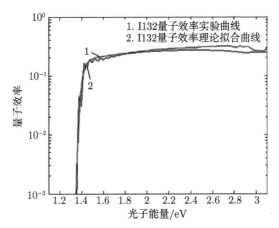

图 9.40　I132 拟合与实验量子效率曲线对比

指数掺杂透射式光电阴极样品 J067，8 台阶结构，掺杂浓度为 $1\times10^{19}\sim1\times10^{18}$ cm^{-3}。经过实验，压封后的二极管测得的实际积分灵敏度为 965.3μA/lm，量子效率曲线如图 9.41 所示。

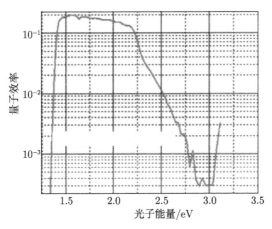

图 9.41　J067 量子效率曲线

　　将反射式指数掺杂光电阴极样品 I132 的拟合结果 $P=0.51$ 和 $L_D=2.3903\mu m$，代入透射式指数掺杂光电阴极样品 J067 的量子效率公式中，并结合使用薄膜光学多层膜系的矩阵理论，可以拟合得到量子效率理论曲线，将它与实验得到的量子效率曲线进行对比，如图 9.42 所示。从图中不难看出，理论拟合曲线与实验曲线吻合得相当好。

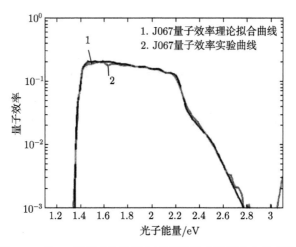

图 9.42　J067 反射式结果代入的理论拟合和实验曲线对比

　　为了更直观地显示反射式指数掺杂和透射式指数掺杂样品的 L_D 值的差距，我们将反射式指数掺杂拟合出的表面电子逸出几率直接代入透射式样品 J067。然后拟合得出此时的 L_D 值，就可以清楚地看到两者的 L_D 相差多少。计算得到 J067 样品的 L_D 值为 $2.2598\mu m$，比 I132 的 L_D 值小了 5.46%。J067 样品的理论拟合曲线图和实验曲线对比如图 9.43 所示。

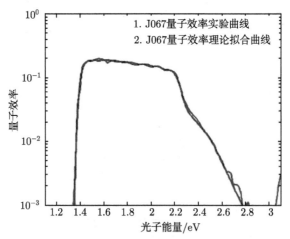

图 9.43　J067 在 P 值不变情况下的理论拟合和实验曲线对比

将这两组样品的拟合情况总结成表 9.20。由表可见，对于均匀掺杂透射式光电阴极，由于掺杂浓度高，在组件工艺后对电子扩散长度 L_D 影响较大。对于指数掺杂透射式光电阴极，由于掺杂浓度相对较低，在组件工艺后对电子扩散长度 L_D 影响较小。

表 9.20 四个样品的 P 和 L_D 对比

样品	结构	表面逸出几率 P	电子扩散长度 L_D/μm	L_D 差值
I130	均匀掺杂反射式	0.50	2.0433	11.22%
J068	均匀掺杂透射式	0.50	1.8139	
I132	指数掺杂反射式	0.51	2.3903	5.46%
J067	指数掺杂透射式	0.51	2.2598	

9.7 微光像增强器的光谱响应性能评估

为了评估变掺杂 GaAs 光电阴极微光像增强器的光谱响应的稳定性，进行了灵敏度与光谱响应监测、冲击、振动和高低温试验，这里主要介绍试验结果 [35]。

9.7.1 灵敏度和光谱响应性能监测

挑选了五只高灵敏度的三代微光像增强器，每周对其灵敏度和光谱响应进行性能监测，持续了一个月的时间，监测数据和曲线如表 9.21 和图 9.44~图 9.48 所示。由表 9.21 可以发现，三代微光像增强器持续一个月后，器件号为 2008 III 083 的灵敏度降低了约 6%，器件号为 2008 III 266 的灵敏度提高了约 3.7%，器件号为 2009C107 的灵敏度降低了约 2.2%，器件号为 2009D027 的灵敏度降低了约 8.7%，器件号为 2010C008 的灵敏度降低了约 1.1%。

表 9.21 五只三代微光管连续一个月灵敏度测试数据

监测点 \ 器件号	2008 III 083	2008 III 266	2009C107	2009D027	2010C008
A/2011-5-9	2441.9	1993.6	2267.5	2118.0	2167.8
B/2011-5-17	2368.7	1978.3	2252.4	2053.6	2155.8
C/2011-5-27	2333.5	2023.6	2231.4	1995.7	2151.0
D/2011-5-31	2292.4	2068.2	2217.7	1933.6	2142.9

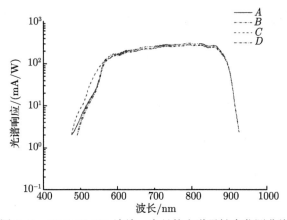

图 9.44　2008 Ⅲ 083 连续一个月的光谱灵敏度监测曲线

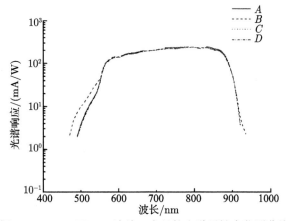

图 9.45　2008 Ⅲ 266 连续一个月的光谱灵敏度监测曲线

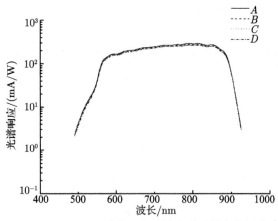

图 9.46　2009C107 连续一个月的光谱灵敏度监测曲线

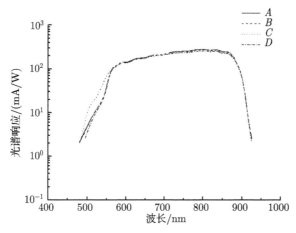

图 9.47 2009D027 连续一个月的光谱灵敏度监测曲线

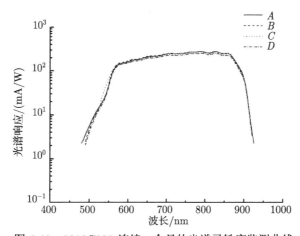

图 9.48 2010C008 连续一个月的光谱灵敏度监测曲线

根据表 9.21 和图 9.44~图 9.48 可知，五只三代微光像增强器经一个月的时间后的光谱响应曲线变化不大，其性能稳定。

9.7.2 冲击试验

微光像增强器在沿光轴方向和垂直于光轴方向各进行 6 次，共 24 次的半正弦波冲击，峰值加速度为 $75g$，持续时间为 (6 ± 2)ms。变掺杂和均匀掺杂微光像增强器经冲击试验后，光谱响应如图 9.49 所示。图中实线代表经冲击试验前、虚线代表冲击试验后的光谱响应曲线。

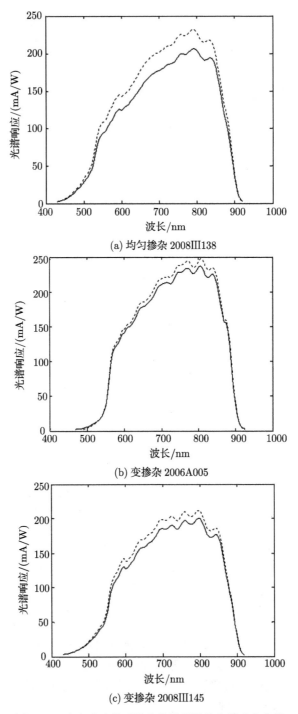

(a) 均匀掺杂 2008III138

(b) 变掺杂 2006A005

(c) 变掺杂 2008III145

图 9.49　冲击试验前后微光像增强器的光谱响应曲线

由图 9.49 可以看出，经过冲击试验后，均匀掺杂和变掺杂微光像增强器的光谱响应均有所提高。三个微光像增强器光谱响应的变化情况如图 9.50 所示，在短波段 (波长小于 550nm) 和长波段 (波长大于 800nm) 处，灵敏度变化幅度较大；在中波段区域，变化幅度较平缓。与均匀掺杂微光像管增强器相比较，变掺杂微光像管增强器经冲击试验后的灵敏度变化率较低。

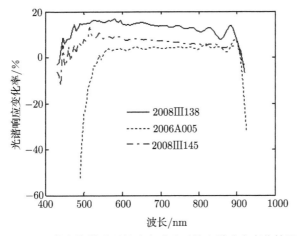

图 9.50　微光像增强器经冲击试验后的光谱响应变化情况

9.7.3　振动试验

微光像增强器在沿光轴方向和垂直于光轴方向进行振动，每个方向 10 次。振动频率范围为 5~55Hz，振幅应不小于 2.54mm。变掺杂和均匀掺杂微光像增强器经振动试验后，光谱响应如图 9.51 所示。图中实线代表经振动试验前、虚线代表振动试验后的光谱响应曲线。

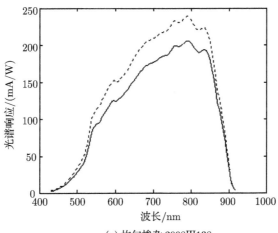

(a) 均匀掺杂 2008III138

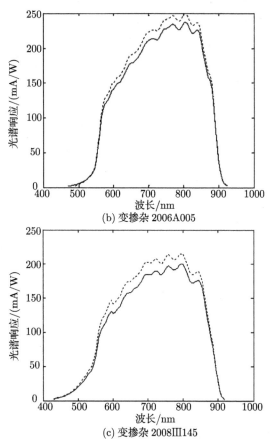

(b) 变掺杂 2006A005

(c) 变掺杂 2008Ⅲ145

图 9.51   振动试验前后微光像增强器的光谱响应曲线

由图 9.51 可以看出, 经过振动试验后, 均匀掺杂和变掺杂像管的光谱响应均有所提高。三个微光像增强器光谱响应的变化情况如图 9.52 所示。在短波段 (波长

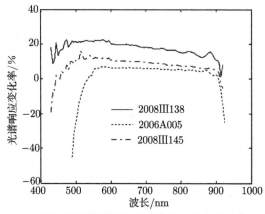

图 9.52   三个微光像增强器经振动试验后的光谱响应变化情况

小于 550nm) 和长波段 (波长大于 850nm) 处, 灵敏度变化幅度较大; 在中波段区域 (波长在 550nm 与 850nm 之间), 变化幅度较平缓。与均匀掺杂微光像增强器相比较, 变掺杂经振动试验后的灵敏度变化率较低。

9.7.4 高温试验

像增强器在高温 +55℃下工作 1h 后, 变掺杂和均匀掺杂微光像增强器的光谱响应曲线如图 9.53 所示。图中实线代表经高温试验前、虚线代表试验后的光谱响应曲线。

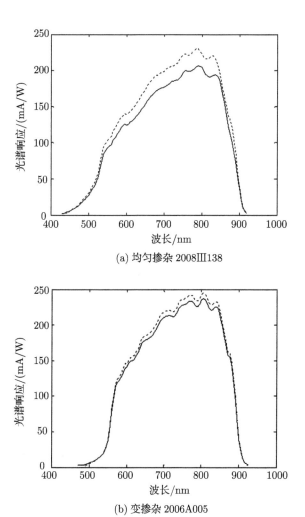

(a) 均匀掺杂 2008III138

(b) 变掺杂 2006A005

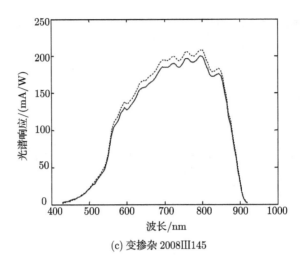

(c) 变掺杂 2008III145

图 9.53　高温试验前后微光像增强器的光谱响应曲线

　　由图 9.53 可以看出，经过高温试验后，均匀掺杂和变掺杂微光像增强器的光谱响应均有所提高。三个微光像增强器光谱响应的变化情况如图 9.54 所示。在短波段 (波长小于 550nm) 和长波段 (波长大于 800nm) 处，光谱响应变化幅度较大；在中波段区域 (波长在 550nm 与 800nm 之间)，变化幅度较平缓。与均匀掺杂微光像增强器相比，变掺杂微光像增强器经高温试验后的灵敏度变化率较低。

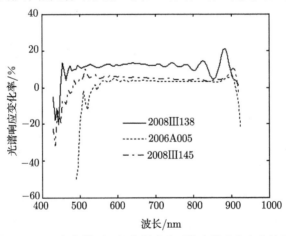

图 9.54　三个像增强器经高温试验后的光谱响应变化情况

9.7.5　低温试验

　　微光像增强器在低温 $-50\,^\circ\!C$ 下工作 1h 后，变掺杂和均匀掺杂微光像增强器的光谱响应曲线如图 9.55 所示。图中实线代表试验前的光谱响应曲线，虚线代表经低温试验后的光谱响应曲线。

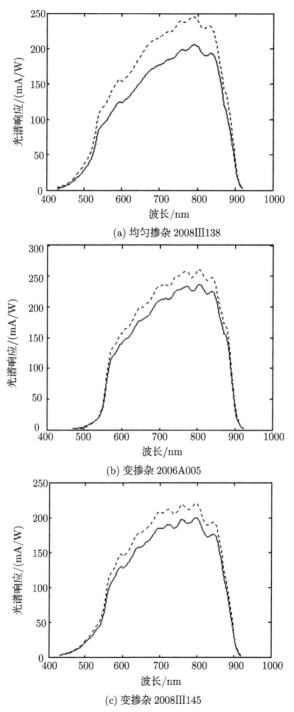

(a) 均匀掺杂 2008III138

(b) 变掺杂 2006A005

(c) 变掺杂 2008III145

图 9.55 低温试验前后微光管的光谱响应曲线

　　由图 9.55 可以看出，经过低温试验后，均匀掺杂和变掺杂微光像增强器的光谱响应均有所提高。三个微光像增强器的光谱响应变化情况如图 9.56 所示。在短波段 (波长小于 550nm) 和长波段 (波长大于 800nm) 处，灵敏度变化幅度较大；在中波段区域 (波长在 550nm 与 800nm 之间)，变化幅度较平缓。与均匀掺杂微光像增强器相比较，变掺杂微光像增强器经低温试验后的灵敏度变化较低。

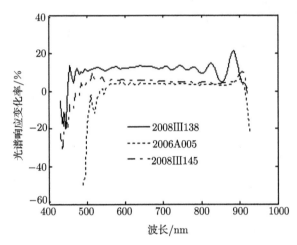

图 9.56　三个微光像增强器经低温试验后的光谱响应变化情况

参 考 文 献

[1]　杜玉杰，杜晓晴，常本康，等. 激活台内透射式 GaAs 光电阴极的光谱响应特性研究. 光子学报，2005，34(12): 1792–1794

[2]　Shi F, Zhang Y J, Cheng H C, et al. Theoretical revision and experimental comparison of quantum yield for transmission-mode GaAlAs GaAs photocathodes. Chinese Physics Letters, 2011, 28(4): 0444204

[3]　Liu L, Du Y J, Chang B K, et al. Spectral response variation of a negative-electron-affinity photocathode in the preparation process. Applied Optics, 2006, 45(24): 6094–6098

[4]　Zhang Y J, Niu J, Zhao J, et al. Improvement of photoemission performance of a gradient-doping transmission-mode GaAs photocathode. Chinese Physics B, 2011, 20(11): 118501

[5]　Zhang Y J, Chang B K, Yang Z, et al. Annealing study of carrier concentration in gradient-doped GaAs/GaAlAs epilayers grown by molecular beam epitaxy. Applied Optics, 2009, 48(9): 1715–1720

[6] Zhang Y J, Chang B K, Yang Z, et al. Distribution of carriers in gradient-doping transmission-mode GaAs photocathodes grown by molecular beam epitaxy. Chinese Physics B, 2009, 18(10): 4541–4546

[7] Zhao J, Chang B K, Xiong Y J, et al. Influence of the antireflection, window, and active layers on optical properties of exponential-doping transmission-mode GaAs photocathode modules. Optics Communications, 2012, 285(5): 589–593

[8] 赵静. 透射式 GaAs 光电阴极的光学与光电发射性能研究. 南京: 南京理工大学, 2013

[9] Zhao J, Chang B K, Xiong Y J, et al. Spectral transmittance and module structure fitting for transmission-mode GaAs photocathodes. Chinese Physics B, 2011, 20(4): 047801

[10] Zhao J, Xiong Y J, Chang B K et al. Research on optical properties of transmission-mode GaAs photocathode module. Proc. SPIE, 2011, 8194: 81940J

[11] Zhao J, Chang B K, Xiong Y J, et al. Spectral transmittance and module structure fitting for transmission-mode GaAs photocathodes. Chinese Physics B, 2011, 20(4): 047801

[12] Zhao J, Chang B K, Xiong Y J, et al. Research on optical properties for the exponential-doped $Ga_{1-x}Al_xAs$/GaAs photocathode. The 3rd International Symposium on Photonics and Optoelectronics, Wuhan, 2011

[13] 常本康, 赵静. 宽光谱响应 GaAlAs/GaAs 光电阴极组件结构设计软件: 中国, 2012SR074852. 2012

[14] 常本康, 赵静. GaAs 光电阴极光学与光电发射性能测试软件: 中国, 2012SR069333. 2012

[15] Zhao J, Xiong Y J, Chang B K. Simulation and spectral fitting of the transmittance for transmission-mode GaAs photocathode. Proceedings 8th International Vacuum Electron Sources Conference and Nanocarbon (2010 IVESC), 2010: 219

[16] Zhang Y J, Chang B K, Niu J, et al. High-efficiency graded band-gap $Al_xGa_{1-x}As$/GaAs photocathodes grown by metalorganic chemical vapor deposition. Applied Physics Letters, 2011, 99: 101104

[17] 杨智. GaAs 光电阴极智能激活与结构设计研究. 南京: 南京理工大学, 2010

[18] 张益军. 变掺杂 GaAs 光电阴极研制及其特性评估. 南京: 南京理工大学, 2012

[19] Zhang Y J, Niu J, Zou J J, et al. Photoemission performance of gradient-doping transmission-mode GaAs photocathodes. Proc. SPIE, 2011, 8194: 81940N

[20] Zhang J J, Chang B K, Fu X Q, et al. Influence of cesium on the stability of a GaAs photocathode. Chinese Physics B, 2011, 20(8): 087902

[21] Zhang J J, Zhang Y J, Du Y J, et al. Exponential-doping GaAs NEA photocathode grown by MBE. Proc. SPIE, 2010, 7847: 78472Y

[22] 杨智, 邹继军, 常本康. 透射式指数掺杂 GaAs 光电阴极最佳厚度研究. 物理学报, 2010, 59(6): 4290–4295

[23] Zhang Y J, Niu J, Zou J J, et al. Variation of spectral response for exponential-doped transmission-mode GaAs photocathodes in the preparation process. Applied Optics, 2010, 49(20): 3935–3940

[24] 张益军, 牛军, 赵静, 等. 指数掺杂结构对透射式 GaAs 光电阴极量子效率的影响研究. 物理学报, 2011, 60(6): 067301

[25] Zhao J, Zhang Y J, Chang B K, et al. Comparison of structure and performance between extended blue and standard transmission-mode GaAs photocathode modules. Applied Optics, 2011, 50(32): 6140–6145

[26] 赵静, 张益军, 常本康, 等. 高性能透射式 GaAs 光电阴极量子效率拟合与结构研究. 物理学报, 2011, 60: 107802.

[27] 瞿文婷. GaAlAs/GaAs 光阴极组件材料机理研究. 南京: 南京理工大学, 2012

[28] http://www.itt.com.[2011-6]

[29] Vergara G, Gomez L J, Capmany J, et al. Electron diffusion length and escape probability measurements for p-type GaAs(100) epitaxies. Journal of Vacuum Science and Technology A, 1990, 8(5): 3676–3681

[30] Bourreea L E, Chasseb D R, Thambana P L S, et al. Comparison of the optical characteristics of GaAs photocathodes grown using MBE and MOCVD. SPIE, 2003, 4796: 11–22

[31] 牛军, 张益军, 常本康, 等. GaAs 光电阴极激活后的表面势垒评估研究. 物理学报, 2011, 60(4): 044210

[32] 唐晋发, 顾培夫, 刘旭, 等. 现代光学薄膜技术. 浙江: 浙江大学出版社, 2006

[33] 赵静, 常本康, 熊雅娟, 等. 发射层对指数掺杂 $Ga_{1-x}Al_xAs$/GaAs 光阴极性能的影响. 电子器件, 2011, 34(2): 119–124

[34] Aspnes D E, Kelso S M, Logan R A, et al. Optical properties of $Al_xGa_{1-x}As$. J. Appl. Phys., 1986, 60(2): 754–767

[35] 石峰. 透射式变掺杂 GaAs 光电阴极及其在微光像增强器中应用研究. 南京: 南京理工大学, 2013

第10章　近红外响应 InGaAs 光电阴极制备与性能

为了满足 1.06μm 等长波激光光源的探测，开展了近红外响应 InGaAs 光电阴极的研制。本章主要介绍 $In_xGa_{1-x}As$ 光电阴极研究现状及材料基本性质，采用第一性原理对 $In_xGa_{1-x}As$ 光电阴极进行结构分析，以及结构设计与制备工艺研究，最后给出了性能评估[1,2]。

10.1　$In_xGa_{1-x}As$ 光电阴极研究现状及材料基本性质

$In_xGa_{1-x}As$ 光电阴极的性能与半导体材料的质量紧密相关，$In_xGa_{1-x}As$ 材料的基本性质包括材料生长，材料结构与能带结构，材料缺陷与掺杂，以及材料的表面结构。

10.1.1　$In_xGa_{1-x}As$ 光电阴极研究现状

在 20 世纪 70 年代之前，$In_xGa_{1-x}As$ 材料的制备技术限制了光电阴极研究，随着半导体工艺的提高，才出现了一些关于近红外 $In_xGa_{1-x}As$ 的研究报道。当时对 $In_xGa_{1-x}As$ 光电阴极的研究大多数侧重于电子转移方面，如果想要获得较高的光电发射，必须施加一个外电场，并完全依赖于施加电场的表面金属层，所以，这种类型的光电阴极不适合真正的光谱延伸的三代像增强器[3,4]。对传统 $In_xGa_{1-x}As$ 光电阴极贡献较大的是两个美国团队，其一是 20 世纪 70 年代隶属于 RCA 实验室的 Fisher 和 Enstrom，另一个是 20 世纪 90 年代中后期隶属于 Litton 公司的 Estrera 等。

Fisher 等 1972 年在文献 [5] 中指出，不同组分的 $In_xGa_{1-x}As$ 光电阴极禁带宽度不同，对应的截止波长不同，电子逸出几率随着禁带宽度逐渐下降，$In_xGa_{1-x}As$ 光电阴极的响应波长延伸到 1.3 μm、量子效率远高出 S1 阴极。他们通过实验获得了限制红延伸截止波长的重要参数，包括禁带宽度、掺杂浓度和表面电子逸出几率。

同时 Fisher 等坚持，要想提高电子在表面的逸出几率，必须对III-V族化合物表面进行 Cs-O 交替吸附，以形成负电子亲和势 (NEA) 表面。Fisher 等没有停留在这种推测上，而是在实践中验证了 Cs-O 激活确实有利于光电子在表面的逸出。为了解释这一现象，Fisher 等提出著名的双偶极子模型[6]。

在随后的 1974 年，Fisher 等指出，在给 $In_xGa_{1-x}As$ 光电阴极选择衬底时要慎重，当组分一定时，如果激活层生长过程中晶格匹配不好，电子的扩散长度会大大受到限制，因此 In 组分 x 的选取和缓冲层的选择很重要[7]。他们提出了一些能降低晶格失配的缓冲层材料，从而增加光电发射效率，图 10.1 所示为 GaAsP 缓冲层上不同组分 $In_xGa_{1-x}As$ 发射层的光谱响应曲线[8]。

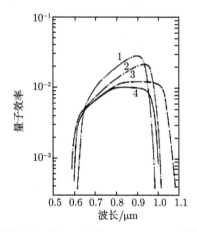

图 10.1　GaAsP 缓冲层上不同 In 组分 $In_xGa_{1-x}As$ 发射层的光谱响应曲线
1. $x = 0.06$; 2. $x = 0.11$; 3. $x = 0.15$; 4. $x = 0.10$

图 10.1 中, In 组分由 0.06 变化到 0.15，可以看到晶格失配对光电发射的影响，但对于更高组分的 $In_xGa_{1-x}As$ 光电阴极未作讨论。

1993 年，Estrera 等改良了 $In_xGa_{1-x}As$ 光电阴极[6]，在金属有机化学气相沉积生长环境，尝试将 GaAs 光电阴极激活层替换成 InGaAs 外延层，得到不同材料的光谱响应曲线进行比较，其结果如图 10.2 所示。

发现在 400~1100 nm 光谱范围内，$In_xGa_{1-x}As$ 光电阴极的光谱响应不仅低于三代像增强器，也低于二代。但大于 1000 nm 近红外区域的光谱响应均比二代、三代像增强器要大得多，证明其在近红外区域的应用能力要远优于现有的微光像增强器，在微光夜视领域具有广泛的应用前景。在 Estrera 的实验中发现, In 组分的增加会导致 $In_xGa_{1-x}As$ 光电阴极的量子效率降低，但是随着 In 组分的提高其响应波长逐渐向长波段移动，如图 10.3 所示。图中组分小于 0.30 的光电流曲线均为实验测得，当组分提高到 0.55 时，没有能够得到实验值，是一个预估值。

根据 Estrera 等的研究，Litton 公司随后申请了两项关于 $In_xGa_{1-x}As$ 光电阴极的专利，其一为光电阴极结构专利 (采用玻璃/AlGaAs/InGaAs)[9]，其二为其制备方法的专利[10]，并公布了基于 $In_xGa_{1-x}As$ 光电阴极的扩红响应 (1.0~1.3μm) 像增强器。2002 年，美国 ITT 公司报道了透射式 $In_xGa_{1-x}As$ 光电阴极光谱响应曲线随着 In 含量变化而变化。由于生长工艺和衬底的晶向选择，当 In 组分增大时，晶格失配会增大，表面位错相当严重，不同 In 组分下，In$_x$Ga$_{1-x}$As 阴极表面的情况如图 10.4 所示[11]。

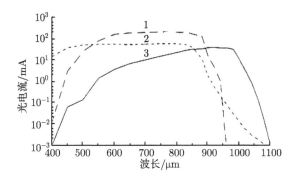

图 10.2　In$_x$Ga$_{1-x}$As 光电阴极与二代、三代 GaAs 光电阴极光谱响应曲线比较

1. 三代像增强器；2. 二代像增强器；3. In$_x$Ga$_{1-x}$As 像增强器

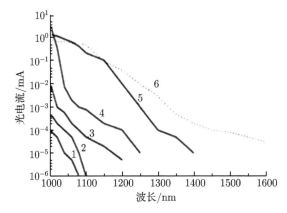

图 10.3　不同 In 组分 In$_x$Ga$_{1-x}$As 光电阴极光电流曲线

1. $x = 0$; 2. $x = 0.05$; 3. $x = 0.10$; 4. $x = 0.16$; 5. $x = 0.30$; 6. $x = 0.55$

(a) In组分为6%的表面情况　　　(b) In组分为16%的表面情况

图 10.4　两种不同 In 组分下 In$_x$Ga$_{1-x}$As 光电阴极表面情况

　　2003 年，美国得克萨斯大学的 Bourree 等用分子束外延技术同样生长出了与金属有机化学气相沉积一样高质量的 $In_xGa_{1-x}As$ 光电阴极[12]，并采用拉曼光谱、光致发光等方法进行分析。2005 年，俄罗斯公布了其研制的透射式 $In_xGa_{1-x}As$ 光电阴极，积分灵敏度达到 750μA/lm，在波长 1.06μm 处辐射灵敏度达到了 0.025mA/W[13]。

　　$In_xGa_{1-x}As$ 光电阴极制备难度高，衬底若选择不当，将导致严重的晶格失配，所以，以国内现有技术和条件只有少数单位开展这方面的工作。2010 年，北方夜视科技集团有限公司研制的 $In_xGa_{1-x}As$ 光电阴极积分灵敏度达到 575μA/lm，1.06μm 处辐射灵敏度为 0.043mA/W。图 10.5 中为 3 根 $In_xGa_{1-x}As$ 光电阴极组件的光谱响应曲线。

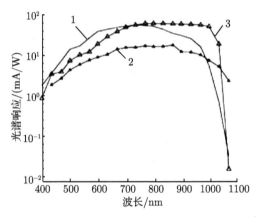

图 10.5　$In_xGa_{1-x}As$ 光电阴极光谱响应曲线对比[17]

1. 2010 年北方夜视科技集团有限公司研制；2. 2006 年 Andor 公司研制；3. 2005 年俄罗斯公布

10.1.2　$In_xGa_{1-x}As$ 材料基本性质

1. $In_xGa_{1-x}As$ 材料生长

　　$In_xGa_{1-x}As$ 材料的生长主要在其他衬底上进行异质外延生长，氢化物气相外延 (HVPE) 技术、MOCVD 技术和 MBE 技术是三种常见的生长手段。

　　HVPE 技术可以用来生长 In 组分为 0.58、0.71、0.82 的 $In_xGa_{1-x}As$ 光电探测器，其生长的衬底材料为 InP。另外，该技术也可用来生长 In 组分为 0.53 的 $In_xGa_{1-x}As$ 光电阴极材料，其衬底材料为 GaAs[14]。在采用 HVPE 技术生长发射层时，发射层的初始层的生长是比较顺利的，需要能量也较少；随着发射层厚度的增加，需要的能量逐渐增加，这时会存在一个临界厚度，到了临界厚度，$In_xGa_{1-x}As$ 发射层会比较容易产生晶格失配[15]。超过临界厚度，晶格间的作用力以位错的方式释放。但临界厚度一般在几纳米，所以 In$_x$Ga$_{1-x}$As 发射层生长的厚度一定是会超过临界厚度的，也就是说这样一个位错是不可避免的[16~19]。Olsen 生长出了异质外延晶格失配半导体，其晶格失配度在 10^5cm^{-2}，Olsen 提出在衬底和 In$_x$Ga$_{1-x}$As 晶格失配层之间加入一个过渡的界面可以中和大多数晶格失配，并阻止晶格失配蔓延到激活层[19~21]。文献 [22] 提出，在 InP 衬底和 In$_x$Ga$_{1-x}$As 发射层之间生长一层 InAsP 缓冲层能够使晶格失配度由原来的 0.33%~0.50% 降低到 0.13%，如图 10.6 所示。但若以 GaAs 为衬底，也可采用 GaAlAs 作为缓冲层。

图 10.6   HVPE 技术生长的 In$_x$Ga$_{1-x}$As 光电阴极结构

MBE 技术最早由 Chang 等提出[23]，随后被广泛地应用于高质量高可靠性的 Ⅲ-Ⅴ族光电阴极的生长当中。用 MBE 技术生长 In$_x$Ga$_{1-x}$As 光电发射层，其生长过程是类似于 GaAs 光电阴极生长。在 MBE 生长 In$_x$Ga$_{1-x}$As 材料过程中有 4 个独立的金属扩散炉，分别装有 In、Ga、As 和掺杂元素 Zn，生长之前对 (100) 方向的 GaAs 衬底采用化学清洗，并且在 Ⅴ 族元素环境中用氩 (Ar) 进行连续轰击，以保证衬底表面的清洁。沉积温度为 450~600℃，生长速度为 1~3 Å/s，与 GaAs 生长一致，取决于Ⅲ族元素 In 和 Ga 的到达时间，结合速率为 $4×10^{14}$ 原子/(cm^2·s)[24]。

MOCVD 技术是 1968 年 Manasevit 提出来的，现在被广泛应用于生长化合物半导体薄层晶体[25]。该技术采用Ⅲ族、Ⅱ族元素的有机化合物和Ⅴ族、Ⅵ族元素的氢化物来生长晶体，以热分解方式在衬底上进行外延生长Ⅲ-Ⅴ族、Ⅱ-Ⅵ族化合物半导体以及它们的多元化合物的薄层单晶。MOCVD 是一种非平衡外延生长技术，能够生长多种复杂结构[26]。

此外还有液相外延 (LPE) 生长方法，LPE 虽有设备简单、生产成本低的优点，但表面平整度不好，不适合 InGaAs 材料的生长[27,28]。

2. In$_x$Ga$_{1-x}$As 材料结构与能带结构

In$_x$Ga$_{1-x}$As 三元合金的材料结构类似于 GaAs 和 InAs，在光电领域都是重要的半导体材料，但 InAs 在生长过程中比较容易生成缺陷，研究较少，InAs 的各项性能一直低于 GaAs，GaAs 目前研究得较成熟，所以对 $In_xGa_{1-x}As$ 更多的是采取一种类似 GaAs 的研究办法。GaAs 材料的性能见第 2 章。InAs 材料近几年经常被应用在量子阱红外探测器中，其晶格常数 $\alpha = 6.0583 + 2.74 \times 10^{-5}(T-300)$ Å[29]，同 GaAs 一样，InAs 也是直接带隙半导体，其能带结构如图 10.7 所示[30]，室温下 Γ 处的禁带宽度为 0.417 eV，温度与禁带宽度之间的关系如式 (10.1) 所示。

$$E_g^\Gamma(T) = E_{g(T=0)}^\Gamma - \frac{\alpha T^2}{T+\beta} \tag{10.1}$$

式中，$\alpha(\Gamma) = 0.276$ meV/K, $\beta(\Gamma) = 93$ K[30]。

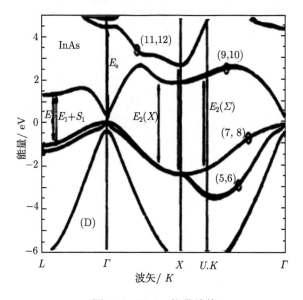

图 10.7　InAs 能带结构

掌握了 GaAs 和 InAs 的基本特性，再加上经过近半个世纪的理论探索和工程实践，关于 $In_xGa_{1-x}As$ 材料的结构特性也取得了一些成果。$In_xGa_{1-x}As$ 同样为闪锌矿立方晶体结构，晶格常数随组分变化关系遵循 Vegard 定律，近似为线性，如式 (10.2) 所示。

$$a(x) = xa_{GaAs} + (1-x)a_{InAs} \tag{10.2}$$

式中，x 代表 GaAs 的比率，a_{GaAs} 为体相 GaAs 的晶格常数，a_{InAs} 为体相 InAs 的晶格常数。理论上晶格常数可以由 GaAs 的 0.56533nm 变化到 InAs 的 0.60583 nm。实际生长时晶格常数会随掺杂浓度而变化，光电阴极都是 p 型掺杂 (掺杂浓度大于 $10^{18}cm^{-3}$)，有可能导致实验中的晶格常数和组分的略微上升。当其组分 $x=0.53$ 时，$In_{0.53}Ga_{0.47}As$ 晶格常数与磷化铟 (InP) 的晶格常数有较好的匹配, 可以在 InP 衬底上外延生长较高质量的 In$_x$Ga$_{1-x}$As 薄膜。同时 GaAs 是常见的衬底材料。

In$_x$Ga$_{1-x}$As 为直接带隙材料, 导带极小值位于布里渊区中心 Γ 处, 在 [111] 和 [100] 方向布里渊区边界 L 和 X 处还各有一个极小值。其 Γ、L 和 X 处宽度随组分的变化关系如表 10.1 所示[31]。

表 10.1 In$_x$Ga$_{1-x}$As 组分与能带宽度的关系

材料	$E(\Gamma)/\mathrm{eV}$	$E(L)/\mathrm{eV}$	$E(X)/\mathrm{eV}$
In$_x$Ga$_{1-x}$As	$0.4x^2 - 1.50x + 1.432$	$0.244x^2 - 0.535x + 1.82$	$0.10x^2 + 0.057x + 2.03$

3. In$_x$Ga$_{1-x}$As 材料缺陷与掺杂

光电发射半导体材料大多采用 p 型掺杂, 基片在外延生长过程中, 各种形式的缺陷也是不可避免的。实践表明, 对半导体光电发射情况产生决定性影响的正是这极微量的杂质和缺陷, 它们决定了半导体器件的质量。掺杂原子的引入和缺陷的形成会使得原先半导体内部的周期性势场遭到破坏, 能级进入禁带, 带隙变窄。对于 In$_x$Ga$_{1-x}$As 材料而言, 常规的掺杂原子是二价的 Mg 或者 Zn。

在 GaAs 或者 InP 衬底上生长 In$_x$Ga$_{1-x}$As 材料, 是研制对红外敏感的光电阴极的关键。从图 10.8 中可以看出 InAs、GaAs 和 InP 晶格常数与禁带宽度之间的关系。

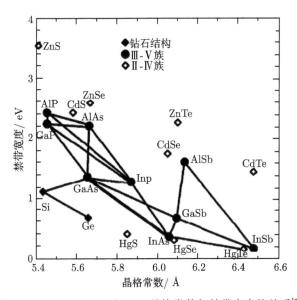

图 10.8 InAs、GaAs 和 InP 晶格常数与禁带宽度的关系[32]

由图 10.8 可知，InAs、GaAs 晶格常数距离 InP 是比较远的，差距较大，所以当 In 组分增大后，$In_xGa_{1-x}As$ 晶格常数就会比 GaAs 衬底的晶格常数大出很多，晶格不匹配，在 $In_xGa_{1-x}As$ 外延层中存在一个使其晶格常数趋近衬底晶格常数的失配应力，这种晶格失配度系数如式 (10.3) 所示。

$$f = \frac{\Delta a}{a_1} \tag{10.3}$$

式中，Δa 是两种材料晶格常数的差值，即 $\Delta a = a_0 - a_1$。这种应变适用于所有弹性和非弹性形变[33]。所以 $In_xGa_{1-x}As$ 发射层在生长时，会在一定厚度内形成较大的线位错和点缺陷，直到这种晶格失配所带来的应力随着厚度的增加慢慢消失，即存在上面所提到的临界厚度。临界厚度值可以作为位错传播角的一个函数被衍生出来，用来平衡施加在位错线上的失配应变力和位错线张力。式 (10.4) 和式 (10.5) 为临界厚度的公式，它们是基于位错角 $\theta = 60°$ 和 $\theta = 90°$ 提出的[34]。

$$h_{c60} = \frac{D(1 - \cos^2\theta)\left(\ln\left(\dfrac{h_{c60}}{b}\right) + 1\right)}{Yf} \tag{10.4}$$

$$h_{c90} = \frac{D(1 - \cos^2\theta)\left(\ln\left(\dfrac{h_{c60}}{b}\right) + 1\right)}{2Yf} \tag{10.5}$$

由应变的属性我们知道，纯刃型位错并不存在。因此，如果 (110) 面是位错滑移面，滑移则发生在 (110) 偏 60° 的方向。图 10.9 是 $In_xGa_{1-x}As$ 外延层生长在 GaAs 衬底上的临界厚度与组分的关系图。

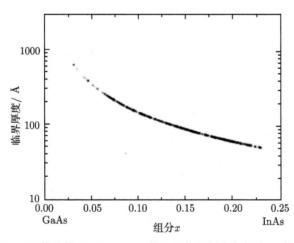

图 10.9　60° 偏移的 $In_xGa_{1-x}As$ 外延层临界厚度与组分 x 的关系图

这样一个线位错和点缺陷的存在将影响发射层的原子结构和光电发射性能。选用 InP 作为衬底时, In 组分为 0.53 时 $f \approx 7 \times 10^{-4}$[35], 晶格失配度较小, 理论上来讲比较容易生成晶格失配度小的 In$_x$Ga$_{1-x}$As 光电发射层, 但 GaAs 衬底更常见一些, 在材料生长中也用得较多, 所以衬底的选择、缺陷和晶格失配情况的研究还需要进一步的理论指导。

　　杂质和缺陷在半导体中也会存在陷阱作用, 杂质和缺陷中心对过剩载流子能够起到俘获和收容的效应, 陷阱的出现会影响光生载流子的输运[36,37]。In$_x$Ga$_{1-x}$As 存在一个深能态族, 包含电子陷阱 EL2, 这种缺陷和砷反位 (即 As 占 Ga 位和 As 占 In 位) 有联系[38]。当缺陷处于不同能级时, 所起的作用是不同的, 可以是复合中心, 也可以是陷阱中心[39]。满足空穴俘获率 (能级从价带俘获空穴) 远大于电子激发率 (能级 E_t 向导带激发电子) 即为复合中心, 如式 (10.6) 所示。

$$r_p p n_t \gg r_n n_t n_1 \tag{10.6}$$

电子陷阱即为空穴复合率远小于电子激发率, 如式 (10.7) 所示。

$$r_p p n_t \ll r_n n_t n_1 \tag{10.7}$$

式中, r_n 为俘获系数, n_1 为 Fermi 能级与复合中心能级重合时导带的平衡电子浓度, n_t 为杂质态上的电子浓度, r_p 为空穴的俘获系数, p 为价带空穴浓度。

　　定义 D_n 为分界能级, 即复合中心与电子陷阱的能级临界, 该能级空穴复合的概率与电子热激发进入导带的概率相同, 即 $r_n n_t n_1 = r_p p n_t$, 将 n_1 代入得到 D_n:

$$D_n = E_n + k_B T \ln(r_p p / r_n n) \tag{10.8}$$

式中, n 为导带电子浓度, 半导体能级位于 D_n 与价带顶 E_v 之间主要起复合中心作用, 而在 D_n 与导带底 E_C 之间则是起电子陷阱的作用。更进一步, 空穴陷阱是指空穴激发率远大于电子俘获率:

$$r_p(N_t - n_t)p_1 \gg r_n n(N_t - n_t) \tag{10.9}$$

式中, N_t 为杂质态浓度, 空穴复合中心满足条件

$$r_p(N_t - n_t)p_1 \ll r_n n(N_t - n_t) \tag{10.10}$$

其中, 空穴激发率远小于电子俘获率。

　　同样的, 定义 D_p 为临界能级, 为复合中心与空穴陷阱的能级分界, 如式 (10.11) 所示。

$$D_p = E_p + k_B T \ln(r_p p / r_n n) \tag{10.11}$$

在 D_p 与 E_c 之间，能级为复合中心；在 D_p 与 E_v 之间，能级为空穴陷阱。关于缺陷与掺杂的分析能够大致看到其产生的能级在光电发射过程中会影响电子的输运，但是对于不同组分的 $In_xGa_{1-x}As$ 的缺陷形态和掺杂情况还需要作进一步的分析。

4. $In_xGa_{1-x}As$ 材料的表面结构

三元半导体 $In_xGa_{1-x}As$ 的表面存在着弛豫与重构，与二元 GaAs 和 InAs 类似。对于 MBE 生长的 GaAs，较容易形成富 As 表面，其富 As 表面较常见有四种重构：γ(2×4)、β(2×4)、β₂(2×4) 和 α(2×4)[40~47]，这四种重构对 GaAs 电子结构和光学性质的影响都得到了比较好的讨论，实验发现，在富 As 的 (100)β₂(2×4) 重构的表面上能获得较高的灵敏度[45]，所以选择 GaAsβ₂(2×4) 表面，如图 10.10 所示。对于 InAs，发生在 InAs(100) 静态表面的重构相对比较简单，主要有两种，一种与 GaAs 类似富 As 的 β₂(2×4)，还有一种性质也比较稳定，为富 In 的 α(2×4) 结构，如图 10.11 所示。

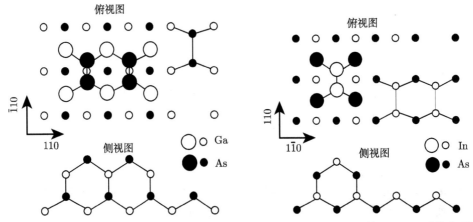

图 10.10　GaAs 富 As 的 β₂(2×4) 重构表面　图 10.11　InAs 富 In 的 α(2×4) 重构表面

为了弄清楚 $In_xGa_{1-x}As$ 表面重构情况。文献 [48]、[49] 通过扫描隧道显微镜 (STM) 观察到了 $In_xGa_{1-x}As$ 表面富 As 的 β₂(2×4) 重构存在，但未指出重构对 $In_xGa_{1-x}As$ 光电阴极的光电和光学性质的影响，其 $In_xGa_{1-x}As$ 表面富 As 的 β₂(2×4) 重构表面如图 10.12 所示。

当然，$In_xGa_{1-x}As$ 材料表面要想形成负电子亲和势，还离不开 Cs、O 交替激活，利用第一性原理可能揭示 Cs、O 在 $In_xGa_{1-x}As$ 表面的吸附情况。

下面从 300K 的基本参数 (表 10.2)、能带结构 (表 10.3)、电学特性 (表 10.4)、光学特性、热特性和力学特性几方面 (表 10.5)，分别给出 GaAs、InAs、$In_{0.53}Ga_{0.47}As$ 和 $In_xGa_{1-x}As$ 相关参数，以供参考。

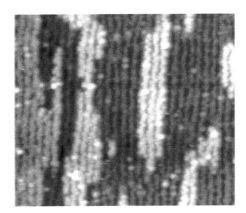

图 10.12 STM 下观察到的 In$_{0.53}$Ga$_{0.47}$As 的 β$_2$(2×4) 重构表面 (后附彩图)[48]

表 10.2 GaAs、InAs、In$_{0.53}$Ga$_{0.47}$As 和 In$_x$Ga$_{1-x}$As 基本参数 (300 K)[50~52]

	GaAs	InAs	In$_{0.53}$Ga$_{0.47}$As	In$_x$Ga$_{1-x}$As
原子个数/cm^{-3}	4.42×10^{22}	3.59×10^{22}	3.98×10^{22}	$(2.76+0.83x)\times10^{22}$
静态介电常数	12.9	15.15	13.9	$0.67x^2+1.53x+12.9$
有效电子质量 m_e	$0.063m_0$	$0.023m_0$	$0.041m_0$	$(0.003x^2-0.043x+0.063)m_0$
有效空穴质量 m_h	$0.51m_0$	$0.41m_0$	$0.45m_0$	$(-0.1x+0.51)m_0$
电子亲和势/eV	4.07	4.9	4.5	$0.83x+4.07$
晶格常数/Å	5.6533	6.0583	5.8687	$0.405x+5.6533$

表 10.3 GaAs、InAs、In$_{0.53}$Ga$_{0.47}$As 和 In$_x$Ga$_{1-x}$As 能带结构[51,53]

	GaAs	InAs	In$_{0.53}$Ga$_{0.47}$As	In$_x$Ga$_{1-x}$As
禁带宽度 E_g/eV	1.42	0.354	0.74	$0.43x^2-1.49x+1.42$
L 能谷与价带能量 E_L/eV	1.71	1.08	1.2	$0.65x^2-1.28x+1.71$
X 能谷与价带能量 E_X/eV	1.90	1.374	1.33	$1.16x^2+1.69x+1.9$
有效导带态密度 N_c/cm^{-3}	4.7×10^{17}	8.7×10^{16}	2.1×10^{17}	$4.8\times10^{15}\cdot(0.003x^2-0.043x+0.063)^{3/2}$ $\cdot T^{3/2}$
有效价带态密度 N_v/cm^{-3}	9.0×10^{18}	6.6×10^{18}	7.7×10^{18}	$4.8\times10^{15}\cdot(-0.1x+0.51)^{3/2}\cdot T^{3/2}$

表 10.4 GaAs、InAs、In$_{0.53}$Ga$_{0.47}$As 和 In$_x$Ga$_{1-x}$As 电学特性[50]

	GaAs	InAs	In$_{0.53}$Ga$_{0.47}$As	In$_x$Ga$_{1-x}$As
电子迁移率/(cm^2/(V·s))	$\leqslant 8.5\times10^3$	$\leqslant 4\times10^4$	$\leqslant 1.2\times10^4$	$(49.2x^2-179.1x+8.5)\times10^4$
空穴迁移率/(cm^2/(V·s))	$\leqslant 400$	$\leqslant 500$	<300	$300\sim400$
电子扩散系数/(cm^2/s)	$\leqslant 200$	$\leqslant 1000$	<300	$(12.3x^2-4.4x+2.1)\times10^2$
空穴扩散系数/(cm^2/s)	$\leqslant 10$	$\leqslant 13$	<7.5	$7\sim12$
电子热运动速率/(m/s)	4.4×10^5	7.7×10^5	5.5×10^5	$(2.6x^2+0.5x+4.4)\times10^5$
空穴热运动速率/(m/s)	1.8×10^5	2×10^5	2×10^5	$(1.8\sim2)\times10^5$

表 10.5　GaAs、InAs、$In_{0.53}Ga_{0.47}As$ 和 $In_xGa_{1-x}As$ 光学特性、热特性和力学特性[50]

	GaAs	InAs	$In_{0.53}Ga_{0.47}As$	$In_xGa_{1-x}As$
折射率 n	3.3	3.51	3.43	$0.16x+0.35$
体积弹性模量/ (dyn/cm^2)	7.52×10^{11}	5.8×10^{11}	6.62×10^{11}	$(-1.72x+7.53)\times10^{11}$
熔点/℃	1240	942		≈ 1100
热传导率/ $(W/(cm\cdot K))$	0.55	0.27	0.05	
热膨胀系数/℃$^{-1}$	5.73×10^{-6}	4.52×10^{-6}	5.66×10^{-6}	
弹性常数/ (dyn/cm^2)	$C_{11}=11.9\times10^{11}$ $C_{12}=5.34\times10^{11}$ $C_{44}=5.96\times10^{11}$	$C_{11}=8.34\times10^{11}$ $C_{12}=4.54\times10^{11}$ $C_{44}=3.95\times10^{11}$	$C_{11}=10.01\times10^{11}$ $C_{12}=4.92\times10^{11}$ $C_{44}=4.895\times10^{11}$	$C_{11}=(11.9-3.56x)\times10^{11}$ $C_{12}=(5.34-0.8x)\times10^{11}$ $C_{44}=(5.96-2.01x)\times10^{11}$

注：$1dyn=10^{-5}N$

10.2　$In_xGa_{1-x}As$ 光电阴极结构分析

$In_xGa_{1-x}As$ 光电阴极的结构是指衬底材料、发射层和表面层。从原子与电子层面分析 GaAs 衬底特性、$In_xGa_{1-x}As$ 光电阴极组分、本征 $In_{0.53}Ga_{0.47}As$ 体材料特性、掺杂的形成、空位缺陷的存在对体掺杂发射层的影响、$In_{0.53}Ga_{0.47}As$ 表面重构、表面 Zn 的掺杂位的选取以及 InGaAs 表面负电子亲和势的生成，为 $In_xGa_{1-x}As$ 光电阴极的研制进行理论探索。

10.2.1　GaAs 衬底特性分析

1. 掺杂对 GaAs 衬底的影响

GaAs 材料中常见掺杂原子为 Zn 原子，建立 $(2\times2\times1)$GaAs 超胞模型，用一个 Zn 原子替换超胞中心的一个 Ga 原子建立 p 型掺杂的 GaAs 衬底模型。

1) 晶格常数

CASTEP 优化后 Zn 掺杂 GaAs 的结构如图 10.13 所示。Zn 的掺杂浓度为 6.25%，参与计算的价电子为 Ga $3d^{10}\,4s^2\,4p^1$，As $4s^2\,4p^3$，Zn $3d^{10}\,4s^2$。运用基于密度泛函理论的 CASTEP 软件对其进行结构优化，表 10.6 所示为优化后的晶格常数。

从晶格常数来看，替位式 Zn 掺杂，使得模型晶格常数变大约 2.8%，整个超胞体积增大约 7.1%，掺杂后总能量的绝对值也大于掺杂前的本征 GaAs。从原子序列上来讲，Zn 的原子序数为 30，而 Ga 的原子序数为 31，理论上 Zn 的原子半径要小于 Ga, 在这里却使得掺杂后超晶胞晶格系数和体积变大, 主要原因是 Zn 的外围为两个电子, 而 Ga 外围的 3 个电子能与 5 价的 As 较好地成键, 紧密结合。Zn 掺杂后由于 Zn 元素外围电子的减少, Zn 与 As 之间的成键减弱, 导致晶格增大, 形成能增大, 说明 Zn 掺杂 GaAs 的稳定性要弱于本征 GaAs。

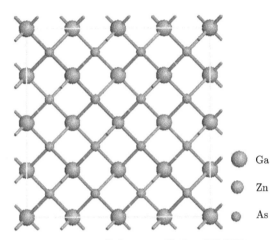

图 10.13 Zn 掺杂 GaAs 模型 (后附彩图)

表 10.6 Zn 掺杂前后 GaAs 模型优化后的晶格常数

超晶胞	a/nm	b/nm	c/nm	v/nm^3	最小能量/eV
GaAs ($2\times2\times1$)	11.306	11.306	5.653	722.598	-32785.832
Ga$_{0.9375}$Zn$_{0.0625}$As ($2\times2\times1$)	11.622	11.612	5.732	773.560	-35268.238

2) 能带结构

图 10.14 所示为采用同一参数计算下 Zn 掺杂 GaAs 和本征 GaAs 得到的能带结构, 从计算结果来看, 本征 GaAs 计算所得禁带宽度为 0.985eV, 比实验值 1.42eV 要低, 禁带宽度的减小是由于密度泛函 (DFT) 用基态代替激发态引起的能带的低估。图 10.14(b) 是本征 GaAs 能带结构, 直接带隙位于 G 位置; Zn 掺杂后, 只给出了跟电子结构密切相关的 Fermi 能级附近的能带结构, 如图 10.14(a) 所示, 还是能够明显看到价带顶和导带底都是位于波矢 G 位置的, 所以掺杂后仍为直接带隙半导体, 但禁带几乎不存在了。

价带能级越过了 Fermi 能级向导带底靠近, 即 Fermi 能级穿过了价带顶, Zn 掺杂 GaAs 的金属性增强, Zn 元素与周围 As 原子的相互作用, 在带隙中产生了新能级。

3) 电荷量的变化

表 10.7 为 GaAs 掺杂前后的布居数、电荷分布和键长的变化, 掺杂前 Ga—As

键的键长为 2.448Å, 布居数为 0.28, Ga 原子失去 0.24 个电子, 而 As 原子获得
0.24 个电子, 形成离子性较强的共价键。

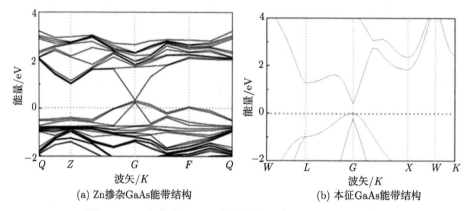

(a) Zn掺杂GaAs能带结构　　　　　　(b) 本征GaAs能带结构

图 10.14　Zn 掺杂 GaAs 能带结构和本征 GaAs 能带结构

表 10.7　GaAs 和 Ga$_{0.9375}$Zn$_{0.0625}$As 布居数、电荷分布和键长的变化

GaAs					Ga$_{0.9375}$Zn$_{0.0625}$As				
键	布居数	电荷/e		l/Å	键	布居数	电荷/e		l/Å
		Ga	As				Zn	As	
Ga—As	0.28	0.24	−0.24	2.448	Zn$_1$—As$_2$	0.74	−0.03	−0.19	2.525
					Zn$_1$—As$_8$	0.66		−0.19	2.479
					Zn$_1$—As$_{11}$	0.66		−0.19	2.479
					Zn$_1$—As$_{13}$	0.69		−0.18	2.535

当 Zn 原子替换了 Ga 原子后, Zn—As 成键的键长比 Ga—As 长, 均大于
2.448 Å, 布居数也远大于未掺杂时, 达到了 0.66 以上, 此时 Zn 原子获得 0.03 电
子, 而 As 原子分别获得了 0.19 和 0.18 个电子, 都呈电负性, 这也充分说明了由
于 Zn 的外围只有 2 个电子, As 的外围为 5 个电子, 要互相结合形成四对共价键,
电子是缺失的, 所以从电荷得失情况来看, Zn 和 As 原子都是获得电子, Zn—As
键上的布居数明显增大就是由此而来。Zn 原子外围电子较少, 在与 As 成键时, 离
子性增强, 导致键长有所增长, 同时在晶格常数上也体现同步增长。从稳定性上来
说, 掺杂结构不如本征结构, 但是掺杂有利于提高载流子浓度, 增强光电子在体内
的输运, 所以对衬底 GaAs 的掺杂是必不可少的。掺杂完成后, 空穴浓度大于电子
浓度, 获得 p 型 GaAs 半导体衬底材料。

2. 点缺陷对 GaAs 衬底的影响

GaAs 晶体中常见的点缺陷有砷空位 (V$_{As}$)、镓空位 (V$_{Ga}$)、砷反位 (As$_{Ga}$)、镓
反位 (Ga$_{As}$)、砷间隙 (As$_{in}$) 和镓间隙 (Ga$_{in}$), 有一些研究者已经对 GaAs 的本征

缺陷作了一些分析[54~57]，但并没有对 GaAs 体内的点缺陷对光学性质的影响进行具体分析。

理想的 GaAs 晶体为面心立方结构，每一个原子和周围 4 个异类原子构成四面体结构。计算模型选用的是面心立方晶胞，计算所用的超胞由 2×2×2 个晶胞组成，共 64 个原子，如图 10.15 所示。

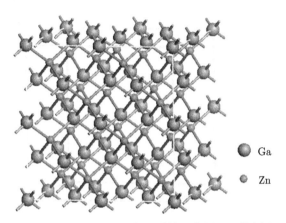

Ga

Zn

图 10.15 2×2×2GaAs 超胞结构示意图 (后附彩图)

进行空位 (反位) 缺陷计算时采用空位 (反位) 原子替代超胞中的 Ga 原子或者 As 原子。进行 Ga 或者 As 间隙计算时，是在超胞间隙中添加一个 Ga 原子或者一个 As 原子，模拟光电阴极在富 As 或富 Ga 情况下体内原子超标形成点缺陷的情况，然后进行结构优化，计算点缺陷对 GaAs 光学性质的影响[58]。

1) 晶体的形成能

空位形成能定义：

$$E = E_{N-1} + \mu - E_N \tag{10.12}$$

式中，E_{N-1} 为空位缺陷超胞的总能量；E_N 为本征的能量；μ 为单原子化学势。

间隙原子的形成能定义：

$$E = E_{N+1} - E_N - \mu \tag{10.13}$$

式中，E_{N+1} 为含间隙原子点缺陷的超胞的总能量。

反位点缺陷的形成能：

$$E = E_{\mathrm{def}} - [E_{\mathrm{per}} - \mu_{\mathrm{origin}} + \mu_{\mathrm{instead}}] \tag{10.14}$$

式中，E_{per} 为本征超胞的总能量；E_{def} 为含反位点缺陷的总能量；μ_{origin} 为被反位替代原子的能量；μ_{instead} 为反位替代原子的能量。

各种可能存在的本征点缺陷的形成能如表 10.8 所示。

表 10.8　GaAs 体材料中各种点缺陷的形成能

缺陷类型	V_{As}	V_{Ga}	As_{Ga}	Ga_{As}	As_{in}	Ga_{in}
形成能/eV	7.286	5.701	−1.812	1.628	−2.013	2.245

正的缺陷形成能表明在缺陷的形成过程中，晶体要从外界吸收能量，值越大，缺陷越难形成；负的形成能表明缺陷形成时，晶体释放出能量，绝对值越大，表明缺陷容易形成，且形成物质较稳定。通过表 10.8 的比较，对于空位点缺陷，Ga 的空位缺陷更容易产生；对于代位式点缺陷，As 替代 Ga 的点缺陷要较 Ga 替代 As 的更容易产生。而对于间隙式点缺陷，As 间隙缺陷的形成能是一个负值，是一个释放能量的过程，即能量处于较低值；Ga 间隙缺陷的形成能为正值，是一个从外界吸收能量的过程，即处于一个能量较高值，所以 As 的间隙缺陷比 Ga 的间隙缺陷更容易产生。这一点，在 GaAs 的制备过程中得到了较好的印证。因为 GaAs 晶体在生长过程中，为了避免 As 挥发，往往要在富砷的条件下拉晶，此时过剩的 As 很容易形成间隙式点缺陷。总体来说，在体相 GaAs 中，较易形成的点缺陷是 V_{Ga}、As_{Ga} 和 As_{in}，不易形成且不稳定的是 V_{As}、Ga_{As} 和 Ga_{in}。在光学性质的讨论中着重讨论 V_{Ga}、As_{Ga} 和 As_{in} 点缺陷对体相 GaAs 光学性质的影响。

2) 衬底的光学性质

通过分析三种较易形成的点缺陷的光学性质来讨论点缺陷对 GaAs 光学性质的影响。为了提高光学性质的计算精度，我们根据实验数值采用了剪刀算法修正。GaAs 计算的禁带宽度为 0.515 eV，比实验值 1.42 eV 小。这种禁带宽度变小的现象广泛存在于局域密度近似 (LDA) 和广义梯度近似 (GGA) 算法中。但是，这个问题并不影响理论分析的结果，为了便于比较，在上述三种结构中剪刀算符均采用了 0.9 eV。

介电函数能表征材料的物理特性，是固体能带结构和光学图谱之间联系的纽带，复介电函数的表达式如式 (10.15) 所示。

$$\varepsilon(\omega) = \varepsilon_1(\omega) + i\varepsilon_2(\omega) \tag{10.15}$$

其中，$\varepsilon_1(\omega)$ 为实部，$\varepsilon_2(\omega)$ 为虚部，虚部由占据态和非占据态波函数的动量矩阵元求得，如式 (10.16) 所示。

$$\varepsilon_2(\omega) = \frac{\pi}{\varepsilon_0} \left(\frac{e}{m\omega}\right)^2 \cdot \sum_{v,c} \left\{ \int_{BZ} \frac{2d\boldsymbol{K}}{(2\pi)^2} \left| \boldsymbol{a} \cdot \boldsymbol{M}_{v,c} \right|^2 \delta \cdot [E_c(\boldsymbol{K}) - E_v(\boldsymbol{K}) - \hbar\omega] \right\} \tag{10.16}$$

式中，ε_0 是真空介电常数；c 和 v 分别是导带和价带；BZ 是第一布里渊区；$\boldsymbol{K}$ 是电子波矢，$\boldsymbol{a}$ 是矢量势 $\boldsymbol{A}$ 的单位方向矢量，$\boldsymbol{M}_{v,c}$ 是转移矩阵元；ω 是角频率；$E_c(\boldsymbol{K})$

和 $E_v(\mathbf{K})$ 分别是价带和导带的本征能。

上述公式解释了晶体能级之间产生电子跃迁的光谱机制，为晶体的能带结构和光学特性的分析提供了理论基础。介电函数的虚部与能带中的带间跃迁是密切相关的，即取决于导带和价带的电子跃迁。介电函数的虚部中的奇点对应着价带到导带的电子跃迁，可以根据光子的能量以及跃迁能量的大小来判断是什么样的跃迁。根据所设精度计算得到体相 GaAs 的复介电函数如图 10.16 所示，图中 ε_r 为介电函数虚部，ε_i 为介电函数实部。

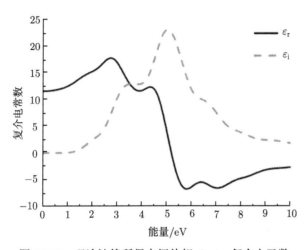

图 10.16 理论计算所得本征体相 GaAs 复介电函数

图 10.16 的计算结果与文献 [59] 对比可以看出，在计算精度下得到的 GaAs 的复介电函数与文献 [59] 吻合，计算精度可行。图 10.17(a) 所示为体相 GaAs、V$_{Ga}$、As$_{Ga}$ 和 As$_{in}$ 的介电函数虚部。文献 [60] 给出了 GaAs 材料 1.5～6eV 的介电函数实验值，大于 6eV 的介电函数未见到报道，从图中可以看出，体相 GaAs 在 3.50eV、5.03eV、6.60eV 和 9.39eV 处有四个主峰，其中 3.5eV 和 5.03eV 处的峰值与文献 [60] 中的实验值基本一致，3.5eV 处的峰由 Ga 的 4p 态向 As 的 4p 态跃迁形成，5.03eV 处的峰由 As 的 4p 态向 Ga 的 4p 态跃迁，6.6eV 处的峰由 Ga 的 4s 态向 As 的 4s 态跃迁，9.39eV 处的峰由 As 的 4s 态向 Ga 的 4s 态跃迁形成，其中 6.60eV 和 9.39eV 处的峰并不明显。通过图 10.17 的比对，可以看出点缺陷的介电函数虚部峰基本都向低能端移动，并且高能端的 6.60eV 和 9.39 eV 处的峰消失。主要由于点缺陷的存在改变了点缺陷周围的电子分布结构，从而引起介电函数的变化。三种点缺陷在 4.83eV 处均有一个峰，对应体相的 5.03eV 的峰，向低能端移动。由于点缺陷的存在，禁带中出现缺陷能级，缺陷能级上的电子往导带跃迁所需的能量降低，跃迁变得更容易，同时三种点缺陷在 2.87eV 处均有一个比较明显的

峰，对应体相的 3.5eV 处的峰由 Ga 的 4p 态向 As 的 4p 态跃迁形成。对于 Ga 缺陷，在低能端 1.45eV 处出现了一个新的强峰，Ga 的空位缺陷改变了它邻近的 As 原子的电子分布结构，所以在价带顶附近形成了一个新的空位能级，这个强峰的形成是由于电子从导带向这个空带能级的跃迁。

图 10.17(b) 所示为体相与各点缺陷的介电函数的实部值，变化趋势和虚部情况基本相同，也是由于缺陷存在导致缺陷能级的产生，从而介电函数实部值往低能端移动，且 Ga 缺陷的介电函数实部在低能端能够看到一个新的峰值产生。

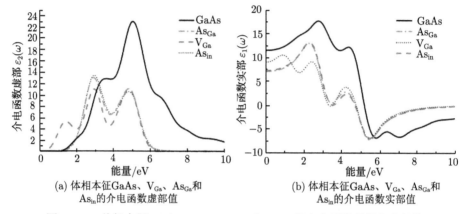

(a) 体相本征GaAs、V_{Ga}、As_{Ga}和　　　　　　(b) 体相本征GaAs、V_{Ga}、As_{Ga}和
As_{in}的介电函数虚部值　　　　　　　　　　　　As_{in}的介电函数实部值

图 10.17　体相本征 GaAs、V_{Ga}、As_{Ga} 和 As_{in} 的介电函数虚部和实部值

能量损失表示一个电子通过均匀介质时的能量损失情况，点缺陷及体相本征 GaAs 的能量损失如图 10.18 所示。

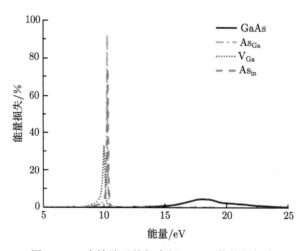

图 10.18　点缺陷及体相本征 GaAs 的能量损失

晶格振动或吸附分子振动能的跃迁，损失的能量在几十至几百 meV 范围；体内等离子体或表面等离子体 (电子气) 激发，或价带跃迁，其能量损失值在 $1\sim50eV$；芯能级电子的激发跃迁，能量损失值在 $10^2\sim10^3eV$ 量级。从图 10.18 能量损失谱上看来，能量损失均分布在 $5\sim25eV$，对应于价带跃迁的能量损失。对于体相的 GaAs 晶体，其价带宽度较宽所以吸收电子能量较多，以满足电子由价带到导带的跃迁。而对应于三种点缺陷，杂质能级存在于禁带中间，电子只需要损失较少的能量，便能完成电子的带间跃迁，且 Ga 空位缺陷的缺陷能级更接近于导带底，能量损失更靠近低能端。

要想有较好的光电子发射几率，必须研究吸收系数。吸收系数定义为

$$I = I_0 e^{-\alpha x} \tag{10.17}$$

式中，I_0 为入射光强度；I 为距离表面垂直距离为 x 处的光强；α 为吸收系数，量纲为长度的倒数，单位是 cm^{-1}，表征光在物质中通过时的被吸收程度。

吸收系数还可以由介电函数的实部 $\varepsilon_1(\omega)$ 和虚部 $\varepsilon_2(\omega)$ 表示，如式 (10.18) 所示。

$$\alpha(\omega) = \sqrt{2}\omega\left[\sqrt{\varepsilon_1^2(\omega) - \varepsilon_2^2(\omega)} - \varepsilon_1^2(\omega)\right]^{1/2} \tag{10.18}$$

图 10.19 给出了点缺陷及本征体相 GaAs 的吸收系数曲线。

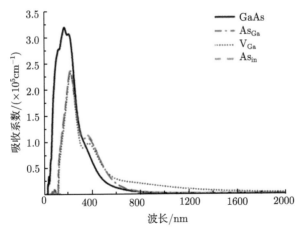

图 10.19 点缺陷及本征体相 GaAs 的吸收系数曲线

从吸收系数曲线可以看出，由于缺陷的存在，GaAs 吸收系数整体向长波段移动，并且在约 400 nm 处出现了一个新的吸收峰。分析认为在价带的上方出现了新的缺陷能级，长波段的光子能量足以让电子跃迁至缺陷能级，或由缺陷能级跃迁到导带，从而增加光电子的逸出，有利于光电阴极的光电发射。

　　从上面的光学性质的分析中, 发现一个比较有意思的现象, 即无论是复介电函数、吸收系数还是能量损失, V_{Ga} 和 As_{in} 的光学性质非常相似, 几乎看不出区别。所以在以后的实验过程中, 如果考虑缺陷的光学性质, 可以将 V_{Ga} 和 As_{in} 对 GaAs 的影响归结为一类进行考虑, 不需要进行区分。

　　缺陷的存在使得禁带中出现了杂质能级, 吸收系数、复介电函数和电子能量损失均往低能端移动, 并逐渐进入可见光区, 其中 V_{Ga} 的缺陷能级更靠近导带底, 也就是说 Ga 空穴的存在更容易使得电子跃迁至导带。从计算中还可以看到, V_{Ga} 的光学性质与 As_{in} 的光学性质几乎是一致的, 这也为后续实验中讨论缺陷的光学性质提供了理论依据。计算过程中出现了光学性质向低能端移动的现象, 所以适量缺陷的存在能够促成材料内部电子的激发。

10.2.2　$In_xGa_{1-x}As$ 光电阴极组分的选择与分析

1. 能带结构

$In_xGa_{1-x}As$ 是直接带隙半导体, 其禁带宽度如式 (10.19) 所示[31]。

$$E_g = 0.4x^2 - 1.50x + 1.432 \tag{10.19}$$

　　计算所得的禁带宽度和文献 [31] 给出的禁带宽度值随 In 组分变化情况如图 10.20 所示。图 10.20 中虚线为计算所得的禁带宽度随 In 组分变化情况的示意图, 实线为文献 [31] 给出来的实验结果。对比之后发现, 计算任何组分材料的禁带宽度值均小于同组分材料的实验值, 这是由于密度泛函理论对能带的低估, 导致计算值比实验小 30%~50%。但是仔细比较变化趋势, 其计算所得的禁带宽度值与实验所得值随组分 x 的变化趋势一致, 且曲线形状非常相似。所以组分计算中采用的计算精度和计算方法是合适的。当组分为 0.53 时, 文献 [31] 中的禁带宽度理论值为 0.73eV, 采用 CASTEP 软件计算为 0.25eV, 该禁带宽度对应的光谱响应波长约为 1.6μm, 若是再进行掺杂, 禁带宽度预计将进一步降低, 光谱响应红移, 提高其在更长波段的量子效率。

2. 光学性质

　　介电函数和吸收系数是与物理过程微观模型和固体的微电子结构相关的光学常数, 可以用来更好地描述材料的光学性质。光学常数取决于 Fermi 能级附近的电子结构和载流子浓度。所以对光学常数的研究能够更好地指导光电阴极的结构设计。Spicer 等提出的光电发射三步理论指出, 光子能量在体内被电子吸收, 电子受激向表面输运, 最后光生电子逸出表面到达真空。当光子能量大于禁带宽度且入射光强一定时, 吸收系数的大小对光激发产生电子的数量起关键作用。吸收系数随 In 组分变化情况如图 10.21 所示。

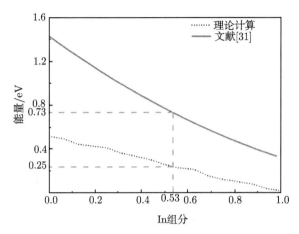

图 10.20 $In_xGa_{1-x}As$ 能带随组分变化理论值与实际值

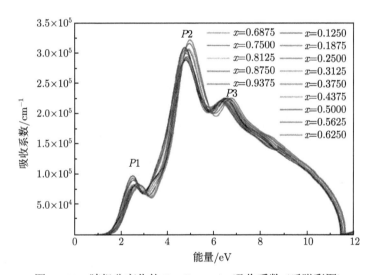

图 10.21 随组分变化的 $In_xGa_{1-x}As$ 吸收系数 (后附彩图)

通过图 10.21 发现, 当组分变化时其光学性质的变化趋势基本一致, 即一共存在 3 个光学系数吸收峰 $P1$、$P2$ 和 $P3$, $P1$ 位于光子能量在 2~4 eV 的范围内, $P2$ 位于 4~6eV, $P3$ 位于 6~8eV, 为了更详细地分析吸收系数和组分的关系, 图 10.22(a)~(c) 为不同组分的三个吸收系数峰值所在位置随组分的变化情况。

通过比对图 10.22(a) 与图 10.21, 我们发现, 图 10.22(a) 中 $In_xGa_{1-x}As$ 吸收峰 $P1$ 随着组分的增加往高能端移动, 图 10.21 中在能量小于吸收峰 $P1$ 的区域内, 其吸收系数值随着 In 组分的增加而降低。比对图 10.22(b) 与图 10.21, 图 10.22(b) 中 $In_xGa_{1-x}As$ 吸收峰 $P2$ 的移动并不是与组分呈单调关系, 当组分为 0.4~0.5 时, $P2$

的能量先往高能端再往低能端移动；当组分大于 0.5 时，$P2$ 的峰值能量与组分变化呈单调递增关系。图 10.21 中，$P2$ 峰附近不能观察到吸收系数随组分的明显变化关系。比对图 10.22(c) 与图 10.21，图 10.22(c) 中 $In_xGa_{1-x}As$ 吸收峰 $P3$ 随着组分增加往高能端移动，基本与组分符合单调递增关系；图 10.21 中能量大于吸收峰 $P3$ 的区域内吸收系数的值随着组分的增加而增加。所以在低能端 In 组分增加，吸收峰 $P1$ 往高能端移动，吸收系数值减小；在高能端 In 组分增加，吸收峰 $P3$ 往高能端移动，吸收系数值增加，而中间区域，吸收峰 $P2$ 随组分变化无单调规律可循。

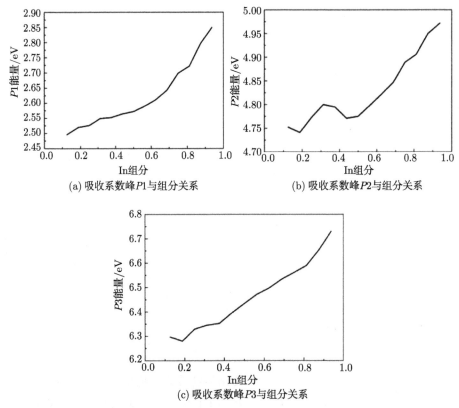

(a) 吸收系数峰$P1$与组分关系　　　　　　(b) 吸收系数峰$P2$与组分关系

(c) 吸收系数峰$P3$与组分关系

图 10.22　吸收系数峰位置与组分 x 的关系

　　综合考虑上述分析和晶格匹配情况，当 In 组分为 0.53 时，$In_xGa_{1-x}As$ 能与缓冲层材料有较好的晶格匹配，缓冲层厚度缩小。从禁带宽度的角度来讲，组分 0.53 的 $In_{0.53}Ga_{0.47}As$，其禁带宽度约为 0.73eV，对应的截止波长约为 1.65μm，与夜天光的光谱分布也比较吻合，所以选择 In 组分为 0.53 的 $In_{0.53}Ga_{0.47}As$ 材料为主要研究对象。

10.2.3　本征 $In_{0.53}Ga_{0.47}As$ 体材料特性分析

1. 能带结构和态密度

本征 $In_{0.53}Ga_{0.47}As$ 和 GaAs 材料一样, 都是闪锌矿结构。所以 $In_{0.53}Ga_{0.47}As$ 体模型是建立一个 $2\times2\times2$ 的 GaAs 超胞, 用 In 原子替换其中的 Ga 原子。GaAs 模型中共有 64 个原子, 其中 Ga 和 As 各占 32 个。为了实现组分为 0.53, 用 17 个 In 原子替换超胞中的 17 个 Ga 原子。在替换时, 考虑到模型的对称性和晶胞生长的实际情况, In 原子隔层替代 Ga 原子, 并在中间的 Ga 层挑选了一个 Ga 原子进行替代, 几何优化前的体相 $In_{0.53}Ga_{0.47}As$ 模型结构如图 10.23 所示。

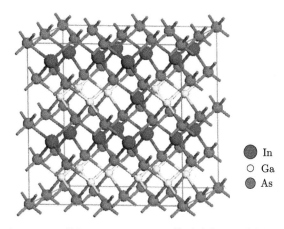

图 10.23　体相 $In_{0.53}Ga_{0.47}As$ 模型结构 (后附彩图)

计算中赝势原子只考虑价电子的影响, 即只考虑 $Ga(3d^{10}\ 4s^2\ 4p^1)$, $In(4d^{10}\ 5s^2\ 5p^2)$, $As(4s^2\ 4p^3)$ 轨道。

根据 Vegard 定律, $In_{0.53}Ga_{0.47}As$ 的晶格常数为 5.87 nm, 几何优化后的晶格常数为 5.99 nm, 与理论值的相对误差为 2%, 即误差较小, 说明该精度下计算所得结果与实际情况基本相符。

典型二元的III- V GaAs 和 InAs 是直接带隙半导体, 其能带结构在文献 [61]、[62] 中均作了详细的阐述, GaAs 的禁带宽度为 1.42eV, InAs 为 0.417eV。计算所得 $In_{0.53}Ga_{0.47}As$、GaAs 和 InAs 的能带结构如图 10.24 所示。图 10.24(b) 和 (c) 中计算所得 GaAs 和 InAs 的禁带宽度分别为 0.985eV 和 0.278eV, 与实验值相比, 低了 30.6% 和 33.3%, 这是由于采用的 DFT 对能带的低估。

图 10.24(a) 所示 $In_{0.53}Ga_{0.47}As$ 材料的能带结构, 导带能量最低点与价带能量最高点均出现在 G 点, 即 $In_{0.53}Ga_{0.47}As$ 也是直接带隙半导体, 禁带宽度为 0.574eV, 有利于光电子的激发和逸出, 相对于二元的 InAs 和 GaAs, 第三种元素 Ga(In) 的引入使得原子间的间距减小, 电子共有化现象发生。随着第三种原子增

多, 间距进一步减小, 电子可以在所有原子能级自由运动, 这就表现为能级分裂, 扩展成能带, 所以禁带宽度减小。能级分裂的程度与第三种元素的浓度有关[63]。图 10.24(a)~(c) 中当 InAs(GaAs) 受到第三种元素 Ga(In) 的影响时, 能级逐渐扩展, 导带的能级分裂后逐渐向导带底端作了大幅移动, 同时价带能级分裂也比较明显。所以三元半导体和二元半导体能带结构的差异很明显, 第三种元素导致了 $In_{0.53}Ga_{0.47}As$ 材料能级的明显裂变。

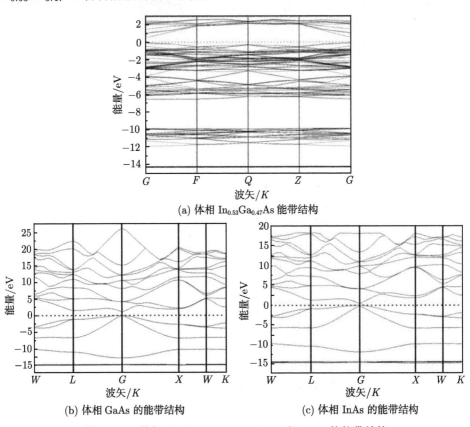

(a) 体相 $In_{0.53}Ga_{0.47}As$ 能带结构

(b) 体相 GaAs 的能带结构

(c) 体相 InAs 的能带结构

图 10.24 体相 $In_{0.53}Ga_{0.47}As$、GaAs 和 InAs 的能带结构

为了进一步分析能带结构, $In_{0.53}Ga_{0.47}As$、GaAs 和 InAs 的总态密度如图 10.25 所示。

图 10.25 中虚线表示 Fermi 能级所在位置, 对比图 10.25 中 $In_{0.53}Ga_{0.47}As$、GaAs 和 InAs 能带结构发现, $In_{0.53}Ga_{0.47}As$ 在电子能量约为 $-15eV$ 处出现态密度峰值, 其值远大于 GaAs 和 InAs, 且相对于 GaAs 和 InAs 略往高能端移动, InGaAs、InAs 和 GaAs 的电子态密度峰值在 Fermi 能级以下的分布位置基本一致, 但是 GaAs 和 InAs 在导带高能区均有电子分布, 而 $In_{0.53}Ga_{0.47}As$ 在价

带大于 5eV 的高能端基本没有电子分布, 为了寻求其原因, 给出参与赝势计算的 $In_{0.53}Ga_{0.47}As$ 的 $Ga(3d^{10}\ 4s^2\ 4p^1)$, $In(4d^{10}\ 5s^2\ 5p^2)$, $As(4s^2\ 4p^3)$ 的分态密度图, 如图 10.26 所示。

比对图 10.25 和图 10.26, $In_{0.53}Ga_{0.47}As$ 位于 -15 eV 处的态密度峰主要由 In 原子的 4d 态和 Ga 原子的 3d 态贡献, 而位于 Fermi 能级上方的导带电子无论是 GaAs、InAs 还是 InGaAs 几乎都是由 s 态和 p 态电子组成, 并没有 d 态电子对 Fermi 能级以上的态密度作贡献。

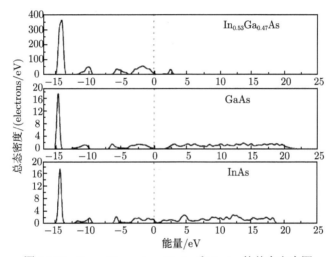

图 10.25 $In_{0.53}Ga_{0.47}As$、GaAs 和 InAs 的总态密度图

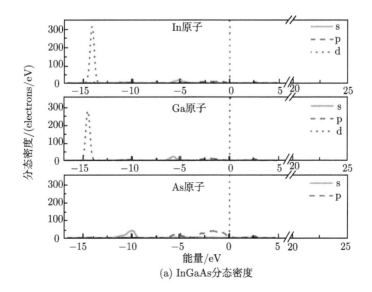

(a) InGaAs分态密度

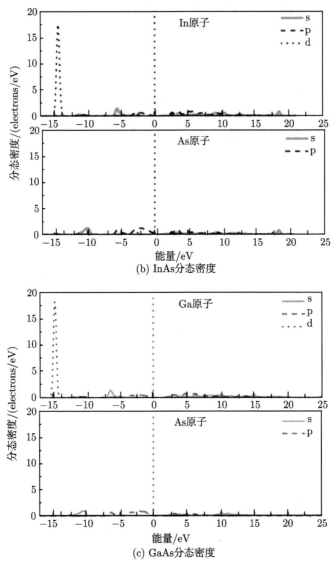

图 10.26　In$_{0.53}$Ga$_{0.47}$As、GaAs、InAs 的分态密度

2. 光学性质

In$_{0.53}$Ga$_{0.47}$As、GaAs、InAs 介电函数虚部如图 10.27 所示，在图上可以看到存在三个明显的介电函数虚部峰值，分别位于 1.81eV、2.89eV 和 4.21 eV 处。比对图 10.24(a) In$_{0.53}$Ga$_{0.47}$As 的能带结构和图 10.26(a) 的 In$_{0.53}$Ga$_{0.47}$As 分态密度图，我们发现 $a1$ 峰主要是由价带最高处的 Ga 的 4p 态和 In 的 5p 态与导带最低

处的 As 的 4p 态之间的电子跃迁引起的；$a2$ 峰是由 Ga 的 4s 态和 In 的 5s 态与 As 的 4p 态之间的电子跃迁引起的；$a3$ 峰主要是由少量的 As 的 4s 态电子和 Ga 的 4s 态与 In 的 5s 态之间的电子跃迁引起的。与 GaAs 和 InAs 的介电函数比较可以发现，首先大于介电函数虚部峰值 1.81eV 后，其介电函数虚部的分布情况基本与 GaAs 大于峰值 $b1$ 和 InAs 大于 $c1$ 处基本相同，同样在大于最大峰值处存在两处介电函数虚部峰。证明 Ga 与 In 原子为同族原子，参与计算的外层电子基本近似，它们与 As 的外层电子相互作用使得 InGaAs 的介电函数虚部整体向低能端移动；而对于小于峰值 $a1$(1.81 eV) 的介电函数虚部比较平滑，没有峰值存在。这与 GaAs 和 InAs 的介电函数虚部的分布情况不一致，主要是由于价带顶的 As 的 4p 态与 Ga 的 4p 态、In 的 5p 态之间存在比较频繁的电子跃迁。

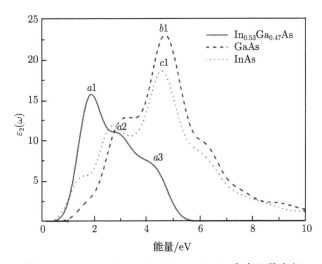

图 10.27 In$_{0.53}$Ga$_{0.47}$As、GaAs、InAs 介电函数虚部

体相 In$_{0.53}$Ga$_{0.47}$As、GaAs 的吸收系数如图 10.28 所示。In$_{0.53}$Ga$_{0.47}$As 光电阴极主要用来制作红外延伸的微光像增强器，即相对于 GaAs 光电阴极，其响应波长更长。在体相 In$_{0.53}$Ga$_{0.47}$As 的吸收系数曲线上，当光波长大于 2160nm 时，其吸收系数几乎为 0，即其截止波长为 2160nm，这与能带计算结果相一致。对于体相 In$_{0.53}$Ga$_{0.47}$As 而言，能量低于 0.574eV 的光子将不能被吸收。从图中可以观察到三个明显的吸收峰，$P1$ 位于波长为 278nm 处，$P2$ 位于波长为 431nm 处，$P3$ 位于波长为 701nm 处。吸收系数与光电发射密切相关，GaAs 是一种常见的经典的光电发射材料，所以在图 10.28 中作出 GaAs 的吸收系数作比较，由经典发射理论可知，GaAs 的主要响应区域为可见光。图 10.28 中 GaAs 的响应区域基本集中在小于 800nm 的波段，In$_{0.53}$Ga$_{0.47}$As 材料的响应波段主要集中在近红外波段。

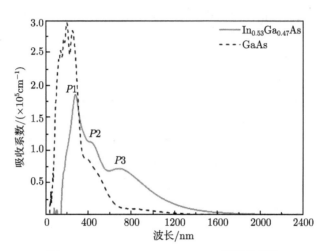

图 10.28　$In_{0.53}Ga_{0.47}As$、GaAs 的吸收系数

从图 10.28 中我们也可以发现，$In_{0.53}Ga_{0.47}As$ 在大于 800nm 处的光吸收系数明显大于 GaAs，也就是说在近红外波段，InGaAs 的光吸收要明显好于 GaAs，这与实验情况也相符合。单纯从 $In_{0.53}Ga_{0.47}As$ 的吸收系数曲线来看，红外波段的吸收系数峰 $P3$ 明显小于紫外区的 $P1$ 和可见光区的 $P2$，这与 $In_{0.53}Ga_{0.47}As$ 红外区光电发射能力强并不违背。InGaAs 的光电发射能力除了与光吸收系数有关，还与材料的掺杂情况和表面情况有密切的关系。但是总体而言，$In_{0.53}Ga_{0.47}As$ 在红外区吸收系数比较大，这是优于 GaAs 的地方。

10.2.4　掺杂的形成

1. 掺杂元素的选择

$In_{0.53}Ga_{0.47}As$ 与 GaAs 材料类似，常见的掺杂原子为 Zn 原子和 Be 原子，掺杂 $In_{0.53}Ga_{0.47}As$ 超晶胞由 $2\times2\times2$ 的晶胞构成，考虑到计算的对称性，掺 Zn 的 $In_{0.53}Ga_{0.47}As$ 的结构如图 10.29(a) 和 (b) 所示，Zn 为替位式杂质原子，In 与 Ga 同为 +3 价的元素，所以 Zn 有两种掺杂方式，一种代替 In 原子，形成 $In_{0.5}Zn_{0.03}Ga_{0.47}As$ 超晶胞 (图 10.29(a))，另一种是 Zn 原子替代 Ga 原子形成 $In_{0.53}Ga_{0.44}Zn_{0.03}As$ 超晶胞 (图 10.29(b))；外层有 2 个电子的 Zn 元素替代了外层有 3 个电子的 In(Ga) 原子，形成了 Zn 掺杂的 p 型 $In_{0.53}Ga_{0.47}As$ 三元Ⅲ-Ⅴ族半导体。前面讨论过 Be 原子体积较小，易形成间隙式杂质，形成的超晶胞如图 10.29(c) 所示。

根据式 (10.12)～式 (10.14)，三种掺杂计算所得的形成能如表 10.9 所示。

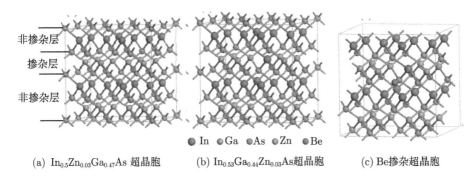

非掺杂层
掺杂层
非掺杂层

● In ● Ga ● As ● Zn ● Be

(a) $In_{0.5}Zn_{0.03}Ga_{0.47}As$ 超晶胞　(b) $In_{0.53}Ga_{0.44}Zn_{0.03}As$超晶胞　(c) Be掺杂超晶胞

图 10.29　掺杂的 InGaAs 超晶胞结构 (后附彩图)

表 10.9　体掺杂形成能

掺杂类型	Zn 替位 In	Zn 替位 Ga	间隙式 Be 掺杂
形成能/eV	−3.888	−3.854	+1.420

间隙式 Be 掺杂的形成能为 +1.420 eV, 证明在掺杂过程中需要从外界吸收能量, 整个掺杂晶体处于能量高值, 而 Zn 替位式掺杂的两种状态形成能均为负值, 掺杂过程中释放出能量, 处于能量低值。另外, 根据对掺杂的 GaAs 光电阴极进行的激活实验, Zn 掺杂的 GaAs 光电阴极比 Be 掺杂的光电阴极有着更好的光电灵敏度[64]。所以 InGaAs 主要采用 Zn 元素作替位式掺杂, 但是由于 Zn 的替位掺杂时有替位 Ga 和替位 In 两种可能, 且形成能较为近似, 下面着重讨论 Zn 替位掺杂 $In_{0.53}Ga_{0.47}As$ 光电阴极的体特性。电子间的相互作用依然采用 DFT 来处理, LDA 结合 GGA 用来近似计算交换相关能, GGA 能够补救由于 LDA 低估的分子键长 (或键能) 以及晶体的晶格参数, 参与计算的价电子为 $In(4d^{10}5s^25p^2)$, $Ga(3d^{10}4s^24p^1)$, $As(4s^24p^3)$, $Zn(3d^{10}4s^2)$。根据 Vegard 定律, $In_{0.53}Ga_{0.47}As$ 的理论晶格常数为 5.87nm。几何优化后未掺杂的 $In_{0.53}Ga_{0.47}As$ 超胞的晶格常数约为 11.99nm, 因为本次采用的超胞由 2×2×2 的晶胞组成, 所以计算后的单个晶胞长度约为 5.995nm, 与理论值的相对误差为 2%, 说明该精度下计算所得结果与实际情况基本相符。

2. 替位式 Zn 掺杂的稳定性分析

Zn 替换 In 原子的超胞 $In_{0.5}Zn_{0.03}Ga_{0.47}As$ 与替换 Ga 原子的超胞 $In_{0.53}Ga_{0.44}Zn_{0.03}As$ 几何优化后原子结构也发生了变化, 如表 10.10 所示。

从表 10.10 未掺杂层栏可以看出, 掺杂前后未掺杂层的 In—As、Ga—As 键长变化不大, 变化率控制在 3% 以内; 掺杂原子对 InGaAs 体原子结构的影响主要体现在掺杂原子周围, 比较本征 $In_{0.53}Ga_{0.47}As$ 和掺杂层中的 Ga 被 Zn 替换形成的 $In_{0.53}Ga_{0.44}Zn_{0.03}As$, 替换后, Zn—As 键长为 2.521Å, 比本征该位置的 Ga—As

键长略大，而同样位于掺杂层内的 In—As 键长为 2.657Å，比本征该键长也略大，主要由于 Zn 在元素周期表中的位置紧邻 Ga 原子，原子半径比 Ga 原子略小，但 Zn 原子外层比 Ga 原子外层少了 1 个电子，不能与周围 As 原子成比较紧密的共价键，所以反而使得 Zn—As 键长比 Ga—As 键长要长一些。比较本征 $In_{0.53}Ga_{0.47}As$ 和掺杂层中的 In 被 Zn 替换形成的 $In_{0.5}Ga_{0.47}Zn_{0.03}As$，Zn—As 键长为 2.510 Å，小于本征 InGaAs 中该位置的 In—As 键长 2.655 Å，主要是由于 In 的原子半径要比 Zn 大得多，所以晶体结构中键长的改变主要是来自原子半径的减小。Zn 原子无论是替换 Ga 原子还是替换 In 原子，都会导致掺杂层内的键长比本征半导体略大，非掺杂层内原子结构受影响较小。

表 10.10　掺杂前后键长的变化

晶体结构	未掺杂层		掺杂层		
	In—As/Å	Ga—As/Å	Zn—As/Å	In—As/Å	Ga—As/Å
$In_{0.53}Ga_{0.47}As$	2.666	2.523	—	2.655	2.505
$In_{0.5}Zn_{0.03}Ga_{0.47}As$	2.660	2.524	2.510	—	2.526
$In_{0.53}Ga_{0.44}Zn_{0.03}As$	2.665	2.530	2.521	2.657	—

3. 替位式 Zn 掺杂的能带与电子结构

1) 能带结构

本征 $In_{0.53}Ga_{0.47}As$、掺杂的 $In_{0.53}Ga_{0.44}Zn_{0.03}As$ 与 $In_{0.5}Ga_{0.47}Zn_{0.03}As$ 的能带结构如图 10.30 所示。比较图 10.30 中 Zn 掺杂的能带结构和本征结构发现，Γ 能谷处的禁带宽度变小了，证明 Zn 原子的替位式掺杂，使得能带之间的相互影响增强；禁带中出现了新的能带，这是由 Zn 掺杂后电子共有化运动分裂成的新能级，即当 II 族的 Zn 原子替换III族的 Ga(In) 原子时，其外层电子的缺失导致电子共有化运动增强。

单独看 $In_{0.53}Ga_{0.44}Zn_{0.03}As$ 与 $In_{0.5}Ga_{0.47}Zn_{0.03}As$ 的能带发现区别并不大，在 Fermi 能级附近的 $-1 \sim 2$ eV 区间内几乎完全一致，即在材料掺杂过程中 Zn 无论是替代 Ga 原子还是 In 原子，对材料的能带的影响几乎是一致的。

能带结构与电子的态密度分布密不可分，图 10.31 是 $In_{0.53}Ga_{0.44}Zn_{0.03}As$ 与 $In_{0.5}Ga_{0.47}Zn_{0.03}As$ 的总的态密度，从态密度图上来看，无论是 Zn 替换 Ga 还是替换 In，Zn 原子对总体态密度的影响都是一致的，均使得 Fermi 能级附近有电子分布，所以选择其中一个 ($In_{0.53}Ga_{0.44}Zn_{0.03}As$) 来分析 Fermi 能级附近电子究竟受什么影响。

$In_{0.53}Ga_{0.44}Zn_{0.03}As$ 的分态密度图如图 10.32 所示，整体态密度分布在价带存在 4 个峰值，约分别位于 -14 eV、-10eV、-5.6eV 和 -1.6 eV 处。导带存在一个

较明显的态密度峰, 位于约 2 eV 处。从图中可以明显看出各态密度峰值的电子组成, 影响禁带宽度的 Fermi 能级附近的电子主要由 As 原子的 4p 态电子组成, 并且该 As 原子与掺杂 Zn 形成共价键。总的来说, As 原子的电子受到掺杂 Zn 原子的影响, 整体向高能端移动, 使得部分电子分布在 Fermi 能级附近, 进入导带, 缩小了禁带宽度, 材料的金属性增强。

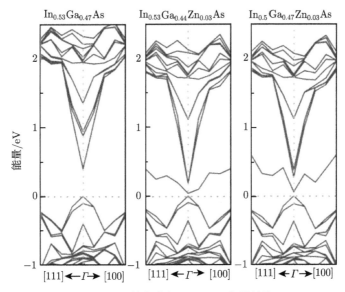

图 10.30　掺杂体相 InGaAs 能带结构

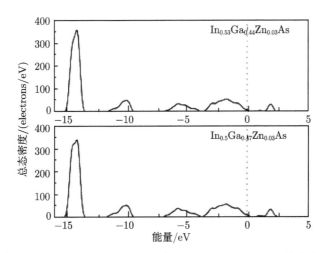

图 10.31　$In_{0.53}Ga_{0.44}Zn_{0.03}As$ 与 $In_{0.5}Ga_{0.47}Zn_{0.03}As$ 态密度图

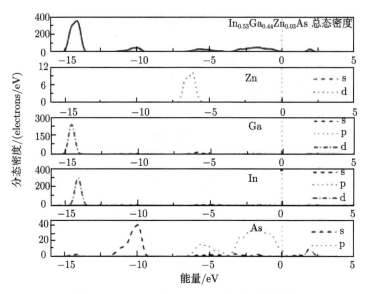

图 10.32 $In_{0.53}Ga_{0.44}Zn_{0.03}As$ 分态密度图

2) 布居分析

布居是指电子在原子各轨道上的分布情况，材料中原子间成键的强弱、电荷分布、电荷转移以及材料的物理化学性质都可以通过布居分析获得。掺杂前后的电荷分布如表 10.11 所示。

表 10.11 $In_{0.53}Ga_{0.47}As$、$In_{0.53}Ga_{0.44}Zn_{0.03}As$ 与 $In_{0.50}Zn_{0.03}Ga_{0.47}As$ 的电荷分布

模型	$In_{0.53}Ga_{0.47}As$	$In_{0.53}Ga_{0.44}Zn_{0.03}As$	$In_{0.5}Zn_{0.03}Ga_{0.47}As$
Zn/e	—	0.03	0.02
Ga/e	0.33	0.33	0.32
Ga*/e	0.31	—	0.32
As/e	−0.19	−0.19	−0.19
As*/e	−0.20	−0.13	—
As**/e	−0.18	—	−0.14
In/e	0.07	0.07	0.07
In*/e	0.10	0.07	—

注：Ga* 是指本征 $In_{0.53}Ga_{0.47}As$ 超胞中被 Zn 替代的 Ga 原子；In* 是指本征 $In_{0.53}Ga_{0.47}As$ 超胞中被 Zn 替代的 In 原子；As* 是指与被 Zn 替代的 Ga 原子相连的 As 原子；As** 是指与被 Zn 替代的 In 原子相连的 As 原子

In 与 Ga 外层均有 3 个电子，As 原子外层有 5 个电子，$In_{0.53}Ga_{0.47}As$ 中 In—As、Ga—As 构成有极性的共价键。在准备掺杂的掺杂层中，In* 原子失去 0.10

个电子，与之相连的 As** 获得了 0.18 个电子，Ga* 失去 0.31 个电子，而 As* 获得了 0.20 个电子。相比较而言，非掺杂层 In 失去 0.07 个电子，Ga 失去 0.33 个电子。在掺杂前，由于 Ga 原子比 In 原子要小，对外层电子的束缚能力更强，所以 Ga 与 As 之间的电子共有化运动更强，成共价键更明显。而在准备掺杂的掺杂层，为了满足超胞的 In 组分为 0.53，所以在此掺杂层中，一共有 1 个 In 原子和 7 个 Ga 原子 (图 10.29)。由于这一个 In 原子的存在，待掺杂层的 Ga—As、In—As 键均比非掺杂层离子性更显著一些。当 Zn 在掺杂层替换了 Ga* 或者 In* 之后，Zn 的外层有 2 个电子，比被替换的 Ga 或者 In 外层都少了一个电子。替换过后，在 In$_{0.53}$Ga$_{0.44}$Zn$_{0.03}$As 中，Zn 失去 0.03 个电子，而与之相连的 As* 仅获得了 0.13 个电子。未被替代的 Ga 原子及与之相连的 As 原子之间电子分布几乎没有变化，同处于掺杂层的 In* 原子失去电子减少，变成 0.07。也就是当 Zn 替换 Ga 原子后，由于 Zn 原子外层仅 2 个电子，在与 As 原子成键时理论上缺了 1 个电子，Zn 与 As 所成键共价性减弱，离子性增强。从理论上来说，符合 Zn 原子掺杂后，形成一个空穴，构成 p 型光电发射材料。当 Zn 替换 In* 形成 In$_{0.50}$Zn$_{0.03}$Ga$_{0.47}$As 后，这种趋势更明显。单纯从形成掺杂的难易程度来讲，Zn 替换 In 要更容易一些，但是我们通过上面的能带和态密度的分析可知，Zn 替换 Ga 或 In 对能带或态密度的影响基本是一致的。Zn 替换 In 或者 Ga 在布居分析上的微小差异基本上也是可以忽略的。即在 In$_{0.53}$Ga$_{0.47}$As 中，Zn 无论是替换 Ga 还是 In，都能使得键的离子性增强，共价性减弱，形成 p 型光电阴极材料。

10.2.5 空位缺陷的存在对体掺杂发射层的影响

1. 形成能与成键结构分析

对于体发射层，Zn 替换 Ga 与 In 原子时，都能形成较好的 p 型体发射材料，但在材料的生长过程中，经常有可能生成空位缺陷。在掺杂的情况下，空位缺陷对掺杂的 p 型体发射材料的影响，主要包含 In、Ga 和 As 的空位缺陷，晶体模型即为在图 10.29 所示的 Zn 替位 Ga 原子掺杂的基础上各拿掉一个 In、Ga 或 As 原子，形成三个空位缺陷模型。

通过计算，Zn 掺杂的 In$_{0.53}$Ga$_{0.44}$Zn$_{0.03}$As 形成能为 -3.854 eV，在形成掺杂的过程中是释放出能量，掺杂结构也相对较稳定，经过计算，各空位缺陷的形成能如表 10.12 所示。

表 10.12 空位缺陷的形成能

缺陷类型	In 空位	Ga 空位	As 空位
形成能/eV	-4.469	-4.156	-2.742

表 10.12 的缺陷的形成能均为负值，证明形成空位缺陷都是释放出了能量，空

位都是有可能形成的, 且相对较稳定。其中 In 空位和 Ga 空位的形成能明显要优于 As 空位, 即在形成空位时, In 空位和 Ga 空位比 As 的空位更容易生成。在光电发射体材料层中 Zn 的掺杂是必不可少的, 所以当空位缺陷产生时, 还需要研究空位缺陷的产生对 Zn 的掺杂位的影响。空位缺陷对 $In_{0.53}Ga_{0.44}Zn_{0.03}As$ 成键的影响如表 10.13 所示。

表 10.13　空位缺陷对 $In_{0.53}Ga_{0.44}Zn_{0.03}As$ 成键的影响

空位类型	In 空位	Ga 空位	As 空位
In—As/Å	2.687	2.702	2.725
Ga—As/Å	2.529	2.535	2.593
Zn—As/Å	2.543	2.554	2.560

表 10.13 中给出的是距离空位缺陷最近的 In、Ga 以及 Zn 原子互相之间的成键情况。对比表 10.10, 发现掺杂之后没有空位缺陷时 Zn—As 的键长为 2.521Å, 空位缺陷产生后, Zn—As 的键长均大于未掺杂时的键长。同时, In—As 和 Ga—As 的键长分别为 2.665Å 和 2.530Å, 空位缺陷产生后, 空位周围的 In—As 和 Ga—As 的键长也明显被拉伸, 比没有缺陷时要长; 即缺陷产生时, 周围原子由于空位原子的缺失, 有一个向空位方向塌陷的过程, 导致键长增长。但是这个塌陷不是由原子大小决定的, 从原子大小来看, In 原子体积最大, 其次为 Ga 原子, 最后为 As 原子。但是从成键的情况看, As 空位时周围的 In—As、Ga—As 的键长均大于 In 空位和 Ga 空位的键长, 所以对于空位体缺陷情况下的稳定性和成键情况的分析还应该结合电荷分布情况综合考虑。

2. 能级分析以及缺陷对材料极性的影响

$In_{0.53}Ga_{0.47}As$ 半导体中, In、Ga、As 空位形成的电荷中心如图 10.33 所示。图 10.33(a) 中 In、Ga 空位为正离子空位, 形成了负电中心; 而图 10.33(b) 中 As 空位为负离子空位, 形成了正电中心。

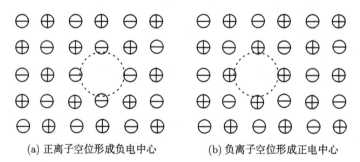

(a) 正离子空位形成负电中心　　　　(b) 负离子空位形成正电中心

图 10.33　InGaAs 中空位形成的电荷中心

当这些正电中心和负电中心存在时必然会引起能级的改变, 存在缺陷时杂质能级如图 10.34 所示。

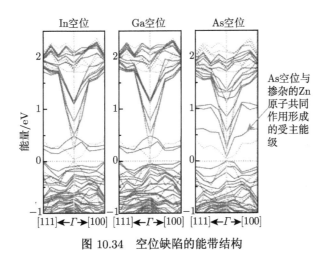

图 10.34 空位缺陷的能带结构

正电中心在中性态时, 它束缚着电子, 被束缚的电子很容易被激发成为导带电子而留下固定的正电中心, 因而正电中心起施主作用, 在禁带中引入施主能级。同理, 负电中心在中性态时束缚着空穴, 被束缚的空穴易被激发到价带而留下固定的负电中心, 所以负电中心起受主作用, 相应在禁带中引入受主能级。这里 In、Ga、As 原子分别作为负电中心和正电中心, 本身带有多个电荷, 所以会分别产生受主能级和施主能级。

图 10.30 中, 没有空位的 In$_{0.53}$Ga$_{0.44}$Zn$_{0.03}$As 材料由于 Zn 的替位式掺杂, 在禁带中出现了新的杂质能级, 价带顶和导带底均位于 Γ 能谷位置, 是直接带隙半导体。为了方便比较, 在图 10.34 中仍然给出了 In$_{0.53}$Ga$_{0.44}$Zn$_{0.03}$As 材料的能带 (如虚线所示)。对于 In 或者 Ga 空位缺陷, 由于它们是负电中心, 而掺杂的 Zn 原子为正电中心, 当空位和 Zn 掺杂共存时, 能带将同时受施主中心和受主中心的影响。图 10.34 中的 In 空位和 Ga 空位能带变化不能说明此时究竟是产生了施主能级还是受主能级; 但发现, 当这两种空位缺陷产生时, 体材料 InGaAs 的价带顶和导带底均没有出现在 Γ 能谷处, 此时的 InGaAs 材料变成了间接带隙半导体。图 10.34 中 In$_{0.53}$Ga$_{0.44}$Zn$_{0.03}$As 材料出现 As 空位时, 导带整体向低能端移动, 导带底和价带底仍然位于 Γ 能谷处, 是直接带隙半导体。

综上所述, 当 Zn 掺杂的 In$_{0.53}$Ga$_{0.44}$Zn$_{0.03}$As 中出现 In 或者 Ga 的空位缺陷时, 由于负离子中心施主能级的出现, 能带发生了较大的变化, 甚至不再是直接带隙半导体, 影响了光电子的产生和跃迁; As 空位与掺杂的 Zn 原子一样, 形成正离子中心, 从而生成 p 型半导体, 有利于光电阴极的生成。所以从能带的角度来看,如果在材料的生成过程中出现 As 空位,不会影响材料生成直接带隙 p 型半导体。而 In 或者 Ga 的空位对 InGaAs 影响的不确定因素较多,也可以通过对其态密度的分布来看禁带中的能带究竟是由哪种元素的哪个电子形成的,各种空位缺陷的分态密度如图 10.35 所示。

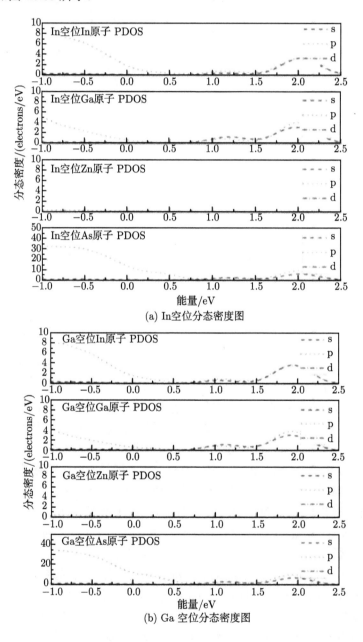

(a) In空位分态密度图

(b) Ga 空位分态密度图

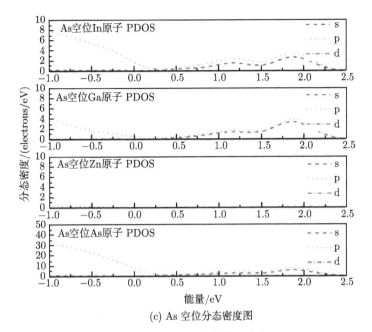

(c) As 空位分态密度图

图 10.35 InGaAs 空位分态密度

在图 10.35 中, In 空位和 Ga 空位的分态密度图差距不大, 即 Ga 空位和 In 空位对晶体态密度和能带的分布的影响几乎是一致的。图 10.34 中 In 空位和 Ga 空位在 0~1 eV 能隙中出现的能级主要由晶体中 As 原子的 s 态原子电子贡献, 其次是 In 原子和 Ga 原子的 s 态和 p 态, Zn 原子由于数量较少, 对该区域的能带的直接贡献较小。而存在 As 空位的晶体中, 由于 As 空位的影响, In 原子、Ga 原子和 As 原子的最小态密度值出现在 0~0.5eV, 导带电子整体向低能端移动。在 0~1 eV 的区间内, 受到 Zn 原子正电中心的影响, p 态电子对能带的贡献比 In 空位和 Ga 空位的影响强。正电中心 As 空位和掺杂的 Zn 原子对能带共同影响, 它们产生的受主能级主要是由 In 原子、Ga 原子和 As 原子的 s 态和 p 态电子构成。

3. 空位缺陷对掺杂元素电荷分布的影响

从上面对态密度和能带的分析来看, As 空位和掺杂的 Zn 均为正电中心, 均形成受主能级; 而 In 空位与 Ga 空位为负电中心, 在负电子亲和势光电阴极中 p 型掺杂是必不可少的。所以有必要对空位作为正负电中心对掺杂元素电荷分布的影响进行讨论。表 10.14 所示为缺陷产生前后电荷的分布情况。

布居数一般表示共价键成键的强弱, 正值表示成共价键, 正值越大, 共价性越强。表 10.14 中, 无空位的 In$_{0.53}$Ga$_{0.44}$Zn$_{0.03}$As 中由于 Zn 的掺杂, Zn 的外围相对于 Ga、As 来说少了一个电子, 所以其与周围的 As 成键是共价性减弱, 布居数均为 0.86。当空位产生后，周围原子均向空位处塌陷，且由于空位原子的缺失，掺杂 Zn 原子与周围的 As 原子虽然是共价键，但是布居数或多或少都有减小的趋势。证明空位的产生使得掺杂 Zn 原子成键的离子性增强，共价性减弱了，其中尤以 As 空位最为明显，Zn—As1 布居数下降至 0.59，为较弱的共价成键。从 Zn 电荷的分布上来看，没有空位时，Zn 原子失去了 0.02 个电子。当有 In 空位产生时，Zn 原子上的电荷数为 −0.03，即共获得了 0.05 个电子。Ga 空位产生时，Zn 得到了 0.02 个电子；而 As 空位产生时，Zn 原子电荷不增反减，变为 0.05 个电荷，又失去了 0.03 个电荷，即当 As 空位产生时，Zn 原子共失去了 0.05 个电子。从电荷的分析来看，In、Ga 的空位使得 Zn 的受电子能力有微弱的降低；As 的空位使得 Zn 的受电子能力进一步增强，有利于光生电子的输运。

表 10.14　Zn 成键布居数和电荷分布的变化

电荷与布居数		无空位	In 空位	Ga 空位	As 空位
键布居数	Zn—As1/e	0.86	0.63	0.64	0.59
	Zn—As2/e	0.86	0.63	0.67	0.69
	Zn—As3/e	0.86	0.66	0.69	0.64
	Zn—As4/e	0.86	0.67	0.79	0.78
Zn 电荷/e		0.02	−0.03	0.00	0.05

4. 空位缺陷对 p 型 InGaAs 光学性质的影响

根据 Spicer 的光电发射 "三步模型" 理论，光电子被激发后在导带底热化，发射出去的电子主要是导带底电子的扩散逸出。Zn 掺杂的 InGaAs 是 p 型半导体，激发到导带的电子为非平衡少数载流子，很快热化在导带底上，遵从载流子扩散运动规律，光生电子向光电阴极表面输运所遵循的一维连续性方程为

$$\frac{\partial n(x)}{\partial t} = g(x) - \frac{n(x)}{\tau} + \frac{\nabla J}{q} \tag{10.20}$$

式中，$\frac{\partial n(x)}{\partial t}$ 表示空间任意位置 x 处电子密度随时间的变化率；$g(x)$ 表示与该空间位置相关的载流子产生函数 (主要为光电子的产生率)；$\frac{n(x)}{\tau}$ 为载流子的复合速度；$\frac{\nabla J}{q}$ 为扩散项，J 为电流密度，q 为电子电量。

对于一维情况，光电子产生项 $g(x)$ 定义为在 $x \sim x + \triangle x$ 的薄层内，电子空穴对的产生率与光强 I 的减少率成正比，比例系数为 α，如式 (10.21) 所示。

$$g(x) = -\alpha \frac{\mathrm{d}I}{\mathrm{d}x} \tag{10.21}$$

又由式 (10.17)，此处的比例系数 α 即为掺杂晶体的吸收系数，对于反射式光

电阴极，如果只考虑入射表面的反射率 R，此时的光电子产生率为

$$g(x) = -\alpha(1-R)I_0 e^{-\alpha x} \tag{10.22}$$

对于透射式光电阴极，其公式推导由于反射面的增多 (包括窗口反射、入射表面的反射、出射表面的反射)，变得相对复杂。但光电子产生情况与光子吸收系数 α 和反射率 R 的关系是很密切的，存在空位的 p 型掺杂 InGaAs 体材料的光吸收系数和反射率 R 如图 10.36 所示。

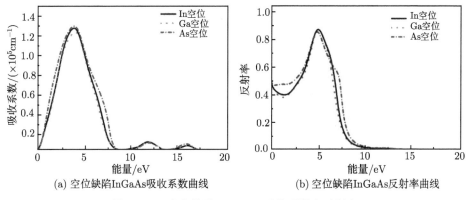

(a) 空位缺陷InGaAs吸收系数曲线   (b) 空位缺陷InGaAs反射率曲线

图 10.36 空位缺陷 InGaAs 吸收系数和反射率

从图 10.36(a) 可以看出，As 空位和 In 空位的吸收系数曲线峰值出现在 3.86eV 处。Ga 空位的峰值出现在 4.05eV 处，略向高能端移动。在小于峰值的低能端，As 空位晶体的吸收系数要大于 In 空位或 Ga 空位晶体 (能量小于 2.77eV 时两者几乎一致)。从峰值 3.86eV 到 8.83eV 区间内，As 空位晶体的吸收系数明显大于 In 或者 Ga 空位的晶体；所以在小于 10eV 的低能端，总体上来说吸收系数都是 As 空位缺陷的晶体大于 In、Ga 空位缺陷的晶体，As 空位缺陷的晶体对低能端光子的吸收能力要优于 In 与 Ga 空位晶体。

反射率曲线中，4.98~6.86eV 的 As 空位晶体的反射率小于 In 空位和 Ga 空位的反射率。但在小于 4.98eV 的范围内，As 空位晶体的反射率要大于 In 或者 Ga 晶体的反射率，这对光电子的产生是不利的。所以从晶体的光学性质上来看，As 空位缺陷的存在对晶体的光吸收和光电子发射是有利的。

10.2.6 $In_{0.53}Ga_{0.47}As$ 表面重构的探讨

1. 表面重构的类型

三元 $In_{0.53}Ga_{0.47}As$ 与二元III- V GaAs 和 InAs 相似。对于 MBE 生长的 GaAs，较容易形成富 As 表面，其富 As 表面较常见有四种重构：γ(2×4)、β(2×4)、$β_2(2×4)$

和 α(2×4)[40~47]，其中应用于光电阴极比较常见的是表面 β$_2$(2×4) 重构；对于 InAs，发生在 InAs(100) 静态表面的重构相对比较简单，一种是与 GaAs 类似的富 As 的 β$_2$(2×4)，还有一种是富 In 的 α(2×4) 结构，如图 10.10 和图 10.11 所示。

三元化合物 InGaAs 制作负电子亲和势光电阴极，其表面的典型重构应该与 GaAs、InAs 类似，对于形成负电子亲和势光电阴极，则需要探讨哪一种重构表面更有优势。

根据对 GaAs 和 InAs 的探讨，存在两种比较容易形成的典型的 In$_{0.53}$Ga$_{0.47}$As 表面，即富 Ga/In 的 α(2×4) 结构和富 As 的 β$_2$(2×4) 结构，如图 10.37 所示。图 10.37(a) 为富 As 的 In$_{0.53}$Ga$_{0.47}$As(100)β$_2$(2×4) 重构表面。由于是三元晶体，所以构造了两种 α(2×4) 表面，一种是富 In 的 α(2×4) 表面，如图 10.37(b) 所示；一种是富 Ga 的 α(2×4) 表面，如图 10.37(c) 所示。重构表面均包含 9 个原子层，为了保证对称性，我们选择让 In 原子层和 Ga 原子层交替出现。真空层厚度为 10Å，以模拟真实表面情况，消除层与层之间的相互作用。模型底部用 H 原子饱和，使得模型底部没有悬挂键，以模拟 In$_{0.53}$Ga$_{0.47}$As 的体环境。参与计算的电子为 Ga:3d^{10} 4s^2 4p^1，In: 4d^{10} 5s^2 5p^2，As:4s^2 4p^3。

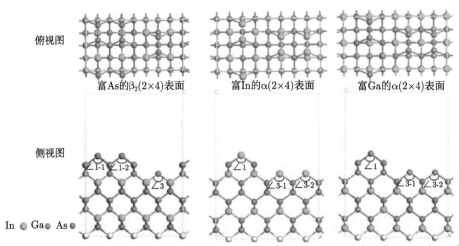

(a) 富As的β$_2$(2×4)表面重构模型　(b) 富In的α(2×4)表面重构模型　(c) 富Ga的α(2×4)表面重构模型

图 10.37　In$_{0.53}$Ga$_{0.47}$As 表面重构模型 (后附彩图)

2. 表面稳定性分析

1) 表面原子结构

从图 10.37 可以看到 β 表面第一层形成了两个 As 的二聚物 (L_{1-1} 和 L_{1-2})，第三层形成了一个 As 的二聚物 (L_3)；而对于 α 表面，第一层存在一个 In 或者 Ga

的二聚物 (L_1)，第三层存在两个 In 或者 Ga 的二聚物 (L_{3-1} 和 L_{3-2})。几何优化后，β 表面形成的 As 的二聚物、富 In α 表面 In 的二聚物以及富 Ga 表面 Ga 的二聚物仍然存在，表面重构并没有引起表面键的断裂。原子间键长的变化如表 10.15 所示。

表 10.15 表面二聚物键长变化

表面类型	富 As 的 β_2 表面 As 的二聚物			富 In 的 α 表面 In 的二聚物			富 Ga 的 α 表面 Ga 的二聚物		
键位置	L_{1-1}	L_{1-2}	L_3	L_1	L_{3-1}	L_{3-2}	L_1	L_{3-1}	L_{3-2}
优化前/Å	2.39	2.39	2.39	2.57	2.57	2.57	2.57	2.57	2.57
优化后/Å	2.47	2.47	2.60	4.22	3.16	2.84	2.59	2.53	2.51
变化率/%	+3.3	+3.3	+8.8	+64.2	+23.0	+10.5	+0.8	−1.6	−2.3

表 10.15 中 β 表面，无论是位于第一层还是第三层，键长的改变都非常均衡，变化率比较接近。位于富 In 的 α 表面顶层的 In 二聚物键长值变化最大，增长了 64.2%，而位于第三层的 In 二聚物分别增长了 23.0% 和 10.5%，变化得都比较多，且变化非常不均衡。对于富 Ga 表面变化相对是最小的，第一层 Ga 二聚物只增长了 0.8%，而第三层的 Ga 二聚物键长出现了减小的情况，分别减小了 1.6% 和 2.3%。从表层二聚物来看，富 In 表面由于 In 原子半径较大，且离子性较 Ga 原子和 As 原子要强，所以 In 二聚物出现了较大的变化，富 As 的 β 表面和富 Ga 的 α 表面相对较稳定。

优化后，除了表层的二聚物变化外，表层键角 (图 10.37) 也发生了较大的变化，表面键角变化如表 10.16 所示。

表 10.16 表面键角的变化

表面类型	富 As 的 β_2 表面			富 In 的 α 表面			富 Ga 的 α 表面		
键角	∠1-1	∠1-2	∠3	∠1	∠3-1	∠3-2	∠1	∠3-1	∠3-2
优化前/(°)	101.82	101.82	101.82	101.82	101.82	101.82	101.82	101.82	101.82
优化后/(°)	89.90	90.60	87.18	171.64	99.52	121.49	137.78	134.71	116.26
变化率/%	−11.7	−11.0	−14.4	+68.6	−2.3	+19.3	+35.3	+32.3	+14.2

表 10.16 中 + 号表示角度增加，− 号表示角度减小。从表 10.16 可以看出，富 In 表面第一层的键角角度变化最大，变化率达到了 +68.6%，键角接近 180°。即第一层的 In 原子位于第二层的两个 As 原子之间，几乎位于同一层，证明富 In 表面对 In 原子的束缚作用较强，将 In 原子紧紧束缚在表面。富 In 表面其他两个键角变化率分别为 −2.3% 和 +19.3%，即由于这两个键角位于第三层，受表面影响较小。对于富 As 的表面，这三个键角都减小了，As 原子均略远离体，表面对键角的影响大于体。体对 As 原子的束缚减弱，第一层的两个键角减小程度近似，受表面影响情况大致相同，而第三层的键角变化比第一层略大；富 Ga 表面与富 In 表面

同属于 α 表面，但键角变化较小。从键角上来看，在富 In 表面上，In 原子被拉近表面，直观上看起来表面对 In 原子的束缚更强一些，但还应该从电子得失和成键的强弱再作进一步分析。

2) 表面形成能

从对 InAs 和 GaAs 的表面重构分析来看，重构表面的稳定性不光与表面原子结构有关，还与表面形成能有关[65~69]，形成能越低，表面结构越稳定。当重构表面由两种以上元素构成时，形成能为

$$\sigma = \frac{E_{\mathrm{surf}} - \sum\limits_i \mu_i N_i}{A} \tag{10.23}$$

式中，σ 为单位面积表面重构模型的形成能；A 为重构模型表面面积；E_{surf} 为表面总能量；N_i 为第 i 种原子的个数；μ_i 为第 i 种原子在表面模型中的化学势；i 为原子种类，这里表面重构模型中共包含 In、Ga、As 以及底部饱和的 H 原子 4 种原子。对应于富 As 重构表面，其表面形成能为

$$
\begin{aligned}
\sigma_{\mathrm{As\text{-}rich}} &= \frac{E_{\mathrm{surf\text{-}As\text{-}rich}} - 16\mu_{\mathrm{In}} - 14\mu_{\mathrm{Ga}} - 36\mu_{\mathrm{As}} - 8\mu_{\mathrm{H}}}{A_{\beta(2\times4)}} \\
&= \frac{E_{\mathrm{surf\text{-}As\text{-}rich}} - 30 \times (0.53\mu_{\mathrm{In}} + 0.47\mu_{\mathrm{Ga}} + \mu_{\mathrm{As}}) - 6\mu_{\mathrm{As}} - 8\mu_{\mathrm{H}}}{A_{\beta(2\times4)}} \\
&= \frac{E_{\mathrm{surf\text{-}As\text{-}rich}} - 30 E_{\mathrm{In_{0.53}Ga_{0.47}As}}^{\mathrm{Bulk}} - 6\mu_{\mathrm{As}} - 8\mu_{\mathrm{H}}}{A_{\beta(2\times4)}}
\end{aligned}
\tag{10.24}
$$

式中，$E_{\mathrm{In_{0.53}Ga_{0.47}As}}^{\mathrm{Bulk}}$ 为体相 $\mathrm{In_{0.53}Ga_{0.47}As}$ 原胞的能量。按照式 (10.24) 的推导方法，富 In 表面与富 Ga 表面形成能如式 (10.25) 和式 (10.26) 所示。

$$\sigma_{\mathrm{In\text{-}rich}} = \frac{E_{\mathrm{surf\text{-}In\text{-}rich}} - 34 E_{\mathrm{In_{0.53}Ga_{0.47}As}}^{\mathrm{Bulk}} + 6\mu_{\mathrm{As}} - 8\mu_{\mathrm{H}}}{A_{\alpha(4\times2)}} \tag{10.25}$$

$$\sigma_{\mathrm{Ga\text{-}rich}} = \frac{E_{\mathrm{surf\text{-}Ga\text{-}rich}} - 34 E_{\mathrm{In_{0.53}Ga_{0.47}As}}^{\mathrm{Bulk}} + 6\mu_{\mathrm{As}} - 8\mu_{\mathrm{H}}}{A_{\alpha(4\times2)}} \tag{10.26}$$

式中，$\mu_i < \mu_i^{\mathrm{Bulk}}$，$\mu_i^{\mathrm{Bulk}}$ 为第 i 种独立原子的化学势，由于 H 原子在这里仅是作为表面模型底部饱和原子出现的，所以 μ_{H} 合理地近似为独立 H 原子的化学势，即计算所得 $-12.46\mathrm{eV}$。

图 10.38 是各重构表面形成能，由于表面模型中 As 原子的化学势 μ_{As} 不能确定，所以以 As 原子在表面的化学势与独立 As 原子化学势的差值 $\mu_{\mathrm{As}} - \mu_{\mathrm{As}}^{\mathrm{Bulk}}$ 为横坐标，给出形成能的值。从图 10.38 中可以看到，富 As 的 $\beta_2(2\times4)$ 表面的形成能始终为负值，即在形成表面时，释放出能量，表面较稳定。对于富 In 和富 Ga 的 $\alpha(2\times4)$ 表面，随着 $\mu_{\mathrm{As}} - \mu_{\mathrm{As}}^{\mathrm{Bulk}}$ 变化，形成能部分为正，部分为负。因为表面化学势 μ_{As} 没有进行计算，是根据独立 As 原子的化学势给出的一个化学势区间，在此

区间内，富 In 和富 Ga 的 α(2×4) 表面形成时有可能释放能量形成较稳定表面，也有可能需要吸收能量才能形成表面。从形成能上来看，形成能为正值时，值越大表示需要吸收的能量越多，表面形成越不稳定；形成能为负值时，绝对值越大表示需要释放出的能量越多，表面越稳定。图 10.38 中，富 In 的 α(2×4) 表面位于富 Ga 的 α(2×4) 表面的上方，表面形成能正值部分值较大，负值部分绝对值较小，总体比富 Ga 表面更不稳定。综上所述，从形成能上来看，富 As 的 $β_2$(2×4) 表面最为稳定，富 Ga 的 α(2×4) 表面其次，最不稳定的为富 In 的 α(2×4) 表面，这一点与表面原子位置的分析也有一定的关联，表面原子位置变化最大的富 In 的 α(2×4) 表面最不稳定。

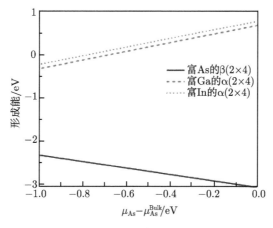

图 10.38　各重构表面形成能

3. 重构表面能带结构和功函数

对于实际的清洁半导体表面，总是要发生重构和弛豫，使整个半导体保持电中性，同时使表面具有最低自由能，结果是表面态能级进入导带和价带，如图 10.39 所示。

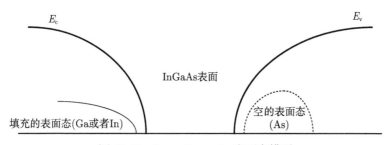

图 10.39　$In_{0.53}Ga_{0.47}As$ 表面态模型

表面重构时, As 的外围是 5 个价电子, 并未被全部填充满, 而 In 或者 Ga 的外围是 3 个价电子, 无论是通过共价键还是表面的重构, 均已成键, 被填满。所以填充满的表面态出现在导带底附近, 空的表面态出现在价带顶附近, 由于富 As 的 β 重构的空的表面态要多于富 Ga 或者富 In 的 α 重构, 所以富 As 的 β 重构有更多的表面态富集在价带顶附近。

对于三元半导体 $In_{0.53}Ga_{0.47}As$, 其表面能带跟 GaAs 具有一定的相似性, 对应于不同的表面重构, 其能带结构如图 10.40 所示。$In_{0.53}Ga_{0.47}As$ 体结构的能带结构如图 10.24(a) 所示, 计算所得 $In_{0.53}Ga_{0.47}As$ 禁带宽度约为 0.574eV, 比理论值略小, 主要由于计算所采用的泛函理论对能带有所低估。富 As 的 $β_2(2\times4)$ 表面的带隙值约为 0.087eV, 富 In 和富 Ga 的 $α(2\times4)$ 表面带隙为 0.429eV、0.324eV, 对比图 10.24(a) 的体能带结构和图 10.40, 禁带宽度值均有所下降, 以富 As 的 $β_2(2\times4)$ 表面减小得最为明显, 表面的价带由于表面态的存在整体上移。

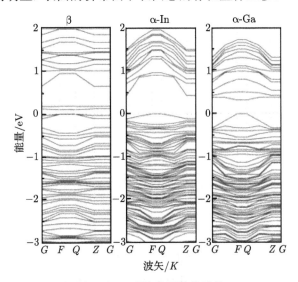

图 10.40　重构表面能带结构

图 10.40 中, 富 As 和富 In 表面的禁带宽度最小值均出现在 G 点处, 为直接带隙半导体, 与体结构的禁带宽度最小值位置一致。富 Ga 表面的带隙最小值出现在 F 点处, 仍然为直接带隙半导体。但与体结构能带差异较大, 由于光电发射是一个由体及表的过程, 若选用该表面生成 NEA 表面, 还需考虑体结构能带的影响, 所以从能带结构上来讲, 富 Ga 表面不适合选用。

衡量表面电子逸出能力的功函数 W 定义为真空能级与 Fermi 能级之间的差值, 计算所得富 As 的 $β_2(2\times4)$、富 In 和富 Ga 的 $α(2\times4)$ 表面功函数值分别为 4.274eV、4.499eV、4.492 eV。这三个表面从功函数上来看, 均为正电子亲和势表面, 电子从表面逸出需要吸收能量，从富 As 的 $\beta_2(2\times4)$ 表面逸出所需要的能量最低。当然对于 $In_{0.53}Ga_{0.47}As$ 光电阴极，其表面还需要进行 Cs 和 O 的吸附，以使得表面敏化变成负电子亲和势表面。

4. 表面电子结构

取表面 4 个原子层的电荷分布情况分析表面的电子结构和成键情况，如表 10.17 所示。从表面电子的分布情况看，对于富 As 的表面为四个 As 原子，两组 As-As 二聚物，均获得了 0.2 eV 左右的电荷，其获得电荷的来源主要是第二层的 Ga 原子。第二层的 Ga 原子失去一部分电子给了第一层的 As 原子，呈电正性，Ga 原子与 As 原子之间形成了离子性较强的共价键。但位于第二层中间的 Ga 原子电荷数为 0，既没有得到电子也没有失去电子，即表层 As 原子的电荷主要来源于第二层其他四个 Ga 原子，证明中间的 Ga 原子与表层 As 原子之间的成键是传统的共价键。对于第三层的 As-As 二聚物上的两个 As 原子 (As_{3-7} 和 As_{3-8})，均得到 0.22 个电子，主要由于第四层的 In 原子金属性比第二层的 Ga 原子要强，其与 As 原子之间形成的共价键的离子性也随之增强。

表 10.17 $In_{0.53}Ga_{0.47}As$ 重构表面电子分布情况

层数	富 As 的 $\beta_2(2\times4)$/e		富 In 的 $\alpha(2\times4)$/e		富 Ga 的 $\alpha(2\times4)$/e	
第一层	As_{1-1}	−0.20	In_{1-1}	0.16	Ga_{1-1}	−0.03
	As_{1-2}	−0.19	In_{1-2}	0.17	Ga_{1-2}	0.00
	As_{1-3}	−0.20	—	—	—	—
	As_{1-4}	−0.19	—	—	—	—
第二层	Ga_{2-1}	0.10	As_{2-1}	−0.29	As_{2-1}	−0.28
	Ga_{2-2}	0.10	As_{2-2}	−0.27	As_{2-2}	−0.31
	Ga_{2-3}	0.00	As_{2-3}	−0.28	As_{2-3}	−0.29
	Ga_{2-4}	0.00	As_{2-4}	−0.25	As_{2-4}	−0.31
	Ga_{2-5}	0.10	—	—	—	—
	Ga_{2-6}	0.10	—	—	—	—
第三层	As_{3-1}	0.13	In_{3-1}	0.06	Ga_{3-1}	0.04
	As_{3-2}	0.15	In_{3-2}	0.06	Ga_{3-2}	0.11
	As_{3-3}	0.04	In_{3-3}	0.06	Ga_{3-3}	0.06
	As_{3-4}	−0.02	In_{3-4}	0.06	Ga_{3-4}	0.11
	As_{3-5}	−0.14	In_{3-5}	0.07	Ga_{3-5}	0.03
	As_{3-6}	−0.15	In_{3-6}	0.11	Ga_{3-6}	0.03
	As_{3-7}	−0.22	In_{3-7}	0.06	Ga_{3-7}	0.02
	As_{3-8}	−0.22	In_{3-8}	0.08	Ga_{3-8}	0.00
第四层	In_{4-1}	0.15	As_{4-1}	−0.17	As_{4-1}	−0.09
	In_{4-2}	0.19	As_{4-2}	−0.16	As_{4-2}	−0.11
	In_{4-3}	0.15	As_{4-3}	−0.07	As_{4-3}	0.06
	In_{4-4}	0.20	As_{4-4}	−0.06	As_{4-4}	−0.01
	In_{4-5}	0.04	As_{4-5}	−0.21	As_{4-5}	−0.10
	In_{4-6}	0.10	As_{4-6}	−0.23	As_{4-6}	−0.12
	In_{4-7}	0.04	As_{4-7}	−0.22	As_{4-7}	−0.19
	In_{4-8}	0.10	As_{4-8}	−0.24	As_{4-8}	−0.16

对于富 In 的表面,其第一层为两个 In 原子组成的 In-In 二聚物,分别失去了 0.16 和 0.17 个电子。同时,第三层中的 4 个 In 原子组成两个 In-In 二聚物,失电子数分别为 0.07、0.11、0.06、0.08,靠近第一层二聚物的失电子略多一些。而对于表面结构类似的富 Ga 表面,表面 Ga-Ga 二聚物几乎没有电子损失,即其与周围原子在成键时构成离子性较弱的共价键,得失电子并不明显。位于第三层的两个 Ga-Ga 二聚物也是一样,得电子数仅为 0.03、0.03、0.02、0.00,与第一层类似。比较富 In 和富 Ga 表面,由于 In 的金属性要大于 Ga,所以 Ga 在表面与 As 成键也是表现出较强的共价性,而 In 成键的离子性要强一些。比较 β 表面和 α 表面,β 表面的成键均表现为较强的离子性,成键稳定性要弱于离子性较弱的 α 表面。离子性较强的 β 表面显然最容易与 Cs、O 成键,可形成电场以利于电子的逸出,且 β 表面的第一层有两对 As-As 二聚物,形成了较有利的台脚,可供体积较大的 Cs 原子吸附,两对 As-As 二聚物旁边的洞穴位置又是有利的 O 原子吸附位;其次是富 In 的 α 表面;最不利于 Cs、O 吸附成键的为富 Ga 的 α 表面,表面为牢固的共价键。

5. 不同表面的光子吸收情况

InGaAs 材料作为一种外光电发射材料,吸收光子能量激发出光电子,逸出表面,所以材料的吸收系数有着它的研究意义。光电传感器的特点是对光波长的选择性,即材料对不同波长光的吸收能力不同,存在吸收峰,光强在材料内部呈指数衰减,三种重构表面的吸收系数如图 10.41 所示。

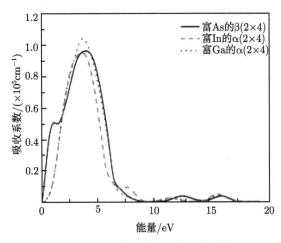

图 10.41　不同重构表面的吸收系数

从图 10.41 可以看出,在光子能量高于 6 eV 的高能端,富 As 表面和富 Ga 表面存在两个吸收峰,而富 In 表面在高能端存在 3 个吸收峰,我们的分析重点在低能端的可见光和近红外光的吸收。富 As 表面在低能端存在两个吸收峰，一个峰位于 1.074eV 处，对应的波长为 1.21μm，吸收系数为 5.013×10^4 cm^{-1}；另一个峰位于 4.017eV 处，对应波长为位于紫外区的 323nm，吸收系数为 9.605×10^4 cm^{-1}。富 In 和富 Ga 表面的吸收系数在光子能量小于 2.971eV 的部分，几乎是完全相同的，但是在光子能量低于 1.874eV(对应波长为 693nm) 的低能端，其吸收系数明显低于富 As 表面，即对于波长大于 780nm 的红外光，富 As 表面的吸收性能明显较好。所以富 As 的 β$_2$(2×4) 表面更有利于低能端红外光子的吸收，从而激发出有效的光电子。

6. 最终吸附表面的确定 —— 富 As 的 β$_2$(2×4) 表面

根据上面的详细比较，从原子结构上来看，富 As 与富 Ga 表面变化较小，富 In 表面变化较大。结合形成能来看，富 As 表面有最小的形成能，即最稳定，其次为富 Ga 表面，最不稳定的为富 In 表面。表面能带结构与电子结构是息息相关的，富 As 表面有最小的功函数，且其表面电子分布情况较有利于后期的 Cs 与 O 的吸附。最后，从光吸收上来看，富 As 的表面在红外波段有较好的光吸收，与 InGaAs 材料的主要工作波段相吻合。所以，采用 In$_{0.53}$Ga$_{0.47}$As(100)β$_2$(2×4) 表面作为洁净表面，有利于后面掺杂吸附形成 NEA 光电阴极。

固体物理中功函数的定义为真空能级和 Fermi 能级的差值，对于金属体系，Fermi 能级比较直观，就是电子的最高填充态的能级，对于本征半导体的 Fermi 能级在价带顶和导带底的中间。在 CASTEP 的计算中默认是把 Fermi 能级放在价带顶，导带底到价带顶之间的空隙称为禁带宽度。在 CASTEP 计算结果的图里的 Fermi 面不是实际 Fermi 面的位置，真实值可以在 bandstr.castep 文件中找到。功函数定义为真空能级与 Fermi 能级的差值，在 CASTEP 中得到的功函数是根据 bandstr.castep 文件中实际 Fermi 能级的位置进行修正的。在光电阴极中，功函数的大小是衡量光激发的电子从表面逸出光电材料难易程度的量。上面计算得到 In$_{0.53}$Ga$_{0.47}$As(100)β$_2$(2×4) 表面功函数的值为 4.274eV，实验值未见报道。所以可以与经典的二元III- V 光电阴极 GaAs 进行对比研究。GaAs(100)β$_2$(2×4) 表面电离能在文献 [70] 中有报道，为 5.5 eV，电离能的定义为电子从光电阴极体内逸出所需要的能量，根据定义，该值应该比功函数的值略大，同时运用第一性原理计算得到其功函数为 4.838eV[71,72]，与理论推导结果相符。我们还可以与三元III- V 光电阴极 GaAlAs 进行比较，文献 [73]~[80] 中指出，其 (100)β$_2$(2×4) 功函数为 4.811eV。对比数据如表 10.18 所示。

GaAs 光电阴极的光谱响应范围大致为 450~900 nm。GaAlAs 光电阴极主要对 GaAs 的观察范围实现蓝延伸，即 GaAlAs 的光谱响应往短波段 (光子能量高) 移动。InGaAs 的设计主要考虑为了满足近红外长波段 (光子能量低) 的观察需求。$In_{0.53}Ga_{0.47}As$ 光电阴极吸收光子能量低，光电子的逸出必须满足禁带宽度小、功函数值小的条件。从表 10.18 的计算结果来看，$In_{0.53}Ga_{0.47}As$ 的功函数均小于 GaAs 与 $Ga_{0.5}Al_{0.5}As$ 的功函数以及 GaAs 的电离能，与理论分析需要的条件相符。

表 10.18 典型光电阴极表面电离能与功函数

光电阴极类型	GaAs	$Ga_{0.5}Al_{0.5}As$	$In_{0.53}Ga_{0.47}As$
电离能/eV	5.5	——	——
功函数/eV	4.838	4.811	4.274

10.2.7 表面 Zn 的掺杂位的选取

1. 表面掺杂模型的建立

晶面和表面重构反映了 $In_{0.53}Ga_{0.47}As$ 表面 In、Ga、As 原子的分布，用第一性原理研究表面形貌对光电阴极性能的影响，有助于建立一个优化的 $In_{0.53}Ga_{0.47}As$ 清洁表面，从而为获得高性能的 InGaAs 光电阴极提供一个较为逼真的微观原子堆积模型。InGaAs 光电阴极的表面掺杂对于光电阴极掺杂是必不可少的，而且区别于体掺杂，将涉及 Cs、O 原子的吸附。当 Cs 与 O 吸附完成后，吸附的原子还将与内部掺杂的 Zn 原子产生偶极子以利于光电子的逸出，所以其掺杂位的选取也是需要着重考虑的问题。

取材料的掺杂浓度为 1.0×10^{18} cm^{-3}。由于计算能力的限制，在表面掺杂模型建立时，总原子数目控制在 64 个以下。所以 Zn 掺杂的表面模型是在本征 $In_{0.53}Ga_{0.47}As(100)\beta_2(2\times4)$ 表面模型中替换了一个 Ga 原子或者 In 原子，其掺杂替换位如图 10.42 所示。

由于在体掺杂的讨论中发现，体内 Zn 替换掺杂 Ga 原子或者 In 原子，电子分布和光学性质区别不大，所以在表面考虑掺杂位区别的时候，我们将 Ga 原子和 In 原子等同考虑，只考虑其掺杂位置不同带来的差异，而不考虑单个 Zn 原子替换的究竟是 Ga 还是 In。如图 10.42 所示，单个 Zn 原子主要掺杂替换的是第四层或者第六层的Ⅲ族原子。考虑到掺杂后的对称性需要，所以第六层中可能存在的单个 Zn 原子的替换位置为中间的四个Ⅲ族原子中的一个，形成四个表面掺杂模型，分别命名为 Zn1、Zn2、Zn3 和 Zn4，如图 10.42(a) 所示。在第四层Ⅲ族原子，单个 Zn 原子替换位置的选择主要考虑 $\beta_2(2\times4)$ 表面有台脚和洞穴，在 $GaAs(100)\beta_2(2\times4)$ 中表面形成负电子亲和势时，Cs 原子会较容易吸附在台脚位置，与台脚底下的 Zn 原子形成偶极子；所以，在考虑对称性基础上，第四层 Zn 原子分别替换了四个Ⅲ族原子形成了 Zn5、Zn6、Zn7 和 Zn8 四个模型，如图 10.42(b) 所示。

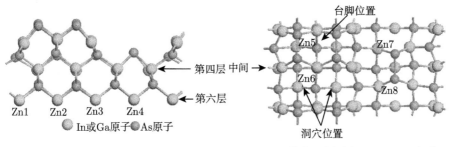

(a) 单个Zn原子在In$_{0.53}$Ga$_{0.47}$As表面
第六层掺杂位置示意图

(b) 单个Zn 原子在In$_{0.53}$Ga$_{0.47}$As表面
第四层掺杂位置示意图

图 10.42 单个 Zn 原子在 In$_{0.53}$Ga$_{0.47}$As 表面掺杂位置示意图 (后附彩图)

2. Zn 掺杂表面的弛豫与形成能

重构表面的形成能如式 (10.23) 所示, 对于 Zn 掺杂 In$_{0.53}$Ga$_{0.47}$As(100)β$_2$(2×4) 表面, Zn 只是替换掉 In 原子或者 Ga 原子, 所以 Zn 掺杂表面的形成能如式 (10.27) 所示。

$$\sigma = \frac{E_{\text{dope-surf}} - E_{\text{surf}} - (\mu_{\text{Zn}} - \mu_i)}{A} \tag{10.27}$$

式中, σ 为形成能, $E_{\text{dope-surf}}$ 为掺杂后的表面能, E_{surf} 为未掺杂表面能, μ_{Zn} 为 Zn 原子的化学势, μ_i 为 Ga 原子或者 In 原子的化学势 (单个 Zn 原子替换的若为 In 原子, 则为 In 原子化学势; 替换的若为 Ga 原子, 则为 Ga 原子化学势), A 为模型面积。几何优化后未掺杂与 Zn 掺杂的表面能及形成能的大小如表 10.19 所示。

表 10.19 几何优化后未掺杂与 Zn 掺杂后的表面能及形成能

掺杂模型	Zn1	Zn2	Zn3	Zn4	Zn5	Zn6	Zn7	Zn8
E_{surf}/eV				−42817.256				
$E_{\text{dope-surf}}$/eV	−42966.573	−42966.593	−42966.943	−42970.506	−42967.286	−42474.780	−42960.457	−42474.662
σ/(eV/Å^2)	−4.690	−4.690	−4.696	−4.751	−4.701	3.005	−4.594	3.006

从表 10.19 可以看出, 对于这 8 个替换式掺杂位的形成能, 其中 Zn6 位置和 Zn8 位置的形成能为正值。表面在 Zn 替换出 Ga 原子或 In 原子时, 反而要从外界吸收 3 eV/Å^2 左右的能量, 表明此时 Zn6 和 Zn8 掺杂模型处于能量最高点, 结构较不稳定。此表面在真实的 InGaAs 光电阴极中会比较容易, 由于表面效应, 析出靠近表面的 Zn 原子。其他几个位置均为负值, 证明在掺杂原子替位的过程中, 均释放出能量, 几个掺杂位都相对比较稳定。其中以 Zn4 和 Zn5 掺杂位释放出的能量最多, 是掺杂最稳定的位置。恰好位于第一层和第三层的 As 二聚物的下方。对

于表面而言，As 的二聚物的存在，是有利于表面掺杂的，能够提高表面稳定性。表面掺杂主要是为了后期进行 Cs 与 O 的吸附，形成 NEA 表面，由于 Zn4、Zn5 在 As 的二聚物下方，按照传统的吸附理论，更适合后期的 Cs、O 吸附，所以选择这两个位置重点讨论其掺杂特性。

由于掺入了二价的 Zn 原子，原子半径减小，外层电子减少，掺杂的 $In_{0.53}Ga_{0.47}As$ 表面出现了弛豫，其表面原子弛豫情况如表 10.20 所示。

表 10.20 Zn 掺杂 InGaAs 表面弛豫情况

表面模型	L_{1-1}/nm	L_{1-2}/nm	L_3/nm	D_1/nm	D_2/nm
未掺杂	2.47	2.47	2.60	4.00	4.01
Zn4	2.46	2.47	2.61	4.01	4.01
Zn5	2.47	2.48	2.60	4.00	4.00

表中，L_{1-1}、L_{1-2} 和 L_3 如表 10.15 定义，D_1 和 D_2 是第一层的两个 As-As 二聚物之间的距离。从表 10.20 可以看出，掺杂并未引起表面原子位置很大的变化，是由于这两个位置替换的正好都是 Ga 原子。Ga 与 Zn 原子半径相似，所以对表面洞穴和台脚位置的改变并不明显，也就是 Zn 掺杂未能引起表面掺杂结构的变化。Zn 掺杂带来的变化应该更多地体现在功函数和电子结构的变化上。

3. 能带结构和电子结构

掺杂的存在，使得晶体中电子所经受的势场偏离了理想的周期势场，因而会改变电子的运动状态，导致一些与理想晶体能带中状态不同的能级，特别是在禁带中形成某些局限在掺杂周围的定域能级。根据定域能级离开带边的远近，分为浅能级和深能级。在 III-V 族化合物中掺杂的 II 族的 Zn 元素与 V 族元素性质相近，取代了 III 族 Ga 或者 In 在晶格中的位置。由于 Ga 或者 In 外层是 3 个电子，而 Zn 的外层是两个电子，所以需要从价带获得一个电子完成共价键并使价带中产生一个空穴。此时它们表现为受主，一般引入浅受主能级，出现在价带顶附近。所以掺杂后的能带分析着重分析 Fermi 能级附近的价带顶和导带底的能级。两种掺杂模式下，其能带结构如图 10.43 所示。

图 10.43 可以看出，这两个位置的掺杂都在禁带中形成了新能级。这是由于杂质态的电子虽然被束缚在杂质周围，但其波函数展布在围绕杂质的一个明显大于晶体原胞的范围内。晶体势与掺杂的缺陷势比起来起着主导作用，杂质的缺陷势可以看成微扰，这种延展较广的局域能态往往处在禁带中。如图 10.43 所示，Zn4、Zn5 掺杂时 Zn 原子均在禁带中产生了受主能级，Zn4 位置产生的受主能级离价带顶较近。Zn4 掺杂位位于第三层 As 的二聚物的正下方，实际上位于整个表面模型的第六层，距第一层表面稍远，所以掺杂 Zn 原子波函数的展开受到表面的影响较小。

在 Zn4 掺杂模型中,形成了浅受主能级,并且 Zn4 模型的禁带宽度也比较窄,Zn4 掺杂起到了减小表面禁带宽度的作用,即 Zn4 位置的掺杂既产生了新的浅杂质能级又使得禁带宽度进一步减小。Zn5 掺杂位略有不同,Zn5 掺杂位位于第一层 As 的二聚物下方。其导带相比较于未掺杂表面还略向高能端移动,禁带宽度增大,掺杂 Zn 原子所形成的杂质能带在离价带顶稍远的地方形成了两条杂质能带。比较两个掺杂位的能带,Zn4 掺杂位更有利于表面禁带宽度的降低,有利于光电子的跃迁。

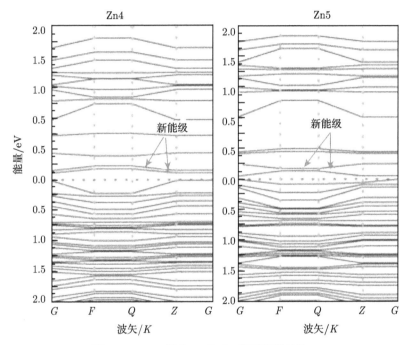

图 10.43 Zn 掺杂 InGaAs 表面能带结构

通过对 Zn4、Zn5 掺杂位能带的分析,我们知道,Zn4 掺杂位对能带的作用较明显,为了进一步分析,其差分电荷密度图如图 10.44 所示。

图 10.44 中,电子的缺失用蓝色来表示,电子的富集用红色来表示,黑色表示的是电荷密度几乎没有变化的区域。比较图 10.44(a) 和 (b),Zn5 掺杂位的 Zn 原子和第四层的 In 原子有明显的电荷富集效应,呈颜色较深的红色。第一层的 As 原子也富集了较少的电子,大部分电子分布在原子间所成的键上。

Zn4 掺杂位的 Zn 原子恰好相反,Zn 的掺杂位电子的缺失比较明显,所有原子中心只有第一层的两个 As 原子表现出了电荷的聚集,其余电荷都聚集在键上面。但从俯视图上可以看到 Zn4 掺杂位电荷聚集在 Ga 原子位置。总体看起来,Zn4 掺杂位周围成键共价键性质明显，Zn 原子与周围原子大多形成共价键。在 Zn5 掺杂位，Zn 原子从周围原子获得了电子，形成了离子性较强的共价键。

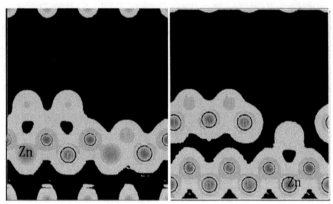

(a) Zn4掺杂位的差分电荷密度侧视图 (b) Zn5掺杂位的差分电荷密度侧视图

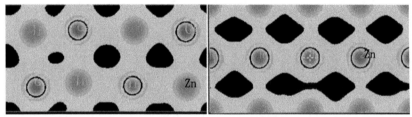

(c) Zn4掺杂位的差分电荷密度俯视图　　　　(d) Zn5掺杂位的差分电荷密度俯视图

图 10.44　差分电荷密度图 (后附彩图)

表面掺杂的电荷分布和成键情况，还可以通过布居数来分析，掺杂原子周围的布居分布如表 10.21 所示。

表 10.21　Zn 掺杂 InGaAs 表面布居分布

掺杂位	原子布居					键布居			
	Zn	As_1	As_2	As_3	As_4	$Zn—As_1$	$Zn—As_2$	$Zn—As_3$	$Zn—As_4$
Zn4/e	0.10	−0.10	−0.10	−0.20	−0.20	0.38	0.34	0.34	0.34
Zn5/e	0.01	−0.11	0.00	−0.06	0.16	0.27	0.03	0.16	0.35

通过对表 10.21 的观察，发现布居分析和电荷差分密度分布图得到的结论是一致的，Zn4 掺杂位中 Zn 原子失去了 0.1 个电子，有较多的电子缺失。而 Zn5 掺杂位只失去了 0.01 个电子，仍有较多电子富集在掺杂 Zn 原子周围。Zn4 掺杂位的 As_1、As_2、As_3 和 As_4 原子分别获得了 0.10、0.10、0.20 和 0.20 个电子，电子富集比较明显。因为上述的差分电荷密度图是针对 Zn 原子作的截图，所以在图 10.44 中没有明显的表现。但是 Zn5 掺杂位周围的 As 原子电荷分布情况分别为

−0.11、0.00、−0.06 和 +0.16 个电子, 电荷分布情况有得有失, 其中 As$_2$ 没有电荷的变化。分析又有 Zn5 掺杂位更靠近表面, 所以其受表面影响大于受掺杂位的影响。对于单个原子而言其电荷分布看得比较清楚, II 族 Zn 原子外围两个电子, 其电荷与成键情况与离表面的远近有关, 离表面越近, 其受表面态的影响越大。再从成键情况看, Zn4 掺杂位的 Zn—As 键上分布电荷较多, 共价性较强, 而 Zn5 掺杂位的共价成键较弱, 成键呈较强的离子性。

4. Zn 掺杂对表面功函数的影响

固体的电子亲和势一般是正值, 它是一个电子势垒, 阻止电子逸出体外。电子亲和势的本质来自组成固体的分立原子的第一电离能。当大量原子互相接近形成固体时, 原子能级分裂成能带, 由于能级向上弯曲, 大多数固体元素的电子亲和势低于相应分立原子的第一电离能。半导体有效光电阴极的大多数光电子来自价带, 在负电子亲和势光电阴极中, 缺陷能级将通过能带弯曲影响并改变有效电子亲和势, 从而影响光电发射[81]。对于 n 型半导体, 体内 Fermi 能级接近导带底, 表面 Fermi 能级处于带隙的上半部。图 10.45 所示为紫外光电子能谱仪 (UPS) 测得的 n 型 GaAs 的表面能带结构。E_0 为真空能级, 用 UPS 测得的 n 型掺杂的 GaAs 中 Ga 的 3d 态在体及表面的芯能级, 距离价带顶约为 18.81 eV[81~84]。在靠近表面处由于表面势的作用, 能带向上弯曲, 产生一个抑制电子逸出的势垒。众所周知, 功函数为电子逸出表面所需要的最小能量, 为真空能级 E_0 和 Fermi 能级 E_F 的差值。n 型 InGaAs 的表面势垒模型和 GaAs 相似。

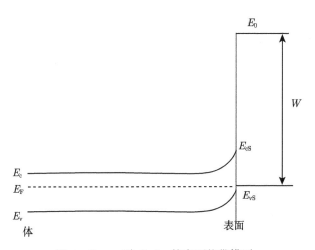

图 10.45 n 型 GaAs 的表面能带模型

Zn 掺杂的 In$_{0.53}$Ga$_{0.47}$As 是 p 型半导体, Zn 外围是两个电子, 需要从外界再

获取一个电子, 所以在价带顶附近会生成杂质能带。对于 $In_{0.53}Ga_{0.47}As$ 体材料,
体内 Fermi 能级接近价带顶。表面由于 As 的悬挂键的存在, Fermi 能级处于禁带
的下半部。在平衡状态下, 表面 Fermi 能级必须等于体内 Fermi 能级, 所以使得半
导体表面附近能带发生向下的弯曲, 如图 10.46 所示。从另一个方面讲, 表面 Zn
掺杂产生了多子空穴, 对电子向表面的运动形成加速场, 有利于电子发射。

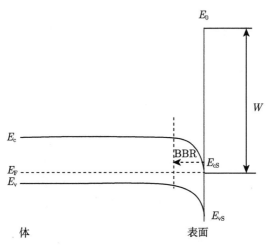

图 10.46　Zn 掺杂 p 型 InGaAs 的表面能带模型

　　掺杂后的表面功函数也得到了进一步的降低, Zn4 和 Zn5 掺杂位掺杂后所得
的功函数分别为 3.962 eV、4.011eV, 比起纯净表面的 4.274eV 分别下降了 0.312eV
和 0.263 eV。从功函数上来看, Zn4 和 Zn5 掺杂位的 Zn 掺杂均能引起表面功函数
的下降。在表面形成了能带弯曲区 (BBR), 有利于光电子输运到表面后的逸出, 从
数值上来讲 Zn4 掺杂位对功函数的下降作用更明显, 达到了 7.3%。

5. Zn 掺杂对表面光学性质的影响

　　Zn 掺杂后, 表面出现了新的杂质能级。与杂质相关的光电子的跃迁, 除了局
限在中心内部的跃迁, 杂质能级与连续能级之间的跃迁也扮演了相当重要的角色,
参与到了光的吸收与发射、载流子的俘获与释放中, 对材料的光电特性有明显的影
响。光电子激发的第一步是入射光子的能量被电子所吸收, 电子对光子吸收能力的
强弱一般用吸收系数 α 来描述, α 是入射光子能量的函数, 也与材料本身有关。从
GaAs 在阈值光子能量附近的光吸收系数曲线可以看到, 随着掺杂浓度的提高, 吸
收边缘向长波移动, 使得 GaAs 光电阴极在 930 nm 还有光谱响应[85]。Zn 掺杂后
Zn4 和 Zn5 掺杂位表面模型的吸收系数如图 10.47 所示。

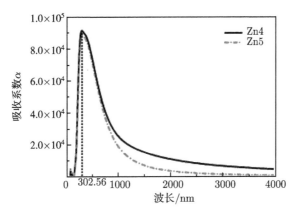

图 10.47 不同 InGaAs 掺杂表面吸收系数

图 10.47 中可以看出,Zn4 和 Zn5 掺杂位表面模型最大的吸收系数峰出现在 302.56 nm 处,此处位于紫外光波段,对于 InGaAs 红外光电阴极来说不在考虑的范围,而且负电子亲和势光电阴极短波限经常由窗口层材料决定。在 InGaAs 预期工作的主要波段,即 1000~3000 nm 波段范围内,Zn4 掺杂位表面在此范围内的吸收系数明显大于 Zn5 掺杂位表面。这跟禁带宽度也是对应的,Zn4 掺杂位的禁带宽度要明显小于 Zn5 掺杂位。从吸收系数上来讲,Zn4 掺杂位更具有优势一点,光能够尽可能多地被吸收,转换为电子跃迁的动能,有利于光电发射。

图 10.48 是两个不同掺杂位的表面模型的反射率,两种掺杂位的反射峰均在 230.3 nm,也就是对紫外光反射最强,但这也不是我们重点关注的区域。在 InGaAs 敏感的 1000~3000 nm 的区间内,Zn4 掺杂位的反射率要明显小于 Zn5 掺杂位,也就是 Zn4 掺杂位模型能够减少光线在表面的反射,让更多的光能进入材料。这个

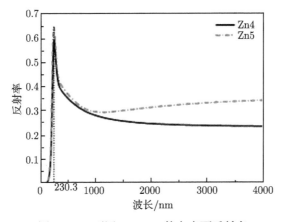

图 10.48 不同 InGaAs 掺杂表面反射率

结论与上面的 Zn4 掺杂位的吸收率大于 Zn5 掺杂位是一致的。所以从光学性质上来讲，Zn4 掺杂位比 Zn5 掺杂位更有优势。

综上所述，Zn4 掺杂位不仅能够缩小禁带宽度，改善电子结构，在光学吸收系数和反射率上也有优势。所以在考虑表面掺杂时，Zn4 掺杂位是一个比较合适的表面掺杂位。

10.2.8　InGaAs 表面负电子亲和势的形成

1. 低覆盖度 Cs 吸附位置的选择

InGaAs 表面负电子亲和势是在掺杂表面基础上进行 Cs、O 激活形成的。激活过程分为两个阶段：第一阶段是单独进 Cs，此时光电流持续上升；第二阶段为 Cs、O 交替进入，此时光电流交替上升。对于负电子亲和势光电阴极，第一步 Cs 的激活过程是获得负电子亲和势的关键步骤，也是最终光电阴极制作成败的重要前提。纯净的 $In_{0.53}Ga_{0.47}As(100)\beta_2(2\times4)$ 表面已经作了较多的讨论，单个 Cs 原子吸附在 $In_{0.53}Ga_{0.47}As(100)\beta_2(2\times4)$ 清洁表面，此时 Cs 在表层的原子覆盖度为 0.125 ML。Hogan 等针对 $GaAs(100)\beta_2(2\times4)$ 提出了 8 个高对称吸附位[86]，由于 InGaAs 和 GaAs 在表面重构和吸附上有一定的相似性，所以根据 GaAs 的表面 Cs 吸附模型，建立了图 10.49 所示 $In_{0.53}Ga_{0.47}As(100)\beta_2(2\times4)$ 表面吸附模型。参与超软赝势内核描述和价电子相互作用的电子为 Ga: $3d^{10}\,4s^2\,4p^1$，In: $4d^{10}\,5s^2\,5p^2$，As: $4s^2\,4p^3$，Cs: $5s^2\,5p^6\,6s^1$ 和 H: $1s^1$。

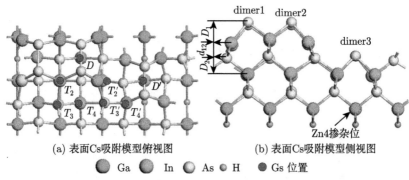

(a) 表面 Cs 吸附模型俯视图　　　　　　　(b) 表面 Cs 吸附模型侧视图

　　　　Ga　　　In　　　As　　H　　Gs 位置

图 10.49　$In_{0.53}Ga_{0.47}As(100)\beta_2(2\times4)$ 表面不同 Cs 吸附位示意图 (后附彩图)

图 10.49(a) 中 T_n、T_n'，其中 n 是指的原子层数，如 T_2 为在第二层原子上方，T_2、T_2' 表示在第二层上方的两个 Cs 吸附的高对称位。D、D' 是位于 As-As 二聚物上方的两个可能的 Cs 吸附位，D 位于第一层二聚物 (dimer2) 的上方，D' 位于第三层 As 的二聚物 (dimer3) 的上方。图 10.49(b) 为侧视图，虚线所示位置为表层的 Zn4 掺杂位所掺杂的 Zn 原子，在第三层二聚物的正下方[87]。

1) Cs 吸附引起的表面弛豫和吸附能

Cs 原子在表面的吸附带来了 Zn 掺杂表面原子间键长的变化,几何优化后表面原子间的键长如表 10.22 所示。

表 10.22　Cs 吸附后表面原子结构的变化

距离	清洁表面	D	D'	T_2	T_2'	T_3	T_3'	T_4	T_4'
dimer1/Å	2.464	2.467	2.467	2.476	2.466	2.475	2.466	2.468	2.466
dimer2/Å	2.470	2.470	2.477	2.510	2.476	2.526	2.476	2.507	2.478
dimer3/Å	2.607	2.604	2.607	2.603	2.603	2.604	2.602	2.603	2.607
D_1/Å	1.826	1.756	1.881	1.869	1.879	1.858	1.755	1.857	1.882
d_{12}/Å	1.206	1.512	1.391	1.400	1.391	1.413	1.514	1.411	1.389
D_2/Å	1.447	0.946	1.438	1.441	1.439	1.461	1.439	1.442	1.450

表 10.22 中,dimer1、dimer2、dimer3、D_1、d_{12} 和 D_2 的定义如图 10.49 所示。Cs 吸附后,对于所有吸附位,dimer1 和 dimer2 的键长都比未吸附前有所增加,证明表层的 Cs 吸附对 As-As 二聚物的稳定性造成一定的影响。而第三层的 As-As 二聚物 Cs 吸附后 dimer3 大趋势是略有减小。第一层和第二层原子之间的距离 D_1 主要趋势是增大,只有 D 和 T_3' 吸附位减小得比较多。Cs 无论吸附在什么吸附位,d_{12} 都增大了,而 D_2 恰恰相反,除了 T_3 和 T_4' 吸附位,吸附后,D_2 均减小了。Cs 的吸附并没有能够导致表面 As—As 键的断裂,即 Cs 原子吸附在表面时并没有能与表面原子成键,只是有部分电荷转移到表面的洞穴中去了。但是对于 dimer1 和 dimer2 及比较靠近表面的 D_1 和 d_{12} 都带来了键的增长,证明当 Cs 原子吸附到表面时,其最外围的电子与第一、第二层的 As 原子和 Ga、In 原子的悬挂键上的电子互相作用,从而影响了表层的键长及原子间距。而略靠下的 dimer3 受到 Cs 吸附的改变较小,最靠里的 D_2 总体趋势是减小,具体原因还需要结合能带和电子结构进一步分析。

吸附能表征了吸附原子吸附在纯净表面的牢固程度。由文献 [88]~[90] 可知,吸附能如式 (10.28) 所示。

$$\Delta H_{\text{Cs}}(\text{eV/Cs}) = \frac{1}{N_{\text{Cs}}}(E_{\text{Total}} - E_{\text{Slab}} - N_{\text{Cs}}E_{\text{Cs}}) \tag{10.28}$$

式中,ΔH_{Cs} 表示吸附的每个 Cs 原子的平均吸附能;N_{Cs} 表示吸附的 Cs 原子的个数,此处为单原子吸附,N_{Cs} 即为 1;E_{Total} 是 Cs 吸附后系统的总能量;E_{Slab} 是吸附前纯净表面的能量;E_{Cs} 是单个 Cs 原子的能量。吸附后各吸附位的吸附能如表 10.23 所示。

从表 10.23 可以看出,各个吸附位的吸附能均为负值,表示 Cs 原子吸附在 InGaAs 表面时是一个释放能量的过程,并且 8 个吸附位都能形成稳定吸附。当单原子吸附时,其中 T_3 位释放能量最多,T_4' 与 T_2' 位释放能量最少。从吸附能的角度讲, T_3 位的吸附最为稳定, 而 T_4' 位的吸附最弱。同时, 从最终优化的表面结构看, 表面均未有键的断裂与重建。

表 10.23　Cs 在不同吸附位的吸附能

吸附位	D	D'	T_2	T_2'	T_3	T_3'	T_4	T_4'
$\Delta H_{Cs}/(eV/Cs)$	-2.217	-2.127	-2.336	-2.106	-2.517	-2.277	-2.202	-2.090

2) Cs 的吸附位对能带的影响

图 10.50 是 Fermi 面附近能量为 $-3 \sim 2\,eV$ 的能带结构, 与清洁表面相比, 8 个掺杂位的导带底部能级有两个共同点, 一是都在导带产生了新的能带, 其中 D'、T_2' 和 T_4' 中 Cs 激发产生的新能带更接近于导带底, 而价带的能带并未受到过多的影响; 二是导带和价带受到 Cs 吸附的影响均往低能端移动, 其中 D、D'、T_2'、T_4、T_4' 的导带移动得都比较多, 使得导带底部与价带顶之间的禁带宽度进一步缩小。分析主要是因为铯离子在表面形成了由外向内的电场, 使得导带和价带均往低能端移动。同时这个电场影响了表面的电势分布。Kempisty 等的研究表明, 表面导带受到表面电势分布和表面态的双重影响, 而价带仅受表面态的影响[91]; 所以表面电势分布的改变影响了导带, 缩小了禁带宽度。同时 Cs 的外围电子与 InGaAs 表面态相互作用在导带激发出了新能带。从负电子亲和势形成机理来看, 导带底往低能端的移动使得被吸附的 InGaAs 表面产生了能带弯曲区, 当光电子经过 Cs 偶极子的加速到达表面时, 能够通过能带弯曲区的隧道效应逸出表面, 形成光电流。

图 10.51 所示为 Cs 处于不同吸附位时价带深处 $-24 \sim -23\,eV$ 由 Cs 激发产生的能带。参与计算的 In、Ga、As 电子均未在此区域产生能带。吸附后, In、Ga、As 产生的能带基本上都距离这个 Cs 激发的能级较远, 其中 T_2' 激发的能带在 $-24.495eV$, 在导带的最深处。这样一个深能级与电子的光激发跃迁的关系不是很密切, 作为 Cs 激发能带的一种现象, 与光激发电子关系最密切的仍然是 Fermi 能级附近的新能级的产生及禁带宽度的变化。

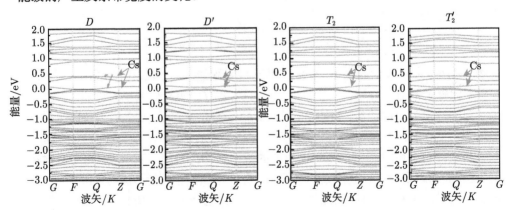

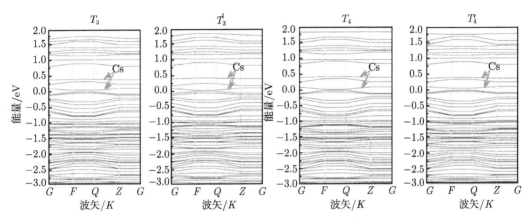

图 10.50 Cs 在不同吸附位上 Fermi 面附近的能带结构

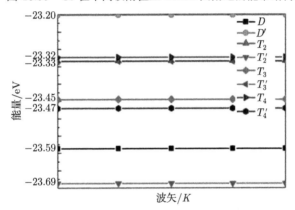

图 10.51 不同吸附位 Cs 激发的深价带能级

3) Cs-Zn 偶极子的形成及功函数的降低

对于 III-V 族三元化合物 InGaAs，表面吸附 Cs 原子的最终目的是通过 Cs、O 激活形成负电子亲和势表面，有利于红延伸波段光电子的逸出。优化后的 Cs 吸附表面及纯净表面的功函数如表 10.24 所示。

表 10.24　各吸附位表面功函数

吸附位	清洁	D	D'	T_2	T_2'	T_3	T_3'	T_4	T_4'
Φ/eV	3.962	3.336	3.227	3.349	3.230	3.405	3.407	3.310	3.316
$\Delta\Phi$/eV	—	−0.626	−0.735	−0.613	−0.732	−0.557	−0.555	−0.652	−0.646

从表 10.24 可知，未吸附清洁 InGaAs 表面的功函数为 3.962 eV，即理论上光电子要逸出未吸附的 InGaAs 表面需要 3.962 eV 的能量。发现在 Cs 吸附后功函数均有所下降，确实有利于表面功函数的降低，这与 Escher 等提出的实验结果相吻合[92]。所以 Cs 吸附后的功函数降低能力，是包括紫外、可见光和近红外敏感器件

在内的所有光电发射器件的基础。对于 InGaAs,当单个 Cs 原子吸附在 D' 位时,其功函数最低。一般功函数的降低解释为由于 Cs 的化学吸附,至少有部分电子电离形成正离子。其与掺杂 Zn 原子周围的空穴形成 $Cs^{n+} \to [In_{0.53}Ga_{0.47}AsZn]^{n-}$ 偶极子,如图 10.52 所示。

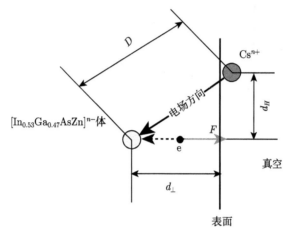

图 10.52　$Cs^{n+} \to [In_{0.53}Ga_{0.47}AsZn]^{n-}$ 偶极子示意图

图 10.52 中,吸附的 Cs 原子失去了部分电子带正电,而失去的这部分电子正好与 p 型 InGaAs 材料中的空穴复合,使得 $In_{0.53}Ga_{0.47}AsZn$ 中掺杂 Zn 原子周围由于电子的摄入,形成了负电荷中心,由此形成由 Cs^{n+} 指向 $[In_{0.53}Ga_{0.47}AsZn]^{n-}$ 的电场。对于 InGaAs 表面的 Cs 吸附,Cs 并没有严格地吸附在掺杂 Zn 原子的正上方,所以光生电子 e 受到的电场力 F 如图 10.52 所示。

所以,这样一个 Cs^{n+} 指向 $[In_{0.53}Ga_{0.47}AsZn]^{n-}$ 的电场减小了功函数,降低了光电子逸出表面的难度。根据亥姆霍兹方程,偶极矩的大小如式 (10.29) 所示[93]。

$$\mu = \frac{A\Delta\Phi}{12\pi\Theta} \tag{10.29}$$

式中,A 是表面单胞面积,单位 Å^2;$\Delta\Phi$ 是功函数的变化量,单位 eV;Θ 是 Cs 原子的覆盖度,这里是一个 Cs 原子,所以为 0.125 ML。不同 Cs 的吸附位的偶极矩的大小如表 10.25 所示。

表 10.25　不同 Cs 吸附位产生的偶极矩

Cs 位置	D	D'	T_2	T_2'	T_3	T_3'	T_4	T_4'
$\Delta\Phi$/eV	−0.626	−0.735	−0.613	−0.732	−0.557	−0.555	−0.652	−0.646
μ/Debye	−2.124	−2.494	−2.080	−2.484	−1.890	−1.883	−2.212	−2.192

负值表示偶极矩从吸附的 Cs 原子指向发射层。其中 D' 和 T'_2 位有最大的偶极矩,吸附在这个位置是比较有利于光电子逸出的。从能量角度,Cs^{n+} →[In$_{0.53}$Ga$_{0.47}$AsZn]$^{n-}$ 偶极子形成了表面偶极层,降低了表面功函数。单个 Cs 原子吸附后,InGa-As 表面仍为正电子亲和势表面,功函数还没有能够下降到导带以下,电子输运到表面仍需要克服表面势垒的束缚才能逸出到真空中去。

Cs 原子得失电荷的情况也可以从侧面说明其对 InGaAs 表面功函数的降低作用,从 Cs 原子部分电离出的电荷越多,偶极子的静电场越强,对功函数的降低作用越明显。各个 Cs 吸附位失电荷数与掺杂 Zn 原子得电荷数如表 10.26 所示。从表 10.21 可知,Cs 原子未吸附前 Zn 原子所带电荷数为 0.10,即失去了 0.10 的电子,当 Cs 吸附完成后,Cs 原子电离出部分电子输运到表面,其中一部分给了掺杂的 Zn 原子。从表 10.26 可以看出,8 个吸附位 Zn 原子失去的电荷从 0.05 到 0.08 不等,均比掺杂的纯净表面时失去的电荷要少,意味着 Cs 原子电离出的部分电子给了 Zn 原子。

表 10.26 吸附 Cs 原子与掺杂 Zn 原子电荷分布情况

原子种类	D	D'	T_2	T'_2	T_3	T'_3	T_4	T'_4
Cs/eV	0.83	0.79	0.92	0.80	0.89	0.83	0.84	0.90
Zn/eV	0.07	0.05	0.07	0.07	0.08	0.07	0.07	0.06

表 10.26 中 Cs 原子吸附之前最外层应该是一个电子,吸附完成后,部分电荷电离了,其中 Cs 吸附在 D' 位和 T'_2 位的失去的电荷较多,分别为 0.21 和 0.20。Cs 原子失去电荷越多,其 Cs^{n+} →[In$_{0.53}$Ga$_{0.47}$AsZn]$^{n-}$ 偶极子越大,功函数下降越多。

2. Cs 覆盖度对 InGaAs 光电发射的影响

前面提到过 GaAs 光电阴极实验时,Cs 的吸附并不是多多益善,Cs 的覆盖度到达 0.7 ML 时,GaAs 光电阴极的光电流不升反降[84]。所以对于 InGaAs 光电阴极,单个 Cs 吸附时,功函数减小最多的吸附位在 D' 和 T'_2 附近,即刚开始进 Cs 时,Cs 原子优先吸附在 D' 或者 T'_2 位置。随后 Cs 的进入量越来越多,随着 Cs 覆盖度的增加,对光电流的影响如何需要进一步进行讨论。针对覆盖度的增加,分别建立了覆盖度为 0.125 ML(上节所述 D' 模型)、0.25 ML、0.375 ML、0.5 ML、0.625 ML 和 1 ML 六个模型。几何优化后,这六个模型的能带结构如图 10.53 所示。

Cs 原子半径为 2.35Å,Cs$^+$ 的离子半径为 1.69Å,而 In$_{0.53}$Ga$_{0.47}$As(100)β$_2$ (2×4) 表面模型的面积为 7.99×15.99 Å^2,可以吸附 8 个 Cs 原子,也就是覆盖度可以达到 1 ML。但是从能带结构上来看,当覆盖度从 0.125 ML 变化到 0.5 ML 的过

程中，价带受到吸附 Cs 原子的影响较大。从图 10.53 可以看到，随着 Cs 覆盖度的逐步增加，在原先的禁带中产生了一些新的 Cs 吸附能级，但由于此时 Cs 原子吸附的数目较多，能带受影响分裂较复杂，虽然不能具体解释哪些能带是由多个 Cs 原子激发的，但是整体趋势的分析还是有效的。Cs 的覆盖度由 0.125 ML 变化到 0.5 ML 的过程中，价带逐渐向低能端移动，导带的移动趋势也是一致的，但是移动幅度没有导带大；但当覆盖度大于 0.5 ML 之后，导带和价带又重新向高能端移动。当然，0.625 ML 和 1ML 在导带基本上还是分布在 1.5eV 以下的；并且 0.625 ML 到 1 ML Cs 的覆盖度虽然变化了 0.375 ML，但是能带情况变化并不大，且低于 0.125 ML 的 2eV，即能带在覆盖度为 0.5 ML 处出现了一个 "谷"。在 GaAs 光电阴极的实验中，提到了 Cs"中毒" 的现象，过量的 Cs 覆盖在 GaAs 表面时，会使得光电流不升反降，这个 Cs 覆盖度的临界值为 0.7 ML。从上述对能带的分析来看，InGaAs 光电阴极的 Cs 覆盖度的临界值为 0.5 ML。

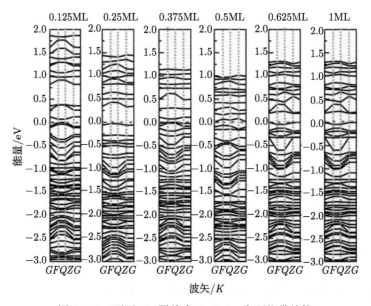

图 10.53　不同 Cs 覆盖度 InGaAs 表面能带结构

图 10.54 所示为不同 Cs 覆盖度 InGaAs 模型的总态密度的分布情况，价带的深能级对光电子的产生和输运的影响不大，所以这里只给出了 Fermi 能级附近的态密度的分布。从能级分布来看，0.5 ML 是一个临界值，如图 10.54 中实线所示。由于 Cs 的覆盖度增加，Cs 的 s 态、p 态电子都发生了变化，参与计算的 In、Ga、As、Zn 的价电子受到 Cs 价电子的干扰，总的态密度在 0.212 eV 处产生了一个新的态密度峰。即此处的电子分布较多，而这个位置正好是位于导带底附近，对材料的光电

子发射影响较大。

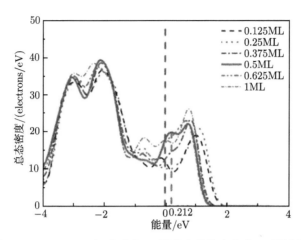

图 10.54　InGaAs 表面不同 Cs 覆盖度的总态密度 (后附彩图)

这个覆盖度临界值的判定还可以通过覆盖的 Cs 原子失电子情况和覆盖后表面功函数的变化来进行判断,图 10.55 和表 10.27 表示了 InGaAs 表面功函数和 Cs 失电子情况随 Cs 的覆盖度不同而变化。图 10.55 中随着 Cs 的吸附量的增加,功函数先是下降,当 Cs 的覆盖度到达 0.5 ML 时,功函数不再下降。随后随着吸附量的逐渐增加,功函数逐渐增大,所以和能带分析得到的结论一致,功函数的分析也表明 Cs 的覆盖度 0.5 ML 是一个临界值。实验过程中,当 Cs 的覆盖度到达 0.5 ML 后,可以考虑交替进 O,以期能进一步提高光电流数值。

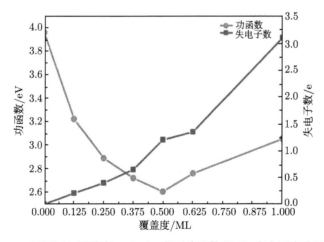

图 10.55　不同 Cs 覆盖度 InGaAs 表面功函数和 Cs 失电子变化示意图

表 10.27 中, Δq 表示吸附在表面的所有 Cs 原子总共失去的电子数,随着 Cs

的覆盖度的增加, 表面吸附的 Cs 原子数量也在增加, 表面的 Cs 原子多了, 失电子总数量就多了。

表 10.27　不同 Cs 覆盖度 InGaAs 表面功函数及 Cs 失电子情况

覆盖度	0.125 ML	0.25 ML	0.375 ML	0.5 ML	0.625 ML	1 ML
$\Delta q/e$	0.21	0.4	0.65	1.20	1.35	3.1
Φ/eV	3.227	2.893	2.724	2.610	2.764	3.057

根据建立的 InGaAs 发射层模型, 一个模型中掺杂了一个 Zn 原子, 这一个掺杂的二价 Zn 替换了一个三价的 In 或者 Ga 原子, 形成了带有一个空穴的 InGaAs(Zn) 表面模型。所以当 Cs 原子吸附到 InGaAs 表面时, Cs 最外层的电子会转移到 InGaAs(Zn) 表面上去, 转移的电荷越多, 形成的偶极子越强, 对功函数的降低作用越明显。但是此时 InGaAs(Zn) 表面模型只有一个 Zn 原子, 即模型接受 Cs 供给电子的能力是有限的。当 Cs 原子吸附增加, 供给 InGaAs(Zn) 表面的电荷数超过 1 个时, InGaAs(Zn) 表面模型不能接收多余的电子。这些电子浮在 InGaAs(Zn) 表面, 形成一个由表面指向铯离子的内建电场, 减弱了 InGaAs(Zn)-Cs 偶极子的作用, 从而导致功函数上升, 使得光电子逸出表面的难度增大。所以对于 InGaAs 光电阴极, Cs 覆盖度的临界值跟 Zn 的掺杂情况有比较大的关系。当 InGaAs(Zn) 表面模型原子层数和 Zn 掺杂浓度改变时, 其 Cs 的覆盖度的临界值应该也不一样, 所以在实验中, Zn 掺杂浓度也是进 Cs 时间和覆盖度临界值的一个可靠的判断依据。

3. $In_{0.53}Ga_{0.47}As(Zn)$ 表面的 Cs-O 吸附

Cs 吸附到一定程度 (0.5 ML) 后, 光电流不再增加, 此时在保证 Cs 略微饱和的情况下进 O。氧吸附到表面后, 分解成氧原子, 由于 O 原子体积较小, 吸附在铯离子下方的 $In_{0.53}Ga_{0.47}As(Zn)\beta_2(2\times4)$ 洞穴位置, 如图 10.56 所示。然后再吸附 Cs 原子, 所以图 10.57 所示为 0.625 ML Cs 覆盖 +0.125 ML O 覆盖的 Cs-O 吸附模型。这个模型的形成过程是 (0.5 ML 的 Cs 覆盖)→(进 O)→(0.5 ML Cs 覆盖 +0.125 ML 的 O 覆盖)→(进 Cs)→(0.625 ML 的 Cs 覆盖 +0.125 ML 的 O 覆盖)。定义 0.5 ML 的 Cs 覆盖的 $In_{0.53}Ga_{0.47}As$ (Zn)$\beta_2(2\times4)$ 表面为 "0.5 ML Cs 表面"; 定义 0.5 ML Cs 覆盖 +0.125 ML O 覆盖表面为 "0.5 ML Cs+O 表面"; 定义 0.625 ML 的 Cs 覆盖表面为 "0.625 ML Cs 表面"; 定义 0.625 ML Cs 覆盖 +0.125 ML O 覆盖表面为 "0.625 ML Cs+O 表面"。吸附在 $In_{0.53}Ga_{0.47}As(Zn)\beta_2(2\times4)$ 表面的 5 个 Cs 原子分别命名为 Cs-1, $\cdots$, Cs-5, O 原子命名为 O-1, 表面掺杂 Zn 原子命名为 Zn-1, 如图 10.56 所示。

初步吸附 Cs 原子时, Cs 原子在 $In_{0.53}Ga_{0.47}As(Zn)\beta_2(2\times4)$ 表面离子化, 将 Cs 外围的电子送给掺杂 Zn 原子附近的空位, 形成 $Cs^{n+} \rightarrow [In_{0.53}Ga_{0.47}AsZn]^{n-}$ 偶

极子，如图 10.52 所示，降低了表面功函数。所以表 10.28 给出了 Cs、O 交替吸附过程中，Cs 原子、O 原子以及表面掺杂 Zn 原子离子化的情况及表面功函数的变化。图 10.57 所示为 Cs、O 交替吸附过程中表面模型能带的变化，为了便于分析，图 10.57 同样给出了 0.625 ML 纯 Cs 吸附的能带结构。

初步吸附 Cs 原子时，Cs 原子在 In$_{0.53}$Ga$_{0.47}$As(Zn)β_2(2×4) 表面离子化，将 Cs 外围的电子送给掺杂 Zn 原子附近的空位，形成 Cs^{n+} →[In$_{0.53}$Ga$_{0.47}$AsZn]$^{n-}$ 偶极子，如图 10.52 所示。结合表 10.28 和图 10.57 分析吸附表面情况。当体内的空位被 Cs 原子贡献的电荷饱和时，In$_{0.53}$Ga$_{0.47}$As(Zn)β_2(2×4) 将不再能接收来自 Cs 原子的外围较容易离化的多余电子，多余的 Cs 原子阻碍了光电子的逸出。此时氧原子进入，O 原子落入 In$_{0.53}$Ga$_{0.47}$As(Zn)β_2(2×4) 表面的洞穴位置中。由于 O 原子容易获得 2 个电子形成 O^{2-}，落入洞穴中的 O 原子，从多余的 Cs 原子处

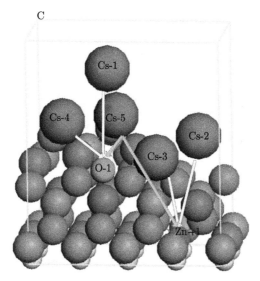

图 10.56　InGaAs(Zn) 表面 Cs-O 吸附示意图 (后附彩图)

表 10.28　偶极矩相关原子电荷分布及表面功函数

覆盖度	0.5 ML Cs	0.5 ML Cs+0.125 ML O	0.625 ML Cs+0.125 ML O	0.625 ML Cs
Zn-1/e	0.01	0.01	−0.01	−0.01
O-1/e	—	−0.91	−1.05	—
Cs-1/e	0.73	0.86	1.02	1.03
Cs-2/e	0.63	0.67	0.72	0.72
Cs-3/e	0.71	0.73	0.57	0.53
Cs-4/e	0.73	0.88	0.92	0.79
Cs-5/e	—	—	0.74	0.58
Φ_e/eV	2.610	2.593	2.422	3.057

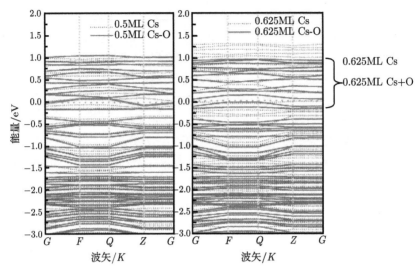

图 10.57　Cs-O 吸附后表面的能带结构 (后附彩图)

获得了电子, 离化成了 O^{2-}。形成了 $In_{0.53}Ga_{0.47}As(Zn)\beta_2(2\times4)$ 表面的第二层偶极子: Cs-O 偶极子, 由铯离子指向氧离子 (图 10.56), 该偶极子进一步降低了表面功函数 (表 10.28)。表 10.28 中, Cs 覆盖度为 0.5ML 时, 功函数值为 2.610eV, 此时进 O, 由于没有多余的 Cs 原子与 O 形成偶极子, 所以 O 原子吸附后功函数值仅降为 2.593eV。此时, 最靠近 Fermi 能级导带底能级 (图 10.57 中左图粗实线所示) 受到吸附在表面 O 原子外围电子的影响, 向低能端移动, 越过了 Fermi 能级, 显示出简并半导体的特性。当 Cs 的覆盖度提高到 0.625 ML 时, 表面功函数值为 2.422eV, 功函数较此前 0.625 ML 纯 Cs 吸附时下降了 0.635eV, 下降幅度达到了 20.8%。同时比 0.5 ML Cs-O 吸附表面功函数下降了 0.171eV, 表明 Cs 的进一步吸附, 使得表面形成了 Cs-O 偶极子。从能带上来看, 对比 0.625ML Cs+O 表面和 0.625 ML Cs 表面能带结构, 发现 0.625 ML Cs+O 表面的导带整体向低能端移动了约 0.35eV, 使得 Fermi 能级完全进入了导带内部, 表现出了完全的简并半导体特性。

　　Cs-O 偶极子的形成还可以通过表 10.28 中表面电荷变化反映。从表 10.28 中看到, 0.5 ML Cs 表面和 0.5 ML Cs+O 表面 Zn 原子失电荷数量是相等的; 0.625 ML Cs 表面和 0.625 ML Cs+O 表面 Zn 原子得电荷数量也是相等的, 即 O 原子的吸附未能改变表面掺杂 Zn 原子周围的得失电荷情况, 不改变掺杂 Zn 原子的成键。0.625 ML Cs+O 吸附时, O 原子得电荷数为 1.05e, 而 0.5 ML Cs+O 吸附时, O 原子得电荷数为 0.91 e, 说明 Cs-O 交替吸附确实能增强表面 Cs-O 偶极子, 降低表面功函数, 实现促进光电子逸出的功能, 图 10.57 中表面能带的变化也印证了这一点。

In$_{0.53}$Ga$_{0.47}$As 光电阴极主要是吸收光子的能量转换为光电子,形成光电子发射,所以当 Cs-O 吸附完成后,研究其对光子吸收作用的改变也是比较有意义的。图 10.58 所示为 In$_{0.53}$Ga$_{0.47}$As(Zn)β_2(2×4) 表面 Cs-O 吸附后的表面光吸收系数的变化情况。

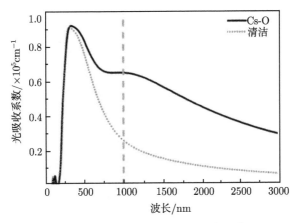

图 10.58 Cs-O 吸附表面的吸收系数

从图中我们可以看到,在 1000~3000 nm 的近红外波段范围内,Cs-O 吸附后的表面光吸收系数明显大于未吸附时的纯净表面,在波长为 1000 nm 处还出现了一个吸收系数峰值,对于 InGaAs 光电阴极,表面的 Cs-O 吸附是提高红外波段光吸收的较好手段。

10.3 InGaAs/InP 半导体材料的结构设计与制备工艺研究

InGaAs/InP 半导体材料的结构设计是根据 InGaAs 的基本性质,研究其外延层的临界厚度,对 InGaAs/InP 光电阴极材料的热净化处理结果进行 XPS 表面分析,并给出了不同热净化温度下的光谱响应曲线。

10.3.1 InGaAs/InP 半导体材料结构设计

主要的Ⅲ- Ⅴ族半导体材料如图 10.59 所示,其中 Γ, L 和 X 能谷的带宽用实线、点线和虚线表示,可以看出实线说明由线段两端半导体材料构成的三元合金在对应的晶格常数下为直接带隙半导体,点线和虚线表示为间接带隙半导体。

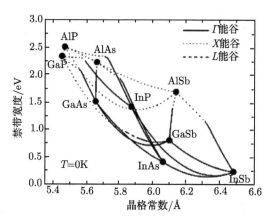

图 10.59　非氮化物的III-V族半导体材料禁带宽度与晶格常数[94,95]

从图 10.59 中可以看到，$In_xGa_{1-x}As$ 光电阴极为直接带隙半导体，在近红外波段可以选择两种市面上现有的单晶衬底材料：GaAs 衬底和 InP 衬底。一般认为，当外延层材料在衬底上生长时，二者晶格常数不同导致在外延层内产生失配应变，同时外延层的原子会受到使其晶格与衬底相匹配的应力作用，即失配应力。当外延层以赝晶方式生长到某一特定厚度时，弹性应变得到释放，此时的外延层厚度称为临界厚度 (critical layer thickness，CLT)，如图 10.60 所示。

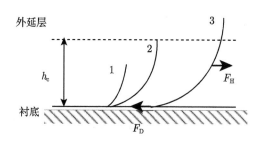

图 10.60　临界厚度示意图

1. $h < h_c$；2. $h = h_c$；3. $h > h_c$；F_H 为失配应力；F_D 为位错线张力[96]

当外延层厚度 (h) 薄于临界厚度 (h_c) 时，晶格失配通过弹性应变作用达到协调统一，这时外延层具有均匀的结构和最佳的电子光学特性。反之，外延层厚度大于临界厚度时，晶格失配则由应力、位错和三维生长一起调和，结构特性发生很大变化。可见，这种异质结应变层的临界厚度是 InGaAs 光电阴极结构设计中的重要参数。计算时均假设衬底和外延层具有相同的弹性常数且为各向同性。

图 10.60 显示了外延层内部穿透位错随厚度的变化。当 $h < h_c$ 时，外延层与衬底表面呈现为共格界面，即界面上的原子同时处于两相晶格的节点上，为相邻两

晶体所共有，此时 $F_H < F_D$；当 $h > h_c$ 时，界面两侧的晶体点阵完全不存在连续性的界面，$F_H > F_D$ 使位错沿着界面方向不断延伸。假设外延层和衬底具有相同的弹性常数且为各向同性，失配应力 F_H 为[96]

$$F_H = \frac{2G(1+\nu)}{(1-\nu)} bh\varepsilon \cos\lambda \qquad (10.30)$$

式中，G 为外延层和衬底剪切模量；ν 为泊松比；λ 为滑移面与界面的夹角；ε 为面内应变，被定义为

$$\varepsilon = \frac{f}{1 + h/h_0} \qquad (10.31)$$

其中，f 为外延层与衬底的晶格失配度；h 和 h_0 为外延层和衬底厚度。通常情况下衬底厚度远大于外延层厚度，所以可以近似地认为 $\varepsilon = f$。

位错线张力 F_D 的表达式为[96]

$$F_D = \frac{Gb^2(1+\nu)}{4\pi(1-\nu)} \left(1 - \nu\cos^2\theta\right) \left(\ln\frac{h}{b} + 1\right) \qquad (10.32)$$

式中，b 为伯氏矢量，θ 为位错线与伯氏矢量的夹角。所以当 $F_H = F_D$ 时，通过计算可以推出临界厚度为[32,96]

$$h_{c1} = \frac{b}{8\pi f} \frac{\left(1 - \nu\cos^2\theta\right)}{(1+\nu)\cos\lambda} \left(\ln\frac{h_{c1}}{b} + 1\right) \qquad (10.33)$$

式 (10.33) 是通过计算力学平衡的方法获得了失配位错时外延层的临界厚度，还有一种采用能量最小化的方法同样可以获得临界厚度，思路与上述方法不尽相同，其假设外延层在初始的时候是没有穿透位错的，当区域应变能密度超过自身独立位错能时才会产生界面失配位错，这种独立位错包括螺旋位错、刃型位错和半环形位错等。这些位错中以螺旋位错具有最小的位错能密度，其表达式为[16]

$$E_D = \frac{Gb^2}{8\pi\sqrt{2}a} \left(\ln\frac{h}{b}\right) \qquad \cdot (10.34)$$

式中，a 为衬底晶格常数。而区域应变能密度为

$$E_f = 2G \left(\frac{1+\nu}{1-\nu}\right) hf^2 \qquad (10.35)$$

众所周知，当 $E_D = E_f$ 时，便可以求出临界厚度为[16,97]

$$h_{c2} = \frac{1}{16\sqrt{2}\pi} \frac{(1-\nu)}{(1+\nu)} \frac{b^2}{af^2} \left(\ln\frac{h_{c2}}{b}\right) \qquad (10.36)$$

两种方法计算的临界厚度最明显的区别在于，方法一的 $h_c \propto 1/f$，方法二的 $h_c \propto 1/f^2$。通过迭代近似的方法，分别得到了两种计算方法对 GaAs 衬底和 InP 衬底随着 In 组分变化的临界厚度曲线，如图 10.61 所示。

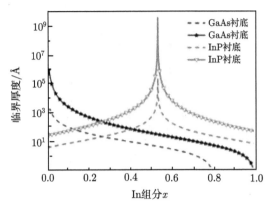

图 10.61 临界厚度随 In 组分 x 变化示意图

其中虚线为方法 1 计算结果, 符号线为方法 2 计算结果

仿真过程中, 假设 $b=4$ Å, $\nu=0.33$, $\cos\alpha = \cos\lambda = 0.5$, $\alpha_{GaAs}=5.6533$ Å, $\alpha_{InP}=5.8687$ Å[98]。从图 10.61 中可以明显看到, 当 In 组分为 0 时, 外延层和 GaAs 衬底晶格完全匹配, 当 In 组分为 0.53 时, 外延层和 InP 衬底晶格完全匹配, 理论上当晶格完全匹配时临界厚度应该为无穷大, 两种方法计算的临界厚度均满足这一条件。不同的是, 方法一在晶格失配的瞬间临界厚度下降很快, 然后跟方法二的临界厚度变化趋势保持一致, 两种方法一直保持一个数量级的差别。但是当 In 组分为 0.8 时, 方法二的临界厚度为 5.3 Å, 方法一已经接近于 0, 这里取方法一的计算结果, 该方法计算的临界厚度与 Bourree 的结果也比较接近[99]。

因此, 我们选取方法一讨论两种衬底的临界厚度。随着 In 组分增加, 失配度越来越大会导致临界厚度迅速下降, 在 $x = 0.1$ (截止波长为 0.97 μm) 时, h_c 为 103.5Å, 在 $x=0.2$ (截止波长为 1.09 μm) 时, h_c 为 36.5 Å, 这样薄的临界厚度显然不符合光电阴极发射层的实际厚度需求。对于 InP 衬底的 $In_xGa_{1-x}As$, 当 $x=0.53$ 时, 该外延层与 InP 衬底的晶格常数完美匹配, 利用 InP 衬底外延生长的 $In_{0.53}Ga_{0.47}As$ 光电阴极, 晶格生长质量好, 对应截止波段完美覆盖 1.06 μm, 1.54 μm 和 1.57 μm, 应该是近红外响应光电阴极的理想选择。不难发现的是, 当 $x=0.266$ 时, 两种衬底对应临界厚度相等, 不同的是 GaAs 衬底的 InGaAs 晶格受到的是 GaAs 晶格的压缩作用, 而 InP 衬底的 InGaAs 晶格受到的是 InP 晶格的拉伸作用。

10.3.2 InGaAs/InP 半导体材料的生长

InGaAs/InP 半导体材料采用德国 AIXTRON 2000/4 低真空 MOCVD 进行生长, 该 MOCVD 装置示意图如图 10.62 所示。MOCVD 生长源分别使用三甲基镓 (TMGa)、三甲基铟 (TMIn)、砷烷 (AsH_3)、磷烷 (PH_3) 和二乙基锌 (DEZn), 载气为高纯氢气。TMGa 源的熔点为 −15.8℃, 温度太低不利于形成饱和蒸气, 也不利于控制, 因此 TMGa 源的加热温度为 −11℃; TMIn 源为固态, 采用较高的加热温度 (30℃); AsH₃ 在氢气中稀释成 10% 含量, 气体流量用质量流量计来控制, 经由管道进入频射等离子反应室, 在这里反应气体混合并发生热分解[100]。

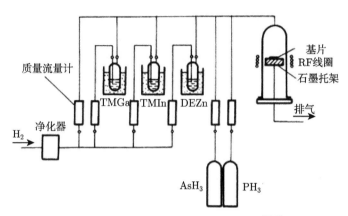

图 10.62 MOCVD 生长装置示意图[101]

生长开始之前, 首先将 InP 衬底在 650℃ 的高温下进行去氧化处理, 在 350℃ 时通入 PH₃ 源对衬底进行保护, 然后在 450~530℃ 条件下外延生长 InP 和 $In_{0.53}Ga_{0.47}As$, 反应室内压力为 1×10^{-5} Pa。生长 InP 的 V/III 流量比控制在 250~300, 生长 $In_{0.53}Ga_{0.47}As$ 的则为 60~70, 考虑到 TMIn 源为固态的特点, 在整个外延过程中, 不仅选用较高的源加热温度, 而且固定其流量为 10 μmol/min, 通过调整 TMGa 的流量使 InGaAs 生长中 Ga 的含量达到所需比例[102]。最终获得了包括 1 μm 厚的 InP 缓冲层和 2 μm 厚的 $In_{0.53}Ga_{0.47}As$ 发射层的 $In_{0.53}Ga_{0.47}As$/InP 半导体材料 R1, 具体结构如图 10.63 所示。

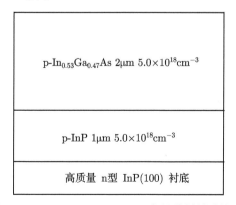

图 10.63 $In_{0.53}Ga_{0.47}As$/InP 半导体材料结构 R1

通常利用 MOCVD 外延生长 GaAs 光电阴极时，进入反应室的混合气体流经衬底表面时，发生如下的热分解反应并生成 GaAs 薄膜：

$$Ga(CH_3)_3 + AsH_3 \longrightarrow GaAs + 3CH_4 \tag{10.37}$$

与其相似，当外延生长 InGaAs 层时，进入反应室的混合气体流经衬底表面时，会发生如下的热分解反应并生成 InGaAs 薄膜：

$$xIn(CH_3)_3 + (1-x)Ga(CH_3)_3 + AsH_3 \longrightarrow In_xGa_{1-x}As + 3CH_4 \tag{10.38}$$

反应产生的 In、Ga、As 和 Zn 等同时沉积到加热的衬底上，形成所需组分和掺杂浓度的外延层结构。结果表明，MOCVD 生长的材料很适合制造 20~25 mm 直径的光电阴极，片子表面平滑，电子扩散长度长，后界面复合速率小，Cs、O 激活后产生很高的灵敏度，具备较好的重复性。具体特点可归纳为如下几个方面[101]：

(1) 晶体生长以热分解方式进行，属于单温区生长；

(2) 晶体生长速率由源的供应量决定，可在较大范围内调节；

(3) 外延生长可以在超低压进行，可以在低压和常压下进行；

(4) 外延生长控制精度可达单原子层；

(5) 外延层组分和浓度可以精确控制，可批量生产。

10.3.3　InGaAs/InP 半导体材料的热净化研究

透射式 InGaAs 光电阴极的制备工艺较为复杂，其总体性能不仅包括阴极材料本身光电发射性能，也包括了加工阴极组件过程中带来的影响。反射式光电阴极的制备只需将外延生长后的半导体晶圆切割成 1cm×1cm 的样品，每个样品在化学清洗后可直接进行加热净化和 Cs、O 激活处理，因此单纯研究半导体材料的性能及制备工艺，只需开展反射式样品相关实验，这也是大多数实验室研究所采取的方法。要制备高性能的 NEA 光电阴极，在激活前要求材料表面达到原子级清洁程度，否则杂质会占据 InGaAs 表面的位置影响 Cs、O 激活，同时形成较高的表面势垒，阻止电子向表面逸出。因此，在 InGaAs 样品化学清洗完毕后，还要在超高真空系统中进行加热净化处理。

利用 GaAs 光电阴极多信息量测控与评估系统，分别采用 650℃、550℃和400℃对 InGaAs/InP 样品进行加热净化处理，当样品从超高真空系统中取出时，发现 InP 衬底如图 10.64 所示。从图中可以看到不同热净化温度下，InGaAs/InP 半导体材料的衬底呈现了完全不同的状态，虽然我们并不能从材料晶体学和热力学角度清楚地说明 InP 衬底到底发生了什么样的变化，但显而易见的是随着热净化温度的逐渐升高，InP 衬底破坏程度越来越严重，这是 InP 材料化学态不稳定所导致的。

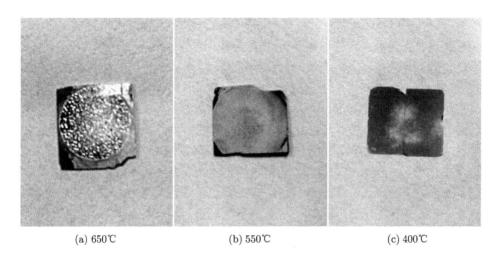

(a) 650℃   (b) 550℃   (c) 400℃

图 10.64   加热后的 InGaAs/InP 半导体材料衬底面实物图

基于图 10.64 给出的 InP 衬底实物图，可以看到当热净化温度为 400℃时，InP 衬底有破坏的痕迹；当温度为 550℃时，InP 衬底已经发生熔化；当温度为 650℃时，InP 衬底已经熔化殆尽，并呈现为颗粒状。采用 550℃热净化温度的 InGaAs/InP 半导体材料进行 XPS 分析，能谱仪为 PHI 5300，测试选用 Mg 靶产生的 Kα 射线光子能量为 1253.6eV，各原子芯能级分别为 Ga 3d、In 4d、As 3d、P 2p、C 1s 和 O 1s，400℃热净化温度下 InGaAs/InP 光电阴极样品各原子浓度比例如表 10.29 所示，其中 Ga 3d 与 In 4d 芯能级结合能位置分别为 19eV 和 17 eV，二者能谱发生重叠现象，C 1s 芯能级和 Ga 俄歇 $L_3M_{23}M_{45}(^1P)$ 能级结合能位置分别位于 284.6 eV 和 281eV，二者能谱也发生了重叠现象。

表 10.29   InGaAs/InP 半导体材料的原子浓度

温度/℃	Ga 3d+In 4d/%	As 3d/%	P 2p/%	C 1s+Ga $L_3M_{23}M_{45}(^1P)$/%	O 1s/%
550	20.62	13.13	1.41	48.03	13.15

XPS 分析结果可以说明，InGaAs/InP 半导体材料在 550℃热净化温度下 InP 衬底的确发生 P 原子蒸发脱附现象，并且已经污染材料表面。因此，从图 10.64 给出三种温度 InP 衬底实物图可以判断，当热净化温度高于 400℃时，InP 衬底开始热分解，同时 P 原子会污染阴极表面，因此只有热净化温度小于 400℃才不会发生这种现象。

分别采用 650℃、550℃、400℃和 200℃对 InGaAs/InP 半导体材料 R1 进行热净化处理的光谱响应曲线，如图 10.65 所示。随着热净化温度的升高，InGaAs/InP 光电阴极在全光谱范围内响应逐渐增大，同时长波截止也越来越长，这说明较高的温度可以清除掉光电阴极表面的各种氧化物污染，从而提高光电阴极的光谱响应及长波截止。但较高的热净化温度同样会使 InP 衬底中 P 原子蒸发并重新吸附在光电阴极表面，我们可以近似地认为这种 P 原子在阴极表面的吸附使得 InGaAs 光电阴极的性能趋近于 InGaAsP 光电阴极。显然，提升热净化温度去除氧化物给光谱响应带来的提高要强于 P 原子在表面的吸附带来的污染，因为高的热净化温度带来的光谱响应仍旧远高于低热净化温度的光谱响应值。但不幸的是，即便如此，因为 InGaAs/InP 光电阴极发射层较高 In 组分 ($x=0.53$) 导致禁带宽度过窄，其表面势垒在 Cs、O 激活后仍远高于导带能级，这从图 10.65 中不同温度对应光谱响应曲线的截止波长位置就可以看出，其长波光子激发的低能电子均无法越过表面势垒形成光电发射。因此，以现有的研究手段，采用常规结构设计和热净化工艺对于 InGaAs/InP 光电阴极光电发射性能的研究只能到此搁浅。不过，日后随着研究手段的不断完善和制备工艺的不断成熟，InGaAs/InP 光电阴极仍会成为近红外微光探测最热门的研究内容之一。

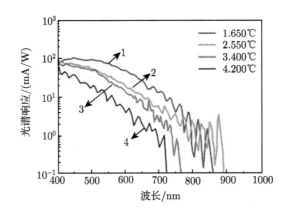

图 10.65　不同热净化温度下 R1 光电阴极光谱响应曲线

10.4　InGaAs/GaAs 半导体材料结构设计与制备工艺研究

InGaAs/GaAs 半导体材料结构设计是根据 InGaAs 的基本性质，对 InGaAs/GaAs 缓冲层采用变掺杂结构，其发射层采用变组分结构；采用氩离子溅射分析了 InGaAs/GaAs 材料，研究了 InGaAs/GaAs 半导体材料的化学清洗和加热净化工艺。

10.4.1　InGaAs/GaAs 半导体材料结构设计

按照文献 [103]~[107]，设计的缓冲层指数掺杂的 InGaAs 光电阴极能带结构如图 10.66 所示。其主要特点是在缓冲层存在均匀的电场。

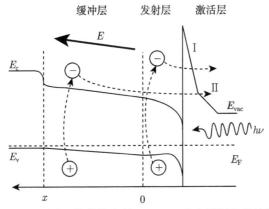

图 10.66　缓冲层指数掺杂的 InGaAs 光电阴极能带结构图

E_c 和 E_v 分别是导带底和价带顶, E_F 是 Fermi 能级, E_{vac} 是真空能级, I、II 分别为两个表面势垒, $h\nu$ 为反射式入射光子能量

10.4.2　InGaAs/GaAs 发射层变组分结构设计

对于反射式 InGaAs 光电阴极, 发射层既是光吸收层, 又是电子发射层, 所以发射层参数的 (掺杂浓度、厚度、表面 In 组分和晶格失配度) 变化会直接对光电发射性能造成改变。根据 InGaAs 光电阴极作用范围和应用领域的需求, 发射层的各个参数应被赋予一个合理数值。其中, 掺杂浓度增加会导致表面电子逸出几率增加和电子扩散长度减小, 一般为 $10^{18} \sim 10^{19}$ cm^{-3}[101]; 发射层厚度对于反射式和透射式光电阴极有较大区别, 对于透射式光电阴极, 发射层厚度应该介于光吸收深度与电子扩散长度之间, 对于反射式光电阴极, 理论上厚度应该越厚越好, 但在高速摄影和单光子计数等领域中, 需要很薄的发射层厚度来提高时间响应速率; InGaAs 材料的禁带宽度会随着体内 In 含量的增加而变小, 导致长波截止越来越向红外方向延伸。

对于 GaAs 衬底 In$_x$Ga$_{1-x}$As 光电阴极, 晶格失配导致晶体质量较差, 缺陷增加, 不利于光电发射, 因此 In 组分 x 值在设计时不能过大, 根据 Fisher 等的报道[6], 随着 In 组分的增加, 禁带宽度降低, 对应表面逸出几率和电子扩散长度会大幅度减小, 换句话说, 要想在更远的近红外获得光谱响应, 必须以牺牲响应大小为代价。为了克服上述困难, 提出了将发射层分为多个子层的办法, 即随着子层的逐渐增加, In 的组分也逐渐增加, 这样使禁带宽度逐渐降低形成级联效应。如此变组分发射层的设计安排有利于晶格匹配, 保证晶体质量和电学特性, 带隙逐层减小有利于拓展近红外响应, 同时有利于电子向表面输运。

根据上述缓冲层变掺杂、发射层变组分的设计理念, 利用 MOCVD 外延设计生长了反射式 InGaAs/GaAs 光电阴极材料 R2, 如图 10.67 所示。样品 R2 包含了 GaAs 衬底、$Al_{0.63}Ga_{0.37}As$ 过渡层、GaAs 缓冲层和 $In_xGa_{1-x}As$ 发射层。其中，$Al_{0.63}Ga_{0.37}As$ 过渡层厚度为 1 μm，掺杂浓度为 1.0×10^{19} cm^{-3}，GaAs 缓冲层厚度为 1.6 μm，掺杂浓度由体内向外分别从 1.0×10^{19}cm^{-3} 按指数形式渐变到 1.0×10^{18} cm^{-3}，$In_xGa_{1-x}As$ 发射层厚度仅为 0.2 μm，掺杂浓度为 1.0×10^{18}cm^{-3}，In 组分由体内向表面从 0 变化到 0.25。

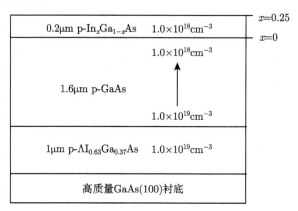

图 10.67　薄发射层的反射式 InGaAs/GaAs 光电阴极材料结构 R2

上述薄发射层的 InGaAs 半导体材料，从理论上说虽然可以有效提高时间响应速率，但前提是以牺牲光子吸收数量为代价的。因此，在不考虑时间响应速率快慢的情况下，我们设计生长了如图 10.68 所示的两种反射式 InGaAs/GaAs 光电阴极材料 R3 和 R4。

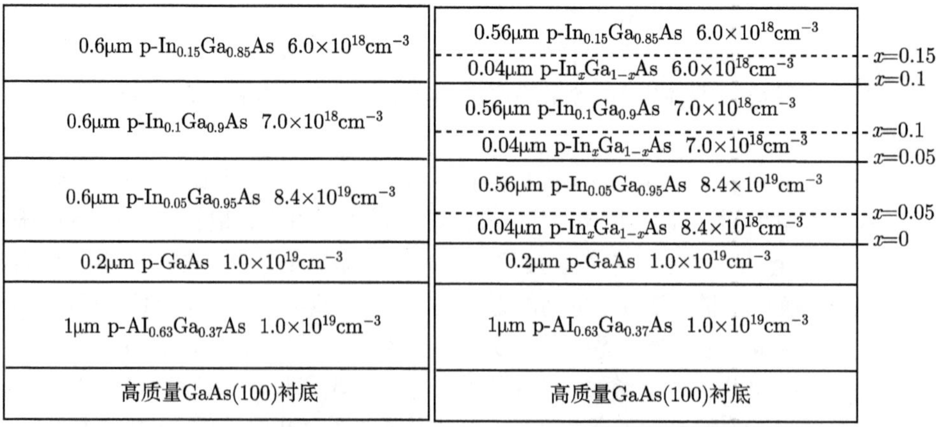

(a) R3　　　　　　　　　　　(b) R4

图 10.68　两种反射式 InGaAs/GaAs 光电阴极材料结构

从图 10.68 中可以看到，R3 和 R4 具有与 R2 类似的衬底和外延层结构，即 GaAs 衬底上分别外延生长了 $Al_{0.63}Ga_{0.37}As$ 过渡层、GaAs 缓冲层和 $In_xGa_{1-x}As$ 发射层，不同的是，R3 和 R4 的 GaAs 缓冲层很薄，为 0.2 μm，且为固定掺杂浓度 1.0×10^{19} cm^{-3}。R3 的 $In_xGa_{1-x}As$ 发射层分成 3 个厚度均为 0.6 μm 的子层，由内到外 3 个子层的 In 组分分别为 0.05、0.10 和 0.15，掺杂浓度分别为 8.4×10^{18} cm^{-3}、7.0×10^{18} cm^{-3} 和 6.0×10^{18} cm^{-3}，R4 的 $In_xGa_{1-x}As$ 发射层基于 R3 发射层结构，在总厚度不变的前提下将每个子层中间引入了 0.04 μm 的变组分层，其目的是使发射层中子层界面之间的组分变化呈渐变结构。

10.4.3　InGaAs/GaAs 半导体材料生长质量评估

低能离子溅射是表面分析中清洁固体表面和深度剖面分析的主要手段之一。带正电荷的氩离子 (Ar^+) 在等离子体中被阴极的负电位强烈吸引，加速轰击阴极表面，此时 Ar^+ 的动量转移给阴极材料以撞击出一个或多个原子，被撞出的单个或多个原子运动穿过等离子体然后被探测，入射离子的能量必须大到能够撞击出原子，但又不能太大以致渗透进入靶材料内部，因此 Ar^+ 溅射是一种具有破坏性的剖析手段，经过溅射的半导体材料不能再用来进行 Cs、O 激活。

利用 PHI 5000 VersaProbe II XPS 能谱仪和 Ar^+ 溅射功能对 R2(图 10.67) 多层膜结构的原子浓度进行深度剖析，以此来判断 InGaAs/GaAs 半导体材料表面及体内原子成分是否满足理论设计要求。实验过程中 XPS 测试采用 Al 靶产生的 Kα 射线光子能量为 1486.6eV，通能为 46.9eV，出射角为 45°。得到能谱对应结合能位置均由位于 284.6eV 的 C 1s 芯能级位置校正。Ar^+ 溅射能量为 4kV，每次溅射位置会控制在 InGaAs 光电阴极表面 1mm ×1 mm 范围内，每隔 15 s 进行一次 Ar^+ 溅射，每次溅射后会进行五次 XPS 扫描，然后对五次扫描结果进行平均处理从而得到该次溅射后的 XPS 结果，整个溅射分析过程持续 20 min，共溅射 80 次结束。

首先选取 Ga $2p_{3/2}$、As 3d、In 3d、C 1s 和 O 1s 芯能级进行 XPS 分析，然后将每次 Ar^+ 溅射后的 XPS 扫描结果转换成原子浓度比例的形式，最后以溅射时间为横坐标，就得到了从 InGaAs 光电阴极表面到体内不同深度的原子浓度变化曲线，如图 10.69 所示，其中前十次溅射后 XPS 扫描结果如表 10.30 所示。

随着溅射的深入，可以清晰地看到 In 组分逐渐减少，Ga 组分逐渐增加，这与 R2 的结构设计相符。在第二次溅射后，碳和氧的含量分别从原来的 10.65% 和 33.67% 减为 0，这说明碳化物和氧化物只是存在于光电阴极表面，外延生长过程中没有引入这些污染。在溅射 4.25 min 时 In 组分降低到 0.06%，标志着 InGaAs 发射层溅射完毕，开始溅射 GaAs 缓冲层，此后 Ga $2p_{3/2}$ 和 As 3d 的比例基本保持在 1.5 左右，这种 Ga 含量大于 As 含量的现象主要是外延生长过程中空位缺陷所致。从整体溅射与 XPS 分析结果来看，InGaAs 半导体材料外延生长质量较好，其结构与设计相吻合。

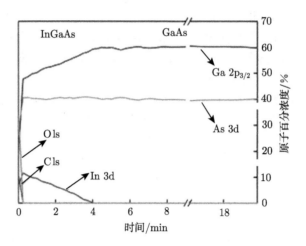

图 10.69　基于 Ar$^+$ 溅射的 InGaAs/GaAs 半导体材料原子浓度图[113]

表 10.30　InGaAs/GaAs 半导体材料体内的原子浓度变化

Ar$^+$ 溅射次数	Ga 2p$_{3/2}$/%	As 3d/%	In 3d/%	C 1s/%	O 1s/%
1	20.25	28.4	7.03	10.65	33.67
2	47.76	40.6	11.64	0	0
3	48.63	40.74	10.63	0	0
4	49.8	40.32	9.88	0	0
5	50.2	40.25	9.54	0	0
6	51.38	40.13	8.5	0	0
7	52.16	39.9	7.94	0	0
8	52.47	40.12	7.41	0	0
9	53.11	40.49	6.4	0	0
10	53.59	40.65	5.76	0	0

10.4.4　InGaAs/GaAs 半导体材料的化学清洗工艺

InGaAs 半导体材料在生长完成后，会不可避免地暴露在大气环境下，其表面存在油脂、灰尘和各种氧化物，降低了表面清洁度的同时，还会改变阴极的表面性质。去除材料表面污染的方法有很多，包括化学清洗、NH$_3$ 等离子清洗、硫钝化清洗和氢离子清洗[108~111]，其中化学清洗方法操作简单，更广泛地应用在实验室研究和器件制造进程中。因此，通常用化学清洗方法作为光电阴极制备的第一步，主要用来去除材料表面的物理吸附或化学吸附带来的污染和机械抛光带来的缺陷，还可以用来腐蚀掉半导体材料的保护层。寻找一种可以有效去除材料表面污染的化学清洗方法对制备高性能的 InGaAs 光电阴极尤为重要。因此，提出来三种不同的化学清洗方法，分别用来处理 R2 结构的 InGaAs 半导体材料。

化学清洗前需要用无水乙醇和去离子水清洗与光电阴极材料直接接触的烧杯、镊子等实验工具，并保证在具有排风和废液回收功能的清洗台进行。然后正式开始对 InGaAs 半导体材料的清洗，具体流程如图 10.70 所示，先将四个相同的 10mm ×10 mm InGaAs 样品依次在四氯化碳、丙酮、无水乙醇溶液中经过超声波振动清洗 5 min，接着再用去离子水洗涤 5 min；随后，样品 A 用盐酸 (38%) 和水 1:1 的混合溶液浸泡 2 min，样品 B 用 HF(>40%) 浸泡 2 min，样品 C 用浓硫酸 (98%)、过氧化氢和水 4:1:100 的混合溶液浸泡 30 s，样品 D 不经过任何溶液浸泡，在化学清洗过后，四个样品用去离子水在超声波中清洗 5 min，最后用无水乙醇脱水并在氮气环境下送入 XPS 预抽室。

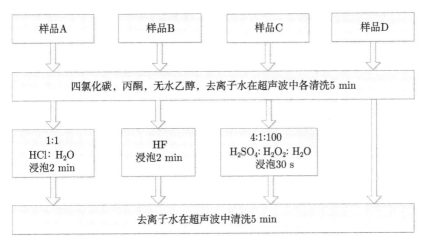

图 10.70 InGaAs 半导体材料化学清洗步骤框图[112]

下面对四种经过不同处理方法的样品测得的 XPS 扫描结果进行高斯分峰拟合，图 10.71 给出 Ga $2p_{3/2}$ 芯能级谱图，可以看出 InGaAs 表面的 Ga $2p_{3/2}$ 芯能级主要包括两个峰，分别为位于右侧的 1117.2 eV，来自 InGaAs 本身的 Ga $2p_{3/2}$ 峰，以及向左偏移了 0.6 ~ 1 eV 的 Ga_2O_3 峰。图 10.72 给出 In 3d 芯能级，由两个自旋轨道分裂的峰组成，分别是位于 444.1eV 的 In $3d_{5/2}$ 峰和位于 451.6eV 的 In $3d_{3/2}$ 峰，还有这两个峰各自对应位于 444.8eV 和 452.4 eV 的 In_2O_3 峰，上述所有峰对应结合能的位置均参考自 XPS 手册[113]。

图 10.73 给出了四种样品 As 3d 芯能级谱图，可以看到 As 3d 芯能级包含三个峰，分别是来自 InGaAs 本身自旋轨道分裂的位于 40.82 eV 的 As $3d_{5/2}$ 和位于 41.52eV 的 As $3d_{3/2}$，以及位于 44.4 eV 的 As_2O_5。从图 10.73(a)~(c) 中可见，当经

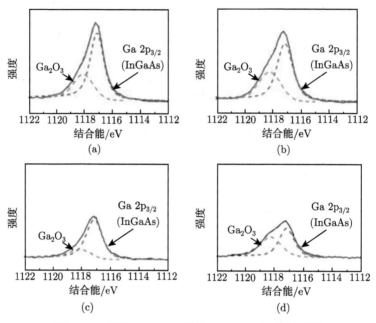

图 10.71　四种 InGaAs 样品 Ga $2p_{3/2}$ 芯能级谱图

其中实线代表 XPS 扫描曲线，虚线代表数值拟合结果

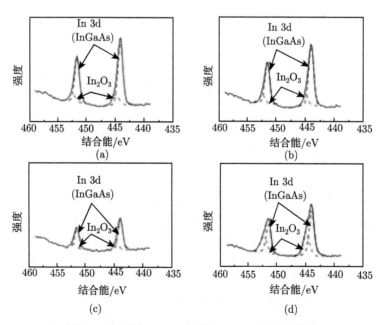

图 10.72　四种 InGaAs 样品 In 3d 芯能级谱图

其中实线代表 XPS 扫描曲线，虚线代表数值拟合结果[113]

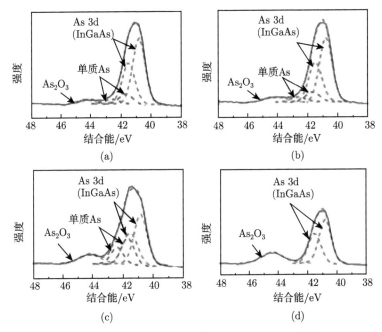

图 10.73　四种 InGaAs 样品 As 3d 芯能级谱图

其中实线代表 XPS 扫描曲线，虚线代表数值拟合结果[113]

过化学清洗后，InGaAs 样品表面会产生大量单质 As，它也由自旋轨道分裂的位于 41.7 eV 和 42.5 eV 的两个峰组成。这些单质 As 主要是由清洗前表面存在氧化物导致的[114]，氧化物越多，生成的单质 As 就越多，这个现象也同样出现在 Kobayashi 等的研究现象中[115]。对于酸性溶液清洗过的 GaAs 和 InAs 半导体，表面出现单质 As 也逐渐被大家所共识[116]，As_2O_5 在水中会生成 H_3AsO_4 和 $HAsO_2$，同时 III-As 半导体材料会与酸液反应生成 AsH_3，我们知道 AsH_3 是一种很强的还原剂，而 H_3AsO_4 和 $HAsO_2$ 是比较强的氧化剂，因此二者根据热力学理论会发生如下的反应[117]：

$$2AsH_3 + 3H_3AsO_4 \Longleftrightarrow 2As + 3HAsO_2 + 6H_2O \tag{10.39}$$

$$AsH_3 + HAsO_2 \Longleftrightarrow 2As + 2H_2O \tag{10.40}$$

需要注意的是，对于样品 C，材料表面的化学反应并没有停止，溶液中的 H_2O_2 会持续氧化单质 As 和 $HAsO_2$ 生成 H_3AsO_4，同时阴极表面还会不断地产生新的单质 As，这两种反应同时进行，相互制约，在表面产生更多的单质 As。

将化学清洗后的 InGaAs 样品表面各原子浓度以百分比含量的形式列在表 10.31 里，更加直观地对比不同溶液带来的清洗效果。可以看到，经过化学清洗的样品 (Ga+In)/As 比值均小于 1，这说明化学清洗后 InGaAs 呈现一个富 As 型表面，这种富 As 型表面会使吸附的原子与掺杂 Zn 原子形成的偶极矩增长，表面势垒下降，从而有利于电子向表面逸出。样品 C 中的 O 1s 含量相对样品 D 来说有所减少，但由于溶液的强腐蚀性导致 Ga $2p_{3/2}$ 和 In 3d 含量也明显减少；样品 A 和 B 的 C 1s 含量分别为 15.85% 和 17.59%，这可以说明用盐酸对 InGaAs 样品表面的清洗效果要优于氢氟酸。

表 10.31　化学清洗后 InGaAs 样品表面原子浓度

样品	Ga $2p_{3/2}$/%	In 3d/%	As 3d/%	C 1s/%	O 1s/%
A	21.23	7.66	32.79	15.85	22.48
B	21.83	7.47	30.52	17.59	22.60
C	12.69	4.43	41.80	14.20	26.89
D	17.25	7.03	23.4	18.65	33.67

通过计算峰值面积，表 10.32 给出 InGaAs 样品各氧化物与其对应原子含量的比值。样品 A 的 Ga_2O_3 和 In_2O_3 的含量在四种样品中是最低的，同时我们认为样品 A 的 As_2O_5 含量基本已经被清洗干净，而 0.044 的比例的剩余主要是因为样品在放入 XPS 预抽室的过程中被再次氧化，样品 C 的 As_2O_5 的比例依旧很高或许和溶液的氧化性有关。通过观察可以得出结论，化学清洗可以去除 As 的氧化物，这与 Aguirre-Tostado 等和 Shin 等的结论一致[118,119]，同时化学清洗只能有效降低 InGaAs 表面的 Ga 和 In 氧化物含量，但却不能完全将它们清除掉。

表 10.32　化学清洗后 InGaAs 样品各氧化物与其原子含量比值

样品	Ga_2O_3/Ga $2p_{3/2}$	In_2O_3/In 3d	As_2O_5/As 3d
A	0.307	0.214	0.044
B	0.345	0.224	0.063
C	0.174	0.269	0.124
D	0.475	0.416	0.235

在实验中，选取的 R2 结构 InGaAs 半导体材料的原子浓度为 $3.4×10^{22}$ cm^{-3}，而 Zn 掺杂浓度为 $1×10^{18}$ cm^{-3}，这就是说，在 InGaAs 半导体材料表面的 $1.1×10^{15}$ 个原子中只有 $1×10^{12}$ 个是 Zn 原子，所以只占 0.1% 的 Zn 原子含量在 XPS 扫描中是观察不到的，因此至于化学清洗对 p 型掺杂浓度的影响，我们认为是可以忽略的。

10.4.5　InGaAs/GaAs 半导体材料的加热净化工艺

1. 加热净化处理后表面分析

要制备高性能的 NEA 光电阴极，在激活前要求材料表面达到原子级清洁程度，前面的实验结果表明仅通过化学清洗方法处理的材料表面仍有氧化物存在，这些杂质会占据 InGaAs 表面的位置影响 Cs、O 激活，同时形成较高的表面势垒，阻止电子向表面逸出。所以,在半导体材料化学清洗完毕后,需要在超高真空系统中进行加热净化处理。

因涉及军事敏感领域,对于 InGaAs/GaAs 半导体材料的最佳热净化温度,国内外均鲜有报道。拟采用最原始的方法,即不断尝试不同热净化温度然后进行 Cs、O 激活,来寻求最佳热净化温度。实验中,选择从 400℃开始,每次增加 25℃,共加热 9 次到 600℃结束,由于曲线过多不易辨识,图 10.74 给出了以 50℃为间隔的热净化 XPS 谱图,其中包括 Ga $2p_{3/2}$、In 3d 和 As 3d 的芯能级谱图。测试所用 XPS 能谱仪为 PHI 5300,选用 Mg 靶产生的 Kα 射线光子能量为 1253.6 eV,通能为 71.55eV,出射角为 45°。

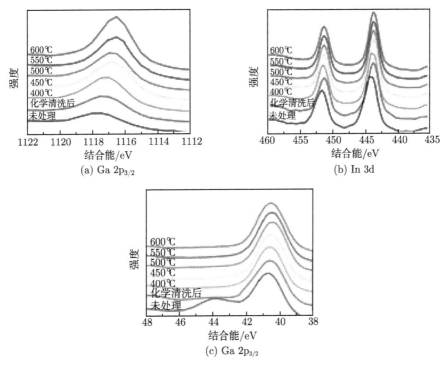

图 10.74 不同热净化温度下 InGaAs 样品 XPS 谱图

从图 10.74 中可以看到,经过化学清洗后再进行热净化处理的各原子芯能级峰位置均向低结合能端偏移,同时峰值强度变高,半宽度变窄,这说明热净化处理对表面污染的去除效果明显。仔细观察 Ga $2p_{3/2}$ 芯能级可以发现,在热净化温度选择 450℃、550℃和 600℃时,其峰值强度增加明显,这与 InGaAs 样品表面 Ga 的氧化物脱附有关,不同温度对应了不同氧化物的脱附;In 3d 芯能级在 500℃时达到了最高的峰值强度和最窄半宽度,此后峰的形状随着热净化温度的升高不再变化；As 3d 的芯能级在化学清洗后发生很大变化，主要体现在 As 的氧化物峰的消失，在热净化温度达到 400℃时，峰的形状便不再随着热净化温度的升高而有所变化。在实际热净化过程中，随着温度的升高 In 和 As 元素会加速脱离材料表面并大量流失，而 In 3d 和 As 3d 芯能级谱形状却没有发生变化，这说明在阴极体内的 In 和 As 原子不断向表面补充，使其含量保持动态平衡。

2. 加热净化处理中真空度变化

通过大量实验可以知道，GaAlN 半导体材料的最佳热净化温度在 850℃左右[120]，GaAlAs 半导体材料的最佳热净化温度在 710℃[106]，GaAs 半导体材料的最佳热净化温度在 650℃左右[121]，因此可以粗略地认为，III-V 族半导体材料的最佳热净化温度与其禁带宽度大小成正比，所以 InGaAs 半导体材料的最佳热净化温度应该不会大于 650℃。尝试对 InGaAs 半导体材料样品采取 650℃的加热温度，具体升温过程是：首先用 10min 内将样品加热到 100℃，然后用 3.5 h 加热到 650℃并保持 20 min，最后用 2 h 将样品温度下降到室温。通过计算机可以采集到整个加热过程中超高真空系统内部真空度变化，将平滑后的真空度变化曲线进行微分处理，如图 10.75(a) 所示。

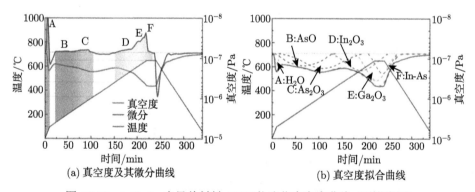

(a) 真空度及其微分曲线　　　　　　　(b) 真空度拟合曲线

图 10.75　InGaAs 半导体材料 650℃热净化真空度曲线 (后附彩图)

微分曲线是一条围绕 0 值上下波动的曲线，当微分值为正时，表示原曲线呈下降趋势，微分曲线达到极大值时，表示原曲线处于下降最快处；反之，当微分值为负时，表示原曲线呈上升趋势，微分曲线为该区域极小值时，表示原曲线处于上升最快处。从图 10.75(a) 可以看到，真空度的微分曲线有 6 个极大值，分别对应编号 A~F。对于真空度微分曲线，每一次曲线从 0 点开始上升的过程，就意味着阴极表面氧化物开始脱附的温度，极大值即意味着到达了该氧化物脱附最快的温度，而氧化物的脱附总是伴随着与基底材料发生反应，因此极大值所对应的温度通常被定义为共蒸发温度。

在 GaAs 半导体材料热净化工艺的理论基础上，对 InGaAs 半导体材料样品加热净化过程中的真空度曲线进行了曲线分峰拟合分析，并总结出 InGaAs 加热净化过程中的脱附和共蒸发情况如下[122,123]：

A. 温度 < 100℃时，加热开始以后，阴极表面水分逐渐开始从材料表面蒸发，真空度曲线呈快速下降的过程，在 100℃开始回升。

B. 温度 ≤ 200℃时，化学态最不稳定的 AsO 从材料表面脱附，真空度再次下降，但下降趋势很小，这说明 AsO 含量很少。

C. 温度 >300℃时，As_2O_3 开始与 InGaAs 材料发生反应：

$$As_2O_3 + 2In_xGa_{1-x}As \longrightarrow x(In_2O_3) + (1-x)(Ga_2O_3) + 2As_2 \uparrow \qquad (10.41)$$

D. 温度 >460℃时，In_2O_3 开始与 InGaAs 材料发生反应：

$$4InGaAs \longrightarrow 4Ga + 4In + 2As_2 \uparrow, \quad In_2O_3 + 4In \longrightarrow 3In_2O \uparrow \qquad (10.42)$$

E. 温度 >550℃时，Ga_2O_3 开始与 InGaAs 材料发生反应：

$$4InGaAs \longrightarrow 4Ga + 4In + 2As_2 \uparrow, \quad Ga_2O_3 + 4Ga \longrightarrow 3Ga_2O \uparrow \qquad (10.43)$$

F. 温度 >620℃时，InGaAs 体内 In 开始流失[124,125]。当温度保持在 650℃时，超高真空系统内脱附和抽气会处于一个动态平衡状态，此时真空度保持不变。

从以上 InGaAs 加热净化过程中的脱附和共蒸发情况来看，温度太高会导致 InGaAs 材料表面 As 和 In 的含量损失过多，As 含量损失过多会使表面呈富 Ga 状态，使吸附 Cs 原子与掺杂原子偶极矩减小，不利于电子逸出；In 损失过多会导致光谱响应截止波长缩短，失去近红外探测的意义；温度太低，InGaAs 材料表面仍残存大量 Ga_2O_3 没有清除，同样阻碍电子从表面逸出。因此，我们尝试采用 "闪蒸" 的热净化处理工艺，顾名思义，对 InGaAs 光电阴极样品采取快速升温使其达到共蒸发温度然后快速降温的热净化工艺。图 10.76(a) 是采用 650℃"闪蒸" 法对 InGaAs 半导体材料热净化真空度及其微分曲线。不难看出，该微分曲线依旧包含 6 个极大值，分别对应 H_2O、AsO、As_2O_3、In_2O_3、Ga_2O_3 脱附和 InGaAs 中的 In 流失。

与常规热净化工艺不同，"闪蒸" 的热净化真空度曲线不存在因氧化物脱附导致的先下降再回升的现象，从图 10.76(b) 可以看到在 "闪蒸" 热净化工艺中，分峰所得各氧化物曲线交汇密集，因为 "闪蒸" 加热时间短，温度上升迅速，超高真空系统中真空度还没来得及回升，温度就已经升高使新的氧化物开始脱附。采用 650℃"闪蒸" 加热可以明显看到，InGaAs 中的 In 流失量对比常规 650℃大大减少。

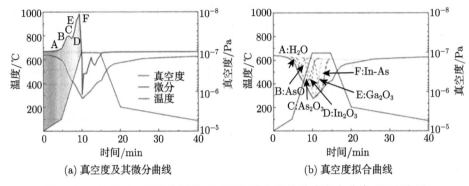

(a) 真空度及其微分曲线　　　　　　　　(b) 真空度拟合曲线

图 10.76　InGaAs 半导体材料 650°C "闪蒸" 热净化真空度曲线 (后附彩图)

　　将 "闪蒸" 热净化温度设定为 600°C同时将温度上升过程延长 5 min，以此来观察超高真空系统中真空度变化，如图 10.77 所示，可以看到，真空度微分曲线只包含 5 个极大值，分别代表了 H_2O、AsO、As_2O_3、In_2O_3 和 Ga_2O_3 脱附。温度上升过程延长 5 min 也使得分峰所得各氧化物曲线交汇不再密集，最重要的是 In 含量不再减少。

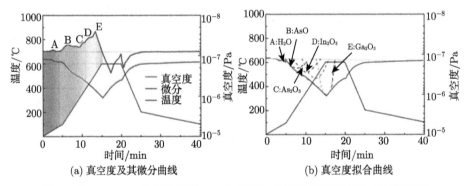

(a) 真空度及其微分曲线　　　　　　　　(b) 真空度拟合曲线

图 10.77　InGaAs 半导体材料 600°C "闪蒸" 热净化真空度曲线 (后附彩图)

10.5　InGaAs 光电阴极性能评估

　　InGaAs 光电阴极性能评估主要是指通过实验测试不同化学清洗方法，不同热净化工艺和不同 Cs、O 激活对应的 InGaAs 光电阴极光谱响应曲线，完成对 InGaAs 光电阴极的闭环研究；在超高真空系统中，进行了不同光照强度、多次补 Cs 激活后 InGaAs 光电阴极稳定性的研究；并将研制的光电阴极的光谱响应与国外进行了对比。

10.5.1　不同制备工艺对 InGaAs 光电阴极性能的影响

1. 不同化学清洗方法对 InGaAs/GaAs 光电阴极性能的影响

Sun 等在其文章中曾经指出[117]，采用 2% 的 HCl，2% 的 HF，10% 的 HF 和 5% 的 H_2SO_4 对 InGaAs 表面的清洗结果与 10% 的 HCl 基本一致，说明只要酸液可以提供一个酸环境使 As^{3-} 和 As^{3+}/As^{5+} 的化学反应得以进行即可。这里需要补充的是，在实际工作中，不同酸性强度和不同浓度的酸液对 InGaAs 光电阴极表面清洗速率是完全不同的，强酸或者浓度较高的酸液清洗速率较快，而弱酸或者浓度较低的酸液欲达到同样的清洗效果就需要更长的时间来弥补。

采用不同化学清洗方法对 R2 结构的 InGaAs 半导体材料表面进行了分析。其中主要的区别在于酸液清洗步骤中，样品 A 采用盐酸 (38%) 和水 1:1 的混合溶液浸泡 2 min，样品 B 采用 HF(>40%) 浸泡 2 min，样品 C 采用浓硫酸 (98%)、过氧化氢和水 4:1:100 的混合溶液浸泡 30 s。XPS 结果显示，样品 A 获得了最佳的清洗效果，化学清洗后，As_2O_5 基本被清洗干净，但还有少量的 Ga_2O_3 和 In_2O_3 残存。

对不同化学清洗后 InGaAs 样品进行相同的热净化处理和 Cs、O 激活处理，待超高真空系统内部温度降至室温后开始 Cs、O 激活处理，激活过程中采用 Cs 源连续、O 源周期性断续的方法。激活采用镍管式 Cs 源和 O 源。

不同化学清洗方法对应的 R2 样品光电流曲线如图 10.78 所示，可以看到，在单 Cs 阶段，样品 C 的光电流最先 “起飞”，然后在第 13.5 min 到达单 Cs 光电流峰值 2.1 μA，这要快于而且高于样品 A 和 B 的单 Cs 光电流峰值；在 Cs、O 交替阶段，样品 A 和 B 光电流上升迅速而且交替周期很多，最后达到的峰值分别为 12.26 μA 和 11.36 μA，而样品 C 最后峰值只有 6.99 μA，其 Cs、O 交替上升空间明显不足而且交替周期很短。

金睦淳等推导了修正后的反射式光电阴极量子效率公式[126]：

$$Y_2(h\nu) = \frac{PD_n S_v n_2(T_e)}{I_0\left[D_n \cosh(T_e/L_D) + S_v L_D \sinh(T_e/L_D)\right]}$$

$$+ \frac{P(1-R)\alpha_{h\nu}L_D}{\alpha_{h\nu}^2 L_D^2 - 1}$$

$$\times \left[\frac{L_D(S_v - \alpha_{h\nu}D_n)\exp(-\alpha_{h\nu}T_e) - S_v L_D \cosh(T_e/L_D) - D_n \sinh(T_e/L_D)}{D_n \cosh(T_e/L_D) + S_v L_D \sinh(T_e/L_D)}\right.$$

$$\left. + \alpha_{h\nu}L_D \right] \tag{10.44}$$

式中，$L_D = (D_n \tau_1)^{\frac{1}{2}}$ 为发射层的电子扩散长度；$P = P_0 \exp[-k(1/h\nu - 1/3.1)]$ 是随入射光子能量逐渐变化的电子逸出几率，P_0 为初始逸出几率，k 为势垒因子，其他参数含义不变。

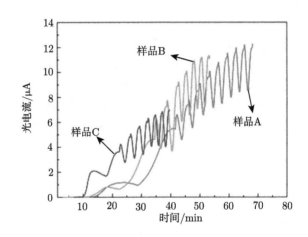

图 10.78　不同化学清洗方法对应的 R2 样品光电流曲线

图 10.79 给出了三种清洗方法对应的 R2 结构 InGaAs 光电阴极样品的量子效率曲线，及其利用式 (10.44) 的拟合结果，这里需要说明的是，多信息量在线测控系统测得的光谱响应在低于 10 mA/W 时噪声影响很大，灵敏度受限，因此首先采用功率为 1mW 的 1.06 μm 激光器作为光源，然后采集该单色光源在 InGaAs 光电阴极样品上产生的光电流，同时将单色光产生的光电流转换成单色光谱响应数值，最后将多信息量在线测控系统测得的光谱响应通过曲线平滑处理，使其通过 1.06μm 单点光谱响应数值就获得了一条光谱响应曲线，将其转化为量子效率曲线如图 10.79 所示。

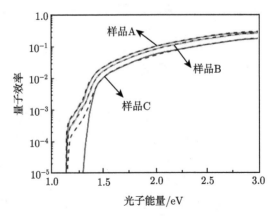

图 10.79　不同化学清洗方法对应的 R2 样品量子效率曲线 (实线) 及其拟合结果 (虚线)

从图 10.79 中可以看到，样品 A 的量子效率在全光谱范围内最高。样品 A 和 B 在低能端与样品 C 有很大差别，其中样品 A 和 B 的长波截止经过换算为 1084 nm，而样品 C 只有 970 nm，这直接说明化学清洗对光电阴极的长波响应有很大影响，这是因为不同清洗方法造成不同表面势垒高度。

对于相对清洁的 InGaAs 表面 (样品 A 和 B)，在首次进 Cs 过程中，吸附在 InGaAs 表面的 Cs 原子易于失去外层 6s 价电子，电离了的 Cs 原子与 InGaAs 极性表面的悬挂键结合。在 p 型 InGaAs 表面，以 Zn 为中心的团簇结构具有较大的电负性，Cs 会与该团簇结构形成第一偶极层：InGaAs (Zn)-Cs，它引起电位变化，使表面的能级势垒 I 降低，有利于体内光电子的逸出，当覆盖 Cs 的 InGaAs 表面引入 O 时，O_2 分子首先发生分解成为 O 原子，O 原子与 Cs^+ 形成第二偶极层 Cs^+-O^{2-}-Cs^+，该偶极层会使 InGaAs 表面电子亲和势，即势垒 II 进一步降低。

对于表面仍存在一定量氧化物的样品 C，首次进 Cs 过程中，Cs 原子会将电子贡献给氧化物中电负性更强的 O^{2-}，这使得势垒 I 大幅下降，但是，由于大部分阴极材料表面的台脚和洞穴位置已经被氧化物覆盖，当 Cs、O 交替时，势垒 II 下降空间较小，无法形成负电子亲和势，最后只能截止在 970 nm 的位置。

除此之外，利用式 (10.44) 对三条量子效率曲线进行拟合可以发现样品 A 和 B 的实验曲线与理论拟合曲线吻合较好，样品 C 低能端实验曲线和拟合曲线有较大差别，这主要是因为样品 C 低能光子产生的电子无法越过表面势垒，此时电子逸出几率应该为 0，而不再是入射光子能量的函数。通过拟合得到影响光电发射性能的参数如表 10.33 所示。

表 10.33　不同清洗方法对应 R2 样品光谱响应拟合结果

样品	$L_n/\mu m$	$L_D/\mu m$	$S_v/(cm/s)$	P_0	k
A	2.5	1.2	10^9	0.45	5.084
B	2.5	1.2	10^9	0.44	5.943
C	2.5	1.2	10^9	0.31	7.116

可以看到，不同化学清洗方法导致不同的表面电子逸出几率和势垒因子，电子扩散长度和后界面复合速率没有变化，它们只与光电阴极结构设计和外延生长质量有关。势垒因子 k 随着量子效率的减小而增大，k 越大对低能电子的影响也就越大。

2. 不同热净化工艺对 InGaAs/GaAs 光电阴极性能的影响

在研究 GaAs 衬底的 InGaAs 光电阴极热净化工艺过程中，已经对其常规加热工艺和 "闪蒸" 加热工艺的效果进行了详细描述。通过对热净化过程中超高真空系统的真空度曲线的分析，寄希望于 "闪蒸" 热净化工艺既可以解决温度太低 Ga_2O_3

清除不掉以及温度过高 InGaAs 基底中 In 和 As 大量流失的问题。

实验继续选用四个 R4 结构的 InGaAs 光电阴极样品，在经过相同的化学清洗方法后，分别采用常规 650℃、"闪蒸" 650℃、"闪蒸" 625℃和 "闪蒸" 600℃的热净化工艺，待超高真空系统内部温度降至室温后，开始 Cs、O 激活，最后测得不同热净化工艺对应的 InGaAs/GaAs 光电阴极样品的光谱响应曲线。为了更细致地对比不同热净化工艺对 InGaAs 光电阴极的影响，我们分别给出了多信息量在线测控系统测得的光谱响应曲线和功率为 1 mW 的 1.06 μm 激光器作为光源测得的单色光光电流曲线，分别如图 10.80 和图 10.81 所示。

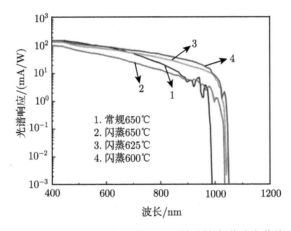

图 10.80　不同热净化工艺下 R4 样品的光谱响应曲线

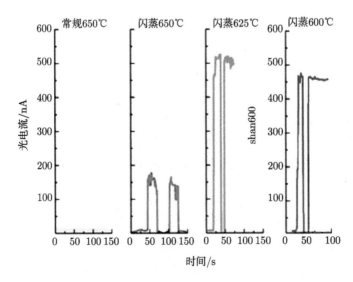

图 10.81　不同热净化工艺下 R4 样品的 1.06 μm 单色光光电流曲线

从图 10.80 可以清晰地看到，采用 "闪蒸" 热净化工艺的三种 InGaAs 光电阴极样品长波截止要远大于常规热净化工艺的长波截止，这说明 "闪蒸" 热净化工艺加热时间短，可以最大限度地防止体内 In 的流失。对比采用相同温度 (650°C) 的两种工艺，我们发现常规热净化工艺比 "闪蒸" 热净化工艺获得了更高的全波段光谱响应，这可能是因为 In 的大量流失使 InGaAs 光电阴极光谱响应更趋近于 GaAs 的光谱响应水平。在 "闪蒸" 热净化工艺中，可以发现全波段光谱响应和长波截止均随着温度的降低而得到提高，但较低的热净化温度无法彻底去除阴极表面的各种氧化物污染，所以 "闪蒸" 热净化工艺中同样存在一个最佳温度。

对比图 10.80 中光谱响应曲线及图 10.81 给出的不同热净化工艺下 1.06μm 单色光光电流可以看到，常规加热 650°C在 1.06μm 处已经没有任何响应，"闪蒸" 热净化工艺随着温度的降低，光电流分别为 150nA、510nA 和 450nA，对于 1mW 的 1.06μm 的单色光源，辐射灵敏度分别为 0.15mA/W、0.51mA/W 和 0.45mA/W，"闪蒸"625°C的热净化工艺在 1.06μm 获得最高的响应。因此，综合考虑全波段光谱响应和 1.06μm 单色光谱响应的测试结果，去除每次测试过程中人工操作非一致性的影响，我们认为 InGaAs/GaAs 半导体材料热净化工艺应该采取 "闪蒸"625°C为最佳，R4 结构的 InGaAs 光电阴极样品在 1.06μm 处获得了 0.51 mA/W 的辐射灵敏度。

3. Cs、O 激活对 InGaAs/GaAs 光电阴极性能的影响

InGaAs 光电阴极激活实验需要在超高真空激活系统中进行，实验中采用 R2 结构的 InGaAs 光电阴极样品，在经过化学清洗和热净化处理之后，待超高真空系统内部温度降至室温，开始 Cs、O 激活处理，此时真空度应该不会低于 1×10^{-7} Pa。

InGaAs 光电阴极采用 12 V/50 W 的卤钨灯作为光源，激活过程中采用 Cs 源连续、O 源断续的方法，激活过程中 $I_{Cs}/I_O=4.1/1.69$，该激活方法与传统的 "yo-yo" 激活法的本质区别在于 Cs 源是保持连续状态，这么做的好处是在激活过程中，可以保持 Cs 源为过量的状态，从而有效地阻止了由于 O 的通入对阴极表面偶极子形成负面影响，同时对阴极稳定性的提高也是有帮助的。激活过程中，在线检测光电流的变化如图 10.82 所示，在光电流检测过程中，我们分别在光电流 "起飞" 后，单 Cs 激活峰值位置，单 Cs 激活 Cs 过量位置，首次进 O 达到峰值位置和 Cs、O 交替达到最大值位置分别进行了光谱响应测试，这五个位置在图中被标记为 1~5。在首次进 O 达到峰值时的光电流 $I_4=6.6\mu A$，为单 Cs 激活时光电流 $I_2(1.18\ \mu A)$ 的 5.6 倍；Cs、O 交替达到最大值时光电流 $I_5=12.26\ \mu A$；为单 Cs 激活时光电流 I_2 的 10.4 倍。可以看到 InGaAs 光电阴极 Cs、O 激活过程中不同阶段对应的光电流变化是巨大的，通过对激活过程中不同阶段进行光谱响应测试的方法来研究激活过程中阴极表面发生怎样的变化，其光谱响应曲线如图 10.83 所示。

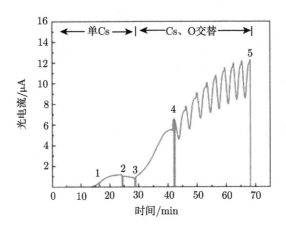

图 10.82　Cs、O 激活过程中 InGaAs/GaAs 光电阴极光电流曲线

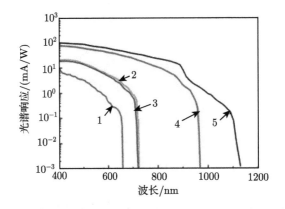

图 10.83　InGaAs/GaAs 光电阴极激活过程中不同光电流位置对应的光谱响应曲线

从图 10.83 中我们可以发现，Cs、O 激活过程中不同阶段对应光谱响应曲线之间也有很大变化。随着激活时间的增加，光电流逐渐增大，对应光谱响应增大是必然现象，但有趣的是随着激活时间的增加，光谱响应的长波截止也在不断变化，逐渐向红外延伸。曲线 1 对应的长波截止为 655 nm，曲线 2 和 3 对应的长波截止为 730 nm，曲线 4 对应的长波截止为 970 nm，曲线 5 对应的长波截止为 1.13 μm。

造成这一现象主要原因与 Cs、O 激活过程中表面势垒高度有关。对于负电子亲和势光电阴极，Cs、O 激活过程中当入射光照射在阴极表面上，产生的大部分高能电子均能够从价带跃迁到导带并输运到阴极表面，这些高能电子由其他能谷 (X 能谷，L 能谷) 的电子和热电子组成，能量高于表面势垒的电子可以轻易地发射到真空中，而对于低能电子，当能量低于禁带宽度时，它们无法从价带跃迁到导带，当能量高于禁带宽度且低于表面势垒的高度时，它们即便到达阴极表面也无法越过表面势垒。对于大多数的III-V族半导体光电阴极，Cs、O 激活最终会形成负的电子亲和势，即表面势垒高度在激活后会降到导带底以下，从理论上说，只要电子能量大于禁带宽度，就有机会逸出到真空中。因此，从图 10.83 中我们可以看到，对于 R2 结构的 InGaAs 光电阴极，只有当 Cs、O 激活光电流增加到最大值 I_5 时，表面势垒的高度才会低于或等于禁带宽度，因为只有此时光谱响应的截止波长对应的能量是低于禁带宽度大小的。观察单 Cs 激活峰值 2 对应的光谱响应曲线截止位置，可以得出其对应的能量为 1.70 eV，明显高于 1.15eV 的禁带宽度，在能量 1.15~1.70 eV 的电子并没有成功参与光电发射，说明这部分电子到达光电阴极表面后被势垒所阻挡，即单 Cs 激活 R2 结构的 InGaAs 光电阴极的表面势垒高度为 1.70 eV，R2 结构的 InGaAs 光电阴极发射层 In 组分为 0.25，其表面 Cs、O 激活后势垒变化情况如图 10.84 所示，可以看到真空能级 χ_{VL} 高于导带底3.89eV，单 Cs 激活后势垒高度降低 3.34eV，$\chi_1 = 0.55$eV 仍为正电子亲和势。

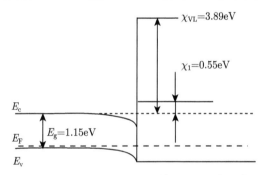

图 10.84　$In_{0.25}Ga_{0.75}As/GaAs$ 光电阴极 Cs、O 激活表面势垒变化

图 10.85(a) 是美国 RCA 实验室 Fisher 等研究者给出的 GaAs 光电阴极表面势垒 Cs、O 激活之后电子亲和势变化的情况[6]，其中禁带宽度 $E_g=1.42$ eV，其真空能级 χ_{VL} 高于导带底 3.6 eV，单 Cs 激活时，表面势垒高度下降到与导带底相近的位置，有效电子亲和势为 0 eV，然后 Cs、O 交替过程中，表面势垒高度继续下降，并获得显著的 NEA 特性，最终形成负电子亲和势，此时 $\chi_2 = -0.43$eV。

图 10.85(b) 是斯坦福大学 Machuca 给出的 GaN 光电阴极表面经过 Cs、O 激活之后电子亲和势变化的情况[127]。由 GaN 光电阴极激活过程及其电子亲和势的变化可知，Cs 或 Cs、O 激活都可得到较为理想的负电子亲和势特性，并获得较高的量子产额。从图 10.85(b) 可以看出，对于 GaN 光电阴极，单独用 Cs 就可获得 3.0 eV 的电子亲和势改变量，将真空能级移到导带底以下大约 1.0 eV 处，有效电子亲和势为 -1.0 eV，获得显著的 NEA 特性。然后 Cs、O 交替可将真空能级再降低 0.2 V，即有效电子亲和势为 -1.2eV。

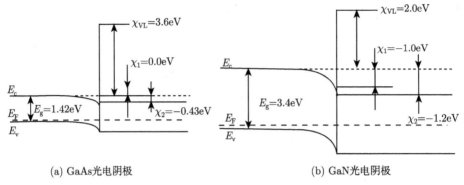

(a) GaAs光电阴极 (b) GaN光电阴极

图 10.85 不同类型光电阴极 Cs、O 激活表面势垒变化[6,118]

Machuca 等已经证实，GaN 光电阴极单 Cs 激活后，采取 Cs、O 交替对光电发射的贡献并不明显；邹继军研究发现，GaAs 光电阴极单 Cs 激活的长波截止和 Cs、O 交替后的长波截止是在同一位置[85]。从上述 R2 结构 InGaAs 光电阴极 Cs、O 激活表面势垒变化，再到 GaAs 和 GaN 光电阴极 Cs、O 激活表面势垒变化，我们可以看到，随着禁带宽度的减小，单 Cs 激活会产生不同的有效电子亲和势状态，GaN 为负电子亲和势，GaAs 为零电子亲和势，而 InGaAs 为正电子亲和势。通过对比，我们可以得出结论，对于 III-V 族半导体光电阴极材料，单 Cs 激活后有效电子亲和势与禁带宽度大小有关，宽禁带宽度光电阴极更易形成负电子亲和势，而窄禁带宽度光电阴极只能形成正电子亲和势。造成这一现象的原因是窄禁带宽度具有较小的能带弯曲量，使得窄禁带宽度光电阴极只能具有较高的表面势垒，此时单 Cs 激活想要达到相同的有效电子亲和势，表面势垒就需要更大的下降幅度。实际情况是，相对于 GaAs 光电阴极材料，InGaAs 光电阴极材料体内部分 Ga 原子被电负性较小的 In 原子所取代，这会导致因 Cs 吸附产生的偶极矩减小，表面势垒降低幅度减小。因此，导致 InGaAs 光电阴极单 Cs 激活形成正电子亲和势的原因有两点：第一，窄禁带宽度半导体能带弯曲导致表面势垒降低幅度较小；第二，窄禁带宽度半导体单 Cs 吸附表面势垒下降较小。

10.5.2 不同发射层结构对 InGaAs/GaAs 光电阴极的影响

对三种 InGaAs 光电阴极样品采用了相同的化学清洗和热净化工艺。首先，三种样品均在四氯化碳、丙酮和无水乙醇溶液中分别超声波清洗 5 min，随后将样品在 1:1 盐酸与水的混合溶液中清洗 2 min，通过多次去离子水的洗涤后，将样品送入超高真空激活系统进行热净化处理，待样品温度降至室温后采用 Cs、O 激活工艺对 InGaAs 样品进行激活实验。将标定过的卤钨灯作为光源，利用光栅单色仪以 5 nm 为步长将光照射到阴极表面，同时采集光电流就得到了激活后 InGaAs 光谱响应曲线，如图 10.86 所示。

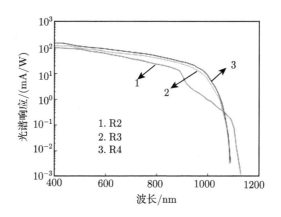

图 10.86 R2、R3 和 R4 结构 InGaAs 光电阴极光谱响应曲线

从图 10.86 中可以看到，样品 R2 在全光谱范围内的光谱响应均低于样品 R3 和 R4，尤其在大于 900 nm 的近红外波段，R2 的光谱响应呈现了台阶式的下降，这主要是因为 R2 的发射层厚度远低于 R3 和 R4，当入射光照射在 InGaAs 样品上时，高能光子在近表面吸收，低能光子会在离表面较远的范围内吸收，R2 中薄的发射层厚度只能吸收一部分的低能光子，而大部分低能光子在缓冲层被吸收，因此表现为 R2 的低能光子产生的电子明显少于 R3 和 R4。同时样品 R2 的光谱响应曲线截止在 1.13 μm 附近，而样品 R3 和 R4 截止在 1.1 μm 以内，这是因为样品 R2 的 In 组分 (0.25) 大于样品 R3 和 R4 中 In 组分 (0.15)，较高的 In 组分导致截止波长会向近红外方向延伸。造成 R4 的光谱响应略大于 R3 光谱响应是由发射层结构不同引起的，R4 结构采用更细致的变组分结构可以有效减少因晶格失配导致的缺陷，有利于电子向表面输运。

为了对光电阴极光电发射性能加以研究，将图 10.86 中光谱响应曲线转换为量子效率曲线，如图 10.87 所示，然后利用量子效率公式进行理论拟合分析。从图 10.87 中可以看到，三种样品的量子效率曲线与其光谱响应曲线变化是一致的，区别在于光谱响应曲线反映的是光谱响应随着波长变化而变化，量子效率反映的是不同能量的光子与电子的转换效率，因此横坐标是不同的。我们用常规反射式光电阴极的量子效率公式对 R3 和 R4 量子效率曲线进行拟合，同时用薄发射层反射式光电阴极的量子效率公式对 R2 量子效率曲线进行拟合，可以看到，理论曲线与实验曲线基本吻合，拟合中固定参数 D_n=120 cm^2/s，R=0.3，T_e=0.2 μm(R2)，T_e=1.8 μm(R3，R4)，$\alpha_{h\nu}$ 和 $\beta_{h\nu}$ 参考自文献 [128] 和 [129]，拟合结果如表 10.34 所示。三种 InGaAs 样品均采用相同的化学处理方法、热净化工艺和 Cs、O 激活工艺，因此，表 10.34 给出的代表着光电发射性能的参数均受到发射层结构不同的影响。

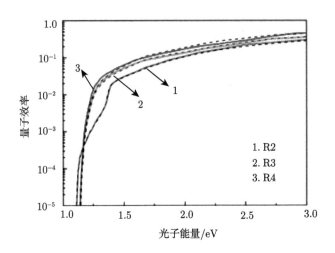

图 10.87　R2、R3 和 R4 结构 InGaAs 光电阴极量子效率曲线

表 10.34　三种 InGaAs 光电阴极量子效率拟合结果

样品	$L_D/\mu m$	$L_n/\mu m$	$S_v/(cm/s)$	P_0	k
R2	1.2	2.5	10^9	0.45	5.1
R3	1.5	—	10^{10}	0.65	3.6
R4	1.6	—	10^9	0.65	3.6

电子扩散长度和表面逸出几率均受到掺杂浓度的影响，掺杂浓度越高，电子扩散长度越小，表面逸出几率越大，R2 的掺杂浓度为 1.0×10^{18} cm^{-3}，小于 R3 和 R4 的 6.0×10^{18} cm^{-3}，从理论上来看，R2 应该具有最大的电子扩散长度和最小的表面逸出几率。从表 10.34 可以看到，R2 的表面逸出几率最小，为 0.45，R3 和 R4 表面逸出几率为 0.65，但是 R2 发射层的电子扩散长度为 1.2 μm 却远小于 R3 和 R4 发射层的电子扩散长度 1.5 μm 和 1.6 μm，造成这种掺杂浓度低同时电子扩散长度也低的原因，主要是 R2 发射层的 In 组分 0.25 大于 R3 和 R4 发射层的 In 组分 0.15，这说明较大 In 组分导致晶格失配造成的缺陷对发射层电子扩散长度的影响要远大于掺杂浓度对电子扩散长度的影响。从图 10.87 中我们知道，R3 的量子效率曲线在全光谱范围内均低于 R4，但表 10.34 中 R3 和 R4 的表面逸出几率均为 0.65，这说明在发射层内部子层的界面中采用组分渐变的方法起到了降低晶格失配导致缺陷的作用，如果不采用界面变组分的方法，如 R3 的拟合结果所示，在界面处产生的电子会被缺陷俘获而复合，导致后界面复合速率为 10^{10} cm/s，其电子扩散长度也略低于 R4。

选择 R3 和 R4 结构发射层进行临界厚度的计算，InGaAs 发射层中每个 In 组分为一个膜层，那么三个子层的 R3 结构 InGaAs 光电阴极共有三个膜层，R4 结构拥有三个子层对应的三个膜层外，在每个子层的界面处都有无数个 In 组分逐渐变化的膜层，如图 10.88 所示。图 10.88(a) 中 ε_1、ε_2 和 ε_3 分别代表了衬底与子层和子层之间界面处的应变，图 10.88(b) 中 ε_1、ε_2、ε_3、ε_4、ε_5 和 ε_6 和图 10.88(a) 中的应变相同，分别代表了衬底与变组分层、变组分层与子层之间界面处的应变，这些变组分层内部界面处的应变被定义为 ε_{n1}、ε_{n2} 和 ε_{n3}，它们的大小可以忽略不计。

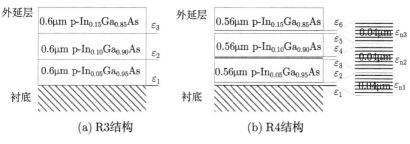

图 10.88　R3 和 R4 多膜层结构应变示意图

根据材料力学理论，每个不同 In 组分的膜层之间均会产生由晶格常数不同导致的应变，这种应变会向新的外延层传递，与新的外延层产生的应变相累加继续传递下去。通过式 (10.30) 和式 (10.32)，我们分别计算了发射层各膜层之间应变的大小以及膜层的临界厚度，其结果如表 10.35 和表 10.36 所示。

表 10.35　R3 结构 InGaAs 光电阴极发射层膜层应变与临界厚度

	ε_1	ε_2	ε_3	h_{c3}
R3	3.569200×10^{-3}	1.778250×10^{-3}	1.771948×10^{-3}	100.78 Å

表 10.36　R4 结构 InGaAs 光电阴极发射层膜层应变与临界厚度

	ε_1	ε_2	ε_3	h_{c4}
R4	3.98031×10^{-4}	0.264406×10^{-4}	3.70021×10^{-4}	
	ε_4	ε_5	ε_6	996.44 Å
R4	0.263465×10^{-4}	3.687055×10^{-4}	0.2625318×10^{-4}	

上述计算过程中忽略掉 GaAs 衬底、GaAlAs 过渡层和 GaAs 缓冲层之间的应变，这是因为 GaAlAs 的晶格常数与 GaAs 的晶格常数是相差无几的。通过将每一层界面处产生的应变相加，得到了作用于最外子层的应变，然后求得其临界厚度值为 h_{c3}=100.78 Å，h_{c4}=996.44 Å。可以发现 R3 最外子层的实际厚度远大于其临界厚度，R4 最外子层的实际厚度保持在临界厚度以内，这说明采用子层界面变组分的方式可以有效提高表面外延层的临界厚度，通过对临界厚度的理论计算，将 InGaAs 发射层的厚度设计成既不影响光子充分吸收又能控制在临界厚度

范围内为最佳。需要注意的是，这种通过计算临界厚度的方式仍存在一定局限性，目前只可以作为指导低 In 组分 InGaAs 光电阴极的结构设计的理论依据。随着 InGaAs/GaAs 光电阴极内 In 组分逐渐升高，其理论与实际差距会越来越大，这也是该理论仍需改进的地方。

10.5.3　真空系统中 InGaAs/GaAs 光电阴极的稳定性

1. 光照强度对 InGaAs/GaAs 光电阴极稳定性的影响

为了研究超高真空系统内光照强度对激活后 InGaAs 光电阴极光电发射稳定性的影响，选用三个 R2 结构的反射式光电阴极样品进行实验。实验中三个样品采用相同化学清洗、热净化工艺和 Cs、O 激活工艺进行处理，激活使光电流到达最大值之后开始衰减，三种样品分别在 0 lx(无光照)、100 lx 白光和 1 mW 的 1.06 μm 的单色光照射下进行衰减，衰减过程中超高真空系统的真空度始终保持在 9.0×10^{-8} Pa，因而在对比光电阴极稳定性时可以排除真空度变化和残气的影响，图 10.89 给出了三种样品在不同光照强度下经过归一化处理后的光电流衰减曲线。

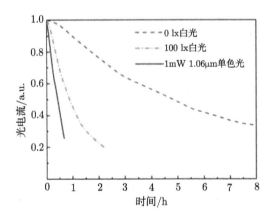

图 10.89　不同光照强度下 InGaAs 光电阴极衰减的光电流曲线

从图 10.89 中可以看到，InGaAs 光电阴极光电流衰减曲线近似于指数形式，白光光电流反映的是光电阴极光谱响应在全光谱范围内的衰减趋势，单色光光电流反映的是 1.06 μm 处光谱灵敏度的下降趋势，它们的变化规律可用下式来描述：

$$I(t) = I_0 \exp\left(-\frac{t}{\tau}\right) \tag{10.45}$$

式中，$I(t)$ 为随时间衰减的光电流；I_0 为 Cs、O 激活后获得的最大光电流；τ 为光电流衰减的时间常数，即当光电阴极光电流衰减到其最大值的 $1/e$ 时所需的时间，实际上就是光电阴极的工作寿命[130]。经计算，在 0 lx(无光照) 条件下 InGaAs

光电阴极寿命为 7 h, 在 100 lx 白光照射下 InGaAs 光电阴极寿命为 1.2 h, 而 1mW 的 1.06 μm 单色光照射下寿命只有 0.54 h, 但这并不能说明在 0.54 h 之后 InGaAs 光电阴极在 1.06 μm 处已经没有光谱响应。从图 10.90 中可以知道, 光电流衰减的快慢与光照强度成正比, 光照强度越大, 衰减越快。

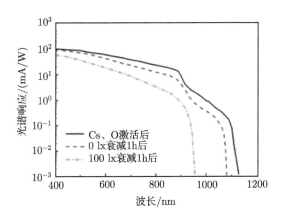

图 10.90　不同光照强度下 InGaAs 光电阴极衰减的光谱响应曲线

图 10.90 中显示了不同光照条件下光电流衰减 1 h 测得的光谱响应曲线, 从光谱响应曲线中我们也可以看出, InGaAs 光电阴极光照强度越大, 其全光谱范围内的光谱响应也衰减得越快, 在衰减 1 h 时, 0 lx 光照条件下的光电阴极样品在 1.06 μm 处仍具有较小的响应, 而 100 lx 光照条件下的光电阴极样品的长波截止已经在 1.0μm 以内, 这说明 InGaAs 光电阴极光谱响应的衰减对长波响应影响较大, 造成这一现象的主要原因是, 吸附在光电阴极表面的 Cs 原子在强光作用下变得更加活跃并大量脱附于表面, 从而使对电子逸出起重要作用的偶极子数量减少。而且在光照下, 光电阴极在衰减过程中均会受到 CO、CO_2 和 H_2O 等杂质气体的吸附并破坏 Cs-O 激活层结构[131], 导致阴极寿命减少、性能降低, 还有一种观点是 Cs 原子在变得更加活跃时使得这些杂质气体分子更易污染阴极表面, 加快阴极表面结构变化, 使寿命变短。

2. 重新铯化后 InGaAs/GaAs 光电阴极稳定性

真空系统中阴极灵敏度衰减后, 通过再次进 Cs 的方法可以得到大部分恢复, 这种现象已经得到了很多人的验证[85,106], 为了进一步验证 InGaAs 光电阴极在超高真空系统中的可重复性使用情况, 继续选用 R2 结构的反射式 InGaAs 光电阴极样品在 Cs、O 激活后置于 100 lx 的光照条件下进行 3 次重新补 Cs 激活, 每次重新补 Cs 激活时采用相同的 200 V 偏压和卤钨灯光源, 激活光电流变化如图 10.91 所示, 前两次补 Cs 是当光电流到达峰值时停止激活, 第 3 次补 Cs 待光电流下降

一段后才停止。可以发现随着补 Cs 的次数增多，每次激活光电流的"起飞"时间
和增长速度都开始变快，而且光电流的峰值也大幅下降，第 1 次补 Cs 激活后的光
电流峰值下降到了 Cs、O 激活后光电流峰值的 55.8%，第 3 次补 Cs 激活后的光
电流峰值下降到了 Cs、O 激活后光电流峰值的 47.8%。

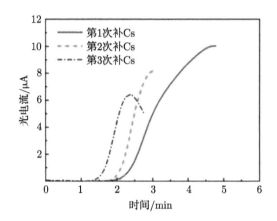

图 10.91　InGaAs 光电阴极 3 次补 Cs 激活光电流曲线

经过 3 次补 Cs 激活后测得的 InGaAs 光电阴极光电流衰减曲线如图 10.92
所示。通过对比图 10.89 中 Cs、O 激活后光电流衰减曲线，可以发现 3 次补 Cs
后的光电流衰减速度均明显快于 Cs、O 激活后的光电流衰减速度，随着补 Cs 次
数的增多，衰减速度越来越快，3 次补 Cs 后的 InGaAs 光电阴极的寿命分别为
41.4 min、28.9 min 和 24.7 min。

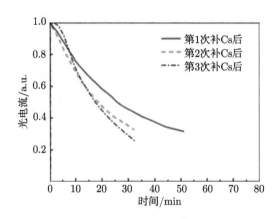

图 10.92　InGaAs 光电阴极 3 次补 Cs 衰减的光电流曲线

无论是 Cs、O 激活还是补 Cs 激活，灵敏度的衰减过程总是伴随着真空系统

内部残余气体杂质的吸附，如 CO、CO_2 和 H_2O。补 Cs 激活时，尽管光电阴极表面吸附的残余气体杂质可以与 Cs 结合使灵敏度得到恢复，但这种结合稳定性不如 Cs 与纯 O 的结合[132]，同时重新 Cs 化的光电阴极激活层结构也发生变化，这些都会造成补 Cs 激活光电流不如 Cs、O 激活后的光电流，同时随着补 Cs 次数增加，光电流衰减会越来越快。仔细观察图 10.93，可以发现第 3 次补 Cs 后光电流并没有直接衰减，而是呈现了一种先保持甚至略微上升的趋势然后开始衰减，这与第 3 次补 Cs 过量有关，补 Cs 过量虽然会造成光电流的下降，但整个真空系统中多余的 Cs 可以对 InGaAs 光电阴极起到保护作用，减缓残余气体杂质对阴极表面的污染。

经过 3 次补 Cs 激活后测得的 InGaAs 光电阴极光谱响应曲线如图 10.93 所示，可以看到，补 Cs 后的 InGaAs 光电阴极光谱响应在全光谱范围内均低于 Cs、O 激活后测得的光谱响应，这说明通过补 Cs 的方法光电阴极灵敏度是不能恢复到 Cs、O 激活后的程度的，随着补 Cs 次数的增多，光电阴极的灵敏度逐渐降低，尤其在长波响应部分下降更多，长波截止位置也有所缩短。

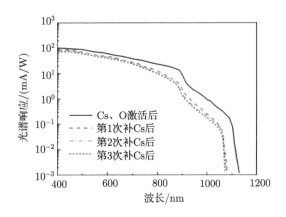

图 10.93 InGaAs 光电阴极 Cs、O 激活与补 Cs 后的光谱响应曲线

综上所述，光电阴极的稳定性和工作寿命与光照强度和真空系统中杂质气体的吸附有着密切的关系，光照 100 lx 条件下的 InGaAs 光电阴极的寿命仅为无光照条件下寿命的 17.1%，3 次补 Cs 衰减后 InGaAs 光电阴极的寿命为 Cs、O 激活后寿命的 34.3%，因此，真空系统中光电阴极要想获得较长的工作寿命和稳定性，首先应该避免强光的照射，同时不断提高阴极所处环境的真空度，尽量减少能够污染光电阴极表面的杂质气体，此外，影响光电阴极寿命的因素还包括高压接入、电子轰击、热负载和暗电流等[133]。Whitman 等提出了活性区域模型，可用来解释阴极表面退化的内在机理[134]，该模型假设光电阴极 NEA 表面存在众多活性区域，而

表面形成的单个偶极子的面积是远小于单个活性区域面积的。当某个活性区域被杂质气体分子吸附时，该活性区域就丧失发射电子的能力。

10.5.4　InGaAs/GaAs 光电阴极性能对比

到目前为止，利用自主设计 R4 结构 InGaAs 光电阴极样品，在经过盐酸与水 1:1 的混合溶液清洗、"闪蒸" 625℃热净化后，通过 Cs、O 激活处理最终在 1.06 μm 获得较好的光谱响应性能，如图 10.94 所示。

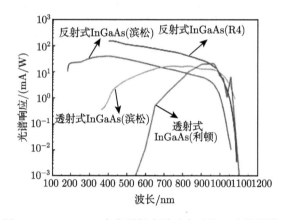

图 10.94　InGaAs 光电阴极光谱响应对比 (后附彩图)

在图 10.94 中同样给出了日本滨松 (Hamamatsu) 公司和美国利顿 (Litton) 公司公布的反射式和透射式 InGaAs 光电阴极的光谱响应水平[10,135,136]。同时，InGaAs 光电阴极可以实现从近紫外到近红外全光谱范围响应，在未来新型真空太阳能电池材料的研究中具有很大潜力。

图 10.94 中几条光谱响应曲线的具体参数由表 10.37 给出，可以看到，研制的 InGaAs 光电阴极样品 R4，在全波段光谱响应均高于国外水平，在峰值响应达到了 152 mA/W；在近红外 1.0 μm 处，光谱响应为 8.5 mA/W，仅低于滨松透射式的响应，但是在特殊应用波段 1.06 μm 处的光谱响应却明显低于国外透射式的水平，这主要是跟反射式与透射式光电阴极的工作模式有关，反射式光电阴极长波光子在体内吸收，产生的电子在向表面输运过程中会因声子散射、电离杂质散射等作用损失能量而热化，对于透射式阴极，大部分长波光子发射层近表面吸收，所产生的电子大部分在热化之前就从表面逸出，因此反射式 InGaAs 光电阴极随着入射波长的增加，响应逐渐降低，而透射式 InGaAs 光电阴极随着入射波长的增加，响应逐渐提高，所以无论是滨松还是利顿公司的透射式光电阴极，在近红外 1.06 μm 处的光谱响应均高于反射式光电阴极。

表 10.37 InGaAs 光电阴极光谱响应参数对比

类型	响应范围 /nm	峰值位置 /nm	峰值响应 /(mA/W)	1.0 μm /(mA/W)	1.06 μm /(mA/W)
R4	400~1089	400	152	8.5	0.51
滨松反射式	185~1010	400	40	1.05	0
滨松透射式	360~1080	738	17	9.15	2.31
利顿透射式	548~1100	962	23	7.0	6.46

参 考 文 献

[1] 金睦淳. 近红外 InGaAs 光电阴极的制备与性能研究. 南京：南京理工大学, 2016

[2] 郭婧. 近红外 InGaAs 光电阴极材料特性与表面敏化研究. 南京：南京理工大学, 2016

[3] Costello K, Davis G, Weiss R, et al. Transferred electron photocathode with greater than 5

[4] 常本康.GaAs 光电阴极. 北京. 科学出版社. 2012

[5] Fisher D G, Enstrom R E, Escher J S, et al. Photoelectron surface escape probability of (Ga,In)As: Cs-O in the 0.9 to 1.6 m. Journal of Applied Physics, 1972, 43(9): 3815–3823

[6] Estrera J, Sinor T, Passmore K, et al. Development of extended red(1.0 1.3μm) image intensifiers, photoelectronic detectors. Cameras and Systems, Proc. SPIE, 1995

[7] Fisher D G, Enstrom R E, Escher J S, et al. Photoemission characteristics of transmission-mode negative electron affinity GaAs and (In,Ga)As vapor-grown structures. IEEE Transactions on Electron Devices, 1974, ED-21(10): 641–649

[8] Enstrom R, Fisher D G. The effect of lattice parameter mismatch in NEA GaAs photocathodes grown on GaP/InGaP substrates. Journal of Applied Physics, 1975, 46(5): 1976–1982

[9] Hyo-Sup K, Phonenix A. Transmission mode InGaAs photocathode for night vision: U. S., 5268570. 1993

[10] Hyo-Sup K, Phonenix A. Method of fabrcating a transmission mode InGaAs photocathode for night vision system: U. S., 5378640. 1995

[11] Smith A, Passmore K, Sillmon R, et al. Transmission mode photocathodes covering the spectral range. New Developments in Photodetection 3rd Beaune Conference, 2002

[12] Bourree L E, Chasse. D R, Stephan T P L, et al. Comparison of the optical characteristics of GaAs photocathodes grown using MBE and MOCVD. Proc. SPIE, 2003, 4796: 11–22

[13] Sachno V, Dolgyh A, Loctionov V. Image intensifier tube (I2) with 1.06μm InGaAs-photocathode. Proc. SPIE, 2005, 5834: 169–175

[14] Cheng H C, Duanmu Q D, Shi F. Photoemission performance of transmission-mode GaAlAs/InGaAs photocathode. Optoelectronics and Advanced Materials-Rapid Com-

munication, 2012, 6(9): 788–792

[15] Joshi A M, Olsen G H. Near-infrared (1-3)μm InGaAs detectors and arrays: crystal growth, leakage current and reliability. Optical Methods in Atmospheric Chemistry, 1992, (1715): 585–593

[16] People R, Bean J C. Calculation of critical layer thickness versus lattice mismatch for Ge_xSi_{1-x}/Si strained-layer heterostructures. Applied Physics Letters, 1985, 47(3): 322–324

[17] Maree P M J, Barbour J C, van der Veen J F, et al. Generation of misfit dislocations in semiconductors. Journal of Applied Physics, 1987, 62(11): 4413–4420

[18] Matthews J W, Blakeslee A E. Defects in epitaxial multilayers: I. misfit dislocations. Journal of Crystal Growth, 1974, 27: 118–125

[19] Matthews J W, Blakeslee A E. Defects in epitaxial multilayers: II. dislocation pile-ups, threading dislocations, slip lines and cracks. Journal of Crystal Growth, 1975, 29: 273–280

[20] Olsen G H. Interfacial lattice, mismatch effects in UI-V compounds. Journal of Crystal Growth, 1975, 31: 223–229

[21] Olsen G H, Abrahams M S, Buiocchi C J, et al. Reduction of dislocation densitiesin heteroepitaxial III-V semiconductors. Journal of Applied Physics, 1975, 46(4): 1643–1646

[22] Ban V S, Erickson G, Mason S, et al. Room temperature detectors for 800~2600 nm based on InGaAsP alloys. Proc. SPIE, 1989, 1106: 151–157

[23] Chang L L, Esaki L, LudekeR. U S Patent. Molecular beam epitaxy of alternating metal-semiconductor films: U. S., 3929527. 1975

[24] Chang C A, Ludeke R, Chang L L, et al. Molecular-beam epitaxy (MBE) of $In_{1-x}Ga_xAs$ and $GaSb_{1-y}As_y$. Applied Physics Letters, 1977, 31(11): 759–761

[25] Majid A, Zafar I M, Dadgar A, et al. Deep levels in Ruthenium doped p-type MOCVD Ga-As. Physics of Semiconductors, 2004, 772: 143, 144

[26] 贾正根. InGaAs 光电阴极像增强器研究. 红外与激光工程, 1999, 28(6): 64–67

[27] Petroff P M, Logan R A. Structure and composition of interfaces between $Ga_{1-x}Al_xAs$ and GaAs layers grown by liquid phase epitaxy (LPE). Journal of Vacuum Science Technology, 1980, 17(5): 1113

[28] Blakemore J S. Semiconducting and other major properties of gallium arsenide. Journal of Applied Physics, 1982, 53(10): R123–R181

[29] Vurgaftman I, Meyer J, Ram-Mohan L. Band parameters for III-V semiconductors and their alloys. Journal of Applied Physics, 2001, 65: 5815–5862

[30] Theodorou G, Tsegas G. Theory of electronic and optical properties of bulk AlSb and InAs and InAs/AlSb superlattices. Physical Review B, 2000, 61(16): 10782–10791

[31] Shim K. Principal band gaps and bond lengths of the alloy $(Al_xGa_{1-x})_{1-z}InzPyAs_{1-y}$ lattice matched to GaAs. Thin Solid Films, 2008, 516: 3143–3146

[32] Zou J, Cockayne D J H, Usher B F. Misfit dislocations and critical thickness in In-GaAs/GaAs heterostructure systems. Journal of Applied Physics, 1993, 73(2): 619–626

[33] Kuo C P, Vong S, Cohen R, et al. Effect of mismatch strain on band gap III-V semiconductors. Journal of Applied Physics, 1985, 57(12): 5428–5482

[34] Fitzgerald E. Lattice mismatch and dislocations in InGaAs/GaAs strained heterostructures in properties of lattice matched and strained indium gallium arsenide. Inspec, 1993

[35] Cho A Y. Groth of III-V semiconductors by moleculer beam epitaxy and their properties. Thin Solid Films, 1983, 100: 291–317

[36] 王荣, 杨靖波, 范强. 量子阱 GaAs 太阳电池的质子辐射效应. 半导体学报, 2005, 26(8): 1558–1561

[37] Shallenberger J R, Cole D A, Novak S W. Charaterization of silicon oxynitride thin films by X-ray photoelectron spectroscopy. Journal of Vacuum Science and technology, 1999, 17(4): 1086–1090

[38] Hasegawa Y, Grey F. Electronic transport at semiconductor surfaces-from point-contact transistor to micro-four-point probes. Surface Science, 2002, 500: 84–104

[39] Qingduo D, Delong J, Jingquan T. Research on MCP electron transmission film and its particle transmission characteristics. Acta Electronical Sinica, 2005, 33(5): 904–907

[40] Farrell H H, Palmstrom C J. Reflection high energy electron diffraction characteristic absences in GaAs(100)(2×4)-As: a tool for determining the surface stoichiometry. Journal of Vacuum Science & Technology B: Microelectronics and Nanometer Structures, 1990, 8: 903–907

[41] Hashizume T, Xue Q K, Zhou J, et al. Structures of As-Rich GaAs(001)-(2×4) reconstructions. Physical Review Letters, 1994, 73: 2208–2211

[42] Hashizume T, Xue Q K, Ichimiya A, et al. Determination of the surface structures of the GaAs(001)-(2×4) As-rich phase. Physical Review B, 1995, 51: 4200–4212

[43] Northrup J E, Froyen S. Structure of GaAs(001) surfaces: the role of electrostatic interactions. Physical Review B, 1994, 71: 2015–2018

[44] Pashley M D, Haberern K W, Friday W, et al. Structure of GaAs(001)(2×4)-c(2×8) determined by scanning tunneling microscopy. Physical Review Letters, 1988, 60: 2176–2179

[45] Biegelsen D K, Bringans R D, Northrup J E, et al. Surface reconstructions of GaAs(100) observed by scanning tunneling microscopy. Physical Review B, 1990, 41: 5701–5706

[46] Broekman L D, Leckey R C G, Riley J D, et al. Scanning-tunneling-microscope study of the α and β phases of the GaAs(001)-(2×4) reconstruction. Physical Review B, 1995, 51: 17795–17799

[47] Ohno T. Energetics of As dimers on GaAs(001) As-rich surfaces. Physical Review Letters, 1993, 70: 631–634

[48] Melitz W, Chagarov E, Kent T, et al. Mechanism of dangling bond elimination on As-rich InGaAs surface. IEEE, 2012, 48(11): 32.4.1–32.4.4

[49] Li L, Han B K, Hicks R F, et al. Atomic structure of $In_xGa_{1-x}As/GaAs(001)(2\times4)$ and (3×2) surfaces. Ultramicroscopy, 1998, 73: 229–235

[50] Goldberg Y A, Schmidt N M. Handbook Series on Semiconductor Parameters. London: World Scientific, 1999

[51] Goetz K H, Bimberg D, Jürgensen H, et al. Optical and crystallographic properties and impurity incorporation of $Ga_xIn_{1-x}As$ $(0.44< x <0.49)$ grown by liquid phase epitaxy, vapor phase epitaxy, and metal organic chemical vapor depositionA. Journal of Applied Physics, 1983, 54(8): 4543–4552

[52] Pearsall T P. GaInAsP Alloy Semiconductors. John Wiley and Sons, 1982

[53] Paul S, Roy J B, Basu P K. Empirical expressions for the alloy composition and temperature dependence of the band gap and intrinsic carrier density in $Ga_xIn_{1-x}As$. Journal of Applied Physics, 1991, 69(2): 827–829

[54] Yao Y P,Liu C L, Qiao Z L, et al. Structural, optical and electrical properties of hydrogen-doped amorphous GaAs thin films. Chinese Physics Letters, 2008, 25: 1071–1074

[55] Morgan C G, Papoulias P. First-principles study of As interstitials in GaAs: convergence, relaxation, and formation energy. Physical Review B, 2002, 66: 195302

[56] Baraff G A, Schluter M. Electronic structure, total energies, and abundances of the elementary point defects in GaAs. Applied Physics Letters, 1985, 55: 1327–1330

[57] Oberg S, Sitch P K, Jones R, et al. First-principles calculations of the energy barrier to dislocation motion in Si and GaAs. Physical Review B, 1995, 51: 13138–13145

[58] Guo J, Chang B K, Jin M C, et al. The study of the optical properties of GaAs with point defects. OPTIK, 2014, 125: 419–423

[59] Siegmund O H W. High-performance microchannel plate detectors for UV visible astronomy. Nuclear Instruments and Methods in Physics Research A, 2004, 525: 12–16

[60] Aspnes D E, Studna A A. Dielectric functions and optical parameters of Si, Ge, GaP, GaAs, GaSb, InP, InAs, and InSb from 1.5 to 6.0 eV. Physical Review B, 1983, 27: 895–1009

[61] Fang R. Spectroscopy of Solid. Hefei: China University of Science and Technology Press, 2001

[62] Sheng X. The Spectrum and Optical Property of Semiconductor. Beijing: Science Press, 2002

[63] Guo J, Chang B K, Jin M C, et al. Electronic structure and optical properties of bulk $In_{0.53}Ga_{0.47}As$ for near-infrared photocathode. OPTIK, 2015, 126: 1061–1065

[64] Jin M C, Chang B K, Chen X L. Photoemission behaviors of transmission-mode InGaAs photocathode. Proc. of SPIE, 2013, 9270: 92701C

[65] Northrup J E, Froyen S. Structure of GaAs (001) surfaces: the role of electrostatic interactions. Physical Review B, 1994, 50: 2015–2018

[66] Ohtake A, Kocan P, Seino K, et al. Ga-rich limit of surface reconstructions on GaAs (001): atomic structure of the (4×6) phase. Physical Review Letters, 2004, 31: 266101

[67] Seino K, Schmidt W G, Ohtake A. Ga-rich GaAs (001) surface from ab initio calculations: atomic structure of the (4×6) and (6×6) reconstructions. Physical review B, 2006, 73: 035317

[68] Ratsch C, Barvosa-Carter W, Grosse F, et al. Surface reconstructions for InAs (001) studied with density-functional theory and STM. Physical Review B, 2000, 62: 7719–7722

[69] Miwa R H, Miotto R, Ferraz A C. In-rich (4×2) and (2×4) reconstructions of the InAs (001) surface. Surface Science, 2003, 542: 101–111

[70] Tsuda H, Mizutani T. Photoionization energy variation among three types of As-stabil -ized GaAs (001) 2×4 surfaces. Applied Physics Letters, 1992, 60: 1570–1572

[71] Guo J, Chang B K, Jin M C, et al. Geometry and electronic structure of the Zn-doped GaAs (100) β_2(2×4) surface: a first-principle study. Applied Surface Science, 2013, 283: 954–947

[72] Guo J, Chang B K, Jin M C, et al. Theoretical study on electronic and optical properties of $In_{0.53}Ga_{0.47}As$(100)β_2(2×4) surface. Applied Surface Science, 2014, 288: 238–243

[73] Yu X H, Du Y J, Chang B K, et al. Study on the electron structure and optical properties of $Ga_{0.5}Al_{0.5}As$ (100)β_2(2×4) reconstruction surface. Applied Surface Science, 2013, 266: 380–385

[74] Yu X H, Du Y J, Chang B K, et al. The adsorption of Cs and residual gases on $Ga_{0.5}Al_{0.5}As$ (100)β_2(2×4) surface: a first-principles research. Applied Surface Science, 2014, 290:142–147

[75] Yu X H, Chang B K, Wang H G, et al. Geometric and electronic structure of Cs adsorbed $Ga_{0.5}Al_{0.5}As$(001) and (011) surfaces: a first principles research. Journal of Materials Science: Materials in Electronics, 2014, 25: 2595–2600

[76] Yu X H, Chang B K, Chen X L, et al. Cs adsorption on $Ga_{0.5}Al_{0.5}As$(001)β_2 (2×4) surface: a first-principles research. Computational Materials Science, 2014, 84: 226–231

[77] Yu X H, Ge Z H, Chang B K, et al. Electronic structure of Zn doped $Ga_{0.5}Al_{0.5}As$ photocathodes from first-principles. Solid State Communications, 2013, 164: 50–53

[78] Yu X H, Du Y J, Chang B K, et al. First principles research on electronic structure of Zn-doped $Ga_{0.5}Al_{0.5}As$(001)β_2(2×4) surface. Solid State Communications, 2014, 187: 13–17

[79]　Yu X H, Ge Z H, Chang B K, et al. First principles calculations of the electronic struc-ture and optical properties of (001), (011) and (111)Ga$_{0.5}$Al$_{0.5}$As surfaces. Materials Science in Semiconductor Processing, 2013, 16: 1813–1820

[80]　Yu X H, Du Y J, Chang B K, et al. Study on the electronic structure and optical properties of different Al constituent Ga$_{1-x}$Al$_x$As. OPTIK, 2013, 124: 4402–4405

[81]　Dong G S, Ding X M,Yang S, et al. Point defects of III-V semiconductors. Journal of Applied Science, 1986, 4: 333–337

[82]　Grant R W, Waldrop J R, Kowalczyk S P, et al. Measurement of ZnSe-GaAs(110) and ZnSe-Ge(110) heterojunction band discontinuities by X-ray photoelectron spectroscopy (XPS). Journal of Vacuum Science & Technology, 1981, 19: 477–480

[83]　Kowalczyk S P, Schaffer W J, Kraut E A, et al. Determination of the InAs-GaAs(100) heterojunction band discontinuities by X-ray photoelectron spectroscopy (XPS). Journal of Vacuum Science & Technology, 1982, 20: 705–708

[84]　Kraut E A, Grant R W, Waldrop J R, et al. Precise determination of the valence-band edge in X-ray photoemission spectra: application to measurement of semiconductor interface potentials. Physical Review Letters, 1980, 44: 1620–1623

[85]　邹继军. GaAs 光电阴极理论及其表征技术研究. 南京: 南京理工大学, 2008

[86]　Hogan C, Paget D, Garreau Y, et al. Early stages of cesium adsorption on the As-rich(2×8) reconstruction of GaAs(001): adsorption sites and Cs-induced chemical bonds. Physics Review B, 2003, 68: 205313

[87]　Guo J, Chang B K, Jin M C, et al. Cesium adsorption on In$_{0.53}$Ga$_{0.47}$As (100)β$_2$(2×4) surface: a first-principles research. Applied Surface Science, 2015, 324: 547–553

[88]　Kitchin J R. Correlations in coverage-dependent atomic adsorption energies on Pd(111). Physical Review B, 2009, 79: 205412

[89]　Schimka L, Harl J, Stroppa A, et al. Accurate surface and adsorption energies from many-body perturbation theory. Nature Materials, 2010, 9: 741–744

[90]　Rosa A L, Neugebauer J. First-principles calculations of the structural and electronic properties of clean GaN (0001) surfaces. Physical Review B, 2006, 73: 205346

[91]　Kempisty P, Krukowski S. On the nature of surface states stark effect at clean GaN(0001) surface. Journal of Applied Physics, 2012, 112: 113704

[92]　Escher J S, Antypas G A. High quantum efficiency photoemission from GaAs$_{1-x}$P$_x$ alloys. Applied Physics Letters, 1977, 30(7): 314–316

[93]　Li W X, Stampfl C, Scheffler M. Oxygen adsorption on Ag(111): a density-functional theory investigation. Physical Review B, 2002, 65: 075407

[94]　Kroemer H. Band dagrams of heterostructures// Schubert E F. Doping in III-V Semi-conductors. Cambridge: Cambridge University Press, 1993

[95]　James L W. Calculation of the minority-carrier confinement properties of III-V semi-conductor heterojunctions. Journal of Applied Physics, 1974, 46(3): 1326–1335

[96] Matthew J W, Blakeslee A E. Defects in epitaxial multilayers: Ⅰ. misfit dislocations. Journal of Crystal Growth, 1974, 27: 118–125

[97] Hu S M. Misfit dislocations and critical thickness of heteroepitaxy. Journal of Applied Physics, 1991, 69(11): 7901–7903

[98] Chai Y G, Chow R. Molecular beam epitaxial growth of lattice-mismatched $In_{0.77}Ga_{0.23}$ As on InP. Journal of Applied Physics, 1982, 53(2): 1229–1232

[99] Bourree L E R. Growth and charachterization of $In_{1-x}Ga_xAs$ photocathodes for extended near infrared imaging. Dallas: The University of Texas, 2003

[100] 陈龙海, 刘宝林, 陈松岩, 等. MOCVD 生长 InGaAs/InP 体材料研究. 固体电子学研究与进展, 1997, 17(3): 262–267

[101] 贾欣志. 负电子亲和势光电阴极及应用. 北京: 国防工业出版社, 2013

[102] Luo M N, Bai T Z, Guo H. Development of photocathode and device of near-shortwave infrared extension. Proc. SPIE, 2013, 8912: 8912H

[103] Du X Q, Chang B K. Angle-dependent X-ray photoelectron spectroscopy study of the mechanisms of "high-low temperature" activation of GaAs photocathode. Applied. Surface Science, 2005, 251(1–4): 267–272

[104] Yang Z, Chang B K, Zou J J, et al. Comparison between gradient-doping GaAs photocathode and uniform-doping GaAs photocathode. Applied Optics, 2007, 46(28): 7035–7039

[105] Zou J J, Yang Z, Qiao J L, Gao P et al. Activation experiments and quantum efficiency theory on gradient-doping NEA GaAs photocathodes. Proc. SPIE, 2007, 6782: 6782R

[106] 陈鑫龙. 对 532nm 敏感的 GaAlAs 光电阴极的制备与性能研究. 南京: 南京理工大学, 2015

[107] 邹继军, 常本康, 杨智. 指数掺杂 GaAs 光电阴极量子效率的理论计算. 物理学报, 2007, 56(05): 2992–2997

[108] Hinkle C L, Sonnet A M, Vogel E M, et al. GaAs interfacial self-cleaning by atomic layer deposition. Applied Physics Letters, 2008, 92(7): 071901

[109] Lu H L, Sun L, Ding S J, et al. Characterization of atomic-layer-deposited Al_2O_3/GaAs interface improved by NH_3 plasma pretreatment. Applied Physics Letters, 2006, 89: 152910

[110] Chen P T, Sun Y, Kim E, et al. HfO_2 gate dielectric on $(NH_4)_2S$ passivated (100) GaAs grown by atomic layer deposition. Journal of Applied Physics, 2007, 103(3): 034106

[111] Stenbäck F, Mäkinen M, Jussila T. S passivation of GaAs and band bending reduction upon atomic layer deposition of HfO_2/Al_2O_3 nanolaminates. European Journal of Cancer, 2008, 93(6): 061907

[112] Jin M C, Zhang Y J, Chen X L, et al. Effect of surface cleaning on spectral response for InGaAs photocathodes. Applied Optics, 2015, 54(36): 10630–10635

[113] Mouder J F, Stickle W F, Sobol P E, et al. Handbook of X-ray Photoelectron Spectronscopy: A Reference Book of Standard Spectra for Identification & Interpretation of XPS Data. Perkin-Elmer Corporation, 1995

[114] Liu Z, Sun Y, Machuca F, et al. Preparation of clean GaAs(100) studied by synchrotron radiation photoemission. Journal of Vacuum Science & Technology A, 2003, 21(21): 212–218

[115] Kobayashi M, Chen P T, Sun Y, et al. Synchrotron radiation photoemission spectroscopic study of band offsets and interface self-cleaning by atomic layer deposited HfO_2 on $In_{0.53}Ga_{0.47}As$ and $In_{0.52}Al_{0.48}As$. Applied Physics Letters, 2008, 93(18): 182103

[116] Tereshchenko O E, Paget D, Chiaradia P, et al. Preparation of clean reconstructed InAs (001) surfaces using HCl/isopropanol wet treatments. Applied Physics Letters, 2003, 82(24): 4280–4282

[117] Sun Y, Pianetta P, Chen P T, et al. Arsenic-dominated chemistry in the acid cleaning of InGaAs and InAlAs surfaces. Applied Physics Letters, 2008, 93(19): 194103

[118] Aguirre-Tostado F S, Milojevic M, Hinkle C L, et al. Indium stability on InGaAs during atomic H surface cleaning. Applied Physics Letters, 2008, 92(17): 171906

[119] Shin B, Choi D, Harris J S, et al. Pre-atomic layer deposition surface cleaning and chemical passivation of (100) $In_{0.2}Ga_{0.8}As$ and deposition of ultrathin Al_2O_3 gate insulators. Applied Physics Letters, 2008, 93(5): 052911

[120] 郝广辉. AlGaN 光电阴极制备及其性能评估. 南京: 南京理工大学, 2015

[121] Zou J J, Yang Z, Qiao J L, et al. Effect of surface potential barrier on the electron energy distribution of NEA photocathodes. Journal of semiconductors, 2008, 29(8): 1479–1483

[122] Guillén-Cervantes A, Rivera-Alvarez Z, López-López M, et al. GaAs surface oxide desorption by annealing in ultra high vacuum. Thin Solid Films, 2000, 373(373):159–163

[123] Yamada M, Ide Y. Anomalous behaviors observed in the isothermal desorption of GaAs surface oxides. Surface Science Letters, 1995, 339: 914–918

[124] Vergara G, Gómez L J, Capmany J, et al. Adsorption kinetics of cesium and oxygen on GaAs (100): a model for the activation layer of GaAs photocathodes. Surface Science, 1992, 278(1/2): 131–145

[125] Evans K R, Kaspi R. Ehret J E, et al. Surface chemistry evolution during molecular beam epitaxy growth of InGaAs. Journal of Vacuum Science & Technology B, 1995, 13(4):1820–1823

[126] Jin M C, Chen X L, Hao G H, et al. Research on quantum efficiency for reflection-mode InGaAs photocathodes with thin emission layer. Applied Optics, 2015, 54(28): 8332–8338

[127] Machuca F. A thin film p-type GaN photocathode: prospect for a high performance electron emitter. Stanford : Stanford University, 2003

[128] http://www.ioffe.rssi.ru/SVA/NSM/Semicond/index.html.[2015-5]

[129] Casey Jr H C, Sell D D, Wecht K W. Concentration dependence of the absorption coefficient for n- and p-type GaAs between 1.3 and 1.6 eV. Journal of Applied Physics, 1975, 46(1): 250–257

[130] 王近贤，杨汉琼. 像增强器稳定性分析. 云光技术, 1999, 31(2): 43–48

[131] Chen X L, Hao G H, Chang B K, et al. Stability of negative electron affinity $Ga_{0.37}Al_{0.63}$ As photocathodes in an ultrahigh vacuum system. Applied Optics, 2013, 52(25): 6272–6277

[132] 张益军, 甘卓欣, 张瀚, 等. 超高真空系统中 GaAlAs 光电阴极重新铯化研究. 物理学报, 2014, 63(17): 178502

[133] Chanlek N. Quantum efficiency lifetime studies using the photocathode preparation experimental facility developed for the Alice accelerator. Manchester: Manchester University, 2011

[134] Whitman L J, Stroscio J A, Dragose R A, et al. Geometric and electronic properties of Cs structures on III-V (110) surfaces: from 1D and 2D insulators to 3D metals. Physical Review Letters, 1991, 66(10): 1338–1341

[135] PMT R2658/R2658P. http://www.hamamatsu.com.[2016-2]

[136] Image Intensifiers. http://www.hamamatsu.com.[2016-2]

第11章 GaAs 光电阴极及像增强器的分辨力

光电阴极对微光像增强器分辨力的影响是器件研制中无法回避的问题。本章介绍了 GaAs 光电阴极微光像增强器分辨力研究现状，推导了分辨力公式，研究了透射式均匀掺杂和指数掺杂 GaAs 光电阴极分辨力，测试了微光像增强器的分辨力及 halo 效应[1,2]。

11.1　GaAs 光电阴极微光像增强器分辨力研究现状

微光像增强器的分辨力可以用调制传递函数 (MTF) 和分辨力描述，其与透射式 GaAs 光电阴极及器件各部件分辨力有关。

11.1.1　MTF 及分辨力概述

微光像增强器的成像质量取决于场景的照度、动态范围、对比度和光谱辐射等特性。当照度高于一定条件时，系统的成像质量取决于核心成像器件特性。像增强器中电子光学系统存在着各种像差，且 MCP 和荧光屏对入射电子、输出电子的散射与荧光粉粉度的限制，极间耦合元件对光的散射和串光等原因，造成亮度分布失真，使输出像的清晰度下降。评价微光像增强器成像性能的指标有很多，其中极限分辨力和 MTF 是反映成像质量的关键指标。

微光像增强器的分辨力[3] 一般指空间分辨力，表示能够分辨景物或图像明暗细节的能力。在成像过程中，对比度有所下降，并且降低的程度随着图像细节的大小而不同。明暗细节的尺寸越小，对比度降低得越厉害，对比度下降到一定限值时，图像就不能分辨。根据极限分辨力的定义，当两条线或两个点的距离缩短到一定的程度后，不能被独立分辨，而表现为互相重叠，能够分辨的最短距离为 l，称 $1/l$ 为极限分辨力[4]，单位为 lp/mm。测试微光像增强器分辨力的测试卡是由几组等宽的黑白相间条纹组成，各组黑白条纹的宽度由宽变窄，如图 11.1 所示[5]。用光线投影法将分辨力测试卡投影到微光像增强器的光电阴极面上，经过光电转换、电子倍增和电光转换，在荧光屏上就会显示出分辨力测试卡图案。因为像增强器的分辨力有限，所以分辨力测试卡上的黑白条纹间隔越窄越看不清。分辨力的测试是用目视的方法测定的，每个测试者的视力有所差别，因此不同测试者所测得的分辨力值是不同的。限制人眼分辨力的因素有三方面：物体的亮度、视角和亮度对比度。为了方便各器件间的比较，分辨力测试卡图案的亮度对比取一规定值，如最大亮度对比度取为 1, 同时分辨力测试卡的照度足够强, 像增强器荧光屏的像调到适合人眼的亮度。在测试分辨力的过程中, 测试者用 5~20 倍的放大镜观察荧光屏上的像。因为利用目视测出的分辨力值与入射照度、图像对比度、局外光情况及人眼主观视觉灵敏度等有关, 所以其测试结果不够准确[6]。

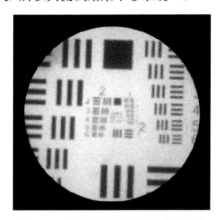

图 11.1　微光像增强器分辨力测试卡

另一种评价微光像增强器成像质量的性能参量是 MTF[7~11], 是以景物的空间频率为自变量, 以影像调制度与景物调制度之比为因变量的函数。MTF 是空间频率的函数, 空间频率通常以 lp/mm 的形式表示。一般通过光学系统的输出像的对比度总差于输入像的对比度, 因此 MTF 的取值范围在 0~1。MTF 越大, 系统的成像质量越好。MTF 是所有光学系统性能判断中最全面的判据, 特别是对于成像系统。

文献 [6] 对比了极限分辨力和 MTF 这两种方法, 如图 11.2 所示。若将调制度损失程度和空间频率的关系绘成曲线, 调制度用百分比表示。对空间频率为零的大面积信息, 调制度没有损失, 即零频率的调制度为 100%, 以此作为比较的标准。

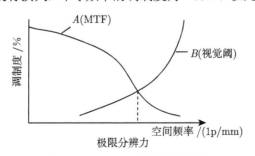

图 11.2　MTF 与视觉阈的比较

如图 11.2 所示, 曲线 A 表示 MTF, 曲线 B 表示视觉阈。若成像过程中的输入调制度为 100%，那么输出调制度随空间频率的升高而降低。曲线上各点的值为相应空间频率的输出调制度与输入调制度之比。若用实验方法产生标准测试信号，那么信号的频率和调制度都能调节，然后在监视器上观察图像。对不同的空间频率，当调制度下降到某一数值时，监视器观察的图像将变模糊，不能清晰分辨，此时空间频率与调制度的关系曲线如图中曲线 B 所示，空间频率越高，能分辨的最低调制度越高。图中曲线 A 和曲线 B 的交点，决定了成像器件的极限分辨力。

从以上分析可以看出，MTF 克服了分辨力表示法的缺点，与图像的尺寸、形状、照度无关，是一个客观参量，不依赖于观察者的主观因素，全面反映了各个空间频率下的图像传输特性。

11.1.2　透射式 GaAs 光电阴极的分辨力

由于 GaAs 光电阴极在可见及近红外波段具有高灵敏度和电子能量分布集中等优点，在微光成像领域引起了人们的极大关注。对 GaAs 光电阴极微光像增强器，不但需要看得远，而且要看得清，看得远取决于光电阴极的灵敏度，看得清取决于微光像增强器的分辨力。

在前人对 GaAs 光电阴极微光像增强器的研究中，都假设物点经光电阴极后没有弥散，仍是一个物点。实际情况中，光子与光电阴极作用时，在阴极内表面可看成一个物点，但在接近真空的外表面，是一个弥散圆斑，如图 11.3 所示。发射电子束的弥散圆斑大小与光电阴极发射层厚度和阴极掺杂情况有关。由于 GaAs 光电阴极具有一定的分辨力，所以微光像增强器的实际分辨力将小于理论计算值。

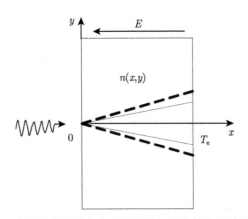

图 11.3　电子在指数掺杂光电阴极发射层中的输运过程示意图

虚线表示无电场作用的电子输运；实线表示有电场作用的电子输运

对于传统透射式均匀掺杂 GaAs 光电阴极的分辨力已有人作了相关研究[12~14]。闫金良等[13] 针对 GaAs/GaAlAs 透射式光电阴极的实际情况，采用 MTF 法分析了 GaAs/GaAlAs 透射式光电阴极的分辨力, 推导了内电场为零时的透射式光电阴极的 MTF, 计算了各参数对 GaAs/GaAlAs 透射式光电阴极 MTF 的影响, 如图 11.4 所示。图中, $F_{m,t}$ 为上面所述的 MTF。相应参数为: 扩散系数 $D=100\,\mathrm{cm}^2/\mathrm{s}$[15], 表面逸出几率 $P=0.55$[16], 反射率 $R_0=0.04$, $R_1=0.02$, $R_2=0.33$[17]。

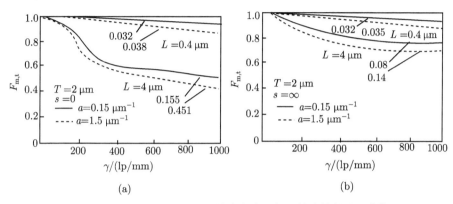

图 11.4　GaAs/GaAlAs 透射式光电阴极分辨力特性曲线[16]

由图 11.4 可以看出, $F_{m,t}$ 曲线随空间频率的增加而下降。其物理本质是电子输运过程中的横向扩散, 频率越高, 横向扩散越大。$F_{m,t}$ 值随 α 增加略有下降。电子扩散长度 L 小于阴极厚度 T 时, $F_{m,t}$ 值随 s 变化不敏感。L 大于 T 时, s 值对 $F_{m,t}$ 影响较大, 因为阴极体内产生的电子可以扩散到后界面和 NEA 表面, 由于 GaAlAs 的禁带宽度大于 GaAs, 当 $s=0$ 时, 扩散到后界面的电子全部反射, 这部分反射电子横向扩散较大, 阴极灵敏度得到提高, 但分辨力下降; 当 $s=\infty$ 时, 所有到达阴极–衬底界面的电子全部损失掉, 灵敏度大幅度降低。$F_{m,t}$ 值随 L 增加而下降。高量子效率和最大分辨力是矛盾的, 获取高分辨力所付出的代价是低量子效率, 高量子效率和高分辨力不能同时达到。

闫金良等[13] 关于 GaAs/GaAlAs 透射式光电阴极分辨力的研究, 比之前报道的 1μm 厚的 GaAs 光电阴极层的 GaAs/GaP 透射式光电阴极的理论分辨力特性曲线适用范围更宽, 为 GaAs 透射式阴极衬底性能的研究提供了理论预测。

后来, 邹继军等[18] 研究了指数掺杂 GaAs 光电阴极分辨力特性, 通过建立和求解指数掺杂光电阴极中电子所遵循的二维连续性方程, 得到了透射式指数掺杂光电阴极的 MTF 表达式, 计算了透射式指数掺杂和均匀掺杂阴极的 MTF, 对比分析了两者的分辨力特性, 讨论了两者分辨力与发射层厚度、电子扩散长度等参数的关系。计算时设定, 温度为室温, $D_n=120\mathrm{cm}^2/\mathrm{s}$, 发射层掺杂浓度按指数规律变化, 能带弯曲量为 0.06eV。分别改变 T_e、L_d、S_v 和 α, 并固定其他参数, 指数掺杂和均匀掺杂 MTF 曲线如图 11.5 所示。

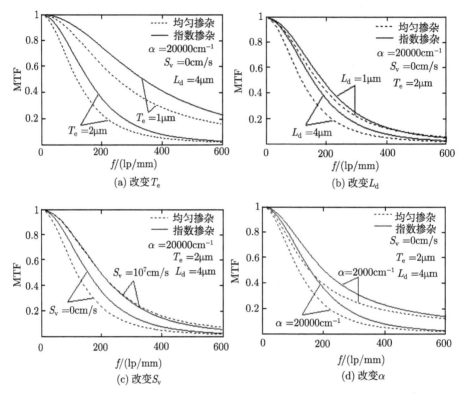

图 11.5   透射式指数掺杂和均匀掺杂 GaAs 光电阴极 MTF 曲线

研究结果表明，与均匀掺杂相比，指数掺杂能较明显地提高光电阴极的分辨力。当空间频率在 $100 \sim 400$lp/mm 范围时，分辨力的提高最为明显，如当空间频率为 200lp/mm 时，分辨力一般可提高 $20\% \sim 50\%$。与量子效率的提高相同，指数掺杂光电阴极分辨力的提高也是内建电场作用的结果。

11.1.3   三代微光像增强器各部件的分辨力

三代微光像增强器是双近贴聚焦电子光学系统，如图 11.6 所示，由光电阴极、第一近贴聚焦电子光学系统、防离子反馈膜、MCP、第二近贴聚焦电子光学系统和荧光屏等六部分组成。

根据傅里叶频谱分析理论，如果双近贴 GaAlAs/GaAs 微光像增强器为线性级联成像系统，则它的子系统的 MTF 的乘积等于器件总的 MTF，子系统分辨力平方的倒数之和等于器件总分辨力平方的倒数，如下所示[7]：

$$\mathrm{MTF}_{总}(f) = \mathrm{MTF}_{阴极}(f) \cdot \mathrm{MTF}_{前}(f) \cdot \mathrm{MTF}_{膜}(f)$$
$$\cdot \mathrm{MTF}_{\mathrm{MCP}}(f) \cdot \mathrm{MTF}_{后}(f) \cdot \mathrm{MTF}_{屏}(f) \tag{11.1}$$

$$R_{总}^{-2} = R_{阴极}^{-2} + R_{前}^{-2} + R_{膜}^{-2} + R_{\text{MCP}}^{-2} + R_{后}^{-2} + R_{屏}^{-2} \tag{11.2}$$

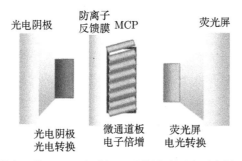

图 11.6 微光器件 MTF 衰减机理及其影响因素示意图 (后附彩图)

影响器件空间分辨力的物理实质是光子、光生载流子、光电子输送过程中的横向空间弥散，弥散圆斑决定了器件的空间分辨力[7]。

对于 2μm 厚的 GaAs 光电阴极，光电子在体内输运过程中因横向扩散造成的 MTF 下降较小，理论极限分辨力可达 1000lp/mm 以上[19]，因此 GaAs 光电阴极对微光像增强器分辨力的影响被忽略了。影响荧光屏传输特性的主要因素包括基底、基底与粉层界面处的光晕、粉层及反射铝膜。荧光屏的 MTF 可近似地采用下式表示[20]：

$$\text{MTF}_{屏} = \exp\left[-(f/46)^{1.1}\right] \tag{11.3}$$

对于粒度为 3~5μm，厚度为 8~10μm 的荧光屏，其分辨力大于 100lp/mm。在 GaAs 光电阴极微光像增强器分辨力的研究中[7,10,21~25]，主要考虑了前后近贴聚焦电子光学系统、防离子反馈膜、MCP 等，而忽略了 GaAs 光电阴极和荧光屏等的影响。

前后近贴聚焦电子光学系统的 MTF 和分辨力的关系式如下所示：

$$\text{MTF}_{前} = \exp\left[-\frac{4}{11}\pi^2 f^2 L_1^2 \frac{\varepsilon_{\text{m1}}}{\varPhi_1}\right] \tag{11.4}$$

$$\text{MTF}_{后} = \exp\left[-\frac{1}{9}\pi^2 f^2 L_2^2 \frac{\varepsilon_{\text{m2}}}{\varPhi_2}\right] \tag{11.5}$$

式中，ε_{m1} 和 ε_{m2} 分别为 GaAs 光电阴极和 MCP 输出面发射光电子最大初始能量，单位为 eV；L_1 和 L_2 分别为前近贴和后近贴距离，单位为 mm；$\varPhi_1$ 和 $\varPhi_2$ 分别为前近贴和后近贴电压，单位为 V；f 为空间频率，单位为 lp/mm。由式（11.4）和式（11.5）可知，随着近贴距离的减小和近贴电压的增大，近贴聚焦电子光学系统的 MTF 增大。

MCP 的 MTF 和分辨力的计算公式分别为[22]

$$\mathrm{MTF}_{\mathrm{MCP}}(f) = |\mathrm{J}_1(2\pi fd)/\pi fd| \tag{11.6}$$

$$R_{\mathrm{MCP}} = 1000/\sqrt{3}D \tag{11.7}$$

式中，$\mathrm{J}_1(2\pi fd)$ 是关于自变量 $2\pi fd$ 的一阶贝塞尔函数；d 和 D 为分别 MCP 单丝直径和通道间距，单位为 μm。由公式可知减小通道间距可提高像增强器的 MTF 和分辨力性能。

除了 MCP 的通道间距对微光像增强器分辨力有影响之外，MCP 的斜切角、开口面积比、长径比和末端电极深度等因素对器件分辨力也有一定的影响。

11.2　GaAs 基光电阴极的电子输运及分辨力

GaAs 基光电阴极的电子输运及分辨力可以用 MTF 表示，推导了 GaAs 和 GaAlAs 的 MTF 表达式，从定性与定量的角度研究光电阴极的相关性能参量对其分辨力与量子效率的影响。

11.2.1　指数掺杂 GaAs 光电阴极的分辨力

1. 透射式指数掺杂 GaAs 光电阴极的分辨力

电子在输运过程中的横向扩散是造成光电阴极分辨力下降的主要原因，此时如果存在一个与电子输运方向相反的电场，就能在一定程度上降低横向扩散的影响。而具有恒定内建电场的指数掺杂阴极恰好满足要求，且经实验证实可获得更高的量子效率。从图 11.7 可看出，正是由于内建电场 E_1 的作用，光电子输运到光电阴极表面时产生的弥散圆斑要小于无内建电场的均匀掺杂 GaAs 出射面处的弥散圆斑。仅就分辨力而言，电子在电场作用下的漂移运动显然有助于提高光电阴极的分辨力。不过，光电阴极的主要性能参量（如电子扩散长度、发射层厚度、吸收系数以及后界面复合速率）对分辨力的影响还需通过计算 MTF 来获得。

1) 透射式指数掺杂 GaAs 阴极 MTF 表达式的推导[2]

如图 11.7 所示，假设一束强度为 $I(y,f) = \dfrac{\phi}{2}[1+\cos(2\pi fy)]$ 的光垂直入射到透射式指数掺杂 GaAs 阴极衬底上，其中 ϕ 为光通量，f 表示空间频率。考虑到内建电场 E_1 的作用，则阴极体内光电子的输运模型可由式（11.8）给出。

$$\frac{\partial^2 n_1(x,y)}{\partial x^2} + \frac{\partial^2 n_1(x,y)}{\partial y^2} - \frac{e|E_1|}{kT}\frac{\partial n_1(x,y)}{\partial x} - \frac{n_1(x,y)}{L_{\mathrm{D1}}^2} + \frac{G_1(x,y)}{D_{\mathrm{n1}}} = 0, \quad x \in [0, T_{\mathrm{e1}}], y \in R$$

$$\tag{11.8}$$

式中，$n_1(x,y)$ 为光电子密度；e 为电子电量；k 为玻尔兹曼常量；T 为温度；L_{D1} 为电子扩散长度；D_{n1} 为 GaAs 的电子扩散系数；T_{e1} 为发射层厚度，$G_1(x,y)$ 为光电子产生函数，其形式可表示为

$$G_1(x,y) = \alpha_1(1-R_1)\exp(-\alpha_1 x)I(y,f) \tag{11.9}$$

其中，α_1 表示光学吸收系数；R_1 为反射率。式（11.8）的边界条件为

$$D_{n1}\left[\frac{\partial n_1(x,y)}{\partial x} - \frac{e\,|E_1|}{kT}n_1(x,y)\right]\bigg|_{x=0} = S_{V1}n_1(x,y)|_{x=0}, \quad n_1(x,y)|_{x=T_{e1}} = 0 \tag{11.10}$$

式中，S_{V1} 为后界面复合速率。因式（11.8）是一个复杂的偏微分方程，可通过对 y 进行傅里叶变换求解，并设 $n_1(x,y)$ 的傅里叶变换形式为 $F[n_1(x,y)] = \tilde{n}_1(x,\lambda)$，得到关于 x 的二阶常微分方程为

$$D_{n1}\left[\frac{\mathrm{d}^2\tilde{n}_1(x,\lambda)}{\mathrm{d}x^2} - \frac{e\,|E_1|}{kT}\cdot\frac{\mathrm{d}\tilde{n}_1(x,\lambda)}{\mathrm{d}x} - (\lambda^2 + 1/L_{D1}^2)\tilde{n}_1(x,\lambda)\right]$$
$$+ \alpha_1(1-R_1)\exp(-\alpha_1 x)\left[\sqrt{2\pi}\delta(\lambda) + \sqrt{\pi/2}\left(\delta(\lambda+\omega) + \delta(\lambda-\omega)\right)\right] = 0 \tag{11.11}$$

其边界条件由式（11.12）给出。

$$\left[D_{n1}\frac{\mathrm{d}\tilde{n}_1(x,\lambda)}{\mathrm{d}x} - \frac{e\,|E_1|}{kT}\tilde{n}_1(x,\lambda)\right]\bigg|_{x=0} = S_{V1}\tilde{n}_1(x,\lambda)|_{x=0}, \quad \tilde{n}_1(x,\lambda)|_{x=T_{e1}} = 0 \tag{11.12}$$

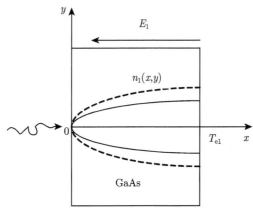

图 11.7　电子在透射式 GaAs 阴极发射层中的输运过程示意图

虚线代表无内建电场 E_1 作用的电子输运；实线代表有内建电场 E_1 作用的电子输运

求出后，再进行傅里叶逆变换（$F[\tilde{n}_1(x,\lambda)] = n_1(x,y)$）得到透射式指数掺杂 GaAs 光电阴极的发射电流密度 $J_{T1}(y,f)$ 为

$$J_{T1}(y,f) = -P_1 D_{n1}\frac{\partial n_1(x,y)}{\partial x}\bigg|_{x=T_{e1}} = \frac{\phi}{2}\left[Y_{T01} + Y_{T\omega_1}\cos(2\pi fy)\right] \tag{11.13}$$

式中，P_1 表示电子的表面逸出几率；Y_{T01} 为均匀光入射时的阴极量子效率，$Y_{T\omega1}$ 为入射光呈余弦分布时的量子效率，二者的表达式分别为

$$Y_{T01} = \frac{P_1(1-R_1)\alpha_1 L_{D1}}{\alpha_1^2 L_{D1}^2 + \alpha_1 L_{01} - 1} \times \left[\frac{N_{01}(S_1 + \alpha_1 D_{n1})\exp(L_{01}T_{e1}/(2L_{D1}^2))}{M_{01}} \right.$$

$$\left. - \frac{Q_{01}\exp(-\alpha_1 T_{e1})}{M_{01}} - \alpha_1 L_{D1}\exp(-\alpha_1 T_{e1}) \right] \tag{11.14}$$

$$Y_{T\omega1} = \frac{P_1(1-R_1)\alpha_1 L'_{D1}}{\alpha_1^2 L'^2_{D1} + \alpha_1 L_{\omega1} - 1} \times \left[\frac{N_{\omega1}(S_1 + \alpha_1 D_{n1})\exp(L_{\omega1}T_{e1}/(2L'^2_{D1}))}{M_{\omega1}} \right.$$

$$\left. - \frac{Q_{\omega1}\exp(-\alpha_1 T_{e1})}{M_{\omega1}} - \alpha_1 L'_{D1}\exp(-\alpha_1 T_{e1}) \right] \tag{11.15}$$

上述两式中

$$L_{01} = \frac{e|E_1|}{kT}L_{D1}^2, \quad S_1 = S_{v1} + \frac{e|E_1|}{kT}D_{n1}, \quad N_{01} = \sqrt{L_{01}^2 + 4L_{D1}^2}$$

$$M_{01} = \frac{N_{01}D_{n1}}{L_{D1}}\cosh\left(\frac{N_{01}T_{e1}}{2L_{D1}^2}\right) + \left(2S_1 L_{D1} - \frac{L_{01}D_{n1}}{L_{D1}}\right)\sinh\left(\frac{N_{01}T_{e1}}{2L_{D1}^2}\right)$$

$$Q_{01} = S_1 N_{01}\cosh\left(\frac{N_{01}T_{e1}}{2L_{D1}^2}\right) + (S_1 L_{01} + 2D_{n1})\sinh\left(\frac{N_{01}T_{e1}}{2L_{D1}^2}\right)$$

$$L'_{D1} = \sqrt{\frac{L_{D1}^2}{L_{D1}^2\omega_1^2 + 1}}, \quad L_{\omega1} = \frac{e|E_1|}{kT}L'^2_{D1}, \quad N_{\omega1} = \sqrt{L_{\omega1}^2 + 4L'^2_{D1}}$$

$$M_{\omega1} = \frac{N_{\omega1}D_{n1}}{L'_{D1}}\cosh\left(\frac{N_{\omega1}T_{e1}}{2L'^2_{D1}}\right) + \left(2S_1 L'_{D1} - \frac{L_{\omega1}D_{n1}}{L'_{D1}}\right)\sinh\left(\frac{N_{\omega1}T_{e1}}{2L'^2_{D1}}\right)$$

$$Q_{\omega1} = S_1 N_{\omega1}\cosh\left(\frac{N_{\omega1}T_{e1}}{2L'^2_{D1}}\right) + (S_1 L_{\omega1} + 2D_{n1})\sinh\left(\frac{N_{\omega1}T_{e1}}{2L'^2_{D1}}\right)$$

在实际应用中，MTF 是指当某一空间频率的余弦光栅成像时，像面对比度 $C_{T\omega1}$ 与物面对比度 C_{T01} 之比。具体到光电阴极，C_ω 即为光电流密度的对比度，因此透射式指数掺杂 GaAs 阴极的 MTF 表达式为

$$\text{MTF}_{T1}(f) = \frac{C_{T\omega1}}{C_{T01}} = \frac{Y_{T\omega1}/Y_{T01}}{1} = \frac{Y_{T\omega1}}{Y_{T01}} \tag{11.16}$$

把式（11.14）和式（11.15）代入式（11.16）则得到 MTF 的具体表达式，即

$$\text{MTF}_{T1}(f) = \frac{L'_{D1}M_{01}(\alpha_1^2 L_{D1}^2 + \alpha_1 L_{01} - 1)}{L_{D1}M_{\omega1}(\alpha_1^2 L'^2_{D1} + \alpha_1 L_{\omega1} - 1)}$$

$$\times [(N_{\omega1}(S_1 + \alpha_1 D_{n1})\exp(L_{\omega1}T_{e1}/(2L'^2_{D1}))$$

$$- Q_{\omega 1} \exp(-\alpha_1 T_{e1}) - M_{\omega 1} \alpha_1 L'_{D1} \exp(-\alpha_1 T_{e1}))$$

$$/(N_{01}(S_1 + \alpha_1 D_{n1}) \exp\left(L_{01} T_{e1}/(2L_{D1}^2)\right) - Q_{01} \exp(-\alpha_1 T_{e1})$$

$$- M_{01}\alpha_1 L_{D1} \exp(-\alpha_1 T_{e1}))] \tag{11.17}$$

此外,令 $E_1 = 0$,对式 (11.17) 进行相应变换便可得到透射式均匀掺杂 GaAs 阴极的 MTF 表达式。

2) GaAs 光电阴极主要性能参量对分辨力及量子效率的影响

根据式 (11.17),对透射式指数掺杂和均匀掺杂 GaAs 光电阴极的 MTF 进行了理论计算和比较分析,并详细讨论了电子扩散长度 L_{D1}、发射层厚度 T_{e1}、吸收系数 α_1、后界面复合速率 S_{v1} 对光电阴极分辨力及量子效率的影响。计算条件作如下设定:掺杂浓度在 $1\times10^{18} \sim 1\times10^{19} \text{cm}^{-3}$ 范围内按指数规律变化,相应的能带弯曲量为 0.06eV,室温下 $D_{n1}=120\text{cm}^2/\text{s}$, $P_1=0.5$, $R_1=0.31$[31]。分别改变 L_{D1}、T_{e1}、α_1 及 S_{v1},计算得到指数掺杂和均匀掺杂 GaAs 阴极的 MTF 曲线和对应的量子效率值,如图 11.8 所示。

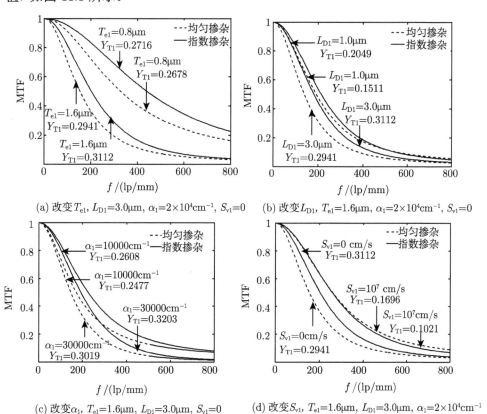

(a) 改变 T_{e1}, L_{D1}=3.0μm, α_1=2×10⁴cm⁻¹, S_{v1}=0

(b) 改变 L_{D1}, T_{e1}=1.6μm, α_1=2×10⁴cm⁻¹, S_{v1}=0

(c) 改变 α_1, T_{e1}=1.6μm, L_{D1}=3.0μm, S_{v1}=0

(d) 改变 S_{v1}, T_{e1}=1.6μm, L_{D1}=3.0μm, α_1=2×10⁴cm⁻¹

图 11.8　透射式指数掺杂和均匀掺杂 GaAs 阴极的 MTF 曲线及 Y_{T1}

从图 11.8（a）可以看出，随着发射层厚度 T_{e1} 的减小，指数掺杂和均匀掺杂 GaAs 光电阴极的 MTF 均有明显的提高，且指数掺杂提高的幅度更大，这与电子横向扩散距离的减小以及内建电场 E 的增强密切相关。不过，减小 T_{e1} 将导致光电阴极量子效率 Y_{T1} 的降低。换言之，用减小 T_{e1} 来提高光电阴极分辨力是以降低量子效率为代价的。

由图 11.8（b）可知，随着电子扩散长度 L_{D1} 的减小，指数掺杂和均匀掺杂 GaAs 光电阴极的 MTF 都得到改善，但均匀掺杂改善得更为明显。其主要原因是 L_{D1} 的减小会缩短电子横向扩散的距离，电场 E_1 的作用随之减弱；同时对于较小的 L_{D1}，电子受后界面的影响程度也降到最低。需要注意的是，通过减小 L_{D1} 来提高 MTF 也是以牺牲量子效率为代价的。

如图 11.8（c）所示，当吸收系数 α_1 减小时，两种掺杂方式光电阴极的 MTF 均有比较明显的提高。这是因为，随着 α_1 的增加，将有更多的电子在邻近光电阴极后界面处产生，从而使电子输运到阴极表面经过的距离变长，相应的横向扩散也就变大，即造成 MTF 下降。由于 GaAs 光电阴极长波光子的 α_1 更小，因此在其光谱响应范围内，MTF 与入射光波长成正比。同时，与 α_1 对 MTF 的影响相反，随着 α_1 的减少，光电阴极的量子效率却在下降。

图 11.8（d）给出了后界面复合速率 S_{v1} 对两种光电阴极 MTF 及 Y_{T1} 的影响，当 S_{v1} 增加时，两者的 MTF 都得到提高，且均匀掺杂光电阴极提高得更快。对于较大的 $S_{v1}(10^7\mathrm{cm/s})$，二者的 MTF 几乎相同，换言之，这时指数掺杂结构对提高 MTF 没有什么作用。其原因是后界面处的电子基本被复合掉，电场的作用相应地变得非常弱小，基本不会影响阴极的分辨力。当 $S_{v1}=0$ 时，后界面处的电子全部被反射，大部分电子的横向扩散变大，而指数掺杂具有的内建电场能够在一定程度上降低这种扩散，所以对于 S_{v1} 较小的情况，指数掺杂的 MTF 要高于均匀掺杂。然而，通过增大 S_{v1} 的方式来提高 MTF 的同时也牺牲了量子效率。

综上所述，除 S_{v1} 特别大的情况之外，与均匀掺杂相比，指数掺杂结构能够明显地提升 GaAs 光电阴极的分辨力，这种提升是由于指数掺杂结构具有的内建电场对电子输运的促进作用及电子的横向扩散相对减小。同时，指数掺杂结构也能使光电阴极的量子效率较大提高，这一点已被实验证实。对于给定的 GaAs 光电阴极，减少发射层厚度、电子扩散长度或增加后界面复合速率都能提高分辨力，但却导致了量子效率的降低。另外，上述性能参量并非任意取值，例如，与入射波长有关的光学吸收系数就基本不变，因此可考虑采用指数掺杂结构制备光电阴极，并在获取最佳分辨力与最高量子效率之间采取合理的折中措施，以优化光电阴极的整体性能。

2. 反射式指数掺杂 GaAs 光电阴极的分辨力

应用于微光像增强器中的光电阴极大多属于透射式[26~28]，而反射式阴极与其相比具有一些独特优势, 如制备简单、灵敏度高等[29]。所以, 可针对反射式阴极能否应用于像增强器进行探索研究。对于成像器件中的光电阴极, 不仅要求它具有高量子效率, 还应考虑其分辨力, 反射式指数掺杂 GaAs 光电阴极能够获得高量子效率已被实验证实[30], 但针对其分辨力的研究还未开展, 这里就反射式指数掺杂 GaAs 光电阴极的分辨力特性进行探讨。

如图 11.9 所示, 在指数掺杂具有的恒定内建电场 E_1 的作用下, 电子的漂移运动将使光电阴极表面处的弥散圆斑变小, 从而有利于分辨力的提高。

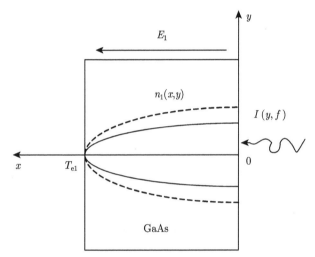

图 11.9 电子在反射式 GaAs 阴极发射层中的输运过程示意图

虚线代表无内建电场 E_1 作用的电子输运; 实线代表有内建电场 E_1 作用的电子输运

1) 反射式指数掺杂 GaAs 阴极 MTF 的推导

在图 11.9 中, 假设一束光垂直照射到反射式指数掺杂 GaAs 阴极上, 其强度 $I(y,f)$ 可表示为

$$I(y,f) = \frac{\phi}{2}[1 + \cos(2\pi f y)] \tag{11.18}$$

式中, ϕ 是光通量, f 表示空间频率, 则阴极体内光电子的输运模型可由式 (11.19) 给出:

$$\begin{aligned}
&\frac{\partial^2 n_1(x,y)}{\partial x^2} + \frac{\partial^2 n_1(x,y)}{\partial y^2} + \frac{e|E_1|}{kT}\frac{\partial n_1(x,y)}{\partial x} \\
&\quad - \frac{n_1(x,y)}{L_{D1}^2} + \frac{G_1(x,y)}{D_{n1}} = 0, \quad x \in [0, T_{e1}], y \in R
\end{aligned} \tag{11.19}$$

其中, x 为发射层内某点到阴极表面的距离, 各参数含义同式 (11.8)。式 (11.19)

的边界条件为

$$D_{n1}\left[\frac{\partial n_1(x,y)}{\partial x}+\frac{e\,|E_1|}{kT}n_1(x,y)\right]\bigg|_{x=T_{e1}}$$
$$=-S_{V1}n_1(x,y)|_{x=T_{e1}},\quad n_1(x,y)|_{x=0}=0 \tag{11.20}$$

式 (11.19) 的求解思路同式 (11.8)，因此反射式指数掺杂 GaAs 阴极的 MTF 表达式为

$$\begin{aligned}
&\mathrm{MTF_{R1}}(f)\\
&=\frac{L'_{D1}M_{01}(\alpha_1^2 L_{D1}^2-\alpha_1 L_{01}-1)}{L_{D1}M_{\omega1}(\alpha_1^2 L_{D1}^{'2}-\alpha_1 L_{\omega1}-1)}\\
&\quad\times\left[\frac{N_{\omega1}(S_1-\alpha_1 D_{n1})\exp\left[\left(L_{\omega1}/(2L_{D1}^{'2})-\alpha_1\right)T_{e1}\right]-Q_{\omega1}+\alpha_1 L'_{D1}M_{\omega1}}{N_{01}(S_1-\alpha_1 D_{n1})\exp[(L_{01}/(2L_{D1}^2)-\alpha_1)T_{e1}]-Q_{01}+\alpha_1 L_{D1}M_{01}}\right]
\end{aligned} \tag{11.21}$$

另外，在式 (11.21) 中令 $E_1=0$，然后进行相应求解可得反射式均匀掺杂 GaAs 阴极的 MTF 表达式。

2) 阴极主要性能参量对分辨力及量子效率的影响

依据式 (11.21)，对反射式指数掺杂和均匀掺杂 GaAs 阴极的 MTF 进行了理论计算和比较分析，并详细讨论了电子扩散长度 L_{D1}、发射层厚度 T_{e1}、吸收系数 α_1 及后界面复合速率 S_{v1} 对阴极分辨力及量子效率的影响。假设计算条件为：当掺杂浓度在一定范围内按指数规律变化时对应的能带弯曲量为 0.06eV，室温下 $D_{n1}=120\mathrm{cm}^2/\mathrm{s}$，$P_1=0.5$，$R_1=0.31$[31]。固定其他参数，分别改变 L_{D1}、T_{e1}、α_1 及 S_{v1}，得到反射式指数掺杂和均匀掺杂 GaAs 阴极的 MTF 曲线及对应的量子效率值 Y_{R1}，如图 11.10 所示。

由图 11.10 (a) 可知，随着电子扩散长度 L_{D1} 的减小，反射式指数掺杂和均匀掺杂 GaAs 光电阴极的 MTF 都有所提高，且均匀掺杂改善得更为明显。例如，在 $f=400\mathrm{lp/mm}$ 处，指数掺杂阴极的 MTF 增加了 9.38%，而均匀掺杂阴极增加了 20.68%。这是因为较小的 L_{D1} 使电子不能到达后界面，即后界面的状态不会影响电子，而逸出到真空的电子主要来自于近 NEA 表面，其横向扩散也随之变小。此外，内建电场抑制电子横向扩散的作用随 L_{D1} 的减小而逐渐变弱直至可忽略不计。然而，通过减小 L_{D1} 获得高分辨力却是以降低量子效率为代价的。

如图 11.10 (b) 所示，随着发射层厚度 T_{e1} 的减小，指数掺杂和均匀掺杂阴极的 MTF 都有比较明显的提高，且指数掺杂提高的幅度更大。造成该现象的直接原因是，T_{e1} 越薄，导致电子横向扩散的距离越短，电场强度也就越大，从而更有利于电子的输运。但是，减小 T_{e1} 会降低量子效率 Y_{R1}。另外，对于反射式 GaAs 阴

极, 由于长波光主要在体内被吸收, 因此增大 T_{e1} 虽然能提高长波响应却牺牲了全波段的量子效率, 也就是说, T_{e1} 应有一个最佳值。

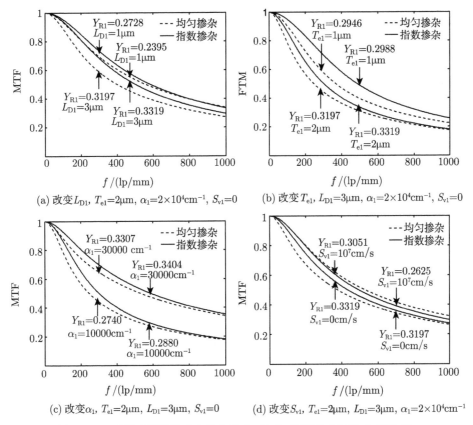

(a) 改变 L_{D1}, T_{e1}=2μm, α_1=2×10⁴cm⁻¹, S_{v1}=0

(b) 改变 T_{e1}, L_{D1}=3μm, α_1=2×10⁴cm⁻¹, S_{v1}=0

(c) 改变 α_1, T_{e1}=2μm, L_{D1}=3μm, S_{v1}=0

(d) 改变 S_{v1}, T_{e1}=2μm, L_{D1}=3μm, α_1=2×10⁴cm⁻¹

图 11.10　反射式指数掺杂和均匀掺杂 GaAs 阴极的 MTF 曲线及 Y_{R1}

图 11.10 (c) 的一个明显特点是, 当光学吸收系数 α_1 增大时, 两种掺杂方式阴极的 MTF 均有较明显的提高。这是由于随着 α_1 的增加, 将有更多的电子在邻近阴极表面处产生, 从而使电子输运距离变短, 横向扩散进一步变小, 即提高了MTF。在反射式 GaAs 阴极的光谱响应范围内, 入射光波长越短, α_1 就越大, 分辨力就越高。同时, 对于合适的 T_{e1}, α_1 增大将使更多的电子被激发, 其中的大多数电子能够逸出到真空, 相应地提高了量子效率。

从图 11.10 (d) 可看出, 当后界面复合速率 S_{v1} 增加时, 两种掺杂结构光电阴极的 MTF 都得到了提高, 且均匀掺杂光电阴极提高得更快。对于较大的S_{v1}（10^7cm/s）, 二者的 MTF 几乎没有差别, 也就是说, 这时指数掺杂结构对提高MTF 没起什么作用。一般而言, S_{v1} 对反射式光电阴极性能的影响很小。但是应该注意到，因较薄的发射层厚度即可满足反射式光电阴极结构的要求，此种情况下 S_{v1} 的影响是不能被忽略的。当 $L_{D1}=3\mu m$ 时，电子不仅能够扩散至后界面也能输运至光电阴极表面，此时若 $S_{v1}=0$，则电子在后界面处全部被反射，较长的扩散距离又会使电子的横向扩散程度加剧，而指数掺杂具有的内建电场能够降低横向扩散的作用就显得非常重要。所以在 S_{v1} 较小时，指数掺杂阴极的 MTF 要高于均匀掺杂。若 $S_{v1}=10^7 cm/s$ 或更大，扩散至后界面处的电子大多数被复合，内建电场的作用也就变得微不足道了。增大 S_{v1} 虽可以改善 MTF 特性，但同时降低了量子效率，而造成量子效率衰减的那部分电子恰好在提高 MTF 中扮演了重要角色。

经上述分析讨论可知，对于反射式 GaAs 光电阴极，除 S_{v1} 特别大的情况以外，指数掺杂结构不仅能提高量子效率，更能明显地提升分辨力。其中提升分辨力的原因主要是指数掺杂结构具有的内建电场对电子输运的促进作用以及电子的横向扩散相对减小，而获得高量子效率也已得到实验证实。

总之，无论是透射式还是反射式 GaAs 光电阴极，除 S_v 特别大的情况以外，采用指数掺杂结构不仅能提高量子效率，更能提升阴极的分辨力。这为制备高性能 GaAs 光电阴极奠定了基础，并进而为研制高性能微光像增强器提供了理论依据。

11.2.2　透射式指数掺杂 GaAlAs 光电阴极的分辨力

尽管 NEA GaAs 光电阴极在微光像增强器和极化电子源中发挥了重要作用，但在海洋探测等特殊领域中，光谱响应范围较宽导致其应用受到了限制[32,33]。近来，作为一种潜在应用于海洋探测及海底成像的光电发射材料，NEA GaAlAs 光电阴极正逐渐引起人们的研究兴趣[34~36]。在诸多研究中，指数掺杂 GaAlAs 阴极的量子效率与电子能量分布是关注的焦点，而分辨力则没有引起足够重视。另外，GaAlAs 阴极 Al 组分的变化也将影响阴极的性能，因此这里以透射式指数掺杂 $Ga_{0.37}Al_{0.63}As$ 阴极为例探讨其主要性能参量对分辨力及量子效率的影响[37]。

图 11.11（a）、（b）分别给出了均匀掺杂和指数掺杂 $Ga_{0.37}Al_{0.63}As$ 光电阴极的能带结构。对比两图可以发现，指数掺杂结构形成了一个线性倾斜的能带弯曲区，由此而产生的恒定内建电场 E_2 在一定程度上抑制了电子在输运过程中的横向扩散，同时指数掺杂结构能够获得较高的量子效率虽已被实验所证实，但具体影响的程度还有待于通过计算 MTF 和相应的量子效率 Y_{T2} 来获得。

1. 透射式指数掺杂 $Ga_{0.37}Al_{0.63}As$ 阴极 MTF 表达式的推导

假设一束光垂直入射至透射式指数掺杂 $Ga_{0.37}Al_{0.63}As$ 阴极衬底上，其强度表达式同式（11.18）。由于内建电场 E_2 的作用，阴极体内的电子输运模型可由下式

给出:

$$\frac{\partial^2 n_2(x,y)}{\partial x^2} + \frac{\partial^2 n_2(x,y)}{\partial y^2} - \frac{e|E_2|}{kT}\frac{\partial n_2(x,y)}{\partial x} - \frac{n_2(x,y)}{L_{\mathrm{D}2}^2} + \frac{G_2(x,y)}{D_{\mathrm{n}2}}$$

$$=0, \quad x \in [0, T_{\mathrm{e}2}], y \in R \tag{11.22}$$

式中, $n_2(x,y)$ 为 $\mathrm{Ga_{0.37}Al_{0.63}As}$ 阴极产生的光电子密度, $D_{\mathrm{n}2}$ 表示 $\mathrm{Ga_{0.37}Al_{0.63}As}$ 阴极的电子扩散系数, e 为电子电量, k 为玻尔兹曼常量, T 为温度, $T_{\mathrm{e}2}$ 为 $\mathrm{Ga_{0.37}Al_{0.63}As}$ 阴极的发射层厚度, $L_{\mathrm{D}2}$ 为阴极的电子扩散长度。此外, 光电子产生函数为 $G_2(x,y) = \alpha_2(1-R_2)\exp(-\alpha_2 x)I(y,f)$, 其中 α_2、R_2 分别表示 $\mathrm{Ga_{0.37}Al_{0.63}As}$ 阴极的光学吸收系数和反射率。

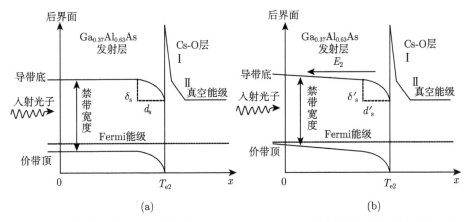

图 11.11 均匀掺杂 (a) 和指数掺杂 (b) $\mathrm{Ga_{0.37}Al_{0.63}As}$ 光电阴极的能带结构示意图

式 (11.22) 的边界条件为

$$D_{\mathrm{n}2}\left[\frac{\partial n_2(x,y)}{\partial x} - \frac{e|E_2|}{kT}n_2(x,y)\right]\Bigg|_{x=0} = S_{\mathrm{v}2}n_2(x,y)|_{x=0}, \quad n_2(x,y)|_{x=T_{\mathrm{e}2}} = 0 \tag{11.23}$$

式中, $S_{\mathrm{v}2}$ 为后界面复合速率。对式 (11.22) 的求解思路为: 首先对 y 进行傅里叶变换, 即 $F[n_2(x,y)] = \widetilde{n_2}(x,\lambda)$, 则关于 x 的二阶常微分方程及其边界条件可由下面两式给出:

$$D_{\mathrm{n}2}\left[\frac{\mathrm{d}^2\tilde{n}_2(x,\lambda)}{\mathrm{d}x^2} - \frac{e|E_2|}{kT}\cdot\frac{\mathrm{d}\tilde{n}_2(x,\lambda)}{\mathrm{d}x} - (\lambda^2 + 1/L_{\mathrm{D}2}^2)\tilde{n}_2(x,\lambda)\right]$$

$$+ \alpha_2(1-R_2)\exp(-\alpha_2 x)\left[\sqrt{2\pi}\delta(\lambda) + \sqrt{\frac{\pi}{2}}\left(\delta(\lambda+\omega) + \delta(\lambda-\omega)\right)\right] = 0 \tag{11.24}$$

$$\left[D_{\mathrm{n}2}\frac{\mathrm{d}\tilde{n}_2(x,\lambda)}{\mathrm{d}x} - \frac{e|E_2|}{kT}\tilde{n}_2(x,\lambda)\right]\Bigg|_{x=0} = S_{\mathrm{V}2}\tilde{n}_2(x,\lambda)|_{x=0}, \quad \tilde{n}_2(x,\lambda)|_{x=T_{\mathrm{e}2}} = 0 \tag{11.25}$$

在求得 $\widetilde{n_2}(x,\lambda)$ 后, 再进行傅里叶逆变换便得到透射式指数掺杂 $Ga_{0.37}Al_{0.63}As$ 阴极的光电流密度 $J_{T2}(y,f)$ 为

$$J_{T2}(y,f) = -P_2 D_{n2} \frac{\partial n_2(x,y)}{\partial x}\bigg|_{x=T_{e2}} = \frac{\phi}{2}\left[Y_{T02} + Y_{T\omega2}\cos(2\pi f y)\right] \tag{11.26}$$

式中, P_2 表示 $Ga_{0.37}Al_{0.63}As$ 阴极的电子表面逸出几率; Y_{T02} 为均匀光入射时的阴极量子效率, $Y_{T\omega2}$ 为入射光呈余弦分布时的量子效率, 二者的表达式分别为

$$Y_{T02} = \frac{P_2(1-R_2)\alpha_2 L_{D2}}{\alpha_2^2 L_{D2}^2 + \alpha_2 L_{02} - 1} \times \left[\frac{N_{02}(S_2 + \alpha_2 D_{n2})\exp(L_{02}T_{e2}/(2L_{D2}^2))}{M_{02}}\right.$$
$$\left. - \frac{Q_{02}\exp(-\alpha_2 T_{e2})}{M_{02}} - \alpha_2 L_{D2}\exp(-\alpha_2 T_{e2})\right] \tag{11.27}$$

$$Y_{T\omega2} = \frac{P_2(1-R_2)\alpha_2 L'_{D2}}{\alpha_2^2 L'^2_{D2} + \alpha_2 L_{\omega2} - 1} \times \left[\frac{N_{\omega2}(S_2 + \alpha_2 D_{n2})\exp(L_{\omega2}T_{e2}/(2L'^2_{D2}))}{M_{\omega2}}\right.$$
$$\left. - \frac{Q_{\omega2}\exp(-\alpha_2 T_{e2})}{M_{\omega2}} - \alpha_2 L'_{D2}\exp(-\alpha_2 T_{e2})\right] \tag{11.28}$$

在上述两式中

$$L_{02} = \frac{e|E_2|}{kT}L_{D2}^2, \quad S_2 = S_{v2} + \frac{e|E_2|}{kT}D_{n2}, \quad N_{02} = \sqrt{L_{02}^2 + 4L_{D2}^2}$$

$$M_{02} = \frac{N_{02}D_{n2}}{L_{D2}}\cosh\left(\frac{N_{02}T_{e2}}{2L_{D2}^2}\right) + \left(2S_2 L_{D2} - \frac{L_{02}D_{n2}}{L_{D2}}\right)\sinh\left(\frac{N_{02}T_{e2}}{2L_{D2}^2}\right)$$

$$Q_{02} = S_2 N_{02}\cosh\left(\frac{N_{02}T_{e2}}{2L_{D2}^2}\right) + (S_2 L_{02} + 2D_{n2})\sinh\left(\frac{N_{02}T_{e2}}{2L_{D2}^2}\right)$$

$$L'_{D2} = \sqrt{\frac{L_{D2}^2}{L_{D2}^2\omega_2^2 + 1}}, \quad L_{\omega2} = \frac{e|E_2|}{kT}L'^2_{D2}, \quad N_{\omega2} = \sqrt{L_{\omega2}^2 + 4L'^2_{D2}}$$

$$M_{\omega2} = \frac{N_{\omega2}D_{n2}}{L'_{D2}}\cosh\left(\frac{N_{\omega2}T_{e2}}{2L'^2_{D2}}\right) + \left(2S_2 L'_{D2} - \frac{L_{\omega2}D_{n2}}{L'_{D2}}\right)\sinh\left(\frac{N_{\omega2}T_{e2}}{2L'^2_{D2}}\right)$$

$$Q_{\omega2} = S_2 N_{\omega2}\cosh\left(\frac{N_{\omega2}T_{e2}}{2L'^2_{D2}}\right) + (S_2 L_{\omega2} + 2D_{n2})\sinh\left(\frac{N_{\omega2}T_{e2}}{2L'^2_{D2}}\right)$$

结合式 (11.27) 及式 (11.28), 可知透射式指数掺杂 $Ga_{0.37}Al_{0.63}As$ 阴极的 MTF 表达式为

$$MTF_2(f) = \frac{Y_{T\omega2}}{Y_{T02}} = \frac{L'_{D2}M_{02}(\alpha_2^2 L_{D2}^2 + \alpha_2 L_{02} - 1)}{L_{D2}M_{\omega2}(\alpha_2^2 L'^2_{D2} + \alpha_2 L_{\omega2} - 1)}$$
$$\times \left[(N_{\omega2}(S_2 + \alpha_2 D_{n2})\exp(L_{\omega2}T_{e2}/(2L'^2_{D2})) - Q_{\omega2}\exp(-\alpha_2 T_{e2})\right.$$

$$- M_{\omega 2}\alpha_2 L'_{D2} \exp(-\alpha_2 T_{e2}))/(N_{02}(S_2 + \alpha_2 D_{n2}) \exp\left(L_{02} T_{e2}/(2L_{D2}^2)\right)$$

$$- Q_{02} \exp(-\alpha_2 T_{e2}) - M_{02}\alpha_2 L_{D2} \exp(-\alpha_2 T_{e2}))] \tag{11.29}$$

若令式 (11.29) 中 $|E_2| = 0$，再进行推导便得到透射式均匀掺杂 $Ga_{0.37}Al_{0.63}As$ 阴极的 MTF 表达式。

2. 阴极主要性能参量对分辨力及量子效率的影响

利用式 (11.29)，经过计算指数掺杂和均匀掺杂 $Ga_{0.37}Al_{0.63}As$ 阴极的 MTF 和相应的量子效率 Y_{T2}，分析讨论了电子扩散长度 L_{D2}、发射层厚度 T_{e2}、吸收系数 α_2 及后界面复合速率 S_{v2} 对阴极分辨力及量子效率的影响。计算中各参数取值分别为：能带弯曲量为 0.06eV，室温下 $D_{n2}=10\mathrm{cm}^2/\mathrm{s}$，$P_2=0.12$，$R_2=0.31$[37]，计算及仿真结果如图 11.12 所示。

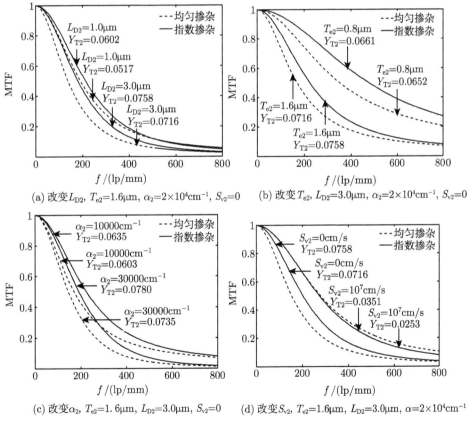

(a) 改变 L_{D2}，$T_{e2}=1.6\mu m$，$\alpha_2=2\times10^4 \mathrm{cm}^{-1}$，$S_{v2}=0$

(b) 改变 T_{e2}，$L_{D2}=3.0\mu m$，$\alpha_2=2\times10^4 \mathrm{cm}^{-1}$，$S_{v2}=0$

(c) 改变 α_2，$T_{e2}=1.6\mu m$，$L_{D2}=3.0\mu m$，$S_{v2}=0$

(d) 改变 S_{v2}，$T_{e2}=1.6\mu m$，$L_{D2}=3.0\mu m$，$\alpha=2\times10^4 \mathrm{cm}^{-1}$

图 11.12　透射式指数掺杂和均匀掺杂 $Ga_{0.37}Al_{0.63}As$ 阴极的 MTF 曲线及 Y_{T2}

图 11.12 给出了空间频率 f 在 0~800 lp/mm 范围内对应的 MTF 曲线及量子

效率 Y_{T2}，其中最突出的特征是每条 MTF 曲线均随 f 的增大而呈下降趋势，这是由光电阴极体内光电子的横向扩散所致。除光电阴极处于单光子计数工作模式外，横向扩散电流与电子分布梯度成正比关系。随着 f 的增加，电子分布梯度将变大，则横向扩散电流也就越大，从而导致阴极表面的弥散圆斑变大，即引起 MTF 下降。对于给定的 f，阴极参数的改变对 MTF 的影响也可以依据横向扩散效应来解释。更重要的是，与均匀掺杂结构相比，大多数情况下指数掺杂结构能明显提升阴极的分辨力。接下来就 L_{D2}、T_{e2}、α_2 以及 S_{v2} 对 MTF 与 Y_{T2} 的影响分别加以讨论。

如图 11.12（a）所示，当 L_{D2} 减小时，指数掺杂和均匀掺杂 $Ga_{0.37}Al_{0.63}As$ 阴极的 MTF 均得到提升，且后者提升得更明显。例如，大约在 300lp/mm，指数掺杂结构使 MTF 提高了 33.82%，而均匀掺杂结构提高了 56.25%。与此相反，两者的量子效率却分别下降了 20.58% 和 15.92%。对于较小的 L_{D2}，电子因未能到达阴极的后界面而不会受到后界面状态的影响，既然逸出电子主要来自光电阴极近表面区域，横向扩散也就相应地变小。同时，随着电子横向扩散距离的缩短，电场的作用逐渐变弱。但是，对两种结构的 $Ga_{0.37}Al_{0.63}As$ 阴极，用较小的 L_{D2} 获取高分辨力的代价是量子效率下降。

由图 11.12（b）可知，随着 T_{e2} 的减小，两种光电阴极的 MTF 均有显著提高，且指数掺杂光电阴极提高得更快。这是因为，T_{e2} 越小，则电子横向扩散的距离越小，电场强度越大，从而对电子输运更加有利。相反地，当 T_{e2} 减小时，两种光电阴极的量子效率 Y_{T2} 都在下降。需要特别注意的是，对给定的透射式 $Ga_{0.37}Al_{0.63}As$ 光电阴极，在不同的波段，T_{e2} 的变化对 Y_{T2} 的影响存在一定差异。具体来讲，较小的 T_{e2} 能够提升短波响应，却使长波响应明显降低；较大的 T_{e2} 会使全波段响应衰减，同时内建电场的作用也会变弱。所以，透射式 $Ga_{0.37}Al_{0.63}As$ 光电阴极应存在一个最佳发射层厚度（T_{e2m}）。

从图 11.12（c）可以看出，当 α_2 增大时，两种掺杂结构阴极的 MTF 都在下降，这种下降主要是因 α_2 的增大将使更多的电子在近后界面处产生。进一步讲，α_2 的变大将导致电子到达光电阴极表面的输运距离变大从而加剧电子的横向扩散，即降低了 MTF。在此期间，当 $T_{e2} \leqslant T_{e2m}$ 时，α_2 越大，激发的电子数目就越多，而这其中大部分都能够逸出，故此 Y_{T2} 得到提高。当 $T_{e2} > T_{e2m}$ 时，α 越大则会降低 Y_{T2}。其原因有二：一是对于较小的 α_2，光电阴极体内的光吸收近似均匀，这意味着在距离表面一个扩散长度内产生的电子数目可观；随着 α_2 的增加，在近表面产生的电子数目减小。二是当 α_2 较小时，会发生多重内反射，从而在近光电阴极出射面处的电子数目得以增加；但随着 α_2 的增加，这种作用逐渐变弱。

图 11.12（d）的一个突出特点是，随着 S_{v2} 的增大，两种光电阴极的 MTF 都在上升，而均匀掺杂光电阴极上升得更为明显。当 $S_{v2} = 10^7 cm/s$ 或更大时，两者的

MTF 几乎没有差别, 也就是说, 此种情况下指数掺杂结构对提高 MTF 所起的作用极小。当 $S_{v2}=0$ 时, 后界面处的电子全部被反射, 其横向扩散程度因较长的扩散距离而加剧, 内建电场发挥的作用也就越大, 因此, 对于 S_{v2} 较小的情况, 指数掺杂光电极的 MTF 要高于均匀掺杂。对于 S_{v2} 较大的情况, 到达后界面处的电子由于大部分被复合掉而对分辨力的影响很小, 电场对横向扩散的抑制作用几乎可以忽略不计。综合考虑 S_{v2} 对 MTF 和 Y_{T2} 的影响可知, 增大 S_{v2} 虽可以提高 MTF, 却使 Y_{T2} 下降, 而造成 Y_{T2} 衰减的那部分电子恰好为提高 MTF 做出了重要贡献。

11.3 透射式均匀掺杂 GaAs 光电阴极分辨力

通过建立原子结构的理论模型和电离杂质散射理论公式, 研究了光电子在透射式均匀掺杂 GaAs 光电阴极体内的输运过程, 分析了相关参数对 GaAs 光电阴极光电子输运的影响, 并计算了均匀掺杂 GaAs 光电阴极 MTF。

11.3.1 均匀掺杂 GaAs 光电阴极光电子输运性能

1. GaAs(100) 面原子结构理想单元模型

1) GaAs 光电阴极内部原子结构

几乎所有 III-V 族化合物的排列都是一个原子位于规则的四面体中心, 而其四角则为另一类原子所占有, 这些四面体能够排列成与金刚石结构相同的立方闪锌矿结构, 如图 11.13 所示, III 族和 V 族原子各自位于面心立方的子格上, 这两个子格彼此沿立方晶格体对角线位移四分之一的长度。

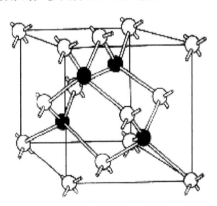

图 11.13　闪锌矿结构示意图

GaAs 晶体为闪锌矿结构, 对于复式格子, 原胞中包含的原子数应是每个基元中原子的数目, 因此 GaAs 晶体原胞含有两个原子: Ga 和 As。但是通常情况下取一个含有八个原子的较大立方体作为结晶学原胞考虑, 这样更为方便, 更能反映出晶格的对称性和周期性。在闪锌矿结构立方体中每类原子各有四个, GaAs 晶体可以被看成是两个面心立方格子沿对角线长度的四分之一移位套构而成。

若假设图 11.13 中白球代表 Ga 原子, 黑球代表 As 原子, 则图中示出了 14 个 Ga 原子, 4 个 As 原子。然而, 由于 8 个晶胞共享每个边角的原子, 2 个晶胞共享面上的原子, 因此, 每个立方单元是由 4 个 As 原子和 4 个 Ga 原子, 也就是 4 个 GaAs 分子组成。

GaAs 的结构是依靠共价键结合起来的, As 原子有 4 个价电子, 它们分别和周围的 4 个 Ga 原子组成共价键, 因此 4 个 Ga 原子和位于体内中心的 1 个 As 原子构成一正四面体。同理, 4 个 As 原子也和位于体内中心的 1 个 Ga 原子构成一正四面体。如图 11.14 分别给出了 GaAs 晶胞的 (100)、(110)、(111) 三个不同晶面的结构图。

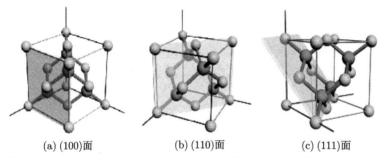

(a) (100)面　　　　　　(b) (110)面　　　　　　(c) (111)面

图 11.14　GaAs(100)、(110)、(111) 晶面结构图 (图中红球为 As 原子,
绿球为 Ga 原子) (后附彩图)

Ga 和 As 之间的共价键键长定义为 Ga 原子半径 (1.18Å) 和 As 原子半径 (1.26Å) 之和, 因此 GaAs 共价键键长为 2.44Å, 晶格常数是 5.651Å。

如图 11.14 所示, GaAs(100) 面是一系列 Ga 原子和 As 原子的双层结构, 一层 Ga 原子和一层 As 原子间隔错开排列。假设为理想表面, 掺杂比例为 1/1000, 也就是说每 500 个 Ga 原子和 500 个 As 原子掺杂一个 Zn 原子, 这时除在表面的原子有悬挂键外, 其他各层原子的排列仍完整地保持原有的周期性排列, 每个原子都与周围的四个其他类原子组成共价键。如图 11.15 所示为 10×10×10 的立方 GaAs(100) 表面原子排列模型。

由图 11.15 可看出每个 As 原子与周围的四个邻近的 Ga 原子组成共价键, 构成正四面体结构, 同样的, 每个 Ga 原子与周围的四个邻近的 As 原子也组成共价键构成正四面体结构, 在 (100) 面是一层 As 原子和一层 Ga 原子间隔错开排列, 而在 (110) 面是有着相同数目的 Ga 原子和 As 原子。

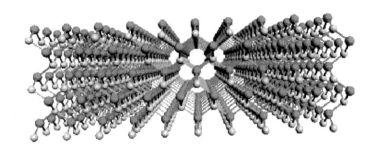

(a) 透视图 (红球为 As 原子，绿球为 Ga 原子)

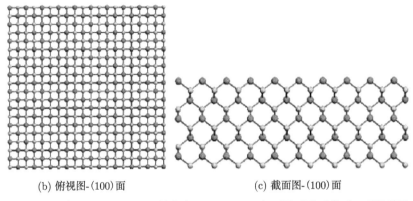

(b) 俯视图-(100) 面

(c) 截面图-(100) 面

图 11.15 结构为 $10\times10\times10$ 的立方 GaAs(100) 表面原子排列模型 (后附彩图)

2）GaAs(100) 面原子结构理想单元

设 GaAs 材料中掺杂 Zn 原子，$Ga_{0.5N-1}As_{0.5N}Zn$ 长方体为光电阴极的基本结构单元，其中 N 为结构单元中 Ga 原子和 As 原子浓度与掺杂原子 Zn 的浓度之比，掺杂原子 Zn 位于该长方体结构单元的中心位置，如图 11.16 所示[38]。由此结构单元可拓扑构成均匀掺杂 GaAs 光电阴极的本体结构。整个阴极发射层可以看成该结构单元阵列，将其沿纵向拓展到整个阴极发射层厚度。

设 GaAs 原子浓度为 $1\times10^{22}\mathrm{cm}^{-3}$，Zn 原子掺杂浓度为 $1\times10^{19}\mathrm{cm}^{-3}$，通过计算可以得出 $N=1000$，即结构单元中有 500 个 Ga 原子和 500 个 As 原子，a 面有 $10\times10=100$ 个 As 原子，b 面有 5 层 Ga 原子和 5 层 As 原子，单元为 $10\times10\times10$ 的结构。Ga 原子直径为 0.236nm，As 原子直径为 0.252nm，设相邻两个 As 原子间的距离为 0.252nm，相邻 Ga 原子和 As 原子间的距离为 0.244nm，则 $L_1=10\times0.244=2.44$nm，$L_2=L_3=10\times0.252=2.52$nm。如果 N 不等于 1000，那么 $L_1=0.244N^{1/3}$nm，$L_2=0.252N^{1/3}$nm，$L_3=0.252N^{1/3}$nm。

为了计算方便，从 GaAs 光电阴极的二维结构进行研究。通过纵向拓展 $Ga_{0.5N-1}As_{0.5N}Zn$ 单元得到了均匀掺杂 GaAs(100) 面的二维结构，如图 11.17 所示。

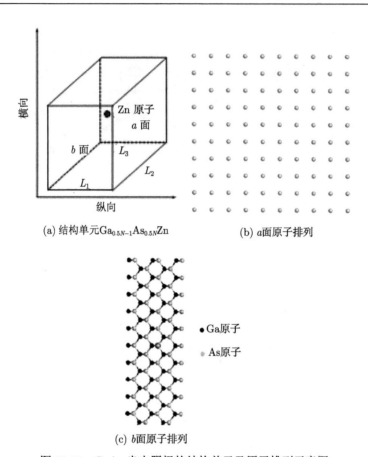

(a) 结构单元$Ga_{0.5N-1}As_{0.5N}Zn$

(b) a面原子排列

(c) b面原子排列

图 11.16　GaAs 光电阴极的结构单元及原子排列示意图

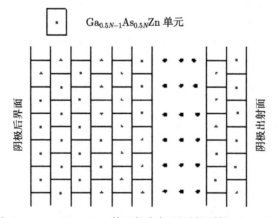

图 11.17　对 $Ga_{0.5N-1}As_{0.5N}Zn$ 单元纵向拓展后得到的 GaAs(100) 面结构图

2. 电离杂质散射理论公式

1）GaAs 的主要散射机构

在一定温度下，半导体内部的大量载流子，即使没有电场作用，它们也不是静止不动的，而是永不停息地做着无规则的、杂乱无章的运动，称为热运动。同时晶格上的原子也在不停地围绕格点作热振动。半导体还掺有一定的杂质，它们一般是电离了的，带有一定的电荷。载流子在半导体中运动时，便会不断地与热振动着的晶格原子或电离了的杂质离子发生作用，或者说发生碰撞。碰撞后载流子速度的大小及方向就发生改变，用波的概念，就是说电子波在半导体中传播时遭到了散射。所以，载流子在运动中，由于晶格热振动或电离杂质以及其他因素的影响，不断地遭到散射，载流子速度的大小及方向不断地发生改变。载流子无规则的热运动也正是它们不断地遭到散射的结果。所谓自由载流子，实际上只在两次散射之间才真正是自由运动的，其连续两次散射间自由运动的平均路程称为平均自由程。

半导体中的载流子在运动过程中遭到散射的原因是周期性势场被破坏。如果半导体内部除了周期性势场外，又存在一个附加势场 ΔV，那么周期性势场将发生变化。由于附加势场 ΔV 的作用，所以能带中的电子发生了不同 k 状态间的跃迁。例如，原来处于 k 状态的电子，附加势场促使它以一定的概率跃迁到各种其他状态 k'。亦即，原来沿某一个方向以 $v(k)$ 运动的电子，附加势场使它散射到其他各个方向，以速度 $v(k')$ 运动，即电子在运动过程中遭遇到了散射。

电离杂质的散射[39]：施主杂质电离后是一个带正电的离子，受主杂质电离后是一个带负电的离子。在电离施主或受主周围形成一个库仑势场，这一库仑势场局部地破坏了杂质附近的周期性势场，它就是使得非平衡载流子散射的附加势场。当非平衡载流子运动到电离杂质附近时，由于库仑势场的作用，载流子运动的方向发生改变，以速度 v 接近电离杂质，而以 v' 离开，十分类似于 α 粒子在原子核附近的散射。它们在散射过程中的轨迹是以施主或受主为一个焦点的双曲线。

晶格振动的散射[39]：在一定温度下，晶格中原子都各自在其平衡位置附近作微振动。分析证明，晶格中原子的振动都是由若干不同的基本波动按照波的叠加原理组合而成，这些基本波动称为格波。分析有关原子振动问题，一般都是从格波出发的。包括了光学波散射和声学波散射两个散射过程。格点原子的振动都是由被称为格波的若干个不同基本波动按照波的叠加原理叠加而成。格波的能量是离子化的，其能量单元称为声子。常用格波波矢表示格波波长以及格波传播方向。晶体中一个格波波矢对应不止一个格波，对于 Ge、Si、GaAs 等常用半导体，一个原胞有两个原子，则一个波矢对应六个不同的格波。由 n 个原胞组成的一块半导体，共有 $6n$ 个格波，分成六支。其中频率低的三支称为声学波，三支声学波中包含一支纵声学波和两支横声学波，声学波相邻原子作相位一致的振动。六支格波中频率高的三支称为光学波,三支光学波中也包括一支纵光学波和两支横光学波,光学波相邻原子之间作相位相反的振动。晶格振动散射主要是长纵声学波和长纵光学波。在能带具有单一极值的半导体中起主要散射作用的是长波。纵声学波相邻原子振动相位一致,结果导致晶格原子分布疏密改变,产生了原子稀疏处体积膨胀、原子紧密处体积压缩的体变。原子间距的改变会导致禁带宽度产生起伏,使晶格周期性势场被破坏。在 GaAs 等化合物半导体中,组成晶体的两种原子由于负电性不同,价电子在不同原子间有一定转移,As 原子带一些负电,Ga 原子带一些正电,晶体呈现一定的离子性。纵光学波是相邻原子相位相反的振动,在 GaAs 中也就是正负离子的振动位移相反,引起电极化现象,从而产生附加势场。

其他因素引起的散射[39]:在 Ge、Si、GaAs 中,一般情况下的主要散射是电离杂质散射和晶格振动散射,除此之外,还存在等同的能谷间散射、中性杂质散射、位错散射、合金散射等其他因素引起的散射。

2)电离杂质散射模型

当激发的光电子在 GaAs 光电阴极体内输运时,会受到电离受主杂质锌离子的作用,此过程称为电离受主杂质散射[39],这种散射形式与卢瑟福散射相似。卢瑟福散射公式如下:[40]

$$\tan\left(\frac{\varphi}{2}\right) = \frac{1}{4\pi\varepsilon_0} \frac{zZe^2}{mv_0^2 b} \tag{11.30}$$

式中,φ 是散射角;ε_0 是真空介电常数;z 是 α 粒子电荷数;Z 是离子所带电荷数;e 是电子电荷;m 是 α 粒子质量;v_0 是 α 粒子的初始速度;b 是原子核离 α 粒子原运动路径延长线的垂直距离,也称为瞄准距离。

利用卢瑟福散射理论模拟光电阴极体内光电子的散射,则电离受主散射模型可以表示为

$$\tan\left(\frac{\varphi}{2}\right) = \frac{A}{E_0 b_e} \tag{11.31}$$

式中,A 是常数,且 $A = \dfrac{e^2}{4\pi\varepsilon\varepsilon_0}$,$\varepsilon$ 是 GaAs 的相对介电常数;E_0 是光电子散射前的能量;b_e 是锌离子到光电子运动路径延长线的垂直距离。如图 11.18 所示[38],电子和带负的锌离子相互作用时,由于锌离子的质量比电子的质量大得多,因而近似地认为锌离子不动,而电子以散射角 φ 偏离锌离子,图中 $V(r)$ 为电子所受的杂质离子的库仑势。在散射前,该电子相对于杂质离子的速度为 u,散射后的速度为 u'。

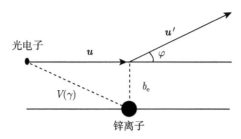

图 11.18　激发的光电子在电离杂质势场中的散射示意图

GaAs 相对介电常数 $\varepsilon=12.9$，真空介电常数 $\varepsilon_0=8.85\times10^{-12}$ F/m，电子电荷 $e=1.602\times10^{-19}$C，将上述参数代入 A 中，通过计算可以得到 $A=1.7898\times10^{-29}$J·m，则式（11.31）变为

$$\tan\left(\frac{\varphi}{2}\right)=\frac{0.1093}{E_0 b_e} \tag{11.32}$$

式中，b_e 和 E_0 的单位分别为 nm 和 eV。

电离杂质散射是各向异性弹性散射，电离杂质以其库仑势散射载流子，使载流子的运动轨迹发生偏移。由于裸露的库仑势为长程势，其散射率趋于无限，因此其势能表示是不真实的，对电离散射的处理需要用屏蔽库仑势代替裸露库仑势，屏蔽库仑势导致有限的散射率。根据德拜长度的定义，即电荷能够起作用的最远距离，通常所说的 "德拜球"，就是以德拜长度为半径的球体，表示了一个球体范围，在该球体范围以外电荷都是被屏蔽的。将屏蔽库仑势代替裸露库仑势，不仅导致了有限的散射率，而且数值处理变得相对简单。因此，引入锌离子的 "德拜屏蔽长度" L_D，当激发的光电子与电离杂质的距离 $b_e > L_D$ 时，此离子在光电子处的库仑作用近似为 0；当 $b_e \leqslant L_D$ 时，光电子将受到电离杂质的库仑作用。根据光电子在体内输运的电子轨迹以及在光电阴极出射面的弥散圆斑，经过仿真分析后取 $L_D=0.05$nm。

3. 均匀掺杂 GaAs 光电阴极光电子输运的影响因素研究

假设波长 400nm 的理想光点照射在光阴极后界面上，利用 GaAs 光电阴极原子结构理论模型和电离受主杂质散射公式，考虑电离杂质散射和晶格碰撞，研究了GaAs 光电阴极后界面上激发的光电子在阴极体内的输运情况。电离杂质散射是弹性碰撞，不损失能量；而与晶格碰撞是非弹性碰撞，将产生能量损失，并假设是与光电子运行距离成线性关系的连续能量损失。由于在阴极体内存在能量损失，同时受到电子扩散长度的限制，某些光电子将在阴极体内被复合，不能到达阴极出射面，从而不能对量子效率的提高做出贡献。激发的初始角度为 35° 的光电子从阴极后界面到出射面的输运过程如图 11.19 所示，3.1eV 的光电子在整个输运过程中共遭受了 88 次电离受主杂质散射，到达阴极出射面的能量为 2.0eV，最终到达阴极出射面的角度为 $-52°$[38]。

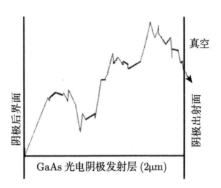

图 11.19　激发光电子从阴极后界面到出射面的输运过程

1）电子扩散长度对光电子输运性能的影响

光电阴极发射层厚度为 2μm 且 Zn 原子的掺杂浓度分别为 $N_{Zn1}=0.8\times 10^{19}cm^{-3}$、$N_{Zn2}=1\times10^{19}cm^{-3}$ 和 $N_{Zn3}=1.2\times10^{19}cm^{-3}$ 时，通过计算可以得到出射面的弥散圆斑半径 R_{pc}、到达出射面光电子数 n 与激发光电子总数 n_t 之比 n/n_t 和电子扩散长度 L_d 之间的关系，所得结果如图 11.20 所示。

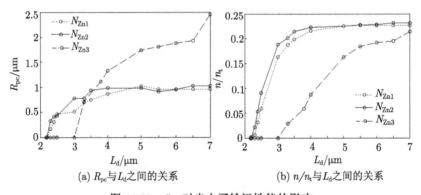

(a) R_{pc} 与 L_d 之间的关系　　　　　　　　(b) n/n_t 与 L_d 之间的关系

图 11.20　L_d 对光电子输运性能的影响

当光电阴极发射层厚度 T_e 取 2μm 时，由图 11.20(a) 可以看出，随着电子扩散长度的增加，三种掺杂浓度的光电阴极的弥散圆斑都在变大，当扩散长度大于 3.6μm 时，N_{Zn1} 和 N_{Zn2} 对应的弥散圆斑相对于 N_{Zn3} 要小得多。由图 11.20(b) 可以看出，在电子扩散长度大于 3.6μm 之后，N_{Zn1} 和 N_{Zn2} 对应到达光电阴极面的光电子数与激发光电子总数之比接近不变，且明显大于 N_{Zn3} 的情况。由此得出光电阴极的掺杂浓度应小于 $1\times10^{19}cm^{-3}$。

当 L_d 小于 3.6μm 时，随着扩散长度的增加，其弥散圆斑在变大，同时到达光电阴极出射面光电子数与激发光电子总数之比也在上升，原因在于光电子在体内输运过程中受到一系列的碰撞，不仅使得光电子的运动方向不断发生改变，同时还会使得到达出射面的路程大于光电阴极厚度。电子扩散长度取值较小时必将限制光电子输运到出射面；当电子扩散长度增加到 3.6μm 以上时，由于后界面激发的光电子到达出射面的路程几乎小于 3.6μm，所以电子扩散程度对光电子在体内输运的限制作用很小，因此图 11.20(a)、(b) 中曲线都出现较为平坦的尾部。

在实际应用中，弥散圆斑越小，则分辨力越大；达到光电阴极出射面的光电子数与激发光电子总数之比越大，量子效率越大。如图 11.20 所示，由于分辨力和量子效率不能同时达到最佳值，因此存在一个最佳扩散长度，为 3.6μm。当电子扩散长度 L_d=3.6μm 时，到出射面的光电子数与激发光电子总数之比为最大值，此时的弥散圆斑相对较适中；当电子扩散长度小于 3.6μm 时，弥散圆斑半径将变小，即分辨力变大，但量子效率却迅速变小了。

当最佳电子扩散长度为 3.6μm 时，针对光电阴极发射层厚度为 2μm，掺杂浓度为 1×10^{19}cm^{-3} 的光电阴极，分别计算了光照射在 GaAs 光电阴极后界面不同位置所形成的弥散范围以及 R_{pc}，如表 11.1 所示。

表 11.1   不同位置激发的光电子与到达光电阴极出射面的弥散范围之间的关系

光电子激发的初始位置/μm	到达出射面的弥散范围/μm	R_{pc}/μm
(0, 0.00)	$-0.50 \sim 0.60$	0.55
(0, 0.20)	$-0.32 \sim 0.80$	0.56
(0, 0.80)	$0.08 \sim 1.38$	0.65
(0, 1.30)	$0.75 \sim 2.17$	0.71
(0, 1.50)	$0.91 \sim 2.31$	0.70

由表 11.1 可以看出，相距 1.30μm 的两个理想光点照射后界面时，所激发的光电子在体内输运到出射面的过程中，将受到一系列的碰撞和散射，分别在光电阴极出射面产生两个弥散圆斑，除了很微小的重叠之外，其他是完全分开的。众所周知，当两条线或者两个点的距离缩短到一定程度以后，两者就不能独立分辨，而表现为互相重叠，这个可能分辨的最短距离，其倒数称为"极限分辨力"。因此，当透射式均匀掺杂光电阴极的发射层厚度为 2μm、掺杂浓度为 1×10^{19}cm^{-3}、电子扩散长度为 3.6μm 时，该光电阴极的极限分辨力为 1lp/(1.3μm)≈769 lp/mm。

2）掺杂浓度对光电子输运性能的影响

设电子扩散长度为 3.6μm，光电阴极发射层厚度分别为 T_{e1}=1.8μm、T_{e2}=2μm 和 T_{e3}=2.2μm，通过计算可以得到 R_{pc}、n/n_t 与掺杂浓度 N_{Zn} 之间的关系，所得结果如图 11.21 所示。电子扩散长度 L_d 取 3.6μm，当掺杂浓度相同时，随着发射层厚度的降低，其弥散圆斑增大，同时到达出射面的光电子数与光电子总数之比增高。出现这一现象的原因在于发射层厚度决定着光电子在体内的能量损失，发射层越薄, 光电子的能量损失越少, 则到达出射面的光电子数与光电子总数之比越大且弥散圆斑也越大。

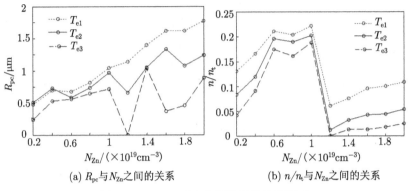

(a) R_{pc} 与 N_{Zn} 之间的关系　　　　　　　　(b) n/n_t 与 N_{Zn} 之间的关系

图 11.21　N_{Zn} 对光电子输运性能的影响

从图 11.21 可以看出, 随着光电阴极掺杂浓度的升高, 出射面的弥散圆斑总体趋势是在变大, 图 11.21 (b) 中曲线前半部分变化较缓, 后半部分变化较快, 量子效率先提高后急速降低。随着掺杂浓度升高到 $1 \times 10^{19} \mathrm{cm}^{-3}$ 之后, 到达光电阴极出射面的光电子数与光电子总数之比急速减小后又缓慢增大, 而弥散圆斑一直有变大的趋势。对于相同发射层厚度的光电阴极, 掺杂浓度增加到 $1 \times 10^{19} \mathrm{cm}^{-3}$ 左右时, 弥散圆斑不断变大, 其主要原因是电子受到的电离杂质散射的次数变多, 从而电子的横向扩散长度变大。当掺杂浓度增加到 $1 \times 10^{19} \mathrm{cm}^{-3}$ 以上时, 弥散圆斑出现变小的趋势, 原因在于光电子运动距离的增加导致能量损失的增加, 且横向扩散长度较大的电子在体内被复合了, 能量较低的电子无法输运到出射面, 从而到达阴极出射面的光电子数变少, 因此出现图 11.21(b) 中曲线急速下降的现象。综合考虑分辨力和量子效率两方面因素, 对于电子扩散长度为 3.6μm 的光电阴极, 存在一个最佳掺杂浓度, 当其为 $1 \times 10^{19} \mathrm{cm}^{-3}$ 时, 量子效率为最大值, 同时弥散圆斑相对较小。

3) 发射层厚度对光电子输运性能的影响

设电子扩散长度为 3.6μm, 掺杂浓度分别为 $N_{Zn1}=0.8 \times 10^{19} \mathrm{cm}^{-3}$、$N_{Zn2}=1 \times 10^{19} \mathrm{cm}^{-3}$ 和 $N_{Zn3}=1.2 \times 10^{19} \mathrm{cm}^{-3}$ 时, 通过计算可以得到 R_{pc}、n/n_t 与发射层厚度 T_e 之间的关系, 计算结果如图 11.22 所示。当发射层厚度小于 2.2μm 时, 掺杂浓度越高, 出射面处的弥散圆斑越大, 且 N_{Zn1} 和 N_{Zn2} 对应的 n/n_t 的值远高于 N_{Zn3} 的情况, N_{Zn1} 的 n/n_t 值相对最大。上述结果说明掺杂浓度不应大于 $1 \times 10^{19} \mathrm{cm}^{-3}$, 这与实验结果一致。

由图 11.22 可以发现, 掺杂浓度为 N_{Zn3} 的弥散圆斑和到达出射面的光电子数与激发光电子总数之比在发射层厚度为 2.4μm 时就减小到零, 而 N_{Zn1} 和 N_{Zn2} 在

发射层厚度为 $3.3\mu m$ 左右才出现这样的情况，说明掺杂浓度越高，要求发射层越薄，否则仅有少量的光电子才能到达出射面。

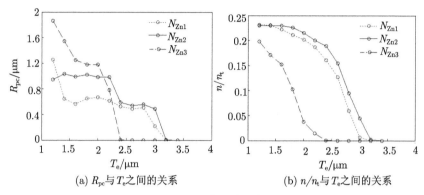

(a) R_{pc} 与 T_e 之间的关系 (b) n/n_t 与 T_e 之间的关系

图 11.22 T_e 对光电子输运性能的影响

随着发射层厚度的增加，光电子在光电阴极体内输运过程中的能量损失变大且横向扩散长度变长，到达出射面的光电子数与激发光电子总数之比变小。由于电子扩散长度的限制，横向扩散长度较长的电子将在体内复合，无法输运到出射面，因此弥散圆斑变小。由于分辨力与量子效率不能同时达到最大值，因此对于电子扩散长度为 $3.6\mu m$ 的光电阴极，存在一个 $2\mu m$ 的最佳发射层厚度。发射层厚度在 $2\mu m$ 附近时，量子效率较高，弥散圆斑也较小，则分辨力较大。

11.3.2 透射式均匀掺杂 GaAs 光电阴极的 MTF

1. MTF 数值计算

理想成像要求物面与像面之间做到点点对应。实际情况，点源在经过任何光学系统后会形成一个扩大的像点。像质变坏都是因为物面上的点源不能在像面上形成点像。系统对点的响应用点扩散函数描述。所谓系统点扩散函数，就是物面上的一个点源经电子光学系统后在像面上的光强度，可以记为 PSF，用 $P(x,y)$ 表示。

线扩散函数（LSF）是点扩散函数的一维投影，用 $L(x)$ 表示，与点扩散函数的关系如下：

$$L(x) = \int_{-\infty}^{\infty} P(x,y)\,\mathrm{d}y \tag{11.33}$$

对线扩散函数作离散傅里叶变换，计算得到 MTF[6]，如

$$M_C = \frac{\displaystyle\int_{-\infty}^{\infty} L(x)\cos(2\pi f x)\,\mathrm{d}x}{\displaystyle\int_{-\infty}^{\infty} L(x)\,\mathrm{d}x} \tag{11.34}$$

$$M_{\mathrm{S}} = \frac{\displaystyle\int_{-\infty}^{\infty} L\left(x\right)\sin\left(2\pi f x\right)\mathrm{d}x}{\displaystyle\int_{-\infty}^{\infty} L\left(x\right)\mathrm{d}x} \tag{11.35}$$

$$\mathrm{MTF} = M\left(f\right) = \left(M_{\mathrm{C}}^2 + M_{\mathrm{S}}^2\right)^{1/2} \tag{11.36}$$

式中, f 为空间频率, 单位为 lp/mm。

将 GaAs 光电阴极出射面处的电子落点分布看成 PSF, 对其进行积分得到线扩散函数, 之后作离散傅里叶变换得到 GaAs 光电阴极的 MTF。

2. 影响 GaAs 光电阴极 MTF 的参数分析

为了计算透射式均匀掺杂 GaAs 光电阴极的 MTF, 需计算点光源照射光电阴极时体内不同位置激发的光电子的输运轨迹。在光电阴极体内不同位置的光产生函数用下式表示:

$$g(x) = (1 - R - T) \times I_0 \times \exp(-\beta_{h\nu} \cdot t_{\mathrm{w}}) \times \alpha_{h\nu} \times \exp(-\alpha_{h\nu} \cdot x) \tag{11.37}$$

式中, R、T 和 $\alpha_{h\nu}$ 分别表示 GaAs/GaAlAs 的反射率、透射率和吸收系数; I_0 是入射光强度; $\beta_{h\nu}$ 和 t_{w} 分别为 GaAlAs 衬底的光吸收系数和厚度; x 表示光电子激发位置到光电阴极后界面的垂直距离。在光电阴极体内某一位置激发的光电子, 其角度不是固定值, 存在一个分布。在位置 x 处, 激发光电子的初始角度分布用下式表示:

$$n(x, \theta) = g(x) \times \cos\theta \tag{11.38}$$

式中, θ 表示光电子的速度与光电阴极面法线之间的夹角, $n(x,\theta)$ 为激发位置 x 处以 θ 角度出射的被激发的光电子的数目。

根据均匀掺杂 GaAs 光电阴极原子结构理想单元模型和电离受主杂质散射公式, 当 633nm 波长的光照射均匀掺杂 GaAs 光电阴极时, 仿真了激发的光电子的输运轨迹。光电子从光电阴极体内输运到出射面的过程中, 将遭受一系列的碰撞, 如电子与晶格的碰撞和电离杂质散射等。与电子和晶格碰撞不同, 电离杂质散射是弹性散射, 没有能量损失。文中假设光电子的能量损失与其输运路程成线性关系。在光电阴极体内输运的过程中, 由于能量损失和电子扩散长度的限制, 部分光电子将 "牺牲" 而不能到达出射面。由于能带弯曲区内电子输运的复杂性, 所以仅计算了光电子从后界面到能带弯曲区之间的输运情况。通过追踪光电子在均匀掺杂 GaAs 光电阴极体内的输运轨迹, 得到了光电子到达能带弯曲区处的落点分布。表面势垒主要影响表面电子逸出几率, 认为其对光电子落点分布影响较小, 因此能带弯曲区处的光电子落点分布可近似看成出射面处的分布情况。根据 MTF 理论计算公式, 可求出均匀掺杂 GaAs 光电阴极的 MTF。均匀掺杂 GaAs 光电阴极分辨力理论模型中的参数如表 11.2 所示[41]。

表 11.2　均匀掺杂 GaAs 光电阴极分辨力理论模型的参数取值

参数	取值
波长/nm	633
GaAs 原子浓度/cm^{-3}	1×10^{22}
相邻碰撞间的能量损失/meV	1.12
激发电子的初始出射角度分布	余弦分布
GaAs 发射层的光吸收系数/nm^{-1}	0.0674
GaAlAs 的光吸收系数/nm^{-1}	0.0039
GaAs/GaAlAs 的反射率	0.0058
GaAs/GaAlAs 的透射率	5×10^{-5}
GaAlAs 衬底厚度/μm	1
后界面复合速率/cm^{-2}	∞

分别改变 GaAs 发射层厚度 T_e、电子扩散长度 L_D 和掺杂浓度 n_A，计算了透射式均匀掺杂 GaAs 光电阴极的 MTF，如图 11.23 所示。

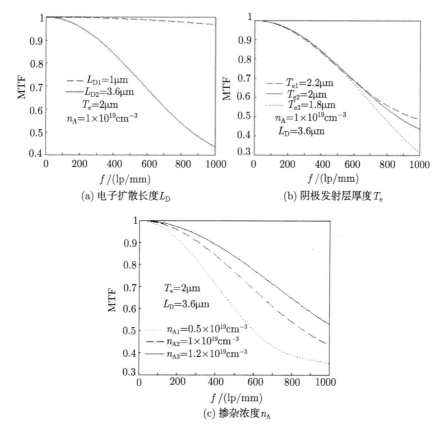

(a) 电子扩散长度 L_D　　　　(b) 阴极发射层厚度 T_e

(c) 掺杂浓度 n_A

图 11.23　均匀掺杂透射式 GaAs 光电阴极的 MTF

　　计算结果显示, 随着空间频率的增加, 调制度降低。MTF 与光电子向出射面输运过程中的横向扩散有关。在横向扩散长度相同的情况下, 空间频率越大, 明暗条纹间距越小, 越容易重叠在一起。

　　由图 11.23(a) 可以看出, 随着 GaAs 光电阴极电子扩散长度的减小, MTF 变大。通过降低电子扩散长度 L_D, 电子的横向扩散长度变短且到达能带弯曲区的大散射角度的光电子数目变少。因此, 随着电子扩散长度的减小, 出射面处光电子形成的弥散圆斑变小, 从而分辨力变高。对于 $L_{D1}=1\mu m$ 和 $L_{D2}=3.6\mu m$, 分别有 2.4% 和 11.59% 的光电子到达能带弯曲区。很明显, 均匀掺杂 GaAs 光电阴极 MTF 的提高是以量子效率的降低为代价的。

　　由图 11.23(b) 可以看出, 当空间频率小于 500lp/mm 时, 不同发射层厚度的 GaAs 光电阴极的调制度基本相同。当空间频率大于 500lp/mm 时, 随着发射层厚度的增加, MTF 提高。发射层厚度越薄, 光电子受到的散射概率越小, 从而光电子在体内的输运距离越短且能量损失越少。由于电子扩散长度和能量损失的限制, 较薄的光电阴极体内大散射角度的光电子数目多于较厚的光电阴极。对于 $T_{e1}=1.8\mu m$、$T_{e2}=2\mu m$ 和 $T_{e3}=2.2\mu m$ 的 GaAs 光电阴极, 分别有 22.92%、11.59% 和 5.78% 的光电子到达能带弯曲区。可以得出, 较薄的光电阴极将导致更多的光电子输运到能带弯曲区, 但将在光电阴极的出射面中产生较大的弥散圆斑, 即 GaAs 光电阴极的分辨力随着厚度的减小而降低。

　　由图 11.23(c) 可以看出, 随着 Zn 掺杂浓度的增加, MTF 变高。n_A 的增加, 导致了光电子与锌离子之间的散射变多, 从而光电子的输运距离变长。由于电子扩散长度和能量损失的限制, 在 n_A 较大的情况下, 大散射角度的光电子不能输运到能带弯曲区, 到达能带弯曲区处的电子束相对较集中。对于 $n_{A1}=0.5\times10^{19}cm^{-3}$、$n_{A2}=1\times 10^{19}cm^{-3}$ 和 $n_{A3}=1.2\times10^{19}cm^{-3}$, 到达能带弯曲区的光电子百分比分别为 64.2%、11.59% 和 6.79%。在波长 633nm 光的照射下, 当 Zn 掺杂浓度大于 $2\times10^{19}cm^{-3}$ 和 GaAs 原子浓度为 $1\times10^{22}cm^{-3}$ 时, 没有光电子输运到能带弯曲区, 从而 GaAs 光电阴极的 MTF 和量子效率均为 0。

　　综上所述, 均匀掺杂 GaAs 光电阴极的 MTF 相对于微光像增强器的其他部分较高, 至少达到 100lp/mm 量级。在研究微光像增强器分辨力的过程中, 光电阴极对微光像增强器分辨力的影响似乎可以不考虑。但实际情况下微光像增强器中各部件是相级联, 光电阴极处于像增强器的前端, 其 MTF 不等于 1, 且从光电阴极逸出到真空的光电子的能量与角度分布影响微光像增强器的电子输运和分辨力, 所以光电阴极的分辨力需要考虑。

3. 透射式 GaAs 光电阴极光电子输运和 MTF 计算软件

　　根据透射式 GaAs 光电阴极体内原子结构理想单元和电离杂质散射模型, 利用 MATLAB 编写了透射式 GaAs 光电阴极体内光电子输运和 MTF 计算软件，其 GUI 主界面如图 11.24 所示。在"光电阴极参数"方框内，可以输入 GaAs 材料的结构参数，如光电阴极的掺杂方式、窗口材料厚度、光电阴极发射层厚度和掺杂浓度。当以上参数输入后，点击"计算精度"按钮，可以进入 Trans_PC 界面，如图 11.25 所示。

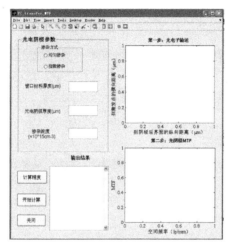

图 11.24　透射式 GaAs 材料体内光电子输运研究的 GUI 主界面

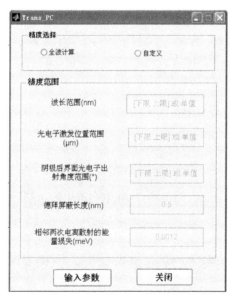

图 11.25　Trans_PC 界面示意图

此界面用于确定计算的精度，如选择全波计算还是自定义计算，其中包含激发光的波长范围、激发点位置、被激发光电子的出射角度、德拜屏蔽长度和相邻两次碰撞间的能量损失等参数的取值，激发光的波长范围、激发点位置和被激发光电子的出射角度等三个参量可以确定光电子输运轨迹的条数。当"光电阴极参数"和"计算精度"内的参数都输入后，点击"开始计算"按钮开始计算 GaAs 材料中光电子的输运轨迹。若是全波计算或者计算的光电子输运轨迹多于 200 条，那么可计算出 GaAs 光电阴极的 MTF。当计算的光电子轨迹比较少时，计算出的 MTF 不准确。

当透射式 GaAs 材料体内光电子输运轨迹计算完成之后，将跳出一个保存数据的界面，自行设置保存位置和名称。点击保存之后，光电子的输运轨迹和 MTF 将在主界面的两幅图中显示。计算结果将在"输出结果"框内显示，有 GaAs 材料的结构参数、计算精度、轨迹条数以及弥散圆斑等，如图 11.26 所示。因为电子轨迹条数少，所以图中未给出 MTF。

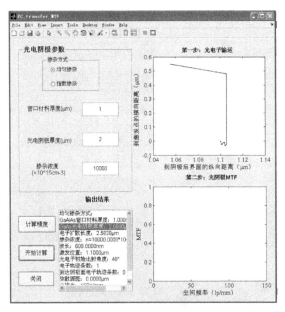

图 11.26   透射式 GaAs 材料的计算结果显示

11.4   透射式指数掺杂 GaAs 光电阴极分辨力

在透射式均匀掺杂 GaAs 光电阴极光电子输运的基础上，加入了内建电场，模拟光电子在光电阴极体内的输运，比较不同掺杂方式 GaAs 光电阴极的光电子出射面处的电子能量分布、出射角分布、光电发射效率和 MTF，并分析前近贴聚焦系统的电场对 GaAs 光电阴极光电子输运的渗透影响。

11.4.1 透射式指数掺杂 GaAs 光电阴极光电子输运模型

1. 指数掺杂 GaAs(100) 面原子结构理想单元模型

由于均匀掺杂 GaAs 光电阴极体内掺杂浓度是相同的，所以通过拓展一种结构单元就可形成其发射层。与均匀掺杂光电阴极不同的是，指数掺杂光电阴极体内每层的掺杂浓度均不同，从后界面到出射面掺杂浓度按照指数规律从 $1 \times 10^{19} \text{cm}^{-3}$ 变化到 $1 \times 10^{18} \text{cm}^{-3}$，发射层厚度为 $2\mu\text{m}$ 的理论指数掺杂光电阴极，可以看成是由若干层不同结构单元组成的，$\text{Ga}_{0.5N_{i-1}}\text{As}_{0.5N_i}\text{Zn}$ 代表第 i 层的结构单元，其中 N_i 表示第 i 层结构单元中 Ga 原子和 As 原子浓度与掺杂原子 Zn 的浓度之比。通过纵向拓展 $\text{Ga}_{0.5N_{i-1}}\text{As}_{0.5N_i}\text{Zn}$ 结构单元得到指数掺杂光电阴极的二维原子结构，如图 11.27 所示。

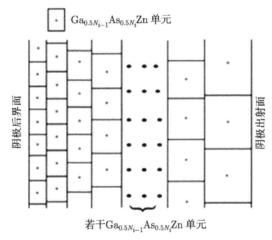

图 11.27 纵向拓展理想单元得到的指数掺杂 GaAs(100) 面的原子结构图

2. 内建电场下的电离杂质散射理论公式

指数掺杂光电阴极体内存在内建电场，因而式（11.32）对于指数掺杂情况不适用，必须对其进行修正。考虑到光电子在均匀电场中电离杂质散射过程的复杂性，加上此体系不是惯性系，无法根据牛顿第二定律建立运动学微分方程。光电子在均匀电场中的电离杂质散射过程是加速运动和电离杂质散射运动的叠加。为了将输运过程简化，可以将此叠加运动看成有先后顺序，即光电子先做加速运动后做电离杂质散射运动。光电子在两种掺杂结构光电阴极中的电离杂质散射运动示意图，如图 11.28 所示，其中 v_0' 和 v_0 分别是有无内建电场作用的纵向位移为 l 时的光电子速度，v' 和 v 分别是有无内建电场作用的发生电离散射后的光电子速度，φ' 和 φ 分别是有无内建电场作用的光电子散射角度。

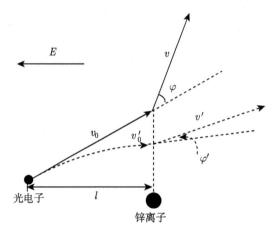

图 11.28　有无电场作用的电离杂质散射示意图

实线代表无内建电场的情况；点划线代表有内建电场的情况

鉴于以上分析，对式 (11.32) 中的 E_0 和 b_e 进行了修正：

$$\tan\left(\frac{\varphi'}{2}\right) = \frac{0.1093}{E_0' b_e'} = \frac{0.1093}{(E_0 + \Delta E_0)(b_e + \Delta b_e)} \tag{11.39}$$

式中，ΔE_0 和 Δb_e 都是由内建电场的存在引起的。为了计算方便，这里的 b_e' 代表光电子运动到锌离子正上方或者正下方时与杂质所在位置的横向距离。

对于指数掺杂方式的光电阴极，其掺杂浓度分布为[42]

$$N(x) = N_0 \exp(-Ax) \tag{11.40}$$

式中，x 是指发射层内某点离后界面的距离；A 是指数掺杂系数；N_0 是初始掺杂浓度，即后界面处的掺杂浓度；$N(x)$ 是 x 处的掺杂浓度。因为指数掺杂结构，在 Fermi 能级拉平效应的作用下，从 GaAs 体内到表面形成了能带弯曲区。假设 GaAs 发射层是理想的指数掺杂结构，如式 (11.40) 所示。GaAs 发射层中一点 x 的电势 $V(x)$ 为[42]

$$V(x) = \frac{k_0 T}{e} \ln \frac{N_0}{N(x)} = \frac{k_0 T}{e} \ln \frac{N_0}{N_0 \exp(-Ax)} = \frac{k_0 T A x}{e} \tag{11.41}$$

其中，k_0 是玻尔兹曼常量，T 是热力学温度，e 是电子电量。电势 $V(x)$ 与 x 成线性关系，内建电场 $E_D(x)$ 则由 $V(x)$ 得到：

$$E_D(x) = -\frac{k_0 T A}{e} \tag{11.42}$$

指数掺杂 GaAs 光电阴极中电势和电场的变化如图 11.29(a) 和 (b) 所示。

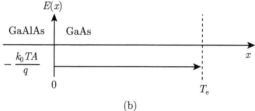

图 11.29　指数掺杂 GaAs 光电阴极中电势和电场的变化

根据电场力做功原理，式（11.39）中的 ΔE_0 可以表示成

$$\Delta E_0 = eE_D l \cdot \mathrm{sgn}(v_{1x}) \tag{11.43}$$

式中，l 是光电子纵向位移。取电场方向为正方向（纵向），光电子加速前的初始速度为 v_1，v_{1x} 和 v_{1y} 是在纵向和横向的速度分量，都为标量。$\mathrm{sgn}(v_{1x})$ 是 v_{1x} 的符号函数，当 v_{1x} 与内建电场方向相同时，$\Delta E_0 < 0$，即光电子能量减小；当 v_{1x} 与内建电场方向相反时，$\Delta E_0 > 0$，即光电子能量增加。

光电子在纵向位移为 l 时的速度为 v_2，其纵向和横向速度分量分别为 v_{2x} 和 v_{2y}，运动时间为 t，光电子在均匀电场中的加速度为 a_E，$a_E = eE_D/m_e$，其中 m_e 为电子质量。根据 $v_{2x}^2 - v_{1x}^2 = 2a_E l \cdot \mathrm{sgn}(v_{1x})$ 可以得出

$$v_{2x} = \sqrt{2a_E l \cdot \mathrm{sgn}(v_{1x}) + v_{1x}^2} \tag{11.44}$$

$$t = \left| \frac{\sqrt{2a_E l \cdot \mathrm{sgn}(v_{1x}) + v_{1x}^2} - v_{1x}}{a_E} \right| \tag{11.45}$$

鉴于光电子在横向上为匀速运动，那么可以得到

$$v_{2y} = v_{1y} \tag{11.46}$$

y_2 表示光电子纵向位移为 l 时的横向坐标：

$$y_2 = y_0 + v_{2y}t = y_0 + v_{1y} \left| \frac{\sqrt{2a_E l \cdot \mathrm{sgn}(v_{1x}) + v_{1x}^2} - v_{1x}}{a_E} \right| \tag{11.47}$$

式中，y_0 表示加速前光电子所在位置。

对于均匀掺杂光电阴极情况，光电子水平方向的位移为 l 时的横向坐标 $y_1 = y_0 + Kl$，其中 K 为光电子运动轨迹的斜率，$K = v_{1y}/v_{1x}$。将 $a_E = eE_D/m_e$ 代入式（11.47），则式（11.39）中的 Δb_e 可表述为

$$
\begin{aligned}
\Delta b_e &= y_1 - y_2 \\
&= Kl - v_{1y} \left| \frac{\sqrt{2a_E l \cdot \operatorname{sgn}(v_{1x}) + v_{1x}^2} - v_{1x}}{a_E} \right| \\
&= \frac{v_{1y}}{v_{1x}} l - v_{1y} \left| \frac{m_e \sqrt{2a_E l \cdot \operatorname{sgn}(v_{1x}) + v_{1x}^2} - m_e v_{1x}}{eE_D} \right|
\end{aligned}
\tag{11.48}
$$

将式（11.43）和式（11.48）代入式（11.39）可得出具有内建电场时的电离受主杂质散射公式：

$$
\begin{aligned}
&\tan\left(\frac{\varphi'}{2}\right) \\
&= \frac{0.1093}{E_0' b_e'} = \frac{0.1093}{(E_0 + \Delta E_0)(b_e - \Delta b_e)} \\
&= \frac{0.1093}{[E_0 + eE_D l \cdot \operatorname{sgn}(v_{1x})]\left[b_e - \dfrac{v_{1y}}{v_{1x}} l + v_{1y}\left|\dfrac{m_e \sqrt{2a_E l \cdot \operatorname{sgn}(v_{1x}) + v_{1x}^2} - m_e v_{1x}}{eE_D}\right|\right]}
\end{aligned}
\tag{11.49}
$$

式中，ΔE_0 和 Δb_e 的单位分别为 eV 和 nm。

11.4.2　透射式指数掺杂 GaAs 光电阴极光电发射性能理论研究

1. 指数掺杂对电子能量分布的影响

为了构建一个体内恒定的内建电场，光电阴极发射层 p 型掺杂浓度应按式（11.40），从 $1 \times 10^{19} \mathrm{cm}^{-3}$ 变化到 $1 \times 10^{18} \mathrm{cm}^{-3}$。由式（11.42）得到指数掺杂光电阴极体内的内建电场大小，根据建立的均匀掺杂和指数掺杂光电阴极的原子结构理论模型和电离受主杂质散射公式，考虑了 400～900nm 波段的光在整个阴极体内不同位置激发产生的光电子数的不同，文献 [41] 给出了不同波段激发的光电子数与吸收位置的关系，通过模拟光电子在两种掺杂方式的光电阴极体内的输运过程，计算到达能带弯曲区的电子能量与出射角度分布，如图 11.30～图 11.32 所示[43]，并分析了指数掺杂方式对透射式 GaAs 光电阴极 MTF 的影响。计算过程中，均匀掺杂和指数掺杂的光电阴极的发射层厚度均为 2μm，窗口材料 GaAlAs 厚度均为 1μm。

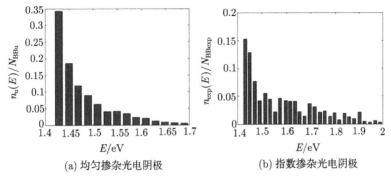

(a) 均匀掺杂光电阴极   (b) 指数掺杂光电阴极

图 11.30   到达能带弯曲区的电子能量分布

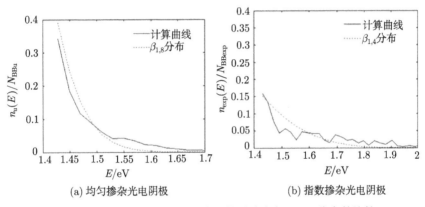

(a) 均匀掺杂光电阴极   (b) 指数掺杂光电阴极

图 11.31   到达能带弯曲区的电子能量分布与 beta 分布的比较

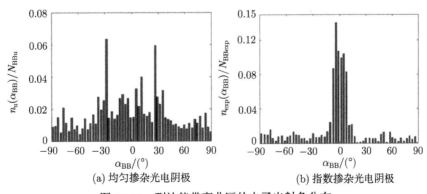

(a) 均匀掺杂光电阴极   (b) 指数掺杂光电阴极

图 11.32   到达能带弯曲区的电子出射角分布

图 11.30 中，E 为到达能带弯曲区时的电子能量，$n_{\mathrm{u}}(E)$ 和 $n_{\mathrm{exp}}(E)$ 分别为均匀掺杂和指数掺杂光电阴极中到达能带弯曲区时能量为 E 的电子数目，N_{BBu} 和

N_{BBexp} 分别为均匀掺杂和指数掺杂光电阴极中到达能带弯曲区的总电子数，$n_u(E)$/
N_{BBu} 和 $n_{exp}(E)/N_{BBexp}$ 为均匀掺杂和指数掺杂光电阴极中到达能带弯曲区时能
量为 E 的电子数与总电子数之比。$n_u(E)/N_{BBu}$ 和 $n_{exp}(E)/N_{BBexp}$ 对 E 积分后的
值均为 1。

　　由图可以看出，与均匀掺杂光电阴极相比，存在内建电场的指数掺杂光电阴
极在 1.42eV ≤ E ≤1.5eV 处的 $n_{exp}(E)/N_{BBexp}$ 低，到达能带弯曲区的光电子的能
量分布较宽，且光电子的最大能量较大。虽然内建电场的存在导致了 N_{BBexp} 大于
N_{BBu}，同时使得到达能带弯曲区的电子能量 E 为 1.42eV 的电子数增加，但是到达
能带弯曲区的总电子数的增加幅度远大于 E 为 1.42eV 时的电子数增加幅度，最终
在 1.42eV 时的 $n_{exp}(E)/N_{BBexp}$ 小于 $n_u(E)/N_{BBu}$。在 1.42eV< E ≤1.5eV 处，均
匀掺杂光电阴极的 $n_u(E)/ N_{BBu}$ 大于指数掺杂的原因在于，均匀掺杂光电阴极中
到达能带弯曲区的电子能量基本集中在 1.42~1.5eV，即 $n_u(E)/N_{BBu}$ 比值较大，而
指数掺杂光电阴极有内建电场的存在，到达能带弯曲区的能量大于均匀掺杂情况，
其能量分布会比较宽，电子能量不是主要集中在 1.42~1.5eV，而是向高能铺开，即
$n_{exp}(E)/N_{BBexp}$ 相对于均匀掺杂较小，减小的部分转移到了大于 1.5eV 的高能分
布，从而出现尾部的 $n_{exp}(E)/N_{BBexp}$ 大于均匀掺杂的情况。

　　指数掺杂光电阴极中的电场使得电子做扩散漂移运动，其能量大于仅做扩散
运动的情况。在相同波长以及相同吸收位置处激发的电子，由于电场的作用，指数
掺杂光电阴极体中到达能带弯曲区电子的能量较高，特别是短波段吸收产生的光
电子到达能带弯曲区的数目大于均匀掺杂的情况。透射式光电阴极中长波段吸收
激发位置靠近阴极出射面，到达能带弯曲区的电子的最大能量主要取决于长波段
的吸收产生的光电子。在内建电场的作用下，指数掺杂光电阴极中长波段吸收产生
的光电子到达能带弯曲区的电子能量高于均匀掺杂光电阴极，因此图 11.30(b) 中
的横坐标 E 的最大值大于图 11.30(a) 的计算结果。

　　在实际情况中，关于 GaAs 光电阴极光电子的初始发射能量分布，尚缺乏一种
普遍被接受的理论模型。意见较为集中的有两种，一种是 beta 分布，另一种是麦
克斯韦分布。因为麦克斯韦分布光电阴极发射体有一个长的发射能量尾巴，在实际
发射体中不存在，且按照麦克斯韦分布计算出来的前近贴聚焦系统的分辨力值太
低，与实际情况严重不相符，故不宜采用麦克斯韦分布，而选用普适性较强的 beta
分布。

　　beta 分布公式如下[6]：

$$\beta_{m,n} = \frac{(m+n+1)!}{m!n!} \left(\frac{\varepsilon}{\varepsilon_m}\right)^m \left(1 - \frac{\varepsilon}{\varepsilon_m}\right)^n \qquad (11.50)$$

式中，ε 和 ε_m 分别表示光电子的初始发射能量和最大初始发射能量。

将图 11.30 所计算的均匀掺杂和指数掺杂 GaAs 光电阴极能量分布，与 beta 分布公式作比较，如图 11.31 所示。由于掺杂方式对光电子输运的影响，所以指数掺杂 GaAs 光电阴极的电子能量分布与均匀掺杂的不同，其能量分布较宽。由图 11.31 可以看出，均匀掺杂 GaAs 光电阴极的能带弯曲区处的电子能量分布基本服从 $\beta_{1,8}$ 分布，而指数掺杂服从 $\beta_{1,4}$ 分布。

2. 指数掺杂对电子出射角度分布的影响

指数掺杂光电阴极由于掺杂浓度梯度差，所以在阴极体内存在内建电场，根据半导体理论，光电子将在电场力的作用下向表面漂移。在此期间，每遭受一次碰撞散射，其能量和运动方向都将发生改变。图 11.32 中，α_{BB} 为到达能带弯曲区时的电子出射角度，$n_u(\alpha_{BB})$ 和 $n_{exp}(\alpha_{BB})$ 分别为均匀掺杂和指数掺杂光电阴极中到达能带弯曲区时电子出射角度为 α_{BB} 的数目，$n_u(\alpha_{BB})/N_{BBu}$ 和 $n_{exp}(\alpha_{BB})/N_{BBexp}$ 为均匀掺杂和指数掺杂光电阴极中到达能带弯曲区时出射角度为 α_{BB} 的电子数与总电子数之比。$n_u(\alpha_{BB})/N_{BBu}$ 和 $n_{exp}(\alpha_{BB})/N_{BBexp}$ 对 α_{BB} 从 $-90°$ 到 $90°$ 积分值均为 1。

从图 11.32 可以看出，指数掺杂光电阴极的出射角度分布较均匀掺杂光电阴极的集中，且出射角度在 $0°$ 附近的电子较多。众所周知，指数掺杂光电阴极由于恒定内建电场的存在，电子在扩散的过程中，还有一个往光电阴极面的定向漂移。换句话说，电子在体内输运过程中，均匀掺杂光电阴极中每段运动路线是直线，而指数掺杂光电阴极中每段运动路线是抛物线。在纵向位移相同的情况下，因为指数掺杂光电阴极中电子仅在纵向方向上受到电场的作用，所以与杂质离子的横向距离小于均匀掺杂的情况，但指数掺杂光电阴极体内的电子能量高于均匀掺杂的情况。由式（11.39）可以看出，因为内建电场强度较大，其能量增加的幅度大于横向距离减小的幅度，所以指数掺杂光电阴极的电离散射角度小于均匀掺杂光电阴极的情况，如图 11.32 所示。

3. 指数掺杂对光电发射效率和 MTF 的影响

模拟计算光电子在指数掺杂和均匀掺杂光电阴极中的输运过程，当 400~900nm 光照射透射式指数掺杂和均匀掺杂光电阴极时，分别计算到达能带弯曲区的光电子数与激发光电子总数之比 $n(\lambda)/N_T$ 和理论 MTF，从而对两者的量子效率和分辨力特性进行对比分析。根据能带弯曲区处的落点分布，得到点扩散函数，对其进行傅里叶变换得到线扩散函数，从而得到其 MTF，计算结果如图 11.33 所示，令 $NF(\lambda)$ 表示 $n(\lambda)/N_T$ 归一化函数，即

$$NF(\lambda) = \frac{n(\lambda)/N_T}{\int_{400}^{900} n(\lambda)/N_T d\lambda} \tag{11.51}$$

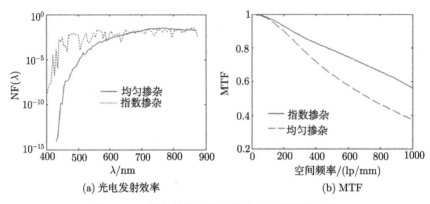

(a) 光电发射效率　　　　　　　　　　　(b) MTF

图 11.33　指数掺杂与均匀掺杂光电阴极的比较

由图 11.33(a) 看出，在 400~600nm 短波段，指数掺杂光电阴极的$NF(\lambda)$ 大于均匀掺杂，而长波段的$NF(\lambda)$ 稍小于均匀掺杂光电阴极。对于透射式光电阴极，短波段的光在靠近光电阴极后界面处吸收，而长波段的光在靠近光电阴极出射面处吸收。400~600nm 短波段的光在靠近光电阴极后界面处吸收产生光电子，虽然其输运到光电阴极出射面的距离长以及输运过程中遭受碰撞散射产生能量损失，但是所带能量高，加上指数掺杂光电阴极体内有内建电场，使得靠近后界面吸收产生的光电子更多地到达光电阴极表面，其电子数目将多于均匀掺杂。长波段吸收激发光电子的位置靠近光电阴极出射面，本身就较容易逸出表面，指数掺杂结构产生的内建电场对长波段处$NF(\lambda)$ 的作用效果不明显。图 11.33(a) 中，在 700~850nm 出现指数掺杂的$NF(\lambda)$ 小于均匀掺杂的情况，原因在于电场的存在使得短波段的$NF(\lambda)$得到提高，因为$NF(\lambda)$ 已经归一化，所以长波段将有所降低，此曲线不同于量子效率曲线，但是能间接地反映内建电场对光电发射的影响以及量子效率曲线。

由图 11.33(b) 看出，透射式指数掺杂 GaAs 光电阴极的 MTF 优于均匀掺杂。在内建电场作用下，电子在指数掺杂 GaAs 光电阴极体内做扩散漂移运动，点光源激发的光电子输运到能带弯曲区的弥散圆斑小于均匀掺杂 GaAs 光电阴极。

11.4.3　近贴聚焦场对透射式 GaAs 光电阴极的渗透影响

1. 场渗透模型

根据半导体理论，如果考虑外电场的渗透作用，在半导体表面加外电场时，电场会渗透到半导体内一定深度。由于外电场的作用，在半导体近表面层会产生一定的电位分布，称表面电势，此电位给予载流子附加的能量，使表面层附加的能带向下弯曲，引起近表面区域内载流子浓度发生变化。外电场的透入深度与电子浓度的立方根成反比。对掺杂浓度为 $10^{22}\mathrm{cm}^{-3}$ 的金属，透入深度约为 $10^{-10}\mathrm{m}$，电场渗透可忽略。对掺杂浓度为 $10^{14} \sim 10^{19} \mathrm{cm}^{-3}$ 的半导体，电场透入深度为 $10^{-6} \sim 10^{-8}\mathrm{m}$，即达到几十至几千个原子层深度。

基于均匀掺杂 GaAs 光电阴极原子结构理论模型，光电阴极体内的场渗透模型如图 11.34 所示[44]。设均匀掺杂 GaAs 光电阴极的掺杂浓度为 $10^{19}\mathrm{cm}^{-3}$，场渗透深度 l 约为 10nm。图中，T_e 为光电阴极发射层厚度。

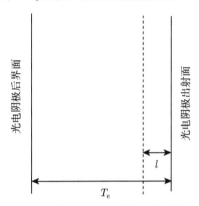

图 11.34　均匀掺杂 GaAs 光电阴极场渗透模型

光电子在场渗透厚度 l 中将受到近贴聚焦场的渗透作用，称此区域为场渗透域。为了计算方便，认为场渗透域中的电场强度为均匀的。

2. 场渗透对透射式 GaAs 光电阴极光电发射性能的影响

GaAs 光电阴极体内激发的光电子向出射面输运，将遭受一系列的碰撞。由于场渗透域的存在，光电子在 GaAs 光电阴极体内的输运方式分为两部分，从 GaAs 光电阴极后界面到场渗透域之间，光电子的输运方式为扩散运动。当光电子输运到场渗透域内时，光电子受到渗透场的作用，将以扩散加漂移的方式向光电阴极出射面输运。

基于均匀掺杂 GaAs 光电阴极原子结构理想单元模型，利用指数掺杂 GaAs 光电阴极电离受主杂质散射公式，改变渗透场强度，分别模拟光电子在 GaAs 光电阴极体内的输运轨迹，统计光电子在能带弯曲区处的落点分布，分析场渗透对均匀掺杂 GaAs 光电阴极光电发射性能的影响。设 GaAs 光电阴极发射层厚度为 2μm，GaAlAs 窗口层厚度为 1μm，照射光电阴极的波长范围为 400~900nm。

1）场渗透对光电子落点分布的影响

改变渗透电压，分别计算了场渗透对光电子落点分布的影响，并利用高斯公式对光电子落点分布进行了拟合，拟合公式如下所示：

$$\frac{N(x)}{N_{\mathrm{T}}} = a_1 \exp\left(-\frac{(x-b_1)^2}{2c_1^2}\right) + a_2 \exp\left(-\frac{(x-b_2)^2}{2c_2^2}\right) = G1 + G2 \tag{11.52}$$

式中，x 代表不同落点位置；$N(x)$ 为能带弯曲区处不同位置的光电子数目；N_T 为到达能带弯曲区的光电子总数。此处，称 $N(x)/N_T$ 为光电子在能带弯曲区处的落点分布。拟合参数取值如表 11.3 所示，SSE 为误差平方和，RMSE 为均方根误差。

表 11.3　落点分布拟合曲线的参数值

参数值	渗透场强度		
	0V	10V	100V
a_1	0.50	0.48	0.48
b_1	-0.008	0.010	0.012
c_1	0.067	0.070	0.071
a_2	0.035	0.038	0.036
b_2	0.013	-0.016	-0.018
c_2	0.343	0.452	0.474
SSE	8.582×10^{-5}	1.841×10^{-4}	1.253×10^{-4}
RMSE	0.00189	0.00277	0.00229

由式 (11.52) 可以看出，到达能带弯曲区处的光电子落点分布的拟合曲线均由两条高斯曲线组成，如图 11.35 所示。每条拟合曲线的误差平方和与均方根误差均很小，说明光电子在能带弯曲区处的落点分布与拟合公式相吻合。

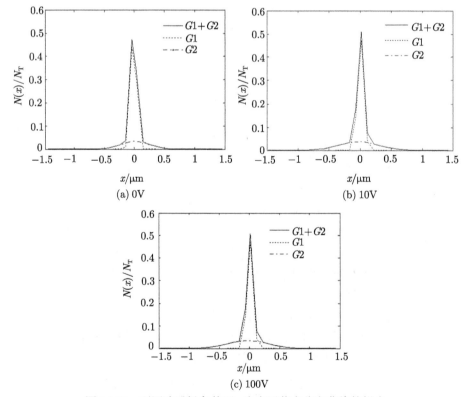

图 11.35　不同渗透场条件下，光电子落点分布曲线的拟合

每条拟合曲线的误差平方和与均方根误差均很小，说明光电子在能带弯曲区处的落点分布与拟合公式相吻合。

2）场渗透对光电发射效率的影响

图 11.36 为场渗透对不同波长的光电发射效率的影响。λ 为入射光波长，$n(\lambda)/N_T(\lambda)$ 表示不同波长激发的光电子到达能带弯曲区数目与激发光电子总数目之比。$NF(\lambda)$ 为 $n(\lambda)/N_T(\lambda)$ 的归一化函数，这里称$NF(\lambda)$ 为不同波长的光电发射效率。图 11.36(a) 看起来只有两条曲线，实际上，虚线部分包含两条曲线。图 11.36(b) 为 (a) 中方框内的变化情况。

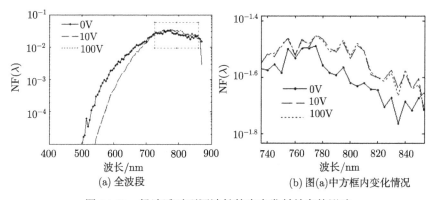

(a) 全波段   (b) 图(a)中方框内变化情况

图 11.36　场渗透对不同波长的光电发射效率的影响

如图 11.36 所示，渗透电压使得长波段处的$NF(\lambda)$ 变大。由于$NF(\lambda)$ 为归一化函数，长波段处的$NF(\lambda)$ 变大，从而图 11.36(a) 中短波段处的$NF(\lambda)$ 变小。对于透射式光电阴极，短波段光的吸收主要发生在 GaAs 光电阴极体内，而长波段光的吸收主要在光电阴极发射面附近。渗透电压可以增加光电子的能量和传输距离。由于场渗透域在光电阴极发射面附近，所以更多的被 740~860nm 长波段激发的光电子能够输运到能带弯曲区。

3）场渗透对 MTF 的影响

根据到达能带弯曲区光电子的落点分布，求出 GaAs 光电阴极的 MTF。改变渗透电压，分别计算均匀掺杂 GaAs 光电阴极的 MTF，如图 11.37 所示。

如图 11.37 所示，随着渗透电压的增加，均匀掺杂 GaAs 光电阴极的 MTF 提高了。由于微光像增强器工作时，光电阴极与 MCP 之间加有电压，所以光电子在场渗透域内受到近贴聚焦电场的作用，以扩散加漂移的方式向光电阴极出射面输运。由于场渗透域里电场的作用，电子的扩散长度变长且能量增加，且光电子在光电阴极面法线方向上的分能量变大。在靠近光电阴极出射面处的场渗透域内，光电子被赋予能量，容易输运到光电阴极出射面。根据式（11.39），相对于与锌离子之间距离的减小量, 光电子能量的增加量较大, 特别是场渗透强度较大的时候, 因此光电子在场渗透域内的散射角变小, 且光电子的横向弥散变小, 从而得出场渗透对均匀掺杂 GaAs 光电阴极的分辨力有提高作用。

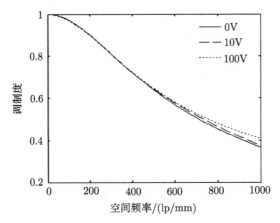

图 11.37　渗透场对均匀掺杂 GaAs 光电阴极 MTF 的影响

11.5　近贴聚焦微光像增强器的分辨力

近贴聚焦微光像增强器的分辨力包括光电阴极、极间距离与电压、MCP 和荧光屏的分辨力等内容。光电阴极与场渗透前面已经进行了研究, 荧光屏的分辨力限于专业知识难以进行评述。这里主要研究近贴聚焦与 MCP 的性能参数对器件分辨力的影响。

11.5.1　近贴聚焦系统光电子输运及分辨力理论研究

1. 近贴聚焦系统工作原理

从二代微光像增强器开始, 就采用了近贴聚焦电子光学系统。三代像增强器采用 GaAs 光电阴极, 只能是平面结构。

近贴聚焦电子光学系统[7,45] 是采用纵向均匀电场构成的成像系统, 是一种极为特殊的情况。近贴聚焦电子光学系统内的场和轨迹均可精确求解, 由光电阴极某点发出的单元电子束只能在虚像面上理想聚焦, 在荧光屏上投射成像, 而不是锐聚焦。它应用在微通道板像增强器和摄像管的移像段中。在以后研究静电阴极透镜中场的聚焦性质中, 也经常会遇到纵向均匀电场。通常认为, 不管阴极透镜电极结构如何, 当光电阴极为平面时, 阴极面附近一段有限的区域, 实质上是纵向均匀电场, 这样可以使近阴极区电子轨迹的计算大大简化。

纵向均匀电场是如图 11.38 所示的一种电子光学系统, 在平面光电阴极 C 前距离为 l 处平行安置一平面阳极 A, 平面光电阴极面和平面阳极面分别加上电位 $\varphi_{阴极}$ 和 $\varphi_{阳极}$, 则光电阴极和阳极之间的电压差为 $\varphi_{ac} = \varphi_{阴极} - \varphi_{阳极}$, 如不考虑两极间边缘处的畸变, 则其间的电场可以认为是均匀的。

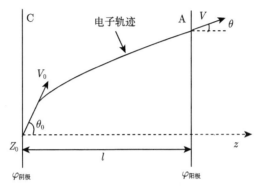

图 11.38　电子在纵向均匀电场中的输运轨迹

在光电阴极面 C 上取点 z_0 作为原点, 并作圆柱坐标 (r, z), 则纵向均匀电场的电位分布为

$$\varphi(r, z) = \phi(z) = \frac{\phi_{ac}}{l} z \tag{11.53}$$

电子从原点 z_0 以初速度 V_0、初角度 θ_0 射出。θ_0 在 $0 \sim \pm\pi/2$, V_0 在 $0 \sim V_{0\,max}$ 范围内分布。V_0 的大小取决于光电阴极的逸出功、禁带宽度和入射辐射的波长。θ_0 是指电子逸出方向与逸出点处阴极面法线方向之间的夹角。则有

$$V_0 = \sqrt{\frac{2e\varepsilon_0}{m_0}} \tag{11.54}$$

式中, ε_0 为电子出射能量, m_0 为电子质量, e 为电子所带电荷。若定义 $\varepsilon_z = \varepsilon_0 \cos^2\theta_0$, $\varepsilon_r = \varepsilon_0 \sin^2\theta_0$ 为轴向、径向初速 V_{0z}、V_{0r} 所对应的初电位, $\varepsilon_0 = \varepsilon_z + \varepsilon_r$, 并有

$$V_{0z} = \sqrt{\frac{2e\varepsilon_z}{m_0}}, \quad V_{0r} = \sqrt{\frac{2e\varepsilon_r}{m_0}} \tag{11.55}$$

根据从阴极面出射电子输运到阳极面 A 上的位置, 可求得弥散圆斑的最大半径为[46]

$$r_{max} = 2l\sqrt{\frac{\varepsilon_{0\,max}}{\phi_{ac}}} \tag{11.56}$$

2. 近贴聚焦系统 MTF 理论计算

1) GaAs 光电阴极出射电子的能量与角度分布

设 GaAs 光电阴极光电子的初始发射能量分布服从 beta 分布, 根据式 (11.50), 四种 beta 分布如图 11.39 所示。

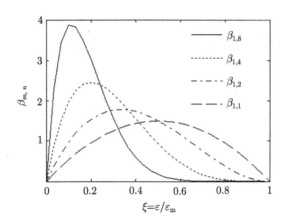

图 11.39　beta 分布示意图

进行数值计算时, 将整个初能量范围划分为若干区间, 每一区间内对应的电子数为[6]

$$\Delta N\left(\xi_{i}\right)=\int_{\xi_{a}}^{\xi_{b}} \frac{(m+n+1)!}{m!n!} \xi^{m}(1-\xi)^{n} \mathrm{d}\xi \qquad (11.57)$$

式中, ξ 表示 $\varepsilon/\varepsilon_{\mathrm{m}}$; ξ_{a}, ξ_{b} 为区间两端对应的 ξ 值。每条轨迹所代表的电子数目由式（11.57）确定。换句话说, 式（11.57）表示各条轨迹所代表的电子数目的 "权因数"。

在电子光学成像系统中, 初角度分布一般按 Lambert 发射体的余弦分布处理。设从光电阴极面逸出的电子运动方向与轴线的夹角为 α, 以初角度 α 逸出的光电子数服从下面关系:

$$G(\alpha)=\cos \alpha \qquad (11.58)$$

式中, $0 \leqslant \alpha \leqslant \pi/2$。

在信号领域中, 离散傅里叶变换的定义如下, 从某连续时间信号中每 T_{s} 根据$\{x[n=x](nT), n=0; M-1\}$关系选取信号数据序列。该数据序列的离散傅里叶变换表达式为[47]

$$x(k)=\sum_{n=0}^{N-1} x[n] \mathrm{e}^{-\mathrm{j}2\pi nk/N} \qquad (11.59)$$

式中, n 表示离散序列的次序编号, x 表示离散信号序列。

2）MTF 理论计算

当理想光点照射在 GaAs 光电阴极面上时, 体内的光电子被激发, 并逸出光电阴极面。假设从 GaAs 光电阴极面出射的电子能量范围为 0.2~1.6eV, 为离散值, 离散值之间间隔为 0.1eV, 不同能量值对应的电子数服从 beta 分布。出射角度范

围为 −87°∼87°，同样为离散值，不同角度的电子数服从 Lambert 分布。首先，固定电子的出射能量值为 0.2eV，改变出射角度，从 −87°∼87° 每隔 6° 变化一次，计算光电子到达 MCP 输入面的位置。然后，固定电子的出射能量值为 0.3eV，改变出射角度，从 −87°∼87° 每隔 6° 变化一次，计算光电子到达 MCP 输入面的位置。以此类推，共计算了 435 种光电子到达 MCP 输入面的分布情况。每种光电子的数目与其能量和角度有关，为式 (11.57) 和式 (11.58) 的乘积。

设前近贴电压和距离分别为 400V 和 0.2mm，在前近贴电压的作用下，从 GaAs 光电阴极出射的光电子加速输运到 MCP 输入面，形成了落点分布，如图 11.40 所示[48]。图中的原点与光电子从 GaAs 光电阴极面出射点连线平行于光电阴极面法线方向，每个圆圈代表每种电子，横坐标为光电子在 MCP 输入面的落点位置，纵坐标表示光电子数目。光电子在 MCP 输入面上的落点分布范围为 −25.995∼25.995μm，弥散圆斑为 51.99μm。

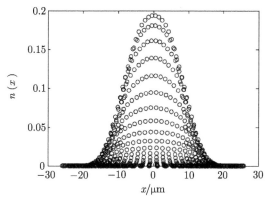

图 11.40　MCP 输入面上的电子落点分布

当理想光点照射 GaAs 光电阴极时，在光电阴极出射面将存在一个光斑。由于光电阴极面光斑大小相对于光电阴极与 MCP 之间的近贴距离很小，所以在分析 MCP 输入面弥散圆斑中认为理想光点照射 GaAs 光电阴极后仍为一个理想光点。计算过程中，带有不同角度和不同能量的光电子均从光电阴极面同一点出射，即物点为一理想点源。根据点扩散函数的定义，对于一个光学系统，当输入像为点源时，输出像可看成点扩散函数。因此，当理想光点照射光电阴极面后仍为点源时，MCP 输入面上的电子落点分布可看成是点扩散函数。为了从点扩散函数求线扩散函数，需要进行积分，如图 11.41 所示。

MCP 输入面光电子的落点分布被划分成多个区间，每个区间的宽度相同。对图的积分形式如下式所示：

$$\mathrm{LSF}(x + \Delta x/2) = \int_x^{x+\Delta x} n\,(x)\mathrm{d}x \tag{11.60}$$

式中，Δx 是每个区间的宽度。由于前近贴聚焦系统的线扩散函数是离散的，所以需要用到离散傅里叶变换。根据式 (11.33) ~ 式 (11.35)，前近贴聚焦系统的 MTF 计算结果如图 11.42 所示。

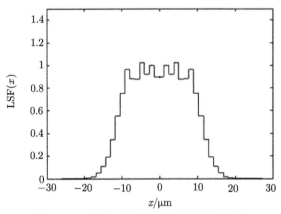

图 11.41　从电子落点分布求线扩散函数

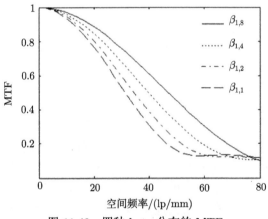

图 11.42　四种 beta 分布的 MTF

如图 11.42 所示，$\beta_{1,8}$ 分布的初电子能量较为集中，比较符合 GaAs 阴极出射电子能量分布。对能量服从 $\beta_{1,8}$ 分布的 MTF 曲线进行拟合，如图 11.43 所示，能量服从 $\beta_{1,8}$ 分布的 MTF 拟合曲线的解析表达式为

$$\mathrm{MTF}_{1,8} = \exp\left(-\frac{1}{5}\pi^2 f^2 L^2 \frac{\varepsilon_{\mathrm{m}}}{\varPhi}\right) \tag{11.61}$$

式中，f 为空间频率，单位为 lp/mm；L 为极间距，单位为 mm；ε_m 为光电子最大发射初能量，单位为 eV；Φ 为极间电压，单位为 V。

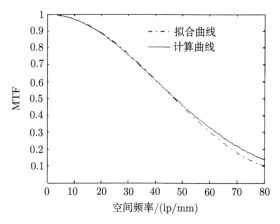

图 11.43 能量服从 $\beta_{1,8}$ 分布的 MTF 的拟合

式 (11.61) 便是一般文献中所说的电子光学器件的 MTF 为 $\exp(-(f/f_c)^n)$[49] 的形式，其中 f_c 是频率常数，n 为器件因子。对于前近贴聚焦电子光学系统，$n=2$，且 f_c 可表示如下：

$$f_c = \sqrt{\frac{5\Phi}{\pi^2 L^2 \varepsilon_m}} \tag{11.62}$$

拟合曲线与计算曲线之间的相对误差如图 11.44 所示。当空间频率小于 50lp/mm 时，相对误差小于 5%。

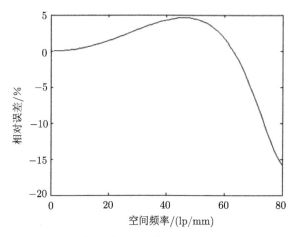

图 11.44 拟合曲线与计算曲线之间的相对误差

3. 近贴距离和电压对近贴聚焦系统分辨力的影响

设近贴电压为 300V，改变近贴距离，分别统计了光电子到达 MCP 输入面的落点分布，近贴距离对近贴聚焦系统 MTF 的影响如图 11.45 和表 11.4 所示，图中 $L_1 \sim L_7$ 的近贴距离依次变大。

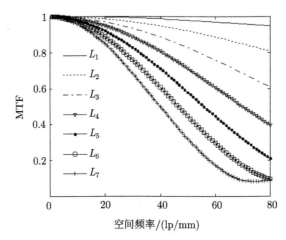

图 11.45　近贴距离对近贴聚焦系统 MTF 的影响

表 11.4　不同近贴距离下，MCP 输入面的弥散圆斑

近贴距离/μm	弥散圆斑范围/μm	弥散圆斑直径/μm
L_1=30	(95.7, 104.3)	8.6
L_2=60	(91.3, 108.6)	17.3
L_3=90	(87.0, 113.0)	25.0
L_4=120	(82.7, 117.3)	34.6
L_5=150	(78.4, 121.6)	43.2
L_6=180	(74.0, 126.0)	52.0
L_7=210	(69.7, 130.3)	60.6

由图 11.45 和表 11.4 所示，在近贴电压不变的情况下，随着近贴距离的增加，弥散圆斑越大，分辨力越低。

设近贴距离为 150μm，改变近贴电压，统计了不同光电子到达 MCP 输入面的落点分布，并计算了近贴聚焦系统的 MTF，如图 11.46 所示。$V_1 \sim V_7$ 的近贴电压值依次变大。

由图 11.46 可以看出，随着近贴电压的增加，近贴聚集系统的分辨力越高。对 MCP 输入面的电子落点分布进行统计，近贴电压对 MCP 输入面弥散圆斑的影响如表 11.5 所示。由表的参数值可以看出，随着近贴电压的增加，MCP 输入面上的弥散圆斑分布越集中。当近贴电压增加时，从光电阴极出射的光电子获得的能量变大，从而光斑中心的灰度值变大。在近贴聚焦系统的输运过程中，光电子在光电阴极法线方向上有加速度，从而法线方向上的速度变大，而光电阴极平行面上的速度分量不变，因此光电子以会聚方式向 MCP 输入面输运。从图 11.46 和表 11.5 可以得出，在近贴距离不变的情况下，近贴电压越大，MCP 输入面弥散圆斑越小，从而近贴聚焦系统的分辨力越高。

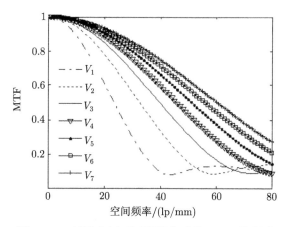

图 11.46 近贴电压对近贴聚焦系统 MTF 的影响

表 11.5 不同近贴电压下，MCP 输入面的弥散圆斑

近贴电压/V	弥散圆斑范围/μm	弥散圆斑直径/μm
$V_1=50$	(47.3, 152.7)	105.4
$V_2=100$	(62.6, 137.4)	74.8
$V_3=150$	(69.4, 130.5)	61.1
$V_4=200$	(73.5, 126.5)	53.0
$V_5=250$	(76.3, 123.7)	47.4
$V_6=300$	(78.4, 121.6)	43.2
$V_7=350$	(80.0, 120.0)	40.0

11.5.2 微通道板对近贴聚焦微光像增强器分辨力的影响

1. 开口面积比对 GaAs 光电阴极微光像增强器分辨力的影响

设光电子从 GaAs 光电阴极面出射时的能量分布服从 beta（1,8）分布，出射角度服从 Lambert 分布，光电子在非开口面处发生散射后，其能量为散射前的 0.25 倍，且散射角等于入射角。根据近贴聚焦系统的工作原理，通过求解运动方程，追踪每个光电子在近贴聚焦系统中的输运轨迹。当前近贴电压和距离一定时，通过改变开口面积比，统计 MCP 输入面上光电子落点分布，计算前近贴聚焦系统的 MTF

和直接进孔电子数与散射电子数之比，并推导了此比值与开口面积比的拟合公式。

计算过程中，前近贴电压和距离分别为 400V 和 200μm。光电子的角度变化范围为 −89° ∼89°，每隔 2° 计算一次。能量变化范围为 0.2eV∼1.0eV，每隔 0.03eV 计算一次。光电子从 GaAs 光电阴极面出射后，在前近贴电压的作用下，加速输运到 MCP 输入面。光电子可能输运到 MCP 的非开口面，也可能进入微通道孔内，如图 11.47 所示[50]。

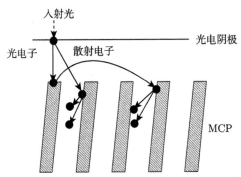

图 11.47   光电子在 MCP 输入面处的输运情况

在不考虑 MCP 非开口面处电子散射的情况下，模拟光电子在前近贴聚焦系统中的输运轨迹，并统计 MCP 输入面处光电子落点分布，如图 11.48 中曲线 1 所示。MCP 输入面光电子的弥散范围为（110.7μm，150.4μm），得到弥散圆斑直径为 39.7μm。

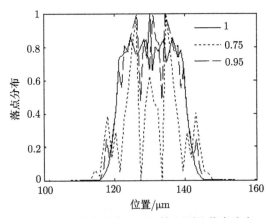

图 11.48   光电子在 MCP 输入面处落点分布

当考虑 MCP 输入面非开口面处的电子散射时，分别模拟 MCP 开口面积比为 0.95 和 0.75 时的电子输运轨迹，统计 MCP 输入面处光电子落点分布。当开口面积比分别为 0.75 和 0.95 时，对应的弥散范围分别为（100.8μm，160.3μm）和（108.4μm，152.6μm），弥散圆斑直径分别为 59.5μm 和 44.2μm。计算结果如图 11.48 所示，曲线 1 是不考虑 MCP 输入面非开口面处电子散射，开口面积比分别为 0.75 和 0.95 时光电子在 MCP 输入面处落点分布也列入图中，曲线已经归一化，横坐标为光电子的落点位置，纵坐标为代表光电子数目的权函数。为了计算光电子在 MCP 输入面处的落点分布，将整个弥散圆斑等分成几个区域，分别统计各区域内的光电子数目。

如图 11.48 所示，曲线 1 可大致看成由三部分组成：上升区域、下降区域和中间区域。曲线 1 的上升区域为（110.7μm，122.2μm），下降区域为（138.9μm，150.4μm），中间近似平坦区域的宽度为 17.5μm。因为采用的是轴对称结构，所以上升区域和下降区域的宽度近似相等，为 11.5μm。由于光电子从光电阴极出射时的能量与角度不是连续变化的，所以 MCP 输入面上有些地方没有光电子到达。因此中间区域的光电子数不是均匀分布，而是上下起伏。随着开口面积比的减小，起伏幅度增大。若将光电子能量与角度分布的计算间隔变小，那么中间部分将趋近于直线。

当考虑非开口面处电子散射时，光电子在前近贴聚焦系统中的输运相对较复杂。因此，图中曲线 0.75 和 0.95 所示的曲线波动很大。开口面积比越小，MCP 非开口面处散射电子数越多，即散射电子数越多，从而中间区域起伏幅度越大。在前近贴电压的作用下，散射电子重新输运到 MCP 输入面，从而弥散圆斑变大。因此，曲线 1 的弥散圆斑最小，曲线 0.75 最大。按照曲线 1 的划分，曲线 0.75 和 0.95 也可近似分为三个区域，上升区域分别为（100.8μm，126.4μm）和（108.4μm，123.9μm），下降区域分别为（134.7μm，160.3μm）和（137.1μm，152.6μm）。上升和下降区域宽度分别为 25.6μm 和 15.5μm。因为电子散射的影响，所以曲线 0.75 和 0.95 的上升和下降区域宽度均大于曲线 1。

从三条曲线的上升和下降区域的变化来看，开口面积比越大，发生散射的电子数目较少，上升和下降区域宽度越小，曲线上的毛刺越少。

根据图 11.48 所示的 MCP 输入面处光电子落点分布曲线，求得不同开口面积比下近贴聚焦系统的 MTF，如图 11.49 所示。

当不考虑 MCP 非开口面处电子散射时，微光像增强器的 MTF 相对较高，如图 11.49 中曲线 1 所示。对比曲线 0.75 和 0.95，可知随着开口面积比的减小，微光像增强器的 MTF 降低。MTF 中，调制度为 0.5 对应的分辨力为最佳分辨力。不考虑 MCP 输入面非开口面电子散射时，最佳分辨力为 54.5lp/mm。当开口面积比分别为 0.75 和 0.95 时，最佳分辨力分别为 46lp/mm 和 54lp/mm。

在不同开口面积比下，直接进孔电子数与电子总数之比如图 11.50 所示。其中，N_{in} 表示直接进孔的电子数目，N_{sc} 表示电子总数。在计算过程中，通道间距为 5.8μm，开口面积比从 0.05 变化到 0.95，每隔 0.05 变化一次，统计不同开口面

积比下的 N_{in}/N_{sc}，并对其分布进行拟合，拟合公式为

$$\frac{N_{in}}{N_{sc}} = 0.9941 \cdot \text{ratio} - 0.012 \tag{11.63}$$

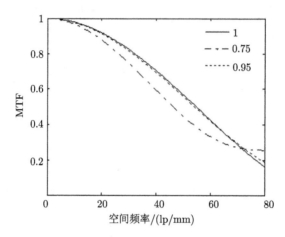

图 11.49　不同开口面积比下，近贴聚焦系统的 MTF 曲线

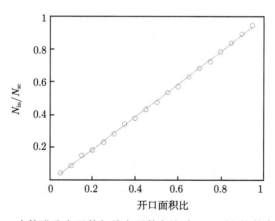

图 11.50　直接进孔电子数与总电子数之比随开口面积比的变化曲线

由式 (11.63) 可以看出，随着开口面积比的增加，直接进孔电子数与总电子数的比值呈线性增长。

2. 斜切角对 GaAs 光电阴极微光像增强器分辨力的影响

目前，国内外所设计的像增强器中 MCP 的轴线与近贴聚焦系统的轴向有一定的夹角，不再是以前水平放置的情况。电子从阴极表面发射出来，加速输运到 MCP 的前端面，某些电子落在 MCP 的非开口面上发生反弹，而某些电子直接进

入 MCP 通道孔内，如图 11.51 所示。进入 MCP 通道孔内的电子与通道内壁发生碰撞，产生次级电子发射，在 MCP 通道孔内电场的作用下输运到 MCP 输出面，最后在电场的作用下，轰击荧光屏。

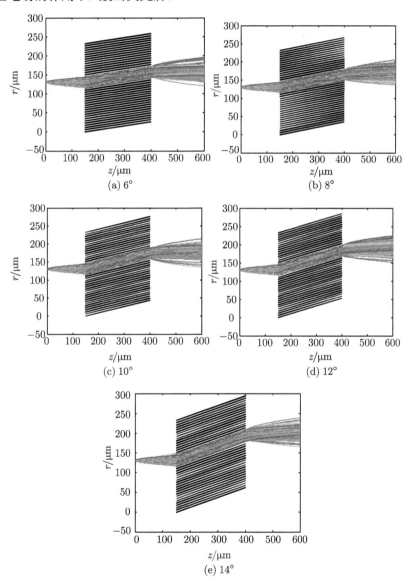

图 11.51 不同斜切角的微光像增强器中光电子输运轨迹

假设通道间距为 5.8μm，通道壁厚为 0.8μm，前近贴距离和电压分别为 150μm 和 400V，MCP 厚度和两端电压分别为 250μm 和 1000V，后近贴距离和电压分别为 200μm 和 4600V，改变 MCP 斜切角，模拟光电子在微光像增强器中的输运轨迹，光电阴极所在位置为 $z=0$μm，荧光屏所在位置为 $z=600$μm，如图 11.51 所示。

根据图 11.51 中光电子在荧光屏上的落点分布，计算了不同斜切角的微光像增强器的 MTF，如图 11.52 所示。

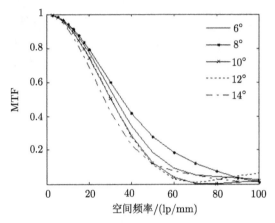

图 11.52　斜切角对微光像增强器 MTF 的影响

由图 11.52 中曲线可以发现，当斜切角为 8° 时，MTF 曲线最高，最佳分辨力和极限分辨力最高。

3. 末端电极深度对 GaAs 光电阴极微光像增强器分辨力的影响

为了最大限度提高微通道板的分辨力，通常采用 "末端损失" 方法[22]，即微通道板输出面金属膜层电极深入到通道内一定程度，深度在 1.0~2.0 个通道直径，使出射电子的掠出角减小，以便于达到会聚电子束的目的，但 "末端损失" 法会降低 MCP 的增益。MCP 输出端电极进入通道的部分可对出射电子起准直的作用，电极进入通道部分的长度称为电极深度。电极深度越长，对电子的准直作用越好，但增益也会下降。根据末端损失的原理，在微光像增强器电子输运模型中增加末端电极，研究末端电极深度对 GaAs 光电阴极微光像增强器电子输运和分辨力的影响。末端电极的引入使得理论计算结果与实际情况更相符。

设斜切角为 8°，通道间距为 5.8μm，通道壁厚为 0.8μm，前近贴距离和电压分别为 150μm 和 400V，MCP 厚度和两端电压分别为 250μm 和 1000V，后近贴距离和电压分别为 200μm 和 4600V，改变末端电极深度，模拟光电子在微光像增强器中的输运轨迹，如图 11.53 所示。L_{ES} 表示末端损失电极深度。

由图 11.53 可以看出，随着末端损失电极深度的增加，出射电子的掠出角减小，从 MCP 输出面出射的电子束越会聚。根据荧光屏上的光电子落点分布，计算微光像增强器的 MTF，如图 11.54 和表 11.6 所示。

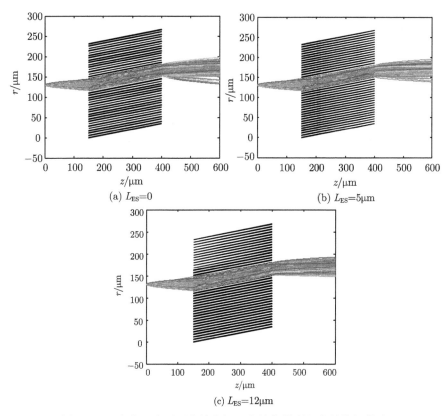

(a) $L_{ES}=0$　　　　　　　　　　　(b) $L_{ES}=5\mu m$

(c) $L_{ES}=12\mu m$

图 11.53　光电子在不同末端电极深度的像增强器中的输运轨迹

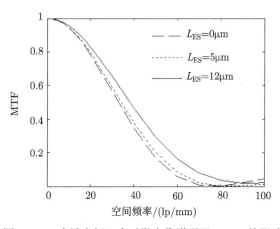

图 11.54　末端电极深度对微光像增强器 MTF 的影响

表 11.6   不同末端电极深度下, 微光像增强器分辨力理论计算值

电极深度/μm	最佳分辨力/ (lp/mm)	极限分辨力/ (lp/mm)
0	33.5	65.5
5	35.2	68.5
12	38.2	82.7

由图 11.54 和表 11.6 可以看出, 随着末端电极深度的增加, 弥散圆斑越小, MTF 曲线越好, 最佳分辨力和极限分辨力越高。

4. MCP 长径比对 GaAs 光电阴极微光像增强器分辨力的影响

设斜切角为 8°, 通道间距为 5.8μm, 通道壁厚为 0.8μm, 前近贴距离和电压分别为 150μm 和 400V, MCP 厚度和两端电压分别为 250μm 和 1000V, 后近贴距离和电压分别为 200μm 和 4600V, 末端电极深度为 0, 改变 MCP 通道厚度获得不同的长径比, 模拟光电子在不同长径比的微光像增强器中的输运轨迹, 并计算微光像增强器的 MTF, 计算结果如图 11.55 和表 11.7 所示。

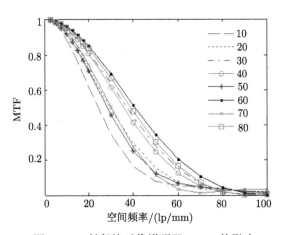

图 11.55   长径比对像增强器 MTF 的影响

表 11.7   不同长径比下, 微光像增强器分辨力理论计算值

长径比	最佳分辨力/ (lp/mm)	极限分辨力/ (lp/mm)
10	24.3	83.7
20	29.5	75.7
30	37.1	77.4
40	35.8	76.1
50	28.3	83.0
60	40.8	84.2
70	30.1	61.3
80	38.8	78.2

由图 11.55 和表 11.7 可以看出，当长径比为 60 时，MTF 曲线最高，最佳分辨力和极限分辨力最高。当电子在 MCP 通道孔内发生首次二次电子发射时，其出射能量最大值为 60eV，相对于电子在 MCP 输入面处的能量变低了。长径比越长，电子在 MCP 通道孔内的碰撞次数越多。当电子从 MCP 输出面出射时，电子的能量越小，那么在荧光屏上形成的弥散圆斑越小，分辨力越高。

11.6   GaAs 光电阴极微光像增强器 halo 效应及分辨力测试

halo 效应是评价微光像增强器的性能指标之一。利用研制的 halo 效应测试装置，测试了超二代和三代微光像增强器的 halo 效应，研究了高压脉冲电源对微光像增强器 halo 效应和分辨力的影响，验证了 GaAs 光电阴极微光像增强器分辨力理论模型的可用性。

11.6.1   halo 效应测试装置及原理

1. halo 效应概述

如果通过光学系统将一个具有一定直径的小光点照射在微光像增强器的光电阴极面上，在荧光屏上将有一个小光点的像。像增强器成像过程中加入了噪声的影响，因此荧光屏上的光点像有光晕现象，且其分布远大于像增强器和光学系统的点扩散函数，此现象称为 halo 效应。

光晕的有效亮度依赖于强度、方向和光谱。若用夜视镜观看夜晚里的城市景象，可以发现光点周围有一圈光晕。光晕的亮度取决于光源的强度。在目前的工艺技术中，对于建筑环境或者自然环境，halo 是普遍存在的现象，如图 11.56 所示[51]。每个光斑周围存在 halo 现象。

图 11.56   明亮光点周围出现的 halo 现象 (后附彩图)

2. 测试装置

测试微光像增强器的 halo 效应时，首先要在微光像增强器光电阴极面上形成小光点，光点直径一般取为 0.1 ~0.4mm，小光点成像可以通过物镜投影，也可以用微孔光阑。实验中测试的像增强器由于都是平面阴极，所以采用微孔光阑方式。图像采集通常采用高分辨力 CCD。研制的 halo 测试装置如图 11.57 所示，测试装置主要由光源、滤光片、积分球、0.1922 mm 微孔、光电探测器、测试暗箱、放大镜头、高分辨力 CCD 和机械结构组成[52]。

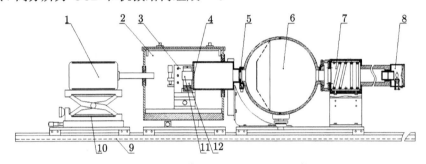

图 11.57　微光像增强器的 halo 测试装置

1. CCD 和镜头; 2. 暗箱; 3. 调节支架; 4. 小孔; 5. 光电流计; 6. 积分球; 7. 滤光片; 8. 光源; 9. 光学导轨; 10. CCD 调节支架; 11. 像增强器夹具; 12. 像增强器

光源组件包括光源、滤光片、光阑、积分球、光电流计和小孔。微光像增强器参数测量中，均匀漫射弱照度光源是关键部件之一。由于强照度下，CCD 采集图像易发生饱和，曝光时间不易控制，因此要控制光源的发光照度。发光光源采用工作电压 6V、功耗 10W 的 OSPAM 卤钨灯。滤光片采用美国 THORLABS 公司生产的 NEKO1S 衰减片。光源组件可以控制光点直径、测试照度以及调节照度。

被测件微光像增强器放置于测试暗盒中，对微光像增强器的位置进行二维调整后用夹具对其进行固定。

光电检测组件包括共轭对称透镜、测微系统、光电倍增管夹具以及光学导轨。

采集系统主要由 Photometrics 公司生产的 CoolSNAP$_{K4}$ 型号 CCD 和镜头组成。此型号 CCD 的分辨力为 2048×2048，采样频率为 20MHz，帧速度为 3fps（1fps=3.048×10^{-1}m/s），暗电流为 0.1e$^-$/sec/pixel。为保证 CCD 采集图像中不出现饱和以及光饱和串音的现象，要求 CCD 光敏面上的曝光量均应低于饱和曝光量，因此在图像采集过程中，根据不同的光源照度，设置不同的曝光时间。

信号处理单元采用英国 SENS-TECH 公司生产的 PM20 高压电源、英国 ETL 公司生产的 9424B 倍增管以及自行研制的弱信号处理单元。

3. 高压脉冲电源的构建

1）指标参数

型号：DWP-N801/P302/103-1/5FF1；

输入电压：DC(24±2)V；

输出电压：(1) DC+10～−800V，

　　　　　(2) DC0～+3000V，

　　　　　(3) DC0～+10000V；

输出电流：(1) 1mA，(2) 或者 (3)5mA；

外形尺寸：3U 标准机箱；

脉冲幅度：+10～−800V，低端 −10～0～+10V 可调，高端 −50～−800V 可调；

占空比：可调；

脉冲频率：25Hz；

控制方式：TTL 电平控制信号；

上升沿和下降沿时间：≤100μs；

接地方式：共地；

保护方式：限流型；

调节方式：(2) 或者 (3) 电位器调节；

显示：4 1/2 表头显示电压；

时漂精度：0.1%/h，开机 30min 后计算；

温漂精度：0.1%/°C；

负载调整率：0.5%；

工作温度：−10～+50°C。

2）高压脉冲信号

定制的高压脉冲电源型号为 DWP-N801/P302/103-1/5FF1，输入电压为直流（24±2）V。此电源有三个输出端，分别输出一个脉冲信号和两个直流信号。脉冲信号的高低电平电压幅值的变化范围分别为 −10～−800V 和 −12～+12V。两个直流信号的电压变化范围分别为 0～+3000V 和 0～+10000V，三个输出端的接地方式为共地。图 11.58 为高压脉冲电源输出的脉冲信号，其占空比根据需要可调[53]。

4. 测试原理与过程

光源、滤光片、积分球和微孔等部件产生一定照度的均匀小光点，其中，积分球保证光点的均匀性。通过选择滤光片和调节积分球入口处的光阑可以获得所需要的照度。光点的直径则取决于微孔。硅光电探测器监控入射光点的照度。在微光像增强器 halo 效应测试时，将其放置在测试暗盒内，对其位置进行二维调整后用夹具进行固定。小光点照射微光像增强器的光电阴极面后,在其荧光屏上将出现光点的像,该光点像通过高分辨力 CCD 进行采集。为保证 CCD 采集图像中不出现饱和以及光饱和串音的现象,要求 CCD 光敏面均应低于饱和曝光量,因此在图像采集过程中,根据不同的光源照度,设置不同的曝光时间。

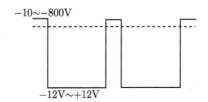

图 11.58   脉冲信号高低电平的电压幅值

将光源放入实验装置中,为了实现微弱光照条件,插入滤光片以衰减光的强度,得到光照度在 $10^{-2} \sim 10^{-4}$lx 的光源,经过均匀漫射积分球后通过一个小孔,得到固定直径的均匀漫射光斑。输入光斑照射在微光像增强器上,进行光电转换、图像增强以及电光转换后,利用 CoolSNAP$_{K4}$ 型号 CCD 将光信号转变成电信号,通过模数转换器芯片转换成数字信号,经过压缩,由相机内部的闪速存储器或内置硬盘卡保存,之后把数据传输给计算机。借助于计算机的处理手段,根据需要设置不同的参数以优化采集的图像,如曝光时间、对比度等参数,最终在计算机上显示完整的图像。

11.6.2   微光像增强器 halo 效应及分辨力的测试

1. 微光像增强器 halo 效应的测试与分析

在图 11.57 所示的测试装置上进行了超二代和三代微光像增强器的 halo 测量实验。设定微光像增强器的 halo 测试装置中的小孔直径为 0.1922mm,即微光像增强器的输入光斑,直接连接高分辨力 CCD 进行图像采集,从而得到输入光斑图像,如图 11.59 所示[52],图像尺寸为 2048×2048 像素。

如图 11.59 所示,CCD 采集的输入光斑的 halo 图像边缘轮廓不是完整的圆,而是存在一些缺口,是在制造 0.1922mm 小孔的过程中,工艺的缺陷及误差所致。

当一固定直径的输入光斑照射超二代和三代微光像增强器时,分别用 CoolSNAP$_{K4}$ 型号 CCD 对其 halo 进行了图像采集,如图 11.60 所示[52],图像尺寸均为 2048×2048 像素,输入光斑直径为 0.1922mm。

在 halo 测试装置输出面上显示的 halo 图像,其辐射量径向分布可以用高斯空间分布进行表述[54,55]。式 (11.64) 定义了荧光屏输出面上的高斯光束径向强度分布 $N(x)$,其为位置 x 的函数,N_{peak} 为峰值,μ 为 halo 光斑的几何中心位置,高斯分布的半宽 σ 控制了点扩散函数的宽度。在方位角上,相对于光斑中心的角度，halo 图像假设是对称的，忽略了输出面的曲率。

$$N\left(x\right) = N_{\text{peak}} \exp\left(-\frac{(x-\mu)^2}{2\sigma^2}\right) \tag{11.64}$$

图 11.59　CCD 采集输入光斑得到的 halo 图像

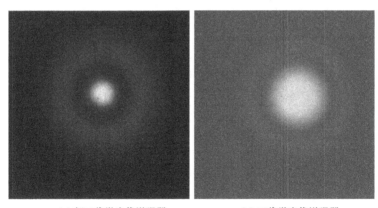

(a) 超二代微光像增强器　　　　(b) 三代微光像增强器

图 11.60　CCD 采集微光像增强器的 halo 图像

在可控制的实验室环境中，利用 halo 测试装置，分别测试了输入光斑、超二代和三代微光像增强器的 halo 图像，并通过 CCD 成像器件记录下 halo 图像上各像素点的灰度值分布。

1）halo 图像灰度值分布拟合

由于输入光斑直径较大，所以 halo 图像不能作为点扩散函数，需要进行图像处理。将过光斑中心所在直线上的灰度值分布作为研究对象，取直线的中点为 halo

图像中心点, 线上灰度值相等的像素点向中心点会聚, 其他像素点以一定的距离向中心点平移, 此时得到的 halo 图像灰度值分布便可近似地看成点扩散函数。

图 11.59 和图 11.60 所示的光斑大小为所占像素数, 通过 halo 图像所占像素数乘以 CCD 光敏面上像元大小, 可以得到所看到的 halo 图像几何大小, 其中包含了整个光学系统的放大比例, 不影响各 halo 图像之间的比较研究。测试装置产生的 halo 图像经过平移处理后, 其灰度值分布可以看成测试装置的点扩散函数。同理, 对放入超二代和三代微光像增强器后产生的 halo 图像也作类似处理, 可得到放入微光像增强器后的点扩散函数。halo 测试装置中, CCD 的分辨力为 2048×2048 像素, 像元大小为 7.4μm×7.4μm。经过像素数到几何大小的转换后, 分别对测试装置和微光像增强器放入测试装置后的 halo 图像灰度值分布进行了平移处理与曲线拟合, 所得结果如图 11.61 所示[56]。

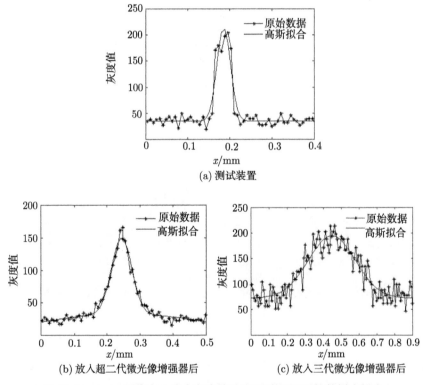

图 11.61　halo 图像中心线上灰度值分布平移处理后的数据点拟合

图 11.61 中三条灰度值分布曲线的高斯拟合公式如式 (11.65) 所示, 函数 $G(x)$ 表示 halo 图像中心线上各像素点的灰度值分布, 其中 x 为像素点的几何位置坐标值。

$$G\left(x\right) = N_{\text{peak}} \cdot \exp\left(-\frac{(x-\mu)^2}{2\sigma^2}\right) + G_{\text{back}} = G_1 + G_2 \tag{11.65}$$

式中，G_{back} 为背景噪声。

测试装置及放入微光像增强器后分别产生的 halo 图像高斯拟合公式中的参数值如表 11.8 所示。因为放入微光像增强器后产生的 halo 效应包含了测试装置产生的 halo 效应，所以测试装置的 halo 图像的高斯分布半宽最小。由表 11.8 可以发现，放入三代微光像增强器后产生的 halo 图像高斯分布的半宽大于超二代的情况，且三代微光像增强器的背景噪声远大于超二代，原因可能在于，三代微光像增强器中存在防离子反馈膜，膜层的电子散射使得 MCP 输入面的弥散圆斑相对变大，所以噪声增强。

表 11.8　各 halo 图像高斯拟合公式的参数值

参量	测试装置	放入超二代管后	放入三代管后
N_{peak}	179.1	116.4	122.2
μ/mm	0.19	0.24	0.45
σ/mm	0.023	0.043	0.185
G_{back}	34.6	28.1	72.6

2）halo 图像的分析对比

根据式（11.65），对采集得到的 halo 图像中心线上各像素点的灰度值分布归一化后分峰，其结果如图 11.62 所示。对于测试装置和微光像增强器放入装置后各自产生的 halo 图像，其中心线上灰度值分布均由两条曲线组成，一条为高斯分布曲线 G_1，另一条为灰度值近似相等的直线 G_2。其中 G_1 曲线为点扩散函数，G_2 可视为背景噪声，即 G_{back}。

将图 11.62 中的三条 G_1 曲线放到一幅图中，如图 11.63 所示。图中的三条曲线可以看成是理想点光源所产生的点扩散函数，其中光经过三代微光像增强器后产生的扩散现象大于超二代。测试装置、放入超二代和三代微光像增强器后的 halo 几何大小分别为 0.1112mm、0.2074mm 和 0.8808mm。

在制造工艺方面，超二代微光像增强器的 MCP 输入面镀有一层电极膜，而三代微光像增强器的 MCP 输入面镀有一层防离子反馈膜和一层电极膜。防离子反馈膜虽然阻止了产生于 MCP 通道末端或后近贴区 MCP 输出端附近的离子轰击阴极，但是也阻挡了部分来自光电阴极的电子，同时电子在膜层的表面散射和膜层中的二次电子发射使得 MCP 输入面弥散圆斑变大，从而增加了三代微光像增强器的 halo 直径。

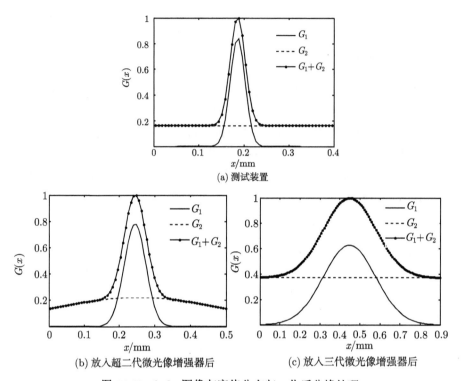

(a) 测试装置

(b) 放入超二代微光像增强器后　　　　(c) 放入三代微光像增强器后

图 11.62　halo 图像灰度值分布归一化后分峰处理

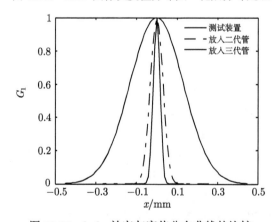

图 11.63　halo 效应灰度值分布曲线的比较

2. 高压脉冲电源对三代微光像增强器分辨力和 halo 效应的影响

将三代微光像增强器放入到图 11.57 所示的测试装置中, 进行调焦并固定像增强器的位置。脉冲电压加在光电阴极电极上, 且 MCP 输入端接地。当测试微光像增强器 halo 效应时, 放入带有小孔的光板; 当测试微光像增强器分辨力时, 将分辨力靶放入测试装置中。首先，将信号发生器和直流电源与高压脉冲电源相连，进行调试以保证高压脉冲电源的正常工作。然后，调节高压脉冲电源的输出电压方式。若是直流电源的实验，只需将信号发生器输出脉冲信号的占空比调为 100%。若是脉冲电源的实验，关掉信号发生器的电源，通过观察万用表调节脉冲电源输出脉冲信号的低电平电压值，如图 11.58 中 −12~ + 12V 的电压。当低电平电压值调好后，打开信号发生器的电源，通过高压脉冲电源的旋钮调节脉冲电源输出的高电平电压值，如图 11.58 中 −10~−800V 的电压。当脉冲电源的输出高低电平电压都调好后，将微光像增强器的四个输入端与脉冲电源的四个输出端一一对应相连。关掉室内的电灯，将测试装置前段的光闸打开，并插入合适的滤光片以衰减入射光照度。非暗室的环境下，脉冲电源是关机状态。以上设备连接完成后，调节信号发生器的占空比和光电阴极所加高低电平电压值，测试高压脉冲电源对微光像增强器 halo 效应和分辨力的影响。

将过 halo 图像中心的直线上各像素点的灰度值分布作为研究对象，统计了灰度值相等的像素点个数，在此称为光子计数，并对比分析了不同条件下采集的 halo 图像的光子计数[53]。halo 图像像素点的灰度值范围为 0~255。在测试过程中，照射在三代微光像增强器光电阴极面上的光斑直径为 0.3mm，MCP 输入端接地，MCP 输出端电压为 + 800V，荧光屏电压为 + 4500V。

1）高电平电压对三代像增强器分辨力和 halo 效应的影响

固定脉冲信号的占空比为 100%，测试了高电平电压对三代微光像增强器 halo 效应和分辨力的影响，如图 11.64 和图 11.65 所示。

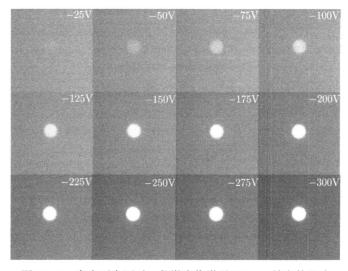

图 11.64　高电平电压对三代微光像增强器 halo 效应的影响

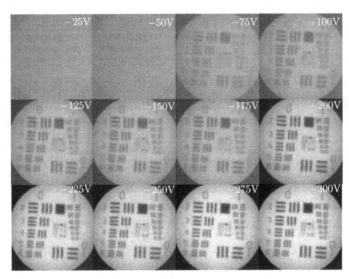

图 11.65　高电平电压对三代微光像增强器分辨力的影响

如图 11.64 所示，随着光电阴极所加电压的增加，光电子在前近贴聚焦电压的作用下输运到 MCP 输入面时的能量增加，从而在 MCP 通道孔内激发出更多的次级电子，这些次级电子在电场的作用下轰击荧光屏，因此光斑图像中心的亮度变亮。阴极所加电压越大，光斑图像中背景和信号的边界越来越清晰。

如图 11.65 所示，当电压在 $-25 \sim -50\text{V}$ 时，分辨力靶基本看不清楚；当电压为 -75V 时，能看到第 0 组的第 5 对；当电压为 -100V 时，基本能看到第 0 组的第 6 对；当电压为 -125V 时，能看到第 1 组的第 1 对；随着电压的升高，直到电压增加到 -300V 时，能看到第 1 组的第 3 对。因为计算机显示器和人眼都存在分辨力，所以实际像增强器的分辨力要略高于人眼所看到的情况。随着光电阴极所加直流电压的升高，阴极和 MCP 之间的加速场变强，到达 MCP 输入端的电子束越会聚，分辨力变高。

对图 11.64 中 halo 图像中心线上的灰度值分布进行提取，统计灰度值相等的像素点个数，如图 11.66 所示。当高电平电压幅值为 -50V 时，对应的 halo 图像中心线上各像素点的灰度值在 $100 \sim 255$ 基本平均分布，且灰度值为 150 时的像素点略多。当高电平电压幅值从 -50V 变化到 -200V 时，光电子到达 MCP 输入面时的能量变大，对应的 halo 图像中心线上各像素点的灰度值变大，即高灰度值的像素点个数变多。当电压幅值在 $-200 \sim -300\text{V}$ 时，灰度值小于 255 的像素点个数极少，且灰度值为 255 的像素点个数基本相同。可以得出，随着高电平电压幅值的增加，前近贴聚焦系统中的光电子获得的能量越大，从而灰度值为 255 的像素点数目变多。当高电平电压幅值大于 -200V 时，高电平电压幅值对 halo 图像中心线上各像素点灰度值分布的影响不大。在脉冲电压的占空比为 100% 的条件下，高电平电压幅值的参考范围为 $-200 \sim -300\text{V}$。

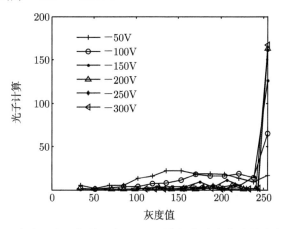

图 11.66　高电平电压幅值对各 halo 图像的像素点灰度值分布的影响

2）低电平电压对三代微光像增强器分辨力和 halo 效应的影响

此脉冲电源输出的低电平电压范围在 -12V 和 12V 之间。当低电平电压为负值时，表示阴极到 MCP 之间为加速场，否则为阻滞场。光电子从光电阴极出射的初始能量不清楚，因此通过改变低端电压值，观察采集得到的 halo 和分辨力靶的图片是否发生变化。将三代微光像增强器 MCP 输出端电压和荧光屏电压均固定，分别为 $+800\text{V}$ 和 $+4500\text{V}$，同时信号发生器的占空比为 10%，阴极所加脉冲电源的高电平电压为 -300V。改变低电平电压幅值，分别测试了三代微光像增强器的 halo 效应和分辨力，如图 11.67 和图 11.68 所示。

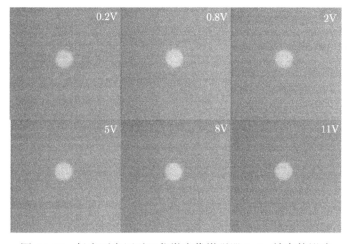

图 11.67　低电平电压对三代微光像增强器 halo 效应的影响

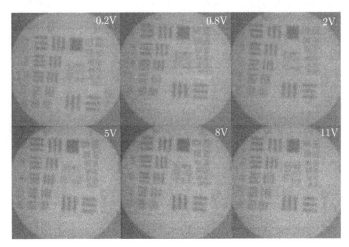

图 11.68　低电平电压对三代微光像增强器分辨力的影响

随着低电平电压的升高，即阻滞场的增强，其对 halo 效应和分辨力靶的影响从直观图上不是很明显。若深入探讨 halo 效应随着阻滞场的变化而受到的影响，需要对图 11.67 和图 11.68 进行图像处理。

下面取图 11.67 中 halo 图像中心线上各像素点的灰度值分布作为研究对象，统计灰度值相等的像素点个数，如图 11.69 所示。

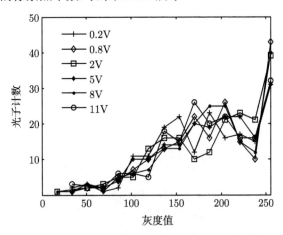

图 11.69　低电平电压幅值对 halo 图像中心线上灰度值分布的影响

随着低电平电压幅值的增大，光电阴极与 MCP 之间的阻滞场越强。由图 11.69 可以看出，随着低电平电压幅值的升高，对应 halo 图像中心线上不同灰度值的像素点数目变化基本一致，且 halo 图像中心线上灰度值为 255 的像素点数目呈现变少的趋势。因为三代微光像增强器采用 GaAs 光电阴极，所以光电子在光电阴极体内到达能带弯曲区的能量最大值为 2eV 左右[43]，且从光电阴极面出射时的能量为 1eV 左右。因此，当低电平电压小于 2V 时，仍有部分光电子克服阻滞场到达 MCP 输入面，最后轰击荧光屏成像。当低电平电压大于 2V 左右时，在低电平阶段，没有光电子能够到达荧光屏，只有高电平阶段的加速作用才能成像，即灰度值为 255 的像素点基本都是由 10% 高电平作用产生的。

3）占空比对三代微光像增强器分辨力和 halo 效应的影响

固定三代微光像增强器的 MCP 输出端电压和荧光屏电压，分别为 +800V 和 +4500V，且阴极所加脉冲电源的低电平和高电平电压分别为 0.2V 和 −300V。通过改变信号发生器的占空比，测试光电阴极所加脉冲电源的占空比对三代像增强器 halo 效应和分辨力的影响，测试结果如图 11.70 和图 11.71 所示。

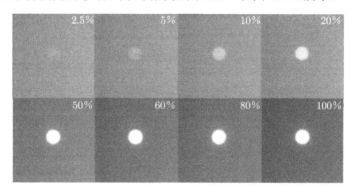

图 11.70　光电阴极所加脉冲电源的占空比对三代微光像增强器 halo 效应的影响

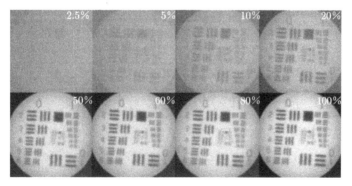

图 11.71　阴极所加脉冲电源的占空比对三代微光像增强器分辨力的影响

由图 11.70 可以看出，随着脉冲电源占空比的升高，光斑图像中心的亮度升高。当占空比在 2.5% 时，信号与背景噪声的界限很模糊；当占空比在 5% 时，信号与背景噪声的界限较模糊。随着占空比的升高，信号与背景噪声的界限变得清晰。当占空比在 50%～100% 时，从直观图中看出，这几张采集图看着没有很大差别。

　　由图 11.71 可以看出，随着脉冲电源占空比的升高，分辨力变高。当占空比小于 50% 时，分辨力不高；当占空比大于 50% 时，从直观图中可以看出分辨力变化不大，能看到第 1 组的第 3 对。

　　取图 11.70 中过 halo 图像中心的直线上各像素点的灰度值作为研究对象，统计了 halo 图像中心光斑及其附近位置的各像素点的灰度值分布。不同占空比条件下，采集的 halo 图像中不同灰度值对应的像素点个数如图 11.72 所示。

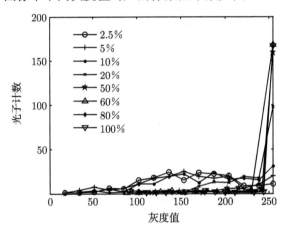

图 11.72　占空比对 halo 图像中心线上灰度值分布的影响

　　由图 11.72 可以看出，当占空比在 2.5%～10% 时，halo 图像中心线上像素点的灰度值大致平均分布在 100～255。当占空比大于 20% 时，灰度值大体分布在 150～255。随着占空比的增加，更多的光电子在前近贴聚焦系统内做加速运动，能量大的光电子数目变多，因此对应的灰度值为 255 的像素点增加，即 halo 图像中心线上各像素点的灰度值变大。随着占空比从 2.5% 变化到 60%，各 halo 图像中灰度值为 255 对应的像素点越来越多。当占空比在 60%～100% 时，不同占空比条件下的 halo 图像中心线上像素点灰度值分布大体一致，且灰度值为 255 的像素点个数基本相同。由以上分析可以得出，当高低电平电压幅值分别为 −300V 和 0.2V 时，占空比在 60%～100% 范围内，占空比对三代微光像增强器 halo 效应的影响不大。

11.6.3　GaAs 光电阴极微光像增强器 halo 效应及分辨力研究

1. 不同掺杂 GaAs 光电阴极微光像增强器 halo 效应的测试对比

　　为了探讨 GaAs 光电阴极对微光像增强器 halo 效应的影响，分别测试了均匀掺杂和指数掺杂 GaAs 光电阴极微光像增强器的 halo 效应，测试结果如图 11.73 所示。测试时，前近贴电压为 300V，通道板间电压为 800V，后近贴电压为 4500V。

(a) 均匀掺杂　　　　　　　　　　　(b) 指数掺杂

图 11.73　GaAs 光电阴极微光像增强器 halo 效应测试

均匀掺杂 GaAs 光电阴极微光像增强器 halo 效应拟合公式如式 (11.65) 所示, 其中 $N_{\text{peak}}=144.8$, $\mu=1.488$, $\sigma=0.07812$, $G_{\text{back}}\approx41$。指数掺杂 GaAs 光电阴极像增强器 halo 效应拟合公式同样如式 (11.65) 所示, 其中 $N_{\text{peak}}=112$, $\mu=1.528$, $\sigma=0.1206$, $G_{\text{back}}\approx80$。指数掺杂 GaAs 光电阴极微光像增强器 halo 效应高斯分布的半宽为 0.1206, 大于均匀掺杂 GaAs 光电阴极微光像增强器。

均匀掺杂和指数掺杂 GaAs 光电阴极微光像增强器 halo 效应曲线均由两条高斯曲线组成, 分别如图 11.74 和图 11.75 所示, 其中图 11.74(a) 为拟合曲线, 图 11.74 (b) 为将图 11.74(a) 的拟合曲线进行分峰。

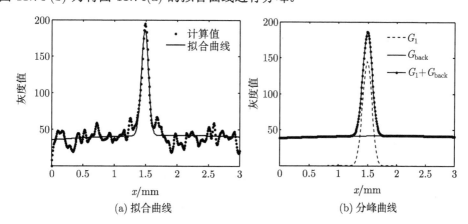

(a) 拟合曲线　　　　　　　　　　　(b) 分峰曲线

图 11.74　均匀掺杂 GaAs 光电阴极微光像增强器 halo 效应拟合曲线

将均匀掺杂和指数掺杂 GaAs 光电阴极微光像增强器 halo 效应的拟合曲线进行对比, 如图 11.76 所示。指数掺杂 GaAs 光电阴极像增强器 halo 效应大于均匀掺杂 GaAs 光电阴极。根据图 11.33(b) 中均匀掺杂和指数掺杂 GaAs 光电阴极 MTF 的对比, 指数掺杂 GaAs 光电阴极体内由于有内建电场的存在, 所以其量子效率和分辨力均高于均匀掺杂。此处计算，出现指数掺杂 GaAs 光电阴极像增强器 halo 效应大于均匀掺杂的情况，可能与光电子从 GaAs 光电阴极面出射时的角度分布和能量分布有关，也可能是因为这两种微光像增强器的结构参数有所差别，还需进一步研究。

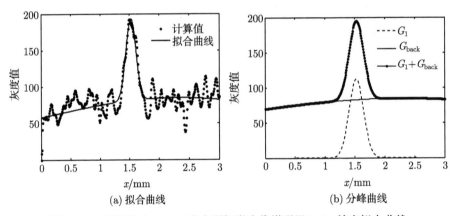

(a) 拟合曲线　　　　　　　　　　　　(b) 分峰曲线

图 11.75　指数掺杂 GaAs 光电阴极微光像增强器 halo 效应拟合曲线

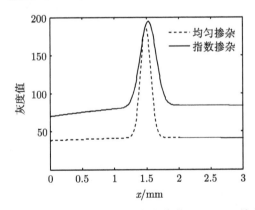

图 11.76　均匀掺杂与指数掺杂微光像增强器 halo 效应对比

2. GaAs 光电阴极对微光像增强器分辨力的影响

设斜切角为 8°，通道间距 5.8μm，通道壁厚 0.8μm，前近贴距离为 150μm，前近贴电压为 400V，MCP 厚度为 250μm，MCP 两端电压为 1000V，后近贴距离为 200μm，后近贴电压为 4600V，末端电极深度为 0。假设从 GaAs 光电阴极面出射的电子能量范围为 0.2~0.8eV，且为离散值。离散值之间间隔为 0.04eV，不同能量值对应的电子数服从 $\beta_{1,8}$ 分布。出射角度范围为 $-87° \sim 87°$，同样为离散值，不同角度的电子数服从余弦分布。首先，固定电子的出射能量值为 0.2eV，出射角度从

−87° 变化到 87°，每隔 6° 变化一次，分别计算光电子到达 MCP 输入面的位置。然后，固定电子的出射能量值为 0.24eV，同样，分别计算光电子到达 MCP 输入面的位置。以此类推，模拟大量光电子在微光像增强器中的输运轨迹，如图 11.77(a) 所示。

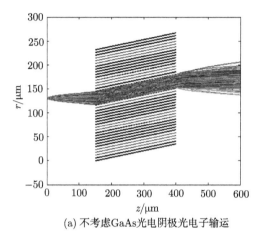

(a) 不考虑GaAs光电阴极光电子输运

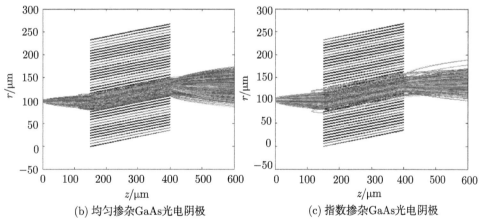

(b) 均匀掺杂GaAs光电阴极　　　　　　　(c) 指数掺杂GaAs光电阴极

图 11.77　微光像增强器中光电子的输运轨迹

前面分别计算了均匀掺杂和指数掺杂 GaAs 光电阴极在全波段光照射下产生的电子落点分布、能量分布和出射角度分布。将此计算结果考虑到像增强器中，即光电子从 GaAs 光电阴极面出射时的能量分布和角度分布分别为图 11.30 和图 11.32 所示的分布，计算 GaAs 光电阴极微光像增强器中的光电子输运轨迹，如图 11.77(b) 和 (c) 所示。图 11.77(b) 为均匀掺杂 GaAs 光电阴极微光像增强器，图 11.77(c) 为指数掺杂 GaAs 光电阴极微光像增强器。图 11.77 中，$z=0\mu m$ 处为光电阴极所在位置，$z=600\mu m$ 处为荧光屏。

　　由图 11.77 的计算结果可以看出，均匀掺杂 GaAs 光电阴极微光像增强器的弥散圆斑大于指数掺杂的情况。根据光电子在荧光屏上的落点分布，计算 GaAs 光电阴极微光像增强器的 MTF 曲线，如图 11.78 所示。均匀掺杂 GaAs 光电阴极微光像增强器的 MTF 曲线最低。在 GaAs 光电阴极微光像增强器 MTF 的计算过程中，每条曲线均按照相同的空间频率分别求调制度，为一系列离散值。当空间频率分别为 40lp/mm 和 50lp/mm 时，指数掺杂 GaAs 光电阴极微光像增强器的调制度略高于不考虑光电阴极的情况，而在其他频率下，均低于不考虑光电阴极的情况。从 MTF 整体曲线来看，忽略 40lp/mm 和 50lp/mm 空间频率处调制度的影响，认为指数掺杂 GaAs 光电阴极微光像增强器的 MTF 略低于不考虑光电阴极的情况，此种忽略不影响各种微光像增强器极限分辨力的分析。不考虑光电阴极时像增强器的极限分辨力为 92lp/mm，均匀掺杂和指数掺杂 GaAs 光电阴极像增强器的极限分辨力分别为 79lp/mm 和 88lp/mm。

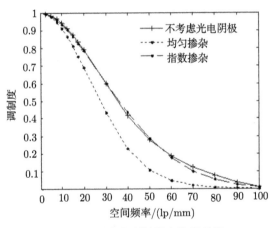

图 11.78　GaAs 光电阴极微光像增强器 MTF

　　由图 11.78 可以看出，GaAs 光电阴极对微光像增强器分辨力有一定的影响，且指数掺杂 GaAs 光电阴极微光像增强器的 MTF 高于均匀掺杂的情况。由于指数掺杂 GaAs 光电阴极体内有内建电场的存在，所以指数掺杂 GaAs 光电阴极的量子效率和分辨力均高于均匀掺杂的情况，如图 11.78 所示。一定能量的电子从光电阴极面出射后，在前近贴电压的作用下输运到 MCP 输入面。从光电阴极面出射的光电子能量越高，MCP 输入面的弥散圆斑越大，从而微光像增强器的分辨力越低。由图 11.30 可以得出，指数掺杂 GaAs 光电阴极出射面处的电子能量分布较均匀掺杂宽。图 11.32 给出的出射角度分布表明，指数掺杂 GaAs 光电阴极的光电子出射角度较集中，大部分在 $\pm 30°$ 之间。因此，指数掺杂 GaAs 光电阴极面出射的电子束，输运到 MCP 输入面时的弥散圆斑小于均匀掺杂的情况。根据式（11.1）所示的级联系统的 MTF 公式，指数掺杂 GaAs 光电阴极的 MTF 高于均匀掺杂，对于相同的像增强器参数，指数掺杂 GaAs 光电阴极微光像增强器的分辨力高于均匀掺杂，此结论间接验证了上述理论计算结果。

参 考 文 献

[1] 任玲. GaAs 光电阴极及像增强器的分辨力研究. 南京：南京理工大学，2013

[2] 王洪刚. 像增强器的电子输运与噪声特性研究. 南京：南京理工大学，2015

[3] Medina J M. 1/fa noise in reaction times: a proposed model based on Pieron's law and information processing. Journals of Phys Rev E, 2009, 79(1): 011902

[4] 李升才, 金伟其, 许正光, 等. 微光增强型电荷耦合装置成像系统调制传递函数测量方法研究. 兵工学报, 2005, 15(3): 53–55

[5] Mizuno I, Nihashi T, Nagai T, et al. Development of UV image intensifier tube with GaN photocathode. Pro of SPIE, 2008, 6945: 69451N

[6] 沈庆垓. 摄像管理论基础. 北京：科学出版社，1984

[7] 向世明, 倪国强. 光电子成像器件原理. 北京：国防工业出版社，1999

[8] 汪贵华. 光电子器件. 北京：国防工业出版社，2009

[9] Jain A, Kuhls-Gilcrist A, Rudin S, et al. An analysis of signal-to-noise ratio differences between the new high-sensitivity, microangiographic fluoroscope (HSMAF) and a standard flat-panel detector. Med Phys, 2008, 35: 2636

[10] 程耀进, 向世明. 师宏立. 三代微光像增强器分辨力计算理论模型. 应用光学, 2007, 28(5): 578–581

[11] Howorth J R, Holtom R, Hawton Z, et al. Exploring the limits of performance of third generation image intensifiers. Vacuum, 1980, 30 (11/12): 551–555

[12] Fisher D G, Martinelli R U. Negative electron affinity materials for imaging devices. Advances in Image Pickup and Display , 1974 ,1: 101–106

[13] 闫金良, 赵银女, 朱长纯. GaAs/GaAlAs 透射式光电阴极的分辨率特性分析. 半导体光电, 1998, 20(4): 252–254

[14] Martinelli R U, Fisher D G. The application of semiconductors with negative electron affinity surfaces to electron emission devices. Proc IEEE, 1974, 62(10): 1339–1360

[15] 刘元震, 王仲春, 董亚强. 电子发射与光电阴极. 北京：北京理工大学出版社，1995

[16] Howorth J R, Holtom R, Hawton A, et al. Exploring the limits of performance of third generation image intensifiers. Vacuum, 1980, 30 (11/12): 551

[17] Allen G A. Calculations on the performance of gallium arsenide photocathodes. Acta Electronica, 1973, 16 (3): 229–236

[18] 邹继军, 常本康, 杨智, 等. 指数掺杂 GaAs 光电阴极分辨力特性分析. 物理学报, 2009, 58(8): 5842–5846

[19] Fisher D G, Martnellir U. Negative electron affinity material for imaging devices. Advances in Image Pickup and Display, 1974, (1):71–162

[20] 宋克昌. 双近贴聚焦象增强器的 MTF 评价. 高速影像与光子学, 1985, 14(3):1–22

[21] 向世明. 双近贴聚焦微光像增强器分辨力理论极限问题研究. 应用光学, 2008, 29(3): 351–353

[22] 程耀进, 石峰, 郭晖, 等. MCP 参数对微光像增强器分辨力影响研究. 应用光学, 2010, 31(17802): 292–296

[23] 周立伟, 刘玉岩. 目标探测与识别. 北京: 北京理工大学出版社, 2004

[24] 王勇. 微光像增强器的分辨率研究. 南京: 南京理工大学, 2011

[25] 周立伟. 宽束电子光学. 北京: 北京理工大学出版社, 1993

[26] Klein W, Harder M, Pollehn H. Influence of backscattered electrons on the resolution of transmission secondary electron emitters. Applied Optics, 1972, 11:2337–2339

[27] Bell R L. Negative Electron Affinity Devices. Oxford: Clarendon Press, 1973

[28] Bender E J, Estrera J P. High reliability GaAs image intensifier with unfilmed microchannel plate. Proc of SPIE, 1999, 3729: 713, 714

[29] Johnson C B, Hallam K L. An electron-lens for opaque photocathodes. Proc of SPIE, 1973, 32: 53–56

[30] 牛军, 杨智, 常本康, 等. 反射式变掺杂 GaAs 光电阴极量子效率模型研究. 物理学报. 2009, 58(7): 5002–5006

[31] Wang H G, Qian Y S, Du Y J, et al. Resolution properties of reflection-mode exponential-doping GaAs photocathodes. Materials Science in Semiconductor Processing, 2014, 24: 215–219

[32] Liu Z, Machuca F, Pianetta P, et al. Electron scattering study within the depletion region of the GaN (0001) and the GaAs (100) surface. Applied Physics Letters, 2004, 85: 1541–1543

[33] Liu Z, Sun Y, Peterson S, et al. Photoemission study of Cs-NF$_3$ activated GaAs (100) negative electron affinity photocathodes. Applied Physics Letters, 2008, 92: 241107

[34] Chen X L, Zhao J, Chang B K, et al. Roles of cesium and oxides in the processing of gallium aluminum arsenide photocathodes. Materials Science in Semiconductor Processing, 2014, 18: 122–127

[35] Yu X H, Ge Z H, Chang B K, et al. Electronic structure of Zn doped Ga$_{0.5}$Al$_{0.5}$As photocathodes from first-principles. Solid State Communications, 2013, 164: 50–53

[36] Yu X H, Du Y J, Chang B K, et al. Study on the electron structure and optical properties of Ga$_{0.5}$Al$_{0.5}$As (100) β$_2$(2×4) reconstruction surface. Applied Surface Science, 2013, 266: 380–385

[37] Wang H G, Fu X Q, Ji X H, et al. Resolution properties of transmission-mode exponential-doping Ga$_{0.37}$Al$_{0.63}$As photocathodes. Applied Optics, 2014, 53(27): 6230–6236

[38] 任玲, 常本康, 侯瑞丽, 等. 均匀掺杂 GaAs 材料光电子的输运特性研究. 物理学报, 2011, 60(8): 087202

[39] 刘恩科, 朱秉升, 罗晋生. 半导体物理学. 7 版. 北京: 电子工业出版社, 2009

[40] 褚圣麟. 原子物理学. 北京: 高等教育出版社, 1979

[41] Ren L, Chang B K. Modulation transfer function characteristic of uniform-doping transmission-mode GaAs/GaAlAs photocathode. Chinese Physics B, 2011, 20(8): 087308

[42] 邹继军, 常本康, 杨智. 指数掺杂 GaAs 光电阴极量子效率的理论计算. 物理学报, 2007, 56(5): 2992–2997

[43] Ren L, Chang B K, Wang H G. Influence of built-in electric filed on the energy and emergence angle spreads of transmission-mode GaAs photocathode. Optics Communications, 2012, 285: 2650–2655

[44] Ren L, Chang B K, Wang H G, et al. Influence of electric field penetration on uniformly doping GaAs photocathode photoelectric emission properties. 2012 Photonics Global Conference, 2012

[45] Fraser G W. Advances in micro-channel plates detector. SPIE, 1988, 982: 98–107

[46] 顾燕. 电子散射对微光像增强器分辨力的影响研究. 南京: 南京理工大学, 2009

[47] 陈杰. MATLAB 宝典. 北京: 电子工业出版社, 2008

[48] Ren L, Shi F, Guo H, et al. Numerical calculation method of modulation transfer function for preproximity focusing electron-optical system. Applied Optics, 2013, 52(8): 1641–1645

[49] Johnson C B. Classification of electron-optical device modulation transfer functions. Adv Electron Electron Phys, 1972, 33B: 579–584

[50] 傅文红. MCP 扩口工艺的理论、实验与测试技术研究. 南京: 南京理工大学, 2006

[51] Zacher J E, Brandwood T, Thomas P, et al. Effects of image intensifier halo on perceived layout. Proc of SPIE, 6557: 65570U

[52] Cui D X, Ren L, Shi F, et al. Test and analysis of the halo in low-light level image intensifiers. Chinese Optics Letters, 2012, 10(6): 060401

[53] 任玲, 石峰, 郭晖, 等. 前近贴脉冲电压对三代微光像增强器 halo 效应的影响. 物理学报, 2012, 62(1): 014206

[54] Paul J T, Robert S A, Peter C, et al. Physical modeling and characterization of the halo phenomenon in night vision goggles. Proc of SPIE, 2005, 5800: 21–31

[55] Edward H E. Image transfer properties of proximity focused image tubes. Appl Opt, 1977, 16: 2127–2133

[56] Ren L, Shi F, Guo H, et al. Analysis of image intensifiers halo effect with curve fitting and separation method. 2012 International Conference of Electrical and Electronics Engineering, 2012

第 12 章　回顾与展望

回顾 GaAs 基光电阴极研究工作或许对 NEA 光电阴极的后续研究提供鉴戒。本章主要回顾了 GaAs、GaAlAs 和 InGaAs 光电阴极，回顾了 GaAs 光电阴极及其微光像增强器的分辨力，简单探讨了研究工作中的纠结及新一代 GaAs 基光电阴极的研究展望。

12.1　GaAs 基光电阴极研究工作的简单回顾

重点回顾了 GaAs 光电阴极，其研究工作贯穿了四个 "五年计划"，GaAlAs 和 InGaAs 光电阴极是 GaAs 研究工作的拓展，GaAs 光电阴极及其微光像增强器的分辨力是专门针对器件研究过程中存在的问题。

12.1.1　GaAs 光电阴极

从 1995 年开始承担 NEA GaAs 光电阴极研究任务，针对均匀掺杂 GaAs 光电阴极材料设计、制备与性能表征等方面的研究工作，基本耗费了一个五年计划的时间，建立了 GaAs NEA 光电阴极评估系统雏形，利用拉制的单晶体材料以反射模式获得了 $1025\mu A/lm$ 的积分灵敏度。到 2000 年左右，除项目组成员外，有两位博士参加了此项工作的研究。

宗志园是首位参与该项目研究的博士，见证了开始阶段项目研究的艰辛。他 2000 年取得了博士学位，主要工作和创新之处包括以下几方面 [1~6]：

(1) 研究了 NEA 光电阴极量子产额的理论计算，提出了量子产额的积分算法；提出了一种简便、实用的计算 P 的方法，将其应用于双偶极层表面模型，估算了第一偶极层的厚度，计算了 NEA 光电阴极的电子能量分布，并对影响 P 值的因素作了分析。

(2) 提出了 NEA 光电阴极性能评估的方法，即通过光谱响应和变角 XPS 测试确定阴极特性参量，在国内首次解决了 NEA 光电阴极的性能表征问题。并从性能评估的角度，比较了国内外 NEA 光电阴极的性能，分析了它们之间存在差距的原因。

(3) 参加了动态光谱响应测试仪以及 NEA 光电阴极性能评估实验系统的设计与调试工作，利用动态光谱响应测试仪在国内外首次测试了 NEA 光电阴极在激活过程中的光谱响应曲线，给出了测试结果，并对其进行了分析、比较，得到了有关结论。

(4) 分析了影响 NEA 光电阴极稳定性的因素, 并在国内首次测量了 NEA 光电阴极光谱响应的衰减特性, 记录了光谱响应随时间变化的信息, 为阴极稳定性研究提供了极具参考价值的实验数据。

钱芸生教授也参加了该项目的研究, 在职完成了博士学位, 其主要工作是光电阴极研究过程中的原位测试, 基本想法是将在多碱阴极研究过程发挥重大作用的原位光谱响应应用于 GaAs 基光电阴极的研究, 在 GaAs 光电阴极方面的主要工作和创新成果包括如下几方面 [7~14]:

(1) 研制了 NEA 光电阴极激活评估系统, 对反射式样品进行了激活工艺研究, 首次实现了对 NEA 光电阴极光谱响应的在线测试, 分析了测试结果, 结合 XPS 表面分析技术, 形成了稳定的激活工艺。

(2) 利用光谱响应在线测试结果实现了对 NEA 光电阴极的性能评估, 并将国内外研制的 NEA 光电阴极的性能进行了比较, 指出了国内在 NEA 光电阴极研究方面的不足。

2000 年以后, 研究项目进入死胡同, 拉制的单晶体材料和 MBE 生长的薄膜材料完成不了该五年计划下达的指标, 研究手段落后, 评估手段空乏, 研究人员流失, 学生不愿意进行光电发射材料研究, 基本将研究团队逼到了绝境, 当时的处境与心境, 作为团队负责人, 是放弃还是坚守, 其中甘苦唯有自己体会。

国内材料遇到的最大问题是 GaAs 产生的载流子扩散长度短且寿命低, 制约了外光电发射性能, 如需在 GaAs 光电阴极光电发射性能上取得突破, 必须探索一种载流子扩散长度长的光电阴极材料, 这直接导致了后来的扩散加漂移的变掺杂 GaAs 光电阴极材料理念的提出, 并进行了设计与研制, 使载流子扩散长度大于 $3\mu m$, 积分灵敏度大于 $2000\mu A/lm$, 与上一个五年计划相比, 我们在载流子漂移扩散长度与积分灵敏度方面实现了跨越式发展, 所发表的数据居世界第二, 仅次于美国。从此, 我国的 GaAs 光电阴极研究进入了快车道, 数十位博士研究生的加盟, 给研究团队带来了无限的创新活力。

在第二个五年计划期间, 杜晓晴、邹继军和杨智博士先后加盟了研究团队, 在变掺杂 GaAs 光阴极材料与量子效率理论研究中发挥了重大作用。

杜晓晴博士以 "高性能 GaAs 光电阴极研究" 为题, 在 GaAs 光电阴极的光谱响应理论、多信息量测试与评估系统、GaAs 基片和变掺杂材料激活工艺及其优化等方面进行了深入的研究, 2005 年毕业, 其主要工作和创新成果包括如下几方面 [15~35]:

(1) 研究了 GaAs 光电阴极的光谱响应理论。分析了 GaAs 光电阴极光电发射机理, 给出了 GaAs 光电阴极在不同工作模式下的量子效率公式的推导, 并首次利用积分法推导了考虑前表面复合速率的反射式和透射式 GaAs 光电阴极的量子效率公式，分析了阴极各个性能参量对阴极量子效率以及积分灵敏度的影响，并建立了阴极性能参量的优化范围和条件，介绍了利用已知的量子效率或光谱响应曲线计算阴极参量的曲线拟合方法。利用推导的公式计算透射式 GaAs 光电阴极在较大前表面复合速率下的理论量子效率曲线和实验结果一致，这从一个侧面证明所推导的带有前表面复合速率的 GaAs 光电阴极理论量子效率公式是可行的。

(2) 参与设计并研制了 GaAs 光电阴极的多信息量测试与评估系统。参与设计了该系统总体结构，调试成功后的超高真空激活系统的极限真空度 $\leqslant 2 \times 10^{-8}$Pa，样品加热净化前的本底真空度 $\leqslant 9 \times 10^{-8}$Pa，激活前的本底真空度 $\leqslant 1 \times 10^{-7}$Pa，满足了 GaAs 光电阴极成功制备的超高真空条件。以光谱响应测试仪工程化样机为核心，构建了多信息量在线监控系统，实现了加热净化进程的自动温度控制，Cs 源、O 源的电流源控制，以及光电阴极激活过程中光电流、光谱响应、Cs 源电流、O 源电流的在线采集和记录，为阴极性能评估提供可靠依据。

(3) 利用 GaAs 光电阴极多信息量测试与评估系统，对国产反射式 GaAs 基片进行了激活工艺及其优化研究。建立了 Cs 源、O 源的除气工艺，设计了 GaAs 表面的高温加热净化和低温加热净化工艺。详细研究了首次进 Cs 量、Cs/O 比例以及不同激活方式对阴极光谱响应特性以及稳定性的影响，建立了 GaAs 光电阴极激活工艺的优化途径，通过对国产反射式 GaAs 基片的激活，能获得积分灵敏度为 1400μA/lm 且稳定性良好的光电阴极。

(4) 变掺杂 GaAs 光电阴极的激活实验和光谱响应理论研究。首次提出了由体内到表面、掺杂浓度由高到低的变掺杂 GaAs 光电阴极材料结构，并利用 MBE 生长技术，与中国科学院半导体研究所共同制备了反射式变掺杂 GaAs 光电阴极材料，对变掺杂 GaAs 光电阴极材料与均匀掺杂 GaAs 光电阴极材料进行了对比激活实验，变掺杂 GaAs 光电阴极获得了 1798μA/lm 的高灵敏度，且灵敏度和稳定性均要好于均匀掺杂的 GaAs 光电阴极，从而实验验证了变掺杂 GaAs 光电阴极的可行性。利用分段积分法首次推导了变掺杂 GaAs 光电阴极的量子效率公式，理论上展示了变掺杂在提高 GaAs 光电阴极电子扩散长度方面以及体内内建电场在提高电子迁移效率方面所发挥的作用。

(5) 利用光谱响应测试仪工程化样机，在国内首次对三代实验管 GaAs 光电阴极进行了多个性能评估。对三代实验管 GaAs 光电阴极的均匀性进行了测试与分析，结果表明，三代实验管 GaAs 光电阴极存在严重的非均匀性 ($\sim 40\%$)，阴极平均灵敏度在 $900 \sim 1100$μA/lm；阴极材料的平均扩散长度 ~ 1.6μm，阴极厚度 1.6μm，两者还没有达到最佳匹配；后界面复合速率为 $1 \times 10^5 \sim 1 \times 10^6$cm/s，比较大。阴极参量分析表明，阴极表面各个分区表面逸出几率的差异是导致阴极非均匀性的主要原因。考察了高温激活后、低温激活后以及铟封后透射式 GaAs 光电阴极光谱响应曲线的变化，结果表明，透射式 GaAs 光电阴极高低温激活工艺比较成功，但铟封对阴极的光谱响应造成了严重影响，使得阴极积分灵敏度和长波响应明显降低。

在第三个五年计划中，在国家自然科学基金委员会 "变掺杂 GaAs 光阴极材料与量子效率理论研究"(66678043) 和国防项目支持下，研究团队在材料理念、掺杂结构、表面模型、制备与测控技术等方面取得了长足进步，使变掺杂反射式 GaAs 光电阴极的最高灵敏度达到 2140μA/lm。同时，研究团队将变掺杂透射式 GaAs 光电阴极材料应用于微光夜视技术重点实验室，制备了高性能微光像增强器，平均灵敏度达到 1963μA/lm，最高灵敏度达 2022μA/lm，电子漂移扩散长度大于 4μm，这些数据达到了美国 ITT 在器件中公开发表的 1800~2200μA/lm 水平。

邹继军博士以 "GaAs 光电阴极理论及其表征技术研究" 为题，在 GaAs 光电阴极光电发射理论、GaAs 光电阴极多信息测控系统、光电阴极制备过程中的原位表征、真空系统中 GaAs 光电阴极稳定性及其机理以及变掺杂光电阴极激活实验方面开展了研究，参与了国家自然科学基金的撰写与申报，2007 年毕业，后面又在博士工作站工作两年，其主要工作和创新成果包括如下几方面 [36~53]：

(1) 研究了 GaAs 光电阴极光电发射理论。基于 GaAs 光电阴极光电发射 "三步模型"，深入分析了光电子从产生、输运到逸出的全过程，并通过求解电子隧穿表面势垒的一维定态薛定谔方程，得到了基于艾里函数的电子逸出几率表达式，利用该表达式计算得到了不同表面势垒形状时的反射式和透射式阴极电子能量分布曲线，深入探讨了表面势垒对电子能量分布的影响，并对实验测试的电子能量分布曲线进行了拟合分析，理论与实验结果符合得很好。从能带结构和谷间散射等角度，对透射式和反射式阴极电子能量分布的不同之处进行了对比分析，发现 L 能谷光电发射对反射式阴极的电子能量分布具有显著影响；分析了传统的只考虑 Γ 能谷光电发射的反射式阴极量子效率公式在拟合量子效率曲线时的不足之处，在综合考虑 Γ 能谷、L 能谷和热电子发射的基础上，通过求解电子扩散方程，修正了原有的反射式阴极量子效率公式；利用该公式拟合分析了测试的阴极量子效率曲线，得到了多个与阴极材料和表面势垒形状有关的参数，这些参数对阴极性能表征、阴极材料设计和阴极表面 NEA 特性的研究具有重要价值。

(2) 研制了 GaAs 光电阴极多信息测控系统，开发了阴极原位表征技术。改造并完善了 GaAs 光电阴极多信息量测控与表征系统，整个系统由表面分析系统、超高真空激活系统和多信息量在线测控系统三大部分组成。这套系统将光电阴极超高真空激活、激活过程中多信息量在线测控、阴极性能表征等有机结合在一起，是一台功能强大，测试信息量丰富，智能化、自动化程度高的大型精密的 GaAs 光电阴极综合测控与表征设备。设计并研制了基于现场总线技术的 GaAs 光电阴极多信息量测控系统，该系统可在线实时测试阴极制备过程中的真空度、铯 (氧) 源电流、光电流、光谱响应等多种信息以及控制铯 (氧) 源电流的大小和通断。利用该系统测试了阴极制备过程中的信息变化，并基于这些信息，开发了阴极制备的监控和原位表征技术。

(3) 利用阴极原位表征技术，表征评估了阴极制备工艺。利用 XPS 表面分析技术对基片材料和 MBE 外延片材料进行了化学清洗和加热处理效果的分析，分析结果发现化学清洗可清除大部分氧化物并在 GaAs 表面形成一层 As 的钝化层，As 钝化层对阴极表面有保护作用，并有利于随后的阴极加热处理。通过分析测试的加热过程中真空度变化曲线，发现阴极材料加热处理时有几个真空度下降较快的区域，分别是由水分的蒸发、AsO 的脱附、As_2O_3 的分解和 Ga_2O 的脱附、GaAs 和 Ga_2O_3 的分解所致。依据这种变化规律，可对阴极加热处理效果进行简单而有效的评估。利用测试的阴极激活过程中多信息量实验结果，研究了阴极的激活工艺，发现阴极激活过程中，Cs/O 流量比适中的样品，首次进 O 时光电流上升速度最快，激活后的阴极量子效率最高，稳定性最好。进一步分析还发现阴极在首次进 Cs 后的光电流峰值近似按指数规律增长，并从 Cs、O 在 GaAs 表面的吸附过程中推导得到了光电流增长的理论表达式，由该表达式计算的理论结果与实验结果吻合得很好。

(4) 研究了真空系统中 GaAs 光电阴极稳定性及其机理。全面测试了多种因素对真空系统中 GaAs 光电阴极稳定性的影响，并深入探讨了其稳定性机理。通过测试刚激活后阴极在不同强度光照下的光电流衰减变化曲线，发现阴极寿命随光照强度的增加而减少，而对阴极衰减的影响，光照比光电流影响更大，而在有铯气氛存在的情况下，阴极的寿命会大大延长。通过测试阴极在光照下量子效率曲线随时间的衰减变化，发现阴极低能端量子效率下降速度更快，导致量子效率曲线形状不断变化，并采用修正的阴极量子效率公式对其进行了拟合分析，得到了阴极表面势垒的变化参数，揭示了量子效率曲线变化的原因。研究了重新铯化后阴极稳定性显著降低和量子效率曲线平行下降的原因，拟合分析发现后者主要与 I 势垒厚度增加有关。通过 XPS 及变角 XPS 对阴极衰减过程中激活层变化情况进行了全面测试，拟合计算了阴极表面势垒厚度和组分的变化，揭示了真空系统中阴极的稳定性机理。

(5) 研究了变掺杂 GaAs 光电阴极光电发射理论，开展了变掺杂阴极激活实验。从内建电场和能带结构的角度，探讨了变掺杂 GaAs 光电阴极的光电发射机理。理论计算了指数掺杂阴极的能带弯曲量和内建电场大小，并通过建立和求解指数掺杂阴极中电子所遵循的一维连续性方程，得到了反射式和透射式指数掺杂光电阴极的量子效率公式。利用这些公式对光电阴极积分灵敏度和量子效率进行了理论计算，结果显示发射层指数掺杂能较明显地提高阴极的量子效率，且对透射式阴极的改善作用尤为明显，计算还得到了不同性能参数时阴极的最佳厚度。通过建立和求解指数掺杂阴极中电子所遵循的二维连续性方程，得到了透射式指数掺杂阴极的 MTF 公式，并利用该公式对指数掺杂和均匀掺杂阴极的分辨力特性进行了计算和对比分析，结果表明指数掺杂能较显著地提高阴极的分辨力。实验发现，变掺杂阴极首次进 Cs 时间较长，进 Cs 一定要充分，首次进 O 时要调整好 Cs/O 流量比，并在整个激活过程中保持不变。设计并制备了多种梯度和指数掺杂阴极，获得了积分灵敏度达 1798μA/lm 的梯度掺杂阴极和 1956μA/lm 的指数掺杂阴极，灵敏度比采用同样方法制备的均匀掺杂阴极高 30% 以上。经过变掺杂阴极实验和理论研究得出，变掺杂 GaAs 光电阴极发射层合适的掺杂浓度范围在 $2 \times 10^{19} \mathrm{cm}^{-3}$ 到 $(2 \sim 3) \times 10^{18} \mathrm{cm}^{-3}$，体内到表面的掺杂浓度由高到低分布，反射式阴极衬底采用重掺杂 p-GaAs 材料；指数掺杂反射式阴极合适的发射层厚度在 $2 \sim 4\mu m$，指数掺杂透射式阴极在 $1.5 \sim 2\mu m$，都要比同样条件下的均匀掺杂阴极稍厚。

杨智博士以 "GaAs 光电阴极智能激活与结构设计研究" 为题，在光电子的激发、输运和逸出过程，GaAs 高温退火过程表面清洁度变化表征分析系统，GaAs 光电阴极智能激活制备测试系统，以及变掺杂结构 GaAs 光电阴极设计与激活实验等方面开展了富有成效的创新工作，并将实验室成果成功转化到微光像增强器的研制中。时隔多年，我至今记得 2008 年汶川大地震时我和杨智博士在西安应用光学研究所，与微光夜视技术重点实验室的同事一起进行变掺杂透射式 GaAlAs/GaAs 光电阴极激活的情景，杨智博士的主要工作和创新成果包括如下几方面 [54~59]：

(1) 研究了光电子的激发、输运和逸出过程。分析了电子从价带被入射光子激发到导带的过程、导带中的光电子从体内向表面的运动过程。通过求解薛定谔方程得到了高温 Cs 激活过程中到达 GaAs 表面光电子的逸出几率表达式，并利用该表达式分析了高温 Cs 激活过程中光电的变化情况。分析了高温 Cs 激活过程，高温 Cs、O 激活过程，低温 Cs 激活过程，低温 Cs、O 激活过程中到达表面光激发电子逸出几率的变化情况。发现于低温退火后 As 在 GaAs 表面所占比例增大使 Cs、O 更为容易地吸附在 GaAs 材料的表面，Cs、O 在 GaAs 表面排列的有序性也得到提高，再加上低温退火后留在 GaAs 材料表面的 O 对 Cs、O 吸附的辅助加速作用，低温激活后 GaAs 阴极的表面真空能级要低于高温激活后的阴极，到达表面光激发电子隧穿势垒逸出到真空能级的几率更高，因此低温激活后阴极的光电转换能力高于高温激活后的阴极。

(2) 研制了 GaAs 光电阴极智能激活制备测试系统。研制了 GaAs 高温退火过程表面清洁度变化表征分析系统。该系统主要由超高真空系统、真空度采集模块和计算机组成，基于 CAN 总线和多线程编程技术进行开发，可以采集 GaAs 高温退火过程中超高真空室真空度的变化曲线，并通过分析超高真空室真空度变化曲线来确定 GaAs 表面的清洁程度。利用该系统对 MBE GaAs 材料 600 ℃和 640 ℃两种高温退火过程进行了分析，分析发现 GaAs 材料表面的 H_2O 在退火温度达到 100 ℃时脱附，AsO 在 290 ℃时脱附，As_2 在 380 ℃时脱附，Ga_2O 在 610 ℃时脱附，分析结果表明 600 ℃的高温退火温度无法使 MBE GaAs 材料的表面达到制备高性能阴极所需的原子级清洁。该系统的研制为判断高温退火过程中 GaAs 表面清洁程度提供了一种简单有效的方法。

(3) 研制了 GaAs 光电阴极智能激活制备测试系统。研制了 GaAs 光电阴极智能激活制备测试系统。该系统可以实时获取阴极激活过程中的光电流并进行显示，计算机可智能地分析光电流的变化，并根据分析结果严格按照预定工艺对 GaAs 阴极进行激活，整个激活过程可完全由以计算机为核心的系统自行完成，并具有异常自行处理、激活过程工艺细节查询和打印等功能。该系统也具备人工激活制备阴极的功能，还可对阴极的光谱响应曲线和量子效率曲线进行测试。利用该系统对直拉单晶法制备的 GaAs 材料分别进行了智能激活和人工激活实验，与智能激活过程相比，人工激活过程由于出现了误操作，相邻光电流峰值间的差值下降很快，Cs、O 交替的次数也较少。人工激活过程中 Cs、O 交替 6 次，光电流最大值为 $43\mu A$，激活后 GaAs 光电阴极的积分灵敏度为 $796\mu A/lm$。智能激活过程中 Cs、O 交替 9 次，光电流最大值为 $65\mu A$，激活后 GaAs 光电阴极的积分灵敏度为 $1100\mu A/lm$，结果表明智能激活过程可以有效地避免误操作，提高阴极的成品率。智能激活制备系统的成功研制为高性能阴极的批量制备奠定了坚实的基础。

(4) 设计了变掺杂结构 GaAs 光电阴极，并进行了激活实验。设计了反射式梯度掺杂结构、反射式模拟透射式梯度掺杂结构、透射式指数掺杂结构 GaAs 阴极材料，利用 MBE 设备对材料进行了生长。比较了反射式均匀掺杂和反射式梯度掺杂阴极材料能带结构的不同点，通过比较发现，特殊掺杂结构形成了内建电场，由于该内建电场增加了光激发电子的复合前运动路程和隧穿势垒逸出到真空的几率，激活后反射式梯度掺杂结构阴极的光电转换能力明显好于反射式均匀掺杂结构阴极。分析了反射式梯度掺杂结构和反射式模拟透射式结构对入射光响应的差异，分析发现由于 GaAs 和 GaAlAs 界面势垒的反射作用，反射式模拟透射式结构对长波段入射光的响应好于反射式模拟透射式梯度掺杂结构。分析了透射式指数掺杂阴极最佳厚度的取值范围，根据量子效率公式对透射式指数掺杂结构 GaAs 阴极的最佳厚度进行了仿真，并对仿真结果进行了实验验证。制备了积分灵敏度为 $2421\mu A/lm$ 的反射式梯度掺杂阴极和积分灵敏度为 $1547\mu A/lm$ 的透射式指数掺杂阴极。

在第四个五年计划中，研究团队针对新一代微光像增强器的研究，在变掺杂材料理念和掺杂结构基础上，提出了变组分变掺杂结构，重在寻求宽光谱高灵敏度光电发射材料。研制的变组分变掺杂反射式 GaAlAs/GaAs 光电阴极的最高灵敏度达到 $3516\mu A/lm$，透射式最大灵敏度可达到 $2260\mu A/lm$。我们提出的变掺杂成果被美国加州大学伯克利分校空间科学实验室引用，并解决了 GaN 基材料电子扩散长度短与寿命低的瓶颈问题。变组分变掺杂 NEA GaAlAs/GaAs 光电发射材料被美国 Brookhaven National Laboratory 的 Matthew Rumore 引用，编入了

Photoinjector : An Engineering Guide 中，被认为是目前先进的光电发射材料。

牛军、张益军和石峰博士参与了 GaAs 光电阴极第三和第四个五年计划的研究工作。

牛军教授 2011 年毕业，其主要工作在项目研究的第三个五年计划中完成，他以 "变掺杂 GaAs 光电阴极特性及评估研究" 为题，对变掺杂 GaAs 光电阴极的光电特性、制备实验和性能评估开展了深入研究，其主要工作和创新成果包括如下几方面 [60~69]：

(1) 对变掺杂 GaAs 光电阴极的光电特性进行了理论研究。分析了变掺杂 GaAs 材料的光谱吸收系数，给出了平均吸收系数的计算公式。通过求解电子向表面扩散和漂移过程中所遵循的一维稳态连续性方程，推导了指数掺杂阴极的电子扩散漂移长度理论表达式，明确了电子扩散漂移长度 L_{DE} 同指数掺杂系数 A 和均匀掺杂情况下材料的电子扩散长度 L_D 之间的关系，发现变掺杂结构能够大大提高阴极光电子向表面输运的有效距离。

根据变掺杂阴极量子效率提高的本质原因，以反射式阴极为例，提出了指数掺杂 GaAs 光电阴极的量子效率等效求解方法。等效公式简化了指数掺杂阴极量子效率的求解过程，而且其仿真结果和理论解析式的仿真结果完全一致。

分析了变掺杂结构影响阴极电子发射性能的三种可能结果，针对透射式 GaAs 阴极，通过求解光电子在到达阴极表面时的能量分布和不同能量电子对于 NEA 表面势垒的逸出几率，模拟计算了光电子在逸出表面势垒前、后数量的变化。结合实验数据，对比分析了三种情况下变掺杂结构对阴极光电发射性能的影响。结果发现，变掺杂阴极内建电场的存在，不仅能够大大提高光电子到达阴极表面的数量，同时还能使表面电子的能量分布向高能端偏移，使表面电子的逸出几率得到提高。该结果揭示了变掺杂结构影响阴极电子发射性能的内在机理，表明了这两种作用效果的同时存在，是变掺杂 GaAs 光电阴极量子效率提高的本质原因。

(2) 开展了变掺杂 GaAs 光电阴极的制备实验研究。利用超高真空激活系统和阴极多信息量测试系统，进行了反射式变掺杂 GaAs 光电阴极的激活实验，验证了指数掺杂阴极电子扩散漂移长度理论表达式的正确性。

研究了将变掺杂技术应用于透射式 GaAs 光电阴极的可行性。制备了透射式变掺杂 GaAs 光电阴极，采用 "电化学电容-电压" 法测试了在透射式阴极组件制备过程中，材料粘接玻璃前、后发射层的载流子浓度。经过对比发现，玻璃粘接环节的高温加热并不会使阴极的变掺杂结构发生改变，同时，高温处理还提高了杂质离子的离化率，更加促进了材料体内空间电荷区的形成。按照 "高-低温两步激活" 工艺，对透射式变掺杂阴极组件进行了激活实验，测量得到了阴极的光谱响应曲线，并对阴极性能参量进行了拟合计算，结果表明变掺杂 GaAs 光电阴极具有较高的光谱积分灵敏度，并且梯度掺杂结构能够减小阴极的后界面复合速率。该研究证实了将变掺杂技术应用于透射式 GaAs 光电阴极，自主创新提高我国三代微光像增强器性能是完全可行的。

针对 MBE 生长的 GaAs 阴极材料的低温激活灵敏度比高温差的现象，研究了激活时系统真空度对 MBE 变掺杂 GaAs 光电阴极激活效果的影响，发现当系统真空度高于 1×10^{-8} Pa 时，阴极的低温激活积分灵敏度又能够比高温积分灵敏度高 30% 以上，完全符合了 "高–低温两步激活" 工艺的预期结果。针对该结果，进行了相关的分析和讨论。

(3) 研究了变掺杂 GaAs 光电阴极的性能评估技术。针对变掺杂 GaAs 阴极材料因表面掺杂浓度较低影响了首次 Cs 激活效果的实验现象，研究了激活时 Cs 在阴极表面的吸附效率同表面掺杂浓度、系统真空度之间的关系。根据实验数据，建立了 Cs 在阴极表面吸附效率的数学模型，实现了对不同表面掺杂浓度的阴极材料在不同系统真空度条件下的 Cs 吸附效率的理论评估。通过仿真分析，发现对于表面掺杂浓度低于 $1\times10^{18}\mathrm{cm}^{-3}$ 的阴极材料，当系统真空度低于 $1\times10^{-7}\mathrm{Pa}$ 时，Cs 的吸附效率随真空度的降低下降很快，变掺杂阴极的激活工艺必须针对不同的实验条件进行灵活调整，才能得到较好的实验效果。

研究了 Cs、O 激活后 NEA GaAs 光电阴极表面势垒的评估技术，通过分析透射式 GaAs 光电阴极中电子到达表面时的能量分布、电子分别透过表面单势垒和双势垒时的逸出几率，求出了电子透过表面单势垒和双势垒后的能量分布。在此基础上，模拟计算了电子逸出表面单、双势垒后的数量变化，结合实验结果，提出了利用激活过程中不同阶段阴极光电流的峰值比来拟合计算 NEA 表面势垒参数的方法。利用该方法，对透射式阴极高、低温激活后的 NEA 表面势垒参数进行了评估，并经过对比分析，发现了 "高–低温两步激活" 过程中阴极表面势垒结构的变化特点，揭示了阴极低温激活结果比高温好的根本原因。

针对不同结构的变掺杂 GaAs 光电阴极的性能差别较大的现象，研究了变掺杂阴极结构性能的评价方法。结合变掺杂阴极的结构特点，采用加权平均法，建立了变掺杂 GaAs 光电阴极的量子效率模型。该模型能够反映出在不同入射光波段内变掺杂结构对阴极光电发射性能的作用效果，实现了对变掺杂阴极结构性能的客观评价。利用该方法，对两种不同结构变掺杂 GaAs 光电阴极的结构性能进行了评估，发现了阴极变掺杂结构设计中存在的缺陷，为理论指导阴极的结构优化设计提供了有效的分析手段。

张益军博士以 "变掺杂 GaAs 光电阴极研制及其特性评估" 为题，修正了变掺杂 GaAs 光电阴极量子效率理论公式，设计和生长了多种变掺杂结构的 GaAs 光电阴极材料，开展了变掺杂 GaAs 光电阴极制备工艺和光电发射性能的评估，其主要工作和创新成果包括如下几方面 [70~81]：

(1) 修正了变掺杂 GaAs 光电阴极量子效率理论公式。针对原有的变掺杂量子效率公式对目前反射式和透射式阴极适用存在的局限性, 根据目前反射式和透射式 GaAs 光电阴极的结构, 通过求解一维连续性方程, 分别推导了包含 GaAs 衬底层产生光电子项的反射式指数掺杂 GaAs 光电阴极量子效率公式, 以及包含 GaAlAs 窗口层产生光电子项的透射式指数掺杂 GaAs 光电阴极量子效率公式。通过对修正和未修正的反射式和透射式 GaAs 光电阴极量子效率公式的理论仿真比较, 探讨了需要考虑 GaAs 衬底层和 GaAlAs 窗口层产生的光电子分别贡献于反射式和透射式阴极量子效率时的适用情况。利用修正的指数掺杂阴极量子效率公式, 分析了阴极中各个性能参量分别对反射式和透射式指数掺杂 GaAs 光电阴极量子效率的影响。

(2) 设计和生长了多种变掺杂结构的 GaAs 光电阴极材料。在内建电场恒定型指数掺杂结构的基础上, 探索设计了内建电场减小型和增长型的指数掺杂结构, 讨论了不同变掺杂结构情况下发射层内的内建电场大小和能带结构形状。利用推导的后界面处导带偏移和价带偏移的计算公式, 分析了后界面处载流子浓度比和 Al 组分对后界面能带结构的影响。根据推导的反射式和透射式指数掺杂阴极量子效率公式, 探讨了不同电子扩散长度和后界面复合速率情况下, 反射式和透射式指数掺杂阴极发射层最佳厚度的变化。设计了具有 GaAlAs 缓冲层的多种变掺杂结构的反射式 GaAs 光电阴极结构, 为了验证变掺杂结构在透射式阴极应用上的效果, 还设计了多种变掺杂结构的透射式 GaAs 光电阴极结构。对 MBE 和 MOCVD 生长的变掺杂 GaAs 光电阴极材料质量进行了测试分析, 电化学 C-V 测试结果表明 MBE 生长的变掺杂阴极材料的载流子具有更明显的台阶分布, 但是载流子浓度要低于 MOCVD 生长的变掺杂阴极材料; X 射线衍射测试结果表明两种外延技术生长的变掺杂阴极材料的 Al 组分大小满足设计要求, 外延层的结晶质量也都比较好。

(3) 开展了变掺杂 GaAs 光电阴极制备工艺的评估。对 NEA 光电阴极制备与评估系统进行了改造升级, 整个系统包括超高真空激活系统、多信息量在线测控系统、表面分析系统和残气分析系统四部分, 添置的残气分析系统有助于获得更好的超高真空环境、更高的铯源和氧源纯度以及更佳的阴极加热净化效果, 为制备高性能 GaAs 光电阴极提供了更好的制备条件。利用电化学 C-V 测试研究了高温加热前后透射式变掺杂 GaAs 光电阴极中载流子分布变化情况, 结果表明高温加热工艺没有破坏载流子的台阶分布, 相反增加了载流子浓度, 提高了发射层中的能带弯曲量, 从而验证了变掺杂结构设计的实用性。针对 Cs、O 激活过程中变掺杂和均匀掺杂 GaAs 光电阴极光电流变化的不同, 利用 Cs、O 激活结束时光电流峰值与首次进 Cs 阶段光电流峰值的比值, 比较了变掺杂和均匀掺杂阴极各激活阶段的阴极表面势垒参数的不同, 发现了变掺杂 GaAs 光电阴极中 Cs、O 激活层引起的表面势垒结构变化的特点。利用在线光谱响应测试仪分别测试了透射式变掺杂 GaAs

光电阴极在高温激活后、低温激活后和铟封成管后的光谱响应,研究了制备工艺对透射式变掺杂 GaAs 光电阴极光电发射性能的影响,结果表明制备工艺过程中光谱响应的变化与表面势垒结构的变化有关。

(4) 评估了不同掺杂结构、不同外延技术生长的变掺杂 GaAs 光电阴极的性能。开展了 MBE 和 MOCVD 生长的多种掺杂结构的反射式变掺杂 GaAs 光电阴极的实验研究,测试了光谱响应曲线,拟合了量子效率曲线,验证了 GaAlAs 缓冲层和指数掺杂结构对反射式阴极长波响应的提高作用,比较了不同内建电场类型的指数掺杂结构对反射式 GaAs 光电阴极光电发射性能的影响。另外,对 MBE 和 MOCVD 生长的透射式变掺杂 GaAs 光电阴极进行了制备实验,测试了光谱响应曲线,结果表明阴极发射层采用指数掺杂结构有效地提高了三代微光像增强器的灵敏度,窗口层采用变组分结构降低了后界面复合对量子效率的影响,有效地增强了透射式阴极的短波响应,达到了蓝延伸效果。透射式阴极量子效率曲线在短波区域的拟合效果验证了推导的包含 GaAlAs 窗口层产生光电子项的透射式阴极量子效率公式的正确性。通过对 MBE 和 MOCVD 生长阴极的光谱特性和性能参量的比较发现,MOCVD 生长阴极相比 MBE 生长阴极具有更大的电子扩散长度和表面电子逸出几率,从而获得更高的积分灵敏度。MOCVD 生长的反射式指数掺杂 GaAs 光电阴极积分灵敏度达到了 3516 µA/lm,采用 MOCVD 生长的透射式指数掺杂 GaAs 光电阴极制备的三代微光像增强器的积分灵敏度达到了 2022 µA/lm,已经接近于 ITT 公司当前的技术水平。

石峰研究员是微光夜视技术重点实验室主任,以 "透射式变掺杂 GaAs 光电阴极及其在微光像增强器中应用研究" 为题完成了博士学位论文,研究内容包括透射式变掺杂 GaAs 光电阴极材料及组件的制备与评价、光学性能、自动激活系统及工艺优化、光谱响应以及透射式变掺杂 GaAs 光电阴极在微光像增强器中的应用,其主要工作和创新成果包括如下几方面 [82~88]:

(1) 透射式变掺杂 GaAs 光电阴极材料及组件的制备与评价。分别采用 MBE 和 MOCVD 两种主流外延生长方法生长了八种不同掺杂结构和厚度结构的透射式变掺杂 GaAs 光电阴极,外延生长的透射式 GaAs 光电阴极由多层结构组成:GaAlAs 窗口层、GaAs 激活层、GaAlAs 阻挡层、GaAs 衬底;制备的组件由四层构成:玻璃基底、Si_3N_4 增透膜、GaAlAs 窗口层、GaAs 激活层。对光电阴极材料进行了电化学 C-V 测试,分析了透射式变掺杂 GaAs 光电阴极的结构设计与制备质量,测试结果说明生长的材料厚度和掺杂结构都达到了设计要求,获得了指数掺杂、梯度掺杂、变组分设计等不同光电阴极结构。对光电阴极材料和组件进行了 X 射线衍射测试,发现了 GaAlAs / GaAs 光电阴极 X 射线相对衍射强度与灵敏度之间的关系,粘接后组件的 X 射线相对衍射强度越大,光电发射性能越好,光电阴极积分灵敏度越高。

(2) 透射式变掺杂 GaAs 光电阴极组件的光学性能研究。利用薄膜光学矩阵理论建立模型，分析了指数掺杂透射式 GaAs 光电阴极组件的反射率和透射率曲线与膜层几何厚度的关系。利用紫外–可见–近红外分光光度计 UV-3600 测试了透射式组件样品的反射率和透射率曲线，采用 MATLAB 软件设计编写了 GaAs 光电阴极组件光学性能拟合的程序界面，利用该软件拟合反射率和透射率曲线获得了组件中的膜层厚度组合，给出了各个样品的反射率和透射率拟合光谱及厚度拟合结果。对 MBE 和 MOCVD 生长样品的拟合结果表明，对 MBE 生长样品拟合时需要加修正层，而 MOCVD 生长样品不需要，另外，各种样品的 Si_3N_4 层与 $Ga_{1-x}Al_xAs$ 层的厚度几乎都比设计值大，而 GaAs 层厚度要偏小。

(3) 透射式变掺杂 GaAs 光电阴极自动激活系统及工艺优化研究。人工激活重复性差，导致了目前的激活水平不高，且激活工艺长期停留在半经验状态。增加对净化、激活过程中各个环节的监控，采集记录尽可能多的信息量，将对激活工艺和表面机理的对比研究大有帮助，易于从中找出某些规律性。在 "十五" 期间研制的 GaAs 光电阴极多信息量测试系统基础上，通过重新设计微弱信号检测模块，采用程控 Cs 源和 O 源电流源，以及优化激活工艺流程，提出了自动激活理念，编写了测试软件，成功研制了透射式变掺杂 GaAs 光电阴极自动激活系统。此系统可靠性更高，测试方法更加完善，可测试参数更多，分析与表征更加全面，特别是实现了变掺杂 GaAs 光电阴极的自动激活，使得光电阴极的激活效率大大提高，工艺重复性有了质的飞跃。变掺杂 GaAs 光电阴极自动激活测试系统中严格的计算机自动激活控制程序能够有效避免操作人员反应时间差的影响，使变掺杂 GaAs 光电阴极的制备过程具有了很好的重复性，大大提高了 GaAs 光电阴极的成品率，为高性能变掺杂 GaAs 光电阴极的批量制备奠定了坚实的基础。

(4) 透射式变掺杂 GaAs 光电阴极的光谱响应研究。通过求解一维连续性方程推导透射式变掺杂 GaAs 光电阴极量子效率模型，并从短波截止、光学性能两方面获得了修正的量子效率理论公式。采用 GaAs 光电阴极自动激活系统激活了变掺杂 GaAs 光电阴极并测试了光谱响应曲线，获得了量子效率实验曲线。通过拟合实验量子效率曲线获得光电阴极性能参量，结果表明 MBE 生长的 I 系列透射式变掺杂 GaAs 光电阴极的整体性能不如 MOCVD 生长的 N 系列光电阴极。另外，对国外公布的高性能量子效率曲线采用均匀掺杂量子效率修正公式进行拟合，得到了高性能透射式 GaAs 光电阴极应具有的结构性能参数。对国内外 GaAs 光电阴极性能参数的对比表明，采用变掺杂结构设计，国内 GaAs 光电阴极在阴极材料以及阴极制备工艺上已经接近甚至超过国外水平，但后界面复合速率仍比国外阴极大，导致国产阴极在短波响应、峰值响应以及灵敏度等最终阴极性能上尚不及国外阴极。

(5) 透射式变掺杂 GaAs 光电阴极的应用研究。将透射式变掺杂 GaAs 光电阴极应用于三代微光像增强器中，对采用透射式变掺杂 GaAs 光电阴极的 12 只三代微光像增强器的灵敏度、分辨力、等效背景照度、亮度增益等参数进行了测试，结果表明最大灵敏度可达到 2260μA/lm，平均灵敏度为 1947μA/lm，最大分辨力可达到 54 lp/mm，平均分辨力为 49lp/mm，平均等效背景照度为 1.76×10^{-7} lx，平均亮度增益为 11155.14。为了评估变掺杂 GaAs 光电阴极微光像增强器光谱灵敏度的稳定性，分别开展了变掺杂 GaAs 光电阴极微光像增强器的灵敏度和光谱响应监测试验、冲击试验、振动试验和高低温试验，并测试了变掺杂微光像增强器的光晕，研究结果表明变掺杂微光像增强器的稳定性要优于均匀掺杂，因此透射式变掺杂 GaAs 光电阴极在微光像增强器的应用中具有一定优势。

12.1.2   窄带响应 GaAlAs 光电阴极

2011 年，国家自然科学基金委员会批准了 "对 532nm 敏感的 GaAlAs 光电发射机理及其制备技术研究"(6117142) 课题，赵静、鱼晓华和陈鑫龙博士参与了窄带响应 GaAlAs 光电阴极研究。

赵静博士的工作不限于窄带响应 GaAlAs 光电阴极研究，其主要工作起源于透射式 GaAs 光电阴极的光学与光电发射性能，她以 "透射式 GaAs 光电阴极的光学与光电发射性能研究" 为题，在透射式 GaAs 光电阴极组件光学性能、透射式 GaAs 光电阴极的结构设计和性能测试软件、MBE 生长的透射式 GaAs 光电阴极的光学与光电发射性能、不同性能要求的透射式光电阴极结构设计与实验等方面开展了研究，探索并建立了光电阴极组件结构的光学性能与光电发射之间的关系，参与了国家自然科学基金的撰写与申报，在理论与测试方面取得了如下创新性成果 [89~101]：

(1) 开展了透射式 GaAs 光电阴极的光学与光电发射性能理论研究。针对透射式 GaAs 光电阴极组件光学性能研究的缺乏，基于包括玻璃基底、Si_3N_4 增透层、$Ga_{1-x}Al_xAs$ 窗口层和 GaAs 发射层的透射式 GaAs 光电阴极组件光学结构，根据薄膜光学矩阵理论推导了透射式 GaAs 光电阴极反射率、透射率、吸收率的计算公式，分析了除玻璃外的三层薄膜材料的折射率、消光系数、厚度等性能参量对阴极光学性能曲线的影响。另外，对均匀掺杂和指数掺杂透射式 GaAs 光电阴极的量子效率公式进行了光学性能的修正，推导了窗口层和发射层厚度变化对量子效率曲线的影响，同时研究了表征光学性能的吸收率与表征光电发射性能的量子效率之间的关系，从而分析了光学性能对光电发射性能的影响。

(2) 研制了透射式 GaAs 光电阴极的结构设计和性能测试软件。针对以往透射式 GaAs 光电阴极结构设计和性能曲线拟合的工作周期长、重复性大、可靠性低、自动化程度不高等问题，根据透射式 GaAs 光电阴极的光学与光电发射性能理论计算，研制了一套关于宽光谱响应和窄带响应透射式光电阴极结构设计的软件，通过输入特定的设计要求参数, 由软件自动计算后给出材料结构设计及理论曲线。根据以往实验曲线的手动拟合思路, 研制了一套用于测试透射式 GaAs 光电阴极光学与光电发射性能参数的软件, 通过输入波长、结构、实验光谱等特定参数, 由软件自动拟合后得到阴极相关性能参数结果, 实现了透射式 GaAs 光电阴极的性能测试和组件厚度的非接触测量。

(3) 评估了 MBE 生长透射式 GaAs 光电阴极的光学与光电发射性能。针对 MBE 生长透射式 GaAs 光电阴极的反射率、透射率、光谱响应实验曲线的研究, 利用性能测试软件拟合了多种掺杂结构的透射式 GaAs 光电阴极的光学性能实验曲线, 获得了阴极组件各个薄膜层的可靠厚度结果, 实现了组件膜系厚度的非接触测量。结果表明, MBE 生长透射式 GaAs 光电阴极中, 在 $Ga_{1-x}Al_xAs$ 窗口层和 GaAs 发射层间存在一层低 Al 组分的 $Ga_{1-x'}Al_{x'}As$ 过渡层。采用由光学性能修正的量子效率公式拟合了 MBE 生长透射式 GaAs 光电阴极的量子效率曲线, 评估了多种结构的 MBE 生长阴极样品的光电发射性能。结果表明, 项目组的 MBE 生长透射式 GaAs 光电阴极短波响应差、光谱特性不佳、结构设计有待改善。此外, 利用修正的量子效率公式对国外高性能 GaAs 光电阴极的量子效率实验曲线也开展了有效拟合研究, 获得了高性能 GaAs 光电阴极的结构参数范围, 结果用于指导下一步 GaAs 光电阴极的材料设计和阴极制备。

(4) 开展了不同性能要求的透射式光电阴极结构设计与实验研究。针对 MBE 生长透射式 GaAs 光电阴极光学与光电发射性能方面存在的问题, 根据透射式 GaAs 光电阴极光学性能模型和修正后的量子效率公式, 分别设计了宽光谱响应普通透射式 GaAs 光电阴极、宽光谱响应蓝延伸透射式 GaAs 光电阴极、窄带响应透射式 GaAlAs 光电阴极, 利用结构设计软件计算了满足宽光谱响应或窄带响应设计要求的透射式光电阴极应具有的组件结构、窗口层和发射层 Al 组分、厚度、掺杂结构等。采用 MOCVD 生长了由理论指导设计的三类透射式光电阴极, 测试了各类阴极的光学性能和光谱响应曲线, 利用性能测试软件拟合了实验曲线, 获得了光电阴极性能参数。结果表明, MOCVD 生长的宽光谱响应蓝延伸透射式 GaAs 光电阴极积分灵敏度平均值达到了 1964μA/lm, 最高值达到了 1980μA/lm。窄带响应透射式 GaAlAs 光电阴极实现了在 532 nm 处达到峰值响应的要求。宽光谱响应普通透射式 GaAs 光电阴极的积分灵敏度平均值达到了 2156μA/lm, 最高值达到了 2320μA/lm, 这与美国 ITT 公司当前对外公布的最高积分灵敏度是一致的。

鱼晓华博士在国家自然科学基金课题 (6117142) 的研究中承担了光电发射材料第一性原理计算的工作, 她以 "NEA $Ga_{1-x}Al_xAs$ 光电阴极中电子与原子结构研究" 为题, 进行了 NEA $Ga_{1-x}Al_xAs$ 光电阴极结构设计、表面净化以及铯氧激活中的电子和原子结构研究, 其主要工作和创新成果包括如下几方面 [102~113]:

(1) 进行了 NEA $Ga_{1-x}Al_xAs$ 光电阴极结构设计中的电子和原子结构研究。计算了不同 Al 组分 $Ga_{1-x}Al_xAs$ 体材料的性质，结果表明随着 Al 组分的增加材料带隙变宽，并在 0.25~0.5 发生了直接带隙到间接带隙的转变。Al—As 键的极性强于 Ga—As 键，随着 Al 组分的增加，吸收带边向高能端移动，静态反射率降低，静态介电函数降低，能量损失谱向低能端移动，峰值逐渐变低。比较了 Ga、Al 和 As 空位缺陷模型的光电发射性质，结果表明空位缺陷会降低材料的稳定性，对空位附近的成键结构和 E-Mulliken 集居数分布产生影响。Ga 和 Al 空位表现出 p 型性质，As 空位表现出 n 型性质。空位缺陷对材料光学性质的影响主要表现在 0~12.5eV 能量范围内。形成能计算结果表明 Be 原子形成间隙掺杂和替位掺杂的概率接近，而 Zn 原子更倾向于形成替位掺杂。能带结构分析结果表明间隙掺杂表现出 n 型特性，替位掺杂表现出 p 型性质，选用更倾向于形成替位掺杂的 Zn 原子作为掺杂元素更有利于光电阴极的制备。Zn 原子更容易取代 Ga 原子，而取代 Al 原子可以获得更好的 p 型性质。通过计算为 Al 组分的选取、掺杂元素的选择提供了理论支撑。

(2) 进行了 NEA $Ga_{1-x}Al_xAs$ 光电阴极表面净化中的电子和原子结构研究。通过计算得出 Al_2O_3 形成能和在 $Ga_{1-x}Al_xAs(001)\beta_2(2\times4)$ 重构相上的吸附能高于 Ga_2O_3，表明 Al_2O_3 的去除需要更高的温度，实验中 GaAs 和 $Ga_{0.37}Al_{0.63}As$ 高温清洗温度分别为 650 ℃ 和 700 ℃，计算结果与实验相吻合。对比研究了 $Ga_{0.5}Al_{0.5}As$ (001)、(011) 和 (111) 表面性质，优化后 (001) 表面出现了重构，(011) 表面出现了褶皱，(111) 表面只出现了弛豫。(011) 表面不稳定，(001) 和 (111) 为稳定表面。(001) 表面功函数最低，最有利于光电发射。形成表面时，金属反射特性区域向低能端移动，表面处反射率和吸收系数小于体内，(001) 面的光学性质变化更为明显。(001) 表面具有最低的功函数和最高的光子透过率，具有最好的光电发射性能。$Ga_{0.5}Al_{0.5}As(001)$ 表面的四种重构相中 $\beta_2(2\times4)$ 形成能最低，为最容易出现的重构相。掺杂 $Ga_{0.5}Al_{0.5}As(001)\beta_2(2\times4)$ 表面模型计算结果表明，Zn 更容易取代 Ga 原子，取代 Al 原子时表面性质变化比取代 Ga 原子更为明显。取代最外层 Ga、Al 原子造成功函数上升，取代内部 Ga、Al 原子造成功函数下降。超高真空系统中残气成分由高到低依次为 H_2、H_2O、CO、CH_4 和 CO_2。其中 CH_4、H_2 和 CO_2 分子比 Cs 原子更容易吸附于 $Ga_{0.5}Al_{0.5}As(001)\beta_2(2\times4)$ 表面，Cs 原子在 $Ga_{0.5}Al_{0.5}As(001)\beta_2(2\times4)$ 表面吸附时，形成由体内指向表面的偶极矩，使得功函数降低，有利于光电子的逸出。残余气体分子在表面吸附时，形成由表面指向体内的偶极矩，使得功函数升高，阻碍光电子的逸出。H_2O 分子对阴极的损害作用最强，CO_2 分子对阴极的损害作用最弱。Cs 原子的吸附使得 136~417nm 范围内的吸收系数增加，截止特性变好，残气分子的吸附会造成 136~417nm 范围内吸收系数的降低，截止特性变差。Zn 掺杂后，Cs 原子和 H_2O、CO_2 分子的带电量明显减少，造成偶极矩显著减小，Cs 吸附模型导带底和价带顶向高能端移动，H_2O、CO_2

吸附模型导带底和价带顶向低能端移动, Zn 原子的掺杂有利于 532nm 左右的蓝绿光的吸收。

(3) 进行了 NEA $Ga_{1-x}Al_xAs$ 光电阴极铯氧激活中的电子和原子结构研究。$Ga_{0.5}Al_{0.5}As(001)\beta_2(2\times4)$ 表面 Cs 吸附研究发现, T_3 为最稳定的吸附位, Cs 吸附没有造成化学键的生成和断裂。Cs 吸附后表面离子性增强, Cs 原子的电子向表面转移, 在表面处形成了偶极矩, 造成了功函数的下降。随着 Cs 覆盖度的增加, 吸附能逐渐升高, 吸附稳定性降低, 偶极矩先是逐渐上升, 在 0.75ML 时达到峰值, 随后开始下降。单独进 Cs 过程中, 一开始 Cs 原子优先吸附于 T_3 位置, 随着覆盖度的增加吸附能会上升, Cs 会较为均匀地分布在表面上, 表面处功函数降低, 光电流上升, 随着时间的推移, Cs 原子的覆盖度逐渐增加, 功函数降低, 光电流持续上升, 直到 Cs 原子的覆盖度达到一定值 θ_{max} 时, 功函数开始下降, 光电流随之下降。Zn 掺杂 $Ga_{0.5}Al_{0.5}As(001)\beta_2(2\times4)$ 表面 Cs 吸附研究发现, Zn 掺杂会造成价带顶和导带底上移, 结果表明覆盖度为 0.125ML 和 0.25ML 时掺杂造成功函数上升, 覆盖度为 0.5ML 和 0.75ML 时掺杂造成功函数下降。Cs 覆盖度为 0.75ML 时, Zn 掺杂 $Ga_{0.5}Al_{0.5}As(001)\beta_2(2\times4)$ 表面为负电子亲和势状态。Zn 掺杂 $Ga_{0.5}Al_{0.5}As(001)\beta_2(2\times4)$ 表面 Cs、O 吸附研究表明 O 原子的吸附造成导带底和价带顶向下移动, 并引起功函数降低, Cs、O 吸附的 Zn 掺杂 $Ga_{0.5}Al_{0.5}As(001)\beta_2(2\times4)$ 表面可达到负电子亲和势状态。Cs、O 激活后掺杂原子附近功函数低于周围, 光电子更容易从掺杂原子附近逸出, 从而造成了光电发射中的碎鳞场效应。

陈鑫龙博士在国家自然科学基金课题 (6117142) 的研究中承担了光电发射理论、材料结构设计与激活实验, 他以 "对 532 nm 敏感的 GaAlAs 光电阴极的制备与性能研究" 为题, 进行了 NEA GaAlAs 光电阴极光电发射理论、材料、制备工艺以及性能评估研究, 其主要工作和创新成果包括如下几方面 [114~124]:

(1) 研究了 NEA GaAlAs 光电阴极光电发射理论。针对 NEA GaAlAs 光电阴极光电发射理论研究的匮乏, 在 GaAs 光电阴极表面双偶极层模型的研究基础上, 构建了 GaAlAs(100) $\beta_2(2\times4)$ 重构表面, 对该表面的 Cs、O 吸附模型进行了研究, 基于 Topping 模型和第一性原理计算比较研究了 GaAlAs 和 GaAs 表面 Cs 吸附引起的电子亲和势的变化情况。基于半导体物理和量子力学理论, 围绕 Spicer 光电发射 "三步模型", 计算了对 532 nm 敏感的 GaAlAs 光电阴极产生的光电子在光电阴极体内、经过表面能带弯曲区到达表面和隧穿表面势垒逸出到真空中的能量分布情况, 并研究了光电阴极表面势垒形状对光电子逸出几率的影响。通过设定合适的边界条件并求解一维少子连续性方程, 推导了反射式 GaAlAs 光电阴极、GaAlAs 窗口层参与光电发射的透射式 GaAlAs 光电阴极和具有超薄发射层的反射式 GaAlAs 光电阴极的量子效率公式。

(2) 设计并生长了对 532 nm 敏感的 GaAlAs 光电阴极材料。基于光学薄膜理论和变掺杂结构设计原理, 通过指数掺杂 GaAlAs 光电阴极量子效率公式和光学性能计算公式分析了外延层 Al 组分、外延层厚度、电子扩散长度、后界面复合速率和表面电子逸出几率对 GaAlAs 光电阴极量子效率的影响。在研究各性能参量对量子效率影响的基础上, 通过调整相关参数仿真得到峰值响应位置在 532 nm 处的类门型和类三角型量子效率曲线, 其中类门型曲线具有更高的量子效率。以具有类门型量子效率曲线的光电阴极结构参数为参考依据, 设计了发射层为指数掺杂的对 532 nm 敏感的透射式 GaAlAs 光电阴极结构。结合透射式 GaAlAs 光电阴极结构, 设计出了模拟透射式的反射式 GaAlAs 光电阴极结构。利用了 MOCVD 外延生长技术对设计的反射式和透射式 GaAlAs 光电阴极样品进行了材料生长。

(3) 探索了对 532 nm 敏感的 GaAlAs 光电阴极的制备工艺。借助 NEA 光电阴极制备与评估系统开展了对 532 nm 敏感的 GaAlAs 光电阴极制备工艺的研究。利用 XPS 分析仪对经过 4:1:100 的 $H_2SO_4(98\%):H_2O_2(30\%):H_2O$ 溶液和 1:3 的 $HCl(37\%):H_2O$ 溶液清洗的 GaAlAs 表面进行了测试, 并详细地分析了两种溶液清洗后的 GaAlAs 表面的 Ga、Al、As、C 和 O 的光电子能谱曲线。结果表明 GaAlAs 光电阴极样品依次在 $H_2SO_4:H_2O_2:H_2O$ 溶液和 $HCl:H_2O$ 溶液中各清洗 2 min 后既能有效地去除表面的氧化物, 又能去除一定的杂质 C。在超高真空激活系统中对 GaAlAs 光电阴极的加热净化温度进行了研究, 加热过程中真空度随温度的变化曲线表明加热温度越高, GaAlAs 表面杂质分子的脱附越剧烈。由于过高的加热温度会导致 GaAlAs 表面发生 As 的蒸发现象, 使表面产生缺陷, 从而影响激活效果, 所以实验中的加热最高温度设为 700 ℃。对加热净化处理后的 GaAlAs 光电阴极样品进行了 Cs、O 激活实验, 结果表明 Cs 流量的大小不会影响首次进 Cs 激活的光电流峰值, 不同 Cs/O 电流比例对 Cs、O 交替过程光电流的变化有较大影响, 说明存在一个适中的 Cs/O 比例使 GaAlAs 表面获得最佳的激活效果。此外, 对比分析了反射式 GaAlAs 和 GaAs 光电阴极的光电流和光谱响应曲线。

(4) 开展了对 532 nm 敏感的 GaAlAs 光电阴极的性能评估。对不同制备工艺处理、处于不同环境下、不同结构的 GaAlAs 光电阴极的性能进行了评估。结果表明采用 4:1:100 的 $H_2SO_4(98\%):H_2O_2(30\%):H_2O$ 溶液和 1:3 的 $HCl(37\%):H_2O$ 溶液进行化学清洗, 随后经过 700 ℃高温进行加热净化处理, 并利用合适的 Cs/O 比例激活后的 GaAlAs 光电阴极可获得较好的光电发射性能, 制备的反射式 GaAlAs 光电阴极在 532 nm 处的量子效率可达到 26%。在超高真空激活系统中, 随着光照强度的增加, 反射式 GaAlAs 光电阴极的稳定性逐渐降低; 经过两次高温加热并激活后的 GaAlAs 光电阴极最稳定, 而光谱响应却随加热次数的增加而降低; 补 Cs 激活可使退化的 GaAlAs 光电阴极的光谱响应恢复到一定水平, 但是光谱响应和稳定性却随着补 Cs 次数的增加而降低。与微光夜视技术重点实验室合作研制了基于透射式 GaAlAs 光电阴极的真空光电二极管, 其光谱响应范围窄, 量子效率峰值分别出现在 535 nm 和 565 nm。

12.1.3　近红外响应 InGaAs 光电阴极

2012 年, 微光夜视技术重点实验室批准了 "变组分变掺杂 InGaAs 电子扩散长度研究"(BJ2014002) 课题, 项目组开展了近红外响应 InGaAs 光电阴极研究。郭婧和金睦淳博士参与了该课题的研究。

郭婧博士在微光夜视技术重点实验室基金课题 (BJ2014002) 的研究中承担了 $In_xGa_{1-x}As$ 光电发射材料第一性原理计算的工作, 她以 "近红外 InGaAs 光电阴极材料特性仿真与表面敏化研究" 为题, 进行了 NEA $In_xGa_{1-x}As$ 光电阴极中衬底材料特性及其与发射层匹配特性、InGaAs 发射层的体材料特性、表面性质和表面敏化方法研究, 其主要工作和创新成果包括如下几方面 [125~131]:

(1) 对 NEA $In_xGa_{1-x}As$ 光电阴极中衬底材料特性及其与发射层匹配特性的研究。常见的衬底材料有 GaAs 和 GaP。需要考虑两点: 第一, 衬底本身的材料特性, 包括掺杂和缺陷; 第二, 衬底材料与 InGaAs 发射层的匹配。根据项目组前人对 NEA GaAs 光电阴极的研究, 选择了 Zn 原子替位掺杂了 GaAs 衬底材料, 讨论了 Zn 掺杂的 GaAs 衬底的晶格常数、能带和布居分析。Zn 原子掺杂后其价带能级向导带底靠拢, 离子性增强, 形成了 p 型衬底。同时, 对于衬底而言, 点缺陷的存在也是不可避免的, 讨论了 V_{As}、V_{Ga}、As_{Ga}、Ga_{As}、As_{in} 和 Ga_{in} 六种形式的点缺陷的形成能及光学性质, 发现在 GaAs 衬底中 V_{Ga}、As_{Ga}、As_{in} 三种缺陷较容易产生, 并且此时衬底的光谱响应都有往长波段移动的现象。针对 GaAs 衬底, 讨论组分 x 不同时, $In_xGa_{1-x}As$ 材料的能带变化和它的光吸收系数。计算发现带隙随着 In 组分的变化逐渐变小, 其光吸收系数存在三个吸收峰 $P1$、$P2$ 和 $P3$, 并随着组分的增高, $P1$、$P3$ 吸收峰有往中间靠拢的趋势。从禁带宽度来看, 组分为 0.53 时, $In_{0.53}Ga_{0.47}As$ 禁带宽度约为 0.75 eV, 对应的截至波长约为 1.65 μm。掺杂后, 禁带宽度进一步缩小, 涵盖了波长为 1.06μm、1.54μm、1.57 μm 的激光器波段, 所以选择组分为 0.53 的 $In_{0.53}Ga_{0.47}As$ 做 InGaAs 光电阴极发射极材料。

(2) 对 InGaAs 发射层的体材料特性进行了研究。光电子首先是在体内激发, $In_{0.53}Ga_{0.47}As$ 材料的体特性值得关注。分析了本征 $In_{0.53}Ga_{0.47}As$ 体材料, 对其能带结构和态密度进行了计算。相对于 GaAs 材料, $In_{0.53}Ga_{0.47}As$ 能带由于第三种原子的介入, 能级分裂, 禁带减小, 导带电子均由原子的 s 态和 p 态电子贡献。在光学性质方面, 本征 $In_{0.53}Ga_{0.47}As$ 材料存在三个吸收峰, 分别位于 278 nm、431 nm 和 701 nm 处, 且在长波端, 吸收能力明显优于可见光敏感的 GaAs 材料。要想成为合适的光电发射材料, 必须对 $In_{0.53}Ga_{0.47}As$ 进行掺杂。对两种常见的掺杂原子 Zn 和 Be 的掺杂形成能进行了计算, 确定了 Zn 原子是较合适的替位式掺杂原子。但由于 $In_{0.53}Ga_{0.47}As$ 中 In 和 Ga 均有可能被 Zn 原子替位，所以对比了 Zn 替换 In 或 Ga 原子的材料性质。通过对能带结构、态密度、布居数的分析，指出在 Zn 替位式掺杂 $In_{0.53}Ga_{0.47}As$ 材料的过程中，Zn 替换 In 或者 Ga 原子的区别不大，对材料性质的影响也几乎一致。对于掺杂后的体材料，点缺陷的产生也是不可避免的，着重讨论了空位缺陷对掺杂 $In_{0.53}Ga_{0.47}As$ 材料光电发射性能的影响。V族的 As 空位与掺杂的 Zn 原子同属正电中心，产生受主能级，有利于光电子的输运；III族 Ga(In) 空位相对于 As 空位而言较容易产生，但是该空位产生施主能级与掺杂的 Zn 产生受主能级相矛盾，增加了光电发射的不确定性，需要尽量避免。

(3) 对 InGaAs 发射层的表面性质和表面敏化方法进行了研究。光电发射的最后一步是光电子在表面的逸出，这需要有合适的表面结构和方法对表面进行敏化。首先讨论了本征 InGaAs 材料比较常见的表面重构形式：富 As 的 $\beta_2(2\times4)$ 结构和富 Ga(或 In) 的 $\alpha(2\times4)$ 结构，对其表面原子结构、形成能、能带、功函数和表面电子结构进行了分析。指出富 As 的 $\beta_2(2\times4)$ 表面最为稳定，且功函数要低于富 Ga 和富 In 表面，可以为后面的表面敏化提供比较好的基础。表面掺杂是表面敏化的基础，根据表面相对位置的不同，提出了 Zn1, $\cdots$, Zn8 等 8 个掺杂位，讨论了掺杂后的表面弛豫和形成能；指出 Zn4 和 Zn5 位置是比较合适的掺杂位。并进一步分析了 Zn4 和 Zn5 掺杂位的能带结构，指出了 Zn 掺杂所激发出的新能级。通过电荷差分密度图、表面电子结构和功函数的分析，指出 Zn4 对表面性能的影响要优于 Zn5，是最有利的掺杂位。掺杂形成后，表面敏化即可进行，主要是采用 Cs 与 O 的吸附对表面进行激活敏化。对于进 Cs 初期，Cs 的覆盖度较低，提出了在 InGaAs 表面可能存在的 8 个吸附位：D、D'、T_2、T_2'、T_3、T_3'、T_4 和 T_4'。分析了 Cs 原子的吸附能以及吸附后的表面能带和功函数的变化，并着重提出了 $In_{0.53}Ga_{0.47}As$ 表面与铯离子形成了 $Cs^{n+} \rightarrow [In_{0.53}Ga_{0.47}AsZn]^{n-}$ 偶极子，降低了功函数。当 Cs 原子覆盖度较低时，更倾向于吸附在 D' 位。随着 Cs 的覆盖度的增加，其表面性质发生了改变，功函数也随之改变。当 Cs 的覆盖度超过 0.5 ML 时，Cs 的覆盖度的增加没能进一步减小功函数，反而使功函数上升了。于是在 $In_{0.53}Ga_{0.47}As$ 表面进行了进一步的 O 原子的吸附，形成了另一个偶极子：Cs-O 偶极子，再次降低了 InGaAs 发射层的表面功函数，提高了光电发射性能。

金睦淳博士在微光夜视技术重点实验室基金课题 (BJ2014002) 的研究中承担了光电发射理论、材料结构设计与激活实验，他以 "近红外 InGaAs 光电阴极的制备与性能研究" 为题，进行了近红外 InGaAs 光电阴极光电发射理论、InP 和 GaAs 衬底的 InGaAs 半导体材料结构和制备以及性能评估研究，其主要工作和创新成果包括如下几方面 [132~137]：

(1) 研究了近红外 InGaAs 光电阴极光电发射理论。针对 InGaAs 光电阴极光电发射理论的匮乏，通过第一性原理计算并分析了 InGaAs 光电阴极的光学性质，以电磁场和光的干涉理论为基础，采用导纳矩阵法建立了多层膜系的 InGaAs 光电阴极的光学模型。基于半导体物理，围绕 Spicer 光电发射 "三步模型"，计算了近红外 InGaAs 光电阴极体内电子产生后经过表面能带弯曲区、到达阴极表面和隧穿表面势垒逸出到真空中的能量分布情况，并研究了光电阴极表面势垒形状对电子逸出到真空能量分布的影响。考虑到缓冲层对光电发射的贡献，然后通过设定合适的边界条件并求解一维少子连续性方程，推导了薄发射层反射式 InGaAs 光电阴极的量子效率公式，通过理论仿真，分析了影响光电发射性能的因素，包括表面电子逸出几率、电子扩散长度、后界面复合速率和发射层厚度。

(2) 研究了 InP 衬底的 InGaAs 半导体材料结构和制备工艺。根据Ⅲ-Ⅴ族半导体材料禁带宽度与晶格常数的关系，分析得到了可用于 InGaAs 半导体材料外延生长的两种衬底：InP 和 GaAs。根据晶格失配导致的应力和位错能密度，计算了 InGaAs 外延层分别对应 InP 和 GaAs 衬底的临界厚度，设计了 In 组分为 0.53 的 InGaAs/InP 光电阴极结构，此时两种材料的晶格常数相同。通过 MOCVD 外延生长了 InGaAs/InP 样品。最后，开展了 InGaAs/InP 半导体材料热净化温度的研究，采用不同热净化温度对 InGaAs/InP 半导体材料进行加热后，利用 XPS 能谱仪分析半导体材料的表面，XPS 分析结果可以说明 InGaAs/InP 样品在较高热净化温度下 InP 衬底中 P 原子发生蒸发脱附现象，并且已经污染材料表面，只有热净化温度小于 400 ℃才不会发生这种现象。最后通过分析不同温度下的光谱响应曲线，指出采用常规结构设计和热净化工艺并不能制备出长波延伸到 1.54 μm 和 1.57 μm 的 InGaAs/InP 光电阴极。

(3) 研究了 GaAs 衬底的 InGaAs 半导体材料结构和制备工艺。针对薄发射层的 InGaAs/GaAs 半导体材料，通过对缓冲层采用指数掺杂的方式，从而形成从界面指向体内的内建电场，光激发的电子会以扩散加漂移的方式输运到发射层，大大提高了缓冲层对光电发射的贡献。对于 InGaAs/GaAs 半导体材料，发射层采用组分渐变的设计方式，可以有效降低晶格失配导致的缺陷，最终设计了三种结构的 InGaAs/GaAs 样品。利用 XPS 能谱仪和 Ar$^+$ 溅射功能对多层膜结构半导体材料的原子浓度进行深度剖析，从而分析 InGaAs/GaAs 半导体材料表面及体内原子成分，以此来判断 InGaAs 半导体材料的生长质量。在制备工艺方面开展了 InGaAs/GaAs 样品不同化学清洗方法和不同热净化工艺的研究。利用 XPS 能谱仪分别对盐酸 (38%) 和水 1:1 的混合溶液；HF(>40%) 溶液；浓硫酸 (98%)、过氧化氢和水 4:1:100 的混合溶液清洗过的 InGaAs 样品表面进行了测试，对 Ga 2p$_{3/2}$、In 3d 和 As 3d 芯能级曲线进行了高斯分峰拟合，结果表明利用盐酸 (38%) 和水 1:1 的混合溶液清洗 InGaAs 样品可以有效去除表面氧化物，清洗效果最佳。利用 XPS 能谱仪分析了热净化温度下 InGaAs 表面的原子成分变化，然后用微分的方法分析了 InGaAs/GaAs 样品热净化过程中真空度变化情况，发现采取 "闪蒸"625 ℃的热净化工艺可以防止材料表面大量 As 和 In 的蒸发脱附, 又可以有效去除材料表面氧化物。

(4) 评估了近红外 InGaAs 光电阴极的性能。对不同制备工艺处理、不同发射层结构、不同工作条件下的 InGaAs 光电阴极光电发射性能及稳定性进行了评估。实验结果显示, 采用常规化学清洗和热净化工艺, 不能使 InGaAs/InP 样品获得原子级清洁表面; 采用盐酸 (38%) 和水 1:1 的混合溶液清洗 2 min, 随后经过 "闪蒸"625 ℃的热净化工艺, InGaAs/GaAs 光电阴极样品在功率为 1 mW 的 1.06 μm 单色光源照射下获得了最高电流值为 510 nA, 对应辐射灵敏度为 0.51 mA/W, 其性能优于滨松公司反射式 InGaAs 光电阴极。在激活过程中, 发现 InGaAs 光电阴极在单 Cs 激活结束后, 光谱响应截止仍在可见光区域, 这说明单 Cs 吸附 InGaAs 光电阴极表面并不能使势垒高度下降到导带底附近, 最终只能形成正的电子亲和势。通过对临界厚度的计算, 将 InGaAs/GaAs 光电阴极发射层厚度控制在其范围内, 可以有效提高光电发射性能。在超高真空系统中, 随着光照强度的增加, InGaAs 光电阴极的稳定性逐渐降低。补 Cs 可以使光电阴极性能得到一定程度上的恢复, 但不能完全恢复到 Cs、O 激活后的水平, 随着补 Cs 次数的增加, 阴极的光谱响应和寿命均开始降低。

12.1.4　GaAs 光电阴极及其微光像增强器的分辨力

任玲和王洪刚博士参与了国家自然科学基金项目 (61171042) 和国防项目的研究。

任玲博士以 "GaAs 光电阴极及像增强器的分辨力研究" 为题, 建立了透射式均匀掺杂 GaAs 光电阴极电子输运理论模型, 研究了指数掺杂对透射式 GaAs 光电阴极分辨力的影响, 开展了 GaAs 光电阴极微光像增强器分辨力理论研究, 开展了 GaAs 光电阴极微光像增强器 halo 效应及分辨力测试研究, 其主要工作和创新成果包括如下几方面 [138~146]:

(1) 建立了透射式均匀掺杂 GaAs 光电阴极电子输运理论模型。从光电发射理论、固体理论与半导体理论出发, 在 Spicer 的光电发射 "三步模型" 理论指导下, 建立了均匀掺杂 GaAs 光电阴极的原子结构与电离受主杂质散射公式, 模拟了光电子在 GaAs 光电阴极体内的输运轨迹, 分析了电子扩散长度、掺杂浓度和发射层厚度等因素对光电阴极的弥散圆斑和到达阴极出射面的光电子数与激发光电子总数之比的影响, 讨论了发射层厚度、掺杂浓度以及电子扩散长度的最佳值。考虑了 GaAlAs 窗口层和 GaAs 发射层的反射率、透射率和吸收系数等参数的影响, 计算了光电阴极体内不同位置激发的光电子的输运轨迹, 根据电子落点分布求得 MTF, 分析了发射层厚度、电子扩散长度和掺杂浓度对 MTF 的影响。研制了透射式均匀掺杂 GaAs 光电阴极光电子输运计算软件。

(2) 研究了指数掺杂对透射式 GaAs 光电阴极分辨力的影响。在均匀掺杂 GaAs 光电阴极光电子输运理论模型和分辨力理论研究的基础上，建立了指数掺杂 GaAs 光电阴极原子结构和电场作用下的电离杂质散射公式，考虑了 400~900nm 波段光在光电阴极体内不同位置激发的光电子，模拟了光电子在指数掺杂 GaAs 光电阴极体内的输运轨迹，比较分析了指数掺杂对 GaAs 光电阴极出射面的电子能量分布、出射角分布、光电发射效率和 MTF 等的影响。结合均匀掺杂和指数掺杂 GaAs 光电阴极体内光电子输运特性，建立了场渗透模型，分析了前近贴聚焦场渗透强度对 GaAs 光电阴极光电子落点分布、光电发射效率和调制传递函数的影响，研究了 GaAs 光电阴极在微光像增强器工作时的光电发射性能。

(3) 开展了 GaAs 光电阴极微光像增强器分辨力理论研究。开展了 GaAs 光电阴极微光像增强器电子输运和分辨力理论研究工作，主要研究近贴聚焦系统和 MCP 对微光像增强器分辨力的影响。假设光电子从 GaAs 光电阴极面出射时的能量分布服从 beta(1,8) 分布，出射角度服从 Lambert 分布，光电子在非开口面处的碰撞模型为入射角等于反射角和能量变为原来的 1/4，研究了前近贴聚焦系统的调制传递函数，分析了近贴距离和电压对前近贴聚焦系统调制传递函数的影响。然后，为了探讨 MCP 对微光像增强器成像质量的影响，根据次级电子发射理论，建立了 MCP 通道内壁发射次级电子的能量分布与角度分布，研究了 MCP 开口面积比、斜切角、末端电极深度和通道板长径比等参数对微光像增强器光电子输运和 MTF 的影响，完善了 GaAs 光电阴极微光像增强器分辨力理论。

(4) 开展了 GaAs 光电阴极微光像增强器 halo 效应及分辨力测试研究。通过研制的微光像增强器 halo 效应测试装置，对超二代和三代微光像增强器的 halo 效应进行了测试，比较了超二代和三代微光像增强器 halo 效应，分析了采集的 halo 图像的灰度值分布曲线。通过调节前近贴脉冲信号的高低电平电压幅值和占空比，分别测量了三代微光像增强器的 halo 效应和分辨力，研究了高压脉冲电源对微光像增强器 halo 效应和分辨力的影响。对比分析了不同掺杂方式下的 GaAs 光电阴极微光像增强器 halo 效应，理论研究了均匀掺杂和指数掺杂 GaAs 光电阴极微光像增强器的分辨力，分析了 GaAs 光电阴极对微光像增强器分辨力的影响，间接验证了 GaAs 光电阴极微光像增强器分辨力理论模型的可用性。

王洪刚博士以 "像增强器的电子输运与噪声特性研究" 为题，开展了负电子亲和势光电阴极及微通道板的电子输运及分辨力，微通道板的噪声特性，微光像增强器的电子输运与噪声特性研究，其主要工作和创新成果包括如下几方面[147~153]：

(1) 开展了负电子亲和势光电阴极的电子输运及分辨力研究。首先通过建立 GaAs 阴极的原子结构单元和电离杂质散射的理想模型，定性分析了均匀掺杂 GaAs 阴极的掺杂浓度、电子扩散长度对其体内电子输运的影响。计算结果显示，当电子扩散长度增加时,阴极出射面处的弥散圆斑直径逐渐变大,并且输运到阴极表面的电子数与受激发的总电子数之比也在增大。同时,GaAs 光电阴极的掺杂浓度一般应不大于 $1.0 \times 10^{19} \mathrm{cm}^{-3}$。然后利用电子输运方程分别推导了指数掺杂结构 GaAs、GaAlAs 及 GaN 阴极的 MTF 表达式,并据此研究了三种阴极的电子扩散长度、发射层厚度、吸收系数以及后界面复合速率对阴极分辨力和量子效率的影响。仿真结果表明,与均匀掺杂结构相比,指数掺杂结构不仅能获得高量子效率,更能提升阴极的分辨力。该研究为变掺杂结构光电阴极在高性能像增强器中的应用提供了理论依据。

(2) 开展了微通道板的电子输运及分辨力研究。通过求解 MCP 的电子输运轨迹方程,获得了电子经过 MCP 倍增的输运轨迹,最终确定了电子在荧光屏像面上落点的分布情况,并绘制了相应的 MTF 特性曲线。分别改变 MCP 的斜切角、通道直径、工作电压以及末端电极深度,分析了上述参数对 MCP 的电子输运及 MTF 特性的影响。仿真结果表明,当 MCP 两端电压为 900V、斜切角为 14°、通道直径为 5.0μm 以及末端电极深度为 10μm 时,MCP 具有良好的电子输运及分辨力特性。这为研制高分辨力 MCP 以及提升像增强器的分辨力提供了理论参考。

(3) 开展了微通道板的噪声特性研究。借助评价 MCP 的噪声因子研究了微通道板的噪声特性。首先从理论上分析了 MCP 的开口面积比、通道内壁的二次电子发射系数以及倍增过程中产生的离子反馈对噪声因子的影响。然后在实际测试时,提出了采用服从泊松分布的正弦随机信号作为电子源的噪声激励的评价方法,实现了对 MCP 噪声因子的评价。测试结果显示,当开口面积比为 64% 时,镀膜 MCP 的噪声因子比无膜 MCP 增大了约 14.7%,且低于 1.8;同时当开口面积比从 64% 扩至 72% 时,无膜 MCP 的噪声因子减小了约 8.9%,且低于 1.3。此外,对 MCP 进行适度的电子清刷处理可在一定程度上降低噪声因子,而离子阻挡膜在延长像增强器寿命的同时也恶化了 MCP 的噪声特性,故需考虑最佳膜厚的选取。该研究为研制低噪声 MCP 提供了理论支持和评价手段。

(4) 开展了微光像增强器的电子输运与噪声特性研究。以微光像增强器为例,从理论分析和实验测试的角度对其电子输运与噪声特性开展了研究。首先在理论分析中,详细介绍了微光像增强器噪声因子在未考虑离子反馈和考虑离子反馈情况下的数学模型。然后,通过实验测试开展了前近贴脉冲电压对三代微光像增强器输出信噪比和 halo 效应的影响研究。此外,为了评价微光像增强器的噪声特性,对超二代和三代微光像增强器的输出信噪比也进行了实际测试。测试结果表明,当前近贴脉冲电压高、低电平分别为 −300V 和 0.2V 时,占空比大于 60% 后对三代微光像增强器的输出信噪比与 halo 效应几乎没有影响。采用直流电源供电时,超二代和三代微光像增强器的输出信噪比均随阴极电压的升高而增大,当阴极电压达到一定值后,二者的输出信噪比趋于饱和。当 MCP 工作电压在 700~800V 范围内逐步加大时，超二代微光像增强器的输出信噪比有较大幅度的提高，继续升高电压则会导致信噪比的增长趋势放缓甚至降低。该研究可为研制低噪声、高分辨力微光像增强器提供理论指导和实验支撑。

12.2 研究工作中的纠结

2012 年，自从出版《GaAs 光电阴极》[154] 以来，又一个五年过去了，III-V 族负电子亲和势光电阴极的研究经历了四个"五年计划"，已经 20 多年了。在此期间，我们见证了我国微光技术的进步，同时又感觉在科学研究工作中的无能为力。

2015 年，应《红外技术》邀请，在"综述与评论"栏目中发表了《负电子亲和势光电阴极 50 年史话》[155]，在强调研究工作取得成绩的同时，重点阐述负电子亲和势光电阴极研究目前遇到的困难。

关于 NEA 光电阴极研究目前面临的困难，无非是寿命问题、高低温激活的原理问题、六角结构宽带响应光电阴极 Cs/O 交替激活光电流不升的问题、禁带宽度与热清洗温度的关系问题等，还可以列出许多，但我认为寿命问题解决了，才有利于其他问题的解决。以 NEA 光电阴极为转换面的微光像增强器的寿命，2001 年以前欧美主要厂商，如 ITT 报道的最小值是 10000 h，2001 年以后，在产品说明中再未见寿命的有关报道 [156]。至于利用 GaAs 光电阴极的 EBCCD、EBAPS 等新型器件，寿命更是一个秘而不宣的问题。对光源中应用的 GaAs:Cs 光电阴极，Cornell 报道的是 100 h[157]，JLab FEL 是 30 h[158]，KER/JAEA 是 20 h[159,160]。由于在现代光源中 GaAs:Cs 光电阴极的寿命太短，各国又将研究重点转向多碱光电阴极。关于 GaAs 光电阴极的寿命问题，各国学者进行了长期研究。Durek 等研究了水蒸气对 GaAs 阴极稳定性的影响，并定量地分析了阴极寿命与水蒸气分压强之间的关系，通过拟合得到了如下关系式 [161]：

$$\tau = \tau_0 \left(\frac{p}{p_0} \right)^{-n}$$

式中，$n=1.01$，$\tau_0=7800$ s，$p_0=10^{-8}$ Pa。该式表明光电阴极寿命近似与水蒸气分压强 p 成反比。Grames 等在将系统真空度提高到 10^{-10} Pa 的情况下，阴极寿命达到了 2～3 周 [162]。Wada 等曾通过对光电阴极所在真空系统充入不同气压的 CO_2、CO 和 H_2O，观察阴极的光电流随时间的衰减情况 [163]。Yee 等认为光电流下降主要是由于 Cs 的脱附导致光电阴极表面的 Cs/O 比及表面层结构发生改变，从而破坏了光电阴极表面的最佳 NEA 状态 [164~166]。Machuca 等则认为与氧在表面的吸附有关 [167,168]，Calabres 等也认为导致 GaAs 光电阴灵敏度下降的主要原因是真空系统中的有害残余气体与阴极表面激活层的作用，而不是 Cs 的脱附[169,170]。在超高真空系统中，我们研究了不同光照强度时光电流变化，如图 12.1 所示[37,41]；研究了真空系统中阴极灵敏度衰减后，通过重新铯化后光电流的衰减变化曲线，如图 12.2 所示[36]；研究了在不同 Cs 气氛下阴极光电流随时间的衰减，如图 12.3 和图 12.4 所示[37,41]。

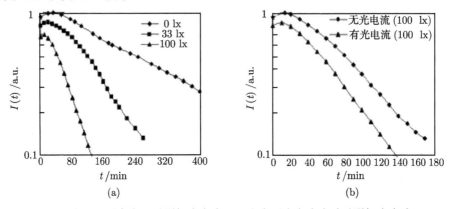

图 12.1   在不同强度光照时阴极光电流 (a) 和有无光电流流过时阴极光电流 (b)

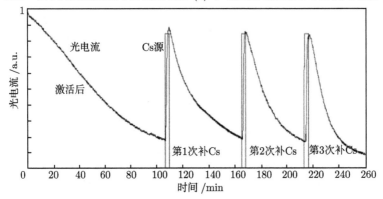

图 12.2   阴极激活和重新铯化后光电流衰减

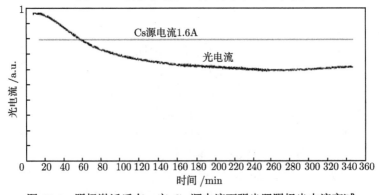

图 12.3   阴极激活后在一定 Cs 源电流下强光照阴极光电流衰减

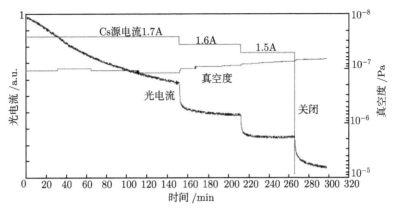

图 12.4　阴极激活后变化 Cs 源电流下强光照阴极的光电流衰减

为了研究超高真空系统中 GaAs 光电阴极光电流衰减, 光电阴极激活后测试了衰减过程中的 As $2p_{3/2}$、Ga $2p_{3/2}$ 和 O 1s 谱随时间的变化, 并计算了阴极表面各元素的百分含量, 测试结果如图 12.5 所示, 百分含量列于表 12.1 中, 可知, 在 4 h 以后, 阴极表面 Ga 和 Cs 不变, O 含量增加, As 含量减少。

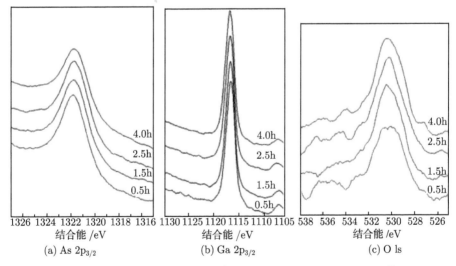

图 12.5　激活后阴极衰减过程中 As $2p_{3/2}$、Ga $2p_{3/2}$ 和 O 1s 谱

GaAs 材料经过高温热清洗后, 我认为是富 Ga 表面, 经 Cs 与 O 激活后其光电流如图 12.6 中曲线 1 所示; 该材料再经过低温热清洗后, 是富 As 表面, 激活后的光电流如图 12.6 中曲线 2 所示; 比较图 12.6 两条曲线, 低温热清洗后形成的富 As 表面更有利于 Cs 与 O 激活, 以少量的时间和更少的激活次数获得了更好的光电效应。

表 12.1　衰减过程中阴极表面不同元素百分含量随时间的变化

元素	激活后 0.5h 含量/%	激活后 1.5h 含量/%	激活后 2.5h 含量/%	激活后 4.0h 含量/%
Ga	33	32	32	32
As	28	27	26	25
Cs	17	17	17	17
O	22	24	25	26

图 12.6 中无论是高温还是低温激活，都是在原子清洁表面获得双偶极子层。以 $Ga_{1-x}Al_xAs$ 光电阴极为例，其原子密度为 $(4.42-0.17x)\times10^{22}$ cm^{-3}，p 型原子掺杂量通常在 $10^{18} \sim 10^{19}$ cm^{-3} 量级，可将掺杂浓度粗略估计为 0.1%，并将 $Ga_{1-x}Al_xAs$ 材料分割为 1000 个原子组成的立方体单元，长宽高均为 14.1443 nm，其中包含一个 Zn 掺杂原子，图 12.7 为材料表面掺杂原子分布俯视图。Cs 、O 激活后与掺杂原子形成 [GaAs(Zn):Cs]:O-Cs 双偶极子，附近功函数低于周围，光电子更容易从掺杂原子附近逸出，因此表面处光电流并不是均匀的，而是会在掺杂原子附近形成一个峰值，光电发射表现出如图 12.8 所示的碎鳞场效应 [102]。对照图 12.5 与表 12.1，光电流在衰减过程中 As 的减少与 O 的增加，是否可以简单归因于双偶极子 [GaAs(Zn):Cs]:O-Cs 的去极化，即在光照条件下，由于光电发射的碎鳞场效应，大多数光电子经过双偶极子时，导致了 [GaAs(Zn):Cs]:O-Cs 的去极化。在去极化过程中，位于偶极子之间的残余气体 X 取代了 Cs，最终形成了 [GaAs(Zn):X]:O-X，如果我们假设用氢 (H) 取代 X，则形成 [GaAs(Zn):H]:H_2O，其对光电发射是有害的。按照此假设，在 H 取代 Cs 的过程中，由于 Cs 在表面的位移，掩盖了 As，致使在 XPS 分析中 As 减少；同样由于 Cs 在表面的位移，凸显了 O，致使在 XPS 分析中 O 增加。

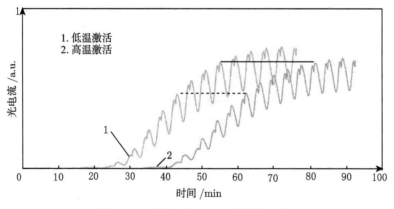

图 12.6　高低温激活过程中的光电流

　　关于超高真空系统中的残余气体, 在 4.7.3 节超高真空的残气分析中已经作了专门测试, 如图 4.71~ 图 4.86 所示, 质量数在 1~160, 分压强在 10^{-9}mbar 量级以下。究竟是谁取代了 Cs, 目前尚没有完整的答案, 最好的解决方案是用第一性原理分析现有超高真空系统的残余气体与 [GaAs(Zn):Cs]:O-Cs 的作用, 然后利用现代表面分析方法去验证计算结果。西方人通过提高超高真空系统的真空度延长了GaAs 光电阴极的寿命, 目前我们尚无法获得可用的极高真空度的系统, 延长光电阴极寿命只能另辟蹊径。

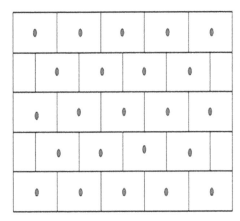

图 12.7　$Ga_{1-x}Al_xAs$ 材料表面掺杂原子分布

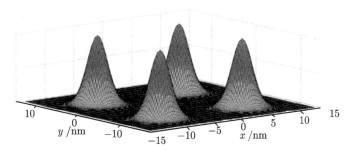

图 12.8　光电发射的碎鳞场效应 (后附彩图)

　　在新的一个五年计划中, 随着新一代微光技术研究的全面展开, 研究团队面临着巨大的压力。研究手段落后、评估手段空乏同样是研究团队面临的现状。

　　在我国的现代微光事业中, 我们面临着前所未有的发展机遇。

　　我们将面临三代微光像增强器的产业化问题, 即如何使我们数十年的研究成果走出实验室, 在信息探测与感知领域提升我国的综合国力; 我们将面临新一代微光技术研究的全面展开, 在新一代微光技术研究中, 与研究团队相关的是新一代微光光电阴极技术的研究, 在一到两个五年计划之内, 使我国在新一代光电发射材料理念、掺杂结构、表面模型、制备与测控技术等领域稳占世界先进行列，并引领世界微光技术的发展。

这两个"面临"会在我们的研究工作中产生纠结。

12.3　新一代 GaAs 基光电阴极的研究展望

新一代 GaAs 基光电阴极的研究首先得满足新一代微光技术的发展需求。在世界范围，新一代微光技术的内涵与外延应该是一个值得研究的课题。目前对新一代微光技术下一个明确的定义尚为时太早。

新一代微光技术首先应该涉及探测器技术，从数十年探测器件发展规律分类，无非是真空和固态探测器件两类。微光探测技术接收的探测辐射是目标反射的星光、月光和大气辉光，通过微光像增强器的增强达到人眼能进行观察的目的。如果探测目标是自身热辐射，则归类为红外探测器，将不属于微光像增强器的研究范围。

如果我们定位于目标反射的星光、月光和大气辉光的探测，对于现代微光像增强器而言，其探测的反射辐射波段应该以人眼可见辐射为中心，向短波拓展到紫外线、X 射线，甚至将超短波辐射的光子转换成光电子，进而通过电子倍增和荧光显示，变换为可见光图像；向长波拓展到近红外 (0.9~2.65μm) 波段，可以将人眼看不见的红外光变换为可见光图像。大于 3μm 波段目前已经由红外探测器占领。估计未来在信息探测领域，1~3μm 将是微光与红外反复争夺的波段，其原因是 1~3μm 波段是目标的反射辐射与热辐射共存区域。

对于光电发射材料，在如此宽广的波段将扮演着重要的角色，但对于某一具体的光电发射材料，其不可能覆盖如此宽广的波段，只能尽可能覆盖。基于此，未来的光电阴极可以分成两类，一类是窄波段响应的光电发射材料，例如，对 532nm 敏感的光电发射材料，其与 532nm 激光器构成主被合一的探测系统，解决水下探测问题；另一类是宽波段光电发射材料，例如，可以探索研究一种宽光谱、高灵敏度、日盲响应变 Al 组分 GaAlN 光电阴极材料，可以工作在 0.1~0.3μm 波段，其研究成果将应用于外太空探测、探月工程、对地观测、高能物理、紫外通信、臭氧检测、火灾监测、生物分析、紫外电晕检测和国家安全等领域。再例如，变组分变掺杂 GaAlAs/GaAs/InGaAs 光电发射材料，可以工作在 0.2~2.65μm 波段，其研究成果将应用于陆、海、空、二炮、武警、特警、防暴和边防部队以及应用于不可见光谱转换中的微光观察，也可应用于新型太阳能转换器件。

对新一代微光像增强器应用的Ⅲ-Ⅴ半导体光电发射材料，在借鉴四个五年计划工作的基础上，是否可以考虑按照下面的思路进行更细致的研究：

(1) Ⅲ-Ⅴ半导体光电发射材料第一性原理研究。采用第一性原理计算Ⅲ-Ⅴ半导体光电发射材料光电发射面的重构及吸附特性，分析变组分变掺杂对光电阴极光学与光电发射性能的影响，指导材料设计、生长与激活工艺研究。

(2) III-V 半导体光电发射材料光电阴极组件的能带工程与结构优化研究。利用变组分变掺杂设计III-V 半导体光电发射材料能带结构，分析并验证能带、光学及光电发射性能与组件结构间的关系，为材料生长提供优化的组件结构。

(3) III-V 半导体光电发射材料生长机理与技术研究。利用第一性原理、能带工程与结构优化研究成果，通过 MOCVD 等实现III-V 半导体光电发射材料的生长，利用现代测试技术完成材料的性能表征，如此循环，研制出符合不同波段的III-V 半导体光电发射材料。

(4) III-V 半导体光电发射材料光电阴极表面净化与激活机理研究。利用国内外大科学装置，研究III-V 半导体光电发射材料光电阴极表面净化与 Cs、O 激活机理，验证III-V 半导体光电发射材料设计与生长理论，提高光电阴极量子效率，研究长寿命 GaAs 基光电阴极，为制备不同波段、更高性能的微光像增强器以及太阳能转换器件提供理论指导。

在西方，利用 NEA 光电阴极，完成了微光像增强器、EBCCD 及 EBAPS 等一系列探测器件的研制，已经陆续列装；在现代光源的应用中同样遇到寿命问题，目前的解决方法是用多碱阴极暂时取代 GaAs:Cs 阴极，以避开寿命问题的困扰。

对于我们，NEA 光电阴极的寿命问题解决了，高性能微光像增强器以及 EBAPS 等探测器件可以缩短与西方的差距；如果高灵敏度长寿命的 GaAs:Cs-O 阴极真正取代了目前大科学装置中的铜阴极，基于我国大科学装置的基础研究才会迎来真正的春天。

参 考 文 献

[1] 宗志园. NEA 光电阴极的性能评估和激活工艺研究. 南京: 南京理工大学, 2000

[2] 宗志园, 常本康. 用积分法推导 NEA 光电阴极的量子效率. 光学学报. 19(9): 1177–1182

[3] Zhong Z Y, Chang B K. A study on the technology of on-line spectral response measurement. SPIE, 1998, 3558: 23–27

[4] 宗志园, 常本康. S25 系列光电阴极的光谱响应计算机拟合研究. 南京理工大学学报, 22(3): 228–231

[5] 宗志园, 常本康. S25 系列光电阴极的光谱响应特性研究. 红外技术, 1998, 20(2): 29–32

[6] 宗志园, 钱芸生, 富容国, 等. 多碱光电阴极层状模型的一个证据—艳处理多碱光电阴极的附加厚度. 红外技术, 1998, 20(4): 16–18

[7] 钱芸生. 光电阴极多信息量测试技术及其应用研究. 南京: 南京理工大学, 2000

[8] 钱芸生, 富容国, 徐登高, 等. 实时测量器件中光学薄膜厚度的新方法研究. 真空科学与技术, 1998, 18(6): 441–443

[9] Qian Y S, Fu R G, Xu D G, et al. A study on the optical method of measuring the thickness of optical films in the devices. SPIE, 1998, 3558: 209–213

[10] 钱芸生, 富容国, 徐登高, 等. 多碱光电阴极多信息量测试技术研究. 真空科学与技术, 1999, 19(2): 111–115

[11] 钱芸生, 富容国, 徐登高, 等. 多碱光电阴极的单色光电流测试技术研究. 南京理工大学学报, 1999, 23(1): 34–37

[12] 钱芸生, 房红兵, 常本康, 等. 像增强器的测试技术研究. 红外技术, 1999, 21(1): 37–40

[13] 钱芸生, 宗志园, 常本康. NEA 光电阴极原位光谱响应测试仪研制. 国防科学技术报告, NLG-99105

[14] 钱芸生, 宗志园, 常本康. GaAs 光电阴极原位光谱响应测试技术研究. 真空科学与技术, 2000, 20(5): 305–307

[15] 杜晓晴. 高性能 GaAs 光电阴极研究. 南京: 南京理工大学, 2005

[16] 杜晓晴, 常本康, 汪贵华. Experiment and analysis of (Cs, O) activation for GaAs photocathode. SPIE, 2002, 4919: 83–90

[17] 杜晓晴, 常本康, 宗志园, 等. NEA 光电阴极的性能参数评估. 光电工程, 2002, 29(增刊): 55–57

[18] 杜晓晴, 常本康, 宗志园, 等. NEA 光电阴极的表面模型. 红外技术, 2003, 25(1): 68–71

[19] 杜晓晴, 常本康, 汪贵华, 等. NEA 光电阴极的（Cs, O）激活工艺研究. 光子学报, 2003, 32(7): 826–829

[20] 杜晓晴, 杜玉杰, 常本康, 等. 三代微光管均匀性测试与分析. 真空科学与技术, 2003, 23(4): 248–250

[21] Du X Q, Chang B K. Influences of material performance parameters on GaAs/AlGaAs photoemission. SPIE, 2003, 5280: 695–702

[22] Du X Q, Du Y J, Chang B K. Influences of performance parameters on GaAs/AlGaAs materials on photoemission. SPIE, 2003, 5209: 201–208

[23] 杜晓晴, 常本康, 宗志园. GaAs 光电阴极 p 型掺杂浓度的理论优化. 真空科学与技术, 2004, 24(3): 195–198

[24] 杜晓晴, 宗志园, 常本康. GaAs 光电阴极稳定性的光谱响应测试与分析. 光子学报, 2004, 33(8): 939–941

[25] Du X Q, Du Y J, Chang B K. Stability of the third generation intensifier under illumination. Journal of China Ordnance (兵工学报英文版), 2005, 1(1): 73–76

[26] Du X Q, Chang B K. Angle-dependent X-ray photoelectron spectroscopy study of the mechanisms of "high-low temperature" activation of GaAs photocathode. Applied Surface Science, 2005, 251: 267–272

[27] 杜晓晴, 常本康, 邹继军, 等. 利用梯度掺杂获得高量子效率的 GaAs 光电阴极. 光学学报, 2005, 25(10): 1411–1414

[28] Du X Q, Chang B K, Du Y J, et al. The optimization of (Cs, O) activation of NEA photocathode. The 5th International Vacuum Electron Sources Conference Proceeding,

2004

[29] Du X Q, Chang B K. Angle-dependent X-ray photoelectron spectroscopy study of the evolution of GaAs(Cs, O) surface during "high-low temperature" activation. The 5th International Vacuum Electron Sources Conference Proceeding, 2004

[30] 杜晓晴, 常本康, 宗志园, 等. (Cs, O) 导入在 GaAs 光电阴极激活中的实验与分析. 中国兵工学会第三届夜视技术学术交流会会议论文集, 2002: 175–179

[31] 杜晓晴, 常本康. 微测辐射热计的热隔离结构设计. 激光与红外, 2002, 32(4): 265–267

[32] 杜晓晴, 杜玉杰, 常本康. GaAs 光电阴极量子效率在不同 p 型掺杂浓度下的理论计算. 国防科学技术报告, 2003, NLG-2003-054-2

[33] 杜晓晴, 杜玉杰, 常本康. 国内外 GaAs 光电阴极的光谱响应性能比较. 国防科学技术报告, NLG-2003-131-1

[34] 杜晓晴, 常本康, 邹继军. 利用梯度掺杂获得高量子效率的 GaAs 光电阴极. 国防科学技术报告, NLG-2004-054-2

[35] 杜晓晴, 常本康, 邹继军. GaAs 光电阴极的稳定性研究. 国防科学技术报告, NLG-2004-131-2

[36] 邹继军. GaAs 光电阴极理论及其表征技术研究. 南京: 南京理工大学, 2007

[37] Zou J J, Chang B K, Chen H L, et al. Variation of quantum yield curves of GaAs photocathodes under illumination. Journal of Applied Physics, 2007, 101: 033126-6

[38] Zou J J, Chang B K. Gradient doping negative electron affinity GaAs photocathodes. Optical Engineering, 2006, 45(5): 054001-5

[39] Zou J J, Chang B K, Yang Z, et al. Evolution of photocurrent during coadsorption of Cs and O on GaAs (100). Chinese Physics Letters, 2007, 24(6): 1731–1734

[40] 邹继军, 常本康, 杨智. 指数掺杂 GaAs 光电阴极量子效率的理论计算. 物理学报, 2007, 56(5): 2992–2997

[41] 邹继军, 常本康, 杨智, 等. GaAs 光电阴极在不同强度光照下的稳定性. 物理学报, 2007, 56(10): 6109–6113

[42] 邹继军, 常本康, 杜晓晴, 等. GaAs 光电阴极光谱响应曲线形状的变化. 光谱学与光谱分析, 2007, 27(8): 1465–1468

[43] 邹继军, 常本康, 杜晓晴. MBE 梯度掺杂 GaAs 光电阴极实验研究. 真空科学与技术学报, 2005, 25(6): 401–404

[44] 邹继军, 陈怀林, 常本康, 等. GaAs 光电阴极表面电子逸出几率与波长关系的研究. 光学学报, 2006, 26(9): 1400–1404

[45] 邹继军, 钱芸生, 常本康, 等. GaAs 光电阴极制备过程中多信息量测试技术研究. 真空科学与技术学报, 2006, 26(3): 172–175

[46] 邹继军, 常本康, 杜晓晴, 等. 铯氧比对砷化镓光电阴极激活结果的影响. 光子学报, 2006, 35(10): 1493–1496

[47] 邹继军, 钱芸生, 常本康, 等. GaAs 光电阴极多信息量测试系统设计. 半导体光电, 2006, 27(5): 582–585

[48]　Zou J J, Chang B K, Wang H, et al. Mechanism of photocurrent variation during coadsorption of Cs and O on GaAs (100). Proc SPIE, 2006, 6352: 635239-6

[49]　Zou J J, Chang B K, Yang Z, et al. Variation of spectral response curves of GaAs photocathodes in activation chamber. Proc SPIE, 2006, 6352: 63523H-7

[50]　Zou J J, Yang Z, Qiao J L, et al. Activation experiments and quantum efficiency theory on gradient-doping GaAs photocathodes. Proc SPIE, 2007: 6782

[51]　Zou J J, Feng L, Lin G Y, et al. On-line measurement system of GaAs photocathodes and its application. Proc SPIE, 2007, 6782

[52]　邹继军, 高频, 杨智, 等. 低温净化温度对 GaAs 光电阴极激活结果的影响. 真空科学与技术学报, 2007, 27(3): 222–225

[53]　邹继军, 高频, 杨智, 等. 发射层厚度对反射式 GaAs 光电阴极性能的影响. 光子学报, 2008, 37(6): 1112–1115

[54]　杨智. GaAs 光电阴极智能激活与结构设计研究. 南京: 南京理工大学, 2010

[55]　Yang Z, Chang B K, Zou J J, et al. Comparison between gradient-doping GaAs photocathode and uniform-doping GaAs photocathode. Applied Optics, 2007, 46(28): 7035–7039

[56]　Yang Z, Chang B K, Zou J J, et al. High-performance MBE GaAs photocathode. Proc SPIE, 2006, 6352: 635237

[57]　杨智, 牛军, 钱芸生, 等. GaAs 光电阴极智能激活研究. 真空科学与技术, 2009, 29(6): 669–672

[58]　杨智, 邹继军, 常本康. 透射式指数掺杂 GaAs 光电阴极最佳厚度研究. 物理学报, 2010, 59(6): 4290–4296

[59]　杨智, 邹继军, 牛军, 等. 高温 Cs 激活 GaAs 光电阴极表面机理研究. 光谱学与光谱分析, 2010, 30(8): 2031–2042

[60]　牛军. 变掺杂 GaAs 光电阴极特性及评估研究. 南京: 南京理工大学, 2011

[61]　Niu J, Zhang Y J, Chang B K, et al. Influence of exponential doping structure on the performance of GaAs photocathodes. Applied Optics, 2009, 48(29): 5445–5450

[62]　Niu J, Zhang Y J, Chang B K, et al. Influence of varied doping structure on the photoemissive property of photocathode. Chinese Physics B, 2011, 20(4): 044209

[63]　Niu J, Yang Z, Chang B K. Equivalent methode of solving quantum efficiency of reflection-mode exponential doping GaAs photocathodes. Chinese Physics Letters, 2009, 26(10): 10420

[64]　牛军, 杨智, 常本康, 等. 反射式变掺杂 GaAs 光电阴极量子效率模型研究. 物理学报, 2009, 58(7): 5002–5005

[65]　牛军, 张益军, 常本康, 等. GaAs 光电阴极激活时 Cs 的吸附效率研究. 物理学报, 2011, 60(4): 044209

[66]　牛军, 张益军, 常本康, 等. GaAs 光电阴极激活后的表面势垒评估研究. 物理学报, 2011, 60(4): 044210

[67] 牛军, 乔建良, 常本康, 等. 不同变掺杂结构 GaAs 光电阴极的光谱特性分析. 光谱学与光谱分析, 2009, 29(11): 3007–3010

[68] Niu J, Zhang Y J, Chang B K, et al. Contrast study on GaAs photocathode activation techniques. Proceedings of SPIE, 2010, 7658: 765840

[69] Niu J, Zhang G, Zhang Y J, et al. Influence of varied doping structure on the photoemission of reflection-mode photocathode. Proceedings of SPIE, 2010, 7847: 78471M

[70] 张益军. 变掺杂 GaAs 光电阴极研制及其特性评估. 南京: 南京理工大学, 2012

[71] Zhang Y J, Chang B K, Niu J, et al. High-efficiency graded band-gap $Al_xGa_{1-x}As/GaAs$ photocathodes grown by metalorganic chemical vapor deposition. Applied Physics Letters, 2011, 99: 101104

[72] Zhang Y J, Zou J J, Niu J, et al. Photoemission characteristics of different-structure reflection-mode GaAs photocathodes. Journal of Applied Physics, 2011, 110: 063113

[73] Zhang Y J, Niu J, Zhao J, et al. Influence of exponential-doping structure on photoemission capability of transmission-mode GaAs photocathodes. Journal of Applied Physics, 2010, 108: 093108

[74] Zhang Y J, Niu J, Zou J J, et al. Variation of spectral response for exponential-doped transmission-mode GaAs photocathodes in the preparation process. Applied Optics, 2010, 49(20): 3935–3940

[75] Zhang Y J, Chang B K, Yang Z, et al. Annealing study of carrier concentration in gradient-doped GaAs/GaAlAs epilayers grown by molecular beam epitaxy. Applied Optics, 2009, 48(9): 1715–1720

[76] Zhang Y J, Niu J, Zhao J, et al. Improvement of photoemission performance of a gradient-doping transmission-mode GaAs photocathode. Chinese Physics B, 2011, 20(11): 118501

[77] Zhang Y J, Zou J J, Wang X H, et al. Comparison of the photoemission behaviour between negative electron affinity GaAs and GaN photocathodes. Chinese Physics B, 2011, 20(4): 048501

[78] Zhang Y J, Chang B K, Yang Z, et al. Distribution of carriers in gradient-doping transmission-mode GaAs photocathodes grown by molecular beam epitaxy. Chinese Physics B, 2009, 18(10): 4541–4546

[79] 张益军, 牛军, 赵静, 等. 指数掺杂结构对透射式 GaAs 光电阴极量子效率的影响研究. 物理学报, 2011, 60(6): 067301

[80] Zhang Y J, Niu J, Zou J J, et al. Photoemission performance of gradient-doping transmission-mode GaAs photocathodes. Proc SPIE, 2011, 8194: 81940N

[81] Zhang Y J, Niu J, Chang B K, et al. Spectral response variation of exponential-doping transmission-mode GaAs photocathodes in the preparation process. Proc SPIE, 2010, 7658: 765841

[82] 石峰. 透射式变掺杂 GaAs 光电阴极及其在微光像增强器中应用研究. 南京: 南京理工大学, 2013

[83] Shi F, Zhang Y J, Cheng H C, et al. Theoretical revision and experimental comparison of quantum yield for trallsmission-mode GaAlAs / GaAs photocamodes. Chinese Physics Letters, 2011, 28(4): 044204

[84] 石峰, 赵静, 程宏昌, 等. 透射式蓝延伸 GaAs 光电阴极的光电发射特性研究. 光谱学与光谱分析, 2012, 32(2): 297–301

[85] Shi F, Chang B K, Cheng H C, et al. Study on X-ray integral diffraction intensity of GaAs photocamode. Advanced Materials Research, 2013, 631/632: 209–215

[86] Shi F, Fu S C, Li Y, et al. Monte Carlo simulations on the noise characteristics of the ion barrier film of microchannel plate. Chinese Journal of Electronics, 2012, 21(4): 756–758

[87] Shi F, Chang B K, Cheng H C, et al. Relationship between X-ray relative diffraction intensity and integral sensitivity of GaAlAs / GaAs photocathode. Advanced Materials Research, 2013, 664: 437–442

[88] 石峰, 程宏昌, 贺英萍, 等. MCP 输入电子能量与微光像增强器信噪比的关系. 应用光学, 2008, 29(4): 562–564

[89] 赵静. 透射式 GaAs 光电阴极的光学与光电发射性能研究. 南京: 南京理工大学, 2013

[90] Zhao J, Zhang Y J, Chang B K, et al. Comparison of structure and performance between extended blue and standard transmission-mode GaAs photocathode modules. Applied Optics, 2011, 50(32): 6140–6145

[91] Zhao J, Chang B K, Xiong Y J, et al. Influence of the antireflection, window, and active layers on optical properties of exponential-doping transmission-mode GaAs photocathode modules. Optics Communications, 2012, 285(5): 589–593

[92] Zhao J, Chang B K, Xiong Y J, et al. Spectral transmittance and module structure fitting for transmission-mode GaAs photocathode. Chinese Physics B, 2011, 20: 047801

[93] 赵静, 张益军, 常本康, 等. 高性能透射式 GaAs 光电阴极量子效率拟合与结构研究. 物理学报, 2011, 60(10): 107802

[94] 赵静, 常本康, 张益军, 等. 透射式蓝延伸 GaAs 光电阴极光学结构对比. 物理学报, 2012, 61(3): 037803

[95] Zhao J, Xiong Y J, Chang B K. Simulation and spectral fitting of the transmittance for transmission-mode GaAs photocathode. Proceedings 8th International Vacuum Electron Sources Conference and Nanocarbon (2010 IVESC), 2010: 219

[96] Zhao J, Xiong Y J, Chang B K, et al. Research on optical properties of transmission-mode GaAs photocathode module. Proc SPIE, 2011, 8194: 81940J

[97] Zhao J, Chang B K, Xiong Y J, et al. Research on optical properties for the exponential-doped $Ga_{1-x}Al_xAs$/GaAs photocathode. The 3rd International Symposium on Photonics and Optoelectronics, Wuhan, 2011

[98] Zhao J, Qu W T, Chang B K, et al. Influence of cathode module technology on photoemission of transmission-mode GaAs photocathode materials. Photonics Global Conference, Singapore, 2012

[99] 赵静, 常本康, 熊雅娟, 等. 发射层对指数掺杂 $Ga_{1-x}Al_xAs/GaAs$ 光阴极性能的影响. 电子器件, 2011, 34(2): 119–124

[100] 常本康, 赵静. 宽光谱响应 GaAlAs/GaAs 光电阴极组件结构设计软件. 登记号: 2012SR-074852, 证书号: 软著登字第 0442888 号

[101] 常本康, 赵静. GaAs 光电阴极光学与光电发射性能测试软件. 登记号: 2012SR069333, 证书号: 软著登字第 0437369 号

[102] 鱼晓华. NEA $Ga_{1-x}Al_xAs$ 光电阴极中电子与原子结构研究. 南京: 南京理工大学, 2015

[103] Yu X H, Du Y J, Chang B K, et al. Study on the electron structure and optical properties of $Ga_{0.5}Al_{0.5}As$ (100) $\beta_2(2\times4)$ reconstruction surface. Applied Surface Science, 2013, 266: 380–385

[104] Yu X H, Du Y J, Chang B K, et al. The adsorption of Cs and residual gases on $Ga_{0.5}Al_{0.5}As$ (001) β_2 (2×4) surface: a first-principles research. Applied Surface Science, 2014, 290: 142–147

[105] Yu X H, Chang B K, Wang H G, et al. Geometric and electronic structure of Cs adsorbed $Ga_{0.5}Al_{0.5}As$ (001) and (011) surfaces: a first principles research. Journal of Materials Science: Materials in Electronics, 2014, 25: 2595–2600

[106] Yu X H, Chang B K, Chen X L, et al. Cs adsorption on $Ga_{0.5}Al_{0.5}As(001)\beta_2$ (2×4) surface: a first-principles research. Computational Materials Science, 2014, 84: 226–231

[107] Yu X H, Ge Z H, Chang B K, et al. Electronic structure of Zn doped $Ga_{0.5}Al_{0.5}As$ photocathodes from first-principles. Solid State Communications, 2013, 164: 50–53

[108] Yu X H, Chang B K, Wang H G, et al. First principles research on electronic structure of Zn-doped $Ga_{0.5}Al_{0.5}As(001)\beta_2(2\times4)$ surface. Solid State Communications, 2014, 187: 13–17

[109] Yu X H, Ge Z H, Chang B K, et al. First principles calculations of the electronic structure and optical properties of (001), (011) and (111) $Ga_{0.5}Al_{0.5}As$ surfaces. Materials Science in Semiconductor Processing, 2013, 16: 1813–1820

[110] Yu X H, Du Y J, Chang B K, et al. Study on the electronic structure and optical properties of different Al constituent $Ga_{1-x}Al_xAs$. OPTIK, 2013, 124: 4402–4405

[111] Yu X H, Ge Z H, Chang B K, et al. First principles study on the influence of vacancy defects on electronic structure and optical properties of $Ga_{0.5}Al_{0.5}As$ photocathodes. OPTIK, 2014, 125: 587–592

[112] Yu X H, Ge Z H, Chang B K. Photoemission properties of GaAs(100) $\beta_2(2\times4)$ and GaAs(100)(4×2) reconstruction phases. Chinese Optics Letters, 2013, 11: S21602

[113] 葛仲浩, 常本康, 鱼晓华. GaAs 基片高温加热清洗过程中残气脱附的研究. 真空科学与技术学报, 2013, 04: 392–395

[114] 陈鑫龙. 对 532 nm 敏感的 GaAlAs 光电阴极的制备与性能研究. 南京：南京理工大学, 2015

[115] Chen X L, Zhao J, Chang B K, et al. Photoemission characteristics of (Cs, O) activation exponential-doping $Ga_{0.37}Al_{0.63}As$ photocathodes. Journal of Applied Physics, 2013, 113: 213105

[116] Chen X L, Hao G H, Chang B K, et al. Stability of negative electron affinity $Ga_{0.37}Al_{0.63}$ As photocathodes in an ultrahigh vacuum system. Applied Optics, 2013, 52(25): 6272–6277

[117] Chen X L, Jin M C, Zeng Y G, et al. Effect of Cs adsorption on the photoemission performance of GaAlAs photocathode. Applied Optics, 2014, 53(32): 7709–7715

[118] Chen X L, Zhang Y J, Chang B K, et al. Research on quantum efficiency of reflection-mode GaAs photocathode with thin emission layer. Optics Communications, 2013, 287: 35–39

[119] Chen X L, Chang B K, Zhao J, et al. Evaluation of chemical cleaning for $Ga_{1-x}Al_xAs$ photocathode by spectral response. Optics Communications, 2013, 309: 323–327

[120] Chen X L, Jin M C, Xu Y, et al. Quantum efficiency study of the sensitive to blue-green light transmission-mode GaAlAs photocathode. Optics Communications, 2015, 335: 42–47

[121] Chen X L, Zhao J, Chang B K, et al. Roles of cesium and oxides in the processing of gallium aluminum arsenide photocathodes. Materials Science in Semiconductor Processing, 2014, 18: 122–127

[122] 陈鑫龙, 赵静, 常本康, 等. 指数掺杂反射式 GaAlAs 和 GaAs 光电阴极比较研究. 物理学报, 2013, 62(3): 037303

[123] Chen X L, Zhang Y J, Chang B K, et al. Research on quantum efficiency formula for extended blue transmission–mode GaAlAs/GaAs photocathodes. Optoelectronics and Advanced Materials – Rapid Communication, 2012, 6(1/2): 307–312

[124] Chen X L, Zhao J, Chang B K, et al. Blue-green reflection-mode GaAlAs photocathodes. Proc of SPIE, 2012, 8555: 85550R

[125] 郭婧. 近红外 InGaAs 光电阴极材料特性仿真与表面敏化研究. 南京：南京理工大学, 2016

[126] Guo J, Chang B K, Jin M C, et al. Cesium adsorption on $In_{0.53}Ga_{0.47}As(100)\beta_2(2\times4)$ surface: a first-principles research. Applied Surface Science, 2015, 324: 547–553

[127] Guo J, Chang B K, Jin M C, et al. Theoretical study on electronic and optical properties of $In_{0.53}Ga_{0.47}As(100)\beta_2(2\times4)$ surface. Applied Surface Science, 2014, 288: 238–243

[128] Guo J, Chang B K, Jin M C, et al. Geometry and electronic structure of the Zn-doped $GaAs(100)\beta_2(2\times4)$ surface: a first-principle study. Applied Surface Science, 2013, 283: 947–954

[129] Guo J, Jin M C, Chang B K, et al. Electronic structure and optical properties of bulk $In_{0.53}Ga_{0.47}As$ for near-infrared photocathode. OPTIK, 2015, 126: 1061–1065

[130] Guo J, Chang B K, Yang M Z, et al. The study of the optical properties of GaAs with point defects. OPTIK, 2014, 125: 419–423

[131] Guo J, Qu W T. Quantum efficiency conversion from the reflection-mode GaAs photocathode to the transmission-mode one. OPTIK, 2013, 124: 4012–4015

[132] 金睦淳. 近红外 InGaAs 光电阴极的制备与性能研究. 南京: 南京理工大学, 2016

[133] Jin M C, Chen X L, Hao G H, et al. Research on quantum efficiency for reflection-mode InGaAs photocathode with thin emission layer. Applied Optics, 2015, 54(28): 8332–8338

[134] Jin M C, Zhang Y J, Chen X L, et al. Effect of surface cleaning on spectral response for InGaAs photocathodes. Applied Optics, 2015, 54(36): 10630–10635

[135] Jin M C, Chang B K, Cheng H C, et al. Research on quantum efficiency of transmission-mode InGaAs photocathode. Optik, 2014, 125(10): 2395–2399

[136] Jin M C, Chang B K, Guo J, et al. Theoretical study on electronic and optical properties of Zn-doped $In_{0.25}Ga_{0.75}As$ photocathodes. Optical Review, 2016, 23(1): 84–91

[137] Jin M C, Chang B K, Chen X L, et al. Photoemission behaviors of transmission-mode InGaAs photocathode. Proc of SPIE, 2014, 9270: 92701C

[138] 任玲. GaAs 光电阴极及像增强器的分辨力研究. 南京: 南京理工大学, 2013

[139] Ren L, Shi F, Guo H, et al. Numerical calculation method of modulation transfer function for preproximity focusing electron-optical system. Applied Optics, 2013, 52(8): 1641–1645

[140] 任玲, 石峰, 郭晖, 等. 前近贴脉冲电压对三代微光像增强器 halo 效应的影响. 物理学报, 2013, 62(1): 014206

[141] Ren L, Chang B K, Wang H G. Influence of built-in electric filed on the energy and emergence angle spreads of transmission-mode GaAs photocathode. Optics Communications, 2012, 285: 2650–2655

[142] 任玲, 常本康, 侯瑞丽, 等. 均匀掺杂 GaAs 材料光电子的输运性能研究. 物理学报, 2011, 60(8): 087202

[143] Ren L, Chang B K. Modulation transfer function characteristic of uniform-doping transmission-mode GaAs/GaAlAs photocathode. Chinese Physics B, 2011, 20(8): 087308

[144] Ren L, Shi F, Guo H, et al. Analysis of image intensifiers halo effect with curve fitting and separation method. 2012 International Conference of Electrical and Electronics Engineering, 2012

[145] Ren L, Chang B K, Hou R L. Study on the resolution of uniformly doped transmission-mode GaAs photocathode. Proceedings 8th International Vacuum Electron Sources Conference and Nanocarbon (2010 IVESC), 2010: 228

[146] Ren L, Chang B K, Wang H G, et al. Influence of electric field penetration on uniformly doping GaAs photocathode photoelectric emission properties. Photonics Global

Conference, 2012

[147] 王洪刚. 像增强器的电子输运与噪声特性研究. 南京: 南京理工大学, 2015

[148] Wang H G, Fu X Q, Ji X H, et al. Resolution properties of transmission-mode exponent-ial-doping $Ga_{0.37}Al_{0.63}As$ photocathodes. Applied Optics, 2014, 53(27): 6230–6236

[149] Wang H G, Qian Y S, Du Y J, et al. Resolution characteristics for reflection-mode exponential-doping GaN photocathode. Applied Optics, 2014, 53(3): 335–340

[150] Wang H G, Qian Y S, Du Y J, et al. Resolution properties of reflection-mode exponential-doping GaAs photocathodes. Materials Science in Semiconductor Processing, 2014, 24: 215–219

[151] Wang H G, Du Y J, Feng Y, et al. Effective evaluation of the noise factor of microchannel plate. Advances in OptoElectronics, 2015, 2015: 781327

[152] Wang H G, Qian Y S, Lu L B, et al. Comparison of resolution characteristics between exponential-doping and uniform-doping GaN photocathodes. Proc of SPIE, 2013, 8912: 8912D

[153] 王洪刚, 钱芸生, 王勇, 等. 微通道板电子输运特性的仿真研究. 计算物理, 2013, 30(2): 221–228

[154] 常本康. GaAs 光电阴极. 北京: 科学出版社, 2012

[155] 常本康. 负电子亲和势光电阴极 50 年史话. 红外技术, 2015, 37(10): 801–806

[156] MX-11769(F9815 Series). http//www. ITT. com/. [2001]

[157] Tigner M. A possible apparatus for electron-clashing experiments. Nuovo Cimento, 1965, 137: 1228–1231

[158] Neil G R, Bohn C L, Benson S V, et al. Sustained kilowatt lasing in a free-electron laser with same cell energy recovery. Phys Rev Lett, 1999, 84(4): 662–665

[159] Sawamura M, Hajima R, Kikuzawa N, et al. Status and development for the JAERI ERL-FEL for high-power and long-pulse operation. Proc of EPAC, 2004: 1723–1725

[160] Aleksandrovich V N, Bolotin V P, Aleksandrovich K D, et al. Status of the novosibirsk terahertz FEL. Proc of FEL, 2004: 226–228

[161] Durek D, Frommberger F, Reichelt T, et al. Degradation of a gallium-arsenide pho-toemitting NEA surface by water vapour. Applied Surface Science, 1999, 143: 319–322

[162] Grames J, Adderley P, Baylac M, et al. Status of the Jefferson lab polarized beam physics program and preparations for upcoming parity experiments. Spin 2002, Long Island, NY (US), 09/09/2002-09/14/2002, 2003: 1047–1052

[163] Wada T, Nitta T, Nomura T. Influence of exposure to CO, CO_2 and H_2O on the stability of GaAs photocathodes. Japanese Journal of Applied Physics, 1990, 29(10): 2087–2090

[164] Yee E M, Jackson D A. Photoyeild decay characteristics of a cesiated GaAs. Solid-State Electronics, 1972, 15: 245–247

[165] Tang F C, Lubell M S, Rubin K, et al. Operating experience with a GaAs photoemission electron source. Review of Scientific Instrument, 1986, 57(12): 3004–3011

[166]　Rodway D C, Allenson M B. In situ surface study of the activating layer on GaAs(Cs, O) photocathodes. Journal of Physics D: Applied Physics, 1986, 19: 1353–1371

[167]　Machuca F, Liu Z, Sun Y, et al. Role of oxygen in semiconductor negative electron affinity photocathodes. Journal of Vacuum Science and Technology B, 2002, 20(6): 2721–2725

[168]　Machuca F, Liu Z, Sun Y, et al. Oxygen species in Cs/O activated gallium nitride (GaN) negative electron affinity photocathodes. Journal of Vacuum Science and technology B, 2003, 21(4): 1863–1869

[169]　Calabres R, Guidi V, Lenisa P, et al. Surface analysis of a GaAs electron source using Rutherford backscattering spectroscopy. Appllied Physics Letters, 1994, 65(3): 301, 302

[170]　Calabres R, Ciullo G, Guidi V, et al. Long-lifetime high-intensity GaAs photosource. Review of Scientific Instruments, 1994, 65(2): 343–348

彩　　图

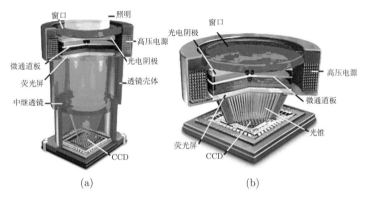

图 1.7　中继透镜 (a) 和光锥 (b) 耦合的 ICCD 示意图

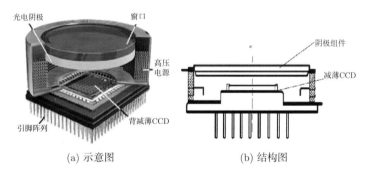

(a) 示意图　　　　　　　　(b) 结构图

图 1.8　EBCCD 的结构示意图

图 1.10　Intevac 给出的采用 GaAs 光电阴极的部分
产品：NightVista，ISIE6 和 ISIE10

图 1.11　NightVista 摄像机

图 1.12　ISIE6 摄像机

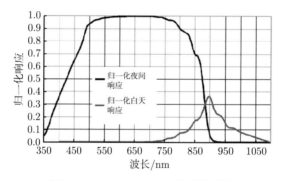

图 1.13　GaAs EBAPS 的光谱响应

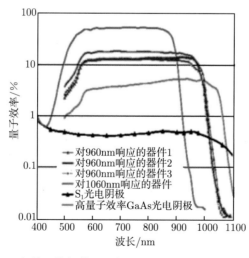

图 1.26　红外延伸与普通三代 GaAs 光电阴极量子效率曲线

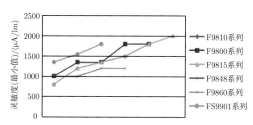

图 1.28　2001 年各系列微光像增强器光电阴极灵敏度 (最小值) 的离散分布

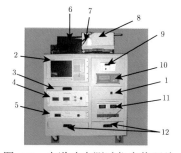

图 4.7　光谱响应测试仪实物照片

1. 总电源；2. 计算机；3. 键盘；4. 信号
处理模块；5. 光源电源；6. 光源；7. 光
纤；8. 光栅单色仪；9. 斩光器；10. 单色
仪控制器；11. 高压电源；12. 工具箱

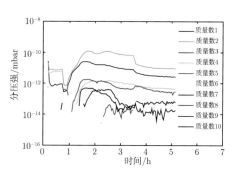

图 4.71　质量数为 1~10 的残气成分
随时间的变化

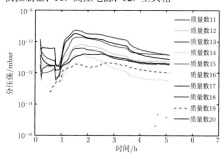

图 4.72　质量数为 11~20 的残气成分
随时间变化

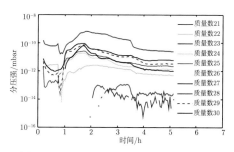

图 4.73　质量数为 21~30 的残气成分
随时间的变化

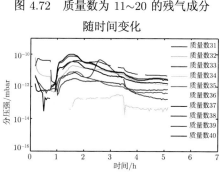

图 4.74　质量数为 31~40 的残气成分
随时间的变化

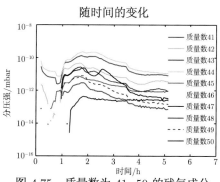

图 4.75　质量数为 41~50 的残气成分
随时间的变化

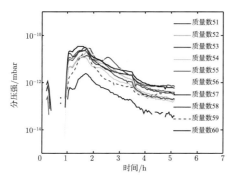

图 4.76 质量数为 51~60 的残气成分
随时间的变化

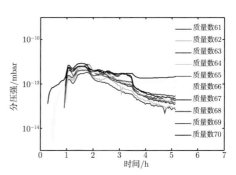

图 4.77 质量数为 61~70 的残气成分
随时间的变化

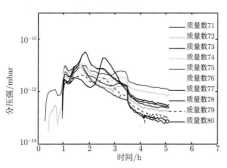

图 4.78 质量数为 71~80 的残气成分
随时间的变化

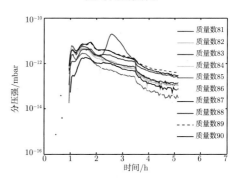

图 4.79 质量数为 81~90 的残气成分
随时间的变化

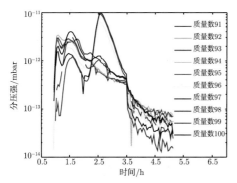

图 4.80 质量数为 91~100 的残气成分
随时间的变化

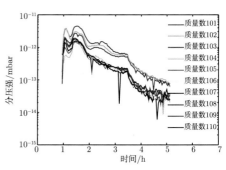

图 4.81 质量数为 101~110 的残气成分
随时间的变化

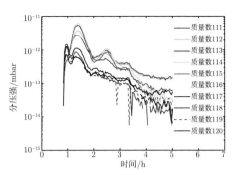

图 4.82 质量数为 111~120 的残气成分
随时间的变化

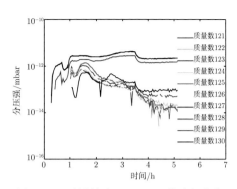

图 4.83 质量数为 121~130 的残气成分
随时间的变化

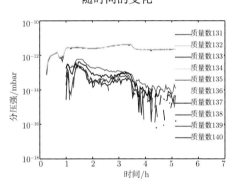

图 4.84 质量数为 131~140 的残气成分
随时间的变化

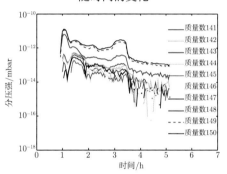

图 4.85 质量数为 141~150 的残气成分
随时间的变化

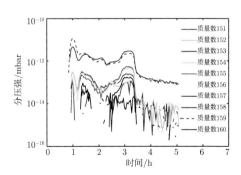

图 4.86 质量数为 151~160 的残气成分
随时间的变化

图 4.88 GaAs 光电阴极制备与测控
系统实物照片

1. 显示器；2. 四极质谱仪控制箱；3. 主机；4. 微弱
信号处理模块；5. 光谱响应电源；6. 磁力传输杆；
7. 四极质谱仪；8. 超高真空激活腔室；9. 表面分析
系统；10. 光栅单色仪；11.Cs 源程控电流源；12.O
源程控电流源；13. 氙灯电流源；14. 氖灯电流源

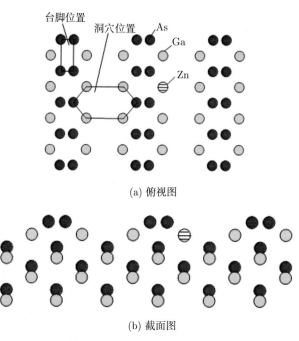

(a) 俯视图

(b) 截面图

图 5.8　掺 Zn 的富砷 GaAs(100) (2 × 4) 表面

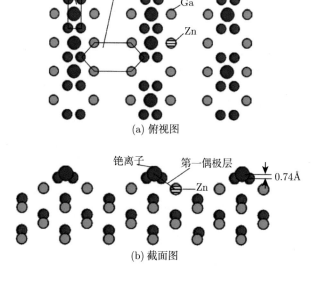

(a) 俯视图

(b) 截面图

图 5.13　Cs 与杂质原子 Zn 构成第一个偶极层: GaAs(Zn)-Cs

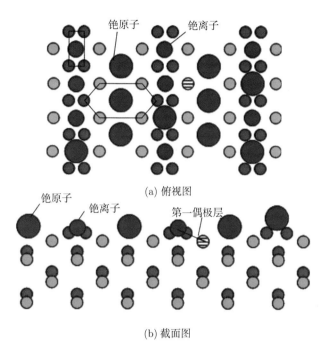

(a) 俯视图

(b) 截面图

图 5.14　进一步吸附 Cs 后的 GaAs(100) 表面

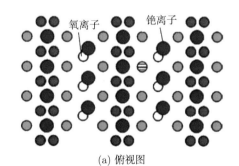

(a) 俯视图

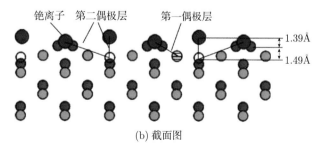

(b) 截面图

图 5.15　进 O 后形成 Cs-O 偶极层的 GaAs(100) 表面

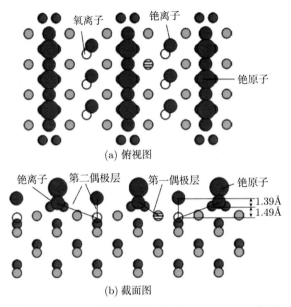

(a) 俯视图

(b) 截面图

图 5.16　Cs、O 循环激活结束后的 GaAs(100) 表面

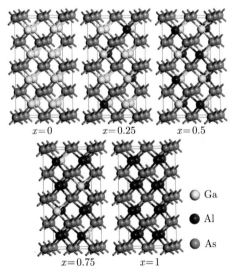

图 6.2　GaAs、Ga$_{0.75}$Al$_{0.25}$As、Ga$_{0.5}$Al$_{0.5}$As、Ga$_{0.25}$Al$_{0.75}$As 和 AlAs 计算模型

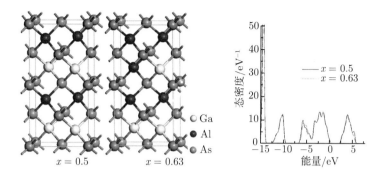

图 6.10 $Ga_{0.5}Al_{0.5}As$、$Ga_{0.37}Al_{0.63}As$ 体材料模型和态密度

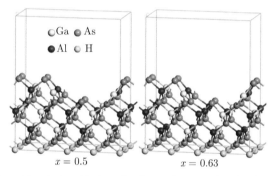

图 6.11 $Ga_{0.5}Al_{0.5}As(001)\beta_2(2×4)$、$Ga_{0.37}Al_{0.63}As(001)\beta_2(2×4)$ 表面模型

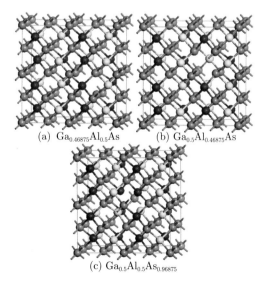

图 6.13 $Ga_{0.46875}Al_{0.5}As$、$Ga_{0.5}Al_{0.46875}As$ 和 $Ga_{0.5}Al_{0.5}As_{0.96875}$ 计算模型

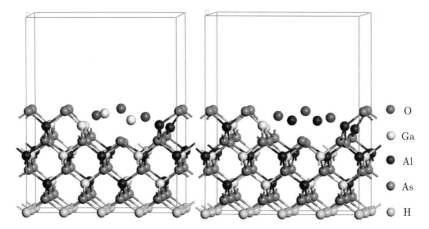

图 6.21 O 吸附在 $Ga_{0.5}Al_{0.5}As(001)\beta_2(2\times4)$ 表面形成 Ga 和 Al 氧化物的模型

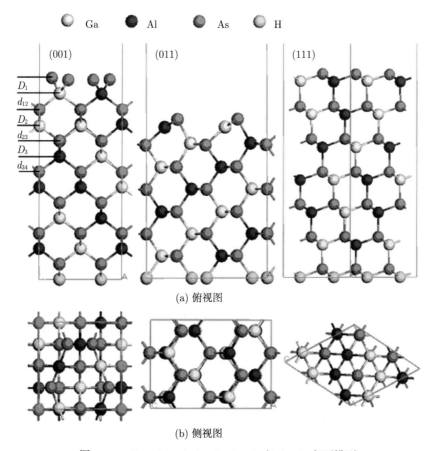

(a) 俯视图

(b) 侧视图

图 6.22 $Ga_{0.5}Al_{0.5}As(001)$、(011) 和 (111) 表面模型

D_i 表示第 i 个双层的厚度，d_{ij} 表示第 i 和第 j 个双层之间的层间距

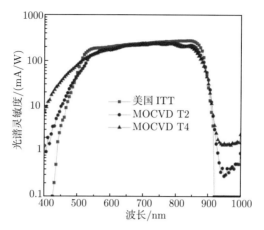

图 6.29　GaAs 光电阴极光谱响应曲线 [57]

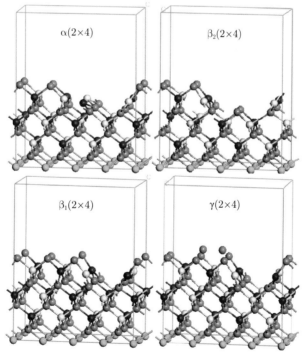

图 6.30　$Ga_{0.5}Al_{0.5}As(001)\alpha(2\times4)$、$\beta_1(2\times4)$、$\beta_2(2\times4)$ 和 $\gamma(2\times4)$ 重构表面模型

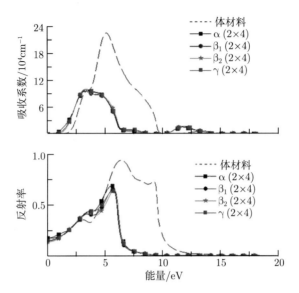

图 6.33　不同重构相吸收系数和反射率曲线

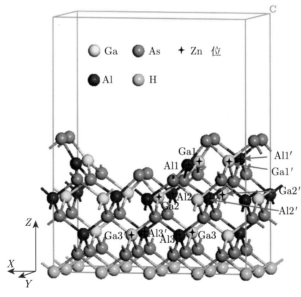

图 6.34　$Ga_{0.5}Al_{0.5}As(001)\beta_2(2\times4)$ 重构表面掺杂位置

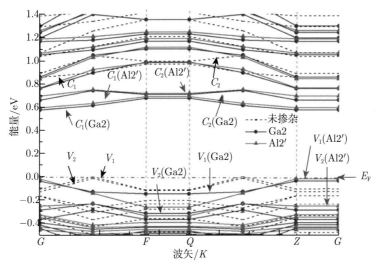

图 6.35 Zn 掺杂 $Ga_{0.5}Al_{0.5}As(001)\beta_2(2 \times 4)$ 表面能带结构

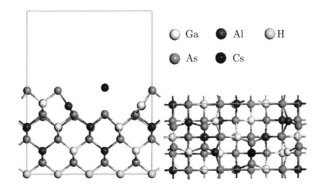

图 6.38 Cs 在 $Ga_{0.5}Al_{0.5}As(001)\beta_2(2 \times 4)$ 重构表面吸附模型

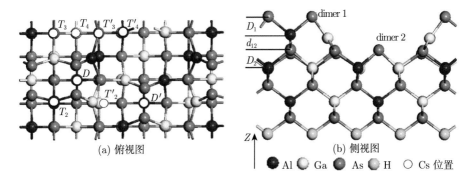

图 6.44 $Ga_{0.5}Al_{0.5}As\beta_2(2 \times 4)$ 重构相高对称位示意图

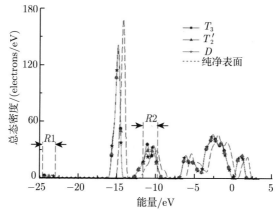

图 6.46 Cs 吸附模型总态密度曲线

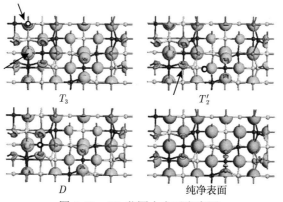

图 6.47 R2 范围内电子密度图

不同颜色对应的是不同浓度

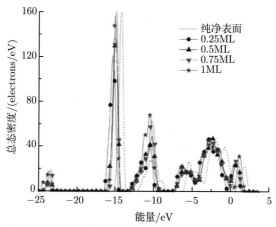

图 6.49 不同覆盖度 Cs 吸附模型的总态密度曲线

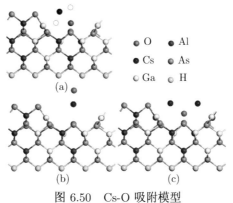

图 6.50　Cs-O 吸附模型

(a)Cs 原子在下、O 原子在上吸附模型, 空心圆表示的是优化前 Cs 原子的位置; (b)O 原子在下、Cs 原子
在上吸附模型; (c) 两个 Cs 原子、一个 O 原子吸附模型

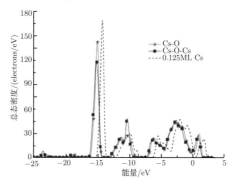

图 6.52　Cs-O 模型和 Cs-O-Cs 模型总态密度曲线

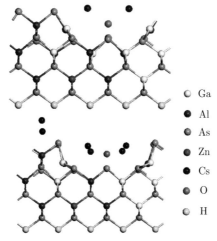

图 6.55　Zn 掺杂 $Ga_{0.5}Al_{0.5}As(001)\beta_2(2\times4)$ 重构相 Cs、O 吸附模型

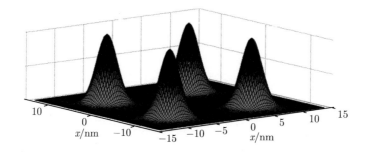

图 6.59　碎鳞场效应示意图

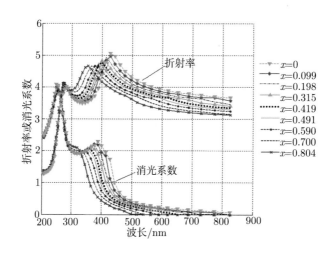

图 7.12　GaAlAs 光学常数随入射光波长的变化情况

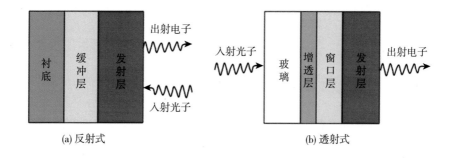

图 7.13　GaAlAs 光电阴极的两种工作模式

(a) 窗口层Al组分固定   (b) 窗口层Al组分变化

图 9.4   GaAlAs/GaAs 材料 SEM 测试图

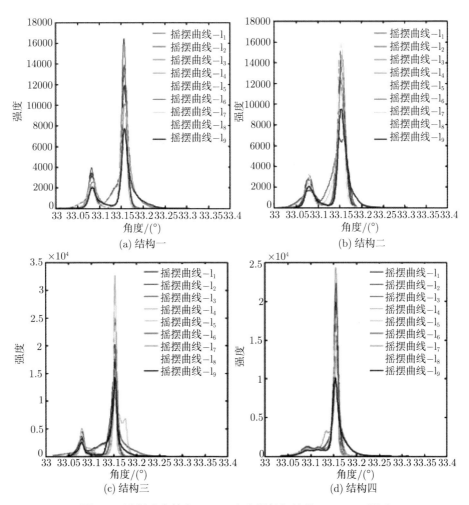

图 9.8   透射式变掺杂 GaAs 光电阴极组件的 HRXRD 测试

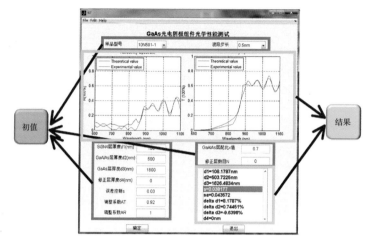

图 9.11　透射式 GaAs 光电阴极组件光学性能测试软件界面

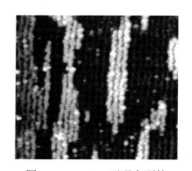

图 10.12　STM 下观察到的 $In_{0.53}Ga_{0.47}As$ 的 $\beta_2(2\times4)$ 重构表面

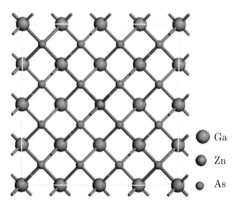

图 10.13　Zn 掺杂 GaAs 模型

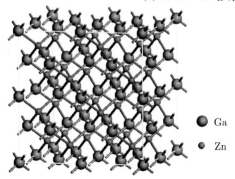

图 10.15　$2\times2\times2$GaAs 超胞结构示意图

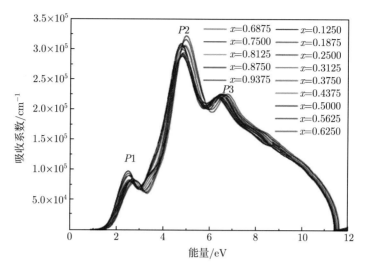

图 10.21　随组分变化的 $In_xGa_{1-x}As$ 吸收系数

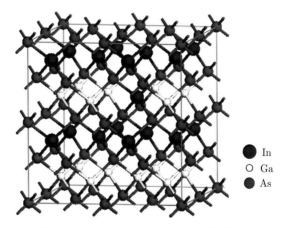

图 10.23　体相 $In_{0.53}Ga_{0.47}As$ 模型结构

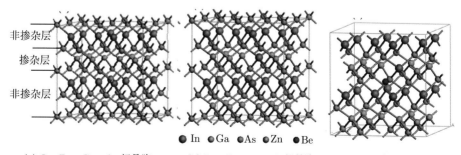

(a) $In_{0.5}Zn_{0.03}Ga_{0.47}As$ 超晶胞 　　(b) $In_{0.53}Ga_{0.44}Zn_{0.03}As$ 超晶胞 　　(c) Be掺杂超晶胞

图 10.29　掺杂的 InGaAs 超晶胞结构

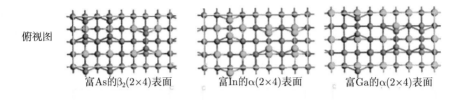

俯视图

富As的β₂(2×4)表面　　富In的α(2×4)表面　　富Ga的α(2×4)表面

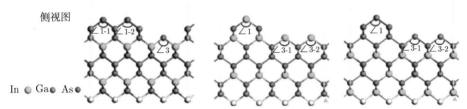

侧视图

In ● Ga ● As ●

(a) 富As的β₂(2×4)表面重构模型 (b) 富In的α(2×4)表面重构模型 (c) 富Ga的α(2×4)表面重构模型

图 10.37　$In_{0.53}Ga_{0.47}As$ 表面重构模型

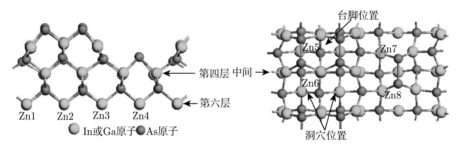

台脚位置

Zn5　Zn7

第四层 中间 →

Zn6

第六层

Zn8

洞穴位置

In或Ga原子 ● As原子

(a) 单个Zn原子在$In_{0.53}Ga_{0.47}As$表面
第六层掺杂位置示意图

(b) 单个Zn 原子在$In_{0.53}Ga_{0.47}As$表面
第四层掺杂位置示意图

图 10.42　单个 Zn 原子在 $In_{0.53}Ga_{0.47}As$ 表面掺杂位置示意图

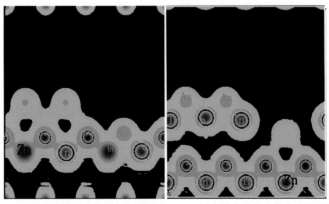

(a) Zn4掺杂位的差分电荷密度侧视图 (b) Zn5掺杂位的差分电荷密度侧视图

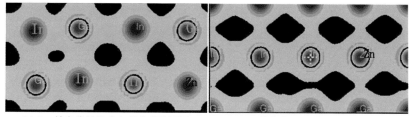

(c) Zn4掺杂位的差分电荷密度俯视图　　　　(d) Zn5掺杂位的差分电荷密度俯视图

图 10.44　差分电荷密度图

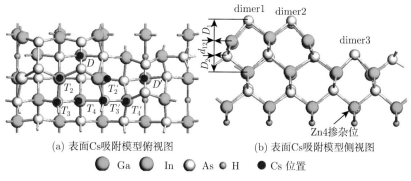

(a) 表面Cs吸附模型俯视图　　　　　　　(b) 表面Cs吸附模型侧视图

⬤ Ga　　◯ In　　◯ As　　● H　　● Cs 位置

图 10.49　$In_{0.53}Ga_{0.47}As(100)\beta_2(2\times4)$ 表面不同 Cs 吸附位示意图

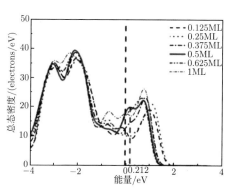

图 10.54　InGaAs 表面不同 Cs
覆盖度的总态密度

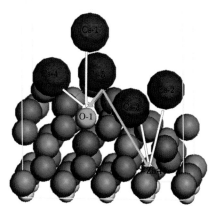

图 10.56　InGaAs(Zn) 表面 Cs-O
吸附示意图

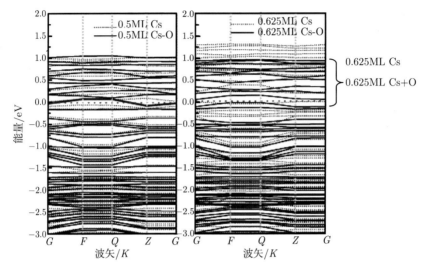

图 10.57　Cs-O 吸附后表面的能带结构

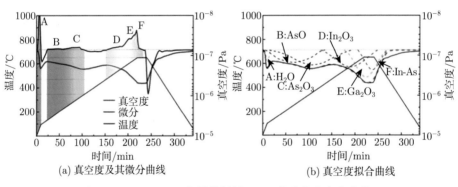

(a) 真空度及其微分曲线　　　　　(b) 真空度拟合曲线

图 10.75　InGaAs 半导体材料 650℃热净化真空度曲线

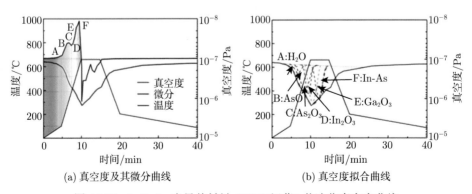

(a) 真空度及其微分曲线　　　　　(b) 真空度拟合曲线

图 10.76　InGaAs 半导体材料 650℃“闪蒸” 热净化真空度曲线

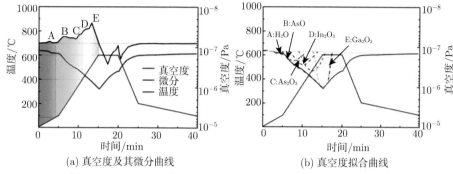

(a) 真空度及其微分曲线　　　　　(b) 真空度拟合曲线

图 10.77　InGaAs 半导体材料 600℃"闪蒸"热净化真空度曲线

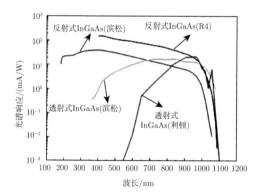

图 10.94　InGaAs 光电阴极光谱响应对比

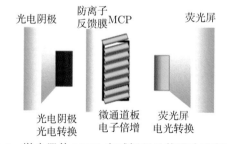

图 11.6　微光器件 MTF 衰减机理及其影响因素示意图

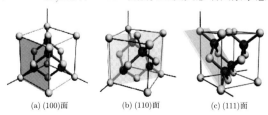

(a) (100)面　　　(b) (110)面　　　(c) (111)面

图 11.14　GaAs(100)、(110)、(111) 晶面结构图（图中红球为 As 原子，绿球为 Ga 原子）

(a) 透视图(红球为As原子，绿球为Ga原子)

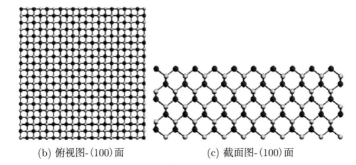

(b) 俯视图-(100)面　　　　　　(c) 截面图-(100)面

图 11.15　结构为 $10\times10\times10$ 的立方 GaAs(100) 表面原子排列模型

图 11.56　明亮光点周围出现的 halo 现象

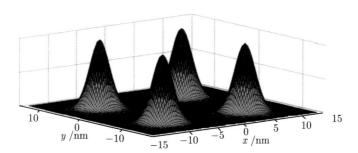

图 12.8　光电发射的碎鳞场效应